中国国家标准汇编

2006年修订-7

中国标准出版社　编

中国标准出版社

北京

图书在版编目（CIP）数据

中国国家标准汇编：2006年修订．7/中国标准出版社编．—北京：中国标准出版社，2007

ISBN 978-7-5066-4626-0

Ⅰ．中…　Ⅱ．中…　Ⅲ．国家标准-汇编-中国-2006　Ⅳ．T-652．1

中国版本图书馆CIP数据核字（2007）第111842号

中国标准出版社出版发行
北京复兴门外三里河北街16号
邮政编码：100045

网址 www.spc.net.cn

电话：68523946　68517548

中国标准出版社秦皇岛印刷厂印刷

各地新华书店经销

*

开本 880×1230　1/16　印张 39　字数 1 170 千字

2007年8月第一版　2007年8月第一次印刷

*

定价 180.00 元

出 版 说 明

1.《中国国家标准汇编》是一部大型综合性国家标准全集，自1983年起，按国家标准顺序号以精装本、平装本两种装帧形式陆续分册汇编出版。《汇编》在一定程度上反映了我国建国以来标准化事业发展的基本情况和主要成就，是各级标准化管理机构，工矿企事业单位，农林牧副渔系统，科研、设计、教学等部门必不可少的工具书。

2. 由于标准的动态性，每年有相当数量的国家标准被修订，这些国家标准的修订信息无法在已出版的《汇编》中得到反映。为此，自1995年起，新增出版在上一年度被修订的国家标准的汇编本。

3. 修订的国家标准汇编本的正书名、版本形式、装帧形式与《中国国家标准汇编》相同，视篇幅分设若干册，但不占总的分册号，仅在封面和书脊上注明"2006年修订-1,-2,-3,……"等字样，作为对《中国国家标准汇编》的补充。读者配套购买则可收齐前一年新制定和修订的全部国家标准。

4. 修订的国家标准汇编本的各分册中的标准，仍按顺序号由小到大排列(不连续)；如有遗漏的，均在当年最后一分册中补齐。

5. 2006年度发布的修订国家标准分27册出版。本分册为"2006年修订-7"，收入新修订的国家标准30项。

中国标准出版社

2007年6月

目　录

目　录

ICS 25.100.20
J 41

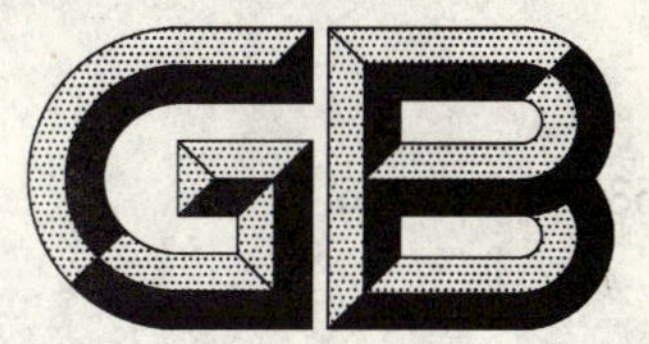

中华人民共和国国家标准

GB/T 5342.1—2006
代替 GB/T 5342—1985

可转位面铣刀 第1部分:套式面铣刀

Face milling cutter with indexable inserts—Part 1:Shell face milling cutter

(ISO 6462:1983,Face milling cutter with indexable inserts—Dimensions,MOD)

2006-12-30 发布 2007-06-01 实施

中华人民共和国国家质量监督检验检疫总局
中国国家标准化管理委员会 发布

前　言

GB/T 5342 在《可转位面铣刀》总标题下，分为三个部分：

——第 1 部分：套式面铣刀；

——第 2 部分：莫氏锥柄面铣刀；

——第 3 部分：技术条件。

本部分为 GB/T 5342 的第 1 部分。

本部分修改采用 ISO 6462:1983《可转位面铣刀　尺寸》（英文版）。

本部分根据 ISO 6462:1983 重新起草。

本部分与 ISO 6462:1983 相比有下列技术差异和编辑性修改：

——删除了国际标准前言；

——用“.”代替用作小数点的逗号“,”；

——“本国际标准”改为“本部分”；

——规范性引用文件列项中，ISO 3365-1 和 ISO 3365-2 用 GB/T 2081 代替，删除了 ISO 523。

本部分代替 GB/T 5342—1985 中的套式面铣刀部分。

本部分与 GB/T 5342—1985 相比有如下变化：

——莫氏锥柄面铣刀列入 GB/T 5342.2，技术要求列入 GB/T 5342.3；

——增加了直径 D、高度 H、主偏角 κ_r 的定义；

——增加了对装卸孔的要求；

——增加了高度 H 的公差（±0.37），增加了紧固螺钉的尺寸；

——删除了主偏角为 60°的面铣刀；

——删除了表中尽量不采用的括号内尺寸，删除了参考齿数；

——删除了附录 A、附录 B。

本部分由中国机械工业联合会提出。

本部分由全国刀具标准化技术委员会(SAC/TC 91)归口。

本部分起草单位：成都工具研究所。

本部分主要起草人：沈士昌。

本部分所代替标准的历次版本发布情况为：

——GB/T 5342—1985。

可转位面铣刀
第 1 部分:套式面铣刀

1 范围

GB/T 5342 的本部分规定了装可转位刀片的套式面铣刀的尺寸。

刀片的型式和尺寸由制造商确定(优先按 GB/T 2081)。

2 规范性引用文件

下列文件中的条款通过 GB/T 5342 的本部分的引用而成为本部分的条款。凡是注日期的引用文件,其随后所有的修改单(不包括勘误的内容)或修订版均不适用于本部分,然而,鼓励根据本部分达成协议的各方研究是否可使用这些文件的最新版本。凡是不注日期的引用文件,其最新版本适用于本部分。

GB/T 2081 硬质合金可转位铣刀片(GB/T 2081—1987,eqv ISO 3365:1985)

GB/T 6132 铣刀和铣刀刀杆的互换尺寸(GB/T 6132—2006,ISO 240:1994,IDT)

ISO 2780 端键传动的铣刀 铣刀刀杆的互换尺寸 米制系列

ISO 2940-1 装在 7:24 锥柄定心刀杆上的铣刀 配合尺寸 定心刀杆

3 型式

标准的装可转位刀片的面铣刀,带有 45°、75°和 90°主偏角,其型式如下:

——A 型:端键传动,内六角沉头螺钉紧固,直径为:50 mm,80 mm 和 100 mm;

——B 型:端键传动,互换尺寸按 ISO 2780 的铣刀夹持螺钉紧固,直径为:80 mm,100 mm 和 125 mm;

——C 型:装在刀杆的互换尺寸按 ISO 2940-1 的带 7:24 锥柄的定心刀杆上,直径为:160 mm,200 mm,250 mm,315 mm,400 mm 和 500 mm。

注:直径为 160 mm 的 C 型铣刀,也可制成端键传动。

4 定义

4.1

切削直径 D 和切削高度 H cutting diameter, D and cutting height, H

切削直径 D 和高度 H 取自于图 1 中定义的 P 点。

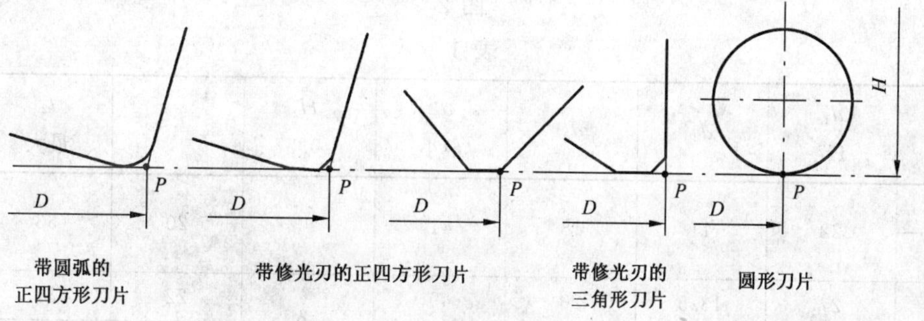

图 1

表 1、表 2 中所列的 D 和 H 值及其公差是按 GB/T 2081 规定的具有修光刃的标准刀片的形状和尺寸计算的。使用其他刀片时，D 和 H 将要改变。

4.2

主偏角 κ_r　cutting edge angle

刀片切削刃主偏角的公称值。

对于工件而言，有效角度取决于铣刀的几何形状、直径以及切削深度。

5　尺寸

5.1　卸刀机构的孔

直径 D 等于或大于 250 mm 的铣刀，用于卸刀的螺纹孔，由制造商决定制备，孔的数量和位置也由制造商选择，但螺纹孔的最小尺寸须按下列规定：

——对于直径 D=250 mm 或 315 mm 的铣刀，螺纹孔为 M12×27；

——对于直径 D=400 mm 或 500 mm 的铣刀，螺纹孔为 M16×34。

注：必须考虑国家安全规程。

5.2　A 型面铣刀，端键传动，内六角沉头螺钉紧固

尺寸按图 2 和表 1 所示。

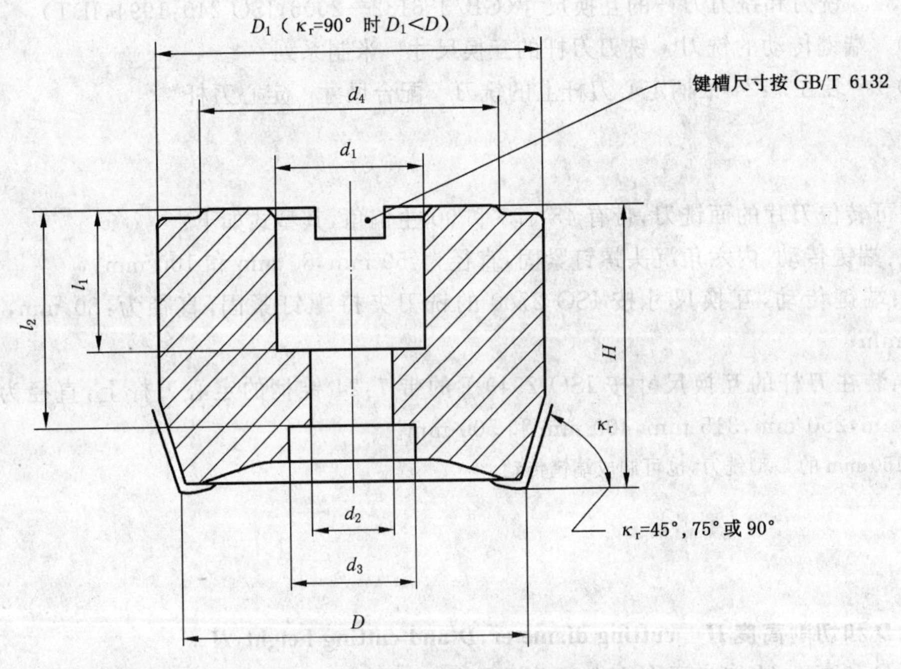

图 2

表 1　　单位为毫米

D js16	d_1 H7	d_2	d_3	d_4 最小	H ±0.37	l_1	l_2 最大	紧固螺钉
50	22	11	18	41	40	20	33	M10
63								
80	27	13.5	20	49	50	22	37	M12
100	32	17.5	27	59		25	33	M16

5.3 B型面铣刀，端键传动，铣刀夹持螺钉紧固

尺寸按图3和表2所示。

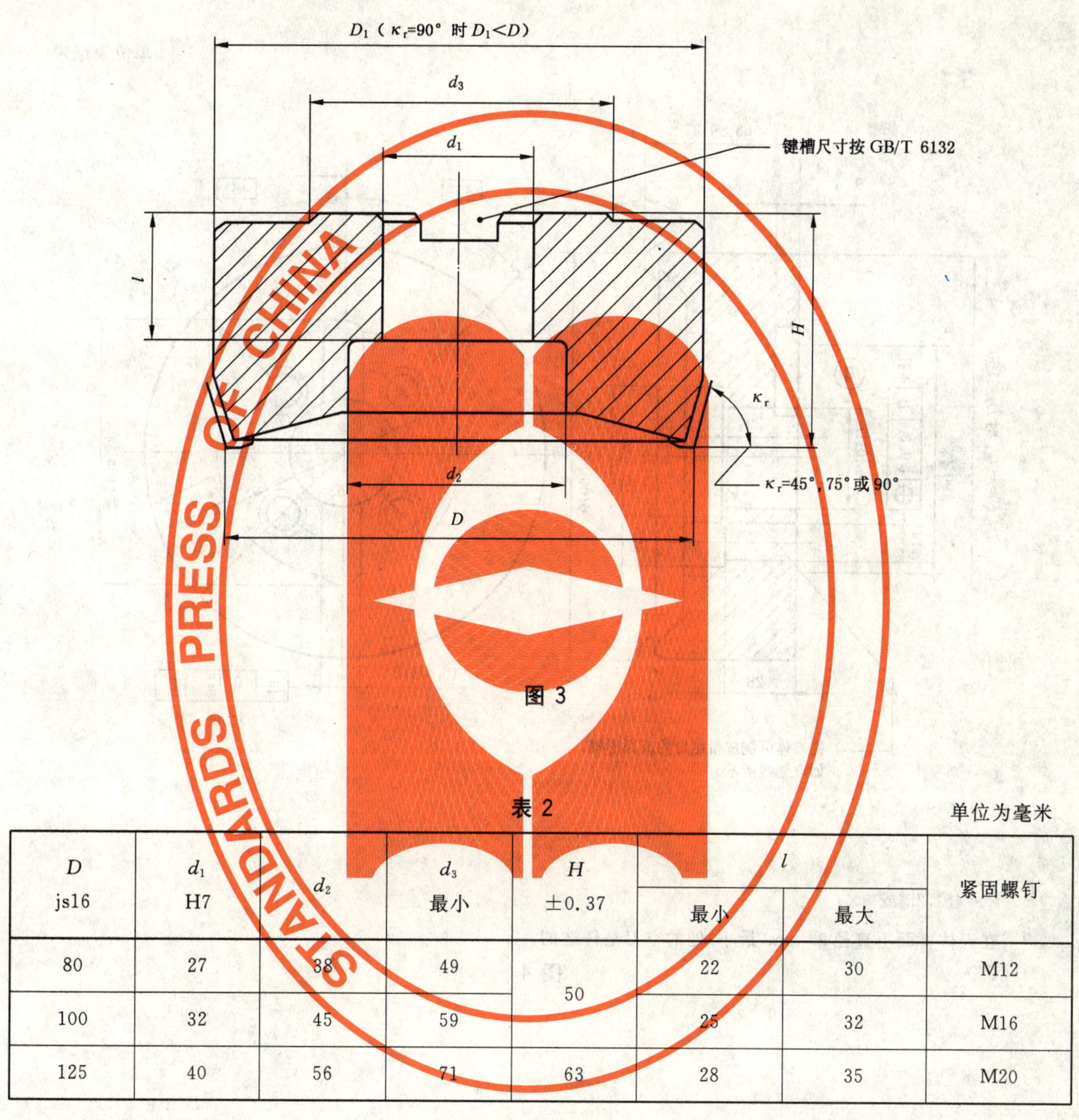

图3

表2

单位为毫米

D js16	d_1 H7	d_2	d_3 最小	H ±0.37	l		紧固螺钉
					最小	最大	
80	27	38	49	50	22	30	M12
100	32	45	59		25	32	M16
125	40	56	71	63	28	35	M20

5.4 C型面铣刀，安装在带有7:24锥柄的定心刀杆上

5.4.1 *D*=160 mm，40号定心刀杆

尺寸按图4所示。

注：这种铣刀也可制成端键传动。

单位为毫米

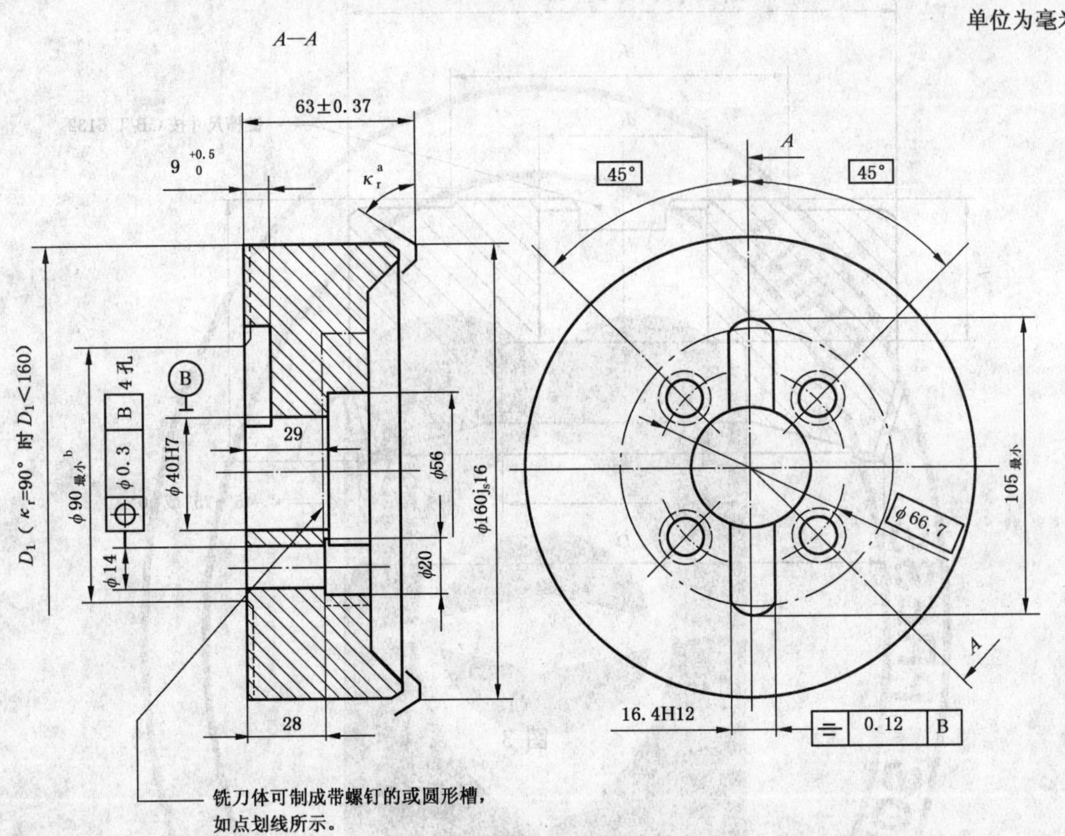

a　κ_r=45°，75°或90°；

b　在刀体背面上直径90 mm（最小）处的空刀是任选的。

图4

5.4.2 **D=200 mm 和 250 mm，50 号定心刀杆**

尺寸按图 5 所示。

单位为毫米

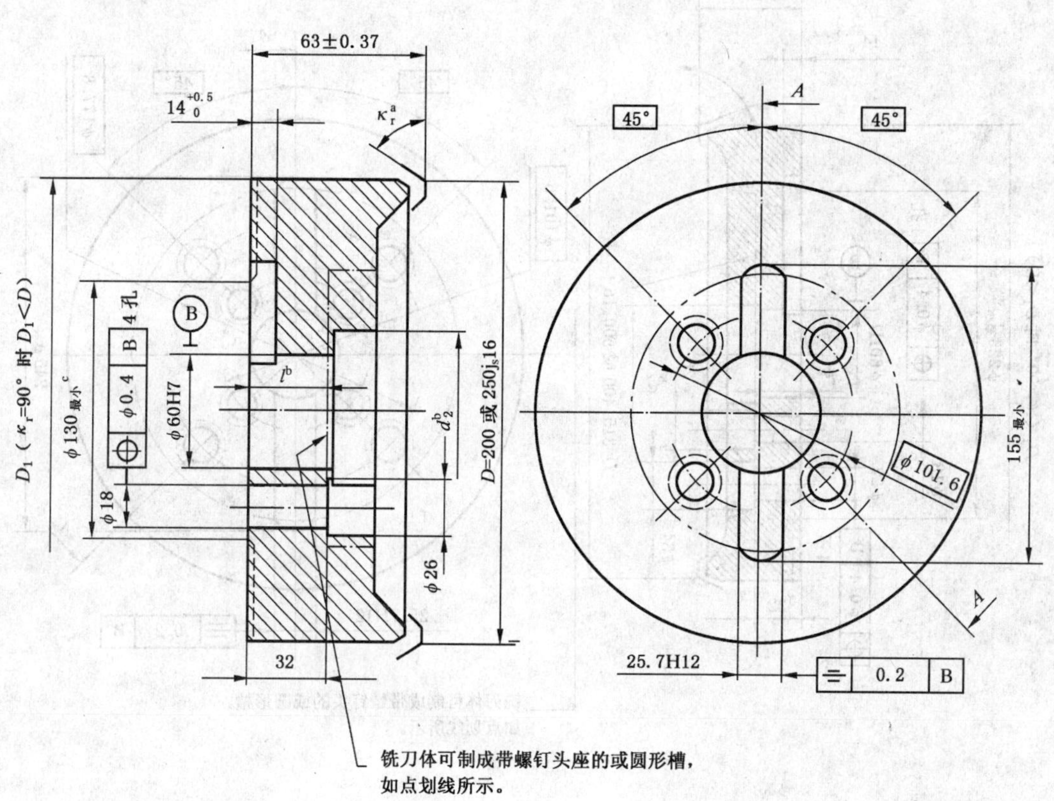

a　κ_r=45°，75°或 90°。

b　由制造商自定。

c　在刀体背面上直径 130 mm(最小)处的空刀是任选的。

图 5

5.4.3 **D=315 mm,400 mm 和 500 mm,50 号和 60 号定心刀杆**

尺寸按图 6 所示。

单位为毫米

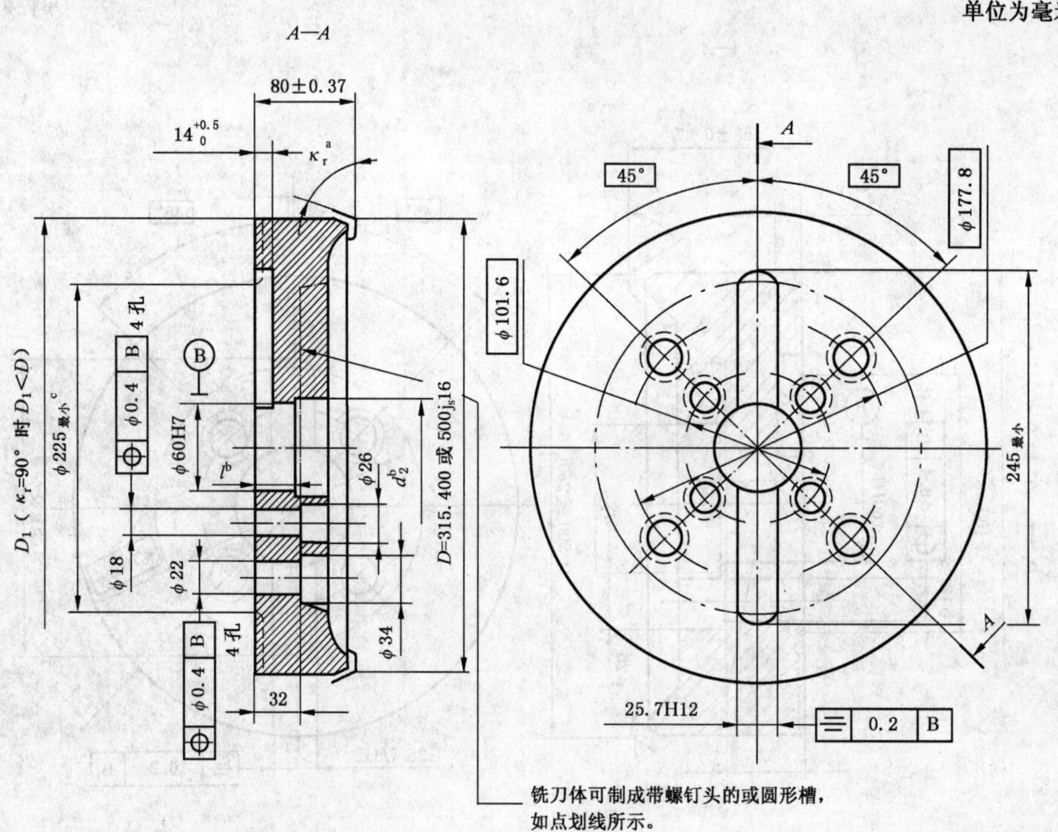

a　κ_r=45°,75°或 90°。

b　由制造商自定。

c　在刀体背面上直径 225 mm(最小)处的空刀是任选的。

图 6

ICS 25.100.20
J 41

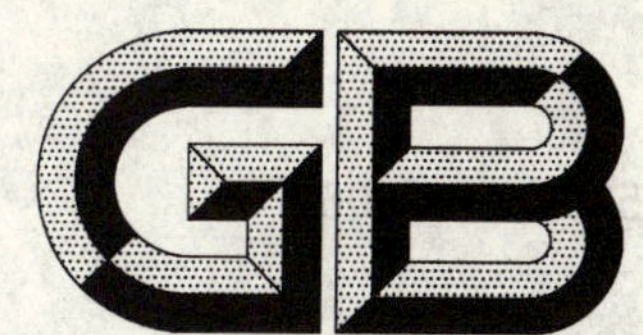

中华人民共和国国家标准

GB/T 5342.2—2006
代替 GB/T 5342—1985

可转位面铣刀 第2部分:莫氏锥柄面铣刀

Face milling cutter with indexable inserts—
Part 2: Face milling cutter with Morse taper shanks

2006-12-30 发布　　2007-06-01 实施

中华人民共和国国家质量监督检验检疫总局
中国国家标准化管理委员会　发布

前 言

GB/T 5342 在《可转位面铣刀》总标题下，分为三个部分：

——第 1 部分：套式面铣刀；

——第 2 部分：莫氏锥柄面铣刀；

——第 3 部分：技术条件。

本部分为 GB/T 5342 的第 2 部分。

本部分代替 GB/T 5342—1985 中的锥柄面铣刀部分。

本部分与 GB/T 5342—1985 中锥柄面铣刀部分相比有如下变化：

——增加了直径 D、长度 L、主偏角 κ_r 的定义；

——删除了参考齿数。

本部分由中国机械工业联合会提出。

本部分由全国刀具标准化技术委员会(SAC/TC 91)归口。

本部分起草单位：成都工具研究所。

本部分主要起草人：沈士昌。

本部分所代替标准的历次版本发布情况为：

——GB/T 5342—1985。

可转位面铣刀
第2部分:莫氏锥柄面铣刀

1 范围

GB/T 5342 的本部分规定了装可转位刀片的莫氏锥柄面铣刀的尺寸。

刀片的形式和尺寸由制造商确定(优先按 GB/T 2081)。

2 规范性引用文件

下列文件中的条款通过 GB/T 5342 的本部分的引用而成为本部分的条款。凡是注日期的引用文件,其随后所有的修改单(不包括勘误的内容)或修订版均不适用于本部分,然而,鼓励根据本部分达成协议的各方研究是否可使用这些文件的最新版本。凡是不注日期的引用文件,其最新版本适用于本部分。

GB/T 1443 机床和工具柄用自夹圆锥(GB/T 1443—1996,eqv ISO 296:1991)

GB/T 2081 硬质合金可转位铣刀片(GB/T 2081—1987,eqv ISO 3365:1985)

3 定义

3.1

切削直径 *D* 和长度 *L* cutting cliameter, *D* and cutting length, *L*

切削直径 *D* 和长度 *L* 取自于图 1 中定义的 *P* 点。

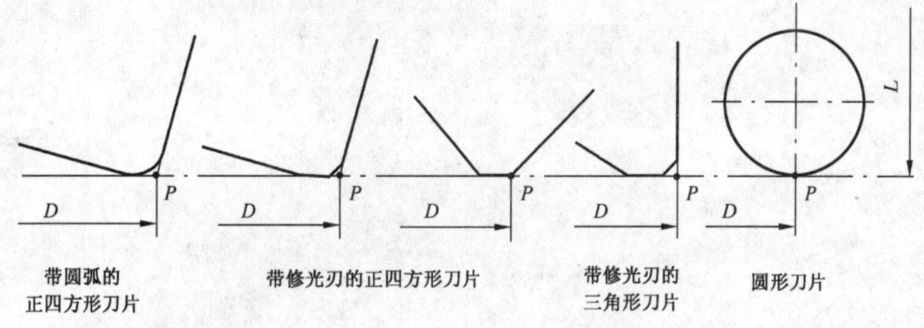

图 1

3.2

主偏角 κ_r cutting edge angle

刀片切削刃主偏角的公称值。

对于工件而言,有效角度取决于铣刀的几何形状、直径以及切削深度。

4 尺寸

面铣刀的尺寸按图 2 和表 1 所示,莫氏锥柄的尺寸按 GB/T 1443 的规定。

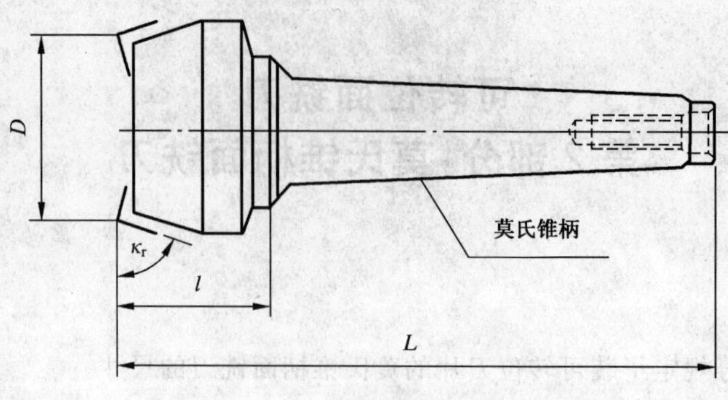

图 2

表 1

单位为毫米

D js14	L h16	莫氏锥柄号	l(参考)
63	157	4	48
80			

ICS 25.100.20
J 41

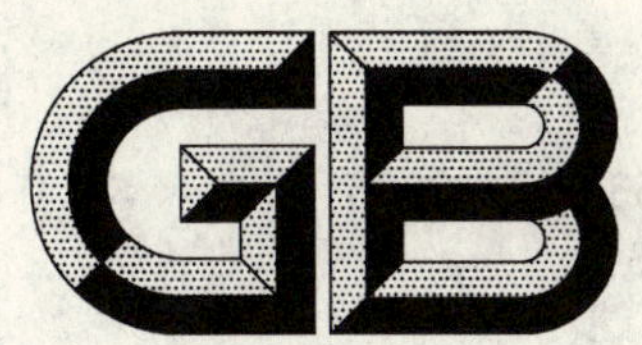

中华人民共和国国家标准

GB/T 5342.3—2006
代替 GB/T 5342—1985

可转位面铣刀　第3部分：技术条件

Face milling cutter with indexable inserts—Part 3：Technical requirements

2006-12-30 发布　　2007-06-01 实施

中华人民共和国国家质量监督检验检疫总局
中国国家标准化管理委员会　发布

前言

GB/T 5342 在《可转位面铣刀》总标题下，分为三个部分：

——第 1 部分：套式面铣刀；

——第 2 部分：莫氏锥柄面铣刀；

——第 3 部分：技术条件。

本部分为 GB/T 5342 的第 3 部分。

本部分代替 GB/T 5342—1985 中的技术条件部分。

本部分与 GB/T 5342—1985 中技术条件部分相比有如下变化：

——理顺了编写顺序，技术内容部分依次为：位置公差、材料和硬度、刀片和零部件、外观和表面粗糙度、标志和包装；

——取消了试验方法一章；

——标志内容作了补充。

本部分由中国机械工业联合会提出。

本部分由全国刀具标准化技术委员会(SAC/TC 91)归口。

本部分起草单位：成都工具研究所。

本部分主要起草人：沈士昌。

本部分所代替标准的历次版本发布情况为：

——GB/T 5342—1985。

可转位面铣刀　第3部分:技术条件

1　范围

GB/T 5342的本部分规定了装可转位刀片的面铣刀的位置公差、材料和硬度、刀片和零部件、外观和表面粗糙度、标志和包装的基本要求。

本部分适用于按GB/T 5342.1和GB/T 5342.2生产的套式面铣刀和莫氏锥柄面铣刀。

2　规范性引用文件

下列文件中的条款通过GB/T 5342的本部分的引用而成为本部分的条款。凡是注日期的引用文件,其随后所有的修改单(不包括勘误的内容)或修订版均不适用于本部分,然而,鼓励根据本部分达成协议的各方研究是否可使用这些文件的最新版本。凡是不注日期的引用文件,其最新版本适用于本部分。

GB/T 2075　切削加工用硬切削材料的用途　切屑形式大组和用途小组的分类代号(GB/T 2075—1998,idt ISO 513:1991)

GB/T 2081　硬质合金可转位刀片(GB/T 2081—1987,eqv ISO 3365:1985)

GB/T 5342.1　可转位面铣刀　第1部分:套式面铣刀(GB/T 5342.1—2006,ISO 6462:1983,MOD)

GB/T 5342.2　可转位面铣刀　第2部分:莫氏锥柄面铣刀

3　位置公差

面铣刀的位置公差按表1所示。检查圆跳动时,莫氏锥柄面铣刀以公共轴线为基准,套式面铣刀以内孔和端面定位。刀刃圆跳动应采用同一刀片在同一切削刃上进行。

表1

单位为毫米

项目		公差		
		D=63～160	D=200～315	D=400～500
主切削刃法向(或径向)圆跳动	相邻齿	0.04	0.05	0.06
	一转	0.07	0.08	0.09
端刃的端面圆跳动		0.02	0.03	0.04
支承端面的端面圆跳动		0.015	0.02	0.025
柄部的径向圆跳动		0.01	—	

4　材料和硬度

4.1　铣刀刀体用合金钢制造,其硬度为:

——锥柄铣刀头部不低于45HRC,柄部35HRC～50HRC;

——套式铣刀不低于220HBS,与刀片接触的定位面不低于45HRC。

4.2　铣刀零部件的硬度为:

——定位元件不低于50HRC;

——夹紧元件不低于40HRC。

5 刀片和零部件

刀片的选用按 GB/T 2075 和 GB/T 2081(优先)。刀片的夹紧应可靠,保证切削过程中刀片不松动和不移位。

铣刀相同零部件应能互换。

6 外观和表面粗糙度

6.1 铣刀刀片不得有裂纹、崩刃。铣刀零部件不得有裂纹、刻痕和锈迹等影响使用性能的缺陷。

6.2 铣刀表面粗糙度的上限值为:

——锥柄铣刀柄部外圆:Ra 0.4 μm;

——套式铣刀内孔和端面:Ra 0.8 μm。

7 标志和包装

7.1 标志

7.1.1 产品上应标志:

——制造厂或销售商的商标;

——铣刀直径。

7.1.2 刀片上应标志:

——硬质合金牌号;

——用途代号(按 GB/T 2075)。

7.1.3 包装盒上应标志:

——制造厂或销售商的名称、地址和商标;

——产品名称;

——铣刀直径;

——标准编号;

——制造年月。

7.2 包装

铣刀包装前应经防锈处理,包装应牢固,防止运输过程中的损伤。

ICS 43.140
T 80

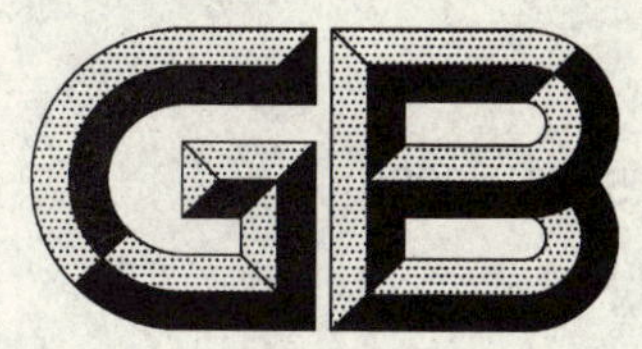

中华人民共和国国家标准

GB/T 5373—2006
代替 GB/T 5373—1994

摩托车和轻便摩托车尺寸和质量参数的测定方法

Measuring method of dimensions and masses parameter for motorcycles and mopeds

2006-12-09 发布 2007-05-01 实施

中华人民共和国国家质量监督检验检疫总局
中国国家标准化管理委员会 发布

前言

本标准与欧洲经济共同体理事会指令93/93/EEC 1993年10月29日《关于两轮/三轮摩托车的质量和尺寸》(英文版)的一致性程度为非等效。

本标准根据欧洲经济共同体理事会指令93/93/EEC 1993年10月29日重新起草。

本标准与欧洲经济共同体理事会指令93/93/EEC 1993年10月29日的主要差异如下:

——采用了尺寸和质量项目的定义和测量要求。

——没有采用其中的最大尺寸和最大质量的限值。

——增加了ISO 6725:1981《道路车辆——两轮轻便摩托车及摩托车的尺寸——术语及定义》、ISO 9131:1993《三轮轻便摩托车和摩托车——尺寸——词汇》、ISO 8705:1991《轻便摩托车——重心位置的测最方法》和ISO 9130:1989《摩托车——重心位置的测量方法》4份标准中的部分项目。

——增加了我国摩托车强检项检测要求中的部分项目,如转向轮转角等。

本标准代替GB/T 5373—1994《摩托车和轻便摩托车尺寸和质量参数的测定方法》。

本标准与GB/T 5373—1994相比主要变化如下:

——将尺寸参数测量的车辆状态统一为整车干质量状态。

——取消灯具类的尺寸测量项目。

——明确了离地间隙的测量方法。

本标准的附录A、附录B、附录C均为资料性附录。

本标准由全国汽车标准化技术委员会提出。

本标准由全国汽车标准化技术委员会归口。

本标准起草单位:五羊-本田摩托(广州)有限公司。

本标准主要起草人:付晓萱、钟穗燕、胡民强。

本标准所代替标准的历次版本发布情况为:

——GB 5373—1985、GB/T 5373—1994。

摩托车和轻便摩托车尺寸和质量参数的测定方法

1 范围

本标准规定了摩托车和轻便摩托车的尺寸和质量参数的测量条件、测量方法和取值规则。

本标准适用于摩托车和轻便摩托车。

2 规范性引用文件

下列文件中的条款通过本标准的引用而成为本标准的条款。凡是注日期的引用文件,其随后所有的修改单(不包括勘误的内容)或修订版均不适用于本标准,然而,鼓励根据本标准达成协议的各方研究是否可使用这些文件的最新版本。凡是不注日期的引用文件,其最新版本适用于本标准。

GB/T 5359.3—1996 摩托车和轻便摩托车术语 两轮车尺寸(neq ISO 6725:1981)

GB/T 5359.5—1996 摩托车和轻便摩托车术语 两轮车质量(neq ISO 6726:1988)

GB/T 5359.6—1996 摩托车和轻便摩托车术语 三轮车质量(neq ISO 9132:1990)

GB/T 5359.7—1996 摩托车和轻便摩托车术语 三轮车尺寸

GB/T 8170—1987 数值修约规则

3 术语和定义

GB/T 5359.3—1996、GB/T 5359.5—1996、GB/T 5359.6—1996 和 GB/T 5359.7—1996 确定的术语和定义适用于本标准。

4 一般测量条件

4.1 车辆必须清洁(无油污、泥土),装备应齐全,轮胎气压按产品技术文件的规定。

4.2 测量尺寸用的支承面应是呈水平状态的测量平台或水磨石地面。

4.3 车辆静置于支承平面上,处于铅垂状态,车轮处于直线行驶位置,正三轮车的门、窗应关闭,边三轮边车挡风装置应置于工作位置。

4.4 测量仪器和设备:

a) 钢卷尺:分辨率为 1 mm;

b) 角度计:分辨率为 5′;

c) 高度尺:分辨率为 0.5 mm;

d) 重锤或直角尺;

e) 三维坐标测量装置;

f) 磅秤或电子秤或车辆负荷计,分辨率为 0.2 kg;

g) 垫块;

h) 可调整式水平仪;

i) 悬架锁紧工具。

5 尺寸参数的测量方法

5.1 测量条件

5.1.1 车辆置于三维正交坐标系中,确定其测量基准平面和纵向中心平面。

5.1.2 测量时，车辆质量状态为整车干质量状态。

5.1.3 测量转弯圆直径、转弯通道圆直径和车轮滚动半径用的场地和道路应是清洁、平坦、干燥的混凝土或沥青地面。

5.2 测量项目及测量要求

5.2.1 长度尺寸见表1。

表1 长度尺寸

<table>
<tr><th>代号</th><th colspan="2">测量项目</th><th>测量要求</th><th>备注</th></tr>
<tr><td>L</td><td colspan="2">车长</td><td>测量垂直于车辆纵向中心平面，分别与车辆前、后端相接触的两个铅垂面的距离。除选配件[a]和备用轮胎外，车辆所有部件和前后突出的固定件[b]均在这两个平面之间</td><td rowspan="3">见图1～图3</td></tr>
<tr><td>L_1</td><td rowspan="2">轴距</td><td>前、后轴</td><td rowspan="2">测量分别通过两车轮中心并垂直于车辆纵向中心平面的两个铅垂面之间的距离</td></tr>
<tr><td>L_2</td><td>前、边轴</td></tr>
<tr><td>L_3</td><td colspan="2">前伸距</td><td>测量通过方向柱轴线与支承面的相交点与前轮中心铅垂线之间的距离</td><td></td></tr>
<tr><td>L_4</td><td colspan="2">前悬</td><td>测量通过前轮中心与接触车辆最前端并垂直于车辆纵向中心平面的两个铅垂面之间的距离。除选配件[a]外，应包括前端突出的固定件[b]</td><td>见图7</td></tr>
<tr><td>L_5</td><td colspan="2">后悬</td><td>测量通过后轮中心与接触车辆最后端并垂直于车辆纵向中心平面的两个铅垂面之间的距离。除选配件[a]和备用轮胎外，应包括后端突出的固定件[b]</td><td>见图1～图3</td></tr>
<tr><td>L_6</td><td colspan="2">离地间隙点至后轮轴线间距离</td><td>测量离地间隙点至后轮轴线之间的距离。当最低离地点并不止一点时，应取靠近两轮中心部位处测量</td><td>见图1～图3</td></tr>
<tr><td>L_7</td><td colspan="2">车厢内部长</td><td>测量车厢内部长度方向的最大尺寸(不包括内部突起)</td><td>见图3</td></tr>
<tr><td>L_8</td><td colspan="2">驾驶室后车架最大可用长度</td><td>测量垂直于车辆纵向中心平面的安装货箱的最前端和车架最后端的两个铅垂面之间的距离</td><td>见图3</td></tr>
</table>

a 选配件——在制造商提供的基本型摩托车外，作为供顾客选配而加装或选装的附件[c]为选配件。

b 固定件——在制造商提供的基本型摩托车中，已作为车辆设计标准配置的附件[c]为固定件。

c 附件——起辅助作用，拆卸以后不影响摩托车正常行驶的零部件(如导流罩、挡风板、保险杠、货筐、前(后)货架、后行李箱等)。

5.2.2 宽度尺寸见表2。

表2 宽度尺寸

代号	测量项目	测量要求	备注
B	车宽	测量平行于车辆纵向中心平面，分别与车辆两侧相接触的两平面之间的距离。除选配件[a]和后视镜外，车辆所有部件及横向突出的固定件[b]均在这两个平面之间	见图1～图3
B_1	轮距	a) 正三轮车：测量两边轮中心到车辆纵向中心平面的距离(b_y, b_z)之和； b) 边三轮车：测量边轮中心到车辆纵向中心平面的距离	见图2～图3

表 2(续)

代号	测量项目	测量要求	备注
B_2 (b_2-b_1)	前束	a) 正三轮车前束:同一轴上两端轮辋轮缘外侧轮廓线的水平直径的端点为等腰梯形的顶点,测量梯形前后底边(b_1、b_2)长度之差; b) 边三轮车前束:边轮轮辋轮缘外侧轮廓线的水平直径的端点至纵向中心平面的垂直线为梯形,测量梯形前后底边(b_1、b_2)长度之差	见图 4
B_3	车厢内部宽	测量车厢内部宽度方向的最大尺寸(不包括内部突起)	见图 3

a 选配件——在制造商提供的基本型摩托车外,作为供顾客选配而加装或选装的附件[c] 为选配件。

b 固定件——在制造商提供的基本型摩托车中,已作为车辆设计标准配置的附件[c] 为固定件。

c 附件——起辅助作用,拆卸以后不影响摩托车正常行驶的零部件〔如导流罩、挡风板、保险杠、货筐、前(后)货架、后行李箱等〕。

5.2.3 高度尺寸见表 3。

表 3 高度尺寸

代号	测量项目	测量要求	备注
H	车高	测量车辆支承面和与车辆顶端相接触的水平面间的距离。除选配件[a] 和后视镜外,车辆所有部件都在这两个平面之间	见图 1~图 3
H_1	离地间隙	测量除车轮、挡泥板以及其他处于车轮投影面内的零件外,处于轴距内车辆最低点至支承面间的距离(对装有脚踏的轻便摩托车,应将脚踏放在使用中的最低位置)	见图 1~图 3
H_2	车厢内部高	测量车厢内部高度方向的最大尺寸(不包括内部突起)	见图 3

a 选配件——在制造商提供的基本型摩托车外,作为供顾客选配而加装或选装的附件[b] 为选配件。

b 附件——起辅助作用,拆卸以后不影响摩托车正常行驶的零部件〔如导流罩、挡风板、保险杠、货筐、前(后)货架、后行李箱等〕。

5.2.4 角度见表 4。

表 4 角度

代号	测量项目		测量要求	备注
α	转向轮转角	左转 α_z	测量转向轮向左或向右转到极限位置时,车轮纵向中心平面和转向轴垂直面的交线与车辆纵向中心平面间的夹角	见图 8、图 10
		右转 α_y		
β	前伸角		测量通过方向柱轴线且垂直于车辆纵向中心平面的平面与通过前轮中心且平行于 X 面(垂直于水平面和铅垂面的平面)的平面间的锐角	见图 1~图 3
δ	主车外倾角		测量车辆纵向中心平面与后轮纵向中心平面所构成的锐角	见图 2
γ	倾斜角	左倾 γ_z	分别测量与两轮车前、后轮侧面及车身两侧之刚性构件相切且垂直于 X 面的平面和支承面间的最大夹角,如果前、后轮不相同,取较小值	见图 1
		右倾 γ_y		

表 4(续)

代号	测量项目	测 量 要 求	备 注
λ	接近角	测量垂直于车辆纵向中心平面且与前轮及车辆最前端的刚性构件相切的平面与支承面间的最大夹角,此夹角内不允许有任何刚性构件	见图 7
ε	离去角	测量垂直于车辆纵向中心平面且与后轮及车辆最后端的刚性构件相切的平面与支承面间的最大夹角,此夹角内不允许有任何刚性构件	见图 7
Ψ	通过角	测量垂直于车辆纵向中心平面并与车辆前后轮相切的两平面的交线与轴距内车辆底部相接触时,两平面间的最小夹角(不适用于带有边斗的轻便摩托车和摩托车。装有脚踏板的轻便摩托车的脚踏板位置不考虑)	见图 6

5.2.5 其他尺寸见表 5。

表 5 其他尺寸

代号	测量项目		测 量 要 求	备 注
d_1	转弯圆直径	左转 d_{1z}	a) 两轮车:测量转向轮转到左、右极限位置运行时,在支承面上与前轮纵向中心平面相切圆的直径; b) 三轮车:测量转向轮转到左、右极限位置运行时,在支承面上与车辆的最外侧车轮的纵向中心平面相切圆的直径	见图 8～图 11
		右转 d_{1y}		
d_{2z}	转弯通道圆直径	左外 d_{2zw}	测量转向轮转到极限位置车辆运行时,车辆所有零件在支承面上投影的外侧、内侧所划出的最大、最小圆的直径	
		左内 d_{2zn}		
d_{2y}		右外 d_{2yw}		
		右内 d_{2yn}		
r_j	车轮静力半径	前轮 r_{j1}	测量各车轮轴心至支承面的距离	见图 6
		后轮 r_{j2}		
		边轮 r_{j3}		—
r_g	车轮滚动半径		测量行进时驱动轮的滚动周长,计算驱动轮的滚动半径	—

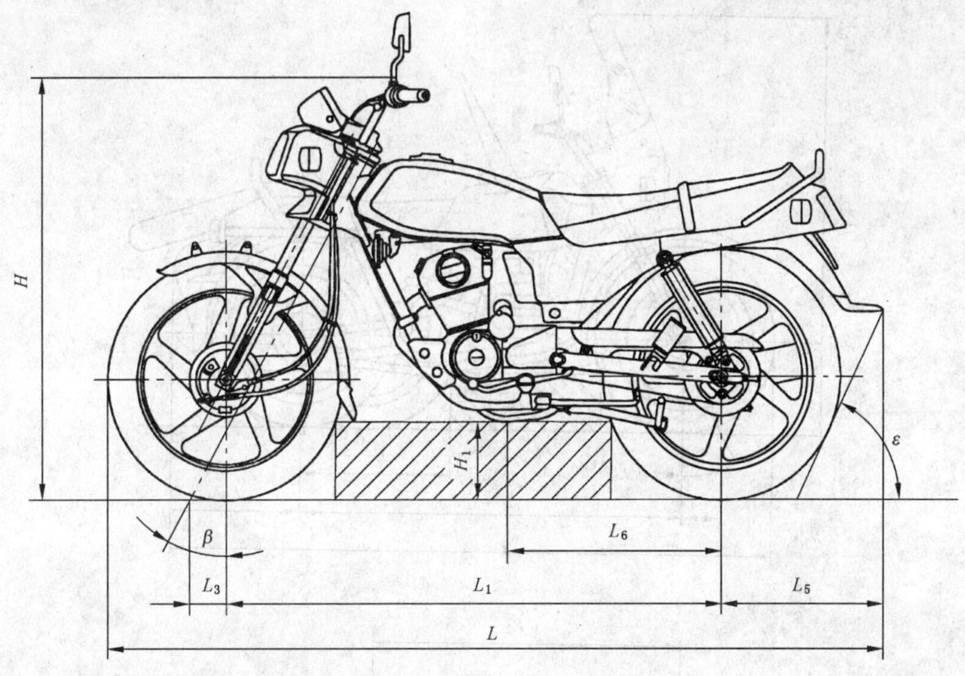

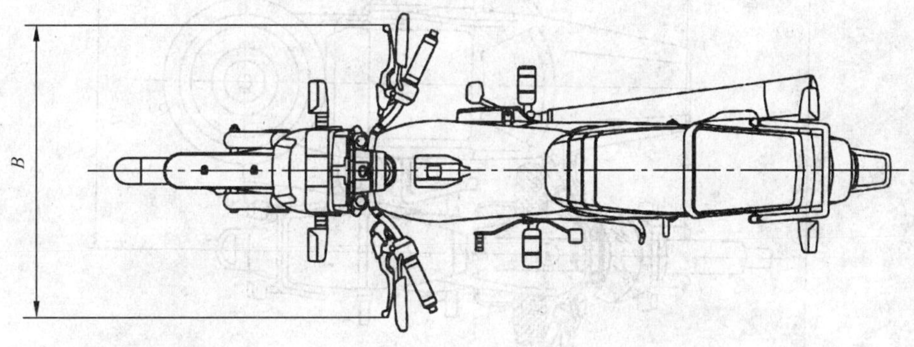

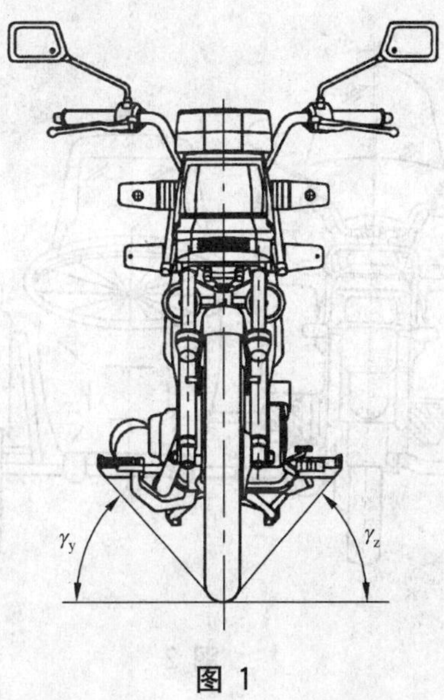

图 1

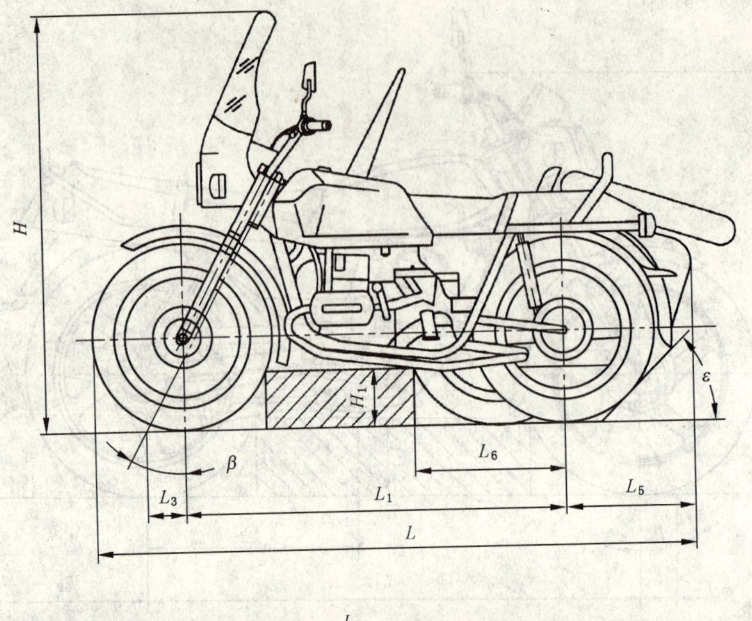

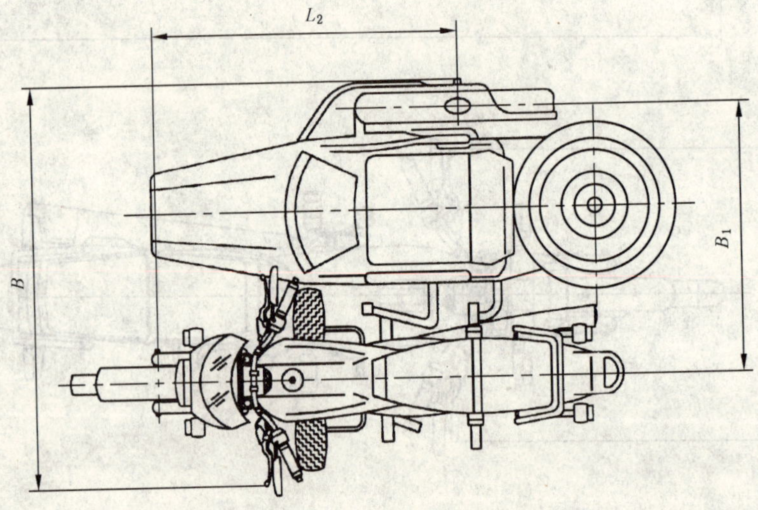

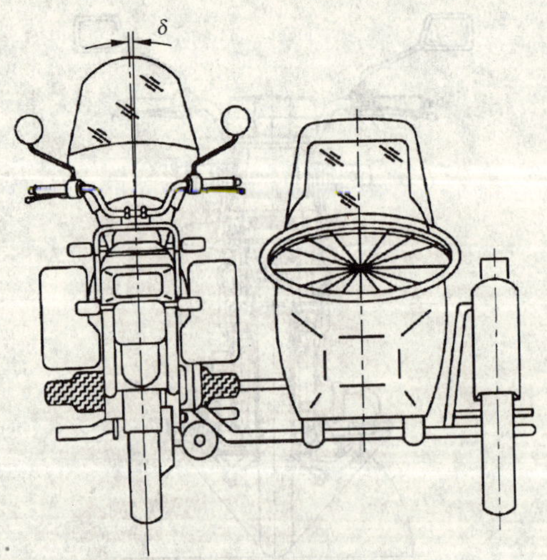

图 2

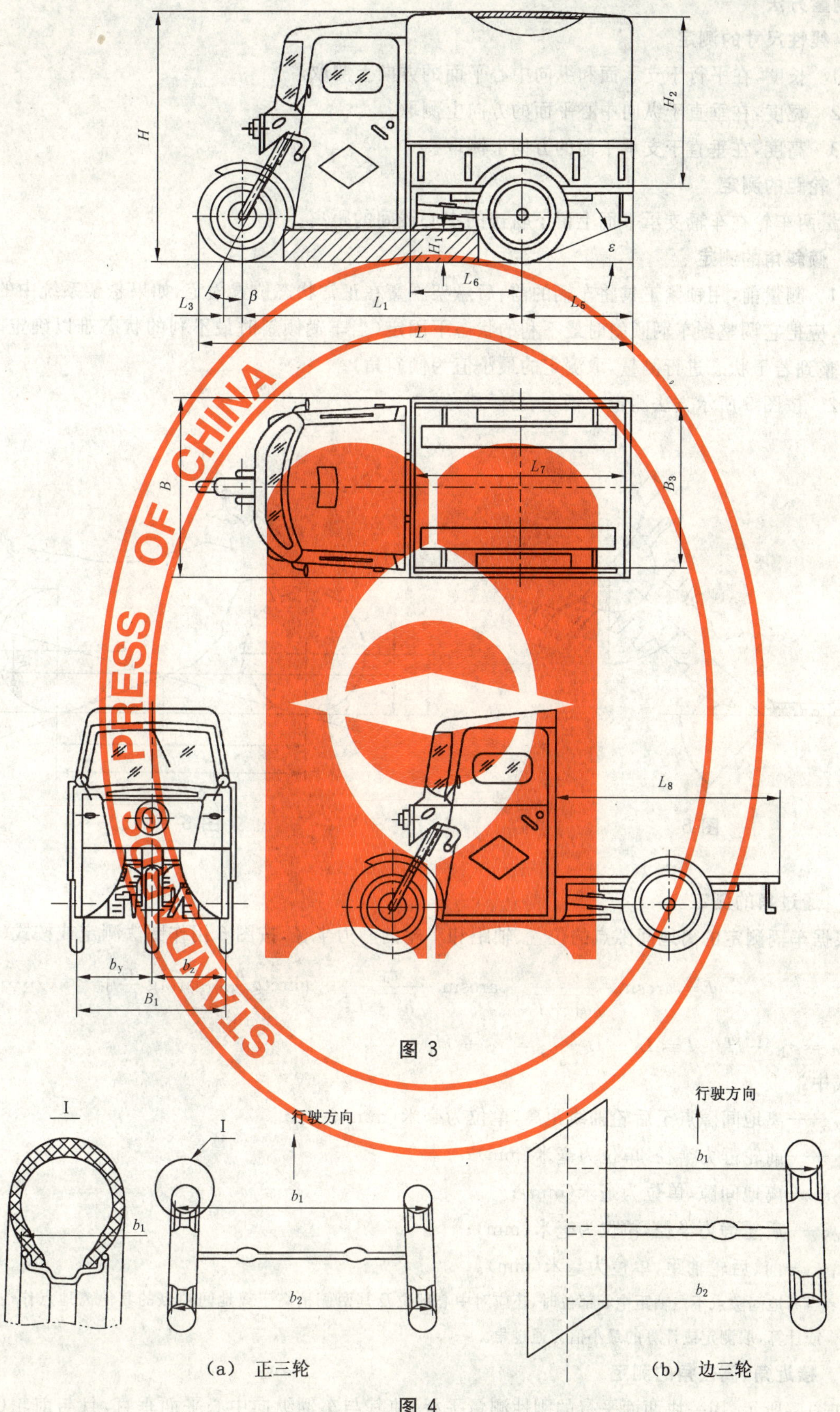

图 3

(a) 正三轮

(b) 边三轮

图 4

5.3 测量方法

5.3.1 线性尺寸的测定

5.3.1.1 长度，在平行于支承面和纵向中心平面的方向上测取。

5.3.1.2 宽度，在垂直于纵向中心平面的方向上测取。

5.3.1.3 高度，在垂直于支承平面的方向上测取。

5.3.2 轮距的测定

测量两车轮在车辆支承平面上留下轨迹的中心线间的距离。

5.3.3 倾斜角的测定

5.3.3.1 测量前，用锁紧工具将车辆的前、后悬架弹簧在正常状态位置固定，如果悬架系统中的弹簧压力可调，应把它调整到车辆倾斜时最不利的状态下固定（当车辆倾斜时最不利的状态难以确定时，可把弹簧调整到若干状态进行测量，取测定的最小值为倾斜角）。

5.3.3.2 按图5所示方法测定车辆左、右倾斜角。

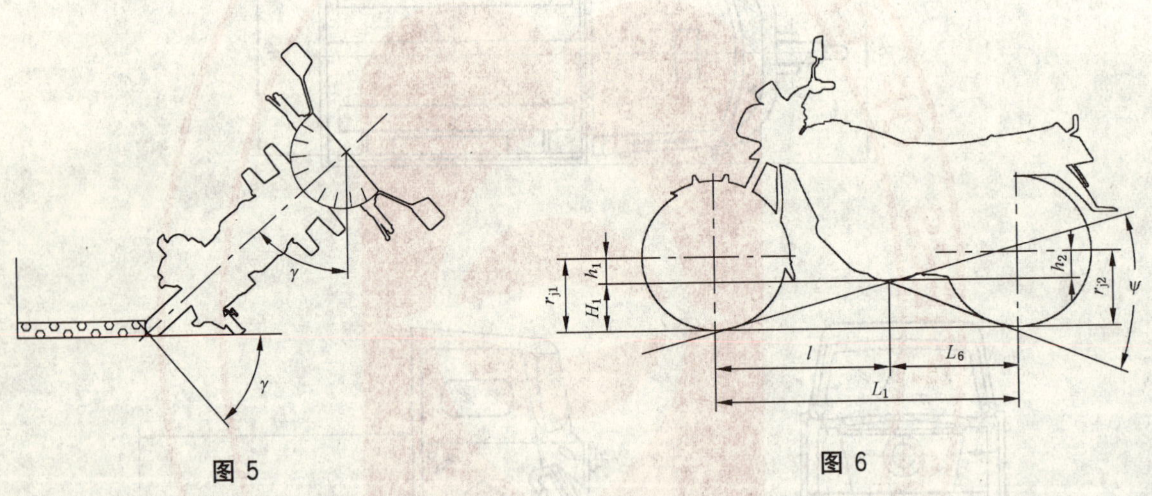

图5　　　　图6

5.3.4 通过角的测定

根据车辆测定的离地间隙点的位置、轴距和车轮的静力半径，按图6用作图法测定或按式(1)计算。

$$\psi = \arcsin\frac{r_{j1}}{\sqrt{h_1^2+l^2}} + \arcsin\frac{r_{j2}}{\sqrt{h_2^2+L_6^2}} - \left(\mathrm{arctg}\frac{h_1}{l} + \mathrm{arctg}\frac{h_2}{L_6}\right) \qquad \cdots\cdots\cdots\cdots(1)$$

$h_1 = r_{j1} - H_1 \quad l = L_1 - L_6 \quad h_2 = r_{j2} - H_1$

式中：

L_6——离地间隙点至后轮轴线距离，单位为毫米(mm)；

r_{j1}——前轮静力半径，单位为毫米(mm)；

H_1——离地间隙，单位为毫米(mm)；

r_{j2}——后轮静力半径，单位为毫米(mm)；

L_1——前、后轮轴距，单位为毫米(mm)。

注：当离地间隙点不在轴距中心部位时，还应对中心部位及其两侧稍高于离地间隙点的其他离地点作通过角测定或计算，取测定或计算的最小值为通过角。

5.3.5 接近角、离去角的测定

如图7所示，用一块两面平行的刚性测量平板，使其与车辆纵向中心平面垂直，且与前轮（或后轮）相切，与前端（或后端）内刚性零件相接触，然后用角度计测量平板与支承面间的夹角。

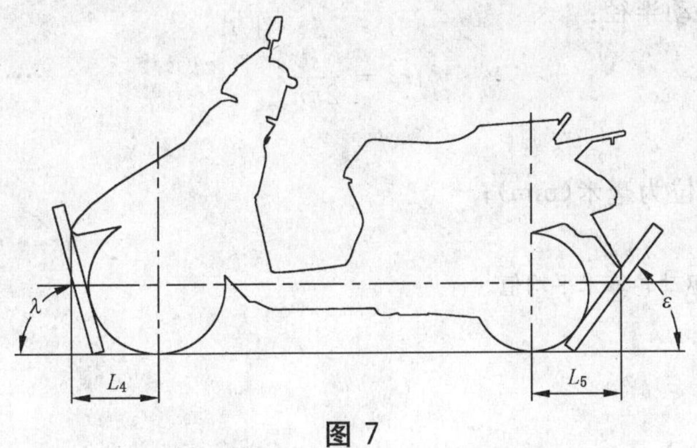

图 7

5.3.6 转弯圆直径、转弯通道圆直径的测定

5.3.6.1 采用印迹法、投影标记法或喷印法使车辆测量点的运行轨迹清晰地显示于地面。

5.3.6.2 将转向轮向左或向右转到极限位置，将车辆推动或行驶一周。两轮车在行进中应使车身与地面保持垂直。

5.3.6.3 按图 8～图 11 所示测量车轮中心线轨迹圆，测量 3 次取其算术平均值。

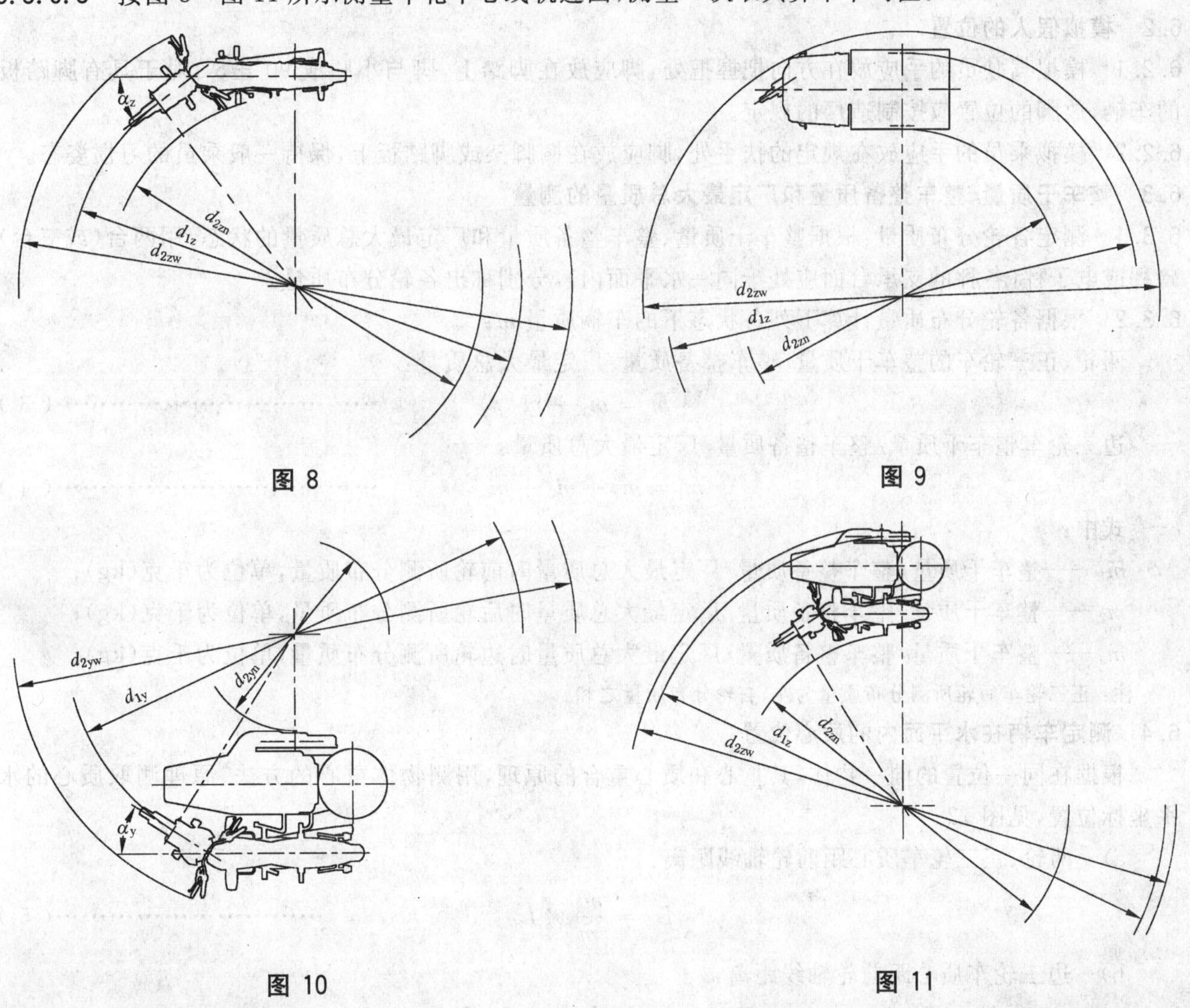

图 8　　图 9

图 10　　图 11

5.3.7 车轮滚动半径的测定

5.3.7.1 用印迹法测量驱动轮滚动周长，在测试道路上垂直于行驶方向用印迹物涂一条宽约 10 mm 的线条后，推动车辆直线前进或以最低车速匀速行驶，测量驱动轮印迹显示滚动的长度。尽可能多测几周。

5.3.7.2 按式(2)计算滚动半径：

$$r_g = \frac{s}{2\pi n} \qquad \cdots\cdots(2)$$

式中：

s——滚动的长度，单位为毫米(mm)；

n——滚动圈数。

注：正三轮车 s 取左、右驱动轮算术平均值。

6 质量参数的测量方法

6.1 测量条件

6.1.1 车辆装载质量按产品技术文件的规定。乘员和装载物应在规定的位置上。驾驶员及其装备的总质量规定为75 kg，不足75 kg者，应在相应的乘坐位置上加配重。

6.1.2 测量时，变速箱置于空档，并不得使用制动器。

6.1.3 测定厂定最大总质量情况下的质心位置时，驾驶员与乘员可用模拟假人代替，并与车辆固定为一体，保证在测量过程中不发生位移或改变姿态。

6.2 模拟假人的位置

6.2.1 模拟驾驶员的手应放在方向把握把处，脚应放在脚踏上，脚与小腿成90°±5°，对于具有脚踏板的车辆，放脚的位置应按制造厂的规定。

6.2.2 模拟乘员的手应放在规定的扶手处，脚应放在搁脚架或脚踏板上，保持一般乘员的习惯姿态。

6.3 整车干质量、整车整备质量和厂定最大总质量的测量

6.3.1 测定各轮分布质量：根据整车干质量、整车整备质量和厂定最大总质量的状态，用两台(或三台)磅秤或电子秤(各秤的支承台面应处于同一水平面内)，分别称出各轮分布质量。

6.3.2 根据各轮分布质量计算下列各状态下的车辆质量 m：

两轮、正三轮车的整车干质量/整车整备质量/厂定最大总质量：

$$m = m_1 + m_2 \qquad \cdots\cdots(3)$$

边三轮车整车干质量/整车整备质量/厂定最大总质量：

$$m = m_1 + m_2 + m_3 \qquad \cdots\cdots(4)$$

式中：

m_1——整车干质量/整车整备质量/厂定最大总质量时前轮所测分布质量，单位为千克(kg)；

m_2——整车干质量/整车整备质量/厂定最大总质量时后轮所测分布质量，单位为千克(kg)；

m_3——整车干质量/整车整备质量/厂定最大总质量时边轮所测分布质量，单位为千克(kg)。

注：正三轮车后轮所测分布质量为左、右轮分布质量之和。

6.4 测定车辆在水平面内的质心位置

根据在同一位置的同一物体，其重心和质心重合的原理，用测物体重心的方法、原理测取质心的水平坐标位置，见图12。

a) 两轮、正三轮车质心距前轮轴线距离：

$$L_g = \frac{m_2}{m} \times L_1 \qquad \cdots\cdots(5)$$

b) 边三轮车质心距前轮轴线距离：

$$L_g = \frac{m_2 \times L_1 + m_3 \times L_2}{m} \qquad \cdots\cdots(6)$$

c) 边三轮车质心距纵向中心平面距离：

$$B_g = \frac{m_3}{m} \times B_1 \qquad \cdots\cdots(7)$$

式中：

L_1——整车干质量/厂定最大总质量时前、后轮轴距，单位为毫米(mm)；

L_2——整车干质量/厂定最大总质量时前、边轮轴距，单位为毫米(mm)；

B_1——整车干质量/厂定最大总质量时轮距，单位为毫米(mm)；

m——整车干质量/厂定最大总质量状态下的总质量，单位为千克(kg)；

m_2——整车干质量/厂定最大总质量时后轮所测分布质量，单位为千克(kg)；

m_3——整车干质量/厂定最大总质量时边轮所测分布质量，单位为千克(kg)。

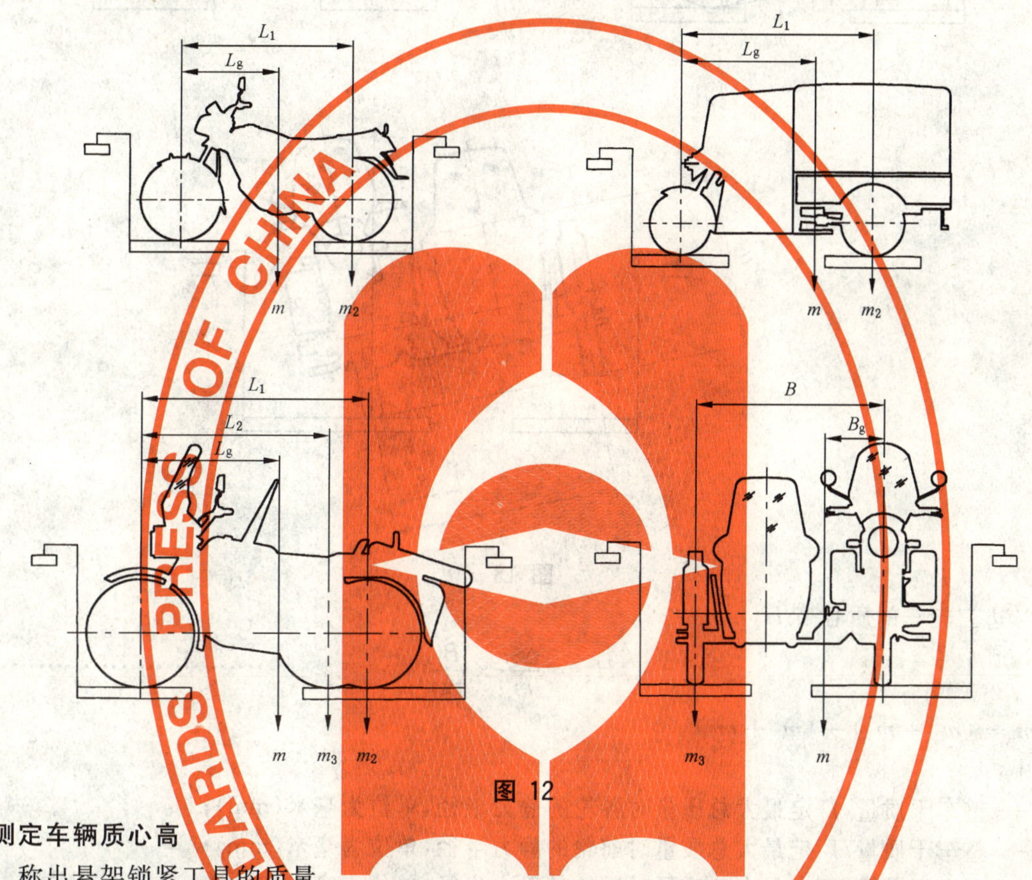

图 12

6.5　**测定车辆质心高**

6.5.1　称出悬架锁紧工具的质量。

6.5.2　在水平状态下，用锁紧工具固定车辆各悬架弹簧的变形位置。

6.5.3　测量厂定最大总质量的质心高时，车辆的装载及驾驶员、乘员情况按 6.1.1、6.1.3 的规定。

6.5.4　将车辆的前轮(两轮或三轮车)或边轮(边三轮车)用垫块垫高，使车辆分别倾斜约 10°、12°、14°(见图 13)，且车轮应处于直线行驶位置。两轮车后轮中心平面应与支承台面垂直。

6.5.5　抬高后，分别测定两轮或正三轮车的后轮，边三轮车的前轮和后轮分布质量与水平状态时各轮分布质量和增量 Δm。同时用角度测量仪器分别测出三种倾斜状态的实际倾斜角度。

6.5.6　计算整车干质量(厂定最大总质量)状态下的质心高：

a)　两轮、正三轮车的质心高 H_g：

$$H_g = r_j + \frac{\Delta m}{m} \times \frac{L_1}{\mathrm{tg}\alpha} \qquad \cdots\cdots (8)$$

$\Delta m = m'_2 - m_2$

当前后轮直径规格不相同时，式中 r_j 按下式计算：

$$r_j = r_{j1} + \frac{m'_2}{m} \times (r_{j2} - r_{j1})$$

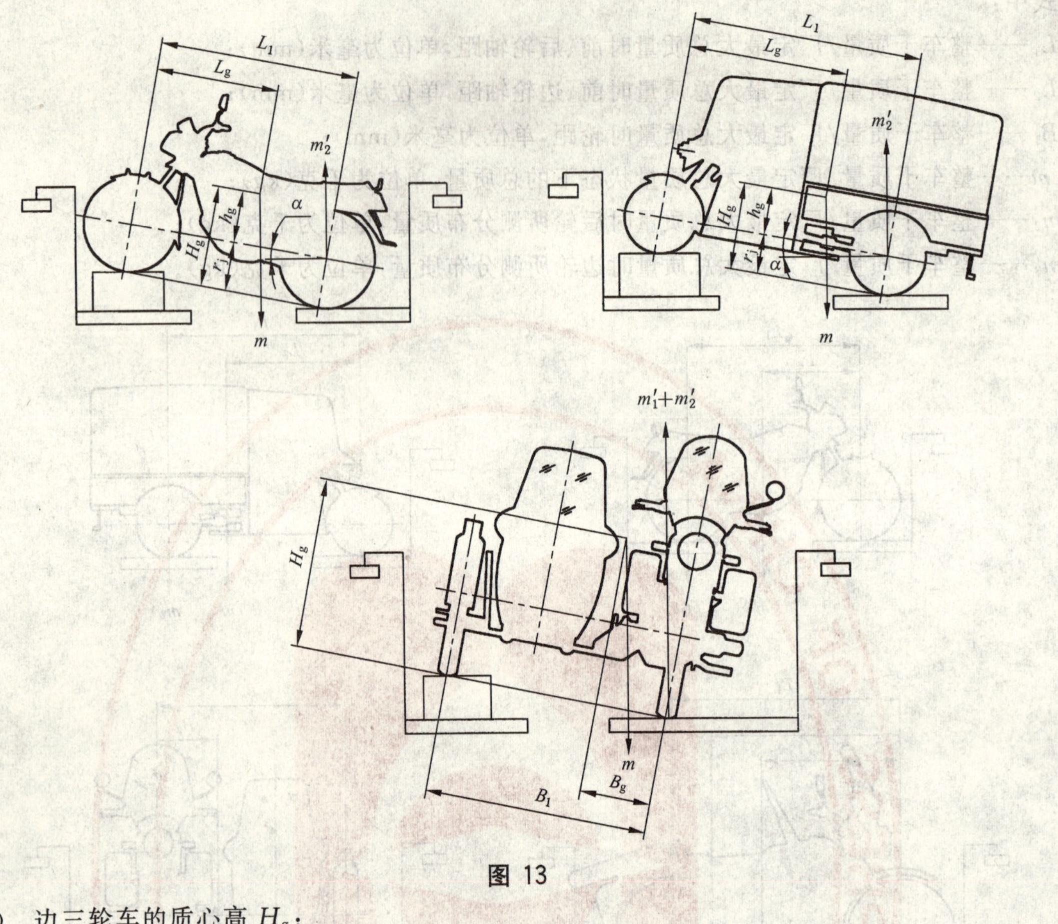

图 13

b) 边三轮车的质心高 H_g：

$$H_g = \frac{\Delta m}{m} \times \frac{B_1}{\mathrm{tg}\alpha} \quad \cdots\cdots (9)$$

$\Delta m = (m_1' + m_2') - (m_1 + m_2)$

式中：

r_j——整车干质量/厂定最大总质量时各轮的静力半径，单位为毫米(mm)；

r_{j1}——整车干质量/厂定最大总质量时前轮的静力半径，单位为毫米(mm)；

r_{j2}——整车干质量/厂定最大总质量时后轮的静力半径，单位为毫米(mm)；

L_1——整车干质量/厂定最大总质量时轴距，单位为毫米(mm)；

B_1——整车干质量/厂定最大总质量时轮距，单位为毫米(mm)；

Δm——抬高车轮后，后轮或前轮和后轮的分布质量的增量，单位为千克(kg)；

m——整车干质量/厂定最大总质量状态下的总质量，单位为千克(kg)；

m_1'——抬高车轮后，整车干质量/厂定最大总质量时的前轮分布质量，单位为千克(kg)；

m_2'——抬高车轮后，整车干质量/厂定最大总质量时的后轮分布质量，单位为千克(kg)；

m_1——整车干质量/厂定最大总质量时前轮分布质量，单位为千克(kg)；

m_2——整车干质量/厂定最大总质量时后轮分布质量，单位为千克(kg)；

α——抬高车轮后，实测车辆倾斜角，(°)。

抬高车轮后，非抬高轮称量读数值中应减去该轮悬架锁紧工具的质量。

7 测量结果及测量数据的取值规则

7.1 测量结果

7.1.1 尺寸参数测量后填写记录表，见附录 A。

7.1.2 质量参数测量后填写记录表，见附录B、附录C。

7.2 测量数据的取值规则

7.2.1 测量数据的有效值与计算数据的有效值按表6规定。

表6 测量数据的有效值与计算数据的有效值

测量项目	单位	测量数据有效值	计算数据有效值
长度	mm	1	0.1
角度	(°)	0.1	0.01
质量	kg	0.2	0.1

7.2.2 测量次数除有规定者外，一般规定为1次，测量2次及以上者，取算术平均值。

7.2.3 各次质心高测量值之间的平均偏差率应不大于5%，质心高取3次计算值的算术平均值。

7.2.4 数值的修约按GB/T 8170—1987的规定，修约后保留的位数应符合表7的规定。

表7 修约后保留的位数

测量项目	单位	修约后保留位数
长度	mm	整数
角度	(°)	1位小数
质量	kg	整数

附 录 A
（资料性附录）
车辆尺寸参数测量记录表

车辆型号＿＿＿＿＿＿＿＿＿＿＿＿＿＿＿＿测量日期＿＿＿＿＿＿＿＿＿＿＿＿＿＿＿＿

车架编号＿＿＿＿＿＿＿＿＿＿＿＿＿＿＿＿测量地点＿＿＿＿＿＿＿＿＿＿＿＿＿＿＿＿

前轮气压＿＿＿＿＿＿＿ kPa　后轮气压＿＿＿＿＿＿＿ kPa　边轮气压＿＿＿＿＿＿＿ kPa

试验员＿＿＿＿＿＿＿＿＿＿＿＿＿＿＿＿记录员＿＿＿＿＿＿＿＿＿＿＿＿＿＿＿＿

代号	测量项目		测量结果
L	车长		
L_1	轴距	前、后轴	
L_2		前、边轴	
L_3	前伸距		
L_4	前悬		
L_5	后悬		
L_6	离地间隙点至后轮轴线间距离		
L_7	车厢内部长		
L_8	驾驶室后车架最大可用长度		
B	车宽		
B_1	轮距		
B_2	前束		
B_3	车厢内部宽		
H	车高		
H_1	离地间隙		
H_2	车厢内部高		

代号	测量项目			测量结果
α	转向轮转角	左转 α_z	(°)	
		右转 α_y		
β	前伸角			
δ	主车外倾角			
γ	倾斜角	左倾 γ_z		
		右倾 γ_y		
λ	接近角			
ε	离去角			
ψ	通过角			
d_1	转弯圆直径		左转 d_{1z}	
			右转 d_{1y}	
d_{2z}	转弯通道圆直径		左内 d_{2zw}	
			左外 d_{2zn}	
d_{2y}			右内 d_{2yw}	
			右外 d_{2yn}	
r_j	车轮静力半径		前 r_{j1}	
			后 r_{j2}	
			边 r_{j3}	
r_g	车轮滚动半径			

附　录　B
（资料性附录）
车辆质量参数测量记录表

车辆型号________________测量日期________________

车架编号________________测量地点________________

前轮气压________kPa　后轮气压________kPa　边轮气压________kPa

试验员________________记录员________________

代号	测量项目	质量状态	测定（计算）值	修约后数值
m	车辆质量	整车干质量		
		整车整备质量		
		厂定最大总质量		
m_1	前轮分布质量	整车干质量		
		整车整备质量		
		厂定最大总质量		
m_2	后轮分布质量	整车干质量		
		整车整备质量		
		厂定最大总质量		
m_3	边轮分布质量	整车干质量		
		整车整备质量		
		厂定最大总质量		

附　录　C
（资料性附录）
车辆质心高测量记录表

车辆型号＿＿＿＿＿＿＿＿测量日期＿＿＿＿＿＿＿＿

车架编号＿＿＿＿＿＿＿＿测量地点＿＿＿＿＿＿＿＿

前轮气压＿＿＿＿kPa　后轮气压＿＿＿＿kPa　边轮气压＿＿＿＿kPa

试验员＿＿＿＿＿＿＿＿记录员＿＿＿＿＿＿＿＿

质量状态	试验次序	抬高车轮后，前轮分布质量 m'_1	抬高车轮后，后轮分布质量 m'_2	抬高车轮后，车轮分布质量的增量 Δm	抬高车轮后，实测车辆倾斜角 α	每次测定的车辆质心高 H_g	平均质心高 $\overline{H}_g$	测量结果
		kg			(°)	mm		
整车干质量	1							
	2							
	3							
厂定最大总质量	1							
	2							
	3							

代号	测量项目		质量状态	测定（计算）值	修约后数值
L_g	质心距前轮轴线距离	mm	整车干质量		
			厂定最大总质量		
B_g	质心距纵向中心平面距离		整车干质量		
			厂定最大总质量		

ICS 43.140
T 80

中华人民共和国国家标准

GB/T 5375—2006
代替 GB/T 5375—1998

摩托车和轻便摩托车型号编制方法

Code of designation for motorcycles and mopeds

2006-12-09 发布　　2007-05-01 实施

中华人民共和国国家质量监督检验检疫总局
中国国家标准化管理委员会　发布

前言

本标准代替GB/T 5375—1998《摩托车和轻便摩托车型号编制方法》，其中主要修订的内容如下：

——4.1 企业(或商标)代号内容中，增加了合资企业可采用企业英文商标中两个或三个字母；

——4.2 规格代号中，明确规定了摩托车发动机名义排量的选用；

——在表2类型代号表中，增加了GB/T 15089《机动车辆及挂车分类》规定的L类标识，取消了机器脚踏两用车的内容，并对正三轮轻便摩托车取消了客车、货车分类；

——将原标准中第5条和第6条的内容分别纳入了本标准附录A和附录B中。

本标准的附录A和附录B为资料性附录。

本标准由全国汽车标准化技术委员会提出。

本标准由全国汽车标准化技术委员会归口。

本标准起草单位：上海摩托车研究所。

本标准主要起草人：赵丽娜、李文军。

本标准所代替标准的历次版本发布情况为：

——GB/T 5375—1985、GB/T 5375—1998。

摩托车和轻便摩托车型号编制方法

1 范围

本标准规定了摩托车和轻便摩托车型号编制方法。

本标准适用于GB/T 5359.1中所规定的动力为一种热机的摩托车和轻便摩托车的型号编制。

2 规范性引用文件

下列文件中的条款通过本标准的引用而成为本标准的条款。凡是注日期的引用文件，其随后所有的修改单(不包括勘误的内容)或修订版均不适用于本标准，然而，鼓励根据本标准达成协议的各方研究是否可使用这些文件的最新版本。凡是不注日期的引用文件，其最新版本适用于本标准。

GB/T 5359.1 摩托车和轻便摩托车术语 车辆类型(GB/T 5359.1—1996,neq ISO 3833:1977)

GB/T 15089 机动车辆及挂车分类

3 术语和定义

GB/T 5359.1确立的以及下列术语和定义适用于本标准。

3.1

摩托车和轻便摩托车型号 code of motorcycle and moped

为了识别车辆而给一种车辆指定一组大写汉语拼音字母、阿拉伯数字和大写英文字母组成的编号。

3.2

企业(或商标)代号 code of enterprise (or trade mark)

表示企业(或商标)名称的代号。

3.3

规格代号 code of specification

表示车辆名义排量的代号。

3.4

类型代号 code of type

表示车辆所属分类的代号。

3.5

设计序号 a series number of design

表示企业(或商标)代号、规格代号、类型代号相同的基本型车辆的设计顺序号。

3.6

企业自定代号 self-determined code by enterprise

表示车辆改进的顺序号及对车辆的特征，系列等需要区别的代号。

4 型号编制方法

摩托车和轻便摩托车型号由企业(或企业已注册的商标)代号、规格代号、类型代号、设计序号及企业自定代号组成，构成形式见图1。

4.1 企业(或商标)代号

采用企业(或商标)名称中两个或三个汉字的大写汉语拼音首位字母表示。合资企业可采用企业英文商标中两个或三个字母表示。

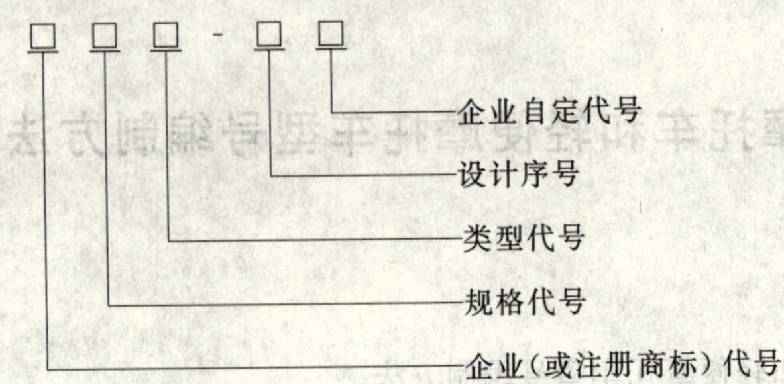

图 1 型号构成形式

4.2 规格代号

规格代号采用摩托车发动机名义排量表示，按表 1 的规定选用。实际排量在相邻两个名义排量之间，应选择与实际排量相近的一个作为名义排量。

表 1 发动机名义排量

单位为毫升

<50	50	60	70	80	90	100	110	125	150	175	200	250	300
350	400	500	600	650	700	750	800	900	1 000	1 100	1 200	>1 200	—
注：<50 排量的取实际排量的整数表示，>1 200 排量的按实际排量表示。													

4.3 类型代号

类型代号由摩托车和轻便摩托车种类代号和车型代号组合而成。种类代号和车型代号分别用种类名称和车型名称中具有代表性汉字的大写汉语拼音首位字母表示。种类代号中的两轮车代号 L 和车型代号中普通车代号 P 均省略。车辆类型(见 GB/T 5359.1)代号见表 2。

对特种两轮车、特种边三轮车及专用正三轮车的车型代号由企业根据其用途特征，选取一个或两个有代表性汉字的大写汉语拼音首位字母表示车型代号后，再在前面加上种类代号。当车辆类型超出表 2 范围时，可按上述原则另行确定，但不得与表 2 中类型代号重复。

表 2 类型代号

种类		车型		类型代号
名称(L类)	代号	名称	代号	
两轮轻便摩托车(L_1 类)	Q	普通车	P(省略)	Q
		踏板车	T	QT
正三轮轻便摩托车(L_2 类)	QZ	普通正三轮	Z	QZ
		专用正三轮	(自定)	(自定)
两轮摩托车(L_3 类)	L(省略)	普通车	P(省略)	P(省略)
		踏板车	T	T
		公路越野车	GY	GY
		越野车	Y	Y
		场地赛车	CS	CS
		公路赛车	GS	GS
		越野赛车	YS	YS
		拉力赛车	LS	LS
		特种车	(自定)	(自定)

表 2(续)

<table>
<tr><th colspan="2">种　　类</th><th colspan="3">车　　型</th><th rowspan="2">类型代号</th></tr>
<tr><th>名称(L类)</th><th>代　　号</th><th colspan="2">名　　称</th><th>代　　号</th></tr>
<tr><td rowspan="2">边三轮摩托车
(L_4 类)</td><td rowspan="2">B</td><td colspan="2">普通车</td><td>P(省略)</td><td>B</td></tr>
<tr><td colspan="2">特种边三轮</td><td>(自定)</td><td>(自定)</td></tr>
<tr><td rowspan="3">正三轮摩托车
(L_5 类)</td><td rowspan="3">Z</td><td rowspan="2">普通正三轮</td><td>客车</td><td>K</td><td>ZK</td></tr>
<tr><td>货车</td><td>H</td><td>ZH</td></tr>
<tr><td colspan="2">专用正三轮</td><td>(自定)</td><td>(自定)</td></tr>
<tr><td colspan="6">注：L 类车按 GB/T 15089 分类。</td></tr>
</table>

4.4 设计序号

设计序号应用间隔序号"-"与前面类型代号隔开,并采用阿拉伯数字 1、2、3……依次表示产品的设计顺序,当设计序号为 1 时应省略。

4.5 企业自定代号

企业根据需要选用大写英文字母表示,位数自定。

附 录 A
（资料性附录）
名义排量示例

本附录给出了名义排量的规定示例。

示例1：

嘉陵牌70，实际排量71.8 mL，名义排量为70 mL。

示例2：

林海牌90，实际排量88.4 mL，名义排量为90 mL。

示例3：

幸福牌250，实际排量248.2 mL，名义排量为250 mL。

示例4：

力帆牌400，实际排量399.5 mL，名义排量为400 mL。

示例5：

长江牌750，实际排量746 mL，名义排量为750 mL。

附 录 B
（资料性附录）
型号编制示例

本附录给出了摩托车和轻便摩托车的型号编制示例。

示例 1：

嘉陵牌商标，名义排量 50 mL，第一次设计的两轮轻便踏板摩托车。型号为 JL50QT

示例 2：

天马牌商标，名义排量 50 mL，第二次设计的两轮轻便摩托车。型号为 TM50Q-2

示例 3：

嘉陵牌商标，名义排量 50 mL，第三次设计的残疾人专用正三轮轻便摩托车。型号为 JL50QZC[2)]-3

示例 4：

建设牌商标，名义排量 60 mL，第一次设计的两轮普通摩托车。型号为 JS60

示例 5：

金城牌商标，名义排量 100 mL，第二次设计、第三次改进的两轮普通摩托车。型号为 JC100-2C

示例 6：

南方牌商标，名义排量 125 mL，第二次设计、第四次改进的两轮普通摩托车。型号为 NF125-2D[3)]

示例 7：

钱江牌商标，名义排量 125 mL，第三次设计、第一次改进的两轮踏板摩托车。型号为 QJ125T-3A

示例 8：

力帆牌商标，名义排量 200 mL，第二次设计的两轮公路越野摩托车。型号为 LF200GY-2

示例 9：

本田牌商标，名义排量 125 mL，第一次设计第六次改进的两轮普通摩托车。型号为 WY125-F

示例 10：

幸福牌商标，名义排量 250 mL，第二次设计的两轮越野赛车。型号为 XF250YS-2

示例 11：

幸福牌商标，名义排量 250 mL，第一次设计的特种边三轮警用摩托车。型号为 XF250BJ[1)]

示例 12：

南方牌商标，名义排量 750 mL，第一次设计的边三轮普通摩托车。型号为 NF750B

示例 13：

隆鑫牌商标，名义排量 150 mL，第二次设计的普通正三轮客车。型号为 LX150ZK-2

示例 14：

新大洲本田牌商标，名义排量 125 mL，第二次设计的两轮普通摩托车。型号为 SDH125-2

---

1) J 是特种警用车。

2) C 是残疾人用车的代号，由企业自定。

3) D 是第四次改进的代号，由企业自定。

ICS 71.100.01;87.060.10
G 55

中华人民共和国国家标准

GB/T 5543—2006
代替 GB/T 5543—1985 GB/T 5544—1985 GB/T 5545—1985

树脂整理剂 总甲醛含量、游离甲醛含量和羟甲基甲醛含量的测定

Resin finishing agent—Determination of total formaldehyde content、free formaldehyde content and methylol formadehyde content

2006-01-23 发布 2006-11-01 实施

中华人民共和国国家质量监督检验检疫总局
中国国家标准化管理委员会 发布

前言

本标准代替 GB/T 5543—1985《树脂整理剂中总甲醛含量的测定方法》、GB/T 5544—1985《树脂整理剂中游离甲醛含量的测定方法》、GB/T 5545—1985《树脂整理剂中羟甲基甲醛含量的测定方法》。

本标准与 GB/T 5543—1985、GB/T 5544—1985、GB/T 5545—1985 相比主要变化如下：

——将三个标准整合为一个标准《树脂整理剂　总甲醛含量、游离甲醛含量和羟甲基甲醛含量的测定》(本标准的标题)；

——增加了试验报告的内容(本标准的 7)。

本标准由中国石油和化学工业协会提出。

本标准由全国染料标准化技术委员会(SAC/TC 134)归口。

本标准起草单位:沈阳化工研究院、大连理工大学精细化工国家重点实验室。

本标准主要起草人:姬兰琴、彭孝军。

《树脂整理剂中总甲醛含量的测定方法》、《树脂整理剂中游离甲醛含量的测定方法》、《树脂整理剂中羟甲基甲醛含量的测定方法》均于 1985 年首次发布。

树脂整理剂 总甲醛含量、游离甲醛含量和羟甲基甲醛含量的测定

1 范围

本标准规定了树脂整理剂中总甲醛含量、游离甲醛含量和羟甲基甲醛含量的测定方法。

本标准适用于树脂整理剂中总甲醛含量、游离甲醛含量和羟甲基甲醛含量的测定。

2 规范性引用文件

下列文件中的条款通过本标准的引用而成为本标准的条款。凡是注日期的引用文件，其随后所有的修改单(不包括勘误的内容)或修订版均不适用于本标准，然而，鼓励根据本标准达成协议的各方研究是否可使用这些文件的最新版本。凡是不注日期的引用文件，其最新版本适用于本标准。

GB/T 601 化学试剂 标准滴定溶液的制备

GB/T 603 化学试剂 试液方法中所用制剂及制品的制备(GB/T 603—2002,ISO 6353-1:1982,NEQ)

GB/T 6682 分析实验室用水规格和试验方法

3 试验方法

3.1 树脂整理剂中总甲醛含量的测定

3.1.1 原理

树脂整理剂中总甲醛[一般包括羟甲基甲醛(—CH_2OH)、甲撑式甲醛(—CH_2—)、烷基化甲醛(—CH_2OR)及未反应甲醛]在磷酸介质中蒸馏时被分解成甲醛和缩醛，蒸出后用水吸收，并采用碘量法测定。

碘在碱存在下生成次碘酸钠，把吸收液中的甲醛和缩醛全部氧化为甲酸。过量的碘用硫代硫酸钠滴定，即可定量测出总甲醛含量。反应式如下：

$$I_2 + 2NaOH \longrightarrow NaIO + NaI + H_2O$$

$$HCHO + NaIO + NaOH \longrightarrow HCOONa + NaI + H_2O$$

过量的次碘酸钠使碘析出，用硫代硫酸钠滴定：

$$NaIO + NaI + H_2SO_4 \longrightarrow I_2 + 2Na_2SO_4 + H_2O$$

$$I_2 + 2Na_2S_2O_3 \longrightarrow 2NaI + Na_2S_4O_6$$

3.1.2 试剂和溶液

除非另有规定，仅使用确认为分析纯的试剂和 GB/T 6682 中规定的三级水。试验中所用标准滴定溶液及制剂、制品，在没有注明其他要求时，均按 GB/T 601 和 GB/T 603 的规定制备与标定。

a) 磷酸；

b) 碘溶液：$c(1/2I_2)=0.1$ mol/L；

c) 硫代硫酸钠标准滴定溶液：$c(Na_2S_2O_3)=0.1$ mol/L；

d) 氢氧化钠溶液：$c(NaOH)=2$ mol/L；

e) 硫酸溶液：$c(1/2H_2SO_4)=2$ mol/L；

f) 淀粉指示液：10 g/L。

3.1.3 仪器和设备

a) 分析天平:感量 0.1 mg;

b) 蒸馏瓶:250 mL;

c) 滴液漏斗:100 mL;

d) 碘量瓶:250 mL;

e) 移液管:20 mL、25 mL;

f) 量筒:25 mL;

g) 容量瓶:250 mL;

h) 酸式滴定管:50 mL;

i) 温度计:0～150℃;

j) 直管冷凝器:长 30 cm;

k) 蒸馏接引管。

3.1.4 分析步骤

称取 1 g(精确至 0.000 1 g)试样放入 250 mL 蒸馏瓶中,装上滴液漏斗和温度计,接上冷凝器,连接冷凝器的接引管插入已预先加入 20 mL 蒸馏水的 250 mL 容量瓶中。由滴液漏斗加入 25 mL 磷酸和 25 mL 蒸馏水到蒸馏瓶内(先加有几小块沸石)。加热至沸腾,为保持蒸馏瓶内液量一定,可适当地由滴液漏斗在不使沸腾终止的情况下滴加蒸馏水。蒸馏液收集于 250 mL 容量瓶中,蒸至约 200 mL 为止。用少量蒸馏水冲洗冷凝器和接引管,一并加入容量瓶中,然后用蒸馏水稀释至刻度备用。

用移液管吸取上述溶液 20 mL,放入 250 mL 碘量瓶中,用移液管加入 25 mL 碘溶液和 10 mL 氢氧化钠溶液,在室温下放置 15min 后,加 15 mL 硫酸。析出的碘用硫代硫酸钠标准滴定溶液滴定,以淀粉作指示剂,同时做空白试验。

3.1.5 结果计算

总甲醛含量以质量分数 w_1 计,数值以%表示,按式(1)计算:

$$w_1=\frac{(V_0-V)c_1\times 0.015\ 01}{m_1\times 20/250}\times 100 \qquad \cdots\cdots(1)$$

式中:

V_0——空白滴定耗用硫代硫酸钠溶液体积的数值,单位为毫升(mL);

V——试样滴定耗用硫代硫酸钠溶液体积的数值,单位为毫升(mL);

c_1——硫代硫酸钠标准滴定溶液浓度的准确数值,单位为摩尔每升(mol/L);

m_1——试样的质量,单位为克(g);

0.015 01——与 1.00 mL 硫代硫酸钠标准滴定溶液[$c(Na_2S_2O_3)=1.000$ mol/L]相当的以克表示的甲醛的质量。

计算结果表示到小数点后两位。

三次平行测定结果相对误差不大于 1%(质量分数),取其算术平均值。

3.2 树脂整理剂中游离甲醛含量的测定

3.2.1 原理

甲醛能和亚硫酸钠起加成反应,生成“甲醛合亚硫酸钠”和氢氧化钠。用已知浓度的酸滴定释出的氢氧化钠,从而求得甲醛的含量。反应式如下:

$$HCHO+Na_2SO_3+H_2O\longrightarrow HC(OH)(H)—SO_3Na+NaOH$$

$$NaOH + HCl \longrightarrow NaCl + H_2O$$

3.2.2 试剂和溶液

除非另有规定,仅使用确认为分析纯的试剂和 GB/T 6682 中规定的三级水。试验中所用标准滴定溶液,在没有注明其他要求时,均按 GB/T 601 的规定制备与标定。

a) 氢氧化钠溶液:$c(NaOH)=0.5$ mol/L;

b) 盐酸标准滴定溶液:$c(HCl)=0.5$ mol/L;

c) 无水亚硫酸钠溶液:$c(Na_2SO_3)=1.0$ mol/L;

d) 百里酚酞指示液:0.5 g 百里酚酞溶于 100 mL 体积分数为 90%的乙醇中(pH 值范围 9.3~10.5,从无色至蓝色)。

3.2.3 仪器和设备

仪器和设备应符合 GB/T 2374—1994 中第 5 章的有关规定。

a) 分析天平:感量 0.1 mg;

b) 量筒:25 mL;

c) 酸式滴定管:50 mL;

d) 碘量瓶:250 mL。

3.2.4 分析步骤

称取 5 g 左右(精确至 0.000 2 g)试样放入 250 mL 碘量瓶中,用蒸馏水稀释至 50 mL 左右,加入 5 滴百里酚酞指示剂,当树脂液 pH 值<9.3 或 pH 值>10.5 时,可分别用氢氧化钠溶液或盐酸调至极微蓝色。加入亚硫酸钠溶液 50 mL 后,立即以盐酸标准滴定溶液从蓝色快速滴定至极微蓝色为终点。

以同样方法进行空白试验。

3.2.5 结果计算

游离甲醛含量以质量分数 w_2 计,数值以%表示,按式(2)计算:

$$w_2=\frac{(V_2-V_1)c_2\times 0.030\ 03}{m_2}\times 100 \qquad \cdots\cdots(2)$$

式中:

V_1——空白滴定耗用盐酸标准溶液体积的数值,单位为毫升(mL);

V_2——试样滴定耗用盐酸标准溶液体积的数值,单位为毫升(mL);

c_2——盐酸标准滴定溶液浓度的准确数值,单位为摩尔每升(mol/L);

m_2——试样的质量,单位为克(g);

0.030 03——与 1.00 mL 盐酸标准滴定溶液[$c(HCl)=1.000$ mol/L]相当的以克表示的甲醛的质量。

结算结果表示到小数点后两位。

平行测三次,绝对误差不大于 0.04%(质量分数),取其算术平均值。

3.3 树脂整理剂中羟甲基甲醛含量的测定

3.3.1 原理

碘在碱存在下生成次碘酸钠,把羟甲基甲醛和游离甲醛氧化为甲酸。过量的碘用硫代硫酸钠反滴定,即可定量测出羟甲基甲醛和游离甲醛总含量,减去游离甲醛含量,即得到羟甲基甲醛含量。反应式如下:

$$I_2 + 2NaOH \longrightarrow NaIO + NaI + H_2O$$

$$HCHO + NaIO + NaOH \longrightarrow HCOONa + NaI + H_2O$$

过量的次碘酸钠使碘析出,用硫代硫酸钠滴定:

$$NaIO + NaI + H_2SO_4 \longrightarrow I_2 + 2Na_2SO_4 + H_2O$$
$$I_2 + 2Na_2S_2O_3 \longrightarrow 2NaI + Na_2S_4O_6$$

3.3.2 试剂和溶液

除非另有规定，仅使用确认为分析纯的试剂和 GB/T 6682 中规定的三级水。试验中所用标准滴定溶液及制剂、制品，在没有注明其他要求时，均按 GB/T 601 和 GB/T 603 的规定制备与标定。

a) 碘溶液：0.1 mol/L；

b) 硫代硫酸钠标准滴定溶液：0.1 mol/L；

c) 氢氧化钠溶液：2 mol/L；

d) 硫酸溶液：2 mol/L；

e) 淀粉指示液：10 g/L。

3.3.3 仪器和设备

a) 电热恒温水浴；

b) 碘量瓶：250 mL；

c) 移液管：25 mL；

d) 酸式滴定管：50 mL；

e) 量筒：10 mL、50 mL。

3.3.4 分析步骤

称取 0.1 g 左右试样（精确至 0.000 1 g）置于 250 mL 碘量瓶中，用移液管加入 25 mL 碘溶液和 10 mL氢氧化钠溶液，盖上瓶塞，水封。放在 50℃±1℃恒温水浴中保温 15 min，取出冷却到 20℃以下，然后加入 15 mL 硫酸。析出的碘用硫代硫酸钠滴定，用淀粉作指示剂，同时作空白试验。

3.3.5 结果计算

羟甲基甲醛含量与游离甲醛总含量以质量分数 w_3 计，数值以%表示，按式(3)计算：

$$w_3 = \frac{(V_3 - V_4)c_3 \times 0.015\ 01}{m_3} \times 100 \qquad \cdots\cdots(3)$$

式中：

V_3——空白滴定耗用硫代硫酸钠标准溶液体积的数值，单位为毫升(mL)；

V_4——试样滴定耗用硫代硫酸钠标准溶液体积的数值，单位为毫升(mL)；

c_3——硫代硫酸钠标准滴定溶液浓度的准确数值，单位为摩尔每升(mol/L)；

m_3——试样的质量数值，单位为克(g)；

0.015 01——与 1.00 mL 硫代硫酸钠标准滴定溶液[$c(Na_2S_2O_3)=1.000$ mol/L]相当的以克表示的甲醛的质量。

计算结果表示到小数点后两位。

三次平行测定结果相对误差不大于 1%（质量分数），取其平均值作结果。

从上式中减去游离甲醛含量 w_2 即为羟甲基甲醛含量。游离甲醛含量的测定按本标准 3.2 的规定进行。

4 试验报告

试验报告包括以下内容：

a) 被测树脂整理剂的名称；

b) 本标准编号、年代号；

c) 试验条件；

d) 使用仪器的名称、型号；

e) 测试结果；

f) 在测试过程中的特殊情况；

g) 与本方法的差异；

h) 试验日期。

ICS 23.040.70
G 42

中华人民共和国国家标准

GB/T 5563—2006/ISO 1402:1994
代替 GB/T 5563—1994

橡胶和塑料软管及软管组合件静液压试验方法

Rubber and plastics hoses and hose assemblies —Hydrostatic testing

(ISO 1402:1994,IDT)

2006-12-29 发布

2007-06-01 实施

中华人民共和国国家质量监督检验检疫总局
中国国家标准化管理委员会 发布

前 言

本标准等同采用ISO 1402:1994《橡胶、塑料软管及软管组合件　静液压试验方法》(英文版)。

本标准代替GB/T 5563—1994《橡胶、塑料软管及软管组合件　液压试验方法》。

本标准等同翻译ISO 1402:1994。

为便于使用,本标准还做了下列编辑性修改:

a) “本国际标准”一词改为“本标准”;

b) 用小数点“.”代替作为小数点的逗号“,”;

c) 删除国际标准前言。

本标准与GB/T 5563—1994相比主要变化如下:

——对范围重新作了规定,无形状及规格的限制(见第1章)。

——对试样的要求重新作了规定(见第5章)。

——对加压速率按不同的公称内径重新作了规定(见第6章)。

——试验方法未按软管承压高低分别规定(1994版第7章和第8章;本版第7章)。

本标准由中国石油和化学工业协会提出。

本标准由全国橡胶与橡胶制品标准化技术委员会软管分技术委员会(SAC/TC 35/SC 1)归口。

本标准起草单位:中橡集团沈阳橡胶研究设计院。

本标准主要起草人:马友谊。

本标准所代替标准的历次版本发布情况为:

——GB/T 5563—1985、GB/T 5563—1994。

橡胶和塑料软管及软管组合件
静液压试验方法

警告——使用本标准的人员应有正规实验室工作的实践经验。本标准并未指出所有可能的安全问题。使用者有责任采取适当的安全和健康措施,并保证符合国家有关法规规定的条件。

1 范围

本标准规定了橡胶、塑料软管及软管组合件静液压试验方法,包括尺寸稳定性的测量方法。

2 规范性引用文件

下列文件中的条款通过本标准的引用而成为本标准的条款。凡是注日期的引用文件,其随后所有的修改单(不包括勘误的内容)或修订版均不适用于本标准,然而,鼓励根据本标准达成协议的各方研究是否可使用这些文件的最新版本。凡是不注日期的引用文件,其最新版本适用于本标准。

GB/T 2941 橡胶物理试验方法试样制备和调节通用程序(GB/T 2941—2006,ISO 23529:2004,IDT)

GB/T 9573 橡胶、塑料软管和软管组合件 尺寸测量方法(GB/T 9573—2003,idt ISO 4671:1999)

GB/T 9574 橡胶和塑料软管及软管组合件 试验压力、爆破压力与设计工作压力的比率(GB/T 9574—2001,idt ISO 7751:1991)

3 一般要求

除另有规定外,所有试验都应在标准温度下进行(见 GB/T 2941)。

4 仪器

4.1 压力泵能按 6.2.2 规定的速率升高压力,直至达到所需要的试验压力。

4.2 校准压力表或带有数字显示器的压力转换器,对于每个试验的试验压力值应选择在压力表最大量程的 15%~85%之间。

4.3 为了保证精确度,校准压力表或带有数字显示器的压力转换器应经常校对,建议安装节流阀以使震动损坏减至最小。

4.4 游标卡尺或千分尺和卷尺。

5 试样

5.1 软管组合件

当进行软管组合件试验时,装配的组合件长度应符合试验条件。

5.2 软管

进行静液压力试验和爆破压力试验所用软管试样的最小自由长度,不包括管接头和加固件,如果同时测量形变应为 600 mm,否则为 300 mm。

5.3 试样数量

至少应试验两个试样。

6 施加静液压压力

6.1 一般要求

应使用水或其他适合于软管的液体作为试验介质。

警告：由液体施加压力的软管和软管组合件可能以潜在的危险方式破坏。因此，试验应在适当的封闭状态下进行。同样应避免使用空气或其他气体作为试验介质，因为这对操作者来说是危险的。在特殊的情况下，试验需要使用这种介质时，必须采取严格的安全措施。此外，还应该强调指出，即使采用液体作为试验介质，也必须要排除试样中的全部空气，否则当软管爆破时，由于软管内聚集的空气因突然释压而膨胀，有使操作者受伤的危险。

6.2 程序

6.2.1 先将试样充满试验用的液体，排除所有空气，然后连接到试验装置上。关闭阀门以均匀的升压速率施加静液压力。用校准压力表或带数字显示器的压力转换器测量压力。

注：试验过程中，允许试样的自由端或堵塞端产生不受限制的运动，这一点很重要。

6.2.2 升压速度应是恒定的，对公称内径小于或等于 50 mm 的软管应在 30 s～60 s 之间达到最终压力。对于公称内径大于 50 mm 而小于或等于 250 mm 的软管，其达到最终压力所需时间应在 60 s～240 s 之间。对于公称内径大于 250 mm 的软管，达到最终压力所需要的时间应由制造厂和使用者决定。

7 静液压试验

7.1 验证压力试验

当用验证压力试验检查软管和软管组合件是否泄漏时，应按照 6.2.2 规定施加验证压力并保持这个压力 30 s～60 s，除在产品标准中另有规定外，此期间应检验试样有无表明材料和加工不均匀的泄漏、裂口、急剧变形现象或其他破坏的迹象。

除非软管另有规定，验证压力应按 GB/T 9574 中设计工作压力的比率给出。

注：试验时软管不能弯曲。

7.2 承压形变的测量

7.2.1 一般程序

当要求测定软管的长度变化、外径变化和扭转变形时，将软管伸直，水平放置进行检查，必要时施加 0.07 MPa 的静压以使软管保持稳定状态。在软管外表面做三个参比标记，中间标记 B 标在约软管长度的中间位置，而外面的两个标记 A 和 C 分别标在距 B 250 mm 处。每个标记包括在软管周长的弧线上，通过每个标记画一条垂直于所在弧线的直线，而且引出的三条直线应在同一条直线上（见图 1）。

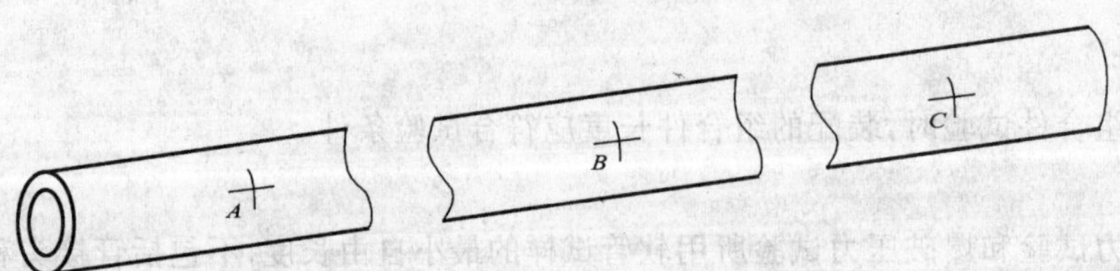

图 1 尺寸稳定性测定

保持 0.07 MPa 的初始压力(如果施加了的话),在参比标记处进行适当的测量(见 7.2.2、7.2.3 和 7.2.4)。

在进行测量试验前,以 6.2.2 规定的速率施加规定的试验压力,并保持这个压力 1 min,然后尽可能迅速测量,以免延长试验周期。

注:试验压力会在适当的软管产品规范中予以规定,它可能是设计工作压力、验证压力或任何用于测量软管形变特性的低于验证压力的其他压力。

7.2.2 长度变化

在初始压力(0 MPa 或 0.07 MPa)和规定的试验压力下,用卷尺(见 4.4)测量两个最外面标记(A 和 C)之间的长度,精确到±1 mm。

用式(1)计算长度的变化(Δl),并用原始长度的百分率表示:

$$\Delta l = \frac{l_1 - l_0}{l_0} \times 100 \qquad \cdots\cdots(1)$$

式中:

l_0——初始压力下测定的两个最外面标记 A 和 C 之间的距离;

l_1——在规定试验压力下,同样的这两个标记之间的距离。

7.2.3 外径的变化

7.2.3.1 一般要求

最好采用以卷尺直接测量其圆周长的方法来确定外径(见 GB/T 9573),精确到±1 mm。也可以用一个最小有效尖宽为 5 mm 的游标卡尺来测量。

7.2.3.2 通过外周长变化测定

在初始压力(0 MPa 或 0.07 MPa)和规定试验压力下,用卷尺(见 4.4)测量三个标记(A、B 和 C)中每一标记处的圆周长。

用式(2)计算直径的变化(ΔD),以原来直径的百分率来表示:

$$\Delta D = \frac{\Sigma C_1 - \Sigma C_0}{\Sigma C_0} \times 100 \qquad \cdots\cdots(2)$$

式中:

ΣC_0——在初始压力下,三个标记处测得的圆周长之和;

ΣC_1——在规定试验压力下,三个标记处测得的圆周长之和。

7.2.3.3 外径变化的直接测量法

在初始压力(0 MPa 或 0.07 MPa)和规定的试验压力下,用游标卡尺(见 4.4)测量三个标记中每一标记处的两个垂直方向的直径。

用式(3)计算直径的变化(ΔD),以原来直径的百分率来表示:

$$\Delta D = \frac{\Sigma D_1 - \Sigma D_0}{\Sigma D_0} \times 100 \qquad \cdots\cdots(3)$$

式中:

ΣD_0——在初始压力下,三个标记处测得的 6 个直径之和;

ΣD_1——在规定试验压力下,三个标记处测得的 6 个直径之和。

7.2.4 扭转

如果在压力作用下软管发生扭转变形,由标记构成的最初直线将变成螺旋曲线(见图 2)。

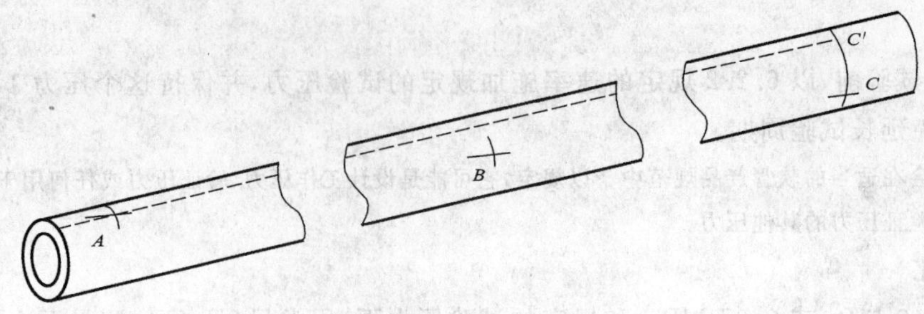

图 2 扭转量测定

软管在规定试验压力作用下，从标记 A 引出的沿着软管长度方向的直线，与参比点 C 所在的圆弧相交于 C' 点。

然后用卷尺(见 4.4)测量圆弧线 CC' 的长度 S，精确到 mm。

用式(4)计算每米的扭转量(T)，用度来表示：

$$T = \frac{S \times 360^\circ}{C_c \times l_0} \qquad (4)$$

式中：

C_c——按 7.2.3.1 测得的参比点 C 处的圆周长；

l_0——按 7.2.2 测得的 A 和 C 之间的距离。

7.2.5 弯曲

弯曲是指软管在试验过程中偏离于初始压力(0 MPa 或 0.07 MPa)下平行于软管所在表面的平面内所画的两管接头间的直线的程度。可以用一条拉紧的直线来表示两管接头正中间的连线。在规定试验压力下产生的弯曲值是软管的任何部位与在初始压力下两管接头正中间连线的最大偏离值。弯曲值用该直线到最大偏离点处软管中心线的距离表示。报告测量结果应精确到 5 mm。

7.3 爆破压力试验

按照 6.2.2 规定的速度升高压力，直至软管和软管组合件破坏，在试验报告中应记录下软管爆破的位置和状态。

当管接头出现拔脱、距管接头 25 mm 或等于软管外径的距离(取最大数值)内发生泄漏或爆破而引起的任何破坏都不应视为真正的软管爆破。

7.4 泄漏试验

7.4.1 试样

泄漏试验用试样应为未老化的软管组合件，其管接头装配的时间不能超过 30 d，但也不能少于 1 d。

7.4.2 程序

试验组合件承受规定的静态压力应是其最小爆破压力值的 70%。保持该试验压力 5 min±0.5 min，然后释压至零。再施加该规定试验压力，并保持 5 min±0.5 min。这个试验被认为是破坏性试验，试验后的组合件试样应废弃。

7.4.3 损坏的依据

不应有泄漏或破坏的迹象。

在管接头处泄漏、管头拔脱或靠近管接头处软管破裂都视为该组合件本身的质量问题。

注：这种破坏并不一定表明更换管接头后该软管还不符合规定的要求。

8 试验报告

对每项试验报告应包括以下项目：

a) 对所试验的软管或软管组合件的样品状态描述；

b) 本标准编号；

c) 所用的试验方法；

d) 试验的试样数量和每根试样长度；

e) 试验压力和升压速率；

f) 试验介质(除水之外)；

g) 获得的每个试样的结果；

h) 如果试样破坏，给出破坏的位置和状态；

i) 在测试过程中发现的异常情况；

j) 试验日期。

ICS 23.040.70
G 42

中华人民共和国国家标准

GB/T 5564—2006/ISO 4672:1997
代替 GB/T 5564—1994

橡胶和塑料软管　低温曲挠试验

Rubber and plastics hoses—Subambient temperature flexibility tests

(ISO 4672:1997,IDT)

2006-12-29 发布　　2007-06-01 实施

中华人民共和国国家质量监督检验检疫总局
中国国家标准化管理委员会　发布

前言

本标准等同采用 ISO 4672:1997《橡胶和塑料软管　低于环境温度曲挠性试验》(英文版)。

本标准代替 GB/T 5564—1994《橡胶、塑料软管低温曲挠试验》。

本标准等同翻译 ISO 4672:1997。

为了便于使用,本标准还做了下列编辑性修改:

a) “本国际标准”一词改为“本标准”;

b) 用小数点“.”代替作为小数点的逗号“,”;

c) 删除国际标准前言。

本标准与 GB/T 5564—1994 的主要差别如下:

——方法 A 中对试样的型别进行了重新规定,由原来的长度 $L=\pi R+2d$ 改为 $L=2(\pi R+d)$(见 3.2.1)。

本标准由中国石油和化学工业协会提出。

本标准由全国橡胶与橡胶制品标准化技术委员会软管分技术委员会(SAC/TC 35/SC 1)归口。

本标准起草单位:中橡集团沈阳橡胶研究设计院。

本标准主要起草人:张兴德。

本标准所代替标准的历次版本发布情况为:

——GB/T 5564—1985、GB/T 5564—1994。

橡胶和塑料软管　低温曲挠试验

警告——使用本标准的人员应有正规实验室工作的实践经验。本标准并未指出所有可能的安全问题。使用者有责任采取适当的安全和健康措施,并保证符合国家有关法规规定的条件。

1　范围

本标准规定了评价橡胶或塑料软管在低于环境温度下能否保持足够曲挠性的两种方法。

方法A适用于公称内径在25 mm以下(包括25 mm)的不可折叠软管。它是测量在标准实验室温度下与曲挠性相比挺性的增加。

方法B是适用于控制试验的一种更简单的定性方法,适用于公称内径在100 mm以下(包括100 mm)的软管。

2　规范性引用文件

下列文件中的条款通过本标准的引用而成为本标准的条款。凡是注日期的引用文件,其随后所有的修改单(不包括勘误的内容)或修订版均不适用于本标准,然而,鼓励根据本标准达成协议的各方研究是否可使用这些文件的最新版本。凡是不注日期的引用文件,其最新版本适用于本标准。

GB/T 2941　橡胶物理试验方法试样制备和调节通用程序(GB/T 2941—2006,ISO 23529:2004,IDT)

GB/T 5563　橡胶和塑料软管及软管组合件　静液压试验方法(GB/T 5563—2006,ISO 1402:1994,IDT)

3　方法A——低于环境温度挺性试验

3.1　装置(见图1)

3.1.1　扭转轮

其直径等于规定的软管最小弯曲半径的两倍,装备有使软管与轮子保持切线的装置、使软管围绕轮子弯曲的适宜装置和测量扭矩的应变仪和图示记录仪,其精确度为±3%。如果没有规定最小弯曲半径,那么扭转轮的直径应为软管公称内径的12倍。

3.1.2　冷冻箱

装备有一个搅拌器、一个温度测量装置和直径为50 mm的软管导向辊。

致冷剂不应对试验的软管有影响,并按GB/T 2941的规定使用。

适宜的致冷剂液体为加入粉碎的干冰(固体二氧化碳)的甲醇或乙醇。当仪器设计成使用气体致冷剂的试验与使用液体致冷剂所得结果相同时可使用气体致冷剂。

3.2　试样

3.2.1　样式

应从待试验的软管上切取试样,其长度L应按式(1)计算:

$$L=(\pi R+d) \qquad (1)$$

式中:

R——软管产品相关标准中规定的最小弯曲半径;

d——软管公称内径。

3.2.2　数量

每次试验至少应使用三个试样。

软管制造后的24 h之内不应进行试验。

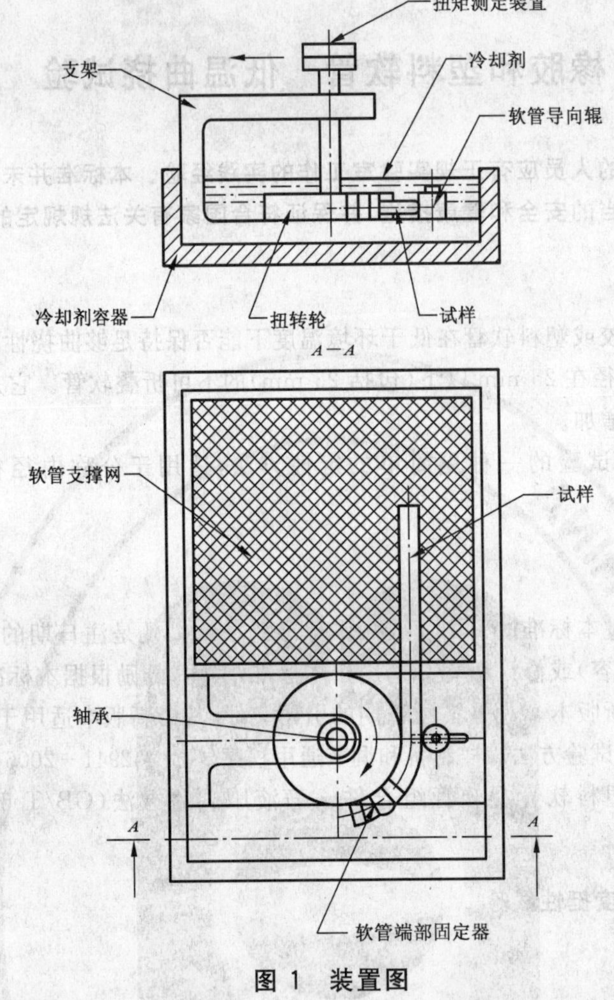

图 1 装置图

3.3 试验温度

试验应在下列温度之一下进行：

0℃±2℃；−10℃±2℃；−25℃±2℃；−40℃±2℃；−55℃±2℃

或在相关的产品标准中规定的其他低于环境的温度下进行。

3.4 程序

将试样(3.2)的一端固定在轮子(3.1.1)上，而试样的其余部分呈笔直状态。如果软管有自然曲度，那么该曲度应随着轮子的曲度放置。

在冷冻箱(3.1.2)中没有致冷剂的情况下，在从 GB/T 2941 中给出的那些温度中选择的标准温度下，将试样围绕轮子弯曲 180°，测量所需的扭矩。

弯曲时间应为 12 s±2 s。在冷冻箱中充有致冷剂的情况下，在选择的试验温度(3.3)下重复上述试验。在试验之前，在试验温度下，在一个低温箱中调节试样 24 h，然后在试验装置中在试验温度下再至少调节 30 min。

3.5 结果表示

对于每个试样，通过计算在相应扭矩踪迹的中间 50%处所含峰值的平均值，计算标准温度下的平均扭矩和试验温度下的平均扭矩。

用式(2)计算挺性 S，用试验温度下的平均扭矩与标准温度下的平均扭矩之比表示：

$$S = \frac{T_1}{T_0} \qquad \cdots\cdots(2)$$

式中：

T_1——试验温度下的扭矩(三次试验的平均值)；

T_0——标准温度下的扭矩(三次试验的平均值)。

如果每一温度下三个试样其中一个扭矩值超出平均值的15%,那么这个试验应重做。

3.6 试验报告

试验报告应包括下列内容:

a) 本标准的编号;

b) 软管的全称及其原产地;

c) 试样的尺寸;

d) 所用的致冷剂;

e) 标准温度和试验温度;

f) 标准温度和试验温度下的扭矩;

g) 挺性计算值。

4 方法B——低温弯曲试验

4.1 装置

4.1.1 芯轴或模型

芯轴的外径等于规定的软管最小弯曲半径的2倍;或者模型,弧度至少为180°。如果没有规定最小弯曲半径,芯轴或模型的外径应等于软管公称内径的12倍。

4.1.2 调节箱

能够保持在规定的温度(4.3)范围内。

4.2 试样

应从待试验的软管上切取试样,其长度除了能够围绕芯轴的圆周弯曲的一段外还应在每一端有足够夹持的长度。

试验完成后试样应报废。

4.3 试验温度

试验应在下列温度之一下进行:

0℃±2℃;-10℃±2℃;-25℃±2℃;-40℃±2℃;-55℃±2℃

或在相关的产品标准中规定的其他低于环境的温度下进行。

4.4 程序

在选择的试验温度下在调节箱(4.1.2)内调节芯轴(4.1.1)和试样(4.2)24 h。不将它们从调节箱中取出,公称内径在22 mm以下(包括22 mm)的软管围绕芯轴在10 s±2 s内弯曲180°,而公称内径大于22 mm的软管则在10 s±2 s内弯曲90°。

公称内径大于22 mm的软管,也可以在调节箱外进行试验,但在试验期间应采取措施防止试样温度上升超出合理的范围。

观察软管的内胶层或外胶层是否出现龟裂或破裂。

弯曲后,可使试样恢复到环境温度,施加按GB/T 5563精确测量的规定的保证试验压力,确认内胶层或外胶层是否已出现龟裂或破裂。

4.5 试验报告

试验报告应包括下列内容:

a) 本标准的编号;

b) 软管的全称及其原产地;

c) 试样的尺寸;

d) 试验温度;

e) 弯曲后试样的目视检查结果;

f) 保证压力试验后目视检查结果;

g) 试验程序的说明。

ICS 23.040.70;23.040.20
G 42

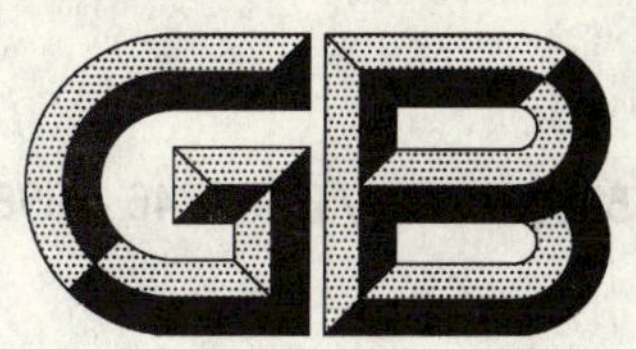

中华人民共和国国家标准

GB/T 5565—2006/ISO 1746:1998
代替 GB/T 5565—1994

橡胶或塑料增强软管和非增强软管　弯曲试验

Rubber or plastics hoses and tubing—Bending tests

(ISO 1746:1998,IDT)

2006-12-29 发布　　2007-06-01 实施

中华人民共和国国家质量监督检验检疫总局
中国国家标准化管理委员会　发布

前言

本标准等同采用 ISO 1746:1998《橡胶或塑料增强软管和非增强软管 弯曲试验》(英文版)。

本标准代替 GB/T 5565—1994《橡胶或塑料软管及纯胶管 弯曲试验》。

本标准等同翻译 ISO 1746:1998。

为了便于使用,本标准还做了下列编辑性修改:

a) “本国际标准”改为“本标准”;

b) 用小数“.”代替作为小数点的逗号“,”;

c) 删除国际标准前言。

本标准与 GB/T 5565—1994 的主要差异如下:

——与 1994 版标准名称稍有不同。

——根据软管的性能、环境条件和公称内径的不同重新规定了方法 A、方法 B 两种试验方法(1994 版的第 1、3～7 章;本版的第 1、3～6 章);

——删除了试验报告的试验人、审核人(1994 版的第 7 章;本版的第 6 章)。

本标准由中国石油和化学工业协会提出。

本标准由全国橡胶与橡胶制品标准化技术委员会软管分技术委员会(SAC/TC 35/SC 1)归口。

本标准起草单位:中橡集团沈阳橡胶研究设计院。

本标准主要起草人:张建坤。

本标准所代替标准的历次版本发布情况为:

——GB/T 5565—1985、GB/T 5565—1994。

橡胶或塑料增强软管和非增强软管　弯曲试验

警告——使用本标准的人员应有正规实验室工作的实践经验。本标准并未指出所有可能的安全问题。使用者有责任采取适当的安全和健康措施,并保证符合国家有关法规规定的条件。

1　范围

本标准规定了橡胶或塑料增强软管和非增强软管弯曲到规定弯曲半径的性能的两种测定方法。

方法 A　适用于内径为 80 mm 以下的增强软管和非增强软管。该方法也提供了一种在规定的内压下达到规定弯曲半径所需应力的测量方法。

方法 B　弯曲性能,包括弯曲要求的应力,可在－60℃～＋200℃一系列温度下确定。装置的特性限定其适用于小直径的增强软管和非增强软管,即内径为 12.5 mm 以下。

2　规范性引用文件

下列文件中的条款通过本标准的引用而成为本标准的条款。凡是注日期的引用文件,其随后所有修改单(不包括勘误的内容)或修订版均不适用于本标准。然而,鼓励根据本标准达成协议的各方面研究是否可使用这些文件的最新版本。凡是不注日期的引用文件,其最新版本适用于本标准。

GB/T 2941　橡胶物理试验方法试样制备和调节通用程序(GB/T 2941—2006,ISO 23529:2004,IDT)

GB/T 9573—2003　橡胶、塑料软管及软管组合件　尺寸测量方法(idt ISO 4671:1999)

3　方法 A

3.1　装置

装置由 A 和 B 两个导板构成,导板 A 固定在轨道上,导板 B 沿该导板移动,平行于导板 A 并与导板 A 高低一致(见图 1)。

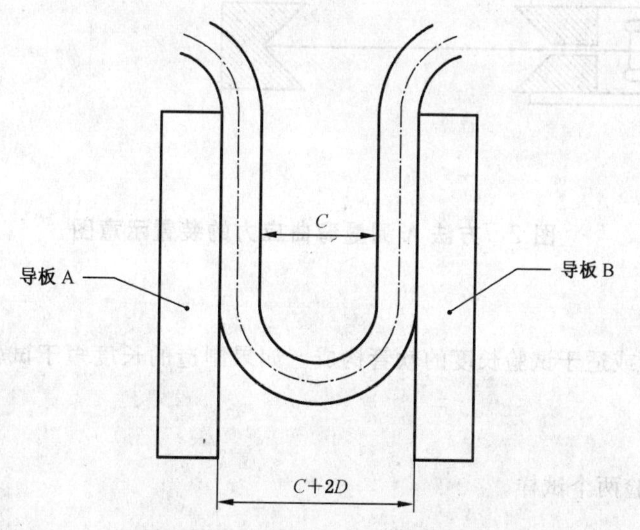

图 1　方法 A 装置示意图

如果想测量达到规定的弯曲半径要求的应力,也可以做到,例如,通过一个滑轮系统和砝码测量(见图 2)。应注意将摩擦阻力降到最低。

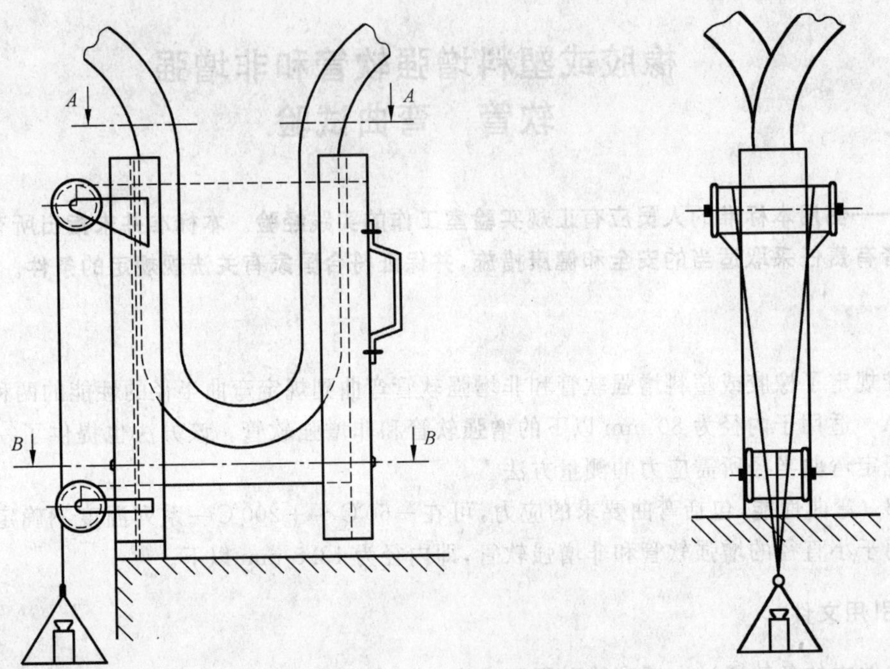

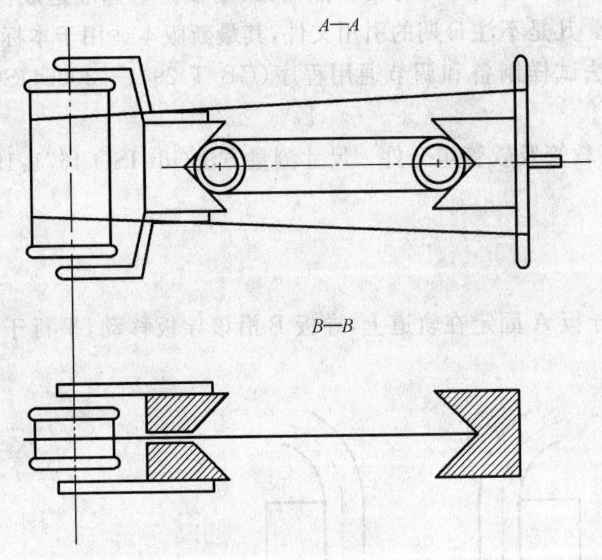

图 2 方法 A 测量弯曲应力的装置示意图

3.2 试样

3.2.1 类型和尺寸

试样应由整根软管或适于试验长度的软管构成。如果制造的长度短于试验要求的长度,应制造足够长度的试样。

3.2.2 数量

除另有规定,应试验两个试样。

3.3 试样的调节

试验应在软管制造 24 h 后进行。

为使评价具有可比性,应尽可能在软管制造后相同时间间隔后进行试验。应遵循 GB/T 2941 规定的制造和试验试样之间的时间。

试验前，试样应在标准实验室温度和湿度下(见 GB/T 2941)调节至少 16 h；该 16 h 可以是软管制造后 24 h 时间间隔的一部分。

3.4 试验程序

3.4.1 如有要求，施加在相关产品规范中规定的试验压力。

3.4.2 用 GB/T 9573 中规定的合适的量具测量并确定软管的平均外径 D。

3.4.3 沿整个管长画两条平行且径向相对的直线。如果软管本身具有弯曲，一条直线应在弯曲的外侧。取 $1.6C+2D$ 或 200 mm 二者中较长的距离在每条线上做一个标记，式中 C 为相应的规范中规定的最小弯曲半径的两倍，以使标出的距离正好相对。这将确保弯曲试验有充分的长度和软管有足够的支撑。

3.4.4 将导板 A 和 B 分开稍短于 $1.6C+2D$ 的距离。将软管放入导板之间，以使标记距离的两端与两个导板的上端对齐，并当导板靠拢到 $C+2D$ 的距离时(见图 1)仍在此位置。

3.4.5 检查软管两边的支撑不短于 D 的长度。

3.4.6 测量并确定软管弯曲部分的最小外径 T(见图 3)。

图 3 变形系数的测量示意图

4 方法 B

4.1 装置

4.1.1 压缩试验机，带有移动速率 100 mm/min 的夹板，最好有图形记录仪。一个毫米刻度的标尺，可以安装到夹板上以测量弯曲半径，或者，最好能从记录图形上测定。

4.1.2 一对相同的槽型夹持器，装有试验软管端部止动销(见图 4)。

4.1.3 控温调节箱能安装到试验设备上，并带有能测量软管外径的通道。

4.2 试验

4.2.1 类型和尺寸

应取两个等长的待试验的增强软管或非增强软管的试样进行试验。试样的长度由夹持器的尺寸确定，应为 $2G+0.5\pi C$，式中 G 为试样夹持器的长度(见图 4)，C 为相应的规范中规定的最小弯曲半径的两倍试样。试样决不能接触控温调节箱的壁上，长度 L 应短于外罩。

4.2.2 数量

除另有规定，应试验三个试样。

4.3 试样的调节

试验应在软管制造 24 h 后进行。

为使评价具有可比性，应尽可能在软管制造后相同时间间隔后进行试验。应遵循 GB/T 2941 规定的制造和试验试样之间的时间。

试验前,试样应在规定的试验温度下(见 4.4)在控温调节箱(见 4.1.3)内平直放置或按其自身弯曲调节 5 h。

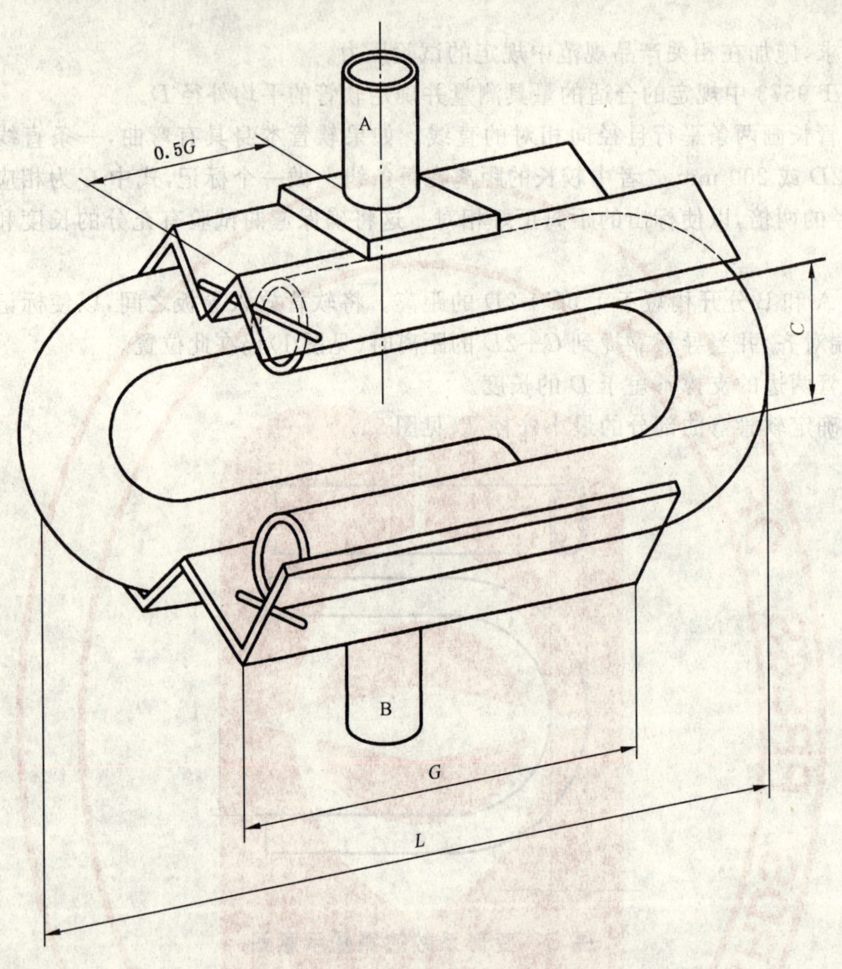

图 4 方法 B 装置示意图

4.4 试验温度

试验温度将在相应的软管规范中规定。

4.5 试验程序

4.5.1 用 GB/T 9573 规定的合适的量具不施压测量试样中点的外径 D。

4.5.2 将试样以大弯曲半径安装到夹持器内,试样的端部顶在端部止动销上。如果有弯曲,应顺其自然。

4.5.3 启动机器,确定达到规定的弯曲半径所要求的力。

4.5.4 将直接读取或从记录图上获得的应力值除以 2 获得单个试样的弯曲力。

4.5.5 测量软管弯曲部分任意点的外径 T。

注:如果机器能预先设定当达到两倍规定的弯曲半径 C 时停止将会非常有利。

5 结果表示

方法 A 和方法 B 两种方法都用获得的平均值计算 T/D。与相应的软管规范给出的允许变形比较。

6 试验报告

试验报告应包括下列内容:

a) 本标准编号；

b) 所用方法；

c) 试验的增强软管和非增强软管的详细描述和软管进行试验所依据的软管规范；

d) 试验温度；

e) 试验所用的内压；

f) 观察到的任何突然变化或弯折所引起的非常规弯曲现象；

g) D、T 和 T/D 的值；

h) T/D 的值是否在允许的变形范围内；

i) 如果适用，达到规定的弯曲半径要求的应力；

j) 试验日期。

ICS 23.040.70
G 42

中华人民共和国国家标准

GB/T 5567—2006/ISO 7233：1991
代替 GB/T 5567—1994

橡胶和塑料软管及软管组合件耐吸扁性能的测定

Rubber and plastics hoses and hose assemblies
—Determination of suction resistance

（ISO 7233：1991，IDT）

2006-12-29 发布　　2007-06-01 实施

中华人民共和国国家质量监督检验检疫总局
中国国家标准化管理委员会　发布

前　言

本标准是等同采用 ISO 7233:1991《橡胶和塑料软管及软管组合件　耐吸扁性能的测定》(英文版)。

本标准代替 GB/T 5567—1994《橡胶、塑料软管及软管组合件　真空性能的测定》。

本标准等同翻译 ISO 7233:1991。

本标准所引用的标准为 GB/T 2941,GB/T 2941—2006 等同采用 ISO 23529:2004,标准内容包括了 ISO 471:1983《橡胶　试样调节和试验的标准温度、湿度和时间》和 ISO 1826:1981《硫化橡胶　硫化与试验之间的时间间隔　规范》两个国际标准。因此,本国家标准就引用这一个标准。

为了便于使用,本标准还做了下列编辑性修改:

a) “本国际标准”一词改为“本标准”;

b) 用小数点“.”代替作为小数点的逗号“,”;

c) 删除国际标准前言。

本标准与 GB/T 5567—1994 的主要差异如下:

——标准名称不同;

——在试验程序方法 B 中差异较大(1994 版的 7.2;本版的第 6 章);

——在试验报告中增加了抽吸压力、抽吸时间(1994 版的第 8 章;本版的第 7 章);

——删除了试验报告中的软管制造日期和批号及试验者(1994 版的第 8 章;本版的第 7 章)。

本标准由中国石油和化学工业协会提出。

本标准由全国橡胶与橡胶制品标准化技术委员会软管分技术委员会(SAC/TC 35/SC 1)归口。

本标准起草单位:中橡集团沈阳橡胶研究设计院。

本标准主要起草人:曹智斌。

本标准所代替标准的历次版本发布情况为:

——GB/T 5567—1985、GB/T 5567—1994。

引　言

对软管进行吸扁试验，以确定软管能否承受在使用中因软管内压下降而遭遇的压差。本项试验的吸扁程度在相关的产品标准中作出规定。

橡胶和塑料软管及软管组合件
耐吸扁性能的测定

警告——使用本标准的人员应有正规实验室工作的实践经验。本标准并未指出所有可能的安全问题。使用者有责任采取适当的安全和健康措施,并保证符合国家有关法规规定的条件。

1 范围

本标准依软管内径规定了如下两种测定软管耐吸扁性能的方法:

方法A——适用于公称内径80 mm(含80 mm)以下的软管;

方法B——适用于公称内径大于80 mm的软管。

2 规范性引用文件

下列文件中的条款通过本标准的引用而成为本标准的条款。凡是注日期的引用文件,其随后所有的修改单(不包括勘误的内容)或修订版均不适用于本标准,然而,鼓励根据本标准达成协议的各方研究是否可使用这些文件的最新版本。凡是不注日期的引用文件,其最新版本适用于本标准。

GB/T 2941 橡胶物理试验方法试样制备和调节通用程序(GB/T 2941—2006,ISO 23529:2004,IDT)

3 试样

应使用无端部管接头的最小试验长度5倍于公称内径的或者1 m长的试样,以最长者为准;如果长度小于1 m,则使用整根软管或软管组合件。

4 试样的调节

在软管制造后24 h之内不应进行试验(参见GB/T 2941)。试验之前,试样应在标准温度下(见GB/T 2941)调节至少3 h;除非买方和制造厂另有协定,这一调节时间可为软管制造后24 h的一部分。

5 试验程序(方法A)

将软管尽可能直地放置在一平面上,将一端塞住,形成一气密密封。向软管内放入一个直径为软管内径0.9倍以下、精确到整数毫米的光滑实心球,然后将软管的开口端连接到真空泵和仪表上。在60 s之内将软管的内压降至规定的试验压力,并将此压力保持要求的时间,保持时间不应少于10 min。

在保持规定压力的同时,检查软管外部是否有塌瘪或凹陷的迹象,然后倾斜软管,使实心球通过整根软管,以检查是否有因内部变形而引起的任何阻塞。

6 试验程序(方法B)

在软管的两端安装上透明的气密封板,其中一端连接到真空泵和仪表上。在60 s之内将软管内压降至规定的试验压力,并将此压力保持要求的时间,保持时间不应少于10 min。

在保持降低后的压力的同时,用通过一端的透明板照明,通过另一端透明板检查软管内部,再检查软管外部有无脱层、凹陷或塌瘪现象。

7 试验报告

试验报告应包括下列内容:

a) 本标准编号；

b) 所试验的软管全称；

c) 所使用的试验方法；

d) 抽吸压力，负千帕；

e) 抽吸时间；

f) 试验过程中对软管的观测结果，如果适用，包括实心球是否通过整根软管试样；

g) 试验日期。

ICS 23.040.70
G 42

中华人民共和国国家标准

GB/T 5568—2006/ISO 6803:1994
代替 GB/T 5568—1994

橡胶或塑料软管及软管组合件 无挠曲液压脉冲试验

Rubber or plastics hoses and hose assemblies—Hydraulic impulse test without flexing

(ISO 6803:1994,IDT)

2006-12-29 发布 2007-06-01 实施

中华人民共和国国家质量监督检验检疫总局
中国国家标准化管理委员会 发布

前 言

本标准等同采用 ISO 6803:1994《橡胶或塑料软管及软管组合件　无挠曲液压脉冲试验》(英文版)。

本标准代替 GB/T 5568—1994《橡胶、塑料软管及软管组合件　无屈挠液压脉冲试验》。

本标准等同翻译 ISO 6803:1994。

本标准第 2 章引用的 GB/T 3141—1994 为等效采用 ISO 3448:1992,本标准所引用的内容与国际标准没有技术性差异。

为了便于使用,本标准还做了下列编辑性修改:

a) “本国际标准”一词改为“本标准”;

b) 用小数点“.”代替作为小数点的逗号“,”;

c) 删除国际标准前言。

本标准与 GB/T 5568—1994 的主要差异如下:

——对脉冲压力升压速率进行了重新规定,由原来的 350~550 MPa/s 之间改为升压额定速率 R 应按下式计算:$R=f(10p-5)$(1994 版的 4.5;本版的 3.1);

——对试验液体进行了重新规定,由原来的试验液体应满足原标准表 1 所列性能指标改为应符合 N46 在 40℃的要求(1994 版第 7 章;本版第 4 章);

——对试验温度进行了重新规定,由原来的 6 个温度系列改为 85℃、100℃、125℃、135℃或 150℃ 4 个温度系列(见第 5 章)。

本标准由中国石油和化学工业协会提出。

本标准由全国橡胶与橡胶制品标准化技术委员会软管分技术委员会(SAC/TC 35/SC 1)归口。

本标准起草单位:中橡集团沈阳橡胶研究设计院。

本标准主要起草人:张兴德。

本标准所代替标准的历次版本发布情况为:

——GB/T 5568—1985、GB/T 5568—1994。

橡胶或塑料软管及软管组合件
无挠曲液压脉冲试验

警告——使用本标准的人员应有正规实验室工作的实践经验。本标准并未指出所有可能的安全问题。使用者有责任采取适当的安全和健康措施,并保证符合国家有关法规规定的条件。

1 范围

本标准规定了橡胶或塑料液压软管及软管组合件的无挠曲脉冲试验的要求。

本试验适用于在使用中承受脉冲压力的高压液压软管及软管组合件。

注:如需进行挠曲试验,则应采用 ISO 6802:1991《钢丝增强的橡胶、塑料软管和软管组合件 挠曲液压脉冲试验》所规定的方法。

2 规范性引用文件

下列文件中的条款通过本标准的引用而成为本标准的条款。凡是注日期的引用文件,其随后所有的修改单(不包括勘误的内容)或修订版均不适用于本标准,然而,鼓励根据本标准达成协议的各方研究是否可使用这些文件的最新版本。凡是不注日期的引用文件,其最新版本适用于本标准。

GB/T 3141—1994 工业液体润滑剂 ISO 黏度分类(eqv ISO 3448:1992)

GB/Z 18427—2001 液压软管组合件 液压系统外部泄漏分级(idt ISO/TR 11340:1994)

3 试验装置

3.1 加压装置

该装置应能使用一种循环通过试样的液压液体,以(1±0.25)Hz 的频率对试样施加一内脉冲压力,此种液体应保持在所需的试验温度下,每一压力周期应在图 1 所示的公差范围内。

升压额定速率 R 应按式(1)计算:

$$R = f(10p - 5) \qquad \cdots\cdots(1)$$

式中:

f——频率,单位为赫兹(Hz);

p——额定脉冲压力,单位为兆帕(MPa)。

实际升压速率应如图 1 所示测定,其公差范围应在计算额定值的±10%以内。

3.2 图示记录装置、数字存储器或示波器

应有适宜的图示记录装置、数字存储器或示波器,以使能对照图 1 检查压力周期。该记录装置应具有一超过 250 Hz 固有频率,能精确地减振以获得一个范围在固有频率 5%至 0.6 倍的频率特性曲线平坦区。

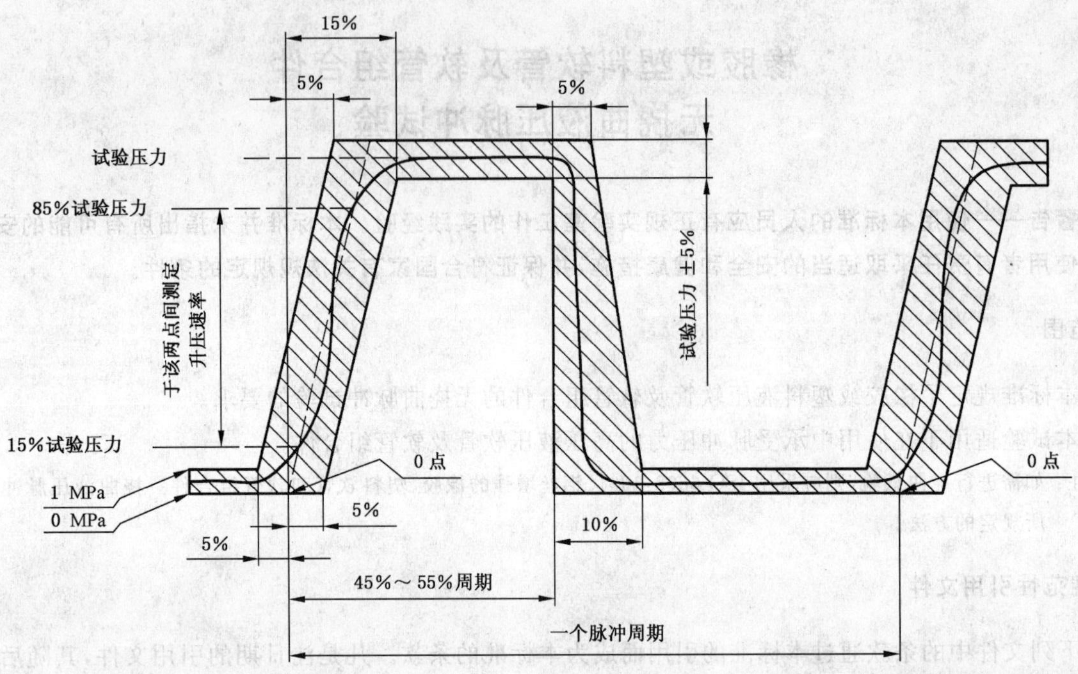

注：1. 升压正割线是升压曲线上两点间的连接直线。其中一点为试验压力的15%，另一点为试验压力的85%。

2. 0点为升压正割线与压力为零处的交点。

3. 升压速率为升压正割线的斜率，单位为兆帕每秒(MPa/s)。

4. 循环速率应保持在(1±0.25)Hz范围内。

图1 压力脉冲周期

4 试验流体

除非另有规定，按照GB/T 3141—1994，试验液体应符合N46在40℃的要求。

5 试验温度

试验温度应选取下列温度之一：

85℃、100℃、125℃、135℃或150℃

试验液体在应选温度下于试样内循环流动，温度误差为±3℃，试验液体温度应在试样的入口及出口处测量，并定义为两次测定温度的平均值。任何一个测量值与试验温度的偏离值不应大于3℃。

6 试样

6.1 试样应由一完整的软管组合件或端部装配上适宜管接头的软管组成。

除非另有规定，应试验四个试样。

6.2 计算试验软管自由长度(不含管接头)如图2所示，方法如下：

a) 软管公称内径在22 mm(含22 mm)以下按式(2)计算

$$180^\circ\text{弯曲，自由长度} = \pi\left(r+\frac{d}{2}\right)+2d \qquad \cdots\cdots(2)$$

b) 软管公称内径大于22 mm按式(3)计算

$$90^\circ\text{弯曲，自由长度} = \frac{\pi}{2}\left(r+\frac{d}{2}\right)+2d \qquad \cdots\cdots(3)$$

式中：

r——最小弯曲半径；

d——软管外径。

对所计算的软管自由长度，其偏差范围为 0～+1%或 0～15 mm，两者以较大者为准。

图 2 压力脉冲试验试样

7 程序

7.1 将试样与试验装置相连接。试样应按图 2 规定安装，公称内径在 22 mm(含 22 mm)以下的软管，试样应弯曲 180°;公称内径在 22 mm 以上的软管应弯曲 90°。

7.2 将试验液体升温至试验温度,然后按图 1 要求施加脉冲压力,将试验进行至规定脉冲循环次数或直至软管组合件损坏为止。

如果在完成最小周期数前停止脉冲试验,当达到试验温度并重新开始试验时,在软管/管接头接合处可能会出现轻度的试验液体渗漏。应按 GB/Z 18427—2001 分类规定记录渗漏等级。

8 结果表示

8.1 记录出现故障时循环次数如果未发生故障,则应记录所完成的循环次数。

8.2 端部管接头发生渗漏、起泡或破损,在距软管管接头 25 mm 以内或在相当于软管外径的距离以内,两者以较大者为准,应视为组合件性能不合格。此类故障并不能证明更换管接头后软管不能符合规定的要求。

9 试验报告

试验报告应包括下列内容:

a) 本标准的编号;

b) 所试验软管或软管组合件的完整说明,包括管接头的标志及附件说明,如削胶头长度、扣压后直径等;

c) 试验温度;

d) 试验压力;

e) 试验液体;

f) 升压速率;

g) 脉冲循环速率;

h) 试样弯曲至 90°或者 180°;

i) 每一试样试验至损坏时的脉冲次数或所完成的脉冲次数;

j) 每一试样损坏的位置及方式,或完成试验后每一试样的状况。

ICS 45.060.20
S 52

中华人民共和国国家标准

GB/T 5600—2006
代替 GB/T 5600—1997

铁道货车通用技术条件

General technical specification for railway freight car

2006-12-14 发布 2007-05-01 实施

中华人民共和国国家质量监督检验检疫总局
中国国家标准化管理委员会 发布

ICS 45.060.20
S 52

中华人民共和国国家标准

GB/T 5600—2006

铁道货车通用技术条件

General technical specification for railway freight car

2006-12-14发布　　2007-05-01实施

中华人民共和国国家质量监督检验检疫总局
中国国家标准化管理委员会　发布

前　言

本标准代替 GB/T 5600—1997《铁道货车通用技术条件》。

与前版标准相比，本标准的主要内容变化如下：

——一般要求中，新增了结构、运用、安全性等方面的内容；

——材料要求中，取消了各类铸件、锻件、焊丝、弹簧等的材质要求，新增耐大气腐蚀钢、不锈钢、铝合金、铸钢件、涂料及其他金属、非金属的材质要求；

——车体制造要求、转向架、制动装置、车钩缓冲装置、落成要求、涂装标记等按现车结构和新标准进行了修订；

——新增了附录 A"通用敞、棚、平车技术要求"；

——新增了附录 B"专用货车技术要求"；

——新增了附录 C"罐车通用技术要求"；

——新增了附录 D"机械冷藏车通用技术要求"。

本标准规定了铁道货车的基本要求，铁道货车的检查与试验规则见 GB/T 5601《铁道货车检查与试验规则》。

本标准的附录 A、附录 B、附录 C、附录 D 为规范性附录。

本标准由铁道部提出。

本标准由铁道部标准计量研究所归口。

本标准起草单位：铁道部标准计量研究所、齐齐哈尔铁路车辆（集团）有限责任公司、株洲车辆厂、四方车辆研究所、北京二七车辆厂、西安车辆厂、太原机车车辆厂、武昌车辆厂、眉山车辆厂。

本标准主要起草人：齐兵、孙琰、卢静、雷青平、朱森、孙明道、田葆栓、章薇、肖江石、朱秀琴、刘翀原、王宏。

本标准所代替标准的历次版本发布情况为：

——GB/T 5600—1985、GB/T 5600—1997。

引　言

在铁道标准体系中，货车整车标准除 GB/T 5600《铁道货车通用技术条件》外，对不同类型的货车还制定有单项标准，这些单项标准中所规范的内容和要求，与 GB/T 5600 有许多共同之处。为统一对货车的要求，有必要将下述单项标准并入 GB/T 5600 中，其通用的要求列入标准的正文，不同性（特殊性）的要求列入标准附录。GB/T 5600 经过合并调整后的结构如下：

——正文部分为货车的通用性要求；

——将 TB/T 1402—1996《敞、棚、平车通用技术条件》修订为 GB/T 5600 的"附录 A　通用敞、棚、平车技术要求"，增加了活动侧墙棚车、活顶棚车等新技术内容；

——将 TB/T 1897—1987《家畜车通用技术条件》、TB/T 1401—1991《铁道气动自翻车技术条件》、TB/T 1403—2002《铁道无盖漏斗车通用技术条件》、TB/T 2222—1991《铁道集装箱专用平车通用技术条件》、TB/T 2224—1991《铁道有盖漏斗车技术条件》合并修订为 GB/T 5600 的"附录 B　专用货车技术要求"，并增加运输小汽车专用车技术要求的内容；

——将 TB/T 2234—1999《铁道罐车通用技术条件》、TB/T 2649—1995《铁道气卸散装粉状货物车通用技术条件》合并修订为 GB/T 5600 的"附录 C　罐车通用技术要求"；

——将 TB/T 1884—1996《机械冷藏车组通用技术条件》修订为 GB/T 5600 的"附录 D　机械冷藏车通用技术要求"。

本标准未涉及结构和运用要求特殊的货车（如长大货物车），但是某些条款对此类货车也是适用的，或是可以提供参考。目前与此类货车有关的标准只有 TB/T 2553—1995《铁道凹底平车技术条件》。

铁道货车通用技术条件

1 范围

本标准规定了铁道货车的一般要求、材料要求、结构要求、制造要求、涂装与标记等。

本标准适用于构造速度小于或等于120 km/h、轴重小于或等于25 t的标准轨距新造铁道货车。构造速度大于120 km/h、轴重大于25 t及有特殊要求的新造铁道货车可参照执行。

2 规范性引用文件

下列文件中的条款通过本标准的引用而成为本标准的条款。凡是注日期的引用文件，其随后所有的修改单(不包括勘误的内容)或修订版均不适用于本标准，然而，鼓励根据本标准达成协议的各方研究是否可使用这些文件的最新版本。凡是不注日期的引用文件，其最新版本适用于本标准。

GB 146.1 标准轨距铁路机车车辆限界

GB/T 699 优质碳素结构钢

GB/T 700 碳素结构钢

GB/T 1591 低合金高强度结构钢

GB/T 5599 铁道车辆动力学性能评定和试验鉴定规范

GB/T 17425 货车车钩、钩尾框采购和验收技术条件

JB 4708 钢制压力容器焊接工艺评定

TB/T 1.1 铁道车辆标记 一般规则

TB/T 493 铁道车辆车钩缓冲装置组装技术条件

TB/T 1254 倾翻汽缸技术条件

TB/T 1335 铁道车辆强度设计及试验鉴定规范

TB 1560 货车安全技术的一般规定

TB/T 1808 机械冷藏车电气装置技术条件

TB/T 1811 机械冷藏车制冷加温装置技术条件

TB/T 1883 货车两轴转向架通用技术条件

TB/T 1901 车辆制动装置组装技术条件

TB/T 1961 机车车辆缓冲器

TB/T 1979 铁道车辆用耐大气腐蚀钢订货技术条件

TB/T 2424 货车水平轮链式手制动机技术条件

TB/T 2879.1 铁路机车车辆 涂料及涂装 第1部分:涂料供货技术条件

TB/T 2879.3 铁路机车车辆 涂料及涂装 第3部分:金属和非金属材料表面处理技术条件

TB/T 2879.4 铁路机车车辆 涂料及涂装 第4部分:货车防护和涂装技术条件

TB/T 2942 铁道用铸钢件采购与验收技术条件

TB/T 2950 联锁车钩连接轮廓

TB/T 2978 铁道货车垂直轮齿轮传动手制动机技术条件

TB/T 3304 铁路货物装载加固技术要求

3 一般要求

3.1 货车及其零部件的设计、制造应符合本标准、相关标准及按规定程序批准的产品图样及技术文件的规定。

3.2 运用环境温度为－40℃～＋40℃。

3.3 安全技术要求应符合 TB 1560 的规定。

3.4 外形轮廓应符合 GB 146.1 的规定。

3.5 连挂时应能通过最小半径为 145 m 的曲线。

3.6 货车及其主要零部件的强度设计应符合 TB/T 1335 的规定。

3.7 整车动力学性能应符合 GB/T 5599 的规定。

3.8 车辆上设置的装载加固装置应满足 TB/T 3304 的规定。

3.9 有盖货车应具有防止雨、雪浸入性能；无盖货车结构应利于排水。

3.10 在运用、维修中需要拆、装的易损、易耗件应便于更换。

3.11 车下紧固、悬吊的部件应采取防松、防脱措施，必要时加装安全防护装置。可拆卸的阀盖等附件应装有防止丢失或防止意外开启、拆卸的防护措施。

3.12 通用货车应能通过车辆减速器和机械化驼峰。

3.13 应具有自动制动装置和人力制动装置，二者应能独立工作。

4 材料要求

4.1 优质碳素结构钢、碳素结构钢、低合金高强度结构钢应分别符合 GB/T 699、GB/T 700、GB/T 1591的规定。

4.2 耐大气腐蚀钢应符合 TB/T 1979 及有关技术文件的规定。

4.3 铝合金、不锈钢材质应符合有关标准及技术文件的规定。

4.4 铸钢件的采购与验收应符合 TB/T 2942 及有关技术文件的规定。

4.5 涂料应符合 TB/T 2879.1 的规定。

4.6 其他黑色金属、有色金属以及非金属材料，应符合相应标准的规定，或符合经供需双方协议并按规定程序批准的技术文件的规定。

5 制造要求

5.1 车体

5.1.1 中梁组成后中梁旁弯和底架组成后侧梁旁弯，在全长内小于或等于基本尺寸的 0.6‰，每米内小于或等于 3 mm。两从板座同一工作面之间的相对位移小于或等于 1 mm；牵引梁磨耗板处内侧距为 330^{+1}_{-2} mm；前后从板座工作面间的距离为 625_{-3}^{0} mm。

5.1.2 底架组成后，长度极限偏差为基本尺寸的±0.8‰，宽度极限偏差为±5 mm，对角线之差分别为：底架长度小于或等于 15 m 时，其对角线之差小于或等于 8 mm，底架长度大于 15 m 时，其对角线之差小于或等于 12 mm。两心盘中心距的极限偏差为基本尺寸的±0.7‰。

5.1.3 上心盘安装平面的平面度公差为 1 mm；上心盘中心线对枕梁处的底架中心线的横向偏移量应小于或等于 3 mm。

5.1.4 车体钢结构组成后，两枕梁间的中梁和侧梁上挠 2 mm～12 mm，枕梁以外的下侧梁和牵引梁上翘或下垂小于或等于 5 mm，牵引梁甩头小于或等于 5 mm。

5.1.5 特殊结构的货车，车体制造要求应符合图样及相关技术文件的要求。

5.2 转向架

5.2.1 转向架零部件应符合有关标准及技术文件的规定。

5.2.2 转向架通用技术要求应符合 TB/T 1883 的规定。

5.3 制动装置

5.3.1 制动装置零部件应符合有关标准及技术文件的规定。

5.3.2 人力制动装置应符合 TB/T 2424、TB/T 2978 及有关技术文件的规定。

5.3.3 空气制动装置的组装应符合 TB/T 1901 的规定。

5.3.4 空重车自动调整装置应符合有关标准及技术文件的规定。

5.4 车钩缓冲装置

5.4.1 车钩缓冲装置的零部件应符合 GB/T 17425 及技术文件的规定。

5.4.2 缓冲器应符合 TB/T 1961 的规定。

5.4.3 自动车钩的连接轮廓应符合 TB/T 2950 的规定。

5.4.4 车钩缓冲装置的组装应符合 TB/T 493 的规定。

5.5 车辆落成

5.5.1 车钩中心线高为 880 mm±10 mm，同一辆车的 1、2 位车钩高度差不应超过 10 mm。

5.5.2 全车落成后，底架同一端梁上平面距轨面的高度差应小于或等于 12 mm。（冷藏车除外。无端梁上盖板车辆，换算成在两侧梁处测量。）

5.5.3 装用常接触弹性旁承，弹性旁承压缩量应符合有关规定。装用间隙旁承，同一转向架左右旁承间隙之和为 10 mm～16 mm，且每侧大于或等于 4 mm，超过时允许在下旁承处用垫板调整，垫板总厚度小于或等于 16 mm（冷藏车除外）。上、下旁承中心线偏移，沿车体横向小于或等于 6 mm，纵向小于或等于 8 mm。

5.5.4 转向架的簧下配件与底架相对部位的垂直距离应大于转向架承载弹簧的全压缩量，并留有一定的安全裕量。

5.5.5 落车之前应彻底清除下心盘中的铁屑、焊渣等污物。

5.5.6 装有心盘磨耗盘的车辆，在心盘磨耗盘与上、下心盘间不应涂润滑脂。

6 涂装与标记

6.1 涂装前，金属与非金属表面的处理应符合 TB/T 2879.3 的规定。

6.2 防护和涂装应符合 TB/T 2879.4 及有关技术文件的规定。

6.3 标记应符合 TB/T 1.1 和产品图样的规定。

7 各车种要求

各车种的具体要求应符合附录 A～附录 D 的规定。

附 录 A
（规范性附录）
通用敞、棚、平车技术要求

A.1 范围

本附录规定了通用敞、棚、平车的结构要求和制造要求。

本附录适用于通用敞、棚、平车的设计、制造。特殊结构的专用敞、棚、平车可参照执行。

A.2 结构要求

A.2.1 敞车

A.2.1.1 应具有下侧门或侧开门，下侧门上翻时应有固定装置。

A.2.1.2 应能适应翻车机及机械作业。

A.2.1.3 应设有绳栓，并在车端两侧装有牵引钩。

A.2.2 棚车

A.2.2.1 车门应能固定在最大开度和关闭位置，并能适应机械作业。

A.2.2.2 应设有通风装置。

A.2.2.3 活顶棚车的活顶开闭机构应开启灵活，锁闭可靠。操作简单，可在地面上或从装车站台上将车顶打开或锁闭。

A.2.2.4 活动侧墙棚车的侧墙开闭机构应开启灵活，锁闭可靠。当车门处于全开位置时，应设车门移动止挡装置。

A.2.3 平车

A.2.3.1 侧、端门的锁闭装置应开启灵活、锁闭可靠。

A.2.3.2 应设有绳栓、柱插。

A.2.3.3 应能满足集载要求。

A.3 制造要求

A.3.1 车体钢结构组成后，敞、棚车钢质侧、端板的平面度公差应小于或等于 15 mm/m²，超过时应进行调平；压型侧、端板的平面度公差应小于或等于 5 mm/m²；门板的平面度公差：压型门板应小于或等于 4 mm/m²，非压型门板应小于或等于 6 mm/m²；棚车车顶板沿车体纵向下凹小于或等于 15 mm/m。

A.3.2 敞车车门门孔对角线之差小于或等于对角线基本尺寸的 3‰。

对接式车门门缝间隙和搭接式车门与各搭接件间的间隙应小于或等于 6 mm；搭接式压型的中侧门上、下四角的局部间隙小于或等于 8 mm。

门板与各搭接件的搭接量：上沿应大于或等于 5 mm，下沿应大于或等于 8 mm。对开式中侧门两侧与侧柱的搭接量应大于或等于 8 mm，两扇门中间搭接量应大于或等于 10 mm；下侧门两侧搭接量应大于或等于 15 mm。

A.3.3 敞车钢结构组成后，上侧梁、上端梁旁弯，每米内小于或等于 3 mm，全长范围在 1 m～5 m 之间时应小于或等于 5 mm，大于 5 m 时应小于弯曲处弦长的 1‰。角柱对水平面垂直度公差每米小于或等于 6 mm。全高范围内小于或等于 10 mm。

A.3.4 棚车车门应开闭灵活，门孔对角线之差小于或等于对角线基本尺寸的 1.5‰；门缝应严密，局部间隙应小于或等于 4 mm(局部指局部间隙总长不超过该边的 1/5)。单开式拉门锁闭侧的门框与门柱搭接量应大于或等于 20 mm，车门上框与门檐的搭接量应大于或等于 25 mm。

A.3.5 棚车车窗应开闭灵活，各部不应有卡阻现象，车窗与窗孔对角线之差小于或等于其对角线基本尺寸的6‰。

A.3.6 平车端、侧门的旁弯，每米内小于或等于3 mm，全长范围内，端门应小于或等于6 mm，侧门应小于或等于5 mm。

A.3.7 平车两相邻侧门接头处相互错牙小于或等于5 mm，接头处缝隙和端、侧门与地板间的缝隙应小于或等于5 mm，局部允许8 mm(局部指缝隙总长不超过该边长的1/3)。侧门与端门间的缝隙应小于或等于8 mm。

A.3.8 平车端门锁紧时相对于地板面的垂直度公差应小于或等于6 mm，放平时，每扇门至少与两个支架接触，未接触者与支架的间隙应小于或等于3 mm。侧门锁紧时相对于地板面的垂直度公差小于或等于6 mm，放下时，相邻两侧门不应搭接。

A.3.9 具有木(竹)质地板的车辆在车体上应加装防火装置。

A.3.10 无钢地板的底架落成后，任一横断面中梁与侧梁、侧梁与侧梁上平面高度差小于或等于6 mm；有钢地板的底架，钢地板的平面度公差为7 mm/m^2，钢地板下平面与各梁间在焊缝连接处的间隙小于或等于2 mm。

A.3.11 钢木(竹)结构组成后，相邻两木(竹)板的高低差及板缝见表A.1。

表 A.1

单位为毫米

车　型	部　位		
	地　板	端、侧壁	板　缝
棚车	4	3	内3，外2
平车	5	—	—

附 录 B
（规范性附录）
专用货车技术要求

B.1 范围

本附录规定了漏斗车、集装箱车、自翻车、家畜（禽）车、运输小汽车专用车的结构要求、制造要求。

本附录适用于漏斗车、集装箱车、自翻车、家畜（禽）车、运输小汽车专用车的设计、制造。

B.2 漏斗车

B.2.1 结构要求

B.2.1.1 漏斗车的端墙板、漏斗板与水平面的夹角应分别大于所装货物的安息角（具有振动卸货设备时除外），以保证车辆有良好的自卸性能。

B.2.1.2 有盖漏斗车顶部应设置装货口，装货口应设具有压紧锁闭装置的装货口盖，且便于铅封。

B.2.1.3 车体底（下）部应设有底部卸货口，卸货口应设有开闭机构，其锁闭性能可靠，操作应简单、方便。

B.2.2 制造要求

B.2.2.1 各卸货口在关闭状态下，各部间隙应保证所装货物不致在运输中散失。

B.2.2.2 全车落成后，装、卸货口的开闭装置应作用灵活。当采用手动装置操纵时，手轮最大扭矩不应超过 80 N·m；当采用风控装置操纵时，开关门不应影响车辆的制动。

B.3 集装箱车

B.3.1 结构要求

B.3.1.1 集装箱平车应设有集装箱锁闭装置，其位置及数量应与所装集装箱的型号相匹配。

B.3.1.2 集装箱平车必要时设置防止集装箱门非正常开启的门挡装置。

B.3.1.3 双层集装箱车的下层集装箱采用固定式锁头与车体凹底部定位。

B.3.1.4 双层集装箱车应有集装箱导向装置。

B.3.2 制造要求

B.3.2.1 锁闭装置安装后，锁头中心对角线差值见表 B.1。

表 B.1

单位为毫米

集装箱锁头中心对角线差值	适用的集装箱型号
≤16	1AAA、1AA、1A、1AX 45 ft 箱、48 ft 箱、53 ft 箱
≤13	1CC、1C、1CX

B.3.2.2 同一集装箱使用的锁闭装置，安装后其承载面的高低差小于或等于 6 mm。

B.3.2.3 翻转式锁闭装置安装后翻转应灵活。

B.3.2.4 双层集装箱车凹底部分对角线差应小于或等于对角线基本尺寸的 1.5‰。

B.3.2.5 双层集装箱车凹底部横梁应有 10 mm～15 mm 上挠度。

B.3.2.6 双层集装箱车车体组成后，上边梁、下侧梁的旁弯全长内小于或等于基本尺寸的 0.6‰，每米小于或等于 3 mm；侧墙板立面和斜面的平面度公差沿车辆长度方向每米小于或等于 10 mm。

B.3.2.7 双层集装箱车空车承载面距轨面高度小于或等于 310 mm，车体最低部位距轨面高度不小于 190 mm。

B.4 自翻车

B.4.1 结构要求

B.4.1.1 两侧均可卸货。

B.4.1.2 车厢倾翻角度应大于所装货物的安息角。

B.4.1.3 倾翻动力源采用压缩空气或液压。当采用压缩空气为动力源时，其倾翻主风管压力应满足 500 kPa 和 600 kPa 的要求。

B.4.1.4 侧门应开闭灵活，在未达到最大倾翻角度前，侧门应提前打开。

B.4.2 制造要求

B.4.2.1 侧门关闭后，侧门与地板的间隙小于或等于 10 mm，局部间隙小于或等于 15 mm。

B.4.2.2 侧门弯曲：向内小于或等于 20 mm，向外小于或等于 10 mm。

B.4.2.3 侧门与端墙高度差小于或等于 10 mm，侧门与端墙间隙小于或等于 5 mm。

B.4.2.4 同侧折页孔、折页轴承孔、吊承板孔中心同轴度公差为 2 mm。

B.4.2.5 倾翻气缸技术条件应符合 TB/T 1254 的要求。

B.4.2.6 倾翻装置管路的气密性能应满足每分钟压力下降不应超过 20 kPa 的要求。

B.4.2.7 车厢纵向中心线相对于底架纵向中心线的对称度公差为 5 mm。

B.5 家畜(禽)车

B.5.1 结构要求

B.5.1.1 应装有供家畜或家禽食用和押运人员生活用的给水装置。

B.5.1.2 车体内应设置货物间及押运员生活间，生活间应设卧具、卫生等生活所必须的设备。

B.5.1.3 货物间墙板应为栅栏式并设调节窗，木地板上平面应为毛面。

B.5.1.4 车顶及押运员生活间墙壁应设隔热层。

B.5.2 制造要求

B.5.2.1 钢结构组装后，货物间门孔两对角线之差小于或等于 5 mm，车窗孔和侧门孔两对角线之差小于或等于 3 mm。

B.5.2.2 侧、端、间、隔墙对底架的垂直度公差为 4 mm。

B.5.2.3 车顶两对角线之差小于或等于 10 mm。

B.5.2.4 车顶侧梁旁弯每米小于或等于 2 mm，全长小于或等于基本尺寸的 0.6‰。

B.5.2.5 车窗安装应严密，开、关灵活可靠。

B.5.2.6 各门开、关应灵活、可靠，门锁作用良好。

B.5.2.7 调节窗开关灵活，关闭时，全部遮挡墙板空隙。

B.6 运输小汽车专用车

B.6.1 结构要求

B.6.1.1 应配备汽车装载加固装置，以在装载时对汽车进行止动和加固。

B.6.1.2 当采用活动式上层地板时，车内应配备上层地板升降装置或翻转装置。

B.7.1.3 端门应具有锁闭装置。

B.7.1.4 两车联挂、端渡板放倒时，两车端渡板间距小于或等于 120 mm。当采用移动式活动渡板时，应有防止渡板移动的安全措施。

B.7.2 制造要求

B.7.2.1 封闭式运输汽车专用车的侧墙平面度公差为 18 mm/m²。

B.7.2.2 上层地板横向挠度小于或等于 6 mm。

附 录 C
（规范性附录）
罐车通用技术要求

C.1 范围

本附录规定了罐车的结构要求和制造要求。

本附录适用于装运液体介质和粉状货物的钢制罐体的铁道罐车。特殊要求的罐车可参照使用。

C.2 结构要求

C.2.1 罐体及其附件

C.2.1.1 罐体应由封头、筒体、人孔、安全装置等组成。封头应采用碟形、椭圆形或球形；筒体可采用圆柱体、锥体或其他形体；人孔内径不应小于 ϕ450 mm；需要设置安全装置的罐体应根据介质的物理、化学等特性进行设置。

C.2.1.2 罐体对接接头应采用全焊透结构。

C.2.1.3 焊接到罐体上的联接件宜在罐体上设垫板。

C.2.1.4 粉状货物罐车特殊要求如下：

a) 罐体顶部的人孔盖及装料口盖应设紧固密封装置，并具有防雨水渗入的性能；

b) 罐体按需要设置气室。罐体应设流化装置，透气层应具有均匀良好的透气性；

c) 罐外应设有球阀、碟阀、安全阀等性能良好的进气和卸料装置；

d) 粉状货物残存量不超过 0.3%。

C.2.2 底架及与罐体的连接

C.2.2.1 底架可采用有中梁或无中梁的结构型式。根据需要设置通过台。

C.2.2.2 有中梁罐车与底架的连接方式可采用上、下鞍螺栓紧固与卡带组合；也可采用其他可靠的连接方式。无中梁罐车应将罐体与牵枕装置焊为一体，牵枕装置的枕梁与筒体的连接包角应大于等于 120°。

C.2.3 附属设施

C.2.3.1 罐车应设有外梯、车顶走板和车顶栏杆。罐体内梯按需要设置，内梯与罐体底部的联接应采用活动联接。

C.2.3.2 液体罐车特殊要求如下：

a) 应在罐体内设置限制装料的容积标尺或在罐体外设置液位显示（测量）装置；

b) 应根据介质的特性设加装与排卸装置，上卸式宜在罐体底部设聚液窝；

c) 装运腐蚀性介质的罐车应设置限制罐体外部溢流液体的导流板；

d) 需要加温卸车的罐车可采用内加温或外加温结构；

e) 需要保温运输的罐车可采用保温材保温或其他保温结构；

f) 罐内有防腐保洁要求时可采用喷涂或加衬里等方法对内表面进行处理。

C.3 制造要求

C.3.1 封头

C.3.1.1 封头应整体成形。成形后的封头最小厚度应在图样或技术文件中注明。

C.3.1.2 冷成形的封头，其拼接焊缝的内表面以及影响成形质量的拼接焊缝的外表面，在成形前应打磨至与母材平齐。

C.3.1.3 用弦长不小于封头内径 $3/4D_i$ 的内样板检查封头形状偏差(见图 C.1),其最大间隙小于或等于 15 mm。检查时应使样板垂直于待测表面,允许样板避开焊缝进行测量。

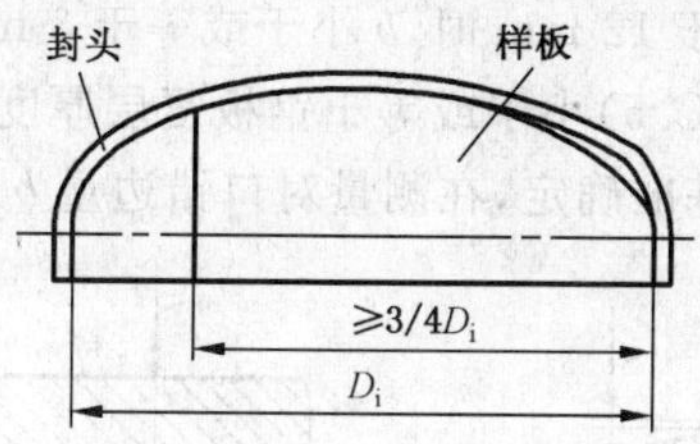

图 C.1 封头形状偏差

C.3.1.4 封头直边向外倾斜小于或等于封头直边高度的 6%,向内倾斜小于或等于封头直边高度的 5%。

C.3.1.5 封头直边断面上最大直径与最小直径之差小于或等于封头内径 D_i 的 0.8%,且小于或等于 25 mm。

C.3.1.6 封头外圆周长偏差为−3 mm～+9 mm。

C.3.1.7 封头表面应清除氧化皮、油污等杂物。

C.3.2 筒体

C.3.2.1 筒节纵向长度不宜小于 300 mm,环向拼板长度不宜小于 500 mm。

C.3.2.2 除图样另有规定外,圆柱形筒节在焊接接头环向形成的棱角 E,用弦长等于 1/6 内径 D_i,且不小于 300 mm 的内样板或外样板检查(见图 C.2),其 E 值小于或等于 5 mm。

在焊接接头轴向形成的棱角 E(见图 C.3),用长度不小于 300 mm 的直尺检查,其 E 值小于或等于 5 mm。

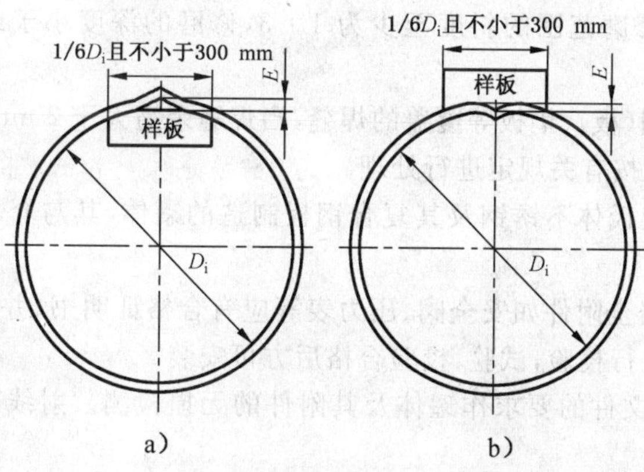

图 C.2 内样板或外样板检查环向棱角 E

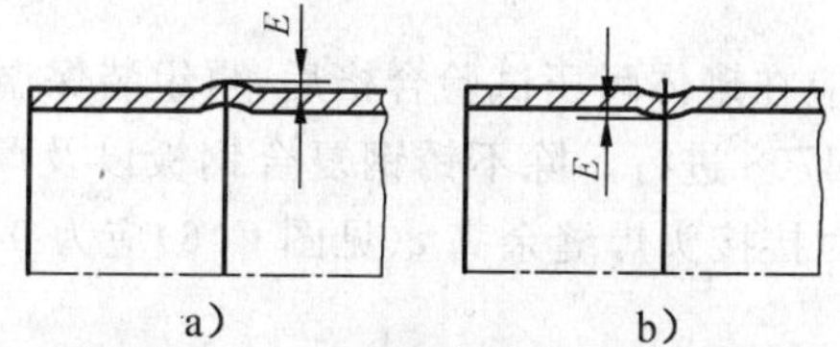

图 C.3 直尺检查轴向棱角 E

C.3.3 罐体

C.3.3.1 罐体长度的极限偏差为罐体长度基本尺寸的±1.3‰。

C.3.3.2 除图样另有规定外,圆柱形罐体直线度公差为 20 mm。沿圆周 0°、90°、180°、270°四个部位拉 ϕ0.5 mm 的细钢丝测量。

C.3.3.3 除图样另有规定外,在两枕梁处,圆柱形罐体最大直径与最小直径之差小于或等于该断面内

径 D_i 的 1%。

C.3.3.4 罐体(包括封头、筒体)焊接接头对口错边量 b(见图 C.4):当钢板厚度 t 为 8 mm～12 mm 时,b 小于或等于 2 mm;当板厚 t 大于 12 mm 时,b 小于或等于 3 mm。

复合钢板的对口错边量 b(见图 C.5)小于或等于钢板复层厚度的 50%,且小于或等于 2 mm。

对口错边量 b 以较薄板厚度为基准确定,在测量对口错边量 b 时,不应计入两板厚度的差值。

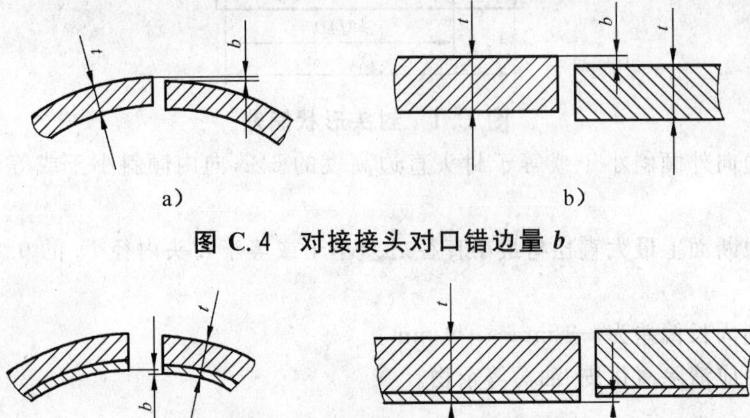

图 C.4 对接接头对口错边量 *b*

图 C.5 复合钢板对接接头对口错边量 *b*

C.3.3.5 罐体不应出现十字焊缝,筒节与筒节、筒节与封头间纵向焊缝外圆弧长距离不应小于 80 mm。

C.3.3.6 制造中应避免钢板表面的机械损伤。对于尖锐伤痕、刻槽以及不锈钢罐体防腐蚀表面的局部伤痕等缺陷应予修磨,修磨范围的斜度至少为 1∶3,修磨的深度小于或等于该部位钢材厚度 t 的 5%,否则应予焊补。

C.3.3.7 罐体上被补强圈(板)、垫板等覆盖的焊缝,当焊缝余高大于 2 mm 时,应在施焊前修整成与母材齐平,修整后出现缺陷时按有关规定进行处理。

C.3.3.8 有防腐要求的奥氏体不锈钢及其复合钢板制造的罐体,其与介质接触的不锈钢内表面应进行酸洗、钝化处理。

C.3.3.9 罐体上的各种安全附件如安全阀、压力表等应有合格证明书,并应在装配前对安全阀进行规定的性能试验,对压力表进行校验,试验、校验合格后方可安装。

C.3.3.10 按图样和技术文件的要求作罐体及其附件的无损检测。射线、超声、磁粉和渗透检测应符合有关标准的规定。

C.3.3.11 有夹套的罐体,应在罐体耐压试验合格后,组焊夹套,再进行夹套内的压力试验,试验时不应使罐体产生失稳。

C.3.3.12 有保温装置的罐体,应在罐体耐压试验合格后,再组装保温装置。

C.3.3.13 焊接工艺评定按 JB 4708 进行。除不锈钢复合钢板以及厚度大于 12 mm 的钢板对接接头焊缝余高 e 按图样规定外,罐体对接接头焊缝余高 e(见图 C.6)应为 0 mm～3 mm。

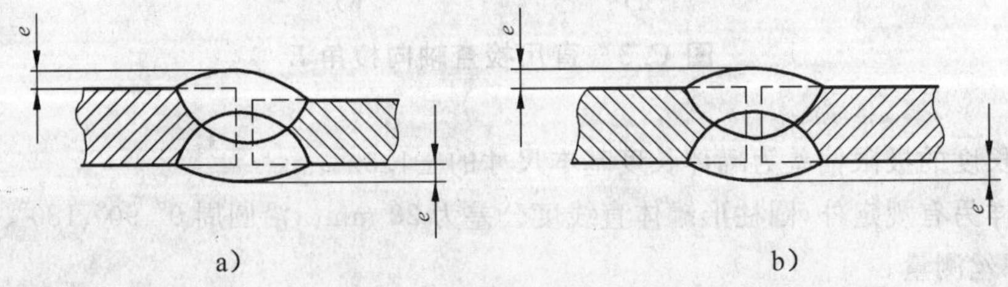

图 C.6 对接接头焊缝余高 *e*

C.3.4 牵枕装置

C.3.4.1 牵枕装置组成后，对角线（*AC* 与 *BD*）之差小于或等于 3 mm。两外侧（*AB* 与 *DC*）距离之差小于或等于 3 mm。见图 C.7。

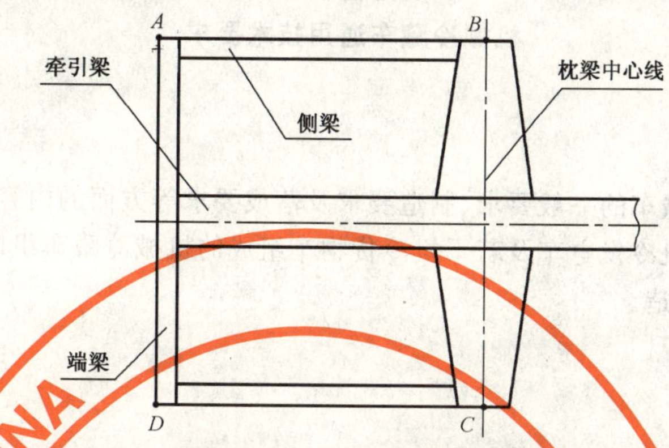

图 C.7 牵枕装置对角线、两外侧距离之差

C.3.4.2 枕梁腹板与牵引梁组焊时，其组对间隙小于或等于 2 mm。

C.3.4.3 牵枕装置组成后，同一横断面上各梁的水平差，在枕梁处小于或等于 3 mm，端梁处小于或等于 6 mm。

C.3.4.4 牵枕装置的其他要求应符合 5.1 的有关规定。

C.3.5 牵枕装置与罐体组焊

C.3.5.1 罐体与牵枕装置组焊时，两者接触处应密贴，局部间隙小于或等于 2 mm。

C.3.5.2 罐体与牵枕装置组焊时，枕梁腹板中心线与枕梁上盖板中心线的偏差小于或等于 15 mm。

C.3.5.3 罐体与牵枕装置组焊后，两枕梁中心线的距离（两侧梁外侧测量）之差小于或等于 8 mm；两对角线之差小于或等于 10 mm。

C.3.5.4 罐体与牵枕装置组焊后，罐体中心线与牵枕中心线的横向偏移小于或等于 10 mm。

C.3.5.5 罐体与牵枕装置组焊后，四个上旁承磨耗板的下平面应在同一平面内，其平面度公差为 2 mm。

C.3.6 有中梁罐车罐体与底架的组装

C.3.6.1 有中梁罐车罐体与底架间装有木垫时，木垫研配要求如下：

a) 纵木垫厚度应在 52 mm～72 mm 范围内，且应高出纵向托铁上边沿 5 mm；

b) 木垫三分之一的接触面积应密贴，局部间隙小于或等于 2 mm。

C.3.6.2 有中梁罐车上、下鞍连接螺栓紧固后应密贴，用 0.5 mm 塞尺检查不应触及螺栓杆部；上、下鞍纵向错位小于或等于 15 mm。

C.3.6.3 采用卡带连接的罐车，在卡带被紧固后，卡带与罐体应密贴，其局部间隙小于或等于 1 mm，长度小于或等于 100 mm，每根卡带局部间隙应不超过 3 处。卡带下有焊缝处的间隙小于或等于 3.5 mm。

附 录 D
(规范性附录)
机械冷藏车通用技术要求

D.1 范围

本附录规定了机械冷藏车的一般要求、制造要求及落成要求等方面的内容。

本附录适用于由一辆机冷发电车及若干机冷货物车组成的机械冷藏车组以及不带发电车的单节或多节机械冷藏车的设计、制造。

D.2 一般要求

D.2.1 设备要求

车上各种设备应能承受车辆正常运用中的振动冲击,振动冲击的最大加速度为:纵向 4 g,横向 1g,垂直方向 1.5 g,并能在纵倾 3°、横倾 6°的条件下正常工作。

D.2.2 货物车

D.2.2.1 降温和加热

D.2.2.1.1 冷却未预冷的水果蔬菜到 4℃的持续时间不超过 48 h。

D.2.2.1.2 同一车组各货物车同时空车降温,当环境温度高于 15℃降温至 0℃或环境温度低于 15℃降温至−10℃时,各车之间的温差小于或等于 3℃。

D.2.2.1.3 填装式车辆,夏季日平均温度为 36℃时,货物间应达到−18℃;整体发泡式车辆,夏季日平均温度 36℃时,货物间应达到−20℃,冬季−40℃使用时,货物间应达到 14℃。

D.2.2.1.4 车内温度不均匀性 $t \leqslant 3$℃(在−18℃时测定)。

D.2.2.2 静止时的车体综合传热系数(*K* 值)

整体发泡式车辆 $K \leqslant 0.27$ ($W/m^2 \cdot K$);

填装式车辆 $K \leqslant 0.37$ ($W/m^2 \cdot K$)。

D.2.2.3 气密性

静止状态的车辆,使车体内部保持超压(1±2%)50 Pa 的供气量 Q,整体发泡式车辆 $Q \leqslant 40\ m^3/h$;填装式车辆 $Q \leqslant 60\ m^3/h$。

D.2.2.4 货间门

货间门应便于机械化作业。

D.2.3 发电车

D.2.3.1 机冷发电车设主柴油发电机组、生活用柴油发电机组以及轴端发电装置,供车组用电,并配备乘务工作和生活需要的设施。

D.2.3.2 机冷发电车的主采暖设备,保证在车外空气计算温度为−35℃时,卧室、休息室平均温度 $t \geqslant 18$℃,机器间平均温度 $t \geqslant 5$℃,卫生室和配电室温度不低于 16℃,并应有在极端低外气温度下的应急加温措施。

D.2.3.3 对有空调设备的机冷发电车,夏季车外空气计算温度为 35℃,计算相对湿度为 60%,卧室平均温度 $t \leqslant 28$℃。

D.2.3.4 发电乘务车噪声允许值如下:

——配电室小于 80 dB(A);

——休息室小于 75 dB(A);

——卧室小于 65 dB(A)。

D.2.4.5 发电乘务车内照度应符合表D.1的规定。

表D.1 发电乘务车内照度

照　度	部　位						
	卧室	休息室	炊事室	卫生室	配电室	机器间	车门脚蹬
平均水平照度/lx	90	100	90	90	100	120	10
照度均匀度	0.75	0.6	0.75	—	—	0.65	—

D.3 制造要求

D.3.1 转向架

采用两系弹簧悬挂,具有油压减振装置的两轴转向架。

D.3.2 制动装置

机冷发电车和带乘务间的货物车内应设紧急制动阀。

D.3.3 柴油机系统

D.3.3.1 柴油机与发电机的匹配功率比,推荐采用1.4∶1。

D.3.3.2 主柴油机吸气由车外导入,应设置冷却风道。主柴油发电机组应设置运转时间指示器。

D.3.3.3 水冷柴油机应具有水温(油温)、油压自动保护装置。风冷柴油机应具有缸温(油温)、油压自动保护装置。

D.3.3.4 各油路系统不应泄漏。

D.3.3.5 燃油储量应满足车组的正常运用。

D.3.3.6 应有电动或手动加油装置。

D.3.4 电气装置

应符合TB/T 1808的规定。

D.3.5 制冷加温装置

应符合TB/T 1811的规定。

D.3.6 采暖和通风装置

机冷发电车应有独立的采暖装置。温水供暖配管与管接头、管座、法兰盘等配件焊好后,应进行196 kPa水压试验,不应泄漏。采暖装置组成后,应进行点火、通电试验。

D.3.7 给水装置

机冷发电车内应设冷水和热水供给装置,水箱不应采用对水质有害的材料制作。给水装置组成后,应进行注水试验,不应泄漏。

D.3.8 离水格子

离水格子能承受12 kN静负荷。

D.4 落成要求

车辆落成后应符合以下规定:

a) 车体倾斜不超过15 mm;

b) 装用间隙旁承时,旁承间隙每侧为2 mm～4 mm,同一端两侧之和小于或等于6 mm。

ICS 45.060.20
S 52

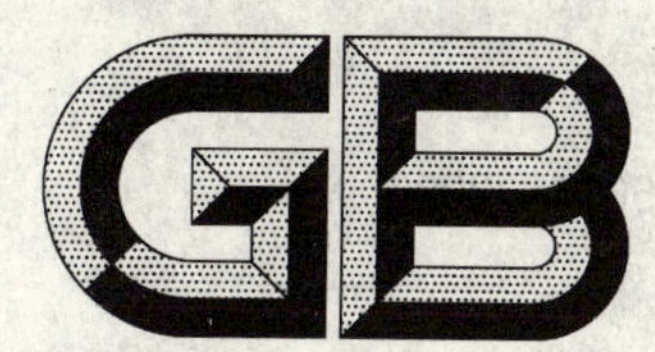

中华人民共和国国家标准

GB/T 5601—2006
代替 GB/T 5601—1985

铁道货车检查与试验规则

Rules for inspecting and testing of railway freight car after completion of construction

2006-12-14 发布　　2007-05-01 实施

中华人民共和国国家质量监督检验检疫总局
中国国家标准化管理委员会　发布

前　言

本标准代替 GB/T 5601—1985《铁道货车组装后的检查与试验规则》。

与 GB/T 5601—1985 相比，本标准主要变化如下：

——标准名称修订为《铁道货车检查与试验规则》；

——引用了新制修订的试验方法标准；

——依照 GB/T 5600—2006，对表 1“检查与试验项目表”重新进行了调整，同时，在结构与性能检查中对表中规定的内容一一作了修改、补充。

本标准规定了铁道货车的检查与试验规则，铁道货车的基本技术要求见 GB/T 5600《铁道货车通用技术条件》。

本标准由铁道部提出。

本标准由铁道部标准计量研究所归口。

本标准起草单位：铁道部标准计量研究所、齐齐哈尔车辆集团有限(责任)公司、株洲车辆厂、眉山车辆厂、北京二七车辆厂。

本标准主要起草人：孙琰、齐兵、卢静、雷青平、王宏、章薇。

本标准所代替标准的历次版本发布情况为：

——GB/T 5601—1985。

铁道货车检查与试验规则

1 范围

本标准规定了新造铁道货车落成后投入使用前对其主要技术性能所进行的检查与试验方法。

本标准适用于构造速度小于或等于120 km/h、轴重小于或等于25 t的标准轨距新造铁道货车组装后的检查与试验。构造速度大于120 km/h、轴重大于25 t及有特殊要求的新造铁道货车可参照执行。

2 规范性引用文件

下列文件中的条款通过本标准的引用而成为本标准的条款。凡是注日期的引用文件,其随后所有的修改单(不包括勘误的内容)或修订版均不适用于本标准,然而,鼓励根据本标准达成协议的各方研究是否可使用这些文件的最新版本。凡是不注日期的引用文件,其最新版本适用于本标准。

GB/T 4549.1—2004 铁道车辆词汇 第1部分:基本词汇

GB/T 5599 铁道车辆动力学性能评定和试验鉴定规范

GB/T 5600—2006 铁道货车通用技术条件

GB/T 16904.1 标准轨距铁路机车车辆限界检查 第1部分:检查方法

GB/T 18818 铁路货车翻车机和散装货物解冻库检测技术条件

TB/T 493 铁道车辆车钩缓冲装置组装技术条件

TB/T 1335 铁道车辆强度设计及试验鉴定规范

TB/T 1492 铁路客货车制动机单车试验方法

TB/T 1537 保温车隔热性能试验评定方法

TB/T 1802 铁道车辆漏雨试验方法

TB/T 1803 铁道罐车水压试验技术条件

TB/T 1807 货车车体静强度试验方法

TB/T 1808 机械冷藏车电气装置技术条件

TB/T 1885 机械冷藏车空车静置性能试验评定方法

TB/T 1886 保温车气密性能试验方法

TB/T 2369 铁道车辆冲击试验方法与技术条件

TB/T 2879.6 铁路机车车辆涂料及涂装 第6部分:涂装质量检查和验收规程

3 术语和定义

GB/T 4549.1—2004确立的以及下列术语和定义适用于本标准:

3.1

型式试验 type test

对车辆的基本参数、结构、性能等是否符合设计要求所做的全面考核试验。

[GB/T 4549.1—2004,定义7.1]

3.2

例行试验 routine test

对批量生产的每辆车,为检验其外观、结构、性能而做的常规性检查与试验。

[GB/T 4549.1—2004,定义7.2]

3.3

外观检查 exterior inspect

对货车整体及各部件进行的表面质量检查。

3.4

结构检查 structure inspect

对货车整体结构的一般性能所做的检查。

3.5

性能检查 function inspect

对货车整车综合性能及各种装置的性能的检查。

3.6

运用考核试验 running test

对新设计或结构有重大改进设计的试制样车，在批准批量投产前所做的运用考核。

4 检查与试验规则

4.1 例行试验

批量生产的各型货车，按表 1 中带“S”符号的项目逐辆进行例行试验(车型结构不具备的项目除外)。

4.2 型式试验

有下列情况之一时，按表 1 中带“T”符号的项目进行型式试验：

a) 新型货车定型时；

b) 货车的结构、材料、工艺有重大改变，可能影响其性能时；

c) 已定型货车转厂生产时；

d) 产品停产 2 年后，恢复生产时；

e) 生产一定数量后，有必要重新确认其性能时。

a)项的型式试验按表 1 的全部项目进行(车型结构不具备的项目除外)。b)、c)、d)、e)项的型式试验项目由用户和制造商共同商定。

表 1 检查与试验项目表

序号	项目		试验类别		检查方法和技术要求
			型式试验	例行试验	
1	外观检查		T	S	5.1
2	结构检查	车体和转向架的尺寸检查	T	S	5.2.2
		限界检查	T	S[a]	5.2.3
		称重检查	T	S	5.2.4
		曲线通过检查	T		5.2.5
		车体漏雨试验	T	S	5.2.6

表 1（续）

序号	项目			试验类别		检查方法和技术要求
				型式试验	例行试验	
3	装置的性能检查	门窗装置		T	S	5.3.2.1
		车钩缓冲装置		T	S	5.3.2.2
		制动装置	单车制动试验	T	S	5.3.2.3.1
			人力制动装置	T	S	5.3.2.3.2
			基础制动装置	T	S	5.3.2.3.3
		涂装检查			S	5.3.2.4
		车内设备		T	S	5.3.2.5
		安全防火		T	S	5.3.2.6
		采暖、通风装置试验		T	S	5.3.2.7
		气密性试验	气卸散装粉状货物车	T	S	5.3.2.8
			自翻车			
			保温车			
		倾翻试验		T	S	5.3.2.9
		液压系统性能试验		T	S	5.3.2.10
		车电性能试验		T	S	5.3.2.11
		罐体耐压试验		T	S	5.3.2.12
		注水试验		T	S	5.3.2.13
		车内照度		T		5.3.2.14
	整车综合性能检查	特定性能检查	隔热性能试验	T		5.3.3.1.1
			空车静置性能试验	T		5.3.3.1.2
			车内噪声	T		5.3.3.1.3
			翻车机试验	T		5.3.3.1.4
		综合性能检查	强度及刚度试验	T		5.3.3.2.1
			动力学性能试验	T		5.3.3.2.2
			冲击试验	T		5.3.3.2.3
			紧急制动距离试验	T		5.3.3.2.4
4	运用考核试验			T		5.4

a 进行抽检。

5 检查与试验方法及要求

5.1 外观检查

5.1.1 检查下列部件的结构型式、安装位置、涂装、标记等是否符合 GB/T 5600—2006、有关标准和技术文件的规定：

——车体及附属设备；

——车门及车窗；

——车钩缓冲装置及车体外部设备；

——转向架；

——制动装置。

5.1.2 检查各零部件的连接螺栓、铆钉、销钉的连接状态；各零部件的焊接质量应符合有关技术文件的规定；检查车下紧固、悬吊的部件采取的防松、防脱措施。

5.2 结构检查

5.2.1 车辆状态

结构检查如无特殊规定，应在空车状态下进行。

5.2.2 车体和转向架的尺寸检查

有关车体和转向架的尺寸的测定，应在平直轨道上、制动装置缓解状态下，按 GB/T 5600—2006 的规定进行各项检查。

5.2.3 限界检查

限界检查方法按 GB/T 16904.1 的规定进行。检查结果应符合 GB/T 5600—2006 的规定。

5.2.4 称重检查

5.2.4.1 应在经计量部门鉴定合格的轨道衡上进行，称重应符合有关规定。

5.2.4.2 批量生产时，对使用相同材料、相同生产工艺生产的同一车型的货车，可测定 5 辆车以其平均值标记该型货车的自重。

5.2.4.3 称重后的货车自重应标记在货车车体上，取小数点后一位，按修约原则进行修约。

5.2.5 曲线通过检查

货车缓行驶过最小半径 145 m 的曲线，检查各部件的正常相对运动不应受到限制；车体与转向架间的连接装置及其他各部分不应发生碰撞和损伤。

5.2.6 车体漏雨试验

有盖货车应按 TB/T 1802 的规定进行漏雨试验。

5.3 性能检查

5.3.1 车辆状态

如无特殊规定，性能检查应在空车状态下进行，除对单车作检查外，有的项目还应在编组情况下进行。

5.3.2 装置的性能检查

5.3.2.1 门窗装置

各型门、窗应开启灵活，闭合严密；门缝间隙符合要求；锁作用可靠；在型式试验时，底门应作装卸货物试验，其余车门应根据需要进行加载试验，试验应符合有关规定。

5.3.2.2 车钩缓冲装置

5.3.2.2.1 车钩缓冲装置的组装应符合 TB/T 493 的规定。

5.3.2.2.2 自动车钩的三态作用（开锁、闭锁、全开）良好，防跳作用可靠。

5.3.2.3 制动装置

5.3.2.3.1 单车制动试验

5.3.2.3.1.1 车辆落成后，在按 TB/T 1492 及有关技术文件的规定进行单车制动试验的同时，应进行空重车自动调整装置试验。

5.3.2.3.1.2 各种仪表应指示正常。

5.3.2.3.1.3 缓解阀、空重车转换装置、紧急制动阀及各塞门等应作用良好。

5.3.2.3.2 人力制动装置

操作人力制动装置，应动作灵活，制动与缓解性能良好。

5.3.2.3.3 基础制动装置

基础制动装置应动作灵活，制动与缓解性能良好。

5.3.2.4 涂装检查

涂装质量及验收应符合 TB/T 2879.6 的规定。

5.3.2.5 车内设备

具有车内设备的货车，其各种设备的作用性能应良好，配置符合 GB/T 5600—2006 及有关标准和技术文件的规定。

5.3.2.6 安全防火

对有安全防火要求的货车，其安全防火性能应符合 GB/T 5600—2006 及有关技术文件的规定。

5.3.2.7 采暖、通风装置试验

对有采暖、通风要求的车辆应进行采暖、通风装置的试验，结果应符合 GB/T 5600—2006 的规定。

5.3.2.8 气密性试验

保温车的气密性试验按 TB/T 1886 进行，试验结果应符合 GB/T 5600—2006 的规定。

采用气动卸货的其他车辆的气密性试验应按有关规定进行，试验结果应符合 GB/T 5600—2006 的规定。

5.3.2.9 倾翻试验

自翻车落成后，应进行倾翻试验。试验时，车体能分别向两侧倾翻(空车时)，并在倾翻过程中能任意起停，动作应灵活可靠。

5.3.2.10 液压系统性能试验

有液压系统的货车应进行液压系统性能试验，试验方法应符合有关规定。

5.3.2.11 车电性能试验

具有电气装置的货车应进行下列各项检查：

a) 确认各电路的接线正确、导电良好，接地可靠；
b) 各种电气设备、灯具、插头、插座及开关等的技术要求符合有关规定；
c) 机械冷藏车的检查与试验应符合 TB/T 1808 的规定；其他车辆的检查与试验应符合有关标准及技术文件的规定。

5.3.2.12 罐体耐压试验

罐体经外观检查或其他检测合格后，方可进行耐压试验。耐压试验应符合 TB/T 1803 或设计图样和技术文件的规定。

奥氏体不锈钢罐体，应控制水的氯离子含量不超过 25 mg/L。当无法达到这一要求时，水压试验后应将水渍清除干净。

5.3.2.13 注水试验

有给水系统的货车组成后，给水系统应作注水试验，不应漏泄，各阀门开关灵活可靠。

5.3.2.14 车内照度

机械冷藏车的车内照度测量方法参照 TB/T 2917 的有关规定进行，结果应符合 GB/T 5600—2006 的要求。

5.3.3 整车综合性能检查

5.3.3.1 特定性能检查

5.3.3.1.1 隔热性能试验

对保温车应进行隔热性能试验，试验方法按 TB/T 1537 进行，结果应符合 GB/T 5600—2006 的规定。

5.3.3.1.2 空车静置性能试验

对机械冷藏车应进行空车静置性能试验，试验方法按 TB/T 1885 进行，结果应符合 GB/T 5600—2006 的规定。

5.3.3.1.3 车内噪声

机械冷藏车等的车内噪声测量方法参照 GB/T 12816 的有关规定进行，结果应符合 GB/T 5600—2006 的要求。

5.3.3.1.4 翻车机试验

敞车的翻车机试验应按 GB/T 18818 的规定进行。

5.3.3.2 综合性能检查

5.3.3.2.1 强度及刚度试验

强度和刚度试验按 TB/T 1335、TB/T 1807 及有关文件的规定进行。

5.3.3.2.2 动力学性能试验

动力学性能试验按 GB/T 5599 的规定进行。

5.3.3.2.3 冲击试验

冲击试验按 TB/T 2369 的规定进行。

5.3.3.2.4 紧急制动距离试验

新型货车或制动机性能有重大改变时，应进行紧急制动距离试验，试验结果应符合有关技术文件的规定。

5.4 运用考核试验

5.4.1 交付运用考核试验的货车，在试验期间，原则上只应进行正常的保养和维修。

5.4.2 定型鉴定前，样车应进行不少于 2×10^5 km 或交付运用 2 年以上的运用考核试验。

5.4.3 运用考核工况应相当于正式运用的条件，速度宜达到构造速度。

5.4.4 试验完成时，应提供下列资料：

a) 运行区间或区段；

b) 走行公里和时间；

c) 运行最高速度；

d) 运行中发生的问题及处理情况；

e) 测定车辆及其零部件的状态、进行各种作业的方便程度。

5.4.5 运用考核结束后，对被试货车应进行全面检验和测量，应进行分解检查，记录各部磨耗、变形、破损、腐蚀及其他不良情况，并提出运用考核试验报告。

5.4.6 对于已装车鉴定过的通用件、标准件可不列入被考核的范围，但应对其采用的适宜性作结论。

参考文献

TB/T 2917　铁道客车电气照明技术条件
GB/T 12816　铁道客车内部噪声限值及测量方法

ICS 19.100
J 04

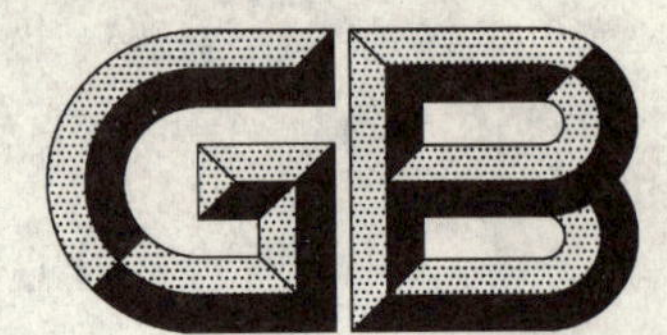

中华人民共和国国家标准

GB/T 5616—2006
代替 GB/T 5616—1985

无损检测 应用导则

Non-destructive testing—Guidelines for application

2006-12-25 发布 2007-05-01 实施

中华人民共和国国家质量监督检验检疫总局
中国国家标准化管理委员会 发布

前　言

本标准代替 GB/T 5616—1985《常规无损探伤应用导则》。

本标准与 GB/T 5616—1985 相比主要变化如下：

——增加了范围(见第 1 章)；

——增加了规范性引用文件(见第 2 章)；

——增加了术语和定义(见第 3 章)；

——增加了缩略语(见第 4 章)；

——对无损检测概述进行了调整和修改(1985 年版的 1.1；本版的第 5 章)；

——调整和补充了无损检测方法种类(1985 年版的 1.2；本版的第 6 章)；

——增加了应用无损检测时应注意的安全警示(见第 7 章)；

——对应用无损检测的一般原则进行了调整和补充(1985 年版的 1.3 和第 2 章；本版的第 8 章)；

——对常规无损检测方法的适用性和局限性进行了调整(1985 年版的第 3 章；本版的第 9 章)。

本标准的附录 A 为资料性附录。

本标准由中国机械工业联合会提出。

本标准由全国无损检测标准化技术委员会(SAC/TC 56)归口。

本标准起草单位：上海材料研究所、中国特种设备检测研究中心、上海锅炉厂有限公司、中国第一航空工业集团公司北京航空材料研究院、中国航天科技集团公司第八〇一研究所、上海宝钢工业检测公司。

本标准主要起草人：金宇飞、沈功田、阎建芳、史亦韦、徐国珍、罗云东。

本标准所代替标准的历次版本发布情况为：GB/T 5616—1985。

引　言

GB/T 5616 自 1985 年发布以来，它在我国无损检测技术的应用中起到了重要的指导作用。但 GB/T 5616 的 1985 年版主要涉及五种常规无损检测方法及其在应用时应遵守的规则，对应用无损检测的一般原则仅简略地提及。为了适应无损检测方法的不断发展和进步，以及其应用领域的越来越广，有必要修订 GB/T 5616 的内容，使无损检测工作实现全面规范化。

修订后的 GB/T 5616 为无损检测责任单位和无损检测人员提供了应用无损检测的基本规则，同时也为无损检测委托单位和监督（监理）单位及其有关人员提供了应用无损检测的基本知识，从而有助于有关各方了解和正确使用无损检测。

无损检测　应用导则

1　范围

本标准规定了应用无损检测时应遵循的基本规则。

本标准目的在于指导正确使用无损检测。

2　规范性引用文件

下列文件中的条款通过本标准的引用而成为本标准的条款。凡是注日期的引用文件，其随后所有的修改单(不包括勘误的内容)或修订版均不适用于本标准，然而，鼓励根据本标准达成协议的各方研究是否可使用这些文件的最新版本。凡是不注日期的引用文件，其最新版本适用于本标准。

GB/T 9445　无损检测　人员资格鉴定与认证(GB/T 9445—2005,ISO 9712:1999,IDT)

GB/T 15481　检测和校准实验室能力的通用要求(ISO/IEC 17025:2005,IDT)

GB/T 19001　质量管理体系　要求(GB/T 19001—2000,ISO 9001:2000,IDT)

GB/T 20737　无损检测　通用术语和定义(GB/T 20737—2006,ISO/TS 18173:2005,IDT)

3　术语和定义

GB/T 9445 和 GB/T 20737 确立的以及下列术语和定义适用于本标准。

3.1

NDT 任务书　NDT assignment

雇主或责任单位要求本单位检测人员对某一项目实施和应用无损检测的书面文件。

3.2

NDT 委托书　NDT contract

甲方(委托单位)要求乙方(责任单位)对甲方的某一项目实施和应用无损检测的书面文件，该书面文件是经双方认可的合同、协议或其他有效格式。

4　缩略语

NDT：无损检测。

5　无损检测概述

5.1　NDT 是指对材料或工件实施一种不损害或不影响其未来使用性能或用途的检测手段。

5.2　NDT 能发现材料或工件内部和表面所存在的缺欠，能测量工件的几何特征和尺寸，能测定材料或工件的内部组成、结构、物理性能和状态等。

5.3　NDT 能应用于产品设计、材料选择、加工制造、成品检验、在役检查(维修保养)等多个方面，在质量控制与降低成本之间能起优化作用。NDT 还有助于保证产品的安全运行和(或)有效使用。

6　无损检测方法种类

6.1　NDT 包含了许多种已可有效应用的方法。按物理原理或检测对象和目的的不同，NDT 大致分为如下几种方法：

a)　辐射方法

——(X 和伽玛)射线照相检测(X-ray and gamma-ray radiographic testing)；

——射线透视检测(radioscopic testing);

——计算机层析成像检测(computed tomographic testing);

——中子辐射照相检测(neutron radiographic testing)。

b) 声学方法

——超声检测(ultrasonic testing);

——声发射检测(acoustic emission testing);

——电磁声检测(electromagnetic acoustic testing)。

c) 电磁方法

——涡流检测(eddy current testing);

——漏磁检测(magnetic flux leakage testing)。

d) 表面方法

——磁粉检测(magnetic particle testing);

——渗透检测(penetrant testing);

——目视检测(visual testing)。

e) 泄漏方法

——泄漏检测(leak testing)。

f) 红外方法

——红外热成像检测(infrared thermographic testing)。

注:任何一种物理的、化学的或其他有效的技术手段,都有可能被开发和利用成一种 NDT 方法,因此不排除还有其他的 NDT 方法。

6.2 常规 NDT 方法是指目前应用较广又较成熟的 NDT 方法,它们是:射线照相检测(RT)、超声检测(UT)、涡流检测(ET)、磁粉检测(MT)、渗透检测(PT)(见第 9 章)。

7 安全警示

某些 NDT 方法会产生或附带产生诸如放射性辐射、电磁辐射、紫外辐射、有毒材料、易燃或易挥发材料、粉尘等,它们对人体会有不同程度的损害。因此在应用 NDT 时,应根据可能产生的有害物质的种类,按有关法规或标准要求进行必要的防护和监测,对相关的 NDT 人员应采取必要的劳动保护措施。

8 应用无损检测的一般原则

8.1 概述

应用 NDT,雇主或责任单位应对 NDT 人员、NDT 设施和 NDT 文件和记录进行有效管理或设立专门的 NDT 实验室。NDT 实验室宜符合 GB/T 15481 的要求。

8.2 NDT 人员

8.2.1 NDT 人员应按 GB/T 9445 或等效标准、法规要求进行资格鉴定与认证,并取得相应的证书,此外还应得到雇主或责任单位的操作授权。

8.2.2 经认证的 NDT 人员按不同的 NDT 方法各分为Ⅰ、Ⅱ、Ⅲ三个等级。NDT 人员应按其所认证的方法和等级,从事相应的 NDT 工作。

有关Ⅰ级、Ⅱ级和Ⅲ级人员的资格和职责权限,见 GB/T 9445。

8.3 NDT 设施

8.3.1 NDT 设施包括 NDT 设备和器材以及与 NDT 相关的场所、环境等综合条件。

8.3.2 NDT 设备和器材的工作性能应达到相应 NDT 标准的要求。

制造商应按相应的标准要求对 NDT 设备和器材等产品进行型式和出厂(或批量)检验,并出具检验证书。型式检验宜由取得 GB/T 15481 认可的具有相应产品型式检验检测项目的实验室进行。出厂(或批量)检验应由质量体系予以限定和保证。该体系宜符合 GB/T 19001 的要求。

8.3.3 为确保 NDT 设备(或仪器)的工作性能达到 NDT 应用标准的要求,应按相关标准的要求或制造商推荐的使用说明书自行组织校准(仪器校准)。必要时,可委托经由国家授权或经由合同双方认可的第三方进行校准,但第三方的校准人员的 NDT 等级不应低于委托方相应方法 NDT 人员的等级。

8.3.4 NDT 场所应满足相应 NDT 标准和 NDT 工作的要求。

8.3.5 除应遵守国家和地方有关环境卫生和劳动保护的法规外,还应尽量避免在环境温度 40℃以上和 0℃以下、弥漫着粉尘或刺激性气味的环境中进行 NDT(除非已采取有效的防护措施),这些对人体有较大影响的因素可能会干扰 NDT 人员对检测结果进行正常观察和做出正确判断。

8.4 NDT 文件和记录

8.4.1 NDT 文件和记录通常包括:

a) NDT 委托书或 NDT 任务书;
b) NDT 标准;
c) NDT 工艺规程;
d) NDT 操作指导书(或 NDT 工艺卡);
e) NDT 记录;
f) NDT 报告;
g) NDT 人员资格证书;
h) 其他与 NDT 有关的文件。

8.4.2 应用 NDT,应满足 NDT 委托书或 NDT 任务书的要求。

8.4.3 NDT 委托书或 NDT 任务书中,应明确指定现成和适用的 NDT 标准。

若没有现成和适用的 NDT 标准,可通过协商方式确定或临时制定经合同双方认可的专用技术文件,以弥补无标准之用。

注:专用技术文件的名称和形式不限,可以是技术协议或技术方案或其部分内容或其他有效形式。

应注意选用最新版本的 NDT 标准。为此,NDT 人员及其所在单位,应随时了解相关 NDT 标准的制修订和版本更新动态。

附录 A 给出了供参考的常用 NDT 标准一览表。

8.4.4 应事先由Ⅲ级人员编制 NDT 工艺规程。NDT 工艺规程应依据 NDT 委托书或 NDT 任务书的内容和要求、以及相应的 NDT 标准的内容和要求进行编制,其内容应至少包括:

——NDT 工艺规程的名称和编号;
——编制 NDT 工艺规程所依据的相关文件的名称和编号;
——NDT 工艺规程所适用的被检材料或工件的范围;
——验收准则、验收等级或等效的技术要求;
——实施本工艺规程的 NDT 人员资格要求;
——何时何处采用何种 NDT 方法;
——何时何处采用何种 NDT 技术;
——实施本工艺规程所需要的 NDT 设备和器材的名称、型号和制造商;
——实施本工艺规程所需要的 NDT 设备(或仪器)校准方法(或系统性能验证方法)和要求的编写依据和要求;
——被检部位及 NDT 前的表面准备要求;
——NDT 标记和 NDT 记录要求;
——NDT 后处理要求;
——NDT 显示的观察条件、观察和解释的要求;

——NDT 报告的要求；

——NDT 工艺规程编制者(Ⅲ级人员)的签名；

——NDT 工艺规程审核者(Ⅲ级人员)的签名；

——NDT 工艺规程批准者的签名。

必要时，可增加雇主或责任单位负责人的签名和(或)委托单位负责人的签名，也可增加第三方监督或监理单位负责人的签名。

如果一个项目仅采用一种常用的 NDT 技术，且被检材料或工件和检测目的相对于 NDT 来说是简单的，通过合同双方在合同中明确约定，NDT 工艺规程可不编制。

注：不编制 NDT 工艺规程的做法不适用于按 GB/T 15481 认证合格的 NDT 实验室。

8.4.5　应事先由Ⅱ级或Ⅲ级人员编制 NDT 操作指导书。NDT 操作指导书应依据 NDT 工艺规程(或相关文件)的内容和要求进行编制，其内容应至少包括：

——NDT 操作指导书的名称和编号；

——编制 NDT 操作指导书所依据的 NDT 工艺规程(或相关文件)的名称和编号；

——(一个或多个相同的)被检材料或工件的名称、产品号、被检部位以及 NDT 前的表面准备；

——NDT 人员的要求及其持证的 NDT 方法和等级；

——指定的 NDT 设备和器材的名称、规格、型号，以及仪器校准或系统性能验证方法和要求(如检测灵敏度)；

——所采用的 NDT 方法和技术；

——操作步骤及检测参数；

——对 NDT 显示的观察(包括观察条件)和记录的规定和注意事项；

——NDT 操作指导书编制者(Ⅱ级或Ⅲ级人员)的签名；

——NDT 操作指导书审核者(Ⅱ级或Ⅲ级人员)的签名；

——NDT 操作指导书批准者的签名。

必要时，可增加雇主或责任单位负责人的签名和(或)委托单位负责人的签名，也可增加第三方监督或监理单位负责人的签名。

8.4.6　应按 NDT 操作指导书要求进行检测并做相应记录。检测和记录的人员应持有相应 NDT 方法的Ⅰ级或Ⅰ级以上证书，该人员应在每份 NDT 记录上签名并对记录的真实性承担责任。如果进行检测和记录的人员持有Ⅰ级证书，进行监督的相应 NDT 方法的Ⅱ级或Ⅲ级人员，也应在 NDT 记录上签名，并承担相应的技术监督责任。

8.4.7　应按 NDT 工艺规程(或相关文件)的要求，由相应 NDT 方法的Ⅱ级或Ⅲ级人员负责对 NDT 记录进行解释，负责编写和审核 NDT 报告，并对报告中的内容承担技术责任。

NDT 报告的内容应包含 NDT 委托书或 NDT 任务书的要求。

9　常规无损检测方法的适用性和局限性

9.1　概述

9.1.1　每种 NDT 方法均有其适用性和局限性，各种方法对缺欠的检测概率既不会是 100%，也不会完全相同。例如射线照相检测和超声检测，对同一被检工件的检测结果不会完全一致。

9.1.2　常规 NDT 方法中，射线照相检测和超声检测可检测出被检工件内部和表面的缺欠；涡流检测和磁粉检测可检测出被检工件表面和近表面的缺欠；渗透检测仅可检测出被检工件表面开口的缺欠。

9.1.3　射线照相检测较适用于检测被检工件内部的体积型缺欠，如气孔、夹渣、缩孔、疏松等；超声检测较适用于检测被检工件内部的面积型缺欠，如裂纹、白点、分层和焊缝中的未熔合等。

9.1.4　射线照相检测常被用于检测金属铸件和焊缝，超声检测常被用于检测金属锻件、型材、焊缝和某些金属铸件。

9.2 射线照相检测(RT)

9.2.1 适用性

a) 能检测出焊缝中的未焊透、气孔、夹渣等缺欠；

b) 能检测出铸件中的缩孔、夹渣、气孔、疏松、裂纹等缺欠；

c) 能检测出形成局部厚度差或局部密度差的缺欠；

d) 能确定缺欠的平面投影位置和大小，以及缺欠的种类。

注：射线照相检测的透照厚度，主要由射线能量决定。对于钢铁材料，400 kV X射线的透照厚度可达 85 mm 左右，钴 60 伽玛射线的透照厚度可达 200 mm 左右，9 MeV 高能 X 射线的透照厚度可达 400 mm 左右。

9.2.2 局限性

a) 较难检测出锻件和型材中的缺欠；

b) 较难检测出焊缝中的细小裂纹和未熔合；

c) 不能检测出垂直射线照射方向的薄层缺欠；

d) 不能确定缺欠的埋藏深度和平行于射线方向的尺寸。

9.3 超声检测(UT)

9.3.1 适用性

a) 能检测出锻件中的裂纹、白点、夹杂等缺欠；

注：用直射技术可检测内部缺欠或与表面平行的缺欠。用斜射技术(包括表面波技术)可检测与表面不平行的缺欠或表面缺欠。

b) 能检测出焊缝中的裂纹、未焊透、未熔合、夹渣、气孔等缺欠；

注：通常采用斜射技术。

c) 能检测出型材(包括板材、管材、棒材及其他型材)中的裂纹、折叠、分层、片状夹渣等缺欠；

注：通常采用液浸技术，对管材或棒材也采用聚焦斜射技术。

d) 能检测出铸件(如形状简单、表面平整或经过加工整修的铸钢件或球墨铸铁[illegible]夹渣、缩孔等缺欠；

e) 能测定缺欠的埋藏深度和自身高度。

9.3.2 局限性

a) 较难检测出粗晶材料(如奥氏体钢的铸件和焊缝)中的缺欠；

b) 较难检测出形状复杂或表面粗糙的工件中的缺欠；

c) 较难判定缺欠的性质。

9.4 涡流检测(ET)

9.4.1 适用性

a) 能检测出导电材料(包括铁磁性和非铁磁性金属材料、石墨等)的表面和(或)近表面存在的裂纹、折叠、凹坑、夹杂、疏松等缺欠；

b) 能测定缺欠的坐标位置和相对尺寸。

9.4.2 局限性

a) 不适用于非导电材料；

b) 不能检测出导电材料中远离检测面的内部缺欠；

c) 较难检测出形状复杂的工件表面或近表面缺欠；

d) 难以判定缺欠的性质。

9.5 磁粉检测(MT)

9.5.1 适用性

a) 能检测出铁磁性材料(包括锻件、铸件、焊缝、型材等各种工件)的表面和(或)近表面存在的裂纹、折叠、夹层、夹杂、气孔等缺欠；

b) 能确定缺欠在被检工件表面的位置、大小和形状。

9.5.2 局限性

a) 不适用于非铁磁性材料，如奥氏体钢、铜、铝等材料；

b) 不能检测出铁磁性材料中远离检测面的内部缺欠；

c) 难以确定缺欠的深度。

9.6 渗透检测(PT)

9.6.1 适用性

a) 能检测出金属材料和致密性非金属材料的表面开口的裂纹、折叠、疏松、针孔等缺欠；

b) 能确定缺欠在被检工件表面的位置、大小和形状。

9.6.2 局限性

a) 不适用于疏松的多孔性材料；

b) 不能检测出表面未开口的内部和(或)表面缺欠；

c) 难以确定缺欠的深度。

附 录 A
（资料性附录）
常用无损检测国家标准

A.1 导言

本附录给出了部分常用的 NDT 标准一览表（有些常用的 NDT 标准可能没有包括进去）[1]。

A.2 术语

GB/T 12604.1 无损检测 术语 超声检测(GB/T 12604.1—2005,ISO 5577:2000,IDT)

GB/T 12604.2 无损检测 术语 射线照相检测(GB/T 12604.2—2005,ISO 5577:2000,IDT)

GB/T 12604.3 无损检测 术语 渗透检测(GB/T 12604.3—2005,ISO 12706:2000,IDT)

GB/T 12604.4 无损检测 术语 声发射检测(GB/T 12604.4—2005,ISO 12716:2001,IDT)

GB/T 12604.5 无损检测 术语 磁粉检测

GB/T 12604.6 无损检测 术语 涡流检测

GB/T 12604.7 无损检测 术语 泄漏检测

GB/T 12604.8 无损检测 术语 中子检测

GB/T 12604.9 无损检测 术语 红外检测

A.3 辐射方法

GB/T 3323 金属熔化焊焊接接头射线照相

GB/T 5677 无损检测 铸钢件射线照相检测(GB/T 5677—2006,ISO 4993:1987,IDT)

GB/T 12605 钢管环缝熔化焊对接接头射线透照工艺和质量分级(GB/T 12605—1990,neq ISO 1106-3:1984)

GB/T 19943 无损检测 金属材料 X 和伽玛射线照相检测 基本规则(GB/T 19943—2005,ISO 5579:1998,IDT)

A.4 声学方法

GB/T 5777 无缝钢管超声波探伤检验方法(GB/T 5777—1996,eqv ISO 9303:1989)

GB/T 6402 钢锻材超声波检验方法

GB/T 7233 铸钢件超声探伤及质量评级方法

GB/T 11343 接触式超声斜射探伤方法

GB/T 11344 接触式超声波脉冲回波法测厚

GB/T 11345 钢焊缝手工超声波探伤方法和探伤结果分级

GB/T 15830 钢制管道对接环焊缝超声波探伤方法和检验结果的分级

GB/T 18182 金属压力容器声发射检测及结果评价方法

GB/T 18694 无损检测 超声检验 探头及其声场的表征(GB/T 18694—2002,eqv ISO 10375:1997)

GB/T 18852 无损检测 超声检验 测量接触探头声束特性的参考试块和方法(GB/T 18852—

---

1) 最新和更为完整的无损检测标准目录可从全国无损检测标准化技术委员会秘书处获得(http://www.ChinaNDT.org)。

2002,ISO 12715:1999,IDT)

GB/T 19800 无损检测 声发射检测 换能器的一级校准(GB/T 19800—2005,ISO 12713:1998,IDT)

GB/T 19801 无损检测 声发射检测 声发射传感器的二级校准(GB/T 19801—2005,ISO 12714:1999,IDT)

A.5 电磁方法

GB/T 7735 钢管涡流探伤检验方法(GB/T 7735—2004,eqv ISO 9304:1989)

GB/T 12606 钢管漏磁探伤方法(GB/T 12606—1999,eqv ISO 9402:1989、ISO 9598:1989)

A.6 表面方法

GB/T 5097 无损检测 渗透检测和磁粉检测 观察条件(GB/T 5097—2005,ISO 3059:2001,IDT)

GB/T 9443 无损检测 铸钢件渗透检测(GB/T 9443—2006,ISO 4987:1992,IDT)

GB/T 9444 无损检测 铸钢件磁粉检测(GB/T 9444—2006,ISO 4986:1992,IDT)

GB/T 15822.1 无损检测 磁粉检测 第1部分:总则(GB/T 15822.1—2005,ISO 9934-1:2001,IDT)

GB/T 15822.2 无损检测 磁粉检测 第2部分:检测介质(GB/T 15822.1—2005,ISO 9934-2:2002, IDT)

GB/T 15822.3 无损检测 磁粉检测 第3部分:设备(GB/T 15822.1—2005,ISO 9934-3:2002,IDT)

GB/T 17455 无损检测 表面检查的金相复制件技术(GB/T 17455—1998,idt ISO 3057:1974(96DIS))

GB/T 18851.1 无损检测 渗透检测 第1部分:总则(GB/T 18851.1—2005,ISO 3452:1984,IDT)

GB/T 18851.2 无损检测 渗透检测 第2部分:渗透材料的检验(GB/T 18851.2—2005,ISO 3452-2:2000,IDT)

GB/T 18851.3 无损检测 渗透检测 第3部分:参考试块(GB/T 18851.3—2002,ISO 3452-3:1998,MOD)

GB/T 18851.4 无损检测 渗透检测 第4部分:设备(GB/T 18851.4—2005,ISO 3452-4:1998,IDT)

A.7 泄漏方法

GB/T 15823 氦泄漏检验

A.8 人员资格

GB/T 9445 无损检测 人员资格鉴定与认证(GB/T 9445—2005,ISO 9712:1999,IDT)

ICS 77.100
H 11

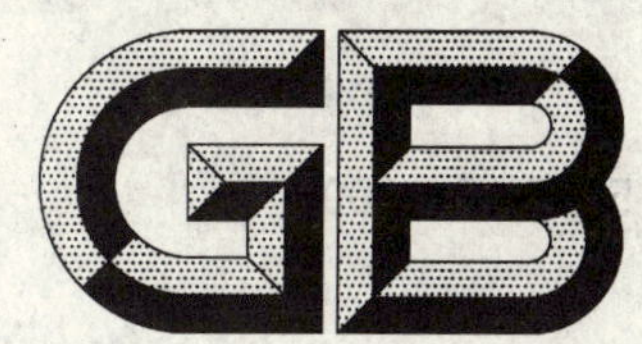

中华人民共和国国家标准

GB/T 5687.10—2006

铬铁 锰含量的测定 火焰原子吸收光谱法

Ferrochromium—Determination of manganese content—Flame atomic absorption spectrometric method

2006-03-02 发布 2006-09-01 实施

中华人民共和国国家质量监督检验检疫总局
中国国家标准化管理委员会 发布

前　言

在 GB/T 5687《铬铁》总标题下包括若干独立部分，本标准是其中的一部分。

本标准由中国钢铁工业协会提出。

本标准由冶金工业信息标准研究院归口。

本标准起草单位：四川川投峨眉铁合金（集团）有限责任公司。

本标准主要起草人：唐华应、王学元。

铬铁 锰含量的测定
火焰原子吸收光谱法

警告——使用本标准的人员应有正规实验室工作的实践经验。本标准并未指出所有可能的安全问题。使用者有责任采取适当的安全和健康措施,并保证符合国家有关法规规定的条件。

1 范围

本标准规定了用火焰原子吸收光谱法测定锰含量的原理、试剂和材料、仪器、取制样、分析步骤、分析结果的计算、允许差和试验报告等内容。

本标准适用于铬铁中锰含量的测定,测定范围(质量分数):0.050%~1.80%。

2 规范性引用文件

下列文件中的条款通过在本标准中的引用而成为本标准的条款。凡是注有日期的引用文件,其随后所有的修改单(不包括勘误的内容)或修订版均不适用于本标准,然而,鼓励根据本标准达成协议的各方研究是否可使用这些文件的最新版本。凡是不注日期的引用文件,其最新版本适用于本标准。

GB/T 4010 铁合金化学分析用试样的采取和制备

3 原理

试样用盐酸、过氧化氢和高氯酸分解,在高氯酸冒烟状态下,用盐酸挥铬后制备为盐酸溶液;或用无水碳酸钠-过氧化钠熔融分解,过滤,以二氧化锰沉淀分离大量钠盐后制备为盐酸溶液。在原子吸收光谱仪,波长 279.5 nm 处,用空气-乙炔火焰进行锰含量的测定。

4 试剂和材料

除非另有说明,在分析中仅使用确认为分析纯的试剂和蒸馏水或与其纯度相当的水。

4.1 过氧化钠(固体)。

4.2 无水碳酸钠(固体)。

4.3 盐酸(ρ1.19 g/mL)。

4.4 高氯酸(ρ1.67 g/mL)。

4.5 盐酸(1+1)。

4.6 盐酸(1+2)。

4.7 盐酸(2+98)。

4.8 过氧化氢(质量分数 30%)。

4.9 二氯化锶溶液(60 g/L):称取 60 g 六水合二氯化锶($SrCl_2 \cdot 6H_2O$)用水溶解后,用水稀释至 1 000 mL,混匀。

4.10 铁溶液:称取 3 g 高纯铁(≥99.98%,含 Mn≤0.005%)置于 500 mL 锥形瓶中,加入 20 mL 盐酸(4.5)、150 mL 水,加热溶解完全后,用水稀释至 500 mL,混匀。此溶液 1 mL 含 6 mg 铁。

4.11 锰标准溶液

4.11.1 称取 1.000 g 金属锰[质量分数大于 99.9%,预先在硫酸(5+95)中清洗除去表面氧化物,取出,立即用水洗涤干净,并用无水乙醇冲洗 2 次~3 次,自然干燥后使用]置于 500 mL 烧杯中,加入 20 mL盐酸(4.5),加热溶解,蒸发至干,用盐酸(4.7)溶解后,冷却至室温,移入 1 000 mL 容量瓶中,以盐酸(4.7)稀释至刻度,混匀。此溶液 1 mL 含 1.000 mg 锰。

4.11.2 准确移取 50.00 mL 锰标准溶液(4.11.1)至 500 mL 容量瓶中,用盐酸(4.7)稀释至 500 mL,混匀。此溶液 1 mL 含 100 μg 锰。

5 仪器与设备

分析中,除使用通常的实验室仪器、设备外,还使用原子吸收光谱仪。原子吸收光谱仪应备有空气-乙炔燃烧器,锰空心阴极灯。空气-乙炔气体要足够纯净以提供稳定清澈的贫燃火焰。

所用原子吸收光谱仪应达到下列技术指标:

5.1 精密度的最低要求

用最高浓度的校准溶液,测量 10 次吸光度,并计算其吸光度平均值和标准偏差。该标准偏差不超过该吸光度平均值的 1.0%。

用最低浓度的校准溶液(不是零校准溶液),测量 10 次吸光度,并计算其标准偏差。该标准偏差不应超过最高浓度校准溶液的平均吸光度值的 0.5%。

5.2 特征浓度

本标准锰的特征浓度应小于 0.10 μg/mL。

5.3 检出限

本标准锰的检出限应小于 0.05 μg/mL。

5.4 校准曲线的线性

校准曲线按浓度等分为五段,最高段的吸光度差值与最低段的吸光度差值之比不应小于 0.8。

6 取制样

按照 GB/T 4010 的规定进行取制样。高碳铬铁试样应通过 0.098 mm 筛孔,中、低、微碳铬铁的试样应通过 1.68 mm 筛孔。

7 分析步骤

7.1 试料量

按表 1 称取试料,准确至 0.000 1 g。

表 1

锰含量(质量分数)/%	试料量/g
0.050~0.50	0.20
>0.50~1.00	0.10
>1.00~1.80	0.05

7.2 空白试验

随同试料进行空白试验。

7.3 测定

7.3.1 试料的分解

7.3.1.1 试料的酸溶分解法

将试料(7.1)置于 150 mL 的锥形瓶中,加入 5 mL 过氧化氢(4.8),10 mL 盐酸(4.3),微热溶解至试样无明显反应。加入 5 mL 高氯酸(4.4),加热至冒高氯酸烟,当铬被氧化时,分 2 次~3 次共滴加 4 mL~5 mL 盐酸(4.3)挥去大量铬。继续冒尽高氯酸烟,取下。加入 20 mL 盐酸(4.5),滴加 2 mL 过氧化氢(4.8),加热溶解。取下,冷却至室温,移入 200 mL 容量瓶中,加入 5 mL 二氯化锶溶液(4.9),用水稀释至刻度,混匀。干过滤,取滤液按 7.3.2 操作。

7.3.1.2 试料的碱熔分解法

将试料(7.1)置于已盛有 4 g 过氧化钠(4.1)和 1 g 无水碳酸钠(4.2)的 40 mL 刚玉坩埚中,搅匀。覆盖 1 g 过氧化钠(4.1),置于 700℃～750℃马弗炉内熔融 8 min～10 min 后取出。稍冷,用热水浸提于 500 mL 烧杯中。滴加 2 mL 过氧化氢(4.8),加水至 300 mL 左右,加热煮沸 1 min,取下。过滤,用水洗烧杯 2 次～3 次,洗滤纸上沉淀 3 次～4 次,用 30 mL 热盐酸(4.6)分次溶解滤纸上沉淀于原烧杯中,用热盐酸(4.7)洗涤滤纸 8 次～10 次,将溶液移入 200 mL 容量瓶中,加入 5 mL 二氯化锶溶液(4.9),用水稀释至刻度,混匀。以下按 7.3.2 操作。

7.3.2 测定

将溶液(7.3.1.1、7.3.1.2)在原子吸收光谱仪上,用空气-乙炔火焰,波长 279.5 nm 处,以水调零,测量其吸光度。将试料溶液的吸光度和随同试料空白溶液的吸光度,从校准曲线上查出对应的锰的浓度(μg/mL)。

7.4 校准曲线的绘制

7.4.1 移取 10.0 mL 铁溶液(4.10)七份分别置于 100 mL 锥形瓶中,依次加入 0、1.00 mL、2.00 mL、4.00 mL、6.00 mL、8.00 mL、10.00 mL 锰标准溶液(4.11.2),分别加入 20 mL 盐酸(4.5),滴加 2 mL 过氧化氢(4.8),加热溶解。取下,冷却至室温,分别移入 200 mL 容量瓶中,加入 5 mL 二氯化锶溶液(4.9),用水稀释至刻度,混匀。以下按 7.3.2 进行。

7.4.2 校准曲线系列每一溶液的吸光度减去零浓度溶液的吸光度,为锰校准曲线系列溶液的净吸光度,以锰浓度(μg/mL)为横坐标,净吸光度为纵坐标,绘制校准曲线。

8 分析结果的计算

按式(1)计算试样中锰含量(质量分数),其数值以%表示。

$$w(\mathrm{Mn}) = \frac{(c - c_0) \times V}{m_0 \times 10^6} \times 100 \qquad \cdots\cdots(1)$$

式中:

c——自校准曲线上查得的试料溶液中锰的浓度,单位为微克每毫升(μg/mL);

c_0——自校准曲线上查得的随同试料空白溶液中锰的浓度,单位为微克每毫升(μg/mL);

V——最终测量试样溶液的体积,单位为毫升(mL);

m_0——试料量,单位为克(g)。

9 允许差

实验室之间分析结果的差值应不大于表 2 所列允许差。

表 2 %

锰含量(质量分数)	允许差
0.050～0.10	0.015
>0.10～0.25	0.02
>0.25～0.50	0.03
>0.50～1.00	0.04
>1.00～1.80	0.06

10 试验报告

试验报告应包括下列内容：

a) 鉴别试料、实验室和分析日期的资料；

b) 遵守本标准规定的程度；

c) 分析结果及其表示；

d) 测定中观察到的异常现象；

e) 对分析结果可能有影响而本标准未包括的操作或者任选的操作。

ICS 77.100
H 11

中华人民共和国国家标准

GB/T 5687.11—2006

铬铁　钛含量的测定
二安替比林甲烷分光光度法

Ferrochromium—Determination of titanium content—Diantipyrylmethane spectrophotometric method

2006-03-02 发布　　2006-09-01 实施

中华人民共和国国家质量监督检验检疫总局
中国国家标准化管理委员会　发布

前　言

在 GB/T 5687《铬铁》总标题下包括若干独立部分，本标准是其中的一部分。

本标准由中国钢铁工业协会提出。

本标准由冶金工业信息标准研究院归口。

本标准起草单位：湖南铁合金集团有限公司。

本标准主要起草人：邓建春、邓志红。

铬铁 钛含量的测定 二安替比林甲烷分光光度法

警告——使用本标准的人员应有正规实验室的实践经验。本标准并未指出所有可能的安全问题。使用者有责任采取适当的安全和健康措施,并保证符合国家有关法规规定的条件。

1 范围

本标准规定了用二安替比林甲烷分光光度法测定钛含量的原理、试剂和材料、仪器、取制样、分析步骤、结果计算、允许差和试验报告等内容。

本标准适用于铬铁中钛含量的测定,测量范围(质量分数):0.010%~0.60%。

2 规范性引用文件

下列文件中的条款通过在本标准中的引用而成为本标准的条款。凡是注日期的引用文件,其随后所有的修改单(不包括勘误的内容)或修订版均不适用于本标准,然而,鼓励根据本标准达成协议的各方研究是否可使用这些文件的最新版本。凡是不注日期的引用文件,其最新版本适用于本标准。

GB/T 4010 铁合金化学分析用试样的采取和制备

3 原理

试样用稀硫酸分解制备成硫酸溶液,或用过氧化钠熔融分解,然后制备为硫酸溶液。用亚硫酸钠、抗坏血酸还原铬、铁,在硫酸-盐酸介质中,二安替比林甲烷与钛形成黄色络合物。在分光光度计波长390 nm处测量其吸光度。

4 试剂与材料

除非另有说明,在分析中仅使用确认为分析纯的试剂和蒸馏水或与其纯度相当的水。

4.1 过氧化钠(固体)。

4.2 硫酸(1+1)。

4.3 硫酸(1+3)。

4.4 硫酸(1+19)。

4.5 亚硫酸钠饱和溶液。

4.6 抗坏血酸溶液(80 g/L):用时配制。

4.7 二安替比林甲烷溶液(15 g/L):用盐酸(1+3)配制。

4.8 铁基体溶液(14 g/L):称取适量三氯化铁,用硫酸(4.4)配制。

4.9 钛标准溶液:

4.9.1 称取0.166 8 g经950℃灼烧到恒量的二氧化钛(>99.9%)于100 mL烧杯中,加入10 g硫酸铵、25 mL浓硫酸,加热至二氧化钛全部溶解,冷却。溶液移入盛有100 mL水的500 mL容量瓶中,用水稀释至刻度,混匀。此溶液1 mL含200 μg钛。

4.9.2 移取25.00 mL溶液(4.9.1)于500 mL容量瓶中,用硫酸(1+19)稀释至刻度,混匀。此溶液1 mL含10.0 μg钛。

5 仪器

分析中使用通常的实验室仪器。

6 取制样

按照 GB/T 4010 的规定进行取制样。高碳铬铁试样应通过 0.088 mm 筛孔，中、低、微碳铬铁应通过 1.68 mm 筛孔。

7 分析步骤

7.1 试料量

按表 1 称取试样，精确至 0.000 1 g。

表 1

钛含量(质量分数)/%	试料量/g
0.010～0.10	0.40
＞0.10～0.60	0.10

7.2 空白试验

随同试料进行空白试验。使用酸溶分解法的试料的空白试验加入 10 mL 铁基体溶液(4.8)。

7.3 测定

7.3.1 试料的分解

7.3.1.1 试料的酸溶分解法

将试料(7.1)置于 150 mL 烧杯中，加入 20 mL 硫酸(4.3)盖上表面皿，低温加热至试料完全分解，取下冷却，移入 200 mL 容量瓶中，用水稀释至刻度，混匀。以下按 7.3.2 操作。

7.3.1.2 试料的碱熔分解法

将试料(7.1)置于已盛有 5 g 过氧化钠(4.1)的铁坩埚中，混匀后，再覆盖 2 g 过氧化钠(4.1)，于酒精喷灯上熔融，至坩埚内试料呈亮红色流体状后继续熔 1 min，取下，稍冷。

注：也可在 750℃的高温炉中熔融 10 min。

置于盛有 80 mL 热水的塑料杯中浸出融块，洗净坩埚。用 25 mL 硫酸(4.2)酸化，边加边搅拌，冷却，移入 200 mL 容量瓶中，用水稀释至刻度，混匀。以下按 7.3.2 操作。

7.3.2 显色与测定

移取 20.00 mL 试液(7.3.1.1 或 7.3.1.2)各两份分别置于两个 50 mL 容量瓶中，滴加 6 滴亚硫酸钠饱和溶液(4.5)，加 5 mL 抗坏血酸溶液(4.6)，混匀。

显色液：加入 20 mL 二安替比林甲烷溶液(4.7)，用水稀释至刻度，混匀。

参比液：用水稀释至刻度混匀。

室温放置 30 min，于分光光度计波长 390 nm 处，用适当的吸收皿，测量其吸光度。

7.4 校准曲线的绘制

7.4.1 移取 0、0.50 mL、1.00 mL、2.00 mL、3.00 mL、5.00 mL、7.00 mL 钛标准溶液(4.9.2)，分别置于 50 mL 容量瓶中，滴加 6 滴亚硫酸钠饱和溶液(4.5)，加 5 mL 抗坏血酸溶液(4.6)，混匀。室温放置 30 min，于分光光度计波长 390 nm 处，用适当的吸收皿，以试剂空白为参比，测量其吸光度。

7.4.2 校准曲线系列每一溶液的吸光度减去零浓度溶液的吸光度为钛校准曲线系列的净吸光度，以钛量(μg)为横坐标，净吸光度为纵坐标，绘制校准曲线。

8 分析结果的计算

按式(1)计算试样中的钛含量(质量分数)，其数值用%表示。

$$w(\mathrm{Ti}) = \frac{m_1 - m_0}{m \times \gamma \times 10^6} \times 100 \qquad \cdots\cdots(1)$$

前　言

本标准第6章(6.2条除外)、第8章(8.2.2条除外)为强制性的,其余为推荐性的。

本标准代替GB 5695—1994《预应力混凝土输水管(震动挤压工艺)》和GB 5696—1994《预应力混凝土输水管(管芯缠丝工艺)》。

本标准与GB 5695—1994和GB 5696—1994的主要差异在于:

—— 标准的名称调整为《预应力混凝土管》;
—— 管子的范围涵盖了排水管道工程;适用的管线运行工作压力或静水头调整为不大于1.2 MPa;适用的管顶最大覆土深度调整为10 m;
—— 增补了部分规范性引用文件;
—— 增加了逊他布式一阶段管管型及尺寸并将原国家标准GB 5696—1994的附录A的技术内容列入了相关条款;
—— 增加了管子结构设计应采用的设计规范(第6.1条);
—— 增加了抗裂内压的计算公式(第6.10.4条);
—— 增加了管子的防腐要求(第6.10.6条);
—— 增加了标准的附录A、附录B、附录C和附录D。

本标准附录B、附录C为规范性附录,附录A、附录D为资料性附录。

本标准由中国建筑材料工业协会提出。

本标准由全国水泥制品标准化技术委员会归口。

本标准由苏州混凝土水泥制品研究院、苏州中材建筑建材设计研究院负责起草。

本标准参加起草单位:山东山水水泥集团有限公司管道分公司、北京远通制管有限公司第二水泥制管厂、金华市巨龙管业有限公司、吉林电力管道工程总公司、陕西省红旗水泥制品总厂、昆明预达制管有限责任公司、邹平禹王水泥制品有限公司、秦皇岛红旗管业有限公司、江苏华龙管道有限公司、天津市泽宝水泥制品有限公司、广东番禺建新水泥制品有限公司、中山市中株水泥制品有限公司、山东省栖霞市宏都水泥制品有限公司、山东省龙口市升元建材有限公司、天津市泉子金属制品有限公司、陕西红旗建材机械有限公司、江苏邦威机械制造有限公司、江都市建材机械厂。

本标准主要起草人:佘洪方、付志章、关鑫鑫、倪志权、冷东、李军奇、包正东、李凤雏、王志峰、沈丽华、斯培浪。

本标准委托苏州混凝土水泥制品研究院、苏州中材建筑建材设计研究院负责解释。

本标准所代替标准的历次版本发布情况:

——GB 5695—1985,GB 5696—1985;
——GB 5695—1994,GB 5696—1994。

引　言

我国自上世纪60年代初期试制成功预应力混凝土输水管以来，预应力混凝土输水管作为主要的非金属管道材料在城市给水排水工程、长距离输水工程、农田灌溉及各种水利工程中得到了广泛应用，为我国的社会主义建设作出了巨大贡献。

1985年，我国相继颁布实施了预应力混凝土输水管强制性国家标准GB 5695—1985《预应力混凝土输水管(震动挤压工艺)》和GB 5696—1985《预应力混凝土输水管(管芯缠丝工艺)》。国家标准的颁布实施为我国预应力混凝土输水管的良性发展提供了有力保证。特别是上世纪80年代中期，我国预应力混凝土输水管进入了快速发展时期，我国先后从瑞典“逊他布”公司和澳大利亚“罗克拉”公司成功引进了震动挤压工艺生产一阶段管和悬辊-离心复合工艺生产三阶段管的先进生产技术和生产线，为我国制管技术和装备进步和发展奠定了良好基础。

20世纪90年代初期，在充分吸收国内最新制管技术和最新成果的基础上，我国又对1985年颁布实施的预应力混凝土输水管强制性国家标准GB 5695和GB 5696进行了第一次修订，其修订版本于1994年颁布实施。在以后的十多年中，由于其他新型管道材料的出现，预应力混凝土输水管的发展受到一定影响。为了充分发挥预应力混凝土输水管的特点和技术优势，2003年中国国家标准化管理委员会第106号文再次下达了《预应力混凝土输水管》强制性国家标准的修订项目计划，要求将原国家标准GB 5695—1994和GB 5696—1994进行整合修订，以形成新的预应力混凝土输水管国家标准。本次修订在标准内容上扩大了原预应力混凝土输水管标准规定的适用范围，新增并进一步完善了部分技术章节，相信本次修订能为我国预应力混凝土输水管提供新的发展空间和发展机遇。

预应力混凝土管

1 范围

本标准规定了预应力混凝土管的分类、要求、试验方法、检验规则、标志、运输、保管、使用规定和出厂证明书等内容。

本标准适用于制造公称内径为400 mm～3 000 mm、管线运行工作压力或静水头不大于1.2 MPa、管顶覆土深度不超过10 m的承插式预应力混凝土管，制造超出本标准给定范围的预应力混凝土管时可参照本标准执行。

依据本标准制造的管子可用于城市给水系统、排水系统、工业和水利输水管线、农田灌溉、工厂管网及深覆土涵管等。

2 规范性引用文件

下列文件中的条款通过本标准的引用而成为本标准的条款。凡是注日期的引用文件，其随后所有的修改单(不包括勘误的内容)或修订版均不适用于本标准，然而，鼓励根据本标准达成协议的各方研究是否可使用这些文件的最新版本。凡是不注日期的引用文件，其最新版本适用于本标准。

GB 175 硅酸盐水泥、普通硅酸盐水泥
GB 748 抗硫酸盐硅酸盐水泥
GB 1344 矿渣硅酸盐水泥、火山灰质硅酸盐水泥及粉煤灰硅酸盐水泥
GB 1499 钢筋混凝土用热轧带肋钢筋(GB 1499—1998,neq ISO 6935.2:1991)
GB 1596—2005 用于水泥和混凝土中的粉煤灰
GB 4463—1984 预应力混凝土用热处理钢筋
GB/T 5223 预应力混凝土用钢丝(GB/T 5223—2002,ISO 6934-2:1991,NEQ)
GB/T 5224 预应力混凝土用钢铰线(GB/T 5224—2003,ISO 6934-4:1991,NEQ)
GB 8076 混凝土外加剂
GB 13788 冷轧带肋钢筋(GB 13788—2000,neq ISO 10544:1992)
GB/T 14684 建筑用砂
GB/T 14685 建筑用卵石、碎石
GB/T 15345—2003 混凝土输水管试验方法
GB/T 18736—2002 高强高性能混凝土用矿物外加剂
GB 50046—1995 工业建筑防腐蚀设计规范
GB/T 50081 普通混凝土力学性能试验方法标准
GB 50119 混凝土外加剂应用技术规范
GB 50204 混凝土结构工程施工质量验收规范
GB 50212 建筑防腐蚀工程施工及验收规范
GB 50224—1995 建筑防腐蚀工程质量检验评定标准
GB 50268 给水排水管道工程施工及验收规范
GB 50332—2002 给水排水工程管道结构设计规范
GBJ 107 混凝土强度检验评定标准
JC/T 748—1987(1996) 预应力与自应力钢筋混凝土管用橡胶密封圈
JC/T 749—1987(1996) 预应力与自应力钢筋混凝土管用橡胶密封圈试验方法

JGJ 55　普通混凝土配合比设计规程

JGJ 63　混凝土拌合用水标准

CECS 16:1990　预应力混凝土输水管结构设计规范(振动挤压工艺)

CECS 140:2002　给水排水工程埋地管芯缠丝预应力混凝土管和预应力钢筒混凝土管管道结构设计规程

3　术语、定义和主要符号

下列术语、定义和主要符号适合于本标准。

3.1　术语

3.1.1　预应力混凝土管　prestressed concrete pipe

指在混凝土管壁内建立有双向预应力的预制混凝土管,包括一阶段管和三阶段管。

3.1.2　一阶段管　single-stage pipe

指采用振动挤压工艺生产的预应力混凝土管包括传统的一阶段管(管子代号:YYG)和一阶段逊他布管(管子代号:YYGS),管子的外保护层为混凝土,管子的结构形式为整体式。

注:YYG——表示传统的一阶段管;YYGS——表示采用瑞典“逊他布”管型尺寸制造的管子,简称一阶段逊他布管。

3.1.3　三阶段管　three -stage pipe

指采用管芯缠丝工艺生产的预应力混凝土管包括传统的三阶段管(管子代号:SYG)和三阶段罗克拉管(管子代号:SYGL),管子的外保护层为水泥砂浆,管子的结构形式为复合式。

注:SYG——表示传统的三阶段管;SYGL——表示采用澳大利亚罗克拉管型尺寸制造的管子,简称三阶段罗克拉管。

3.1.4　振动挤压工艺　vibrohyopressed technique

指首先向安放有钢筋骨架(已实施纵向张拉)的管模内灌注新拌混凝土,然后在养护台位上向内模的橡胶套内注入符合设计要求的压力水,对新成型的混凝土管壁实施挤压排水使混凝土密实同时实施环向预应力钢丝张拉,再经养护、卸压、脱模而制作管子的一种制管方法。

3.1.5　管芯缠丝工艺　core type technique

指首先采用离心成型工艺或悬辊成型工艺或立式振动成型工艺制作带有纵向预应力的混凝土管芯,经养护、脱模后再以螺旋方式在管芯外表面缠绕环向预应力钢丝——在管壁混凝土内建立环向预应力,最后在缠丝管芯外表面制作水泥砂浆保护层而制作管子的一种制管方法。

3.1.6　滚动胶圈柔性接头　roll gasket flexible joint

指在管道安装就位时,位于管子接头内的圆形橡胶密封圈以滚动方式进入安装位置的一种管子接头形式,橡胶密封圈的最终安装位置在管子插口工作面靠近止胶台附近。

3.1.7　滑动胶圈柔性接头　glide gasket flexible joint

指在管道安装就位时,位于管子接头内的圆形橡胶密封圈的位置保持不变,管子的承口工作面与橡胶密封圈之间以滑动方式进入安装位置的一种管子接头形式。管端处管子插口工作面上带有胶圈凹槽,橡胶密封圈的最终安装位置在管子插口工作面的胶圈凹槽内。

3.1.8　纵向预应力　longitudinal prestressing

指预先利用张拉设备对管模内的纵向钢筋实施张拉,待管体混凝土具备了管子结构设计所要求的强度后实施放张,继而在管子轴线方向混凝土内形成的预压应力。

3.1.9　环向预应力　round prestressing

指通过内水压力扩张管子内模外侧的橡胶套在管体径向挤压混凝土并对环向钢筋实施张拉,待管体混凝土具备管子结构设计所要求的强度后实施放张,继而在管子环周方向混凝土内形成的预压应力;或利用机械能、电热能对钢筋实施预(热)张拉后以螺旋方式缠绕在已具备管子结构设计所要求的缠丝强度的管体外表面，继而(或冷却后)在管子环周方向混凝土内形成的预压应力。

3.1.10 工作压力(P) working pressure

指不包括水锤压力在内，由水力梯度产生于某段管线或某个管子内的最大内水压力，或是由业主指定的静水压力。

3.1.11 覆土深度(H) height of fill above top of pipe

指埋地管线管子顶部至地表面之间的距离。

3.1.12 抗裂检验内压(P_t) cracking testing pressure

指管子在卧式或立式状态下进行水压试验时管体不发生开裂破坏的内水压力。

3.2 主要符号

本标准涉及的主要符号详见资料性附录A。

4 分类

4.1 产品分类

预应力混凝土管按管子的成型工艺可分为一阶段管(如YYG、YYGS)和三阶段管(如SYG、SYGL)；按管子的接头密封形式又可为滚动密封胶圈柔性接头(如YYG、YYGS、SYG)和滑动密封胶圈柔性接头(如SYGL)。

4.2 规格和尺寸

管子的基本尺寸应符合图1、图2、图3、图4和表1、表2、表3、表4的规定。

注：经供需双方协商，也可生产其他规格和尺寸的管子。

4.3 产品标记

产品标记由管子代号(YYG、YYGS、SYG或SYGL)、公称内径、有效长度、工作压力(P)、覆土深度(H)和标准号组成。

示例1：公称内径为1 600 mm、管子有效长度为5 000 mm、工作压力为0.8 MPa、覆土深度为4 m的一阶段管，标记如下：

YYG 1 600×5 000/P0.8/$H$4 GB 5696—2006

示例2：公称内径为2 000 mm、管子有效长度为4 000 mm、工作压力为0.4 MPa、覆土深度为6 m的三阶段管，标记如下：

SYG 2 000×4 000/P0.4/$H$6 GB 5696—2006

示例3：公称内径为1 200 mm、管子有效长度为5 000 mm、工作压力为0.6 MPa、覆土深度为4 m的三阶段罗克拉管，标记如下：

SYGL 1 200×5 000/P0.6/$H$4 GB 5696—2006

单位为毫米

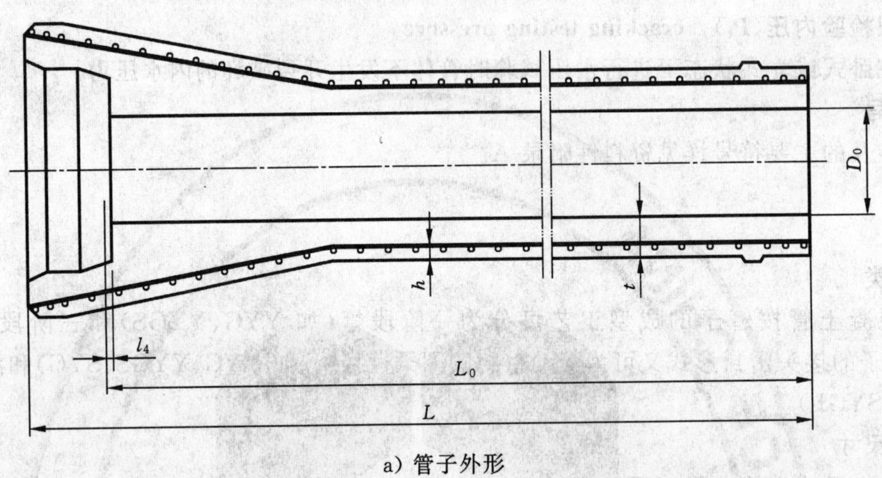

a) 管子外形

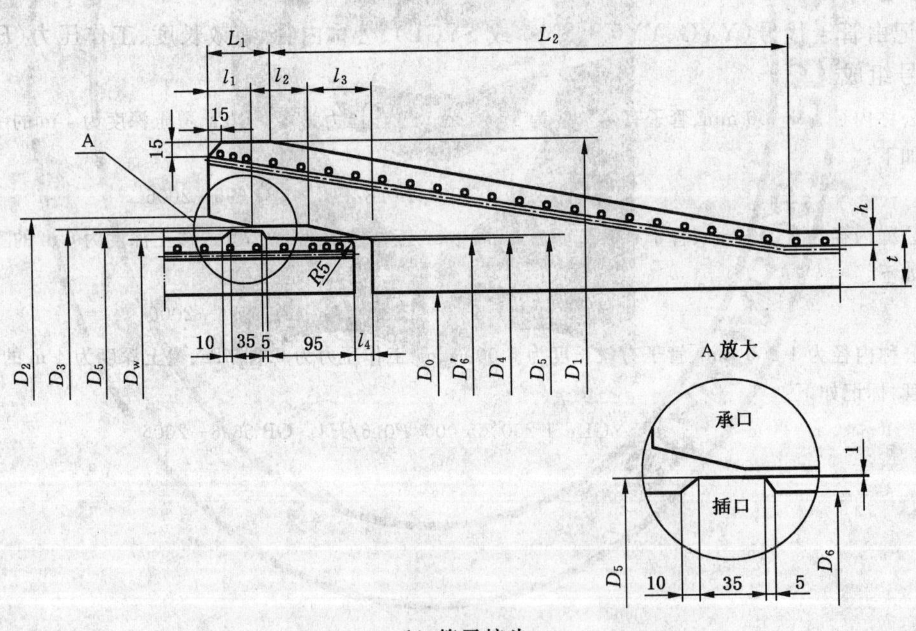

b) 管子接头

图 1 一阶段管(YYG)管子外形及接头图

表 1　一阶段管(YYG)基本尺寸

单位为毫米

公称内径 D_0	管壁厚度 t	保护层厚度 h	有效长度 L_0	管体长度 L	管体外径 D_w	承口细部尺寸									插口细部尺寸			安装间隙 l_4	参考重量 /t
						承口外径 D_1	外导坡直径 D_2	工作面直径 D_3	内倒坡直径 D_4	平直段长度 L_1	斜坡投影长度 L_2	l_1	l_2	l_3	工作面直径 D_6	工作面直径 D_6'	止胶台外径 D_5		
400	50	15	5000	5160	500	684	548	524	494	70	504	50	60	70	500	492	516	20	1.0
500	50	15	5000	5160	600	784	648	624	594	70	504	50	60	70	600	592	616	20	1.2
600	55	15	5000	5160	710	904	758	734	704	70	504	50	60	70	710	702	726	20	1.6
700	55	15	5000	5160	810	1004	858	834	804	70	532	50	60	70	810	802	826	20	1.8
800	60	15	5000	5160	920	1124	968	944	914	70	560	50	60	70	920	912	936	20	2.3
900	65	15	5000	5160	1030	1248	1082	1056	1024	80	599	50	60	70	1030	1022	1048	20	2.8
1000	70	15	5000	5160	1140	1368	1192	1166	1134	80	626	50	60	70	1140	1132	1158	20	3.3
1200	80	15	5000	5160	1360	1608	1412	1386	1354	80	682	50	60	70	1360	1352	1378	20	4.6
1400	90	15	5000	5160	1580	1850	1636	1608	1574	80	714	50	60	70	1580	1572	1600	20	6.0
1600	100	20	5000	5160	1800	2098	1866	1838	1802	90	740	50	60	70	1808	1800	1830	20	7.6
1800	115	20	5000	5160	2030	2352	2100	2066	2030	90	770	60	60	70	2032	2024	2058	20	9.8
2000	130	20	5000	5160	2260	2602	2330	2296	2260	90	800	60	60	70	2262	2254	2288	20	12.3

单位为毫米

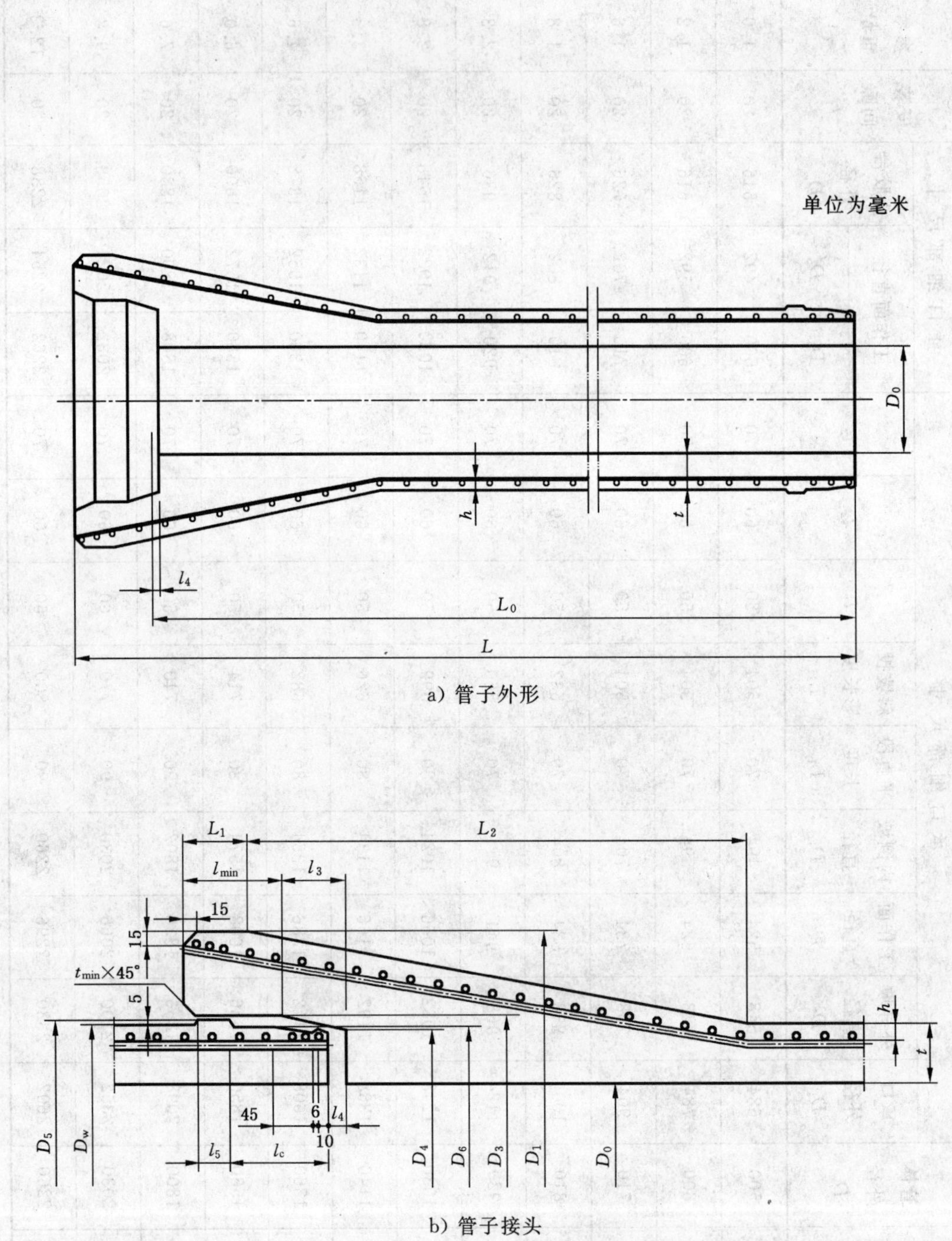

图 2　一阶段逊他布管(YYGS)管子外形及接头图

表 2　一阶段逊他布管(YYGS)基本尺寸

单位为毫米

公称内径 D_0	管壁厚度 t	保护层厚度 h	有效长度 L_0	管体长度 L	管体外径 D_w	承口细部尺寸								插口细部尺寸				安装间隙 l_4	参考重量 /t
						承口外径 D_1	外导坡长度 t_{min}	工作面直径 D_3	内倒坡直径 D_4	平直段长度 L_1	斜坡投影长度 L_2	L_{min}	l_3	工作面直径 D_6	插口长度 l_c	止胶台宽度 l_5	止胶台外径 D_5		
400	50	15	5000	5160	500	684	13	524	494	25	574	110	70	500	110	35	516	20	1.0
500	50	15	5000	5160	600	784	13	624	594	25	574	110	70	600	110	35	616	20	1.2
600	65	15	5000	5165	730	955	13	754	722	25	650	150	35	730	121	24	748	20	2.0
700	65	15	5000	5165	830	1060	13	854	822	25	655	150	35	830	121	24	848	20	2.3
800	65	15	5000	5175	930	1165	13	954	922	25	670	150	45	930	126	29	948	20	2.6
900	70	15	5000	5175	1040	1275	13	1064	1032	25	685	150	45	1040	126	29	1058	20	3.2
1000	75	15	5000	5175	1150	1395	13	1174	1142	25	715	150	45	1150	126	29	1168	20	3.8
1200	85	15	5000	5175	1370	1640	13	1396	1362	25	780	150	45	1370	126	29	1390	20	5.1
1400	95	15	5000	5195	1590	1890	15	1616	1582	25	855	160	55	1590	136	29	1610	20	6.7
1600	105	20	5000	5205	1810	2135	15	1836	1802	25	925	160	65	1810	141	29	1830	20	8.5
1800	115	20	5000	5205	2030	2375	15	2056	2022	25	985	160	65	2030	141	29	2050	20	10.5
2000	125	20	5000	5205	2250	2620	15	2276	2242	25	1045	160	65	2250	141	29	2270	20	12.8

单位为毫米

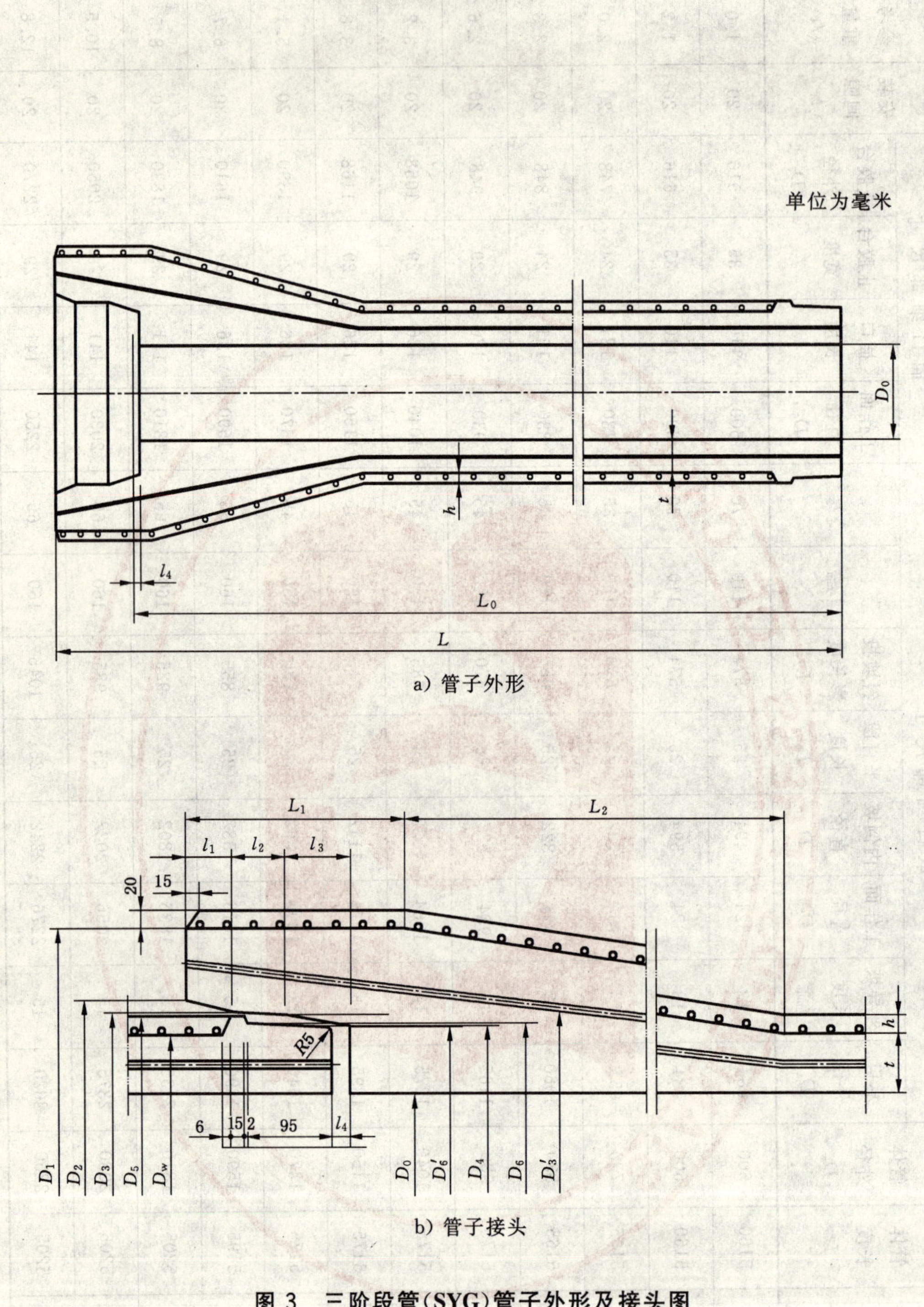

图 3 三阶段管(SYG)管子外形及接头图

表 3　三阶段管(SYG)基本尺寸

单位为毫米

公称内径 D_0	管芯厚度 t	保护层厚度 h	有效长度 L_0	管体长度 L	管芯外径 D_w	承口细部尺寸										插口细部尺寸			安装间隙 l_4	参考重量 /t
						承口外径 D_1	外导坡直径 D_2	工作面直径 D_3	工作面直径 D_3'	内倒坡直径 D_4	平直段长度 L_1	斜坡投影长度 L_2	l_1	l_2	l_3	工作面直径 D_6	工作面直径 D_6'	止胶台外径 D_5		
400	38	20	5000	5160	476	644	545	524	518	494	220	554	50	65	65	500	492	516	20	1.18
500	38	20	5000	5160	576	764	650	624	618	594	220	612	50	65	65	600	592	616	20	1.46
600	43	20	5000	5160	686	882	760	734	728	704	230	648	50	65	65	710	702	726	20	1.89
700	43	20	5000	5160	786	1004	860	834	828	804	230	726	50	60	70	810	802	826	20	2.23
800	48	20	5000	5160	896	1120	970	944	938	914	240	740	50	60	70	920	912	936	20	2.72
900	54	20	5000	5160	1008	1228	1080	1056	1050	1024	240	756	50	60	70	1030	1022	1048	20	3.29
1000	59	20	5000	5160	1118	1348	1199	1166	1160	1134	240	790	50	60	70	1140	1132	1158	20	3.90
1200	69	20	5000	5160	1338	1580	1410	1386	1380	1354	240	864	50	60	70	1360	1352	1378	20	5.25
1400	80	20	5000	5160	1560	1818	1634	1608	1602	1574	240	900	50	60	70	1580	1572	1600	20	6.67
1600	95	20	5000	5160	1790	2081	1864	1838	1832	1802	190	1075	50	110	20	1808	1800	1830	20	9.86
1800	109	20	4000	4170	2018	2320	2088	2066	2060	2028	190	1140	60	110	20	2032	2024	2058	20	9.61
2000	124	20	4000	4170	2248	2556	2318	2296	2290	2258	190	1230	60	110	20	2262	2254	2288	20	11.00
2200	120	25	4000	4170	2440	2782	2528	2498	2492	2454	195	1356	60	120	20	2458	2450	2490	30	13.50
2400	135	25	4000	4215	2670	3048	2773	2728	2722	2682	240	1475	90	120	20	2688	2680	2720	30	16.70
2600	150	25	4000	4200	2900	3308	3004	2958	2952	2912	250	1620	90	120	20	2916	2908	2950	30	19.95
2800	165	25	4000	4200	3130	3568	3230	3188	3182	3141	260	1740	90	120	20	3145	3137	3180	30	23.70
3000	180	25	4000	4200	3360	3828	3464	3418	3412	3370	260	1860	90	120	20	3374	3366	3410	30	27.76

单位为毫米

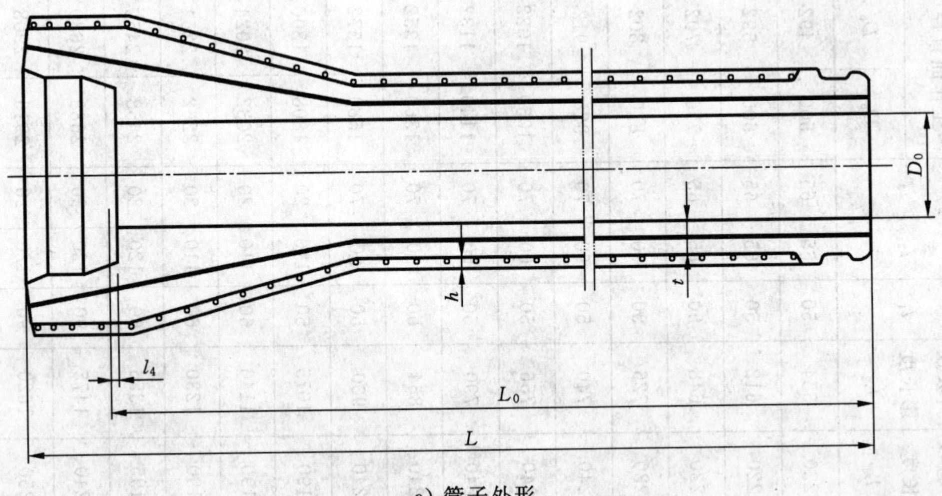

a) 管子外形

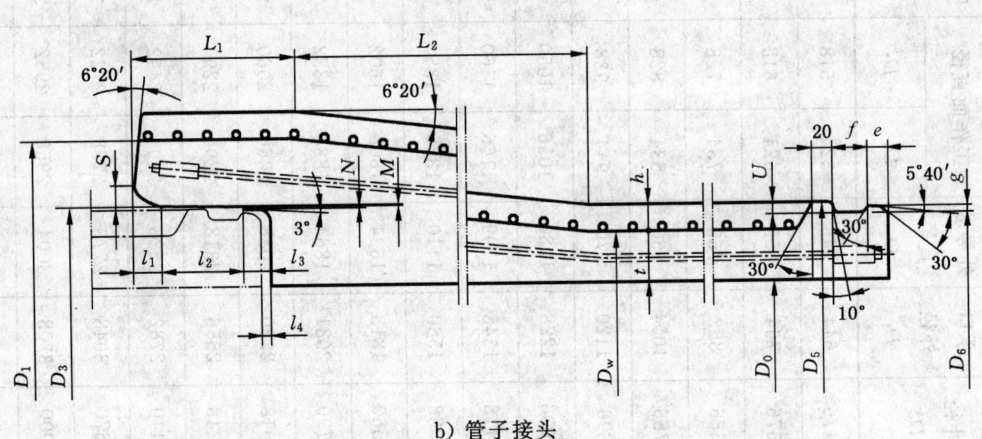

b) 管子接头

图 4 三阶段罗克拉管(SYGL)管子外形及接头图

表 4　三阶段罗克拉管(SYGL)基本尺寸

单位为毫米

公称内径 D_0	管芯厚度 t	保护层厚度 h	有效长度 L_0	管芯外径 D_w	胶圈直径 d	承口细部尺寸													插口细部尺寸			安装间隙 l_4	管子重量 /t
						外导坡高度 S	承口外径 D_1	工作面直径 D_3	平直段长度 L_1	斜坡投影长度 L_2	M	N	l_1	l_2	l_3	e	f	g	胶槽深度 U	止胶台外径 D_5	工作面直径 D_6		
620	40	26	5000	700	22	14	879	759	160	806	2.5	2	30	76	26	20	35	7	11	752	730	6	2.1
700	45	26	5000	790	22	14	973	849	161	824	2.5	2	30	80	26	20	35	7	11	842	820	6	2.49
800	50	26	5000	900	22	14	1089	959	165	850	2.5	2	30	84	26	20	35	7	11	952	930	6	3.02
900	55	26	5000	1010	22	14	1205	1069	175	883	2.5	2	30	94	26	20	35	7	11	1062	1042	6	3.63
1000	60	26	5000	1120	25	16	1324	1180	185	918	3	2	36	95	29	22	40	8	13	1172	1146	7	4.26
1200	70	26	5000	1340	25	16	1560	1400	190	990	3	2	36	105	29	22	40	8	13	1392	1366	7	5.70
1400	80	26	5000	1560	25	16	1798	1620	200	1071	3	2	36	110	29	22	40	8	13	1612	1586	7	7.34
1500	85	26	5000	1690	28	17	1917	1731	212	1113	3.5	2	39	115	33	25	43	9	14	1722	1694	7	8.30
1600	90	26	5000	1780	28	17	2036	1841	215	1152	3.5	2	39	118	33	25	43	9	14	1832	1804	8	9.37

5 原材料

5.1 水泥:制管用水泥应采用硅酸盐水泥、普通硅酸盐水泥、抗硫酸盐硅酸盐水泥或矿渣硅酸盐水泥,水泥性能应分别符合 GB 175、GB 748 及 GB 1344 的规定。采用活性掺合材料作为水泥的替代物时,水泥强度等级不应低于 42.5。

5.2 细集料:管体混凝土用细集料宜采用中粗砂;三阶段管保护层水泥砂浆宜采用细砂。砂子的质量要求应符合 GB/T 14684 的规定,含泥量不应大于 1%。

5.3 粗集料:管体混凝土用粗集料应为人工碎石或卵石,石子的最大粒径不应大于 20 mm,且不得大于管芯厚度的 1/4。石子的质量要求应符合 GB/T 14685 的规定,含泥量不应大于 1%。

5.4 水:混凝土、水泥砂浆及成品管子的养护用水应符合 JGJ 63 的规定。

5.5 混凝土外加剂:使用外加剂时,所用外加剂不应对管子或水质产生有害影响,其质量要求应符合 GB 8076 的规定;混凝土外加剂的使用应符合 GB 50119 的规定。

5.6 活性掺合料:成品粉煤灰、磨细矿渣或硅灰等活性掺合料均可作为硅酸盐水泥或普通硅酸盐水泥的替代物,其最佳替代量需经试验确定。成品粉煤灰的质量要求应不低于 GB 1596—2005 表 1 中Ⅱ级灰的规定;磨细矿渣或硅灰的质量要求应符合 GB/T 18736—2002 的规定。

5.7 钢丝:制管用预应力钢丝宜采用热处理钢筋、冷拉钢丝、消除应力低松弛钢丝或钢绞线,钢丝力学性能应分别符合 GB 4463—1984、GB/T 5223 和 GB/T 5224 的规定。

5.8 加强钢筋:加强用钢筋应分别符合 GB 1499 和 GB 13788 的规定,钢筋的屈服强度不应低于 335 MPa。

6 要求

6.1 产品设计

6.1.1 一阶段管的管子结构设计应遵循 CECS 16:1990 的规定,三阶段管的管子结构设计应遵循 GB 50332—2002 和 CECS 140:2002 的规定;也可采用经认可的其他设计方法对管子进行结构设计。

6.1.2 在进行管子结构设计时,允许通过提高混凝土强度等级或增加管体壁厚,以获得经济、合理的设计结果。

6.2 纵向预应力

管体混凝土内必须设置纵向预应力钢筋,钢筋的张拉和锚固应符合管子结构设计要求。管体混凝土内由纵向预应力钢筋建立的纵向预应力值不得低于 2.0 MPa。采用自锚锚固方式时,宜采用螺纹钢筋。

6.3 混凝土强度

6.3.1 一阶段管管体混凝土的强度等级不得低于 C50;三阶段管管芯混凝土的强度等级不得低于 C40。混凝土配合比设计应遵循 JGJ 55 的规定,混凝土的操作施工应遵循 GB 50204 的规定,混凝土中采用外加剂时应遵循 GB 50119 的规定。

6.3.2 每班或每拌制 100 盘(不大于 100 m^3)相同配合比的混凝土时,一阶段管应取样制作 2 组立方体试件,分别用于测定脱模强度和 28d 强度;三阶段管应取样制作 3 组立方体试件,分别用于测定脱模强度、缠丝强度和 28 d 强度。测定管体混凝土脱模强度和缠丝强度用的立方体试件的养护条件应与管子相同。

6.3.3 脱模强度、缠丝强度及 28 d 强度由标准立方体强度乘以强度系数进行确定。强度系数由各厂经试验确定,在没有取得足够试验依据时可分别采用:振动挤压成型工艺的强度系数为 1.5;离心成型工艺的强度系数为 1.25;悬辊成型工艺或立式振动成型工艺的强度系数为 1.0。

6.3.4 制管用混凝土标准立方体试件28d抗压强度的检验与评定应符合GBJ 107的规定。

6.4 成型

6.4.1 一阶段管成型操作时采用的振动挤压制度应保证管体获得设计要求的管子尺寸和足够的密实度，脱模后的混凝土管壁不得出现蜂窝等不密实现象。

6.4.2 一阶段管挤压排水所用的升压、稳压装置应具有压力显示和记录功能，稳压过程中的压力波动不得大于±0.02 MPa。

6.4.3 三阶段管成型操作时采用的离心或悬辊成型工艺制度、立式振动成型工艺制度包括所采取的振动频率和振动成型时间应保证其获得设计要求的管芯尺寸和足够的密实度，成型过程中模型不得出现变形、松动和位移，成型后的管芯混凝土不得出现任何塌落。成型结束时应及时对管内壁混凝土进行整平处理。

6.4.4 采用立式振动工艺制作三阶段管时，每根管芯的全部成型时间不得超过水泥的初凝时间。

6.5 养护

6.5.1 新成型的管子或管芯应采用蒸汽养护，所采用的蒸汽养护制度应保证管体混凝土达到本标准规定的脱模强度。

6.5.2 一阶段管蒸汽养护时养护设施内的最高恒温温度不宜超过95℃；三阶段管蒸汽养护时养护设施内最高升温速度不应大于22℃/h，最高恒温温度应根据水泥品种进行确定，采用普通水泥时养护最高恒温温度不宜超过85℃。

6.5.3 不同季节具体的养护制度应根据试验确定。

6.6 脱模

6.6.1 一阶段管的脱模强度不得低于35 MPa；三阶段管的脱模强度不得低于28 MPa。

6.6.2 脱模操作不应损坏管体混凝土，管体混凝土内外表面不得出现粘模和剥落现象。

6.7 环向预应力施加

6.7.1 一阶段管脱模放张时在管体混凝土中建立的初始环向预压应力不应超过脱模时管壁混凝土抗压强度的55%。

6.7.2 三阶段管缠绕环向预应力钢丝时，管芯混凝土抗压强度不应低于立方体抗压强度标准值的70%，同时缠丝时，在管芯混凝土中建立的初始环向预压应力不应超过缠丝时管壁混凝土抗压强度的55%，缠丝时环境温度不应低于2℃。

6.7.2.1 在缠丝操作之前，管芯混凝土外表面如有直径或深度超过10 mm的孔洞以及高于3 mm的混凝土棱角都必须进行修补和清理。

6.7.2.2 缠丝时预应力钢丝在设计要求的张拉控制应力下，按设计要求的螺距呈螺旋形缠绕在管芯上，钢丝的起始端应牢固固定，管芯两端的锚固装置所能承受的抗拉应力至少应为钢丝极限抗拉强度的75%，管芯任意0.6 m管长的环向预应力钢丝圈数不应低于设计要求，所用的预应力钢丝表面不得出现鳞锈和点蚀。

6.7.2.3 缠丝过程中如需进行钢丝搭接，则钢丝接头所能承受的拉应力至少应达到钢丝最小极限强度。

6.7.2.4 缠丝机应配备可以连续记录钢丝张拉应力的应力显示装置或应力记录装置，缠丝过程中张拉应力偏离平均值的波动范围不应超过±10%。

6.7.2.5 缠丝时环向钢丝间的最小净距不应小于所用钢丝直径，同层环向钢丝之间的最大中心间距不应大于38 mm。

6.7.2.6 缠丝前或缠丝时宜在管芯表面喷涂一层水泥净浆，净浆用水泥应与管芯混凝土相同。水泥净浆的水灰比宜为0.625，涂覆量宜为0.41 L/m^2。

6.8 管体抗渗性

6.8.1 制造中的每一根管子或缠丝管芯都应进行管体抗渗性检验，抗渗检验压力值应为管道工作压力的1.5倍，最低的抗渗检验压力值应为0.2 MPa。

6.8.2 在抗渗检验压力下，合格管体不应出现冒汗、淌水、喷水以及合缝漏水和纵筋串水现象；管体的外表面出现的任何单个潮片面积不应超过20 cm^2。

6.8.3 管体如出现超出6.8.2规定的管体渗漏时应作好标记，待卸压后对管子或管芯的渗漏部位进行修补或采取附加的养护措施。经修补的管子或缠丝管芯应重新进行管体抗渗检验，只有检验符合要求的管子或管芯才能运出车间或制作水泥砂浆保护层。

6.9 三阶段管保护层

6.9.1 保护层制作

制作水泥砂浆保护层应采用辊射法、喷涂法或其他有效方法，制成的水泥砂浆保护层应密实、坚固。新拌水泥砂浆的含水量不得低于其干料总重的7%。制作水泥砂浆保护层时，应首先在缠丝管芯表面喷涂一层水泥净浆。

6.9.2 保护层水泥砂浆抗压强度

为了验证水泥砂浆保护层制作机的机械性能和水泥砂浆配合比是否满足制管要求，每隔三个月或当水泥砂浆原材料来源发生改变时至少应进行一次保护层水泥砂浆强度试验。水泥砂浆试样的养护应与管子砂浆保护层相同，保护层水泥砂浆28 d龄期的立方体(试件尺寸：25 mm×25 mm×25 mm)抗压强度不得低于45 MPa。

6.9.3 保护层水泥砂浆吸水率

每工作班至少应进行一次保护层水泥砂浆吸水率试验，水泥砂浆试样的养护应与管子砂浆保护层相同。水泥砂浆吸水率全部试验数据的平均值不应超过9%，单个值不应超过11%。如连续10个工作班测得的保护层吸水率数值不超过9%，则保护层水泥砂浆吸水率试验可调整为每周一次；如再次出现保护层水泥砂浆吸水率超过9%时应恢复为日常检验。

6.9.4 保护层养护

制作完成的水泥砂浆保护层应采用适当方法进行养护。采用自然养护时，在保护层水泥砂浆充分凝固后，每天至少应洒水两次以使保护层水泥砂浆保持湿润。

6.10 成品质量

6.10.1 外观质量

6.10.1.1 管子承口工作面不应有蜂窝、脱皮现象，缺陷凹凸度不大于2 mm，面积不大于30 mm^2。

6.10.1.2 管子插口工作面不应有蜂窝、刻痕、脱皮、缺边等。

6.10.1.3 管体内壁应平整，不应露石，不宜有浮渣；局部凹坑深度不应大于壁厚的1/5或10 mm。

6.10.1.4 管体外壁保护层不应有脱落和不密实现象。一阶段管保护层空鼓面积累计不得超过40 cm^2。

6.10.1.5 管子内外表面不得出现结构性裂缝，插口端安装线内的保护层厚度不得超过止胶台高度。

注：管子插口端安装线的具体位置为：$l_1+l_2+l_3-l_4$ 或 $l_{min}+l_3-l_4$。

6.10.1.6 管子承插口工作面的环向连续碰伤长度不超过250 mm，且不降低接头密封性能和结构性能时，应予修补。

6.10.1.7 一阶段管承插口端面外露的纵向钢筋头应清除掉并至少深入5 mm，其残留凹坑应采用砂浆或无毒防腐材料填补。

6.10.1.8 管体所有标准允许修补的缺陷应修补完整、结合牢固，不应漏修。

6.10.2 允许偏差

管体尺寸允许偏差不得超过表5、表6的规定。

表 5　一阶段(YYG、YYGS)成品管子允许偏差

单位为毫米

公称内径	内径 D_0	保护层厚度 h	承口		插口	
			工作面直径 D_3	工作面长度 l_2	工作面直径 D_6	止胶台外径 D_5
400～900	+6 −4	−2	±2	−2	±1	±2
1 000～1 400	+12 −4		+3 −2	−3	±2	
1 600～2 000	+14 −4	−3		−4		

表 6　三阶段(SYG、SYGL)成品管子允许偏差

单位为毫米

公称内径	内径 D_0	保护层厚度 h	承口		插口	
			工作面直径 D_3	工作面长度 l_2	工作面直径 D_6	止胶台外径 D_5
400 ～1 000	+4 −6	−2	+2 −1	−2	±1	±2
1 200～3 000	±8		±2	−3	±2	

6.10.3　抗渗性

6.10.3.1　成品管子的抗渗检验压力指标同 6.8.1。

6.10.3.2　抗渗检验压力下管体不应出现冒汗、淌水、喷水；管体出现的任何单个潮片面积不应超过 20 cm^2，管体任意外表面每 m^2 面积出现的潮片数量不得超过 5 处。

6.10.3.3　抗渗检验过程中，管子的接头处不应滴水。

6.10.4　抗裂性能

成品管在控制开裂标准组合条件下的抗裂检验内压应由下式求得。卧式水压试验时，采用公式计算所得的 P_t 值应扣除管重和水重的影响；立式水压试验时，采用公式计算所得的 P_t 值(管子顶部的压力值)应扣除管子垂直高度水柱的影响。管子在抗裂检验内压下恒压 3 min，管体不得出现开裂。

$$P_t = (A_p \sigma_{pe} + f_{tk} A_{cm}) / \alpha_{cp}\, b\, r_0$$

式中：

P_t——管子的抗裂检验内压，单位为兆帕(MPa)；

A_p——每米管子长度环向预应力钢丝面积，单位为平方毫米(mm^2)；

A_{cm}——每米管子长度管壁截面内混凝土、钢丝及混凝土或砂浆保护层折算面积，单位为平方毫米(mm^2)；

σ_{pe}——环向钢丝最终有效预加应力，单位为牛顿每平方毫米(N/mm^2)；

f_{tk}——制管用混凝土抗拉强度标准值，单位为牛顿每平方毫米(N/mm^2)；

α_{cp}——预压效应系数，取 1.25；

b——管子轴向计算长度，单位为米(m)；

r_0——管子内半径，单位为毫米(mm)。

注：覆土深度 0.8 m～2.0 m、工作压力 0.2 MPa～1.2 MPa 的预应力混凝土管抗裂检验内压详见规范性附录 B、附录 C。

6.10.5　管子接头允许相对转角

管子接头允许相对转角应符合表 7 的规定。管子接头转角试验在抗渗检验压力下恒压 5 min，达到标准规定的允许相对转角时管子接头不应出现渗漏水。

表 7 管子接头允许相对转角

公称内径/mm	管子接头允许相对转角/(°)
400～700	1.5
800～1 400	1.0
1 600～3 000	0.5
注：依管线工程实际情况，在进行管子结构设计时可以适当增加管子接头允许相对转角。	

6.10.6 管子的防护

当管子用于输送具有腐蚀性的污水或海水、或用于含有腐蚀性介质的土壤环境中以及架空铺设时，应按 GB 50046—1995 的规定对管体混凝土或水泥砂浆保护层进行防腐处理。涂覆防腐材料时应遵循 GB 50212 的规定，防腐施工的质量应按 GB 50224—1995 的规定进行评定。

6.10.7 管子的修补

6.10.7.1 管壁混凝土或水泥砂浆保护层在制造、搬运过程中造成的瑕疵，经修补合格后方能出厂。实施修补前应清除有缺陷的混凝土或水泥砂浆，修补用的混凝土、水泥砂浆或无毒树脂水泥砂浆所用的水泥应与管壁混凝土或水泥砂浆保护层相同。如果管壁混凝土出现塌落的表面积超过管体内表面积的 10%，则该根管子应予报废；三阶段管水泥砂浆保护层出现损坏的表面面积如超出了管子外保护层表面积的 5%，则应将其全部清除后重新制作保护层。

6.10.7.2 管壁混凝土内外表面出现的凹坑或气泡，当任一方向的长度或深度大于 10 mm 时应采用水泥砂浆或环氧水泥砂浆予以填补并用镘刀刮平。

6.10.8 修补部位的养护

所有修补部位应根据修补材料的性质采取相应的保护或养护措施，确保修补质量。

7 试验方法

7.1 管子的基本尺寸、外观质量、抗渗性及抗裂内压试验分别按 GB/T 15345—2003 规定的试验方法进行评测。

7.2 管壁混凝土标准立方体试件抗压强度应按 GB/T 50081 规定的试验方法进行测定。

7.3 管子接头转角试验按 GB/T 15345—2003 规定的试验方法进行测试。

7.4 保护层水泥砂浆抗压强度、吸水率应分别按 GB/T 15345—2003 附录 C 和附录 E 规定的试验方法进行测定。

7.5 管子纵向钢筋的张拉应力值可采用“三点应力仪”或其他量具进行测定。

8 检验规则

8.1 检验分类

产品检验分为出厂检验和型式检验。

8.2 出厂检验

8.2.1 检验项目包括外观质量、尺寸偏差、抗渗性、抗裂内压及混凝土强度；三阶段管还应包括水泥砂浆强度及水泥砂浆吸水率。

8.2.2 组批规则

同材料、同规格、同工艺生产的成品管子每 200 根为一批。管子数量不足 200 根时也可作为一批，但至少应为 30 根。

注：经供需双方协商，批量可适当加大。

8.2.3 抽样

出厂检验的抽样数量见表 8。

表 8　出厂检验的检验项目及抽样数量

<table>
<tr><th>序　号</th><th>质量指标</th><th>类　别</th><th>检 验 项 目</th><th>数量/根</th><th>备　注</th></tr>
<tr><td>1</td><td rowspan="5">外观质量</td><td rowspan="2">A</td><td>承口工作面</td><td>逐根</td><td rowspan="5">按批量</td></tr>
<tr><td>2</td><td>插口工作面</td><td>逐根</td></tr>
<tr><td>3</td><td rowspan="3">B</td><td>管体外壁</td><td>逐根</td></tr>
<tr><td>4</td><td>管体内壁</td><td>逐根</td></tr>
<tr><td>5</td><td>纵筋头处理</td><td>逐根</td></tr>
<tr><td>6</td><td rowspan="6">尺寸偏差</td><td rowspan="3">A</td><td>承口工作面直径(D_3)</td><td>10</td><td rowspan="6">采用随机方法抽样</td></tr>
<tr><td>7</td><td>插口工作面直径(D_6)</td><td>10</td></tr>
<tr><td>8</td><td>保护层厚度 (h)</td><td>1</td></tr>
<tr><td>9</td><td rowspan="3">B</td><td>管子内径 D_0</td><td>10</td></tr>
<tr><td>10</td><td>止胶台外径(D_5)</td><td>10</td></tr>
<tr><td>11</td><td>承口工作面长度 l_2</td><td>10</td></tr>
<tr><td>12</td><td rowspan="5">物理力学性能</td><td rowspan="5">A</td><td>抗渗性</td><td>10</td><td rowspan="2">采用随机方法抽样</td></tr>
<tr><td>13</td><td>抗裂内压</td><td>2</td></tr>
<tr><td>14</td><td>混凝土抗压强度</td><td colspan="2" rowspan="3">检查生产记录</td></tr>
<tr><td>15</td><td>保护层水泥砂浆抗压强度</td></tr>
<tr><td>16</td><td>保护层水泥砂浆吸水率</td></tr>
</table>

8.2.4　判定规则

除 B 类检验项目最多允许两项超差以外，A 类检验项目均符合本标准规定的管子判为合格。

8.2.5　复检规则

出厂检验时，遇有下列情况在采取相应措施后允许复检。

8.2.5.1　对碰伤、有缺陷或外观检验不符合标准要求的管子经修补后允许复检。

8.2.5.2　对抗渗性检验或管子接头密封性检验不符合标准要求的管子经修补或潮湿养护或重新安装后允许复检。

8.2.5.3　抗裂检验时如有 1 根管子不符合标准要求，则应取加倍数量复检。如仍有 1 根不合格时，则该批管子应降级验收使用。

8.2.5.4　使用单位对产品质量有怀疑时有权按照本标准提出的抗渗、抗裂要求，对交付使用的管子与厂方配合进行复检。产品质量复检不合格时，试验发生的费用由厂方承担；产品质量复检合格时，试验发生的费用由业主方承担。

8.3　型式检验

8.3.1　遇有下列情况之一时，应进行型式检验：

a.　新产品或老产品转产的试制定型鉴定；

b.　正式投产后，如结构、材料、工艺有较大改变可能影响产品性能时；

c.　产品停产半年以上恢复生产时；

d.　出厂检验结果与最近一次型式检验结果有较大差异时；

e.　合同规定时；

f.　国家质量监督机构提出进行型式检验的要求时。

8.3.2　检验项目

检验项目包括外观质量、尺寸偏差、抗渗性、抗裂内压、混凝土抗压强度及管子接头允许相对转角；

三阶段管还应包括保护层水泥砂浆抗压强度、保护层水泥砂浆吸水率。

表 9　型式检验的检验项目及抽检数量

序　号	质量指标	类　别	检 验 项 目	数量/根	备　注
1	外观质量	A	承口工作面	10	在批量中采用随机方法抽取样品
2			插口工作面	10	
3		B	管体外壁	10	
4			管体内壁	10	
5			纵筋头处理	10	
6	尺寸偏差	A	承口工作面直径(D_3)	10	
7			插口工作面直径(D_6)	10	
8			保护层厚度 (h)	1	
9		B	管子内径 D_0	10	
10			止胶台外径(D_5)	10	
11			承口工作面长度 l_2	10	
12	物理力学性能	A	抗渗性	6	从样品中随机抽取
13			抗裂内压	2	
14			管子接头允许相对转角	2	
15			混凝土抗压强度	≥3 组	抽查生产记录
16			保护层水泥砂浆抗压强度		
17			保护层水泥砂浆吸水率		

8.3.3　批量

型式检验的管子批量应由同类别、同规格、同工艺生产的成品管子组成。组批的管子数量：管子直径＜2 600 mm 时至少应为 30 根；管子直径为 2 600 mm～3 000 mm 时至少应为 20 根。

8.3.4　抽样

型式检验的抽样数量详见表 9。

8.3.5　复检规则

在物理力学性能检验项目中，管子接头允许转角试验如不符合本标准要求，允许复检一次。

8.3.6　判定规则

除 B 类检验项目最多允许两项超差以外，A 类检验项目均符合本标准规定的管子判为合格。

9　标志、运输和保管

9.1　成品管子出厂前，制造厂应对合格的管子进行标志，具体内容包括：企业名称、产品商标、生产许可证编号、产品标记、生产日期和“严禁碰撞”等字样。

9.2　管子吊运和堆放时，应采取必要的措施防止管子碰伤。

9.3　成品管子应按不同管子品种、公称内径、工作压力、覆土深度分别堆放，不得混放。

9.4　成品管子允许的堆放层数列于表 10，对于公称直径小于 1 000 mm 的管子如采取措施可适当增加堆放层数。

9.5　在干燥气候条件下，应加强成品管子的后期洒水保养工作。

表 10 管子允许的堆放层数

公称内径 / mm	堆放层数
400～500	5
600～800	4
900～1 200	3
1 400～1 600	2
≥1 800	1 或立放

10 使用规定

10.1 管子的铺设使用应符合 GB 50268 的规定；

10.2 管子和橡胶密封圈应配套供应，胶圈的选用可参考资料性附录 D；

10.3 橡胶密封圈基本性能和试验方法应分别符合 JC/T 748—1987(1996)、JC/T 749—1987(1996)的规定。

11 出厂证明书

出厂证明书应包括以下内容：

a) 成品管子的类别、产品规格、工作压力、覆土深度、批量、编号及执行标准编号；

b) 外观检查结果、产品主要外形尺寸及承插口接头图示；

c) 抗渗性、抗裂内压检验结果；

d) 混凝土设计强度等级及水泥砂浆强度、吸水率；

e) 橡胶圈检验合格证；

f) 管子生产日期和出厂日期；

g) 生产厂厂名、生产许可证编号及商标；

h) 生产厂质量检验员及检验部门签章。

附 录 A
（资料性附录）
主 要 符 号

A.1 主要符号：

D_0——公称内径，单位为毫米(mm)；

t——管壁厚度(或管芯厚度)，单位为毫米(mm)；

h——混凝土或水泥砂浆保护层厚度，单位为毫米(mm)；

L_0——管子有效长度，单位为毫米(mm)；

L——管子实际长度，单位为毫米(mm)；

D_3、D_3'——承口工作面直径，单位为毫米(mm)；

D_6、D_6'——插口工作面直径，单位为毫米(mm)。

A.2 计算公式涉及的符号：

P_t——管子的抗裂检验内压，单位为兆帕(MPa)；

A_p——每米管子长度环向预应力钢丝面积，单位为平方毫米(mm^2)；

A_{cm}——每米管子长度管壁截面混凝土、钢丝及混凝土或砂浆保护层折算面积，单位为平方毫米(mm^2)；

σ_{pe}——环向钢丝最终有效预加应力，单位为牛顿每平方毫米(N/mm^2)；

f_{tk}——混凝土抗拉强度标准值，单位为牛顿每平方毫米(N/mm^2)；

b——管子轴向计算长度，单位为米(m)；

r_0——管子内半径，单位为毫米(mm)。

附 录 B
（规范性附录）
一阶段管抗裂内压检验指标

公称内径/mm	工作压力/MPa					
	0.2	0.4	0.6	0.8	1.0	1.2
400	0.76	1.03	1.28	1.54	1.70	1.86
500	0.84	1.11	1.34	1.57	1.76	1.95
600	0.89	1.16	1.39	1.62	1.81	2.00
700	0.97	1.24	1.47	1.70	1.89	2.08
800	0.99	1.26	1.49	1.73	1.92	2.10
900	1.01	1.28	1.51	1.74	1.93	2.11
1 000	1.02	1.29	1.52	1.75	1.94	2.12
1 200	1.06	1.33	1.56	1.80	1.99	2.17
1 400	1.10	1.37	1.60	1.84	2.03	2.21
1 600	1.12 (1.27)	1.39 (1.54)	1.62 (1.77)	1.85 (2.00)	2.04 (2.19)	2.22 (2.37)
1 800	1.12 (1.27)	1.39 (1.54)	1.62 (1.77)	1.85 (2.00)	2.04 (2.19)	2.22 (2.37)
2 000	1.12 (1.27)	1.39 (1.54)	1.62 (1.77)	1.85 (2.00)	2.04 (2.19)	2.22 (2.37)

注 1：本表数据适用铺设条件：素土基础、管顶覆土深度 0.8 m～2.0 m，地面允许两辆汽-20 并列；

注 2：制造厂应根据管道的实际铺设使用条件进行管子结构验算；

注 3：表列带括弧的数据为立式水压检验指标，其余为卧式水压检验指标。

附　录　C
（规范性附录）
三阶段管抗裂内压检验指标

公称内径/mm	工作压力/MPa					
	0.2	0.4	0.6	0.8	1.0	1.2
400	0.68	0.95	1.18	1.41	1.60	1.8
500	0.75	1.02	1.25	1.49	1.67	1.86
600	0.78	1.05	1.29	1.52	1.71	1.89
700	0.84	1.11	1.34	1.57	1.76	1.94
800	0.87	1.14	1.38	1.61	1.79	1.98
900	0.88	1.15	1.38	1.61	1.80	1.98
1 000	0.92	1.19	1.42	1.65	1.84	2.02
1 200	0.98	1.22	1.45	1.68	1.87	2.05
1 400	0.98	1.25	1.49	1.72	1.91	2.09
1 600	0.98 (1.13)	1.25 (1.40)	1.49 (1.64)	1.72 (1.87)	1.91 (2.06)	2.09 (2.24)
1 800	0.98 (1.13)	1.25 (1.40)	1.49 (1.64)	1.72 (1.87)	1.91 (2.06)	2.09 (2.24)
2 000	0.98 (1.13)	1.25 (1.40)	1.49 (1.64)	1.72 (1.87)	1.91 (2.06)	2.09 (2.24)
2 200	1.03 (1.22)	1.30 (1.49)	1.54 (1.73)	1.77 (1.96)	— (—)	— (—)
2 400	1.03 (1.23)	1.30 (1.50)	1.57 (1.76)	— (—)	— (—)	— (—)
2 600	1.03 (1.25)	1.30 (1.52)	— (—)	— (—)	— (—)	— (—)
2 800	1.03 (1.25)	1.30 (1.52)	— (—)	— (—)	— (—)	— (—)
3 000	1.03 (1.25)	1.30 (1.53)	— (—)	— (—)	— (—)	— (—)

注 1：本表数据适用铺设条件：素土基础、管顶覆土深度 0.8 m～2.0 m，地面允许两辆汽-20 并列；

注 2：制造厂应根据管道的实际铺设使用条件进行管子结构验算；

注 3：表列带括弧的数据为立式水压检验指标，其余为卧式水压检验指标。

附　录　D
（资料性附录）
承插口接头用圆形橡胶密封圈

单位为毫米

管子公称内径	胶圈截面尺寸		胶圈环径尺寸	
	截面直径	公　　差	圆环内径	公　　差
400	24	±0.5	447	±5
500	24	±0.5	536	±5
600	24	±0.5	635	±5
700	24	±0.5	725	±5
800	24	±0.5	824	±5
900	26	±0.5	923	±5
1 000	26	±0.5	1 022	±5
1 200	26	±0.5	1 220	±5
1 400	28	±0.5	1 418	±5
1 600	28	±0.5	1 624	±6
1 800	32	±0.5	1 825	±6
2 000	32	±0.6	2 032	±6
2 200	34	±0.6	2 190	±6
2 400	34	±0.6	2 394	±6
2 600	36	±0.6	2 598	±6
2 800	36	±0.6	2 802	±6
3 000	36	±0.6	3 007	±6

ICS 01.040.83;83.140.50;21.140
G 43

中华人民共和国国家标准

GB/T 5719—2006
代替 GB/T 5719—1995,GB/T 16593—1996

橡胶密封制品 词汇

Rubber sealing articles—Vocabulary

2006-08-24 发布　　2007-03-01 实施

中华人民共和国国家质量监督检验检疫总局
中国国家标准化管理委员会　发布

前　言

本标准代替 GB/T 5719—1995《橡胶密封制品术语》和 GB/T 16593—1996《旋转轴唇形密封圈术语》。

本标准与 GB/T 5719—1995 和 GB/T 16593—1996 相比主要有以下变化：

——增加了汽车用密封条相关的术语和定义。

本标准由中国石油和化学工业协会提出。

本标准由全国橡胶与橡胶制品标准化技术委员会密封制品分技术委员会（SAC/TC 35/SC 3）归口。

本标准起草单位：西北橡胶塑料研究设计院、申雅密封件有限公司、中车集团南京七四二五工厂、北京万源金德汽车密封制品有限公司、重庆益丰汽车密封条有限公司、天津星光橡塑有限公司、贵航股份红阳密封件公司、厦门百吉工业有限公司、湖北诺克汽车密封条有限公司。

本标准主要起草人：高静茹、陈海燕、蔡学成、马俊礼、邓明香、郝杰、梁红、贺文兵、俞刚莉。

本标准所代替标准的历次版本发布情况为：

——GB/T 5719—1987、GB/T 5719—1995；

——GB/T 16593—1996。

橡胶密封制品　词汇

1　范围

本标准规定了表述液压气动用橡胶密封制品的类型、检验和装配时通常使用的术语和定义；表述汽车用密封条的类型时通常使用的术语和定义；以及表述旋转轴唇形密封圈的类型、部件、公差和配合、外观缺陷等通常使用的术语和定义。

本标准适用于液压气动用橡胶密封制品、汽车用密封条、旋转轴唇形密封圈生产和使用单位与有关部门制修订标准及编写技术文件、书刊时使用。

2　术语和定义

2.1　液压气动用橡胶密封制品

2.1.1

液压气动用橡胶密封制品　rubber sealing articles for fluid systems

用于防止流体从密封装置中泄漏，并防止外界灰尘、泥沙以及空气（对于高真空而言）进入密封装置内部的橡胶零部件。

2.1.2

O 形橡胶密封圈　rubber O ring

截面为 O 形的橡胶密封圈。

2.1.3

D 形橡胶密封圈　rubber D ring

截面为 D 形的橡胶密封圈。

2.1.4

X 形橡胶密封圈　rubber X ring

截面为 X 形的橡胶密封圈。

2.1.5

W 形橡胶密封圈　rubber W ring

截面为 W 形的橡胶密封圈。

2.1.6

U 形橡胶密封圈　rubber U ring

截面为 U 形的橡胶密封圈。

2.1.7

V 形橡胶密封圈　rubber V ring

截面为 V 形的橡胶密封圈。

2.1.8

Y 形橡胶密封圈　rubber Y ring

截面为 Y 形的橡胶密封圈。

2.1.9

L 形橡胶密封圈　rubber L ring

截面为 L 形的橡胶密封圈。

2.1.10

J形橡胶密封圈　rubber J ring

截面为J形的橡胶密封圈。

2.1.11

矩形橡胶密封圈　rubber rectangular ring

截面为矩形的橡胶密封圈。

2.1.12

橡胶防尘圈　rubber wiper

用于防止外界灰尘等污染物进入密封装置内部的橡胶密封圈。

2.1.13

蕾形橡胶密封圈　rubber bud-shaped ring

截面像花蕾形的橡胶密封圈。

2.1.14

鼓形橡胶密封圈　rubber drum-shaped ring

截面为鼓形的橡胶密封圈。

2.1.15

橡胶密封垫　rubber gasket

用于两个静止表面间的片状橡胶密封件。

2.1.16

印刷密封垫　printed gasket

在一种基材上,用印刷工艺生产的橡胶密封垫。

2.1.17

粘合密封件　adhesive seal

金属圈或金属板孔内侧粘着一定截面形状的橡胶而构成的静态密封件。

2.1.18

橡胶隔膜　rubber diaphragm

由橡胶或橡胶与织物等增强材料制成的密封元件或敏感元件。

2.1.19

橡胶皮碗　rubber cap

用于液压制动缸,起密封和传递压力作用的橡胶件。

2.1.20

异形橡胶密封件　rubber seal with special section

具有特殊截面形状的橡胶密封件。

2.1.21

错位　off register

由于密封圈截面分模面的横向位移使两半部分不重合。

2.1.22

固定尺寸　fixed dimension

模压制品中不受胶边厚度或上、下模之间错位的形变影响,由模型型腔尺寸及胶料收缩率所决定的密封件尺寸。

2.1.23

封模尺寸　closure dimension

模压制品中随胶边厚度或上、下模模芯之间错位的形变影响而变化的密封件尺寸。

2.1.24

腔体　housing

安装密封件的空间。

2.1.25

沟槽　groove

安装密封件(不包括相对配合面)的槽穴。

2.1.26

腔体高度　depth of housing

腔体内孔的轴向尺寸。

2.1.27

腔体宽度　width of housing

腔体内孔的径向尺寸。

2.1.28

压缩率　compression ratio

密封件装配后,其压缩变形尺寸与原始尺寸之比。

2.1.29

偏心量　offset

腔体的中心线偏离轴线的径向距离。

2.1.30

装配间隙　assembly clearance

密封件装配后,密封装置中配偶件之间的间隙。

2.2　汽车用密封条

2.2.1

密封条　sealing strip；weatherstrip

与接触物体表面产生接触压力起密封作用的条形密封件。密封条主要起防尘、防水、隔音、隔热、减震和装饰等作用。

2.2.2

橡胶密封条　rubber sealing strip；rubber weatherstrip

以橡胶为主要材料制成的密封条。

2.2.3

塑料密封条　plastic sealing strip；plastic weatherstrip

以塑料为主要材料制成的密封条。

2.2.4

橡塑密封条　rubber-plastic blends sealing strip；rubber-plastic blends weatherstrip

由橡胶和塑料共混改性材料制成的密封条。

2.2.5

植绒密封条　sealing strip with flocking；weatherstrip with flocking

表面有植绒的密封条。

2.2.6

涂层密封条　sealing strip with coating；weatherstrip with coating

表面有涂层的密封条。

2.2.7

金属骨架密封条　sealing strip with metal insert

有金属骨架支撑的密封条。作为金属骨架的材料通常有钢带、钢丝编织带和铝带等。

2.2.8

内侧密封条　inner belt weatherstrip；inner waistline seal

内水切　inner belt line seal

安装于车门玻璃窗框内下侧的密封条。

2.2.9

外侧密封条　outer belt weatherstrip；waistline seal

外水切　outer belt line seal

安装于车门玻璃窗框外下侧的密封条。

2.2.10

玻璃导槽密封条　glass run channel

安装于活动玻璃窗框周边起导向和密封作用的密封条。

2.2.11

门框密封条　secondary door seal；door opening；inner door seal

安装于车身门框周边的密封条。

2.2.12

头道密封条　primary door seal；door seal

安装于车门周边的密封条，与门框密封条配合共同对车门进行密封。

2.2.13

下侧密封条　lower seal

安装于车门下侧起防尘和密封作用的密封条。

2.2.14

发动机舱密封条　hood seal；hood to cowl；hood to radiator

安装于发动机舱内或盖周边起密封作用的密封条。

2.2.15

行李箱密封条　trunk seal；luggage seal；deck-lid seal

安装于行李箱周边起密封作用的密封条。

2.2.16

背门密封条　back seal

尾门密封条　tail-gate seal；lift-gate seal

安装于背门框或尾门框周边起密封作用的密封条。

2.2.17

中柱密封条　central pillar seal

在车身中柱与车门之间起密封作用的密封条。通常中柱密封条安装在车门上。

2.2.18

天窗密封条　sun-roof seal

安装于车身天窗窗框和玻璃周围起密封作用的密封条。

2.2.19

挡风玻璃密封条　windshield seal

风窗密封条　window screen strip

安装于挡风玻璃与窗框钣金之间起固定玻璃和密封作用的密封条。可分为前风窗密封条和后风窗密封条。

2.2.20

三角窗密封条 **quarter glass trim molding; encapsulated quarterlight**

安装于车身三角窗玻璃与窗框钣金之间起固定和密封作用的密封条。

2.2.21

侧窗密封条 **side window strip**

安装于车身侧窗玻璃与窗框钣金之间起固定玻璃和密封作用的密封条。

2.2.22

顶饰条 **roof line; roof strip**

安装于车身顶部起装饰作用的密封条。

2.2.23

滴水条 **drip rail strip**

流水条

导水条

安装于车顶边缘门框上部主要起疏水作用的密封条。

2.3 **旋转轴唇形密封圈**

2.3.1

旋转轴唇形密封圈 **rotary shaft lip seal**

具有可变形截面,通常有金属骨架支撑,靠密封刃口施加的径向力起防止流体泄漏的密封圈。

2.3.2

流体动力型旋转轴唇形密封圈 **hydrodynamic aided rotary shaft lip seal**

在密封唇的后表面上附加一种均匀的单向或双向螺旋形或漩涡形或其他形状的沟槽组成的密封装置,以改变密封圈与轴接触状态的方式来防止流体泄漏的密封圈。

2.3.3

内包骨架旋转轴唇形密封圈 **rubber covered rotary shaft lip seal**

骨架完全被弹性体材料包覆并粘合到弹性体材料上的密封圈[见图 1a)]。

2.3.4

外露骨架旋转轴唇形密封圈 **metal cased rotary shaft lip seal**

密封元件粘合到金属骨架上,但金属骨架的外表面未包覆弹性体材料的密封圈[见图 1b)]。

2.3.5

装配式旋转轴唇形密封圈 **assembled rotary shaft lip seal**

含有内、外金属骨架,密封唇粘合到其中一个金属内架上的密封圈[见图 1b)]。

2.3.6

带副唇的内包骨架旋转轴唇形密封圈 **rubber covered rotary shaft lip seal with minor lip**

带有副唇,骨架被包覆并粘合到弹性体材料上的密封圈[见图 1c)]。

2.3.7

带副唇的外露骨架旋转轴唇形密封圈 **metal cased rotary shaft lip seal with minor lip**

带有副唇,密封元件粘合到金属骨架上,但金属骨架的外表面未包覆弹性体材料的密封圈[见图 1b)]。

2.3.8

带副唇的装配式旋转轴唇形密封圈 **assembled rotary shaft lip seal with minor lip**

带有副唇和内、外两个金属骨架,密封唇粘合到其中一个金属骨架上的密封圈[见图 1d)]。

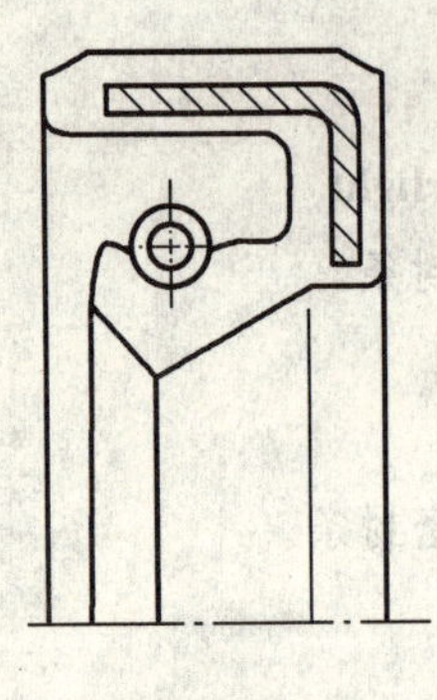

a)

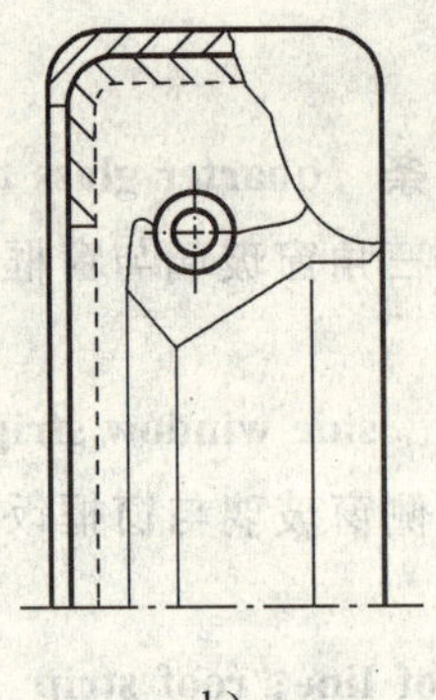

b)

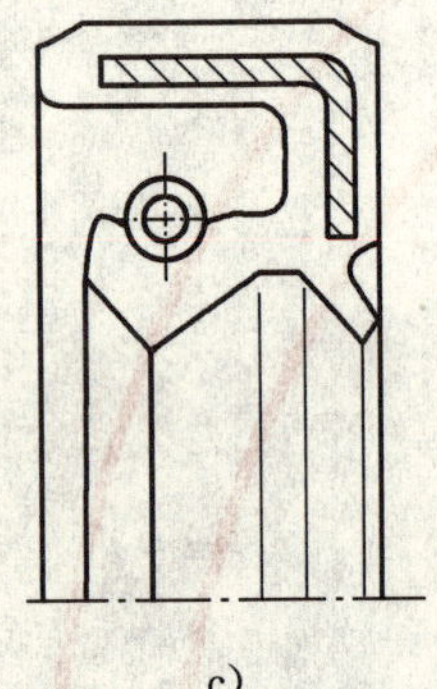

c)

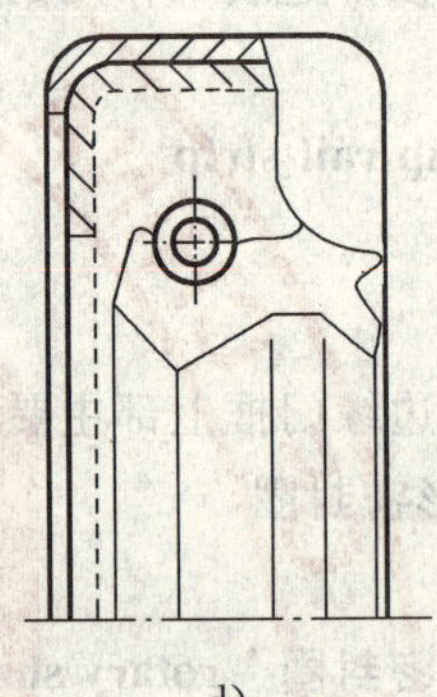

d)

图 1　密封圈的型式

2.3.9

唇前角　angle，front，lip

密封唇的前唇面与轴的夹角(见图 2 的 30)。

2.3.10

唇夹角　angle，lip included

密封唇的前唇面与后唇面间的夹角，该角的顶点在唇接触点上(见图 2 的 46)。

2.3.11

唇后角　angle，back，lip

密封圈的后唇面与轴的夹角(见图 2 的 25)。

2.3.12

背面　back side

靠近密封部位但不与被密封液体接触的区域(见图 2 的 20)。

2.3.13

腔体内孔　bore，housing

腔体内安放密封圈的空间(见图 2 的 42)。

2.3.14

骨架　case

密封圈的刚性部件，可用橡胶包覆(见图 2 的 1)。

2.3.15

内骨架　case，inner

安放在密封圈外骨架的内侧的一种杯形刚性部件(见图 2 的 2)。

2.3.16

外骨架 case，outer

包住密封圈内骨架的一种杯形刚性部件(见图 2 的 13)。

2.3.17

后倒角　chamfer，back

为了便于安装，位于密封圈后表面的外径上的外导角（见图2的9）。

2.3.18

前倒角　chamfer，front

为了便于安装，位于密封圈前表面的外径上的外导角（见图2的43）。

2.3.19

导入倒角　chamfer，lead-in

为了便于安装，设在腔体内或轴端的导角（见图2的43）。

2.3.20

轴圆度　circularity，shaft

轴与真圆的偏差。

2.3.21

密封唇轴向间距　clearance，axial lip

骨架内表面与弹簧夹持唇前表面间的轴向距离（见图2的35）。

2.3.22

腔体内孔深度　depth，housing bore

腔体内孔的轴向尺寸（见图2的40）。

2.3.23

弹簧圈的螺旋直径　diameter，coil

紧箍弹簧螺旋形线圈的外径（见图2的45）。

2.3.24

副唇直径　diameter，minor lip

在自由状态下副唇的内径（见图2的32）。

2.3.25

腔体内孔直径　diameter，housing bore

（见图2的44）。

2.3.26

内骨架内径　diameter，inside，inner case

（见图2的36）。

2.3.27

外骨架内径　diameter，inside，outer case

（见图2的34）。

2.3.28

密封圈外径　diameter，outside

装有骨架的密封圈外径，通常指压配合直径（见图2的29）。

2.3.29

轴径　diameter，shaft

与密封唇接触的轴直径（见图2的38）。

2.3.30

钢丝直径　diameter，wire

螺旋缠绕紧箍弹簧钢丝的直径。

2.3.31

带弹簧的唇内径　diameter，inside，lip，with spring

安装弹簧后，在自由状态下测得的密封唇内径(见图 2 的 31)。

2.3.32

无弹簧的唇内径　diameter inside，lip，without spring

未安装弹簧，在自由状态下测得的密封唇内径(见图 2 的 33)。

2.3.33

腔体内孔偏心量　eccentricity，housing bore

腔体内孔的几何中心偏离旋转轴线的径向距离。

2.3.34

轴偏心量　eccentricity，shaft

轴的几何中心偏离旋转线的径向距离。

2.3.35

密封刃口　edge，sealing

系密封唇的一部分，与密封接触区一起形成密封圈/轴接触面(见图 2 的 6)。

2.3.36

弹簧伸展长度　extended length，spring

同密封唇一起装配在轴上的紧箍弹簧的工作周长。

2.3.37

密封圈后表面　face，back

不与密封流体接触，垂直于轴线的密封圈表面(见图 2 的 10)。

2.3.38

密封圈前表面　face，front

面向密封流体的密封圈表面(见图 2 的 17)。

2.3.39

密封唇后表面　face，back，lip

密封唇斜截体的后表面，截体的最小直径终接在密封刃口处(见图 2 的 5)。

2.3.40

密封唇前表面　face，front，lip

密封唇斜截体的前表面，截体的最小直径终接在密封刃口处(见图 2 的 8)。

2.3.41

密封唇弯曲部　flex section

与密封唇唇冠部和唇根相连的部分，其主要作用是使密封唇与骨架间能有一定的相对运动(见图 2 的 4)。

2.3.42

弹簧自由长度　free length，spring

紧箍弹簧不计末端搭接部分的总长度。

2.3.43

密封圈前部　front side

靠近密封部位并与密封流体接触的部分(见图 2 的 24)。

2.3.44

弹簧沟槽　groove, spring

位于唇冠部的半圆形沟槽,用来容纳紧箍弹簧(见图2的15)。

2.3.45

唇冠部　head section

通常指由密封唇前、后表面及弹簧沟槽构成的唇形密封圈的那一部分(见图2的7)。

2.3.46

唇根部　heel

粘合到骨架上,与密封圈后表面和密封唇弯曲部相连的部分(见图2的3)。

2.3.47

密封刃口高度　height, sealing edge

从密封唇口到密封圈后表面的轴向距离(见图2的28)。

2.3.48

弹簧初始张力　initial tension, spring

在缠绕紧箍弹簧时,弹簧圈中已形成的"预负荷"。

2.3.49

金属嵌件　insert, metal

密封组件中被弹性体材料包覆的骨架(见图2的21)。

2.3.50

外径过盈量　interference, outside diameter

密封圈外径与腔体内孔内径之差。

2.3.51

密封圈过盈量　interference, seal

带弹簧的唇内径与唇接触处的轴径之差。

2.3.52

唇径过盈量　interference, lip

无弹簧的唇内径与唇接触处的轴径之差。

2.3.53

腔体倒角长度　length, housing chamfer

腔体倒角的轴向深度(见图2的41)。

2.3.54

副唇后侧　lip, back side, minor

面向密封圈后表面的防尘副唇的那一部分(见图2的11)。

2.3.55

防尘副唇　lip, minor

位于密封圈后表面,保护轴及防止污染物侵入的短唇(见图2的12)。

2.3.56

副唇前侧　lip, front side, minor

面向密封圈内侧的防尘副唇的那一部分(见图2的14)。

2.3.57

密封唇　lip, sealing

顶在轴上起密封作用的柔性弹性体元件(见图2的23)。

2.3.58

弹簧护唇　lip, spring retaining

位于唇冠部,从弹簧沟槽及密封唇前表面径向地向外延伸的唇部,起固定紧箍弹簧位置的作用(见图 2 的 16)。

2.3.59

精磨加工痕迹　plunge ground finish

轴或耐磨轴套的表面纹理,是由磨削轮对旋转轴在没有轴向跳动情况下进行研磨而形成的加工痕迹。

2.3.60

腔体内孔倒圆　radius, housing bore

腔体内孔内拐角处的圆角(见图 2 的 39)。

2.3.61

弹簧比率　rate, spring

把弹簧拉伸一单位距离所需的力,与初始张力无关。

2.3.62

表面粗糙度　roughness, surface

按 ISO 3274 和 ISO 4288 测得的表面轮廓不规则性。

2.3.63

轴跳动量　run-out, shaft

用 FIM(指示器最大移动量)表示的双倍轴偏心度。

2.3.64

轴密封接触区　seal land

同密封唇接触的经精加工的那部分轴表面。

2.3.65

径向密封空间　space, radial, seal

轴外径与腔体内孔内径间的径向距离(见图 2 的 47)。

2.3.66

紧箍弹簧　spring, garter

首尾连接成环的螺旋缠绕钢丝弹簧,用于保持密封唇与轴之间的径向密封力(见图 2 的 22)。

2.3.67

弹簧相对位置　spring, position, relative

密封唇刃口与弹簧沟槽中心线之间的轴向距离(见图 2 的 26)。

2.3.68

外表面　surface, outside

密封圈的外表面,一般指压配合表面(见图 2 的 19)。

2.3.69

密封圈总宽度　width

密封圈总的轴向尺寸(见图 2 的 27)。

2.3.70

径向宽度　width, radial

密封圈外表面与密封唇刃口间的径向距离(见图 2 的 37)。

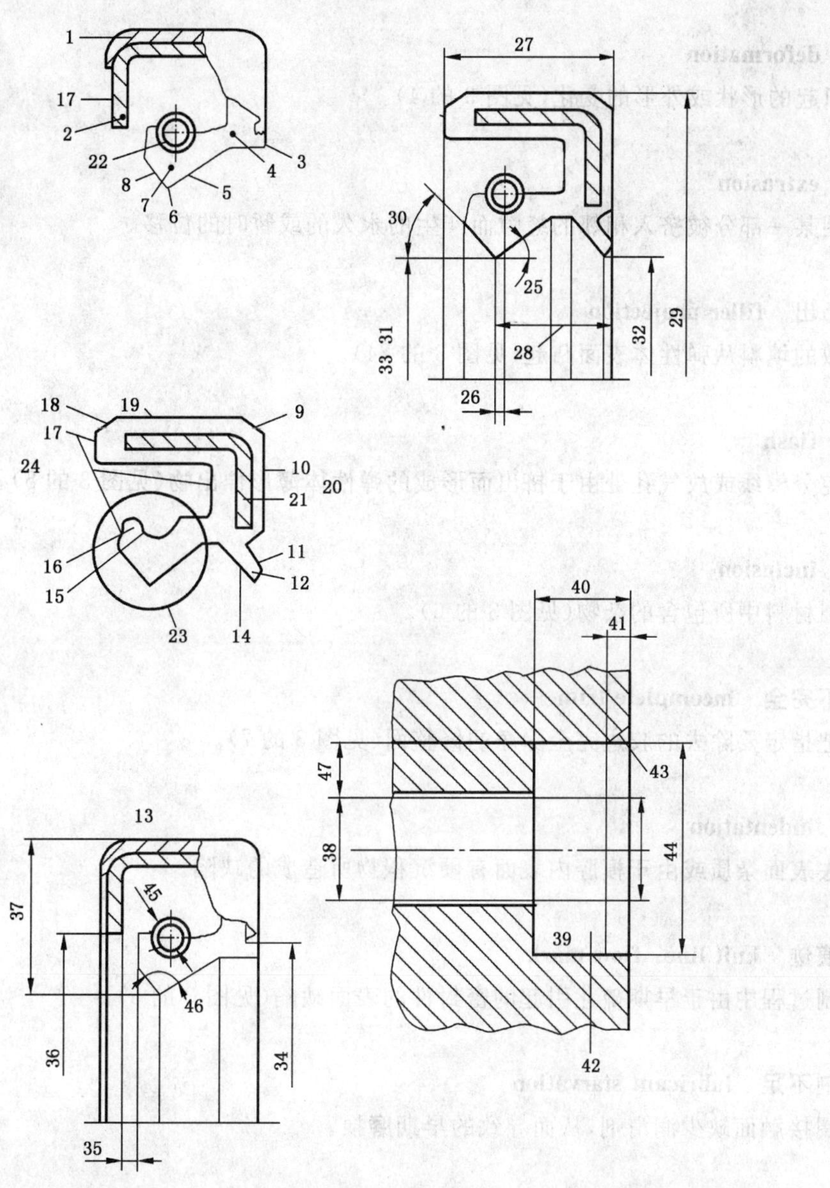

图 2 密封装置的部件

2.3.71

气泡 blister

空心的表面隆起物(见图 3 的 1)。

2.3.72

粘着失效 bond failure

弹性体和骨架材料之间粘合力不足(见图 3 的 12)。

2.3.73

龟裂 crack

在金属或弹性体中的明显的裂纹或裂缝(见图 3 的 22)。

2.3.74

割口 cut

由尖锐的工具在密封圈材料上造成的相对较深的不连续的、材料未切掉的切口(见图 3 的 23)。

2.3.75

形变 deformation

应力引起的形状或外形的变化(见图 3 的 4)。

2.3.76

挤出 extrusion

密封圈某一部分被挤入相邻的缝隙而产生的永久的或暂时的位移。

2.3.77

填料凸出 filler projection

未分散的填料从弹性体表面凸起(见图 3 的 24)。

2.3.78

胶边 flash

在模腔分模线或放气孔处由于挤出而形成的弹性体薄形伸出物(见图 3 的 5)。

2.3.79

杂质 inclusion

密封圈材料中所包含的杂物(见图 3 的 6)。

2.3.80

修边不完全 incomplete trim

没有把指定要除去的胶边完全除净的修整面(见图 3 的 7)。

2.3.81

凹陷 indentation

因除去表面杂质或由于模腔内表面有硬沉积物所造成的缺陷。

2.3.82

流动痕迹 knit line; flow mark

在模制过程中由于早期硫化引起的密封件的表面缺陷(见图 3 的 8)。

2.3.83

润滑剂不足 lubricant starvation

密封圈接触面缺少润滑剂,从而导致的早期磨损。

2.3.84

模压缺陷 mould imperfection

由于模型表面损伤引起的模制品缺陷(见图 3 的 9)。

2.3.85

凹口 nick

模压后由于缺损而造成的材料局部缺少(见图 3 的 10)。

2.3.86

缺胶 nonfill

由于胶料未完全充满模腔所引起的位置不定、形状不规则的表面凹陷(见图 3 的 11)。

2.3.87

海绵体 porosity

橡胶中存在大量的微小孔洞(见图 3 的 13)。

2.3.88

修边粗糙 rough trim

在最靠近接触线的密封唇内,外表面上,修整面不平整(见图 3 的 14)。

2.3.89

凹边　scoop trim

凹进的修整面(见图 3 的 15)。

2.3.90

划痕　scratch

由于研磨物擦过表面而形成的浅而不连续的表面痕迹,但无材料迁移(见图 3 的 16)。

2.3.91

螺旋形修边　spiral trim

呈螺旋形花纹的修整面(见图 3 的 17)。

2.3.92

分裂　split

弹性体材料的拉伸破裂,常与流动痕迹有关(见图 3 的 2)。

2.3.93

阶梯形修边　step trim

在唇口接触线上,有阶梯形的修整面(见图 3 的 18)。

2.3.94

粘连的胶边　stuck flash

粘合到密封圈主体上的胶边(见图 3 的 3)。

2.3.95

表面杂质　surface contamination

在密封圈表面上的杂物(见图 3 的 19)。

2.3.96

撕裂　tear

弹性体材料上的剪切破裂,通常以局部分离的形式出现(见图 3 的 20)。

2.3.97

未粘合胶边　unbonded flash

预定要粘合而没有真正地粘合到相连材料上的胶边(见图 3 的 21)。

2.3.98

安装垂直度　installed squareness

密封圈径向平面垂直于旋转轴线的垂直度。

2.3.99

预润滑唇　prelubed lip

已用油或油脂等润滑好的密封唇。

2.3.100

使用寿命　service life

密封圈可有效使用的时间。

2.3.101

贮存寿命　shelf life

密封圈可安全存放的时间,并仍应符合规范要求和具有适宜的使用寿命。

2.3.102

试验机头　head, test

试验机上安放试验用密封圈的部件。

2.3.103

径向唇负荷　load, radial lip

由于唇过盈及紧箍弹簧张力的综合作用结果,由唇对轴施加的径向力。

2.3.104

动态跳动量　run-out dynamic

轴跳动量　run-out, shaft

轴的中心线偏离旋转中心而产生的双倍距离,用TIR(指示器总读数)表示。

2.3.105

合格鉴定试验　test qualification

评定某种密封圈是否能满足使用规范要求而进行的试验。

2.3.106

唇口张开压力　lip open pressure

在气体压力下,唇口离开试验轴表面并产生泄露的气体压力。

2.3.107

泄露量　leakage ratio

密封装置中,被密封流体在规定条件下泄露的体积或质量。

2.3.108

摩擦扭矩　frictional torque

在转动条件下,轴和密封刃口接触带沿轴切线方向产生的摩擦力与轴半径之积。

2.3.109

刃口接触宽度　contacting width of edge

密封刃口与轴接触的轴向长度。

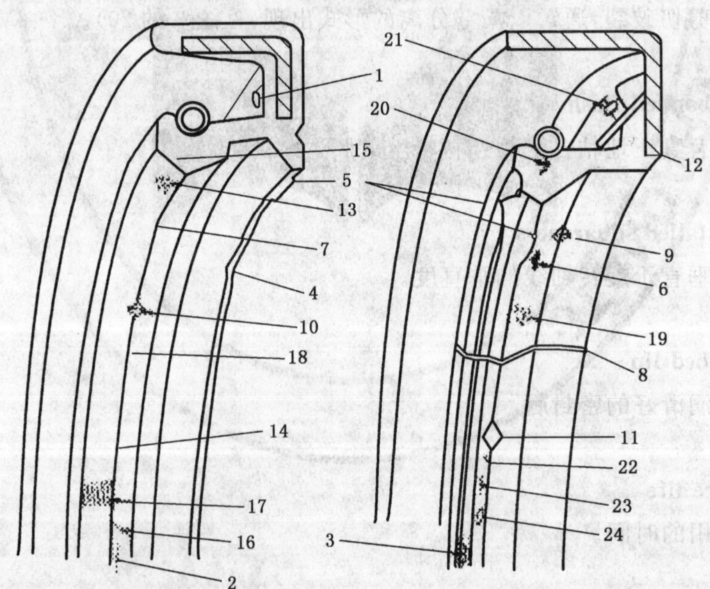

图3　外观缺陷

中 文 索 引

英 文 索 引

I

K

L

M

S

T

U

W

ICS 13.060
C 51

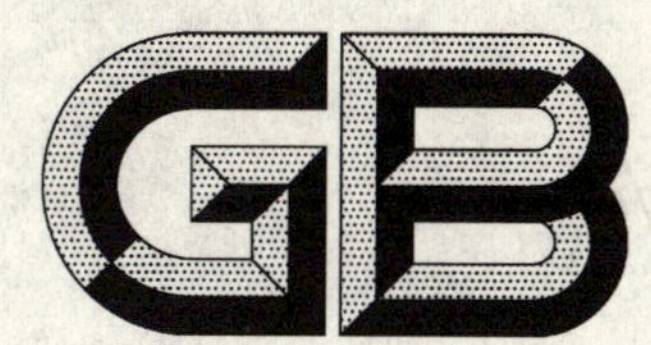

中华人民共和国国家标准

GB 5749—2006
代替 GB 5749—1985

生活饮用水卫生标准

Standards for drinking water quality

2006-12-29 发布 2007-07-01 实施

中华人民共和国卫生部
中国国家标准化管理委员会 发布

前言

本标准的全部技术内容为强制性。

本标准自实施之日起代替 GB 5749—1985《生活饮用水卫生标准》。

本标准与 GB 5749—1985 相比主要变化如下：

——水质指标由 GB 5749—1985 的 35 项增加至 106 项，增加了 71 项；修订了 8 项；其中：

a) 微生物指标由 2 项增至 6 项，增加了大肠埃希氏菌、耐热大肠菌群、贾第鞭毛虫和隐孢子虫；修订了总大肠菌群；

b) 饮用水消毒剂由 1 项增至 4 项，增加了一氯胺、臭氧、二氧化氯；

c) 毒理指标中无机化合物由 10 项增至 21 项，增加了溴酸盐、亚氯酸盐、氯酸盐、锑、钡、铍、硼、钼、镍、铊、氯化氰；并修订了砷、镉、铅、硝酸盐；

毒理指标中有机化合物由 5 项增至 53 项，增加了甲醛、三卤甲烷、二氯甲烷、1,2-二氯乙烷、1,1,1-三氯乙烷、三溴甲烷、一氯二溴甲烷、二氯一溴甲烷、环氧氯丙烷、氯乙烯、1,1-二氯乙烯、1,2-二氯乙烯、三氯乙烯、四氯乙烯、六氯丁二烯、二氯乙酸、三氯乙酸、三氯乙醛、苯、甲苯、二甲苯、乙苯、苯乙烯、2,4,6-三氯酚、氯苯、1,2-二氯苯、1,4-二氯苯、三氯苯、邻苯二甲酸二(2-乙基己基)酯、丙烯酰胺、微囊藻毒素-LR、灭草松、百菌清、溴氰菊酯、乐果、2,4-滴、七氯、六氯苯、林丹、马拉硫磷、对硫磷、甲基对硫磷、五氯酚、莠去津、呋喃丹、毒死蜱、敌敌畏、草甘膦；修订了四氯化碳；

d) 感官性状和一般化学指标由 15 项增至 20 项，增加了耗氧量、氨氮、硫化物、钠、铝；修订了浑浊度；

e) 放射性指标中修订了总 α 放射性。

——删除了水源选择和水源卫生防护两部分内容。

——简化了供水部门的水质检测规定，部分内容列入《生活饮用水集中式供水单位卫生规范》。

——增加了附录 A。

——增加了参考文献。

本标准的附录 A 为资料性附录。

本标准“表 3 水质非常规指标及限值”所规定指标的实施项目和日期由省级人民政府根据当地实际情况确定，并报国家标准化管理委员会、建设部和卫生部备案，从 2008 年起三个部门对各省非常规指标实施情况进行通报，全部指标最迟于 2012 年 7 月 1 日实施。

本标准由中华人民共和国卫生部、建设部、水利部、国土资源部、国家环境保护总局等提出。

本标准由中华人民共和国卫生部归口。

本标准负责起草单位：中国疾病预防控制中心环境与健康相关产品安全所。

本标准参加起草单位：广东省卫生监督所、浙江省卫生监督所、江苏省疾病预防控制中心、北京市疾病预防控制中心、上海市疾病预防控制中心、中国城镇供水排水协会、中国水利水电科学研究院、国家环境保护总局环境标准研究所。

本标准主要起草人：金银龙、鄂学礼、陈昌杰、陈西平、张岚、陈亚妍、蔡祖根、甘日华、申屠杭、郭常义、魏建荣、宁瑞珠、刘文朝、胡林林。

本标准参加起草人：蔡诗文、林少彬、刘凡、姚孝元、陆坤明、陈国光、周怀东、李延平。

本标准于 1985 年 8 月首次发布，本次为第一次修订。

生 活 饮 用 水 卫 生 标 准

1 范围

本标准规定了生活饮用水水质卫生要求、生活饮用水水源水质卫生要求、集中式供水单位卫生要求、二次供水卫生要求、涉及生活饮用水卫生安全产品卫生要求、水质监测和水质检验方法。

本标准适用于城乡各类集中式供水的生活饮用水，也适用于分散式供水的生活饮用水。

2 规范性引用文件

下列文件中的条款通过本标准的引用而成为本标准的条款。凡是标注日期的引用文件，其随后所有的修改单(不包括勘误内容)或修订版均不适用于本标准，然而，鼓励根据本标准达成协议的各方研究是否可使用这些文件的最新版本。凡是不注日期的引用文件，其最新版本适用于本标准。

GB 3838 地表水环境质量标准

GB/T 5750(所有部分) 生活饮用水标准检验方法

GB/T 14848 地下水质量标准

GB 17051 二次供水设施卫生规范

GB/T 17218 饮用水化学处理剂卫生安全性评价

GB/T 17219 生活饮用水输配水设备及防护材料的安全性评价标准

CJ/T 206 城市供水水质标准

SL 308 村镇供水单位资质标准

生活饮用水集中式供水单位卫生规范 卫生部

3 术语和定义

下列术语和定义适用于本标准。

3.1

生活饮用水 drinking water

供人生活的饮水和生活用水。

3.2

供水方式 type of water supply

3.2.1

集中式供水 central water supply

自水源集中取水，通过输配水管网送到用户或者公共取水点的供水方式，包括自建设施供水。为用户提供日常饮用水的供水站和为公共场所、居民社区提供的分质供水也属于集中式供水。

3.2.2

二次供水 secondary water supply

集中式供水在入户之前经再度储存、加压和消毒或深度处理，通过管道或容器输送给用户的供水方式。

3.2.3

小型集中式供水 small central water supply

农村日供水在 1 000 m^3 以下(或供水人口在 1 万人以下)的集中式供水。

3.2.4

分散式供水　non-central water supply

分散居户直接从水源取水,无任何设施或仅有简易设施的供水方式。

3.3

常规指标　regular indices

能反映生活饮用水水质基本状况的水质指标。

3.4

非常规指标　non-regular indices

根据地区、时间或特殊情况需要实施的生活饮用水水质指标。

4　生活饮用水水质卫生要求

4.1　生活饮用水水质应符合下列基本要求,保证用户饮用安全。

4.1.1　生活饮用水中不得含有病原微生物。

4.1.2　生活饮用水中化学物质不得危害人体健康。

4.1.3　生活饮用水中放射性物质不得危害人体健康。

4.1.4　生活饮用水的感官性状良好。

4.1.5　生活饮用水应经消毒处理。

4.1.6　生活饮用水水质应符合表1和表3卫生要求。集中式供水出厂水中消毒剂限值、出厂水和管网末梢水中消毒剂余量均应符合表2要求。

4.1.7　小型集中式供水和分散式供水因条件限制,水质部分指标可暂按照表4执行,其余指标仍按表1、表2和表3执行。

4.1.8　当发生影响水质的突发性公共事件时,经市级以上人民政府批准,感官性状和一般化学指标可适当放宽。

4.1.9　当饮用水中含有附录A表A.1所列指标时,可参考此表限值评价。

表1　水质常规指标及限值

指　　标	限　值
1. 微生物指标[a]	
总大肠菌群/(MPN/100 mL或CFU/100 mL)	不得检出
耐热大肠菌群/(MPN/100 mL或CFU/100 mL)	不得检出
大肠埃希氏菌/(MPN/100 mL或CFU/100 mL)	不得检出
菌落总数/(CFU/mL)	100
2. 毒理指标	
砷/(mg/L)	0.01
镉/(mg/L)	0.005
铬(六价)/(mg/L)	0.05
铅/(mg/L)	0.01
汞/(mg/L)	0.001
硒/(mg/L)	0.01
氰化物/(mg/L)	0.05
氟化物/(mg/L)	1.0

表 1(续)

指　　标	限　　值
硝酸盐(以 N 计)/(mg/L)	10 地下水源限制时为 20
三氯甲烷/(mg/L)	0.06
四氯化碳/(mg/L)	0.002
溴酸盐(使用臭氧时)/(mg/L)	0.01
甲醛(使用臭氧时)/(mg/L)	0.9
亚氯酸盐(使用二氧化氯消毒时)/(mg/L)	0.7
氯酸盐(使用复合二氧化氯消毒时)/(mg/L)	0.7
3. 感官性状和一般化学指标	
色度(铂钴色度单位)	15
浑浊度(散射浑浊度单位)/NTU	1 水源与净水技术条件限制时为 3
臭和味	无异臭、异味
肉眼可见物	无
pH	不小于 6.5 且不大于 8.5
铝/(mg/L)	0.2
铁/(mg/L)	0.3
锰/(mg/L)	0.1
铜/(mg/L)	1.0
锌/(mg/L)	1.0
氯化物/(mg/L)	250
硫酸盐/(mg/L)	250
溶解性总固体/(mg/L)	1 000
总硬度(以 $CaCO_3$ 计)/(mg/L)	450
耗氧量(COD_{Mn} 法,以 O_2 计)/(mg/L)	3 水源限制,原水耗氧量>6 mg/L 时为 5
挥发酚类(以苯酚计)/(mg/L)	0.002
阴离子合成洗涤剂/(mg/L)	0.3
4. 放射性指标[b]	指导值
总 α 放射性/(Bq/L)	0.5
总 β 放射性/(Bq/L)	1

[a] MPN 表示最可能数;CFU 表示菌落形成单位。当水样检出总大肠菌群时,应进一步检验大肠埃希氏菌或耐热大肠菌群;水样未检出总大肠菌群,不必检验大肠埃希氏菌或耐热大肠菌群。

[b] 放射性指标超过指导值,应进行核素分析和评价,判定能否饮用。

表 2　饮用水中消毒剂常规指标及要求

消毒剂名称	与水接触时间	出厂水中限值/(mg/L)	出厂水中余量/(mg/L)	管网末梢水中余量/(mg/L)
氯气及游离氯制剂(游离氯)	≥30 min	4	≥0.3	≥0.05
一氯胺(总氯)	≥120 min	3	≥0.5	≥0.05
臭氧(O_3)	≥12 min	0.3	—	0.02 如加氯，总氯≥0.05
二氧化氯(ClO_2)	≥30 min	0.8	≥0.1	≥0.02

表 3　水质非常规指标及限值

指　　标	限　值
1. 微生物指标	
贾第鞭毛虫/(个/10 L)	<1
隐孢子虫/(个/10 L)	<1
2. 毒理指标	
锑/(mg/L)	0.005
钡/(mg/L)	0.7
铍/(mg/L)	0.002
硼/(mg/L)	0.5
钼/(mg/L)	0.07
镍/(mg/L)	0.02
银/(mg/L)	0.05
铊/(mg/L)	0.000 1
氯化氰 (以 CN^- 计)/(mg/L)	0.07
一氯二溴甲烷/(mg/L)	0.1
二氯一溴甲烷/(mg/L)	0.06
二氯乙酸/(mg/L)	0.05
1,2-二氯乙烷/(mg/L)	0.03
二氯甲烷/(mg/L)	0.02
三卤甲烷(三氯甲烷、一氯二溴甲烷、二氯一溴甲烷、三溴甲烷的总和)	该类化合物中各种化合物的实测浓度与其各自限值的比值之和不超过 1
1,1,1-三氯乙烷/(mg/L)	2
三氯乙酸/(mg/L)	0.1
三氯乙醛/(mg/L)	0.01
2,4,6-三氯酚/(mg/L)	0.2
三溴甲烷/(mg/L)	0.1
七氯/(mg/L)	0.000 4
马拉硫磷/(mg/L)	0.25

表 3(续)

指　　标	限　值
五氯酚/(mg/L)	0.009
六六六(总量)/(mg/L)	0.005
六氯苯/(mg/L)	0.001
乐果/(mg/L)	0.08
对硫磷/(mg/L)	0.003
灭草松/(mg/L)	0.3
甲基对硫磷/(mg/L)	0.02
百菌清/(mg/L)	0.01
呋喃丹/(mg/L)	0.007
林丹/(mg/L)	0.002
毒死蜱/(mg/L)	0.03
草甘膦/(mg/L)	0.7
敌敌畏/(mg/L)	0.001
莠去津/(mg/L)	0.002
溴氰菊酯/(mg/L)	0.02
2,4-滴/(mg/L)	0.03
滴滴涕/(mg/L)	0.001
乙苯/(mg/L)	0.3
二甲苯(总量)/(mg/L)	0.5
1,1-二氯乙烯/(mg/L)	0.03
1,2-二氯乙烯/(mg/L)	0.05
1,2-二氯苯/(mg/L)	1
1,4-二氯苯/(mg/L)	0.3
三氯乙烯/(mg/L)	0.07
三氯苯(总量)/(mg/L)	0.02
六氯丁二烯/(mg/L)	0.000 6
丙烯酰胺/(mg/L)	0.000 5
四氯乙烯/(mg/L)	0.04
甲苯/(mg/L)	0.7
邻苯二甲酸二(2-乙基己基)酯/(mg/L)	0.008
环氧氯丙烷/(mg/L)	0.000 4
苯/(mg/L)	0.01
苯乙烯/(mg/L)	0.02
苯并(a)芘/(mg/L)	0.000 01
氯乙烯/(mg/L)	0.005

表 3(续)

指　　标	限　　值
氯苯/(mg/L)	0.3
微囊藻毒素-LR/(mg/L)	0.001
3. 感官性状和一般化学指标	
氨氮(以 N 计)/(mg/L)	0.5
硫化物/(mg/L)	0.02
钠/(mg/L)	200

表 4　小型集中式供水和分散式供水部分水质指标及限值

指　　标	限　　值
1. 微生物指标	
菌落总数/(CFU/mL)	500
2. 毒理指标	
砷/(mg/L)	0.05
氟化物/(mg/L)	1.2
硝酸盐(以 N 计)/(mg/L)	20
3. 感官性状和一般化学指标	
色度(铂钴色度单位)	20
浑浊度(散射浑浊度单位)/NTU	3 水源与净水技术条件限制时为 5
pH	不小于 6.5 且不大于 9.5
溶解性总固体/(mg/L)	1 500
总硬度（以 $CaCO_3$ 计）/(mg/L)	550
耗氧量(COD_{Mn}法，以 O_2 计)/(mg/L)	5
铁/(mg/L)	0.5
锰/(mg/L)	0.3
氯化物/(mg/L)	300
硫酸盐/(mg/L)	300

5　生活饮用水水源水质卫生要求

5.1　采用地表水为生活饮用水水源时应符合 GB 3838 要求。

5.2　采用地下水为生活饮用水水源时应符合 GB/T 14848 要求。

6　集中式供水单位卫生要求

集中式供水单位的卫生要求应按照卫生部《生活饮用水集中式供水单位卫生规范》执行。

7　二次供水卫生要求

二次供水的设施和处理要求应按照 GB 17051 执行。

8 涉及生活饮用水卫生安全产品卫生要求

8.1 处理生活饮用水采用的絮凝、助凝、消毒、氧化、吸附、pH 调节、防锈、阻垢等化学处理剂不应污染生活饮用水，应符合 GB/T 17218 要求。

8.2 生活饮用水的输配水设备、防护材料和水处理材料不应污染生活饮用水，应符合 GB/T 17219 要求。

9 水质监测

9.1 供水单位的水质检测

9.1.1 供水单位的水质非常规指标选择由当地县级以上供水行政主管部门和卫生行政部门协商确定。

9.1.2 城市集中式供水单位水质检测的采样点选择、检验项目和频率、合格率计算按照 CJ/T 206 执行。

9.1.3 村镇集中式供水单位水质检测的采样点选择、检验项目和频率、合格率计算按照 SL 308 执行。

9.1.4 供水单位水质检测结果应定期报送当地卫生行政部门，报送水质检测结果的内容和办法由当地供水行政主管部门和卫生行政部门商定。

9.1.5 当饮用水水质发生异常时应及时报告当地供水行政主管部门和卫生行政部门。

9.2 卫生监督的水质监测

9.2.1 各级卫生行政部门应根据实际需要定期对各类供水单位的供水水质进行卫生监督、监测。

9.2.2 当发生影响水质的突发性公共事件时，由县级以上卫生行政部门根据需要确定饮用水监督、监测方案。

9.2.3 卫生监督的水质监测范围、项目、频率由当地市级以上卫生行政部门确定。

10 水质检验方法

生活饮用水水质检验应按照 GB/T 5750(所有部分)执行。

附 录 A
（资料性附录）
生活饮用水水质参考指标及限值

表 A.1 生活饮用水水质参考指标及限值

指 标	限 值
肠球菌/(CFU/100 mL)	0
产气荚膜梭状芽孢杆菌/(CFU/100 mL)	0
二(2-乙基己基)己二酸酯/(mg/L)	0.4
二溴乙烯/(mg/L)	0.000 05
二噁英(2,3,7,8-TCDD)/(mg/L)	0.000 000 03
土臭素(二甲基萘烷醇)/(mg/L)	0.000 01
五氯丙烷/(mg/L)	0.03
双酚 A/(mg/L)	0.01
丙烯腈/(mg/L)	0.1
丙烯酸/(mg/L)	0.5
丙烯醛/(mg/L)	0.1
四乙基铅/(mg/L)	0.000 1
戊二醛/(mg/L)	0.07
甲基异莰醇-2/(mg/L)	0.000 01
石油类(总量)/(mg/L)	0.3
石棉(>10 μm)/(万个/L)	700
亚硝酸盐/(mg/L)	1
多环芳烃(总量)/(mg/L)	0.002
多氯联苯(总量)/(mg/L)	0.000 5
邻苯二甲酸二乙酯/(mg/L)	0.3
邻苯二甲酸二丁酯/(mg/L)	0.003
环烷酸/(mg/L)	1.0
苯甲醚/(mg/L)	0.05
总有机碳(TOC)/(mg/L)	5
β-萘酚/(mg/L)	0.4
丁基黄原酸/(mg/L)	0.001
氯化乙基汞/(mg/L)	0.000 1
硝基苯/(mg/L)	0.017

参 考 文 献

[1] World Health Organization. Guidelines for Drinking-water Quality, third edition. Vol. 1, 2004, Geneva.

[2] EU's Drinking Water Standards. Council Directive 98/83/EC on the quality of water intended for human consumption. Adopted by the Council, on 3 November 1998.

[3] US EPA. Drinking Water Standards and Health Advisories, Winter 2004.

[4] 俄罗斯国家饮用水卫生标准，2002 年 1 月实施.

[5] 日本饮用水水质基准(水道法に基づく水质基准に关する省令),2004 年 4 月起实施.

ICS 13.060
C 51

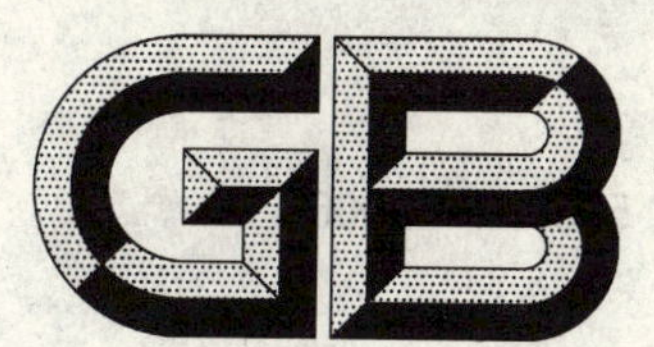

中华人民共和国国家标准

GB/T 5750.1—2006
部分代替 GB/T 5750—1985

生活饮用水标准检验方法 总则

Standard examination methods for drinking water—General principles

2006-12-29 发布　　　　2007-07-01 实施

中华人民共和国卫生部
中国国家标准化管理委员会　发布

前言

GB/T 5750《生活饮用水标准检验方法》分为以下几部分：

——总则；

——水样的采集和保存；

——水质分析质量控制；

——感官性状和物理指标；

——无机非金属指标；

——金属指标；

——有机物综合指标；

——有机物指标；

——农药指标；

——消毒副产物指标；

——消毒剂指标；

——微生物指标；

——放射性指标。

本部分代替 GB 5750—1985 第一篇总则中的一般规则。

本标准与 GB 5750—1985 相比主要变化如下：

——依据 GB/T 1.1—2000《标准化工作导则　第 1 部分：标准的结构和编写规则》与 GB/T 20001.4—2001《标准编写规则　第 4 部分：化学分析方法》调整了结构；

——依据国家标准的要求修改了量和计量单位；

——当量浓度改成摩尔浓度(氧化还原部分仍保留当量浓度)；

——质量浓度表示符号由 C 改成 ρ，含量表示符号由 M 改成 m；

——增加了实验纯水、检测仪器、设备的计量检定与维护、实验室安全的内容。

本标准由中华人民共和国卫生部提出并归口。

本标准负责起草单位：中国疾病预防控制中心环境与健康相关产品安全所。

本标准参加起草单位：江苏省疾病预防控制中心、唐山市疾病预防控制中心、重庆市疾病预防控制中心、北京市疾病预防控制中心、广东省疾病预防控制中心、辽宁省疾病预防控制中心、广州市疾病预防控制中心、武汉市疾病预防控制中心。

本标准主要起草人：金银龙、鄂学礼、陈亚妍、张岚、陈昌杰、陈守建、邢大荣、陈西平、王正虹、魏建荣、杨业、张宏陶、艾有年、庄丽、姜树秋、卢玉棋、周明乐、周淑玉。

本标准于 1985 年 8 月首次发布，本次为第一次修订。

生活饮用水标准检验方法　总则

1　范围

本标准规定了生活饮用水水质检验的基本原则和要求。

本标准适用于生活饮用水水质检验，也适用于水源水和经过处理、储存和输送的饮用水的水质检验。

2　规范性引用文件

下列文件中的条款通过本标准的引用而成为本标准的条款。凡是注日期的引用文件，其随后所有的修改单（不包括勘误的内容）或修订版均不适用于本标准，然而，鼓励根据本标准达成协议的各方研究是否可使用这些文件的最新版本。凡是不注日期的引用文件，其最新版本适用于本标准。

GB 5749　生活饮用水卫生标准

GB/T 6682　分析实验室用水规格和试验方法（GB/T 6682—1992，neq ISO 3696：1987）

GB 15603　常用化学危险品贮存通则

GB 19489　实验室　生物安全通用要求

JJG 196　常用玻璃量器计量检定规程

3　术语和定义

下列术语和定义适用于本标准。

3.1

恒重　constant weight

除溶解性总固体外，系指连续两次干燥后的质量差异在 0.2 mg 以下。

3.2

量取　measure

用量筒取水样或试液。

3.3

吸取　pipet

用无分度吸管或分度吸管（又称吸量管）吸取。

3.4

定容　constant volume

容量瓶中用纯水或其他溶剂稀释至刻度的操作。

3.5

参比溶液　reference solution

本标准方法所列项目，除另有规定外，均以溶剂空白（纯水或有机溶剂）作参比。

4　检验方法的选择

4.1　同一个项目如果有两个或两个以上的检验方法时，可根据设备及技术条件，选择使用，但以第一法为仲裁法。

4.2　最低检测质量（minimum detectable mass）：方法能够准确测定的最低质量。

4.3　最低检测质量浓度（minimum detectable mass concentration）：最低检测质量所对应的浓度。

4.4 精密度和准确度是定性概念，不宜定量表示，需要用量值表示的均用“不确定度”。目前，国内正在推广采用不确定度的过渡阶段。本标准为与以往资料相衔接，仍沿用精密度和准确度，具体的参数采用标准偏差、相对标准偏差和回收率等。

5 试剂及浓度表示

5.1 试剂规格：本标准所用试剂，凡未指明规格者，均为分析纯（AR）级。当需用其他规格时将另作说明，但指示剂和生物染料不分规格。

5.2 校准用标准尽可能使用有证书的标准溶液和使用有证标准参考物按标准方法配制。

5.3 试剂溶液未指明用何种溶剂配制时，均指用纯水配制。

5.4 本标准中所用盐酸、硫酸、氨水等均为浓试剂，以 HCl（$\rho_{20}=1.19$ g/mL）、H_2SO_4（$\rho_{20}=1.84$ g/mL）等的密度表示。对于配制后试剂的浓度以摩尔每升（mol/L）表示。

5.5 所用试剂的配制方法均在各项目中阐明，表1为几种常用酸、碱的浓度和配制稀溶液的配方。

表1 几种常用酸、碱的浓度及稀释配方

名　称	盐酸	硫酸	硝酸	冰乙酸	氨水
密度(20℃)/(g/mL)	1.19	1.84	1.42	1.05	0.88
物质的质量分数/(%)	36.8～38	95～98	65～68	99	25～28
物质的浓度/(mol/L)	12	18	16	17	15
配制每升下列溶液所需浓酸或浓碱的体积[a]/mL					
6 mol/L 溶液	500	334	375	353	400
1 mol/L 溶液	83	56	63	59	67

a 各种溶液的基本单元分别为：$c(HCl)$，$c(H_2SO_4)$，$c(HNO_3)$，$c(CH_3COOH)$，$c(NH_3 \cdot H_2O)$。

5.6 物质B的浓度，又称物质B的物质的量浓度，是物质B的物质的量除以混合物的体积，常用单位：mol/L。

$$c(\mathrm{B})=\frac{n_{\mathrm{B}}}{V} \qquad \cdots\cdots(1)$$

5.7 物质B的质量浓度是，物质B的质量除以混合物的体积，常用单位：g/L，mg/L，μg/mL。

$$\rho(\mathrm{B})=\frac{m_{\mathrm{B}}}{V} \qquad \cdots\cdots(2)$$

5.8 物质B的质量分数是，物质B的质量与混合物的质量之比，量纲一的量，可用%表示浓度值。

$$w(\mathrm{B})=\frac{m_{\mathrm{B}}}{m} \qquad \cdots\cdots(3)$$

5.9 物质B的体积分数是，物质B的体积除以混合物的体积，量纲一的量，常以%表示浓度值。

$$\varphi(\mathrm{B})=\frac{V_{\mathrm{B}}}{V} \qquad \cdots\cdots(4)$$

5.10 体积比浓度是两种液体分别以 V_1 与 V_2 体积相混。凡未注明溶剂名称时，均指纯水。两种以上特定液体与水相混合时，应注明水。例如：HCl(1+2)，$H_2SO_4+H_3PO_4+H_2O=(1.5+1.5+7)$。

6 实验纯水

6.1 检验中所使用的水均为纯水，可由蒸馏、重蒸馏、亚沸蒸馏和离子交换等方法制得，也可采用复合处理技术制取。用有特殊要求的纯水，则另做了具体说明。

6.2 实验室检验用水应符合 GB/T 6682 的要求，实验室用水分级见表2。

表 2 分析实验室用水规格

项目名称		一级	二级	三级
pH 范围(25℃)		—	—	5.0～7.5
电导率(25℃)/(μS/cm)	≤	0.1	1	5
比电阻(25℃)/(MΩ·cm)	≥	10	1	0.2
可氧化物质[a](以 O_2 计)/(mg/L)	≤	—	0.08	0.4
吸光度(254 nm,1 cm 光程)	≤	0.001	0.01	—
溶解性总固体[(105±2)℃]/(mg/L)	≤	—	1.0	2.0
可溶性硅(以 SiO_2 计)/(mg/L)	<	0.01	0.02	—

a 量取 1 000 mL 二级水,注入烧杯中。加入 20%硫酸溶液 5.0 mL,混匀。或量取 200 mL 三级水,注入烧杯中。加入 20%硫酸溶液 1.0 mL,混匀。在上述已酸化的试液中,分别加入 0.01 mol/L 高锰酸钾标准溶液 1.00 mL,混匀。盖上表面皿,加热至沸并保持 5 min,溶液的粉红色不得完全消失。

6.3 超痕量分析时使用一级水。对高灵敏度微量分析使用二级水。三级水用于一般化学分析。

6.4 各级纯水均应使用密闭、专用的聚乙烯、聚丙烯、聚碳酸酯等类容器。三级水也可使用专用玻璃容器。新容器在使用前应进行处理,常用 20%盐酸溶液浸泡 2 d～3 d,再用待测水反复冲洗,并注满待测水浸泡 6 h 以上,沥空后再使用。

6.5 由于纯水贮存期间,可能会受到实验室空气中 CO_2、NH_3、微生物和其他物质以及来自容器壁污染物的污染,因此,一级水应在使用前新鲜制备;二级水、三级水贮存时间也不易过长。

6.6 各级用水在运输过程中应避免受到污染。

7 玻璃仪器与洗涤

7.1 玻璃仪器的检定与校正:容量瓶、滴定管、无分度吸管、刻度吸管等应按照 JJG 196 进行检定与校正。

7.2 配制标准色列时,需使用成套的比色管,各管内径与分度高低应该一致,必要时应对体积进行校正。

7.3 玻璃器皿须经彻底洗净后方能使用。玻璃仪器的洗涤可先用自来水浸泡和冲洗,再用洗涤液浸泡洗涤,然后用自来水冲洗干净,最后用纯水淋洗 3 次。洗净后的器皿内壁应能均匀地被水润湿,如果发现有小水珠或不沾水的地方,说明容器壁上有油垢,应重新洗涤。

7.4 洗涤液的配制和使用

7.4.1 洗涤液由重铬酸钾溶液与浓硫酸配制。称取 100 g 工业用经研细的重铬酸钾于烧杯中,加入约 100 mL 水,沿烧杯壁缓缓加入工业用浓硫酸,边加边用玻璃棒搅动(注意:放热反应,防止硫酸溅出),开始加入硫酸时有红色铬酸沉淀析出,加硫酸至沉淀刚好溶解为止。

7.4.2 洗涤液是一种很强的氧化剂,但作用比较慢,因此须使洗涤的器皿与洗涤液充分接触,浸泡数分钟至数小时。用铬酸洗涤液洗过的器皿,要用自来水充分清洗,一般要冲洗 7～10 次,最后用纯水淋洗 3 次。用洗涤液洗过的器皿要特别注意吸附在器皿壁上尤其是磨沙部分沾污铬和其他杂质对试验的干扰。

7.4.3 洗涤液应储存于磨口瓶塞的玻璃瓶内,以免吸收水分,用后仍倒回瓶中。多次使用后洗涤液中铬酸被还原变为绿褐色,不再具氧化性,就不能再用。

7.5 肥皂液、碱液及合成洗涤剂可用于洗涤油脂和有机物。

7.6 氢氧化钾酒精溶液(100 g/L):称取 100 g 氢氧化钾,加 50 mL 水溶解,加工业酒精至 1 000 mL。适用于洗涤油垢、树脂等。

7.7　酸性草酸或酸性羟胺洗涤液：适用于洗涤氧化性物质。如洗涤沾污氧化锰的容器，羟胺作用较快。其配方是：称取 10 g 草酸或 1 g 盐酸羟胺，溶于 100 mL 盐酸溶液(1+4)中。

7.8　硝酸溶液：测定金属离子时需用不同浓度的硝酸溶液[常用(1+9)]浸泡，洗涤玻璃仪器。

7.9　洗涤玻璃仪器时应防止受到新的污染，如测铁所用的玻璃仪器不能用铁丝柄毛刷，可用塑料棒拴以泡沫塑料刷洗；测锌、铁用的玻璃仪器用酸洗后不能再用自来水冲洗，应直接用纯水淋洗；测氨和碘化物用的仪器洗净后应浸泡在纯水中。

8　检测仪器、设备的计量检定与维护

各项测定项目中使用的天平、分析仪器以及与检测数据直接有关的设备，应建立定期的检定和经常的自校与维护，并有详细的记录，以保证仪器和设备在分析工作中正常运行。

9　实验室安全

9.1　常用化学危险品(以下简称化学危险品)贮存的基本要求应按照 GB 15603 执行。

9.2　微生物实验室生物安全管理，实验室设施设备的配置，个人防护和实验室安全行为等应按照 GB 19489执行。

ICS 13.060
C 51

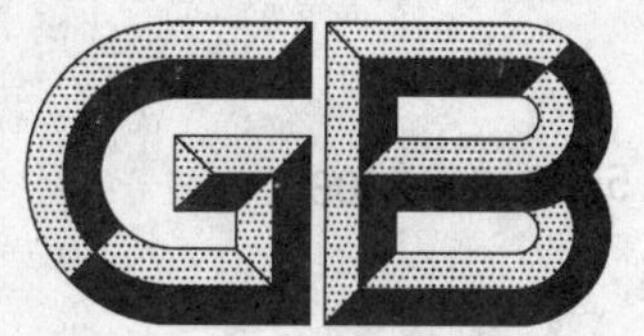

中华人民共和国国家标准

GB/T 5750.2—2006
部分代替 GB/T 5750—1985

生活饮用水标准检验方法 水样的采集与保存

Standard examination methods for drinking water—Collection and preservation of water samples

2006-12-29 发布　　2007-07-01 实施

中华人民共和国卫生部
中国国家标准化管理委员会　发布

前　言

GB/T 5750《生活饮用水标准检验方法》分为以下几部分：

——总则；
——水样的采集和保存；
——水质分析质量控制；
——感官性状和物理指标；
——无机非金属指标；
——金属指标；
——有机物综合指标；
——有机物指标；
——农药指标；
——消毒副产物指标；
——消毒剂指标；
——微生物指标；
——放射性指标。

本标准代替 GB 5750—1985 第一篇总则中的水样的采集和保存。

本标准与 GB 5750—1985 相比主要变化如下：

——依据 GB/T 1.1—2000《标准化工作导则　第 1 部分：标准的结构和编写规则》与 GB/T 20001.4—2001《标准编写规则　第 4 部分：化学分析方法》调整了结构；
——依据国家标准的要求修改了量和计量单位；
——当量浓度改成摩尔浓度（氧化还原部分仍保留当量浓度）；
——质量浓度表示符号由 C 改成 ρ，含量表示符号由 M 改成 m；
——修改了采样类型；
——增加了采样的质量控制与质量评价。

本标准由中华人民共和国卫生部提出并归口。

本标准负责起草单位：中国疾病预防控制中心环境与健康相关产品安全所。

本标准参加起草单位：江苏省疾病预防控制中心、唐山市疾病预防控制中心、重庆市疾病预防控制中心、北京市疾病预防控制中心、广东省疾病预防控制中心、辽宁省疾病预防控制中心、广州市疾病预防控制中心、武汉市疾病预防控制中心。

本标准主要起草人：金银龙、鄂学礼、陈亚妍、张岚、陈昌杰、陈守建、邢大荣、陈西平、王正虹、魏建荣、杨业、张宏陶、艾有年、庄丽、姜树秋、卢玉棋、周明乐、周淑玉。

本标准于 1985 年 8 月首次发布，本次为第一次修订。

生活饮用水标准检验方法
水样的采集与保存

1 范围

本标准规定了生活饮用水及其水源水样的采集、样品保存和采样质量控制的基本原则、措施和要求。

本标准适用于生活饮用水及其水源水样的采集和样品保存。

2 规范性引用文件

下列文件中的条款通过本标准的引用而成为本规范的条款。凡是注日期的引用文件,其随后所有的修改单(不包括勘误的内容)或修订版均不适用于本标准,然而,鼓励根据本标准达成协议的各方研究是否可使用这些文件的最新版本。凡是不注明日期的引用文件,其最新版本适用于本标准。

GB 5749 生活饮用水卫生标准

GB/T 12998 水质 采样技术指导

GB/T 12999 水质采样 样品的保存和管理技术规定

GB 17051 二次供水设施卫生规范

3 采样计划

采样前应根据水质检验目的和任务制定采样计划,内容包括:采样目的、检验指标、采样时间、采样地点、采样方法、采样频率、采样数量、采样容器与清洗、采样体积、样品保存方法、样品标签、现场测定项目、采样质量控制、运输工具和条件等。

4 采样容器

4.1 应根据待测组分的特性选择合适的采样容器。

4.2 容器的材质应化学稳定性强,且不应与水样中组分发生反应,容器壁不应吸收或吸附待测组分。

4.3 采样容器应可适应环境温度的变化,抗震性能强。

4.4 采样容器的大小、形状和重量应适宜,能严密封口,并容易打开,且易清洗。

4.5 应尽量选用细口容器,容器的盖和塞的材料应与容器材料统一。在特殊情况下需用软木塞或橡胶塞时应用稳定的金属箔或聚乙烯薄膜包裹,最好有蜡封。有机物和某些微生物检测用的样品容器不能用橡胶塞,碱性的液体样品不能用玻璃塞。

4.6 对无机物、金属和放射性元素测定水样应使用有机材质的采样容器,如聚乙烯塑料容器等。

4.7 对有机物和微生物学指标测定水样应使用玻璃材质的采样容器。

4.8 特殊项目测定的水样可选用其他化学惰性材料材质的容器。如热敏物质应选用热吸收玻璃容器;温度高、压力大的样品或含痕量有机物的样品应选用不锈钢容器;生物(含藻类)样品应选用不透明的非活性玻璃容器,并存放阴暗处;光敏性物质应选用棕色或深色的容器。

5 采样容器的洗涤

5.1 测定一般理化指标采样容器的洗涤

将容器用水和洗涤剂清洗,除去灰尘、油垢后用自来水冲洗干净,然后用质量分数10%的硝酸(或盐酸)浸泡 8 h,取出沥干后用自来水冲洗 3 次,并用蒸馏水充分淋洗干净。

5.2 测定有机物指标采样容器的洗涤

用重铬酸钾洗液浸泡 24 h,然后用自来水冲洗干净,用蒸馏水淋洗后置烘箱内 180℃烘 4 h,冷却后再用纯化过的己烷、石油醚冲洗数次。

5.3 测定微生物学指标采样容器的洗涤和灭菌

5.3.1 容器洗涤:将容器用自来水和洗涤剂洗涤,并用自来水彻底冲洗后用质量分数为 10%的盐酸溶液浸泡过夜,然后依次用自来水,蒸馏水洗净。

5.3.2 容器灭菌:热力灭菌是最可靠且普遍应用的方法。热力灭菌分干热和高压蒸气灭菌两种。干热灭菌要求 160℃下维持 2 h;高压蒸气灭菌要求 121℃下维持 15 min,高压蒸汽灭菌后的容器如不立即使用,应于 60℃将瓶内冷凝水烘干。灭菌后的容器应在 2 周内使用。

6 采样器

6.1 采样前应选择适宜的采样器。

6.2 塑料或玻璃材质的采样器及用于采样的橡胶管和乳胶管可按照 5.1 洗净备用。

6.3 金属材质的采样器,应先用洗涤剂清除油垢,再用自来水冲洗干净后晾干备用。

6.4 特殊采样器的清洗方法可参照仪器说明书。

7 水样采集

7.1 一般要求

7.1.1 理化指标

采样前应先用水样荡洗采样器、容器和塞子 2~3 次(油类除外)。

7.1.2 微生物学指标

同一水源、同一时间采集几类检测指标的水样时,应先采集供微生物学指标检测的水样。采样时应直接采集,不得用水样涮洗已灭菌的采样瓶,并避免手指和其他物品对瓶口的沾污。

7.1.3 注意事项

7.1.3.1 采样时不可搅动水底的沉积物。

7.1.3.2 采集测定油类的水样时,应在水面至水面下 300 mm 采集柱状水样,全部用于测定。不能用采集的水样冲洗采样器(瓶)。

7.1.3.3 采集测定溶解氧、生化需氧量和有机污染物的水样时应注满容器,上部不留空间,并采用水封。

7.1.3.4 含有可沉降性固体(如泥沙等)的水样,应分离除去沉积物。分离方法为:将所采水样摇匀后倒入筒形玻璃容器(如量筒),静置 30 min,将已不含沉降性固体但含有悬浮性固体的水样移入采样容器并加入保存剂。测定总悬浮物和油类的水样除外。需要分别测定悬浮物和水中所含组分时,应在现场将水样经 0.45 μm 膜过滤后,分别加入固定剂保存。

7.1.3.5 测定油类、BOD_5、硫化物、微生物学、放射性等项目要单独采样。

7.1.3.6 完成现场测定的水样,不能带回实验室供其他指标测定使用。

7.2 水源水的采集

7.2.1 水源水是指集中式供水水源地的原水。

7.2.2 水源水采样点通常应选择汲水处。

7.2.2.1 表层水

在河流、湖泊可以直接汲水的场合,可用适当的容器如水桶采样。从桥上等地方采样时,可将系着绳子的桶或带有坠子的采样瓶投入水中汲水。注意不能混入漂浮于水面上的物质。

7.2.2.2 一定深度的水

在湖泊、水库等地采集具有一定深度的水时,可用直立式采水器。这类装置是在下沉过程中水从采样器中流过。当达到预定深度是容器能自动闭合而汲取水样。在河水流动缓慢的情况下使用上述方法时最好在采样器下系上适宜质量的坠子,当水深流急时要系上相应质量的铅鱼,并配备绞车。

7.2.2.3 泉水和井水

对于自喷的泉水可在涌口处直接采样。采集不自喷泉水时,应将停滞在抽水管中的水汲出,新水更替后再进行采样。

从井水采集水样,应在充分抽汲后进行,以保证水样的代表性。

7.3 出厂水的采集

7.3.1 出厂水是指集中式供水单位水处理工艺过程完成的水。

7.3.2 出厂水的采样点应设在出厂进入输送管道以前处。

7.4 末梢水的采集

7.4.1 末梢水是指出厂水经输水管网输送至终端(用户水龙头)处的水。

7.4.2 末梢水的采集:应注意采样时间。夜间可能析出可沉渍于管道的附着物,取样时应打开龙头放水数分钟,排出沉积物。采集用于微生物学指标检验的样品前应对水龙头进行消毒。

7.5 二次供水的采集

7.5.1 二次供水是指集中式供水在入户之前经再度储存、加压和消毒或深度处理,通过管道或容器输送给用户的供水方式。

7.5.2 二次供水的采集:应包括水箱(或蓄水池)进水、出水以及末梢水。

7.6 分散式供水的采集

7.6.1 分散式供水是指用户直接从水源取水,未经任何设施或仅有简易设施的供水方式。

7.6.2 分散式供水的采集应根据实际使用情况确定。

8 采样体积

8.1 根据测定指标、测试方法、平行样检测所需样品量等情况计算并确定采样体积。

8.2 测试指标不同,测试方法不同,保存方法也就不同,样品采集时应分类采集,表1提供的生活饮用水中常规检验指标的取样体积可供参考。

8.3 非常规指标和有特殊要求指标的采样体积应根据检测方法的具体要求确定。

表1 生活饮用水中常规检验指标的取样体积

指标分类	容器材质	保存方法	取样体积/L	备　注
一般理化	聚乙烯	冷藏	3~5	
挥发性酚与氰化物	玻璃	氢氧化钠(NaOH),pH≥12,如有游离余氯,加亚砷酸钠去除	0.5~1	
金属	聚乙烯	硝酸(HNO_3),pH≤2	0.5~1	
汞	聚乙烯	硝酸(HNO_3)(1+9,含重铬酸钾50 g/L)至pH≤2	0.2	用于冷原子吸收法测定
耗氧量	玻璃	每升水样加入0.8 mL浓硫酸(H_2SO_4),冷藏	0.2	
有机物	玻璃	冷藏	0.2	水样应充满容器至溢流并密封保存
微生物	玻璃(灭菌)	每125 mL水样加入0.1 mg硫代硫酸钠除去残留余氯	0.5	
放射性	聚乙烯		3~5	

9 水样的过滤和离心分离

在采样时或采样后不久，用滤纸、滤膜或砂芯漏斗、玻璃纤维等过滤样品或将样品离心分离都可以除去其中的悬浮物，沉淀、藻类及其他微生物。在分析时，过滤的目的主要是区分过滤态和不可过滤态，在滤器的选择上要注意可能的吸附损失，如测有机项目时一般选用砂芯漏斗和玻璃纤维过滤，而在测定无机项目时则常用 0.45 μm 的滤膜过滤。

10 水样保存

10.1 保存措施

10.1.1 应根据测定指标选择适宜的保存方法，主要有冷藏、加入保存剂等。

10.1.2 水样在 4℃冷藏保存，贮存于暗处。

10.2 保存剂

10.2.1 保存剂不能干扰待测物的测定；不能影响待测物的浓度。如果是液体，应校正体积的变化。保存剂的纯度和等级应达到分析的要求。

10.2.2 保存剂可预先加入采样容器中，也可在采样后立即加入。易变质的保存剂不能预先添加。

10.3 保存条件

10.3.1 水样的保存期限主要取决于待测物的浓度、化学组成和物理化学性质。

10.3.2 水样保存没有通用的原则。表 2 提供了常用的保存方法。由于水样的组分、浓度和性质不同，同样的保存条件不能保证适用于所有类型的样品，在采样前应根据样品的性质、组成和环境条件来选择适宜的保存方法和保存剂。

注：水样采集后应尽快测定。水温、pH、游离余氯等指标应在现场测定；其余项目的测定也应在规定时间内完成。

表 2 采样容器和水样的保存方法

项　　目	采样容器	保存方法	保存时间
浊度[a]	G,P	冷藏	12 h
色度[a]	G,P	冷藏	12 h
pH[a]	G,P	冷藏	12 h
电导[a]	G,P	—	12 h
碱度[b]	G,P	—	12 h
酸度[b]	G,P	—	30 d
COD	G	每升水样加入 0.8 mL 浓硫酸（H_2SO_4），冷藏	24 h
DO[a]	溶解氧瓶	加入硫酸锰，碱性碘化钾（KI）叠氮化钠溶液，现场固定	24 h
BOD_5[b]	溶解氧瓶	—	12 h
TOC	G	加硫酸（H_2SO_4），pH≤2	7 d
F[b]	P	—	14 d
Cl[b]	G,P	—	28 d
Br[b]	G,P	—	14 h
I^-[b]	G	氢氧化钠（NaOH），pH=12	14 h
SO_4^{2-}[b]	G,P	—	28 d
PO_4^{3-}	G,P	氢氧化钠（NaOH），硫酸（H_2SO_4）调 pH=7，三氯甲烷（$CHCl_3$）0.5%	7 d

表 2（续）

项　目	采样容器	保存方法	保存时间
氨氮[b]	G,P	每升水样加入 0.8 mL 浓硫酸(H_2SO_4)	24 h
NO_2^--N[b]	G,P	冷藏	尽快测定
NO_3^--N[b]	G,P	每升水样加入 0.8 mL 浓硫酸(H_2SO_4)	24 h
硫化物	G	每 100 mL 水样加入 4 滴乙酸锌溶液(220 g/L)和 1 mL 氢氧化钠溶液(40 g/L),暗处放置	7 d
氰化物、挥发酚类[b]	G	氢氧化钠(NaOH),pH≥12,如有游离余氯,加亚砷酸钠除去	24 h
B	P	—	14 d
一般金属	P	硝酸(HNO_3),pH≤2	14 d
Cr^{6+}	G,P(内壁无磨损)	氢氧化钠(NaOH),pH=7～9	尽快测定
As	G,P	硫酸(H_2SO_4),至 pH≤2	7 d
Ag	G,P(棕色)	硝酸(HNO_3)至 pH≤2	14 d
Hg	G,P	硝酸(HNO_3)(1+9,含重铬酸钾 50 g/L)至 pH≤2	30 d
卤代烃类[b]	G	现场处理后冷藏	4 h
苯并(*a*)芘[b]	G	—	尽快测定
油类	G(广口瓶)	加入盐酸(HCl)至 pH≤2	7 d
农药类[b]	G(衬聚四氟乙烯盖)	加入抗坏血酸 0.01 g～0.02 g 除去残留余氯	24 h
除草剂类[b]	G	加入抗坏血酸 0.01 g～0.02 g 除去残留余氯	24 h
邻苯二甲酸酯类[b]	G	加入抗坏血酸 0.01 g～0.02 g 除去残留余氯	24 h
挥发性有机物[b]	G	用盐酸(HCl)(1+10)调至 pH≤2,加入抗坏血酸 0.01 g～0.02 g 除去残留余氯	12 h
甲醛,乙醛,丙烯醛[b]	G	每升水样加入 1 mL 浓硫酸	24 h
放射性物质	P	—	5 d
微生物[b]	G(灭菌)	每 125 mL 水样加入 0.1 mg 硫代硫酸钠除去残留余氯	4 h
生物[b]	G,P	当不能现场测定时用甲醛固定	12 h

a　表示应现场测定。

b　表示应低温(0℃～4℃)避光保存。

G 为硬质玻璃瓶;P 为聚乙烯瓶(桶)。

11　样品管理和运输

11.1　样品管理

11.1.1　除用于现场测定的样品外,大部分水样都需要运回实验室进行分析。在水样的运输和实验室管理过程中应保证其性质稳定、完整、不受沾污、损坏和丢失。

11.1.2　现场测试样品:应严格记录现场检测结果并妥善保管。

11.1.3　实验室测试样品:应认真填写采样记录或标签,并粘贴在采样容器上,注明水样编号、采样者、日期、时间及地点等相关信息。在采样时还应记录所有野外调查及采样情况,包括采样目的、采样地点、样品种类、编号、数量，样品保存方法及采样时的气候条件等。

11.2 样品运输

11.2.1 水样采集后应立即送回实验室，根据采样点的地理位置和各项目的最长可保存时间选用适当的运输方式，在现场采样工作开始之前就应安排好运输工作，以防延误。

11.2.2 样品装运前应逐一与样品登记表、样品标签和采样记录进行核对，核对无误后分类装箱。

11.2.3 塑料容器要塞进内塞，拧紧外盖，贴好密封带，玻璃瓶要塞紧磨口塞，并用细绳将瓶塞与瓶颈拴紧，或用封口胶、石蜡封口。待测油类的水样不能用石蜡封口。

11.2.4 需要冷藏的样品，应配备专门的隔热容器，并放入制冷剂。

11.2.5 冬季应采取保温措施，以防样品瓶冻裂。

11.2.6 为防止样品在运输过程中因震动、碰撞而导致损失或沾污，最好将样品装箱运输。装运用的箱和盖都需要用泡沫塑料或瓦楞纸板作衬里或隔板，并使箱盖适度压住样品瓶。

11.2.7 样品箱应有"切勿倒置"和"易碎物品"的明显标示。

12 水样采集的质量控制

12.1 质量控制的目的

水样采集的质量控制的目的是检验采样过程质量，是防止样品采集过程中水样受到污染或发生变质的措施。

12.2 现场空白

12.2.1 现场空白是指在采样现场以纯水作样品，按照测定项目的采样方法和要求，与样品相同条件下装瓶、保存、运输、直至送交实验室分析。

12.2.2 通过将现场空白与实验室内空白测定结果相对照，掌握采样过程中操作步骤和环境条件对样品质量影响的状况。

12.2.3 现场空白所用的纯水要用洁净的专用容器，由采样人员带到采样现场，运输过程中应注意防止沾污。

12.3 运输空白

12.3.1 运输空白是以纯水作样品，从实验室到采样现场又返回实验室。运输空白可用来测定样品运输、现场处理和贮存期间或由容器带来的可能沾污。

12.3.2 每批样品至少有一个运输空白。

12.4 现场平行样

12.4.1 现场平行样是指在同等采样条件下，采集平行双样密码送实验室分析，测定结果可反映采样与实验室测定的精密度。当实验室精密度受控时，主要反映采样过程的精密度变化状况。

12.4.2 现场平行样要注意控制采样操作和条件的一致。对水质中非均相物质或分布不均匀的污染物，在样品灌装时摇动采样器，使样品保持均匀。

12.4.3 现场平行样占样品总量的10%以上，一般每批样品至少采集两组平行样。

12.5 现场加标样或质控样

12.5.1 现场加标样是取一组现场平行样，将实验室配置的一定浓度的被测物质的标准溶液，等量加入到其中一份已知体积的水样中，另一份不加标样，然后按样品要求进行处理，送实验室分析。将测定结果与实验室加标样对比，掌握测定对象在采样、运输过程中的准确度变化情况。现场加标除加标在采样现场进行外，其他要求应与实验室加标样相一致。现场使用的标准溶液与实验室使用的为同一标准溶液。

12.5.2 现场质控样是指将标准样与样品基体组分接近的标准控制样带到采样现场，按样品要求处理后与样品一起送实验室分析。

12.5.3 现场加标样或质控样的数量，一般控制在样品总量的10%左右，每批样品不少于2个。

ICS 13.060
C 51

中华人民共和国国家标准

GB/T 5750.3—2006
部分代替 GB/T 5750—1985

生活饮用水标准检验方法 水质分析质量控制

Standard examination methods for drinking water—
Water analysis quality control

2006-12-29 发布　　　　2007-07-01 实施

中华人民共和国卫生部
中国国家标准化管理委员会　发布

前　言

GB/T 5750《生活饮用水标准检验方法》分为以下部分：

——总则；

——水样的采集和保存；

——水质分析质量控制；

——感官性状和物理指标；

——无机非金属指标；

——金属指标；

——有机物综合指标；

——有机物指标；

——农药指标；

——消毒副产物指标；

——消毒剂指标；

——微生物指标；

——放射性指标。

本标准代替 GB 5750—1985 第一篇总则中的水质检验结果的表示方法和数据处理以及精密度和回收率的控制。

本标准与 GB 5750—1985 相比主要变化如下：

——依据 GB/T 1.1—2000《标准化工作导则　第 1 部分：标准的结构和编写规则》与 GB/T 20001.4—2001《标准编写规则　第 4 部分：化学分析方法》调整了结构；

——依据国家标准的要求修改了量和计量单位；

——当量浓度改成摩尔浓度（氧化还原部分仍保留当量浓度）；

——质量浓度表示符号由 C 改成 ρ，含量表示符号由 M 改成 m；

——水质检验结果的表示方法和数据处理与精密度和回收率的控制并入本部分。

本标准由中华人民共和国卫生部提出并归口。

本标准负责起草单位：中国疾病预防控制中心环境与健康相关产品安全所。

本标准参加起草单位：江苏省疾病预防控制中心、唐山市疾病预防控制中心、重庆市疾病预防控制中心、北京市疾病预防控制中心、广东省疾病预防控制中心、辽宁省疾病预防控制中心、广州市疾病预防控制中心、武汉市疾病预防控制中心。

本标准主要起草人：金银龙、鄂学礼、陈亚妍、张岚、应波、陈昌杰、陈守建、邢大荣、陈西平、王正虹、魏建荣、杨业、张宏陶、艾有年、庄丽、姜树秋、卢玉棋、周明乐、周淑玉。

本标准于 1985 年 8 月首次发布，本次为第一次修订。

生活饮用水标准检验方法
水质分析质量控制

1 范围

本标准规定了生活饮用水水质检验实验室质量控制的原则、要求与方法。

本标准适用于生活饮用水水质的测定过程。

2 规范性引用文件

下列文件中的条款通过本标准的引用而成为本标准的条款。凡是注日期的引用文件,其随后所有的修改单(不包括勘误的内容)或修订版均不适用于本标准,然而,鼓励根据本标准达成协议的各方研究是否可使用这些文件的最新版本。凡是不注日期的引用文件,其最新版本适用于本标准。

GB/T 8170—1987 数值修约规则

GB/T 6379.2—2004 测量方法与结果的准确度(正确度与精密度) 第2部分:确定标准测量方法重复性与再现性的基本方法

GB/T 4883 数据的统计处理和解释 正态样本异常值的判断和处理

3 水质分析质量控制的要求

3.1 水质分析质量控制的目的是把分析工作中的误差,减小到一定的限度,以获得准确可靠的测试结果。

3.2 分析质量控制是发现和控制分析过程产生误差的来源,用以控制和减小误差的措施。

3.3 分析质量控制过程是通过对有证参考物质(或控制样品)的检验结果的偏差来评价分析工作的准确度;通过对有证参考物质(或控制样品)重复测定之间的偏差来评价分析工作的精密度。

4 分析误差

4.1 误差的分类

分析工作中的误差有三类:系统因素影响引起的误差、随机因素影响引起的误差和过失行为引起的误差。

4.2 误差的表示方法

4.2.1 测定加标回收率表述准确度。

4.2.2 用重复测定结果的标准偏差或相对标准偏差表述精密度。

5 校准曲线和回归

5.1 校准曲线定义

校准曲线是描述待测物质浓度或量与检测仪器响应值或指示量之间的定量关系曲线,分为“工作曲线”(标准溶液处理程序及分析步骤与样品完全相同)和“标准曲线”(标准溶液处理程序较样品有所省略,如样品预处理)。

5.2 校准曲线制作

5.2.1 在测量范围内,配制的标准溶液系列,已知浓度点不得小于6个(含空白浓度),根据浓度值与响应值绘制校准曲线,必要时还应考虑基体的影响。

5.2.2 制作校准曲线用的容器和量器，应经检定合格，如使用比色管应配套，必要时应进行容积的校正。

5.2.3 校准曲线绘制应与批样测定同时进行。

5.2.4 在校正系统误差之后，校准曲线可用最小二乘法对测试结果进行处理后绘制。

5.2.5 校准曲线的相关系数(γ)绝对值一般应大于或等于 0.999，否则需从分析方法、仪器、量器及操作等因素查找原因，改进后重新制作。

5.2.6 使用校准曲线时，应选用曲线的直线部分和最佳测量范围，不得任意外延。

5.2.7 理想情况下用校准曲线测定一批样品时，仪器的响应在测定期间是不变的(不漂移)。实际上，由于仪器本身存在漂移，需要经常进行再校准，如间隔分析已知浓度的标准样或样品校正。

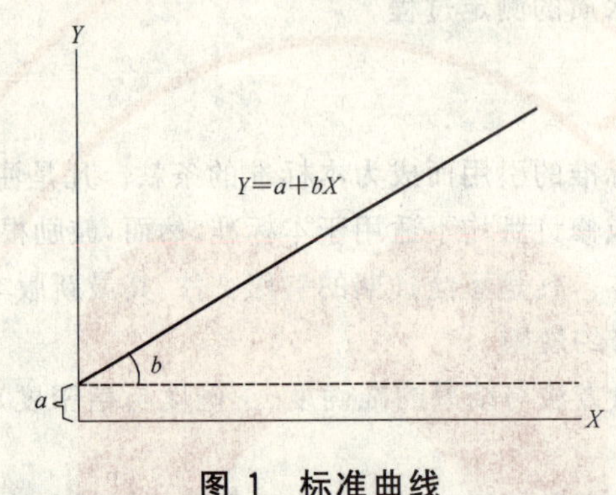

图 1 标准曲线

5.3 回归校准曲线统计检验

5.3.1 回归校准曲线的精密度检验。

5.3.2 回归校准曲线的截距检验。

5.3.3 回归校准曲线的斜率检验。

6 分析方法的适用性检验

6.1 适用性检验的目的

分析人员在承担新的监测项目和分析方法时，应对该项目的分析方法进行适用性检验，包括空白值测定，分析方法检出限的估算，校准曲线的绘制及检验，方法的误差预测，如精密度、准确度及干扰因素等，以了解和掌握分析方法的原理、条件和特性。

6.2 空白值测定

空白值是指以实验用水代替样品，其他分析步骤及所加试液与样品测定完全相同的操作过程所测得的值。影响空白值的因素有：实验用水质量、试剂纯度、器皿洁净程度、计量仪器性能及环境条件、分析人员的操作水平和经验等。一个实验室在严格的操作条件下，对某个分析方法的空白值通常在很小的范围内波动。

空白值的测定方法是每批做平行双样测定，分别在一段时间内(隔天)重复测定一批，共测定 5～6 批。

按式(1)计算空白平均值：

$$\bar{b} = \frac{\sum X_b}{pn} \qquad \cdots\cdots(1)$$

式中：

$\bar{b}$——空白平均值；

X_b——空白测定值；

p——批数；

n——平行份数。

按式(2)计算空白平行测定(批内)标准偏差：

$$S_{wb}=\sqrt{\frac{\sum_{i=1}^{p}\sum_{j=1}^{n}X_{ij}^{2}-\frac{1}{n}\sum_{i=1}^{p}(\sum_{j=1}^{n}X_{ij})^{2}}{p(n-1)}} \quad \cdots\cdots(2)$$

式中：

S_{wb}——空白平行测定(批内)标准偏差；

X_{ij}——为各批所包含的各个测定值；

i——代表批；

j——代表同一批内各个测定值；

p——批数；

n——平行份数。

6.3 检出限的估算

6.3.1 检出限定义

检出限为某特定分析方法在给定的置信度(通常为95%)内可从样品中检出待测物质的最小浓度。所谓“检出”是指定性检出，即判定样品中存有浓度高于空白的待测物质。检出限受仪器的灵敏度和稳定性、全程序空白试验值及其波动性的影响。

6.3.2 根据全程序空白值测试结果来估算检出限

6.3.2.1 当空白测定次数 $n \geqslant 20$ 时，按式(3)计算：

$$DL=4.6\sigma_{wb} \quad \cdots\cdots(3)$$

式中：

DL——检出限；

σ_{wb}——空白平行测定(批内)标准偏差($n \geqslant 20$ 时)。

6.3.2.2 当空白测定次数 $n<20$ 时，按式(4)计算：

$$DL=2\sqrt{2}\,t_f\,S_{wb} \quad \cdots\cdots(4)$$

式中：

t_f——显著性水平为0.05(单侧)、自由度为 f 的 t 值；

S_{wb}——空白平行测定(批内)标准偏差($n<20$ 时)。

f——批内自由度，等于 $p(n-1)$，p 为批数，n 为每批平行测定个数。

6.3.2.3 对各种光学分析方法，可测量的最小分析信号 X_L 按式(5)确定：

$$X_L=\overline{X}_b+KS_b \quad \cdots\cdots(5)$$

式中：

$\overline{X}_b$——空白多次测量平均值；

S_b——空白多次测量的标准偏差；

K——根据一定置信水平确定的系数，当置信水平约为90%时，$K=3$。

与 $X_L-\overline{X}_b$(即 KS_b)相应的浓度或量即为检出限 DL。

$$DL=(X_L-\overline{X}_b)/S=3S_b/S \quad \cdots\cdots(6)$$

式中：

S——方法的灵敏度(即校准曲线的斜率)。

为了评估 $\overline{X}_b$ 和 S_b，空白测定次数应足够多，最好为20次。

当遇到某些仪器的分析方法空白值测定结果接近于0.000时，可配制接近零浓度的标准溶液来代替纯水进行空白值测定，以获得有实际意义的数据进行计算。

6.3.3 不同分析方法的具体规定

6.3.3.1 某些分光光度法是以吸光度(扣除空白)为0.010相对应的浓度值为检出限。

6.3.3.2 色谱法:检测器恰能产生与基线噪声相区别的响应信号时所需进入色谱柱的物质最小量为检出限,一般为基线噪声的两倍。

6.3.3.3 离子选择电极法:当校准曲线的直线部分外延的延长线与通过空白电位且平行于浓度轴的直线相交时,其交点所对应的浓度值即为离子选择电极法的检出限。

6.4 测定下限

6.4.1 测定下限定义

测定下限(又称为检测限、测量限):在限定误差能满足预定要求的前提下,用特定方法能够准确定量测定被测物质的最低浓度或含量,称为该方法的测定下限。

本法对测定下限使用了两个术语,即最低检测质量和最低检测质量浓度。

6.4.2 最低检测质量:系方法能够准确测定的最低质量。

6.4.3 最低检测质量浓度:为最低检测质量所相对应的浓度。

本法所列测定下限(最低检测质量),在分光光度法中系按净吸光度 0.02 所对应的含量或质量浓度。

6.5 精密度检验

6.5.1 精密度定义

精密度是指使用特定的分析程序,在受控条件下重复分析测定均一样品所获得测定值之间的一致性程度。

6.5.2 精密度检验方法

检验分析方法精密度时,通常以空白溶液(实验用水)、标准溶液(浓度可选在校准曲线上限浓度值的 0.1 和 0.9 倍)、生活饮用水、生活饮用水加标样等几种分析样品,求得批内、批间标准偏差和总标准偏差。各类偏差值应等于或小于分析方法规定的值。

6.5.3 精密度检验结果的评价

6.5.3.1 由空白平行试验批内标准偏差,估计分析方法的检出限。

6.5.3.2 比较各溶液的批内变异和批间变异,检验变异差异的显著性。

6.5.3.3 比较水样与标准溶液测定结果的标准差,判断水样中是否存在影响测定精度的干扰因素。

6.5.3.4 比较加标样品的回收率,判断水样中是否存在改变分析准确度,但可能不影响精密度的组分。

6.6 准确度检验

准确度是反映方法系统误差和随机误差的综合指标。检验准确度可采用:

a) 使用标准物质进行分析测定,比较测定值与保证值,其绝对误差或相对误差应符合方法规定的要求;

b) 测定加标回收率(向实际水样中加入标准,加标量一般为样品含量的 0.5～2 倍,且加标后的总浓度不应超过方法的测定上限浓度值),回收率应符合方法规定的要求;

c) 对同一样品用不同原理的分析方法测试比对。

6.7 干扰试验

通过干扰试验,检验实际样品中可能存在的共存物是否对测定有干扰,了解共存物的最大允许浓度。干扰可能导致正或负的系统误差,干扰作用大小与待测物浓度和共存物浓度大小有关。应选择两个(或多个)待测物浓度值和不同浓度水平的共存物溶液进行干扰试验测定。

7 分析质量控制方法与要求

7.1 质量控制图法

常用的质量控制图有均值-标准差控制图($\overline{X}$-S 图)、均值-极差控制图($\overline{X}$-R 图)、加标回收控制图(p-控制图)和空白值控制图(X_b-S_b 图)等。质量控制图绘制与判断(见图 2):

a) 逐日分析质量控制样品达 20 次以上后,计算统计值。绘制中心线、上、下控制线、上、下警告线和上、下辅助线，按测定次序将相对应的各统计值在图上植点，用直线连接各点即成质量控制图。当积累了新的20批数据，应绘制新的质量控制图，作为下一阶段的控制依据。

b) 落于上、下辅助线范围内的点数若小于50%，则表明此图不可靠；连续7点落于中心线一侧则表明存在系统误差；连续7点递升或递降则表明质量异常，凡属上述情况之一者应立即中止实验，查明原因，重新制作质量控制图。

c) 在日常分析时，质量控制样品与被测样品同时进行分析，然后将质量控制样品测试结果标于图中，判断分析过程是否处于控制状态。

d) 控制限(3S)：如果一个测量值超出控制限，立刻重新分析。如果重新测量的结果在控制限内，则可以继续分析工作；如果重新测量的结果超出控制限，则停止分析工作并查找问题予以纠正。

e) 警告限(2S)：如果3个连续点有2个超过警告限，分析另一个样品。如果下一个点在警告限内，则可以继续分析工作；如果下一个点超出警告限，则需要评价潜在的偏差并查找问题予以纠正。

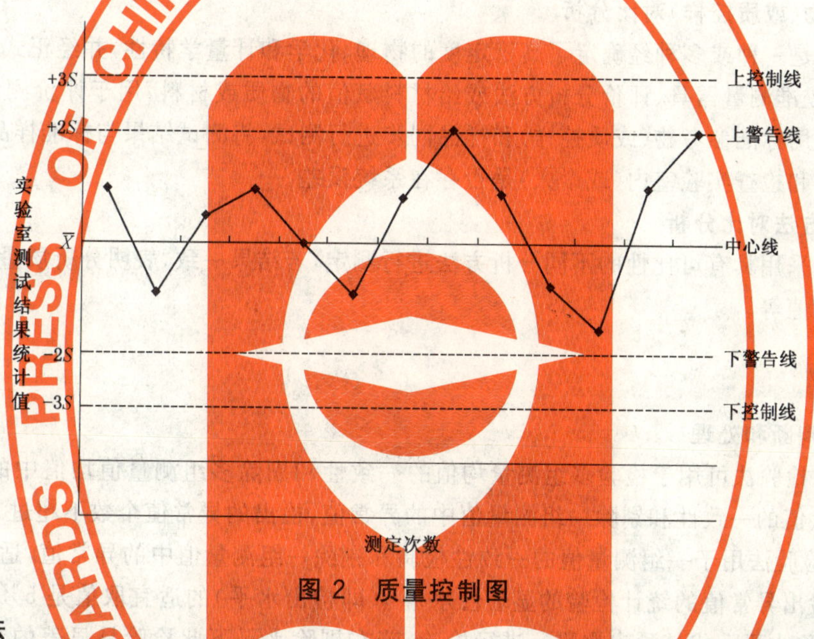

图2 质量控制图

7.2 平行双样法

7.2.1 测定率要求：每批测试样品随机抽取10%～20%的样品进行平行双样测定。若样品数量较少时，应增加平行双样测定比例。

7.2.2 允许差：表1列出了不同浓度平行双样分析结果的相对偏差最大允许参考数值，其相对偏差的计算见式(7)：

$$\eta = \frac{|x_1 - x_2|}{(x_1 + x_2)/2} \times 100\% \quad \cdots\cdots(7)$$

式中：

η——相对偏差；

x_1、x_2——同一水样两次平行测定的结果。

注：平行双样分析包括密码平行双样分析，它反映测试结果的精密度。

表1 平行双样分析相对偏差允许值

分析结果的质量浓度水平/(mg/L)	100	10	1	0.1	0.01	0.001	0.000 1
相对偏差最大允许值/(%)	1	2.5	5	10	20	30	50

7.3 加标回收分析

在测定样品时，于同一样品中加入一定量的标准物质进行测定，将测定结果扣除样品的测定值，计算回收率。加标回收分析在一定程度上能反映测试结果的准确度。在实际应用时应注意加标物质的形态、加标量和样品基体等。每批相同基体类型的测试样品应随机抽取10%～20%的样品进行加标回收分析。

回收率的计算见式(8)：

$$P = \frac{\mu_a - \mu_b}{m} \times 100\% \qquad \cdots\cdots(8)$$

式中：

P——回收率，%；

μ_a——加标水样测定值；

μ_b——原水样测定值；

m——加入标准的质量。

7.4 标准参考物(或质控样)对比分析

标准参考物是一种或多种经确定了高稳定度的物理、化学和计量学特性，并经正式批准可作为标准使用，以便用来校准测量器具、评价分析方法或给材料赋值的物质或材料，用于评价测量方法和测量结果的准确度。采用标准参考物(或质控样)和样品同步进行测试，将测试结果与标准样品保证值相比较，以评价其准确度和检查实验室内(或个人)是否存在系统误差。

7.5 不同分析方法对比分析

对同一样品采用具有可比性的不同分析方法进行测定，若结果一致，表明分析质量可靠。该法多用于标准物质的定值等。

8 数据处理

8.1 异常值的判断和处理

8.1.1 Grubbs检验法可用于检验多组测量均值的一致性和剔除多组测量值均值中的异常值，亦可用于检验一组测量值的一致性和剔除一组测量值中的异常值，检出的异常值个数不超过1。

8.1.2 Dixon检验法用于一组测量值的一致性检验和剔除一组测量值中的异常值，适用于检出一个或多个异常值。检出异常值的统计检验的显著性水平α(即检出水平)的适宜取值是5%。对检出的异常值，按规定以剔除水平α代替检出水平α进行检验，若在剔除水平下此检验是显著的，则判此异常值为高度异常。剔除水平α一般采用1%。上述规则的选用应根据实际问题的性质，权衡寻找产生异常值原因的代价，正确判断异常值的得益和错误剔除正常值的风险而定。

8.1.3 Cochran最大方差检验法用于剔除多组测量值中精密度较差的一组数据，或对多组测量值的方差一致性检验。

8.1.4 对同一样品的分析测试结果

8.1.4.1 监测测试结果方差中异常值用科克伦(Cochran)最大方差检验方法；

8.1.4.2 实验室内重复或平行测定结果中的异常值用格拉布斯(Grubbs)法或狄克逊(Dixon)法；

8.1.4.3 检验多个实验室平均值中的异常值用格拉布斯(Grubbs)法。

8.2 测量数据的有效数字及规则

8.2.1 有效数字用于表示测量数字的有效意义。指测量中实际能测得的数字，由有效数字构成的数值，其倒数第二位以上的数字应是可靠的(确定的)，只有末位数是可疑的(不确定的)。对有效数字的位数不能任意增删。

8.2.2 由有效数字构成的测定值必然是近似值，因此，测定值的运算应按近似计算规则进行。

8.2.3 数字“0”，当它用于指小数点的位置，而与测量的准确度无关时，不是有效数字；当它用于表示与测量准确程度有关的数值大小时，即为有效数字。这与“0”在数值中的位置有关。

8.2.4 一个分析结果的有效数字的位数，主要取决于原始数据的正确记录和数值的正确计算。在记录测量值时，要同时考虑到计量器具的精密度和准确度，以及测量仪器本身的读数误差。对检定合格的计量器具，有效位数可以记录到最小分度值，最多保留一位不确定数字(估计值)。以实验室最常用的计量器具为例：

a) 用天平(最小分度值为 0.1 mg)进行称量时，有效数字可以记录到小数点后面第四位，如 1.223 5 g，此时有效数字为五位；称取 0.945 2 g，则为四位；

b) 用玻璃量器量取体积的有效数字位数是根据量器的容量允许差和读数误差来确定的。如单标线 A 级 50 mL 容量瓶，准确容积为 50.00 mL；单标线 A 级 10 mL 移液管，准确容积为 10.00 mL，有效数字均为四位；用分度移液管或滴定管，其读数的有效数字可达到其最小分度后一位，保留一位不确定数字；

c) 分光光度计最小分度值为 0.005，因此，吸光度一般可记到小数点后第三位，有效数字位数最多只有三位；

d) 带有计算机处理系统的分析仪器，往往根据计算机自身的设定，打印或显示结果，可以有很多位数，但这并不增加仪器的精度和可读的有效位数；

e) 在一系列操作中，使用多种计量仪器时，有效数字以最少的一种计量仪器的位数表示。

8.2.5 表示精密度的有效数字根据分析方法和待测物的浓度不同，一般只取 1～2 位有效数字。

8.2.6 分析结果有效数字所能达到的位数不能超过方法最低检测质量浓度的有效位数所能达到的位数。例如，一个方法的最低检测质量浓度为 0.02 mg/L，则分析结果报 0.088 mg/L 就不合理，应报 0.09 mg/L。

8.2.7 校准曲线相关系数只舍不入，保留到小数点后出现非 9 的一位，如 0.999 89→0.999 8。如果小数点后都是 9 时，最多保留小数点后 4 位。校准曲线斜率 b 的有效位数，应与自变量 x 的有效数字位数相等，或最多比 x 多保留一位。截距 a 的最后一位数，则和因变量 y 数值的最后一位取齐，或最多比 y 多保留一位数。

8.2.8 在数值计算中，当有效数字位数确定之后，其余数字应按修约规则一律舍去。

8.2.9 在数值计算中，某些倍数、分数、不连续物理量的数值，以及不经测量而完全根据理论计算或定义得到的数值，其有效数字的位数可视为无限。这类数值在计算中按需要几位就定几位。

9 测定结果的报告

9.1 测定结果报告的原则

9.1.1 测定结果的计量单位应采用中华人民共和国法定计量单位。

9.1.2 化学监测项目浓度含量以 mg/L 表示，浓度较低时，则以 μg/L 表示。

9.1.3 总 α 放射性和总 β 放射性含量以 Bq/L 表示。

9.1.4 平行双样测定结果在允许偏差范围之内时，则用其平均值表示测定结果。

9.1.5 对于低于测定方法最低检测质量浓度的测定结果，报告者应以所用分析方法的最低检测质量浓度报告测定结果。如<0.005 mg/L 或<0.02 mg/L 等。

9.2 测定结果的精密度表示

9.2.1 平行样的精密度用相对偏差表示。

9.2.1.1 平行双样相对偏差的计算方法见式(9)：

$$\eta = \frac{|x_1 - x_2|}{(x_1 + x_2)/2} \times 100\% \qquad \cdots\cdots(9)$$

式中：

η——相对偏差；

x_1、x_2——同一水样两次平行测定的结果。

9.2.1.2 多次平行测定结果相对偏差的计算方法见式(10)：

$$\eta=\frac{x_i-\bar{x}}{\bar{x}}\times 100\% \qquad \cdots\cdots(10)$$

式中：

η——相对偏差；

x_i——某一测量值；

$\bar{x}$——多次测量值的均值。

9.2.2 一组测量值的精密度常用标准偏差或相对标准偏差表示。标准偏差或相对标准偏差的计算方法见式(11)、式(12)：

$$S=\sqrt{\frac{1}{n-1}\sum_{i=1}^{n}(x_i-\bar{x})^2} \text{ 或 } \qquad \cdots\cdots(11)$$

$$S=\sqrt{\frac{\sum x^2-\frac{(\sum x)^2}{n}}{n-1}}$$

$$RSD=\frac{S}{\bar{x}}\times 100\% \qquad \cdots\cdots(12)$$

式中：

S——标准偏差；

RSD——相对标准偏差，%；

x_i——某一测量值；

$\bar{x}$——一组测量值的平均值；

n——测量次数。

9.3 测定结果的准确度表示

9.3.1 以加标回收率表示时的计算见式(13)：

$$P=\frac{\mu_a-\mu_b}{m}\times 100\% \qquad \cdots\cdots(13)$$

式中：

P——回收率；

μ_a——加标水样测定值；

μ_b——原水样测定值；

m——加入标准的质量。

9.3.2 根据标准物质的测定结果，以相对误差表示时的计算式(14)：

$$E=\frac{X_1-\mu}{\mu}\times 100\% \qquad \cdots\cdots(14)$$

式中：

E——相对误差；

X_1——测定值；

μ——保证值。

10 水质分析数据的正确性与判断

各种离子在水体中处于一种相互联系，相互制约的平衡状态之中，任何一种平衡因素的变化，都必然会使原有的平衡发生改变，从而达到一种新的平衡。因此利用化学平衡的理论，如电荷平衡、沉淀平衡等，可以及时发现较大的分析误差和失误，控制和核对数据的正确性，弥补分析质量控制不能对每份样品提供可靠控制的不足。表 2 中列出了水体的各种化学平衡和误差计算公式。

表 2　水体中各种化学平衡、误差计算公式及评价标准

化学平衡	误差计算公式	评价标准
阴离子与阳离子	$\frac{\Sigma\text{阴离子毫摩尔}-\Sigma\text{阳离子毫摩尔}}{\Sigma\text{阴离子毫摩尔}+\Sigma\text{阳离子毫摩尔}}\times 100\%$ 阴离子：Cl^-，SO_4^{2-}，HCO_3^-，NO_3^-，F^-，… 阳离子：K^+，Na^+，Ca^{2+}，Mg^{2+}，Fe^{3+}，Mn^{2+}，…	<±10%
溶解性总固体与离子总量	$\left[\frac{\text{溶解性总固体计算值(mg/L)}}{\text{溶解性总固体测定值(mg/L)}}-1\right]\times 100\%$ 计算值$=K^+ + Na^+ + Ca^{2+} + Mg^{2+} + Fe^{3+} + Mn^{2+} + Cl^- + SO_4^{2-} + NO_3^- + (60/122)HCO_3^-$[a]	<±10%
溶解性总固体与电导率	$\frac{\text{溶解性总固体计算值(或测定值)}}{\text{电导率}}$	0.55～0.70
电导率与阴离子或阳离子	[(阴离子毫摩尔×100/电导率)－1]×100% 或 [(阳离子毫摩尔×100/电导率)－1]×100%[b]	<±10%
钙镁等金属与总硬度(按 $CaCO_3$ 计)	$\left[\frac{\text{总硬度计算值(mg/L)}}{\text{总硬度测定值(mg/L)}}-1\right]\times 100\%$ 计算值$=(Ca^{2+}/20+Mg^{2+}/12+Fe^{3+}/18.6+Mn^{2+}/27.5)\times 50$	<±10%
沉淀溶解平衡	$\frac{(Ca^{2+})\times(CO_3^{2-})}{(Ca^{2+})\times(SO_4^{2-})}$	$\frac{3.8\times 10^{-9}}{2.4\times 10^{-5}}$
	$\frac{(Pb^{2+})\times(CrO_4^{2-})}{(Pb^{2+})\times(SO_4^{2-})}$	$\frac{1.8\times 10^{-14}}{1.7\times 10^{-8}}$

a　在灼烧过程中，大约有 1/2 重碳酸盐分解，以二氧化碳(CO_2)形式挥发，故以 60/122 计算。

b　计算：$c(B^{Z\pm}/Z)$以 m mol/L 表示。从 mg/L 换算成以 mmol/L 表示的$(B^{Z\pm}/Z)$按如下计算：$SO_4^{2-}/98\div 2$；$Cl^-/35.5$；$Ca^{2+}/40\div 2$；$Mg^{2+}/24\div 2$；$Fe^{3+}/55.8\div 3$；$Mn^{2+}/55\div 2$；$HCO_3^-/61$；等等。

B 表示化合物，Z 表示化合价。

为了计算方便，可建立测定数据正确性检验的计算机程序。在报告结果的同时，用计算机报告正确性检验的计算结果。

ICS 13.060
C 51

中华人民共和国国家标准

GB/T 5750.4—2006
部分代替 GB/T 5750—1985

生活饮用水标准检验方法 感官性状和物理指标

Standard examination methods for drinking water—Organoleptic and physical parameters

2006-12-29 发布　　2007-07-01 实施

中华人民共和国卫生部
中国国家标准化管理委员会　发布

前　言

GB/T 5750《生活饮用水标准检验方法》分为以下几部分：

——总则；

——水样的采集和保存；

——水质分析质量控制；

——感官性状和物理指标；

——无机非金属指标；

——金属指标；

——有机物综合指标；

——有机物指标；

——农药指标；

——消毒副产物指标；

——消毒剂指标；

——微生物指标；

——放射性指标。

本标准代替 GB/T 5750—1985 第二篇中的色度、浑浊度、臭和味、肉眼可见物、pH 值、总硬度、溶解性总固体、挥发酚类、阴离子合成洗涤剂。

本标准与 GB 5750—1985 相比主要变化如下：

——依据 GB/T 1.1—2000《标准化工作导则　第 1 部分：标准的结构和编写规则》与 GB/T 20001.4—2001《标准编写规则　第 4 部分：化学分析方法》调整了结构；

——依据国家标准的要求修改了量和计量单位；

——当量浓度改成摩尔浓度（氧化还原部分仍保留当量浓度）；

——质量浓度表示符号由 C 改成 ρ，含量表示符号由 M 改成 m ；

——增加了水电导率检验方法；

——修订了浑浊度的检验方法。

本标准由中华人民共和国卫生部提出并归口。

本标准负责起草单位：中国疾病预防控制中心环境与健康相关产品安全所。

本标准参加起草单位：江苏省疾病预防控制中心、唐山市疾病预防控制中心、重庆市疾病预防控制中心、北京市疾病预防控制中心、广东省疾病预防控制中心、辽宁省疾病预防控制中心、广州市疾病预防控制中心、武汉市疾病预防控制中心、河南省疾病预防控制中心、湖北省疾病预防控制中心、天津市疾病预防控制中心、山东省疾病预防控制中心。

本标准主要起草人：金银龙、鄂学礼、陈亚妍、张岚、陈昌杰、陈守建、邢大荣、王正虹、魏建荣、杨业、张宏陶、艾有年、庄丽、姜树秋、卢玉棋、周明乐、黄承武、夏芳、丁鄎、赵亢、马蔚、张霞。

本标准于 1985 年 8 月首次发布，本次为第一次修订。

生活饮用水标准检验方法
感官性状和物理指标

1 色度

1.1 铂-钴标准比色法

1.1.1 范围

本标准规定了用铂-钴标准比色法测定生活饮用水及其水源水的色度。

本法适用于生活饮用水及其水源水中色度的测定。

水样不经稀释，本法最低检测色度为5度，测定范围为5度～50度。

测定前应除去水样中的悬浮物。

1.1.2 原理

用氯铂酸钾和氯化钴配制成与天然水黄色色调相似的标准色列，用于水样目视比色测定。规定1 mg/L 铂[以$(PtCl_6)^{2-}$形式存在]所具有的颜色作为1个色度单位，称为1度。即使轻微的浑浊度也干扰测定，浑浊水样测定时需先离心使之清澈。

1.1.3 试剂

铂-钴标准溶液：称取1.246 g 氯铂酸钾(K_2PtCl_6)和1.000 g 干燥的氯化钴($CoCl_2 \cdot 6H_2O$)，溶于100 mL 纯水中，加入100 mL 盐酸(ρ_{20}=1.19 g/mL)，用纯水定容至1 000 mL。此标准溶液的色度为500度。

1.1.4 仪器

1.1.4.1 成套高型无色具塞比色管，50 mL。

1.1.4.2 离心机。

1.1.5 分析步骤

1.1.5.1 取50 mL 透明的水样于比色管中。如水样色度过高，可取少量水样，加纯水稀释后比色，将结果乘以稀释倍数。

1.1.5.2 另取比色管11支，分别加入铂-钴标准溶液0 mL，0.50 mL，1.00 mL，1.50 mL，2.00 mL，2.50 mL，3.00 mL，3.50 mL，4.00 mL，4.50 mL 和5.00 mL，加纯水至刻度，摇匀，配制成色度为0度，5度，10度，15度，20度，25度，30度，35度，40度，45度和50度的标准色列，可长期使用。

1.1.5.3 将水样与铂-钴标准色列比较。如水样与标准色列的色调不一致，即为异色，可用文字描述。

1.1.6 计算

按式(1)计算色度：

$$\text{色度(度)} = \frac{V_1 \times 500}{V} \quad \cdots\cdots (1)$$

式中：

V_1——相当于铂-钴标准溶液的用量，单位为毫升(mL)；

V——水样体积，单位为毫升(mL)。

2 浑浊度

2.1 散射法——福尔马肼标准

2.1.1 范围

本标准规定了以福尔马肼(Formazine)为标准用散射法测定生活饮用水及其水源水的浑浊度。

本法适用于生活饮用水及其水源水中浑浊度的测定。

本法最低检测浑浊度为 0.5 散射浊度单位(NTU)。

浑浊度是反映水源水及饮用水的物理性状的一项指标。水源水的浑浊度是由于悬浮物或胶态物,或两者造成在光学方面的散射或吸收行为。

2.1.2 原理

在相同条件下用福尔马肼标准混悬液散射光的强度和水样散射光的强度进行比较。散射光的强度越大,表示浑浊度越高。

2.1.3 试剂

2.1.3.1 纯水:取蒸馏水经 0.2 μm 膜滤器过滤。

2.1.3.2 硫酸肼溶液(10 g/L):称取硫酸肼$[(NH_2)_2 \cdot H_2SO_4$,又名硫酸联胺$]$ 1.000 g 溶于纯水并于 100 mL 容量瓶中定容。

注意:硫酸肼具致癌毒性,避免吸入、摄入和与皮肤接触!

2.1.3.3 环六亚甲基四胺溶液(100 g/L):称取环六亚甲基四胺$[(CH_2)_6N_4]$10.00 g 溶于纯水,于 100 mL容量瓶中定容。

2.1.3.4 福尔马肼标准混悬液:分别吸取硫酸肼溶液 5.00 mL、环六亚甲基四胺溶液 5.00 mL 于 100 mL容量瓶内,混匀,在 25℃±3℃放置 24 h 后,加入纯水至刻度,混匀。此标准混悬液浑浊度为 400 NTU,可使用约一个月。

2.1.3.5 福尔马肼浑浊度标准使用液:将福尔马肼浑浊度标准混悬液(2.1.3.4)用纯水稀释 10 倍。此混悬液浑浊度为 40 NTU,使用时再根据需要适当稀释。

2.1.4 仪器

散射式浑浊度仪。

2.1.5 分析步骤

按仪器使用说明书进行操作,浑浊度超过 40 NTU 时,可用纯水稀释后测定。

2.1.6 计算

根据仪器测定时所显示的浑浊度读数乘以稀释倍数计算结果。

2.2 目视比浊法——福尔马肼标准

2.2.1 范围

本标准规定了以福尔马肼(Formazine) 为标准,用目视比浊法测定生活饮用水及其水源水的浑浊度。

本法适用于生活饮用水及其水源水中浑浊度的测定。

本法最低检测浑浊度为 1 散射浑浊度单位(NTU)。

2.2.2 原理

硫酸肼与环六亚甲基四胺在一定温度下可聚合生成一种白色的高分子化合物,可用作浑浊度标准,用目视比浊法测定水样的浑浊度。

2.2.3 试剂

2.2.3.1 纯水:同 2.1.3.1。

2.2.3.2 硫酸肼溶液(10 g/L):同 2.1.3.2。

2.2.3.3 环六亚甲基四胺溶液(100 g/L):同 2.1.3.3。

2.2.3.4 福尔马肼标准混悬液:同 2.1.3.4。

2.2.4 仪器

成套高型无色具塞比色管,50 mL,玻璃质量及直径均须一致。

2.2.5 分析步骤

2.2.5.1 摇匀后吸取浑浊度为 400NTU 的标准混悬液(2.2.3.4)0 mL,0.25 mL,0.50 mL,0.75 mL,1.00 mL,1.25 mL,2.50 mL,3.75 mL 和 5.00 mL 分别置于成套的 50 mL 比色管内,加纯水至刻度,摇

匀后即得浑浊度为 0NTU,2NTU,4NTU,6NTU,8NTU,10NTU,20NTU,30NTU 及 40 NTU 的标准混悬液。

2.2.5.2 取 50 mL 摇匀的水样,置于同样规格的比色管内,与浑浊度标准混悬液系列同时振摇均匀后,由管的侧面观察,进行比较。水样的浑浊度超过 40 NTU 时,可用纯水稀释后测定。

2.2.6 计算

浑浊度结果可于测定时直接比较读取,乘以稀释倍数。不同浑浊度范围的读数精度要求见表 1。

表 1 不同浑浊度范围的读数精度要求

浑浊度范围/NTU	读数精度/NTU
2～10	1
10～100	5
100～400	10
400～700	50
700 以上	100

3 臭和味

3.1 嗅气和尝味法

3.1.1 范围

本标准规定了用嗅气味和尝味法测定生活饮用水及其水源水的臭和味。

本法适用于生活饮用水及其水源水中臭和味的测定。

3.1.2 仪器

锥形瓶,250 mL。

3.1.3 分析步骤

3.1.3.1 原水样的臭和味

取 100 mL 水样,置于 250 mL 锥形瓶中,振摇后从瓶口嗅水的气味,用适当文字描述,并按六级记录其强度,如表 2。

与此同时,取少量水样放入口中(此水样应对人体无害),不要咽下,品尝水的味道,予以描述,并按六级记录强度,见表 2。

3.1.3.2 原水煮沸后的臭和味

将上述锥形瓶内水样加热至开始沸腾,立即取下锥形瓶,稍冷后按上法嗅气和尝味,用适当的文字加以描述,并按六级记录其强度,见表 2。

表 2 臭和味的强度等级

等级	强度	说 明
0	无	无任何臭和味
1	微弱	一般饮用者甚难察觉,但臭、味敏感者可以发觉
2	弱	一般饮用者刚能察觉
3	明显	已能明显察觉
4	强	已有很显著的臭味
5	很强	有强烈的恶臭或异味

注:必要时可用活性炭处理过的纯水作为无臭对照水。

4 肉眼可见物

4.1 直接观察法

4.1.1 范围

本标准规定了用直接观察法测定生活饮用水及其水源水的肉眼可见物。

本法适用于生活饮用水及其水源水中肉眼可见物的测定。

4.1.2 分析步骤

将水样摇匀，在光线明亮处迎光直接观察，记录所观察到的肉眼可见物。

5 pH 值

5.1 玻璃电极法

5.1.1 范围

本标准规定了用玻璃电极法测定生活饮用水及其水源水的 pH 值。

本法适用于生活饮用水及其水源水中 pH 值的测定。

用本法测定 pH 值可准确到 0.01。

pH 值是水中氢离子活度倒数的对数值。

水的色度、浑浊度、游离氯、氧化剂、还原剂、较高含盐量均不干扰测定，但在较强的碱性溶液中，当有大量钠离子存在时会产生误差，使读数偏低。

5.1.2 原理

以玻璃电极为指示电极，饱和甘汞电极为参比电极，插入溶液中组成原电池。当氢离子浓度发生变化时，玻璃电极和甘汞电极之间的电动势也随着变化，在 25℃时，每单位 pH 标度相当于 59.1 mV 电动势变化值，在仪器上直接以 pH 的读数表示。在仪器上有温度差异补偿装置。

5.1.3 试剂

5.1.3.1 苯二甲酸氢钾标准缓冲溶液：称取 10.21 g 在 105℃烘干 2 h 的苯二甲酸氢钾（$KHC_8H_4O_4$），溶于纯水中，并稀释至 1 000 mL，此溶液的 pH 值在 20℃时为 4.00。

5.1.3.2 混合磷酸盐标准缓冲溶液：称取 3.40 g 在 105℃烘干 2 h 的磷酸二氢钾（KH_2PO_4）和 3.55 g 磷酸氢二钠（Na_2HPO_4），溶于纯水中，并稀释至 1 000 mL。此溶液的 pH 值在 20℃时为 6.88。

5.1.3.3 四硼酸钠标准缓冲溶液：称取 3.81 g 四硼酸钠（$Na_2B_4O_7 \cdot 10H_2O$），溶于纯水中，并稀释至 1 000 mL，此溶液的 pH 值在 20℃时为 9.22。

表 3 pH 标准缓冲溶液在不同温度时的 pH 值

温度/℃	标准缓冲溶液，pH		
	苯二甲酸氢钾缓冲溶液（5.1.3.1）	混合磷酸盐缓冲溶液（5.1.3.2）	四硼酸钠缓冲溶液（5.1.3.3）
0	4.00	6.98	9.46
5	4.00	6.95	9.40
10	4.00	6.92	9.33
15	4.00	6.90	9.18
20	4.00	6.88	9.22
25	4.01	6.86	9.18
30	4.02	6.85	9.14
35	4.02	6.84	9.10
40	4.04	6.84	9.07

注：配制下列缓冲溶液所用纯水均为新煮沸并放冷的蒸馏水。配成的溶液应储存在聚乙烯瓶或硬质玻璃瓶内。此类溶液可以稳定 1～2 个月。

以上三种缓冲溶液的pH值随温度而稍有变化差异，见表3。

5.1.4 仪器

5.1.4.1 精密酸度计：测量范围0～14pH单位；读数精度为小于等于0.02pH单位。

5.1.4.2 pH玻璃电极。

5.1.4.3 饱和甘汞电极。

5.1.4.4 温度计，0℃～50℃。

5.1.4.5 塑料烧杯，50 mL。

5.1.5 分析步骤

5.1.5.1 玻璃电极在使用前应放入纯水中浸泡24 h以上。

5.1.5.2 仪器校正：仪器开启30 min后，按仪器使用说明书操作。

5.1.5.3 pH定位：选用一种与被测水样pH接近的标准缓冲溶液，重复定位1～2次，当水样pH<7.0时，使用苯二甲酸氢钾标准缓冲溶液(5.1.3.1)定位，以四硼酸钠或混合磷酸盐标准缓冲溶液复定位；如果水样pH>7.0时，则用四硼酸钠标准缓冲溶液定位，以苯二甲酸氢钾或混合磷酸盐标准缓冲溶液复定位。

注：如发现三种缓冲液的定位值不成线性，应检查玻璃电极的质量。

5.1.5.4 用洗瓶以纯水缓缓淋洗两个电极数次，再以水样淋洗6～8次，然后插入水样中，1 min后直接从仪器上读出pH值。

注1：甘汞电极内为氯化钾的饱和溶液，当室温升高后，溶液可能由饱和状态变为不饱和状态，故应保持一定量氯化钾晶体。

注2：pH值大于9的溶液，应使用高碱玻璃电极测定pH值。

5.2 标准缓冲溶液比色法

5.2.1 范围

本标准规定了用标准缓冲溶液比色法测定生活饮用水及其水源水的pH值。

本法适用于色度和浑浊度甚低的生活饮用水及其水源水pH值的测定。

用本法测定pH可准确到0.1。

水样带有颜色、浑浊或含有较多的游离余氯、氧化剂、还原剂时均有干扰。

5.2.2 原理

不同的酸碱指示剂在一定的pH范围内显示出不同颜色。在一系列已知pH值的标准缓冲溶液及水样中加入相同的指示剂，显色后比对测得水样的pH值。

5.2.3 试剂

5.2.3.1 苯二甲酸氢钾溶液[$c(KHC_8H_4O_4)=0.10$ mol/L]：将苯二甲酸氢钾($KHC_8H_4O_4$)置于105℃烘箱内干燥2 h，放在硅胶干燥器内冷却30 min，称取20.41 g溶于纯水中，并定容至1 000 mL。

5.2.3.2 磷酸二氢钾溶液[$c(KH_2PO_4)=0.10$ mol/L]：将磷酸二氢钾(KH_2PO_4)置于105℃烘箱内干燥2 h，于硅胶干燥器内冷却30 min，称取13.61 g溶于纯水中，并定容至1 000 mL，静置4 d后，倾出上层澄清液，贮存于清洁瓶中。所配成的溶液应对甲基红指示剂呈显著红色，对溴酚蓝指示剂呈显著紫蓝色。

5.2.3.3 硼酸-氯化钾混合溶液[$c(H_3BO_3)=0.10$ mol/L，$c(KCl)=0.10$ mol/L]：将硼酸(H_3BO_3)用乳钵研碎，放入硅胶干燥器中，24 h后取出，称取6.20 g；另称取7.456 g干燥的氯化钾(KCl)，一并溶解于纯水中，并定容至1 000 mL。

注：配制上述缓冲溶液所需的纯水均为新煮沸放冷的蒸馏水。

5.2.3.4 氢氧化钠溶液[$c(NaOH)=0.100\ 0$ mol/L]：称取30 g氢氧化钠(NaOH)，溶于50 mL纯水中，倾入150 mL锥形瓶内，冷却后用橡皮塞塞紧，静置4 d以上，使碳酸钠沉淀。小心吸取上清液约10 mL，用纯水定容至1 000 mL。此溶液浓度为$c(NaOH)=0.1$ mol/L，其准确浓度用苯二甲酸氢钾标定，方法如下：

将苯二甲酸氢钾($KHC_8H_4O_4$)置于105℃烘箱内烘至恒量,称取0.5 g,精确到0.1 mg,共称3份,分别置于250 mL锥形瓶中,加入100 mL纯水,使苯二甲酸氢钾完全溶解,然后加入4滴酚酞指示剂(5.2.3.9),用氢氧化钠溶液(5.2.3.4)滴定至淡红色30 s内不褪为止。滴定时应不断振摇,但滴定时间不宜太久,以免空气中二氧化碳进入溶液而引起误差。标定时需同时滴定一份空白溶液,并从滴定苯二甲酸氢钾所用的氢氧化钠溶液毫升数中减去此数值,按式(2)计算出氢氧化钠原液的准确浓度。

$$c_1(\mathrm{NaOH}) = \frac{m}{(V - V_0) \times 0.204\ 2} \quad \cdots\cdots(2)$$

式中:

$c_1(\mathrm{NaOH})$——氢氧化钠溶液浓度,单位为摩尔每升(mol/L);

m——苯二甲酸氢钾的质量,单位为克(g);

V——滴定苯二甲酸氢钾所用氢氧化钠溶液体积,单位为毫升(mL);

V_0——滴定空白溶液所用氢氧化钠溶液体积,单位为毫升(mL);

0.204 2——与1.00 mL氢氧化钠标准溶液[$c(\mathrm{NaOH})=1.000$ mol/L]所相当的苯二甲酸氢钾的质量。

根据氢氧化钠原液的浓度,按式(3)计算配制0.100 0 mol/L的氢氧化钠溶液所需原液体积,并用纯水定容至所需体积。

$$V_1 = \frac{V_2 \times 0.100\ 0}{c_1(\mathrm{NaOH})} \quad \cdots\cdots(3)$$

式中:

V_1——原液体积,单位为毫升(mL);

V_2——稀释后体积,单位为毫升(mL);

$c_1(\mathrm{NaOH})$——原液浓度。

5.2.3.5 氯酚红指示剂:称取100 mg氯酚红($C_{19}H_{12}C_{12}O_5S$),置于玛瑙乳钵中,加入23.6 mL氢氧化钠溶液(5.2.3.4),研磨至完全溶解后,用纯水定容至250 mL。此指示剂适用的pH值范围为4.8～6.4。

5.2.3.6 溴百里酚蓝指示剂:称取100 mg溴百里酚蓝($C_{27}H_{28}Br_2O_5S$,又称麝香草酚蓝),置于玛瑙乳钵中,加入16.0 mL氢氧化钠溶液(5.2.3.4)。以下操作同(5.2.3.5)。此指示剂适用的pH范围为6.2～7.6。

5.2.3.7 酚红指示剂:称取100 mg酚红($C_{19}H_{14}O_5S$),置于玛瑙乳钵中,加入28.2 mL氢氧化钠溶液(5.2.3.4)。以下操作同(5.2.3.5)。此指示剂适用的pH范围为6.8～8.4。

5.2.3.8 百里酚蓝指示剂:称取100 mg百里酚蓝($C_{27}H_{30}O_5S$,又称麝香草酚蓝),置于玛瑙乳钵中,加入21.5 mL氢氧化钠溶液(5.2.3.4)。以下操作同(5.2.3.5)。此指示剂适用的pH范围为8.0～9.6。

5.2.3.9 酚酞指示剂:称取50 mg酚酞($C_{20}H_{14}O_4$),溶于50 mL乙醇[$\varphi(C_2H_5OH)=95\%$]中,再加入50 mL纯水,滴加氢氧化钠溶液(5.2.3.4)至溶液刚呈现微红色。

5.2.4 仪器

5.2.4.1 安瓿,内径15 mm,高约60 mm,无色中性硬质玻璃制成。

5.2.4.2 pH比色架,如图1所示。

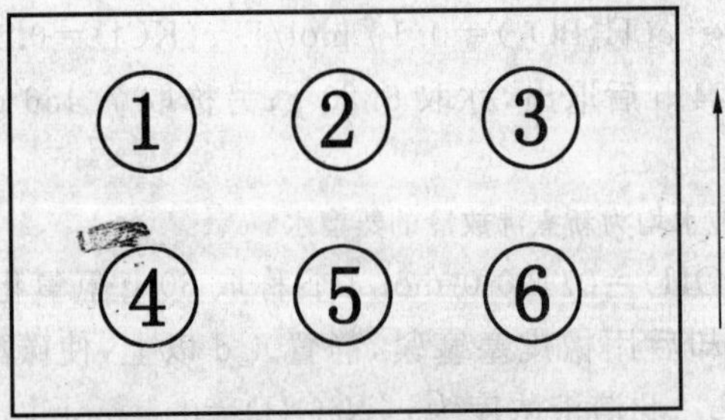

图1 pH比色架

5.2.4.3 玛瑙乳钵或瓷乳钵。

5.2.4.4 比色管:内径 15 mm,高约 60 mm 的无色中性硬质玻璃管,玻璃质量及壁厚均与安瓿(5.2.4.1)一致。

5.2.5 分析步骤

5.2.5.1 标准色列的制备

5.2.5.1.1 按表 4,表 5,表 6 所列用量,将苯二甲酸氢钾溶液(5.2.3.1)或磷酸二氢钾溶液(5.2.3.2)或硼酸-氯化钾混合溶液(5.2.3.3),与氢氧化钠溶液(5.2.3.4)混合,配成各种 pH 的标准缓冲溶液。

5.2.5.1.2 取 10.0 mL 配成的各种标准缓冲溶液,分别置于内径一致的安瓿中,向 pH4.8～6.4 的标准缓冲溶液中各加 0.5 mL 氯酚红指示剂(5.2.3.5);向 pH6.0～7.6 标准缓冲液中各加 0.5 mL 溴百里酚蓝指示剂(5.2.3.6);向 pH7.0～8.4 标准缓冲液中各加 0.5 mL 酚红指示剂(5.2.3.7);向 pH8.0～9.6标准缓冲液中各加 0.5 mL 百里酚蓝指示剂(5.2.3.8)。用喷灯迅速封口,然后放入铁丝筐中,将铁丝筐放在沸水浴内消毒 30 min,每隔 24 h 一次,共消毒三次,置于暗处保存。

表 4 pH4.8～5.8 标准缓冲溶液的配制

pH 值	苯二甲酸氢钾溶液(5.2.3.1)体积/mL	氢氧化钠溶液(5.2.3.4)体积/mL	用纯水定容至总体积/mL
4.8	50	16.5	100
5.0	50	22.6	100
5.2	50	28.8	100
5.4	50	34.1	100
5.6	50	38.8	100
5.8	50	42.3	100

表 5 pH6.0～8.0 标准缓冲溶液的配制

pH 值	磷酸二氢钾溶液(5.2.3.2)体积/mL	氢氧化钠溶液(5.2.3.4)体积/mL	用纯水定容至总体积/mL
6.0	50	5.6	100
6.2	50	8.1	100
6.4	50	11.6	100
6.6	50	16.4	100
6.8	50	22.4	100
7.0	50	29.1	100
7.2	50	34.7	100
7.4	50	39.1	100
7.6	50	42.4	100
7.8	50	44.5	100
8.0	50	46.1	100

表 6 pH8.0～9.6 标准缓冲溶液的配制

pH 值	硼酸-氯化钾混合溶液(5.2.3.3)体积/mL	氢氧化钠溶液(5.2.3.4)体积/mL	用纯水定容至总体积/mL
8.0	50	3.9	100
8.2	50	6.0	100
8.4	50	8.6	100
8.6	50	11.8	100
8.8	50	15.8	100
9.0	50	20.8	100
9.2	50	26.4	100
9.4	50	32.1	100
9.6	50	36.9	100

5.2.5.2 水样测定

吸取 10.0 mL 澄清水样，置于与标准系列同型的试管中，加入 0.5 mL 指示剂(指示剂种类与标准色列相同)，混匀后放入比色架(图 1)中的 5 号孔内。另取 2 支试管，各加入 10 mL 水样，插入 1 号与 3 号孔内。再取标准管 2 支，插入 4 号及 6 号孔内。在 2 号孔内放入 1 支纯水管。从比色架前面迎光观察，记录与水样相近似的标准管的 pH 值。

6 电导率

6.1 电极法

6.1.1 范围

本标准规定了用电极法测定生活饮用水及其水源水的电导率。

本法适用于测定生活饮用水及其水源水的电导率。

电导率是用数字来表示水溶液传导电流的能力。它与水中矿物质有密切的关系，可用于检测生活饮用水及其水源水中溶解性矿物质浓度的变化和估计水中离子化合物的数量。

水的电导率与电解质浓度呈正比，具有线性关系。水中多数无机盐是离子状态存在，是电的良好导体，但是有机物不离解或离解极微弱，导电也很微弱的，因此用电导率是不能反映这类污染因素的。

一般天然水的电导率在 50 μS/cm～1500 μS/cm 之间，含无机盐高的水可达 10 000 μS/cm 以上。

水中溶解的电解质特性、浓度和水温对电导率的测定有密切关系。因此，严格控制实验条件和电导仪电极的选择及安装可直接影响测量电导率的精密度和准确度。

6.1.2 原理

在电解质的溶液里，离子在电场的作用下，由于离子的移动具有导电作用。在相同温度下测定水样的电导 G，它与水样的电阻 R 呈倒数关系，按式(4)计算：

$$G = \frac{1}{R} \quad \cdots\cdots (4)$$

在一定条件下，水样的电导随着离子含量的增加而升高，而电阻则降低。因此，电导率 γ 就是电流通过单位面积 A 为 1 cm^2，距离 L 为 1 cm 的两铂黑电极的电导能力，按式(5)计算：

$$\gamma = G \times \frac{L}{A} \quad \cdots\cdots (5)$$

即电导率 γ 为给定的电导池常数 C 与水样电阻 R_s 的比值，按式(6)计算：

$$\gamma = C \times G_s = \frac{C}{R_s} \times 10^6 \quad \cdots\cdots (6)$$

只要测定出水样的 R_s(Ω)或水样的 G_s(μS),γ 即可得出。

表示单位为 μS/cm。

注:1 μS=10^{-6}S

6.1.3 试剂

氯化钾标准溶液[c(KCl)=0.010 00 mol/L]:称取 0.745 6 g,在 110℃烘干后的优级纯氯化钾,溶于新煮沸放冷的蒸馏水中(电导率小于 1 μS/cm),于 25℃时在容量瓶中稀释至 1 000 mL。此溶液 25 ℃时的电导率为 1 413 μS/cm。溶液应储存在塑料瓶中。

6.1.4 仪器

6.1.4.1 电导仪。

6.1.4.2 恒温水浴。

6.1.5 分析步骤

6.1.5.1 将氯化钾标准溶液(6.1.3)注入 4 支试管。再把水样注入 2 支试管中。把 6 支试管同时放入 25℃±0.1℃恒温水浴中,加热 30 min,使管内溶液温度达到 25℃。

6.1.5.2 用其中 3 管氯化钾溶液依次冲洗电导电极和电导池。然后将第 4 管氯化钾溶液倒入电导池中,插入电导电极测量氯化钾的电导 G_{KCl} 或电阻 R_{KCl}。

6.1.5.3 用 1 管水样充分冲洗电极,测量另一管水样的电导 G_s,或电阻 R_s。

依次测量其他水样。如测定过程中,温度变化<0.2℃,氯化钾标准溶液电导或电阻就不必再次测定。但在不同批(日)测量时,应重做氯化钾溶液电导或电阻的测量。

6.1.6 计算

6.1.6.1 电导池常数 C:等于氯化钾标准溶液的电导率(1 413 μS/cm)除以测得的氯化钾标准溶液的电导 G_{KCl}。测定时温度应为 25℃±0.1℃,则:

$$C = 1\ 413/G_{KCl}$$

6.1.6.2 水样在 25℃±0.1℃时,电导率 γ 等于电导池常数 C 乘以测得水样的电导(μS),或除以在 25℃±0.1℃时测得水样的电阻(Ω)。

电导率(γ),以 μS/cm 表示:

$$\gamma = C \times G_s = \frac{C}{R_s} \times 10^6 \quad \cdots\cdots(7)$$

6.1.7 精密度和准确度

21 个天然水样测定结果与理论值比较,平均相对误差为 4.2%~9.9%,相对标准偏差为 3.7%~8.1%。

7 总硬度

7.1 乙二胺四乙酸二钠滴定法

7.1.1 范围

本标准规定了用乙二胺四乙酸二钠(Na_2EDTA)滴定法测定生活饮用水及其水源水的总硬度。

本法适用于生活饮用水及其水源水总硬度的测定。

本法最低检测质量 0.05 mg,若取 50 mL 水样测定,则最低检测质量浓度为 1.0 mg/L。

水的硬度原系指沉淀肥皂的程度。使肥皂沉淀的原因主要是由于水中的钙、镁离子,此外,铁、铝、锰、锶及锌也有同样的作用。

总硬度可将上述各离子的浓度相加进行计算。此法准确,但比较繁琐,而且在一般情况下钙、镁离子以外的其他金属离子的浓度都很低,所以多采用乙二胺四乙酸二钠滴定法测定钙、镁离子的总量,并经过换算,以每升水中碳酸钙的质量表示。

本法主要干扰元素铁、锰、铝、铜、镍、钴等金属离子能使指示剂褪色或终点不明显。硫化钠及氰化钾可隐蔽重金属的干扰，盐酸羟胺可使高铁离子及高价锰离子还原为低价离子而消除其干扰。

由于钙离子与铬黑T指示剂在滴定到达终点时的反应不能呈现出明显的颜色转变，所以当水样中镁含量很少时，需要加入已知量的镁盐，使滴定终点颜色转变清晰，在计算结果时，再减去加入的镁盐量，或者在缓冲溶液中加入少量 MgEDTA，以保证明显的终点。

7.1.2 原理

水样中的钙、镁离子与铬黑T指示剂形成紫红色螯合物，这些螯合物的不稳定常数大于乙二胺四乙酸钙和镁螯合物的不稳定常数。当 pH=10 时，乙二胺四乙酸二钠先与钙离子，再与镁离子形成螯合物，滴定至终点时，溶液呈现出铬黑T指示剂的纯蓝色。

7.1.3 试剂

7.1.3.1 缓冲溶液(pH=10)。

7.1.3.1.1 称取 16.9 g 氯化铵，溶于 143 mL 氨水(ρ_{20}=0.88 g/mL)中。

7.1.3.1.2 称取 0.780 g 硫酸镁($MgSO_4 \cdot 7H_2O$)及 1.178 g 乙二胺四乙酸二钠($Na_2EDTA \cdot 2H_2O$)，溶于 50 mL 纯水中，加入 2 mL 氯化铵-氢氧化铵溶液(7.1.3.1.1)和 5 滴铬黑T指示剂(此时溶液应呈紫红色。若为纯蓝色，应再加极少量硫酸镁使呈紫红色)，用 Na_2EDTA 标准溶液(7.1.3.5)滴定至溶液由紫红色变为纯蓝色。合并 7.1.3.1.1 及 7.1.3.1.2 溶液，并用纯水稀释至 250 mL。合并后如溶液又变为紫红色，在计算结果时应扣除试剂空白。

注1：此缓冲溶液应储存于聚乙烯瓶或硬质玻璃瓶中。由于使用中反复开盖使氨逸失而影响 pH 值。缓冲溶液放置时间较长，氨水浓度降低时，应重新配制。

注2：配制缓冲溶液时加入 MgEDTA 是为了使某些含镁较低的水样滴定终点更为敏锐。如果备有市售 MgEDTA 试剂，则可直接称取 1.25 gMgEDTA，加入 250 mL 缓冲溶液中。

注3：以铬黑T为指示剂，用 Na_2EDTA 滴定钙、镁离子时，在 pH 值 9.7～11 范围内，溶液愈偏碱性，滴定终点愈敏锐。但可使碳酸钙和氢氧化镁沉淀，从而造成滴定误差。因此滴定 pH 值以 10 为宜。

7.1.3.2 硫化钠溶液(50 g/L)：称取 5.0 g 硫化钠($Na_2S \cdot 9H_2O$)溶于纯水中，并稀释至 100 mL。

7.1.3.3 盐酸羟胺溶液(10 g/L)：称取 1.0 g 盐酸羟胺($NH_2OH \cdot HCl$)，溶于纯水中，并稀释至 100 mL。

7.1.3.4 氰化钾溶液(100 g/L)：称取 10.0 g 氰化钾(KCN)溶于纯水中，并稀释至 100 mL。

注意：此溶液剧毒！

7.1.3.5 Na_2EDTA 标准溶液[$c(Na_2EDTA)$=0.01 mol/L]：称取 3.72 g 乙二胺四乙酸二钠($Na_2C_{10}H_{14}N_2O_8 \cdot 2H_2O$)溶解于 1 000 mL 纯水中，按 7.1.3.5.1～7.1.3.5.2 标定其准确浓度。

7.1.3.5.1 锌标准溶液：称取 0.6 g～0.7 g 纯锌粒，溶于盐酸溶液(1+1)中，置于水浴上温热至完全溶解，移入容量瓶中，定容至 1 000 mL，并按式(8)计算锌标准溶液的浓度：

$$c(\mathrm{Zn}) = \frac{m}{65.39} \qquad \cdots\cdots(8)$$

式中：

$c(\mathrm{Zn})$——锌标准溶液的浓度，单位为摩尔每升(mol/L)；

m——锌的质量，单位为克(g)；

65.39——1 mol 锌的质量，单位为克(g)。

7.1.3.5.2 吸取 25.00 mL 锌标准溶液(7.1.3.5.1)于 150 mL 锥形瓶中，加入 25 mL 纯水，加入几滴氨水调节溶液至近中性，再加 5 mL 缓冲溶液和 5 滴铬黑T指示剂，在不断振荡下，用 Na_2EDTA 溶液滴定至不变的纯蓝色，按式(9)计算 Na_2EDTA 标准溶液的浓度：

$$c(\mathrm{Na_2EDTA}) = \frac{c(\mathrm{Zn}) \times V_2}{V_1} \qquad \cdots\cdots(9)$$

式中：

$c(\mathrm{Na_2EDTA})$——Na_2EDTA 标准溶液的浓度，单位为摩尔每升(mol/L)；

$c(Zn)$——锌标准溶液的浓度，单位为摩尔每升(mol/L)；

V_1——消耗 Na_2EDTA 溶液的体积，单位为毫升(mL)；

V_2——所取锌标准溶液的体积，单位为毫升(mL)。

7.1.3.6 铬黑 T 指示剂：称取 0.5 g 铬黑 T($C_{20}H_{12}O_7N_3SNa$)用乙醇[$\varphi(C_2H_5OH)=95\%$]溶解，并稀释至 100 mL。放置于冰箱中保存，可稳定一个月。

7.1.4 仪器

7.1.4.1 锥形瓶，150 mL。

7.1.4.2 滴定管，10 mL 或 25 mL。

7.1.5 分析步骤

7.1.5.1 吸取 50.0 mL 水样(硬度过高的水样，可取适量水样，用纯水稀至 50 mL，硬度过低的水样，可取 100 mL)，置于 150 mL 锥形瓶中。

7.1.5.2 加入 1 mL～2 mL 缓冲溶液，5 滴铬黑 T 指示剂，立即用 Na_2EDTA 标准溶液滴定至溶液从紫红色转变成纯蓝色为止，同时做空白试验，记下用量。

7.1.5.3 若水样中含有金属干扰离子，使滴定终点延迟或颜色变暗，可另取水样，加入 0.5 mL 盐酸羟胺(7.1.3.3)及 1 mL 硫化钠溶液(7.1.3.2)或 0.5 mL 氰化钾溶液(7.1.3.4)再行滴定。

7.1.5.4 水样中钙、镁的重碳酸盐含量较大时，要预先酸化水样，并加热除去二氧化碳，以防碱化后生成碳酸盐沉淀，影响滴定时反应的进行。

7.1.5.5 水样中含悬浮性或胶体有机物可影响终点的观察。可预先将水样蒸干并于 550℃灰化，用纯水溶解残渣后再行滴定。

7.1.6 计算

7.1.6.1 总硬度用式(10)计算：

$$\rho(CaCO_3)=\frac{(V_1-V_0)\times c\times 100.09\times 1\,000}{V} \qquad \cdots\cdots(10)$$

式中：

$\rho(CaCO_3)$——总硬度(以 $CaCO_3$ 计)，单位为毫克每升(mg/L)；

V_0——空白滴定所消耗 Na_2EDTA 标准溶液的体积，单位为毫升(mL)；

V_1——滴定中消耗乙二胺四乙酸二钠标准溶液的体积，单位为毫升(mL)；

c——乙二胺四乙酸二钠标准溶液的浓度，单位为摩尔每升(mol/L)；

V——水样体积，单位为毫升(mL)；

100.09——与 1.00 mL 乙二胺四乙酸二钠标准溶液[$c(Na_2EDTA)=1.000$ mol/L]相当的以毫克表示的总硬度(以 $CaCO_3$ 计)。

8 溶解性总固体

8.1 称量法

8.1.1 范围

本标准规定了用称量法测定生活饮用水及其水源水的溶解性总固体。

本法适用于生活饮用水及其水源水中溶解性总固体的测定。

8.1.2 原理

8.1.2.1 水样经过滤后，在一定温度下烘干，所得的固体残渣称为溶解性总固体，包括不易挥发的可溶性盐类、有机物及能通过滤器的不溶性微粒等。

8.1.2.2 烘干温度一般采用 105℃±3℃。但 105℃的烘干温度不能彻底除去高矿化水样中盐类所含的结晶水。采用 180℃±3℃的烘干温度，可得到较为准确的结果。

8.1.2.3 当水样的溶解性总固体中含有多量氯化钙、硝酸钙、氯化镁、硝酸镁时，由于这些化合物具有强烈的吸湿性使称量不能恒定质量。此时可在水样中加入适量碳酸钠溶液而得到改进。

8.1.3 仪器

8.1.3.1 分析天平,感量 0.1 mg。

8.1.3.2 水浴锅。

8.1.3.3 电恒温干燥箱。

8.1.3.4 瓷蒸发皿,100 mL。

8.1.3.5 干燥器:用硅胶作干燥剂。

8.1.3.6 中速定量滤纸或滤膜(孔径 0.45 μm)及相应滤器。

8.1.4 试剂

碳酸钠溶液(10 g/L):称取 10 g 无水碳酸钠(Na_2CO_3),溶于纯水中,稀释至 1 000 mL。

8.1.5 分析步骤

8.1.5.1 溶解性总固体(在 105℃±3℃烘干)

8.1.5.1.1 将蒸发皿洗净,放在 105℃±3℃烘箱内 30 min。取出,于干燥器内冷却 30 min。

8.1.5.1.2 在分析天平上称量,再次烘烤、称量,直至恒定质量(两次称量相差不超过 0.000 4 g)。

8.1.5.1.3 将水样上清液用滤器过滤。用无分度吸管吸取过滤水样 100 mL 于蒸发皿中,如水样的溶解性总固体过少时可增加水样体积。

8.1.5.1.4 将蒸发皿置于水浴上蒸干(水浴液面不要接触皿底)。将蒸发皿移入 105℃±3 ℃烘箱内,1 h 后取出。干燥器内冷却 30 min,称量。

8.1.5.1.5 将称过质量的蒸发皿再放入 105℃±3℃烘箱内 30 min,干燥器内冷却 30 min,称量,直至恒定质量。

8.1.5.2 溶解性总固体(在 180℃±3℃烘干)

8.1.5.2.1 按(8.1.5.1)步骤将蒸发皿在 180℃±3℃烘干并称量至恒定质量。

8.1.5.2.2 吸取 100 mL 水样于蒸发皿中,精确加入 25.0 mL 碳酸钠溶液(8.1.4)于蒸发皿内,混匀。同时做一个只加 25.0 mL 碳酸钠溶液(8.1.4)的空白。计算水样结果时应减去碳酸钠空白的质量。

8.1.6 计算

$$\rho(\mathrm{TDS}) = \frac{(m_1 - m_0) \times 1\,000 \times 1\,000}{V} \qquad (11)$$

式中:

$\rho(\mathrm{TDS})$——水样中溶解性总固体的质量浓度,单位为毫克每升(mg/L);

m_0——蒸发皿的质量,单位为克(g);

m_1——蒸发皿和溶解性总固体的质量,单位为克(g);

V——水样体积,单位为毫升(mL)。

8.1.7 精密度和准确度

279 个实验室测定溶解性总固体为 170.5 mg/L 的合成水样,105℃烘干,测定的相对标准偏差为 4.9%,相对误差为 2.0%;204 个实验室测定同一合成水样,180℃烘干测定的相对标准差为 5.4%,相对误差为 0.4%。

9 挥发酚类

9.1 4-氨基安替吡啉三氯甲烷萃取分光光度法

9.1.1 范围

本标准规定了用 4-氨基安替吡啉三氯甲烷萃取分光光度法测定生活饮用水及其水源水中的挥发酚。

本法适用于测定生活饮用水及其水源水中的挥发酚。

本法最低检测质量为0.5 μg挥发酚(以苯酚计)。若取250 mL水样,则其最低检测质量浓度为0.002 mg/L挥发酚(以苯酚计)。

水中还原性硫化物、氧化剂、苯胺类化合物及石油等干扰酚的测定。硫化物经酸化及加入硫酸铜在蒸馏时与挥发酚分离;余氯等氧化剂可在采样时加入硫酸亚铁或亚砷酸钠还原。苯胺类在酸性溶液中形成盐类不被蒸出。石油可在碱性条件下用有机溶剂萃取后除去。

9.1.2 原理

在pH10.0±0.2和有氧化剂铁氰化钾存在的溶液中,酚与4-氨基安替吡啉形成红色的安替吡啉染料,用三氯甲烷萃取后比色定量。

酚的对位取代基可阻止酚与安替吡啉的反应,但羟基(—OH)、卤素、磺酰基($-SO_2H$)、羧基(—COOH)、甲氧基($-OCH_3$)除外。此外,邻位硝基也阻止反应,间位硝基部分地阻止反应。

9.1.3 仪器

9.1.3.1 全玻璃蒸馏器,500 mL。

9.1.3.2 分液漏斗,500 mL。

9.1.3.3 具塞比色管,10 mL。

9.1.3.4 容量瓶,250 mL。

9.1.3.5 分光光度计。

注:不得用橡胶塞、橡胶管连接蒸馏瓶及冷凝器,以防止对测定的干扰。

9.1.4 试剂

9.1.4.1 本法所用纯水不得含酚及游离余氯。无酚纯水的制备方法如下:于水中加入氢氧化钠至pH为12以上,进行蒸馏。在碱性溶液中,酚形成酚钠不被蒸出。

9.1.4.2 三氯甲烷。

9.1.4.3 硫酸铜溶液(100 g/L):称取10 g硫酸铜($CuSO_4 \cdot 5H_2O$),溶于纯水中,并稀释至100 mL。

9.1.4.4 氨水-氯化铵缓冲溶液(pH9.8):称取20 g氯化铵(NH_4Cl),溶于100 mL氨水(ρ_{20}=0.88 g/mL)中。

9.1.4.5 4-氨基安替吡啉溶液(20 g/L):称取2.0 g 4-氨基安替吡啉(4-AAP,$C_{11}H_{13}ON_3$)溶于纯水中,并稀释至100 mL。储于棕色瓶中,临用时配制。

9.1.4.6 铁氰化钾溶液(80 g/L):称取8.0 g铁氰化钾[$K_3Fe(CN)_6$],溶于纯水中,并稀释至100 mL。储于棕色瓶中,临用时配制。

9.1.4.7 溴酸钾-溴化钾溶液[$c(1/6\ KBrO_3)=0.1$ mol/L]:称取2.78 g干燥的溴酸钾($KBrO_3$),溶于纯水中,加入10 g溴化钾(KBr),并稀释至1 000 mL。

9.1.4.8 淀粉溶液(5 g/L):将0.5 g可溶性淀粉用少量纯水调成糊状,再加刚煮沸的纯水至100 mL。冷却后加入0.1 g水杨酸或0.4 g氯化锌保存。

9.1.4.9 硫酸溶液(1+9)。

9.1.4.10 酚标准溶液

9.1.4.10.1 酚的精制:取苯酚于具空气冷凝管的蒸馏瓶中,加热蒸馏,收集182℃~184℃的馏出部分。精制酚冷却后应为白色,密塞储于冷暗处。

9.1.4.10.2 酚标准储备溶液:溶解1 g白色精制苯酚于1 000 mL纯水中,标定后保存于冰箱中。

酚标准储备溶液的标定:吸取25.00 mL待标定的酚储备溶液,置于250 mL碘量瓶中。加入100 mL纯水,然后准确加入25.00 mL溴酸钾-溴化钾溶液(9.1.4.7)。立即加入5 mL盐酸(ρ_{20}=1.19 g/mL),盖严瓶塞,缓缓旋摇。静置10 min。加入1 g碘化钾,盖严瓶塞,摇匀,于暗处放置5 min后,用硫代硫酸钠标准溶液(9.1.4.11)滴定,至呈浅黄色时,加入1 mL淀粉溶液(9.1.4.8),继续滴定至蓝色消失为止。同时用纯水作试剂空白滴定。

$$\rho(C_6H_5OH)=\frac{(V_0-V_1)\times 0.050\,0\times 15.68\times 1\,000}{25}=(V_0-V_1)\times 31.36 \quad \cdots\cdots(12)$$

式中：

$\rho(C_6H_5OH)$——酚标准溶液（以苯酚计）的质量浓度，单位为微克每毫升（μg/mL）；

V_0——试剂空白消耗硫代硫酸钠溶液（9.1.4.11）的体积，单位为毫升（mL）；

V_1——酚标准储备液消耗硫代硫酸钠溶液（9.1.4.11）的体积，单位为毫升（mL）；

15.68——与 1.00 mL 硫代硫酸钠标准溶液［$c(Na_2S_2O_3)=1.000$ mol/L］相当的以 mg 表示的苯酚的质量。

9.1.4.10.3　酚标准使用溶液［$\rho(C_6H_5OH)=1.00$ μg/mL］：临用时将酚标准储备液（9.1.4.10.2）用纯水稀释成［$\rho(C_6H_5OH)=10.00$ μg/mL］。再用此液稀释成［$\rho(C_6H_5OH)=1.00$ μg/mL］酚标准使用溶液。

9.1.4.11　硫代硫酸钠标准溶液［$c(Na_2S_2O_3)=0.050\,00$ mol/L］：将经过标定的硫代硫酸钠溶液定量稀释为［$c(Na_2S_2O_3)=0.050\,00$ mol/L］。

硫代硫酸钠标准溶液的配制和标定方法如下：称取 25 g 硫代硫酸钠（$Na_2S_2O_3\cdot5H_2O$）溶于 1 000 mL新煮沸放冷的纯水中，加入 0.4 g 氢氧化钠或 0.2 g 无水碳酸钠，储存于棕色瓶内，7 d～10 d 后进行标定。

准确吸取 25.00 mL 重铬酸钾标准溶液［$c(1/6\ K_2Cr_2O_7)=0.100\,0$ mol/L ］于 500 mL 碘量瓶中，加 2.0 g 碘化钾和 20 mL 硫酸溶液（9.1.4.9），密塞，摇匀，于暗处放置 10 min。加入 150 mL 纯水，用待标定的硫代硫酸钠溶液滴定，直到溶液呈浅黄色时，加入 1 mL 淀粉溶液（9.1.4.8），继续滴定至蓝色变为亮绿色。同时作空白试验。平行滴定所用硫代硫酸钠溶液体积相差不得大于 0.2%。按式（13）计算硫代硫酸钠溶液的浓度。

$$c(Na_2S_2O_3)=\frac{c'\times25.00}{(V_1-V_0)}\qquad\cdots\cdots(13)$$

式中：

$c(Na_2S_2O_3)$——硫代硫酸钠标准溶液的浓度，单位为摩尔每升（mol/L）；

c'——重铬酸钾标准溶液的浓度［$c(1/6\ K_2Cr_2O_7)$］，单位为摩尔每升（mol/L）；

V_1——硫代硫酸钠标准溶液的用量，单位为毫升（mL）；

V_0——空白试验硫代硫酸钠标准溶液的用量，单位为毫升（mL）。

9.1.5　分析步骤

9.1.5.1　水样处理

量取 250 mL 水样，置于 500 mL 全玻璃蒸馏瓶中。以甲基橙为指示剂用硫酸溶液（9.1.4.9）调 pH 至 4.0 以下，使水样由桔黄色变为橙色，加入 5 mL 硫酸铜溶液（9.1.4.3）及数粒玻璃珠，加热蒸馏。待蒸馏出总体积的 90%左右，停止蒸馏。稍冷，向蒸馏瓶内加入 25 mL 纯水，继续蒸馏，直到收集 250 mL 馏出液为止。

注：由于酚随水蒸气挥发，速度缓慢，收集馏出液的体积应与原水样体积相等。试验证明接收的馏出液体积若不与原水样相等，将影响回收率。

9.1.5.2　比色测定

9.1.5.2.1　将水样馏出液全部转入 500 mL 分液漏斗中，另取酚标准使用溶液（9.1.4.10.3）0 mL，0.50 mL，1.00 mL，2.00 mL，4.00 mL，6.00 mL，8.00 mL 和 10.00 mL，分别置于预先盛有 100 mL 纯水的 500 mL 分液漏斗内，最后补加纯水至 250 mL。

9.1.5.2.2　向各分液漏斗内加入 2 mL 氨水-氯化铵缓冲液（9.1.4.4），混匀。再各加 1.50 mL 4-氨基安替吡啉溶液（9.1.4.5），混匀，最后加入 1.50 mL 铁氰化钾溶液（9.1.4.6），充分混匀，准确静置 10 min。加入 10.0 mL 三氯甲烷，振摇 2 min，静置分层。在分液漏斗颈部塞入滤纸卷将三氯甲烷萃取溶液缓缓放入干燥比色管中，用分光光度计，于 460 nm 波长，用 2 cm 比色皿，以三氯甲烷为参比，测量吸光度。

注 1：各种试剂加入的顺序不能随意更改。4-AAP 的加入量必须准确，以消除 4-AAP 可能分解生成的安替吡啉红，使空白值增高所造成的误差。

注 2：4-AAP 与酚在水溶液中生成的红色染料萃取至三氯甲烷中可稳定 4h。时间过长颜色由红变黄。

9.1.5.2.3 绘制标准曲线，从标准曲线上查出挥发酚的质量。

9.1.6 计算

$$\rho(C_6H_5OH)=\frac{m}{V} \quad \cdots\cdots(14)$$

式中：

$\rho(C_6H_5OH)$——水样中挥发酚(以苯酚计)的质量浓度，单位为毫克每升(mg/L)；

m——从标准曲线上查得的样品管中挥发酚的质量(以苯酚计)，单位为微克(μg)；

V——水样体积，单位为毫升(mL)。

9.1.7 精密度和准确度

单个实验室取 0.5 μg，5.0 μg 和 7.0 μg 酚(以苯酚计)重复测定 6 次，其相对标准偏差分别为 21%、1.9%和 2.6%；对 12 个不同来源水样加入酚标准为 10.0 μg/L 酚(以苯酚计)，测得回收率为 85%～109%，平均回收率为 96%。

9.2 4-氨基安替吡啉直接分光光度法

9.2.1 范围

本标准规定了用 4-氨基安替吡啉直接分光光度法测定受污染的生活饮用水及其水源水中的挥发酚。

本法适用于生活饮用水及其水源水中含量在 0.1 mg/L～5.0 mg/L 的挥发酚的测定。

本法的最低检测质量为 5.0 μg 挥发酚(以苯酚计)。若取 50 mL 水样测定，则最低检测质量浓度为 0.10 mg/L 挥发酚(以苯酚计)。

本法的干扰物及其消除方法见 9.1.1。

9.2.2 原理

在 pH10.0±0.2 和有氧化剂铁氰化钾存在的溶液中，酚与 4-氨基安替吡啉生成红色的安替吡啉染料，直接比色定量。

酚的其他取代基对酚与 4-氨基安替吡啉的反应情况见 9.1.2。

9.2.3 仪器

除 50 mL 具塞比色管外其他仪器同 9.1.3。

9.2.4 试剂

除不用三氯甲烷外，其他试剂同 9.1.4；酚标准使用溶液浓度为：$\rho(C_6H_5OH)=10$ μg/mL。

9.2.5 分析步骤

9.2.5.1 水样处理。同 9.1.5.1。

9.2.5.1.1 吸取 50 mL 蒸馏液(或取适量用纯水稀释至 50 mL)于 50 mL 具塞比色管中。

9.2.5.1.2 另取 50 mL 比色管 7 支，分别加入每毫升含 10 μg 酚(以苯酚计)的标准使用液 0 mL，0.50 mL，1.00 mL，3.00 mL，5.00 mL，7.00 mL 和 10.0 mL，用纯水稀释至 50 mL。

9.2.5.1.3 向水样及标准中各加入 0.5 mL 缓冲液(9.1.4.4)，摇匀。加 1.0 mL 4-氨基安替吡啉溶液(9.1.4.5)，混匀。最后加入 1.0 mL 铁氰化钾溶液(9.1.4.6)，充分混匀，准确放置 10 min。于 510 nm 波长，用 2 cm 比色皿，以空白管为参比，测量吸光度。

9.2.5.1.4 绘制标准曲线，从标准曲线上查出挥发酚的质量。

9.2.6 计算

$$\rho(C_6H_5OH)=\frac{m}{V} \quad \cdots\cdots(15)$$

式中：

$\rho(C_6H_5OH)$——水样中挥发酚(以苯酚计)的质量浓度，单位为毫克每升(mg/L)；

m——从标准曲线上查得的样品管中挥发酚的质量(以苯酚计),单位为微克(μg);

V——水样体积,单位为毫升(mL)。

10 阴离子合成洗涤剂

10.1 亚甲蓝分光光度法

10.1.1 范围

本标准规定了用亚甲蓝分光光度法测定生活饮用水及其水源水中的阴离子合成洗涤剂。

本法适用于生活饮用水及其水源水中阴离子合成洗涤剂的测定。

本法用十二烷基苯磺酸钠作为标准,最低检测质量为 5 μg。若取 100 mL 水样测定,则最低检测质量浓度为 0.050 mg/L。

能与亚甲蓝反应的物质对本标准均有干扰。酚、有机硫酸盐、磺酸盐、磷酸盐以及大量氯化物(2 000 mg)、硝酸盐(5 000 mg)、硫氰酸盐等均可使结果偏高。

10.1.2 原理

亚甲蓝染料在水溶液中与阴离子合成洗涤剂形成易被有机溶剂萃取的蓝色化合物。未反应的亚甲蓝则仍留在水溶液中。根据有机相蓝色的强度,测定阴离子合成洗涤剂的含量。

10.1.3 仪器

10.1.3.1 分液漏斗,250 mL。

10.1.3.2 比色管,25 mL。

10.1.3.3 分光光度计。

10.1.4 试剂

10.1.4.1 三氯甲烷。

10.1.4.2 亚甲蓝溶液:称取 30 mg 亚甲蓝($C_{16}H_{18}ClN_3S \cdot 3H_2O$),溶于 500 mL 纯水中,加入 6.8 mL 硫酸(ρ_{20}=1.84 g/mL)及 50 g 磷酸二氢钠($NaH_2PO_4 \cdot H_2O$),溶解后用纯水稀释至1 000 mL。

10.1.4.3 洗涤液:取 6.8 mL 硫酸(ρ_{20}=1.84 g/mL)及 50 g 磷酸二氢钠,溶于纯水中,并稀释至 1 000 mL。

10.1.4.4 氢氧化钠溶液(40 g/L)。

10.1.4.5 硫酸溶液[$c(1/2\ H_2SO_4)$=0.5 mol/L]:取 2.8 mL 硫酸 (ρ_{20}=1.84 g/mL)加入纯水中,并稀释至 100 mL。

10.1.4.6 十二烷基苯磺酸钠标准储备溶液[ρ(DBS)=1 mg/mL]:称取 0.500 g 十二烷基苯磺酸钠($C_{12}H_{25}$-$C_6H_4SO_3Na$,简称 DBS),溶于纯水中,定容至 500 mL。

十二烷基苯磺酸钠标准溶液需用纯品配制。如无纯品,可用市售阴离子型洗衣粉提纯。方法如下:

将洗衣粉用热的乙醇[$\varphi(C_2H_5OH)$=95%]处理,滤去不溶物。再将滤液加热挥发去除部分乙醇,过滤,弃去滤液。将滤渣再溶于少量热的乙醇中,过滤,如此重复三次。然后于十二烷基苯磺酸钠乙醇溶液中加等体积的纯水,用相当于溶液三分之一体积的石油醚 (沸程 30℃~60℃)萃洗,分离出石油醚相,按同样步骤连续用石油醚洗涤 5 次,弃去石油醚。最后将十二烷基苯磺酸钠乙醇溶液蒸发至干,在105℃烘烤,得到白色或淡黄色固体,即为纯品。

10.1.4.7 十二烷基苯磺酸钠标准使用溶液[ρ(DBS)=10 μg/mL]:取十二烷基苯磺酸钠标准储备溶液(10.1.4.6) 10.00 mL 于 1 000 mL 容量瓶中,用纯水定容。

10.1.4.8 酚酞溶液(1 g/L):称取 0.1 g 酚酞($C_{20}H_{14}O_4$),溶于乙醇溶液(1+1)中,并稀释至 100 mL。

10.1.5 分析步骤

10.1.5.1 吸取 50.0 mL 水样,置于 125 mL 分液漏斗中(若水样中阴离子合成洗涤剂小于 5 μg,应增加水样体积。此时标准系列的体积也应一致;若大于 100 μg 时,取适量水样,稀释至 50 mL)。

10.1.5.2 另取 125 mL 分液漏斗 7 个,分别加入十二烷基苯磺酸钠标准使用溶液(10.1.4.7) 0 mL,

0.50 mL,1.00 mL,2.00 mL,3.00 mL,4.00 mL 和 5.00 mL,用纯水稀释至 50 mL。

10.1.5.3 向水样和标准系列中各加 3 滴酚酞溶液(10.1.4.8),逐滴加入氢氧化钠溶液(10.1.4.4),使水样呈碱性。然后再逐滴加入硫酸溶液(10.1.4.5),使红色刚褪去。加入 5 mL 三氯甲烷(10.1.4.1)及 10 mL 亚甲蓝溶液(10.1.4.2),猛烈振摇 0.5 min,放置分层。若水相中蓝色耗尽,则应另取少量水样重新测定。

10.1.5.4 将三氯甲烷相放入第二套分液漏斗中。

10.1.5.5 向第二套分液漏斗中加入 25 mL 洗涤液(10.1.4.3),猛烈振摇 0.5 min,静置分层。

10.1.5.6 在分液漏斗颈管内,塞入少许洁净的玻璃棉滤除水珠,将三氯甲烷缓缓放入 25 mL 比色管中。

10.1.5.7 各加 5 mL 三氯甲烷于分液漏斗中,振荡并放置分层后,合并三氯甲烷相于 25 mL 比色管中,同样再操作一次。最后用三氯甲烷稀释到刻度。

10.1.5.8 于 650 nm 波长,用 3 cm 比色皿,以三氯甲烷作参比,测量吸光度。

10.1.5.9 绘制工作曲线,从曲线上查出样品管中十二烷基苯磺酸钠的质量。

10.1.6 计算

$$\rho(\mathrm{DBS}) = \frac{m}{V} \quad \cdots\cdots\cdots\cdots (16)$$

式中:

$\rho(\mathrm{DBS})$——水样中阴离子合成洗涤剂(以十二烷基苯磺酸钠计)的质量浓度,单位为毫克每升(mg/L);

m——从工作曲线上查得十二烷基苯磺酸钠的质量,单位为微克(μg);

V——水样体积,单位为毫升(mL)。

10.1.7 精密度和准确度

用纯水配制不同浓度的十二烷基苯磺酸钠溶液(0.1 mg/L,0.4 mg/L,0.6 mg/L,0.9 mg/L),各测 6 次,相对标准偏差分别为 1.6%,0.6%,0.8%,0.7%。分别用河水、井水、自来水做回收试验,回收率范围为 100%~105%,平均回收率为 103%。

10.2 二氮杂菲萃取分光光度法

10.2.1 范围

本标准规定了用二氮杂菲萃取分光光度法测定生活饮用水及其水源水中的阴离子合成洗涤剂。

本法适用于生活饮用水及其水源水中阴离子合成洗涤剂的测定。

本法最低检测质量为 2.5 μg。若取 100 mL 水样测定,则最低检测质量浓度为 0.025 mg/L(以十二烷基苯磺酸钠计)。

生活饮用水及其水源水中常见的共存物质(mg/L)对本标准无干扰:Ca^{2+}、NO_3^-(400)、SO_4^{2-}(100)、Mg^{2+}(70)、NO_2^-(17)、PO_4^{3-}(10)、F^-(7)、SCN^-(5)、Mn^{2+}、Cl_2(1)、Cu^{2+}(0.1)。阳离子表面活性剂质量浓度为 0.1 mg/L 时,会产生误差为-28.4%的严重干扰。

10.2.2 原理

水中阴离子合成洗涤剂与 Ferroin (Fe^{2+}与二氮杂菲形成的配合物) 形成离子缔合物,可被三氯甲烷萃取,于 510 nm 波长下测定吸光度。

10.2.3 仪器

10.2.3.1 分液漏斗,250 mL。

10.2.3.2 分光光度计。

10.2.4 试剂

10.2.4.1 三氯甲烷。

10.2.4.2 二氮杂菲溶液(2 g/L):称取 0.2 g 二氮杂菲($C_{12}H_8N_2 \cdot H_2O$,又名邻菲罗啉),溶于纯水

中，加 2 滴盐酸（ρ_{20}=1.19 g/mL），并用纯水稀释至 100 mL。

10.2.4.3 乙酸铵缓冲溶液：称取 250 g 乙酸铵（$NH_4C_2H_3O_2$），溶于 150 mL 纯水中，加入 700 mL 冰乙酸，混匀。

10.2.4.4 盐酸羟胺-亚铁溶液：称取 10 g 盐酸羟胺，加 0.211 g 硫酸亚铁铵[$(NH_4)_2Fe(SO_4)_2 \cdot 6H_2O$]溶于纯水中，并稀释至 100 mL。

10.2.4.5 十二烷基苯磺酸钠（DBS）标准使用溶液[ρ(DBS)=10 μg/mL]。

10.2.5 分析步骤

10.2.5.1 吸取 100 mL 水样于 250 mL 分液漏斗中。另取 250 mL 分液漏斗 8 只，各加入 50 mL 纯水，再分别加入 DBS 标准使用溶液（10.2.4.5）0 mL，0.25 mL，0.50 mL，1.00 mL，2.00 mL，3.00 mL，4.00 mL和 5.00 mL，加纯水至 100 mL。

10.2.5.2 于水样及标准系列中各加 2 mL 二氮杂菲溶液（10.2.4.2）、10 mL 缓冲液（10.2.4.3）、1.0 mL盐酸羟胺-亚铁溶液（10.2.4.4）和 10 mL 三氯甲烷（10.2.4.1）（每加入一种试剂均需摇匀），萃取振摇 2 min，静置分层，于分液漏斗颈部塞入一小团脱脂棉，分出三氯甲烷相于干燥的 10 mL 比色管中，供测定。

10.2.5.3 于 510 nm 波长，用 3 cm 比色皿，以三氯甲烷为参比，测量吸光度。

10.2.5.4 绘制工作曲线，从曲线上查出样品管中阴离子合成洗涤剂的质量。

10.2.6 计算

$$\rho(\mathrm{DBS}) = \frac{m}{V} \qquad \cdots\cdots(17)$$

式中：

ρ(DBS)——水样中阴离子合成洗涤剂（以十二烷基苯磺酸钠计）的质量浓度，单位为毫克每升（mg/L）；

m——从工作曲线上查得阴离子合成洗涤剂（以十二烷基苯磺酸钠计）的质量，单位为微克（μg）；

V——水样体积，单位为毫升（mL）。

10.2.7 精密度和准确度

8 个实验室重复测定 DBS 质量浓度为 0.05 mg/L～0.40 mg/L 的水样，相对标准偏差为 0.4%～13%。8 个实验室分别用自来水、井水、江河水作回收试验，加入标准 0.05 mg/L～0.50 mg/L，回收率范围为 92%～110%，平均回收率为 99.7%。

ICS 13.060
C 51

中华人民共和国国家标准

GB/T 5750.5—2006
部分代替 GB/T 5750—1985

生活饮用水标准检验方法 无机非金属指标

Standard examination methods for drinking water—Nonmetal parameters

2006-12-29 发布　　　　2007-07-01 实施

中华人民共和国卫生部
中国国家标准化管理委员会　发布

前言

GB/T 5750《生活饮用水标准检验方法》分为以下部分：

——总则；

——水样的采集和保存；

——水质分析质量控制；

——感官性状和物理指标；

——无机非金属指标；

——金属指标；

——有机物综合指标；

——有机物指标；

——农药指标；

——消毒副产物指标；

——消毒剂指标；

——微生物指标；

——放射性指标。

本标准代替 GB/T 5750—1985 第二篇中的硫酸盐、氯化物、氟化物、氰化物、硝酸盐氮和附录 A 中的氨氮、亚硝酸盐氮、碘化物。

本标准与 GB/T 5750—1985 相比主要变化如下：

——依据 GB/T 1.1—2000《标准化工作导则 第 1 部分：标准的结构和编写规则》与 GB/T 20001.4—2001《标准编写规则 第 4 部分：化学分析方法》调整了结构；

——依据国家标准的要求修改了量和计量单位；

——当量浓度改成摩尔浓度（氧化还原部分仍保留当量浓度）；

——质量浓度表示符号由 C 改成 ρ，含量表示符号由 M 改成 m；

——增加了硫化物、磷酸盐、硼 3 项指标的 4 个检验方法；

——修订了氟化物、硝酸盐氮、碘化物 3 项指标的检验方法。

本标准的附录 A 为规范性附录。

本标准由中华人民共和国卫生部提出并归口。

本标准负责起草单位：中国疾病预防控制中心环境与健康相关产品安全所。

本标准参加起草单位：江苏省疾病预防控制中心、唐山市疾病预防控制中心、重庆市疾病预防控制中心、北京市疾病预防控制中心、广东省疾病预防控制中心、辽宁省疾病预防控制中心、广州市疾病预防控制中心、武汉市疾病预防控制中心、河南省疾病预防控制中心、山东省疾病预防控制中心、河北省疾病预防控制中心、山西省疾病预防控制中心、哈尔滨市疾病预防控制中心。

本标准主要起草人：金银龙、鄂学礼、陈亚妍、张岚、陈昌杰、陈守建、邢大荣、王正虹、魏建荣、杨业、张宏陶、艾有年、庄丽、姜树秋、卢玉棋、周明乐、黄承武、阎惠珍、夏芳、丁鄮、朱民、陆幽芳、江夕夫、姜颖虹、王新华、张淑香、汪玉洁。

本标准于 1985 年 8 月首次发布，本次为第一次修订。

生活饮用水标准检验方法
无机非金属指标

1 硫酸盐

1.1 硫酸钡比浊法

1.1.1 范围

本标准规定了用硫酸钡比浊法测定生活饮用水及其水源水中的硫酸盐。

本法适用于生活饮用水及其水源水中可溶性硫酸盐的测定。

本法最低检测质量为0.25mg,若取50 mL水样测定,则最低检测质量浓度为5.0 mg/L。

本法适用于测定低于40 mg/L硫酸盐的水样。搅拌速度、时间、温度及试剂加入方式均能影响比浊法的测定结果,因此要求严格控制操作条件的一致。

1.1.2 原理

水中硫酸盐和钡离子生成硫酸钡沉淀,形成浑浊,其浑浊程度和水样中硫酸盐含量呈正比。

1.1.3 试剂

1.1.3.1 硫酸盐标准溶液[$\rho(SO_4^{2-})=1$ mg/ mL]:称取1.478 6 g无水硫酸钠(Na_2SO_4)或1.814 1 g无水硫酸钾(K_2SO_4),溶于纯水中,并定容至1 000 mL。

1.1.3.2 稳定剂溶液:称取75 g氯化钠(NaCl),溶于300 mL纯水中,加入30 mL盐酸($\rho_{20}=1.19$ g/ mL)、50 mL甘油(丙三醇)和100 mL乙醇[$\varphi(C_2H_5OH)=95\%$],混合均匀。

1.1.3.3 氯化钡晶体($BaCl_2\cdot 2H_2O$),20目~30目。

1.1.4 仪器

1.1.4.1 电磁搅拌器。

1.1.4.2 浊度仪或分光光度计。

1.1.5 分析步骤

1.1.5.1 吸取50 mL水样于100 mL烧杯中,若水样中硫酸盐浓度超过40 mg/L,取适量水样并稀释至50 mL。

1.1.5.2 加入2.5 mL稳定剂溶液(1.1.3.2),调节电磁搅拌器速度,使溶液在搅拌时不溅出,并能使0.2 g氯化钡晶体(1.1.3.3)在10 s~30 s之间溶解。固定此条件,在同批测定中不应改变。

1.1.5.3 取同型100 mL烧杯6个分别加入硫酸盐标准溶液(1.1.3.1)0 mL,0.25 mL,0.50 mL,1.00 mL,1.50 mL和2.00 mL。各加纯水至50 mL。使硫酸盐浓度分别为0 mg/L,5.0 mg/L,10.0 mg/L,20.0 mg/L,30.0 mg/L和40.0 mg/L(以SO_4^{2-}计)。

1.1.5.4 另取50 mL水样于标准系列在同一条件下,在水样与标准系列中各加入2.5 mL稳定剂溶液(1.1.3.2),待搅拌速度稳定后加入0.2 g氯化钡晶体(1.1.3.3)并立即计时,搅拌60 s±5 s。各烧杯均从加入氯化钡晶体起计时,到准确10 min时于420 nm波长,3 cm比色皿,以纯水为参比,测量吸光度。或用浊度仪测定浑浊度。

1.1.5.5 绘制工作曲线,从曲线上查得样品中硫酸盐质量。

1.1.6 计算

水样中硫酸盐(SO_4^{2-})质量浓度的计算见式(1):

$$\rho(SO_4^{2-})=\frac{m\times 1\ 000}{V} \quad \cdots\cdots(1)$$

式中：

$\rho(SO_4^{2-})$——水样中硫酸盐(SO_4^{2-})质量浓度，单位为毫克每升(mg/L)；

m——从工作曲线上查得的硫酸盐质量，单位为毫克(mg)；

V——水样体积，单位为毫升(mL)。

1.2 离子色谱法

见3.2。

1.3 铬酸钡分光光度法(热法)

1.3.1 范围

本标准规定了用铬酸钡分光光度法(热法)测定生活饮用水及其水源水中的硫酸盐。

本法适用于生活饮用水及其水源水中可溶性硫酸盐的测定。

本法最低检测质量为0.25 mg，若取50 mL水样测定，则最低检测质量浓度为5 mg/L。

本法适用于测定硫酸盐浓度为5 mg/L～200 mg/L的水样。水样中碳酸盐可与钡离子形成沉淀干扰测定，但经加酸煮沸后可消除其干扰。

1.3.2 原理

在酸性溶液中，铬酸钡与硫酸盐生成硫酸钡沉淀和铬酸离子。将溶液中和后，过滤除去多余的铬酸钡和生成的硫酸钡，滤液中即为硫酸盐所取代出的铬酸离子，呈现黄色，比色定量。

1.3.3 试剂

1.3.3.1 硫酸盐标准溶液[$\rho(SO_4^{2-})$=1 mg/mL]：见1.1.3.1。

1.3.3.2 铬酸钡悬浊液：称取19.44 g铬酸钾(K_2CrO_4)和24.44 g氯化钡($BaCl_2\cdot 2H_2O$)，分别溶于1 000 mL纯水中，加热至沸。将两种溶液于3 000 mL烧杯中混合，使生成黄色铬酸钡沉淀。待沉淀下降后，倾出上层清液。每次用1 000 mL纯水以倾泻法洗涤沉淀5次，加纯水至1 000 mL配成悬浊液。每次使用前混匀。

注：每5 mL悬浊液约可沉淀48 mg硫酸盐。

1.3.3.3 氨水(1+1)：取氨水(ρ_{20}=0.88 g/mL)与纯水等体积混合。

1.3.3.4 盐酸溶液[c(HCl)=2.5 mol/L]：取208 mL盐酸(ρ_{20}=1.19 g/mL)加纯水稀释至1 000 mL。

1.3.4 仪器

1.3.4.1 具塞比色管：50 mL和25 mL。

1.3.4.2 分光光度计。

1.3.5 分析步骤

1.3.5.1 吸取50.0 mL水样，置于150 mL锥形瓶中。

注：本法所用玻璃仪器不能用重铬酸钾洗液处理。为防止实验中污染的影响，锥形瓶临用前用盐酸溶液(1+1)处理后并用自来水及纯水淋洗干净。

1.3.5.2 另取150 mL锥形瓶8个，分别加入0 mL、0.25 mL、0.50 mL、1.00 mL、3.00 mL、5.00 mL、7.00 mL和10.00 mL硫酸盐标准溶液(1.3.3.1)，各加纯水至50.0 mL。

1.3.5.3 向水样及标准系列中各加1 mL盐酸溶液(1.3.3.4)，加热煮沸5 min左右，以分解除去碳酸盐的干扰。各加铬酸钡悬浊液(1.3.3.2)，再煮沸5 min左右(此时溶液体积约为25 mL)。

1.3.5.4 取下锥形瓶，各瓶逐滴加入氨水(1.3.3.3)至液体呈柠檬黄色，再多加2滴。

1.3.5.5 冷却后，移入50 mL具塞比色管，加纯水至刻度，摇匀。

1.3.5.6 将上述溶液通过干的慢速定量滤纸过滤，弃去最初的5 mL滤液，收集滤液于干燥的25 mL

比色管中。于 420 nm 波长，用 0.5 cm 比色皿，以纯水作参比，测量吸光度。

注：若采用 440 nm 波长，应使用 1 cm 比色皿，低于 4 mg 的硫酸盐系列可采用 3 cm 比色皿。

1.3.5.7 绘制工作曲线，从曲线上查出样品管中硫酸盐质量。

1.3.6 计算

水样中硫酸盐（以 SO_4^{2-} 计）质量浓度计算见式（2）：

$$\rho(SO_4^{2-}) = \frac{m \times 1\,000}{V} \quad \cdots\cdots (2)$$

式中：

$\rho(SO_4^{2-})$——水样中硫酸盐（以 SO_4^{2-} 计）质量浓度，单位为毫克每升（mg/L）；

m——从工作曲线查得样品中硫酸盐的质量，单位为毫克（mg）；

V——水样体积，单位为毫升（mL）。

1.3.7 精密度和准确度

20 个实验室测定硫酸盐浓度为 20.0 mg/L 的合成水样，含其他离子浓度（mg/L）为：硝酸盐，25.0；氯化物，1.25。其相对标准偏差为 3.0%，相对误偏差为 1.0%。

1.4 铬酸钡分光光度法（冷法）

1.4.1 范围

本标准规定了用铬酸钡分光光度法测定生活饮用水及其水源水中的硫酸盐。

本法适用于生活饮用水及其水源水中可溶性硫酸盐的测定。

本法最低检测质量为 0.05 mg，若取 10 mL 水样测定，则最低检测质量浓度为 5 mg/L。

本法适用于测定硫酸盐浓度为 5 mg/L～100 mg/L 的水样。水样中碳酸盐也可与钡离子生成沉淀，加入钙氨溶液消除碳酸盐的干扰。

1.4.2 原理

在酸性溶液中，硫酸盐与铬酸钡生成硫酸钡沉淀和铬酸离子，加入乙醇降低铬酸钡在水溶液中的溶解度。过滤除去硫酸钡及过量的铬酸钡沉淀，滤液中为硫酸盐所取代的铬酸离子，呈现黄色，比色定量。

1.4.3 试剂

本法所用试剂均为分析纯级。所用纯水为蒸馏水或去离子水。

1.4.3.1 硫酸盐标准溶液[$\rho(SO_4^{2-})$＝0.5 mg/ mL]：准确称取 0.907 1 g 经 105 ℃干燥的硫酸钾（K_2SO_4）。用纯水溶解，并稀释定容至 1 000 mL。

1.4.3.2 铬酸钡悬浊液：称取 2.5 g 铬酸钡（$BaCrO_4$），加入 200 mL 乙酸-盐酸混合液{[$c(CH_3COOH)$＝1 mol/L]和[$c(HCl)$＝0.02 mol/L]等体积混合}中，充分振摇混合，制成悬浊液，储存于聚乙烯瓶中，使用前摇匀。

1.4.3.3 钙氨溶液：称取 1.9 g 氯化钙（$CaCl_2 \cdot 2H_2O$），溶于 500 mL 氨水[$c(NH_3 \cdot H_2O)$＝6 mol/L]中。密塞保存。

1.4.3.4 乙醇[$\varphi(C_2H_5OH)$＝95%]。

1.4.4 仪器

1.4.4.1 具塞比色管：25 mL 和 10 mL。

1.4.4.2 分光光度计。

1.4.5 分析步骤

1.4.5.1 吸取 10.0 mL 水样，置于 25 mL 比色管中。

1.4.5.2 取 7 支 25 mL 具塞比色管，分别加入 0 mL，0.10 mL，0.20 mL，0.40 mL，0.60 mL，0.80 mL 和 1.00 mL 硫酸盐标准溶液（1.4.3.1），加纯水至 10.0 mL 刻度。

1.4.5.3 于水样和标准管中各加入 5.0 mL 经充分摇匀的铬酸钡悬浊液(1.4.3.2),充分混匀,静置 3 min。

1.4.5.4 加入 1.0 mL 钙氨溶液(1.4.3.3),混匀,加入 10 mL 乙醇(1.4.3.4),密塞,猛烈振摇 1min。

1.4.5.5 用慢速定量滤纸过滤,弃去 10 mL 初滤液,收集滤液于 10 mL 具塞比色管中,于 420 nm 波长,3 cm 比色皿,以纯水为参比,测量吸光度。

1.4.5.6 以减去空白后的吸光度对应硫酸盐质量,绘制工作曲线,从曲线上查出样品管中硫酸盐质量。

1.4.6 计算

水样中硫酸盐(以 SO_4^{2-} 计)质量浓度计算见式(3):

$$\rho(SO_4^{2-}) = \frac{m \times 1\,000}{V} \quad \cdots\cdots(3)$$

式中:

$\rho(SO_4^{2-})$——水样中硫酸盐(以 SO_4^{2-} 计)质量浓度,单位为毫克每升(mg/L);

m——从工作曲线上查得样品中硫酸盐质量,单位为毫克(mg);

V——水样体积,单位为毫升(mL)。

1.4.7 精密度和准确度

硫酸盐浓度为 10 mg/L,50 mg/L,100 mg/L 测定的相对标准偏差分别为 6.8%、2.1%和 1.8%。平均回收率为 94%~101%。

1.5 硫酸钡烧灼称量法

1.5.1 范围

本标准规定了用硫酸钡烧灼称量法测定生活饮用水及其水源水中的硫酸盐。

本法适用于生活饮用水及其水源水中可溶性硫酸盐的测定。

本法最低检测质量为 5 mg。若取 500 mL 水样测定,则最低检测质量浓度为 10 mg/L。

水中悬浮物、二氧化硅、水样处理过程中形成的不溶性硅酸盐及由亚硫酸盐氧化形成的硫酸盐,因操作不当包埋在硫酸钡沉淀中的氯化钡、硝酸钡等可造成测定结果的偏高。铁和铬影响硫酸钡的完全沉淀使结果偏低。

1.5.2 原理

硫酸盐和氯化钡在强酸性的盐酸溶液中生成白色硫酸钡沉淀,经陈化后过滤,洗涤沉淀至滤液不含氯离子,灼烧至恒重,根据硫酸钡质量计算硫酸盐的质量浓度。

1.5.3 试剂

本法所用试剂除另作说明外,均为分析纯级试剂。所用纯水为蒸馏水或去离子水。

1.5.3.1 氯化钡溶液(50 g/L):称取 5g 氯化钡($BaCl_2 \cdot 2H_2O$),溶于纯水中,并稀释至 100 mL。此溶液稳定,可长期保存。

1.5.3.2 盐酸溶液(1+1)。

1.5.3.3 硝酸银溶液(17.0 g/L):称取 4.25 g 硝酸银($AgNO_3$),溶于含 0.25 mL 硝酸(ρ_{20}=1.42 g/ mL)的纯水中,并稀释至 250 mL。

1.5.3.4 甲基红指示剂溶液(1 g/L):称取 0.1 g 甲基红($C_{15}H_{15}N_3O_2$),溶于 74 mL 氢氧化钠溶液[c(NaOH)=0.5 mol/L]中,用纯水稀释至 100 mL。

1.5.4 仪器

1.5.4.1 高温炉。

1.5.4.2 瓷坩埚:25 mL。

1.5.5 分析步骤

水样中阳离子总量大于 250 mg/L,或重金属离子浓度大于 10 mg/L 时,应将水样通过阳离子交换树脂柱除去水中阳离子。

1.5.5.1 取 200 mL～500 mL 水样(含硫酸盐 5 mg～50 mg,勿超过 100 mg),置于烧杯中。加入数滴甲基红指示剂溶液(1.5.3.4),加盐酸溶液(1.5.3.2)使水样呈酸性,加热浓缩至 50 mL 左右。

注:水样在浓缩前酸化。可防止碳酸钡和磷酸钡沉淀。碳酸盐在酸化加热时分解为二氧化碳;磷酸钡在酸性溶液中溶解。

1.5.5.2 将水样过滤,除去悬浮物及二氧化硅。用盐酸溶液(1.5.3.2)酸化过的纯水冲洗滤纸及沉淀,收集过滤的水样于烧杯中。

注:当水样中只有少量不溶性二氧化硅时,可以过滤除去。当二氧化硅浓度超过 25 mg/L 时将干扰测定。硅酸盐可与钡离子生成硅酸钡($BaSiO_3$)白色沉淀,在酸性时形成硅酸(H_2SiO_3)胶状沉淀。这类水样应于铂皿中蒸干,并加 1 mL 盐酸($\rho_{20}=1.19$ g/ mL),使充分接触后继续蒸干,于 180℃烘箱中烘干,加入 2 mL 盐酸($\rho_{20}=1.19$ g/ mL)及热水,过滤,用少量纯水反复洗涤滤渣。合并洗液于滤液中供测定硫酸盐。

1.5.5.3 于试样中缓缓加入热氯化钡溶液(1.5.3.1),搅拌,直到硫酸钡沉淀完全为止,并多加 2 mL。

注:在浓缩水样中,应缓缓加入氯化钡溶液并不断搅拌,以防止局部浓度过高,沉淀过快,包藏其他杂质引起误差。

1.5.5.4 将烧杯置于 80℃～90℃水浴中,盖以表面皿,加热 2 h 以陈化沉淀。

注:陈化过程中可使晶体变大以利过滤;可减少吸附作用使沉淀更纯净。

1.5.5.5 取下烧杯,在沉淀中加入少量无灰滤纸浆,用慢速定量滤纸过滤。用 50℃纯水冲洗沉淀和滤纸,直至向滤液中滴加硝酸银溶液(1.5.3.3)不发生浑浊时为止。

1.5.5.6 将洗净并干燥的坩埚在高温炉内灼烧 30 min。冷后称量,重复灼烧至恒重。

1.5.5.7 将包好沉淀的滤纸放至坩埚中在 110℃烘箱中烘干。在电炉上缓缓加热炭化。

1.5.5.8 将坩埚移入高温炉内,于 800℃灼烧 30 min。在干燥器中冷却,称量,重复操作直至恒重。

1.5.6 计算

水样中硫酸盐(以 SO_4^{2-})计的质量浓度计算见式(4):

$$\rho(SO_4^{2-})=\frac{m\times 0.411\,6\times 1\,000}{V} \quad \cdots\cdots(4)$$

式中:

$\rho(SO_4^{2-})$——水样中硫酸盐(以 SO_4^{2-} 计)的质量浓度,单位为毫克每升(mg/L);

m——硫酸钡质量,单位为毫克(mg);

V——水样体积,单位为毫升(mL);

0.411 6——1 mol 硫酸钡($BaSO_4$)的质量相当于 1 mol SO_4^{2-} 的质量换算系数。

2 氯化物

2.1 硝酸银容量法

2.1.1 范围

本标准规定了用硝酸银容量法测定生活饮用水及其水源水中的氯化物。

本法适用于生活饮用水及水源水中氯化物的测定。

本法最低检测质量为 0.05 mg,若取 50 mL 水样测定,则最低检测质量浓度为 1.0 mg/L。

溴化物及碘化物均能引起相同反应,并以相当于氯化物的质量计入结果。硫化物、亚硫酸盐、硫代硫酸盐及超过 15 mg/L 的耗氧量可干扰本法测定。亚硫酸盐等干扰可用过氧化氢处理除去。耗氧量较高的水样可用高锰酸钾处理或蒸干后灰化处理。

2.1.2 原理

硝酸银与氯化物生成氯化银沉淀,过量的硝酸银与铬酸钾指示剂反应生成红色铬酸银沉淀,指示反应到达终点。

2.1.3 试剂

2.1.3.1 高锰酸钾。

2.1.3.2 乙醇[$\varphi(C_2H_5OH)=95\%$]。

2.1.3.3 过氧化氢[$\omega(H_2O_2)=30\%$]。

2.1.3.4 氢氧化钠溶液(2 g/L)。

2.1.3.5 硫酸溶液[$c(1/2H_2SO_4)=0.05$ mol/L]。

2.1.3.6 氢氧化铝悬浮液：称取125 g 硫酸铝钾[$KAl(SO_4)_2 \cdot 12H_2O$]或硫酸铝铵[$NH_4Al(SO_4)_2 \cdot 12H_2O$]，溶于1 000 mL 纯水中。加热至60℃，缓缓加入55 mL 氨水($\rho_{20}=0.88$ g/ mL)，使氢氧化铝沉淀完全。充分搅拌后静置，弃去上清液，用纯水反复洗涤沉淀，至倾出上清液中不含氯离子(用硝酸银硝酸溶液试验)为止。然后加入300 mL 纯水成悬浮液，使用前振摇均匀。

2.1.3.7 铬酸钾溶液(50 g/L)：称取5 g 铬酸钾(K_2CrO_4)，溶于少量纯水中，滴加硝酸银标准溶液(2.1.3.9)至生成红色不褪为止，混匀，静置24 h 后过滤，滤液用纯水稀释至100 mL。

2.1.3.8 氯化钠标准溶液[$\rho(Cl^-)=0.5$ mg/ mL]：见2.3.3.8。

2.1.3.9 硝酸银标准溶液[$c(AgNO_3)=0.014\ 00$ mol/L]：称取2.4 g 硝酸银($AgNO_3$)，溶于纯水，并定容至1 000 mL。储存于棕色试剂瓶内。用氯化钠标准溶液(2.1.3.8)标定。

吸取25.00 mL 氯化钠标准溶液(2.1.3.8)，置于瓷发蒸皿内，加纯水25 mL 。另取一瓷蒸发皿，加50 mL 纯水作为空白，各加1 mL 铬酸钾溶液(2.1.3.7)，用硝酸银标准溶液滴定，直至产生淡桔黄色为止。按式(5)计算硝酸银的浓度。

$$m=\frac{25\times 0.50}{V_1-V_0} \qquad (5)$$

式中：

m——1.00 mL 硝酸银标准溶液相当于氯化物(Cl^-)的质量，单位为毫克(mg)；

V_0——滴定空白的硝酸银标准溶液用量，单位为毫升(mL)；

V_1——滴定氯化钠标准溶液的硝酸银标准溶液用量，单位为毫升(mL)。

根据标定的浓度，校正硝酸银标准溶液(2.1.3.9)的浓度，使1.00 mL 相当于氯化物0.50 mg(以Cl^-计)。

2.1.3.10 酚酞指示剂(5 g/L)：称取0.5 g 酚酞($C_{20}H_{14}O_4$)，溶于50 mL 乙醇(2.1.3.2)中，加入50 mL 纯水，并滴加氢氧化钠溶液(2.1.3.4)使溶液呈微红色。

2.1.4 仪器

2.1.4.1 锥形瓶：250 mL。

2.1.4.2 滴定管：25 mL，棕色。

2.1.4.3 无分度吸管：50 mL 和25 mL。

2.1.5 分析步骤

2.1.5.1 水样预处理

2.1.5.1.1 对有色的水样：取150 mL，置于250 mL 锥形瓶中。加2 mL 氢氧化铝悬浮液(2.1.3.6)，振荡均匀，过滤，弃去初滤液20 mL。

2.1.5.1.2 对含有亚硫酸盐和硫化物的水样：将水样用氢氧化钠溶液(2.1.3.4)调节至中性或弱碱性，加入1 mL 过氧化氢(2.1.3.3)，搅拌均匀。

2.1.5.1.3 对耗氧量大于15 mg/L 的水样：加入少许高锰酸钾晶体，煮沸，然后加入数滴乙醇(2.1.3.2)还原过多的高锰酸钾，过滤。

2.1.5.2 测定

2.1.5.2.1 吸取水样或经过预处理的水样50.0 mL(或适量水样加纯水稀释至50 mL)。置于瓷蒸发皿内,另取一瓷蒸发皿,加入50 mL纯水,作为空白。

2.1.5.2.2 分别加入2滴酚酞指示剂(2.1.3.10),用硫酸溶液(2.1.3.5)或氢氧化钠溶液(2.1.3.4)调节至溶液红色恰好褪去。各加1 mL铬酸钾溶液(2.1.3.7),用硝酸银标准溶液(2.1.3.9)滴定,同时用玻璃棒不停搅拌,直至溶液生成桔黄色为止。

注1:本标准只能在中性溶液中进行滴定,因为在酸性溶液中铬酸银溶解度增高,滴定终点时,不能形成铬酸银沉淀。在碱性溶液中将形成氧化银沉淀。

注2:铬酸钾指示终点的最佳浓度为 1.3×10^{-2} mol/L。但由于铬酸钾的颜色影响终点的观察,实际使用的浓度为50 mL样品中加入1 mL铬酸钾溶液(50 g/L)其浓度为 5.1×10^{-3} mol/L。同时用空白滴定值予以校正。

2.1.6 计算

水样中氯化物(以 Cl^- 计)的质量浓度计算见式(6):

$$\rho(Cl^-)=\frac{(V_1-V_0)\times0.50\times1\,000}{V} \qquad\cdots\cdots(6)$$

式中:

$\rho(Cl^-)$——水样中氯化物(以 Cl^- 计)的质量浓度,单位为毫克每升(mg/L);

V_0——空白试验消耗硝酸银标准溶液的体积,单位为毫升(mL);

V_1——水样消耗硝酸银标准溶液的体积,单位为毫升(mL);

V——水样体积,单位为毫升(mL)。

2.1.7 精密度和准确度

75个实验室用本标准测定含氯化物87.9 mg/L和18.4 mg/L的合成水样[含其他离子浓度为氟化物1.30和0.43;硫酸盐,93.6和7.2;可溶性固体,338和54;总硬度136和20.7(mg/L)]。其相对标准偏差分别为2.1%和3.9%,相对误差分别为3.0%和2.2%。

2.2 离子色谱法

见3.2。

2.3 硝酸汞容量法

2.3.1 范围

本标准规定了用硝酸汞容量法测定生活饮用水中的氯化物。

本法适用于生活饮用水及其水源水中可溶性氯化物的测定。

本法最低检测质量为0.05 mg,若取50 mL水样测定,则最低检测质量浓度为1.0 mg/L(以 Cl^- 计)。

水样中的溴化物及碘化物均能起相同反应,在计算时均以氯化物计入结果。硫化物和大于10 mg/L的亚硫酸盐、铬酸盐、高铁离子等能干扰测定。硫化物和亚硫酸盐的干扰可用过氧化氢氧化消除。

2.3.2 原理

氯化物与硝酸汞生成离解度极小的氯化汞,滴定到达终点时,过量的硝酸汞与二苯卡巴腙生成紫色络合物。

2.3.3 试剂

2.3.3.1 乙醇[$\varphi(C_2H_5OH)=95\%$]。

2.3.3.2 高锰酸钾。

2.3.3.3 过氧化氢[$\omega(H_2O_2)=30\%$]。

2.3.3.4 氢氧化钠溶液[$c(NaOH)=1.0$ mol/L]。

2.3.3.5 硝酸[$c(HNO_3)=1.0$ mol/L]。

2.3.3.6 硝酸[$c(HNO_3)=0.1$ mol/L]。

2.3.3.7 氢氧化铝悬浮液:见2.1.3.6。

2.3.3.8 氯化钠标准溶液[$c(NaCl)=0.014\ 10$ mol/L 或 $\rho(Cl^-)=0.5$ mg/ mL]:称取经 700℃烧灼 1 h的氯化钠(NaCl)8.242 0 g,溶于纯水中并稀释至 1 000 mL。吸取 10.0 mL,用纯水稀释至100.0 mL。

2.3.3.9 硝酸汞标准溶液{$c[1/2Hg(NO_3)_2]=0.014$ mol/L}:称取 2.5 g 硝酸汞[$Hg(NO_3)_2 \cdot H_2O$],溶于含 0.25 mL 硝酸($\rho_{20}=1.42$ g/ mL)的 100 mL 纯水中,用纯水稀释至 1 000 mL。按以下方法标定。

吸取 25.00 mL 氯化钠标准溶液(2.3.3.8),加纯水至 50 mL,以下按 2.3.5.2 步骤操作,计算硝酸汞标准溶液的浓度见式(7):

$$m=\frac{25.00\times 0.50}{V_1-V_0} \quad \cdots\cdots(7)$$

式中:

m——1.00 mL 硝酸汞标准溶液{$c[1/2Hg(NO_3)_2]=0.014$ mol/L}相当于以 mg 表示的氯化物(Cl^-)质量;

V_0——滴定空白消耗的硝酸汞标准溶液体积,单位为毫升(mL);

V_1——滴定氯化物标准溶液消耗的硝酸汞标准溶液体积,单位为毫升(mL)。

校正硝酸汞标准溶液浓度,使 1.00 mL 含氯化物(以 Cl^- 计)0.50 mg。

2.3.3.10 二苯卡巴腙-溴酚蓝混合指示剂:称取 0.5 g 二苯卡巴腙($C_6H_5N=NCOHNNHC_6H_5$,又名二苯偶氮碳酰肼)和 0.05 g 溴酚蓝($C_{19}H_{10}Br_4O_5S$),溶于 100 mL 乙醇[$\varphi(C_2H_5OH)=95\%$]。保存于冷暗处。

2.3.4 仪器

2.3.4.1 锥形瓶:250 mL。

2.3.4.2 滴定管:25 mL。

2.3.4.3 无分度吸管:50 mL。

2.3.5 分析步骤

2.3.5.1 水样预处理,同 2.1.5.1。

2.3.5.2 取水样及纯水各 50 mL,分别置于 250 mL 锥形烧瓶中,加 0.2 mL 混合指示剂(2.3.3.10),用硝酸(2.3.3.5)调节水样 pH 值。使溶液由蓝变成纯黄色[如水样为酸性,先用氢氧化钠溶液(2.3.3.4)调节至呈蓝色],再加硝酸(2.3.3.6)0.6 mL,此时溶液 pH 值为 3.0±0.2。

注:应严格控制 pH 值,酸度过大,汞离子与指示剂结合的能力减弱,使结果偏高,反之,终点将提前使结果偏低。

2.3.5.3 用硝酸汞标准溶液(2.3.3.9)滴定,当临近终点时,溶液呈现暗黄色。此时应缓慢滴定,并逐滴充分振摇,当溶液呈淡橙红色,泡沫呈紫色时即为终点。

注:如果水样消耗硝酸汞标准液大于 10 mL,应取少量水样稀释后再测定。

2.3.6 计算

水样氯化物(以 Cl^- 计)的质量浓度计算见式(8):

$$\rho(Cl^-)=\frac{(V_1-V_0)\times 0.50\times 1\ 000}{V} \quad \cdots\cdots(8)$$

式中:

$\rho(Cl^-)$——水样中氯化物(以 Cl^- 计)的质量浓度,单位为毫克每升(mg/L);

V_0——空白消耗硝酸汞标准液体积,单位为毫升(mL);

V_1——水样消耗硝酸汞标准液体积,单位为毫升(mL);

V——水样体积,单位为毫升(mL)。

2.3.7 精密度和准确度

11 个实验室测定含氯化物 87.9 mg/L 和 18.4 mg/L 的合成水样其他离子浓度(以 mg/L 计)为:

F^-,1.30 和 0.43;NO_3^-,93.6 和 7.2;溶解性总固体,338 和 54;总硬度 136 和 20.7。测定的相对标准偏差为 2.3%和 4.8%,相对误差为 1.9%和 3.3%。

3 氟化物

3.1 离子选择电极法

3.1.1 范围

本标准规定了用离子选择电极法测定生活饮用水及其水源水中的氟化物。

本法适用于生活饮用水及其水源水中可溶性氟化物的测定。

本法最低检测质量为 2μg,若取 10 mL 水样测定,则最低检测质量浓度为 0.2 mg/L。

色度、浑浊度较高及干扰物质较多的水样可用本标准直接测定。为消除 OH^- 对测定的干扰,将测定的水样 pH 值控制在 5.5～6.5 之间。

3.1.2 原理

氟化镧单晶对氟化物离子有选择性,在氟化镧电极膜两侧的不同浓度氟溶液之间存在电位差,这种电位差通常称为膜电位。膜电位的大小与氟化物溶液的离子活度有关。氟电极与饱和甘汞电极组成一对原电池。利用电动势与离子活度负对数值的线性关系直接求出水样中氟离子浓度。

3.1.3 试剂

3.1.3.1 冰乙酸(ρ_{20}=1.06 g/ mL)。

3.1.3.2 氢氧化钠溶液(400 g/L):称取 40 g 氢氧化钠,溶于纯水中并稀释至 100 mL。

3.1.3.3 盐酸溶液(1+1):将盐酸(ρ_{20}=1.19 g/ mL)与纯水等体积混合。

3.1.3.4 离子强度缓冲液Ⅰ:称取 348.2 g 柠檬酸三钠($Na_3C_6H_5O_7 \cdot 5H_2O$),溶于纯水中。用盐酸溶液(3.1.3.3)调节 pH 为 6 后,用纯水稀释至 1 000 mL。

3.1.3.5 离子强度缓冲液Ⅱ:称取 59 g 氯化钠(NaCl),3.48 g 柠檬酸三钠($Na_3C_6H_5O_7 \cdot 5H_2O$),和 57 mL 冰乙酸(3.1.3.1),溶于纯水中,用氢氧化钠溶液(3.1.3.2)调节 pH 为 5.0～5.5 后,用纯水稀释至 1 000 mL。

3.1.3.6 氟化物标准储备溶液[$\rho(F^-)$=1 mg/ mL]:称取经 105℃干燥 2 h 的氟化钠(NaF)0.221 0 g,溶解于纯水中,并稀释定容至 100 mL。储存于聚乙烯瓶中。

3.1.3.7 氟化物标准使用溶液[$\rho(F^-)$=10 μg/mL]:吸取氟化物标准储备溶液(3.1.3.6)5.00 mL。于 500 mL 容量瓶中用纯水稀释到刻度。

3.1.4 仪器

3.1.4.1 氟离子选择电极和饱和甘汞电极。

3.1.4.2 离子活度计或精密酸度计。

3.1.4.3 电磁搅拌器。

3.1.5 分析步骤

3.1.5.1 标准曲线法

3.1.5.1.1 吸取 10 mL 水样于 50 mL 烧杯中。若水样总离子强度过高,应取适量水样稀释到 10 mL。

3.1.5.1.2 分别吸取氟化物标准使用溶液(3.1.3.7)0 mL,0.20 mL,0.40 mL,0.60 mL,1.00 mL,2.00 mL和 3.00 mL 于 50 mL 烧杯中,各加纯水至 10 mL。加入与水样相同的离子强度缓冲液Ⅰ(3.1.3.4)或离子强度Ⅱ(3.1.3.5)。此标准系列浓度分别为 0 mg/L,0.20 mg/L,0.40 mg/L,0.60 mg/L,1.00 mg/L,2.00 mg/L 和 3.00 mg/L(以 F^- 计)。

3.1.5.1.3 加 10 mL 离子强度缓冲液[水样中干扰物质较多时用离子强度缓冲液Ⅰ(3.1.3.4),较清洁水样用离子强度缓冲液Ⅱ(3.1.3.5)]。放入搅拌子于电磁搅拌器上搅拌水样溶液,插入氟离子电极和甘汞电极,在搅拌下读取平衡电位值(指每分钟电位值改变小于 0.5 mV,当氟化物浓度甚低时,约需 5 min 以上)。

3.1.5.1.4 以电位值(mV)为纵坐标，氟化物活度[$\rho(F^-)=-\log a\ F^-$]为横坐标，在半对数纸上绘制标准曲线。在标准曲线上查得水样中氟化物的质量浓度。

注：标准溶液系列与水样的测定应保持温度一致。

3.1.5.2 **标准加入法**

3.1.5.2.1 吸取 50 mL 水样于 200 mL 烧杯中，加 50 mL 离子强度缓冲液[水样中干扰物质较多时用离子强度缓冲液Ⅰ(3.1.3.4)，较清洁水样用离子强度缓冲液Ⅱ(3.1.3.5)]。同步骤 3.1.5.1.3 操作，读取平衡电位值(E_1,mV)。

3.1.5.2.2 于水样中加入一小体积(小于 0.5 mL)的氟化物标准储备液(3.1.3.6)，在搅拌下读取平衡电位值(E_2,mV)。

注：E_1 与 E_2 应相差 30 mV～40 mV。

3.1.6 **计算**

3.1.6.1 **标准曲线法**

氟化物质量浓度(F^-,mg/L)可直接在标准曲线上查得。

3.1.6.2 **标准加入法**

水样中氟化物的质量浓度计算见式(9)：

$$\rho(F^-)=\frac{\dfrac{\rho_1\times V_1}{V_2}}{\log^{-1}\left(\dfrac{E_2-E_1}{K}\right)-1} \qquad \cdots\cdots(9)$$

式中：

$\rho(F^-)$——水样中氟化物的质量浓度，单位为毫克每升(mg/L)；

ρ_1——加入标准储备溶液的质量浓度，单位为毫克每升(mg/L)；

V_1——加入标准储备溶液的体积，单位为毫升(mL)；

V_2——水样体积，单位为毫升(mL)；

K——测定水样的温度 t(℃)时的斜率，其值为 0.198 5×(273+t)。

3.1.7 **精密度和准确度**

26 个实验室用本标准测定含氟化物 1.25 mg/L 的合成水样，其他组分浓度(mg/L)为：硝酸盐，25；硫酸盐，20；氯化物，55。相对标准差为 1.9%，相对误差为 0.8%。

3.2 离子色谱法

3.2.1 **范围**

本标准规定了用离子色谱分析法测定生活饮用水及其水源水中氟化物、氯化物、硝酸盐和硫酸盐的含量。

本法适用于生活饮用水及水源水中可溶性氟化物、氯化物、硝酸盐和硫酸盐的测定。

本法最低检测质量浓度决定于不同进样量和检测器灵敏度，一般情况下，进样 50 μL，电导检测器量程为 10 μS 时适宜的检测范围为：0.1 mg/L～1.5 mg/L(以 F^- 计)；0.15 mg/L～2.5 mg/L(以 Cl^- 和 NO_3^-—N 计)；0.75 mg/L～12 mg/L(以 SO_4^{2-} 计)。

水样中存在较高浓度的低分子量有机酸时，由于其保留时间与被测组分相似而干扰测定，用加标后测量可以帮助鉴别此类干扰，水样中某一阴离子含量过高时，将影响其他被测离子的分析，将样品稀释可以改善此类干扰。

由于进样量很小，操作中必需严格防止纯水、器皿以及水样预处理过程中的污染，以确保分析的准确性。

为了防止保护柱和分离柱系统堵塞，样品必需经过 0.2μm 滤膜过滤。为了防止高浓度钙、镁离子在碳酸盐淋洗液中沉淀，可将水样先经过强酸性阳离子交换树脂柱。

不同浓度离子同时分析时的相互干扰，或存在其他组分干扰时可采取水样预浓缩，梯度淋洗或将流出液分部收集后再进样的方法消除干扰，但必需对所采取的方法的精密度及偏性进行确认。

3.2.2　原理

水样中待测阴离子随碳酸盐-重碳酸盐淋洗液进入离子交换柱系统（由保护柱和分离柱组成），根据分离柱对各阴离子的不同的亲和度进行分离，已分离的阴离子流经阳离子交换柱或抑制器系统转换成具高电导度的强酸，淋洗液则转变为弱电导度的碳酸。由电导检测器测量各阴离子组分的电导率，以相对保留时间和峰高或面积定性和定量。

3.2.3　试剂

3.2.3.1　纯水（去离子或蒸馏水）：含各种待测阴离子应低于仪器的最低检测限，并经过 0.2 μm 滤膜过滤。

3.2.3.2　淋洗液，碳酸氢钠[$c(NaHCO_3)$＝1.7 mmol/L]-碳酸钠[$c(Na_2CO_3)$＝1.8 mmol/L]溶液：称取 0.571 2 g 碳酸氢钠（$NaHCO_3$）和 0.763 2 g 碳酸钠（Na_2CO_3），溶于纯水（3.2.3.1）中，并稀释到 4 000 mL。

3.2.3.3　再生液Ⅰ（适用于非连续式再生的抑制器）：硫酸[$c(H_2SO_4)$＝0.5 mol/L]。

3.2.3.4　再生液Ⅱ（适用于连续式再生的抑制器）：硫酸[$c(H_2SO_4)$＝25 mmol/L]。

3.2.3.5　氟化物（F^-）标准储备溶液[$\rho(F^-)$＝1 mg/ mL]：见 3.1.3.6。

3.2.3.6　氯化物（Cl^-）标准储备溶液[$\rho(Cl^-)$＝1 mg/mL]：称取 1.648 5 g 经 105℃干燥至恒重的氯化钠（NaCl），溶解于纯水中并稀释至 1 000 mL。

3.2.3.7　硝酸盐（NO_3^-）标准储备溶液[$\rho(NO_3^-)$＝1mg/ mL]：称取 7.218 0 g 经 105℃干燥至恒重的硝酸钾（KNO_3），溶解于纯水中并稀释至 1000 mL。

3.2.3.8　硫酸盐（SO_4^{2-}）标准储备溶液[$\rho(SO_4^{2-})$＝1 mg/ mL]：称取 1.814 1 g 经 105℃干燥至恒重的硫酸钾（K_2SO_4），溶解于纯水中并稀释至 1 000 mL。

3.2.3.9　混合阴离子标准溶液，含 F^- 5 mg/L，Cl^- 8 mg/L，NO_3^-－N 8 mg/L，SO_4^{2-} 40 mg/L：分别吸取上述标准储备溶液 5.00 mL（3.2.3.5），8.00 mL（3.2.3.6），8.00 mL（3.2.3.7）和 40.0 mL（3.2.3.8）于 1 000 mL 容量瓶中，加纯水至刻度，混匀。此溶液适合进样 50 μL，检测器为 30 μS 量程（见图 1）。

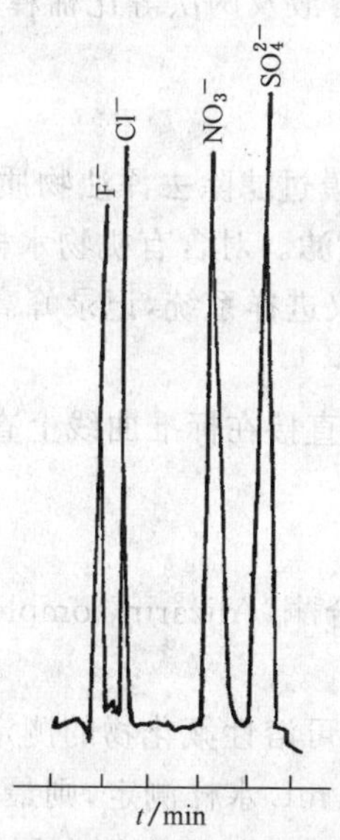

注 1：根据不同仪器的分离柱和检测器灵敏度，可以自行调整混合阴离子标准溶液的浓度。

注 2：根据仪器的量程可以配制不同浓度的混合标准液，或在临用时稀释成适合各种量程的标准溶液。

图 1　离子色谱图

3.2.4　仪器

3.2.4.1　离子色谱仪：包括进样系统，分离柱及保护柱，抑制器（交换柱抑制器、膜抑制器或自动电解抑制器，记录仪、积分仪或计算机)。

3.2.4.2 滤器及滤膜：0.2 μm。

3.2.4.3 阳离子交换柱(图 2)。磺化聚苯乙烯强酸性阳离子交换树脂。

单位为毫米

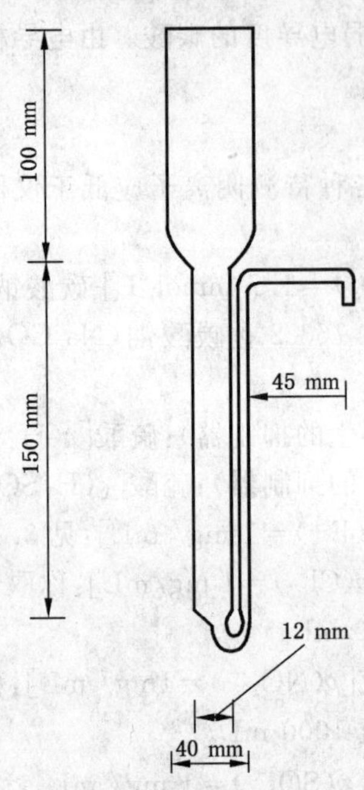

图 2 离子交换柱

3.2.5 分析步骤

3.2.5.1 开启离子色谱仪

参照所用仪器说明书调节淋洗液及再生液流速，使仪器达到平衡，并指示稳定的基线。

3.2.5.2 校准

根据所用的量程，将混合阴离子标准溶液及两次等比稀释的三种不同浓度标准溶液，依次注入进样系统。将峰值或者峰面积绘制工作曲线。

3.2.5.3 样品的分析

3.2.5.3.1 预处理：将水样经 0.2 μm 滤膜过滤除去浑浊物质。对硬度高的水样，必要时，可先经过阳离子交换树脂柱，然后再经 0.2 μm 滤膜过滤。对含有机物水样可先经过 C_{18} 柱过滤除去。

3.2.5.3.2 将预处理后的水样注入色谱仪进样系统，记录峰高或峰面积。

3.2.6 计算

各种阴离子的质量浓度(mg/L)，可以直接在标准曲线上查得。

3.3 氟试剂分光光度法

3.3.1 范围

本标准规定了用氟试剂(又名茜素络合酮，Alizarin complexone) 分光光度法测定生活饮用水及其水源水中的氟化物。

本法适用于生活饮用水及其水源水中可溶性氟化物的测定。

本法最低检测质量为 2.5 μg，若取 25 mL 水样测定，则最低检测质量浓度为 0.1 mg/L。

水样中存在 Al^{3+} 、Fe^{3+} 、Pb^{2+} 、Zn^{2+} 、Ni^{2+} 和 Co^{2+} 等金属离子均能干扰测定。Al^{3+} 能生成稳定的 $AlF_6{}^{3-}$，微克水平的 Al^{3+} 含量即可干扰测定。草酸、酒石酸、柠檬酸盐也干扰测定。大量的氯化物，硫酸盐、过氯酸盐也能引起干扰，因此当水样含干扰物质多时应经蒸馏法预处理。

3.3.2 原理

氟化物与氟试剂和硝酸镧反应，生成蓝色络合物，颜色深度与氟离子浓度在一定范围内成线性关系。当 pH 为 4.5 时，生成的颜色可稳定 24 h。

3.3.3 试剂

3.3.3.1 硫酸(ρ_{20}=1.84 g/ mL)。

3.3.3.2 硫酸银(Ag_2SO_4)。

3.3.3.3 丙酮。

3.3.3.4 氢氧化钠溶液(40 g/L)。

3.3.3.5 盐酸溶液(1+11)。

3.3.3.6 缓冲溶液：称取 85 g 乙酸钠($NaC_2H_3O_2 \cdot 3H_2O$)，溶于 800 mL 纯水中。加入 60 mL 冰乙酸(ρ_{20}=1.06 g/ mL)，用纯水稀释至 1 000 mL。此溶液的 pH 值应为 4.5，否则用乙酸或乙酸钠调节 pH 至 4.5。

3.3.3.7 硝酸镧溶液：称取 0.433 g 硝酸镧[$La(NO_3)_3 \cdot 6H_2O$]，滴加盐酸溶液(3.3.3.5)溶解，加纯水至 500 mL。

3.3.3.8 氟试剂溶液：称取 0.385 g 氟试剂($C_{19}H_{15}NO_8$，又名茜素络合酮或 1,2-羟基蒽醌-3-甲胺-*N*,*N*-二乙酸)，于少量纯水中，滴加氢氧化钠溶液(3.3.3.4)使之溶解。然后加入 0.125 g 乙酸钠($NaC_2H_3O_2 \cdot 3H_2O$)，加纯水至 500 mL。储存于棕色瓶内，保存在冷暗处。

3.3.3.9 氟化物标准储备溶液[$\rho(F^-)$=1 mg/ mL]：见 3.1.3.6。

3.3.3.10 氟化物标准使用溶液[$\rho(F^-)$=10 μg/ mL]：见 3.1.3.7。

3.3.3.11 酚酞溶液(1 g/L)：称取 0.1 g 酚酞($C_{20}H_{14}O_4$)，溶于乙醇溶液[$\varphi(C_2H_5OH)$=50%]中。

3.3.4 仪器

3.3.4.1 全玻璃蒸馏器：1 000 mL。

3.3.4.2 具塞比色管：50 mL。

3.3.4.3 分光光度计。

3.3.5 分析步骤

3.3.5.1 水样预处理

水样中有干扰物质时，需将水样在全玻璃蒸馏器(图 3)中蒸馏。将 400 mL 纯水置于 1 000 mL 蒸馏瓶中，缓缓加入 200 mL 硫酸(3.3.3.1)混匀，放入 20 粒～30 粒玻璃珠，加热蒸馏至液体温度升高到 180℃时为止。弃去馏出液，待瓶内液体温度冷却至 120℃以下，加入 250 mL 水样。若水样中含有氯化物，蒸馏前可按每毫克氯离子加入 5 mg 硫酸银(3.3.3.2)的比例，加入固体硫酸银。加热蒸馏至瓶内温度接近至 180℃时为止。收集馏液于 250 mL 容量瓶中，加纯水至刻度。

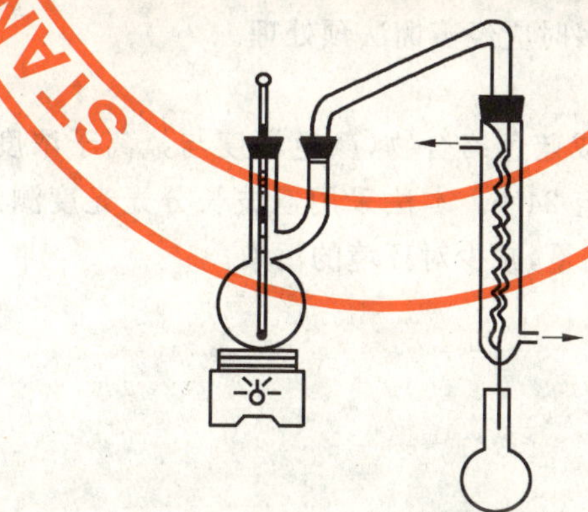

注 1：蒸馏水样时，勿使温度超过 180℃，以防硫酸过多地蒸出。

注 2：连续蒸馏几个水样时，可待瓶内硫酸溶液温度降低至 120℃以下，再加入另一个水样。蒸馏过一个含氟高的水样后，应在蒸馏另一个水样前加入 250 mL 纯水。用同法蒸馏，以清除可能存留在蒸馏器中的氟化物。

注 3：蒸馏瓶中的硫酸可以多次使用，直至变黑为止。

图 3 氟化物蒸馏装置

3.3.5.2 测定

3.3.5.2.1 吸取25.0 mL澄清水样或经蒸馏法预处理的试样液，置于50 mL比色管中。如氟化物大于50 μg，可取适量水样，用纯水稀释至25.0 mL。

3.3.5.2.2 吸取氟化物标准使用溶液(3.3.3.10) 0 mL，0.25 mL，0.50 mL，1.00 mL，2.00 mL，3.00 mL，4.00 mL和5.00 mL，分别置于50 mL具塞比色管中，各加纯水至25 mL。

3.3.5.2.3 加入5 mL氟试剂溶液(3.3.3.8)及2 mL缓冲液(3.3.3.6)，混匀。

注：由于反应生成的蓝色三元络合物随pH增高而变深，为使标准与试样的pH值一致，必要时可用酚酞指示剂(3.3.3.11)。调节pH到中性后再加入缓冲溶液，使各管的pH值均在4.1～4.6之间。

缓缓加入硝酸镧溶液(3.3.3.7)5 mL，摇匀。加入10 mL丙酮(3.3.3.3)。加纯水至50 mL刻度，摇匀。在室温放置60 min。于620 nm波长，1 cm比色皿，以纯水为参比，测量吸光度。

3.3.5.2.4 绘制标准曲线，从曲线上查出氟化物质量。

3.3.6 计算

水样中氟化物的质量浓度计算见式(10)：

$$\rho(F^-) = \frac{m}{V} \qquad \cdots\cdots (10)$$

式中：

$\rho(F^-)$——水样中氟化物(以F^-计)的质量浓度，单位为毫克每升(mg/L)；

m——在标准曲线上查得氟化物的质量，单位为微克(μg)；

V——水样体积，单位为毫升(mL)。

3.3.7 精密度和准确度

13个实验室用本标准测定含氟1.25 mg/L的合成水样，相对标准偏差为3.2%，相对误差为2.4%。合成水样其他组分含量(mg/L)为：硝酸盐25；氯化物，55。

3.4 双波长系数倍率氟试剂分光光度法

3.4.1 范围

本标准规定了用双波长系数倍率氟试剂分光光度法测定生活饮用水及其水源水中的氟化物。

本法适用于生活饮用水及其水源水中氟化物的测定。

本法最低检测质量为0.25 μg，若取5 mL水样测定，则最低检测质量浓度为0.05 mg/L。水样中存在Al^{3+}、Fe^{3+}、Pb^{2+}、Zn^{2+}、Ni^{2+}和Co^{2+}等金属离子均能干扰测定。Al^{3+}能生成稳定的AlF_6^{3-}，微克水平的Al^{3+}含量即可干扰测定。草酸、酒石酸、柠檬酸盐也干扰测定。大量的氯化物、硫酸盐、过氯酸盐也能引起干扰，因此当水样含干扰物多时应经蒸馏法预处理。

3.4.2 原理

氟化物与氟试剂和硝酸镧反应，生成蓝色络合物，颜色深度与氟离子浓度在一定范围内成线性关系。当pH为4.5时，生成的颜色可稳定24 h。本法采用双波长分光光度测定，可以消除试剂背景影响，提高灵敏度，节约80%的化学试剂用量，减少对环境的污染。

3.4.3 试剂

3.4.3.1 硫酸(ρ_{20}=1.84 g)。

3.4.3.2 硫酸银(Ag_2SO_4)。

3.4.3.3 丙酮。

3.4.3.4 氢氧化钠溶液(40 g/L)。

3.4.3.5 盐酸溶液(1+11)。

3.4.3.6 缓冲溶液：见3.3.3.6。

3.4.3.7 硝酸镧溶液：见3.3.3.7。

3.4.3.8 氟试剂溶液：见3.3.3.8。

3.4.3.9　氟化物标准储备溶液[$\rho(F^-)=1$ mg/ mL]：见 3.1.3.6。

3.4.3.10　氟化物标准使用溶液[$\rho(F^-)=1$ μg/ mL]：吸取 5.00 mL 氟化物标准储备溶液(3.1.3.6)，于 500 mL 容量瓶中用纯水稀释至刻度，摇匀。再吸取该溶液 10.00 mL 于 100 mL 容量瓶中，用纯水定容至刻度，摇匀。

3.4.3.11　酚酞溶液(1 g/L)：见 3.3.3.11。

3.4.4　仪器

3.4.4.1　全玻璃蒸馏器：1 000 mL。

3.4.4.2　具塞比色管：10 mL。

3.4.4.3　分光光度计。

3.4.5　分析步骤

3.4.5.1　水样预处理

见 3.3.5.1。

3.4.5.2　测定

3.4.5.2.1　吸取 5.0 mL 澄清水样或经蒸馏法预处理的水样，置于 10 mL 比色管中。如水中氯化物大于 50 μg，可取适量，用纯水稀释至 5.0 mL。

3.4.5.2.2　吸取氟化物标准使用溶液(3.4.3.10)0 mL，0.25 mL，0.50 mL，1.00 mL，3.00 mL 和 5.00 mL，分别置于 10 mL 比色管中，各加纯水至 5.00 mL。

3.4.5.2.3　向样品管和标准系列管各加入 1 mL 氟试剂溶液及 1 mL 缓冲液，混匀。

注：由于反应生成的蓝色三元络合物随 pH 增高而变深，为使标准与试样的 pH 值一致，必要时可用酚酞指示剂(3.4.3.11)调节 pH 到中性后再加入缓冲液，使各管的 pH 均在 4.1～4.6 之间。

缓缓加入 1 mL 硝酸镧溶液，摇匀。加入 2 mL 丙酮。加纯水至 10 mL 刻度，摇匀。在室温放置 60 min。用 1 cm 比色皿，以空气为参比，分别在 450 nm 和 630 nm 处测定试剂空白管、标准管和样品管的吸光度。

3.4.5.2.4　K 值的确定

令 $\lambda_1=450$ nm 和 $\lambda_2=630$ nm，根据试剂空白在两波长下的吸光度(A)，按式(11)计算 K 值：

$$K=\frac{A_{\lambda_1}}{A_{\lambda_2}} \qquad \cdots\cdots\cdots\cdots(11)$$

3.4.5.2.5　按式(12)计算 ΔA：

$$\Delta A=KA_{\lambda 2}-A_{\lambda 1}=KA_{630}-A_{450} \qquad \cdots\cdots\cdots\cdots(12)$$

根据 F^- 含量和 ΔA 绘制标准曲线，从曲线上查出氟化物质量。

3.4.6　结果计算

水样中氟化物的质量浓度计算见式(13)：

$$\rho(F^-)=\frac{m}{V} \qquad \cdots\cdots\cdots\cdots(13)$$

式中：

$\rho(F^-)$——水样中氟化物的质量浓度，单位为毫克每升(mg/L)；

m——在标准曲线上查得氟化物的质量，单位为微克(μg)；

V——水样体积，单位为毫升(mL)。

3.4.7　精密度和准确度

3 个实验室分别对不同浓度的标准水样做了精密度试验，相对标准偏差在 2%～13%。用本法与氟试剂分光光度法进行对比测定，采用配对 t 检验进行统计学处理，t 值均小于 $t_{(0.05,5)}=2.57$，两个方法无显著性差异。3 个实验室用本法分别测定了自来水、井水、矿泉水及黄河水的加标回收试验，回收率 92%～105%。

3.5 锆盐茜素比色法

3.5.1 范围

本标准规定了用锆盐茜素目视比色法测定生活饮用水及其水源水中的氟化物。

本法适用于测定生活饮用水及其水源水中可溶性的氟化物。

本法的最低检测质量为 5 μg 氟化物，若取 50 mL 水样测定，则最低检测质量浓度为 0.1 mg/L。

本法仅适用于较洁净和干扰物质较少的水样。当水样中干扰物质质量浓度（mg/L）超过下列限量时，必需进行蒸馏法预处理。氯化物 500；硫酸盐 200；铝 0.1；磷酸盐 1.0；铁 2.0；浑浊度 25NTU；色度 25 色度单位。

3.5.2 原理

在酸性溶液中，茜素磺酸钠与锆盐形成红色络合物，当有氟离子存在时，形成无色的氟化锆而使溶液褪色，用目视比色法定量。

3.5.3 试剂

3.5.3.1 亚砷酸钠溶液（5 g/L）。

3.5.3.2 盐酸-硫酸混合溶液：取 101 mL 盐酸（ρ_{20}=1.19 g/ mL），加到 300 mL 纯水中，另取33.3 mL 硫酸（ρ_{20}=1.84 g/mL），加到 400 mL 纯水中，冷却后合并两溶液。

3.5.3.3 茜素磺酸钠-氧氯化锆溶液：称取 0.3 g 氧氯化锆（$ZrOCl_2 \cdot 8H_2O$）溶于 50 mL 纯水中，另称取 0.07 g 茜素磺酸钠（$C_{14}H_7O_7SNa \cdot H_2O$，又名茜素红 S）溶于 50 mL 纯水中，将此溶液缓缓加入氧氯化锆溶液中，混匀，放置，使澄清。

3.5.3.4 茜素锆试剂：将盐酸-硫酸混合液（3.5.3.2）和茜素磺酸钠-氧氯化锆溶液（3.5.3.3）合并，用纯水稀释成 1 000 mL，放置 1 h，待溶液由红色变为黄色，储存于冷暗处，可在 2 个～3 个月内使用。

3.5.3.5 氟化物标准储备溶液[$\rho(F^-)$=1.00 mg/ mL]：见 3.1.3.6。

3.5.3.6 氟化物标准使用溶液[$\rho(F^-)$=10.00 μg/ mL]：见 3.1.3.7。

3.5.4 仪器

具塞比色管，50 mL。

3.5.5 分析步骤

3.5.5.1 吸取 50.0 mL 澄清水样于 50 mL 比色管中，如含氟化物（F^-）的质量浓度大于 1.4 mg/L 时，取适量水样用纯水稀释至 50 mL。若水样中有游离余氯，可加入 1 滴亚砷酸钠溶液（3.5.3.1）脱氯。

3.5.5.2 分别吸取 0 mL，0.50 mL，1.00 mL，2.00 mL，3.00 mL，4.00 mL，5.00 mL，6.00 mL 和 7.00 mL氟化物标准使用溶液（3.5.3.6）于 50 mL 具塞比色管中。用纯水稀释至 50 mL。

3.5.5.3 向水样和标准管中各加 2.5 mL 茜素锆试剂（3.5.3.4），混匀，放置 1 h，用目视法比色。

3.5.6 计算

水样中氟化物（F^-）的质量浓度的计算见式（14）：

$$\rho(F^-) = \frac{m}{V} \quad \cdots\cdots (14)$$

式中：

$\rho(F^-)$——水样中氟化物（F^-）的质量浓度，单位为毫克每升（mg/L）；

m——从标准曲线上查得的氟化物的质量，单位为微克（μg）；

V——水样体积，单位为毫升（mL）。

4 氰化物

4.1 异烟酸-吡唑酮分光光度法

4.1.1 范围

本标准规定了用异烟酸-吡唑酮分光光度法测定生活饮用水及其水源水中的氰化物。

本法适用于生活饮用水及其水源水中氰化物的测定。

本法最低检测质量为 0.1μg 氰化物。若取 250 mL 水样蒸馏测定,则最低检测质量浓度为 0.002 mg/L。

氧化剂如余氯等可破坏氰化物,可在水样中加 0.1 g/L 亚砷酸钠或少于 0.1 g/L 的硫代硫酸钠除去干扰。

4.1.2 **原理**

在 pH=7.0 的溶液中,用氯胺 T 将氰化物转变为氯化氰,再与异烟酸-吡唑酮作用,生成蓝色染料,比色定量。

4.1.3 **仪器**

4.1.3.1 全玻璃蒸馏器:500 mL。

4.1.3.2 具塞比色管:25 mL 和 50 mL。

4.1.3.3 恒温水浴锅。

4.1.3.4 分光光度计。

4.1.4 **试剂**

4.1.4.1 酒石酸($C_4H_6O_6$):固体。

4.1.4.2 乙酸锌溶液(100 g/L):称取 50 g 乙酸锌[$Zn(CH_3COO)_2 \cdot 2H_2O$],溶于纯水中,并稀释至 500 mL。

4.1.4.3 氢氧化钠溶液(20 g/L):称取 2.0g 氢氧化钠溶液(NaOH),溶于纯水中,并稀释至 100 mL。

4.1.4.4 氢氧化钠溶液(1 g/L):将氢氧化钠溶液(4.1.4.3)用纯水稀释 20 倍。

4.1.4.5 磷酸盐缓冲溶液(pH=7.0):称取 34.0 g 磷酸二氢钾(KH_2PO_4)和 35.5 g 磷酸氢二钠(Na_2HPO_4)溶于纯水中,并稀释至 1 000 mL。

4.1.4.6 异烟酸-吡唑酮溶液:称取 1.5 g 异烟酸($C_6H_5O_2N$),溶于 24 mL 氢氧化钠溶液(4.1.4.3)中,用纯水稀释至 100 mL;另取 0.25 g 吡唑酮($C_{10}H_{10}NO_2$),溶于 20 mL N-二甲基甲酰胺([$HCON(CH_3)_2$])中。合并两种溶液,混匀。

4.1.4.7 氯胺 T 溶液(10 g/L):称取 1 g 氯胺 T($C_7H_7SO_2NClNa \cdot 3H_2O$),溶于纯水中,并稀释至 100 mL,临用时配制。

注:氯胺 T 的有效氯含量对本标准影响很大。氯胺 T 有效氯含量为 22% 以上。必要时需用碘量法测定有效氯含量后再用。

4.1.4.8 硝酸银标准溶液[$c(AgNO_3)=0.019\ 20$ mol/L]:称取 3.261 7 g 硝酸银($AgNO_3$),溶于纯水,并定容在 1 000 mL 容量瓶中,按照氯化物测定方法(2.1.3.8)标定。此溶液 1.00 mL 相当于 1.00 mg 氰化物。

4.1.4.9 氰化钾标准溶液[$\rho(CN^-)=100$ μg/mL]:称取 0.25 g 氰化钾(KCN),溶于纯水中,并定容至 1 000 mL。此溶液 1 mL 约含 0.1 mg(CN^-)。其准确浓度可在使用前用硝酸银标准溶液(4.1.4.8)标定,计算溶液中氰化物的含量。再用氢氧化钠溶液(4.1.4.4)稀释成 $\rho(CN^-)=1.00$ μg/ mL 的标准使用溶液。**注意:此溶液剧毒!**

氰化钾标准溶液标定方法如下:吸取 10.00 mL 氰化钾溶液于 100 mL 锥形瓶中,加入 1 mL 氢氧化钠溶液(4.1.4.3)使 pH 在 11 以上,加入 0.1 mL 试银灵指示剂(4.1.4.10),用硝酸银标准溶液(4.1.4.8)滴定至溶液由黄色变为橙色。消耗硝酸银溶液的毫升数即为该 10.00 mL 氰化钾标准溶液中氰化物(以 CN^- 计)的毫克数。

4.1.4.10 试银灵指示剂(0.2 g/L):称取 0.02 g 试银灵(对二甲氨基亚苄基罗丹明,$C_{12}H_{12}NO_2S_2$)溶于 100 mL 丙酮中。

4.1.4.11 甲基橙指示剂(0.5 g/L):称取 50 mg 甲基橙,溶于纯水中,并稀释至 100 mL。

4.1.5 分析步骤

4.1.5.1 量取 250 mL 水样(氰化物含量超过 20 μg 时,可取适量水样,加纯水稀释至 250 mL),置于 500 mL 全玻璃蒸馏器内,加入数滴甲基橙指示剂(4.1.4.11),再加 5 mL 乙酸锌溶液(4.1.4.2),加入 1 g～2 g固体酒石酸(4.1.4.1)。此时溶液颜色由橙黄变成橙红,迅速进行蒸馏。蒸馏速度控制在每分钟 2 mL～3 mL。收集馏出液于 50 mL 具塞比色管中[管内预先放置 5 mL 氢氧化钠溶液(4.1.4.3)为吸收液],冷凝管下端应插入吸收液中。收集馏出液至 50 mL,混合均匀。取 10.0 mL 馏出液,置 25 mL具塞比色管中。

4.1.5.2 另取 25 mL 具塞比色管 9 支,分别加入氰化钾标准使用溶液(4.1.4.9) 0 mL,0.10 mL,0.20 mL,0.40 mL,0.60 mL,0.80 mL,1.00 mL,1.50 mL 和 2.00 mL,加氢氧化钠溶液(4.1.4.4)至 10.0 mL。

4.1.5.3 向水样管和标准管中各加 5.0 mL 磷酸盐缓冲溶液(4.1.4.5)。置于 37℃左右恒温水浴中,加入 0.25 mL 氯胺 T 溶液(4.1.4.7),加塞混合,放置 5 min,然后加入 5.0 mL 异烟酸-吡唑酮溶液(4.1.4.6),加纯水至 25 mL,混匀。于 25℃～40℃放置 40 min。于 638 nm 波长,用 3 cm 比色皿,以纯水作参比,测量吸光度。

4.1.5.4 绘制标准曲线,从曲线上查出样品管中氰化物质量。

4.1.6 计算

水样中氰化物(以 CN^- 计)的质量浓度的计算见式(15):

$$\rho(CN^-) = \frac{m \times V_1}{V \times V_2} \qquad \cdots\cdots(15)$$

式中:

$\rho(CN^-)$——水样中氰化物(以 CN^- 计)的质量浓度,单位为毫克每升(mg/L);

m——从标准曲线上查得样品管中氰化物(以 CN^- 计)的质量,单位为微克(μg);

V_1——馏出液总体积,单位为毫升(mL);

V_2——比色所用馏出液体积,单位为毫升(mL);

V——水样体积,单位为毫升(mL)。

4.1.7 精密度和准确度

单个实验室测定六个不同地方的矿泉水,平均回收率为 86%,回收范围为 80%～92%。

4.2 异烟酸-巴比妥酸分光光度法

4.2.1 范围

本标准规定了用异烟酸-巴比妥酸分光光度法测定生活饮用水及其水源水中的氰化物。

本法适用于生活饮用水及其水源水中氰化物的测定。

本法最低检测质量为 0.1 μg 氰化物。若取 250 mL 水样蒸馏测定,则最低检测质量浓度为 0.002 mg/L。

4.2.2 原理

水样中的氰化物经蒸馏后被碱性溶液吸收,与氯胺 T 的活性氯作用生成氯化氰,再与异烟酸-巴比妥酸试剂反应生成紫蓝色化合物,于 600 nm 波长比色定量。

4.2.3 仪器

4.2.3.1 全玻璃蒸馏器:500 mL。

4.2.3.2 具塞比色管:25 mL 和 50 mL。

4.2.3.3 分光光度计。

4.2.4 试剂

4.2.4.1 酒石酸($C_4H_6O_6$):固体。

4.2.4.2 乙酸锌溶液(100 g/L):见 4.1.4.2。

4.2.4.3 氢氧化钠溶液(20 g/L):见 4.1.4.3。

4.2.4.4 乙酸溶液(3+97)。

4.2.4.5 磷酸二氢钾溶液(136 g/L):称取 13.6g 磷酸二氢钾(KH_2PO_4),溶于纯水中,并稀释至 100 mL。

4.2.4.6 氯胺 T 溶液(10 g/L):见 4.1.4.7,临用时配制。

4.2.4.7 氢氧化钠溶液(12 g/L):称取 1.2 g 氢氧化钠(NaOH),溶于纯水中,并稀释至 100 mL。

4.2.4.8 异烟酸-巴比妥酸试剂:称取 2.0 g 异烟酸($C_6H_5O_2N$)和 1.0g 巴比妥酸($C_4H_4N_2O_3$),加到 100 mL 60℃~70℃的氢氧化钠溶液(4.2.4.7)中,搅拌至溶解,冷却后加纯水至 100 mL。此试剂 pH 约为 12,呈无色或极浅黄色,于冰箱中可保存 30 d。

4.2.4.9 甲基橙溶液(0.5 g/L):见 4.1.4.11。

4.2.4.10 氰化钾标准使用溶液:见 4.1.4.9。

4.2.4.11 酚酞溶液(1 g/L)。

4.2.5 分析步骤

4.2.5.1 水样预处理

见 4.1.5.1。

4.2.5.2 测定

4.2.5.2.1 吸取 10.0 mL 馏出吸收溶液,置于 25 mL 具塞比色管中。

4.2.5.2.2 另取 25 mL 具塞比色管 9 支,分别加入氰化钾标准使用溶液(4.2.4.10)0 mL,0.10 mL,0.20 mL,0.40 mL,0.60 mL,0.80 mL,1.00 mL,1.50 mL 和 2.00 mL,加氢氧化钠溶液(4.2.4.7)至 10.0 mL。

4.2.5.2.3 向水样及标准系列管各加 1 滴酚酞溶液(4.2.4.11),用乙酸溶液(4.2.4.4)调至红色刚好消失。

注:试验表明溶液 pH 值在 5~8 范围内,加入缓冲液后可使显色液 pH 在 5.6~6.0 之间。在此条件下吸光度最大且稳定。

4.2.5.2.4 向各管加入 3.0 mL 磷酸二氢钾溶液(4.2.4.5)和 0.25 mL 氯胺 T 溶液(4.2.4.6),混匀。

4.2.5.2.5 放置 1 min~2 min 后,向各管加入 5.0 mL 异烟酸-巴比妥酸试剂(4.2.4.8),在 25℃下使溶液显色 15 min。

注:溶液在 25℃显色 15 min 可获最大吸光度并能稳定 30 min。

4.2.5.2.6 于 600 nm 波长,用 3 cm 比色皿,以纯水为参比,测量吸光度。

4.2.5.2.7 绘制标准曲线,在曲线上查出样品管中氰化物的质量。

4.2.6 计算

水样中氰化物(以 CN^- 计)的质量浓度计算见式(16):

$$\rho(CN^-) = \frac{m \times V_1}{V \times V_2} \quad \cdots\cdots (16)$$

式中:

$\rho(CN^-)$ ——水样中氰化物(以 CN^- 计)的质量浓度,单位为毫克每升(mg/L);

m——从标准曲线上查得样品管中氰化物(以 CN^- 计)的质量,单位为微克(μg);

V_1——馏出液总体积,单位为毫升(mL);

V_2——显色所用馏出液体积,单位为毫升(mL);

V——水样体积,单位为毫升(mL)。

4.2.7 精密度和准确度

单个实验室测定 7.96 μg/L 氰化物(以 CN^- 计)合成水样 15 次,相对标准偏差为 2.0%;向 250 mL 地面水、塘水等加入 0.5 μg~2.0 μg 氰化物,测定 15 次,平均回收率为 99%~100%。

5 硝酸盐氮

5.1 麝香草酚分光光度法

5.1.1 范围

本标准规定了用麝香草酚分光光度法测定生活饮用水及其水源水中的硝酸盐氮。

本法适用于生活饮用水及其水源水中硝酸盐氮的测定。

本法最低检测质量为 0.5 μg 硝酸盐氮，若取 1.00 mL 水样测定，则最低检测质量浓度为 0.5 mg/L。

亚硝酸盐对本标准呈正干扰，可用氨基磺酸铵除去；氯化物对本标准呈负干扰，可用硫酸银消除。

5.1.2 原理

硝酸盐和麝香草酚在浓硫酸溶液中形成硝基酚化合物，在碱性溶液中发生分子重排，生成黄色化合物，比色测定。

5.1.3 试剂

5.1.3.1 氨水($\rho_{20}=0.88$ g/ mL)。

5.1.3.2 乙酸溶液(1+4)。

5.1.3.3 氨基磺酸铵溶液(20 g/L)：称取 2.0 g 氨基磺酸铵 ($NH_4SO_3NH_2$)，用乙酸溶液(5.1.3.2)溶解，并稀释为 100 mL。

5.1.3.4 麝香草酚乙醇溶液(5 g/L)：称取 0.5 g 麝香草酚[$(CH_3)(C_3H_7)C_6H_3OH$，Thymol，又名百里酚]，溶于无水乙醇中，并稀释至 100 mL。

5.1.3.5 硫酸银硫酸溶液(10 g/L)：称取 1.0 g 硫酸银(Ag_2SO_4)，溶于 100 mL 硫酸($\rho_{20}=1.84$ g/mL)中。

5.1.3.6 硝酸盐氮标准储备溶液[$\rho(NO_3^-{-}N)=1$ mg/ mL]：称取 7.218 0 g 经 105℃～110℃干燥 1 h的硝酸钾(KNO_3)，溶于纯水中，并定容至 1 000 mL。加 2 mL 三氯甲烷为保存剂。

5.1.3.7 硝酸盐氮标准使用溶液[$\rho(NO_3^-{-}N)=10$ μg/ mL]：吸取 5.00 mL 硝酸盐氮标准储备溶液(5.1.3.6)定容至 500 mL。

5.1.4 仪器

5.1.4.1 具塞比色管：50 mL。

5.1.4.2 分光光度计。

5.1.5 分析步骤

5.1.5.1 取 1.00 mL 水样于干燥的 50 mL 比色管中。

5.1.5.2 另取 50 mL 比色管 6 支，分别加入硝酸盐氮标准使用溶液(5.1.3.7)0 mL，0.05 mL，0.10 mL，0.30 mL，0.50 mL，0.70 mL 和 1.00 mL，用纯水稀释至 1.00 mL。

5.1.5.3 向各管加入 0.1 mL 氨基磺酸铵溶液，摇匀后放置 5 min。

5.1.5.4 各加 0.2 mL 麝香草酚乙醇溶液(5.1.3.4)。

注：由比色管中央直接滴加到溶液中，勿沿管壁流下。

5.1.5.5 摇匀后加 2 mL 硫酸银硫酸溶液(5.1.3.5)，混匀后放置 5 min。

5.1.5.6 加 8 mL 纯水，混匀后滴加氨水(5.1.3.1)至溶液黄色到达最深，并使氯化银沉淀溶解为止(约加 9 mL)。加纯水至 25 mL 刻度，混匀。

5.1.5.7 于 415 nm 波长，2 cm 比色皿，以纯水为参比，测量吸光度。

5.1.5.8 绘制标准曲线，从曲线上查出样品中硝酸盐氮的质量。

5.1.6 计算

水样中硝酸盐氮的质量浓度计算见式(17)：

$$\rho(NO_3^-{-}N)=\frac{m}{V} \qquad \cdots\cdots(17)$$

式中:

$\rho(NO_3^--N)$——水样中硝酸盐氮的质量浓度,单位为毫克每升(mg/L);

m——从标准曲线查得硝酸盐氮的质量,单位为微克(μg);

V——水样体积,单位为毫升(mL)。

5.1.7 **精密度和准确度**

4 个实验室用本标准测定含 5.6 mg/L 硝酸盐氮的合成水样,相对标准偏差为 3.8%,相对误差为 1.4%。

5.2 紫外分光光度法

5.2.1 **范围**

本标准规定了用紫外分光光度法测定生活饮用水及其水源水中的硝酸盐氮。

本法适用于未受污染的天然水及经净化处理的生活饮用水及其水源水中硝酸盐氮的测定。

本法最低检测质量为 10 μg,若取 50 mL 水样测定,则最低检测质量浓度为 0.2 mg/L。

本法适用于测定硝酸盐氮浓度范围为 0 mg/L~11 mg/L 的水样。

可溶性有机物,表面活性剂,亚硝酸盐和 Cr^{6+} 对本标准有干扰,次氯酸盐和氯酸盐也能干扰测定。低浓度的有机物可以测定不同波长的吸收值予以校正。浊度的干扰可以经 0.45 μm 膜过滤除去。氯化物不干扰测定,氢氧化物和碳酸盐(浓度可达 1 000 mg/L$CaCO_3$)的干扰,可用盐酸[$c(HCl)=1$ mol/L]酸化予以消除。

5.2.2 **原理**

利用硝酸盐在 220 nm 波长具有紫外吸收和在 275 nm 波长不具吸收的性质进行测定,于 275 nm 波长测出有机物的吸收值在测定结果中校正。

5.2.3 **试剂**

5.2.3.1 无硝酸盐纯水:采用重蒸馏或蒸馏——去离子法制备,用于配制试剂及稀释样品。

5.2.3.2 盐酸溶液(1+11)。

5.2.3.3 硝酸盐氮标准储备溶液[$\rho(NO_3^--N)=100$ μg/ mL]:称取经 105℃烤箱干燥 2 h 的硝酸钾(KNO_3)0.721 8 g,溶于纯水中并定容至 1 000 mL,每升中加入 2 mL 三氯甲烷,至少可稳定 6 个月。

5.2.3.4 硝酸盐氮标准使用溶液[$\rho(NO_3^--N)=10$ μg/ mL]。

5.2.4 **仪器**

5.2.4.1 紫外分光光度计及石英比色皿。

5.2.4.2 具塞比色管:50 mL。

5.2.5 **分析步骤**

5.2.5.1 水样预处理:吸取 50 mL 水样于 50 mL 比色管中(必要时应用滤膜除去浑浊物质)加 1 mL 盐酸溶液(5.2.3.2)酸化。

5.2.5.2 标准系列制备:分别吸取硝酸盐氮标准使用溶液(5.2.3.4)0 mL,1.00 mL,5.00 mL,10.0 mL,20.0 mL,30.0 mL 和 35.0 mL 于 50 mL 比色管中,配成 0 mg/L~7 mg/L 硝酸盐氮标准系列,用纯水稀释至 50 mL,各加 1 mL 盐酸溶液(5.2.3.2)。

5.2.5.3 用纯水调节仪器吸光度为 0,分别在 220nm 和 275nm 波长测量吸光度。

5.2.6 **计算**

在标准及样品的 220 nm 波长吸光度中减去 2 倍于 275 nm 波长的吸光度,绘制标准曲线和在曲线上直接读出样品中的硝酸盐氮的质量浓度(NO_3^--N,mg/L)。

注:若 275 nm 波长吸光度的 2 倍大于 220 nm 波长吸光度的 10%时,本标准将不能适用。

5.3 离子色谱法

见 3.2。

5.4 镉柱还原法

5.4.1 范围

本标准规定了用镉柱还原法测定生活饮用水及其水源水中的硝酸盐氮。

本法适用于生活饮用水及其水源水中硝酸盐氮的测定。

本法最低检测质量为 0.05 μg 硝酸盐氮。若取 50 mL 水样测定,则最低检测质量浓度为 0.001 mg/L。

本法不经稀释直接还原,适宜测定范围为 0.006 mg/L～0.25 mg/L 的硝酸盐和亚硝酸盐总量(以 N 计)。将水样稀释,可使测定范围扩大。

水样浑浊或有悬浮固体时,将堵塞还原柱。一般的浑浊可将水样过滤,高浊度的水样,在过滤前可加硫酸锌和氢氧化钠生成絮状氢氧化锌助滤。含油和脂的水样用三氯甲烷萃取除去干扰。加入乙二胺四乙酸二钠消除铁、铜或其他金属的干扰。

5.4.2 原理

镉还原剂能还原水中硝酸盐成为亚硝酸盐,连同水样中原有的亚硝酸盐与对氨基苯磺酰胺重氮化,再与盐酸 *N*-(1-萘基)乙二胺偶合,形成玫瑰红色偶氮染料,用分光光度法测定,减去不经还原柱的水样用同法测得的亚硝酸盐,得出硝酸盐的含量(以 N 计)。

5.4.3 试剂

5.4.3.1 三氯甲烷。

5.4.3.2 氨水(ρ_{20}=0.88 g/ mL)。

5.4.3.3 盐酸(ρ_{20}=1.19 g/ mL)。

5.4.3.4 镉屑。

5.4.3.5 锌片(或锌棒)。

5.4.3.6 硫酸镉溶液(200 g/L)。

5.4.3.7 氯化铵溶液(5 g/L)。

5.4.3.8 盐酸溶液(1+1)。

5.4.3.9 盐酸溶液(1+99)。

5.4.3.10 氯化汞溶液(10 g/L)。

5.4.3.11 硝酸溶液(1+99)。

5.4.3.12 硫酸铜溶液(20 g/L)。

5.4.3.13 氢氧化钠溶液(100 g/L)。

5.4.3.14 硫酸锌溶液(100 g/L)。

5.4.3.15 氯化铵(200 g/L)-乙二胺四乙酸二钠(2 g/L)溶液:称取 100 g 氯化铵(NH_4Cl)和 1 g 乙二胺四乙酸二钠($C_{10}H_{14}N_2C_8Na_2 \cdot 2H_2O$),溶于纯水中,并稀释至 500 mL。

5.4.3.16 对氨基苯磺酰胺溶液(10 g/L):称取 5 g 对氨基苯磺酰胺($H_2NC_6H_4SO_3NH_2$),溶于 350 mL 盐酸溶液(1+6)中。用纯水稀释至 500 mL。

5.4.3.17 盐酸 *N*-(1-萘基)-乙二胺(又名 NEDD)溶液(1 g/L):称取 0.2g 盐酸 *N*-(1 萘基)-乙二胺($C_{10}H_7NH_2CHCH_2 \cdot NH_2 \cdot 2HCl$),溶于 200 mL 纯水中。储存于冰箱内。可稳定数周,如试剂色变深,应弃去重配。

5.4.3.18 镉还原剂:

5.4.3.18.1 海绵状镉:市售或按下法制备,投锌片于 500 mL 硫酸镉溶液(5.4.3.6) 中,3 h～4 h 后,将置换的海绵镉从锌片上刮下,捣碎至 20 目～40 目粒度,用纯水淋洗后,置于氯化铵溶液(5.4.3.7)中保存。

5.4.3.18.2 汞-镉颗粒:取 40 目～60 目镉屑(5.4.3.4)约 50 g,置于 150 mL 烧杯中,用盐酸溶液(5.4.3.8)洗涤,用纯水冲洗数次。加入 100 mL 氯化汞溶液(5.4.3.10),搅拌 3 min 后倾去溶液,用纯水冲洗汞-镉颗粒数次,用硝酸溶液(5.4.3.11) 很快地冲洗一次,再用盐酸溶液(5.4.3.9)冲洗数次,最后用纯水冲洗至洗液中不含亚硝酸盐时为止,储存于氯化铵-乙二胺四乙酸二钠溶液(5.4.3.15)中。

5.4.3.18.3 铜-镉颗粒:取40目～60目镉屑(5.4.3.4)约50 g,置于150 mL烧杯中。先用盐酸溶液(5.4.3.8)洗涤,用纯水冲洗数次,加入100 mL硫酸铜溶液(5.4.3.12)搅拌5 min后,倾去溶液,再加入新的硫酸铜溶液(5.4.3.12)重复处理,直至在镉粒上出现褐色沉淀为止。用纯水洗涤铜-镉粒至少10次,以除去所有沉淀,置于氯化铵溶液(5.4.3.7)中保存。

5.4.3.19 硝酸盐氮标准储备溶液[$\rho(NO_3^- - N) = 1.00$ mg/ mL]:见5.1.3.6。

5.4.3.20 硝酸盐氮标准使用溶液[$\rho(NO_3^- - N) = 10.00$ μg/ mL]:见5.1.3.7。

5.4.4 仪器

5.4.4.1 还原柱(见图4)。

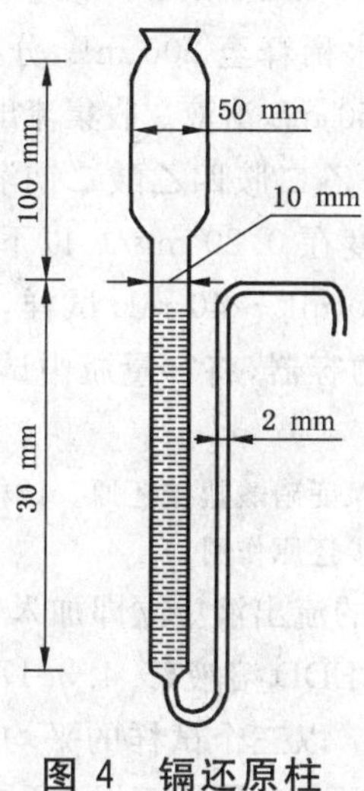

图4 镉还原柱

5.4.4.2 分光光度计。

5.4.5 分析步骤

5.4.5.1 镉还原柱制备

5.4.5.1.1 装柱与老化:取一小团玻璃棉置于还原柱的底部。注满纯水,加入镉屑至18 cm高度(注意勿使填料中引入气泡)。在200 mL纯水中加入2 mL氯化铵-乙二胺四乙酸二钠溶液(5.4.3.15)。控制流速为7 mL/min～10 mL/min,流过镉柱,再用每升含0.1 mg硝酸盐氮和8 mL氯化铵-乙二胺四乙酸二钠溶液(5.4.3.15)的纯水200 mL流过以老化镉柱。

注:新的镉柱还原力强,能将亚硝酸盐继续还原为氨,用硝酸盐溶液处理使镉柱老化。

5.4.5.1.2 镉柱还原率的检查:每次样品分析的同时按5.4.5.3.2和5.4.5.3.3将0.1 mg/L～0.2 mg/L的硝酸盐氮标准使用溶液(5.4.3.20)经镉柱还原、显色,用1 cm比色皿测量吸光度,与相同量的亚硝酸盐氮标准溶液显色测得的吸光度比较,确定柱的还原率,计算见式(18):

$$F = \frac{\rho(NO_3^- - N)}{A_s - A_b} \qquad \cdots\cdots(18)$$

式中:

F——柱的还原率;

$\rho(NO_3^- - N)$——硝酸盐氮标准溶液的质量浓度,单位为毫克每升(mg/L);

A_s——硝酸盐氮标准溶液经镉柱还原后测得的吸光度;

A_b——试剂空白过柱后的吸光度。

F值应是3个平行测定结果的均值。进行多批样品分析时,应在开始、过程中及末尾进行F值测定,必要时予以校正。当选用汞-镉柱,铜-镉柱时,随使用次数和时间还原率将逐渐降低。当F值持续高于0.33时,应分别按5.4.3.18.2或5.4.3.18.3步骤进行活化。

5.4.5.2 水样预处理

5.4.5.2.1 去除浊度:有悬浮物的水样,可用0.45 μm孔径的滤膜过滤。浊度高的水样,可取100 mL水样,加入1 mL硫酸锌溶液(5.4.3.14)充分混合,滴加氢氧化钠溶液(5.4.3.13)调节pH值为10.5。

放置数分钟，待絮状沉淀析出，倾出上清液供分析用。

5.4.5.2.2　去除油和脂：如水样中有油和脂，取水样 100 mL，用盐酸溶液(5.4.3.8)调节 pH 值为 2，每次用 25 mL 三氯甲烷(5.4.3.1)，萃取两次。

5.4.5.2.3　调节水样 pH 值：对 pH 在 5 以下或 9 以上的水样，用盐酸溶液(5.4.3.8)或氨水(5.4.3.2)调节 pH 为 5～9。

注：溶液的 pH 值对镉柱的还原效率有影响，合适的 pH 值为 3.3～9.6。

5.4.5.3　**测定**

5.4.5.3.1　试剂空白吸光度的测量：用 100 mL～200 mL 纯水，流经还原柱后弃去。取 5 mL 氯化铵-乙二胺四乙酸二钠溶液(5.4.3.15)，用纯水稀释至 200 mL，分次注入还原柱储液池。以每分钟 7 mL～10 mL 的流速通过还原柱，弃去最初流出的 50 mL 溶液。收集流出液 3 份，每份 25 mL，按步骤测量吸光度。

5.4.5.3.2　还原硝酸盐：加 5 mL 氯化铵-乙二胺四乙酸二钠溶液（5.4.3.15）于 250 mL 容量瓶中，吸取一定量水样（使容量瓶内硝酸盐氮的浓度在 0.20 mg/L 以下），加纯水至刻度。取上述试样 10 mL～20 mL 进入还原柱，流出液弃去，再倒入 30 mL～40 mL 试样，控制流速为 7 mL/min～10 mL/min，流出液可用于清洗 2 只 50 mL 接收流出液的容器，将容量瓶中试样倒入还原柱，收集流出液 25 mL，共收集 3 份。

注：水样与还原柱应有充分的接触时间，以保证硝酸盐被还原。试样中加入氯化铵，可与镉离子络合，减少镉盐在柱内沉淀，并可抑制对亚硝酸盐的进一步还原作用。

5.4.5.3.3　显色与吸光度测量：于还原后的流出液中立即加入 0.5 mL 对氨基苯磺酰胺溶液(5.4.3.16)，摇匀。在 2 min～8 min 内加入 0.5 mL NEDD 溶液(5.4.3.17)，放置 10 min 后，于 2 h 内测量吸光度(540 nm 波长，1 cm 比色皿，纯水为参比)，以三个试样的平均吸光度计算结果。

注 1：pH 值对显色有影响。pH 值在 1.3 以下颜色最深，若用于还原的水样 pH 值在 8 以下，按本标准操作均能达到亚硝酸盐重氮化的所需条件(pH 为 1.4)。并能使加入 NEDD 试剂后 pH 小于 1.7。否则吸光度将降低。

注 2：显色以后颜色的稳定性与温度有关。10℃时放置 24h，吸光度降低 2%～3%；20℃放置 2 h；30℃放置 1 h；40℃放置 45 min，吸光度即开始有明显的降低或迅速下降。

5.4.6　计算

水样中硝酸盐氮的质量浓度计算见式(19)：

$$\rho(NO_3{}^- - N) = \frac{(A_w - A_b) \times N \times F}{L} - \rho(NO_2{}^- - N) \qquad \cdots\cdots\cdots\cdots(19)$$

式中：

$\rho(NO_3{}^- - N)$——水样中硝酸盐氮的质量浓度，单位为毫克每升(mg/L)；

A_w——试样的吸光度；

A_b——试剂空白的吸光度；

N——水样稀释倍数；

F——镉还原柱还原效率因数；

L——比色皿厚度，单位为厘米(cm)；

$\rho(NO_2{}^- - N)$——水样中亚硝酸盐氮的质量浓度，单位为毫克每升(mg/L)。

5.4.7　精密度和准确度

11 个实验室用本标准测定含硝酸盐氮 1.59 mg/L 的合成水样，其他组分质量浓度(mg/L)分别为：氨氮 1.30；正磷酸盐，0.159；总氮，4.12；总磷，0.93。相对标准差为 11%；相对误差为 8.8%。

6　硫化物

6.1　*N*,*N*-二乙基对苯二胺分光光度法

6.1.1　范围

本标准规定了用 *N*,*N*-二乙基对苯二胺分光光度法测定生活饮用水及其水源水中的硫化物。

本法适用于生活饮用水及其水源水中质量浓度低于 1 mg/L 的硫化物的测定。

本法最低检测质量为 1.0 μg，若取 50 mL 水样测定，则最低检测质量浓度为 0.02 mg/L。

亚硫酸盐超过 40 mg/L，硫代硫酸盐超过 20 mg/L，对本标准有干扰；水样有颜色或者浑浊时亦有干扰，应分别采用沉淀分离或曝气分离法消除干扰。

6.1.2 **原理**

硫化物与 *N*,*N*-二乙基对苯二胺及氯化铁作用，生成稳定的蓝色，可比色定量。

6.1.3 **试剂**

6.1.3.1 盐酸(ρ_{20}=1.19 g/ mL)。

6.1.3.2 盐酸溶液(1+1)。

6.1.3.3 乙酸(ρ_{20}=1.06 g/ mL)。

6.1.3.4 乙酸锌溶液(220 g/L)：称取 22 g 乙酸锌[$Zn(CH_3COO)_2 \cdot 2H_2O$]，溶于纯水并稀释至 100 mL。

6.1.3.5 氢氧化钠溶液(40 g/L)。

6.1.3.6 硫酸溶液(1+1)。

6.1.3.7 *N*,*N*-二乙基对苯二胺溶液：称取 0.75 g*N*,*N*-二乙基对苯二胺硫酸盐[$(C_2H_5)_2NC_6H_4NH_2 \cdot H_2SO_4$，简称 DPD，也可用盐酸盐或草酸盐]，溶于 50 mL 纯水中，加硫酸溶液(1+1)至 100 mL 混匀，保存于棕色瓶中。如发现颜色变红，应予重配。

6.1.3.8 氯化铁溶液(1000 g/L)：称取 100 g 氯化铁($FeCl_3 \cdot 6H_2O$)，溶于纯水，并稀释至 100 mL。

6.1.3.9 抗坏血酸溶液(10 g/L)：此试剂用时新配。

6.1.3.10 Na_2EDTA 溶液：称取 3.7g 乙二胺四乙酸二钠($C_{10}H_{12}Na_2 \cdot 2H_2O$)和 4.0 g 氢氧化钠，溶于纯水，并稀释至 1 000 mL。

6.1.3.11 碘标准溶液，[$c(1/2I_2)$=0.012 50 mol/L]：称取 40 g 碘化钾，置于玻璃乳钵内，加少许纯水溶解。加入 13 g 碘片，研磨使碘完全溶解，移入棕色瓶内，用纯水稀释至 1 000 mL，用硫代硫酸钠标准溶液(6.1.3.12)标定后保存在暗处，临用时将此碘液稀释为 $c(1/2\ I_2)$=0.012 50 mol/L 碘标准溶液。

6.1.3.12 硫代硫酸钠标准溶液[$c(Na_2S_2O_3)$=0.1 mol/L]：称取 26 g 硫代硫酸钠($Na_2S_2O_3 \cdot 5H_2O$)，溶于新煮沸放冷的纯水中，并稀释至 1 000 mL。加入 0.4 g 氢氧化钠或 0.2 g 无水碳酸钠(Na_2CO_3)，储于棕色瓶内，摇匀，放置 1 个月，过滤。按下述方法标定其准确浓度：

准确称取三份各约 0.11 g～0.13 g 在 105℃干燥至恒量的碘酸钾，分别放入 250 mL 碘量瓶中，各加 100 mL 纯水，待碘酸钾溶解后，各加 3 g 碘化钾及 10 mL 乙酸(6.1.3.3)，在暗处静置 10 min，用待标定的硫代硫酸钠溶液滴定，至溶液呈淡黄色时，加入 1 mL 淀粉溶液(6.1.3.13)，继续滴定至蓝色褪去为止。记录硫代硫酸钠溶液的用量，并按式(20)计算硫代硫酸钠溶液的浓度。

$$c=\frac{m}{V\times 0.035\ 67} \qquad \cdots\cdots(20)$$

式中：

c——硫代硫酸钠溶液的浓度，单位为摩尔每升(mol/L)；

m——碘酸钾的质量，单位为克(g)；

V——硫代硫酸钠溶液的用量，单位为毫升(mL)；

0.035 67——与 1.00 mL 硫代硫酸钠标准溶液[$c(Na_2S_2O_3)$=1.000 mol/L]相当的以克(g)表示的碘酸钾质量。

6.1.3.13 淀粉溶液(5 g/L)：称取 0.5 g 可溶性淀粉，用少量纯水调成糊状，用刚煮沸的纯水稀释至 100 mL，冷却后加 0.1 g 水杨酸或 0.4 g 氯化锌。

6.1.3.14 硫代硫酸钠标准溶液[$c(Na_2S_2O_3)$=0.012 50 mol/L]：准确吸取经过标定的硫代硫酸钠标准溶液(6.1.3.12)，在容量瓶内，用新煮沸放冷的纯水稀释为 0.012 50 mol/L。

6.1.3.15 硫化物标准储备溶液：取硫化钠晶体($Na_2S \cdot 9H_2O$)，用少量纯水清洗表面，并用滤纸吸干。称取 0.2 g～0.3 g，用煮沸放冷的纯水溶解并定容到 250 mL(临用前制备并标定)。此溶液 1 mL 约含 0.1 mg 硫化物(S^{2-})，标定方法如下：

取 5 mL 乙酸锌溶液(6.1.3.4)置于 250 mL 碘量瓶中，加入 20.00 mL 硫化物标准储备溶液(6.1.3.15)及 25.00 mL 0.012 50 mol/L 碘标准溶液(6.1.3.11)，同时用纯水作空白试验。各加 5 mL 盐酸溶液(1+9)，摇匀，于暗处放置 15 min，加 50 mL 纯水，用硫代硫酸钠标准溶液(6.1.3.14)滴定，至溶液呈淡黄色时，加 1 mL 淀粉溶液(6.1.3.13)，继续滴定至蓝色消失为止。按式(21)计算每毫升硫化物溶液含 S^{2-} 的毫克数。

$$\rho(S^{2-}) = \frac{(V_0 - V_1) \times c \times 16}{20} \quad \cdots\cdots(21)$$

式中：

$\rho(S^{2-})$——硫化物(以 S^{2-} 计)的质量浓度，单位为毫克每毫升(mg/mL)；

V_0——空白所消耗的硫代硫酸钠标准溶液的体积，单位为毫升(mL)；

V_1——硫化钠溶液所消耗的硫代硫酸钠标准溶液的体积，单位为毫升(mL)；

c——硫代硫酸钠标准溶液的浓度，单位为摩尔每升(mol/L)；

16——与 1.00 mL 硫代硫酸钠标准溶液[$c(Na_2S_2O_3) = 1.000$ mol/L]相当的以毫克(mg)表示的硫化物质量。

6.1.3.16 硫化物标准使用溶液：取一定体积新标定的硫化钠标准储备溶液(6.1.3.15)，加 1 mL 乙酸锌溶液(6.1.3.4)，用新煮沸放冷的纯水定容至 50 mL，配成 $\rho(S^{2-}) = 10.00\ \mu g/mL$。

6.1.4 仪器

6.1.4.1 碘量瓶：250 mL。

6.1.4.2 具塞比色管：50 mL。

6.1.4.3 磨口洗气瓶：125 mL。

6.1.4.4 高纯氮气钢瓶。

6.1.4.5 分光光度计。

6.1.5 采样

由于硫化物(S^{2-})在水中不稳定，易分解，采样时尽量避免曝气。在 500 mL 硬质玻璃瓶中，加入 1 mL乙酸锌溶液(6.1.3.4)和 1 mL 氢氧化钠溶液(6.1.3.5)，然后注入水样(近满，留少许空隙)，盖好瓶塞，反复摇动混匀，密塞、避光，送回实验室测定。

6.1.6 分析步骤

6.1.6.1 直接比色法(适用于清洁水样)

6.1.6.1.1 取均匀水样 50 mL(6.1.5)，含 S^{2-} 小于 10 μg，或取适量用纯水稀释至 50 mL。

6.1.6.1.2 取 50 mL 比色管 8 支，各加纯水约 40 mL，再加硫化物标准使用溶液(6.1.3.16)0 mL、0.10 mL、0.20 mL、0.30 mL、0.40 mL、0.60 mL、0.80 mL 及 1.00 mL，加纯水至刻度，混匀。

6.1.6.1.3 临用时取氯化铁溶液(6.1.3.8)和 *N*,*N*-二乙基对苯二胺溶液(6.1.3.7)按 1+20 混匀，作显色液。

6.1.6.1.4 向水样管和标准管各加 1.0 mL 显色液(6.1.6.1.3)，立即摇匀，放置 20 min。

6.1.6.1.5 于 665 nm 波长，用 3 cm 比色皿，以纯水作参比，测量样品和标准系列溶液的吸光度。

6.1.6.1.6 绘制标准曲线，从曲线上查出样品中硫化物的质量。

6.1.6.1.7 计算

水样中硫化物(S^{2-})质量浓度的计算见式(22)：

$$\rho(S^{2-}) = \frac{m}{V} \quad \cdots\cdots(22)$$

式中：

$\rho(S^{2-})$——水样中硫化物(S^{2-})的质量浓度，单位为毫克每升(mg/L)；

m——从标准曲线上查得样品中硫化物(S^{2-})的质量，单位为微克(μg)；

V——水样体积，单位为毫升(mL)。

6.1.6.2 沉淀分离法(适用于含 $SO_3{}^{2-}$ 和 $S_2O_3{}^{2-}$ 或其他干扰物质的水样)

6.1.6.2.1 将采集的水样(6.1.5)摇匀，吸取适量于 50 mL 比色管中，在不损失沉淀的情况下，缓缓吸出尽可能多的上层清液，加纯水至刻度。以下按照直接比色法(6.1.6.1)步骤进行测定。

6.1.6.3 曝气分离法(适用于浑浊、有色或有其他干扰物质的水样)

6.1.6.3.1 用硅橡胶管(或用内涂有一薄层磷酸的橡胶管，照图 5 将各瓶连接成一个分离系统。

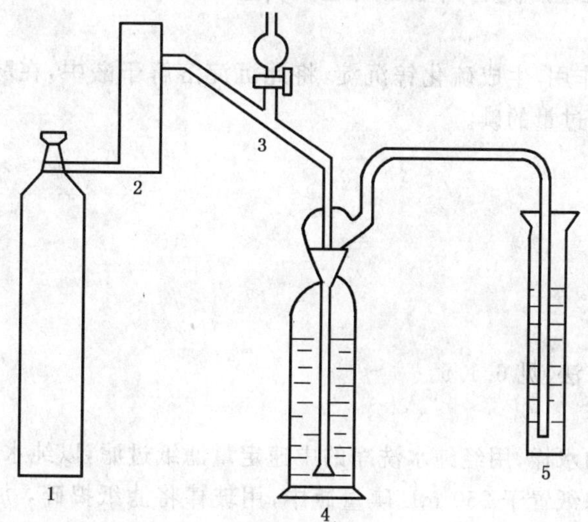

1——高纯氮气钢瓶；

2——流量计；

3——分液漏斗；

4——125 mL 洗气瓶；

5——吸收管(50 mL 比色管)。

图 5 硫化物分离装置

6.1.6.3.2 取 50 mL 均匀水样(6.1.5)，移入洗气瓶中，加 2 mLNa₂EDTA 溶液(6.1.3.10)、2 mL 抗坏血酸溶液(6.1.3.9)。

6.1.6.3.3 经分液漏斗向样品中加 5 mL 盐酸溶液(6.1.3.2)，以 0.25 L/min～0.3 L/min 的流速通氮气 30 min，导管出口端带多孔玻砂滤板。吸收液为约 40 mL 煮沸放冷的纯水，内加 1 mLNa₂EDTA 溶液(6.1.3.10)。

6.1.6.3.4 取出并洗净导管，用纯水稀释至刻度，混匀后按照直接比色法(6.1.6.1)测定。

6.1.7 精密度和准确度

3 个实验室用直接比色法测定加标水样，平均相对标准偏差为 5.6%，回收率为 95.0%～103%。同一实验室测定水源水，硫化物含量为 0.08 mg/L～0.20 mg/L，用沉淀分离法，相对标准偏差为 6.2%，平均回收率为 98.0%。5 个实验室用曝气分离法，测定水源水中硫化物含量在 0.08 mg/L～0.20 mg/L 时，相对标准偏差为 7.0%，回收率为 86.0%～93.0%。

注：测定硫化物可用硫代乙酰胺配制标准溶液。硫代乙酰胺于碱性溶液中，在乙酸镉存在下水解 $CH_3CSNH_2 + 2OH^- + Cd^{2+} \longrightarrow CH_3COO^- + NH_4{}^+ + CdS$，75.13 μg 硫代乙酰胺相当于 32.06 μg 硫化氢(H_2S)。

试剂：

a 硫代乙酰胺精制：在 30 mL 的 90℃热水中溶解 5 g～7 g 硫代乙酰胺，趁热过滤于烧杯中，冰水冷却、结晶、过滤。晶体在 60℃～80℃干燥 2h，保存在密封容器中。

b　硫化物标准储备溶液[$\rho(S^{2-})=100\ \mu g/mL$]:溶解 0.234 4 g 经精制的硫代乙酰胺于 1000 mL 纯水中,此标准溶液在室温稳定 7 天,冷藏不超过 4 个月。

c　硫化物标准溶液[$\rho(S^{2-})=2\ \mu g/mL$]:可稳定两昼夜。

d　氢氧化钠溶液(200 g/L)。

e　乙酸镉溶液(200 g/L)。

6.2　碘量法

6.2.1　范围

本标准规定了用碘量法测定生活饮用水及其水源水中的硫化物。

本法适用于生活饮用水及其水源中浓度高于 1 mg/L 的硫化物的测定。

若取 500 mL 水样经处理后测定,本法最低检测质量浓度为1 mg/L。

6.2.2　原理

水中硫化物与乙酸锌作用,生成硫化锌沉淀,将此沉淀溶解于酸中,在酸性溶液中,硫离子与碘反应,然后用硫代硫酸钠滴定过量的碘。

6.2.3　试剂

所需试剂 见 6.1.3。

6.2.4　仪器

6.2.4.1　碘量瓶:250 mL。

6.2.4.2　滴定管:25 mL。

6.2.5　样品采集及储存方法:见 6.1.5。

6.2.6　分析步骤

6.2.6.1　定量移取混匀的水样,用经纯水洗净的中速定量滤纸过滤,以纯水洗涤沉淀和滤纸。

6.2.6.2　将沉淀物连同滤纸置于 250 mL 碘量瓶中,用玻棒将滤纸捣碎, 加 50 mL 纯水及 10.00 mL 碘溶液(6.1.3.11),应保持有碘的颜色,如碘溶液褪色应定量补加。另取 50 mL 纯水和滤纸作空白试验。

6.2.6.3　分别加入 2 mL 盐酸(6.1.3.2),暗处放置 10 min,用硫代硫酸钠标准溶液(6.1.3.14)滴定过量的碘,至溶液呈淡黄色时,加入 1 mL 淀粉溶液(6.1.3.13),继续滴定至蓝色刚消失为止,记录硫代硫酸钠标准溶液的用量。水样中硫化物(以 S^{2-} 计)的质量浓度计算见式(23):

$$\rho(S^{2-})=\frac{(V_0-V_1)\times c\times 16\times 1\,000}{V} \quad\cdots\cdots(23)$$

式中:

$\rho(S^{2-})$——水样中硫化物(以 S^{2-} 计)的质量浓度,单位为毫克每升(mg/L);

V_0——空白消耗硫代硫酸钠标准液的体积,单位为毫升(mL);

V_1——水样消耗硫代硫酸钠标准液的体积,单位为毫升(mL);

V——水样体积,单位为毫升(mL);

c——硫代硫酸钠标准溶液的浓度,单位为摩尔每升(mol/L)。

16——与 1.00 mL 硫代硫酸钠标准溶液[$c(Na_2S_2O_3)=1.000$ mol/L]相当的以毫克(mg)表示的硫化物质量。

7　磷酸盐

7.1　磷钼蓝分光光度法

7.1.1　范围

本标准规定了用磷钼蓝分光光度法测定生活饮用水及其水源水中的磷酸盐。

本法适用于生活饮用水及其水源水中磷酸盐的测定。

本法最低检测质量为 5 μg,若取 50 mL 水样测定,则其最低检测质量浓度为 0.1 mg/L。

本法适用于测定磷酸盐(HPO_4^{2-})浓度为 10 mg/L 以下的水样。

如果水样浑浊或带色可加入少量活性碳处理后测定。

7.1.2 原理

在强酸性溶液中，磷酸盐与钼酸铵作用生成磷钼杂多酸，能被还原剂(氯化亚锡等)还原，生成蓝色的络合物，当磷酸盐含量较低时，其颜色强度与磷酸盐的含量成正比。

7.1.3 试剂

7.1.3.1 磷酸盐标准溶液[$\rho(HPO_4^{2-})=0.01$ mg/mL]:称取 0.716 5 g 在 105℃干燥的磷酸二氢钾(KH_2PO_4)，溶于纯水中，并定容至 1 000 mL，吸取 10.0 mL，用纯水准确定容至 500 mL。

7.1.3.2 钼酸铵-硫酸溶液：向约 70 mL 纯水中缓缓加入 28 mL 硫酸($\rho_{20}=1.84$ g/mL)，稍冷，加入 2.5 g 钼酸铵。待固体完全溶解后，用纯水稀释至 100 mL。

7.1.3.3 氯化亚锡溶液(50 g/mL)：加热溶解 5 g 氯化亚锡($SnCl_2 \cdot 2H_2O$)于 5 mL 盐酸($\rho_{20}=1.19$ g/mL)中，用纯水稀至 100 mL。此试剂不稳定，需现用现配。

7.1.3.4 活性碳：不含磷酸盐。

7.1.4 分析步骤

7.1.4.1 取 50 mL 水样，置于 50 mL 比色管中，加入 4 mL 钼酸铵-硫酸溶液(7.1.3.2)，摇匀。加入 1 滴氯化亚锡溶液(7.1.3.3)，再摇匀，10 min 后比色或于 650 nm 波长处测其吸光度。

7.1.4.2 如果水样浑浊或带色时，可事先在 100 mL 水样中加入少量活性碳，充分振摇 1 min，用中等密度干滤纸过滤后，再行测定。

7.1.4.3 分别吸取磷酸盐标准溶液(7.1.3.1)0 mL、0.50 mL、1.00 mL、2.00 mL、4.00 mL、6.00 mL、8.00 mL、10.00 mL，置于 50 mL 比色管中，加纯水至 50 mL，然后按水样测定步骤进行，绘制标准曲线。

7.1.5 计算

水样中磷酸盐的质量浓度计算见式(24)：

$$\rho(HPO_4^{2-}) = \frac{m \times 1\ 000}{V} \qquad \cdots\cdots(24)$$

式中：

$\rho(HPO_4^{2-})$——水样中磷酸盐的质量浓度，单位为毫克每升(mg/L)；

m——从标准曲线上查得的样品管中磷酸盐的含量，单位为毫克(mg)；

V——水样体积，单位为毫升(mL)。

7.1.6 精密度和准确度

同一实验室对含 1.2 mg/L HPO_4^{2-} 的加标水样经 7 次测定，其相对标准偏差为 8.3%，相对误差为 6.6%。

8 硼

8.1 甲亚胺-*H* 分光光度法

8.1.1 范围

本标准规定了用甲亚胺-*H* 分光光度法测定生活饮用水及其水源水中的硼。

本法适用于生活饮用水及其水源水中可溶性硼的测定。

本法最低检测质量为 1.0 μg，若取 5.0 mL 水样测定，则最低检测质量浓度为 0.20 mg/L。

8.1.2 原理

硼与甲亚胺-*H* 形成黄色配合物，其颜色与硼的浓度在一定范围内成线性关系。

8.1.3 试剂

8.1.3.1 甲亚胺-*H* 溶液(5 g/L)：称取 0.5 g 甲亚胺-*H*($C_{17}H_{13}O_8S_2N$)，2.0 g 抗坏血酸($C_6H_8O_6$)，加

100 mL 纯水，微热(＜50℃)使完全溶解，此溶液需临用时配制。

注：甲亚胺-*H* 的合成。将 18 g *H* 酸[$NH_2C_{10}H_4(OH)(SO_3H)SO_3N \cdot 1.5H_2O$] 溶于 1 L 水中，稍加热使之溶解完全。用氢氧化钾(100 g/L)中和至中性，缓缓加入盐酸(ρ_{20}=1.19 g/ mL)20 mL，并不断搅拌，加入 20 mL 水杨醛。40℃加热 1 h，并不停搅拌。静置 16 h。于布氏漏斗上抽滤。用少量无水乙醇洗涤 4 次～5 次，抽干。于 40℃烤箱中干燥 2 h(或自然干燥)，储存于干燥器中。

8.1.3.2 乙酸盐缓冲液(pH5.6)：称取 75 g 乙酸铵(CH_3COONH_4)和 5.0 g Na_2 EDTA 溶于 110 mL 纯水中；加入 37.5 mL 冰乙酸(ρ_{20}=1.06 g/ mL)。

8.1.3.3 硼标准储备溶液[ρ(B)=100 μg/ mL]：称取 0.286 0 g 硼酸(H_3BO_3)，加纯水溶解，并定容至 500 mL。储存于聚乙烯试剂瓶中。

8.1.3.4 硼标准使用溶液[ρ(B)=10.00 μg/ mL]：吸取 10.00 mL 硼标准储备溶液(8.1.3.3)于 100 mL容量瓶中，加纯水稀释至刻度。储存于聚乙烯瓶中。

8.1.4 仪器

8.1.4.1 分光光度计

8.1.4.2 具塞比色管(无硼)：10 mL。

8.1.5 分析步骤

8.1.5.1 吸取水样 5.0 mL 于 10 mL 比色管中。

8.1.5.2 吸取 0 mL、0.10 mL、0.30 mL、0.50 mL、0.70 mL 和 1.00 mL 硼标准使用溶液(8.1.3.4)，分别置于 6 支 10 mL 比色管中，用纯水稀释至 5.0 mL。

8.1.5.3 加入 2.0 mL 乙酸盐缓冲溶液(8.1.3.2)，混匀。准确加入 2.0 mL 甲亚胺-*H* 溶液(8.1.3.1)，混匀后静置 90 min。于 420 nm 波长，1 cm 比色皿，以试剂空白为参比，测量吸光度。

8.1.5.4 绘制标准曲线，从曲线上查出水样中硼的质量。

8.1.6 计算

水样中硼的质量浓度计算见式(25)：

$$\rho(\mathrm{B}) = \frac{m}{V} \quad \cdots\cdots (25)$$

式中：

ρ(B)——水样中硼的质量浓度，单位为毫克每升(mg/L)；

m——相当于硼标准的质量，单位为微克(μg)；

V——水样的体积，单位为毫升(mL)。

8.1.7 精密度和准确度

测定含硼 0.24 mg/L、0.46 mg/L、0.97 mg/L 的合成水样，相对标准偏差分别为 14%、3.9%和 5.5%；对不同类型水样，加入硼 0.20 mg/L～1.0 mg/L，回收率为 88.0%～115%。

8.2 电感耦合等离子体发射光谱法

见 GB/T 5750.6—2006 1.4。

8.3 电感耦合等离子体质谱法

见 GB/T 5750.6—2006 1.5。

9 氨氮

9.1 纳氏试剂分光光度法

9.1.1 范围

本标准规定了用纳氏试剂分光光度法测定生活饮用水及其水源水中的氨氮。

本法适用于生活饮用水及其水源水中氨氮的测定。

本法最低检测质量为 1.0 μg 氨氮，若取 50 mL 水样测定，则最低检测质量浓度为 0.02 mg/L。

水中常见的钙、镁、铁等离子能在测定过程中生成沉淀,可加入酒石酸钾钠掩蔽。水样中余氯与氨结合成氯胺,可用硫代硫酸钠脱氯。水中悬浮物可用硫酸锌和氢氧化钠混凝沉淀除去。

硫化物、铜、醛等亦可引起溶液浑浊。脂肪胺、芳香胺、亚铁等可与碘化汞钾产生颜色。水中带有颜色的物质,亦能发生干扰。遇此情况,可用蒸馏法除去。

9.1.2 原理

水中氨与纳氏试剂(K_2HgI_4)在碱性条件下生成黄至棕色的化合物(NH_2Hg_2OI),其色度与氨氮含量成正比。

9.1.3 试剂

本法所有试剂均需用不含氨的纯水配制。无氨水可用一般纯水通过强酸型阳离子交换树脂或者加硫酸和高锰酸钾后重蒸馏制得。

9.1.3.1 硫代硫酸钠溶液(3.5 g/L):称取 0.35 g 硫代硫酸钠($Na_2S_2O_3 \cdot 5H_2O$)溶于纯水中,并稀释至 100 mL。此溶液 0.4 mL 能除去 200 mL 水样中含 1 mg/L 的余氯。使用时可按水样中余氯的质量浓度计算加入量。

9.1.3.2 四硼酸钠溶液(9.5 g/L):称取 9.5 g 四硼酸钠($Na_2B_4O_7 \cdot 10H_2O$)用纯水溶解,并稀释为 1 000 mL。

9.1.3.3 氢氧化钠溶液(4 g/L)。

9.1.3.4 硼酸盐缓冲溶液:量取 88 mL 氢氧化钠溶液(9.1.3.3),用四硼酸钠溶液(9.1.3.2)稀释为 1 000 mL。

9.1.3.5 硼酸溶液(20 g/L)。

9.1.3.6 硫酸锌溶液(100 g/L):称取 10 g 硫酸锌($ZnSO_4 \cdot 7H_2O$),溶于少量纯水中,并稀释至 100 mL。

9.1.3.7 氢氧化钠溶液(240 g/L)。

9.1.3.8 酒石酸钾钠溶液(500 g/L):称取 50 g 酒石酸钾钠($KNaC_4H_4O_6 \cdot 4H_2O$),溶于 100 mL 纯水中,加热煮沸至不含氨为止,冷却后再用纯水补充至 100 mL。

9.1.3.9 氢氧化钠溶液(320 g/L)。

9.1.3.10 纳氏试剂:称取 100 g 碘化汞(HgI_2)及 70 g 碘化钾(KI),溶于少量纯水中,将此溶液缓缓倾入已冷却的 500 mL 氢氧化钠溶液(9.1.3.9)中,并不停搅拌,然后再以纯水稀释至 1 000 mL。储于棕色瓶中,用橡胶塞塞紧,避光保存。试剂有毒,应谨慎使用。

注:配制试剂时应注意勿使碘化钾过剩。过量的碘离子将影响有色络合物的生成,使发色变浅。储存已久的纳氏试剂,使用前应先用已知量的氨氮标准溶液显色,并核对吸光度;加入试剂后 2 h 内不得出现浑浊,否则应重新配制。

9.1.3.11 氨氮标准储备溶液[$\rho(NH_3-N)=1.00$ mg/ mL]:将氯化铵(NH_4Cl)置于烘箱内,在 105 ℃烘烤 1 h,冷却后称取 3.819 0 g,溶于纯水中于容量瓶内定容至 1 000 mL。

9.1.3.12 氨氮标准使用液[$\rho(NH_3-N)=10.00$ μg/ mL](临用时配制):吸取 10.00 mL 氨氮标准储备溶液(9.1.3.11),用纯水定容到 1 000 mL。

9.1.4 仪器

9.1.4.1 全玻璃蒸馏器:500 mL。

9.1.4.2 具塞比色管:50 mL。

9.1.4.3 分光光度计。

9.1.5 样品的预处理

水样中氨氮不稳定,采样时每升水样加 0.8 mL 硫酸($\rho_{20}=1.84$ mg/L),4℃保存并尽快分析。

无色澄清的水样可直接测定。色度、浑浊度较高和干扰物质较多的水样,需经过蒸馏或混凝沉淀等预处理步骤。

9.1.5.1 蒸馏

9.1.5.1.1 取 200 mL 纯水于全玻璃蒸馏器中，加入 5 mL 硼酸盐缓冲液(9.1.3.4)及数粒玻璃珠，加热蒸馏，直至馏出液用纳氏试剂(9.1.3.10)检不出氨为止。稍冷后倾出并弃去蒸馏瓶中残液，量取 200 mL水样(或取适量，加纯水稀释至 200 mL)于蒸馏瓶中，根据水中余氯含量，计算并加入适量硫代硫酸钠溶液(9.1.3.1)脱氯。用氢氧化钠溶液(9.1.3.3)调节水样至呈中性。

9.1.5.1.2 加入 5 mL 硼酸盐缓冲液(9.1.3.4)，加热蒸馏。用 200 mL 容量瓶为接收瓶，内装 20 mL 硼酸溶液(9.1.3.5)作为吸收液。蒸馏器的冷凝管末端要插入吸收液中。待蒸出 150 mL 左右，使冷凝管末端离开液面，继续蒸馏以清洗冷凝管。最后用纯水稀释至刻度，摇匀，供比色用。

9.1.5.2 混凝沉淀

取 200 mL 水样，加入 2 mL 硫酸锌溶液(9.1.3.6)，混匀。加入 0.8 mL～1 mL 氢氧化钠溶液(9.1.3.7)，使 pH 值为 10.5，静置数分钟，倾出上清液供比色用。

经硫酸锌和氢氧化钠沉淀的水样，静置后一般均能澄靖。如必需过滤时，应注意滤纸中的铵盐对水样的污染，必需预先将滤纸用无氨纯水反复淋洗，至用纳氏试剂检查不出氨后再使用。

9.1.6 分析步骤

9.1.6.1 取 50.0 mL 澄清水样或经预处理的水样(如氨氮含量大于 0.1 mg，则取适量水样加纯水至 50 mL)于 50 mL 比色管中。

9.1.6.2 另取 50 mL 比色管 8 支，分别加入氨氮标准使用溶液(9.1.3.12)0 mL、0.10 mL、0.20 mL、0.30 mL、0.50 mL、0.70 mL、0.90 mL 及 1.20 mL，对高浓度氨氮的标准系列，则分别加入氨氮标准使用溶液(9.1.3.12)0 mL、0.50 mL、1.00 mL、2.00 mL、4.00 mL、6.00 mL、8.00 mL 及 10.00 mL，用纯水稀释至 50 mL。

9.1.6.3 向水样及标准溶液管内分别加入 1 mL 酒石酸钾钠溶液(9.1.3.8)(经蒸馏预处理过的水样，水样及标准管中均不加此试剂)，混匀，加 1.0 mL 纳氏试剂(9.1.3.10)混匀后放置 10 min，于 420 nm 波长下，用 1 cm 比色皿，以纯水作参比，测定吸光度；如氨氮含量低于 30 μg，改用 3 cm 比色皿，低于 10 μg 可用目视比色。

注：经蒸馏处理的水样，只向各标准管中各加 5 mL 硼酸溶液(9.1.3.5)，然后向水样及标准管各加 2 mL 纳氏试剂(9.1.3.10)。

9.1.6.4 绘制标准曲线，从曲线上查出样品管中氨氮含量，或目视比色记录水样中相当于氨氮标准的质量。

9.1.7 计算

水样中复氮的质量浓度计算见式(26)：

$$\rho(NH_3-N)=\frac{m}{V} \qquad \cdots\cdots(26)$$

式中：

$\rho(NH_3-N)$——水样中氨氮的质量浓度，单位为毫克每升(mg/L)；

m——从标准曲线上查得的样品管中氨氮的质量，单位为微克(μg)；

V——水样体积，单位为毫升(mL)。

9.1.8 精密度与准确度

在 65 个实验室用本标准测定含氨氮 1.3 mg/L 的合成水样，其他离子质量浓度(mg/L)分别为：硝酸盐氮，1.59；正磷酸盐，0.154，测定氨氮的相对标准偏差为 6%，相对误差为 0。

9.2 酚盐分光光度法

9.2.1 范围

本标准规定了用酚盐分光光度法测定生活饮用水及其水源水中的氨氮。

本法适用于无色澄清的生活饮用水及其水源水中氨氮的测定。

本法最低检测质量为 0.25 μg，若取 10 mL 水样测定，则最低检测质量浓度为 0.025 mg/L。

单纯的悬浮物可通过 0.45 μm 滤膜过滤，干扰物较多的水样需经蒸馏后再进行测定。

9.2.2 原理

氨在碱性溶液中与次氯酸盐生成一氯胺，在亚硝基铁氰化钠催化下与酚生成吲哚酚蓝染料，比色定量。一氯胺和吲哚酚蓝的形成均与溶液 pH 值有关。次氯酸与氨在 pH7.5 以上主要生成二氯胺，当 pH 降低到 5～7 和 4.5 以下，则分别生成二氯胺和三氯胺，在 pH10.5～11.5 之间，生成的一氯胺和吲哚酚蓝都较为稳定，且呈色最深。用直接法比色测定时，需加入柠檬酸防止水中钙、镁离子生成沉淀。

9.2.3 试剂

本法所用试剂均需用不含氨的纯水配制。无氨水的制备方法同 9.1.3。

9.2.3.1 酚-乙醇溶液：称取 62.5 g 精制过的苯酚（无色），溶于 45 mL 乙醇[$\varphi(C_2H_5OH)=95\%$]中，保存于冰箱中，如发现空白值增高，应重配。

9.2.3.2 亚硝基铁氰化钠溶液（10 g/L）：称取 1 g 亚硝基铁氰化钠[$Na_2Fe(CN)_5 \cdot NO \cdot 2H_2O$，又名硝普钠]，溶于少量纯水中，稀释至 100 mL，储于冰箱中。如发现空白值增高，应重配。

9.2.3.3 氢氧化钠溶液（240 g/L）：称取 120 g 氢氧化钠，溶于 550 mL 纯水中，煮沸并蒸发至 450 mL，冷却后加纯水稀释到 500 mL。

9.2.3.4 柠檬酸钠溶液（400 g/L）：称取 200 g 柠檬酸钠（$C_6H_5O_7Na_3 \cdot 2H_2O$）溶于 600 mL 纯水中，煮沸蒸发至 450 mL，冷却后加纯水稀释至 500 mL。

9.2.3.5 酚盐-柠檬酸盐溶液：将 3.0 mL 亚硝基铁氰化钠溶液（9.2.3.2）、5.0 mL 酚-乙醇溶液（9.2.3.1）、6.5 mL 氢氧化钠溶液（9.2.3.3）及 50 mL 柠檬酸钠溶液（9.2.3.4）混合均匀。在冰箱中保存，可使用 2 d～3 d。

9.2.3.6 含氯缓冲溶液：称取 12g 无水碳酸钠（Na_2CO_3）及 0.8g 碳酸氢钠（$NaHCO_3$），溶于 100 mL 纯水中。加入 34 mL 次氯酸钠溶液（30 g/L）（又称为安替福明），并加纯水至 200 mL，放置 1 h 后即可使用。本试剂 1 mL 用纯水稀释到 50 mL，加入 1 g 碘化钾及 3 滴硫酸（$\rho_{20}=1.84$ g/ mL），以淀粉溶液作指示剂，用硫代硫酸钠标准溶液[$c(Na_2S_2O_3)=0.02500$ mol/L]滴定生成的碘，应消耗 5.6 mL 左右。如低于 4.5 mL 应补加次氯酸钠溶液。9.2.3.5 和 9.2.3.6 两种试剂混合后 pH 值的校正：加 1.0 mL 酚盐-柠檬酸盐溶液（9.2.3.5）和 0.4 mL 含氯缓冲溶液（9.2.3.6）于 10 mL 纯水中，其 pH 应在 11.4～11.8 之间，否则应在酚盐-柠檬酸盐溶液中再加入适量氢氧化钠溶液（9.2.3.3）。

9.2.3.7 氨氮标准储备液：见 9.1.3.11。

9.2.3.8 氨氮标准使用液[$\rho(NH_3-N)=5$ μg/ mL]：吸取 5.00 mL 氨氮标准储备溶液（9.2.3.7）于 1 000 mL 容量瓶中，加纯水稀释至刻度。临用时配制。

9.2.4 仪器

9.2.4.1 具塞比色管：10 mL。

9.2.4.2 分光光度计。

9.2.5 水样采集及储存

于每升水样中，加入 0.8 mL 硫酸（$\rho_{20}=1.84$ g/ mL），并在 4℃保存。如有可能，最好在采样时立即过滤，并加入试剂显色，使测定结果更为准确。

注：对于直接测定的水样，加硫酸固定时必须注意酸的用量。一般水样，每升加 0.8 mL 硫酸已足够，碱度大的水样可适当增加。应注意勿使过量，以免使加显色剂后 pH 值不能控制在 10.5～11.5。

9.2.6 分析步骤

9.2.6.1 试剂空白值：取 10 mL 纯水，置于 10 mL 具塞比色管中，加入 0.4 mL 含氯缓冲溶液（9.2.3.6），混匀，静置 0.5 h，将存在于水中的微量氨氧化分解，然后加入 1.0 mL 酚盐-柠檬酸盐溶液（9.2.3.5），静置 90 min，测定吸光度，即为不包括稀释水在内的试剂空白值。

9.2.6.2 取 10.0 mL 澄清水样或水样蒸馏液，于 10 mL 具塞比色管中。

注：用蒸馏法预处理水样时可按 9.1.5.1.1 操作，改用 50 mL 硫酸[$c(H_2SO_4)=0.02$ mol/L]为吸收液。

9.2.6.3 标准系列的制备:分别吸取氨氮标准使用液(9.2.3.8)0 mL、0.05 mL、0.10 mL、0.50 mL、1.00 mL、1.50 mL、2.00 mL和4.00 mL于8支10 mL具塞比色管中,加纯水至10 mL刻度。

9.2.6.4 向水样及标准管中各加入1.0 mL酚盐-柠檬酸盐溶液(9.2.3.5),立即加入0.4 mL含氯缓冲溶液(9.2.3.6),充分混匀,静置90 min后,于630 nm波长下,用1 cm比色皿,以纯水作参比,测定吸光度。

9.2.6.5 绘制标准曲线,从标准曲线上查出样品管中氨氮的质量。

9.2.7 计算

水样中氨氮的质量浓度的计算见式(27):

$$\rho(NH_3-N)=\frac{m}{V} \qquad \cdots\cdots(27)$$

式中:

$\rho(NH_3-N)$——水样中氨氮的质量浓度,单位为毫克每升(mg/L);

m——从标准曲线上查得的样品管中氨氮的质量,单位为微克(μg);

V——水样体积,单位为毫升(mL)。

9.3 水杨酸盐分光光度法

9.3.1 范围

本标准规定了用水杨酸盐分光光度法测定生活饮用水及其水源水中的氨氮。

本法适用于生活饮用水及其水源水中氨氮的测定。

本法最低检测质量为0.25 μg,若取10 mL水样测定,则最低检测质量浓度为0.025 mg/L。

9.3.2 原理

在亚硝基铁氰化钠存在下,氨氮在碱性溶液中与水杨酸盐-次氯酸盐生成蓝色化合物,其色度与氨氮含量成正比。

9.3.3 试剂

9.3.3.1 亚硝基铁氰化钠溶液(10 g/L):见9.2.3.2。

9.3.3.2 氢氧化钠溶液(280 g/L):称取140g氢氧化钠溶于550 mL纯水中,煮沸并蒸发至约为450 mL,冷却后用纯水稀释至500 mL。

9.3.3.3 柠檬酸钠溶液:见9.2.3.4。

9.3.3.4 含氯缓冲液:见9.2.3.6。

9.3.3.5 水杨酸-柠檬酸盐溶液(显色剂):称取3.5 g水杨酸($C_6H_4OHCOOH$),加入5.0 mL氢氧化钠溶液(9.3.3.2),水杨酸溶解后,加1.5 mL亚硝基铁氰化钠溶液(9.3.3.1)和25 mL柠檬酸钠溶液(9.3.3.3),摇匀。临用时配制。

9.3.3.6 氨氮标准使用液:见9.2.3.8。

9.3.4 仪器

9.3.4.1 具塞比色管:10 mL。

9.3.4.2 分光光度计。

9.3.5 样品预处理

如样品需经过蒸馏处理时,用50 mL硫酸[$c(H_2SO_4)=0.02$ mol/L]作为吸收液。

9.3.6 分析步骤

9.3.6.1 试剂空白的制备:吸取0.4 mL含氯缓冲液(9.3.3.4)加到10 mL纯水中,混匀,静置半小时后加1.0 mL水杨酸-柠檬酸盐溶液(9.3.3.5)。

9.3.6.2 吸取10.0 mL澄清水样或水样蒸馏液于10 mL具塞比色管中。

9.3.6.3 标准系列的制备:分别吸取氨氮标准使用溶液(9.3.3.6)0 mL、0.05 mL、0.10 mL、0.50 mL、

1.00 mL、1.50 mL、2.00 mL 和 4.00 mL 于 8 支 10 mL 具塞比色管中。加纯水至 10 mL 刻度。

9.3.6.4 向水样管及标准管中各加 1.0 mL 水杨酸-柠檬酸盐溶液(9.3.3.5),立即加入 0.4 mL 含氯缓冲溶液(9.3.3.4),充分混匀,静置 90 min 后测定,颜色可稳定 24 h。

9.3.6.5 于 655 nm 波长下,用 1 cm 比色皿,以纯水为参比,测定吸光度。

9.3.6.6 绘制标准曲线,从曲线上查出水样中氨氮质量。

9.3.7 计算

水样中氨氮质量浓度计算见式(28):

$$\rho(NH_3-N)=\frac{m}{V} \qquad \cdots\cdots(28)$$

式中:

$\rho(NH_3-N)$——水样中氨氮质量浓度,单位为毫克每升(mg/L);

m——从标准曲线上查得样品管中氨氮质量,单位为微克(μg);

V——水样体积,单位为毫升(mL)。

9.3.8 精密度和准确度

测定氨氮为 0.025 mg/L~0.75 mg/L 时,相对标准偏差为 1.4%~0.6%;对不同类型水样,加入氨氮 2.5 μg/L~250 μg/L,回收率为 98.0%~100%。

10 亚硝酸盐氮

10.1 重氮偶合分光光度法

10.1.1 范围

本标准规定了用重氮偶合分光光度法测定生活饮用水及其水源水中的亚硝酸盐氮。

本法适用于生活饮用水及其水源水中亚硝酸盐氮的测定。

本法最低检测质量为 0.05 μg 亚硝酸盐氮,若取 50 mL 水样测定,则最低检测质量浓度为 0.001 mg/L。

水中三氯胺产生红色干扰。铁、铅等离子可产生沉淀引起干扰。铜离子起催化作用,可分解重氮盐使结果偏低。有色离子有干扰。

10.1.2 原理

在 pH1.7 以下,水中亚硝酸盐与对氨基苯磺酰胺重氮化,再与盐酸 *N*-(1-萘)-乙二胺产生偶合反应,生成紫红色的偶氮染料,比色定量。

10.1.3 试剂

10.1.3.1 氢氧化铝悬浮液:见 2.1.3.6。

10.1.3.2 对氨基苯磺酰胺溶液(10 g/L):见 5.4.3.16。

10.1.3.3 盐酸 *N*-(1-萘)-乙二胺溶液(1.0 g/L):见 5.4.3.17。

10.1.3.4 亚硝酸盐氮标准储备液[$\rho(NO_2-N)=50$ μg/ mL]:称取 0.246 3 g 在玻璃干燥器内放置 24 h 的亚硝酸钠($NaNO_2$),溶于纯水中,并定容至 1 000 mL。每升中加 2 mL 三氯甲烷保存。

10.1.3.5 亚硝酸盐氮标准使用溶液[$\rho(NO_2-N)=0.10$ μg/ mL]:取 10.00 mL 亚硝酸盐氮标准储备液(10.1.3.4)于容量瓶中,用纯水定容至 500 mL,再从中吸取 10.00 mL,用纯水于容量瓶中定容至 100 mL。

10.1.4 仪器

10.1.4.1 具塞比色管:50 mL。

10.1.4.2 分光光度计。

10.1.5 分析步骤

10.1.5.1 若水样浑浊或色度较深,可先取 100 mL,加入 2 mL 氢氧化铝悬浮液(10.1.3.1),搅拌后静置数分钟，过滤。

10.1.5.2　先将水样或处理后的水样用酸或碱调近中性。取 50.0 mL 置于比色管中。

10.1.5.3　另取 50 mL 比色管 8 支，分别加入亚硝酸盐氮标准液(10.1.3.5)0 mL、0.50 mL、1.00 mL、2.50 mL、5.00 mL、7.50 mL、10.00 mL 和 12.50 mL，用纯水稀释至 50 mL。

10.1.5.4　向水样及标准色列管中分别加入 1 mL 对氨基苯磺酰胺溶液(10.1.3.2)，摇匀后放置 2 min～8 min。加入 1.0 mL 盐酸 *N*-(1 萘)-乙二胺溶液(10.1.3.3)，立即混匀。

10.1.5.5　于 540 nm 波长，用 1 cm 比色皿，以纯水作参比，在 10 min 至 2 h 内，测定吸光度。如亚硝酸盐氮浓度低于 4 μg/L 时，改用 3 cm 比色皿。

10.1.5.6　绘制标准曲线，从曲线上查出水样中亚硝酸盐氮的含量。

10.1.5.7　计算

水样中亚硝酸盐氮的质量浓度计算见式(29)：

$$\rho(NO_2-N)=\frac{m}{V} \qquad (29)$$

式中：

$\rho(NO_2-N)$——水样中亚硝酸盐氮的质量浓度，单位为毫克每升(mg/L)；

m——从标准曲线上查得样品管中亚硝酸盐氮的质量，单位为微克(μg)；

V——水样体积，单位为毫升(mL)。

10.1.6　精密度和准确度

3 个实验室测定了含 NO_2-N 0.026 mg/L～0.082 mg/L 的加标水样，单个实验室的相对标准偏差小于 9.3%。回收率范围 90.0%～114%。5 个实验室测定了含 NO_2-N 0.083 mg/L～0.18 mg/L 的加标水样，单个实验室的相对标准偏差小于 2.8%，回收率范围为 96.0%～102%。

11　碘化物

11.1　硫酸铈催化分光光度法

11.1.1　范围

本标准规定了用硫酸铈催化分光光度法测定生活饮用水及其水源水中的碘化物。

本法适用于生活饮用水及其水源水中碘化物的测定。

本法最低检测质量为 0.01 μg，若取 10 mL 水样测定，最低检测质量浓度为 1 μg/L(I^-)。

本法适宜测定 1 μg/L～10 μg/L(I^-)低浓度范围和 10 μg/L～100 μg/L(I^-)高浓度范围碘化物。

银及汞离子抑制碘化物的催化能力，氯离子与碘离子有类似的催化作用，加入大量氯离子可以抑制上述干扰。

温度及反应时间对本标准影响极大，因此应严格按规定控制操作条件。

11.1.2　原理

在酸性条件下，亚砷酸与硫酸高铈发生缓慢的氧化还原反应。碘离子有催化作用使反应加速进行。反应速度随碘离子含量增高而变快，剩余的高铈离子就越少。用亚铁离子还原剩余的高铈离子，终止亚砷酸—高铈间的氧化还原反应。氧化产生的铁离子与硫氰酸钾反应生成红色络合物，比色定量。间接测定碘化物的含量。

11.1.3　试剂

11.1.3.1　纯水(无碘化物)：将蒸馏水按每升加 2 g 氢氧化钠后重蒸馏。

11.1.3.2　氯化钠溶液(260 g/L)：称取 26 g 经 700 ℃灼烧 2 h 的优级纯氯化钠(NaCl)，溶于纯水(11.1.3.1)并稀释至 100 mL。

11.1.3.3　亚砷酸溶液[$c(1/4As_2O_3)=0.10$ mol/L]：称取 4.946 g 三氧化二砷(As_2O_3)，加 500 mL 纯水(11.1.3.1)，10 滴硫酸($\rho_{20}=1.84$ g/ mL)，加热使全部溶解。用纯水(11.1.3.1)稀释至 1 000 mL。

注意:此溶液剧毒!

注:必要时三氧化二砷可按下法精制:将三氧化二砷研细,加入 25 mL 重蒸馏的乙醇,搅拌后弃去上部乙醇溶液。同法反复洗涤晶体 10 次~15 次。于 80℃烘干、备用。

11.1.3.4 硫酸溶液(1+3)。

11.1.3.5 硫酸铈溶液{c[$Ce(SO_4)_2$]=0.02 mol/L}:称取 8.086 g 硫酸铈[$Ce(SO_4)_2 \cdot 4H_2O$]或 12.65 g硫酸铈铵[$Ce(SO_4)_2 \cdot 2(NH_4)_2SO_4 \cdot 4H_2O$]溶于 500 mL 纯水(11.1.3.1)中,加硫酸(ρ_{20}=1.84 g/ mL)44 mL,用纯水稀释至 1 000 mL。

11.1.3.6 硫酸亚铁铵溶液(15 g/L):称取 1.5g 硫酸亚铁铵[$(NH_4)_2Fe(SO_4)_2 \cdot 6H_2O$],溶于纯水中,加入 2.5 mL 硫酸溶液(11.1.3.4)并用纯水稀释至 100 mL。临用前配制。

11.1.3.7 硫氰酸钾溶液(40 g/L):称取 4.0 g 硫氰酸钾(KSCN)溶于纯水(11.1.3.1),并稀释至 100 mL。

11.1.3.8 碘化物标准储备溶液[$\rho(I^-)$=100 μg/ mL]:称取 0.130 8 g 经硅胶干燥器干燥 24 h 的碘化钾(KI),溶于纯水(11.1.3.1)并定容至 1 000 mL。

11.1.3.9 碘化物标准使用溶液 Ⅰ[$\rho(I^-)$=1.00 μg/ mL]:临用时吸取碘化物标准储备溶液(11.1.3.8) 5.00 mL,于 500 mL 容量瓶中用纯水(11.1.3.1)稀释到刻度。

11.1.3.10 碘化物标准使用溶液 Ⅱ[$\rho(I^-)$=0.01 μg/ mL]:临用时,吸取碘化物标准溶液 Ⅰ(11.1.3.9) 5.00 mL,于 500 mL 容量瓶中用纯水(11.1.3.1)稀释到刻度。

11.1.4 仪器

11.1.4.1 恒温水浴:30℃±0.5℃。

11.1.4.2 秒表。

11.1.4.3 分光光度计。

11.1.4.4 具塞比色管:25 mL。临用前清洗,并注意防止铁的污染。

11.1.5 分析步骤

11.1.5.1 低浓度范围(1.0 μg/L~10 μg/L)的测定

11.1.5.1.1 按表 1 配制标准系列,水样及 A 管、B 管,并按表向各管加入试剂。摇匀后,置于 30℃±0.5℃恒温水浴中于 20 min±0.1 min 后,使温度达到平衡。

表 1 碘化物测定各管的试剂加入量

单位为毫升

管号	碘化物标准使用溶液Ⅱ(11.1.3.10)	水样	纯水(11.1.3.1)	氯化钠溶液(11.1.3.2)	亚砷酸溶液(11.1.3.3)	硫酸溶液(11.1.3.4)
标准 1	1.00	0	9.0	1.0	0.5	1.0
标准 2	3.00	0	7.0	1.0	0.5	1.0
标准 3	5.00	0	5.0	1.0	0.5	1.0
标准 4	7.00	0	3.0	1.0	0.5	1.0
标准 5	10.00	0	0	1.0	0.5	1.0
标准 6	0	0	10.0	1.0	0.5	1.0
样品	0	10.0	0	1.0	0.5	1.0
B 管	0	10.0	0.5	1.0	0	1.0
A 管	0	0	10.5	1.0	0	1.0

11.1.5.1.2 按下秒表计时,每隔 30 s,依次向各管加 0.50 mL 硫酸铈溶液(11.1.3.5)密塞迅速摇匀,放回水浴中保温。

11.1.5.1.3　于水浴中放置 20 min±0.1 min 后，每隔 30 s，依次向各管加 1.00 mL 硫酸亚铁铵溶液(11.1.3.6)密塞迅速摇匀，放回水浴中。

注：每管加硫酸铈溶液到加硫酸亚铁铵溶液的间隔均为 20 min±0.1 min。

11.1.5.1.4　20 min±0.1 min 后，每隔 30 s，依次向各管加 1.00 mL 硫氰酸钾溶液(11.1.3.7)，在室温放置 45 min，于 510 nm 波长，1 cm 比色皿，以纯水作参比，测量吸光度。绘制标准曲线。

注：标准曲线呈向下弯曲，并不呈良好线性。因此标准曲线必需与样品分析同时操作。用吸光度与浓度直接作图。不对曲线进行回归处理，防止产生误差。将吸光度对数值作图，可得直线关系的标准曲线。

11.1.5.2　高浓度范围(10 μg/L～100 μg/L)的测定

11.1.5.2.1　工作曲线绘制：吸取碘化物标准使用溶液Ⅰ(11.1.3.9)0 mL、1.00 mL、3.00 mL、5.00 mL、7.00 mL、10.00 mL 分别注入 25 mL 具塞比色管中，加纯水(11.1.3.1)至 10.0 mL，按步骤 11.1.5.1 操作。

注：高浓度范围的分析，恒温水浴温度为 20℃±0.5℃，反应时间为 8 min，不必作 A 管、B 管的测定。

11.1.5.2.2　取水样 10.0 mL，按步骤 11.1.5.2.1 操作。

11.1.6　计算

水样中碘化物(I^-)的质量浓度计算见式(30)：

$$\rho(I^-)=\frac{m}{V} \qquad (30)$$

式中：

$\rho(I^-)$——水样中碘化物(I^-)的质量浓度，单位为毫克每升(mg/L)；

m——从标准曲线上查得样品管中碘化物的质量，单位为微克(μg)；

V——水样体积，单位为毫升(mL)。

注：在测定低浓度碘化物水样时应经过 A 管、B 管的校正，以消除由于水样中氧化还原物质对测定的干扰。当 A 管吸光度大于 B 管时，说明水样中有还原性物质还原部分高铈离子。或所生成的高铁离子，使比色液变浅，应将水样测得的吸光度加上(A－B)。以校正由还原性物质造成的误差。

当 B 管吸光度大于 A 时，水样中可能存在氧化性物质的干扰，因此将水样的吸光度减去(B－A)。

11.2　高浓度碘化物比色法

11.2.1　范围

本标准规定了用比色法测定生活饮用水及其水源水中的高浓度碘化物。

本法适用于生活饮用水及其水源水中高浓度碘化物的测定。

本法最低检测质量 0.5 μg(以 I^- 计)，若取 10 mL 水样测定，则最低检测质量浓度为 0.05 mg/L。

大量的氯化物、氟化物、溴化物和硫酸盐不干扰测定。铁离子的干扰可加入磷酸予以消除。

11.2.2　原理

在酸化的水样中加入过量溴水，碘化物被氧化为碘酸盐。用甲酸钠除去过量的溴，剩余的甲酸钠在酸性溶液中加热成为甲酸挥发逸失，冷却后加入碘化钾析出碘。加入淀粉生成蓝紫色复合物，比色定量。

11.2.3　试剂

11.2.3.1　磷酸(ρ_{20}=1.69 g/ mL)。

11.2.3.2　饱和溴水：取约 2 mL 溴，加入纯水 100 mL，摇匀，保存于冰箱中。

11.2.3.3　碘化钾溶液(10 g/L)：临用时配制。

11.2.3.4　甲酸钠溶液(200 g/L)。

11.2.3.5　碘化物标准储备溶液[$\rho(I^-)$=100 μg/ mL]：见 11.1.3.8。

11.2.3.6　碘化物标准使用溶液[$\rho(I^-)$=1 μg/ mL]：见 11.1.3.9。

11.2.3.7 淀粉溶液(0.5 g/L):称取可溶性淀粉 0.05 g,加入少量纯水润湿。倒入煮沸的纯水中,并稀释至 100 mL。冷却备用。临用时配制。

11.2.4 仪器

11.2.4.1 分光光度计。

11.2.4.2 具塞比色管:25 mL。

11.2.5 分析步骤

11.2.5.1 吸取 10.0 mL 水样于 25 mL 具塞比色管中。

11.2.5.2 取 25 mL 具塞比色管 8 支,分别加入碘化物标准使用溶液(11.2.3.6)0 mL、0.5 mL、1.0 mL、2.0 mL、4.0 mL、6.0 mL、8.0 mL 和 10.0 mL,并用纯水稀释至 10 mL 刻度。

11.2.5.3 于各管中分别加入磷酸(11.2.3.1)3 滴,再滴加饱和溴水(11.2.3.2)至呈淡黄色稳定不变,置于沸水浴中加热 2 min,取出冷却。

11.2.5.4 向各管加碘化钾溶液(11.2.3.3)1.0 mL,混匀,于暗处放置 15 min 后,各加淀粉溶液(11.2.3.7)10 mL。15 min 后加纯水至 25 mL 刻度,混匀,于 570 nm 波长,2 cm 比色皿,以纯水为参比,测量吸光度。

11.2.5.5 绘制标准曲线,从曲线上查出碘化物的质量。

11.2.6 计算

水样中碘化物(I^-)的质量浓度计算见式(31):

$$\rho(I^-) = \frac{m}{V} \qquad (31)$$

式中:

$\rho(I^-)$——水样中碘化物(I^-)的质量浓度,单位为毫克每升(mg/L);

m——从标准曲线上查得碘化物质量,单位为微克(μg);

V——水样体积,单位为毫升(mL)。

11.2.7 精密度和准确度

7 个实验室以洁净天然水加标(碘化物浓度 0.05 mg/L～1.00 mg/L)后测定,相对标准差为 0.4%～6.7%。7 个实验室用自来水、深井水、矿泉水、河水、油田地下水等作加标回收试验,50 多个水样的回收率范围在 95.0%～103%,2 个为 90.0%。2 个实验室用本标准与硫酸铈铵催化分光光度法比对,相对误差为 0.07%～4.2%。

11.3 高浓度碘化物容量法

11.3.1 范围

本标准规定了用碘化物容量法测定生活饮用水及其水源水中高浓度碘化物。

本法适用于生活饮用水及其水源水中高浓度碘化物的测定。

本法最低检测质量为 2.5 μg(以 I^- 计),若取 100 mL 水样测定,则最低检测质量浓度为 0.025 mg/L。

水样中若存在 Cr^{6+},将干扰测定。

11.3.2 原理

在碱性条件下,高锰酸钾将碘化物氧化成碘酸盐,1 mol IO_3^- 在酸性条件下与加入的过量碘化钾作用,生成 3 mol I_2。以 *N*-氯代十六烷基吡啶为指示剂,用硫代硫酸钠溶液滴定。并计算水中碘化物的浓度。

11.3.3 试剂

11.3.3.1 磷酸(ρ_{20}=1.69 g/ mL)。

11.3.3.2 氢氧化钠-溴化钾溶液:称取 1 g 氢氧化钠和 1.5 g 溴化钾,溶于纯水中并稀释至 100 mL。

11.3.3.3　高锰酸钾溶液(3 g/L)。

11.3.3.4　亚硝酸钠溶液(15 g/L)。

11.3.3.5　氨基磺酸铵($NH_4SO_3NH_2$)溶液(25 g/L)。

11.3.3.6　碘化钾-碳酸钠溶液：称取 15 g 碘化钾和 0.1 g 无水碳酸钠，溶于纯水中，并稀释至 100 mL。

11.3.3.7　硫酸亚铁铵溶液(35 g/L)：称取 35 g 硫酸亚铁铵[$(NH_4)_2Fe(SO_4)_2 \cdot 6H_2O$]溶于硫酸溶液(1+32)中，并稀释至 1 000 mL。

11.3.3.8　氯化镁溶液(100 g/L)。

11.3.3.9　氢氧化钠溶液(200 g/L)。

11.3.3.10　碘化物标准储备溶液[$\rho(I^-)=100\ \mu g/mL$]：见 11.1.3.8。

11.3.3.11　碘化物标准使用溶液[$\rho(I^-)=20\ \mu g/mL$]：临用前将碘化物标准储备溶液(11.3.3.10)稀释而成。

11.3.3.12　硫代硫酸钠标准储备溶液[$c(Na_2S_2O_3)=0.1$ mol/L]：称取 26g 硫代硫酸钠($Na_2S_2O_3 \cdot 5H_2O$)，溶于 1 000 mL 纯水中。缓缓煮沸 10 min，冷却，放置 2 W 后过滤备用。

11.3.3.13　硫代硫酸钠标准溶液[$c(Na_2S_2O_3)=0.001$ mol/L]：临用时将硫代硫酸钠标准储备溶液(11.3.3.12)稀释配制，并用下述方法标定。

吸取 2.00 mL 碘化钾标准使用溶液(11.3.3.11)于 250 mL 碘量瓶中，加纯水 100 mL，以下操作步骤按 11.3.5 操作，计算 1.00 mL 硫代硫酸钠标准溶液(11.3.3.13) 相当于碘化物(I^-)的质量(以 μg 计)。

11.3.3.14　*N*-氯代十六烷基吡啶($C_{21}H_{38}NCl \cdot H_2O$,CPC)溶液(3.6 g/L)：称取 0.36 g N-氯代十六烷基吡啶溶于100 mL 纯水中。

11.3.4　仪器

微量滴定管：5 mL。

11.3.5　分析步骤

11.3.5.1　吸取 100 mL 水样置于 250 mL 锥形瓶中。加 5 mL 氢氧化钠溶液(11.3.3.9)，2 mL 高锰酸钾溶液(11.3.3.3)，放置 10 min 后加 2 mL 亚硝酸钠溶液(11.3.3.4)，3 mL 磷酸(11.3.3.1)，摇匀，待红色消失后，再静置 3 min。

11.3.5.2　加入 5 mL 氨基磺酸铵溶液(11.3.3.5)，充分摇匀，静置 5 min。将试样温度降至 17℃，加 2.0 mL 碘化钾-碳酸钠溶液(11.3.3.6)，混匀，加 1 mL CPC 溶液(11.3.3.14)，用硫代硫酸钠标准溶液(11.3.3.13)滴定至红色消失为止。根据所消耗硫代硫酸钠标准溶液用量，计算碘化物(I^-)的质量浓度。

注 1：溶液温度高于 20℃，CPC 与碘化物显色速度减慢，高于 24℃呈黄色。

注 2：滴定速度不宜太快，临近终点时的滴定速度以 30 s 滴一滴为宜。

注 3：样品中若存在 Cr^{6+} 时，量取水样 250 mL 加 1 mL 硫酸亚铁铵溶液(11.3.3.7)，静置 5 min，加 1 mL 氯化镁溶液(11.3.3.8)，边搅拌边滴加氢氧化钠溶液(11.3.3.9)1 mL，继续搅拌 1min，待沉淀迅速下降，取上清液用滤纸过滤。取滤液 100 mL，加 2 mL 高锰酸钾溶液(11.3.3.3)，按 11.3.5 步骤操作。

11.3.6　计算

水样中碘化物(I^-)的质量浓度计算见式(32)：

$$\rho(I^-)=\frac{V_1 \times 126.9}{V} \qquad \cdots\cdots(32)$$

式中：

$\rho(I^-)$——水样中碘化物(I^-)的质量浓度，单位为毫克每升(mg/L)；

V_1——硫代硫酸钠标准溶液的体积，单位为毫升(mL)；

126.9——与1.00 mL硫代硫酸钠标准溶液[$c(Na_2S_2O_3)=1.000$ mol/L]相当的以μg表示的碘化物的质量；

V——水样体积，单位为毫升(mL)。

11.3.7 **精密度和准确度**

8个实验室对I^-浓度为2.5 μg/L～50 μg/L的加标水样和水样测定，相对标准偏差为0.6%～13%，平均为3.7%；9个实验室对自来水、泉水、河水、江水、海水和矿泉水作2.5 μg/L～50 μg/L I^-的加标回收试验，回收率为86%～110%，平均98.7%；与砷—铈接触法比较，相对误差为1.5%～7.0%。

11.4 气相色谱法

11.4.1 范围

本标准规定了用气相色谱法测定生活饮用水及其水源水中的碘化物。

本法适用于生活饮用水及其水源水中碘化物的测定。

本法最低检测质量0.005 ng，若取10.0 mL水样测定，则最低检测质量浓度为1 μg/L。

本法适宜测定范围为1 μg/L～10 μg/L和10 μg/L～100 μg/L。

水样中余氯、有机氯化合物不干扰测定。

11.4.2 原理

在酸性条件下，水样中的碘化物与重铬酸钾发生氧化还原反应析出碘，它与丁酮生成3-碘丁酮-2，用气相色谱法电子捕获检测器进行定量测定。

11.4.3 试剂和材料

11.4.3.1 载气和辅助气体

11.4.3.1.1 载气：高纯氮(99.999%)。

11.4.3.1.2 辅助气体：氢气、空气。

11.4.3.2 配制标准品和样品预处理时使用的试剂和材料

11.4.3.2.1 无碘化物纯水：普通蒸馏水按每升加2 g氢氧化钠(NaOH)后重蒸馏。

11.4.3.2.2 硫酸溶液[$c(H_2SO_4)=2.5$ mol/L]：取139 mL硫酸($\rho_{20}=1.84$ g/mL，优级纯)缓慢地加到500 mL纯水中，并稀释至1 000 mL。

11.4.3.2.3 重铬酸钾溶液(0.5 g/L)。

11.4.3.2.4 丁酮：重蒸馏，收集79℃～80℃馏份。

11.4.3.2.5 环己烷：重蒸馏，收集80℃～81℃馏份。

11.4.3.2.6 硫代硫酸钠溶液(0.5 g/L)。

11.4.3.2.7 无水硫酸钠：600℃烘烤4 h，冷却后密封保存。

11.4.3.2.8 碘化钾：优级纯。

11.4.3.3 制备色谱柱时使用的试剂和材料

11.4.3.3.1 色谱柱和填充物见11.4.4.1.3有关内容。

11.4.3.3.2 涂渍固定液所使用的溶剂：丙酮。

11.4.4 仪器

11.4.4.1 **气相色谱仪**

11.4.4.1.1 电子捕获检测器。

11.4.4.1.2 记录仪或工作站。

11.4.4.1.3 **色谱柱**

A 色谱柱类型：硬质玻璃填充柱，长2 m，内径3 mm。

B 填充物。

a 载体：Chromosorb W AW DMCS 80 目～100 目。

b 固定液及含量：OV-17(0.5%)+OV-210(3.0%)。

C 涂渍固定液的方法：根据载体的质量称取一定量的 OV-17 和 OV- 210 溶解于丙酮中并加入载体。在红外灯下挥去溶剂，按普通方法装柱。

D 色谱柱老化：将填充好的色谱柱装机(不接检测器)，通氮气于 220℃连续老化 48 h。

11.4.4.2 微量注射器：10 μL。

11.4.4.3 分液漏斗：60 mL。

11.4.5 样品

11.4.5.1 水样采集及储存方法：用玻璃瓶采集水样，尽快测定。

11.4.5.2 水样预处理：吸取 10.0 mL 水样于 60 mL 分液漏斗中，加硫代硫酸钠溶液(11.4.3.2.6) 0.2 mL，混匀，加入硫酸溶液(11.4.3.2.2)0.1 mL，丁酮(11.4.3.2.4)0.5 mL，混匀。再加入重铬酸钾溶液(11.4.3.2.3) 1 mL，振荡 1 min，放置 10 min，加入 10.0 mL 环己烷(11.4.3.2.5)，振荡萃取 2 min，弃去水相，环己烷萃取液用纯水洗涤 2 次，每次 5 mL，弃去水相，环己烷萃取液经无水硫酸钠脱水干燥后收集于 10 mL 具塞比色管中供色谱测定。

11.4.6 分析步骤

11.4.6.1 仪器的调整

11.4.6.1.1 气化室温度：230℃。

11.4.6.1.2 柱温：100℃。

11.4.6.1.3 检测器温度：230℃。

11.4.6.1.4 载气流量：35 mL/min。

11.4.6.1.5 衰减：根据样品中被测组分含量调节记录器衰减。

11.4.6.2 校准

11.4.6.2.1 定量分析中的校准方法：外标法。

11.4.6.2.2 标准样品

A 使用次数：每次分析样品时间用新标准使用液绘制标准曲线。

B 标准样品制备

a 碘化物标准储备溶液的制备[$\rho(I^-)=100\ \mu g/mL$]：见 11.1.3.8。

b 碘化物标准使用溶液的制备[$\rho(I^-)=0.10\ \mu g/mL$，$\rho(I^-)=0.01\ \mu g/mL$]：临用时将碘化物标准储备溶液(11.4.6.2.2.B.a)用纯水稀释而成。

11.4.6.2.3 工作曲线的绘制：取 6 个 60 mL 分液漏斗，分别加入 0 mL、1.0 mL、3.0 mL、5.0 mL、7.0 mL、10 mL 碘化物标准使用溶液(水样中碘化物的含量 1 μg/L～10 μg/L 时使用 1.00 mL=0.01 μg 的碘化物标准使用溶液；水样中碘化物含量在 10 μg/L～100 μg/L 时使用 1.00 mL=0.10 μg 的碘化物标准使用溶液。补加纯水至 10 mL，分别向各分液漏斗中加硫代硫酸钠溶液(11.4.3.2.6)0.2 mL……以下同 11.4.5.2。分别取 5 μL 环己烷萃取液进行色谱分析，测量碘丁酮色谱峰高，以峰高为纵坐标，含量为横坐标，绘制工作曲线。

11.4.6.3 测定

11.4.6.3.1 进样：

A 进样方式：直接进样。

B 进样量：5μL。

C 操作：用微量注射器(11.4.4.2)于待测样品中抽吸几次后，排出气泡，取所需体积迅速注射至色谱仪中，并立即拔出注射器。

11.4.6.3.2 记录：以标样核对，记录色谱峰的保留时间及对应化合物。

11.4.6.3.3 色谱图的考察

A 标准色谱图：见图6。

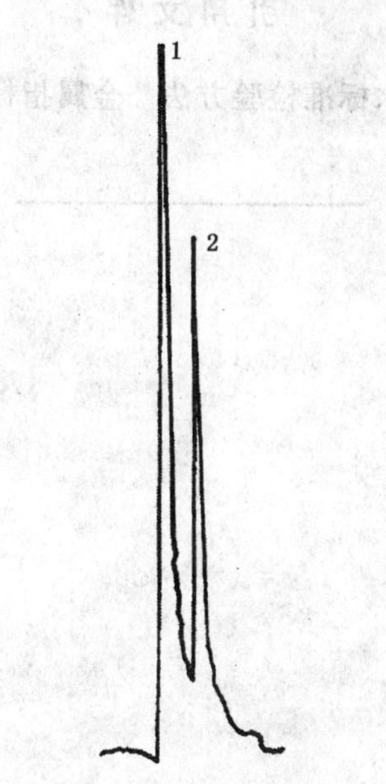

1——溶剂；

2——碘丁酮。

图6 碘丁酮标准色谱图

B 定性分析

a 组分出峰顺序：溶剂峰；碘丁酮峰。

b 保留时间：碘丁酮，1.35 min。

C 定量分析

a 色谱峰高的测量：连接峰的起点和终点作为峰底，从峰高的最大值对基线作垂线为峰高，单位为毫米(mm)。

b 计算

水样中碘化物(I^-)的质量浓度计算见式(33)：

$$\rho(I^-) = \frac{m}{V} \qquad \cdots\cdots (33)$$

式中：

$\rho(I^-)$——水样中碘化物的质量浓度，单位为毫克每升(mg/L)；

m——用样品峰高在工作曲线上查得碘化物质量，单位为微克(μg)；

V——水样体积，单位为毫升(mL)。

11.4.7 结果的表示

11.4.7.1 定性结果

根椐标准色谱图各组分的保留时间确定被测试样中组分数目及组分名称。

11.4.7.2 定量结果

11.4.7.2.1 含量的表示：按式(33)计算水样中碘化物的含量，用毫克每升(mg/L)表示。

11.4.7.2.2 精密度和准确度：6个实验室的结果，碘化物浓度为1 μg/L～10 μg/L的水样，加标回收率为95.6%±4.6%，相对标准偏差为4.5%～7.8%。碘化物浓度为10 μg/L～100 μg/L的水样，加标回收率为96.0%±2.7%，相对标准偏差为2.6%～3.4%。

附 录 A
（规范性附录）
引 用 文 件

GB/T 5750.6—2006 生活饮用水标准检验方法 金属指标

ICS 13.060
C 51

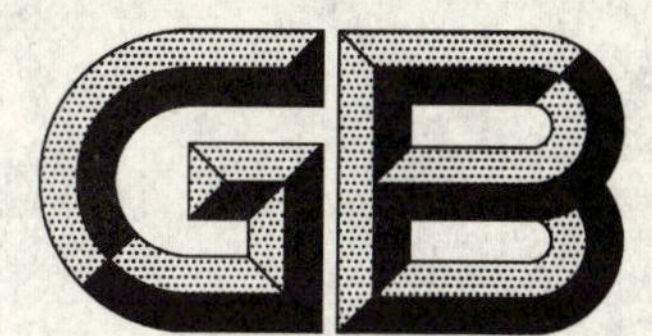

中华人民共和国国家标准

GB/T 5750.6—2006
部分代替 GB/T 5750—1985

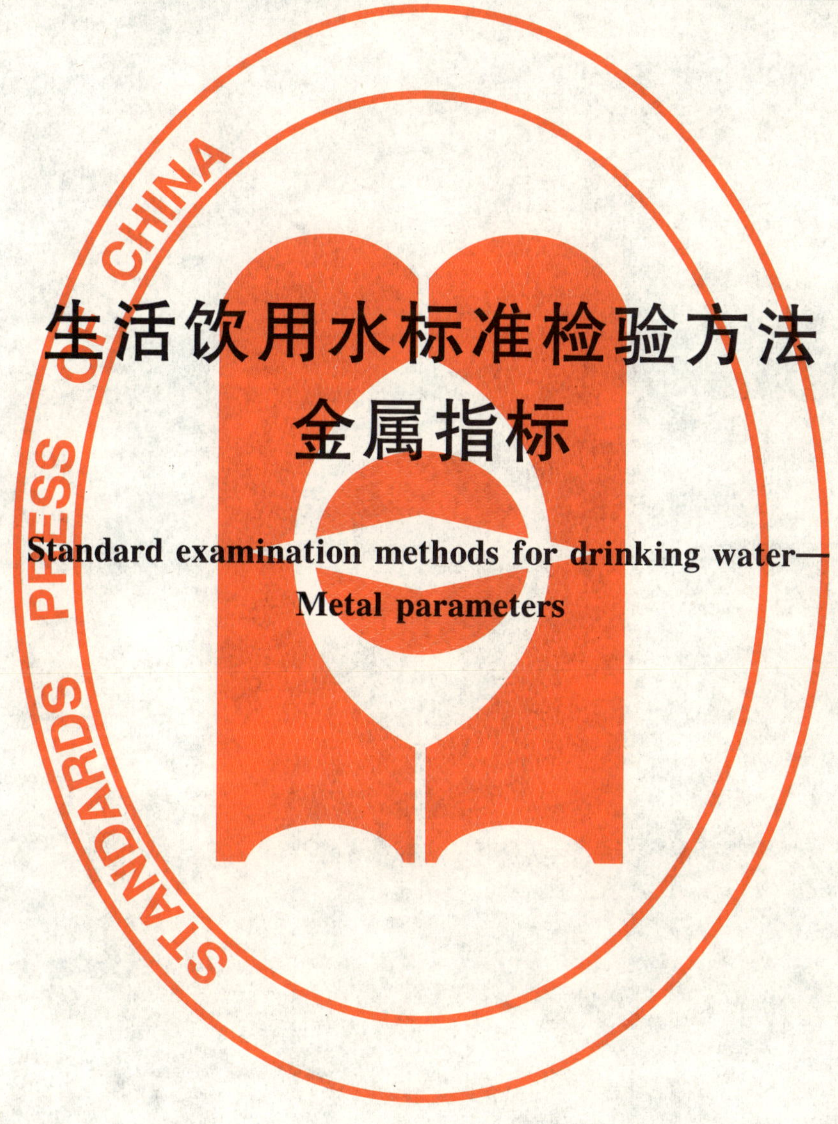

生活饮用水标准检验方法 金属指标

Standard examination methods for drinking water—Metal parameters

2006-12-29 发布　　　　2007-07-01 实施

中华人民共和国卫生部
中国国家标准化管理委员会　发布

前　言

GB/T 5750《生活饮用水标准检验方法》分为以下部分：

——总则；

——水样的采集和保存；

——水质分析质量控制；

——感官性状和物理指标；

——无机非金属指标；

——金属指标；

——有机物综合指标；

——有机物指标；

——农药指标；

——消毒副产物指标；

——消毒剂指标；

——微生物指标；

——放射性指标。

本标准代替 GB/T 5750—1985 第二篇中的铁、锰、铜、锌、砷、镉、铬(六价)、铅、银。

本标准与 GB/T 5750—1985 相比主要变化如下：

——依据 GB/T 1.1—2000《标准化工作导则　第 1 部分：标准的结构和编写规则》与 GB/T 20001.4—2001《标准编写规则　第 4 部分：化学分析方法》调整了结构；

——依据国家标准的要求修改了量和计量单位；

——当量浓度改成摩尔浓度(氧化还原部分仍保留当量浓度)；

——质量浓度表示符号由 C 改成 ρ，含量表示符号由 M 改成 m；

——增加了铝、硒、汞、钼、钴、镍、钡、钛、钒、锑、铍、铊、钠、锡、四乙基铅 15 项指标的 43 个检验方法；

——修订了砷的检验方法。

本标准由中华人民共和国卫生部提出并归口。

本标准负责起草单位：中国疾病预防控制中心环境与健康相关产品安全所。

本标准参加起草单位：江苏省疾病预防控制中心、唐山市疾病预防控制中心、重庆市疾病预防控制中心、北京市疾病预防控制中心、广东省疾病预防控制中心、辽宁省疾病预防控制中心、广州市疾病预防控制中心、武汉市疾病预防控制中心、河南省疾病预防控制中心、山东省疾病预防控制中心、哈尔滨市疾病预防控制中心、湖南省疾病预防控制中心、四川省疾病预防控制中心、成都市疾病预防控制中心、北京市自来水公司、湖北省疾病预防控制中心、鞍山市疾病预防控制中心、福建省疾病预防控制中心、沈阳市疾病预防控制中心、陕西省疾病预防控制中心、郑州市疾病预防控制中心、泰州市疾病预防控制中心、扬州市疾病预防控制中心、黑龙江省疾病预防控制中心、河北省疾病预防控制中心、甘肃省疾病预防控制中心、四川大学华西公共卫生学院、哈尔滨医科大学公共卫生学院。

本标准主要起草人：金银龙、鄂学礼、陈亚妍、张岚、陈昌杰、陈守建、邢大荣、王正虹、魏建荣、杨业、张宏陶、艾有年、庄丽、姜树秋、卢玉棋、周明乐。

本标准参加起草人：刘丽萍、林少彬、赵月朝、王红伟、李崇福、周雅茹、郭瑞娣、张霞、陈斌生、冯家力、王金星、黄淑英、朱民、陆幽芳、江夕夫、吴玉珍、莫定琪、徐素梅、邓明智、刘瑞华、徐天源、王冀春、吴长瑛、吴晓芳、郑俊荣、冯赛、姜颖虹、徐兰、李文贵、王秀凡、丁亮、曾素芳、夏 芳、刘桂枝、张妮娜、张勐、梁旭霞、余波、刁春霞、姜友富、张剑峰、华正罡、杨瑞春、谈桂权、刘毅刚、田佩瑶、聂莉、王坚民、杨阳、潘振球、李国华。

本标准于1985年8月首次发布，本次为第一次修订。

生活饮用水标准检验方法
金属指标

1 铝

1.1 铬天青S分光光度法

1.1.1 范围

本标准规定了用铬天青S分光光度法测定生活饮用水及其水源水中的铝。

本法适用于生活饮用水及其水源水中铝的测定。

本法的最低检测质量为0.20 μg，若取25 mL水样，则最低检测质量浓度为0.008 mg/L。

水中铜、锰及铁干扰测定。1 mL抗坏血酸(100 g/L)可消除25 μg铜、30 μg锰的干扰。2 mL巯基乙醇酸(10 g/L)可消除25 μg铁的干扰。

1.1.2 原理

在pH6.7～7.0范围内，铝在聚乙二醇辛基苯醚(OP)和溴代十六烷基吡啶(CPB)的存在下与铬天青S反应生成蓝绿色的四元胶束，比色定量。

1.1.3 试剂

1.1.3.1 铬天青S溶液(1 g/L)：称取0.1 g铬天青S($C_{23}H_{13}O_9SCl_2Na_3$)溶于100 mL乙醇溶液(1+1)中，混匀。

1.1.3.2 乳化剂OP溶液(3+100)：吸取3.0 mL乳化剂OP溶于100 mL纯水中。

1.1.3.3 溴代十六烷基吡啶(简称CPB)溶液(3 g/L)：称取0.6 g CPB($C_{21}H_{36}BrN$)溶于30 mL乙醇[$\varphi(C_2H_5OH)=95\%$]中，加水稀释至200 mL。

1.1.3.4 乙二胺-盐酸缓冲液(pH6.7～7.0)：取无水乙二胺($C_2H_8N_2$)100 mL，加纯水200 mL，冷却后缓缓加入190 mL盐酸($\rho_{20}=1.19$ g/mL)，混匀，若pH大于7或pH小于6时可分别添加盐酸或乙二胺溶液(1+2)用酸度计进行调节。

1.1.3.5 氨水(1+6)。

1.1.3.6 硝酸溶液[$c(HNO_3)=0.5$ mol/L]。

1.1.3.7 铝标准储备溶液[$\rho(Al)=1$ mg/mL]：称取8.792 g硫酸铝钾[$KAl(SO_4)_2\cdot12H_2O$]溶于纯水中，定容至500 mL，或称取0.500 g纯金属铝片，溶于10 mL盐酸($\rho_{20}=1.19$ g/mL)中，于500 mL容量瓶中加纯水定容。贮存于聚四氟乙烯或聚乙烯瓶中。

1.1.3.8 铝标准使用溶液[$\rho(Al)=1$ μg/mL]：临用时用铝标准储备溶液(1.1.3.7)稀释而成。

1.1.3.9 对硝基酚乙醇溶液(1.0 g/L)：称取0.1 g对硝基酚，溶于100 mL乙醇[$\varphi(C_2H_5OH)=95\%$]中。

1.1.4 仪器

1.1.4.1 具塞比色管：50 mL，使用前需经硝酸(1+9)浸泡除铝。

1.1.4.2 酸度计。

1.1.4.3 分光光度计。

1.1.5 分析步骤

1.1.5.1 取水样25.0 mL于50 mL具塞比色管中。

1.1.5.2 另取50 mL比色管8支，分别加入铝标准使用溶液(1.1.3.8)0 mL，0.20 mL，0.50 mL，1.00 mL，2.00 mL，3.00 mL，4.00 mL和5.00 mL，加纯水至25 mL。

1.1.5.3 向各管滴加1滴对硝基酚溶液(1.1.3.9),混匀,滴加氨水(1.1.3.5)至浅黄色,加硝酸溶液(1.1.3.6)至黄色消失,再多加2滴。

1.1.5.4 加3.0 mL铬天青S溶液(1.1.3.1),混匀后加1.0 mL乳化剂OP溶液(1.1.3.2),2.0 mL CPB溶液(1.1.3.3),3.0 mL缓冲液(1.1.3.4),加纯水稀释至50 mL,混匀,放置30 min。

1.1.5.5 于620 nm波长处,用2 cm比色皿以试剂空白为参比,测量吸光度。

1.1.5.6 绘制标准曲线,从曲线上查出水样管中铝的质量。

注:水中含有铜或锰时,加1 mL抗坏血酸溶液(100 g/L),可消除25 μg铜、30 μg锰的干扰。水中含铁时,加2 mL巯基乙醇酸溶液(10 g/L),可消除25 μg Fe的干扰。

1.1.6 计算

水样中铝的质量浓度计算见式(1):

$$\rho(\mathrm{Al}) = \frac{m}{V} \qquad \cdots\cdots(1)$$

式中:

$\rho(\mathrm{Al})$——水样中铝的质量浓度,单位为毫克每升(mg/L);

m——从标准曲线查得水样管中铝的质量,单位为微克(μg);

V——水样体积,单位为毫升(mL)。

1.1.7 精密度和准确度

5个实验室对浓度为20 μ g/L和160 μg/L的水样进行测定,相对标准偏差均小于5%,回收率为94%~106%。

1.2 水杨基荧光酮-氯代十六烷基吡啶分光光度法

1.2.1 范围

本标准规定了用分光光度法测定生活饮用水及其水源水中的铝。

本法适用于生活饮用水及其水源水中铝的测定。

本法最低检测质量为0.2 μg,若取10 mL水样测定,则最低检测质量浓度为0.02 mg/L。

生活饮用水中常见的离子在以下浓度(mg/L)不干扰测定:K^+,20;Na^+,500;Pb^{2+},1;Zn^{2+},1;Cd^{2+},0.5;Cu^{2+},1;Mn^{2+},1;Li^+,2;Sr^{2+},5;Cr^{6+},0.04;SO_4^{2-},250;Cl^-,300;NO_3^--N,50;NO_2^--N,1;在乙二醇双(氨乙基醚)四乙酸(EGTA)存在下Ca^{2+},200 mg/L;Mg^{2+},100 mg/L不干扰测定;在二氮杂菲存在下Fe^{2+},0.3 mg/L不干扰测定;磷酸氢二钾可隐蔽0.4 mg/L Ti^{4+}的干扰;Mo^{6+} 0.1 mg/L以上严重干扰。除余氯的$Na_2S_2O_3$(7 mg/L~21 mg/L),二氮杂菲(0.1 g/L~0.4 g/L),EGTA(0.2 g/L)不干扰测定。

1.2.2 原理

水中铝离子与水杨基荧光酮及阳离子表面活性剂氯代十六烷基吡啶在pH 5.2~6.8范围内形成玫瑰红色三元络合物,可比色定量。

1.2.3 试剂

1.2.3.1 水杨基荧光酮溶液(0.2 g/L):称取水杨基荧光酮(2,3,7-三羟基-9-水杨基荧光酮-6,$C_{19}H_{12}O_6$)0.020 g,加入25 mL乙醇[$\varphi(C_2H_5OH)=95\%$]及1.6 mL盐酸($\rho_{20}=1.19$ g/mL),搅拌至溶解后加纯水至100 mL。

1.2.3.2 氟化钠溶液(0.22 g/L):此液1.00 mL含0.10 mgF^-。

1.2.3.3 乙二醇双(氨乙基醚)四乙酸($C_{14}H_{24}N_2O_{10}$,简称EGTA)溶液(1 g/L):称取0.1 g EGTA,加纯水约80 mL,加热并不断搅拌至溶解,冷却后加纯水至100 mL。

1.2.3.4 二氮杂菲溶液(2.5 g/L):称取0.25 g二氮杂菲加纯水90 mL,加热并不断搅拌至溶解,冷却后加纯水至100 mL。

1.2.3.5 除干扰混合液:临用前将EGTA溶液(1.2.3.3),二氮杂菲溶液(1.2.3.4)及氟化钠溶液

(1.2.3.2)以4+2+1体积比配制混合液。

1.2.3.6 缓冲液:称取六亚甲基四胺16.4 g,用纯水溶解后加入20 mL三乙醇胺,80 mL盐酸溶液(2 mol/L),加纯水至500 mL。此液用酸度计测定并用盐酸溶液(2 mol/L)及六亚甲基四胺调pH至6.2～6.3。

1.2.3.7 氯代十六烷基吡啶(简称CPC)溶液(10 g/L):称取1.0 g氯代十六烷基吡啶,加入少量纯水搅拌成糊状,加纯水至100 mL,轻轻搅拌并放置至全部溶解。此液在室温低于20℃时可析出固形物。浸于热水中即可溶解,仍可继续使用。

1.2.3.8 铝标准使用溶液[$\rho(\mathrm{Al})=1\ \mu g/mL$]:见1.1.3.8。

1.2.4 仪器

1.2.4.1 分光光度计。

1.2.4.2 具塞比色管:25 mL,使用前需经硝酸(1+9)浸泡除铝。

1.2.5 分析步骤

1.2.5.1 取10.0 mL水样于25 mL比色管中。

1.2.5.2 另取0 mL,0.20 mL,0.50 mL,1.00 mL,2.00 mL和3.00 mL铝标准使用液(1.2.3.8)于25 mL比色管中并用纯水加至10.0 mL。

1.2.5.3 于水样及标准系列中加入3.5 mL除干扰混合液(1.2.3.5)摇匀。加缓冲液(1.2.3.6) 5.0 mL,CPC溶液(1.2.3.7) 1.0 mL,盖上比色管塞,上下轻轻颠倒数次(尽可能少产生泡沫以免影响定容),再加水杨基荧光酮溶液(1.2.3.1)1.0 mL,加纯水至25 mL,摇匀。

1.2.5.4 20 min后,于560 nm处,用1 cm比色皿,以试剂空白为参比,测量吸光度。

1.2.5.5 绘制标准曲线并从曲线上查出水样中铝的质量。

1.2.6 计算

水样中铝的质量浓度计算见式(2):

$$\rho(\mathrm{Al})=\frac{m}{V} \qquad \cdots\cdots(2)$$

式中:

$\rho(\mathrm{Al})$——水样中铝的质量浓度,单位为毫克每升(mg/L);

m——由标准曲线查得铝的质量,单位为微克(μg);

V——水样体积,单位为毫升(mL)。

1.2.7 精密度和准确度

5个试验室分别测定0.02 mg/L及0.30 mg/L铝各7次,相对标准偏差分别为3.4%～13%及1.5%～5.2%。采用地下水及地面水进行加标回收试验,铝浓度为0.02 mg/L时($n=37$),回收率范围为88%～120%,平均回收率分别为94%和102%;当铝浓度为0.2 mg/L时($n=37$),回收率范围为87%～107%,平均回收率为94%～101%。

1.3 无火焰原子吸收分光光度法

1.3.1 范围

本标准规定了用无火焰原子吸收分光光度法测定生活饮用水及其水源水中的铝。

本法适用于生活饮用水及其水源水中铝的测定。

本法最低检测质量为0.2 ng,若取20 μL水样测定,则最低检测质量浓度为10 μg/L。

水中共存离子一般不产生干扰。

1.3.2 原理

样品经适当处理后,注入石墨炉原子化器,铝离子在石墨管内高温原子化。铝的基态原子吸收来自铝空心阴极灯发射的共振线,其吸收强度在一定范围内与铝浓度成正比。

1.3.3 试剂

1.3.3.1 铝标准储备溶液[$\rho(\mathrm{Al})=1\ mg/mL$]:见1.1.3.7。

1.3.3.2 铝标准使用溶液[$\rho(Al)=1\ \mu g/mL$]：见 1.1.3.8。

1.3.3.3 硝酸镁溶液(50 g/L)：称取 5 g 硝酸镁[$Mg(NO_3)_2$](优级纯)，加水溶解并定容至 100 mL。

1.3.3.4 过氧化氢溶液[$\omega(H_2O_2)=30\%$]，优级纯。

1.3.3.5 氢氟酸($\rho_{20}=1.188$ g/mL)。

1.3.3.6 氢氟酸溶液(1+1)。

1.3.3.7 草酸($H_2C_2O_4\cdot 2H_2O$)。

1.3.3.8 钽溶液(60 g/L)：称取 3 g 金属钽(99.99%)放入聚四氟乙烯塑料杯中，加入 10 mL 氢氟酸溶液(1.3.3.5)，3 g 草酸(1.3.3.7)和 0.75 mL 过氧化氢溶液(1.3.3.4)，在沙浴上小心加热至金属溶解，若反应太慢，可适量加入过氧化氢溶液(1.3.3.4)，待溶解后加入 4 g 草酸(1.3.3.7)和约 30 mL 水，并稀释到 50 mL。保存于塑料瓶中。

1.3.4 仪器

1.3.4.1 石墨炉原子吸收分光光度计。

1.3.4.2 铝元素空心阴极灯。

1.3.4.3 氩气钢瓶。

1.3.4.4 微量加样器：20 μL。

1.3.4.5 聚乙烯瓶：100 mL。

1.3.4.6 涂钽石墨管的制备：将普通石墨管先用无水乙醇漂洗管的内、外面，取出在室温干燥后，将石墨管垂直浸入装有钽溶液(1.3.3.8)的聚四氟乙烯杯中，然后将杯移入电热真空减压干燥箱中，50℃～60℃，减压 53 328.3 Pa～79 993.2 Pa 90 min，取出石墨管常温风干，放入 105℃烘箱中干燥 1 h。在通氩气 300 mL/min 保护下按下述温度程序处理：干燥 80℃～100℃ 30 s，100℃～110℃ 30 s，灰化 900℃ 60 s，原子化 2 700℃ 10 s。重复上述温度程序两次，即可得涂钽石墨管，在干燥器内保存。

1.3.5 仪器参数

仪器参数见表 1。

表 1 测定铝的仪器参数

元素	波长/nm	干燥温度/℃	干燥时间/s	灰化温度/℃	灰化时间/s	原子化温度/℃	原子化时间/s
Al	309.3	120	30	1 400	30	2 400	5

1.3.6 分析步骤

1.3.6.1 吸取铝标准使用溶液(1.3.3.2)0 mL，1.00 mL，2.00 mL，3.00 mL，4.00 mL 和 5.00 mL 于 6 个 100 mL 容量瓶内，分别加入硝酸镁溶液(1.3.3.3)1.0 mL，用硝酸溶液(1+99)定容至刻度，摇匀，分别配制成含 Al 0 ng/mL，10 ng/mL，20 ng/mL，30 ng/mL，40 ng/mL 和 50 ng/mL 的标准系列。

1.3.6.2 吸取 10.0 mL 水样，加入硝酸镁溶液(1.3.3.3)0.1 mL，同时取 10 mL 硝酸溶液(1+99)，加入硝酸镁溶液(1.3.3.3)0.1 mL，作为空白。

1.3.6.3 仪器参数设定后依次吸取 20 μL 试剂空白，标准系列和样品，注入石墨管，记录吸收峰值或峰面积。

1.3.7 计算

水样中铝的质量浓度计算见式(3)。

$$\rho(Al)=\frac{\rho_1\times V_1}{V} \qquad \cdots\cdots(3)$$

式中：

$\rho(Al)$——水样中铝的质量浓度，单位为微克每升(μg/L)；

ρ_1——从标准曲线上查得试样中铝的质量浓度，单位为微克每升(μg/L)；

V——测定样品体积，单位为毫升(mL)；

V_1——水样稀释后的体积，单位为毫升(mL)。

1.4 电感耦合等离子体发射光谱法

1.4.1 范围

本标准规定了用电感耦合等离子体发射光谱(ICP/AES)法测定生活饮用水及其水源水中铝、锑、砷、钡、铍、硼、镉、钙、铬、钴、铜、铁、铅、锂、镁、锰、钼、镍、钾、硒、硅、银、钠、锶、铊、钒和锌。

本法适用于生活饮用水及其水源水中的铝、锑、砷、钡、铍、硼、镉、钙、铬、钴、铜、铁、铅、锂、镁、锰、钼、镍、钾、硒、硅、银、钠、锶、铊、钒和锌含量的测定。

本法对各种元素的最低检测质量浓度、所用测量波长列于表2中。

表2 推荐的波长、最低检测质量浓度

元素	波长/nm	最低检测质量浓度/(μg/L)	元素	波长/nm	最低检测质量浓度/(μg/L)
铝	308.22	40	镁	279.08	13
锑	206.83	30	锰	257.61	0.5
砷	193.70	35	钼	202.03	8
钡	455.40	1	镍	231.60	6
铍	313.04	0.2	钾	766.49	20
硼	249.77	11	硒	196.03	50
镉	226.50	4	硅(SiO_2)	212.41	20
钙	317.93	11	银	328.07	13
铬	267.72	19	钠	589.00	5
钴	228.62	2.5	锶	407.77	0.5
铜	324.75	9	铊	190.86	40
铁	259.94	4.5	钒	292.40	5
铅	220.35	20	锌	213.86	1
锂	670.78	1			

1.4.2 原理

ICP源是由离子化的氩气流组成,氩气经电磁波为27.1 MHz射频磁场离子化。磁场通过一个绕在石英炬管上的水冷却线圈得以维持,离子化的气体被定义为等离子体。样品气溶胶是由一个合适的雾化器和雾室产生并通过安装在炬管上的进样管引入等离子体。样品气溶胶直接进入ICP源,温度大约为6 000 K~80 000 K。由于温度很高,样品分子几乎完全解离,从而大大降低了化学干扰。此外,等离子体的高温使原子发射更为有效,原子的高电离度减少了离子发射谱线。可以说ICP提供了一个典型的"细"光源,它没有自吸现象,除非样品浓度很高。许多元素的动态线性范围达4个~6个数量级。

ICP的高激活效率使许多元素有较低的最低检测质量浓度。这一特点与较宽的动态线性范围使金属多元素测定成为可能。ICP发出的光可聚集在单色器和复色器的入口狭缝,散射。用光电倍增管测定光谱强度时,精确调节出口狭缝可用于分离发射光谱部分。单色器一般用一个出口狭缝或光电倍增管,还可以使用计算机控制的示值读数系统同时监测所有检测的波长。这一方法提供了更大的波长范围,同时此方法也增大了样品量。

1.4.3 试剂

1.4.3.1 纯水:均为去离子蒸馏水。

1.4.3.2 硝酸(ρ_{20}=1.42 g/mL)。

1.4.3.3 硝酸溶液(2+98)。

1.4.3.4 各种金属离子标准储备溶液：选用相应浓度的持证混合标准溶液、单标溶液，并稀释到所需浓度。

1.4.3.5 混合校准标准溶液：配制混合校准标准溶液，其浓度为 10 mg/L。

1.4.3.6 氩气：高纯氩气。

1.4.4 仪器设备

1.4.4.1 电感耦合等离子体发射光谱仪。

1.4.4.2 超纯水制备仪。

1.4.5 分析步骤

1.4.5.1 仪器操作条件：根据所使用的仪器的制造厂家的说明，使仪器达到最佳工作状态。

1.4.5.2 标准系列的制备：吸取标准使用液，用硝酸(1.4.3.3)溶液配制铝、锑、砷、钡、铍、硼、镉、钙、铬、钴、铜、铁、铅、锂、镁、锰、钼、镍、钾、硒、硅、银、钠、锶、铊、钒和锌混合标准 0 mg/L，0.1 mg/L，0.5 mg/L，1.0 mg/L，1.5 mg/L，2.0 mg/L，5.0 mg/L。

1.4.5.3 标准系列的测定：开机，仪器达到最佳状态后。编制测定方法，测定标准系列，绘制标准曲线，计算回归方程。

1.4.5.4 样品的测定：取适量样品进行酸化(1.4.3.3)，然后直接进样。

1.4.6 计算

根据样品信号计数，从标准曲线或回归方程中查得样品中各元素质量浓度(mg/L)。

1.4.7 干扰

1.4.7.1 光谱干扰

来自谱源的光发射产生的干扰要比关注的元素对净信号强度的贡献大。光谱干扰包括谱线直接重叠，强谱线的拓宽，复合原子-离子的连续发射，分子带发射，高浓度时元素发射产生的光散射。要避免谱线重叠可以选择适宜的分析波长。避免或减少其他光谱干扰，可用正确的背景校正。元素线区域波长扫描对于可能存在的光谱干扰和背景校正位置的选择都是有用的。要校正残存的光谱干扰可用经验决定校正系数和光谱制造厂家提供的计算机软件共同作用或用下面详述的方法。如果分析线不能准确分开，则经验校正方法不能用于扫描光谱仪系统。此外，如果使用复色器，因为检测器中没有通道设置，所以可以证明样品中某一元素光谱干扰的存在。要做到这一点，可分析浓度为 100 mg/L 的单一元素溶液，注意每个元素通道，干扰物质的浓度是否明显大于元素的仪器最低检测质量浓度。

1.4.7.2 非光谱干扰

1.4.7.2.1 物理干扰是指与样品雾化和迁移有关的影响。样品物理性质方面的变化，如粘度、表面张力，可引起较大的误差，这种情况一般发生在样品中酸含量为 10%(体积)或所用的标准校准溶液酸含量小于等于 5%，或溶解性固体大于 1 500 mg/L。无论何时遇到一个新的或不常见的样品基体，要用 1.4.5 步骤检测。物理干扰的存在一般通过稀释样品，使用基体匹配的标准校准溶液或标准加入法进行补偿。

溶解性固体含量高，则盐在雾化器气孔尖端上沉积，导致仪器基线漂移。可用潮湿的氩气使样品雾化，减少这一问题。使用质量流速控制器可以更好地控制氩气到雾化器的流速，提高仪器性能。

1.4.7.2.2 化学干扰是由分子化合物的形成，离子化效应和热化学效应引起的，它们与样品在等离子体中蒸发、原子化等有关。一般而言，这些影响是不显著的，可通过认真选择操作条件(入射功率、等离子体观察位置)来减小影响。化学干扰很大程度上依赖于样品基体和关注的元素，与物理干扰相似，可用基体匹配的标准或标准加入法予以补偿。

1.4.7.3 校正

1.4.7.3.1 空白校正：从每个样品值中减去与之有关部门的校准空白值，以校正基线漂移（所指的浓度值应包括正值和负值，以补偿正面和负面的基线漂移，确定用于空白校对的校正空白液未被记忆效应污染）。用方法空白分析的结果校正试剂污染，向适当的样品中分散方法空白，一次性减去试剂空白和基线漂移校正值。

1.4.7.3.2 稀释校正：如果样品在制备过程中倍稀释或浓缩，按式(4)把结果乘以稀释系数(*DF*)：

$$DF = \frac{\text{最后的质量或体积}}{\text{开始的质量或体积}} \qquad \cdots\cdots(4)$$

1.4.7.3.3 光谱干扰校正：用厂家提供的计算机软件校正光谱干扰或者用一种基于校正干扰系数的方法来校正光谱干扰。在同样品相近的条件下对浓度适当的单一元素储备液进行分析来测定干扰校正系数。除非每天的分析条件都相同或长期一致。每次测定样品时，其结果产生影响的干扰校正系数也要进行测定。从高纯的储备溶液计算干扰校正系数(K_{ij})见式(5)。

$$K_{ij} = \frac{\text{元素的 } i \text{ 的表观浓度}}{\text{干扰元素 } j \text{ 的实际浓度}} \qquad \cdots\cdots(5)$$

元素 i 的浓度在储备液中和在空白中不同。对元素 i 和元素 j、k 的光谱干扰校正样品的浓度（已经对基线漂移进行校正）。

例如：元素Ⅰ光谱干扰校正浓度＝i 浓度－(K_{ij})(干扰元素 j 浓度)－(K_{ij})(干扰元素 k 浓度)－(K_{ij})(干扰元素 l 浓度)。

如果背景校正用于元素Ⅰ则干扰校正系数可能为负值。干扰线在波长背景中要比在波长峰顶上 K_{ij} 为负的几率大。在元素 j、k、l 的线性范围内测定其浓度值。对于计算相互烦扰（i 干扰 j 和 j 干扰）需要迭代法或矩阵法。

1.4.7.3.4 非光谱干扰校正：如果非光谱干扰校正是必要的，可以采用标准加入法。元素在加入标准中和在样品中的物理和化学形式是一样的。或者所 ICP 将金属在样品和加标中的形式统一，干扰作用不受加标金属浓度的影响，加标浓度在样品中元素浓度的 50%～100%，以便不会降低测量精度，多元素影响的干扰也不会带来错误的结果。仔细选择离线点后，用背景校正将该方法用于样品系列中所有的元素。如果加入元素不会引起干扰则可以考虑多元素标准加入法。

1.5 电感耦合等离子体质谱法

1.5.1 范围

本标准规定了用电感耦合等离子体质谱法(ICP/MS)测定生活饮用水及其水源水中的银、铝、砷、硼、钡、铍、钙、镉、钴、铬、铜、铁、钾、锂、镁、锰、钼、钠、镍、铅、锑、硒、锶、锡、钍、铊、钛、铀、钒、锌、汞。

本法适用于生活饮用水及其水源水中银、铝、砷、硼、钡、铍、钙、镉、钴、铬、铜、铁、钾、锂、镁、锰、钼、钠、镍、铅、锑、硒、锶、锡、钍、铊、钛、铀、钒、锌、汞的测定。

本法各元素最低检测质量浓度(μg/L)分别为：银，0.03；铝，0.6；砷，0.09；硼，0.9；钡，0.3；铍，0.03；钙，6.0；镉，0.06；钴，0.03；铬，0.09；铜，0.09；铁，0.9；钾，3.0；锂，0.3；镁，0.4；锰，0.06；钼，0.06；钠，7.0；镍，0.07；铅，0.07；锑，0.07；硒，0.09；锶，0.09；锡，0.09；钍，0.06；铊，0.01；钛，0.4；铀，0.04；钒，0.07；锌，0.8；汞，0.07。

1.5.2 原理

ICP-MS 由离子源和质谱仪两个主要部分构成。样品溶液经过雾化由载气送入 ICP 炬焰中，经过蒸发、解离、原子化、电离等过程，转化为带正电荷的正离子，经离子采集系统进入质谱仪，质谱仪根据质荷比进行分离。对于一定的质荷比，质谱积分面积与进入质谱仪中的离子数成正比。即样品的浓度与质谱的积分面积成正比，通过测量质谱的峰面积来测定样品中元素的浓度。

1.5.3 干扰

1.5.3.1 同量异位素干扰：相邻元素间的异序素有相同的质荷比，不能被四极质谱分辨，可能引起异序素严重干扰。一般的仪器会自动校正。

1.5.3.2 丰度较大的同位素对相邻元素的干扰：丰度较大的同位素会产生拖尾峰，影响相邻质量峰的测定。可调整质谱仪的分辨率以减少这种干扰。

1.5.3.3 多原子(分子)离子干扰：由两个或三个原子组成的多原子离子，并且具有和某待测元素相同的质荷比所引起的干扰，见表3。由于氯化物离子对检测干扰严重，所以不要用盐酸制备样品。多原子(分子)离子干扰很大程度上受仪器操作条件的影响，通过调整可以减少这种干扰。

表3 常见的分子离子干扰

分子离子		质量	受干扰元素
本底分子离子	NH^+	15	—
	OH^+	17	—
	OH_2^+	18	—
	C_2^+	24	Mg
	CN^+	26	Mg
	CO^+	28	Si
	N_2^+	28	Si
	N_2H^+	29	Si
	NO^+	30	—
	NOH^+	31	P
	O_2^+	32	S
	O_2H^+	33	—
	$^{36}ArH^+$	37	Cl
	$^{38}ArH^+$	39	K
	$^{40}ArH^+$	41	—
	CO_2^+	44	Ca
	CO_2^+H	45	Sc
	ArC^+，ArO^+	52	Cr
	ArN^+	54	Cr
	$ArNH^+$	55	Mn
	ArO^+	56	Fe
	ArH^+	57	Fe
	$^{40}Ar^{36}Ar^+$	76	Se
	$^{40}Ar^{38}Ar^+$	78	Se
	$^{40}Ar_2^+$	80	Se

表 3（续）

分子离子			质　量	受干扰元素
基体分子离子	溴化物	$^{81}BrH^+$	82	Se
		$^{79}BrO^+$	95	Mo
		$^{81}BrO^+$	97	Mo
		$^{81}BrOH^+$	98	Mo
		$Ar^{81}Br^+$	121	Sb
	氯化物	$^{35}Cl^+$	51	V
		$^{35}ClOH^+$	52	Cr
		$^{27}ClO^+$	53	Cr
		$^{37}ClOH^+$	54	Cr
		$Ar^{35}Cl^+$	75	As
		$Ar^{37}Cl^+$	77	Se
	硫酸盐	$^{32}SO^+$	48	Ti
		$^{32}SOH^+$	49	—
		$^{34}SO^+$	50	V,Cr
		$^{34}SOH^+$	51	V
		SO_2^+，S_2^+	64	Zn
		$Ar^{32}S^+$	72	Ge
		$Ar^{34}S^+$	74	Ge
	磷酸盐	PO^+	47	Ti
		POH^+	49	Ti
		PO_2^+	63	Cu
		ArP^+	71	Ga
	主族Ⅰ和Ⅱ金属	$ArNa^+$	63	Cu
		ArK^+	79	Br
		$ArCa^+$	80	Se
	基体氧化物	TiO	62～66	Ni,Cu,Zn
		ZrO	106～112	Ag,Cd
		MoO	108～116	Cd
		NbO	109	Ag

1.5.3.4　物理干扰：包括检测样品与标准溶液的粘度、表面张力和溶解性总固体的差异所引起的干扰。用内标物可校正物理干扰。

1.5.3.5　基体抑制（电离干扰）：易电离的元素增加将大大增加电子数量而引起等离子体平衡转变，通常会减少分析信号，称基体抑制。用内标法可以校正基体干扰。

1.5.3.6　记忆干扰：经常清洗样品导入系统以减少记忆干扰。

1.5.4　试剂

1.5.4.1　硝酸（ρ_{20}＝1.42 g/mL）：优级纯。

1.5.4.2　硝酸(1+99)溶液。

1.5.4.3　纯水:电阻率大于 18.0 MΩ·cm。

1.5.4.4　各种元素标准储备溶液,选用相应浓度的持证混合标准溶液、单标溶液,并稀释到所需浓度。

1.5.4.5　混合标准使用溶液:取适量的混合标准储备溶液或各单标标准储备溶液(1.5.4.4),用硝酸溶液(1.5.4.2)逐级稀释至相应的浓度,配制成下列浓度的混合标准使用溶液:钾、钠、钙、镁(ρ=100.0 μg/mL);锂、锶(ρ=10.0 μg/mL);银、铝、砷、硼、钡、铍、镉、钴、铬、铜、铁、锰、钼、镍、铅、锑、硒、锡、钍、铊、钛、铀、钒、锌(ρ=1.0 μg/mL);汞(ρ=0.10 μg/mL)。

1.5.4.6　质谱调谐液:推荐选用锂、钇、铈、铊、钴为质谱调谐液,混合溶液 Li、Y、Ce、Tl、Co 的浓度为 10 ng/mL。

1.5.4.7　内标溶液

1.5.4.7.1　在分析溶液形式的样品时,可直接向样品中加入内标元素,但由于样品中天然存在某些元素而使内表元素的选择受到限制,这些天然存在于样品中的元素将不能作为内标。内标元素不应受同量异位素重叠或多原子离子干扰或对被测元素的同位素产生干扰。

1.5.4.7.2　推荐选用锂、钪、锗、钇、铟、铋为内标溶液,混合溶液^{6}Li、Sc、Ge、Y、In、Bi 的浓度为10 μg/mL,使用前用硝酸溶液(1.5.4.2)稀释至 1 μg/mL。可选择全部或部分元素作为内标溶液(见表 4)。

表 4　推荐的分析物质量、内标物

元　素	分析物质量	内标物
银	107	In
银	109	In
铝	27	Sc
砷	75	Ge
硼	11	Sc
钡	135	In
铍	9	^{6}Li
钙	40	Sc
镉	111	In
镉	114	In
钴	59	Sc
铬	52	Sc
铬	53	Sc
铜	63	Sc
铜	65	Sc
铁	56	Sc
铁	57	Sc
钾	39	Sc
锂	7	Sc
镁	24	Sc
锰	55	Sc

表 4（续）

元　素	分析物质量	内标物
钼	98	In
钠	23	Sc
镍	60	Sc
镍	62	Sc
铅	208	Bi
锑	121	In
锑	123	In
硒	77	Ge
锶	88	Y
锡	118	In
锡	120	In
钍	232	Bi
铊	203	Bi
铊	205	Bi
钛	48	Sc
铀	235	Bi
铀	238	Bi
钒	51	Sc
锌	66	Ge
锌	68	Ge
汞	202	Bi

1.5.5　仪器

1.5.5.1　电感耦合等离子体质谱仪。

1.5.5.2　超纯水制备仪。

1.5.6　分析步骤

1.5.6.1　仪器操作

使用调谐液调整仪器各项指标，使仪器灵敏度、氧化物、双电荷分辨率等各项指标达到测定要求，仪器参考条件如下：RF 功率为 1 280 W、载气流量为 1.14 L/min、采样深度为 7 mm、雾化器为 Barbinton 型、采样锥类型为镍锥。

1.5.6.2　标准系列的制备：吸取混合标准使用溶液（1.5.4.5），用硝酸溶液（1.5.4.2）配制成铝、锰、铜、锌、钡、钴、硼、铁、钛浓度为 0 ng/mL，5.0 ng/mL，10.0 ng/mL，50.0 ng/mL，100.0 ng/mL，500.0 ng/mL；银、砷、铍、铬、镉、钼、镍、铅、硒、锑、锡、铊、铀、钍、钒浓度为 0 ng/mL，0.5 ng/mL，1.0 ng/mL，10.0 ng/mL，50.0 ng/mL，100.0 ng/mL；钾、钠、钙、镁浓度为 0 μg/mL，0.5 μg/mL，5.0 μg/mL，10.0 μg/mL，50.0 μg/mL，100.0 μg/mL；锂、锶浓度为 0 μg/mL，0.05 μg/mL，0.10 μg/mL，

0.50 μg/mL,1.0 μg/mL,5.0 μg/mL;汞浓度为 0 ng/mL,0.10 ng/mL,0.50 ng/mL,1.0 ng/mL,1.5 ng/mL,2.0 ng/mL 的标准系列。

1.5.6.3 测定:开机,当仪器真空度达到要求时,用调谐液(1.5.4.6)调整仪器各项指标,仪器灵敏度、氧化物、双电荷、分辨率等各项指标达到测定要求后,编辑测定方法、干扰方程及选择各测定元素,引入在线内标溶液(1.5.4.7),观测内标灵敏度、调 P/A 指标,符合要求后,将试剂空白、标准系列、样品溶液分别测定。选择各元素内标,选择各标准,输入各参数,绘制标准曲线、计算回归方程。

1.5.6.4 计算

以样品管中各元素的信号强度 CPS,从标准曲线或回归方程中查得样品管中各元素的质量浓度(mg/L 或 μg/L)。

1.5.7 精密度和准确度

4 个实验室分别测定含 31 种元素的三个浓度的模拟水样 8 次,31 种元素的相对标准偏差均小于 5.0%。在饮用水中加入三个浓度的标准溶液,各元素加标回收率在 80.0%～120%。测定含铜、铅、锌、镉、镍、铬的标准参考物(GSBZ 5009—1988)、含钙的标准参考物[GSBZ 50020—1993(3)],含铝的标准参考物(GSB 07-1375—2001),含铁、锰的标准参考物(GSBZ 50019—1990),含镁、钙的标准参考物(GSBZ 50020—1990)及美国的标准参考物(CRM-I sdA)等,测定值均在标准值范围内。

注:由于汞元素易沉积在镍的采样锥或截取锥上,饮用水和水源水中汞元素含量很低,因而引入仪器的汞标准溶液浓度范围应尽量低,满足测定需要即可。若仪器被污染,应引入含金的溶液清洗。汞的标准溶液、标准系列最好单独配制,标准系列现用现配。

2 铁

2.1 原子吸收分光光度法

2.1.1 直接法见 4.2.1。

2.1.2 精密度和准确度:有 8 个实验室用萃取法测定含铁 78 μg/L 的合成水样,其他金属的浓度(μg/L)为:镉,27;铬,65;铜,37;汞,4;镍,96;铅,113;锌,26;锰,47。相对标准偏差为 12%,相对误差为 13%。

共沉淀法的精密度和准确度见 4.2.3.7。

2.2 二氮杂菲分光光度法

2.2.1 范围

本标准规定了用二氮杂菲分光光度法测定生活饮用水及其水源水中的铁。

本法适用于生活饮用水及其水源水中铁的测定。

本法最低检测质量为 2.5 μg(以 Fe 计),若取 50 mL 水样,则最低检测质量浓度为 0.05 mg/L。

钴、铜超过 5 mg/L,镍超过 2 mg/L,锌超过铁的 10 倍时有干扰。铋、镉、汞、钼和银可与二氮杂菲试剂产生浑浊。

2.2.2 原理

在 pH3～9 条件下,低价铁离子与二氮杂菲生成稳定的橙色络合物,在波长 510 nm 处有最大吸收。二氮杂菲过量时,控制溶液 pH 为 2.9～3.5,可使显色加快。

水样先经加酸煮沸溶解难溶的铁化合物,同时消除氰化物、亚硝酸盐、多磷酸盐的干扰。加入盐酸羟胺将高价铁还原为低价铁,消除氧化剂的干扰。水样过滤后,不加盐酸羟胺,可测定溶解性低价铁含量。水样过滤后,加盐酸溶液和盐酸羟胺,测定结果为溶解性总铁含量。水样先经加酸煮沸,使难溶性铁的化合物溶解,经盐酸羟胺处理后,测定结果为总铁含量。

2.2.3 试剂

2.2.3.1 盐酸溶液(1+1)。

2.2.3.2 乙酸铵缓冲溶液(pH4.2):称取 250 g 乙酸铵($NH_4C_2H_3O_2$),溶于 150 mL 纯水中,再加入

700 mL 冰乙酸,混匀备用。

2.2.3.3 盐酸羟胺溶液(100 g/L):称取 10 g 盐酸羟胺($NH_2OH \cdot HCl$),溶于纯水中,并稀释至 100 mL。

2.2.3.4 二氮杂菲溶液(1.0 g/L):称取 0.1 g 二氮杂菲($C_{12}H_8N_2 \cdot H_2O$,又名 1,10-二氮杂菲,邻二氮菲或邻菲绕啉,有水合物及盐酸盐两种,均可用),溶解于加有 2 滴盐酸($\rho_{20}=1.19$ g/mL)的纯水中,并稀释至 100 mL。此溶液 1 mL 可测定 100 μg 以下的低铁。

2.2.3.5 铁标准储备溶液[ρ(Fe)=100 μg/mL]:称取 0.702 2 g 硫酸亚铁铵[$(NH_4)_2Fe(SO_4)_2 \cdot 6H_2O$],溶于少量纯水,加 3 mL 盐酸($\rho_{20}=1.19$ g/mL),于容量瓶中,用纯水定容成 1 000 mL。

2.2.3.6 铁标准使用溶液 [ρ(Fe)=10.0 μg/mL]:吸取 10.00 mL 铁标准储备液(2.2.3.5),移入容量瓶中,用纯水定容至 100 mL,使用时现配。

2.2.4 仪器

2.2.4.1 锥形瓶:150 mL。

2.2.4.2 具塞比色管:50 mL。

2.2.4.3 分光光度计。

注:所有玻璃器皿每次使用前均需用稀硝酸浸泡除铁。

2.2.5 分析步骤

2.2.5.1 吸取 50.0 mL 混匀的水样(含铁量超过 50 μg 时,可取适量水样加纯水稀释至 50 mL)于 150 mL锥形瓶中。

注:总铁包括水体中悬浮性铁和微生物体中的铁,取样时应剧烈振摇均匀,并立即吸取,以防止重复测定结果之间出现很大的差别。

2.2.5.2 另取 150 mL 锥形瓶 8 个,分别加入铁标准使用溶液(2.2.3.6)0 mL,0.25 mL,0.50 mL,1.00 mL,2.00 mL,3.00 mL,4.00 mL 和 5.00 mL,各加纯水至 50 mL。

2.2.5.3 向水样及标准系列锥形瓶中各加 4 mL 盐酸溶液(2.2.3.1) 和 1 mL 盐酸羟胺溶液(2.2.3.3),小火煮沸浓缩至约 30 mL,冷却至室温后移入 50 mL 比色管中。

2.2.5.4 向水样及标准系列比色管中各加 2 mL 二氮杂菲溶液(2.2.3.4),混匀后再加 10.0 mL 乙酸铵缓冲溶液(2.2.3.2),各加纯水至 50 mL,混匀,放置 10 min～15 min。

注 1:乙酸铵试剂可能含有微量铁,故缓冲溶液的加入量要准确一致。

注 2:若水样较清洁,含难溶亚铁盐少时,可将所加各种试剂量减半。但标准系列与样品应一致。

2.2.5.5 于 510 nm 波长,用 2 cm 比色皿,以纯水为参比,测量吸光度。

2.2.5.6 绘制标准曲线,从曲线上查出样品管中铁的质量。

2.2.6 计算

水样中总铁(Fe)的质量浓度计算见式(6):

$$\rho(\mathrm{Fe}) = \frac{m}{V} \qquad \cdots\cdots(6)$$

式中:

ρ(Fe)——水样中总铁(Fe)的质量浓度,单位为毫克每升(mg/L);

m——从标准曲线上查得样品管中铁的质量,单位为微克(μg);

V——水样体积,单位为毫升(mL)。

2.2.7 精密度和准确度

有 39 个实验室用本法测定含铁 150 μg/L 的合成水样,其他金属离子浓度(μg/L)为:汞,5.1;锌,39;镉,29;锰,130。相对标准偏差为 18%,相对误差为 13%。

2.3 电感耦合等离子体发射光谱法

见 1.4。

2.4 电感耦合等离子体质谱法

见1.5。

3 锰

3.1 原子吸收分光光度法

3.1.1 直接法见4.2.1。

3.1.2 精密度和准确度：有22个实验室用直接法或萃取法测定含锰130 μg/L的合成水样，其他金属浓度(μg/L)为：汞，5.1；锌，39；铜，26.5；镉，29；铁，150；铬，46；铅，54。相对标准偏差为7.9%，相对误差为7.7%。

共沉法的精密度和准确度见4.2.3.7。

3.2 过硫酸铵分光光度法

3.2.1 范围

本标准规定了用过硫酸铵分光光度法测定生活饮用水及其水源水中的锰。

本法适用于生活饮用水及其水源水中总锰的测定。

本法最低检测质量为2.5 μg锰(以Mn计)，若取50 mL水样测定，则最低检测质量浓度为0.05 mg/L。

小于100 mg的氯离子不干扰测定。

3.2.2 原理

在硝酸银存在下，锰被过硫酸铵氧化成紫红色的高锰酸盐，其颜色的深度与锰的含量成正比。如果溶液中有过量的过硫酸铵时，生成的紫红色至少能稳定24 h。

氯离子因能沉淀银离子而抑制催化作用，可由试剂中所含的汞离子予以消除。加入磷酸可络合铁等干扰元素。如水样中有机物较多，可多加过硫酸铵，并延长加热时间。

3.2.3 试剂

配制试剂及稀释溶液所用的纯水不得含还原性物质，否则可加过硫酸铵处理。例如取500 mL去离子水，加0.5 g过硫酸铵煮沸2 min放冷后使用。

3.2.3.1 过硫酸铵[$(NH_4)_2S_2O_8$]：干燥固体。

注：过硫酸铵在干燥时较为稳定，水溶液或受潮的固体容易分解放出过氧化氢而失效。本标准常因此试剂分解而失败，应注意。

3.2.3.2 硝酸银-硫酸汞溶液：称取75 g硫酸汞($HgSO_4$)溶于600 mL硝酸溶液(2+1)中，再加200 mL磷酸(ρ_{20}=1.19 g/mL)及35 mg硝酸银，放冷后加纯水至1 000 mL，储于棕色瓶中。

3.2.3.3 盐酸羟胺溶液(100 g/L)：称取10 g盐酸羟胺($NH_2OH \cdot HCl$)，溶于纯水并稀释至100 mL。

3.2.3.4 锰标准储备溶液：见4.2.1.3.1.C。

3.2.3.5 锰标准使用溶液[ρ(Mn)=10 μg/mL]：吸取5.00 mL锰标准储备溶液(3.2.3.4)，用纯水定容至500 mL。

3.2.4 仪器

3.2.4.1 锥形瓶：150 mL。

3.2.4.2 具塞比色管：50 mL。

3.2.4.3 分光光度计。

3.2.5 分析步骤

3.2.5.1 吸取50.0 mL水样于150 mL锥形瓶中。

3.2.5.2 另取9个150 mL锥形瓶，分别加入锰标准使用溶液(3.2.3.5)0 mL，0.25 mL，0.50 mL，1.00 mL，3.00 mL，5.00 mL，10.0 mL，15.0 mL和20.0 mL，加纯水至50 mL。

3.2.5.3 向水样及标准系列瓶中各加2.5 mL硝酸银-硫酸汞溶液(3.2.3.2)，煮沸至剩约45 mL时，取下稍冷。如有浑浊，可用滤纸过滤。

3.2.5.4 将1 g过硫酸铵(3.2.3.1)分次加入锥形瓶中，缓缓加热至沸。若水中有机物较多，取下稍冷后再分次加入1 g过硫酸铵(3.2.3.1)，再加热至沸，使显色后的溶液中保持有剩余的过硫酸铵。取下，放置1 min后，用水冷却。

3.2.5.5 将水样及标准系列瓶中的溶液分别移入50 mL比色管中，加纯水至刻度，混匀。

3.2.5.6 于530 nm波长，用5 cm比色皿，以纯水为参比，测量样品和标准系列的吸光度。

3.2.5.7 如原水样有颜色时，可向有色的样品溶液中滴加盐酸羟胺溶液(3.2.3.3)，至生成的高锰酸盐完全褪色为止。再次测量此水样的吸光度。

3.2.5.8 绘制工作曲线，从曲线查出样品管中的锰质量。

3.2.5.9 有颜色的水样，应由3.2.5.6测得的样品溶液的吸光度减去3.2.5.7测得的样品空白吸光度，再从工作曲线查出锰的质量。

3.2.6 计算

水样中锰(以Mn计)的质量浓度计算见式(7)：

$$\rho(\mathrm{Mn}) = \frac{m}{V} \qquad \cdots\cdots(7)$$

式中：

$\rho(\mathrm{Mn})$——水样中锰(以Mn计)的质量浓度，单位为毫克每升(mg/L)；

m——从工作曲线上查得样品管中锰的质量，单位为微克(μg)；

V——水样体积，单位为毫升(mL)。

3.2.7 精密度和准确度

有22个实验室用本法测定含锰130 μg/L的合成水样，其他金属浓度(μg/L)为：汞，5.1；锌，39；铜，26.5；镉，29；铁，150；铬，46；铅，54。相对标准偏差为7.9%，相对误差为7.7%。

3.3 甲醛肟分光光度法

3.3.1 范围

本标准规定了用甲醛肟分光光度法测定生活饮用水及其水源水中的锰。

本法适用于生活饮用水及其水源水中总锰的测定。

本法最低检测质量为1.0 μg，若取50 mL水样测定，最低检测质量浓度为0.02 mg/L。

钴大于1.5 mg/L时，出现正干扰。

3.3.2 原理

在碱性溶液中，甲醛肟与锰形成棕红色的化合物，在波长450 nm处测量吸光度。

3.3.3 试剂

3.3.3.1 硝酸(ρ_{20}=1.42 g/mL)。

3.3.3.2 过硫酸钾($K_2S_2O_8$)。

3.3.3.3 亚硫酸钠(Na_2SO_3)。

3.3.3.4 硫酸亚铁铵溶液：称取700 mg硫酸亚铁铵[$(NH_4)_2Fe(SO_4)_2 \cdot 6H_2O$]，加入硫酸溶液(1+9)10 mL，用纯水稀释至1 000 mL。

3.3.3.5 氢氧化钠溶液(160 g/L)：称取160 g氢氧化钠，溶于纯水，并稀释至1 000 mL。

3.3.3.6 乙二胺四乙酸二钠溶液(372 g/L)：称取37.2 g乙二胺四乙酸二钠，加入氢氧化钠溶液(3.3.3.5)约50 mL，搅拌至完全溶解，用纯水稀释至100 mL。

3.3.3.7 甲醛肟溶液：称取10 g盐酸羟胺($NH_2OH \cdot HCl$)溶于约50 mL纯水中，加5 mL甲醛溶液(ρ_{20}=1.08 g/mL)，用纯水稀释至100 mL。将试剂存放在阴凉处，至少可保存1个月。

3.3.3.8 氨水溶液：量取70 mL氨水(ρ_{20}=0.88 g/mL)，用纯水稀释至200 mL。

3.3.3.9 盐酸羟胺溶液(417 g/L)：称取41.7 g盐酸羟胺($NH_2OH \cdot HCl$)，溶于纯水并稀释至

100 mL。

3.3.3.10 氨性盐酸羟胺溶液：将上述氨水溶液(3.3.3.8)和盐酸羟胺溶液(3.3.3.9)等体积混合。

3.3.3.11 锰标准使用溶液：见3.2.3.5。

3.3.4 仪器

3.3.4.1 锥形瓶：100 mL。

3.3.4.2 具塞比色管：50 mL。

3.3.4.3 分光光度计。

3.3.5 分析步骤

3.3.5.1 水样的预处理

对含有悬浮锰及有机锰的水样，需进行预处理。处理步骤为：取一定量的水样于锥形瓶中，按每50 mL水样加硝酸(3.3.3.1)0.5 mL，过硫酸钾(3.3.3.2)0.25 g，放入数粒玻璃珠，在电炉上煮沸30 min，取下稍冷，用快速定性滤纸过滤，用稀硝酸溶液[$c(HNO_3)$ =0.1 mol/L]洗涤滤纸数次。滤液中加入约0.5 g亚硫酸钠(3.3.3.3)，用纯水定容至一定体积，作为测试溶液。

清洁水样，可直接测定。

3.3.5.2 取50 mL清洁水样或测试溶液于50 mL比色管中。

3.3.5.3 另取50 mL比色管8支，分别加入0 mL，0.10 mL，0.25 mL，0.50 mL，1.00 mL，2.00 mL，3.00 mL和4.00 mL锰标准使用溶液(3.3.3.11)，加纯水至刻度。

3.3.5.4 向水样及标准系列管中各加1.0 mL硫酸亚铁铵溶液(3.3.3.4)；0.5 mL乙二胺四乙酸二钠溶液(3.3.3.6)混匀后，加入0.5 mL甲醛肟溶液(3.3.3.7)，并立即加1.5 mL氢氧化钠溶液(3.3.3.5)，混匀后打开管塞静置10 min。

3.3.5.5 加入3 mL氨性盐酸羟胺溶液(3.3.3.10)，至少放置1 h(室温低于15℃时，放入温水浴中)，在波长450 nm处，用5 cm比色皿，以纯水为参比，测量吸光度。

3.3.5.6 绘制标准曲线，并查出水样管中锰的质量。

3.3.6 计算

水样中锰(以Mn计)的质量浓度计算见式(8)：

$$\rho(\mathrm{Mn}) = \frac{m}{V} \qquad \cdots\cdots(8)$$

式中：

$\rho(\mathrm{Mn})$——水样中锰(以Mn计)的质量浓度，单位为毫克每升(mg/L)；

m——从标准曲线上查得样品管中锰的质量，单位为微克(μg)；

V——水样体积，单位为毫升(mL)。

3.3.7 精密度和准确度

3个实验室测定了锰质量浓度为0.02 mg/L，0.10 mg/L和0.40 mg/L的人工合成水样，相对标准偏差分别为10%～17%，4.6%～5.0%和1.4%～3.0%；单个实验室测定浓度为0.8 mg/L的人工合成水样，相对标准偏差为1%。

7个实验室采用自来水、井水、河水、矿泉水和人工合成水样做加标回收试验，回收率为94%～109%。

3.4 高碘酸银(Ⅲ)钾分光光度法

3.4.1 范围

本标准规定了用高碘酸银(Ⅲ)钾分光光度法测定生活饮用水及其水源水中的锰。

本法适用于生活饮用水及其水源水中锰的测定。

本法最低检测质量为2.5 μg，若取50 mL水样测定，则最低检测质量浓度为0.05 mg/L。

Cl^-在不加热消解时对实验有干扰。本法在酸性条件下加热煮沸消解，可消除Cl^-的干扰。水中金属离子及无机离子在较大范围内对本实验不产生干扰。

3.4.2 原理

在硫酸酸性条件下，高碘酸银(Ⅲ)钾氧化水中锰，生成紫红色 MnO_4^-，于 545 nm 比色定量。

3.4.3 试剂

3.4.3.1 硫酸(ρ_{20}=1.84 g/mL)，优级纯。

3.4.3.2 高碘酸银(Ⅲ)钾溶液：取 350 mL 纯水，加入 20 g 氢氧化钾，溶解后加入 22 g 高碘酸钾(KIO_4)，溶解后逐滴加入 50 mL 的硝酸银溶液(16 g/L)，在电热板上加热至沸，在 2h 内边搅拌边加完 6 g 过硫酸钾($K_2S_2O_8$)。在反应完全后加水至 500 mL。此溶液应为棕红色澄清液，于 4℃冰箱中保存。

3.4.3.3 锰(Ⅱ)标准溶液：ρ(Mn)=5 mg/L。

3.4.4 仪器

3.4.4.1 分光光度计。

3.4.4.2 具塞刻度试管：25 mL。

3.4.4.3 电热板。

3.4.4.4 锥形瓶：100 mL。

3.4.5 分析步骤

3.4.5.1 水样的预处理：取 50 mL 水样于锥形瓶中，加 2 mL 硫酸(3.4.3.1)，于电热板上加热至刚冒白烟，取下冷至室温，加纯水 10 mL，作为测试溶液。

3.4.5.2 另取 7 个锥形瓶，分别加入锰(Ⅱ)标准溶液(3.4.3.3)0 mL，0.50 mL，1.00 mL，2.00 mL，3.00 mL，4.00 mL 和 5.00 mL，加纯水至 10 mL，加 2 mL 浓硫酸(3.4.3.1)。于样品及标准系列中分别加入 3.0 mL 高碘酸银(Ⅲ)钾溶液(3.4.3.2)，于电热板上加热煮沸 2 min，取下冷至室温，转移至 25 mL刻度试管中，加水至刻度。

3.4.5.3 于 545 nm 波长，5 cm 比色皿，以试剂空白为参比，测定样品及标准系列的吸光度。

3.4.5.4 绘制标准曲线，并从曲线上查出样品中锰的质量。

3.4.6 计算

水样中锰的质量浓度计算见式(9)：

$$\rho(\mathrm{Mn}) = \frac{m}{V} \qquad \cdots\cdots(9)$$

式中：

ρ(Mn)——水样中锰的质量浓度，单位为毫克每升(mg/L)；

m——从标准曲线上查得样品中锰的质量，单位为微克(μg)；

V——水样体积，单位为毫升(mL)。

3.4.7 精密度和准确度

单个实验室用自来水、深井水、井水、矿泉水分别配制成含锰为 0.08 mg/L，0.15 mg/L，0.30 mg/L，0.50 mg/L 水样，分别测定 8 次，平均相对标准偏差为 2.0%～4.6%，平均回收率为 100%～108%。

3.5 电感耦合等离子体发射光谱法

见 1.4。

3.6 电感耦合等离子体质谱法

见 1.5。

4 铜

4.1 无火焰原子吸收分光光度法

4.1.1 范围

本标准规定了用无火焰原子吸收分光光度法测定生活饮用水及其水源水中的铜。

本法适用于生活饮用水及其水源水中铜的测定。

本法最低检测质量为 0.1 ng，若取 20 μL 水样测定，则最低检测质量浓度为 5 μg/L。

4.1.2 原理

样品经适当处理后，注入石墨炉原子化器，所含的金属离子在石墨管内以原子化高温蒸发解离为原子蒸气。待测元素的基态原子吸收来自同种元素空心阴极灯发射的共振线，其吸收强度在一定范围内与金属浓度成正比。

4.1.3 试剂

4.1.3.1 铜标准储备溶液[ρ(Cu)=1 mg/mL]：称取 0.500 0 g 纯铜粉溶于 10 mL 硝酸溶液(1+1)中，并用纯水定容至 500 mL。

4.1.3.2 铜标准中间溶液[ρ(Cu)=50 μg/mL]：取铜标准储备溶液(4.1.3.1)5.00 mL 于 100 mL 容量瓶中，用硝溶液(1+99)定容至刻度，摇匀。

4.1.3.3 铜标准使用溶液[ρ(Cu)=1 μg/mL]：取铜标准中间溶液(4.1.3.2)2.00 mL 于 100 mL 容量瓶中，用硝溶液(1+99)定容至刻度，摇匀。

4.1.4 仪器

4.1.4.1 石墨炉原子吸收分光光度计。

4.1.4.2 铜元素空心阴极灯。

4.1.4.3 氩气钢瓶。

4.1.4.4 微量加液器：20 μL。

4.1.4.5 聚乙烯瓶：100 mL。

4.1.5 仪器参数

测定铜的仪器参数见表 5。

表 5 测定铜的仪器参数

元素	波长 /nm	干燥温度 /℃	干燥时间 /s	灰化温度 /℃	灰化时间 /s	原子化温度 /℃	原子化时间 /s
Cu	324.7	120	30	900	30	2 300	5

4.1.6 分析步骤

4.1.6.1 吸取铜标准使用溶液(4.1.3.3)0 mL，0.50 mL，1.00 mL，2.00 mL，3.00 mL 和 4.00 mL 于 6 个 100 mL 容量瓶内，用硝酸溶液(1+99)稀释至刻度，摇匀，配制成 0 ng/mL，5.0 ng/mL，10 ng/mL，20 ng/mL，30 ng/mL 和 40ng/mL 的标准系列。

4.1.6.2 仪器参数设定后依次吸取 20 μL 试剂空白，标准系列和样品，注入石墨管，记录吸收峰高或峰面积。

4.1.7 计算

若样品经处理或稀释，从标准曲线查出铜浓度后，按式(10)计算：

$$\rho(\mathrm{Cu}) = \frac{\rho_1 \times V_1}{V} \qquad \cdots\cdots(10)$$

式中：

$\rho(\mathrm{Cu})$——水样中铜的质量浓度，单位为微克每升(μg/L)；

ρ_1——从标准曲线上查得试样中铜的质量浓度，单位为微克每升(μg/L)；

V——原水样体积，单位为毫升(mL)；

V_1——测定样品的体积，单位为毫升(mL)。

4.2 火焰原子吸收分光光度法

4.2.1 直接法

4.2.1.1 范围

本标准规定了用直接火焰原子吸收分光光度法测定生活饮用水及其水源水中的铜、铁、锰、锌、镉和铅。

本法适用于生活饮用水及水源水中较高浓度的铜、铁、锰、锌、镉和铅的测定。

本法适宜的测定范围：铜 0.2 mg/L～5 mg/L，铁 0.3 mg/L～5 mg/L，锰 0.1 mg/L～3 mg/L，锌 0.05 mg/mL～1 mg/L，镉 0.05 mg/L～2 mg/L，铅 1.0 mg/L～20 mg/L。

4.2.1.2 原理

水样中金属离子被原子化后，吸收来自同种金属元素空心阴极灯发出的共振线（铜，324.7 nm；铅，283.3 nm；铁，248.3 nm；锰，279.5 nm；锌，213.9 nm；镉，228.8 nm 等），吸收共振线的量与样品中该元素的含量成正比。在其他条件不变的情况下，根据测量被吸收后的谱线强度，与标准系列比较定量。

4.2.1.3 试剂

所用纯水均为去离子蒸馏水。

4.2.1.3.1 各种金属离子标准储备溶液：

A 铁标准储备溶液[$\rho(Fe)=1$ mg/mL]：称取 1.000 g 纯铁粉[$\omega(Fe)\geqslant 99.9\%$]或 1.430 0 g 氧化铁($Fe_2O_3$，优级纯)，加入 10 mL 硝酸溶液(1+1)，慢慢加热并滴加盐酸($\rho_{20}=1.19$ g/mL)助溶，至完全溶解后加纯水定容至 1 000 mL。

B 铜标准储备溶液[$\rho(Cu)=1$ mg/mL]：称取 1.000 g 纯铜粉[$\omega(Cu)\geqslant 99.9\%$]，溶于 15 mL 硝酸溶液(1+1)中，用纯水定容至 1 000 mL。

C 锰标准储备溶液[$\rho(Mn)=1$ mg/mL]：称取 1.291 2 g 氧化锰(MnO，优级纯)或称取 1.000 g 金属锰[$\omega(Mn)\geqslant 99.8\%$]，加硝酸溶液(1+1)溶解后，用纯水定容至 1 000 mL。

D 锌标准储备溶液[$\rho(Zn)=1$ mg/mL]：称取 1.000 g 纯锌[$\omega(Zn)\geqslant 99.9\%$]，溶于 20 mL 硝酸溶液(1+1)中，并用纯水定容至 1 000 mL。

E 镉标准储备溶液[$\rho(Cd)=1$ mg/mL]：称取 1.000 g 纯镉粉，溶于 5 mL 硝酸溶液(1+1)中，并用纯水定容至 1 000 mL。

F 铅标准储备溶液[$\rho(Pb)=1$ mg/mL]：称取 1.598 5 g 经干燥的硝酸铅 [$Pb(NO_3)_2$]，溶于约 200 mL 纯水中，加入 1.5 mL 硝酸($\rho_{20}=1.42$ g/mL)，用纯水定容至 1 000 mL。

4.2.1.3.2 硝酸($\rho_{20}=1.42$ g/mL)，优级纯。

4.2.1.3.3 盐酸($\rho_{20}=1.19$ g/mL)，优级纯。

4.2.1.4 仪器

所有玻璃器皿，使用前均须先用硝酸溶液(1+9)浸泡，并直接用纯水清洗。特别是测定锌所用的器皿，更应严格防止与含锌的水（自来水）接触。

4.2.1.4.1 原子吸收分光光度计及铜、铁、锰、锌、镉、铅空心阴极灯。

4.2.4.1.2 电热板。

4.2.4.1.3 抽气瓶和玻璃砂芯滤器。

4.2.1.5 分析步骤

4.2.1.5.1 水样的预处理：澄清的水样可直接进行测定；悬浮物较多的水样，分析前需酸化并消化有机物。若需测定溶解的金属，则应在采样时将水样通过 0.45 μm 滤膜过滤，然后按每升水样加 1.5 mL 硝酸(4.2.1.3.2)酸化使 pH 小于 2。

水样中的有机物一般不干扰测定，为使金属离子能全部进入水溶液和促使颗粒物质溶解以有利于萃取和原子化，可采用盐酸-硝酸消化法。于每升酸化水样中加入 5 mL 硝酸(4.2.1.3.2)。混匀后取定量水样，按每 100 mL 水样加入 5 mL 盐酸(4.2.1.3.3)的比例加入盐酸 。在电热板上加热 15 min。冷至室温后，用玻璃砂芯漏斗过滤，最后用纯水稀释至一定体积。

4.2.1.5.2 水样测定

A 将各种金属标准储备溶液用每升含 1.5 mL 硝酸(4.2.1.3.2)的纯水稀释，并配制成下列浓度(mg/L)的标准系列：铜，0.20～5.0；铁，0.30～5.0；锰，0.10～3.0；锌，0.050～1.0；镉，0.050～2.0；铅，1.0～20。

注：所列测量范围受不同型号仪器的灵敏度及操作条件的影响而变化时，可酌情改变上述测量范围。

B 将标准、空白溶液和样品溶液依次喷入火焰，测量吸光度。

C 绘制标准曲线并查出各待测金属元素的质量浓度。

4.2.1.6 计算

可从标准曲线直接查出水样中待测金属的质量浓度(mg/L)。

4.2.2 萃取法

4.2.2.1 范围

本标准规定了用萃取-火焰原子吸收分光光度法测定生活饮用水及其水源水中的铜、铁、锰、锌、镉和铅。

本法适用于生活饮用水及其水源水中较低浓度的铜、铁、锰、锌、镉和铅的测定。

本法最低检测质量铁、锰、铅，2.5 μg；铜，0.75 μg；锌、镉，0.25 μg。若取 100 mL 水样萃取，则最低检测质量浓度分别为 25 μg/L、7.5 μg/L 和 2.5 μg/L。

本法适宜的测定范围：铁、锰、铅，25 μg/L～300 μg/L；铜，7.5 μg/L～90 μg/L；锌、镉，2.5 μg/L～30 μg/L。

4.2.2.2 原理

于微酸性水样中加入吡咯烷二硫代氨基甲酸铵(APDC)和金属离子形成络合物，用甲基异丁基甲酮(MIBK)萃取，萃取液喷雾进入原子化器，测定各自波长下的吸光度，求出待测金属离子的浓度。

4.2.2.3 试剂

4.2.2.3.1 各种金属离子的标准储备溶液：同 4.2.1.3.1。

4.2.2.3.2 各种金属离子的标准使用溶液：用每升含 1.5 mL 硝酸(4.2.1.3.2)的纯水将各种金属离子储备溶液(4.2.2.3.1) 稀释成 1.00 mL 含 10 μg 铁、锰和铅，1.00 mL 含 3.0 μg 铜及 1.00 mL 含 1.0 μg锌、镉的标准使用液。

4.2.2.3.3 甲基异丁基甲酮[$(CH_3)_2CHCH_2COCH_3$]：对品级低的需用 5 倍体积的盐酸溶液(1+99)振摇，洗除所含杂质，弃去盐酸相，再用纯水洗去过量的酸。

4.2.2.3.4 酒石酸溶液(150 g/L)：称取 150 g 酒石酸($C_4H_6O_6$)溶于纯水中，稀释至 1 000 mL。酒石酸中如含有金属杂质时，在溶液中加入 10 mL APDC 溶液(4.2.2.3.8)，用 MIBK(4.2.2.3.3)萃取提纯。

4.2.2.3.5 硝酸溶液[$c(HNO_3)=1$ mol/L]：吸取 7.1 mL 硝酸($\rho_{20}=1.42$ g/mL)加到纯水中，稀释至 100 mL。

4.2.2.3.6 氢氧化钠溶液(40 g/L)：称取 4 g 氢氧化钠溶于纯水中，并稀释至 100 mL。

4.2.2.3.7 溴酚蓝指示剂(0.5 g/L)：称取 0.05 g 溴酚蓝($C_{19}H_{10}Br_4O_5S$)，溶于乙醇溶液[$\varphi(C_2H_5OH)=20\%$]中，并稀释成 100 mL。

4.2.2.3.8 吡咯烷二硫代氨基甲酸铵溶液(20 g/L)：称取 2 g 吡咯烷二硫代氨基甲酸铵($C_5H_{12}N_2S_2$)溶于纯水中，滤去不溶物，并稀释到 100 mL，临用前配制。

4.2.2.4 仪器

4.2.2.4.1 原子吸收分光光度计及铁、锰、铜、锌、镉、铅空心阴极灯。

4.2.2.4.2 分液漏斗：125 mL。

4.2.2.4.3 具塞试管：10 mL。

4.2.2.5 **分析步骤**

4.2.2.5.1 吸取100 mL水样于125 mL分液漏斗中。

4.2.2.5.2 分别向6个125 mL分液漏斗中加入0 mL，0.25 mL，0.50 mL，1.00 mL，2.00 mL和3.00 mL各金属标准溶液(4.2.2.3.2)，加含硝酸的纯水[每升含1.5 mL硝酸(ρ_{20}=1.42 g/mL)]至100 mL，成为含有0 μg/L，25 μg/L，50 μg/L，100 μg/L，200 μg/L和300 μg/L铁、锰、铅和0 μg/L，7.5 μg/L，15.0 μg/L，30.0 μg/L，60.0 μg/L和90 μg/L铜以及0 μg/L，2.50 μg/L，5.00 μg/L，10.0 μg/L，20.0 μg/L和30.0 μg/L锌、镉的标准系列。

4.2.2.5.3 向盛有水样及金属标准溶液的分液漏斗中各加酒石酸溶液(4.2.2.3.4)5 mL，混匀。以溴酚蓝为指示剂(4.2.2.3.7)，用硝酸溶液(4.2.2.3.5)或氢氧化钠溶液(4.2.2.3.6)调节水样及标准溶液的pH值至2.2～2.8，此时溶液由蓝色变为黄色。

4.2.2.5.4 向各分液漏斗加入2.5 mL吡咯烷二硫代氨基甲酸铵溶液(4.2.2.3.8)，混匀。再各加入10 mL甲基异丁基甲酮(4.2.2.3.3)，振摇2 min。静置分层，弃去水相。用滤纸或脱脂棉擦去分液漏斗颈内壁的水膜。另取干燥脱脂棉少许塞于分液漏斗颈末端，将萃取液通过脱脂棉滤入干燥的具塞试管中。

4.2.2.5.5 将甲基异丁基甲酮萃取液喷入火焰，并调节进样量为每分0.8 mL～1.5 mL。减少乙炔流量，调节火焰至正常高度。

4.2.2.5.6 将标准系列和样品萃取液及甲基异丁基甲酮(4.2.2.3.3)间隔喷入火焰，测量吸光度。

4.2.2.5.7 绘制工作曲线并查出水样中待测金属的质量(μg/L)。应在萃取后5 h内完成测定。

4.2.2.6 **计算**

水样中待测金属的质量浓度计算见式(11)：

$$\rho(\mathrm{B}) = \frac{\rho_1}{V} \qquad \cdots\cdots(11)$$

式中：

$\rho(\mathrm{B})$——水样中待测金属的质量浓度，单位为毫克每升(mg/L)；

ρ_1——从工作曲线上查得待测金属质量，单位为微克(μg)；

V——原水样体积，单位为毫升(mL)。

4.2.2.7 **精密度和准确度**

5个实验室测定合成水样，其中各金属浓度(μg/L)分别为：铜，26.5；汞，5.1；锌，39；镉，29；铁，150；锰，130。相对标准偏差为9.3%，相对误差为6.8%。

4.2.3 **共沉淀法**

4.2.3.1 **范围**

本标准规定了用共沉淀-火焰原子吸收分光光度法测定生活饮用水及其水源水中的铜、铁、锰、锌、镉和铅。

本法适用于生活饮用水及其水源水中较低浓度的铜、铁、锰、锌、镉和铅的测定。

本法最低检测质量：铜、锰，2 μg；锌、铁，2.5 μg；镉，1 μg；铅，5 μg。若取250 mL水样共沉淀，则最低检测质量浓度分别为铜、锰，0.008 mg/L，锌、铁，0.01 mg/L，镉，0.004 mg/L和铅，0.02 mg/L。

本法适宜的测定范围为：铜、锰，0.008 mg/L～0.04 mg/L；锌、铁，0.01 mg/L～0.05 mg/L；镉，0.004 mg/L～0.02 mg/L；铅，0.02 mg/L～0.1 mg/L。

4.2.3.2 **原理**

水样中的铜、铁、锌、锰、镉、铅等金属离子经氢氧化镁共沉淀捕集后，加硝酸溶解沉淀，酸液喷雾进入原子化器，测定各自波长下的吸光度，求出待测金属离子的浓度。

4.2.3.3 **试剂**

4.2.3.3.1 各种金属离子的标准储备溶液：见4.2.1.3.1。

4.2.3.3.2 各种金属离子的混合标准溶液：分别吸取一定量的各种金属离子标准储备溶液（4.2.3.3.1）置于同一容量瓶中，并用每升含 1.5 mL 硝酸（ρ_{20}=1.42 g/mL）的纯水稀释，配成下列浓度（μg/mL）：镉，1；铜、锰，2；铁、锌，2.5；铅，5。

4.2.3.3.3 氯化镁溶液（100 g/L）：称取 10 g 氯化镁（$MgCl_2 \cdot 6H_2O$）用纯水溶解，并稀释为 100 mL。

4.2.3.3.4 氢氧化钠溶液（200 g/L）。

4.2.3.3.5 硝酸溶液（1+1）。

4.2.3.4 仪器

4.2.3.4.1 原子吸收分光光度计及铁、锰、铜、锌、镉、铅空心阴极灯。

4.2.3.4.2 量杯：250 mL。

4.2.3.4.3 容量瓶：25 mL。

4.2.3.5 分析步骤

4.2.3.5.1 量取 250 mL 水样于量杯中，加入 2 mL 氯化镁溶液（4.2.3.3.3），边搅拌边滴加氢氧化钠溶液（4.2.3.3.4）2 mL（如系加酸保存水样，则先用氨水中和至中性），然后继续搅拌 1 min。

4.2.3.5.2 静置使沉淀下降到 25 mL 以下（约需 2h），用虹吸法吸去上清液至剩余体积为 20 mL 左右，加 1 mL 硝酸溶液（4.2.3.3.5）溶解沉淀，转入 25 mL 容量瓶中，加纯水至刻度，摇匀。

4.2.3.5.3 另取 6 个量杯，分别加入混合标准溶液（4.2.3.3.2）0 mL、1.00 mL、2.00 mL、3.00 mL、4.00 mL和 5.00 mL，加纯水至 250 mL，以下操作按 4.2.3.5.1～4.2.3.5.2 进行。

4.2.3.5.4 将水样及标准系列溶液分别喷雾，测量各自波长下的吸光度。

4.2.3.5.5 绘制工作曲线并查出水样中各金属离子的质量浓度。

4.2.3.6 计算

从工作曲线上直接查出各金属离子的质量浓度。

4.2.3.7 精密度和准确度

10 个实验室测定了含有低、中、高浓度铜的加标水样，相对标准偏差分别为：低浓度（0.008 mg/L～0.012 mg/L）6.6%～14%；中浓度（0.024 mg/L～0.025 mg/L）4.8%～6.1%；高浓度（0.04 mg/L 以上）0.50%～6.9%。

10 个实验室测定了铅的精密度，相对标准偏差分别为：低浓度（0.02 mg/L～0.025 mg/L）4.4%～14%；中浓度（0.04 mg/L～0.06 mg/L）3%～13%；高浓度（0.08 mg/L 以上）3.8%～16%。

10 个实验室测定了镉的精密度，相对标准偏差分别为：低浓度（0.004 mg/L～0.01 mg/L）3.8%～11%；中浓度（0.04 mg/L～0.06 mg/L）2.9%～13%；高浓度（0.06 mg/L 以上）1.2%～12%。

8 个实验室测定了锌的精密度，相对标准偏差分别为：低浓度（0.005 mg/L～0.01 mg/L）4.4%～14%；中浓度（0.02 mg/L～0.04 mg/L）2.9%～11%；高浓度（0.05 mg/L 以上）1.4%～11%。

6 个实验室测定了铁和锰的精密度：铁的相对标准偏差分别为：低浓度（0.01 mg/L～0.015 mg/L）6.7%～18%；中浓度（0.04 mg/L）3.9%～16%；高浓度（0.05 mg/L 以上）0.9%～15%。

锰的相对标准偏差分别为：低浓度（0.008 mg/L～0.01 mg/L）4.4%～14%；中浓度（0.02 mg/L～0.04 mg/L）2.5%～9.4%；高浓度（0.05 mg/L 以上）0.8%～11%。

10 个试验室作了铜、铅的回收率试验。铜的回收率为：加标浓度 0.008 mg/L～0.016 mg/L 时，92%～109%；加标浓度 0.028 mg/L～0.05 mg/L 时，92%～108%；加标浓度 0.4 mg/L～2.0 mg/L 时，93%～105%。

铅的回收率为：加标浓度 0.02 mg/L 时，87%～107%；加标浓度 0.04 mg/L～0.07 mg/L 时，91%～108%；加标浓度 0.16 mg/L～0.8 mg/L 时，82%～137%。

8 个试验室作了锌的回收率试验。回收率范围分别为：加标浓度 0.01 mg/L 时，92%～107%；加标浓度 0.04 mg/L～0.08 mg/L 时，98%～110%；加标浓度 0.24 mg/L～2.0 mg/L 时，95%～117%。

6 个试验室作了镉、铁、锰的回收率试验。

镉的回收率为：加标浓度 0.004 mg/L～0.016 mg/L 时，92%～106%；加标浓度 0.04 mg/L～0.08 mg/L 时，95%～106%；加标浓度 0.2 mg/L～0.24 mg/L 时，95%～102%。

铁的回收率为：加标浓度 0.04 mg/L 时，95%～113%；加标浓度 0.4 mg/L 时，98%～102%；加标浓度 1.2 mg/L～2.0 mg/L 时，94%～101%。

锰的回收率为：加标浓度 0.04 mg/L 时，90%～100%；加标浓度 0.4 mg/L 时，98%～105%；加标浓度 1.2 mg/L～2.0 mg/L 时，92%～103%。

4.2.4 巯基棉富集法

4.2.4.1 范围

本标准规定了用巯基棉富集-火焰原子吸收分光光度法测定生活饮用水及其水源水中的铅、镉和铜。

本法适用于生活饮用水及其水源水中低浓度的铅、镉和铜的测定。

本法最低检测质量：铅，1 μg；镉，0.1 μg；铜，1 μg。若取 500 mL 水样富集，则最低检测质量浓度(mg/L)为：铅，0.004；镉，0.000 4 和铜，0.004。

大多数阳离子不干扰测定。

4.2.4.2 原理

水中痕量的铅、镉、铜经巯基棉富集分离后，在盐酸介质中用火焰原子吸收分光光度法测定，以吸光度或峰高定量。

4.2.4.3 试剂

配制试剂所用纯水均为去离子蒸馏水，所用试剂均为优级纯。

4.2.4.3.1 铅、镉、铜标准储备溶液：见 4.2.1.3.1.F，4.2.1.3.1.E，4.2.1.3.1.B。

4.2.4.3.2 铅、镉、铜混合标准溶液：用铅、镉、铜标准储备溶液稀释成下列浓度的混合标准溶液：$\rho(Pb)=10\ \mu g/mL$，$\rho(Cd)=1.0\ \mu g/mL$ 和 $\rho(Cu)=10\ \mu g/mL$。

4.2.4.3.3 巯基棉：取 100 mL 巯基乙醇酸，70 mL 乙酸酐，32 mL 乙酸[$\varphi(CH_3COOH)=36\%$]，0.3 mL硫酸($\rho_{20}=1.84$ g/mL)及 10 mL 去离子水，依次加到 250 mL 广口瓶中，充分摇匀，冷却至室温。另取 30 g 脱脂棉放入广口瓶中，让棉花完全浸湿，待反应热散去后(必要时可用冷水冷却)，加盖，在 35℃烘箱中放置 2 d～4 d 后取出，经漏斗或滤器抽滤至干。用纯水充分洗去未反应的物质，再加入盐酸溶液(1 mol/L)淋洗，最后用纯水淋洗至中性。抽干后摊开，在 30℃烘箱中烘干，于棕色瓶中密闭冷暗处保存，有效期至少可达 1 年。

4.2.4.4 仪器

所用玻璃器皿均用硝酸溶液(1+4)浸泡 12 h，并用纯水洗净。

4.2.4.4.1 原子吸收分光光度计及铜、镉、铅空心阴极灯。

4.2.4.4.2 巯基棉富集装置：用 500 mL 分液漏斗制成。

4.2.4.4.3 具塞刻度试管：10 mL。

4.2.4.5 分析步骤

4.2.4.5.1 称取 0.1 g 巯基棉均匀地装入分液漏斗的颈管中，加入少量纯水使巯基棉湿润。加入 5 mL盐酸溶液(1+98)通过巯基棉，再用纯水淋洗至中性。

4.2.4.5.2 取 500 mL 加硝酸保存的水样，用氨水(1+9)调节 pH 为 6.0～7.5，移入 500 mL 分液漏斗中，以 5 mL/min 的流速使水样通过巯基棉，水样流完后用洗耳球吹尽颈管中残留水样。用 4.5 mL 80℃热盐酸溶液分二次通过巯基棉洗脱待测组分，收集洗脱液于 10 mL 刻度试管内(每次吹尽巯基棉中的残留液)，加纯水定容至 5 mL。

4.2.4.5.3 标准曲线的绘制：吸取铅、镉、铜混合标准溶液(4.2.4.3.2)0 mL、1.00 mL、3.00 mL、5.00 mL和 7.50 mL 分别置于 5 支 25 mL 比色管中，用盐酸溶液(1+49)稀释至刻度，与样品同时用火焰原子吸收法定量。

火焰原子吸收法测定条件见表6。

表6 火焰原子吸收法测定仪器参数

元素	波长/nm	狭缝/mm	灯电流/mA	燃烧器高度/mm	空气流量/(L/min)	乙炔流量/(L/min)
Cd	228.8	1.3	7.5	7.5	9.4	2.3
Cu	324.7	1.3	7.5	7.5	9.4	2.3
Pb	283.3	1.3	7.5	7.5	9.4	2.3

4.2.4.6 计算

水样铅(或镉、铜)的质量浓度计算见式(12):

$$\rho(\mathrm{B})=\frac{m}{V} \qquad (12)$$

式中:

$\rho(\mathrm{B})$——水样中铅(或镉、铜)质量浓度,单位为毫克每升(mg/L);

m——从标准曲线查得样品中的金属质量,单位为微克(μg);

V——水样体积,单位为毫升(mL)。

4.2.4.7 精密度和准确度

7个实验室重复测定加标水样,其铅浓度为2.0 μg/L～22 μg/L,铜浓度为1.5 μg/L～22 μg/L,镉浓度为0.25 μg/L～3.0 μg/L。相对标准偏差铅为2.0%～10%;铜为4.0%～6.0%;镉为0.8%～10%。测定含铅5 μg/L～22 μg/L,铜3 μg/L～22 μg/L,镉0.5 μg/L～3 μg/L的加标水样,回收率分别为铅90%～105%,铜96%～104%和镉94%～105%。

4.3 二乙基二硫代氨基甲酸钠分光光度法

4.3.1 范围

本标准规定了用二乙基二硫代氨基甲酸钠分光光度法测定生活饮用水及其水源水中的铜。

本法适用于生活饮用水及其水源水中铜的测定。

本法最低检测质量为2 μg,若取100 mL水样测定,则最低检测质量浓度为0.02 mg/L。

铁与显色剂形成棕色化合物对本标准有干扰,可用柠檬酸掩蔽。镍、钴与试剂呈绿黄色以至暗绿色,可用EDTA掩蔽。铋与试剂呈黄色,但在440 nm波长吸收极小,存在量为铜的二倍时,其干扰可以忽略。锰呈微红色,但颜色很不稳定,微量时显色后放置一段时间,颜色即可褪去。锰含量高时,加入盐酸羟胺,即可消除干扰。

4.3.2 原理

在pH 9～11的氨溶液中,铜离子与二乙基二硫代氨基甲酸钠反应,生成棕黄色络合物,用四氯化碳或三氯甲烷萃取后比色定量。

4.3.3 试剂

所有试剂均需用不含铜的纯水制备。

4.3.3.1 氨水(1+1)。

4.3.3.2 四氯化碳或三氯甲烷。

4.3.3.3 二乙基二硫代氨基甲酸钠溶液(1 g/L):称取0.1 g二乙基二硫代氨基甲酸钠[$(C_2H_5)_2NCS_2Na$],溶于纯水中并稀释至100 mL。储存于棕色瓶内,在冰箱内保存。

4.3.3.4 乙二胺四乙酸二钠-柠檬酸三铵溶液:称取5 g乙二胺四乙酸二钠($C_{10}H_{14}N_2O_8Na_2 \cdot 2H_2O$)和20 g柠檬酸三铵[$(NH_4)_3C_6H_5O_7$],溶于纯水中,并稀释成100 mL。

4.3.3.5 铜标准使用溶液[$\rho(\mathrm{Cu})$=10 μg/mL]:吸取铜标准储备溶液(4.2.1.3.1.B)10.00 mL,用纯水定容至1 000 mL。

4.3.3.6 甲酚红溶液(1.0 g/L):称取 0.1 g 甲酚红($C_{21}H_{18}O_5S$),溶于乙醇[$\varphi(C_2H_5OH)=95\%$]并稀释至 100 mL。

4.3.4 **仪器**

4.3.4.1 分液漏斗:250 mL。

4.3.4.2 具塞比色管:10 mL。

4.3.4.3 分光光度计。

4.3.5 **分析步骤**

4.3.5.1 吸取 100 mL 水样于 250 mL 分液漏斗中(若水样色度过高时,可置于烧杯中,加入少量过硫酸铵,煮沸,浓缩至约 70 mL ,冷却后加水稀释至 100 mL)。

4.3.5.2 另取 6 个 250 mL 分液漏斗,各加 100 mL 纯水,然后分别加入 0 mL,0.20 mL,0.40 mL,0.60 mL,0.80 mL 和 1.00 mL 铜标准使用溶液(4.3.3.5),混匀。

4.3.5.3 向样品及标准系列溶液中各加 5 mL 乙二胺四乙酸二钠-柠檬酸三铵溶液(4.3.3.4)及三滴甲酚红溶液(4.3.3.6),滴加氨水(4.3.3.1)至溶液由黄色变为浅红色,再各加 5 mL 二乙基二硫代氨基甲酸钠溶液(4.3.3.3),混匀,放置 5 min。

4.3.5.4 各加 10.0 mL 四氯化碳或三氯甲烷(4.3.3.2),振摇 2 min,静置分层。

4.3.5.5 用脱脂棉擦去分液漏斗颈内水膜,将四氯化碳层放入干燥的 10 mL 具塞比色管中。

4.3.5.6 于 436 nm 波长,用 2 cm 比色皿,以四氯化碳为参比,测量样品及标准系列溶液的吸光度。

4.3.5.7 绘制标准曲线,并从曲线上查出样品管中铜的质量。

4.3.6 **计算**

水样中铜的质量浓度计算见式(13):

$$\rho(Cu)=\frac{m}{V} \qquad \cdots\cdots(13)$$

式中:

$\rho(Cu)$——水样中铜的质量浓度,单位为毫克每升(mg/L);

m——从标准曲线上查得样品管中铜的质量,单位为微克(μg);

V——水样体积,单位为毫升(mL)。

4.3.7 **精密度和准确度**

20 个实验室测定含铜 26.5 μg/L 的合成水样,各金属浓度(μg/L)分别为:汞,5.1;锌,39;镉,29;铁,150;锰,130。相对标准偏差 26%,相对误差 17%。

4.4 **双乙醛草酰二腙分光光度法**

4.4.1 **范围**

本标准规定了用双乙醛草酰二腙分光光度法测定生活饮用水及其水源水中的铜。

本法适用于生活饮用水及其水源水中铜的测定。

本法最低检测质量为 1.0 μg,若取 25 mL 水样测定,则最低检测质量浓度为 0.04 mg/L。

水中含 20 mg Na^+,10 mg Ca^{2+},5 mg K^+、Mg^{2+}、SO_4^{2-}、NO_3^-、CO_3^{2-} 对测定无明显影响,50 mg Cd^{2+}、Al^{3+}、Zn^{2+}、Sn^{2+}、Pb^{2+},1 mg Fe^{2+},0.5 mg Mn^{2+},0.1 mg As^{3+},Cr^{6+} 共存时,误差不大于 10%。

4.4.2 **原理**

在 pH 9 的条件下,铜离子(Cu^{2+})与双环己酮草酰二腙及乙醛反应,生成双乙醛草酰二腙螯合物,比色定量。

4.4.3 **试剂**

4.4.3.1 氨水(1+1)。

4.4.3.2 乙醛[$\omega(CH_3CHO)=40\%$]。

注：乙醛易聚合为聚乙醛，如发现乙醛聚合分层，则取乙醛 100 mL，加硫酸($\rho_{20}=1.84$ g/mL)5 mL，加热蒸馏，用 40 mL纯水吸收，收集馏液 100 mL。

4.4.3.3 柠檬酸三铵溶液(400 g/L)：称 取 40 g 柠檬酸三铵[$(NH_4)_3C_6H_5O_7$]，溶于纯水，稀释至 100 mL。

4.4.3.4 双环己酮草酰二腙(简称 BCO)溶液(2 g/L)：称取 1.0 g 双环己酮草酰二腙($C_{14}H_{22}N_4O_2$)，置于烧杯中，加入 500 mL 乙醇溶液(1+1)，加热至 60℃～70℃，搅拌溶解。

4.4.3.5 氨水-氯化铵缓冲溶液 (pH9.0)：称取 27.0 g 氯化铵(NH_4Cl)，溶于 500 mL 纯水中，滴加氨水($\rho_{20}=0.88$ g/mL)调节 pH 至 9.0。

4.4.3.6 铜标准使用溶液：见 4.3.3.5。

4.4.4 仪器

4.4.4.1 分光光度计。

4.4.4.2 比色管：50 mL。

4.4.4.3 电热恒温水浴。

4.4.5 分析步骤

4.4.5.1 吸取 25.0 mL 水样于 50 mL 比色管中。

4.4.5.2 另取 50 mL 比色管 7 支，分别加入铜标准使用溶液(4.4.3.6) 0 mL，0.10 mL，0.50 mL，1.00 mL，2.00 mL，4.00 mL 和 6.00 mL，用纯水稀释至 25 mL。

4.4.5.3 向各比色管加 2.0 mL 柠檬酸三铵溶液(4.4.3.3)，混合后用氨水(4.4.3.1) 调 pH 至 9.0 左右。加 5.0 mL 缓冲液(4.4.3.5)，混匀，再加 5.0 mLBCO 溶液(4.4.3.4)，1.0 mL 乙醛(4.4.3.2)，加纯水至刻度，摇匀。在 50 ℃水浴中加热 10 min，取出冷至室温。

4.4.5.4 于 546 nm 波长，用 3 cm 比色皿，以纯水为参比，测量样品及标准系列的吸光度。

4.4.5.5 绘制标准曲线，并从曲线上查出样品管中铜的质量。

4.4.6 计算

水样中铜(Cu)的质量浓度计算见式(14)：

$$\rho(\mathrm{Cu}) = \frac{m}{V} \qquad (14)$$

式中：

$\rho(\mathrm{Cu})$——水样中铜(Cu)的质量浓度，单位为毫克每升(mg/L)；

m——从标准曲线上查得样品管中铜的质量，单位为微克(μg)；

V——水样体积，单位为毫升(mL)。

4.4.7 精密度和准确度

单个实验室测定合成水样 6 次，其中各种金属浓度(μg/L)分别为：Cu，100；Mn，120；Zn，50；Fe，200。相对标准偏差为 4.1%，相对误差为 5.0%。

4.5 电感耦合等离子体发射光谱法

见 1.4。

4.6 电感耦合等离子体质谱法

见 1.5。

5 锌

5.1 原子吸收分光光度法

5.1.1 见 4.2.1。

5.1.2 精密度和准确度：11 个实验室用直接法或萃取法测定含锌 478 μg/L 和 26 μg/L 的合成水样，其他成分的浓度 (μg/L) 为：铝，852 和 435；砷，182 和 61；铍，261 和 183；镉，59 和 27；钴，348 和 96；

铬,304 和 65;铜,374 和 37;铁,796 和 78;汞,7.6 和 4.4;锰,478 和 47;镍,165 和 96;铅,383 和 113;硒,48 和 16;钒,848 和 470。相对标准偏差分别为 9.2%和 7.6%,相对误差分别为 4.0%和 0%。

共沉淀法的精密度和准确度见 4.2.3.7。

5.2 锌试剂-环己酮分光光度法

5.2.1 范围

本标准规定了用锌试剂-环己酮分光光度法测定生活饮用水及其水源水中的锌。

本法适用于生活饮用水及其水源水中锌的测定。

本法最低检测质量为 5 μg,若取 25 mL 水样测定,则最低检测质量浓度为 0.20 mg/L。

加入抗坏血酸钠可降低锰的干扰。Cu^{2+}、Pb^{2+}、Fe^{3+} 和 Mn^{2+} 质量浓度分别不超过 30 mg/L、50 mg/L、7 mg/L 和 5 mg/L 时,对测定无干扰。

5.2.2 原理

锌与锌试剂在 pH9.0 条件下生成蓝色络合物。其他重金属也能与锌试剂生成有色络合物,加入氰化物可络合锌及其他重金属,但加入环己酮能使锌有选择性地从氰络合物中游离出来,并与锌试剂发生显色反应。

5.2.3 试剂

5.2.3.1 环己酮。

5.2.3.2 抗坏血酸钠或抗坏血酸($C_6H_8O_6$)。

5.2.3.3 氰化钾溶液(10 g/L):称取 1.0 g 氰化钾(KCN)溶于 100 mL 纯水中。

注:此溶液剧毒!

5.2.3.4 缓冲溶液(pH 9):称取 8.4 g 氢氧化钠,溶于 500 mL 纯水中,加入 31 g 硼酸,溶解后再加纯水至 1 000 mL。

5.2.3.5 锌试剂溶液:称取 100 mg 锌试剂[$HOC_6H_3(SO_3H)N:NC(C_6H_5):NNC_6H_4COOH$],溶于 100 mL 甲醇中。

5.2.3.6 锌标准储备溶液:同 4.2.1.3.1.D。

5.2.3.7 锌标准使用溶液[$\rho(Zn)=10\ \mu g/mL$]:临用前取 10.0 mL 锌标准储备溶液(5.2.3.6)稀释至 1 000 mL。

5.2.4 仪器

5.2.4.1 比色管:50 mL。

5.2.4.2 分光光度计。

5.2.5 分析步骤

5.2.5.1 取澄清水样(如浑浊可用 0.45 μm 滤膜过滤)用盐酸溶液(1+5)或氢氧化钠溶液(80 g/L)调节 pH 至 7,然后吸取 25 mL 于 50 mL 比色管中。

5.2.5.2 吸取 0 mL,0.50 mL,1.00 mL,3.00 mL,5.00 mL 和 10.0 mL 锌标准使用溶液(5.2.3.7)置于 50 mL 比色管中,分别加水稀释至 25 mL。

5.2.5.3 加入 0.5 g 抗坏血酸钠,混匀。如用抗坏血酸,则需加约 0.6 mL 氢氧化钠溶液(200 g/L),调至中性。

注:锰在 0.1 mg/L 以下时,可不加抗坏血酸钠。

5.2.5.4 向标准及水样管中各加 5.0 mL 缓冲液(5.2.3.4),2.0 mL 氰化钾溶液(5.2.3.3),3.0 mL 锌试剂溶液(5.2.3.5)。每加一种试剂均需充分混匀。

5.2.5.5 各加环己酮(5.2.3.1)1.5 mL,充分混合至溶液透明。

5.2.5.6 在 620 nm 波长下,用 1 cm 比色皿,以试剂空白为参比,测量吸光度。

5.2.5.7 绘制工作曲线并查出水样管中锌的质量。

5.2.6 计算

水样中锌(Zn)的质量浓度计算见式(15):

$$\rho(Zn)=\frac{m}{V} \quad \cdots\cdots(15)$$

式中：

$\rho(Zn)$——水样中锌(Zn)的质量浓度，单位为毫克每升(mg/L)；

m——从工作曲线查得的水样管中锌的质量，单位为微克(μg)；

V——水样体积，单位为毫升(mL)。

5.2.7 精密度和准确度

单个实验室测定高、中、低三种浓度的加标水样，相对标准偏差为2.3%～4.6%。取两种地面水和一种自来水作回收试验，回收率93%～108%。另两个实验室测定结果的相对标准偏差分别为0.7%～4.2%和2.3%～6.8%；回收率分别为97%～100%和96%～107%。

5.3 双硫腙分光光度法

5.3.1 范围

本标准规定了用双硫腙分光光度法测定生活饮用水及其水源水中的锌。

本法适用于生活饮用水及其水源水中锌的测定。

本法最低检测质量为0.5 μg，若取10 mL水样测定，则最低检测质量浓度为0.05 mg/L。

在选定的pH条件下，用足量硫代硫酸钠可掩蔽水中少量铅、铜、汞、镉、钴、铋、镍、金、钯、银、亚锡等金属干扰离子。

5.3.2 原理

在pH4.0～5.5的水溶液中，锌离子与双硫腙生成红色螯合物，用四氯化碳萃取后比色定量。

5.3.3 试剂

配制试剂和稀释用纯水均为去离子蒸馏水。

5.3.3.1 双硫腙四氯化碳储备溶液(1 g/L)：称取0.1 g双硫腙($C_{18}H_{12}N_4S$)，在干燥的烧杯中用四氯化碳溶解后稀释至100 mL，倒入棕色瓶中。此溶液置冰箱内保存可稳定数周。

如双硫腙不纯，可用下述方法纯化：称取0.20 g双硫腙，溶于100 mL三氯甲烷，经脱脂棉过滤于250 mL分液漏斗中，每次用20 mL氨水(3+97)连续反萃取数次，直至三氯甲烷相几乎无绿色为止。合并水相至另一分液漏斗，每次用10 mL四氯化碳振荡洗涤水相两次，弃去四氯化碳相。水相用硫酸溶液(1+9)酸化至有双硫腙析出，再每次用100 mL四氯化碳萃取两次，合并四氯化碳相，倒入棕色瓶中，置冰箱内保存。

5.3.3.2 双硫腙四氯化碳溶液：临用前，吸取适量双硫腙四氯化碳储备溶液(5.3.3.1)，用四氯化碳稀释约30倍，至吸光度为0.4(波长535 nm，1 cm比色皿)。

5.3.3.3 乙酸-乙酸钠缓冲溶液(pH4.7)：称取68 g乙酸钠($NaC_2H_3O_2 \cdot 3H_2O$)，用纯水溶解后稀释至250 mL。另取冰乙酸31 mL，用纯水稀释至250 mL，将上述两种溶液等体积混合。

如试剂不纯，将上述混合液置于分液漏斗中，每次用10 mL双硫腙四氯化碳溶液(5.3.3.2)萃取，直至四氯化碳相呈绿色为止。弃去四氯化碳相，向水相加入10 mL四氯化碳，振荡洗涤水相，弃去四氯化碳相，如此反复数次，直至四氯化碳相不显绿色为止。用滤纸过滤水相于试剂瓶中。

5.3.3.4 硫代硫酸钠溶液(250 g/L)：称取25 g硫代硫酸钠，溶于100 mL纯水中。如试剂不纯，按5.3.3.3纯化。

5.3.3.5 锌标准储备溶液：见4.2.1.3.1.D。

5.3.3.6 锌标准使用溶液[$\rho(Zn)$=1 μg/mL]：用锌标准储备溶液(5.3.3.5)稀释。

5.3.4 仪器

所用玻璃仪器均须用硝酸溶液(1+1)浸泡，然后再用不含锌的纯水冲洗干净。

5.3.4.1 分液漏斗：60 mL。

5.3.4.2 比色管：10 mL。

5.3.4.3 分光光度计。

5.3.5 分析步骤

本标准测锌要特别注意防止外界污染，同时还要避免在直射阳光下操作。

5.3.5.1 吸取水样 10.0 mL 于 60 mL 分液漏斗中，如水样锌含量超过 5 μg，可取适量水样，用纯水稀释至 10.0 mL。

5.3.5.2 另取分液漏斗 7 个，依次加入锌标准使用溶液(5.3.3.6)0 mL，0.50 mL，1.00 mL，2.00 mL，3.00 mL，4.00 mL 和 5.00 mL，各加纯水至 10 mL。

5.3.5.3 向各分液漏斗中各加 5.0 mL 缓冲溶液(5.3.3.3)，混匀，再各加 1.0 mL 硫代硫酸钠溶液(5.3.3.4)，混匀，再加入 10.0 mL 双硫腙四氯化碳溶液(5.3.3.2)，强烈振荡 4 min，静置分层。

注 1：加入硫代硫酸钠除有掩蔽干扰金属离子的作用外，同时也兼有还原剂的作用，保护双硫腙不被氧化。由于硫代硫酸钠也能与锌离子络合，因此标准系列中硫代硫酸钠溶液的用量应与水样管一致。

注 2：振荡时间应充分，因硫代硫酸钠是较强的络合剂，只有使锌从络合物$[Zn(S_2O_3)_2]^{2-}$中释放出来，才能被双硫腙四氯化碳溶液萃取。锌的释放比较缓慢，故振荡时间要保证 4 min，否则萃取不完全。为了使样品和标准的萃取率一致，应尽量使振荡强度和次数一致。

5.3.5.4 用脱脂棉或卷细的滤纸擦去分液漏斗颈内的水，弃去最初放出的 2 mL～3 mL 有机相，收集随后流出的有机相于干燥的 10 mL 比色管内。

5.3.5.5 于 535 nm 波长，用 1 cm 比色皿，以四氯化碳为参比，测量样品和标准系列萃取液的吸光度。

5.3.5.6 绘制工作曲线，并查出样品管中锌的质量。

5.3.6 计算

水样中锌的质量浓度计算见式(16)：

$$\rho(Zn) = \frac{m}{V} \qquad (16)$$

式中：

$\rho(Zn)$——水样中锌的质量浓度，单位为毫克每升(mg/L)；

m——从工作曲线查得的样品管中锌的质量，单位为微克(μg)；

V——水样体积，单位为毫升(mL)。

5.3.7 精密度和准确度

16 个实验室测定含锌 39 μg/L 的合成水样，其他各金属离子浓度(μg/L)为：汞，5.1；铜，26.5；铁，150；锰，130；铅，5.4。相对标准偏差为 14%，相对误差为 26%。

5.4 催化示波极谱法

5.4.1 范围

本标准规定了用催化示波极谱法测定生活饮用水及其水源水中的锌。

本法适用于生活饮用水及其水源水中锌的测定。

本法最低检测质量为 0.1 μg，若取 10 mL 水样测定，则最低检测质量浓度为 10 μg/L。

下述共存物质(mg/L)对本标准无干扰：Ca^{2+}，200；Mg^{2+}，40；Fe^{2+}，Mn^{2+}，1.0；Cu^{2+}，Cd^{2+}，Pb^{2+}，As^{3+}，20。大量的 K^+、Na^+、NO^{2-}、SO_4^{2-}、F^- 存在时不干扰测定。

5.4.2 原理

在酒石酸钾钠-乙二胺体系中，锌与乙二胺形成络合物，吸附于滴汞电极上，在－1.45 V 形成灵敏的络合物吸附催化波，其峰高与锌含量成正比。

5.4.3 试剂

5.4.3.1 酒石酸钾钠溶液(40 g/L)：称取 4 g 酒石酸钾钠($KNaC_4H_4O_6 \cdot 4H_2O$)，用纯水溶解并稀释为 100 mL。

5.4.3.2 乙二胺溶液(1+1.5)：取 40 mL 乙二胺，加 60 mL 纯水，混匀。

5.4.3.3 无水亚硫酸钠溶液(10 g/L)：称取 1 g 无水亚硫酸钠(Na_2SO_3)，用纯水溶解并稀释至

100 mL。

5.4.3.4 硝酸-高氯酸(1+1):取硝酸(ρ_{20}=1.42 g/mL)与高氯酸(ρ_{20}=1.67 g/mL)等体积混合。

5.4.3.5 锌标准储备溶液:见4.2.1.3.1.D。

5.4.3.6 锌标准使用液[$\rho(Zn)=1\ \mu g/mL$]:将锌标准储备溶液(5.4.3.5)用纯水稀释。

5.4.4 仪器

5.4.4.1 瓷坩埚:30 mL。

5.4.4.2 电热板。

5.4.4.3 示波极谱仪。

5.4.5 分析步骤

5.4.5.1 吸取10.0 mL水样于30 mL瓷坩埚中,加入0.5 mL硝酸-高氯酸(5.4.3.4),在电热板上缓缓消化,直至得到白色残渣。同时作试剂空白。

5.4.5.2 取8个30 mL瓷坩埚,分别加入0 mL,0.10 mL,0.30 mL,0.50 mL,0.80 mL,1.00 mL,1.20 mL和1.50 mL锌标准使用溶液(5.4.3.6)。

5.4.5.3 向样品及标准中各加入2.0 mL酒石酸钾钠溶液(5.4.3.1),0.5 mL无水亚硫酸钠溶液(5.4.3.3),1.0 mL乙二胺溶液(5.4.3.2),加纯水至10.0 mL。

5.4.5.4 于示波极谱仪上,用三电极系统,阴极化,原点电位为-1.30 V,导数扫描。在-1.45 V处读取水样及标准系列的峰高。

5.4.5.5 以锌质量为横坐标,峰高为纵坐标,绘制标准曲线,从曲线上查出水样中锌的质量。

5.4.6 计算

水样中锌质量浓度计算见式(17):

$$\rho(Zn)=\frac{m}{V} \qquad \cdots\cdots(17)$$

式中:

$\rho(Zn)$——水样中锌质量浓度,单位为毫克每升(mg/L);

m——水样中锌质量,单位为微克(μg);

V——水样体积,单位为毫升(mL)。

5.4.7 精密度和准确度

4个实验室对含锌0.1 μg~5.0 μg的水样,重复测定66次,相对标准偏差为4.5%~12%。4个实验室对加标0.1 μg~0.5 μg锌的34份水样进行回收试验,回收率为86%~120%,平均回收率为101%。

5.5 电感耦合等离子体发射光谱法

见1.4。

5.6 电感耦合等离子体质谱法

见1.5。

6 砷

6.1 氢化物原子荧光法

6.1.1 范围

本标准规定了用氢化物原子荧光法测定生活饮用水及其水源水中的砷。

本法适用于生活饮用水及其水源水中砷的测定。

本法最低检测质量为0.5 ng,若取0.5 mL水样测定,则最低检测质量浓度为1.0 μg/L。

6.1.2 原理

在酸性条件下,三价砷与硼氢化钠反应生成砷化氢,由载气(氩气)带入石英原子化器,受热分解为原子态砷。在特制砷空心阴极灯的照射下，基态砷原子被激发至高能态，在去活化回到基态时，发射出特征波长的荧光，在一定的浓度范围内，其荧光强度与砷含量成正比，与标准系列比较定量。

6.1.3 试剂

6.1.3.1 氢氧化钠溶液(2 g/L)：称取 1 g 氢氧化钠溶于纯水中，稀释至 500 mL。

6.1.3.2 硼氢化钠溶液(20 g/L)：称取硼氢化钠($NaBH_4$)10.0 g 溶于 500 mL 氢氧化钠溶液(6.1.3.1)中，混匀。

6.1.3.3 盐酸(ρ_{20}=1.19 g/mL)，优级纯。

6.1.3.4 盐酸溶液(5+95)。

6.1.3.5 硫脲-抗坏血酸溶液：称取 10.0 g 硫脲加约 80 mL 纯水，加热溶解，冷却后加入 10.0 g 抗坏血酸，稀释至 100 mL。

6.1.3.6 砷标准储备液[ρ(As)=0.1 mg/mL]：称取 0.132 0 g 经 105℃干燥 2 h 的三氧化二砷(As_2O_3)置于 50 mL 烧杯中，加入 10 mL 氢氧化钠(40 g/L)使之溶解，加 5 mL 盐酸(6.1.3.3)，转入 1 000 mL 容量瓶中用纯水定容至刻度，混匀。

6.1.3.7 砷标准中间溶液[ρ(As)=1.0 μg/mL]：吸取 5.00 mL 砷标准储备液(6.1.3.6)于 500 mL 容量瓶中，用纯水定容至刻度。

6.1.3.8 砷标准使用溶液[ρ(As)=0.10 μg/mL]：吸取 10.00 mL 砷标准中间溶液(6.1.3.7)于 100 mL容量瓶中，用纯水定容至刻度。

6.1.4 仪器

6.1.4.1 原子荧光光度计。

6.1.4.2 砷空心阴极灯。

6.1.5 分析步骤

6.1.5.1 取 10 mL 水样于比色管中。

6.1.5.2 标准系列的配制：分别吸取砷标准使用溶液(6.1.3.8) 0 mL，0.10 mL，0.30 mL，0.50 mL，0.70 mL，1.00 mL，2.00 mL 于比色管中，用纯水定容至 10 mL，使砷的浓度分别为 0 μg/L，1.0 μg/L，3.0 μg/L，5.0 μg/L，7.0 μg/L，10.0 μg/L，20.0 μg/L。

6.1.5.3 分别向水样、空白及标准溶液管中加入 1 mL 盐酸(6.1.3.3)、1.0 mL 硫脲+抗坏血酸溶液(6.1.3.5)，混匀。

6.1.5.4 仪器条件(参考)

砷灯电流：45 mA；负高压：305 V；原子化器高度：8.5 mm；载气流量：500 mL/min；屏蔽气流量：1 000 mL/min；进样体积：0.5 mL；载流：盐酸溶液(6.1.3.4)。

6.1.5.5 测定：开机，设定仪器最佳条件，点燃原子化器炉丝，稳定 30 min 后开始测定，绘制标准曲线、计算回归方程($Y=aX+b$)。

6.1.5.6 计算

以所测样品的荧光强度，从标准曲线或回归方程中查得样品溶液中砷浓度(μg/L)。

6.1.6 精密度和准确度

4 个实验室测定含一定浓度砷的水样，测定 8 次，其相对标准偏差均小于 4.9%，在水样中加入 5.0 μg/L～70.0 μg/L的砷标准溶液，其回收率为 85.7%～113%。

6.2 二乙氨基二硫代甲酸银分光光度法

6.2.1 范围

本标准规定了用二乙氨基二硫代甲酸银分光光度法测定生活饮用水及其水源水中的砷。

本法适用于生活饮用水及其水源水中砷的测定。

本法最低检测质量为 0.5 μg。若取 50 mL 水样测定，则最低检测质量浓度为 0.01 mg/L。

钴、镍、汞、银、铂、铬和钼可干扰砷化氢的发生，但饮用水中这些离子通常存在的量不产生干扰。

水中锑的含量超过 0.1 mg/L 时对测定有干扰。用本标准测定砷的水样不宜用硝酸保存。

6.2.2 **原理**

锌与酸作用产生新生态氢。在碘化钾和氯化亚锡存在下，使五价砷还原为三价砷。三价砷与新生态氢生成砷化氢气体。通过用乙酸铅棉花去除硫化氢的干扰，然后与溶于三乙醇胺-三氯甲烷中的二乙氨基二硫代甲酸银作用，生成棕红色的胶态银，比色定量。

6.2.3 **仪器**

6.2.3.1 砷化氢发生器，见图 1 。

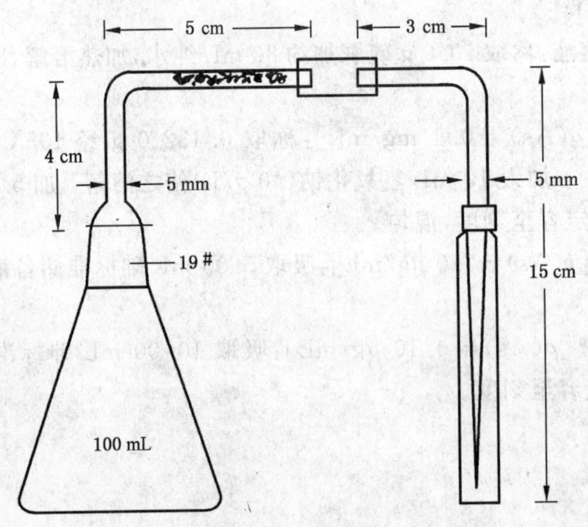

图 1 砷化氢发生瓶及吸收管

6.2.3.2 分光光度计。

6.2.4 **试剂**

6.2.4.1 三氯甲烷。

6.2.4.2 无砷锌粒。

6.2.4.3 硫酸溶液(1+1)。

6.2.4.4 碘化钾溶液(150 g/L)：称取 15 g 碘化钾(KI)，溶于纯水中并稀释至 100 mL，储于棕色瓶内。

6.2.4.5 氯化亚锡(400 g/L)：称取 40 g 氯化亚锡($SnCl_2 \cdot 2H_2O$)，溶于 40 mL 盐酸(ρ_{20}=1.19 g/L)中，并加纯水稀释至 100 mL，投入数粒金属锡粒。

6.2.4.6 乙酸铅棉花：将脱脂棉浸入乙酸铅溶液(100 g/L)中，2 h 后取出，让其自然干燥。

6.2.4.7 吸收溶液：称取 0.25 g 二乙氨基二硫代甲酸银($C_5H_{10}NS_2 \cdot Ag$)，研碎后用少量三氯甲烷溶解，加入 1.0 mL 三乙醇胺[$N(CH_2CH_2OH)_3$]，再用三氯甲烷稀释到 100 mL。必要时，静置，过滤至棕色瓶内，储存于冰箱中。本试剂溶液中二乙氨基二硫代甲酸银浓度以 2.0 g/L～2.5 g/L 为宜，浓度过低将影响测定的灵敏度及重现性。溶解性不好的试剂应更换。实验室制备的试剂具有很好的溶解度。制备方法：是分别溶解 1.7 g 硝酸银、2.3 g 二乙氨基二硫代甲酸钠于 100 mL 纯水中，冷却到 20℃以下，缓缓搅拌混合。过滤生成的柠檬黄色银盐沉淀，用冷的纯水洗涤沉淀数次，置于干燥器中，避光保存。

6.2.4.8 砷标准储备溶液[ρ(As)=1 mg/mL]：称取 0.660 0 g 经 105℃干燥 2 h 的三氧化二砷(As_2O_3)，溶于 5 mL 氢氧化钠溶液(200 g/L)中。用酚酞作指示剂，以硫酸溶液(1+17)中和到中性后，再加入 15 mL 硫酸溶液(1+17)，转入 500 mL 容量瓶，加纯水至刻度。

6.2.4.9 砷标准使用溶液[ρ(As)=1 μg/mL]：吸取砷标准储备液(6.2.4.8)10.00 mL，置于 100 mL 容量瓶中，加纯水至刻度，混匀。临用时，吸取此溶液 10.00 mL，置于 1 000 mL 容量瓶中，加纯水至刻度，混匀。

6.2.5 分析步骤

6.2.5.1 吸取 50.0 mL 水样，置于砷化氢发生瓶中。

6.2.5.2 另取砷化氢发生瓶 8 个，分别加入砷标准使用溶液(6.2.4.9) 0 mL，0.50 mL，1.00 mL，2.00 mL，3.00 mL，5.00 mL，7.00 mL 和 10.00 mL，各加纯水至 50 mL。

6.2.5.3 向水样和标准系列中各加 4 mL 硫酸溶液(6.2.4.3)，2.5 mL 碘化钾溶液(6.2.4.4)及 2 mL 氯化亚锡溶液(6.2.4.5)，混匀，放置 15 min。

6.2.5.4 于各吸收管中分别加入 5.0 mL 吸收溶液(6.2.4.7)，插入塞有乙酸铅棉花 (6.2.4.6)的导气管。迅速向各发生瓶中倾入预先称好的 5 g 无砷锌粒(6.2.4.2)，立即塞紧瓶塞，勿使漏气。在室温(低于 15℃时可置于 25℃温水浴中)反应 1 h，最后用三氯甲烷将吸收液体积补足到 5.0 mL。在 1 h 内于 515 nm 波长，用 1 cm 比色皿，以三氯甲烷为参比，测定吸光度。

注：颗粒大小不同的锌粒在反应中所需酸量不同，一般为 4 mL～10 mL，需在使用前用标准溶液进行预试验，以选择适宜的酸量。

6.2.5.5 绘制工作曲线，从曲线上查出水样管中砷的质量。

6.2.6 计算

水样中砷(以 As 计)的质量浓度计算见式(18)：

$$\rho(As) = \frac{m}{V} \qquad \cdots\cdots (18)$$

式中：

$\rho(As)$——水样中砷(以 As 计)的质量浓度，单位为毫克每升(mg/L)；

m——从工作曲线上查得的水样管中砷(以 As 计)的质量，单位为微克(μg)；

V——水样体积，单位为毫升(mL)。

6.2.7 精密度和准确度

有 54 个实验室用本标准测定含砷 61 μg/L 的合成水样。其他成分的浓度(μg/L)分别为：铝，435；铍，183；镉，27；铬，65；钴，96；铜，37；铁，78；铅，113；锰，47；汞，414；镍，96；硒，16；钒，470；锌，26。测定砷的相对标准偏差为 20%，相对误差为 13%。

6.3 锌-硫酸系统新银盐分光光度法

6.3.1 范围

本标准规定了用锌-硫酸系统新银盐分光光度法测定生活饮用水及其水源水中的砷。

本法适用于生活饮用水及其水源水中砷的测定。

本法最低检测质量为 0.2 μg 砷，若取 50 mL 水样测定，则最低检测质量浓度为 0.004 mg/L。

汞、银、铬、钴等离子可抑制砷化氢的生成，产生负干扰，锑含量高于 0.1 mg/L 可产生正干扰。但饮用水及其水源水中这些离子的含量极微或不存在，不会产生干扰。硫化物的干扰可用乙酸铅棉花除去。

6.3.2 原理

水中砷在碘化钾、氯化亚锡、硫酸和锌作用下还原为砷化氢气体，并与吸收液中银离子反应，在聚乙烯醇的保护下形成单质胶态银，呈黄色溶液，可比色定量。

6.3.3 仪器

6.3.3.1 砷化氢发生器。见图 1。

6.3.3.2 分光光度计。

6.3.4 试剂

除下列试剂外，其他见 6.2.4。

6.3.4.1 乙醇[$\varphi(C_2H_5OH)=95\%$]。

6.3.4.2 硝酸-硝酸银溶液：称取 2.50 g 硝酸银于 250 mL 棕色容量瓶中，用少量纯水溶解后，加 5 mL

硝酸(ρ_{20}=1.42 g/mL),用纯水定容。临用时配制。

6.3.4.3 聚乙烯醇溶液(4 g/L):称取 0.80 g 聚乙烯醇(聚合度为 1 750±50)于烧杯中,加 200 mL 纯水加热并不断搅拌至完全溶解后,盖上表面皿,微热煮沸 10 min,冷却后使用。当天配制。

6.3.4.4 砷化氢吸收液:将硝酸-硝酸银溶液(6.2.4.2)、聚乙烯醇溶液(6.2.4.3)及乙醇(6.3.4.1)按 1+1+2 体积比混合,充分摇匀后使用,临用前配制。

6.3.4.5 砷标准使用溶液:取砷标准储备溶液(6.2.4.8)用纯水适当稀释为 $\rho(\mathrm{As})=0.5\ \mu g/mL$ 的标准使用溶液。

6.3.5 分析步骤

6.3.5.1 吸取 50 mL 水样于砷化氢发生瓶中。

6.3.5.2 另取 8 个砷化氢反应瓶,分别加入砷标准使用溶液(6.3.4.5)0 mL,0.40 mL,1.00 mL,2.00 mL,3.00 mL,4.00 mL,5.00 mL 和 6.00 mL,并加纯水至 50 mL。

6.3.5.3 向水样及标准系列各管中加 4 mL～10 mL 硫酸溶液(6.2.4.3),2.5 mL 碘化钾溶液(6.2.4.4)及 2 mL 氯化亚锡溶液(6.2.4.5),混匀,放置 15 min。

注:硫酸用量因锌粒大小而异,可在使用前通过预试验确定。

6.3.5.4 于吸收管中分别加入 4 mL 砷化氢吸收液(6.3.4.4)。连接好吸收装置后,迅速向各反应瓶投入预先称好的 5 g 锌粒立即塞紧瓶塞,在室温下反应 1 h。

6.3.5.5 于 400 nm 波长,用 1 cm 比色皿,以吸收液为参比,测量吸光度。

6.3.5.6 绘制工作曲线,从曲线上查出水样管中砷的质量。

6.3.6 计算

水样中砷(以 As 计)的质量浓度计算见式(19):

$$\rho(\mathrm{As})=\frac{m}{V} \qquad \cdots\cdots(19)$$

式中:

$\rho(\mathrm{As})$——水样中砷(以 As 计)的质量浓度,单位为毫克每升(mg/L);

m——从工作曲线上查得的水样管中砷(以 As 计)的质量,单位为微克(μg);

V——水样体积,单位为毫升(mL)。

6.3.7 精密度和准确度

6 个实验室测定 0.5 μg 及 2.5 μg 砷,批内相对标准偏差分别为 3.2%～7.2%及 2.7%～4.9%,批间相对标准偏差分别为 8.5%～14%及 4.3%～8.1%。6 个实验室向 50 mL 水样中加入 1 μg 及 3 μg 的砷标准,平均回收率为 92%～100%。

6.4 砷斑法

6.4.1 范围

本标准规定了用砷斑目视比色法测定生活饮用水及其水源水中的砷。

本法适用于生活饮用水及其水源水中砷的测定。

本法最低检测质量为 0.5 μg 砷,若取 50 mL 水样测定,则最低检测质量浓度为 0.01 mg/L。

本法的干扰情况见 6.2.1。

6.4.2 原理

锌与酸作用产生新生态氢,在碘化钾和氯化亚锡存在下,使五价砷还原为三价砷,三价砷与新生态氢生成砷化氢气体,通过用乙酸铅棉花去除硫化氢的干扰,于溴化汞试纸上生成黄棕色斑点,比较砷斑颜色的深浅定量。

6.4.3 仪器

砷化氢发生瓶和测砷管见图 2。

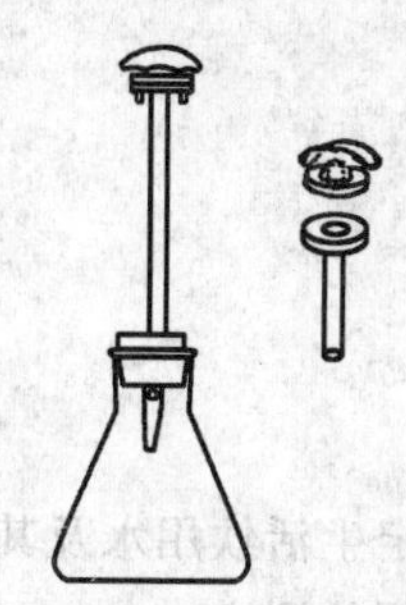

图 2　砷化氢发生瓶和测砷管

6.4.4　试剂

6.4.4.1　无砷锌粒。

6.4.4.2　硫酸溶液(1＋1)。

6.4.4.3　碘化钾溶液(150 g/L)：同 6.2.4.4。

6.4.4.4　氯化亚锡(400 g/L)：同 6.2.4.5。

6.4.4.5　乙酸铅棉花：同 6.2.4.6。

6.4.4.6　溴化汞溶液(50 g/L)：称取 5 g 溴化汞($HgBr_2$)，溶于乙醇[$\varphi(C_2H_5OH)=95\%$]中，并稀释至 100 mL，储存于棕色瓶中。

6.4.4.7　溴化汞试纸：将致密定性滤纸剪成直径 1.8 cm～2.0 cm 的圆片，浸入溴化汞溶液 (6.4.4.6) 中 1 h～2 h。取出后在空气中凉干，保存于棕色瓶中。

6.4.4.8　砷标准使用溶液[$\rho(As)=1\ \mu g/mL$]：配制方法同 6.2.4.9。

6.4.5　分析步骤

6.4.5.1　吸取 50 mL 水样，置于砷化氢发生瓶内。

6.4.5.2　另取砷化氢发生瓶 7 个，分别加入砷标准使用溶液(6.4.4.8) 0 mL，0.50 mL，1.00 mL，2.00 mL，3.00 mL，4.00 mL 和 5.00 mL，各加纯水至 50 mL。

6.4.5.3　向水样和标准系列瓶中各加 4 mL 硫酸溶液(6.4.4.2)、5 mL 碘化钾溶液(6.4.4.3)及 1 mL 氯化亚锡溶液(6.4.4.4)，混匀，放置 15 min。

6.4.5.4　将乙酸铅棉花装入测砷管中，并将溴化汞试纸夹紧于测砷管上部磨口之间。注意试纸应夹紧，并对准孔径位置。

6.4.5.5　向砷化氢发生瓶中加入 5 g 无砷锌粒(6.4.4.1)，迅速装上测砷管并塞紧。

6.4.5.6　在室温放置 1 h，取出溴化汞试纸，将水样的试纸斑点颜色与标准色斑比较。

6.4.6　计算

水样中砷(以 As 计)的质量浓度计算见式(20)：

$$\rho(As)=\frac{m}{V} \qquad \cdots\cdots(20)$$

式中：

$\rho(As)$——水样中砷(以 As 计)的质量浓度，单位为毫克每升(mg/L)；

m——相当于标准色斑砷(以 As 计)的质量，单位为微克(μg)；

V——水样体积，单位为毫升(mL)。

6.4.7　精密度和准确度

有 17 个实验室用本法测定含砷为 61 μg/L 的合成水样，其他成分的浓度见 6.2.7，测定结果的相对标准偏差为 34%，相对误差为 28%。

6.5　电感耦合等离子体发射光谱法

见 1.4。

6.6 电感耦合等离子体质谱法

见1.5。

7 硒

7.1 氢化物原子荧光法

7.1.1 范围

本标准规定了用氢化物原子荧光法测定生活饮用水及其水源水中的硒。

本法适用于生活饮用水及其水源水中硒的测定。

本法最低检测质量为0.5 ng,若取0.5 mL水样测定,则最低检测质量浓度为0.4 μg/L。

7.1.2 原理

在盐酸介质中以硼氢化钠($NaBH_4$)或硼氢化钾(KBH_4)作还原剂,将硒还原成硒化氢(SeH_4),由载气(氩气)带入原子化器中进行原子化,在硒特制空心阴极灯照射下,基态硒原子被激发至高能态,在去活化回到基态时,发射出特征波长的荧光,在一定浓度范围内其荧光强度与硒含量成正比。与标准系列比较定量。

7.1.3 试剂

7.1.3.1 硝酸+高氯酸混合酸(1+1):将硝酸(ρ_{20}=1.42 g/mL,优级纯)与高氯酸(ρ_{20}=1.68 g/mL,优级纯)等体积混合。

7.1.3.2 盐酸(ρ_{20}=1.19 g/mL),优级纯。

7.1.3.3 盐酸溶液(5+95):取25 mL盐酸(7.1.3.2),用纯水稀释至500 mL。

7.1.3.4 盐酸溶液(1+1)。

7.1.3.5 氢氧化钠溶液(2 g/L):称取1 g氢氧化钠溶于纯水中,稀释至500 mL。

7.1.3.6 硼氢化钠溶液($NaBH_4$)溶液(20 g/L):称取硼氢化钠10.0 g溶于氢氧化钠溶液(7.1.3.5)500 mL,混匀。

7.1.3.7 铁氰化钾(100 g/L):称取10.0 g铁氰化钾,溶于100 mL蒸馏水中,混匀。

7.1.3.8 硒标准储备溶液[ρ(Se)=100.0 μg/mL]:精确称取100.0 mg硒(光谱纯),溶于少量硝酸中,加2 mL高氯酸(ρ_{20}=1.68 g/mL,优级纯),置沸水浴中加热3 h~4 h冷却后再加8.4 mL盐酸,再置沸水浴中煮2 min,用纯水定容至1 000 mL。

7.1.3.9 硒标准中间溶液[ρ(Se)=1.0 μg/mL]:取5.0 mL硒标准储备溶液(7.1.3.8)于500 mL容量瓶中,用纯水定容至刻度。

7.1.3.10 硒标准使用液[ρ(Se)=0.10 μg/mL]:取10.0 mL硒标准中间溶液(7.1.3.9)于100 mL容量瓶中,用纯水定容至刻度。

7.1.4 仪器

7.1.4.1 原子荧光光度计。

7.1.4.2 硒空心阴极灯。

7.1.5 分析步骤

7.1.5.1 样品预处理

取25 mL水样加入2.5 mL硝酸-高氯酸混合酸(7.1.3.1),在电热板上加热消解。当溶液冒有白烟时,取下冷却,再加入2.5 mL盐酸溶液(7.1.3.4),继续加热至溶液冒有白烟时,以完全将六价硒还原成四价硒。取下冷却,用纯水转移至比色管中,用纯水定容至10 mL。同时做空白试验。

7.1.5.2 标准曲线的配制

分别吸取硒标准使用液(7.1.3.10)0 mL,0.10 mL,0.50 mL,1.00 mL,3.00 mL,5.00 mL于比色管中,用纯水定容至10 mL,使硒的浓度分别为0.0 μg/L,1.0 μg/L,5.0 μg/L,10.0 μg/L,30.0 μg/L,50.0 μg/L。

7.1.5.3　在样品溶液和标准曲线溶液中分别加入 1 mL 盐酸(7.1.3.2),1 mL 铁氰化钾(7.1.3.7),混匀。

7.1.5.4　测定条件

负高压:340 V;灯电流:70 mA;炉高:8 mm;载气流量:500 mL/min;屏蔽气流量:1 000 mL/min;测量方式:标准曲线法;读数方式:峰面积;延迟时间:1 s;读数时间:12 s;进样体积:0.5 mL;载流:盐酸溶液(7.1.3.4)。

7.1.5.5　测定

开机,设定仪器最佳条件,点燃原子化器炉丝,稳定 30 min 后开始测定,绘制标准曲线、计算回归方程($Y=aX+b$)。

以所测样品的荧光强度,从标准曲线或回归方程中查得样品消化溶液中硒元素的质量浓度(μg/L)。

7.1.6　计算

样品中硒的质量浓度计算见式(21):

$$\rho(\mathrm{Se})=\frac{\rho\times 10}{25\times 1\,000} \qquad \cdots\cdots(21)$$

式中:

$\rho(\mathrm{Se})$——样品中硒的质量浓度,单位为毫克每升(mg/L);

ρ——样品消化液测定浓度,单位为微克每升(μg/L)。

7.1.7　精密度和准确度

3 个实验室测定含硒 5.0 μg/L～80.0 μg/L 的水样,测定 8 次,其相对标准偏差 RSD 均小于 5.0%,在水样中加入 10.0 μg/L～80.0 μg/L 的硒标准溶液,回收率为 85.0%～116%。

7.2　二氨基萘荧光法

7.2.1　范围

本标准规定了用二氨基萘荧光法测定生活饮用水及其水源水中的总硒。

本法适用于生活饮用水及其水源水中的总硒测定。

本法最低检测质量为 0.005 μg,若取 20 mL 水样测定,则最低检测质量浓度为 0.25 μg/L。

20 mL 水样中分别存在下列含量的元素不干扰测定:砷,30 μg;铍,27 μg;镉,5 μg;钴,30 μg;铬,30 μg;铜,35 μg;汞,1.0 μg;铁,100 μg;铅,50 μg;锰,40 μg;镍,20 μg;钒,100 μg 和锌,50 μg。

7.2.2　原理

2,3-二氨基萘在 pH1.5～2.0 溶液中,选择性地与四价硒离子反应生成苯并(a)硒二唑化合物绿色荧光物质,由环己烷萃取,产生的荧光强度与四价硒含量成正比。水样需先经硝酸-高氯酸混合酸消化将四价以下的无机和有机硒氧化为四价硒,再经盐酸消化将六价硒还原为四价硒,然后测定总硒含量。

7.2.3　试剂

7.2.3.1　高氯酸(ρ_{20}=1.67 g/mL)。

7.2.3.2　盐酸(ρ_{20}=1.19 g/mL)。

7.2.3.3　盐酸溶液[$c(\mathrm{HCl})$=0.1 mol/L]:取 8.4 mL 盐酸(7.2.3.2),用纯水稀释为 1 000 mL。

7.2.3.4　硝酸(ρ_{20}=1.42 g/mL):优级纯。

7.2.3.5　硝酸+高氯酸(1+1)。

7.2.3.6　盐酸溶液(1+4)。

7.2.3.7　氨水(1+1)。

7.2.3.8　乙二胺四乙酸二钠溶液(50 g/L):称取 5 g 乙二胺四乙酸二钠($C_{10}H_{14}N_2O_8Na_2\cdot 2H_2O$)于少量纯水中,加热溶解,放冷后稀释至 100 mL。

7.2.3.9　盐酸羟胺溶液(100 g/L)。

7.2.3.10　精密 pH 试纸:pH0.5～5.0。

7.2.3.11 甲酚红溶液(0.2 g/L):称取 20 mg 甲酚红($C_{21}H_{18}O_5S$),溶于少量纯水中,加 1 滴氨水(7.2.3.7)使完全溶解,加纯水稀释至 100 mL。

7.2.3.12 混合试剂:取 50 mL 乙二胺四乙酸二钠溶液(7.2.3.8),50 mL 盐酸羟胺溶液(7.2.3.9)及 2.5 mL 甲酚红溶液(7.2.3.11),加纯水稀释至 500 mL,混匀,临用前配制。

7.2.3.13 环己烷:不得含有荧光杂质,必要时需重蒸。用过的环己烷重蒸后可再用。

7.2.3.14 2,3-二氨基萘溶液(1 g/L,此溶液需在暗室中配制):称取 100 mg 2,3-二氨基萘[$C_{10}H_6(NH_2)_2$,简称 DAN]于 250 mL 磨口锥形瓶中,加入 100 mL 盐酸溶液(7.2.3.3),振摇至全部溶解(约 15 min)后,加入 20 mL 环己烷继续振摇 5 min,移入底部塞有玻璃棉(或脱脂棉)的分液漏斗中,静置分层后将水相放回原锥形瓶内,再用环己烷萃取多次(次数视 DAN 试剂中荧光杂质多少而定,一般需5 次～6 次),直到环己烷相荧光最低为止。将此纯化的水溶液储于棕色瓶中,加一层约 1 cm 厚的环己烷以隔绝空气,置冰箱内保存。用前再用环己烷萃取一次。经常使用以每月配制一次为宜,不经常使用可保存 1 年。

7.2.3.15 硒标准储备溶液[$\rho(Se)=100\ \mu g/mL$]:见 7.1.3.8。

7.2.3.16 硒标准使用液[$\rho(Se)=0.05\ \mu g/mL$]:将硒标准储备溶液(7.2.3.15)用盐酸溶液(7.2.3.3)稀释,储于冰箱内备用。

7.2.4 **仪器**

本标准首次使用的玻璃器皿,均须以硝酸(1+1)浸泡 4h 以上,并用自来水,纯水淋洗洁净;本标准用过的玻璃器皿,以自来水淋洗后,于洗涤剂溶液(5 g/L)中浸泡 2 h 以上,并用自来水、纯水洗净。

7.2.4.1 磨口锥形瓶:100 mL。

7.2.4.2 分液漏斗(活塞勿涂油):25 mL 及 250 mL。

7.2.4.3 具塞比色管:5 mL。

7.2.4.4 电热板。

7.2.4.5 水浴锅。

7.2.4.6 荧光分光光度计或荧光光度计。

7.2.5 **分析步骤**

7.2.5.1 消化

7.2.5.1.1 吸取 5.00 mL～20.00 mL 水样及硒标准使用溶液(7.2.3.16)0 mL,0.10 mL,0.30 mL,0.50 mL,0.70 mL,1.00 mL,1.50 mL 和 2.00 mL 分别于 100 mL 磨口锥形瓶中,各加纯水至与水样相同体积。

7.2.5.1.2 沿瓶壁加入 2.5 mL 硝酸+高氯酸(7.2.3.5),将瓶(勿盖塞)置于电热板上加热至瓶内产生浓白烟,溶液由无色变成浅黄色(瓶内溶液太少时,颜色变化不明显,以观察浓白烟为准)为止,立即取下。

注:由于消化不完全,具荧光杂质未被完全分解而产生干扰,使测定结果偏高。消化完全后还继续加热将会造成硒的损失。

7.2.5.1.3 稍冷后加入 2.5 mL 盐酸溶液(7.2.3.6),继续加热至呈浅黄色,立即取下。

7.2.5.2 消化完毕的溶液放冷后,各瓶均加入 10 mL 混合试剂(7.2.3.12),摇匀,溶液应呈桃红色,用氨水(7.2.3.7)调节至浅橙色,若氨水加过量,溶液呈黄色或桃红(微带蓝)色,需用盐酸溶液(7.2.3.6)再调回至浅橙色,此时溶液 pH 值为 1.5～2.0。必要时需用 pH0.5～5.0 精密试纸(7.2.3.10)检验,然后冷却。

注:四价硒与 2,3-二氨基萘必须在酸性溶液中反应,pH 值以 1.5～2.0 为最佳,过低时溶液易乳化,太高时测定结果偏高。甲酚红指示剂有 pH2～3 及 7.2～8.8 两个变色范围,前者是由桃红色变为黄色,后者是由黄色变成桃红(微带蓝)色。本标准是采用前一个变色范围,将溶液调节至浅橙色 pH 值为 1.5～2.0 最适宜。

7.2.5.3 本步骤需在暗室内黄色灯下操作。向上述各瓶内加入 2 mL 2,3-二氨基萘溶液(7.2.3.14),

摇匀,置沸水浴中加热 5 min(自放入沸水浴中算起),取出,冷却。

7.2.5.4 向各瓶加入 4.0 mL 环已烷(7.2.3.13),加盖密塞,振摇 2 min。全部溶液移入分液漏斗(勿涂油)中,待分层后,弃去水相,将环已烷相由分液漏斗上口(先用滤纸擦干净)倾入具塞试管内,密塞待测。

7.2.5.5 荧光测定:可选用下列仪器之一测定荧光强度。

7.2.5.5.1 荧光分光光度计:激发光波长 376 nm,发射光波长为 520 nm。

7.2.5.5.2 荧光光度计:不同型号的仪器具备的滤光片不同,应选择适当滤光片。可用激发光滤片为 330 nm,荧光滤片为 510 nm(截止型)和 530 nm (带通型)组合滤片。

7.2.5.6 绘制工作曲线,从曲线上查出水样管中硒的质量。

7.2.6 计算

水样中硒的质量浓度计算见式(22):

$$\rho(\mathrm{Se}) = \frac{m}{V} \qquad \cdots\cdots(22)$$

式中:

$\rho(\mathrm{Se})$——水样中硒的质量浓度,单位为毫克每升(mg/L);

m——从工作曲线上查得的水样管中硒质量,单位为微克(μg);

V——水样体积,单位为毫升(mL)。

7.2.7 精密度和准确度

单个实验室测定含 0.25 μg/L～10.0 μg/L 硒标准溶液,重复 6 次以上,相对标准偏差为 2.1%～24%。测定 19 个不同硒浓度及类型的水样,每个样品重复 7 次以上,硒含量低于 0.3 μg/L 时相对标准偏差大于 20%;硒含量大于 1 μg/L 时,相对标准偏差均小于 10%。测定 36 个不同类型的水样,硒浓度为小于 0.25 μg/L～42 μg/L,加入标准 0.25 μg/L～10.0 μg/L,硒的平均回收率为 91%～105%。

7.3 氢化原子吸收分光光度法

7.3.1 范围

本标准规定了用氢化原子吸收分光光度法测定生活饮用水及其水源水中的总硒。

本法适用于生活饮用水及其水源水中总硒的测定。

本法最低检测质量为 0.01 μg,若取 50 mL 水样处理后测定,则最低检测质量浓度为 0.2 μg/L。

水中常见金属及非金属离子均不干扰测定。

7.3.2 原理

水样中二价硒和六价硒分别氧化和还原成四价硒,经硼氢化钾硒化氢,用氢化原子吸收分光光度法测定。

如果只需测四价和六价硒,水样可不经消化处理;又如只需测四价硒,水样可不经过消化和还原步骤。只需将水样调节到测定范围内直接测定。

7.3.3 试剂

7.3.3.1 硝酸(ρ_{20}=1.42 g/mL)。

7.3.3.2 盐酸(ρ_{20}=1.19 g/mL)。

7.3.3.3 盐酸溶液(1+2)。

7.3.3.4 盐酸溶液(1+1)。

7.3.3.5 氢氧化钠溶液(10 g/L):称取 1 g 氢氧化钠,用纯水溶解,并稀释为 100 mL。

7.3.3.6 硼氢化钾溶液(10 g/L):称取 1 g 硼氢化钾(KBH_4)用氢氧化钠溶液(7.3.3.5)溶解并稀释为 100 mL。如溶液不透明,需过滤。冰箱内保存,可稳定 1 W,否则应临用时配制。

7.3.3.7 铁氰化钾溶液(100 g/L):称取 10 g 铁氰化钾[$K_3Fe(CN)_6$],用纯水溶解,并稀释为 100 mL。

7.3.3.8 硝酸+高氯酸(1+1):见 7.2.3.5。

7.3.3.9 硒标准储备溶液[$\rho(Se)=100\ \mu g/mL$]:见 7.1.3.8。

7.3.3.10 硒标准中间溶液[$\rho(Se)=10\ \mu g/mL$]:吸取 10.00 mL 硒标准储备溶液(7.3.3.9),在容量瓶内,用盐酸溶液(7.3.3.3)稀释为 100 mL。

7.3.3.11 硒标准使用溶液[$\rho(Se)=0.1\ \mu g/mL$]:取适量硒标准中间溶液(7.3.3.10),用纯水稀释成 $\rho(Se)=0.1\ \mu g/mL$。临用前配制。

7.3.3.12 高纯氮。

7.3.4 仪器

7.3.4.1 原子吸收分光光度计。

7.3.4.2 硒空心阴极灯。

7.3.4.3 氢化物发生器和电热石英管或火焰石英管原子化器。

7.3.4.4 具塞比色管:10 mL。

7.3.5 分析步骤

7.3.5.1 样品预处理

7.3.5.1.1 吸取 50 mL 水样于 100 mL 锥形瓶中,加 2.0 mL 硝酸+高氯酸(7.3.3.8),在电热板上蒸发至冒高氯酸白烟,取下放冷。加 4.0 mL 盐酸溶液(7.3.3.4),在沸水浴中加热 10 min,取出放冷。转移至预先加有 1.0 mL 铁氰化钾溶液(7.3.3.7)的 10 mL 具塞比色管中,加纯水至 10 mL,混匀后测总硒。

7.3.5.1.2 吸取 50.0 mL 水样于 100 mL 锥形瓶中,加 2.0 mL 盐酸(7.3.3.2),于电热板上蒸发至溶液体积小于 5 mL,取下放冷。转移至预先加有 1.0 mL 铁氰化钾溶液(7.3.3.7)的 10 mL 具塞比色管中,加纯水至 10 mL,混匀后测四价和六价硒。

7.3.5.2 制备标准系列:分别将 0 mL,0.10 mL,0.20 mL,0.40 mL,0.80 mL,1.00 mL,1.20 mL 和 1.50 mL 硒标准使用溶液(7.3.3.11)置于 10 mL 具塞比色管中,加 4.0 mL 盐酸溶液(7.3.3.4)及 1.0 mL 铁氰化钾溶液(7.3.3.7),加纯水至 10 mL。混匀后供测定。

7.3.5.3 测定

7.3.5.3.1 仪器参数见表 7。

表 7 测定硒的仪器参数

元素	波长/nm	灯电流/mA	氮气流量/(L/min)	原子化温度/℃
Se	196	8	1.2	800

7.3.5.3.2 分别取 5.0 mL 标准系列和样品溶液(7.3.5.1~7.3.5.2)于氢化物发生器中,加 3.0 mL 硼氢化钾溶液(7.3.3.6),测量吸光度。

7.3.5.4 绘制标准曲线,从曲线上查出样品管中硒的质量。

7.3.6 计算

水样中硒的质量浓度计算见式(23):

$$\rho(Se)=\frac{m}{V} \qquad \cdots\cdots(23)$$

式中:

$\rho(Se)$——水样中硒的质量浓度,单位为毫克每升(mg/L);

m——从标准曲线上查得硒的质量,单位为微克(μg);

V——水样体积,单位为毫升(mL)。

7.3.7 精密度和准确度

4 个实验室测定含硒 0.51 μg/L~6.15 μg/L 的水样,其相对标准偏差为 2.4%~4.7%;加标回收试验,在 2.0 μg/L~10.0 μg/L 范围,回收率大于 90.0%。

7.4 催化示波极谱法

7.4.1 范围

本标准规定了用催化示波极谱法测定饮用水及其水源水中的总硒。

本法适用于饮用水及其水源水中总硒的测定。

本法最低检测质量为 0.004 μg,若取 10 mL 水样测定,则最低检测质量浓度为 0.4 μg/L。

水中常见离子及 1 000 mg/L 钙,10 mg/L 铁、锰和锌,1 mg/L 砷不干扰测定;5 mg/L 银、3 mg/L 铜、0.1 mg/L 碲出现负干扰,但饮用水及其水源水中银、铜、碲含量甚微,可以不考虑。

7.4.2 原理

在高氯酸介质中,四价硒与亚硫酸钠形成硒的络盐,用 EDTA 作掩蔽剂,在氨-氯化铵-碘酸钾催化体系中,在峰电位为-0.85 V(对饱和甘汞电极)产生灵敏的催化波,根据峰高计算出硒含量。

水样以高氯酸消化,可将四价以下的无机和有机硒氧化成 Se^{4+},用盐酸将 Se^{6+} 还原成 Se^{4+},测出结果为总硒含量。

7.4.3 试剂

配制试剂或稀释溶液等所用的纯水均为去离子蒸馏水,试剂均为优级纯。

7.4.3.1 盐酸(ρ_{20}=1.19 g/mL)。

7.4.3.2 高氯酸(ρ_{20}=1.68 g/mL)。

7.4.3.3 硝酸(ρ_{20}=1.42 g/mL)。

7.4.3.4 氨水(ρ_{20}=0.88 g/mL)。

7.4.3.5 盐酸溶液[c(HCl)=0.1 mol/L]:取 8.3 mL 盐酸(7.4.3.1),加纯水稀释至 1 000 mL。

7.4.3.6 高氯酸溶液(1+1):取 50 mL 高氯酸(7.4.3.2),加入 50 mL 纯水中,混匀。

7.4.3.7 亚硫酸钠溶液(100 g/L):称取 10 g 亚硫酸钠(Na_2SO_3),用纯水溶解后稀释至 100 mL。

7.4.3.8 碘酸钾溶液(30 g/L):称取 3 g 碘酸钾(KIO_3),加入 50 mL 纯水及 20 mL 氨水(7.4.3.4),溶解后用纯水稀释至 100 mL。

7.4.3.9 混合试剂:取 30 mL 氨水(7.4.3.4)加入 100 mL 纯水中,再加入 12.5 g 氯化铵及 1.0 g Na_2EDTA,溶解后用纯水稀释至 250 mL。

7.4.3.10 硒标准储备溶液:见 7.1.3.8。

7.4.3.11 硒标准使用溶液:临用时将硒标准储备溶液(7.4.3.10)用盐酸溶液(7.4.3.5)稀释成 ρ(Se)=0.04 μg/mL。

7.4.4 仪器

7.4.4.1 示波极谱仪。

7.4.4.2 电热板:可控制温度在 300℃以下。

7.4.4.3 具塞比色管:25 mL。

7.4.5 分析步骤

7.4.5.1 吸取 10.0 mL 水样于 50 mL 锥形瓶中,加 0.50 mL 高氯酸溶液(7.4.3.6),于电热板上加热至近干(约剩余 0.5 mL)时取下,趁热加 2 滴盐酸(7.4.3.1),混匀。冷至室温后转入 25 mL 具塞比色管中,补加纯水至 10 mL。

7.4.5.2 取 8 支 25 mL 比色管,分别加入硒标准使用溶液(7.4.3.11)0 mL,0.10 mL,0.50 mL,1.00 mL,1.50 mL,2.00 mL,3.00 mL 和 4.00 mL,补加纯水至 10 mL。

7.4.5.3 向样品及标准管中各加 2.0 mL 亚硫酸钠溶液(7.4.3.7),混匀,放置 20 min;各加 1.0 mL 混合试剂(7.4.3.9),3.0 mL 碘酸钾溶液(7.4.3.8),补加纯水至 25 mL 刻度,混匀。放置 30 min 后至 10 h 内进行测定。

7.4.5.4 于示波极谱仪上,用三电极系统,阴极化,原点电位为-0.60 V,导数扫描,在-0.85 V 处读取水样及标准系列的峰高。

7.4.5.5 以硒含量为横坐标，峰高为纵坐标，绘制标准曲线，从曲线上查出水样中硒的质量。

7.4.6 **计算**

水样中硒的质量浓度计算见式(24)：

$$\rho(Se)=\frac{m}{V} \qquad \cdots\cdots(24)$$

式中：

$\rho(Se)$——水样中硒的质量浓度，单位为毫克每升(mg/L)；

m——扣除试验空白后在标准曲线上查得硒的质量，单位为微克(μg)；

V——水样体积，单位为毫升(mL)。

7.4.7 **精密度和准确度**

4个实验室对含硒2 μg/L及8 μg/L的水样，测定的相对标准偏差为8.7%～2.1%，加入硒标准为0.8 μg/L及6 μg/L，回收率分别为85%～115%及95%～110%。

7.5 **二氨基联苯胺分光光度法**

7.5.1 **范围**

本标准规定了用二氨基联苯胺分光光度法测定生活饮用水及其水源水中的总硒。

本法适用于饮用水及其水源水中总硒的测定。

本法最低检测质量为1 μg硒，若取200 mL水样测定，则最低检测质量浓度为5 μg/L。

7.5.2 **原理**

在酸性条件下，3,3'-二氨基联苯胺与硒作用生成黄色化合物，pH在7左右时能被甲苯萃取，比色定量。水样需经混合酸液消化后，将四价以下的无机和有机硒氧化至四价硒，再经盐酸消化将六价硒还原至四价硒，然后测定总硒含量。

7.5.3 **试剂**

7.5.3.1 精密pH试纸：pH0.5～5.0及pH5.4～7.0。

7.5.3.2 硝酸+高氯酸(1+1)：见7.1.3.1。

7.5.3.3 盐酸溶液(1+4)。

7.5.3.4 乙二胺四乙酸二钠溶液(50 g/L)：见7.2.3.8。

7.5.3.5 盐酸羟胺溶液(100 g/L)。

7.5.3.6 甲酚红溶液(0.2 g/L)：见7.2.3.11。

7.5.3.7 混合试剂：见7.2.3.12。

7.5.3.8 氢氧化钠溶液(100 g/L)。

7.5.3.9 3,3'-二氨基联苯胺盐酸溶液(5 g/L)：称取0.5 g 3,3'-二氨基联苯胺盐酸盐[$(NH_2)_2C_6H_3C_6H_3(NH_2)_2 \cdot 4HCl \cdot 2H_2O$]，溶于纯水中，并稀释至100 mL。临用前配制。

7.5.3.10 甲苯。

7.5.3.11 硒标准储备溶液：见7.1.3.8。

7.5.3.12 硒标准使用溶液：将硒标准储备溶液(7.5.3.11)用盐酸溶液(7.2.3.3)稀释成$\rho(Se)$=1 μg/mL。储于冰箱内备用。

7.5.4 **仪器**

7.5.4.1 具塞锥形瓶：250 mL。

7.5.4.2 分液漏斗：50 mL。

7.5.4.3 具塞比色管：10 mL。

7.5.4.4 电热板。

7.5.4.5 振荡器。

7.5.4.6 分光光度计。

7.5.5 分析步骤

7.5.5.1 量取 200 mL 水样与 0 mL,1.00 mL,2.00 mL,3.00 mL,4.00 mL,6.00 mL,8.00 mL 和 10.00 mL 硒标准使用溶液(7.5.3.12)分别于 250 mL 具塞锥形瓶中,各加纯水至 200 mL,加数滴氢氧化钠溶液(7.5.3.8)至 pH7,加热浓缩至约 10 mL(**注意:不可蒸干!** 以防止硒损失),取下放冷。

7.5.5.2 消化:沿瓶壁加入 5 mL 硝酸-高氯酸(7.5.3.2),将瓶(勿盖塞)于电热板上加热,以下按 7.2.5.1.2 及 7.2.5.1.3 步骤操作至消化终点,立即取下。

7.5.5.3 放冷后沿瓶壁加入 20 mL 混合试剂(7.5.3.7)溶液应呈桃红色。用氢氧化钠(7.5.3.8)调 pH 至 2～3,溶液呈淡橙色,必要时需用 pH 0.5～5.0 精密试纸(7.5.3.1)检验,加入 3.5 mL 3,3′-二氨基联苯胺溶液(7.5.3.9),摇匀,在暗处放置 30 min。

7.5.5.4 用氢氧化钠溶液(7.5.3.8)调节 pH 至 6.5～7(溶液颜色由黄刚变成淡黄橙色)。必要时需用 pH 5.4～7.0 的精密 pH 试纸(7.5.3.1)检查。

7.5.5.5 加入 10.0 mL 甲苯(7.5.3.10),振摇 2 min,静置 5 min。待溶液分层,将甲苯相放入 10 mL 比色管中,于 430 nm 波长,3 cm 比色皿,以甲苯作参比。测定吸光度。

注:用甲苯萃取时,溶液的 pH 值应控制在 6.5～7,pH 大于 7 会使测定结果偏高。萃取时若产生乳化现象,放出水相后加入少许无水硫酸钠于分液漏斗中,振摇后静置,从分液漏斗上口倾出甲苯相。

7.5.5.6 以吸光度为纵坐标,硒含量为横坐标,绘制工作曲线,从曲线上查出样品中硒的质量。

7.5.6 计算

水样中硒的质量浓度计算见式(25):

$$\rho(\mathrm{Se}) = \frac{m}{V} \qquad \cdots\cdots\cdots\cdots (25)$$

式中:

$\rho(\mathrm{Se})$——水样中硒的质量浓度,单位为毫克每升(mg/L);

m——从工作曲线上查得的硒质量,单位为微克(μg);

V——水样体积,单位为毫升(mL)。

7.5.7 精密度和准确度

测定含 5 μg/L、25 μg/L、45 μg/L 硒的标准溶液,重复测定 6 次,相对标准偏差分别为 31%、16%、5.5%;测定自来水、井水、矿泉水、污水及某些工业废水等水样,每个水样重复测定 3 次～6 次,含硒量为未检出至 21 μg/L,相对标准偏差(随含量增加而减小)为 14%～44%。各种水样本底硒含量为未检出至 0.70 μg 硒,加入 2 μg～5 μg 硒,回收率为 100%～108%。

7.6 电感耦合等离子体发射光谱法

见 1.4。

7.7 电感耦合等离子体质谱法

见 1.5。

8 汞

8.1 原子荧光法

8.1.1 范围

本标准规定了用原子荧光法测定生活饮用水及清洁水源水中的汞。

本法适用于生活饮用水及清洁水源水中汞的测定。

本法最低检测质量为 0.05 ng,若取 0.50 mL 水样测定,则最低检测质量浓度为 0.1 μg/L。

8.1.2 原理

在一定酸度下,溴酸钾与溴化钾反应生成溴,可将试样消解使所含汞全部转化为二价无机汞,用盐酸羟胺还原过剩的氧化剂,用硼氢化钠将二价汞还原成原子态汞,由载气(氩气)将其带入原子化器，在特制汞空心阴极灯的照射下，基态汞原子被激发至高能态，在去活化回到基态时，发射出特征波长的荧光。在一定的浓度范围内，荧光强度与汞的含量成正比，与标准系列比较定量。

8.1.3 试剂

8.1.3.1 氢氧化钠溶液(2 g/L)：称取 1 g 氢氧化钠溶于纯水中，稀释至 500 mL。

8.1.3.2 硼氢化钠溶液(20 g/L)：称取 10.0 g 硼氢化钠($NaBH_4$)溶于 500 mL 氢氧化钠溶液(8.1.3.1)中，混匀。

8.1.3.3 盐酸(ρ_{20}=1.19 g/mL)，优级纯。

8.1.3.4 盐酸溶液(5+95)：取 25 mL 盐酸(8.1.3.3)，用纯水稀释至 500 mL。

8.1.3.5 溴酸钾-溴化钾溶液：称取 2.784 g 无水溴酸钾($KBrO_3$)及 10 g 溴化钾(KBr)，用纯水溶解稀释至 1 000 mL。

8.1.3.6 盐酸羟胺溶液(100 g/L)：称取 10 g 盐酸羟胺，用纯水溶解并稀释至 100 mL。

8.1.3.7 硝酸溶液(1+19)：取 50 mL 硝酸(ρ_{20}=1.42 g/mL)，用纯水稀释至 1 000 mL，混匀。

8.1.3.8 重铬酸钾硝酸溶液(0.5 g/L)：称取 0.5 g 重铬酸钾($K_2Cr_2O_7$)，用硝酸溶液(8.1.3.7)溶解，并稀释为 1 000 mL。

8.1.3.9 汞标准储备溶液[ρ(Hg)=100.0 μg/mL]：称取 0.135 4 g 经硅胶干燥器放置 24 h 的氯化汞($HgCl_2$)，溶于重铬酸钾硝酸溶液(8.1.3.8)，并将此溶液定容至 1 000 mL。

8.1.3.10 汞标准中间溶液[ρ(Hg)=0.10 μg/mL]：吸取汞标准储备溶液(8.1.3.9) 10.00 mL 于 1 000 mL 容量瓶中，用重铬酸钾硝酸溶液(8.1.3.8)稀释定容至 1 000 mL。再吸取此溶液 10.00 mL 于 100 mL 容量瓶中，用重铬酸钾硝酸溶液(8.1.3.8)定容至 100 mL。

8.1.3.11 汞标准使用溶液[ρ(Hg)=0.010 μg/mL]：临用前，吸取汞标准中间溶液(8.1.3.10) 10.00 mL于 100 mL 容量瓶中，用重铬酸钾硝酸溶液(8.1.3.8)定容至 100 mL。

8.1.4 仪器

8.1.4.1 原子荧光光度计。

8.1.4.2 汞特种空心阴极灯。

8.1.5 分析步骤

8.1.5.1 取 10 mL 水样于比色管中。

8.1.5.2 标准系列的配制：分别吸取汞标准使用溶液(8.1.3.11)0 mL，0.10 mL，0.20 mL，0.40 mL，0.60 mL，0.80 mL，1.00 mL 于比色管中，用纯水定容至 10 mL，使汞的浓度分别为 0 μg/L，0.10 μg/L，0.20 μg/L，0.40 μg/L，0.60 μg/L，0.80 μg/L，1.00 μg/L。

8.1.5.3 分别向水样、空白及标准溶液管中加入 1 mL 盐酸(8.1.3.3)，加入 0.5 mL 溴酸钾-溴化钾溶液(8.1.3.5)，摇匀放置 20 min 后，加入 1 滴～2 滴盐酸羟胺溶液(8.1.3.6)使黄色褪尽，混匀。

8.1.5.4 仪器条件(参考)

汞灯电流：30 mA；负高压：260 V；原子化器高度：8.5 mm；载气流量：500 mL/min；

屏蔽气流量：1 000 mL/min；进样体积：0.5 mL；载流：盐酸溶液(8.1.3.4)。

8.1.5.5 测定

开机，设定仪器最佳条件，稳定 30 min 后开始测定，连续使用标准系列空白进样，待读数稳定后，转入标准系列测定，绘制标准曲线。随后依次测定未知样品溶液。绘制标准曲线、计算回归方程($Y=aX+b$)。

8.1.5.6 计算

以所测样品的荧光强度，从标准曲线或回归方程中查得样品溶液中汞浓度(μg/L)。

8.1.6 精密度和准确度

4 个实验室测定含一定浓度汞的水样，测定 8 次，其相对标准偏差均小于 6.8%，在水样中加入 0.1 μg/L～1.0 μg/L的汞标准溶液，其回收率为 86.7%～120%之间。

8.2 冷原子吸收法

8.2.1 范围

本标准规定了用冷原子吸收法测定生活饮用水及其水源水中的总汞。

本法适用于生活饮用水及其水源水中的总汞的测定。

本法最低检测质量为 0.01 μg,若取 50 mL 水样处理后测定,则最低检测质量浓度为 0.2 μg/L。

8.2.2 原理

汞蒸气对波长 253.7 nm 的紫外光具有最大吸收,在一定的汞浓度范围内,吸收值与汞蒸气的浓度成正比。水样经消解后加入氯化亚锡将化合态的的汞转为元素态汞,用载气带入原子吸收仪的光路中,测定吸光度。

8.2.3 试剂

所有试剂均要求无汞。配制试剂和稀释样品用的纯水为去离子蒸馏水。

8.2.3.1 硝酸溶液(1+19):取 50 mL 硝酸(ρ_{20}=1.42 g/mL),加至 950 mL 纯水中,混匀。

8.2.3.2 重铬酸钾硝酸溶液(0.5 g/L):称取 0.5 g 重铬酸钾($K_2Cr_2O_7$),用硝酸溶液(8.2.3.1)溶解,并稀释为 1 000 mL。

8.2.3.3 硫酸(ρ_{20}=1.84 g/mL)。

8.2.3.4 高锰酸钾溶液(50 g/L):称取 5 g 高锰酸钾($KMnO_4$),溶于纯水中,并稀释至 100 mL。放置过夜,取上清液使用。

注:高锰酸钾中含有微量汞时很难除去,选用时要注意。

8.2.3.5 盐酸羟胺溶液(100 g/L):称取 10 g 盐酸羟胺($NH_2OH \cdot HCl$),溶于纯水中并稀释至 100 mL。如果试剂空白高,以 2.5 L/min 的流量通入氮气或净化过的空气 30 min。

8.2.3.6 氯化亚锡溶液(100 g/L):称取 10 g 氯化亚锡($SnCl_2 \cdot 2H_2O$),先溶于 10 mL 盐酸(ρ_{20}=1.19 g/mL)中,必要时可稍加热,然后用纯水稀释至 100 mL。如果试剂空白值高,以 2.5 L/min 的流量通入氮气或净化过的空气 30 min。

8.2.3.7 溴酸钾-溴化钾溶液:称取 2.784 g 溴酸钾($KBrO_3$)和 10 g 溴化钾(KBr),溶于纯水中并稀释至 1 000 mL。

8.2.3.8 汞标准储备溶液[ρ(Hg)=100 μg/mL]:见 8.1.3.9。

8.2.3.9 汞标准使用溶液[ρ(Hg)=0.05 μg/mL]:临用前吸取汞标准储备溶液(8.2.3.8)10.00 mL 于 100 mL 容量瓶中,用重铬酸钾硝酸溶液(8.2.3.2)定容至 100 mL。再吸取此溶液 5.00 mL,用重铬酸钾硝酸溶液(8.2.3.2)定容至 1 000 mL。

8.2.4 仪器

本标准使用的玻璃仪器,包括试剂瓶和采水样瓶,均须用硝酸溶液(1+1)浸泡过夜,再依次用自来水、纯水冲洗洁净。

8.2.4.1 锥形瓶:100 mL。

8.2.4.2 容量瓶:50 mL。

8.2.4.3 汞蒸气发生管。

8.2.4.4 冷原子吸收测汞仪。

8.2.5 分析步骤

8.2.5.1 预处理:受到污染的水样采用硫酸-高锰酸钾消化法,清洁水样可采用溴酸钾-溴化钾消化法。

8.2.5.1.1 硫酸-高锰酸钾消化法:

A 于 100 mL 锥形瓶中,加入 2 mL 高锰酸钾溶液(8.2.3.4)及 50.0 mL 水样。

B 另取 100 mL 锥形瓶 8 个,各加入 2 mL 高锰酸钾溶液(8.2.3.4),然后分别加入汞标准使用溶液(8.2.3.9)0 mL,0.20 mL,0.50 mL,1.00 mL,2.00 mL,3.00 mL,4.00 mL 和 5.00 mL,各加入纯水至约 50 mL。

C 向水样瓶及标准系列瓶中各滴加 2 mL 硫酸(8.2.3.3),混匀,置电炉上加热煮沸 5 min,取下放冷。

注:试验证明,水源水用硫酸和高锰酸钾作氧化剂,直接加热分解,有机汞(包括氯化甲基汞)和无机汞均有良好的回收。高锰酸钾用量应根据水样中还原性物质的含量多少而增减。当水源水的耗氧量(酸性高锰酸钾法测定结果)在 20 mg/L 以下时,每 50 mL 水样中加入 2 mL 高锰酸钾溶液(8.2.3.4)已足够。加热分解时须加入数粒玻璃珠,并在近沸时不时摇动锥形瓶,以防止受热不均匀而引起暴沸。

D 逐滴加入盐酸羟胺溶液(8.2.3.5)至高锰酸钾紫红色褪尽,放置 30 min。分别移入 100 mL 容量瓶中,加纯水至刻度。

注:盐酸羟胺还原高锰酸钾过程中产生氯气及氮氧化物,必须在振摇后静置 30 min 使它逸失,以防止干扰汞蒸气的测定。

8.2.5.1.2 溴酸钾-溴化钾消化法:

A 吸取 50.0 mL 水样于 100 mL 容量瓶中。

B 另取 100 mL 容量瓶 8 个,分别加入汞标准使用液(8.2.3.9)0 mL、0.20 mL、0.50 mL、1.00 mL、2.00 mL、3.00 mL、4.00 mL 和 5.00 mL,各加纯水至约 50 mL。

C 向水样及标准系列溶液中各加 2 mL 硫酸(8.2.3.3),摇匀,加入 4 mL 溴酸钾-溴化钾溶液(8.2.3.7),摇匀后放置 10 min。

D 滴加几滴盐酸羟胺溶液(8.2.3.5),至黄色褪尽为止(中止溴化作用)最后加纯水至 100 mL。

8.2.5.2 测定:按照仪器说明书调整好测汞仪。从样品及标准系列中逐个吸取 25.0 mL 溶液于汞蒸气发生管中,加入 2 mL 氯化亚锡溶液(8.2.3.6),迅速塞紧瓶塞,轻轻振摇数次,放置 30 s。用载气将汞蒸气导入吸收池,记录吸收值。

注:影响汞蒸气发生的因素较多,如载气流量、温度、酸度、反应容器、气液体积比等。因此每次均应同时测定标准系列。

8.2.5.3 用峰高对浓度作图,绘制工作曲线,从曲线上查出所测水样中汞的质量。

8.2.6 计算

水样中汞的质量浓度计算见式(26):

$$\rho(\mathrm{Hg}) = \frac{m}{V} \qquad \cdots\cdots(26)$$

式中:

$\rho(\mathrm{Hg})$——水样中汞的质量浓度,单位为毫克每升(mg/L);

m——从工作曲线上查得的水样中汞的质量,单位为微克(μg);

V——水样体积,单位为毫升(mL)。

8.2.7 精密度和准确度

有 26 个实验室用本标准测定含汞 5.1 μg/L 的合成水样。其他各金属浓度(μg/L)分别为:铜,26.5;镉,29;铁,150;锰,130;锌,39。测定汞的相对标准偏差为 5.8%,相对误差为 2.0%。

8.3 双硫腙分光光度法

8.3.1 范围

本标准规定了用双硫腙分光光度法测定生活饮用水及其水源水中的总汞。

本法适用于生活饮用水及其水源水中的总汞测定。

本法最低检测质量为 0.25 μg,若取 250 mL 水样测定,则最低检测质量浓度为 1 μg/L。

1 000 μg 铜、20 μg 银、10 μg 金、5 μg 铂对测定均无干扰。钯干扰测定,但它一般在水样中很少存在。

8.3.2 原理

汞离子与双硫腙在 0.5 mol/L 硫酸的酸性条件下能迅速定量螯合,生成能溶于三氯甲烷、四氯化碳等有机溶剂的橙色螯合物,于 485 nm 波长下比色定量。

于水样中加入高锰酸钾和硫酸并加热，可将水中有机汞和低价汞氧化成高价汞，且能消除有机物的干扰。

铜、银、金、铂、钯等金属离子在酸性溶液中同样可被双硫腙溶液萃取，但提高溶液酸度和碱性洗液浓度，并在碱性洗液中加入乙二胺四乙酸二钠，可消除一定量前四种金属离子的干扰，但不能消除钯的干扰。

8.3.3 试剂

本标准所用试剂均为无汞，配制试剂及稀释样品的纯水应用去离子蒸馏水或重蒸馏水。

8.3.3.1 硫酸（$\rho_{20}=1.84$ g/mL）。

8.3.3.2 双硫腙三氯甲烷储备溶液（1 g/L）：称取 0.10 g 双硫腙（$C_{13}H_{12}N_4S$，又名二苯基硫代卡巴腙），溶于三氯甲烷中，并稀释至 100 mL，储于棕色瓶中，置冰箱内保存。

如双硫腙不纯按 5.3.3.3 方法纯化。

8.3.3.3 双硫腙三氯甲烷溶液：临用前将双硫腙三氯甲烷储备溶液（8.3.3.2）用三氯甲烷稀释（约 50 倍）成吸光度为 0.40（波长 500 nm，1 cm 比色皿）。

8.3.3.4 盐酸羟胺溶液（100 g/L）：同 8.2.3.5。

8.3.3.5 高锰酸钾溶液（50 g/L）：同 8.2.3.4。

8.3.3.6 亚硫酸钠溶液（200 g/L）：称取 20 g 亚硫酸钠（$Na_2SO_3 \cdot 7H_2O$），溶于纯水中，并稀释至 100 mL。

8.3.3.7 碱性洗液：取 10 g 氢氧化钠（NaOH），溶于 500 mL 纯水中，加入 10 g 乙二胺四乙酸二钠（$C_{10}H_{14}N_2O_8Na_2 \cdot 2H_2O$），再加氨水（$\rho_{20}=0.88$ g/mL）至 1 000 mL。

8.3.3.8 汞标准储备溶液：见 8.1.3.9。

8.3.3.9 汞标准使用溶液［ρ(Hg)＝1 μg/mL］：将汞标准储备溶液（8.3.3.8）加硝酸（8.2.3.1）稀释。

8.3.4 仪器

本标准所用玻璃仪器，包括试剂瓶和采样瓶，均须用硝酸溶液（1＋1）浸泡过夜，再用纯水冲洗洁净。

8.3.4.1 具塞锥形瓶：500 mL。

8.3.4.2 分液漏斗：500 mL。

8.3.4.3 分液漏斗：125 mL。

8.3.4.4 分光光度计。

8.3.5 分析步骤

8.3.5.1 水样预处理

8.3.5.1.1 于 500 mL 具塞锥形瓶中放入 10 mL 高锰酸钾溶液（8.3.3.5），如水样中有机物过多，可增加 5 mL～10 mL，然后再加入 250 mL 水样。

8.3.5.1.2 另取同样锥形瓶 8 个，各先加入 10 mL 高锰酸钾溶液（8.3.3.5），然后分别加入汞标准使用溶液（8.3.3.9）0 mL，0.25 mL，0.50 mL，1.00 mL，2.00 mL，4.00 mL，6.00 mL 和 8.00 mL，各加纯水至 250 mL。

8.3.5.1.3 向水样及标准瓶中各加 20 mL 硫酸（8.3.3.1），置电炉上加热煮沸 5 min。

8.3.5.1.4 将溶液冷却至室温，滴加盐酸羟胺溶液（8.3.3.4）至高锰酸钾褪色，剧烈振荡，开塞放置 30 min。

注：盐酸羟胺还原高锰酸钾过程中产生大量氯气与氮氧化物，为防止萃取过程中氧化双硫腙，应开塞静置 30 min，使其逸散。

8.3.5.2 测定

8.3.5.2.1 将溶液倾入 500 mL 分液漏斗中，各加 1 mL 亚硫酸钠溶液（8.3.3.6）及 10.0 mL 双硫腙三氯甲烷溶液（8.3.3.3），剧烈振摇 1 min，静置分层。

8.3.5.2.2 将双硫腙三氯甲烷溶液放入另一套已盛有 20 mL 碱性洗液（8.3.3.7）的 125 mL 分液漏斗

中，剧烈振摇 30 s，静置分层。用少量脱脂棉塞入分液漏斗颈内，将三氯甲烷相放入干燥的 10 mL 比色管中。

8.3.5.2.3 于 485 nm 波长下，用 2 cm 比色皿，以三氯甲烷为参比，测量样品和标准系列溶液的吸光度。

8.3.5.2.4 绘制工作曲线，从曲线上查出样品管中汞的质量。

8.3.6 计算

水样中汞的质量浓度计算见式(27)：

$$\rho(Hg)=\frac{m}{V} \qquad \cdots\cdots(27)$$

式中：

$\rho(Hg)$——水样中汞的质量浓度，单位为毫克每升(mg/L)；

m——从工作曲线上查得的水样中汞的质量，单位为微克(μg)；

V——水样体积，单位为毫升(mL)。

8.3.7 精密度和准确度

有 12 个实验室用本标准测定含汞 5.1 μg/L 的合成水样，其他各金属浓度同 8.2.7。测定汞的相对标准偏差为 40%，相对误差为 14%。

8.4 电感耦合等离子体质谱法

见 1.5。

9 镉

9.1 无火焰原子吸收分光光度法

9.1.1 范围

本标准规定了无火焰原子吸收分光光度法测定生活饮用水及其水源水中的镉。

本法适用于生活饮用水及其水源水中镉的测定。

本法最低检测质量为 0.01 ng，若取 20 μL 水样测定，则最低检测质量浓度为 0.5 μg/L。

水中共存离子一般不产生干扰。

9.1.2 原理

样品经适当处理后，注入石墨炉原子化器，所含的金属离子在石墨管内经原子化高温蒸发解离为原子蒸气，待测元素的基态原子吸收来自同种元素空心阴极灯发出的共振线，其吸收强度在一定范围内与金属浓度成正比。

9.1.3 试剂

9.1.3.1 镉标准储备溶液[$\rho(Cd)=1$ mg/mL]：称取 0.500 0 g 镉(99.9%以上)，溶于 5 mL 硝酸溶液(1+1)中，并用纯水定容至 500 mL。

9.1.3.2 镉标准中间溶液[$\rho(Cd)=1$ μg/mL]：取镉标准储备溶液(9.1.3.1)5.00 mL 于 100 mL 容量瓶中，用硝酸溶液(1+99)稀释至刻度，摇匀，此溶液 $\rho(Cd)=50$ μg/mL。再取此溶液 2.00 mL 于 100 mL 容量瓶中，用硝酸溶液(1+99)定容。

9.1.3.3 镉标准使用溶液[$\rho(Cd)=100$ ng/mL]：取镉标准中间溶液(9.1.3.2)10.00 mL 于 100 mL 容量瓶中，用硝酸溶液(1+99)稀释至刻度，摇匀。

9.1.3.4 磷酸二氢铵溶液(120 g/L)：称取 12 g 磷酸二氢铵($NH_4H_2PO_4$，优级纯)，加水溶解并定容至 100 mL。

9.1.3.5 硝酸镁溶液(50 g/L)：称取 5 g 硝酸镁[$Mg(NO_3)_2$，优级纯]，加水溶解并定容至 100 mL。

9.1.4 仪器

9.1.4.1 石墨炉原子吸收分光光度计。

9.1.4.2 镉元素空心阴极灯。

9.1.4.3 氩气钢瓶。

9.1.4.4 微量加样器:20μL。

9.1.4.5 聚乙烯瓶:100 mL。

9.1.5 仪器参数

测定镉的仪器参数见表8。

表8 测定镉的仪器参数

元素	波长/nm	干燥温度/℃	干燥时间/s	灰化温度/℃	灰化时间/s	原子化温度/℃	原子化时间/s
Cd	228.8	120	30	900	30	1 800	5

9.1.6 分析步骤

9.1.6.1 吸取镉标准使用溶液(9.1.3.3)0 mL,0.50 mL,1.00 mL,3.00 mL,5.00 mL 和 7.00 mL 于6个100 mL容量瓶内,分别加入10 mL磷酸二氢铵溶液(9.1.3.4),1 mL 硝酸镁(9.1.3.5)用硝酸溶液(1+99)定容至刻度,摇匀,分别配制成 0 ng/mL,0.5 ng/mL,1 ng/mL,3 ng/mL,5 ng/mL 和 7 ng/mL 的标准系列。

9.1.6.2 吸取10 mL水样,加入1.0 mL磷酸二氢铵溶液(9.1.3.4),0.1 mL硝酸镁溶液(9.1.3.5),同时取10 mL硝酸溶液(1+99),加入等体积磷酸二氢铵溶液(9.1.3.4)和硝酸镁溶液(9.1.3.5)作为空白。

9.1.6.3 仪器参数设定后依次吸取20 μL试剂空白,标准系列和样品,注入石墨管,启动石墨炉控制程序和记录仪,记录吸收峰高或峰面积。

9.1.7 计算

从标准曲线查出镉浓度后,按式(28)计算:

$$\rho(\mathrm{Cd}) = \frac{\rho_1 \times V_1}{V} \qquad \cdots\cdots (28)$$

式中:

$\rho(\mathrm{Cd})$——水样中镉的质量浓度,单位为微克每升(μg/L);

ρ_1——从标准曲线上查得水样中镉的质量浓度,单位为微克每升(μg/L);

V_1——测定样品的体积,单位为毫升(mL);

V——原水样体积,单位为毫升(mL)。

9.2 火焰原子吸收分光光度法

9.2.1 直接法见4.2.1。

9.2.2 精密度和准确度

18个实验室用本标准测定含镉27 μg/L的合成水样,其他离子浓度(μg/L)为:汞,4.4;锌,26;铜,37;铁,7.8;锰,47。镉的相对标准偏差为4.6%,相对误差为3.7%。

共沉法及巯基棉富集法的精密度和准确度见4.2.3.7和4.2.4.7。

9.3 双硫腙分光光度法

9.3.1 范围

本标准规定了用双硫腙分光光度法测定生活饮用水及其水源水中的镉。

本法适用于生活饮用水及其水源水中镉的测定。

本法最低检测质量为0.25 μg镉,若取25 mL水样测定,则最低检测质量浓度为0.01 mg/L。

水中多种金属离子的干扰可用控制pH和加入酒石酸钾钠、氰化钾等络合剂掩蔽。在本标准测定条件下,水中存在下列金属离子不干扰测定:铅,240 mg/L;锌,120 mg/L;铜,40 mg/L;铁,4 mg/L;锰,4 mg/L。镁达40 mg/L时需增加酒石酸钾钠。

水样被大量有机物污染时将影响比色测定，需预先消化。

9.3.2 原理

在强碱性溶液中，镉离子与双硫腙生成红色螯合物，用三氯甲烷萃取后比色定量。

9.3.3 试剂

配制试剂和稀释水样时，所用纯水均应无镉。

9.3.3.1 硝酸(ρ_{20}=1.42 g/mL)，优级纯。

9.3.3.2 高氯酸(ρ_{20}=1.138 g/mL)，优级纯。

9.3.3.3 三氯甲烷：三氯甲烷应纯净。三氯甲烷中有氧化物存在时可用亚硫酸钠($Na_2SO_3 \cdot 7H_2O$)溶液(200 g/L)萃洗 2 次，重蒸馏后方可使用。或将含有氧化物的三氯甲烷加入适量盐酸羟胺溶液(9.3.3.10)萃取一次后，再用纯水洗去残留的盐酸羟胺。

9.3.3.4 氢氧化钠溶液(240 g/L)。

9.3.3.5 双硫腙三氯甲烷储备溶液(1.0 g/L)：称取 0.1 g 双硫腙($C_{13}H_{12}N_4S$)，溶于三氯甲烷中，并稀释至 100 mL，储存于棕色瓶中，置冰箱内保存。

如双硫腙不纯，按 5.3.3.3 纯化。

9.3.3.6 双硫腙三氯甲烷溶液：临用前将双硫腙三氯甲烷储备溶液(9.3.3.5)用三氯甲烷稀释(约 10 倍)成吸光度为 0.82(波长 500 nm，1 cm 比色皿)。

9.3.3.7 吸光度 0.40 的双硫腙三氯甲烷溶液：临用前将双硫腙储备溶液(9.3.3.5)用三氯甲烷稀释(约 50 倍)成吸光度为 0.40(波长 500 nm，1 cm 比色皿)。

9.3.3.8 氰化钾(10 g/L)-氢氧化钠(400 g/L)溶液：称取 400 g 氢氧化钠(NaOH)和 10 g 氰化钾(KCN)，溶于纯水中，并稀释至 1 000 mL。储存于聚乙烯瓶中，可稳定 1 个～2 个月。

注：此溶液剧毒！

9.3.3.9 氰化钾(0.5 g/L)-氢氧化钠溶液(400 g/L)：称取 400 g 氢氧化钠和 0.5 g 氰化钾，溶于纯水中，并稀释至 1 000 mL。储存于聚乙烯瓶中，可稳定 1 个～2 个月。

注：此溶液剧毒！

9.3.3.10 盐酸羟胺溶液(200 g/L)。

9.3.3.11 酒石酸钾钠溶液(250 g/L)。

9.3.3.12 酒石酸溶液(20 g/L)：称取 20 g 酒石酸($H_2C_4H_4O_6$)，溶于纯水中并稀释至 1 000 mL。储存于冰箱中。使用时必须保持冰冷。

9.3.3.13 镉标准储备溶液[ρ(Cd)=100 μg/mL]：称取 0.100 0 g 镉(99.9%以上)，加入 30 mL 硝酸溶液(1+9)，使溶解，然后加热煮沸，最后用纯水定容至 1 000 mL。

9.3.3.14 镉标准使用溶液[ρ(Cd)=1 μg/mL]：取镉标准储备溶液(9.3.3.13)10.00 mL 于 1 000 mL 容量瓶中，加入 10 mL 盐酸(ρ_{20}=1.19 g/mL)，用纯水稀释至刻度。

9.3.4 仪器

所用玻璃仪器均须用硝酸溶液(1+9)浸泡过夜，然后用自来水、纯水淋洗干净。

9.3.4.1 分液漏斗：125 mL。

9.3.4.2 具塞比色管：10 mL。

9.3.4.3 分光光度计。

9.3.5 分析步骤

9.3.5.1 水样预处理

9.3.5.1.1 如水样污染严重，则准确取适量水样置于 250 mL 高型烧杯中。如采集水样时已在每 1 000 mL 水样中加有 5 mL 硝酸(9.3.3.1)，则不另加硝酸。将水样在电热板上加热蒸发，至剩余约 10 mL，放冷。

9.3.5.1.2 加入 10 mL 硝酸(9.3.3.1)及 5 mL 高氯酸(9.3.3.2)，继续加热消解直至产生浓烈白烟。

如果样品仍不清澈，则再加 10 mL 硝酸(9.3.3.1)，继续加热消解，直到溶液透明无色或略呈浅黄色为止。在消解过程中切勿蒸干。

9.3.5.1.3 冷却后加 20 mL 纯水，继续煮沸约 5 min，取下烧杯，放冷，用纯水稀释定容至 50 mL 或 100 mL。

9.3.5.2 测定

9.3.5.2.1 吸取水样或消解溶液 25.0 mL，置于分液漏斗中，用氢氧化钠溶液(9.3.3.4)调节 pH 至中性。

9.3.5.2.2 另取分液漏斗 8 个，分别加入镉标准使用溶液(9.3.3.14) 0 mL，0.25 mL，1.00 mL，2.00 mL，4.00 mL，6.00 mL，8.00 mL 和 10.00 mL，各加纯水至 25 mL。滴加氢氧化钠溶液(9.3.3.4)调至中性。

9.3.5.2.3 各加 1 mL 酒石酸钾钠溶液(9.3.3.11)，5 mL 氰化钾-氢氧化钠溶液(9.3.3.8)及 1 mL 盐酸羟胺溶液(9.3.3.10)。每加入一种试剂后均须摇匀。

注 1：酒石酸钾钠是含有两个羟基的二元羧酸盐，在强碱介质中，能更有效地络合钙、镁、铁、铝等金属离子，严防产生沉淀而造成镉的损失。

注 2：强碱介质是萃取镉的适宜条件，而铅、锌、锡等两性元素则生成相应的含氧酸阴离子，不能被双硫腙萃取。

注 3：盐酸羟胺作为还原剂，可消除三价铁和其他高价金属的氧化能力，以保护双硫腙不被氧化。

9.3.5.2.4 再各加 15 mL 双硫腙三氯甲烷溶液(9.3.3.6)，振摇 1 min，迅速将三氯甲烷相转入已盛有 25 mL 冷酒石酸溶液(9.3.3.12)的第二套分液漏斗中。再用 10 mL 三氯甲烷洗涤第一套分液漏斗，合并三氯甲烷于第二套分液漏斗中。

注意：切勿使水相进入第二套分液漏斗中，严防产生剧毒的氰化氢气体！

注：形成的双硫腙镉在被三氯甲烷饱和的强碱性溶液中容易分解，要迅速将三氯甲烷放入事先已准备好的第二套分液漏斗中。

9.3.5.2.5 将第二套分液漏斗振摇 2 min，此时镉已被萃取至酒石酸中。弃去双硫腙三氯甲烷溶液，再各加 5 mL 三氯甲烷，振摇 30s。静置分层，弃去三氯甲烷相。

9.3.5.2.6 再各加 0.25 mL 盐酸羟胺溶液(9.3.3.10)，15 mL 吸光度为 0.40 的双硫腙三氯甲烷溶液(9.3.3.7)及 5 mL 氰化钾-氢氧化钠溶液(9.3.3.9)，立即振摇 1 min。

9.3.5.2.7 擦干分液漏斗颈管内壁，塞入少许脱脂棉，将三氯甲烷相放入干燥的 10 mL 比色管中。

9.3.5.2.8 于 518 nm 波长，用 3 cm 比色皿，以三氯甲烷为参比，测定样品和标准系列溶液的吸光度。

9.3.5.2.9 绘制工作曲线，从曲线上查出样品管中镉的质量。

9.3.6 计算

水样中镉的质量浓度计算见式(29)：

$$\rho(\mathrm{Cd}) = \frac{m}{V} \qquad \cdots\cdots\cdots\cdots (29)$$

式中：

$\rho(\mathrm{Cd})$——水样中镉的质量浓度，单位为毫克每升(mg/L)；

m——从工作曲线查得的水样中镉的质量，单位为微克(μg)；

V——水样体积，单位为毫升(mL)。

9.3.7 精密度和准确度

有 16 个实验室用本标准测定含镉 27 μg/L 的合成水样，其他离子浓度(μg/L)为：汞，4.4；锌，26；铜，37；铁，78；锰，47。测得镉的相对标准偏差为 10%，相对误差为 3.7%。

9.4 催化示波极谱法

见 11.4。

9.5 原子荧光法

9.5.1 范围

本标准规定了用原子荧光法测定生活饮用水及其水源水中的镉。

本法适用于生活饮用水及其水源水中镉的测定。

本法最低检测质量为 0.25 ng。若取 0.5 mL 水样测定，则最低检测质量浓度为 0.5 μg/L。

9.5.2 原理

在酸性条件下，水样中的镉与硼氢化钾反应生成镉的挥发性物质，由载气带入石英原子化器，在特制镉空心阴极灯的激发下产生原子荧光，其荧光强度在一定范围内与被测定溶液中镉的浓度成正比，与标准系列比较定量。

9.5.3 试剂

9.5.3.1 硝酸(ρ_{20}=1.42 g/mL)，优级纯。

9.5.3.2 硝酸溶液(1+99)。

9.5.3.3 盐酸(ρ_{20}=1.19 g/mL)，优级纯。

9.5.3.4 硼氢化钾溶液(50 g/L)：称取 0.5 g 氢氧化钠溶于少量纯水中，加入硼氢化钾(KBH_4) 25.0 g，用纯水定容至 500 mL，混匀。

9.5.3.5 钴溶液(1.0 mg/mL)：称取 0.403 8 g 六水氯化钴($CoCl_2.6H_2O$，优级纯)，用纯水溶解定容至 100 mL。临用时稀释成 100 μg/mL。

9.5.3.6 硫脲(10 g/L)：称取 1.0 g 硫脲溶解于 100 mL 纯水中。

9.5.3.7 焦磷酸钠(20 g/L)：称取 2.0 g 焦磷酸钠溶解于 100 mL 纯水中。

9.5.3.8 镉标准储备溶液[ρ(Cd)=1.00 mg/mL]：称取 1.000 0 g 金属镉(光谱纯)，溶于 20 mL 硝酸(9.5.3.1)中，用纯水定容至 1 000 mL，摇匀。

9.5.3.9 镉标准中间溶液[ρ(Cd)=1.0 μg/mL]：吸取 5.0 mL 镉标准储备溶液(9.5.3.8)于 500 mL 容量瓶中，用硝酸(9.5.3.2)稀释定容至刻度。再取此溶液 10.0 mL 于 100 mL 容量瓶中，用硝酸(9.5.3.2)稀释定容至刻度。

9.5.3.10 镉标准使用溶液[ρ(Cd)=0.01 μg/mL]：吸取 5.0 mL 镉标准中间溶液(9.5.3.9)于 500 mL 容量瓶中，用纯水定容至刻度。

9.5.4 仪器

9.5.4.1 原子荧光光度计。

9.5.4.2 镉空心阴极灯。

9.5.5 分析步骤

9.5.5.1 取 10 mL 水样于比色管中。

9.5.5.2 标准系列的配制 分别吸取镉标准使用溶液(9.5.3.10)0 mL，0.50 mL，1.00 mL，3.00 mL，5.00 mL，7.00 mL，10.00 mL 于比色管中，用纯水定容至 10 mL，使镉的浓度分别为 0 μg/L，0.5 μg/L，1.0 μg/L，3.0 μg/L，5.0 μg/L，7.0 μg/L，10.0 μg/L。

9.5.5.3 分别向水样、空白及标准溶液管中加入 0.2 mL 盐酸(9.5.3.3)、0.2 mL 钴溶液(100 μg/mL)、1.0 mL 硫脲溶液(9.5.3.6)，0.4 mL 焦磷酸钠(9.5.3.7)溶液，混匀。

9.5.5.4 测定

9.5.5.4.1 仪器参考条件

灯电流：50 mA；负高压：260 V；原子化器高度：10 mm；载气流量：800 mL/min；屏蔽气流量：1 100 mL/min；进样体积：0.5 mL。

9.5.5.4.2 载流：取 10 mL 盐酸(9.5.3.3)加入少量纯水，加入 10 mL 100 μg/mL 的钴溶液，用纯水定容至 500 mL，混匀。

9.5.5.4.3 开机，设定仪器最佳条件，点燃原子化器炉丝，稳定 30 min 后开始测定，绘制标准曲线，计算回归方程。

9.5.5.5 计算

以所测样品的荧光强度，从标准曲线或回归方程中查得样品溶液中镉元素的质量浓度(μg/L)。

9.5.6 精密度和准确度

6 个实验室测定含镉 1.0 μg/L～10.0 μg/L 的水样，测定 8 次，其相对标准偏差均小于 5%，在水样中加入 1.0 μg/L～10.0 μg/L 的镉标准溶液，加标回收率为 84.7%～117%。

9.6 电感耦合等离子体发射光谱法

见 1.4。

9.7 电感耦合等离子体质谱法

见 1.5。

10 铬(六价)

10.1 二苯碳酰二肼分光光度法

10.1.1 范围

本标准规定了用二苯碳酰二肼分光光度法测定生活饮用水及其水源水中的六价铬。

本法适用于生活饮用水及其水源水中六价铬的测定。

本法最低检测质量为 0.2 μg(以 Cr^{6+} 计)。若取 50 mL 水样测定，则最低检测质量浓度为 0.004 mg/L。

铁约 50 倍于六价铬时产生黄色，干扰测定；10 倍于铬的钒可产生干扰，但显色 10 min 后钒与试剂所显色全部消失；200 mg/L 以上的钼与汞有干扰。

10.1.2 原理

在酸性溶液中，六价铬可与二苯碳酰二肼作用，生成紫红色络合物，比色定量。

10.1.3 试剂

10.1.3.1 二苯碳酰二肼丙酮溶液(2.5 g/L)：称取 0.25 g 二苯碳酰二肼[$OC(HNNHC_6H_5)_2$，又名二苯氨基脲]，溶于 100 mL 丙酮中。盛于棕色瓶中置冰箱内可保存半月，颜色变深时不能再用。

10.1.3.2 硫酸溶液(1+7)：将 10 mL 硫酸(ρ_{20}=1.84 g/mL)缓慢加入 70 mL 纯水中。

10.1.3.3 六价铬标准溶液[$\rho(Cr)$=1 μg/mL]：称取 0.141 4 g 经 105℃～110℃烘至恒量的重铬酸钾($K_2Cr_2O_7$)，溶于纯水中，并于容量瓶中用纯水定容至 500 mL，此浓溶液 1.00 mL 含 100 μg 六价铬。吸取此浓溶液 10.0 mL 于容量瓶中，用纯水定容至 1 000 mL。

10.1.4 仪器

所有玻璃仪器(包括采样瓶)要求内壁光滑，不能用铬酸洗涤液浸泡。可用合成洗涤剂洗涤后再用浓硝酸洗涤，然后用自来水、纯水淋洗干净。

10.1.4.1 具塞比色管，50 mL。

10.1.4.2 分光光度计。

10.1.5 分析步骤

10.1.5.1 吸取 50 mL 水样(含六价铬超过 10 μg 时，可吸取适量水样稀释至 50 mL)，置于 50 mL 比色管中。

10.1.5.2 另取 50 mL 比色管 9 支，分别加入六价铬标准溶液(10.1.3.3)0 mL，0.20 mL，0.50 mL，1.00 mL，2.00 mL，4.00 mL，6.00 mL，8.00 mL 和 10.00 mL，加纯水至刻度。

10.1.5.3 向水样及标准管中各加 2.5 mL 硫酸溶液(10.1.3.2)及 2.5 mL 二苯碳酰二肼溶液(10.1.3.1)，立即混匀，放置 10 min。

注：铬与二苯碳酰二肼反应时，酸度对显色反应有影响，溶液的氢离子浓度应控制在 0.05 mol/L～0.3 mol/L，且以 0.2 mol/L 时显色最稳定。温度和放置时间对显色都有影响，15℃时颜色最稳定，显色后 2 min～3 min，颜色可

达最深，且于 5 min～15 min 保持稳定。

10.1.5.4　于 540 nm 波长，用 3 cm 比色皿，以纯水为参比，测量吸光度。

10.1.5.5　如水样有颜色时，另取与 10.1.5.1 相同量的水样于 100 mL 烧杯中，加入 2.5 mL 硫酸溶液(10.1.3.2)，于电炉上煮沸 2 min，使水样中的六价铬还原为三价。溶液冷却后转入 50 mL 比色管中，加纯水至刻度后再多加 2.5 mL，摇匀后加入 2.5 mL 二苯碳酰二肼溶液(10.1.3.1)，摇匀，放置 10 min。按 10.1.5.4 步骤测量水样空白吸光度。

10.1.5.6　绘制标准曲线，在曲线上查出样品管中六价铬的质量。

10.1.5.7　有颜色的水样应在 10.1.5.4 测得样品溶液的吸光度中减去水样空白吸光度后，再在标准曲线上查出样品管中六价铬的质量。

10.1.6　计算

水样中六价铬的质量浓度计算见式(30)：

$$\rho(Cr^{6+}) = \frac{m}{V} \qquad \cdots\cdots (30)$$

式中：

$\rho(Cr^{6+})$——水样中六价铬的质量浓度，单位为毫克每升(mg/L)；

m——从标准曲线上查得的样品管中六价铬的质量，单位为微克(μg)；

V——水样体积，单位为毫升(mL)。

10.1.7　精密度和准确度

有 70 个实验室测定含六价铬 304 μg/L 和 65 μg/L 的合成水样，相对标准偏差为 6.7% 及 9.2%；相对误差为 5.3% 和 3.1%。

11　铅

11.1　无火焰原子吸收分光光度法

11.1.1　范围

本标准规定了无火焰原子吸收分光光度法测定生活饮用水及其水源水中的铅。

本法适用于生活饮用水及水源水中铅的测定。

本法最低检测质量为 0.05 ng 铅，若取 20 μL 水样测定，则最低检测质量浓度为 2.5 μg/L。

水中共存离子一般不产生干扰。

11.1.2　原理

样品经适当处理后，注入石墨炉原子化器，所含的金属离子在石墨管内经原子化高温蒸发解离为原子蒸气，待测元素的基态原子吸收来自同种元素空心阴极灯发出的共振线，其吸收强度在一定范围内与金属浓度成正比。

11.1.3　试剂

11.1.3.1　铅标准储备溶液[$\rho(Pb)$=1 mg/mL]：称取 0.799 0 g 硝酸铅[$Pb(NO_3)_2$]，溶于约 100 mL 纯水中，加入硝酸(ρ_{20}=1.42 g/mL)1 mL，并用纯水定容至 500 mL。

11.1.3.2　铅标准中间溶液[$\rho(Pb)$=50 μg/mL]：取铅标准储备溶液(11.1.3.1)5.00 mL 于 100 mL 容量瓶中，用硝酸溶液(1+99)稀释至刻度，摇匀。

11.1.3.3　铅标准使用溶液[$\rho(Pb)$=1 μg/mL]：取铅标准中间溶液(11.1.3.2)2.00 mL 于 100 mL 容量瓶中，用硝酸溶液(1+99)稀释至刻度，摇匀。

11.1.3.4　磷酸二氢铵溶液(120 g/L)：称取 12 g 磷酸二氢铵($NH_4H_2PO_4$，优级纯)，加水溶解并定容至 100 mL。

11.1.3.5　硝酸镁溶液(50 g/L)：称取 5 g 硝酸镁[$Mg(NO_3)_2$，优级纯]，加水溶解并定容至 100 mL。

11.1.4　仪器

11.1.4.1　石墨炉原子吸收分光光度计。

11.1.4.2 铅元素空心阴极灯。

11.1.4.3 氩气钢瓶。

11.1.4.4 微量加样器:20 μL。

11.1.4.5 聚乙烯瓶:100 mL。

11.1.5 **仪器参数**

测定铅的仪器参数见表9。

表9 测定铅的仪器参数

元素	波长/nm	干燥温度/℃	干燥时间/s	灰化温度/℃	灰化时间/s	原子化温度/℃	原子化时间/s
Pb	283.3	120	30	600	30	2 100	5

11.1.6 **分析步骤**

11.1.6.1 吸取铅标准使用溶液(11.1.3.3)0 mL,0.25 mL,0.50 mL,1.00 mL,2.00 mL,3.00 mL和4.00 mL于7个100 mL容量瓶内,分别加入10 mL磷酸二氢铵溶液(11.1.3.4),1 mL硝酸镁溶液(11.1.3.5),用硝酸溶液(1+99)稀释至刻度,摇匀,分别配制成0 ng/mL,2.5 ng/mL,5.0 ng/mL,10 ng/mL,20 ng/mL,30 ng/mL和40 ng/mL的标准系列。

11.1.6.2 吸取10 mL水样,加入1.0 mL磷酸二氢铵溶液(11.1.3.4),0.1 mL硝酸镁溶液(11.1.3.5),同时取10 mL硝酸溶液(1+99),加入等量磷酸二氢铵溶液(11.1.3.4)和硝酸镁溶液(11.1.3.5)作为空白。

11.1.6.3 仪器参数设定后依次吸取20 μL试剂空白,标准系列和样品,注入石墨管,启动石墨炉控制程序和记录仪,记录吸收峰高或峰面积。

11.1.7 **计算**

从标准曲线查出铅浓度后,按式(31)计算:

$$\rho(Pb) = \frac{\rho_1 \times V_1}{V} \qquad \cdots\cdots(31)$$

式中:

$\rho(Pb)$——水样中铅的质量浓度,单位为微克每升(μg/L);

ρ_1——从标准曲线上查得试样中铅的质量浓度,单位为微克每升(μg/L);

V——原水样体积,单位为毫升(mL);

V_1——测定样品的体积,单位为毫升(mL)。

11.2 **火焰原子吸收分光光度法**

11.2.1 见4.2.1。

11.2.2 精密度和准确度

17个实验室用直接或萃取法测定含铅383 μg/L和13 μg/L的合成水样,其他成分的浓度(μg/L)为:铝,852和435;砷,182和61;铍,261和183;镉,59和11;镍,165和96;钴,348和96;铬,304和65;铜,374和37;铁,796和78;硒,48和16;汞,7.6和4.4;锰,478和47;钒,848和470;锌,478和26,测定铅的相对标准偏差分别为5.5%和5.2%,相对误差分别为0.5%和1.8%。

共沉法和巯基棉富集法的精密度和准确度,见4.2.3.7和4.2.4.7。

11.3 **双硫腙分光光度法**

11.3.1 **范围**

本标准规定了用双硫腙分光光度法测定生活饮用水及其水源水中的铅。

本法适用于生活饮用水及其水源水中铅的测定。

本法最低检测质量为0.5 μg铅,若取50 mL水样测定,则最低检测质量浓度为0.01 mg/L。

在本法测定条件下,水中大多数金属离子的干扰可以消除,只有大量锡存在时干扰测定。

11.3.2 原理

在弱碱性溶液中(pH8～9),铅与双硫腙生成红色螯合物,可被四氯化碳、三氯甲烷等有机溶剂萃取。严格控制溶液的pH,加入掩蔽剂和还原剂,采用反萃取步骤,可使铅与其他干扰金属离子分离后比色定量。

11.3.3 试剂

11.3.3.1 氨水(ρ_{20}=0.88 g/mL):如试剂空白值高,可用扩散吸收法精制。其法为将500 mL氨水(11.3.3.1)倾入空干燥器中,将盛有500 mL纯水的大的蒸发皿置于干燥器的瓷板上,盖严。在室温下放置48 h,将大的蒸发皿中的氨水储于试剂瓶中备用。

11.3.3.2 三氯甲烷。

11.3.3.3 双硫腙三氯甲烷储备液:见9.3.3.5。

11.3.3.4 双硫腙三氯甲烷溶液:临用前取适量双硫腙三氯甲烷储备溶液(11.3.3.3)用三氯甲烷稀释至吸光度为0.15(波长500 nm,1 cm比色皿)。

11.3.3.5 柠檬酸铵溶液(500 g/L):称取50 g柠檬酸铵〔$(NH_4)_3C_6H_5O_7$〕,加纯水溶解,并稀释至100 mL。加入5滴百里酚蓝指示剂(11.3.3.12),摇匀,滴加氨水(11.3.3.1)至溶液呈绿色。移入分液漏斗中,每次用5 mL双硫腙三氯甲烷溶液(11.1.3.3)反复萃取,至有机相呈绿色为止,弃去有机相。再每次用10 mL三氯甲烷,萃取除去水相中残留的双硫腙,至三氯甲烷相无色为止。弃去有机相,将水相经脱脂棉滤入试剂瓶中。

11.3.3.6 氰化钾溶液(100 g/L):称取10 g氰化钾(KCN),溶于纯水中并稀释至100 mL。

注意:此溶液剧毒!如试剂需纯化时,应先将10 g氰化钾溶于20 mL纯水中,按11.3.3.5纯化后,再稀释至100 mL。经纯化处理过的氰化钾溶液容易变为黄褐色,最好临用前进行纯化处理。

11.3.3.7 盐酸羟胺溶液(100 g/L):称取10 g盐酸羟胺($NH_2OH \cdot HCl$),溶于纯水中并稀释至100 mL。必要时,按11.3.3.5纯化。

11.3.3.8 过氧化氢溶液[$\varphi(H_2O_2)$=30%]。

11.3.3.9 硝酸溶液(3+97)。

11.3.3.10 铅标准储备溶液[ρ(Pb)=100 μg/mL]:称取0.159 8 g经105℃烘烤过的硝酸铅[$Pb(NO_3)_2$],溶于含有1 mL硝酸(ρ_{20}=1.42 g/mL)的纯水中,并用纯水定容成1 000 mL。

11.3.3.11 铅标准使用溶液[ρ(Pb)=1 μg/mL]:临用前吸取10.0 mL铅标准储备溶液(11.3.3.10)于1 000 mL容量瓶中,用纯水稀释至刻度。

11.3.3.12 百里酚蓝指示剂(1.0 g/L):称取0.1 g百里酚蓝($C_{11}H_{30}O_5S$),溶于20 mL乙醇[$\varphi(C_2H_5OH)$=95%]中,再加纯水至100 mL。

11.3.4 仪器

所用玻璃仪器均需以硝酸(1+9)浸泡过夜,再依次用自来水、纯水淋洗干净。

11.3.4.1 分液漏斗:125 mL。

11.3.4.2 具塞比色管:10 mL。

11.3.4.3 分光光度计。

11.3.5 分析步骤

11.3.5.1 消化

澄清,无色,不含有机物、硫化物等干扰物质的水样,可直接吸取50.0 mL于125 mL分液漏斗中,按11.3.5.2步骤操作。污染严重的水样需进行消化,并同时作试剂空白。

11.3.5.1.1 取适量水样(含铅0.5 μg～10 μg)于蒸发皿中,加入3 mL硝酸(ρ_{20}=1.42 g/mL)及1 mL过氧化氢溶液(11.3.3.8),置电热板上蒸发至干。所剩残渣应为白色或浅黄色。若残渣呈棕黑色,需按上法反复处理,至呈白色或浅黄色。若反复处理后仍呈棕黑色,可将蒸干后的残渣放入450℃高温炉灰化。

11.3.5.1.2 取出蒸发皿，放冷，加入 5 mL 硝酸溶液(11.3.3.9)，微热使残渣溶解。加 20 mL 纯水，使溶液与全部蒸发皿内壁接触，然后移入 125 mL 分液漏斗中，再用 25 mL 纯水分三次洗涤蒸发皿，洗液并入分液漏斗中。

11.3.5.2 测定

11.3.5.2.1 另取分液漏斗 8 个，分别加入铅标准使用溶液(11.3.3.11)0 mL，0.50 mL，1.00 mL，2.00 mL，4.00 mL，6.00 mL，8.00 mL 和 10.0 mL，各加纯水至 50 mL。

11.3.5.2.2 向水样及标准系列的各分液漏斗中加入 5 mL 柠檬酸铵溶液(11.3.3.5)，1 mL 盐酸羟胺溶液(11.3.3.7)及 3 滴百里酚蓝指示剂(11.3.3.12)，摇匀，用氨水(11.3.3.1)调至溶液呈绿色(注意：样品及标准液的色调应一致，否则将影响测定结果)，再各加 2.0 mL 氰化钾溶液(11.3.3.6)，摇匀。

11.3.5.2.3 各加 10.0 mL 双硫腙三氯甲烷溶液(11.3.3.4)，振摇 1 min，静置分层。

11.3.5.2.4 将三氯甲烷放入第二个分液漏斗中，加入 10 mL 硝酸溶液(11.3.3.9)，振摇 1 min，静置分层后弃去三氯甲烷相。将分液漏斗中的水溶液，按照 11.3.5.2.2 和 11.3.5.2.3 步骤操作，如水样中无大量锡、铋等离子，可省略本操作。

11.3.5.2.5 在分液漏斗颈内塞入少量脱脂棉，将三氯甲烷相放入干燥的 10 mL 比色管中。

11.3.5.2.6 于 510 nm 波长，用 1 cm 比色皿，以三氯甲烷为参比，测量水样和标准系列溶液的吸光度。

11.3.5.2.7 绘制标准曲线并从曲线上查出样品管中铅的质量。

11.3.6 计算

水样中铅(Pb)的质量浓度计算见式(32)：

$$\rho(\mathrm{Pb}) = \frac{m}{V} \qquad \cdots\cdots(32)$$

式中：

$\rho(\mathrm{Pb})$——水样中铅(Pb)的质量浓度，单位为毫克每升(mg/L)；

m——从标准曲线上查得的样品管中铅的质量，单位为微克(μg)；

V——水样体积，单位为毫升(mL)。

11.3.7 精密度和准确度

29 个实验室用本标准测定含铅 54 μg/L 的合成水样，相对标准偏差为 10%，相对误差为 19%。

11.4 催化示波极谱法

11.4.1 范围

本标准规定了用催化示波极谱法测定生活饮用水及其水源中的铅和镉。

本法适用于生活饮用水及其水源水中铅和镉的测定。

铅和镉的最低检测质量为 0.2 μg，若取 20 mL 水样测定，则最低检测质量浓度为 0.01 mg/L。

水中常见共存离子，虽较大浓度也不干扰铅、镉的测定，但 Sn^{2+} 与 As^{3+} 分别对铅、镉测定有干扰，底液中加入磷酸可分开 Sn^{2+} 峰；消化时加入盐酸，可使砷挥发出去，从而减少砷的干扰。

11.4.2 原理

在盐酸-碘化钾-酒石酸底液中，铅在 −0.49 V，镉在 −0.60 V 产生灵敏的吸附催化波。在一定范围内，铅和镉浓度分别与其峰电流呈线性关系，可分别测定水中铅和镉含量。

11.4.3 试剂

11.4.3.1 盐酸(ρ_{20}=1.19 g/mL)。

11.4.3.2 硝酸(ρ_{20}=1.42 g/mL)。

11.4.3.3 磷酸(ρ_{20}=1.71 g/mL)。

11.4.3.4 铅镉混合底液：称取 5 g 酒石酸($H_2C_4H_4O_6$)、5 g 碘化钾 (KI)及 0.6 g 抗坏血酸($C_6H_8O_6$)于 200 mL 烧杯中，加 10 mL 盐酸(11.4.3.1)、5 mL 磷酸(11.4.3.3)，加纯水溶解，移入 1 000 mL 容量瓶内，用纯水稀释为 1 000 mL。

11.4.3.5 铅标准储备溶液：见11.3.3.10。

11.4.3.6 镉标准储备溶液[ρ(Cd)=100 μg/mL]：称取0.100 0 g镉(99.9%以上)，加入30 mL硝酸溶液(1+9)，使溶解，然后加热煮沸，最后用纯水定容至1 000 mL。

11.4.3.7 铅镉混合标准使用溶液[ρ(Pb)=1 μg/mL，ρ(Cd)=1 μg/mL]：吸取1.00 mL铅标准储备溶液(11.4.3.5)及1.00 mL镉标准储备溶液(11.4.3.6)于100 mL容量瓶内，用铅镉混合底液(11.4.3.4)定容。

11.4.4 仪器

11.4.4.1 锥形瓶：100 mL。

11.4.4.2 电热板。

11.4.4.3 示波极谱仪。

11.4.5 分析步骤

11.4.5.1 吸取20.0 mL水样于100 mL锥形瓶内，加1.0 mL硝酸(11.4.3.2)，2.0 mL盐酸(11.4.3.1)，于电热板上缓缓加热蒸干并消化成白色残渣。加5 mL纯水，继续加热蒸干，同时作试剂空白。

11.4.5.2 向锥形瓶内加入10.0 mL铅、镉混合底液(11.4.3.4)，振摇使残渣溶解，移入30 mL瓷坩埚中。

11.4.5.3 分别吸取0 mL，0.20 mL，0.30 mL，0.40 mL，0.50 mL，0.60 mL，0.80 mL和1.00 mL铅镉混合标准使用溶液(11.4.3.7)于30 mL瓷坩埚中，加混合底液(11.4.3.4)至10.0 mL，混匀。

11.4.5.4 于示波极谱仪上，用三电极系统，阴极化，原点电位−0.3 V，导数扫描。在−0.49 V与−0.60 V处读取水样(11.4.5.2)及标准系列(11.4.5.3)铅、镉的峰高。

11.4.5.5 以铅和镉含量为横坐标，峰高为纵坐标，绘制标准曲线，从曲线上查出水样中铅和镉的质量。

11.4.6 计算

水样中铅和镉质量浓度计算见式(33)：

$$\rho(\mathrm{Pb,Cd}) = \frac{m}{V} \qquad \cdots\cdots(33)$$

式中：

ρ(Pb，Cd)——水中铅和镉质量浓度，单位为毫克每升(mg/L)；

m——从标准曲线上查得的铅和镉质量，单位为毫克(μg)；

V——水样体积，单位为毫升(mL)。

11.4.7 精密度和准确度

5个实验室对各种类型水样，铅含量为0.015 mg/L～0.30 mg/L，共测定370次，相对标准偏差为3.0%～8.5%；对镉含量为0.014 mg/L～0.70 mg/L，测定370次，相对标准偏差为1.6%～4.9%；当加入铅标准0.025 mg/L～0.9 mg/L，50次测定，回收率为92%～112%；加入镉标准0.009 mg/L～1.5 mg/L；50次测定，回收率为91%～107%。

11.5 氢化物原子荧光法

11.5.1 范围

本标准规定了用氢化物原子荧光法测定生活饮用水及其水源水中的铅。

本法适用于生活饮用水及其水源水中铅的测定。

本法最低检测质量为0.5 ng。若取0.5 mL水样测定，则最低检测质量浓度为1.0 μg/L。

11.5.2 原理

在酸性介质中，水样中的铅与以硼氢化钠或硼氢化钾反应生成铅的挥发性氢化物(PbH_4)，由载气带入石英原子化器，在特制铅空心阴极灯的激发下产生原子荧光，其荧光强度在一定范围内与被测定溶液中铅的浓度成正比，与标准系列比较定量。

11.5.3 试剂

11.5.3.1 硝酸(ρ_{20}=1.42 g/mL),优级纯。

11.5.3.2 硝酸溶液(1+99)。

11.5.3.3 盐酸(ρ_{20}=1.19 g/mL),优级纯。

11.5.3.4 盐酸溶液(2+98)。

11.5.3.5 铁氰化钾(200 g/L):称取 20.0 g 铁氰化钾,溶于 100 mL 蒸馏水中,混匀。

11.5.3.6 硼氢化钠-铁氰化钾溶液称取 0.5 g 氢氧化钠溶于少量纯水中,加入 10.0 g 硼氢化钠($NaBH_4$),混均。加入 20 mL 铁氰化钾(11.5.3.5),用纯水定容至 500 mL。此溶液现用现配。

11.5.3.7 草酸(20 g/L):称取 2.0 g 草酸,溶于 100 mL 纯水中,混匀。

11.5.3.8 硫氰酸钠(20 g/L):称取 2.0 g 硫氰酸钠,溶于 100 mL 纯水中,混匀。

11.5.3.9 铅标准储备溶液[ρ(Pb)=1.00 mg/mL]:称取 1.598 5 g 硝酸铅[$Pb(NO_3)_2$,优级纯],溶于 100 mL 纯水中,加 1.0 mL 硝酸(11.5.3.1),用纯水定容至 1 000 mL。

11.5.3.10 铅标准中间溶液[ρ(Pb)=1.00 μg/mL]:取 5.00 mL 铅标准储备溶液(11.5.3.9)于 500 mL 容量瓶中,用硝酸溶液(11.5.3.2)稀释定容至刻度。再取此溶液 10.0 mL 于 100 mL 容量瓶中,用硝酸溶液(11.5.3.2)稀释定容至刻度。

11.5.3.11 铅标准使用溶液[ρ(Pb)=0.10 μg/mL]:取 10.0 mL 铅标准中间溶液(11.5.3.10)于 100 mL容量瓶中,用纯水定容至刻度。

11.5.4 仪器

11.5.4.1 原子荧光光度计。

11.5.4.2 铅空心阴极灯。

11.5.5 分析步骤

11.5.5.1 取 10 mL 水样于比色管中。

11.5.5.2 标准曲线的配制:分别吸取铅标准使用溶液(11.5.3.11) 0 mL,0.10 mL,0.30 mL,0.50 mL,1.00 mL,3.00 mL,5.00 mL 于比色管中,用纯水定容至 10 mL,使铅的浓度分别为 0 μg/L,1.0 μg/L,3.0 μg/L,5.0 μg/L,10.0 μg/L,30.0 μg/L,50.0 μg/L。

11.5.5.3 在样品溶液和标准曲线溶液中分别加入 0.2 mL 盐酸(11.5.3.3),0.2 mL 草酸(11.5.3.7),0.4 mL 硫氰酸钠(11.5.3.8)混匀,上机测定。

11.5.5.4 测定

11.5.5.4.1 仪器参考条件

负高压:260 V;灯电流:60 mA;炉高:10 mm;载气流量:400 mL/min;屏蔽气流量:900 mL/min;测量方式:标准曲线法;读数方式:峰面积;延迟时间:1 s;读数时间:12 s;进样体积:0.5 mL。

11.5.5.4.2 载流:盐酸(11.5.3.4)溶液。

11.5.5.4.3 开机,设定仪器最佳条件,点燃原子化器炉丝,稳定 30 min 后开始测定,绘制标准曲线、计算回归方程。

11.5.5.5 计算

以所测样品的荧光强度,从标准曲线或回归方程中查得样品溶液中铅元素的质量浓度(μg/L)。

11.5.6 精密度和准确度

6个实验室测定含铅 5.0 μg/L~50.0 μg/L 的水样,测定 8 次,其相对标准偏差均小于 5%,在水样中加入 5.0 μg/L~50.0 μg/L 的铅标准溶液,回收率为 85.0%~117%。

11.6 电感耦合等离子体发射光谱法

见 1.4。

11.7 电感耦合等离子体质谱法

见 1.5。

12 银

12.1 无火焰原子吸收分光光度法

12.1.1 范围

本标准规定了用无火焰原子吸收分光光度法测定生活饮用水及其水源水中的银。

本法适用于生活饮用水及其水源水中银的测定。

本法最低检测质量为 0.05 ng 银，若取 20 μL 水样测定，则最低检测质量浓度为 2.5 μg/L。

水中共存离子一般不产生干扰。

12.1.2 原理

样品经适当处理后，注入石墨炉原子化器，所含的金属离子在石墨管内经原子化高温蒸发解离为原子蒸气，待测元素的基态原子吸收来自同种元素空心阴极灯发射的共振线，其吸收强度在一定范围内与金属浓度成正比。

12.1.3 试剂

12.1.3.1 银标准储备溶液[$\rho(Ag)=1$ mg/mL]：称取 0.787 5 g 硝酸银($AgNO_3$)，溶于硝酸(1+99)中，并用硝酸(1+99)稀释至 500 mL，储存于棕色玻璃瓶中。

12.1.3.2 银标准中间溶液[$\rho(Ag)=50$ μg/mL]：取银标准储备溶液(12.1.3.1)5.00 mL 于 100 mL 容量瓶中，用硝酸溶液(1+99)稀释至刻度。

12.1.3.3 银标准使用溶液[$\rho(Ag)=1$ μg/mL]：取银标准中间溶液(12.1.3.2)2.00 mL 于 100 mL 容量瓶中，用硝酸溶液(1+99)稀释至刻度。

12.1.3.4 磷酸二氢铵溶液(120 g/L)：称取 12 g 磷酸二氢铵($NH_4H_2PO_4$，优级纯)，加水溶解并定容至 100 mL。

12.1.4 仪器

12.1.4.1 石墨炉原子吸收分光光度计。

12.1.4.2 银元素空心阴极灯。

12.1.4.3 氩气钢瓶。

12.1.4.4 微量加样器：20 μL。

12.1.4.5 聚乙烯瓶：100 mL。

12.1.5 仪器参数

测定银的仪器参数见表 10。

表 10 测定银的仪器参数

元素	波长/nm	干燥温度/℃	干燥时间/s	灰化温度/℃	灰化时间/s	原子化温度/℃	原子化时间/s
Ag	328.1	120	30	600	30	1 700	5

12.1.6 分析步骤

12.1.6.1 吸取银标准使用溶液(12.1.3.3)0 mL，0.25 mL，0.50 mL，1.00 mL，2.00 mL 和 3.00 mL 于 5 个 100 mL 容量瓶内，各加入磷酸二氢铵溶液(12.1.3.4)10 mL，用硝酸溶液(1+99)定容至刻度，摇匀，分别配成 0 ng/mL，2.5 ng/mL，5 ng/mL，10 ng/mL，20 ng/mL 和 30 ng/mL 的标准系列。

12.1.6.2 吸取 10 mL 水样，加入 1.0 mL 磷酸二氢铵溶液(12.1.3.4)，同时取 10 mL 硝酸溶液(1+99)，加入 1.0 mL 磷酸二氢铵溶液(12.1.3.4)，作为空白。

12.1.6.3 仪器参数设定后依次吸取 20 μL 试剂空白，标准系列和样品，注入石墨管，启动石墨炉控制程序和记录仪，记录吸收峰高或峰面积。

12.1.7 计算

若样品经处理或稀释，从标准曲线查出银浓度后，按式(34)计算：

$$\rho(Ag)=\frac{\rho_1\times V_1}{V} \qquad \cdots\cdots(34)$$

式中：

$\rho(Ag)$——水样中银的质量浓度，单位为微克每升(μg/L)；

ρ_1——从标准曲线上查得试样中银的质量浓度，单位为微克每升(μg/L)；

V_1——测定样品的体积，单位为毫升(mL)；

V——原水样体积，单位为毫升(mL)。

12.2 巯基棉富集-高碘酸钾分光光度法

12.2.1 范围

本标准规定了用巯基棉富集-高碘酸钾分光光度法测定生活饮用水及其水源水中的银。

本法适用于生活饮用水及其水源水中银的测定。

本法最低检测质量为 1 μg，若取 200 mL 水样测定，则最低检测质量浓度为 0.005 mg/L。

12.2.2 原理

水中痕量银经巯基棉富集分离后，在碱性介质中，有过硫酸钾助氧化剂存在下，高碘酸钾将氯化银(或氧化银)氧化成黄色银络盐，进行比色测定。

12.2.3 试剂

12.2.3.1 氢氧化钾溶液(140 g/L)。

12.2.3.2 高碘酸钾溶液(23 g/L)：称取 11.5 g 高碘酸钾(KIO_4)溶于 500 mL 氢氧化钾溶液(12.2.3.1)中。

12.2.3.3 过硫酸钾($K_2S_2O_8$)溶液(20 g/L)。

12.2.3.4 盐酸溶液(1+5)。

12.2.3.5 氢氧化钠溶液(200 g/L)。

12.2.3.6 除干扰溶液：将乙二胺四乙酸二钠溶液(50 g/L)、氟化铵溶液(30 g/L)、柠檬酸钠($Na_3C_6H_5O_7 \cdot 2H_2O$)溶液(50 g/L)等体积混合。

12.2.3.7 缓冲溶液：将乙酸溶液(1+49)和乙酸钠溶液(100 g/L)等体积混合。

12.2.3.8 硝酸溶液(1+9)。

12.2.3.9 巯基棉：见 4.2.4.3.3。

12.2.3.10 银标准储备溶液：称取 2.4 g 硝酸银($AgNO_3$)溶于纯水中并定容至 1 000 mL。用氯化钠标准溶液(见 GB/T 5750.5—2006 2.1.3.8)标定其准确浓度。

12.2.3.11 银标准使用溶液[$\rho(Ag)=5.00$ μg/mL]：使用时将银标准储备溶液(12.2.3.10)稀释而成。

12.2.4 仪器

12.2.4.1 比色管：25 mL。

12.2.4.2 分液漏斗：250 mL。

12.2.4.3 水浴锅。

12.2.4.4 分光光度计。

12.2.5 分析步骤

12.2.5.1 水样预处理

12.2.5.1.1 银的富集：取 200 mL 水样[每 100 mL 水样含 1 mL 硝酸($\rho_{20}=1.42$ g/mL)]，加缓冲液(12.2.3.7)和除干扰溶液(12.2.3.6)各 20 mL，混匀。移入颈部装有 0.1 g 巯基棉的分液漏斗中，控制流速约为 3 mL/min，待水样流完后用 5 mL 缓冲液淋洗漏斗，再用 10 mL 纯水淋洗二次。加 10 mL 硝酸(12.2.3.8)通过巯基棉，并用纯水冲洗至中性。

12.2.5.1.2 银的洗脱：向分液漏斗中加入 5 mL 盐酸溶液(12.2.3.4)，浸泡 2 min 后，使其缓缓流过巯基棉，再用 10 mL 纯水淋洗，将盐酸和水溶液一并收集于 25 mL 比色管中，待测。

12.2.5.2 测定

12.2.5.2.1 取 25 mL 比色管 7 支,分别加入银标准使用溶液 (12.2.3.11)0 mL,0.20 mL,0.40 mL,0.60 mL,0.80 mL,1.00 mL 和 2.00 mL。各加盐酸溶液(12.2.3.4)5 mL。

12.2.5.2.2 向样品及标准管中分别加入 2.5 mL 氢氧化钠溶液(12.2.3.5),1.0 mL 高碘酸钾溶液(12.2.3.2),0.5 mL 过硫酸钾溶液(12.2.3.3),用纯水稀释至 25 mL。摇匀,立即放入沸水浴中,加热 20 min,取出冷却至室温。

12.2.5.2.3 于 355 nm 波长,用 3 cm 比色皿,以纯水为参比测量吸光度。

12.2.5.2.4 绘制标准曲线,从曲线上查出样品管中银的质量。

12.2.6 计算

水样中银的质量浓度计算见式(35):

$$\rho(\mathrm{Ag})=\frac{m}{V} \qquad \cdots\cdots\cdots\cdots(35)$$

式中:

$\rho(\mathrm{Ag})$——水样中银的质量浓度,单位为毫克每升(mg/L);

m——从标准曲线查得水样中银的质量,单位为微克(μg);

V——水样体积,单位为毫升(mL)。

12.2.7 精密度和准确度

向水源水中加入银标准溶液,平均回收率 94.0%,相对标准偏差 5%。

12.3 电感耦合等离子体发射光谱法

见 1.4。

12.4 电感耦合等离子体质谱法

见 1.5。

13 钼

13.1 无火焰原子吸收分光光度法

13.1.1 范围

本标准规定了用无火焰原子吸收分光光度法测定生活饮用水及其水源水中的钼。

本法适用于生活饮用水及其水源水中钼的测定。

本法最低检测质量为 0.1 ng,若取 20 μL 水样测定,则最低检测浓度为 5 μg/L。

水中共存离子一般不产生干扰。

13.1.2 原理

样品经适当处理后,注入石墨炉原子化器,所含的金属离子在石墨管内经原子化高温蒸发解离为原子蒸气,待测元素的基态原子吸收来自同种元素空心阴极灯发出的共振线,其吸收强度在一定范围内与金属浓度成正比。

13.1.3 试剂

13.1.3.1 钼标准储备溶液[$\rho(\mathrm{Mo})=1.00$ mg/mL]:称取 1.839 8 g 钼酸铵{$(NH_4)_6[Mo_7O_{24}]\cdot 4H_2O$}用氨水(1+99)溶解,并定容至 1 000 mL。

13.1.3.2 钼标准中间溶液[$\rho(\mathrm{Mo})=50.00$ μg/mL]:取钼标准储备溶液(13.1.3.1)5.00 mL 于 100 mL 容量瓶中,用硝酸溶液(1+99)稀释至刻度,摇匀。

13.1.3.3 钼标准使用溶液[$\rho(\mathrm{Mo})=1.00$ μg/mL]:取钼标准中间溶液(13.1.3.2)2.00 mL 于100 mL 容量瓶中,用硝酸溶液(1+99)稀释至刻度,摇匀。

13.1.4 仪器

13.1.4.1 石墨炉原子吸收分光光度计。

13.1.4.2 钼元素空心阴极灯。

13.1.4.3 氩气钢瓶。

13.1.4.4 微量加样器:20 μL。

13.1.4.5 聚乙烯瓶:100 mL。

13.1.5 仪器参数

测定钼的仪器参数见表 11。

表 11 测定钼的仪器参数

元素	波长/nm	干燥温度/℃	干燥时间//s	灰化温度/℃	灰化时间/s	原子化温度/℃	原子化时间/s
Mo	313.3	120	30	1 800	30	2 600	5

13.1.6 分析步骤

13.1.6.1 吸取钼标准使用溶液(13.1.3.3)0 mL,0.50 mL,1.00 mL,2.00 mL,3.00 mL 和 4.00 mL 于 6 个 100 mL 容量瓶内,用硝酸溶液(1+99)稀释至刻度,摇匀,分别配制成 0 ng/mL,5 ng/mL,10 ng/mL,20 ng/mL,30 ng/mL 和 40 ng/mL 的钼标准系列。

13.1.6.2 仪器参数设定后依次吸取 20 μL 硝酸溶液(1+99)作为试剂空白。标准系列和样品,注入石墨管,启动石墨炉控制程序和记录仪,记录吸收峰值或峰面积,每测定 10 个样品之间,加测一个内控样品或相当于标准曲线中等浓度的标准溶液。

13.1.7 计算

13.1.7.1 直接进样品水样,从标准曲线直接查得水样中待测金属的质量浓度(μg/L)。

13.1.7.2 若样品经处理或稀释,从标准曲线查出钼的浓度后,按式(36)计算:

$$\rho(\mathrm{Mo}) = \frac{\rho_1 \times V_1}{V} \tag{36}$$

式中:

$\rho(\mathrm{Mo})$——水样中钼的质量浓度,单位为微克每升(μg/L);

ρ_1——从标准曲线上查得试样中钼的质量浓度,单位为微克每升(μg/L);

V_1——水样稀释后的体积,单位为毫升(mL);

V——原水样体积,单位为毫升(mL)。

13.2 电感耦合等离子体发射光谱法

见 1.4。

13.3 电感耦合等离子体质谱法

见 1.5。

14 钴

14.1 无火焰原子吸收分光光度法

14.1.1 范围

本标准规定了用无火焰原子吸收分光光度法测定生活饮用水及其水源水中的钴。

本法适用于生活饮用水其水源水中钴的测定。

本法最低检测质量为 0.1 ng,若取 20 μL 水样测定,则最低检测浓度为 5 μg/L。

水中共存离子一般不产生干扰。

14.1.2 原理

样品经适当处理后,注入石墨炉原子化器,所含的金属离子在石墨管内经原子化高温蒸发解离为原子蒸气,待测元素的基态原子吸收来自同种元素空心阴极灯发出的共振线,其吸收强度在一定范围内与金属浓度成正比。

14.1.3 **试剂**

14.1.3.1 钴标准储备溶液[$\rho(Co)=1.00$ mg/mL]:称取 1.000 0 g 金属钴(高纯或光谱纯),溶于 10 mL 硝酸溶液(1+1)中,加热驱除氮氧化物,用水定容至 1 000 mL。

14.1.3.2 钴标准中间溶液[$\rho(Co)=50.00$ μg/mL]:取钴标准储备溶液(14.1.3.1)5.00 mL 于 100 mL 容量瓶中,用硝酸溶液(1+99)稀释至刻度,摇匀。

14.1.3.3 钴标准使用溶液[$\rho(Co)=1.00$ μg/mL]:取钴标准中间溶液(14.1.3.2)2.00 mL 于 100 mL 容量瓶中,用硝酸溶液(1+99)稀释至刻度,摇匀。

14.1.3.4 硝酸镁(50 g/L):称取 5 g 硝酸镁[$Mg(NO_3)_2$,优级纯],加水溶解并定容至 100 mL。

14.1.4 **仪器**

14.1.4.1 石墨炉原子吸收分光光度计。

14.1.4.2 钴元素空心阴极灯。

14.1.4.3 氩气钢瓶。

14.1.4.4 微量加样器:20 μL。

14.1.4.5 聚乙烯瓶:100 mL。

14.1.5 **仪器参数**

测定钴的仪器参数见表 12。

表 12 测定钴的仪器参数

元素	波长/nm	干燥温度/℃	干燥时间/s	灰化温度/℃	灰化时间/s	原子化温度/℃	原子化时间/s
Co	240.7	120	30	1 400	30	2 400	5

14.1.6 **分析步骤**

14.1.6.1 吸取钴标准使用溶液(14.1.3.3)0 mL,0.50 mL,1.00 mL,2.00 mL,3.00 mL 和 4.00 mL 于 6 个 100 mL 容量瓶内,分别加入硝酸镁溶液(14.1.3.4)1.0 mL,用硝酸溶液(1+99)稀释至刻度,摇匀,分别配制成 0 ng/mL,5 ng/mL,10 ng/mL,20 ng/mL,30 ng/mL 和 40 ng/mL 的钴标准系列。

14.1.6.2 吸取 10 mL 水样,加入硝酸镁溶液(14.1.3.4)0.1 mL,同时取 10 mL 硝酸溶液(1+99),加入硝酸镁溶液(14.1.3.4)0.1 mL,作为试剂空白。

14.1.6.3 仪器参数设定后依次吸取 20 μL 试剂空白,标准系列和样品,注入石墨管,启动石墨炉控制程序和记录仪,记录吸收峰值或峰面积。

14.1.7 **计算**

从标准曲线查出钴浓度后,按式(37)计算:

$$\rho(Co)=\frac{\rho_1\times V_1}{V} \qquad \cdots\cdots(37)$$

式中:

$\rho(Co)$——水样中钴的质量浓度,单位为毫克每升(μg/L);

ρ_1——从标准曲线上查得试样中钴的质量浓度,单位为毫克每升(μg/L);

V_1——测定样品的体积,单位为毫升(mL);

V——原水样体积,单位为毫升(mL)。

14.2 **电感耦合等离子体发射光谱法**

见 1.4。

14.3 **电感耦合等离子体质谱法**

见 1.5。

15 镍

15.1 无火焰原子吸收分光光度法

15.1.1 范围

本标准规定了用无火焰原子吸收分光光度法测定生活饮用水及其水源水中的镍。

本法适用于生活饮用水其水源水中镍的测定。

本法最低检测质量为 0.1 ng，若取 20 μL 水样测定，则最低检测浓度为 5 μg/L。

水中共存离子一般不产生干扰。

15.1.2 原理

样品经适当处理后，注入石墨炉原子化器，所含的金属离子在石墨管内经原子化高温蒸发解离为原子蒸气，待测元素的基态原子吸收来自同种元素空心阴极灯发出的共振线，其吸收强度在一定范围内与金属浓度成正比。

15.1.3 试剂

15.1.3.1 镍标准储备溶液[ρ(Ni)＝1.00 mg/mL]：称取 1.000 0 g 金属镍(高纯或光谱纯)，溶于 10 mL 硝酸溶液(1＋1)中，加热驱除氮氧化物，用水定容至 1 000 mL。

15.1.3.2 镍标准中间溶液[ρ(Ni)＝50.00 μg/mL]：取镍标准储备溶液(15.1.3.1)5.00 mL 于 100 mL 容量瓶中，用硝酸溶液(1＋99)稀释至刻度，摇匀。

15.1.3.3 镍标准使用溶液[ρ(Ni)＝1.00 μg/mL]：取镍标准中间溶液(15.1.3.2)2.00 mL 于 100 mL 容量瓶中，用硝酸溶液(1＋99)稀释至刻度，摇匀。

15.1.3.4 硝酸镁(50 g/L)：称取 5 g 硝酸镁[$Mg(NO_3)_2$，优级纯]，加水溶解并定容至 100 mL。

15.1.4 仪器

15.1.4.1 石墨炉原子吸收分光光度计。

15.1.4.2 镍元素空心阴极灯。

15.1.4.3 氩气钢瓶。

15.1.4.4 微量加样器：20 μL。

15.1.4.5 聚乙烯瓶：100 mL。

15.1.5 仪器参数

测定镍的仪器参数见表 13。

表 13 测定镍的仪器参数

元素	波长/nm	干燥温度/℃	干燥时间/s	灰化温度/℃	灰化时间/s	原子化温度/℃	原子化时间/s
Ni	232.0	120	30	1 400	30	2 400	5

15.1.6 分析步骤

15.1.6.1 吸取镍标准使用溶液(15.1.3.3)0 mL，0.50 mL，1.00 mL，2.00 mL 和 3.00 mL 于 5 个 100 mL 容量瓶内，分别加入硝酸镁溶液(15.1.3.4)1.0 mL，用硝酸溶液(1＋99)稀释至刻度，摇匀，分别配制成 0 ng/mL，5 ng/mL，10 ng/mL，20 ng/mL 和 30 ng/mL 的镍标准系列。

15.1.6.2 吸取 10 mL 水样，加入硝酸镁溶液(15.1.3.4)0.1 mL，同时取 10 mL 硝酸溶液(1＋99)，加入硝酸镁溶液(15.1.3.4)0.1 mL，作为试剂空白。

15.1.6.3 仪器参数设定后依次吸取 20 μL 试剂空白，标准系列和样品，注入石墨管，启动石墨炉控制程序和记录仪，记录吸收峰值或峰面积。

15.1.7 计算

从标准曲线查出镍浓度后，按式(38)计算：

$$\rho(\mathrm{Ni})=\frac{\rho_1\times V_1}{V} \qquad \cdots\cdots(38)$$

式中：

$\rho(\mathrm{Ni})$——水样中镍的质量浓度，单位为微克每升(μg/L)；

ρ_1——从标准曲线上查得试样中镍的质量浓度，单位为微克每升(μg/L)；

V_1——测定样品的体积，单位为毫升(mL)；

V——原水样体积，单位为毫升(mL)。

15.2 电感耦合等离子体发射光谱法

见1.4。

15.3 电感耦合等离子体质谱法

见1.5。

16 钡

16.1 无火焰原子吸收分光光度法

16.1.1 范围

本标准规定了用无火焰原子吸收分光光度法测定生活饮用水及其水源水中的钡。

本法适用于生活饮用水及其水源水中钡的测定。

本法最低检测质量为0.2 ng，若取20 μL水样测定，最低检测浓度为10 μg/L。

水中共存离子一般不产生干扰。

16.1.2 原理

样品经适当处理后，注入石墨炉原子化器，所含的金属离子在石墨管内经原子化高温蒸发解离为原子蒸气，待测元素的基态原子吸收来自同种元素空心阴极灯发出的共振线，其吸收强度在一定范围内与金属浓度成正比。

16.1.3 试剂

16.1.3.1 钡标准储备溶液[$\rho(\mathrm{Ba})$=1.00 mg/mL]：称取1.778 8 g氯化钡($BaCl_2 \cdot 2H_2O$，含量99.99%)于250 mL烧杯中，加水溶解，加入10 mL硝酸(ρ_{20}=1.42 g/mL)，转移至1 000 mL容量瓶中，并加水定容。

16.1.3.2 钡标准中间溶液[$\rho(\mathrm{Ba})$=50.00 μg/mL]：取5.00 mL钡标准储备溶液(16.1.3.1)于100 mL容量瓶中，用硝酸溶液(1+99)稀释至刻度，摇匀。

16.1.3.3 钡标准使用溶液[$\rho(\mathrm{Ba})$=1.00 μg/mL]：取2.00 mL钡标准中间溶液(16.1.3.2)于100 mL容量瓶中，用硝酸溶液(1+99)稀释至刻度，摇匀。

16.1.4 仪器

16.1.4.1 石墨炉原子吸收分光光度计。

16.1.4.2 钡元素空心阴极灯。

16.1.4.3 氩气钢瓶。

16.1.4.4 微量加样器：20 μL。

16.1.4.5 聚乙烯瓶：100 mL。

16.1.5 仪器参数

测定钡的仪器参数见表14。

表 14 测定钡的仪器参数

元素	波长/nm	干燥温度/℃	干燥时间/s	灰化温度/℃	灰化时间/s	原子化温度/℃	原子化时间/s
Ba	553.6	120	30	1 100	30	2 600	5

16.1.6 分析步骤

16.1.6.1 吸取钡标准使用溶液(16.1.3.3)0 mL,1.00 mL,2.00 mL,4.00 mL,6.00 mL 和 8.00 mL 于 6 个 100 mL 容量瓶内,用硝酸溶液(1+99)稀释至刻度,摇匀,分别配制成 0 ng/mL,10 ng/mL,20 ng/mL,40 ng/mL,60 ng/mL 和 80 ng/mL 的钡标准系列。

16.1.6.2 仪器参数设定后依次吸取 20 μL 试剂空白[用(1+99)硝酸溶液作为试剂空白]。标准系列和样品,注入石墨管,启动石墨炉控制程序和记录仪,记录吸收峰值或峰面积。

16.1.7 计算

16.1.7.1 直接进样品水样,从标准曲线直接查得水样中待测金属的质量浓度(μg/L)。

16.1.7.2 若样品经处理或稀释,从标准曲线查出钡的浓度后,按式(39)计算:

$$\rho(Ba) = \frac{\rho_1 \times V_1}{V} \quad \cdots\cdots(39)$$

式中:

$\rho(Ba)$——水样中钡的质量浓度,单位为微克每升(μg/L);

ρ_1——从标准曲线上查得试样中钡的质量浓度,单位为微克每升(μg/L);

V_1——水样稀释后的体积,单位为毫升(mL);

V——原水样体积,单位为毫升(mL)。

16.2 电感耦合等离子体发射光谱法

见 1.4。

16.3 电感耦合等离子体质谱法

见 1.5。

17 钛

17.1 催化示波极谱法

17.1.1 范围

本标准规定了用催化示波极谱法测定生活饮用水及其水源水中的钛。

本法适用于生活饮用水及其水源水中钛的测定。

本法最低检测质量为 0.002 μg,若取 5.00 mL 水样测定,则最检测质量浓度为 0.4 μg/L。

水中大量的 K^+、Ca^{2+}、Mg^{2+}、PO_4^{3-} 不干扰测定(钛含量的 106 倍);1 000 倍的 Mn^{2+}、Cd^{2+}、Pb^{2+}、Sn^{2+}、Ag^+;500 倍的 Cu^{2+}、Zn^{2+};300 倍的 Bi^{3+};200 倍的 Co^{2+};100 倍的 Fe^{2+}、Ni^{2+}、Al^{3+};50 倍的 Mo^{6+};8 倍的 Cr^{3+}、V^{5+} 均不干扰测定。

17.1.2 原理

水中活性钛与铜铁试剂作用形成配位化合物,在六亚甲基四胺-硫酸钠-酒石酸钾钠(pH 6～6.4)体系中,生成电活性配位化合物,于峰电位－0.92 V 处产生一个灵敏的配合吸附催化极谱峰。其峰高与钛浓度呈线性关系,可测定水中钛含量。

17.1.3 试剂

所用水均为去离子蒸馏水(蒸馏时加少许高锰酸钾和硫酸)。

17.1.3.1 铜铁试剂溶液(10 g/L):称取 1.0 g 铜铁试剂($C_6H_9N_3O_2$,N-亚硝基苯胲铵,又名铜铁灵),溶于少量纯水中并稀释成 100 mL。冰箱内保存可用 1 W。

17.1.3.2 氨水(5+95):量取氨水(ρ_{20}=0.88 g/mL)5.0 mL,加纯水 95 mL,混匀。

17.1.3.3 硫酸钠溶液(100 g/L)。

17.1.3.4 六亚甲基四胺-酒石酸钾钠溶液:称取 20 g 六亚甲基四胺($C_6H_{12}N_4$,又名乌洛托品)和 5 g 酒石酸钾钠($KNaC_4H_4O_6 \cdot 4H_2O$),溶于 230 mL 纯水中,加 3 mL 盐酸($\rho_{20}=1.19$ g/mL),放置过夜,调 pH 至 6.3,用纯水定容至 250 mL。

17.1.3.5 六亚甲基四胺-硫酸钠混合溶液:将 100 mL 六亚甲基四胺-酒石酸钾钠溶液(17.1.3.4)和 100 mL 硫酸钠溶液(17.1.3.3)倾入 250 mL 分液漏斗中,加 8 mL 铜铁试剂(17.1.3.1),混匀。室温下放置 30 min,加三氯甲烷 10 mL,猛烈振摇 200 次,静置分层,弃去有机相,水相备用。必要时再萃取净化一次。

17.1.3.6 钛标准储备溶液[ρ(Ti)=200 μg/mL]:称取 0.167 0 g 二氧化钛(TiO_2,优级纯)置于含有 4 g 硫酸铵的 70 mL 硫酸($\rho_{20}=1.84$ g/mL)中,加热溶解,直至溶液变成清液,取下放冷,移入盛有 100 mL 纯水的 500 mL 容量瓶中,用纯水稀释至刻度,混匀。

17.1.3.7 钛标准中间溶液[ρ(Ti)=1.00 μg/mL]:取标准储备溶液(17.1.3.6)0.50 mL 于 100 mL 容量瓶中,用盐酸溶液(1+1)稀释至刻度,混匀。可用 1 W。

17.1.3.8 钛标准使用溶液[ρ(Ti)=0.01 μg/mL]:临用前,用盐酸溶液(1+1)将钛标准中间溶液(17.1.3.7)稀释。

17.1.3.9 甲基红溶液(10 g/L):称取 1.0 g 甲基红,溶于少量乙醇[$\varphi(C_2H_5OH)=95\%$)],并用乙醇稀释至 100 mL。

17.1.4 仪器

17.1.4.1 酸度计。

17.1.4.2 示波极谱仪。

17.1.5 分析步骤

17.1.5.1 吸取经盐酸酸化的水样[采集水样时每 100 mL 水样加 0.5 mL 盐酸($\rho_{20}=1.19$ g/mL),如水样浑浊,则过滤后再加盐酸] 5.0 mL 于 10 mL 比色管中,在沸水浴上加热 30 min,取下放冷,加 1 滴甲基红(17.1.3.9),滴加氨水(17.1.3.2)至溶液刚变黄色为止。

17.1.5.2 另取 8 支 10 mL 比色管,分别加钛标准使用溶液(17.1.3.8) 0 mL,0.20 mL,0.30 mL,0.40 mL,0.60 mL,0.80 mL 和 1.00 mL。

17.1.5.3 向水样及标准管中各加 2.0 mL 六亚甲基四胺-硫酸钠混合液(17.1.3.5)和 0.4 mL 铜铁试剂溶液(17.1.3.1),加纯水至 10 mL,混匀。

17.1.5.4 于 30℃水浴中放置 30 min,取出冷至室温后,倒入电解池中,插入三电极,于起始电位 −0.70 V,峰电位为 −0.92 V,电流倍率为 0.015,测量导数峰高。

17.1.5.5 绘制标准曲线,并从曲线查出水样中钛的质量。

17.1.6 计算

水样中钛(Ti)的质量浓度计算见式(40):

$$\rho(\text{Ti}) = \frac{m}{V} \quad \cdots\cdots\cdots\cdots (40)$$

式中:

ρ(Ti)——水样中钛(Ti)的质量浓度,单位为微克每升(μg/L);

m——从标准曲线查得水样中钛的质量,单位为纳克(ng);

V——水样体积,单位为毫升(mL)。

17.1.7 精密度和准确度

3 个实验室在不同的天数测定质量浓度为 0.2 μg/L~10 μg/L 的钛合成水样 14 次,相对标准偏差均小于 10%;同一份水样(0.62 μg/L) 测定 6 次,其相对标准偏差为 8.0%。水样回收率:河水为 87.0%~100%,深井水 89.0%~102%,自来水 97.0%~106%,矿泉水 91.0%。

17.2 水杨基荧光酮分光光度法

17.2.1 范围

本标准规定了用水杨基荧光酮分光光度法测定生活饮用水及其水源水中的钛。

本法适用于生活饮用水及其水源水中钛的测定。

本法最低检测质量为 0.2 μg(以 Ti 计),若取 10 mL 水样测定,则最低检测质量浓度为 0.020 mg/L。

水中可能含的一些离子:钙、镁、铁、锰、铅、铜、铬、钠等在一般含量范围内对方法无干扰。

17.2.2 原理

钛离子在硫酸介质中,与水杨基荧光酮及溴代十六烷基三甲胺生成棕黄色三元络合物,在波长 540 nm 处测定其吸光度。

17.2.3 试剂

17.2.3.1 抗坏血酸溶液(20 g/L):当日配制。

17.2.3.2 硫酸溶液(5+95)。

17.2.3.3 水杨基荧光酮溶液(0.001 mol/L):称取 0.033 6 g 水杨基荧光酮(SAF,$C_{19}H_{12}O_6$)于小烧杯中,加 5 mL 盐酸溶液(5+7)及 50 mL 乙醇[$\varphi(C_2H_5OH)=95\%$]溶解,并用乙醇稀释至 100 mL(避光保存)。

17.2.3.4 溴代十六烷基三甲胺溶液:称取 1.822 g 溴代十六烷基三甲胺(CTMAB,$C_{19}H_{42}NBr$)溶于纯水中并稀释至 500 mL(用时如出现晶粒,可用温水加温溶解)。

17.2.3.5 钛标准储备溶液[$\rho(Ti)=100\ \mu g/mL$]:称取 0.370 0 g 草酸钛钾[$TiO(C_2O_4K_2)\cdot 2H_2O$],用硫酸溶液(5+95)溶解,并定容至 500 mL。

17.2.3.6 钛标准使用溶液[$\rho(Ti)=2.00\ \mu g/mL$]:吸取 2.00 mL 钛标准储备溶液(17.2.3.5)于 100 mL 容量瓶中,用硫酸溶液(5+95)稀释至刻度。

17.2.4 仪器

17.2.4.1 容量瓶:25 mL。

17.2.4.2 分光光度计。

17.2.5 分析步骤

17.2.5.1 吸取水样 10.0 mL(含钛低于 4 μg)置于 25 mL 容量瓶中。

17.2.5.2 另取 9 个 25 mL 容量瓶加入钛标准使用溶液(17.2.3.6)0 mL,0.10 mL,0.20 mL,0.40 mL,0.60 mL,0.80 mL,1.00 mL,1.50 mL 和 2.00 mL,加水至 10 mL。

17.2.5.3 在水样及标准系列中各加入 4 mL 硫酸溶液(17.2.3.2)及 1 mL 抗坏血酸溶液(17.2.3.1),混匀。加入 2 mL 水杨基荧光酮溶液(17.2.3.3)及 4 mL CTMAB 溶液(17.2.3.4),用纯水稀释至刻度,摇匀,放置 5 min。

17.2.5.4 于波长 540 nm 处,用 1 cm 比色皿,以空白液为参比,测定吸光度。

17.2.5.5 绘制标准曲线,查出样品管中钛的质量。

17.2.6 计算

水样中钛(以 Ti 计)的质量浓度计算见式(41):

$$\rho(Ti)=\frac{m}{V} \qquad \cdots\cdots(41)$$

式中:

$\rho(Ti)$——水样中钛(以 Ti 计)的质量浓度,单位为毫克每升(mg/L);

m——从标准曲线查得水样中钛的质量,单位为微克(μg);

V——水样体积,单位为毫升(mL)。

17.2.7 **精密度和准确度**

4个实验室用本标准各做了10次不同加标量的实验，相对标准偏差为1.2%～3.6%。4个实验室分别用自来水、深井水、纯水、矿泉水、温泉水、江水、湖水等作了回收试验，加标量0.2 μg～4.0 μg，回收率106%～117%。

17.3 电感耦合等离子体质谱法

见1.5。

18 钒

18.1 无火焰原子吸收分光光度法

18.1.1 范围

本标准规定了用无火焰原子吸收分光光度法测定生活饮用水及其水源水中的钒。

本法适用于生活饮用水其水源水中钒的测定。

本法最低检测质量为0.2 ng，若取20 μL水样测定，则最低检测质量浓度为10 μg/L。

水中共存离子一般不产生干扰。

18.1.2 原理

样品经适当处理后，注入石墨炉原子化器，所含的金属离子在石墨管内经原子化高温蒸发解离为原子蒸气，待测元素的基态原子吸收来自同种元素空心阴极灯发出的共振线，其吸收强度在一定范围内与金属浓度成正比。

18.1.3 试剂

18.1.3.1 钒标准储备溶液[ρ(V)=1.00 mg/mL]：称取2.296 6 g优级纯偏钒酸铵(NH_4VO_3)，溶解于水中，加入20 mL硝酸溶液(1+1)，再用水定容至1 000 mL。

18.1.3.2 钒标准中间溶液[ρ(V)=50.00 μg/mL]：吸取5.00 mL钒标准储备溶液(18.1.3.1)于100 mL容量瓶中，用硝酸溶液(1+18)稀释至刻度，摇匀。

18.1.3.3 钒标准使用溶液[ρ(V)=1.00 μg/mL]：吸取2.00 mL钒标准中间溶液(18.1.3.2)于100 mL容量瓶中，用硝酸溶液(1+18)稀释至刻度，摇匀。

18.1.4 仪器

18.1.4.1 石墨炉原子吸收分光光度计。

18.1.4.2 钒元素空心阴极灯。

18.1.4.3 氩气钢瓶。

18.1.4.4 微量加样器：20 μL。

18.1.4.5 聚乙烯瓶：100 mL。

18.1.5 仪器参数

测定钒的仪器参数见表15。

表15 测定钒的仪器参数

元素	波长/nm	干燥温度/℃	干燥时间/s	灰化温度/℃	灰化时间/s	原子化温度/℃	原子化时间/s
V	318.3	120	30	1 000	30	2 600	5

18.1.6 分析步骤

18.1.6.1 吸取钒标准使用溶液(18.1.3.3)0 mL，1.00 mL，2.00 mL，3.00 mL和4.00 mL于5个100 mL容量瓶内，用硝酸溶液(1+18)稀释至刻度，摇匀，分别配制成0 ng/mL，10 ng/mL，20 ng/mL，30 ng/mL和40 ng/mL的钒标准系列。

18.1.6.2 仪器参数设定后依次吸取20 μL试剂空白[硝酸溶液(1+18)作为试剂空白]。标准系列和样品，注入石墨管，启动石墨炉控制程序和记录仪，记录吸收峰值或峰面积。

18.1.7 计算

从标准曲线查出钒浓度后,按式(42)计算:

$$\rho(V)=\frac{\rho_1\times V_1}{V} \qquad \cdots\cdots(42)$$

式中:

$\rho(V)$——水样中钒的质量浓度,单位为微克每升($\mu g/L$);

ρ_1——从标准曲线上查得试样中钒的质量浓度,单位为微克每升($\mu g/L$);

V_1——水样稀释后的体积,单位为毫升(mL);

V——原水样体积,单位为毫升(mL)。

18.2 电感耦合等离子体发射光谱法

见1.4。

18.3 电感耦合等离子体质谱法

见1.5。

19 锑

19.1 氢化物原子荧光法

19.1.1 范围

本标准规定了用氢化物原子荧光法测定生活饮用水及其水源水中的锑。

本法适用于生活饮用水及其水源水中锑的测定。

本法最低检测质量为0.005 μg,若取10 mL水样测定,最低检测质量浓度为0.5 μg/L。

19.1.2 原理

在酸性条件下,以硼氢化钠为还原剂使锑生成锑化氢,由载气带入原子化器原子化,受热分解为原子态锑,基态锑原子在特制锑空心阴极灯的激发下产生原子荧光,其荧光强度与锑含量成正比。

19.1.3 试剂

19.1.3.1 氢氧化钠溶液(2 g/L):称取1 g氢氧化钠(NaOH)溶于纯水中,稀释至500 mL。

19.1.3.2 硼氢化钠溶液(20 g/L):称取10.0 g硼氢化钠($NaBH_4$),溶于500 mL氢氧化钠溶液(19.1.3.1)中,混匀。

19.1.3.3 盐酸(ρ_{20}=1.19 g/mL),优级纯。

19.1.3.4 盐酸溶液(5+95):取25 mL盐酸(19.1.3.3),用纯水稀释至500 mL。

19.1.3.5 硫脲-抗坏血酸溶液:称取10.0 g硫脲[$(NH_2)_2CS$],加约80 mL纯水,加热溶解,冷却后加入10.0 g抗坏血酸($C_6H_8O_6$),稀释至100 mL。

19.1.3.6 锑标准储备液[$\rho(Sb)$=1.00 mg/mL]:称取0.500 0 g锑(光谱纯)于100 mL烧杯中,加入10 mL盐酸(19.1.3.3)和5 g酒石酸($C_4H_6O_6$),在水浴中温热使锑完全溶解,放冷后,转入500 mL容量瓶中,用纯水定容至刻度,摇匀。

19.1.3.7 锑标准中间溶液[$\rho(Sb)$=10.00 μg/mL]:吸取10.00 mL锑标准储备液(19.1.3.6)于1 000 mL容量瓶中,加3 mL盐酸(19.1.3.3),用纯水定容至刻度,摇匀。

19.1.3.8 锑标准使用溶液[$\rho(Sb)$=0.10 μg/mL]:吸取5.00 mL锑标准中间溶液(19.1.3.7)于500 mL容量瓶中,用纯水定容至刻度。

19.1.4 仪器

19.1.4.1 原子荧光光度计。

19.1.4.2 锑空心阴极灯。

19.1.5 分析步骤

19.1.5.1 仪器参数

灯电流:75 mA;负高压:310 V;原子化器高度:8.5 mm;载气流量:500 mL/min;屏蔽气流量:1 000 mL/min;进样体积:0.5 mL;载流:盐酸溶液(19.1.3.4)。

19.1.5.2 样品测定

A 取 10 mL 水样于比色管中。

B 标准系列的配制 分别吸取锑标准使用溶液(19.1.3.8)0 mL,0.05 mL,0.10 mL,0.30 mL,0.50 mL,0.70 mL,1.00 mL 于比色管中,用纯水定容至 10 mL,使锑的浓度分别为 0 ng/mL,0.50 ng/mL,1.00 ng/mL,3.00 ng/mL,5.00 ng/mL,7.00 ng/mL,10.00 ng/mL。

C 分别向水样和标准系列管中加入 1.0 mL 硫脲-抗坏血酸溶液(19.1.3.5),加入 1.0 mL 盐酸(19.1.3.3),混匀,以硼氢化钠溶液(19.1.3.2)为还原剂,上机测定,记录荧光强度值,绘制标准曲线。

19.1.6 计算

由样品的荧光强度可直接从标准曲线上查出锑的质量浓度(μg/L)。

19.1.7 精密度和准确度

4 个实验室测定含锑 0.97 μg/L～8.07 μg/L 的水样,测定 8 次,其相对标准偏差为 1.2%～6.5%,在 1 μg/L～8 μg/L 范围内,回收率为 85.7%～113%。

19.2 氢化物原子吸收分光光度法

19.2.1 范围

本标准规定了用氢化物原子吸收分光光度法测定生活饮用水及其水源水中的总锑。

本法适用于生活饮用水及其水源水中总锑的测定。

本法最低检测质量为 0.025 μg。若取 25.0 mL 水样测定,则最低检测质量浓度为 1.0 μg/L。

19.2.2 原理

硼氢化钠与酸反应生成新生态氢,在碘化钾和硫脲存在下,五价锑还原为三价锑,三价锑与新生态氢生成锑化氢气体,以氮气为载气,在石英炉中 930 ℃原子化,217.6 nm 波长测锑的吸光度。

19.2.3 试剂

19.2.3.1 还原溶液:称取 10 g 优级纯碘化钾(KI)和 2 g 分析纯硫脲(N_2H_4CS),溶于纯水中,并稀释至 100 mL,储于棕色瓶中。

19.2.3.2 盐酸(ρ_{20}=1.19 g/mL),优级纯。

19.2.3.3 硼氢化钠溶液(20 g/L):称取 2 g 硼氢化钠($NaBH_4$),加入 0.2 g 氢氧化钠(NaOH,优级纯),用纯水溶解后,稀释至 100 mL,必要时过滤,临用时配制。

19.2.3.4 锑标准储备溶液[ρ(Sb)=1.00 mg/mL]:称取 0.500 0 g 锑(光谱纯)于 100 mL 烧杯中,加入 10 mL 盐酸(19.2.3.2)和 5 g 酒石酸,在水浴中温热使锑完全溶解,放冷后,转入 500 mL 容量瓶中用纯水定容至 500 mL,摇匀。

19.2.3.5 锑标准使用溶液[ρ(Sb)=0.10 μg/mL]:吸取 5.00 mL 锑标准储备溶液(19.2.3.4)于 500 mL 容量瓶中,加纯水稀释至 500 mL。按上法将所配成的标准溶液再稀释 100 倍。

19.2.4 仪器

原子吸收分光光度法计,附氢化物发生器。

19.2.5 分析步骤

19.2.5.1 仪器操作:鉴于各种不同型号的仪器操作方法不相同,可根据仪器说明书,将主机测定条件(灯电流、波长等)调至最佳状态,然后将氢化物发生器安装好,调节燃烧器至石英炉处于最佳位置固定,将原子化温度调至 930℃,氮气流量调至 1 000 mL/min,用纯水清洗反应瓶,关闭反应器上的活塞 1 和活塞 2(见图 3)即可进行样品测定。

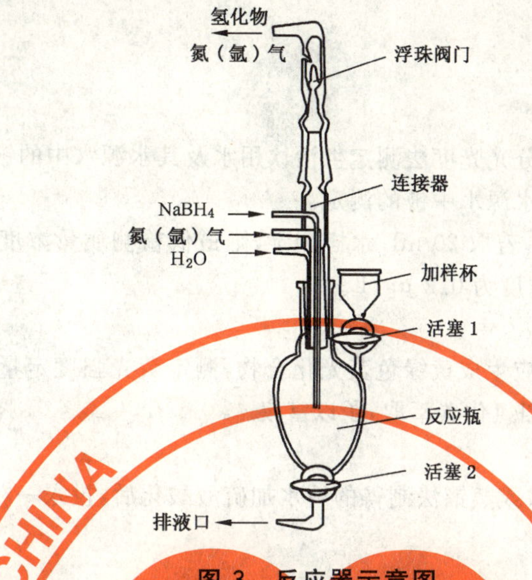

图 3 反应器示意图

19.2.5.2 水样测定

19.2.5.2.1 取 25.0 mL 水样[如水样含锑量低于 0.25 μg/L 时，可取适量水样加 1 mL 盐酸溶液(1+1)浓缩 2 倍～5 倍]，置于 25 mL 比色管中，加入 1.0 mL 还原溶液(19.2.3.1)，0.5 mL 盐酸(19.2.3.2)，摇匀，放置 30 min。

19.2.5.2.2 打开反应器活塞 1，将样品转移到反应瓶中，关闭活塞 1，用自动加液器加入 3 mL 硼氢化钠溶液(19.2.3.3)。

19.2.5.2.3 以氮气流量 1 000 mL/min，原子化温度为 930℃，光谱通带为 0.4 nm，波长 217.6 nm，测定锑的吸光度或用记录仪记录峰值。

19.2.5.2.4 打开反应器上活塞 1 和活塞 2 把废液排除，用纯水清洗反应瓶，并关闭活塞 1 和活塞 2。

19.2.5.3 标准曲线的制备：取 6 个 25 mL 比色管，分别加入锑标准使用溶液(19.2.3.5) 0 mL，0.25 mL，0.50 mL，1.00 mL，1.50 mL 和 2.50 mL，加入纯水至 25.0 mL，摇匀。按 19.2.5.2 测定锑的吸光度，绘制标准曲线，由标准曲线上查出水样中锑的含量。

19.2.6 计算

水样中锑的质量浓度计算见式(43)：

$$\rho(\mathrm{Sb}) = \frac{m \times 1\,000}{V} \quad \cdots\cdots (43)$$

式中：

$\rho(\mathrm{Sb})$——水样中锑的质量浓度，单位为微克每升(μg/L)；

m——从标准曲线上查得样品中锑的质量，单位为微克(μg)；

V——水样体积，单位为毫升(mL)。

19.2.7 精密度和准确度

4 个实验室测定锑的含量范围为 0.21 μg/L～10.0 μg/L 的水样，相对标准偏差为 1.9%～12%，回收率为 91.0%～115%，平均回收率为 101%。两个实验室测定 1.5 μg/L～3.2 μg/L 的浓缩水样，其相对标准偏差为 2.9%～13%，回收率为 92.0%～116%。

19.3 电感耦合等离子体发射光谱法

见 1.4。

19.4 电感耦合等离子体质谱法

见 1.5。

20 铍

20.1 桑色素荧光分光光度法

20.1.1 范围

本标准规定了用桑色素荧光分光光度法测定生活饮用水及其水源水中的铍。

本法适用于生活饮用水及其水源水中铍的测定。

本法最低检测质量为 0.1 μg,若取 20 mL 水样测定,则最低检测质量浓度为 5 μg/L;若取500 mL 水样富集后测定,最低检测质量浓度为 0.2 μg/L。

20.1.2 原理

铍在碱性溶液中与桑色素反应生成黄绿色荧光化合物,测定荧光强度定量。低含量的铍在 pH5～8 与乙酰丙酮形成的络合物可被四氯化碳萃取,予以富集。

20.1.3 试剂

20.1.3.1 无荧光纯水:去离子水或蒸馏法制得的纯水加硫酸酸化后,投入一粒高锰酸钾晶体,重蒸馏。使用前检查应无荧光。

20.1.3.2 四氯化碳(重蒸馏)。

20.1.3.3 乙酰丙酮-丙酮混合液(15+85)。

20.1.3.4 盐酸溶液(1+19)。

20.1.3.5 氢氧化钠溶液(40 g/L)。

20.1.3.6 桑色素溶液(0.5 g/L):称取 50 mg 桑色素[3,5,7,2′,4′-五羟基黄酮($C_{15}H_{10}O_7$)],于 100 mL无水乙醇或丙酮中,储存在棕色试剂瓶中,在冰箱中保存。

20.1.3.7 盐酸溶液(1+11)。

20.1.3.8 盐酸溶液(1+1)。

20.1.3.9 乙二胺四乙酸二钠溶液(100 g/L)。

20.1.3.10 硼酸缓冲溶液:称取 8.0 g 氢氧化钠和 7.78 g 硼酸,加纯水溶解后,稀释至 200 mL。

20.1.3.11 铍标准储备溶液[ρ(Be)=100 μg/mL]:称取 0.196 8 g 硫酸铍($BeSO_4 \cdot 4H_2O$)于 100 mL 容量瓶中,加 5 mL 盐酸溶液(1+19)溶解后,加纯水至刻度。储存于玻璃瓶中。在冰箱中保存。

20.1.3.12 铍标准使用溶液[ρ(Be)=1.00 μg/mL]:吸取 5.00 mL 铍标准储备溶液(20.1.3.11)于 500 mL 容量瓶中,加水至刻度。临用时配制。

20.1.3.13 刚果红试纸。

20.1.3.14 溴甲酚绿指示剂溶液(1 g/L):用乙醇[$\varphi(C_2H_5OH)$=95%]配制。

20.1.4 仪器

20.1.4.1 荧光分光光度计。

20.1.4.2 分液漏斗:1 000 mL。

20.1.4.3 蒸发皿:50 mL。

20.1.4.4 具塞比色管:25 mL。

20.1.5 分析步骤

20.1.5.1 吸取 20 mL 水样于 25 mL 具塞比色管中。

20.1.5.2 于 6 支 25 mL 具塞比色管中分别加入铍标准使用溶液(20.1.3.12)0 mL,0.10 mL,0.30 mL,0.50 mL,0.70 mL 和 1.00 mL,各加纯水至 20 mL。

20.1.5.3 以刚果红试纸(20.1.3.13)为指示,用盐酸溶液(20.1.3.4)和氢氧化钠溶液(20.1.3.5)调节 pH 值至使刚果红试纸呈红紫色,加乙二胺四乙酸二钠溶液(20.1.3.9)1.0 mL,混匀,加硼酸缓冲溶液(20.1.3.10)2.5 mL,混匀,加入 0.12 mL 桑色素溶液(20.1.3.6),用纯水稀释至刻度,混匀,40 min后在 430 nm 激发波长,狭缝 5 nm,发射波长 530 nm,狭缝 10 nm,测量荧光强度。

20.1.5.4 低含量铍的富集方法：取水样 500 mL 于 1 000 mL 分液漏斗中。另取 6 个 1 000 mL 分液漏斗，各加纯水(20.1.3.1)500 mL，分别加入 0 mL，0.10 mL，0.30 mL，0.50 mL，0.70 mL 和 1.0 mL 铍标准使用溶液(20.1.3.12)，混匀，于水样及标准中各加乙二胺四乙酸二钠溶液（20.1.3.9)10 mL。5 滴溴甲酚绿指示剂溶液(20.1.3.14)，用盐酸溶液(20.1.3.4)和氢氧化钠溶液(20.1.3.5)调节 pH 值使溶液呈蓝色为止。加乙酰丙酮-丙酮混合液(20.1.3.3)10 mL，混匀，放置 5 min，加入 10 mL 四氯化碳(20.1.3.2)振摇萃取 2 min，静置分层，收集四氯化碳于蒸发皿中。再用 10 mL 四氯化碳萃取一次，合并四氯化碳于蒸发皿中。加 2 mL 盐酸溶液(20.1.3.8)，在水浴上蒸干。取下蒸发皿加盐酸溶液(20.1.3.7)2 mL，溶解残渣并用热纯水转移至 25 mL 具塞比色管中，用热纯水洗蒸发皿数次，合并洗液于比色管中，加纯水至 20 mL，按 20.1.5.3 步骤操作。

20.1.5.5 绘制标准曲线，从曲线上查出水样管中铍的质量。

20.1.6 计算

水样中铍的质量浓度计算见式(44)：

$$\rho(\mathrm{Be}) = \frac{m}{V} \qquad \cdots\cdots\cdots\cdots (44)$$

式中：

$\rho(\mathrm{Be})$——水样中铍的质量浓度，单位为毫克每升(mg/L)；

m——相当于铍标准的质量，单位为微克(μg)；

V——水样体积，单位为毫升(mL)。

20.2 无火焰原子吸收分光光度法

20.2.1 范围

本标准规定了用无火焰原子吸收分光光度法测定生活饮用水及其水源水中铍的含量。

本法适用于生活饮用水及水源水中铍的测定。

本法最低检测质量为 0.004 ng 铍，若取 20 μL 水样测定，则最低检测质量浓度为 0.2 μg/L。

水中共存离子一般不干扰测定。

20.2.2 原理

样品经加入 $Mg(NO_3)_2$ 为基体改进剂，注入石墨炉原子化器，所含的金属离子在石墨管内经高温原子化，待测元素的基态原子吸收来自同种元素空心阴极灯发出的共振线，其吸收强度在一定范围内与金属浓度成正比。

20.2.3 试剂

20.2.3.1 铍标准储备液[$\rho(\mathrm{Be})$=100 μg/mL]：称取 2.076 g 硝酸铍($Be(NO_3)_2 \cdot 3H_2O$)溶解在约 200 mL 水中，加入 10 mL 硝酸(ρ_{20}=1.42 g/mL)，并用纯水定容至 1 000 mL。

注：硝酸铍极毒，操作时要防止吸入和接触皮肤。储存于聚乙烯瓶中，在冰箱中保存。

20.2.3.2 铍标准中间溶液[$\rho(\mathrm{Be})$=1.00 μg/mL]：取铍标准储备溶液(20.2.3.1)10.0 mL 于 100 mL 容量瓶中，用硝酸溶液(1+99)稀释至刻度，摇匀，此溶液 $\rho(\mathrm{Be})$=10 μg/mL。再取 10.0 mL 于 100 mL 容量瓶中，用硝酸溶液(1+99)稀释至刻度，摇匀。

20.2.3.3 铍标准使用液[$\rho(\mathrm{Be})$=0.10 μg/mL]：取铍标准中间溶液(20.2.3.2)10.0 mL 于 100 mL 容量瓶中，用硝酸溶液(1+99)稀释至刻度。

20.2.3.4 镁溶液(50 g/L)：称取 30.52 g 硝酸镁[$Mg(NO_3)_2$，优级纯]，加水溶解并定容至 100 mL。

20.2.3.5 硝酸，优级纯。

20.2.4 仪器

20.2.4.1 石墨炉原子吸收分光光度计。

20.2.4.2 铍元素空心阴极灯。

20.2.4.3 氩气钢瓶。

20.2.4.4 微量加样器:10 μL~20 μL,或自动微量加样器。

20.2.4.5 聚乙烯瓶:100 mL。

20.2.4.6 热解涂层石墨管。

20.2.5 仪器参考参数

测定铍的仪器参数见表16。

表16 测定铍的仪器参数

元素	波长/nm	干燥温度/℃	干燥时间/s	灰化温度/℃	灰化时间/s	原子化温度/℃	原子化时间/s
Be	234.9	120	30	1 200~1 600	30	2 300~2 600	7

20.2.6 分析步骤

20.2.6.1 样品采集与处理,水样采集于干净的聚乙烯瓶中,加入1%的硝酸保存,备用。

20.2.6.2 吸取铍的标准使用液(20.2.3.3)0 mL,0.10 mL,0.30 mL,0.50 mL,0.70 mL,1.0 mL,于6个50 mL具塞比色管中,用硝酸溶液(1+99)稀释至刻度,摇匀,加入1.0 mL硝酸镁溶液(20.2.3.4),摇匀,分别配置成ρ(Be)=0 μg/L,0.2 μg/L,0.6 μg/L,1.0 μg/L,1.4 μg/L,2.0 μg/L的标准系列(1.0 mL硝酸镁溶液不计算在内)。

20.2.6.3 吸取50.0 mL(已加硝酸保存)水样,加入1.0 mL硝酸镁溶液(20.2.3.4),摇匀。

20.2.6.4 仪器参数设定后依次吸取10 μL~20 μL试剂空白,标准系列和样品,注入石墨管,启动石墨炉控制程序和记录仪,记录吸收峰值高或峰面积。

20.2.7 计算

若样品经处理或稀释,从标准曲线查出铍浓度后,按式(45)计算:

$$\rho(\mathrm{Be}) = \frac{\rho_1 \times V_1}{V} \quad \cdots\cdots(45)$$

式中:

ρ(Be)——水样中铍的质量浓度,单位为微克每升(μg/L);

ρ_1——从标准曲线上查得试样中铍的质量浓度,单位为微克每升(μg/L);

V——原水样体积,单位为毫升(mL);

V_1——测定样品的体积,单位为毫升(mL)。

20.2.8 精密度和准确度

5个实验室重复测定加标水样,其铍含量为0.1 μg/L~2.0 μg/L。相对标准偏差为2.6%~9.5%。5个实验室测定加入铍为0.1 μg/L~2.0 μg/L的水样,回收率分别为90.0%~107%。

20.3 铝试剂(金精三羧酸铵)分光光度法

20.3.1 范围

本标准规定了用铝试剂(金精三羧酸铵)分光光度法测定生活饮用水及其水源水中的铍。

本法适用于生活饮用水及其水源水中铍的测定。

本法最低检测质量为0.5 μg,若取50 mL水样测定,则最低检测质量浓度为10 μg/L。

水中较低含量铝,钴,铜,铁,锰,镍,钛,锌及锆的干扰,可用乙二胺四乙酸(EDTA)隐蔽。铜含量大于10 mg/L时必需增加EDTA的用量,铜与铝试剂在515 nm有吸收,必要时可于标准系列中加入同样质量的铜予以校正。含有机铍的样品可分解后进行测定。

20.3.2 原理

在乙酸缓冲溶液中,铍与铝试剂生成红色染料,在515 nm波长测量吸光度定量。

20.3.3 试剂

20.3.3.1 氨水(ρ_{20}=0.88 g/mL)。

20.3.3.2 乙二胺四乙酸溶液(25 g/L):称取2.5 g乙二胺四乙酸,置于250 mL烧杯中,加30 mL纯水溶解后，加 1 滴甲基红指示剂溶液(20.3.3.6)，用氨水(20.3.3.1)中和至中性，用纯水稀释至 100 mL。

20.3.3.3 铝试剂缓冲溶液：称取 250 g 乙酸铵，于 1 000 mL 烧杯中，加 500 mL 纯水，40 mL 冰乙酸，搅拌使完全溶解，必要时可过滤。称取 0.5 g 铝试剂(金精三羧酸铵)于 25 mL 纯水中，并加入上述缓冲液中。另称取 1.5 g 苯甲酸，溶于 10 mL 甲酸中，边搅拌边加入上述缓冲液中。再称取 5 g 明胶，于 250 mL烧杯中加 125 mL 纯水，于沸水浴内加热溶化，倾入含有 250 mL 纯水的 500 mL 容量瓶中，冷却后加纯水至刻度，混匀，最后将铝试剂缓冲液和明胶溶液合并，混匀，储存于棕色试剂瓶中，保存于冷暗处。

20.3.3.4 铍标准储备溶液[$\rho(Be)=1.00$ mg/mL]：称取 9.84 g 硫酸铍($BeSO_4 \cdot 4H_2O$)于 100 mL 纯水中，移入 500 mL 容量瓶中，加纯水稀释至刻度。于玻璃瓶中保存。

20.3.3.5 铍标准使用溶液[$\rho(Be)=5.00$ μg/mL]：吸取 5.00 mL 铍标准储备溶液(20.3.3.4)，于 1 000 mL 容量瓶中，加纯水稀释至刻度。

20.3.3.6 甲基红指示剂溶液(0.5 g/L)：称取 50 mg 甲基红指示剂，溶于少量乙醇[$\varphi(C_2H_5OH)=95\%$]中，并用乙醇稀释至 100 mL。

20.3.4 仪器

20.3.4.1 分光光度计：515 nm，5 cm 比色皿。

20.3.5 分析步骤

20.3.5.1 样品保存：为防止铍在容器壁吸附，于每升样品中加 1.5 mL 硝酸($\rho_{20}=1.42$ g/mL)。若仅需分析水溶性铍时，先将水样经 0.45 μm 滤膜过滤，再加入硝酸酸化。

20.3.5.2 吸取 50 mL 水样(或适量水样加纯水稀释至 50 mL)于 100 mL 容量瓶中。

20.3.5.3 吸取 0 mL，0.10 mL，0.50 mL，1.00 mL，2.00 mL，3.00 mL 和 4.00 mL 铍标准使用溶液(20.3.3.5)分别加入 7 个 100 mL 容量瓶中，加 2.0 mL 乙二胺四乙酸溶液(20.3.3.2)，加纯水稀释至 75 mL，加 15 mL 铝试剂缓冲液(20.3.3.3)用纯水稀释至 100 mL，充分混匀后于暗处放置 20 min，必要时可过滤，于 515 nm 波长，5 cm 比色皿，测量吸光度。

20.3.5.4 绘制标准曲线，从标准曲线上查出铍的质量。

20.3.6 计算

水样中铍(Be)的质量浓度的计算见式(46)：

$$\rho(Be)=\frac{m}{V} \qquad (46)$$

式中：

$\rho(Be)$——水样中铍(Be)的质量浓度，单位为毫克每升(mg/L)；

m——相当于铍标准的质量，单位为微克(μg)；

V——水样体积，单位为毫升(mL)。

20.4 电感耦合等离子体发射光谱法

见 1.4。

20.5 电感耦合等离子体质谱法

见 1.5。

21 铊

21.1 无火焰原子吸收分光光度法

21.1.1 范围

本标准规定了用石墨炉原子吸收分光光度法测定生活饮用水及其水源水中的铊。

本法适用于生活饮用水及其水源水中铊的测定。

本法最低检测质量为 0.01 ng，若取 500 mL 水样富集 50 倍后，进样 20 μL，则最低检测质量浓度为 0.01 μg/L。

水样中含 2.0 mg/L Pb、Cd、Al；4.0 mg/L Cu，Zn；5.0 mg/L PO_4^{3-}；8.0 mg/L SiO_3^{2-}；60 mg/L Mg；400 mg/L Ca；500 mg/L Cl^- 时，对测定无明显干扰。

21.1.2 原理

水中铊元素经前处理后原子吸收法测定，在石墨管内经原子化高温蒸发解离为原子蒸气，铊原子吸收来自铊元素空心阴极灯发出的共振线，其吸收强度在一定范围内与铊浓度成正比。

21.1.3 试剂

本法配制试剂，稀释等用的纯水均为去离子水。

21.1.3.1 硝酸溶液(1+1)。

21.1.3.2 氨水(1+9)。

21.1.3.3 溴水，分析纯。

21.1.3.4 铁溶液[ρ(Fe)=4 mg/mL]：称取 14.28 g 硫酸铁[$Fe_2(SO_4)_3$]用去离子水稀释至1 000 mL。

21.1.3.5 铊标准储备溶液[ρ(Tl)=500 μg/mL]：称取 0.027 9 g 三氧化二铊(Tl_2O_3)溶于 2 mL 硝酸(ρ_{20}=1.42 g/mL)中，用去离子水定容至 50 mL。

21.1.3.6 铊标准使用溶液[ρ(Tl)=1.00 μg/mL]：取铊标准储备溶液(21.1.3.5)，用去离子水逐级稀释，配成标准使用溶液。

21.1.4 仪器

21.1.4.1 石墨炉原子吸收分光光度计。

21.1.4.2 空心阴极灯。

21.1.4.3 微量取样器：20 μL。

21.1.4.4 离心机。

21.1.4.5 磁力搅拌器。

21.1.5 分析步骤

21.1.5.1 水样预处理：澄清的水样可直接进行共沉淀，若水样中含有悬浮物，应以 0.45 μm 孔径的滤膜过滤，若不能立即分析时，应每升水样加 1.5 mL 硝酸(ρ_{20}=1.42 g/mL)酸化，使 pH 低于 2，以保存样品。

取 500 mL 水样于 1 000 mL 烧杯中，用硝酸溶液(21.1.3.1)酸化使 pH=2，加溴水 0.5 mL～2 mL 使水样呈黄色 1 min 不褪色为准，加入 10 mL 铁溶液(21.1.4.4)，在磁力搅拌下，滴加氨水(21.1.3.2)使 pH 大于 7，产生沉淀后放置过夜。次日，倾去上清液，沉淀分数次移入 10 mL 离心管，离心 15 min，取出离心管，用吸管吸去上清液。用 1 mL 硝酸溶液(21.1.3.1) 溶解沉淀，并用去离子水洗涤烧杯，最后稀释至 10 mL，混匀。吸取 20 μL 进行原子吸收测定。

21.1.5.2 仪器操作

鉴于各种不同型号的仪器操作方法各不相同，详细的操作细节参阅各自的仪器说明书，简要的步骤如下：

21.1.5.2.1 安装铊空心阴极灯，对准灯的位置，固定测定波长及狭缝。

21.1.5.2.2 开启仪器电源及固定空心阴极灯电流，预热仪器，使光源稳定。

21.1.5.2.3 调节石墨炉位置，使其处于光路中并获得最佳状态，安装好石墨管(带有平台)。

21.1.5.2.4 开启冷却水和氩气气源阀，调节指定的流量。

21.1.5.2.5 仪器参数(见表 17)，光谱通带为 0.7 nm，灯电流为 12 mA，氩气流量为 50 mL/min，进样量为 20 μL。

表 17 测定铊的仪器参数

元素	波长/nm	干燥温度/℃	干燥时间/s	灰化温度/℃	灰化时间/s	原子化温度/℃	原子化时间/s
Tl	276.7	110	20	500	30	2 300	3

21.1.5.3 标准系列配制:用硝酸溶液(1+99)将铊标准使用溶液(21.1.3.6)稀释为 0 μg/L,0.5 μg/L,1.0 μg/L,2.0 μg/L,5.0 μg/L,10.0 μg/L,20.0 μg/L,40.0 μg/L 和 50.0 μg/L 的铊标准溶液。以下按 21.1.5.2 步骤直接进行原子吸收测定。

21.1.5.4 绘制标准曲线:从标准曲线上查得水样富集后铊的质量浓度。

21.1.6 计算

水样中铊的质量浓度计算见式(47):

$$\rho(\mathrm{Tl}) = \frac{\rho_1 \times V_1}{V} \quad \cdots\cdots\cdots\cdots (47)$$

式中:

$\rho(\mathrm{Tl})$——水样中铊的质量浓度,单位为微克每升(μg/L);

ρ_1——标准曲线上查得铊的质量浓度,单位为微克每升(μg/L);

V_1——水样富集后体积,单位为毫升(mL);

V——水样体积,单位为毫升(mL)。

21.1.7 精密度和准确度

3 个实验室测定铊含量为 0.8 μg/L 合成水样,回收率为 95.0%~104%;相对标准偏差为 2.77%~4.6%。

21.2 电感耦合等离子体发射光谱法

见 1.4。

21.3 电感耦合等离子体质谱法

见 1.5。

22 钠

22.1 火焰原子吸收分光光度法

22.1.1 范围

本标准规定了用火焰原子吸收分光光度法测定生活饮用水及其水源水中的钠和钾。

本法适用于生活饮用水及其水源水中钠和钾的测定。

本法测钠和钾的最低检测质量浓度分别的 0.01 mg/L 和 0.05 mg/L。

在大量钠存在时,钾的电离受到抑制,从而使钾的吸收强度增大。测定钾时可在标准溶液中添加相应的钠离子,予以校正。铁稍有干扰,磷酸盐产生较大的负干扰,添加一定量镧盐后可以消除。在测定钠时,盐酸和氯离子可使钠的吸收强度降低,可在标准溶液中添加相应量盐酸加以校正。

22.1.2 原理

利用钠、钾基态原子能吸收来自同种金属元素空心阴极灯发射的共振线,且其吸收强度与钠、钾原子的浓度成正比。

22.1.3 试剂

22.1.3.1 钠标准储备溶液[ρ(Na)=10.00 mg/mL]:称取在 140℃烘至恒重的氯化钠(基准试剂)25.421 g,溶于少量纯水中,加入硝酸溶液(22.1.3.4)10 mL,再用纯水稀释至 1 000 mL。

22.1.3.2 钾标准储备溶液[ρ(K)=1.00 mg/mL]:称取在 110℃烘至恒重的氯化钾(优级纯)1.906 7 g,溶于少量纯水中,加入硝酸溶液(22.1.3.4)10 mL,再用纯水稀释至 1 000 mL。

22.1.3.3 钠、钾混合标准溶液:取 5.00 mL 钠储备溶液(22.1.3.1)和 50.0 mL 钾储备溶液(22.1.3.2)置于 1 000 mL 容量瓶中,用纯水稀释至刻度。此溶液 1.00 mL 含 0.050 mg 钠和 0.050 mg 钾。

22.1.3.4 硝酸溶液(1+1)。

22.1.4 **仪器**

22.1.4.1 原子吸收分光光度计。

22.1.4.2 钠、钾空心阴极灯。

22.1.4.3 乙炔。

22.1.5 **分析步骤**

22.1.5.1 样品测定：

22.1.5.1.1 按仪器说明书，将仪器调至钠、钾测试最佳状态。

22.1.5.1.2 将水样直接喷入火焰，测定吸光度。

22.1.5.1.3 样品中钠、钾含量稍高时，可转动燃烧器角度，或用次灵敏共振线测定吸光度。

22.1.5.2 校准曲线的绘制。

22.1.5.3 准确吸取钠、钾混合标准溶液(22.1.3.3)或标准储备溶液(22.1.3.1，22.1.3.2)，用纯水配制标准系列，低浓度时用灵敏共振线，钠在0.01 mg/L～0.5 mg/L时用589.0 nm，钾在0.05 mg/L～3 mg/L时用766.5 nm，高浓度时用次灵敏共振线，钠在0.1 mg/L～60 mg/L时，用330.2 nm，钾在1 mg/L～15 mg/L时用404.5 nm测定吸光度。

22.1.6 **计算**

水样中钠或钾的质量浓度计算见式(48)：

$$\rho(\text{Na 或 K}) = \rho_1 \times D \qquad (48)$$

式中：

ρ(Na或K)——水样中钠或钾的质量浓度，单位为毫克每升(mg/L)；

ρ_1——从标准曲线上查得的水样中钠或钾的质量浓度，单位为毫克每升(mg/L)；

D——水样稀释倍数。

22.1.7 **精密度和准确度**

同一实验室对含钠30 mg/L，钾3 mg/L，其中包含钙60 mg/L、镁18 mg/L和氯化物214 mg/L的人工合成水样，24次测定的相对标准偏差为1.5%，相对误差分别为0.6%和0.3%。

22.2 **离子色谱法**

22.2.1 **范围**

本标准规定了用离子色谱法测定生活饮用水及其水源水中的钠和钾、锂、钙和镁。

本法适用于生活饮用水及其水源水中钠和钾、锂、钙和镁的测定。

本法用电导检测器在3 μS～300 μS测量量程，可达到线性范围分别为：Li^+ 0.02 mg/L～27 mg/L；Na^+ 0.06 mg/L～90 mg/L；K^+ 0.16 mg/L～225 mg/L。10 μS～300 μS量程为：Mg^{2+} 1.2 mg/L～35 mg/L；Ca^{2+} 1.7 mg/L～360 mg/L。

22.2.2 **原理**

水样中阳离子Li^+，Na^+，NH_4^+，K^+，Mg^{2+}和Ca^{2+}，随盐酸淋洗液进入阳离子分离柱，根据离子交换树脂对各阳离子的不同亲合程度进行分离。经分离后的各组分流经抑制系统，将强电解质的淋洗液转换为弱电解溶液，降低了背景电导。流经电导检测器系统，测量各离子组分的电导率。以相对保留时间和色谱峰(面积)定性和定量。

22.2.3 **试剂**

本法需用电导小于1 μS的纯水配制标准溶液和淋洗液。

22.2.3.1 淋洗液，盐酸[c(HCl)=20 m mol/L]。

22.2.3.2 再生液，四甲基氢氧化铵{$c[(CH_3)_4NOH]$=100 m mol/L}：称取36.5 g四甲基氢氧化铵水溶液{$\varphi[(CH_3)_4NOH]$=25%}，置于100 mL容量瓶中，加水至刻度。

22.2.3.3 钠(Na^+)标准储备溶液[$\rho(Na^+)$=1 mg/mL]：称取0.508 4 g经500℃灼烧1 h，并在干燥器中冷却0.5 h的氯化钠，置于200 mL容量瓶中，加入纯水溶解后稀释至刻度。

22.2.3.4 钾(K^+)标准储备溶液[$\rho(K^+)$=1 mg/mL]：称取0.445 7 g经500℃灼烧1 h，并在干燥器

中冷却 0.5 h 的硫酸钾，置于 200 mL 容量瓶中，加入纯水溶解后稀释至刻度。

22.2.3.5 锂(Li^+)标准储备溶液[$\rho(Li^+)=1$ mg/mL]：称取 1.064 8 g 碳酸锂(Li_2CO_3)，置于 200 mL 容量瓶中，加入少量纯水湿润，逐滴加入盐酸溶液(1+1)，使碳酸锂完全溶解，再加入过量 2 滴。加入纯水至刻度，摇匀。

22.2.3.6 钙(Ca^{2+})标准储备溶液[$\rho(Ca^{2+})=1$ mg/mL]：称取 0.499 4 g 经 105℃干燥的碳酸钙，置于 200 mL 烧杯中，加入少量纯水，逐渐加入盐酸溶液(1+1)，待完全溶解后，再加入过量 1 mL 盐酸溶液(1+1)。煮沸驱除二氧化碳，定量地转移至 200 mL 容量瓶中，加入纯水溶解后稀释至刻度。

22.2.3.7 镁(Mg^{2+})标准储备溶液[$\rho(Mg^{2+})=1$ mg/mL]：称取 0.783 6 g 氯化镁($MgCl_2$)，置于 200 mL 容量瓶中，加入纯水溶解后稀释至刻度。

22.2.3.8 阳离子混合标准溶液：根据选定的测量范围，分别吸取适量各组分的标准储备溶液，定容至一定体积，以毫克每升(mg/L)表示各组分浓度。

22.2.4 仪器

22.2.4.1 离子色谱仪(电导检测器)。

22.2.4.2 记录仪或工作站。

22.2.4.3 阳离子分离柱/保护柱(Iopac CS 12，CS 14 或同类产品)。

22.2.4.4 抑制器系统(抑制柱、膜抑制器或自动再生电解抑制器)。

22.2.4.5 滤膜(0.2 μm)和滤器。

22.2.5 分析步骤

22.2.5.1 按照仪器说明书，开启离子色谱仪，调节淋洗液和再生液流速，使仪器达到平衡，并指示稳定的基线。

22.2.5.2 标准：根据所选择的量程，将阳离子混合标准溶液(22.2.3.8)和两次等比稀释的三种不同浓度的阳离子混合标准溶液(22.2.3.8)依次进样。记录峰高或峰面积，绘制标准曲线。

22.2.5.3 样品分析：将水样经 0.2 μm 滤膜过滤注入进样系统，记录色谱峰高或峰面积。

22.2.6 计算

各种阳离子的质量浓度(mg/L)或在标准曲线上直接查得。

各种阳离子的测定范围(mg/L)见表 18 及色谱图(图 4)。

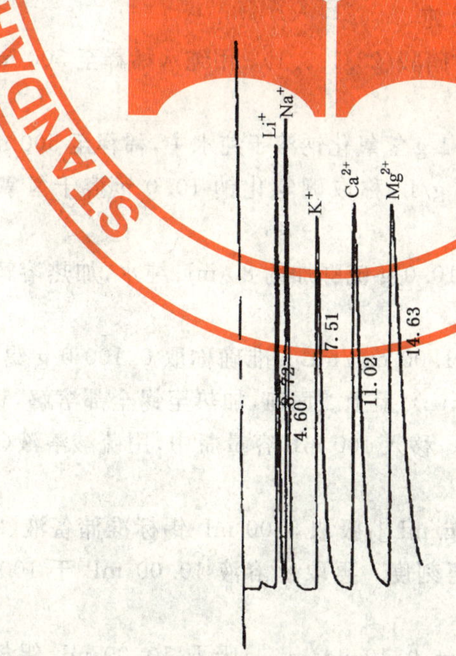

图 4 5 种阳离子的色谱图

表 18 各种阳离子在不同量程的参考测定浓度

离子组分/(mg/L)	量程/μS				
	300	100	30	10	3
Li^+	3.4～27	0.56～9.0	0.19～3.0	0.06～1.0	0.02～0.3
Na^+	11～90	1.9～3.0	0.62～10.0	0.4～3.3	0.06～1.0
K^+	28～225	4.7～75	1.6～12.5	1.0～8.3	0.16～2.5
Mg^{2+}	17～135	5.6～45	1.2～5.0	0.9～1.5	—
Ca^{2+}	4.5～360	7.5～120	2.5～40	1.7～13.3	—

22.3 电感耦合等离子体发射光谱法

见 1.4。

22.4 电感耦合等离子体质谱法

见 1.5。

23 锡

23.1 氢化物原子荧光法

23.1.1 范围

本标准规定了用氢化物原子荧光法测定生活饮用水及其水源水中的锡。

本法适用于生活饮用水及其水源水中锡的测定。

本法最低检测质量为 0.5 ng，若取 0.5 mL 水样测定，则最低检测质量浓度为 1.0 μg/L。

23.1.2 原理

在酸性条件下，以硼氢化钠为还原剂使锡生成锡化氢，由载气带入原子化器原子化，受热分解为原子态锡，基态锡原子在特制锡空心阴极灯的激发下产生原子荧光，其荧光强度与锡含量成正比，与标准系列比较定量。

23.1.3 试剂

23.1.3.1 硝酸(ρ_{20}=1.42 g/mL)，优级纯。

23.1.3.2 硝酸溶液(5+95)：取 25 mL 硝酸(23.1.3.1)，用纯水稀释至 500 mL。

23.1.3.3 硝酸溶液(1+99)。

23.1.3.4 氢氧化钠溶液(2 g/L)：称取 1 g 氢氧化钠溶于纯水中，稀释至 500 mL。

23.1.3.5 硼氢化钠溶液($NaBH_4$)20 g/L：称取硼氢化钠 10.0 g 溶于氢氧化钠溶液(23.1.3.4) 500 mL，混匀。

23.1.3.6 硫脲+抗坏血酸溶液：称取 10.0 g 硫脲加约 80 mL 纯水，加热溶解，待冷却后加入 10.0 g 抗坏血酸，稀释至 100 mL。

23.1.3.7 锡的标准储备溶液[ρ(Sn)=1.00 mg/mL]：准确称取 0.100 0 g 锡粒(99.99%)于 100 mL 烧杯内，加入 10 mL 硫酸(ρ_{20}=1.84 g/mL)，盖上表面皿，加热至锡全部溶解，移去表面皿，继续加热至冒浓的白烟，冷却，慢慢加入 50 mL 纯水，移入 100 mL 容量瓶中，用硫酸溶液(1+9)多次洗涤烧杯，洗液并入容量瓶中，并稀释至刻度。

23.1.3.8 锡标准溶液[ρ(Sn)=1.00 μg/mL]：吸取 5.00 mL 锡标准储备液(23.1.3.7)于 500 mL 容量瓶中，用硝酸(23.1.3.3)稀释定容至刻度。再取此溶液 10.00 mL 于 100 mL 容量瓶中，用硝酸(23.1.3.3)稀释定容至刻度。

23.1.3.9 锡的标准使用溶液[ρ(Sn)= 0.10 μg/mL]：吸取 10.00 mL 锡标准溶液(23.1.3.8)于 100 mL 容量瓶中，用纯水定容至刻度。

23.1.4 仪器

23.1.4.1 原子荧光光度计。

23.1.4.2 锡空心阴极灯。

23.1.5 分析步骤

23.1.5.1 标准系列的配制：分别吸取锡标准使用溶液(23.1.3.9)0 mL，0.10 mL，0.30 mL，0.50 mL，0.70 mL，1.00 mL于比色管中，用纯水定容至10 mL，使锡的浓度分别为0 μg/L，1.0 μg/L，3.0 μg/L，5.0 μg/L，7.0 μg/L，10.0 μg/L。

23.1.5.2 取水样10 mL于比色管中，分别向样品、空白及标准溶液管中加入1.0 mL硫脲＋抗坏血酸溶液(23.1.3.6)，加入0.5 mL硝酸(23.1.3.1)，混匀。

23.1.5.3 测定条件

灯电流：80 mA；负高压：350 V；原子化器高度：8.5 mm；载气流量：500 mL/min。

屏蔽气流量：1 000 mL/min；进样体积：0.5 mL；测量方式：标准曲线法；读数方式：峰面积；载流：硝酸溶液(23.1.3.2)。

23.1.5.4 测定：开机，设定仪器最佳条件，点燃原子化器炉丝，稳定30 min后开始测定。绘制标准曲线、计算回归方程。

23.1.5.5 计算

以所测样品的荧光强度，从标准曲线或回归方程中查得样品溶液中锡元素的质量浓度(μg/L)。

23.1.6 精密度和准确度

3个实验室测定含锡1.5 μg/L～15.7 μg/L的水样，测定8次，其相对标准偏差均小于5.8%，在水样中加入1.0 μg/L～15.0 μg/L锡标准溶液，回收率为89.0%～108%。

23.2 分光光度法

23.2.1 范围

本标准规定了用分光光度法测定生活饮用水及其水源水中的锡。

本法适用于生活饮用水及其水源水中锡含量的测定。

本法最低检测质量为0.5 μg，若取50 mL水样测定，最低检测质量浓度为0.01 mg/L。

23.2.2 原理

在弱酸性溶液中，四价锡与苯芴酮形成微溶性橙红色络合物，在保护性胶体存在下比色。

23.2.3 试剂

23.2.3.1 氨水(1＋1)。

23.2.3.2 硫酸溶液(1＋9)。

23.2.3.3 明胶溶液(5 g/L)。

23.2.3.4 抗坏血酸溶液(10 g/L)。

23.2.3.5 酒石酸溶液(100 g/L)。

23.2.3.6 苯芴酮溶液(0.3 g/L)：称取0.030 g苯芴酮(1,3,7-三羟基-9-苯基蒽醌)溶于20 mL乙醇[$\varphi(C_2H_5OH)=95\%$]，加入0.5 mL硫酸溶液(1＋2)，再用乙醇稀释至100 mL。

23.2.3.7 锡标准储备溶液[$\rho(Sn^{4+})=1$ mg/mL]：准确称取0.100 0 g锡粒(99.99%)于100 mL烧杯内，加入10 mL硫酸($\rho_{20}=1.84$ g/mL)，盖上表面皿，加热至锡全部溶解，移去表面皿，继续加热至冒浓的白烟。冷却，慢慢加入50 mL纯水，移入100 mL容量瓶中，用硫酸溶液(23.2.3.2)多次洗涤烧杯，洗液并入容量瓶中，并稀释至刻度。

23.2.3.8 锡标准使用溶液[$\rho(Sn^{4+})=10$ μg/mL]：吸取10.00 mL锡标准储备溶液(23.2.3.7)于100 mL容量瓶内，加硫酸溶液(23.2.3.2)定容，混匀。再吸取此溶液[$\rho(Sn^{4+})=100$ μg/mL]10.00 mL于100 mL容量瓶内，用硫酸溶液(23.2.3.2)定容，配成[$\rho(Sn^{4+})=10$ μg/mL]的标准使用溶液。

23.2.3.9 酚酞指示剂溶液(1 g/L)：称取0.10 g酚酞溶于少量乙醇溶液[$\varphi(C_2H_5OH)=50\%$]，并用

它稀释至 100 mL。

23.2.4 仪器

23.2.4.1 分光光度计。

23.2.4.2 具塞比色管:50 mL。

23.2.5 分析步骤

23.2.5.1 分别吸取 0 mL,0.05 mL,0.15 mL,0.30 mL,0.50 mL,0.70 mL,1.00 mL,1.50 mL 和 2.00 mL 锡标准使用溶液(23.2.3.8)于 50 mL 比色管中。

23.2.5.2 吸取 50.0 mL 水样于 100 mL 高型烧杯中,加入 1 mL 硫酸(ρ_{20}=1.84 g/mL),在电热板上蒸发、消化至冒白烟近于干涸为止。冷却后,用少量纯水洗入 50 mL 比色管中。

23.2.5.3 向水样及标准管中,各加入 0.5 mL 酒石酸溶液(23.2.3.5),3 滴酚酞溶液(23.2.3.9),用氨水(23.2.3.1)调至淡品红色。加入 3.0 mL 硫酸溶液(23.2.3.2),1.0 mL 明胶溶液(23.2.3.3)和 2.5 mL 抗坏血酸溶液(23.2.3.4),加纯水至 50 mL,混匀。各加入 2.0 mL 苯芴酮溶液(23.2.3.6),混匀。

23.2.5.4 放置 30 min 后,于波长 510 nm 处,以 0 管调零,用 2 cm 比色皿测定吸光度。

23.2.6 计算

水样中锡的质量浓度计算见式(49):

$$\rho(Sn^{4+}) = \frac{m}{V} \qquad \cdots\cdots(49)$$

式中:

$\rho(Sn^{4+})$——水样中锡的质量浓度,单位为毫克每升(mg/L);

m——相当于标准的质量,单位为毫克(mg);

V——水样体积,单位为毫升(mL)。

23.2.7 精密度和准确度

6 个实验室分别测定合成水样,锡含量在 0.04 mg/L~0.40 mg/L 时,相对标准偏差为 0.4%~7%;以井水、湖水、自来水、矿泉水和合成水样做加标回收试验,锡含量在 0.04 mg/L~0.40 mg/L 时回收率为 95%~108%。

23.3 微分电位溶出法

23.3.1 范围

本标准规定了用微分电位溶出法测定生活饮用水及其水源水中的锡。

本法适用于生活饮用水及其水源水中锡含量的测定。

本法最低检测质量为 0.05 μg,若取 25 mL 水样测定,则最低检测质量浓度为 0.002 mg/L。

如水样中存在 Cd^{2+},可产生正干扰。

23.3.2 原理

在草酸介质中,以表面活性剂增敏,锡在汞膜电极上于−0.6 V 左右呈现一灵敏的溶出峰,该峰高与锡含量成正比。在其他条件不变的情况下测量溶出峰,与标准系列比较,进行定量。

23.3.3 试剂

23.3.3.1 草酸溶液[$c(H_2C_2O_4 \cdot 2H_2O)$=0.5 mol/L]:称取 12.6 g 草酸($H_2C_2O_4 \cdot 2H_2O$)溶于纯水,并定容至 200 mL。

23.3.3.2 溴化十六烷基三甲铵(CTMAB)[$c(C_{19}H_{42}BrN)$=0.002 mol/L]:称取 0.073 0 g 溴化十六烷基三甲铵溶于 100 mL 纯水中,必要时加热。

23.3.3.3 电极镀汞溶液:称取 0.034 2 g 硝酸汞[$Hg(NO_2)_2 \cdot H_2O$]和 12.5 g 硝酸钾溶于适量纯水,加 0.5 mL 硝酸(ρ_{20}=1.42 g/mL),再加纯水定容至 1 000 mL。

23.3.3.4 锡标准储备溶液($\rho(Sn^{4+})$=100 μg/mL):准确称取 0.100 0 g 锡标(99.99%)于 100 mL 烧

杯中,加入 10 mL 硫酸(ρ_{20}=1.84 g/mL)。盖上表面皿,加热至锡全部溶解,除去表面皿,继续加热至冒浓白烟。冷却,慢慢加入 50 mL 纯水。移入 1 000 mL 容量瓶中,用硫酸(1+9)溶液洗涤烧杯,洗液并入容量瓶中,用纯水定容。

23.3.3.5 锡标准溶液[$\rho(Sn^{4+})$=20 μg/mL]:吸取锡标准储备溶液[$\rho(Sn^{4+})$=100 μg/mL]20.00 mL 于 100 mL 容量瓶内,加盐酸溶液(1+99)稀释至刻度。

23.3.4 仪器

23.3.4.1 烧杯:50 mL。

23.3.4.2 微量注射器:50 μL 和 100 μL。

23.3.4.3 溶出分析仪及其三电极系统。

所有的玻璃仪器必须在使用前用盐酸溶液(1+10)浸泡,再用纯水淋洗干净。

23.3.5 分析步骤

23.3.5.1 工作电极预镀汞

把洁净的玻璃碳电极、参比电极和辅助电极放入电极镀汞溶液(23.3.3.3)中,于−1.0 V 富集 60 s,记录溶出曲线,再重复富集和溶出步骤三次,用纯水把三电极淋洗干净。镀汞后的电极表面应均匀,无破损。

23.3.5.2 仪器条件的选择

A 下限电压:−0.2 V;

B 上限电压:−1.1 V;

C 预电解电压:−1.2 V。

D 实验参数:

a 低浓度范围:A(静态溶出)——0,B(洗电极时间)——20 s,C(富集时间)——60 s,D(灵敏度)——20,静止时间为 30 s。

b 高浓度范围:A(静态溶出)——0,B(洗电极时间)——20 s,C(富集时间)——10 s,D(灵敏度)——150,静止时间为 30 s。

23.3.5.3 标准曲线法

A 低浓度范围:取烧杯(23.3.4.1)7 个,各加纯水 25 mL。用微量注射器分别加入 0 μL, 2.00 μL,5.00 μL,25.0 μL,50.0 μL,75.0 μL 和 100.0 μL 锡标准溶液(23.3.3.4)。

B 高浓度范围:取烧杯(23.3.4.1)7 个,分别各加 0 mL,0.10 mL,0.20 mL,0.40 mL,0.60 mL, 0.80 mL 和 1.00 mL 锡标准溶液(23.3.3.4),加纯水至 25 mL。

23.3.5.4 吸取 25.00 mL 水样于烧杯内(23.3.4.1),作为电解池。向水样及各个标准溶液的烧杯内,各加 1.5 mL 草酸溶液(23.3.3.1),0.3 mL CTMAB 溶液(23.3.3.2)。混匀后,于−1.2 V 富集,记录 E-dt/dE 溶出曲线。Sn^{4+} 的溶出峰电位在−0.6 V 左右。也可改用下述标准加入法定量。

23.3.5.5 标准加入法

在完成 23.3.5.4 步骤后,用微量注射器向水样烧杯(电解池)内,加入适量的已知浓度的锡标准溶液(23.3.3.4),再记录加标后的溶出曲线。

23.3.6 计算

23.3.6.1 标准曲线法

水样中锡的质量浓度计算见式(50):

$$\rho(Sn^{4+}) = \frac{m}{V} \qquad \cdots\cdots(50)$$

式中:

$\rho(Sn^{4+})$——水样中锡的质量浓度,单位为毫克每升(mg/L);

m——相当于标准的质量,单位为微克(μg);

V——水样体积,单位为毫升(mL)。

23.3.6.2 标准加入法

水样中锡的质量浓度计算见式(51)、式(52):

$$\rho(Sn^{4+}) = \frac{m_1}{V} \quad \cdots\cdots(51)$$

$$m_1 = \frac{h_1 \times m}{h_2 - h_1} \quad \cdots\cdots(52)$$

式中:

$\rho(Sn^{4+})$——水样中锡的质量浓度,单位为毫克每升(mg/L);

m_1——由标准加入后,得到水样中锡的质量,单位为微克(μg);

h_1——水样的峰高,单位为毫米(mm);

h_2——标准加入后的峰高,单位为毫米(mm);

m——加入标准中锡的质量,单位为微克(μg);

V——水样的体积,单位为毫升(mL)。

23.3.7 精密度和准确度

5个实验室测定高、中、低三种浓度锡的相对标准偏差分别为5.0%~5.8%,0.87%~6.3%和2.0%~4.0%。5个实验室用自来水、蒸馏水、矿泉水、深井水的锡的加标回收率在90%~103%。

23.4 电感耦合等离子体质谱法

见1.5。

24 四乙基铅

24.1 双硫腙比色法

24.1.1 范围

本标准准规定了用双硫腙比色法测定生活饮用水及其水源水中的四乙基铅。

本法适用于生活饮用水及其水源水中四乙基铅的测定。

本法最低检测质量为0.08 μg四乙基铅,若取800 mL水样测定,则最低检测质量浓度为0.1 μg/L。

水样中含有无机铅、锌、镉50倍~100倍于四乙基铅时,对结果无影响。

24.1.2 原理

在氯化钠存在下,四乙基铅可由三氯甲烷萃取,再与溴反应,生成$PbBr_2$,加入硝酸生成易溶于水的硝酸铅,铅离子与双硫腙螯合显色,比色定量铅,再换算成四乙基铅含量。

24.1.3 试剂

24.1.3.1 氯化钠。

24.1.3.2 过氧化氢溶液[$\omega(H_2O_2)=30\%$]。

24.1.3.3 硝酸溶液(5+995)。

24.1.3.4 氯化钠溶液(70 g/L)。

24.1.3.5 溴-硝酸溶液:将3 mL纯溴加到100 mL硝酸($\rho_{20}=1.42$ g/mL)中,摇匀,储存于冷暗处。

24.1.3.6 硝酸溶液(3+97)。

24.1.3.7 双硫腙四氯化碳储备溶液:称取50 mg双硫腙,溶于50 mL三氯甲烷中,滤入分液漏斗内。每次用20 mL氨水溶液(1+100)萃取双硫腙数次,合并氨水相于另一个分液漏斗中。再每次用10 mL四氯化碳洗涤氨水溶液二次。最后向氨水溶液中加入100 mL四氯化碳,再用硫酸溶液(1+10)中和至酸性,振摇。此时双硫腙已转至四氯化碳中,静置分层。将四氯化碳相放入棕色试剂瓶中,保存于冰箱内。

24.1.3.8 双硫腙四氯化碳使用溶液:取上述双硫腙四氯化碳储备液(24.1.3.7),用四氯化碳稀释至透光率为70%(500 nm波长,1 cm比色皿),其浓度约为0.001%。

24.1.3.9 柠檬酸铵溶液(500 g/L):称取50 g柠檬酸三铵[$(NH_4)_3C_6H_5O_7$],置于烧杯中,加100 mL纯水使之溶解。加入5滴百里酚蓝指示剂,滴加氨水(ρ_{20}=0.88 g/mL)至蓝色。移入分液漏斗中,用5 mL双硫腙四氯化碳溶液(24.1.3.7)萃取,如果四氯化碳相呈红色,则需反复萃取,直至四氯化碳相呈灰绿色为止。弃去四氯化碳相,滴加盐酸溶液(1+1)至水溶液呈黄绿色(pH6~7),再加入10 mL四氯化碳洗除残留的双硫腙,储存备用。

24.1.3.10 盐酸羟胺溶液(100 g/L):称取10 g盐酸羟胺,溶于纯水中,并稀释成100 mL。如试剂不纯,需按24.1.3.9所述方法除铅。

24.1.3.11 氰化钾溶液(100 g/L):称取10 g氰化钾,溶于20 mL纯水中。移入125 mL分液漏斗中。每次用2 mL~5 mL双硫腙使用液(24.1.3.8)萃取,然后再以四氯化碳洗除残留的双硫腙,最后加纯水稀释至100 mL。**注意:试剂剧毒!**

24.1.3.12 铅标准储备溶液[$\rho(Pb)$=1.00 mg/mL]:称取硝酸铅[$Pb(NO_3)_2$,优级纯]1.599 0 g于250 mL烧杯中,加50 mL水,10 mL硝酸(ρ_{20}=1.42 g/mL,优级纯),溶解后转移至1 000 mL容量瓶中,用纯水稀释至刻度。

24.1.3.13 铅标准使用溶液[$\rho(Pb)$=1.00 μg/mL]:取铅标准储备溶液5.00 mL于100 mL容量瓶中,加硝酸溶液(24.1.3.3)至刻度。此溶液$\rho(Pb)$=50 μg/mL。再取此溶液2.00 mL于100 mL容量瓶中,加硝酸溶液(24.1.3.3)至刻度,此溶液$\rho(Pb)$=1.00 μg/mL。

24.1.3.14 百里酚蓝指示剂(1 g/L):称取0.10 g百里酚蓝,溶于100 mL乙醇[$\varphi(C_2H_5OH)$=95%]中。

24.1.4 分析步骤

24.1.4.1 量取800 mL水样(同时加高锰酸钾及硫酸后重蒸馏的蒸馏水作空白试验)置于1 000 mL分液漏斗中,加入50 g氯化钠(24.1.3.1),振摇使之溶解后,再用30 mL,20 mL和20 mL三氯甲烷连续萃取三次,每次强烈振摇2 min。

24.1.4.2 合并三氯甲烷萃取液于125 mL分液漏斗中,加入20 mL氯化钠溶液(24.1.3.4),振摇2 min,静置分层。

24.1.4.3 将三氯甲烷相放入100 mL烧杯中,加入3 mL溴-硝酸溶液(24.1.3.5),混匀。

24.1.4.4 置于电热板上蒸去三氯甲烷,并继续加热至近干时,滴加纯水数滴,再继续加热使纯水至近干,取下烧杯。

24.1.4.5 沿烧杯壁自上而下地加入5 mL硝酸溶液(24.1.3.6),加热溶解烧杯中残留物,移入25 mL具塞比色管中,再用总体积为10 mL的纯水,分三次洗涤烧杯,洗液合并于比色管中。

24.1.4.6 另取25 mL比色管8支,分别加入铅标准使用溶液(24.1.3.13)0 mL,0.05 mL,0.10 mL,0.20 mL,0.40 mL,0.60 mL,0.80 mL及1.00 mL,各加5 mL硝酸溶液(24.1.3.6),补加纯水到15 mL。

24.1.4.7 向样品管及标准系列管中各加0.5 mL柠檬酸铵溶液(24.1.3.9),0.5 mL盐酸羟胺溶液(24.1.3.10)及二滴百里酚蓝指示剂(24.1.3.14),混匀。滴加氨水使溶液由绿变蓝,在各加0.5 mL氰化钾溶液(24.1.3.11)及2.0 mL双硫腙四氯化碳使用溶液(24.1.3.8)。强烈振摇30 s静置分层,在白色背景下通过水平光线,目视比色定量。

24.1.4.8 从水样管减去试剂空白计算四乙基铅含量。

24.1.5 计算

水样中四乙基铅的质量浓度计算见式(53):

$$\rho[Pb(C_2H_5)_4]=\frac{m\times 1.56}{V} \quad \cdots\cdots(53)$$

式中：

$\rho[Pb(C_2H_5)_4]$——水样中四乙基铅的质量浓度[以 $Pb(C_2H_5)_4$ 计]，单位为毫克每升(mg/L)；

m——相当于标准管中铅的质量，单位为微克(μg)；

1.56——1 mol 铅相当于 1 mol 四乙基铅的质量换算系数；

V——水样体积，单位为毫升(mL)。

24.1.6 准确度

本标准测定四乙基铅在 0.1 μg～1.0 μg 之间的回收率为 90.0%～110%。

ICS 13.060
C 51

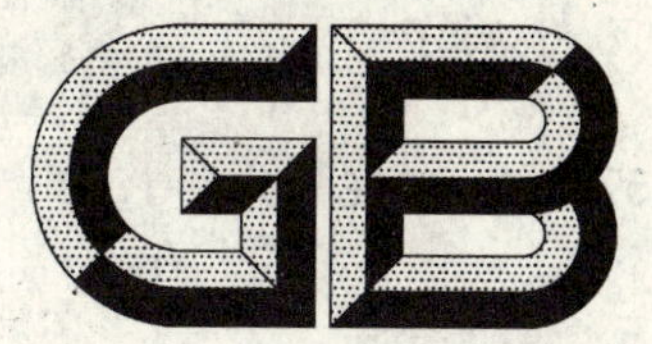

中华人民共和国国家标准

GB/T 5750.7—2006
部分代替 GB/T 5750—1985

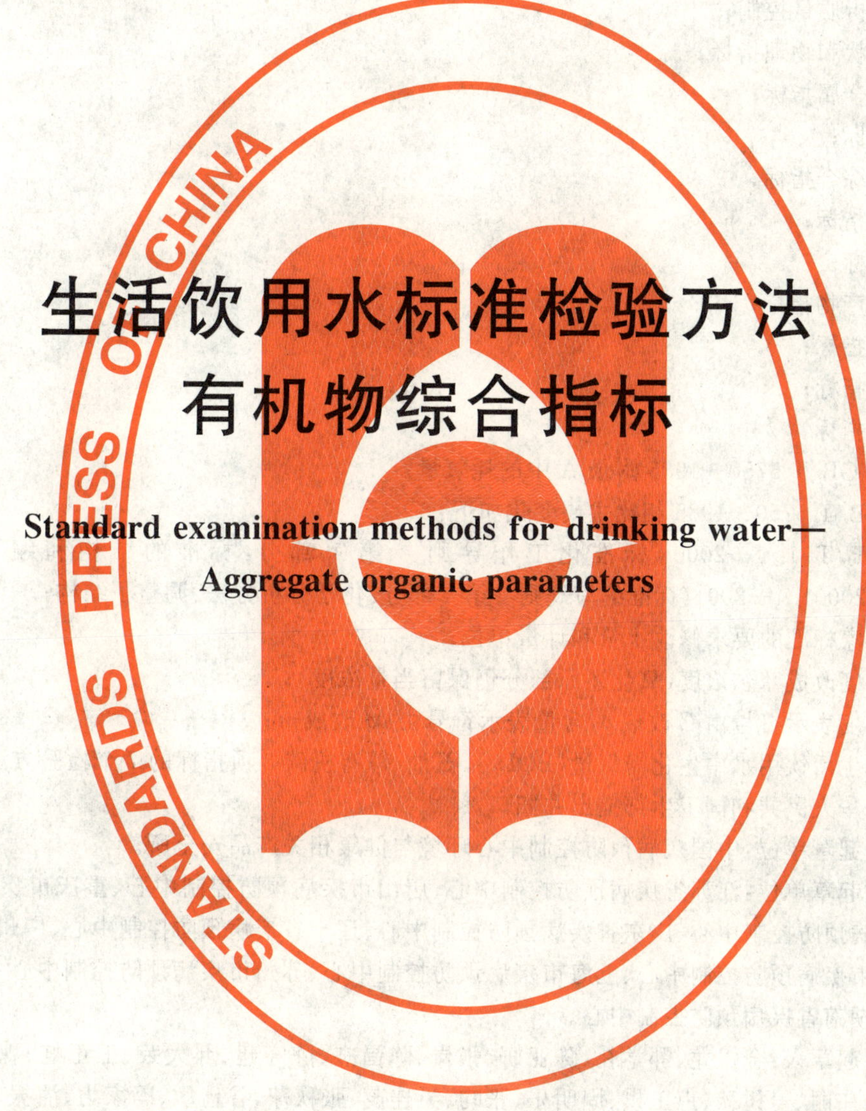

生活饮用水标准检验方法 有机物综合指标

Standard examination methods for drinking water—Aggregate organic parameters

2006-12-29 发布　　　　2007-07-01 实施

中华人民共和国卫生部
中国国家标准化管理委员会　发布

前言

GB/T 5750《生活饮用水标准检验方法》分为以下部分：

——总则；

——水样的采集和保存；

——水质分析质量控制；

——感官性状和物理指标；

——无机非金属指标；

——金属指标；

——有机物综合指标；

——有机物指标；

——农药指标；

——消毒副产物指标；

——消毒剂指标；

——微生物指标；

——放射性指标。

本标准代替 GB/T 5750—1985 附录 A 中的耗氧量。

本标准与 GB/T 5750—1985 相比主要变化如下：

——依据 GB/T 1.1—2000《标准化工作导则　第 1 部分：标准的结构和编写规则》与 GB/T 20001.4—2001《标准编写规则　第 4 部分：化学分析方法》调整了结构；

——依据国家标准的要求修改了量和计量单位；

——当量浓度改成摩尔浓度（氧化还原部分仍保留当量浓度）；

——质量浓度表示符号由 C 改成 ρ，含量表示符号由 M 改成 m；

——增加了生活饮用水中生化需氧量（BOD_5）、石油、总有机碳 3 项指标的 7 个检验方法。

本标准由中华人民共和国卫生部提出并归口。

本标准负责起草单位：中国疾病预防控制中心环境与健康相关产品安全所。

本标准参加起草单位：江苏省疾病预防控制中心、唐山市疾病预防控制中心、重庆市疾病预防控制中心、北京市疾病预防控制中心、广东省疾病预防控制中心、辽宁省疾病预防控制中心、广州市疾病预防控制中心、武汉市疾病预防控制中心、上海市疾病预防控制中心、苏州市疾病预防控制中心、南京市疾病预防控制中心、湖南省疾病预防控制中心。

本标准主要起草人：金银龙、鄂学礼、陈亚妍、张岚、陈昌杰、陈守建、邢大荣、王正虹、魏建荣、杨业、张宏陶、艾有年、庄丽、姜树秋、卢玉棋、周明乐、张昀、吴连茂、张秋萍、谷仕敏、冯家力、潘振球、张立辉。

本标准于 1985 年 8 月首次发布，本次为第一次修订。

生活饮用水标准检验方法
有机物综合指标

1 耗氧量

1.1 酸性高锰酸钾滴定法

1.1.1 范围

本标准规定了用酸性高锰酸钾滴定法测定生活饮用水及其水源水中的耗氧量。

本法适用于氯化物质量浓度低于 300 mg/L(以 Cl^- 计) 的生活饮用水及其水源水中耗氧量的测定。

本法最低检测质量浓度(取 100 mL 水样时)为 0.05 mg/L,最高可测定耗氧量为 5.0 mg/L(以 O_2 计)。

1.1.2 原理

高锰酸钾在酸性溶液中将还原性物质氧化,过量的高锰酸钾用草酸还原。根据高锰酸钾消耗量表示耗氧量(以 O_2 计)。

1.1.3 仪器

1.1.3.1 电热恒温水浴锅(可调至 100℃)。

1.1.3.2 锥形瓶:100 mL。

1.1.3.3 滴定管。

1.1.4 试剂

1.1.4.1 硫酸溶液(1+3):将 1 体积硫酸($\rho_{20}=1.84$ g/ mL)在水浴冷却下缓缓加到 3 体积纯水中,煮沸,滴加高锰酸钾溶液至溶液保持微红色。

1.1.4.2 草酸钠标准储备溶液$\left[c\left(\frac{1}{2}Na_2C_2O_4\right)=0.100\ 0\ mol/L\right]$:称取 6.701 g 草酸钠($Na_2C_2O_4$),溶于少量纯水中,并于 1 000 mL 容量瓶中用纯水定容。置暗处保存。

1.1.4.3 高锰酸钾溶液$\left[c\left(\frac{1}{5}KMnO_4\right)=0.100\ 0\ mol/L\right]$:称取 3.3 g 高锰酸钾($KMnO_4$),溶于少量纯水中,并稀释至 1 000 mL。煮沸 15 min,静置 2 W。然后用玻璃砂芯漏斗过滤至棕色瓶中,置暗处保存并按下述方法标定浓度:

1.1.4.3.1 吸取 25.00 mL 草酸钠溶液(1.1.4.2)于 250 mL 锥形瓶中,加入 75 mL 新煮沸放冷的纯水及 2.5 mL 硫酸($\rho_{20}=1.84$ g/ mL)。

1.1.4.3.2 迅速自滴定管中加入约 24 mL 高锰酸钾溶液,待褪色后加热至 65℃,再继续滴定呈微红色并保持 30 s 不褪。当滴定终了时,溶液温度不低于 55℃。记录高锰酸钾溶液用量。

高锰酸钾溶液的浓度计算见式(1):

$$c\left(\frac{1}{5}KMnO_4\right)=\frac{0.100\ 0\times 25.00}{V} \qquad \cdots\cdots(1)$$

式中:

$c\left(\frac{1}{5}KMnO_4\right)$——高锰酸钾溶液的浓度,单位为摩尔每升(mol/L);

V——高锰酸钾溶液的用量,单位为毫升(mL)。

1.1.4.3.3 校正高锰酸钾溶液的浓度$\left[c\left(\frac{1}{5}KMnO_4\right)\right]$为 0.100 0 mol/L。

1.1.4.4 高锰酸钾标准溶液$\left[c\left(\frac{1}{5}KMnO_4\right)=0.010\ 00\ mol/L\right]$:将高锰酸钾溶液(1.1.4.3)准确稀释10倍。

1.1.4.5 草酸钠标准使用溶液$\left[c\left(\frac{1}{2}Na_2C_2O_4\right)=0.010\ 00\ mol/L\right]$:将草酸钠标准储备溶液(1.1.4.2)准确稀释10倍。

1.1.5 **分析步骤**

1.1.5.1 锥形瓶的预处理:向250 mL锥形瓶内加入1 mL硫酸溶液(1.1.4.1)及少量高锰酸钾标准溶液(1.1.4.4)。煮沸数分钟,取下锥形瓶用草酸钠标准使用溶液(1.1.4.5)滴定至微红色,将溶液弃去。

1.1.5.2 吸取100 mL充分混匀的水样(若水样中有机物含量较高,可取适量水样以纯水稀释至100 mL),置于上述处理过的锥形瓶中。加入5 mL硫酸溶液(1.1.4.1)。用滴定管加入10.00 mL高锰酸钾标准溶液(1.1.4.4)。

1.1.5.3 将锥形瓶放入沸腾的水浴中,准确放置30 min。如加热过程中红色明显减褪,须将水样稀释重做。

1.1.5.4 取下锥形瓶,趁热加入10.00 mL草酸钠标准使用溶液(1.1.4.5),充分振摇,使红色褪尽。

1.1.5.5 于白色背景上,自滴定管滴入高锰酸钾标准溶液(1.1.4.4),至溶液呈微红色即为终点,记录用量V_1(mL)。

注:测定时如水样消耗的高锰酸钾标准溶液超过了加入量的一半,由于高锰酸钾标准溶液的浓度过低,影响了氧化能力,使测定结果偏低。遇此情况,应取少量样品稀释后重做。

1.1.5.6 向滴定至终点的水样中,趁热(70℃~80℃)加入10.00 mL草酸钠溶液(1.1.4.5)。立即用高锰酸钾标准溶液(1.1.4.4)滴定至微红色,记录用量V_2(mL)。如高锰酸钾标准溶液物质的量浓度为准确的0.010 00 mol/L,滴定时用量应为10.00 mL,否则可求一校正系数(K),计算见式(2):

$$K=\frac{10}{V_2} \qquad \cdots\cdots(2)$$

1.1.5.7 如水样用纯水稀释,则另取100 mL纯水,同上述步骤滴定,记录高锰酸钾标准溶液消耗量V_0(mL)。

1.1.6 **计算**

耗氧量浓度的计算见式(3):

$$\rho(O_2)=\frac{[(10+V_1)\times K-10]\times c\times 8\times 1\ 000}{100}$$
$$=[(10+V_1)\times K-10]\times 0.8 \qquad \cdots\cdots(3)$$

如水样用纯水稀释,则采用式(4)计算水样的耗氧量:

$$\rho(O_2)=\frac{\{[(10+V_1)K-10]-[(10+V_0)K-10]R\}\times c\times 8\times 1\ 000}{V_3} \qquad \cdots\cdots(4)$$

式中:

R——稀释水样时,纯水在100 mL体积内所占的比例值[例如:25 mL水样用纯水稀释至100 mL,则$R=\frac{100-25}{100}=0.75$];

ρ——耗氧量的浓度,单位为毫克每升(mg/L);

c——高锰酸钾标准溶液的浓度$\left[c\left(\frac{1}{5}KMnO_4\right)=0.010\ 00\ mol/L\right]$;

8——与1.00 mL高锰酸钾标准溶液$\left[c\left(\frac{1}{5}KMnO_4\right)=1.000\ mol/L\right]$相当的以毫克(mg)表示氧的质量;

V_3——水样体积,单位为毫升(mL);

V_1,K,V_0 分别见步骤 1.1.5.5、1.1.5.6 和 1.1.5.7。

1.2 碱性高锰酸钾滴定法

1.2.1 范围

本标准规定了用碱性高锰酸钾滴定法测定生活饮用水及其水源水中的耗氧量。

本法适用于氯化物浓度高于 300 mg/L(以 Cl^- 计) 的生活饮用水及其源水中耗氧量的测定。

本法最低检测质量浓度(取 100 mL 水样时)为 0.05 mg/L,最高可测定耗氧量为 5.0 mg/L(以 O_2 计)。

1.2.2 原理

高锰酸钾在碱性溶液中将还原性物质氧化,酸化后过量高锰酸钾用草酸钠溶液滴定。

1.2.3 仪器

见 1.1.3。

1.2.4 试剂

1.2.4.1 氢氧化钠溶液(500 g/L):称取 50g 氢氧化钠 (NaOH),溶于纯水中,稀释至 100 mL。

1.2.4.2 其他试剂见 1.1.4.1、1.1.4.4 和 1.1.4.5。

1.2.5 分析步骤

1.2.5.1 吸取 100 mL 水样于 250 mL 处理过的锥形瓶内(处理方法见 1.1.5.1),加入 0.5 mL 氢氧化钠溶液(1.2.4.1)及 10.00 mL 高锰酸钾标准溶液(1.1.4.4)。

1.2.5.2 于沸水浴中准确加热 30 min。

1.2.5.3 取下锥形瓶,趁热加入 5 mL 硫酸溶液(1.1.4.1) 及 10.00 mL 草酸钠标准使用溶液(1.1.4.5),振摇均匀至红色褪尽。

1.2.5.4 自滴定管滴加高锰酸钾标准溶液(1.1.4.4)。至淡红色,即为终点,记录用量 V_1(mL)。

1.2.5.5 按 1.1.5.6 计算高锰酸钾标准溶液的校正系数。

1.2.5.6 如水样须纯水稀释后测定,按 1.1.5.7 计算 100 mL 纯水的耗氧量,记录高锰酸钾标准溶液消耗量 V_0(mL)。

1.2.6 计算

见 1.1.6。

2 生化需氧量

2.1 容量法

2.1.1 范围

本标准规定了用碘量法测定饮用水源水中的生化需氧量。

本法适用于饮用水源水中生化需氧量的测定。

水样呈酸性或含苛性碱,余氯、亚硝酸盐、亚铁盐、硫化物及某些有毒物质对测定有干扰,应分别处理后测定。

2.1.2 原理

生化需氧量是指在有氧条件下,微生物分解水中有机物的生物化学过程所需溶解氧的量。

取原水或经过稀释的水样,使其中含足够的溶解氧,将该样品同时分为两份,一份测定当日溶解氧的质量浓度,另一份放入 20℃ 培养箱内培养五日后再测其溶解氧的质量浓度,两者之差即为五日生化需氧量(BOD_5)。

2.1.3 试剂

2.1.3.1 氯化钙溶液(27.5 g/L):称取 27.5g 无水氯化钙($CaCl_2$) 溶于纯水中,稀释至 1 000 mL。

2.1.3.2 氯化铁溶液(0.25 g/L):称取 0.25g 氯化铁($FeCl_3 \cdot 6H_2O$) 溶于纯水中,稀释至 1 000 mL。

2.1.3.3 硫酸镁溶液(22.5 g/L):称取 22.5 g 硫酸镁($MgSO_4 \cdot 7H_2O$)溶于纯水中,稀释至1 000 mL。

2.1.3.4 磷酸盐缓冲溶液(pH7.2):称取 8.5 g 磷酸二氢钾(KH_2PO_4),21.75 g 磷酸氢二钾和(K_2HPO_4),33.4 g 磷酸氢二钠(Na_2HPO_4)和 1.7 g 氯化铵(NH_4Cl) 溶于纯水中,稀释至 1 000 mL。

2.1.3.5 稀释水:在 20 L 玻璃瓶内装入一定量的蒸馏水(含铜量小于 0.01 mg/L)在 20℃条件下用水泵或无油空气压缩机连续通入经活性炭过滤的空气 8 h,予以曝气,静置 5 d～7 d,使溶解氧稳定,其溶解氧质量浓度应为 8 mg/L～9 mg/L。

临用时,每升水中加入无机盐溶液(2.1.3.1,2.1.3.2,2.1.3.3 和 2.1.3.4)各 1.0 mL,混匀。稀释水的 20℃五日生化需氧量应在 0.2 mg/L 以下。

2.1.3.6 接种稀释水

2.1.3.6.1 接种液:将生活污水在 20℃条件下放置 24 h～36 h 取上清液,备用。

2.1.3.6.2 接种稀释水:于每升稀释水(2.1.3.5)中加入接种液(2.1.3.6.1)10 mL～100 mL。

2.1.3.7 葡萄糖-谷氨酸溶液:称取于 103℃烘烤 1 h 的葡萄糖和谷氨酸各 150 mg 于纯水中,稀释至 1 000 mL,临用时配制。

2.1.3.8 硫酸溶液[$c(H_2SO_4)=0.5$ mol/L]。

2.1.3.9 氢氧化钠溶液[$c(NaOH)=1$ mol/L]。

2.1.3.10 氟化钾溶液(40 g/L)。

2.1.3.11 叠氮化钠溶液(2 g/L)。

2.1.3.12 硫酸($\rho_{20}=1.84$ g/ mL)。

2.1.3.13 硫酸锰溶液(480 g/L):称取 480 g 硫酸锰($MnSO_4 \cdot 4H_2O$ 或 400 g$MnSO_4 \cdot 2H_2O$ 或 380 g$MnCl_2 \cdot 2H_2O$)溶于纯水中,过滤后,稀释至 1 000 mL。

2.1.3.14 碱性碘化钾溶液:称取 500 g 氢氧化钠,溶于 300 mL～400 mL 纯水中,取称 150 g 碘化钾(或碘化钠)溶于 250 mL 纯水中。将以上两液合并,加纯水至 1 000 mL,静置 24 h 使碳酸钠沉出,倾出上清液备用。

2.1.3.15 硫代硫酸钠标准溶液[$c(Na_2S_2O_3)=0.025\ 00$ mol/L]:吸取 0.05 mol/L 硫代硫酸钠标准溶液,用新煮沸放冷的纯水准确稀释为 0.025 00 mol/L。

2.1.3.16 淀粉溶液(5 g/L)。

2.1.4 仪器

2.1.4.1 恒温培养箱:20℃±1℃。

2.1.4.2 细口玻璃瓶:2 000 mL。

2.1.4.3 量筒:1 000 mL。

2.1.4.4 玻璃搅拌棒:玻璃棒底端套上一块比量筒口径略小于 1 mm 厚的硬橡胶圆块,棒的长度以可伸至量筒底部为宜。

2.1.4.5 培养瓶:250 mL。

2.1.5 水样的采集和储存

水样采集后应尽快分析,采样后 2 h 以内开始分析则不需冷藏,如不能及时分析,采样后即保存在 4℃或低于 4℃的冷藏箱内,应在采样后 6 h 内进行分析。

2.1.6 分析步骤

2.1.6.1 样品预处理

2.1.6.1.1 水样 pH 应为 6.5～7.5 之间,饮用水源水受到废水污染时,可用硫酸溶液(2.1.3.8)或氢氧化钠溶液(2.1.3.9)予以调整。

2.1.6.1.2 含有少量余氯水样,放置 1 h～2 h 后即可消失。余氯大于 0.1 mg/L,可加入硫代硫酸钠除去,其加入量可用碘量法测定。

2.1.6.1.3 受工业废水污染的水样,由于其中可能含有其他有害物质,如金属离子等,应根据具体情况予以处理。

2.1.6.1.4 当水样中含有0.1 mg/L以上的亚硝酸盐时,可于每升稀释水中加入2 mg亚甲蓝或3 mL叠氮化钠溶液(2.1.3.11)处理。

2.1.6.1.5 当水样中含1 mg/L以下的亚铁盐时,可于每升水中加入2 mL氟化钾(2.1.3.10)溶液。

2.1.6.2 直接培养法:适用于较清洁的水样。用虹吸法吸出两份水样于溶解氧瓶中,一瓶立即测定溶解氧,另一瓶立即放入20℃±1℃的恒温培养箱中,培养5 d后取出,再测定溶解氧。两者之差即为水样的生化需氧量。

2.1.6.3 稀释培养法

2.1.6.3.1 确定水样稀释倍数:根据酸性高锰酸钾法测得耗氧量(mg/L),以1～3除之,商即为水样的需稀释的倍数。

2.1.6.3.2 稀释方法

A 连续稀释法,先从稀释倍数小的配起,继用第一个稀释倍数的剩余水,再注入适量稀释用水配成第二个稀释倍数,以此类推。

B 稀释操作方法

a 将水样小心混匀(注意勿产生气泡),根据2.1.6.3.1确定的稀释比例,取出所需体积的水样,沿筒壁移入量筒中(2.1.4.3),然后细心地用虹吸管将配好的稀释水(2.1.3.5)或接种稀释水(2.1.3.6)加至刻度,用特制的搅拌棒(2.1.4.4)在水面以下缓缓上下搅动4次～5次,立即将筒中稀释水样用虹吸法注入两个预先编号的培养瓶(2.1.4.5),注入时使水沿瓶口缓缓流下,以防产生气泡。水样满后,塞紧瓶塞,并于瓶口凹处注满稀释水,此为第一稀释度。

b 在2.1.6.3.2.B.a分析步骤中,量筒内尚剩有水样,根据第二个稀释度需要再用虹吸法向筒中注入稀释水(2.1.3.5)或接种稀释水(2.1.3.6)以下分析步骤重复2.1.6.3.2.B.a操作,即为第二稀释度,按同法可做第三个稀释度。

c 另取两个编号的溶解氧瓶,用虹吸法注入稀释水(2.1.3.5)或接种稀释水(2.1.3.6),塞紧后用稀释水封口作为空白。

d 检查各瓶编号,从空白及每一个稀释度水样瓶中各取1瓶放入20℃±1℃的培养箱中培养5 d,剩余各一瓶测定培养前溶解氧。

(a) 溶解氧固定

立即将分度吸管插入培养瓶液面以下,加1 mL硫酸锰溶液(2.1.3.13),再按同方法加入1 mL碱性碘化钾溶液(2.1.3.14)。盖紧瓶塞(瓶内勿留气泡),将水样颠倒混匀一次,静置数分钟,使沉淀重新下降至瓶中部。

(b) 释出碘

用分度吸管沿瓶口加入1 mL硫酸 (2.1.3.12)盖紧瓶塞,颠倒混匀,静置5 min。

(c) 滴定

将上述溶液倒入250 mL碘量瓶中,并用纯水洗涤溶解氧瓶2次～3次,用硫代硫酸钠标准溶液(2.1.3.15)滴定至溶液呈淡黄色,加入1 mL淀粉溶液(2.1.3.16),继续至蓝色刚好褪去为止,记录用量(V_1)。

(d) 计算

$$\rho(O_2)=\frac{V_1\times c\times 8\times 1\,000}{V-3} \qquad \cdots\cdots(5)$$

式中:

$\rho(O_2)$——水中溶解氧的质量浓度(以O_2计),单位为毫克每升(mg/L);

c——硫代硫酸钠标准溶液的浓度,单位为摩尔每升(mol/L);

V_1——硫代硫酸钠标准溶液用量,单位为毫升(mL);

8——与1.00 mL硫代硫酸钠标准溶液[$c(Na_2S_2O_3)$=1.000 mol/L]相当以毫克(mg)表示的溶解氧的质量;

V——水样体积,单位为毫升(mL)。

(e) 每天检查瓶口是否保持水封,经常添加封口水及控制培养箱温度。

(f) 培养5 d后取出培养瓶,倒尽封口水,立即测定培养后的溶解氧。

(g) 溶解氧测定方法同上。

2.1.6.4 标准溶液校核

将葡萄糖-谷氨酸(2.1.3.7)标准溶液,以2%稀释比测其BOD_5,其结果应为200 mg/L±37 mg/L。如不在此范围内,说明实验有误,应找其原因。

2.1.7 计算

2.1.7.1 直接培养法

五日生化需氧量(BOD_5)的质量浓度计算见式(6):

$$\rho(BOD_5)=\rho_1-\rho_2 \qquad (6)$$

2.1.7.2 稀释培养法

五日生化需氧量(BOD_5)的质量浓度计算见式(7):

$$\rho(BOD_5)=(\rho_1-\rho_2)-(\rho_3-\rho_4)f_1/f_2 \qquad (7)$$

式中:

$\rho(BOD_5)$——水样的五日生化需氧量的质量浓度,单位为毫克每升(mg/L);

ρ_1——水样培养液在培养前的溶解氧的质量浓度,单位为毫克每升(mg/L);

ρ_2——水样培养液在培养五日后的溶解氧的质量浓度,单位为毫克每升(mg/L);

ρ_3——稀释水(或接种稀释水)在培养前的溶解氧的质量浓度,单位为毫克每升(mg/L);

ρ_4——稀释水(或接种稀释水)在培养五日后溶解氧的质量浓度,单位为毫克每升(mg/L);

f_1——稀释水(或接种水)在培养液中所占比例;

f_2——水样在稀释培养液中所占比例。

f_1、f_2的计算见下式:

$$f_1=\frac{\text{稀释水(mL)}}{\text{水样(mL)}+\text{稀释水(mL)}} \qquad (8)$$

$$f_2=\frac{\text{水样(mL)}}{\text{水样(mL)}+\text{稀释水(mL)}} \qquad (9)$$

2.1.7.3 结果确定

测定2个或2个以上稀释度的溶解氧降低量应为40%~70%之间,即可取平均值计算。

水样稀释后溶解氧降低率计算见式(10):

$$\rho_5=\frac{(\rho_1-\rho_2)\times 100}{\rho_1} \qquad (10)$$

式中:

ρ_5——水样稀释后溶解氧降低率,%;

ρ_1,ρ_2——同2.1.7.2。

2.1.8 精密度

有资料说明,在一系列实验室内的考察中,每系列包括86个~106个实验室(接种同样多的河水和废水),对300 mg/L的混合原始标准,5 d BOD_5平均值为199.4 mg/L,标准偏差为37.0 mg/L。

在58个实验室里86位分析工作者分析了天然水样,其中准确加入可生物降解的有机化合物。BOD_5平均值为2.1 mg/L~175 mg/L,标准偏差分别为±0.7 mg/L和±26 mg/L。

3 石油

3.1 称量法

3.1.1 范围

本标准规定了用称量法测定生活饮用水及其水源水中的石油。

本法适用于生活饮用水及其水源水中石油的测定。

水中含有环烷酸及磺化环烷酸盐类将干扰测定，可用硫酸酸化水样消除干扰。

3.1.2 原理

水样经石油醚萃取后，蒸发去除石油醚，称量，计算水中石油的含量。用本标准测定的结果是水中可被石油醚萃取物质的总量。

3.1.3 试剂

3.1.3.1 硫酸($\rho_{20}=1.84$ g/mL)。

3.1.3.2 石油醚(沸程30℃～60℃)：经70℃水浴重蒸馏。

3.1.3.3 无水硫酸钠：于250℃干燥1 h～2 h。

3.1.3.4 氯化钠饱和溶液。

3.1.4 仪器

3.1.4.1 分液漏斗：1 000 mL。

3.1.4.2 恒温箱。

3.1.4.3 水浴锅。

3.1.5 分析步骤

3.1.5.1 将样品瓶中的水样全部倾入1 000 mL分液漏斗中，记录瓶上标示的水样体积。加入5 mL硫酸(3.1.3.1)，摇匀，放置15 min。如采样瓶壁上有沾着的石油，应先用石油醚洗涤水样瓶，将石油醚并入分液漏斗中。

3.1.5.2 每次用20 mL石油醚(3.1.3.2)，充分振摇萃取5 min，连续萃取2次～3次，弃去水样，合并石油醚萃取液于原分液漏斗中。每次用20 mL氯化钠饱和溶液(3.1.3.4)洗涤石油醚萃取液2次～3次。

3.1.5.3 将石油醚萃取液移入150 mL锥形瓶中，加入5 g～10 g无水硫酸钠(3.1.3.3)脱水，放置过夜。用预先经石油醚洗涤的滤纸过滤，收集滤液于经70 ℃干燥至恒量的烧杯中，用少量石油醚(3.1.3.2)依次洗涤锥形瓶、无水硫酸钠和滤纸，合并洗液于滤液中。

3.1.5.4 将烧杯于70℃水浴上蒸去石油醚。于70℃恒温箱中干燥1 h，取出烧杯于干燥器内，冷却30 min后称量。

注：只需一次称量，不必称至恒重。

3.1.6 计算

水样中石油的质量浓度计算见式(11)：

$$\rho(B)=\frac{(m_1-m_0)\times 1\,000\times 1\,000}{V} \quad \cdots\cdots(11)$$

式中：

$\rho(B)$——水样中石油的质量浓度，单位为毫克每升(mg/L)；

m_0——烧杯质量，单位为克(g)；

m_1——烧杯和萃取物质量，单位为克(g)；

V——水样体积，单位为毫升(mL)。

3.2 紫外分光光度法

3.2.1 范围

本标准规定了用紫外分光光度法测定生活饮用水及其水源水中的石油。

本法适用于生活饮用水及其水源水中石油的测定。

本法最低检测质量为 5 μg,若取 1 000 mL 水样测定,则最低检测质量浓度为 0.005 mg/L。

3.2.2 原理

石油组成中所含的具有共轭体系的物质在紫外区有特征吸收。具苯环的芳烃化合物主要吸收波长位于 250 nm～260 nm;具共轭双健的化合物主要吸收波长位于 215 nm～230 nm;一般原油的两个吸收峰位于 225 nm 和 256 nm;其他油品如燃料油润滑油的吸收峰与原油相近,部分油品仅一个吸收峰。经精炼的一些油品如汽油则无吸收。因此在测量中应注意选择合适的标准,原油和重质油可选 256 nm;轻质油可选 225 nm,有条件时可从污染的水体中萃取或从污染源中取得测定的标准物。

3.2.3 试剂

3.2.3.1 无水硫酸钠:经 400℃干燥 1 h,冷却后储存于密塞的试剂瓶中。

3.2.3.2 石油醚(沸程 60℃～90℃或 30℃～60℃):石油醚应不含芳烃类杂质。以纯水为参比在 256 nm 的透光率应大于 85%,否则应纯化。

石油醚脱芳烃方法:将 60 目～100 目的粗孔微球硅胶和 70 目～120 目中性层析用氧化铝于 150℃～160℃加热活化 4 h,趁热装入直径 2.5 cm,长 75 cm 的玻璃柱中,硅胶层高 60 cm,覆盖 5 cm 氧化铝层。将石油醚通过该柱,收集流出液于洁净的试剂瓶中。

3.2.3.3 氯化钠。

3.2.3.4 硫酸溶液(1+1)。

3.2.3.5 石油标准储备溶液[ρ(石油)=1.00 mg/ mL]:称取石油标准 0.100 0 g,置于 100 mL 容量瓶中,加石油醚(3.2.3.2)溶解,并稀释至刻度。

3.2.3.6 石油标准使用溶液[ρ(石油)=10.00 μg/ mL]:将石油标准储备溶液用石油醚(3.2.3.2)稀释而成。

3.2.4 仪器

3.2.4.1 紫外分光光度计,1 cm 石英比色皿。

3.2.4.2 分液漏斗:1 000 mL。

3.2.4.3 具塞比色管:10 mL。

3.2.5 分析步骤

3.2.5.1 将水样(500 mL～1 000 mL)全部倾入 1 000 mL 分液漏斗中,于每升水样加入 5 mL 硫酸溶液(3.2.3.4),20 g 氯化钠(3.2.3.3),摇匀使溶解。用 15 mL 石油醚(3.2.3.2)洗涤采样瓶,将洗涤液倒入分液漏斗中,充分振摇 3min(注意放气),静置分层,将水样放入原采样瓶中,收集石油醚萃取液于 25 mL 容量瓶中。另取 10 mL 石油醚按上述步骤再萃取一次,合并萃取液于 25 mL 容量瓶中,加石油醚(3.2.3.2)至刻度,摇匀。用无水硫酸钠(3.2.3.1)脱水。

3.2.5.2 于 8 支 10 mL 具塞比色管中,分别加入石油标准溶液(3.2.3.6)0.20、0.50、1.00、2.00、3.00、5.00、7.00、10.0 mL,用石油醚(3.2.3.2)稀释至刻度,配成含石油为 0.20、0.50、1.00、2.00、3.00、5.00、7.00、10.0 mg/L 的标准系列。于 256 nm 波长,1 cm 石英比色皿,以石油醚(3.2.3.2)为参比,测量样品管和标准系列的吸光度。

注:每次测量,包括标准液配制,萃取样品和参比溶剂均应使用同批石油醚。

3.2.5.3 绘制标准曲线,从曲线上查出水样的石油质量浓度。

3.2.6 计算

水样中石油的质量浓度计算见式(12):

$$\rho(B)=\frac{\rho_1\times V_1}{V} \qquad \cdots\cdots(12)$$

式中:

ρ(B)——水样中石油的质量浓度,单位为毫克每升(mg/L);

ρ_1——从标准曲线上查得的石油的质量浓度，单位为毫克每升(mg/L)；

V_1——萃取液定容体积，单位为毫升(mL)；

V——水样体积，单位为毫升(mL)。

3.2.7 精密度和准确度

3个实验室对10.0 mg/L标准样分析，实验室内相对标准偏差为1.7%，实验室间相对标准偏差为3.0%，相对误差为0.6%。

3.3 荧光光度法

3.3.1 范围

本标准规定了用荧光光度法测定生活饮用水及其水源水中的石油。

本法适用于生活饮用水及其水源水中石油的测定。

本法最低检测质量为5 μg，若取200 mL水样测定，则最低检测质量浓度为0.025 mg/L。

3.3.2 原理

水中微量石油经二氯甲烷萃取后，在紫外线激发下可产生荧光。荧光强度与石油含量成线性关系，可用荧光光度计或在紫外线灯下目视比较定量。萃取物组成中所含具有共扼体系的物质在紫外区有特征吸收。

3.3.3 试剂

3.3.3.1 二氯甲烷：如含荧光物质，应于每500 mL溶液中加入数克活性炭，混匀，在水浴上重蒸馏精制，收集39℃～41℃沸程的馏出液。

3.3.3.2 磷酸盐缓冲溶液(pH7.4)：称取7.15 g无水磷酸二氢钾(KH_2PO_4)及45.08 g磷酸氢二钾($K_2HPO_4 \cdot 3H_2O$)溶于纯水中并稀释至500 mL。

3.3.3.3 硫酸溶液[$c(H_2SO_4)=0.5$ mol/L]。

3.3.3.4 硫酸喹吖标准储备溶液(100 mg/L)：称取50.0 mg硫酸喹吖[$C_{20}H_{24}N_2O_2]_2 \cdot H_2SO_4 \cdot 2H_2O$]溶于硫酸溶液(3.3.3.3)中，并稀释至500 mL。

3.3.3.5 硫酸喹吖标准使用溶液(0.40 mg/L)：取0.20 mL硫酸喹吖标准储备溶液(3.3.3.4)于50 mL容量瓶内，加硫酸溶液(3.3.3.3)至刻度。

3.3.3.6 石油标准溶液[ρ(石油)=10.00 μg/ mL]：称取石油标准0.010 0 g，置于100 mL容量瓶中用二氯甲烷(3.3.3.1)溶解，并稀释到刻度。吸取10.0 mL于另一个100 mL容量瓶中，加二氯甲烷稀释至刻度。

注：由于不同石油品的荧光强度不一，本标准所用石油标准应取污染水体的石油品种为标准，或者可取污染源水2 000 mL调节pH为6～7后，用二氯甲烷萃取，萃取液于50℃水浴上蒸去溶剂，称取萃取物配制。

3.3.4 仪器

3.3.4.1 荧光光度计，365 nm滤色片及绿色滤色片。

3.3.4.2 石英比色管：10 mL。

3.3.4.3 分液漏斗：250 mL。

3.3.4.4 具塞比色管：25 mL。

3.3.5 分析步骤

3.3.5.1 取200 mL水样(若石油含量大于0.1 mg时，可取适量水样，加纯水稀释至200 mL)置于250 mL分液漏斗中。对非中性水样可用稀磷酸或氢氧化钠调节水样pH为中性。加4 mL磷酸盐缓冲溶液(3.3.3.2)，15 mL二氯甲烷，猛烈振摇2 min，静置分层，用脱脂棉拭去漏斗颈内积水，收集二氯甲烷萃取液于石英比色管中。

3.3.5.2 取石油标准溶液(3.3.3.6)0、0.50、1.00、2.00、4.00、8.00及10.0 mL于25 mL比色管中，加二氯甲烷至15.0 mL。

3.3.5.3 荧光光度计的校正：取硫酸喹吖标准使用溶液(3.3.3.5)调节仪器荧光强度为95%。

注：若不具荧光光度计，也可在紫外线灯下目视比较荧光强度。

3.3.5.4 将样品及标准系列于荧光光度计 365 nm 波长测量荧光强度。

3.3.5.5 绘制标准曲线，从曲线上查出石油的质量。

注：计算结果应减去二氯甲烷空白的荧光强度值。

3.3.6 计算

水样中石油的质量浓度计算见式(13)：

$$\rho(B)=\frac{m}{V} \qquad \cdots\cdots(13)$$

式中：

$\rho(B)$——水样中石油的质量浓度，单位为毫克每升(mg/L)；

m——从标准曲线查得石油的质量，单位为微克(μg)；

V——水样体积，单位为毫升(mL)。

3.4 荧光分光光度法

3.4.1 范围

本标准规定了用荧光分光光度法测定生活饮用水及其水源水中的石油。

本法适用于生活饮用水及其水源水中石油的测定。

本法最低检出质量为 0.002 5 mg。若取 250 mL 水样测定，则最低检测的质量浓度为0.01 mg/L。

3.4.2 原理

水样中石油经石油醚或环己烷萃取，于选定的激发光照射下，测定发射荧光的强度定量。

3.4.3 试剂

3.4.3.1 石油醚(沸程 30℃～60℃)：经 1 m 长的中性氧化铝柱(层折用氧化铝于 400℃干燥 2 h)脱荧光物质，溶剂荧光强度应低于 5%。

3.4.3.2 氯化钠。

3.4.3.3 硫酸溶液(1+3)。

3.4.3.4 石油标准溶液[ρ(石油)＝10 μg/L]：称取石油标准 10.0 mg 置于 100 mL 容量瓶中，用石油醚(3.4.3.1)溶解，并稀释至刻度，吸取此溶液 10.0 mL 于另一个 100 mL 容量瓶中，加石油醚至刻度。

注：由于不同石油的激发波长以及荧光强度均有差异，因此配制石油标准应与水样中含的石油一致，可从污染源中萃取蒸干后，称量配制。

3.4.4 仪器

3.4.4.1 荧光分光光度计。

3.4.4.2 分液漏：1 000 mL。

3.4.4.3 具塞比色管：10 mL。

3.4.5 分析步骤

3.4.5.1 选择激发波长和发射波长：按照所用仪器说明书以每 100 mL 含石油 0.01 mg～ 0.05 mg 的石油标准溶液，于 300 nm～400 nm 间分别扫描，选择最大峰值的激发和发射波长进行测定。

3.4.5.2 于三支 10 mL 具塞比色管中分别加入石油标准溶液(3.4.3.4)1.00、5.00 和 10.00 mL，并用石油醚稀释至 10.00 mL，配成含石油为 0.01，0.05，0.10 mg/10 mL 的标准系列。

3.4.5.3 在选定的激发和发射波长，将标准系列最高浓度管的荧光强度调节为 95%左右，依次测量各标准管和样品管的荧光强度。

3.4.5.4 将水样(500 mL～1 000 mL)全部倾入 1 000 mL 分液漏斗中，加入硫酸溶液(3.4.3.3)酸化水样，加入 5 g 氯化钠，以每次 5 mL 石油醚(3.4.3.1)萃取 3 次，每次振摇 2 min，合并萃取液于 100 mL 具塞比色管中，用石油醚稀释至刻度。

3.4.5.5 绘制标准曲线，从曲线上查出石油的质量。

3.4.6 **计算**

水样中石油的质量浓度计算见式(14)：

$$\rho(B)=\frac{m}{V} \qquad \cdots\cdots(14)$$

式中：

$\rho(B)$——水样中石油的质量浓度，单位为毫克每升(mg/L)；

m——从标准曲线查得石油的质量，单位为微克(μg)；

V——水样体积，单位为毫升(mL)。

3.5 非分散红外光度法

3.5.1 范围

本标准规定了用非分散红外光度法测定生活饮用水及其水源水中的石油。

本法适用于生活饮用水及其水源水中石油的测定。

本法最低检测质量为 0.05 mg，若取 1 000 mL 水样测定，则最低检测质量浓度为 0.05 mg/L。

3.5.2 原理

水样中石油经四氯化碳萃取后，在 3 500 nm 波长下测量吸收值定量。

3.5.3 试剂

3.5.3.1 四氯化碳，于红外测油仪上测定，在 3 500 nm 处不应有吸收，否则应重蒸馏精制。

3.5.3.2 盐酸溶液(1+3)。

3.5.3.3 氯化钠。

3.5.3.4 无水硫酸钠。

3.5.3.5 石油标准储备溶液[ρ(石油)=1.00 mg/ mL]：称取 0.100 g 机油(50 号)置于 100 mL 容量瓶中，用四氯化碳溶解，并加四氯化碳至刻度。

3.5.3.6 石油标准使用溶液[ρ(石油)=100 μg/ mL]：吸取 10.0 mL 石油标准储备溶液(3.5.3.5)于 100 mL 容量瓶中，加四氯化碳(3.5.3.1)至刻度。

3.5.4 仪器

3.5.4.1 非分散红外测油仪。

3.5.4.2 分液漏斗：500 mL 和 1 000 mL。

3.5.4.3 具塞比色管：25 mL。

3.5.5 步骤

3.5.5.1 将水样瓶(500 mL～1 000 mL)中水样全部倒入 1 000 mL 分液漏斗中，加入盐酸溶液(3.5.3.2)酸化，加 10 g 氯化钠，摇匀使溶解。用 25 mL 四氯化碳(3.5.3.1)分次洗涤采样瓶后倒入分液漏斗中，振摇 5 min，静置分层。收集萃取液于 25 mL 具塞比色管中，用四氯化碳稀释至刻度。用无水硫酸钠脱水后，注入测油仪测量吸收值。

3.5.5.2 取一组 25 mL 具塞比色管，分别加入 0、0.5、1.0、1.5、2.0 和 2.5 mL 石油标准使用溶液(3.5.3.6)加四氯化碳到刻度，使每 25 mL 中含石油 0、50、100、150、200 和 250 μg。注入测油仪测量吸收值。

3.5.5.3 绘制标准曲线，从曲线上查出水样中石油的质量。

3.5.6 计算

水样中石油的质量浓度计算见式(15)：

$$\rho(B)=\frac{m}{V} \qquad \cdots\cdots(15)$$

式中：

$\rho(B)$——水样中石油的质量浓度，单位为毫克每升（mg/L）；

m——从标准曲线查得石油的质量，单位为微克（μg）；

V——水样体积，单位为毫升（mL）。

4 总有机碳

4.1 仪器分析法

4.1.1 范围

本标准规定了用仪器分析法测定生活饮用水及其水源水中总有机碳。

本法适用于测定生活饮用水及其水源水中总有机碳。

本法最低检测质量浓度为 0.5 mg/L。

4.1.2 术语和定义

下列术语和定义适用于本标准。

4.1.2.1

总碳 total carbon，TC

水中存在的有机碳、无机碳和元素碳的碳总含量。

4.1.2.2

总无机碳 total inorganic carbon，TIC

水中存在的元素碳、总二氧化碳、一氧化碳、碳化物、氰酸盐、氰化物和硫氰酸盐的碳含量。

4.1.2.3

总有机碳 total organic carbon，TOC

水中存在的溶解性和悬浮性有机碳的碳含量。

4.1.2.4

溶解性有机碳 dissoluble organic carbon，DOC

水中存在的可以通过 0.45 μm 孔径滤膜有机物的碳含量。

除了有机碳，水样可能含二氧化碳（CO_2）和 CO_3^{2-}。测定前，用不含二氧化碳（CO_2）及有机物的气体吹脱酸化的水样，以去除无机碳。或者测定总碳（TC）和总二氧化碳（CO_2），再以总碳减去总二氧化碳（CO_2），算出有机碳含量。此法，最适合于总二氧化碳（CO_2）小于总有机碳的水样。

易挥发的有机物，如苯、甲苯、环已烷和三氯甲烷可能在吹脱二氧化碳（CO_2）过程中逸出。因此，应分别测定这些化合物的总有机碳，或采用差值法计算。

当元素碳微粒（煤烟）、碳化物、氰化物、氰酸盐和硫氰盐存在时，可与有机碳同时测出。

4.1.3 原理

向水样中加入适当的氧化剂，或紫外催化（TiO_2）等，使水中有机碳转为二氧化碳。无机碳经酸化和吹脱被除去，或单独测定。生成的二氧化碳（CO_2）可直接测定，或还原为 CH_4 又再测定。二氧化碳（CO_2）的测定方法包括：非色散红外光谱法、滴定法（最好在非水溶液中）、热导池检测器（TCD）、电导滴定法、电量滴定法、二氧化碳（CO_2）敏感电极法和把二氧化碳（CO_2）还原为 CH_4 后火焰离子化检测器（Fm）。

4.1.4 试剂和材料

4.1.4.1 载气：氮气或氧气（＞99.99%）。

4.1.4.2 配制标准样品和试样预处理时使用的试剂和材料

4.1.4.2.1 邻苯二甲酸氢钾标准储备溶液［ρ(有机碳，C)＝1 000 mg/L］：称取在不超过 120℃干燥 2 h 的邻苯二甲酸氢钾 2.125 4 g 溶于适量纯水中，移入 1 000 mL 容量瓶，稀释至刻度，摇匀。此溶液在冰箱内存放可稳定 2 个月。

4.1.4.2.2 邻苯二甲酸氢钾标准使用溶液[ρ(有机碳,C)=100 mg/L]:吸取 100 mL 邻苯二甲酸氢钾标准储备溶液(4.1.4.2.1)于 1 000 mL 容量瓶内,加纯水至刻度,摇匀,此溶液在冰箱内存放,可稳定约1周。

4.1.4.2.3 碳酸钠、重碳酸钠标准溶液[ρ(无机碳,C)=1 000 mg/L]:称取 285℃干燥 1 h 的碳酸钠 4.412 2 g溶于少量纯水,倒入 1 000 mL 容量瓶中,加纯水至 500 mL 左右,加入经硅胶干燥的分析纯碳酸氢钠 3.497 0 g,振荡溶解后,加纯水至刻度,摇匀。此溶液在室温下稳定。

4.1.4.2.4 磷酸[$c(H_3PO_4)$=0.5 mol/L]。

4.1.4.2.5 纯水:实验用水的要求应符合表 1。

表 1 总有机碳测定稀释水的要求

测定样的总有机碳含量(C)/(mg/L)	稀释水中总有机碳最高容许含量(C)/(mg/L)	稀释水的处理方法
<10	0.1	紫外催化、蒸汽法冷凝
10~100	0.5	加高锰酸钾、重铬酸钾重蒸
>100	1	蒸馏水

4.1.5 仪器

有机碳测定仪。

4.1.6 样品

4.1.6.1 样品的处理:水样经震荡均匀后再进行测定。如水样震荡后仍不能得到均匀的样品,应使之均化。如测定 DOC,可用热的纯水淋洗 0.45 μm 滤膜至不再出现有机物,再通过滤膜。

4.1.6.2 样品的测定:根据仪器制造厂家的说明书,把测定样的总有机碳含量调节到仪器的工作范围内,直接进行样品测定。分析前应去除水样中存在的二氧化碳(CO_2)。水样中易挥发性有机物的逸失应降至最低程度,应经常控制系统的泄漏。

4.1.7 分析步骤

4.1.7.1 仪器的调整:按照说明书将仪器调试至工作状态。

4.1.7.2 标准曲线绘制:吸取 1.00、2.00、5.00、10.00 和 25.00 mL 邻苯二甲酸氢钾标准储备溶液(4.1.4.2.1)分别移入 100 mL 容量瓶内,加纯水至刻度,摇匀。按仪器制造厂家说明书测定各标准溶液和空白样。以总有机碳的质量浓度(mg/L)对仪器的响应值绘制校准曲线。得到的斜率为校准系数 f(mg/L)。

4.1.7.3 对照试验:用标准溶液对照测定样进行检验,提供校正值。容许与真值的偏差为:1 mg/L~10 mg/L 有机碳,±10%;大于 100 mg/L 有机碳,±5%。

倘使出现更大的偏差,应检查其来源:

A 仪器装置中的故障(例如氧化系统或检测系统发生故障、泄漏差);

B 试剂浓度改变;

C 系统被污染、温度和气体调节方面的错误。

为了证实测定系统的氧化效率,应尽可能采用氧化性能与测定样类似能代替邻苯二甲酸氢钾的试剂。整个测量系统应每周校核一次。

4.1.7.4 **计算**

水样中总有碳的质量浓度计算见式(16):

$$\rho(\mathrm{TOC}) = \frac{I \times f \times V}{V_0} \quad \cdots\cdots(16)$$

式中:

ρ(TOC)——水样总有机碳的质量浓度,单位为毫克每升(mg/L);

I——仪器的响应值;

f——校准系数,单位为毫克每升(mg/L);

V——(稀释后)测定样的体积(100 mL);

V_0——(稀释前)原水样的体积,单位为毫升(mL)。

4.1.8 结果的表示

4.1.8.1 含量的表示:以毫克每升(mg/L)表示。

4.1.8.2 精密度和准确度:5个实验室重复测定低浓度 TOC(0.5 mg/L~2.0 mg/L),相对标准偏差为0.8%~5.5%,平均为3.6%,重复测定中浓度 TOC(5 mg/L~10 mg/L),相对标准偏差为0.6%~1.9%,平均为1.1%,重复测定高浓度 TOC(20 mg/L),相对标准偏差为0.8%~5.5%,平均为0.8%。用自来水做加标回收试验,浓度为0.5 mg/L~10.0 mg/L时,回收率为92.0%~108%,平均为102%。

ICS 13.060
C 51

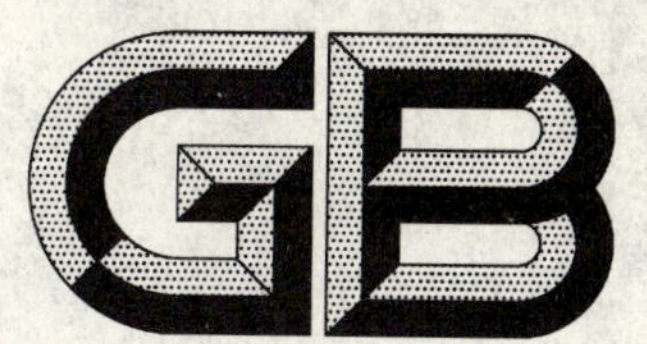

中华人民共和国国家标准

GB/T 5750.8—2006
部分代替 GB/T 5750—1985

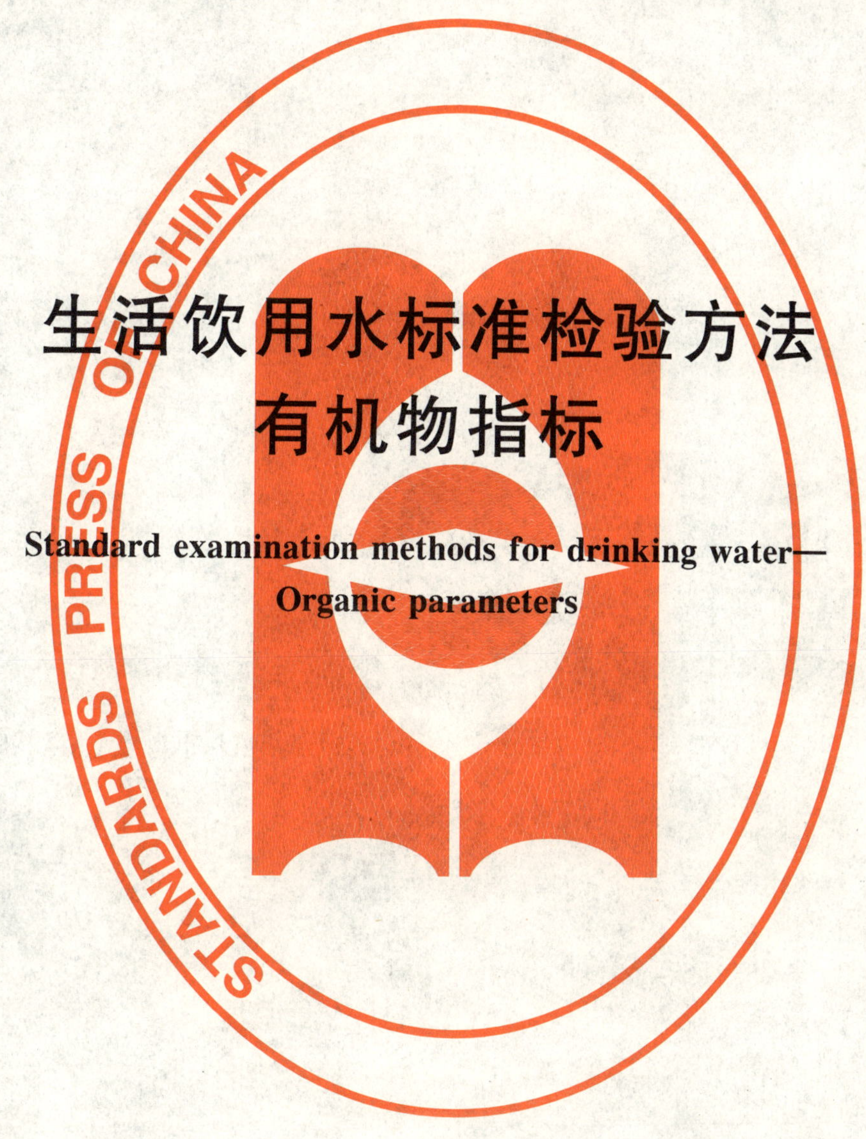

生活饮用水标准检验方法 有机物指标

Standard examination methods for drinking water—Organic parameters

2006-12-29 发布　　2007-07-01 实施

中华人民共和国卫生部
中国国家标准化管理委员会　发布

前　言

GB/T 5750《生活饮用水标准检验方法》分以下部分：

——总则；

——水样的采集和保存；

——水质分析质量控制；

——感官性状和物理指标；

——无机非金属指标；

——金属指标；

——有机物综合指标；

——有机物指标；

——农药指标；

——消毒副产物指标；

——消毒剂指标；

——微生物指标；

——放射性指标。

本标准代替 GB/T 5750—1985 第二篇中的四氯化碳。

本标准与 GB/T 5750—1985 相比主要变化如下：

——依据 GB/T 1.1—2000《标准化工作导则　第 1 部分：标准的结构和编写规则》与 GB/T 20001.4—2001《标准编写规则　第 4 部分：化学分析方法》调整了结构；

——依据国家标准的要求修改了量和计量单位；

——当量浓度改成摩尔浓度（氧化还原部分仍保留当量浓度）；

——质量浓度表示符号由 C 改成 ρ，含量表示符号由 M 改成 m；

——增加了生活饮用水中 1,2-二氯乙烷、1,1,1-三氯乙烷、氯乙烯、1,1-1 二氯乙烯、1,2-二氯乙烯、三氯乙烯、四氯乙烯、苯并[a]芘、丙烯酰胺、已内酰胺、邻苯二甲酸二(2-乙基已基)酯、微囊藻毒素、乙腈、丙烯腈、丙烯醛、环氧氯丙烷、苯、甲苯、二甲苯、乙苯、异丙苯、氯苯、二氯苯、1,2-二氯苯、1,4-二氯苯、三氯苯、四氯苯、硝基苯、三硝基甲苯、二硝基苯、硝基氯苯、二硝基氯苯、氯丁二烯、苯乙烯、三乙胺、苯胺、二硫化碳、水合肼、松节油、吡啶、苦味酸、丁基黄原酸、六氯丁二烯 43 项指标的 61 个检验方法；

——增加了生活饮用水中四氯化碳的毛细管柱气相色谱法；

——增加了附录 A 和附录 B。

本标准的附录 A、附录 B 均为资料性附录，附录 C 为规范性附录。

本标准由中华人民共和国卫生部提出并归口。

本标准负责起草单位：中国疾病预防控制中心环境与健康相关产品安全所。

本标准负责起草单位：中国疾病预防控制中心环境与健康相关产品安全所。

本标准参加起草单位：江苏省疾病预防控制中心、唐山市疾病预防控制中心、重庆市疾病预防控制中心、北京市疾病预防控制中心、广东省疾病预防控制中心、辽宁省疾病预防控制中心、广州市疾病预防控制中心、武汉市疾病预防控制中心、河南省疾病预防控制中心、山东省疾病预防控制中心、黑龙江省疾病预防控制中心、深圳市宝安区疾病预防控制中心、苏州市疾病预防控制中心、上海复旦大学公共卫生学院、哈尔滨市疾病预防控制中心、陕西省疾病预防控制中心、南京市疾病预防控制中心、甘肃省疾病预防控制中心、北京市环境监测中心、河北省疾病预防控制中心、山西省疾病预防控制中心、安徽省疾病预防控制中心、大连市疾病预防控制中心、上海市疾病预防控制中心、常州市疾病预防控制中心、哈尔滨医科大学公共卫生学院、北京市自来水公司。

本标准主要起草人:金银龙、鄂学礼、陈亚妍、张岚、陈昌杰、陈守建、邢大荣、王正虹、魏建荣、杨业、张宏陶、艾有年、庄丽、姜树秋、卢玉棋、周明乐。

本标准参加起草人:万丽奎、郃昌松、祝孝巽、黄承武、赵月朝、林少彬、阎惠珍、周雅茹、张霞、高素芝、姜丽娟、高岩、曲宁、张榕杰、施玮、丁英昌、姜光增、赵雅丽、胡志芬、袁雪芬、徐红、黎明、杨阳、施小平、周桦、郑俊荣、曲晓明、傅永霖、王新华、熊晓燕、张丽珠、岳志孝、张淑香、汪玉洁、潘延存、穆静澄、张莉萍、秦振顺、吴英、崔国权、李勇、巢秀琴、周倩茹、陈静、唐宏兵、孙宝栋、张学奎、殷勤、常凤启、韩志宇、樊康平、刘静。

本标准于1985年8月首次发布,本次为第一次修订。

生活饮用水标准检验方法
有机物指标

1 四氯化碳

1.1 填充柱气相色谱法

1.1.1 范围

本标准规定了用填充柱气相色谱法测定生活饮用水及其水源水中三氯甲烷、四氯化碳、三氯乙烯、二氯一溴甲烷、四氯乙烯、一氯二溴甲烷和三溴甲烷。

本法适用于生活饮用水及其水源水中三氯甲烷、四氯化碳、三氯乙烯、二氯一溴甲烷、四氯乙烯、一氯二溴甲烷和三溴甲烷的测定。

本法的最低检测质量浓度分别为：三氯甲烷 0.6 μg/L；四氯化碳 0.3 μg/L；三氯乙烯 3 μg/L；二氯一溴甲烷 1 μg/L；四氯乙烯 1.2 μg/L；一氯二溴甲烷 0.3 μg/L；三溴甲烷 6 μg/L。

1.1.2 原理

被测水样置于密封的顶空瓶中，在一定的温度下经一定时间的平衡，水中的卤代烃逸至上部空间，并在气液两相中达到动态的平衡，此时，卤代烃在气相中的浓度与它在液相中的浓度成正比。通过对气相中卤代烃浓度的测定，可计算出水样中卤代烃的浓度。

1.1.3 试剂和材料

1.1.3.1 载气

高纯氮(99.999%)。

1.1.3.2 配制标准样品和试样预处理时使用的试剂和材料

1.1.3.2.1 纯水：新鲜去离子水，色谱检验无被测组分。

1.1.3.2.2 抗坏血酸。

1.1.3.2.3 甲醇：优级纯，色谱检验无被测组分。

1.1.3.2.4 色谱标准物：三氯甲烷(99.92%)，二氯一溴甲烷(97.3%)，一氯二溴甲烷(98.1%)，三溴甲烷(99.73%)，四氯化碳(99.92%)，四氯乙烯(99.73%)，三氯乙烯(99.53%)，均为色谱纯。

1.1.3.3 制备色谱柱时使用的试剂和材料

1.1.3.3.1 色谱柱和填充物：见 1.1.4.1.3 有关内容。

1.1.3.3.2 涂渍固定液所用的溶剂：丙酮。

1.1.4 仪器

1.1.4.1 气相色谱仪

1.1.4.1.1 电子捕获检测器。

1.1.4.1.2 记录仪或工作站。

1.1.4.1.3 色谱柱

A 色谱柱类型：U 型或螺旋形玻璃柱。长 2 m，内径 2 或 3 mm。

B 填充物：

a 载体：Chromosorb W AW 或 DMCS 60 目～80 目或 80 目～100 目，用前筛分，然后于 120℃ 烘烤 2 h。

b 固定液及含量：15% DC-550(含 25%苯基的聚甲基硅氧烷)。

C 涂渍固定液的方法：计算色谱柱体积，量取略多于所计算体积的载体并称其质量。根据载体的质量准确称取一定量的固定液，溶于丙酮溶剂中，待完全溶解后加入载体，此时液面应完全浸没载体。在室温下自然挥干溶剂(切勿用玻璃棒搅)，待溶剂完全挥干且无丙酮气味可装柱。

D 装柱方法：柱出口端接于真空泵(注意柱管内填堵好棉花)，柱入口端接上小漏斗，固定相由此装入，采用边抽空边均匀敲柱的方法装柱。

E 色谱柱的老化：柱入口端接到色谱系统上，柱出口端放空，以 30 mL/min 的流速通氮气。柱温从 60℃开始，以每 30 min 升 10℃的升温速度升至 150℃后老化 16 h。

1.1.4.2 恒温水浴

精度为±2℃。

1.1.4.3 微量注射器

50 μL。

1.1.4.4 顶空瓶

血浆瓶，150 mL。使用前在 120℃烘烤 2 h。

1.1.5 样品

1.1.5.1 样品的稳定性：样品中被测组分易挥发。

1.1.5.2 样品的采集和储存：采样时先加 0.3 g～0.5 g 抗坏血酸于顶空瓶内，取水至满瓶，密封。采集后 24 h 内完成测定。

1.1.5.3 样品的处理：在空气中不会含有卤代烷烃等有机气体的实验室，将水样倾倒出至 100 mL 刻度处，放在 40℃恒温水浴中平衡 1 h。

1.1.5.4 样品测定时，抽取顶空瓶内液上空间气体，可平行测定三次。

1.1.6 分析步骤

1.1.6.1 调整仪器

1.1.6.1.1 气化室温度：150℃。

1.1.6.1.2 柱温：85℃。

1.1.6.1.3 检测器温度：180℃。

1.1.6.1.4 载气流量：40 mL/min。

1.1.6.2 校准

1.1.6.2.1 定量分析中的校准方法：外标法。

1.1.6.2.2 标准样品：

A 使用次数：

标准样品封装于棕色安瓿中。每安瓿 2 mL 的卤代烃甲醇溶液，浓度为 μg/mL 水平。开封后只能使用一次。使用液在低温避光密封储存 1 W 内不变。

B 标准样品的制备：

(A) 标准储备液的制备

a 三卤甲烷标准储备液制备

(a) 三氯甲烷：称 100 mL 容量瓶质量，加入一定量三氯甲烷，立即盖上瓶塞称量，以增量法得到三氯甲烷质量为 3.839 1 g[$\omega(CHCl_3)=99.92\%$]，用甲醇溶解并定容。此溶液为 $\rho(CHCl_3)=$ 38.36 mg/mL。

(b) 二氯一溴甲烷：同上称量法，二氯一溴甲烷为 4.078 1 g[$\omega(CHBrCl_2)=97.3\%$]，同上配制。此溶液为 $\rho(CHBrCl_2)=39.68$ mg/mL。

(c) 一氯二溴甲烷：同上称量法，一氯二溴甲烷为 4.002 0 g[$\omega(CHBr_2Cl)=98.1\%$]，同上配制。此溶液为 $\rho(CHBr_2Cl)=39.26$ mg/mL。

(d) 三溴甲烷：同上称量法，三溴甲烷为 4.329 g[$\omega(CHBr_3)=99.73\%$]，同上配制。此溶液为 $\rho(CHBr_3)=43.17$ mg/mL。

b 挥发性卤代烃标准储备液制备

(a) 三氯甲烷：与三卤甲烷各组分单标储备液相同的称量法，三氯甲烷为 5.866 7 g[$\omega(CHCl_3)$ = 99.92%]，同上配制。此溶液为 $\rho(CHCl_3)$ = 58.62 mg/mL。

(b) 四氯化碳：同上称量法，四氯化碳为 0.414 3 g[$\omega(CCl_4)$ = 99.92%]，同上配制。此溶液为 $\rho(CCl_4)$ = 4.14 mg/mL。

(c) 三氯乙烯：同上称量法，三氯乙烯为 4.019 3 g[$\omega(C_2HCl_3)$ = 99.53%]，同上配制。此溶液为 $\rho(C_2HCl_3)$ = 40 mg/mL。

(d) 四氯乙烯：同上称量法，四氯乙烯为 1.640 4 g[$\omega(C_2Cl_4)$ = 99.73%]，同上配制。此溶液为 $\rho(C_2Cl_4)$ = 16.36 mg/mL。

(e) 三溴甲烷：同上称量法，三溴甲烷为 4.104 1 g[$\omega(CHBr_3)$ = 99.9%]，同上配制。此溶液为 $\rho(CHBr_3)$ = 41 mg/mL。

(B) 混合标准液的制备

a 三卤甲烷标准混合液：于 200 mL 容量瓶中加入 100 mL 甲醇，再分别加入 1.0 mL 的三氯甲烷、二氯一溴甲烷、一氯二溴甲烷和三溴甲烷的各单标液，然后加入甲醇定容。混合标准液中各组分浓度：$\rho(CHCl_3)$ = 191.8 μg/mL，$\rho(CHBrCl_2)$ = 198.4 μg/mL，$\rho(CHBr_2Cl)$ = 196.3 μg/mL，$\rho(CHBr_3)$ = 201.1 μg/mL。

b 挥发性卤代烃标准混合液：于 200 mL 容量瓶中加入 100 mL 甲醇再分别加入 1.0 mL 的三氯甲烷、四氯化碳、三氯乙烯、四氯乙烯和三溴甲烷的各单标液，然后加入甲醇定容。混合标准液中各组分浓度：$\rho(CHCl_3)$ = 293.1 μg/mL，$\rho(CCl_4)$ = 20.7 μg/mL，$\rho(C_2HCl_3)$ = 200.0 μg/mL，$\rho(C_2Cl_4)$ = 81.8 μg/mL，$\rho(CHBr_3)$ = 205.2 μg/mL。

(C) 标准使用液的制备

取 1.0 mL 三卤甲烷标准混合液和 1.0 mL 挥发性卤代烃标准混合液于 100 mL 容量瓶中，用纯水定容。

C 气相色谱法中使用标准样品的条件：

a 标准样品为平行样，每个样品各做三次，相对标准偏差小于 10% 即为稳定。

b 每批样品必须同时制备工作曲线。

1.1.6.2.3 工作曲线的制作：取 5 个 200 mL 容量瓶依次加入标准使用液 0、0.50、1.00、2.00 和 4.00 mL 并用纯水稀释至刻度，混匀。再倒入 5 个顶空瓶至 100 mL 刻度处。加盖密封，于 40℃ 恒温水浴中平衡 1 h，各取顶部空间气体 30 μL 注入色谱仪。标准使用液浓度配制见表 1。以峰高为纵坐标，浓度为横坐标绘制工作曲线。

表 1 标准使用液浓度配制

体积/mL	组分名称及浓度/(μg/L)						
	$CHCl_3$	CCl_4	C_2HCl_3	$CHBrCl_2$	C_2Cl_4	$CHBr_2Cl$	$CHBr_3$
0.50	12.2	0.5	5.0	5.0	2.0	4.9	10.2
1.00	24.7	1.0	10.0	10.0	4.1	9.8	20.4
2.00	48.5	2.0	20.0	20.0	8.2	19.6	40.8
4.00	97.0	4.0	40.0	40.0	16.4	39.2	81.6

1.1.6.3 试验

1.1.6.3.1 进样：

A 进样方式：直接进样。

B 进样量:30 μL。

C 操作:用干净的微量注射器抽取顶空瓶内液上空间相,反复几次得到均匀气样(动作不易快),将 30 μL 气样快速注入色谱仪中。

1.1.6.3.2 记录:用记录器或工作站绘图,记下标样和水样色谱峰的保留时间,基线应稳定。

1.1.6.3.3 色谱图的考察:

A 标准色谱图:见图 1。

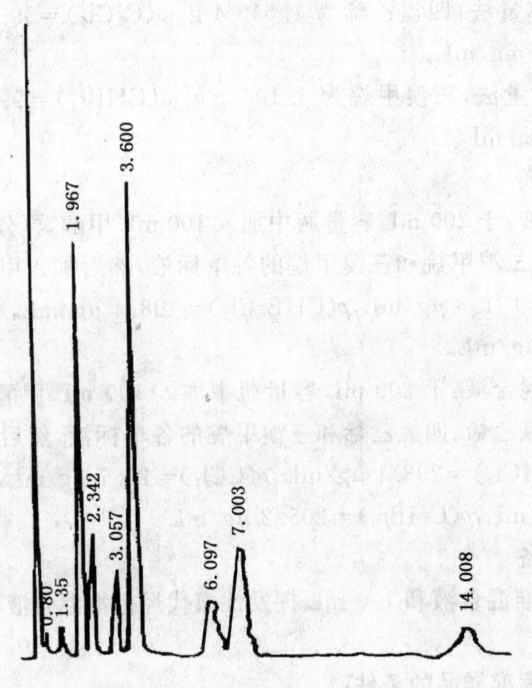

图 1 标准色谱图

B 定性分析:

a 各组分的出峰顺序:三氯甲烷、四氯化碳、三氯乙烯、二氯一溴甲烷、四氯乙烯、一氯二溴甲烷、三溴甲烷。

b 保留时间:三氯甲烷 1.967 min,四氯化碳 2.342 min,三氯乙烯 3.057 min,二氯一溴甲烷 3.600 min,四氯乙烯 6.097 min,一氯二溴甲烷 7.003 min,三溴甲烷 14.008 min。

C 定量分析:

a 色谱峰的测量:可量峰高或峰面积,用微处理机时可自动记录并测量。用记录器时需手工测量。峰高的测量:组分峰的最高点与基线(峰底)的垂直距离为峰高。

b 计算:用样品的峰高直接从工作曲线中查出水样中卤代烃的质量浓度。

1.1.7 结果的表示

1.1.7.1 定性结果

利用保留时间定性法,即根据标准色谱图各组分的保留时间,确定样品中组分的数目和名称。

1.1.7.2 定量结果

1.1.7.2.1 含量的表示方法:以微克每升(μg/L)表示。

1.1.7.2.2 精密度和准确度:6 个实验室测定两种浓度的人工合成水样,其相对标准偏差(RSD)见表 2,回收率见表 3。

表 2 测定结果相对标准偏差

组 分	组分浓度/(μg/L)	RSD/(%)	组分浓度/(μg/L)	RSD/(%)
三氯甲烷	97.0	0.8～6.0	24.3	1.0～7.6
四氯化碳	4.0	2.7～9.1	1.0	1.5～13
三氯乙烯	40.0	1.1～9.2	10.0	2.2～12
二氯一溴甲烷	40.0	1.7～7.5	10.0	1.4～8.3
四氯乙烯	16.4	3.5～6.9	4.1	3.2～8.8
一氯二溴甲烷	39.2	2.2～8.3	9.8	2.7～9.6
三溴甲烷	81.6	5.7～13	20.4	0～11

表 3 各组分回收率

组 分	组分浓度/(μg/L)	回收率/(%)	组分浓度/(μg/L)	回收率/(%)
三氯甲烷	97.0	96.2	24.3	97.6
四氯化碳	4.0	100	1.0	96.4
三氯乙烯	40.0	98.9	10.0	97.7
二氯一溴甲烷	40.0	98.3	10.0	97.7
四氯乙烯	16.4	99.1	4.1	99.6
一氯二溴甲烷	39.2	101	9.8	97.8
三溴甲烷	81.6	101	20.4	107

1.2 毛细管柱气相色谱法

1.2.1 范围

本标准规定了用顶空毛细管柱气相色谱法生活饮用水及其水源水中三氯甲烷、四氯化碳。

本法适用于生活饮用水及其水源水中三氯甲烷、四氯化碳的测定。

本法的最低检测质量浓度分别为：三氯甲烷 0.2 μg/L；四氯化碳 0.1 μg/L。

1.2.2 原理

被测水样置于密封的顶空瓶中，在一定的温度下经一定时间的平衡，水中的三氯甲烷、四氯化碳逸至上部空间，并在气液两相中达到动态的平衡，此时，三氯甲烷、四氯化碳在气相中的浓度与它在液相中的浓度成正比。通过对气相中三氯甲烷、四氯化碳浓度的测定，可计算出水样中三氯甲烷、四氯化碳的浓度。

1.2.3 试剂和材料

1.2.3.1 载气

高纯氮(99.999%)。

1.2.3.2 配制标准样品和试样预处理时使用的试剂和材料

1.2.3.2.1 纯水：色谱检验无待测组分。

1.2.3.2.2 抗坏血酸。

1.2.3.2.3 甲醇：优级纯，色谱检验无被测组分。

1.2.3.2.4 色谱标准物：三氯甲烷(99.9%)，四氯化碳(99.9%)，均为色谱纯。

1.2.4 仪器

1.2.4.1 气相色谱仪

1.2.4.1.1 电子捕获检测器。

1.2.4.1.2 色谱柱：HP-5(30 m×0.32 mm×0.25 μm)高弹石英毛细管色谱柱，或者相同极性的毛细管色谱柱。

1.2.4.2 恒温水浴箱：控温精度±2℃。

1.2.4.3 顶空瓶:容积 150 mL,带有 100 mL 刻度线(配带有聚四氟乙烯硅橡胶垫和塑料螺旋帽密封),使用前在 120℃烘烤 2 h。

1.2.4.4 微量注射器:50 μL。

1.2.5 **样品**

1.2.5.1 样品的稳定性:样品待测组分易挥发,需低温保存,尽快测定。

1.2.5.2 样品的采集:采样时先加 0.3 g～0.5 g 抗坏血酸于顶空瓶内,取水至满瓶,密封低温保存。采集后 24 h 内完成测定。

1.2.5.3 样品的处理:在空气中不含有三氯甲烷、四氯化碳气体的实验室,将水样倒出至 100 mL 刻度处,放在 40℃恒温水浴中平衡 1 h。

1.2.5.4 样品的测定:抽取顶空瓶内液上空间气体,可平行测定三次。

1.2.6 **分析步骤**

1.2.6.1 **仪器的调整**

1.2.6.1.1 汽化室温度:200℃。

1.2.6.1.2 柱温:60℃。

1.2.6.1.3 检测器温度:200℃。

1.2.6.1.4 载气流量:2 mL/min。

1.2.6.1.5 分流比:10∶1。

1.2.6.1.6 尾吹气流量:60 mL/min。

1.2.6.2 **校准**

1.2.6.2.1 定量分析中的校准方法:外标法。

1.2.6.2.2 标准样品:

A 使用次数:

每次分析样品时用新标准使用溶液绘制工作曲线或用相应因子进行计算。

B 标准样品的制备:

a 标准储备液的制备:

(a) 三氯甲烷:准确称取 0.800 8 g 三氯甲烷(99.9%),放入装有少许甲醇的 100 mL 容量瓶中,定容至刻度,此溶液为 $\rho(CHCl_3)$=8.00 mg/mL。

(b) 四氯化碳:准确称取 0.400 4 g 四氯化碳(99.9%),放入装有少许甲醇的 100 mL 容量瓶中,定容至刻度,此溶液为 $\rho(CCl_4)$=4.00 mg/mL。

b 混合标准使用液的制备:于 200 mL 容量瓶中加入约 100 mL 甲醇,再分别加入 1.0 mL 的三氯甲烷、四氯化碳的各单标准溶液,然后加入甲醇定容。混合标准液中各组分质量浓度分别为 $\rho(CHCl_3)$=40.0 μg/mL,$\rho(CCl_4)$=20.0 μg/mL。

c 标准使用液的制备:取 1.0 mL 混合液标准溶液(1.2.6.2.2.B.b)于 100 mL 容量瓶中,纯水定容。标准使用液的质量浓度分别为 $\rho(CHCl_3)$=0.40 μg/mL,$\rho(CCl_4)$=0.20 μg/mL。

C 气相色谱中使用标准样品的条件:

a 标准样品进样体积与试样进样体积相同,标准样品的响应值应接近试样的响应值。

b 在工作范围内相对标准偏差小于 10%即可认为处于稳定状态。

c 每批样品必须同时制备工作曲线。

1.2.6.2.3 工作曲线的制作:取 6 个 200 mL 容量瓶依次加入标准使用液 0、0.10、0.50、1.00、2.00 和 5.00 mL 并用纯水稀释至刻度,混匀。配制后三氯甲烷的质量浓度为 0、0.20、1.0、2.0、4.0、10 μg/L;四氯化碳的质量浓度为 0、0.10、0.50、1.0、2.0、5.0 μg/L。再倒入 6 个顶空瓶至 100 mL 刻度处。加盖密封,于 40℃恒温水浴中平衡 1 h,各取顶部空间气体 30 μL 注入色谱仪。以峰高或峰面积为纵坐标,浓度为横坐标绘制工作曲线。

1.2.6.3 **试验**

1.2.6.3.1 进样

A 进样方式:直接进样。

B 进样量:30 μL。

C 操作:用干净的微量注射器抽取顶空瓶内液上空间相,反复几次得到均匀气样,将 30 μL 气样快速注入色谱仪中。

1.2.6.3.2 记录:以标样核对,记录色谱峰的保留时间及对应的化合物。

1.2.6.3.3 色谱图的考察

A 标准色谱图:见图 2

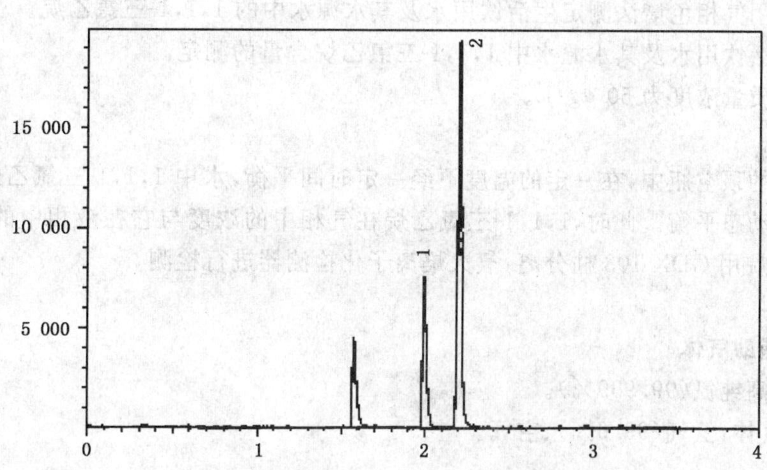

1——三氯甲烷;

2——四氯化碳。

图 2 三氯甲烷、四氯化碳标准色谱图

B 定性分析:

a 各组分出峰顺序:三氯甲烷,四氯化碳。

b 各组分保留时间:三氯甲烷 1.993 min,四氯化碳 2.198 min。

C 定量分析:

a 色谱峰的测量:可量峰高或峰面积,用微机时自动测量并记录。用记录仪时需人工测量,峰高的测量:组分峰的最高点与基线(峰底)的垂直距离为峰高。

b 计算:根据色谱图的峰高或峰面积在工作曲线上查出相应的质量浓度。

1.2.7 **结果的表示**

1.2.7.1 **定性结果**

根据标准色谱图各组分的保留时间确定被测样品中组分的数目和名称。

1.2.7.2 **定量结果**

1.2.7.2.1 含量的表示方法:直接从标准曲线上查出水样中三氯甲烷、四氯化碳的质量浓度,以微克每升(μg/L)表示。

1.2.7.2.2 精密度和准确度:5 个实验室测定加四氯化碳标准的水样(四氯化碳质量浓度为 0.1 μg/L~5 μg/L 时),其相对标准偏差为 1.7%~7.7%,其平均回收率为 90.7%~98.7%。测定加三氯甲烷标准的水样(三氯甲烷质量浓度为 0.2 μg/L~10μg/L 时),其相对标准偏差为 2.2%~8.1%,其平均回收率为 90.4%~98.8%。

2 1,2-二氯乙烷

2.1 顶空气相色谱法

2.1.1 见 GB/T 5750.10—2006 中 5.1。

2.1.2 精密度和准确度：同一实验室对不同浓度的加标水样重复测定，其结果：1,2-二氯乙烷浓度为 30、150 和 300 μg/L 时，相对标准偏差分别为 1.7%、3.5%和 1.8%；平均回收率为 99.7%。

3 1,1,1-三氯乙烷

3.1 气相色谱法

3.1.1 范围

本标准规定了用气相色谱法测定生活饮用水及其水源水中的 1,1,1-三氯乙烷。

本法适用于生活饮用水及其水源水中 1,1,1-三氯乙烷含量的测定。

本法最低检测质量浓度为 50 μg/L。

3.1.2 原理

水样置于密封的顶空瓶中，在一定的温度下经一定时间平衡，水中 1,1,1-三氯乙烷逸至上部空间，并在气液两相达到动态平衡。此时，1,1,1-三氯乙烷在气相中的浓度与它在液相中的浓度成正比。气相中 1,1,1-三氯乙烷用 GDX 103 柱分离，氢火焰离子化检测器进行检测。

3.1.3 试剂和材料

3.1.3.1 载气和辅助气体

3.1.3.1.1 载气：高纯氮(99.999%)。

3.1.3.1.2 辅助气体：氢气(99.6%)、空气。

3.1.3.2 试剂

3.1.3.2.1 1,1,1-三氯乙烷：色谱纯，ρ_{20}=1.313 0 g/mL。

3.1.3.2.2 纯水：无 1,1,1-三氯乙烷的蒸馏水，配制试剂溶液及稀释用，将蒸馏水煮沸 15 min～30 min，或通高纯氮气 20 min～25 min。应用前，检查应无色谱干扰峰。

3.1.4 仪器

3.1.4.1 气相色谱仪

3.1.4.1.1 氢火焰离子化检测器。

3.1.4.1.2 记录仪或工作站。

3.1.4.1.3 色谱柱：

A 色谱柱类型：U 型或螺旋型玻璃填充柱，长 2 m，内径 4 mm。

B 固定相：

a 柱 1：GDX 103，60 目～80 目。

b 柱 2：2% OV-17/Chromosorb W(AW—DMCS)，60 目～80 目。

C 装柱方法：柱出口端塞好玻璃棉，接于真空泵，柱入口端接上小漏斗，固定相从小漏斗装入，采用边抽真空边均匀敲柱的方法装柱。装好的柱固定相应紧密无间隙或断裂。

D 色谱柱的老化：将装好的色谱柱入口端与气相色谱仪的进样口连接，出口端放空，以流量 30 mL/min 通氮气，柱温 200℃，老化 24 h 以上。

3.1.4.1.4 恒温水浴：控制温度 50℃±1℃。

3.1.4.1.5 顶空瓶：

A 顶空瓶：100 mL，同一批号，总体积相等。以 120℃烘烤 2 h 备用。

B 螺旋盖及硅胶垫：硅胶垫首次使用时需用盐酸溶液(1+9)煮沸，再用纯水煮沸处理。再使用时，只用纯水煮沸 20 min，晾干备用。

3.1.4.1.6 微量注射器:1.0 μL。

3.1.4.1.7 玻璃注射器:1.0 mL。

3.1.5 样品

3.1.5.1 样品的稳定性:样品的待测组分易挥发。

3.1.5.2 样品的采集及储存方法:用处理过的顶空瓶装满水样,密封。采集后,24 h 内完成测定。

3.1.5.3 样品的处理:在空气中不含 1,1,1-三氯乙烷或无干扰物的实验室,将水样倾倒至 100 mL 刻度处。放在 50℃恒温水浴中平衡 40 min。

3.1.5.4 样品测定:抽取 1.0 mL 顶空瓶内液上空间气体进样,用气相色谱仪进行平行测定。

3.1.6 分析步骤

3.1.6.1 仪器条件

3.1.6.1.1 气化室温度:200℃。

3.1.6.1.2 柱温:

A 柱 1:160℃。

B 柱 2:60℃。

3.1.6.1.3 检测器温度:200℃。

3.1.6.1.4 载气流量:

A 柱 1:30 mL/min。

B 柱 2:50 mL/min。

3.1.6.1.5 氢气和空气流速:根据所用色谱仪选择最佳流速及比例。

3.1.6.2 校准

3.1.6.2.1 定量分析中校准方法:外标法和单点比较法。

3.1.6.2.2 标准样品:

A 使用次数:每次分析样品时用新的标准溶液绘制曲线。

B 1,1,1-三氯乙烷标准溶液:取 0.38 μL 的 1,1,1-三氯乙烷(3.1.3.2.1)于含有 100 mL 纯水(3.1.3.2.2)的 100 mL 容量瓶内,混匀。ρ(1,1,1-三氯乙烷)=5 μg/mL。

C 气相色谱分析中使用的标准样品的条件:

a 标准样品为平行样,两次测定的相对标准偏差小于 10%即为稳定。

b 标准样品与试样应同时分析。

3.1.6.2.3 标准曲线的制作:取 100 mL 顶空瓶 6 个,分别加入适量纯水(3.1.3.2.2),再加入 1,1,1-三氯乙烷标准溶液(3.1.6.2.2.B)0,1.00,3.00,5.00,7.00 和 10.00 mL,用纯水定容,配制成浓度系列。水中 1,1,1-三氯乙烷的浓度分别为 0,50,150,250,350 和 500 μg/L。将配制好的各个标准溶液分别倒入 100 mL 顶空瓶中,立即用衬有硅胶的螺旋盖盖紧。摇匀后,标准溶液系列同样品一起于 50℃恒温水浴中平衡 40 min。分别各取顶空部空间气体 1.0 mL 注入色谱仪测定。以标准系列溶液的浓度对峰高绘制标准曲线,或输入计算器,计算出回归曲线方程($Y=aX+b$)。

3.1.6.3 试验

3.1.6.3.1 进样:

A 进样方式:直接进样。

B 进样量:1.00 mL。

C 操作:用干净的玻璃注射器抽取顶空瓶内液上空间气体,反复几次得到均匀气样,将 1.00 mL 气样快速注入色谱仪中。

3.1.6.3.2 记录:用记录仪或工作站记录色谱峰的保留时间等参数。

3.1.6.3.3 色谱较的考察:

A 标准色谱图:见图 3

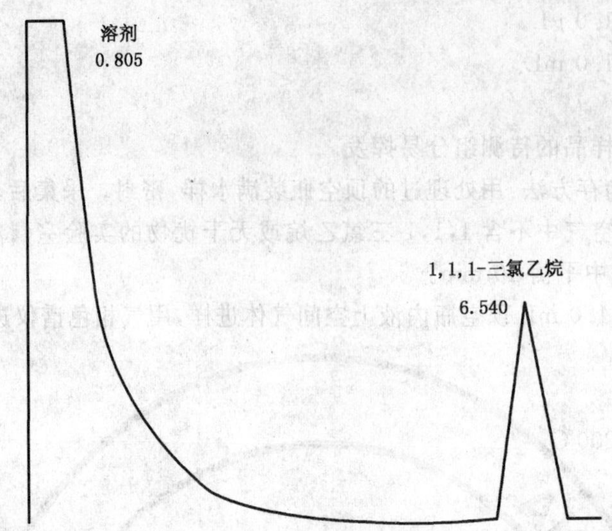

图 3　水中含 1,1,1-三氯乙烷的色谱图

B　定性分析：

a　组分出峰顺序：空气，1,1,1-三氯乙烷。

b　保留时间：1,1,1-三氯乙烷 6.54 min。

C　定量分析：

a　色谱峰的测量：可量峰高或峰面积，用工作站时自动记录并测量。用记录仪时需手工积分。峰高的手工测定：连接峰的起点和终点作为基线，峰顶与基线的垂直距离为峰高。

b　计算：根据样品的峰高或峰面积从标准曲线上直接查出水中 1,1,1-三氯乙烷的质量浓度(μg/L)。或将样品的峰高或峰面积代入回归曲线方程，计算出水中 1,1,1-三氯乙烷的质量浓度(μg/L)。或将样品的峰高与标准的峰高比较，按式(1)计算：

$$\rho(CH_3CCl_3) = \frac{\rho_1 \times h_1}{h} \quad \cdots\cdots(1)$$

式中：

$\rho(CH_3CCl_3)$——水样中 1,1,1-三氯乙烷的质量浓度，单位为微克每升(μg/L)；

ρ_1——标准液中 1,1,1-三氯乙烷的质量浓度，单位为微克每升(μg/L)；

h_1——水样中 1,1,1-三氯乙烷的峰高，单位为毫米(mm)；

h——标准液中 1,1,1-三氯乙烷的峰高，单位为毫米(mm)。

3.1.7　结果表示

3.1.7.1　定性结果：根据标准色谱图组分的峰保留时间，确定待测试样中组分性质。

3.1.7.2　定量结果：

3.1.7.2.1　含量的表示方法：按式(1)计算水样 1,1,1-三氯乙烷的质量浓度，以微克每升(μg/L)表示。

3.1.7.2.2　精密度和准确度：对含 1,1,1-三氯乙烷 123 μg/L 的废水加标 100 μg/L 1,1,1-三氯乙烷，测定回收率为 91%。对未检出 1,1,1-三氯乙烷的饮用水加标 1,1,1-三氯乙烷 50 μg/L，250 μg/L 和 450 μg/L 的回收率(n=6)分别为 106%、108%和 102%。相对标准偏差(n=7)分别为 5.7%、4.4%和 3.5%。

4　氯乙烯

4.1　填充柱气相色谱法

4.1.1　范围

本标准规定了用填充柱气相色谱法测定生活饮用水及其水源水中的氯乙烯。

本法适用于生活饮用水及其水源水中氯乙烯的测定。

若取水样 100 mL,取 1 mL 液上气体进行色谱测定,最低检测质量浓度为 1 μg/L。

4.1.2 原理

在密闭的顶空瓶内,易挥发的氯乙烯分子从液相逸入液上空间的气相中。在一定的温度下,氯乙烯分子在气液两相之间达到动态平衡,此时氯乙烯在气相中的浓度和在液相中的浓度成正比。取液上气体经色谱柱分离,用氢火焰离子化检测器测定。

4.1.3 试剂和材料

4.1.3.1 载气和辅助气体

4.1.3.1.1 载气:高纯氮(99.999%)。

4.1.3.1.2 辅助气体:氢气,空气。

4.1.3.2 配制标准溶液及样品处理所用的试剂和材料

4.1.3.2.1 氯乙烯[ω(氯乙烯)>99.5%]。

4.1.3.2.2 *N*,*N*-二甲基乙酰胺(DMA):通氮气曝气 30 min。

4.1.3.3 制备色谱柱所用的试剂和材料

4.1.3.3.1 色谱柱和填充物见 4.1.4.1.3 有关内容。

4.1.4 仪器

4.1.4.1 气相色谱仪:

4.1.4.1.1 氢火焰离子化检测器。

4.1.4.1.2 记录仪或工作站。

4.1.4.1.3 色谱柱:

A 色谱柱类型:U 型不锈钢填充柱,长 2 m,内径 3 mm。

B 填充物:407 有机固定相,80 目~100 目。

C 填充方法及老化方法:采用普通装柱法装柱,将填充好的色谱柱与检测器断开,色谱柱装机后通氮气,在柱温 150℃条件下老化 16 h。

4.1.4.2 进样器:

4.1.4.2.1 医用注射器:1 mL 和 5 mL。

4.1.4.2.2 微量注射器:5 mL、10 mL、50 mL 和 100 μL。

4.1.4.3 顶空瓶:具 100 mL 刻度,使用前 120℃烘烤 2 h。

4.1.4.4 配气瓶:25 mL±0.5 mL,耐压 0.5 kg/cm^2,配有硅橡胶垫的金属螺旋密封盖。

4.1.4.5 翻口胶塞:用前洗净,用水煮沸 20 min,晾干备用。

4.1.4.6 铝箔或聚四氟乙烯膜。

4.1.5 样品

4.1.5.1 水样的采集及储存方法:取处理过的顶空瓶,现场采集满瓶后立即(按 100 mL 水样加 1 mL DMA 的比例加入)一定量的 DMA(4.1.3.2.2),盖紧密封,如不能立即测定,置于 4℃冰箱内保存,48 h 内测定。

4.1.5.2 水样预处理:测定前在无氯乙烯等有机物的清洁环境中迅速倒出多余水样至 100 mL 刻度,立即盖好瓶塞放入 50℃±0.1℃恒温水浴锅中,恒温 40 min,备检。

4.1.6 分析步骤

4.1.6.1 仪器的调整

4.1.6.1.1 气化室温度:150℃。

4.1.6.1.2 柱温:125℃。

4.1.6.1.3 检测器温度:150℃。

4.1.6.1.4 载气流量:30 mL/min。

4.1.6.1.5 氢气和空气根据所用气相色谱仪选择最佳流量,比例约为1∶10。

4.1.6.1.6 衰减:根据样品被测组分含量调节记录器衰减。

4.1.6.2 **校准**

4.1.6.2.1 定量分析中的校准方法:外标法。

4.1.6.2.2 标准样品:

A 使用次数:每次分析样品时用新标准使用液绘制标准曲线。

B 标准样品的制备:

a 标准储备溶液:于25 mL±0.5 mL配气瓶中,预先加入20 mL DMA(4.1.3.2.2),盖紧密封,精确称量W_1,用注射器从氯乙烯容器中取4 mL氯乙烯(取气时先用氯乙烯气体洗注射器两次),注入配气瓶,精确称量W_2,计算每毫升DMA中氯乙烯含量。

b 氯乙烯标准使用液:吸取一定量的氯乙烯标准储备液,在配气瓶中用DMA(4.1.3.2.2)稀释为ρ(氯乙烯)=50 μg/mL。

C 气相色谱法中使用标准样品的条件:

a 标准样品进样体积与试样进样体积相同。

b 标准样品与试样尽可能同时进样分析。

4.1.6.2.3 工作曲线的绘制:临用时在顶空瓶中各加入纯水100 mL,盖紧密封后,分别注入氯乙烯标准使用溶液0,10,20,40,80,100 μL,此标准溶液浓度为0,5,10,20,40,50 μg/L,放入50℃±0.1℃恒温水浴锅内恒温40 min,取1 mL液上气体注入色谱仪,测定各浓度的峰高或峰面积(每个浓度重复测两次),以峰高或峰面积的平均值为纵坐标,浓度为横坐标,绘制工作曲线。

4.1.6.3 **试验**

4.1.6.3.1 进样:

A 进样方式:直接进样。

B 进样量:1 mL。

C 操作:用洁净进样器(4.1.4.2)于待测样品中吸取所需体积注入色谱仪中进行测定。

4.1.6.3.2 记录:以标样核对,记录色谱峰的保留时间及对应的化合物。

4.1.6.3.3 色谱图的考察:

A 标准色谱图:见图4。

a——空气;

b——氯乙烯。

图4 氯乙烯标准色谱图

B 定性分析:

a 组分出峰顺序:空气、氯乙烯。

b 保留时间:氯乙烯1.566 min。

C 定量分析:

a 色谱峰的测量:连接峰的起点和终点作为峰底,从峰高极大值对峰底做垂线,此线即为峰高。

b 计算:用样品的峰高直接从工作曲线上查出水样中氯乙烯质量浓度。

4.1.7 结果的表示

4.1.7.1 定性分析:用标准色谱图中氯乙烯的保留时间确定水样中氯乙烯的存在。

4.1.7.2 定量分析:

4.1.7.2.1 含量的表示方法:直接从工作曲线上查出水样中氯乙烯的质量浓度,以微克每升(μg/L)表示。

4.1.7.2.2 精密度和准确度:5个实验室测定氯乙烯浓度为5.0 μg/L~50 μg/L的水样,相对标准偏差为2.1%~9.1%。5个实验室加标回收实验,氯乙烯浓度为5.0 μg/L~50μg/L的水样,回收率范围为90.0%~107%。

4.2 毛细管柱气相色谱法

4.2.1 范围

本标准规定了用毛细管柱气相色谱法测定生活饮用水中的氯乙烯。

本法适用于生活饮用水及其水源水中氯乙烯的测定。

本法最低检测质量浓度为1 μg/L。

4.2.2 原理

在封闭的顶空瓶内,易挥发的氯乙烯从液相逸入气相中。在一定温度下,氯乙烯分子扩散,在气液两相间达到动态平衡,此时氯乙烯在气相中的浓度和在液相中的浓度成正比。取液上气体注入气相色谱仪测定。

4.2.3 试剂和材料

4.2.3.1 载气和辅助气体

4.2.3.1.1 载气:高纯氮(99.999%)。

4.2.3.1.2 辅助气体:氢气;空气。

4.2.3.2 配制标准样品和试样预处理时使用的试剂和材料

4.2.3.2.1 液态氯乙烯:纯度≥99.5%

4.2.3.2.2 *N*,*N*-二甲基乙酰胺(DMA):在相同色谱条件下,不应检出与氯乙烯相同保留时间的任何杂峰。否则通氮气曝气30 min。

4.2.4 仪器

4.2.4.1 气相色谱仪

4.2.4.1.1 氢火焰离子化检测器。

4.2.4.1.2 记录仪或工作站。

4.2.4.1.3 色谱柱:AC-5或HP-5大口径石英毛细管柱(30 m×0.53 mm×1.0 μm),相当SE-54或同等极性色谱柱。

4.2.4.2 顶空瓶:20 mL,使用前100℃烘烤2 h。

4.2.4.3 水浴箱或自动顶空进样器。

4.2.4.4 微量注射器:10 μL、100 μL。

4.2.5 样品

4.2.5.1 水样的采样及储存方法:取处理过的样品瓶,现场采集满瓶后立即按1%的比例加入DMA,盖紧密封,如不能立即测定,置于4℃冰箱中保存,于48 h内测定。

4.2.5.2 水样预处理:测定前在无氯乙烯等有机物的清洁环境中迅速取10 mL水样置于20 mL顶空样品瓶中,立即密封放入水浴箱或自动顶空进样器内,50℃平衡40 min,待测。

4.2.6 分析步骤

4.2.6.1 仪器调整

4.2.6.1.1 气化室温度:120℃。

4.2.6.1.2 柱温:45℃。

4.2.6.1.3 检测器温度:150℃。

4.2.6.1.4 气体流量:氮气,5 mL/min;尾吹气流量:25 mL/min;氢气和空气根据所用仪器选择最佳流量。

4.2.6.1.5 衰减:根据样品中被测组分含量调节。

4.2.6.2 **校准**

4.2.6.2.1 定量分析中的校准方法:外标法。

4.2.6.2.2 标准样品:

4.2.6.2.2.1 使用次数:每次分析样品时用新标准使用液绘制标准曲线。

4.2.6.2.2.2 标准样品的制备:

A 标准储备溶液:于 20 mL 样品瓶中加入 20 mL DMA,加盖精确称量,在通风柜中将氯乙烯从容器中倒出 2 mL 左右于离心管中,迅速用滴管取 1 滴～2 滴氯乙烯于样品瓶中密封称量,计算每毫升 DMA 中氯乙烯含量。

B 氯乙烯标准使用液:吸取一定量的氯乙烯标准储备液,在样品瓶中用 DMA 稀释为 ρ(氯乙烯)$=50\ \mu g/mL$。

C 气相色谱法中使用标准样品的条件:

a 标准样品进样体积与试样的进样体积相同。

b 标准样品与试样尽可能同时分析。

4.2.6.2.3 工作曲线的绘制:临用时在 20 mL 顶空瓶中加入纯水 10 mL,盖紧密封后,分别注入氯乙烯标准使用液 0,2,4,6,8,10 μL,此标准溶液浓度为 0,10,20,30,40,50 μg/L,放入水浴箱或自动顶空进样器,50℃平衡 40 min,取 1.0 mL(手动进样取 100 μL)液上气体注入气相色谱仪,测得各浓度的峰面积(每个浓度重复测定两次),以峰面积的平均值为纵坐标,浓度为横坐标,绘制工作曲线。

4.2.6.3 **试验**

4.2.6.3.1 进样:

4.2.6.3.1.1 手动进样:进样量:100 μL,不分流。

4.2.6.3.1.2 自动进样:进样量:1.0 mL,分流比 5∶1。

4.2.6.3.2 记录:以标样核对,记录色谱峰的保留时间及对应的化合物。

4.2.6.3.3 色谱图考查:

4.2.6.3.3.1 标准色谱图:见图 5。

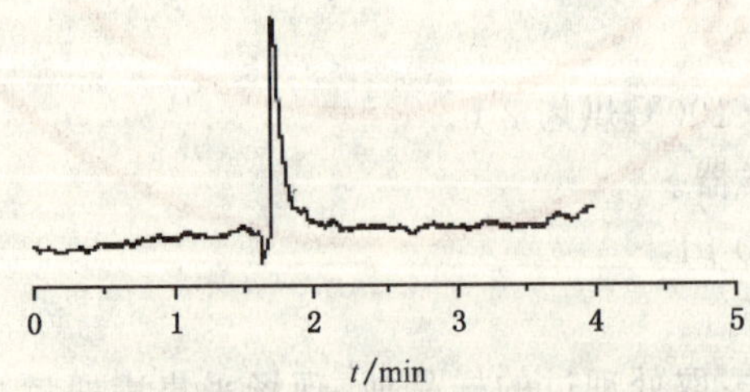

图 5 氯乙烯标准色谱图

4.2.6.3.3.2 定性分析:氯乙烯保留时间为 1.7 min。

4.2.7 **结果表示**

4.2.7.1 定性分析:用标准色谱图中氯乙烯的保留时间确定水样中氯乙烯的存在。

4.2.7.2 定量分析:

4.2.7.2.1 含量的表示方法:直接从工作曲线上查出水样中氯乙烯的质量浓度,以微克每升(μg/L)表示。

4.2.7.2.2 精密度和准确度:测定加标水样(质量浓度为 5.0 μg/L~50.0 μg/L 时),其相对标准偏差为 3.2%~8.8%,回收率范围为:90.0%~110%。

5 1,1-二氯乙烯

5.1 吹脱捕集气相色谱法

5.1.1 范围

本标准规定了用吹脱-捕集气相色谱法测定生活饮用水及其水源水中的 1,1-二氯乙烯和 1,2-二氯乙烯。

本法适用于生活饮用水及其水源水中 1,1-二氯乙烯,1,2-二氯乙烯含量的测定。

本法的最低检测质量浓度分别为:1,1-二氯乙烯,0.02 μg/L;反式 1,2-二氯乙烯,0.02 μg/L;顺式 1,2-二氯乙烯,0.02 μg/L。

吹脱气中的杂质,捕集器和管路中释放的有机物是污染的主要原因。因此,应避免在吹脱-捕集系统使用非聚四氟乙烯管路、密封材料,或带橡胶组件的流量控制器。在采样、处理和运输过程中,需用纯水配制的试剂空白进行校正,经常烘烤和吹脱整个系统。

5.1.2 原理

在室温下惰性气体将在特制吹脱瓶中水样的 1,1-二氯乙烯等挥发性有机物吹出,待测物被捕集器吸附。然后,经热解吸待测物由惰性气体带入气相色谱仪,进行分离和测定。

5.1.3 试剂和材料

5.1.3.1 载气:高纯氮(99.999%)。

5.1.3.2 配制标准品和试样预处理使用的试剂和材料:

5.1.3.2.1 纯水:色谱检验无干扰组分。

5.1.3.2.2 抗坏血酸。

5.1.3.2.3 甲醇:吹脱-捕集法检验无干扰组分。

5.1.3.2.4 盐酸溶液(1+1)。

5.1.3.3 捕集器填充材料:

5.1.3.3.1 2,6-二苯并呋喃聚合物:色谱级,60 目~80 目。

5.1.3.3.2 聚甲基硅氧烷填料,OV-1(3%)。

5.1.3.3.3 硅胶:35 目~60 目。

5.1.3.3.4 活性炭。

5.1.3.4 色谱标准物:1,1-二氯乙烯(99.9%)。

5.1.4 仪器

5.1.4.1 气相色谱仪:具程序升温和柱头进样。

5.1.4.1.1 电导检测器。

5.1.4.1.2 记录仪或工作站。

5.1.4.1.3 色谱柱:Supelco VOCOL 毛细管色谱柱长 60 m,内径 0.75 mm,膜厚 1.5 μm。

5.1.4.2 吹脱-捕集系统

5.1.4.2.1 吹脱装置:可容纳 25 mL 样品,并使水柱至 5 cm 高,(如果方法的最低检测质量浓度和实验允许,也可采用 5 mL 吹脱装置)。具体见图 6。

5.1.4.2.2 捕集器:长 25 cm,内径 3 mm。内填充以下吸附剂:1.0 cm 用甲基硅油涂敷的填料,7.7 cm 二苯并呋喃聚合物,7.7 cm 硅胶和 7.7 cm 椰壳炭。具体见图 6。

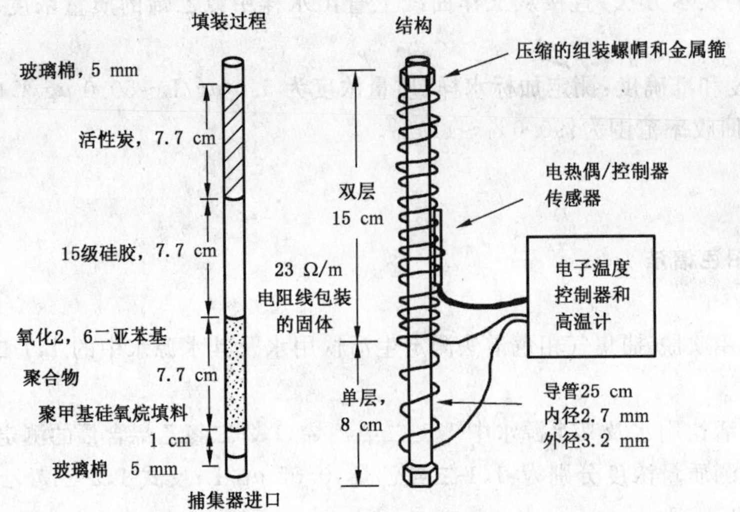

图 6 适合于热解吸的捕集器填料结构

5.1.4.3 玻璃注射器：25 mL。

5.1.4.4 微量注射器：10 μL、25 μL 和 100 μL。

5.1.4.5 采样瓶：40 mL 玻璃瓶，具有用聚四氟乙烯薄膜包硅橡胶垫的螺旋盖，使用前于 105℃烘烧 1 h。

5.1.5 样品

5.1.5.1 样品的稳定性：样品的待测组分易挥发。

5.1.5.2 样品的采集和保存：采样时，先加 40 mg 抗坏血酸[如水样中不含余氯可加 4 滴盐酸溶液(1+1)]于采样容器中。或水样至满瓶(如果取自来水，应打开水龙头，放水约 10 min 并控制水流量为 500 mL/min)，密封，保存在 4℃冰箱中。

5.1.5.3 水样的处理：取出水样瓶放置到室温。移开注射器的注射杆。关闭连接阀。小心地将水样倒入注射器正好溢流。装好注射杆，打开阀，将样品调至 25.0 mL。连接吹脱装置，将样品注射到吹脱瓶中，关闭阀。在室温下，以 40 mL/min 流量的氮气吹脱 11.0 min。于 180℃解吸柱头捕集器所吸附的待测物。与色谱柱相同流量的氮气反冲捕集器 4 min 后，开始气相色谱分析。

5.1.6 分析步骤

5.1.6.1 调整仪器

柱温：程序升温 0℃保持 8 min，以 4℃/min 速率升至 185℃保持 1.5 min。

5.1.6.2 校准

5.1.6.2.1 定量分析中校准方法：外标法。

5.1.6.2.2 标准样品：

A 使用次数：

每次分析样品时，标准使用溶液需现场配制。

B 标准样品的制备：

a 标准储备溶液

(a) 1,1-二氯乙烯标准储备溶液：取 9.8mL 甲醇于 10 mL 容量瓶中，敞口放置 10 min。准确称量至 0.000 1 g。用 100 μL 注射器加入一定量 1,1-二氯乙烯于甲醇中，重新称量。二次称量之差为 1,1-二氯乙烯的量。用甲醇稀释至刻度。盖上瓶盖，摇匀，计算溶液的浓度(以 μg/μL 表示)。把标准储备液转移到具聚四氟乙烯密封带螺旋盖的小瓶中。于－10℃～－20℃避光保存。

(b) 反式 1,2-二氯乙烯标准储备溶液：同上配制。

(c) 顺式 1,2-二氯乙烯标准储备溶液：同上配制。

b　标准中间溶液

(a)　1,1-二氯乙烯标准中间溶液：用甲醇将1,1-二氯乙烯标准储备[5.1.6.2.2.B.a.(a)]稀释成中间溶液。中间溶液的浓度需满足制备标准系列所需的范围。把中间溶液置于冰箱保存，每月配制一次。

(b)　反式1,2-二氯乙烯标准中间溶液：同上配制。

(c)　顺式1,2-二氯乙烯标准中间溶液：同上配制。

c　标准混合使用溶液的配制：把适量的1,1-二氯乙烯，反式1,2-二氯乙烯和顺式1,2-二氯乙烯的中间溶液[5.1.6.2.2.B.b.(a),(b),(c)]加到纯水中。每个组分制备5个浓度点，一个浓度点在最低检测质量浓度附近，其他4个浓度点相应于标准系列使用溶液预计样品浓度的范围内。标准混合使用溶液，现配现用。

C　气相色谱使用标准样品的条件：

a　每批样品必需制备标准曲线。

b　在工作范围内相对标准偏差小于10%即可认为仪器处于稳定状态。

5.1.6.2.3　工作曲线的绘制：取25 mL标准混合系列按上述步骤进行处理和色谱分析。以峰高或峰面积为纵坐标，浓度为横坐标，绘制工作曲线。

5.1.6.3　试验

5.1.6.3.1　进样方式：直接进样。

5.1.6.3.2　记录：以标样核对，记录色谱峰的保留时间及对应的化合物。

5.1.6.3.3　色谱图的考察：

A　标准色谱图：见图7。

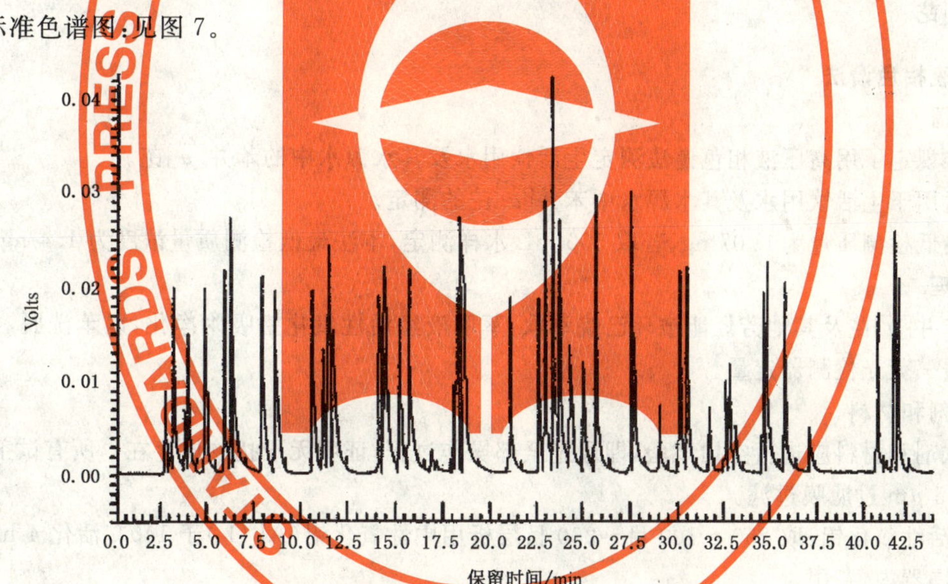

图7　电解电导检测器(ELCD)色谱图

B　定性分析：

a　各组分出峰的次序：1,1-二氯乙烯，反式1,2-二氯乙烯，顺式1,2-二氯乙烯。

b　保留时间：1,1-二氯乙烯 13.59 min，反式1,2-二氯乙烯 16.78 min，顺式1,2-二氯乙烯 20.54 min。

C　定量分析：

根据样品的峰高或峰面积从工作曲线上查出样品中待测物的质量浓度。

5.1.7　结果表示

5.1.7.1　定性结果

根据标准色谱图各组分的保留时间，确定被测组分的数目及组分的名称。

5.1.7.2 **定量结果**

5.1.7.2.1 直接从工作曲线上查出各组分的含量,以微克每升(μg/L)表示。

5.1.7.2.2 精密度和准确度:单个实验室进行回收率和相对标准偏差的实验结果,见表4。

表4 二氯乙烯回收率和精密度

化 合 物	回收率/(%)	相对标准偏差/(%)
1,1-二氯乙烯	81	1
反式1,2-二氯乙烯	76	1
顺式1,2-二氯乙烯	77	1

6 1,2-二氯乙烯

吹脱捕集气相色谱法:见5.1。

7 三氯乙烯

填充柱气相色谱法:见1.1。

8 四氯乙烯

填充柱气相色谱法:见1.1。

9 苯并[*a*]芘

9.1 高压液相色谱法

9.1.1 范围

本标准规定了用高压液相色谱法测定生活饮用水及其水源水中的苯并[*a*]芘。

本法适用于生活饮用水及其水源水中苯并[*a*]芘的测定。

本法最低检测质量为0.07 ng,若取500 mL水样测定,本法最低检测质量浓度为1.4 ng/L。

9.1.2 原理

水中苯并[*a*]芘及其他芳烃能被环己烷萃取,萃取液经活性氧化铝吸附净化,以苯洗脱、浓缩后,可用液相色谱—荧光检测器定量。

9.1.3 试剂和材料

所用试剂和材料应进行空白试验,即通过全部操作过程,证明无干扰物质存在。所有试剂使用前均应采用0.45 μm过滤膜过滤。

9.1.3.1 活性氧化铝:取250 g 100目~200目层析用中性氧化铝(Al_2O_3)于140℃活化4 h,冷却后装瓶,储于干燥器内,备用。

9.1.3.2 盐酸溶液(1+19):取5 mL盐酸(ρ_{20}=1.19 g/mL),加至95 mL纯水中,混匀。

9.1.3.3 玻璃棉:用盐酸溶液(9.1.3.2)浸泡过夜,然后用纯水洗至中性。用氢氧化钠溶液(9.1.3.10)浸泡过夜,再以纯水洗至中性,于105℃烘干备用。

9.1.3.4 甲醇:HPLC级。

9.1.3.5 超纯水:电阻率大于18.0 MΩ。

9.1.3.6 活性炭:取50 g(20目~40目)活性炭用盐酸溶液(9.1.3.2)浸泡过夜,用纯水洗至中性,于105℃烘干。再用环己烷(9.1.3.7)浸泡过夜,滤干后在氮气流下于400℃活化4 h,冷后储于磨口瓶中备用。

9.1.3.7 环己烷:通过活性炭层析柱后重蒸馏,取此环己烷70 mL浓缩至1.0 mL,浓缩液必须测不出苯并[*a*]芘的存在,方可使用。

9.1.3.8 苯:重蒸馏。

9.1.3.9 无水硫酸钠:400℃烘烤 4 h,冷却后储于磨口瓶中备用。

9.1.3.10 氢氧化钠溶液:称取 5 g 氢氧化钠,用纯水溶解,并稀释至 100 mL。

9.1.4 仪器

9.1.4.1 高压液相色谱仪:

9.1.4.1.1 荧光检测器。

9.1.4.1.2 记录仪。

9.1.4.1.3 色谱柱。

A 色谱柱类型:不锈钢柱,长 150 mm,内径 3.9 mm。

B 填充物:用 Spherisorb C_{18}(5 μm)。

9.1.4.2 微量注射器:25 μL,针头锥度为 90 度。

9.1.4.3 分液漏斗:1 000 mL。

9.1.4.4 KD 浓缩器。

9.1.4.5 层析柱:玻璃柱,内径 5 mm,长 10 cm。

9.1.5 样品

9.1.5.1 样品的稳定性

苯并[a]芘在水中不稳定,易分解。

9.1.5.2 水样采集及储存方法

在采样点采取水样时,水样应完全注满,不留有空气。采集水源水水样时,应将水样瓶(棕色瓶)浸入水面下再进行采样,以防表层水的污染。采集自来水水样作苯并[a]芘分析,应在水龙头消毒之前采集,并在每升水样中加入 0.5 mL 硫代硫酸钠溶液(100 g/L)并混匀,以除去游离余氯。试样应放置暗处并尽快在采样后 24 h 内进行萃取。萃取液在冰箱内可保存 1 W。

9.1.5.3 水样的预处理(需在暗室内,有微弱黄光下操作)

9.1.5.3.1 水样的萃取:取 500 mL 均匀水样置于 1 000 mL 分液漏斗中,用 70 mL 环己烷(9.1.3.7)分三次萃取(30 mL,20 mL 和 20 mL),每次振摇 5 min,注意放气。放置 15 min,分出环己烷萃取液,合并三次萃取液于 250 mL 具塞锥形瓶中,加入 5 g~10 g 无水硫酸钠(9.1.3.9)脱水。

9.1.5.3.2 萃取液的净化:

A 装氧化铝柱:将活性氧化铝(9.1.3.1)在不断振动下装入层析柱内,柱底部装有少许处理过的玻璃棉(9.1.3.3),氧化铝的高度为 5 cm~7 cm,上面再装 1 cm~2 cm 高的无水硫酸钠(9.1.3.9),用少量环己烷(9.1.3.7)润湿,不得有气泡。

B 柱层析:将 9.1.5.3.1 中的环己烷萃取液注入氧化铝柱上,锥形瓶中残存的无水硫酸钠用 20 mL环己烷(9.1.3.7)分次洗涤,洗涤液过柱。用 10 mL 苯(9.1.3.8)洗氧化铝柱,收集苯洗脱液。

9.1.5.3.3 样品浓缩:将苯洗脱液(9.1.5.3.2.B)置 KD 浓缩器内,于 60℃~70℃水浴中减压浓缩至 0.1 mL。

9.1.6 分析步骤

9.1.6.1 仪器的调整

9.1.6.1.1 柱温:30℃。

9.1.6.1.2 流动相:甲醇+水(9+1)。

9.1.6.1.3 流量:2 mL/min。

9.1.6.1.4 荧光检测器:Ex=303 nm,Em=425 nm。

9.1.6.1.5 衰减:根据样品中被测组分含量调节记录器衰减。

9.1.6.2 **校准**

9.1.6.2.1 定量分析中的校准方法:外标法。

9.1.6.2.2 标准样品:

A 使用次数:每次分析样品时,用配制不超过1 W的标准使用液绘制标准曲线。

B 苯并[a]芘标准储备溶液{ρ[B[a]P]=100 μg/mL}的制备:称取5.00 mg苯并[a]芘[简称B[a]P],用少量苯溶解后,加环己烷定容至50.0 mL。装入棕色瓶,储于冰箱内,可保存6个月。

C 苯并[a]芘标准中间溶液{ρ[B[a]P]=1 μg/mL}的制备:吸取1.00 mL苯并[a]芘标准储备溶液(9.1.6.2.2.B)于100 mL棕色容量瓶内,用环已烷(9.1.3.7)稀释。储于冰箱内,可保存1月。

D 苯并[a]芘标准使用溶液:取5个10 mL容量瓶,加入0、0.07、0.15、0.25、0.50 mL苯并[a]芘标准中间液(9.1.6.2.2.C),用环已烷稀释至刻度,苯并[a]芘浓度分别为0、7、15、25和50 ng/mL。

9.1.6.2.3 标准数据的表示:用标准曲线计算测定结果。各取10 μL苯并[a]芘标准使用溶液(9.1.6.2.2.D)注入色谱仪,记录色谱峰高。以峰高为纵坐标,浓度为横坐标,绘制标准曲线。

9.1.6.3 **定量分析**

取10 μL样品浓缩液(9.1.5.3.3)注入色谱仪,测量峰高。从标准曲线上查出水样苯并[a]芘的含量。

9.1.7 **计算**

水样中苯并[a]芘的质量浓度计算见式(2):

$$\rho[\mathrm{B}[a]\mathrm{P}]=\frac{\rho_1\times V_1\times 1\,000}{V} \qquad \cdots\cdots(2)$$

式中:

ρ[B[a]P]——水样中苯并[a]芘的质量浓度,单位为纳克每升(ng/L);

ρ_1——相当于标准曲线标准的苯并[a]芘质量浓度,单位为纳克每毫升(ng/mL);

V_1——萃取液浓缩后的体积,单位为毫升(mL);

V——水样体积,单位为毫升(mL)。

9.1.8 **精密度和准确度**

4个实验室重复测定加标水样,低浓度平均回收率为89.2%;相对标准偏差为4.1%;高浓度平均回收率为92.3%;相对标准偏差为4.5%。

9.2 **纸层析—荧光分光光度法**

9.2.1 **范围**

本标准规定了用纸层析—荧光分光光度法测定生活饮用水及其水源水中的苯并[a]芘。

本法适用于测定生活饮用水及其水源水中苯并[a]芘的含量。

本法最低检测质量为5.0 ng,若取2 L水样测定,则最低检测质量浓度为2.5 ng/L。

水中存在的一般物质不干扰测定。

9.2.2 **原理**

水中多环芳烃能为环己烷萃取并为活性氧化铝所吸附,以苯洗脱浓缩后于乙酰化滤纸上层析,将多环芳烃分离,苯并[a]芘在紫外光照射下呈蓝紫色荧光斑点,取下以丙酮洗脱,其洗脱液的荧光强度与苯并[a]芘含量成正比,可定量测定。

9.2.3 **试剂和材料**

本标准所用的环已烷、丙酮及苯均需重蒸后使用。

9.2.3.1 环已烷。

9.2.3.2 二氯甲烷。

9.2.3.3 苯。

9.2.3.4 乙酸酐。

9.2.3.5 硫酸($\rho_{20}=1.84$ g/mL)。

9.2.3.6 无水乙醇。

9.2.3.7 玻璃纤维滤纸。

9.2.3.8 活性氧化铝:见 9.1.3.1。

9.2.3.9 丙酮。

9.2.3.10 乙酰化混合液:量取 150 mL 苯(9.2.3.3)、50 mL 乙酸酐(9.2.3.4)和 0.1 mL 硫酸(9.2.3.5),混匀。

9.2.3.11 乙酰化层析滤纸:将 7.5 cm×27 cm 的 2 号层析滤纸 30 张~40 张松松卷成圆筒状,逐张放入 600 mL 烧杯中,纸筒中间放一个玻璃熔封的电磁搅拌铁芯,放在通风柜中。倒入乙酰化混合液(9.2.3.10),将滤纸全部浸泡,于 50℃~55℃搅拌反应 6 h,静置浸泡过夜。取出滤纸条,自然挥干,再放入无水乙醇(9.2.3.6)中浸泡 4 h,取出晾至微干,夹入粗滤纸之间,用玻璃板压平至干燥备用。

9.2.3.12 展开剂:二氯甲烷(9.2.3.2)+无水乙醇溶液(9.2.3.6)=1+2。

9.2.3.13 苯并[a]芘标准储备溶液{ρ[B[a]P]=100 μg/mL}:同 9.1.6.2.2.B。

9.2.3.14 苯并[a]芘标准使用溶液:吸取一定量的苯并[a]芘储备液(9.2.3.13),用环己烷(9.2.3.1)稀释至 ρ[B[a]P]=0.1 μg/mL。装入棕色瓶,储于冰箱内,备用。

9.2.4 **仪器**

9.2.4.1 磨口瓶:3 000 mL。

9.2.4.2 分液漏斗:2 000 mL(活塞勿涂凡士林)。

9.2.4.3 层析柱:可用 25 mL 酸式滴定管代替。

9.2.4.4 KD 浓缩器。

9.2.4.5 层析缸:21 cm×13 cm×30 cm。

9.2.4.6 具塞比色管:5 mL。

9.2.4.7 振荡器。

9.2.4.8 电热磁力搅拌器。

9.2.4.9 紫外分析仪:254 nm。

9.2.4.10 荧光分光光度计。

9.2.5 **水样采集及储存方法**:同 9.1.5.2。

9.2.6 **分析步骤**(注:以下步骤需在暗室内、有微弱黄灯下操作。)

9.2.6.1 萃取:量取 2 000 mL 水样于 3 000 mL 磨口瓶(9.2.4.1)中,加入 50 mL 环已烷(9.2.3.1)置振荡器上振摇 5 min,放置 15 min 后移入分液漏斗中,分离水相,再加入 50 mL 环已烷,重复萃取一次,合并两次环已烷萃取液(均需从分液漏斗的上口倾出,不得有水进入)。

9.2.6.2 柱层析及浓缩

9.2.6.2.1 氧化铝柱:将活性氧化铝(9.2.3.8)装入底部装有一层玻璃纤维滤纸(9.2.3.7)的酸式滴定管中,高度约为 7 cm~10 cm,并加入少量环已烷(9.2.3.1)将氧化铝浸没,不得有气泡。

9.2.6.2.2 全部环已烷萃取液通过氧化铝柱,多环芳烃被吸附在氧化铝柱上,未被吸附的其他杂质留在环已烷相中弃去,用 20 mL 苯(9.2.3.3)淋洗氧化铝柱,收集苯洗脱液。置于 KD 浓缩器内,于 60℃~70℃水浴中减压浓缩至约 0.05 mL。

9.2.6.2.3 空白和标准:取四份 100 mL 环已烷,其中两份加入 0.2 mL 苯并[a]芘标准使用液(9.2.3.14),混匀,通过氧化铝柱。按 9.2.6.2.2 操作浓缩至约 0.05 mL。

清洁水样有机物含量低时,柱层析步骤可省略,即将水样的环已烷萃取液直接于 KD 浓缩器内浓缩至约 0.05 mL。空白和标准应同时操作。

9.2.6.3 纸层析

9.2.6.3.1 点样:在乙酰化层析滤纸(9.2.3.11)下端 3 cm 处,用铅笔轻轻划一横线,横线两端各留出 1.4 cm,以 2.3 cm 间隔点样。用微量注射器依次点空白、标准及水样的浓缩液(9.2.6.2.3 及 9.2.6.2.2),斑点直径不要超过 3 mm。为防止斑点扩散,点样过程中可用冷风吹干溶剂。平行样分别点两张层析滤纸。

9.2.6.3.2 层析:将已点样的滤纸悬挂在装有约 2 cm 高的二氯甲烷+无水乙醇(1+2)展开剂(9.2.3.12)的层析缸中的玻璃架上。纸条下端浸入展开剂约 1 cm,用透明胶纸密封层析缸,于暗处展开约 2 h,展开高度约 20 cm,取出纸条于暗处挥干溶剂。

9.2.6.4 将滤纸置紫外分析仪(9.2.4.9)下观察,用记号笔划出与蓝紫色 B[a]P 标准斑点同高度的空白及水样斑点范围。剪下并剪成细条放入比色管中,加入 4.0 mL 丙酮,盖严,用手或振荡器振摇 1 min。倾出丙酮洗脱液。

9.2.6.5 测定相对荧光强度:置丙酮洗脱液于 1 cm 石英皿中,以 385 nm 为激发波长,分别测量 402、405 和 408 nm 的发射荧光强度。

9.2.7 计算

按下式求出标准及水样的相对荧光强度后再计算水样中苯并[a]芘的浓度:

$$A = A_{405} - \frac{A_{402} + A_{408}}{2} \qquad \cdots\cdots(3)$$

式中:

A——相对荧光强度;

A_{402}——于 402 nm 发射波长处测定的荧光强度;

A_{405}——于 405 nm 发射波长处测定的荧光强度;

A_{408}——于 408 nm 发射波长处测定的荧光强度。

$$\rho[B[a]P] = \frac{m \times A_1 \times 1\,000}{A_2 \times V} \qquad \cdots\cdots(4)$$

式中:

$\rho[B[a]P]$——水样中苯并[a]芘质量浓度,单位为微克每升(μg/L);

m——标准苯并[a]芘的点样质量,单位为微克(μg);

A_1——水样中苯并[a]芘的相对荧光强度;

A_2——标准苯并[a]芘的相对荧光强度;

V——水样体积,单位为毫升(mL)。

9.2.8 精密度和准确度

单个实验室向自来水中加入 10.0 ng/L 苯并[a]芘标准(本底值为 2.1 ng/L),平均回收率为 84%,相对标准偏差为 13%。

10 丙烯酰胺

10.1 气相色谱法

10.1.1 范围

本标准规定了用气相色谱法测定生活饮用水及其水源水中的丙烯酰胺。

本法适用于生活饮用水及其水源水中丙烯酰胺的测定。

本法最低检测质量为 0.025 ng 丙烯酰胺,若取 100 mL 水样测定,则最低检测质量浓度为 0.05 μg/L。

水样中余氯大于 1.0 mg/L 时有负干扰。

10.1.2 原理

在 pH1~2 条件下,丙烯酰胺与新生溴加成反应,生成 α-β-二溴丙酰胺,用乙酸乙酯萃取,以气相色谱法测定。

10.1.3 试剂和材料

10.1.3.1 载气

氮气(99.999%)。

10.1.3.2 配制标准样品和试样预处理时使用的试剂和材料

10.1.3.2.1 硫酸溶液(1+9)。

10.1.3.2.2 溴化钾。

10.1.3.2.3 溴酸钾溶液$\left[c\left(\frac{1}{6}KBrO_3\right)=0.1\ mol/L\right]$:称取 1.67 g 溴酸钾,用纯水溶解并稀释至 100 mL。

10.1.3.2.4 硫代硫酸钠溶液[$c(Na_2S_2O_3)=1\ mol/L$]:称取 24.8 g 硫代硫酸钠($Na_2S_2O_3 \cdot 5H_2O$),用纯水溶解并稀释至 100 mL。

10.1.3.2.5 乙酸乙酯:重蒸馏。

10.1.3.2.6 无水硫酸钠:400℃灼烧 2 h。

10.1.3.2.7 硫酸溶液[$c(H_2SO_4)=3\ mol/L$]:取 166.7 mL 硫酸($\rho_{20}=1.84\ g/mL$)慢慢加入纯水中,稀释为 1 000 mL。

10.1.3.2.8 溴酸钾溶液(120 g/L):称取 12 g 溴酸钾溶于少量纯水中,然后加水至 100 mL。

10.1.3.2.9 亚硫酸钠溶液(100 g/L):称取 10 g 亚硫酸钠溶于少量纯水中,然后加水至 100 mL。

10.1.3.2.10 丙烯酰胺($CH_2CHCONH_2$)。

10.1.3.2.11 色谱标准物质[2,3-二溴丙烯胺(2,3-DBPA)]的制备方法:称取 3.5 g 丙烯酰胺(10.1.3.2.10),置于 250 mL 抽滤瓶中(瓶塞应为事先打孔的胶塞并用透明纸包裹),用 25 mL 纯水溶解,加入 15.0 g 溴化钾(10.1.3.2.2)及 10 mL 硫酸溶液(10.1.3.2.7)混匀,置于暗处,插入装有溴酸钾(10.1.3.2.8)溶液的滴定管。抽滤瓶连接水泵抽气,逐滴加入 25 mL 溴酸钾溶液(10.1.3.2.3)并振摇。此时,逐渐产生白色针状晶体,放置 1 h 后,加入亚硫酸钠溶液(10.1.3.2.9)除去剩余溴,用布氏漏斗抽滤(事先铺一层定量滤纸),用少量纯水淋洗晶体,置于暗处凉干。经苯重结晶,其熔点应为 132℃。

10.1.3.3 制备色谱柱时使用的试剂

10.1.3.3.1 色谱柱和填充物见 10.1.4.1.3 有关内容。

10.1.3.3.2 涂渍固定液所用的溶剂:丙酮、三氯甲烷。

10.1.4 仪器

10.1.4.1 气相色谱仪:

10.1.4.1.1 电子捕获检测器。

10.1.4.1.2 记录仪或工作站。

10.1.4.1.3 色谱柱:

A 色谱柱类型:硬质玻璃填充柱,长 2 m,内径 3 mm。

B 填充物:

a 载体:Chromosorb W DMCS 80 目~100 目。

b 固定液及含量:10%丁二酸二乙二醇酯+2%溴化钾。

C 涂渍固定液的方法及老化:称取 0.2 g 溴化钾(10.1.3.2.2)于一洁净的小烧杯中,用少量纯水溶解后,加入相当于载体体积的丙酮(10.1.3.3.2),混匀,加入 10 g 载体,烘干水分备用。

称取 1 g 丁二酸二乙二醇酯溶于三氯甲烷(10.1.3.3.2),在水浴上稍加热充分溶解,冷却后,倒入上述烘干的载体,轻轻摇匀,自然挥干后,用普通方法装柱。

将色谱柱与检测器断开,然后将填充好的色谱柱装机通氮气,于柱温 190℃老化 24 h。

10.1.4.2 微量注射器:10 μL。

10.1.4.3 碘量瓶:250 mL。

10.1.4.4 分液漏斗:250 mL。

10.1.4.5 KD浓缩器。

10.1.5 样品

10.1.5.1 样品的采集:用磨口玻璃瓶采集样品,采集后进行溴化、萃取液放冰箱内可保存7 d。

10.1.5.2 水样预处理

10.1.5.2.1 溴化和萃取:

A 吸取100 mL水样置于250 mL碘量瓶中,加入6.0 mL硫酸溶液(10.1.3.2.1)混匀,置于4℃冰箱中30 min。

B 从冰箱中取出上述碘量瓶,然后加入15 g溴化钾(10.1.3.2.2),溶解后加入10 mL溴酸钾溶液(10.1.3.2.3),混匀,于冰箱中静置30 min。

C 从冰箱中取出试样,加入1.0 mL硫代硫酸钠溶液(10.1.3.2.4),移入250 mL分液漏斗中,分别用25 mL乙酸乙酯(10.1.3.2.5)萃取两次,每次振摇2 min,合并萃取液于100 mL锥形瓶中,加入15 g无水硫酸钠(10.1.3.2.6)脱水2 h。

10.1.5.2.2 浓缩:将萃取液置于KD浓缩器中,用少量乙酸乙酯洗涤硫酸钠两次,洗液并入浓缩器中,将萃取液浓缩至1.0 mL。

10.1.5.2.3 同时用纯水按水样操作,作空白。

10.1.6 分析步骤

10.1.6.1 仪器的调整

10.1.6.1.1 气化室温度:225℃。

10.1.6.1.2 柱温:170℃。

10.1.6.1.3 检测器温度:210℃。

10.1.6.1.4 载气流量:100 mL/min。

10.1.6.1.5 衰减:根据样品中被测组分含量调节记录器衰减。

10.1.6.2 校准

10.1.6.2.1 定量分析中校准方法:外标法。

10.1.6.2.2 标准样品:

A 使用次数:每次分析样品时用新标准使用液绘制标准曲线。

B 标准样品的制备:

a 标准储备溶液的制备:称取0.010 0 g色谱标准物质(2,3-DBPA)(10.1.3.2.11)置于100 mL容量瓶中,用乙酸乙酯(10.1.3.2.5)溶解并稀释至刻度,此溶液ρ(2,3-DBPA)=100 μg/mL。

b 2,3-二溴丙酰胺使用溶液:吸取1.00 mL标准储备溶液(10.1.6.2.2.B.a)于100 mL容量瓶中,用乙酸乙酯(10.1.3.2.5)稀释至刻度;然后将此溶液再稀释为ρ(2,3-DBPA)=0.1 μg/mL。

C 气相色谱中使用标准样品的条件:

a 标准进样体积与试样进样体积相同。

b 标准样品与试样尽可能同时进样分析。

10.1.6.2.3 标准曲线的绘制:分别吸取2,3-DBPA使用溶液(10.1.6.2.2.B.b)0、0.50、1.00、3.00、5.00、7.00和10.00 mL于10 mL比色管中,用乙酸乙酯(10.1.3.2.5)稀释至刻度,混匀。各取5 μL注入色谱仪,以色谱峰高或峰面积为纵坐标,以浓度为横坐标,绘制标准曲线。

10.1.6.3 试验

10.1.6.3.1 进样

A 进样方式:直接进样。

B 进样量:5 μL。

C 操作:用洁净微量注射器(10.1.4.2)于待测样品中抽吸几次后,取5 μL注入色谱仪中分析。

10.1.6.3.2 记录

以标样核对,记录色谱峰的保留时间及对应的化合物。

10.1.6.3.3 **色谱图的考察**

A 标准色谱图:见图8。

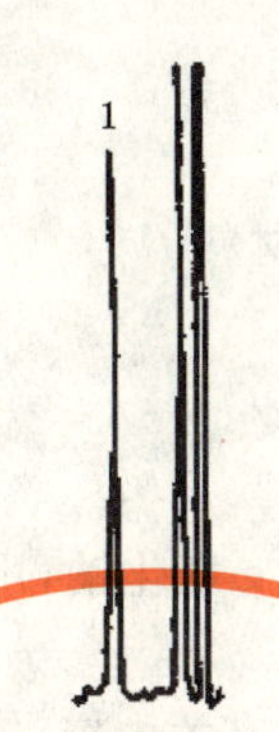

1——2,3-二溴丙酰胺。

图8 丙烯酰胺标准色谱

B 定性分析:

a 组分的出峰顺序:2,3-二溴丙酰胺,溶剂。

b 保留时间:2,3-二溴丙酰胺 1.2 min。

C 定量分析

a 色谱峰的测量:连接峰的起点和终点作峰底从峰高极大值对峰底做垂线,垂线与峰底的交点到峰顶的距离为峰高。

b 计算:根据样品的峰高或峰面积从标准曲线上查出2,3-DBPA的质量浓度,按式(5)进行计算。

$$\rho(CH_2CHCONH_2)=\frac{\rho_1\times V_1\times 0.308}{V} \quad \cdots\cdots(5)$$

式中:

$\rho(CH_2CHCONH_2)$——水样中丙烯酰胺的质量浓度,单位为毫克每升(mg/L);

ρ_1——从标准曲线上查出2,3-DBPA的质量浓度,单位为微克每毫升(μg/mL);

V_1——浓缩后萃取液的体积,单位为毫升(mL);

0.308——1 mol丙烯酰胺与1 mol 2,3-DBPA的质量比值;

V——水样体积,单位为毫升(mL)。

10.1.7 **结果的表示**

10.1.7.1 **定性结果**

根据标准色谱图组分的保留时间确定组分名称。

10.1.7.2 **定量结果**

10.1.7.2.1 含量的表示方法:按式(5)计算出水样中待测组分浓度,以毫克每升(mg/L)表示。

10.1.7.2.2 精密度和准确度:2个实验室测定含丙烯酰胺10 μg/L~100 μg/L水样,相对标准偏差为3.3%~12%,相对误差为6.9%~10.6%。

11 己内酰胺

11.1 气相色谱法

11.1.1 **范围**

本标准规定了用气相色谱法测定生活饮用水及其水源水中的己内酰胺。

本法适用于生活饮用水及其水源水中己内酰胺的测定。

本法最低检测质量为10 ng,若取25 mL水样测定,则最低检测质量浓度为0.2 μg/L。

在本法的分析条件下,环己烷、环己醇和环己酮不干扰测定。

11.1.2 **原理**

水中的己内酰胺经浓缩和二氯化碳溶解后,可用带氢火焰的气相色谱仪进行定量测定。

11.1.3 试剂和材料

11.1.3.1 载气和辅助气体

11.1.3.1.1 载气:氮气(99.999%)。

11.1.3.1.2 辅助气体:氢气、空气。

11.1.3.2 试样预处理和配制标准的试剂和材料

11.1.3.2.1 二硫化碳。

11.1.3.2.2 丙酮。

11.1.3.2.3 氨水(ρ_{20}=0.88 g/mL)。

11.1.3.2.4 氯化钠溶液(150 g/L):称取15 g氯化钠,用纯水溶解并稀释为100 mL。

11.1.3.3 制备色谱柱使用的试剂

11.1.3.3.1 色谱柱和填充物见11.1.4.1.3有关内容。

11.1.3.3.2 涂渍固定液所用的溶剂:丙酮。

11.1.4 仪器

11.1.4.1 气相色谱仪

11.1.4.1.1 氢火焰离子化检测器。

11.1.4.1.2 记录仪或工作站。

11.1.4.1.3 色谱柱:

A 色谱柱类型:不锈钢柱,长2 m,内径3 mm。

B 填充物:

a 载体:硅烷化101白色担体(80目~100目)。

b 固定液及含量:5%Carbowax-20M。

C 涂渍固定液及老化方法:称取0.5 g固定液(11.1.4.1.3.B.b),用1.5 mL水溶解后,与适量的丙酮混合,加5 mL氨水(11.1.3.2.3)搅匀,加入10 g载体,摇匀,在60℃水浴上挥干液体,再于100℃烘箱中烘干。采用普通装柱法装柱。

将色谱柱与检测器断开,然后将填充好的色谱柱装机,通氮气,于200℃老化24 h。

11.1.4.2 恒温水浴锅。

11.1.4.3 瓷坩埚:30 mL。

11.1.4.4 微量注射器:10、50和100 μL。

11.1.5 样品

11.1.5.1 样品的稳定性:己内酰胺在水中不稳定,易分解。

11.1.5.2 水样采集及储存方法:用磨口玻璃瓶采样,于4℃冰箱内保存,在24 h内完成测定。

11.1.5.3 水样的预处理:取25.0 mL水样置于30 mL瓷坩埚中,加1.0 mL氯化钠溶液(11.1.3.2.4),在65℃水浴上蒸干。取下,冷却后,用3 mL二硫化碳(11.1.3.2.1)分数次在玻璃棒搅拌下洗脱样品中己内酰胺,将洗液转入KD浓缩瓶中,并用二硫化碳定容为1.0 mL。挥干水样时坩埚接触水面三分之二深度为佳。

11.1.6 分析步骤

11.1.6.1 仪器的调整

11.1.6.1.1 气化室温度:190℃。

11.1.6.1.2 柱温:185℃。

11.1.6.1.3 检测器温度:210℃。

11.1.6.1.4 载气流量:氮气:45 mL/min;空气:170 mL/min;氢气:30 mL/min。

11.1.6.1.5 衰减:根据样品中被测组分含量调节记录器衰减。

11.1.6.2 校准

11.1.6.2.1 定量分析中的校准方法:外标法。

11.1.6.2.2　标准样品：

A　使用次数：

每次分析样品时用新标准使用液绘制新的校准曲线或用其响应因子进行计算。若某一样品的响应值与预期值间的偏差大于10%时重新用标准样品校准。

B　标准样品的制备：

a　己内酰胺标准储备溶液[$\rho(C_5H_{10}CONH)=10$ mg/mL]：称取1.000 g在硅胶干燥器内干燥24 h的己内酰胺($C_5H_{10}CONH$)，用纯水溶解，在容量瓶内定容为100 mL。此储备液在冰箱内可保存1个月。

b　己内酰胺标准使用溶液：临用时取己内酰胺标准储备溶液(11.1.6.2.2.B.a)在容量瓶内用纯水稀释为$\rho(C_5H_{10}CONH)=10$ μg/mL和$\rho(C_5H_{10}CONH)=1$ μg/mL。

C　气相色谱法中使用标准样品的条件：

a　标准样品进样体积与试样进样体积相同，标准样品的响应值应接近试样的响应值。

b　在工作范围内相对标准偏差小于10%，即可认为仪器处于稳定状态。

c　标准样品与试样尽可能同时进样分析。

11.1.6.2.3　标准数据的表示：用工作曲线计算测定结果。

工作曲线的绘制：用6个瓷坩埚，依次加入0，5.0，15.0，30.0，50.0及100.0 μg己内酰胺标准使用溶液(11.1.6.2.2.B.b)，加纯水至25.0 mL，加1 mL氯化钠溶液(11.1.3.2.4)，在65℃水浴与样品同时进行蒸干(蒸干时坩埚接触水面深度为三分之二)，用二硫化碳洗脱，并定容为1.0 mL。各取2 μL注入色谱仪，以峰高为纵坐标，浓度为横坐标，绘制工作曲线。

11.1.6.3　**试验**

11.1.6.3.1　进样：

A　进样方式：直接进样。

B　进样量：可进样1.0 μL～10.0 μL。

C　操作：用洁净微量注射器(11.1.4.4)于待测样品中抽吸几次后，排出气泡，取所需体积迅速注射至色谱仪中。

11.1.6.3.2　记录：以标样核对，记录色谱峰的保留时间。

11.1.6.3.3　色谱图的考察：

A　标准色谱图：见图9。

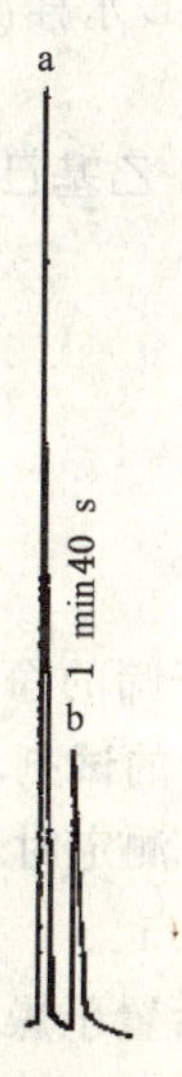

a——二硫化碳(溶剂)；

b——己内酰胺。

图9　己内酰胺标准色谱图

B 定性分析：

a 组分出峰顺序：二氧化碳(溶剂)、己内酰胺

b 保留时间：己内酰胺 1.667 min。

C 定量分析：

a 色谱峰的测量：连接峰的起点和终点作为峰底，从峰高极大值对峰底做垂线，此线即为峰高。

b 计算：

根据样品的峰高，从工作曲线上查出己内酰胺的质量，按式(9)计算：

$$\rho(C_5H_{10}CONH) = \frac{m}{V} \qquad \cdots\cdots(6)$$

式中：

$\rho(C_5H_{10}CONH)$——水样中己内酰胺的质量浓度，单位为毫克每升(mg/L)；

m——从工作曲线上查得的水样中己内酰胺的质量，单位为微克(μg)；

V——水样体积，单位为毫升(mL)。

11.1.7 结果的表示

11.1.7.1 定性结果：根据标准色谱图的保留时间确定被测试样中的己内酰胺。

11.1.7.2 定量结果

11.1.7.2.1 含量的表示方法：以毫克每升(mg/L)表示。

11.1.7.2.2 精密度和准确度：两个实验室用本法测定加标天然水样，一个实验室在浓度 0.17 mg/L 与 3.3 mg/L，7 次测定，相对标准偏差为 8.2%～5.3%。平均回收率为 91.1%～114.2%。第二个实验室在浓度为 0.8 mg/L 与 3.2 mg/L，6 次测定，相对标准偏差为 7.8%～15.4%。平均回率为 83.3%～99.8%。

12 邻苯二甲酸二(2-乙基己基)酯

12.1 气相色谱法

12.1.1 范围

本标准规定了用气相色谱法测定生活饮用水及其水源水中的邻苯二甲酸二(2-乙基己基)酯。

本法适用于生活饮用水及其水源水中邻苯二甲酸二(2-乙基己基)酯的测定。

本法的最低检测质量为 4 ng。若取 500 mL 水样测定，则最低检测质量浓度为 2 μg/L。

12.1.2 原理

用环己烷萃取浓缩水中的邻苯二甲酸二(2-乙基己基)酯后，用具有氢火焰离子化检测器的气相色谱仪测定。

12.1.3 试剂和材料

12.1.3.1 载气和辅助气体

12.1.3.1.1 高纯氮(99.999%)。

12.1.3.1.2 高纯氢(>99.6%)。

12.1.3.1.3 无油压缩空气，经装 0.5 nm 分子筛的净化管净化。

12.1.3.2 配制标准样品和试样预处理时使用的试剂

12.1.3.2.1 丙酮：用全玻璃蒸馏器重蒸，直至测定时不出现干扰峰。

12.1.3.2.2 环己烷：其净化方法同 12.1.3.2.1。

12.1.3.2.3 无水硫酸钠：经 500℃灼烧 2 h 后置干燥器内密封备用。

12.1.3.2.4 邻苯二甲酸二(2-乙基己基)酯($C_{24}H_{42}O_4$)标准物质。

12.1.3.3 制备色谱柱时使用的试剂和材料

12.1.3.3.1 色谱柱和填充物参考 12.1.4.1.4 有关内容。

12.1.3.3.2 涂渍固定液所用的试剂：二氯甲烷。

12.1.4 **仪器**

12.1.4.1 气相色谱仪

12.1.4.1.1 氢火焰离子化检测器。

12.1.4.1.2 微量注射器，10 μL。

12.1.4.1.3 记录仪。

12.1.4.1.4 色谱柱：

A 色谱柱类型：硬质玻璃填充柱，长 2 m，内径 3 mm。

B 填充物：

a 载体：Chromosorb WHP(80 目～100 目)或相当的其他载体。

b 固定液及含量：10% OV-101(甲基硅油 OV-101)。

C 涂渍固定液及柱老化的方法：根据载体的质量称取一定量的固定液，溶于二氯甲烷(12.1.3.3.2)中，加入载体摇匀，置于通风柜内于室温下自然挥干，采用普通装柱法装柱。将色谱柱的一端与色谱进样口相联，另一端放空，通氮气。以 100℃ 为起点每 2 h 上升 50℃ 到 260℃ 后继续老化至 30 h，然后将放空的一端与检测器相联，继续老化至基线平稳。

12.1.4.2 高温炉：自控调温。

注：邻苯二甲酸在环境中广泛存在，实验室空气，玻璃器皿试剂等应采取相应的净化措施。

12.1.4.3 KD 浓缩器。

12.1.4.4 分液漏斗：1 000 mL。

12.1.4.5 锥形瓶：50 mL。

12.1.4.6 KD 浓缩瓶。

12.1.4.7 磨口玻璃瓶：1 个。

12.1.4.8 量筒：500 mL。

12.1.4.9 水浴锅：自控调温。

12.1.5 **样品**

12.1.5.1 **样品的性质**

样品稳定性：邻苯二甲酸二(2-乙基己基)酯在水中稳定。

12.1.5.2 **水样采集及储存方法**

用磨口玻璃瓶(12.1.4.7)采集后的样品应密封保存，在 1 W 内尽快萃取。

12.1.5.3 **水样预处理**

12.1.5.3.1 水样萃取：用量筒(12.1.4.8)取 500 mL 均匀水样置 1 000 mL 分液漏斗(12.1.4.4)中，加入 25 mL 环己烷(12.1.3.2.2)，分两次萃取，充分振摇 3 min。静置分层后，弃去水相，环己烷萃取液放入锥形瓶(12.1.4.5)中，加入 6 g 无水硫酸钠(12.1.3.2.3)脱水干燥。

12.1.5.3.2 样品浓缩：将干燥后的萃取液移入到 KD 浓缩器(12.1.4.3)中，用少量环己烷(12.1.3.2.2)洗涤锥形瓶和无水硫酸钠层，洗涤液转入 KD 浓缩器中。于 70℃～75℃ 水浴中浓缩至 1.0 mL。

12.1.6 **分析步骤**

12.1.6.1 **仪器的调整**

12.1.6.1.1 气化室温度：260℃。

12.1.6.1.2 柱温：250℃。

12.1.6.1.3 检测器温度：280℃。

12.1.6.1.4 载气流量：50 mL/min。

12.1.6.1.5 衰减：根据样品中被测组分含量调节记录器衰减。

12.1.6.2 **校准**

12.1.6.2.1 定量分析中的校准方法:外标法。

12.1.6.2.2 标准样品的制备:

A 使用次数:每次分析样品时用标准使用溶液绘制标准曲线或用相应因子进行计算。

B 标准样品的制备:

a 邻苯二甲酸二(2-乙基己基)酯标准储备溶液:在已称量的 100 mL 容量瓶中加入 2 滴～3 滴邻苯二甲酸二(2-乙基己基)酯标准物质(12.1.3.2.4),精确称量,两次质量之差为邻苯二甲酸二(2-乙基己基)酯质量,加丙酮(12.1.3.2.1)至刻度,摇匀,计算每毫升溶液中邻苯二甲酸二(2-乙基己基)酯的微克(μg)数,储于冰箱中。

b 邻苯二甲酸二(2-乙基己基)酯标准应用溶液:临用前取标准储备溶液(12.1.6.2.2.B.a),用丙酮(12.1.3.2.1)稀释为 10 μg/mL。

12.1.6.2.3 气相色谱法中使用标准样品条件

A 标准样品进样体积与试样进样体积相同,标准样品的响应值应接近试样的响应值。

B 在工作范围内相对标准差小于 10%即可认为仪器处于稳定状态。

C 标准样品与试样尽可能同时进行分析。

12.1.6.2.4 标准曲线的绘制:分别取标准应用溶液 0,1.00,2.00,4.00,6.00 mL,用丙酮稀释至 10.0 mL,即为 0,1.00,2.00,4.00,6.00 μg/mL 标准系列。将气相色谱仪调成最佳状态,进样 4 μL,重复测定三次,取平均值,以峰高或峰面积定量。

12.1.6.3 **试验**

12.1.6.3.1 进样:

A 进样方式:直接进样。

B 进样量:一般进样量为 4 μL。

C 用洁净的注射器于待测样品中取 4 μL 注入气相色谱仪,按上述色谱条件进行分析。

12.1.6.3.2 记录:以标样核对,记录色谱峰的保留时间和峰面积。

12.1.6.3.3 色谱图的考察

A 标准色谱图:见图 10。

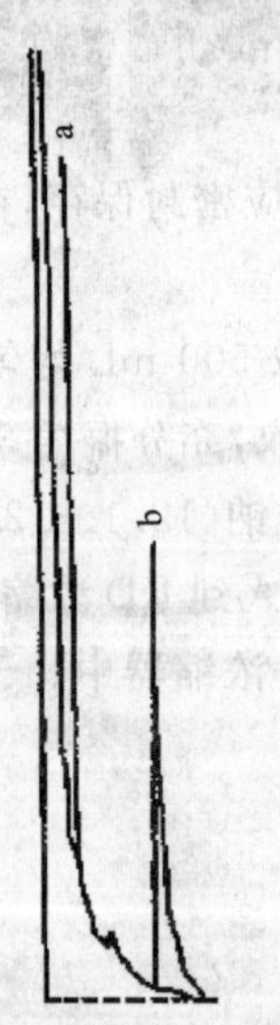

a——邻苯二甲酸二(丁)酯;

b——邻苯二甲酸二(2-乙基己基)酯。

图 10 标准色谱图

B　定性分析：邻苯二甲酸二(丁)酯的保留时间为 1.68 min；邻苯二甲酸二(2-乙基己基)酯的保留时间为 6.26 min。

C　定量分析：通过测量色谱峰的峰高或峰面积，计算邻苯二甲酸二(2-乙基己基)酯的含量，按式(7)计算出水样中邻苯二甲酸二(2-乙基己基)酯的质量浓度。

$$\rho(C_{24}H_{42}O_4) = \frac{\rho_1 \times V_1}{V} \quad \cdots\cdots (7)$$

式中：

$\rho(C_{24}H_{42}O_4)$——水样中邻苯二甲酸二(2-乙基己基)酯的质量浓度，单位为毫克每升(mg/L)；

ρ_1——从标准曲线上查出萃取液中邻苯二甲酸二(2-乙基己基)酯的质量浓度，单位为微克每毫升(μg/mL)；

V_1——萃取液浓缩后的体积，单位为毫升(mL)；

V——水样体积，单位为毫升(mL)。

12.1.7　结果的表示

12.1.7.1　定性结果：根据标准色谱图中邻苯二甲酸二(2-乙基己基)酯的保留时间确定被测水样中的邻苯二甲酸二(2-乙基己基)酯。

12.1.7.2　定量结果：

12.1.7.2.1　按式(7)计算水样中邻苯二甲酸二(2-乙基己基)酯的浓度，以毫克每升(mg/L)表示。

12.1.7.2.2　精密度和准确度：单个实验室测定浓度为 0.004 mg/L 的水样，回收率为 84.4%，相对标准偏差为 2.9%，测定浓度为 0.020 mg/L 的水样，回收率为 97.8%，相对标准偏差为 2.5%。

13　微囊藻毒素

13.1　高压液相色谱法

13.1.1　范围

本标准规定了用高压液相色谱法测定生活饮用水及其水源水中的微囊藻毒素。

本法适用于生活饮用水及其水源水中微囊藻毒素的测定。

本法最低检测质量分别为：微囊藻毒素-RR，6 ng；微囊藻毒素-LR，6 ng。若取 5 L 水样测定，则最低检测质量浓度分别为：微囊藻毒素-RR，0.06 μg/L；微囊藻毒素-LR，0.06 μg/L。

13.1.2　原理

水样过滤后，滤液(水样)经反相硅胶柱富集萃取浓缩，藻细胞(膜样)经冻融萃取，反相硅胶柱富集萃取浓缩后，分别用高压液相色谱分析。

13.1.3　试剂

13.1.3.1　ODS 硅胶柱(C_{18}固相萃取小柱)。

13.1.3.2　微囊藻毒素标样：

微囊藻毒素-RR(20%甲醇溶液)：10 μg/mL。

微囊藻毒素-LR(20%甲醇溶液)：10 μg/mL。

13.1.3.3　乙腈。

13.1.3.4　甲醇。

13.1.3.5　三氟乙酸。

13.1.3.6　高纯氮(99.999%)。

13.1.4　仪器

13.1.4.1　高压液相色谱仪，配二极管阵列检测器和 3D 色谱工作站。

13.1.4.2 ODS(5C18-MSⅡ4.6×250 mm)。

13.1.4.3 微量注射器:25 μL。

13.1.5 样品

13.1.5.1 样品处理

每个样品取水样 5 L,GF/C 过滤,滤液(水样)和藻细胞(膜样)分别进行不同的处理。

13.1.5.1.1 水样处理:滤液→过 5 g ODS 柱→依次用 50 mL 去离子水、50 mL20%甲醇淋洗杂质→50 mL 80%甲醇洗脱→洗脱液在水浴中用氮气流挥发至干燥,残渣溶于 10 mL20%甲醇→过 C_{18} 柱→10 mL 100%甲醇洗脱→洗脱液在水浴中用氮气流挥发至干燥,残渣溶于 1 mL 色谱纯甲醇→－20℃保存,待测。

13.1.5.1.2 膜样处理:藻细胞→冻融三次→100 mL5%乙酸萃取 30 min→以 4 000 r/min 离心 10 min,重复三次,合并上清液→上清液过 500 mg ODS 柱→用 15 mL100%甲醇洗脱→洗脱液在水浴中用氮气流挥发至干燥,残渣溶于 10 mL20%甲醇→过 C_{18} 柱→10 mL100%甲醇洗脱→洗脱液在水浴中用氮气流挥发至干燥,残渣溶于 1 mL 色谱纯甲醇→－20℃保存,待测。

上述 5 g ODS 柱用 50 mL100%甲醇与 50 mL 去离子水预活化;C_{18} 柱用 20 mL100%甲醇与20 mL 20%甲醇预活化;500 mg ODS 柱用 6 mL 100%甲醇与 6 mL 去离子水预活化。

饮用水中的 MC-RR、MC-LR 的量是上述水样处理和膜样处理测定结果之和。

13.1.6 分析步骤

13.1.6.1 仪器调整

13.1.6.1.1 色谱柱:ODS C_{18} 250 mm×4.6 mm。

13.1.6.1.2 流动相:乙腈＋水＋三氟乙酸＝(38＋62＋0.04)。

13.1.6.1.3 流动相流量:0.70 mL/min。

13.1.6.1.4 检测波长:238 nm。

13.1.6.1.5 柱温:35℃。

13.1.6.2 校准

13.1.6.2.1 校准方法:外标法。

13.1.6.2.2 标准样品。

13.1.6.2.3 使用次数:推荐采用每月绘制一次标准曲线,每次测试时选择一个浓度定标进行质量控制。

13.1.6.2.4 液相色谱法中使用标准样品的条件:

A 标准样品进样体积与试样的进样体积相同。

B 标准样品与试样尽可能同时分析。

13.1.6.2.5 标准曲线的绘制:配制成 0.30,0.50,1.00,2.00,5.00 μg/mL MC-RR 和 MC-LR 标准使用液。分别取 20 μL 注入高压液相色谱仪,测得各浓度峰面积,以峰面积为纵坐标,浓度为横坐标,绘制标准曲线。

13.1.6.3 试验

13.1.6.3.1 进样:

A 进样方式:直接进样。

B 进样量:20 μL。

13.1.6.3.2 记录:以标样核对,记录色谱峰的保留时间及对应的化合物。

13.1.6.3.3 色谱峰的考察:

A 标准色谱图:见图 11。

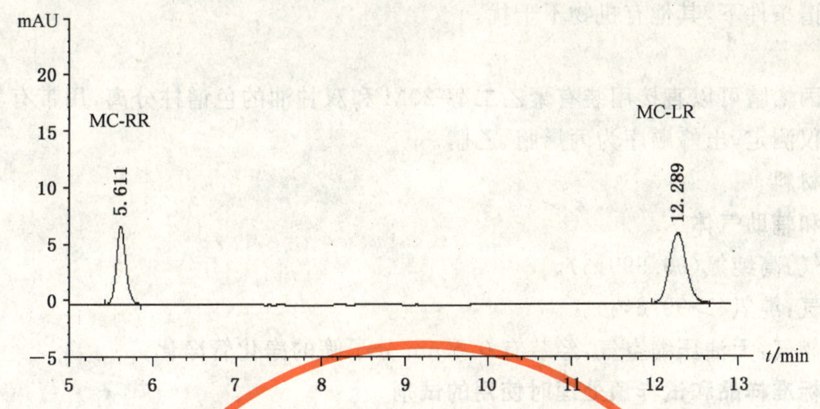

图 11 微囊藻毒素标准色谱图

B 定性分析：

a 组分出峰顺序：MC-RR、MC-LR。

b 保留时间：MC-RR 5.611 min，MC-LR 12.289 min。

C 定量分析：

a 色谱峰面积的测量：色谱流出曲线之间的所包含的面积即为峰面积。

b 色谱峰高的测量：连接峰的起点和终点作为峰底，从峰高极大值对峰底作垂线，此线即为峰高。

c 计算：通过色谱峰面积或峰高，在标准曲线上查出萃取液中目标物质量浓度，按式(18)计算水样中微囊藻毒素的质量浓度。

$$\rho(\text{MCs}) = \frac{\rho_1 \times V_1}{0.6 \times V} \qquad \cdots\cdots(8)$$

式中：

$\rho(\text{MCs})$——水样中微囊藻毒素的质量浓度，单位为微克每升（μg/L，包括水样和藻细胞）；

ρ_1——水样及藻细胞萃取液中微囊藻毒素的质量浓度和，单位为微克每毫升（μg/mL）；

V_1——萃取液体积，单位为毫升（mL）；

V——水样体积，单位为升（L）。

式中 0.6 为回收率。

13.1.7 结果的表示

13.1.7.1 定性结果

根据标准色谱组分的保留时间确定被测水样中组分的名称。

13.1.7.2 定量结果

13.1.7.2.1 含量的表示方法：滤液及藻细胞中测定结果之和为水中毒素总含量，以微克每升（μg/L）表示。

13.1.7.2.2 精密度与准确度：两个实验室测定相对标准偏差微囊藻毒素-RR：4.2%（$n=6$），微囊藻毒素-LR：3.3%（$n=6$）。加标回收率试验结果，微囊藻毒素-LR：60%（$n=4$）。

14 乙腈

14.1 气相色谱法

14.1.1 范围

本标准规定了用气相色谱法测定生活饮用水及其水源水中乙腈和丙烯腈。

本法适用于生活饮用水及其水源水中乙腈和丙烯腈的测定。

本法最低检测质量为：乙腈 0.05 ng，丙烯腈 0.05 ng，若进样 2 μL，则最低检测质量浓度：乙腈为 0.025 mg/L，丙烯腈为 0.025 mg/L。

在选定的色谱条件下，其他有机物不干扰。

14.1.2 原理

水中乙腈和丙烯腈可以直接用装有聚乙二醇-20M和双甘油的色谱柱分离，用带有氢火焰离子化检测器的气相色谱仪测定，出峰顺序为丙烯腈、乙腈。

14.1.3 试剂和材料

14.1.3.1 载气和辅助气体

14.1.3.1.1 载气：高纯氮(99.999%)。

14.1.3.1.2 燃气：纯氢(>99.6%)。

14.1.3.1.3 助燃气：无油压缩空气，经装有0.5 nm分子筛的净化管净化。

14.1.3.2 配制标准样品和试样预处理时使用的试剂

14.1.3.2.1 去离子水。

14.1.3.2.2 乙腈(CH_3CN)，有毒危险品，使用时应采取呼吸道和皮肤的防护措施，用后洗手。

14.1.3.2.3 丙烯腈($CH_2=CHCN$)，有毒危险品，使用时应采取呼吸道和皮肤的防护措施，用后洗手。

14.1.3.3 制备色谱柱使用的试剂和材料

14.1.3.3.1 色谱柱和填充物见14.1.4.1.3有关内容。

14.1.3.3.2 涂渍固定液所用的溶剂：三氯甲烷。

14.1.4 仪器

14.1.4.1 气相色谱仪

14.1.4.1.1 氢火焰离子化检测器。

14.1.4.1.2 记录仪或工作站。

14.1.4.1.3 色谱柱：

A 色谱柱类型：不锈钢填充柱，柱长2 m，内径3 mm。

B 填充物：

a 载体：上试102白色硅藻土(60目～80目)，经筛分干燥后备用。

b 固定液及含量：10%聚乙二醇-20M和3%双甘油。

C 涂渍固定液及老化的方法：称取1.0 g聚乙二醇-20 M和0.3 g双甘油(14.1.4.1.3.B.b)溶于三氯甲烷(14.1.3.3.2)溶剂中，待完全溶解后加入10 g载体(14.1.4.1.3.B.a)，摇匀，置于通风橱内，于室温下自然挥发。用普通装柱法装柱。

将填充好的色谱柱装机，将色谱柱另一端与检测器断开，通氮气(流量5 mL/min～10 mL/min)，于柱温140℃老化10 h后，将色谱柱与检测器相连，继续老化直到在工作范围内基线相对偏差小于10%为止。

14.1.4.2 微量注射器：10 μL。

14.1.5 样品

14.1.5.1 水样的采集及保存方法：水样采集在磨口塞玻璃瓶中。尽快分析，如不能立刻测定需置于4℃冰箱中保存。

14.1.5.2 样品的预处理：洁净的水样直接进行色谱测定，浑浊的水样需过滤后测定。

14.1.6 分析步骤

14.1.6.1 仪器的调整

14.1.6.1.1 气化室温度：180℃。

14.1.6.1.2 柱箱温度：100℃。

14.1.6.1.3 检测器温度：180℃。

14.1.6.1.4 气体流量：氮气32 mL/min，氢气45 mL/min和空气450 mL/min。

14.1.6.1.5 衰减：根据样品中待测组分含量调节记录器衰减。

14.1.6.2 **校准**

14.1.6.2.1 定量分析中的校准方法:外标法。

14.1.6.2.2 标准样品:

A 使用次数:每次分析样品时,用新配制的标准使用液绘制标准曲线。

B 标准样品的制备:

a 乙腈标准储备溶液的制备:取 25 mL 容量瓶一个,加蒸馏水数毫升,准确称量,滴加 2 滴～3 滴乙腈,再称量。增加的质量即为乙腈的质量,加蒸馏水至刻度,计算每毫升溶液中乙腈的含量,丙烯腈标准储备溶液的制备法同乙腈。

b 混合标准使用溶液的制备:分别取乙腈标准储备溶液(14.1.6.2.2.B.a),用纯水稀释成为 ρ(乙腈)=100 μg/mL 和 ρ(丙烯腈)=100 μg/mL。

C 气相色谱法中使用标准品的条件:

a 标准样品进样体积与试样进样体积相同,标准样品的响应值应接近试样的响应值。

b 在工作范围内相对标准差小于 10%即可认为仪器处于稳定状态。

c 标准样品与试样尽可能同时进样分析。

14.1.6.2.3 标准曲线的绘制:取 6 个 10 mL 容量瓶,将乙腈和丙烯腈的标准溶液稀释,配制成乙腈。丙烯腈的质量浓度为:0,0.025,0.10,0.20,0.40 和 0.60 mg/L。各取 2 μL 注入色谱仪,以峰高为纵坐标,浓度为横坐标,绘制标准曲线。

14.1.6.3 **试验**

14.1.6.3.1 **进样**

A 进样方式:直接进样。

B 进样量:2 μL。

C 操作:用洁净微量注射器(14.1.4.2)于待测样品中抽吸几次,排出气泡,取所需体积迅速注射至色谱仪中,并立即拔出注射器。

14.1.6.3.2 **记录**

以标样核对,记录色谱峰的保留时间及对应的化合物。

14.1.6.3.3 **色谱图的考查**

A 标准色谱图:见图 12。

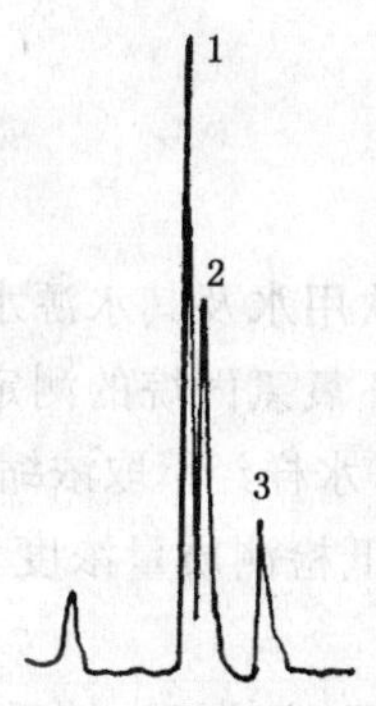

1——丙烯腈;

2——乙腈;

3——水。

图 12 丙烯腈、乙腈的标准色谱图

B 定性分析:

a 各组分出峰顺序:丙烯腈、乙腈和水。

b 各组分保留时间:丙烯腈 2.367 min,乙腈 2.633 min 和水 3.533 min。

C 定量分析:

a 色谱峰的测量：连接峰的起点和终点作为峰底，从峰高的最大值对基线做垂线与峰底相交，其交点与峰顶点的距离为峰高。

b 计算：通过色谱峰高，直接在标准曲线上查出乙腈、丙烯腈的浓度即为水样中乙腈、丙烯腈的浓度。

14.1.7 结果的表示

14.1.7.1 定性结果

根据标准色谱图组分的保留时间确定被测水样中组分的数目和名称。

14.1.7.2 定量结果

14.1.7.2.1 含量的表示方法：在标准曲线上查出水样中乙腈、丙烯腈的含量，以毫克每升（mg/L）表示。

14.1.7.2.2 精密度和准确度：5个实验对乙腈浓度为4.7 mg/L～80.0 mg/L的人工合成水样进行测定，相对标准偏差为0.8%～8.6%，5个实验室作回收实验，浓度为4.7 mg/L～180.0 mg/L，回收率为89.0%～119%。

15 丙烯腈

15.1 气相色谱法

15.1.1 见14.1。

15.1.2 精密度和准确度：5个实验室对浓度为6.5 mg/L～60.0 mg/L丙烯腈进行重复测定，相对标准偏差为0.7%～5.6%，5个实验室作回收实验，浓度为4.9 mg/L～40 mg/L，回收率为89.0%～104%。

16 丙烯醛

16.1 气相色谱法

16.1.1 见GB/T 5750.10—2006 7.1。

16.1.2 精密度和准确度：2个实验室对质量浓度为0.1 mg/L～1.0 mg/L丙烯醛进行重复测定，相对标准偏差为5.3%～9.1%，用各种水样作回收试验，回收率82.0%～110%。

17 环氧氯丙烷

17.1 气相色谱法

17.1.1 范围

本标准规定了用气相色谱法测定生活饮用水及其水源水中的环氧氯丙烷。

本法适用于生活饮用水及其水源水中环氧氯丙烷的测定。

本法最低检测质量为5 ng，若取100 mL水样经萃取浓缩后测定，则最低检测质量浓度为0.05 mg/L；若取250 mL水样经萃取浓缩后测定，则最低检测质量浓度为0.02 mg/L。

17.1.2 原理

用有机溶剂萃取水样中环氧氯丙烷，萃取溶液经浓缩后，用具有氢火焰离子化检测器的气相色谱仪测定。

17.1.3 试剂和材料

17.1.3.1 载气和辅助气体

17.1.3.1.1 载气：高纯氮（99.999%），用0.5 nm分子筛净化管净化。

17.1.3.1.2 辅助气体：氢气、空气。

17.1.3.2 配制标准样品和试样预处理时使用的试剂和材料

17.1.3.2.1 二氯甲烷：重蒸馏。

17.1.3.2.2 氯化钠。

17.1.3.2.3 氢氧化钠溶液(50 g/L):称取 5 g 氢氧化钠,溶于纯水中,并稀释至 100 mL。

17.1.3.2.4 盐酸溶液(8+92)。

17.1.3.2.5 酚酞指示剂(5 g/L):称取 0.5 g 酚酞溶于 50 mL 乙醇[$\varphi(C_2H_5OH)=95\%$],再加纯水 50 mL。

17.1.3.2.6 甲基橙指示剂(0.5 g/L):称取 0.05 g 甲基橙溶于 100 mL 纯水中。

17.1.3.2.7 环氧氯丙烷:色谱纯。

17.1.3.3 制备色谱柱时使用的试剂和材料

17.1.3.3.1 色谱柱和填充物见 17.1.4.1.3 有关内容。

17.1.3.3.2 涂渍固定液所用的溶剂:三氯甲烷。

17.1.4 仪器

17.1.4.1 气相色谱仪

17.1.4.1.1 氢火焰离子化检测器。

17.1.4.1.2 记录仪或工作站。

17.1.4.1.3 色谱柱:

A 色谱柱类型:硬质玻璃填充柱,长 3 m,内径 3 mm。

B 填充物:

a 载体:酸洗 201 担体,60 目~80 目。

b 固定液及含量:10%丁二酸乙二醇聚酯+10%硅酮 DC-200。

C 涂渍固定液及老化方法:根据固定液与载体的比例,称取一定量的丁二酸乙二醇聚酯及硅酮 DC-200,分别溶于三氯甲烷中,放置在水浴上加热让固定液充分溶解,取下将两种溶液混匀,加入已称量的载体,摇匀,置于通风柜内于室温下自然挥干。采用普通装柱法装柱。

将填充好的色谱柱装机,色谱柱与检测器断开,通氮气,柱温 110℃老化 24 h。

17.1.4.2 微量注射器:10 μL。

17.1.4.3 分液漏斗:250 mL。

17.1.4.4 具塞刻度离心管:10 mL。

17.1.4.5 KD 浓缩器。

17.1.4.6 采样瓶:500 mL 具聚四氟乙烯薄膜,螺旋口瓶塞的细口玻璃瓶。

17.1.5 样品

17.1.5.1 水样的采集与储存方法:取 50 mL 水样,加 2 滴酚酞指示剂(17.1.3.2.5)或 2 滴甲基橙指示剂(17.1.3.2.6),用氢氧化钠溶液(17.1.3.2.3)或盐酸溶液(17.1.3.2.4)调至中性。将中性水样注入采样瓶(17.1.4.6)中,至近满,留出少许空隙,盖好瓶塞。水样在 4℃冰箱中保存。一般水样在 4 天内分析,高含量环氧氯丙烷水样(>2 mg/L)在 24 h 内先进行萃取,萃取液在 4℃冰箱中保存,供气相色谱测定。

17.1.5.2 水样预处理

水样如浑浊,经定性滤纸过滤,备用。

17.1.5.2.1 萃取:在 250 mL 分液漏斗(17.1.4.3)中,加入 100 mL 水样,加 5 g 氯化钠(17.1.3.2.2),振摇使全部溶解,加 5.00 mL 二氯甲烷(17.1.3.2.1),振摇 1 min。静置分层,用滤纸卷成小条,擦干分液漏斗茎管内的水珠,放出下层二氯甲烷萃取液于离心管(17.1.4.4)中,盖塞,按此法分别用二氯甲烷(17.1.3.2.1)3.00 mL 和 2.00 mL 依次萃取水样,合并萃取液于同一离心管中。在气相色谱测定前,记录萃取液体积。

17.1.5.2.2 浓缩:如水样中环氧氯丙烷浓度低于 0.5 mg/L,按下述方法浓缩后再进行气相色谱分析。萃取液置于 KD 浓缩器中,于 35℃~40℃水浴中浓缩至 0.8 mL~1.0 mL。取下浓缩管,立即用少量二氯甲烷(17.1.3.2.1)冲洗管壁,加至浓缩管的 1.0 mL 刻度。如浓缩液稍多于 1.0 mL,可在通风橱内敞开浓缩管使溶液自然挥发至 1.0 mL。

17.1.6 分析步骤

17.1.6.1 仪器的调整

17.1.6.1.1 气化室温度:150℃。

17.1.6.1.2 柱温:105℃。

17.1.6.1.3 检测器温度:160℃。

17.1.6.1.4 载气流量:氮气 30 mL/min;氢气和空气根据所用气相色谱仪选择最佳流量,比例约为 1∶10。

17.1.6.1.5 衰减:根据样品中待测组分含量调节记录器衰减。

17.1.6.2 校准

17.1.6.2.1 定量分析中的校准方法:外标法。

17.1.6.2.2 标准样品:

A 使用次数:每次分析样品时用新标准使用溶液绘制标准曲线。

B 标准样品的制备

a 环氧氯丙烷标准储备溶液:在 10 mL 容量瓶中加入 5 mL 二氯甲烷(17.1.3.2.1),盖塞称量(精确至 0.000 1 g),加入 4 滴环氧氯丙烷(约 0.1 g),盖塞再称量。加二氯甲烷(17.1.3.2.1)至刻度。两次质量之差即为环氧氯丙烷质量,并计算 1 mL 溶液中所含环氧氯丙烷的毫克数。

b 环氧氯丙烷标准使用溶液:将环氧氯丙烷标准储备溶液(17.1.6.2.2.B.a)用二氯甲烷(17.1.3.2.1)配制成为 ρ(环氧氯丙烷)=100 μg/mL。

C 气相色谱法中使用标准样品的条件

a 标准样品进样体积应与试样进样体积相同。

b 标准样品与试样尽可能同时进行分析。

17.1.6.2.3 标准曲线的绘制:取 5 个 10 mL 容量瓶,各放入 2.00 mL 二氯甲烷(17.1.3.2.1),分别加入环氧氯丙烷标准使用溶液(17.1.6.2.2.B.b)0,0.50,1.00,2.00,5.00 mL,加二氯甲烷(17.1.3.2.1)至刻度。配制成 0,5.0,10.0,20.0,50.0 μg/mL 环氧氯丙烷标准系列。各取 1 μL 分别注入气相色谱仪,记录色谱峰高或峰面积,以峰高或峰面积为纵坐标,浓度为横坐标,绘制标准曲线。

17.1.6.3 试验

17.1.6.3.1 进样:

A 进样方式:直接进样。

B 进样量:1 μL。

C 操作:用洁净注射器(17.1.4.2)取待测样品 1 μL 迅速注入色谱仪中进行分析。

17.1.6.3.2 记录:以标样核对,记录色谱峰的保留时间及对应的化合物。

17.1.6.3.3 色谱图的考察

A 标准色谱图:见图 13。

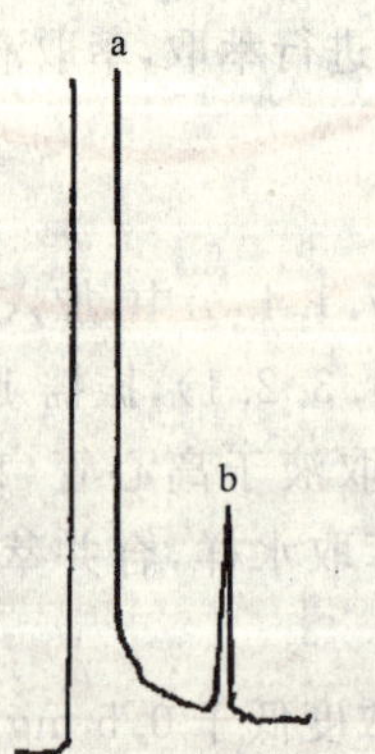

a——二氯甲烷;

b——环氧氯丙烷。

图 13 环氧氯丙烷标准色谱图

B 定性分析:

a 组分出峰顺序:二氯甲烷、环氧氯丙烷。

b 保留时间:环氧氯丙烷 5.3 min。

C 定量分析:

a 色谱峰的测量:连接峰的起点和终点作为峰底,从峰高极大值对峰底作垂线,此线即为峰高。

b 计算:根据样品峰高从标准曲线上查出样品的质量浓度,按式(9)进行计算。

$$\rho(OCH_2CHCH_2Cl) = \frac{\rho_1 \times V_1}{V} \quad \cdots\cdots(9)$$

式中:

$\rho(OCH_2CHCH_2Cl)$——水样中环氧氯丙烷的质量浓度,单位为毫克每升(mg/L);

ρ_1——从标准曲线上查出环氧氯丙烷的质量浓度,单位为毫克每升(mg/L);

V_1——萃取液的体积,单位为毫升(mL);

V——水样的体积,单位为毫升(mL)。

17.1.7 结果的表示

17.1.7.1 定性结果:根据标准色谱图中组分的保留时间确定被测组分名称。

17.1.7.2 定量结果:

17.1.7.2.1 含量的表示方法:按式(9)计算环氧氯丙烷的质量浓度,以毫克每升(mg/L)表示。

17.1.7.2.2 精密度和准确度:四个试验室用含环氧氯丙烷浓度小于 0.05 mg/L 的饮用水源水,加入浓度为 0.16 mg/L～1.0 mg/L 标准溶液重复测定,相对标准偏差为 6.2%～8.3%。用湖水和自来水作加标回收试验,质量浓度为 0.32 mg/L 和 2.1 mg/L 时,平均回收率分别为 96.0%和 95.0%。

18 苯

18.1 溶剂萃取-填充柱气相色谱法

18.1.1 范围

本标准规定了用溶剂萃取-填充柱气相色谱法测定生活饮用水及其水源水中的苯、甲苯、二甲苯、乙苯和苯乙烯。

本法适用于测定生活饮用水及其水源水中的苯、甲苯、二甲苯、乙苯和苯乙烯。

本法最低检测质量为 2.0 ng,若取 200 mL 水样,5.0 mL 二硫化碳萃取,5 μL 进样,则最低检测质量浓度为 0.01 mg/L。最佳线性范围为 0.01 mg/L～1.0 mg/L。

醇、酯和醚等物质对测试有干扰,可用硫酸-磷酸混合酸除去。

18.1.2 原理

水中苯系物经二硫化碳萃取后,用硫酸-磷酸混合酸除去醇、酯、醚等干扰物质,用气相色谱氢火焰检测器测定,以相对保留时间定性,外标法定量。

18.1.3 试剂和材料

18.1.3.1 载气和辅助气体

18.1.3.1.1 载气:高纯氮(99.999%)。

18.1.3.1.2 燃气:纯氢(>99.6%)。

18.1.3.1.3 助燃气:无油压缩空气,经 0.5 nm 分子筛的净化管净化。

18.1.3.2 配制标准样品和试样预处理时使用的试剂

18.1.3.2.1 二硫化碳:色谱纯,若无色谱纯试剂可以用以下方法纯化:将硫酸(ρ_{20}=1.84 g/mL)+二硫化碳+硝酸(ρ_{20}=1.42 g/mL)=25+100+25 的混合溶液,置梨型分液漏斗中摇动,并时时放气,静置分层,取二硫化碳层用气相色谱法测定是否检出苯系物,如此反复,直到检不出苯系物为止。

18.1.3.2.2 甲醇(优级纯)。

18.1.3.2.3 无水硫酸钠:经 300℃烘烤 2 h 后置干燥器中备用。

18.1.3.2.4 氯化钠。

18.1.3.2.5 混合酸:硫酸+磷酸=2+1。

18.1.3.2.6 盐酸溶液[c(HCl)=0.1 mol/L]:取 8.3 mL 盐酸(ρ_{20}=1.19 g/mL)用纯水稀释至 100 mL。

18.1.3.2.7 标准品:苯、甲苯、乙苯、对二甲苯、间二甲苯、邻二甲苯、苯乙烯(均为色谱纯)。

18.1.3.3 制备色谱柱使用的试剂和材料

18.1.3.3.1 色谱柱和填充物参考 18.1.4.1.3 有关内容。

18.1.3.3.2 涂渍固定液所用的溶剂:二氯甲烷。

18.1.4 仪器

18.1.4.1 气相色谱仪

18.1.4.1.1 氢火焰离子化检测器。

18.1.4.1.2 记录仪或工作站。

18.1.4.1.3 色谱柱:

A 色谱柱类型:不锈钢填充柱,柱长 2 m,内径 2.5 mm。

B 填充物

a 载体:101 白色担体 60 目~80 目,经筛分干燥后备用。

b 固定液及含量:3.5%有机皂土和 2.5%邻苯二甲酸二壬酯(DNP)。

C 涂渍固定液及老化的方法:称取 0.25 g DNP 溶于二氯甲烷(18.1.3.3.2)中,再称取 0.35 g 有机皂土混合均匀后,加入 10 g 101 白色担体,摇匀,置于通风橱内于室温下自然挥干。用普通装柱法装柱。

将填充好的色谱柱装机,将色谱柱与检测器断开,通氮气,于流速 5 mL/min~10 mL/min,柱温 140℃老化 10 h。

18.1.4.2 微量注射器:5 μL 或 10 μL。

18.1.4.3 震荡器。

18.1.4.4 分液漏斗:250 mL。

18.1.4.5 具塞试管:5 mL。

18.1.4.6 离心机。

18.1.5 样品

18.1.5.1 样品的稳定性:易挥发,需低温保存,尽快分析。

18.1.5.2 水样的采集及保存方法:用磨口玻璃瓶采集水样,盖紧瓶塞,低温保存,尽快分析。

18.1.5.3 样品的预处理:

18.1.5.3.1 洁净的水样:取 200 mL 水样于分液漏斗中,加盐酸调节 pH 呈酸性,加 2 g~4 g 氯化钠,溶解后加 5.0 mL 二硫化碳(18.1.3.2.1),于震荡器上振摇 3 min,静置分层,弃去水相,萃取液经无水硫酸钠(18.1.3.2.3)脱水后,供色谱分析。

18.1.5.3.2 污染较重的水样:如果水样浑浊可离心后取上清液,若含量超过 1.0 mg/L 可适量稀释后按 18.1.5.3.1 萃取后,于萃取液中加入 0.5 mL~0.6 mL 混合酸(18.1.3.2.5)开始缓缓振摇,然后激烈振摇 1 min(注意放气),分层后弃去酸液,反复萃取至酸层无色为止,最后用硫酸钠(200 g/L)和蒸馏水洗萃取液至中性,并经过无水硫酸钠脱水,供色谱分析。

18.1.6 分析步骤

18.1.6.1 仪器的调整

18.1.6.1.1 气化室温度:160℃。

18.1.6.1.2 柱箱温度:70℃。

18.1.6.1.3 检测器温度:160℃。

18.1.6.1.4 气体流量:载气选择分辨度为R1/2大于1.0的流量;氢气70 mL/min;空气500 mL/min。

18.1.6.1.5 衰减:根据样品中被测组分含量调节记录器衰减。

18.1.6.2 **校准**

18.1.6.2.1 定量分析中的校准方法:外标法。

18.1.6.2.2 标准样品:

A 使用次数

每次分析样品时用新标准使用液绘制标准曲线或用响应因子计算。

B 标准样品的制备

a 苯系物标准储备溶液的制备[ρ(苯系物)=2 mg/mL]:准确称取苯、甲苯、乙苯、对-二甲苯、间-二甲苯、邻-二甲苯、苯乙烯各20 mg,分别置于10 mL容量瓶中,用甲醇溶解并稀释至刻度。

b 苯系物混合标准使用溶液[ρ(苯系物)=20 μg/mL]:分别吸取苯系物标准储备溶液(18.1.6.2.2.B.a)1.0 mL于100 mL容量瓶中,用水稀释至刻度。

C 气相色谱法中使用标准品的条件

a 标准样品进样体积与试样进样体积相同,标准样品的响应值应接近试样的响应值。

b 在工作范围内相对标准差小于10%即可认为仪器处于稳定状态。

c 标准样品与试样尽可能同时进样分析。

18.1.6.2.3 工作曲线的绘制:分别取苯系物标准使用溶液(18.1.6.2.2.B.b)0,0.05,0.10,0.50,1.50,2.00,4.00和5.00 mL于100 mL容量瓶中用蒸馏水稀释至刻度,配制成0,0.01,0.02,0.10,0.30,0.40,0.80和1.00 mg/L的标准系列,然后转移到250 mL分液漏斗中,按18.1.5.3.1萃取,将不同浓度的萃取液注入色谱仪,测得峰高或峰面积,以苯系物的峰高或峰面积为纵坐标,以苯系物组分质量浓度为横坐标,绘制各组分的工作曲线。

18.1.6.3 **试验**

18.1.6.3.1 进样:

A 进样方式:直接进样。

B 进样量:5 μL。

C 操作:用洁净微量注射器(18.1.4.2)于待测样品中抽吸几次,排出气泡,取所需体积迅速注射至色谱仪中,并立即拔出注射器。

18.1.6.3.2 记录:以标样核对,记录色谱峰的保留时间及对应的化合物。

18.1.6.3.3 色谱图的考查:

A 标准色谱图:见图14。

B 定性分析:

a 各组分出峰顺序:苯,甲苯,乙苯,对-二甲苯,间-二甲苯,邻-二甲苯,苯乙烯。

b 各组分保留时间:苯1.117 min,甲苯12.283 min,乙苯4.033 min,对-二甲苯4.433 min,间-二甲苯4.917 min,邻-二甲苯5.583 min,苯乙烯7.95 min。

C 定量分析:

a 色谱峰的测量:连接峰的起点和终点作为峰底,从峰高的最大值对基线做垂线,此线与峰底相交,其交点与峰顶点的距离即为峰高。

b 计算:以测定样品的峰高,在标准曲线上查出相应的浓度。

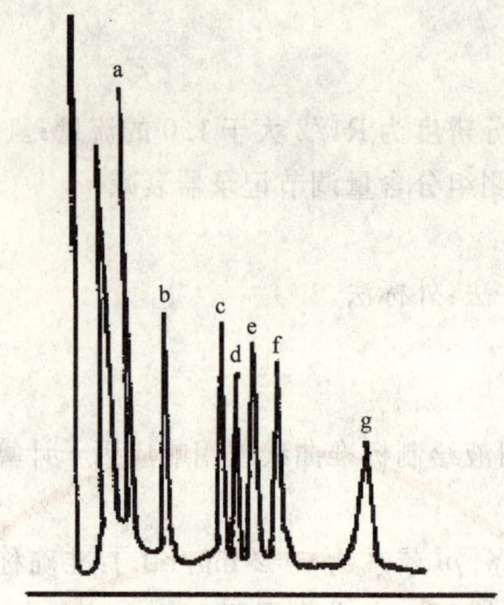

a——苯；

b——甲苯；

c——乙苯；

d——对-二甲苯；

e——间-二甲苯；

f——邻-二甲苯；

g——苯乙烯。

图 14 苯系物标准色谱图

18.1.7 结果的表示

18.1.7.1 定性结果：根据标准色谱图组分的保留时间确定被测水样中组分的数目和名称。

18.1.7.2 定量结果：

18.1.7.2.1 含量的表示方法：以毫克每升(mg/L)表示。

18.1.7.2.2 精密度和准确度：

2个实验室对苯质量浓度范围为0.1 mg/L～1.0 mg/L的水样重复测定，其相对标准偏差为1.3%～6.1%；3个实验室对三种不同类型的水样质量浓度为0.2 mg/L～2.45 mg/L的苯各测6次，回收率为68.9%～100%。

2个实验室对甲苯质量浓度范围为0.1 mg/L～1.0 mg/L的水样重复测定，其相对标准偏差为4.0%～6.1%；3个实验室对三种不同类型的水样质量浓度为0.2 mg/L～2.16 mg/L的甲苯各测6次，其回收率为70.0%～107%。

2个实验室对二甲苯质量浓度范围为0.1 mg/L～1.0 mg/L的水样重复测定，其相对标准偏差为0.8%～8.9%；3个实验室对三种不同类型的水样质量浓度为0.4 mg/L～2.7 mg/L二甲苯各测6次其回收率为68.2%～110%。

2个实验室对乙苯质量浓度范围为0.1 mg/L～1.0 mg/L的水样重复测定，其相对标准偏差为1.1%～6.0%；3个实验室对三种不同类型的水样质量浓度为0.4 mg/L～2.71 mg/L的乙苯各测6次，其回收率为68.0%～103%。

2个实验室对苯乙烯质量浓度范围为0.1 mg/L～1.0 mg/L的水样重复测定，其相对标准偏差为2.6%～10%，3个实验室对质量浓度为0.4 mg/L～2.71 mg/L的三种不同类型的水样测定6次，回收率为77.3%～114%。

18.2 溶剂萃取-毛细管柱气相色谱法

18.2.1 范围

本标准规定了溶剂萃取-毛细管柱气相色谱法测定生活饮用水及其水源水中的苯、甲苯、二甲苯、乙苯和苯乙烯。

本法适用于测定生活饮用水及其水源水中苯、甲苯、二甲苯、乙苯和苯乙烯。

本法最低检测质量分别为：苯，0.20 ng；甲苯，0.24 ng；乙苯，0.25 ng；对二甲苯，0.24 ng；间二甲苯，0.25 ng；邻二甲苯，0.25 ng；苯乙烯，0.25 ng。若取 200 mL 水样处理后测定，则最低检测质量浓度分别为：苯，0.005 mg/L；甲苯，0.006 mg/L；乙苯，0.006 mg/L；对二甲苯，0.006 mg/L；间二甲苯，0.006 mg/L；邻二甲苯，0.006 mg/L；苯乙烯，0.006 mg/L。

18.2.2　原理

水中苯系物经二硫化碳萃取后，硫酸-磷酸混合酸除去醇、酯、醚等干扰物质，用气相色谱氢火焰检测器测定，以相对保留时间定性，外标法定量。

18.2.3　试剂和材料

18.2.3.1　载气和辅助气体

18.2.3.1.1　载气：高纯氮(99.999%)。

18.2.3.1.2　燃气：纯氢，(>99.6%)。

18.2.3.1.3　助燃气：压缩空气，经净化管净化。

18.2.3.2　配制标准样品和试样预处理时使用的试剂

18.2.3.2.1　二硫化碳：分析纯，色谱测定应无干扰峰。如有干扰，使用前用以下方法纯化：将硫酸(ρ_{20}=1.84 g/mL)+二硫化碳+硝酸(ρ_{20}=1.42 g/mL)=25+100+25 的混合溶液，置梨型分液漏斗中摇动，不时放气，静置分层，弃去酸层，用 10%碱液中和残留在有机相中的酸，水洗至中性，弃水相，有机相用全玻璃蒸馏器重蒸馏，收集 46℃～47℃的馏分，在气相色谱上检测，直至不出现干扰峰。

18.2.3.2.2　甲醇(优级纯)。

18.2.3.2.3　无水硫酸钠(分析纯)：经 300℃烘烤 2 h 后置于干燥器中备用。

18.2.3.2.4　氯化钠。

18.2.3.2.5　混合酸：硫酸+磷酸=2+1。

18.2.3.2.6　标准品：苯、甲苯、乙苯、邻二甲苯、间二甲苯、对二甲苯和苯乙烯(均为色谱纯)。

18.2.4　仪器

18.2.4.1　气相色谱仪

18.2.4.1.1　氢火焰离子化检测器。

18.2.4.1.2　记录器或工作站。

18.2.4.1.3　色谱柱

A　色谱柱类型：弹性石英毛细管柱，30 m×0.25 mm×0.25 μm。

B　色谱柱填充物：FFAP 或选用相应的毛细管柱。

18.2.4.2　微量注射器：100 μL、25 μL 和 1 μL。

18.2.4.3　分液漏斗：250 mL。

18.2.4.4　具塞试管：5 mL。

18.2.4.5　震荡器。

18.2.5　样品

18.2.5.1　样品的稳定性：易挥发，需低温保存，尽快分析。

18.2.5.2　水样的采集及保存方法：用磨口玻璃瓶采集水样，盖紧瓶塞，低温保存，尽快分析。

18.2.5.3　样品的预处理：

18.2.5.3.1　清洁的水样：取 200 mL 水样于 250 mL 分液漏斗中，加盐酸调 pH 成酸性，加入 3 g～4 g 氯化钠，溶解后加 5.0 mL 二硫化碳(18.2.3.2.1)，立即盖上盖，振荡 3 min，中间不时放气，静止分层，弃去水相。萃取液经无水硫酸钠(18.2.3.2.3)脱水后，转入 5 mL 具塞试管中，供色谱分析。

18.2.5.3.2　污染较重的水样：浑浊水样可离心后取上清液，按 18.2.5.3.1 萃取后，弃去水相，于萃取液中加入0.5 mL～0.6 mL混合酸(18.2.3.2.5),开始缓缓振摇,然后激烈振摇1 min,(注意放气),静置分层,弃去酸层,反复萃取至酸层无色,用硫酸钠(200 mg/mL)和纯水洗萃取液至中性。萃取液经无水硫酸钠(18.2.3.2.3)脱水后,转入5 mL具塞试管中,供色谱分析。

18.2.6 分析步骤

18.2.6.1 仪器的调整

18.2.6.1.1 进样口温度:210℃。

18.2.6.1.2 柱温:起始温度50℃,保持10 min,以10℃/min的速度升至80℃,保持3 min。

18.2.6.1.3 检测器温度:220℃。

18.2.6.1.4 气体流量:载气(N_2)流量:2.0 mL/min(或根据分离情况调节载气流量),氢气流量35 mL/min和空气流量350 mL/min,尾吹气流量30 mL/min。

18.2.6.1.5 进样方式:直接进样,分流比2∶1。

18.2.6.2 校准

18.2.6.2.1 定量分析中的校准方法:外标法。

18.2.6.2.2 标准样品:

A 使用次数:每次分析样品时用新标准使用液绘制工作曲线或用响应因子计算。

B 标准样品的制备:

a 标准储备溶液的制备[ρ(苯系物)=2.0 mg/mL]:先向10 mL容量瓶中加少量甲醇,称量。分别准确加入苯、甲苯、乙苯、邻二甲苯、间二甲苯、对二甲苯和苯乙烯各20 mg,用甲醇稀释至刻度(或选用相应的有证标准物质)。

b 苯系物标准使用液[ρ(苯系物)=20 μg/mL]:准确吸取苯系物标准储备液1.0 mL于100 mL容量瓶中,用纯水稀释至刻度。

C 气相色谱中使用标准品的条件:

a 标准样品进样体积与试样体积相同,标准样品的响应值应接近试样的响应值。

b 在工作曲线范围内相对标准偏差小于10%即可认为仪器处于稳定状态。

c 标准样品与试样尽可能同时分析。

18.2.6.2.3 工作曲线的绘制:分别取苯系物标准使用液(20 μg/mL)(18.2.6.2.2.B.b)0,0.10,0.50,1.0,5.0及10 mL,用纯水稀释至200 mL。配制质量浓度分别为0,0.01,0.05,0.1,0.5,1 mg/L的标准系列。以下操作同样品的预处理,以测得的峰面积或峰高为纵坐标,各组分的浓度为横坐标,分别绘制工作曲线。

18.2.6.3 试验

18.2.6.3.1 进样:

A 进样方式:直接进样。

B 进样量:1 μL。

C 操作:用洁净的微量注射器(18.2.4.2)于待测样品中抽吸几次,排出气泡,取所需体积迅速注入色谱柱中,并立即拔出注射器。

18.2.6.3.2 记录:以标样核对,记录色谱峰的保留时间及对应化合物的峰面积或峰高。

18.2.6.3.3 色谱图的考查

A 标准色谱图:见图15。

B 定性分析:

a 各组分出峰顺序:苯,甲苯,乙苯,对二甲苯,间二甲苯,邻二甲苯,苯乙烯。

b 各组分保留时间:苯3.1 min,甲苯5.1 min,乙苯8.4 min,对二甲苯8.8 min,间二甲苯9.1 min,邻二甲苯11.2 min,苯乙烯13.8 min。

C 定量分析:

a 色谱峰面积的测量：色谱流出曲线与基线之间所包含的面积即为峰面积。

b 计算：根据样品的色谱峰面积在工作曲线上查出各组分的浓度。

1——苯；

2——甲苯；

3——乙苯；

4——对二甲苯；

5——间二甲苯；

6——邻二甲苯；

7——苯乙烯。

图 15 苯系物标准色谱图

18.2.7 结果的表示

18.2.7.1 定性的结果：根据标准色谱图各组分保留时间，确定被测水样中组分的数目和名称。

18.2.7.2 定量结果：

18.2.7.2.1 含量的表示：直接从工作曲线得出水样中各组分的浓度，以毫克每升(mg/L)表示。

18.2.7.2.2 精密度和准确度

两个实验室对苯、甲苯、乙苯、对二甲苯、间二甲苯、邻二甲苯、苯乙烯质量浓度范围为 0.02 mg/L～0.8 mg/L 的水样重复测定，其相对标准偏差为 4.3%～9.4%、3.9%～8.7%、3.6%～8.2%、3.4%～12%、5.2%～9.6%、2.9%～8.7%、2.8%～11%；

两个实验室对水样质量浓度为 0.05 mg/L～0.5 mg/L 的苯、甲苯、乙苯、对二甲苯、间二甲苯、邻二甲苯、苯乙烯各测三次，其回收率在 79.0%～107%、82.0%～109%、82.0%～109%、80.0%～113%、80.0%～107%、80.0%～109%、81.0%～115%。

18.3 顶空-填充柱气相色谱法

18.3.1 范围

本标准规定了用顶空-填充柱气相色谱法测定生活饮用水及其水源水中苯、甲苯、乙苯、对-二甲苯、邻-二甲苯和异丙苯。

本法适用于生活饮用水及其水源水中苯、甲苯、乙苯、对-二甲苯、邻-二甲苯和异丙苯的测定。

本法最低检测质量浓度分别为:苯,0.42 μg/L;甲苯,1.0 μg/L;乙苯,2.1 μg/L;对二甲苯,2.2 μg/L;邻二甲苯,3.9 μg/L;异丙苯,3.2 μg/L。

18.3.2 原理

被测水样置于密封的顶空瓶中,在一定温度下经一定时间的平衡,水中的苯系物逸至上部空间,并在气液两相中达到动态平衡。此时苯系物在气相中的浓度与它在液相中的浓度成正比,通过对气相中的苯系物浓度的测定,可计算出水样中苯系物的含量。

18.3.3 试剂和材料

18.3.3.1 载气:高纯氮(99.999%)。

18.3.3.2 配制标准样品和试样预处理时使用的试剂和材料:

18.3.3.2.1 纯水:色谱检验无待测组分。

18.3.3.2.2 丙酮:重蒸馏,色谱检验无待测组分。

18.3.3.2.3 色谱标准物:ω(苯)=99.5%,ω(甲苯)=99.5%,ω(乙苯)=99.0%,ω(对二甲苯)=99.5%,ω(邻二甲苯)=99.5%,ω(异丙苯)=99.5%,均为色谱纯。

18.3.4 仪器

18.3.4.1 气相色谱仪

18.3.4.1.1 氢火焰检测器。

18.3.4.1.2 记录仪或工作站。

18.3.4.1.3 色谱柱:

A 色谱柱类型:U 型或螺旋型玻璃柱长 2m,内径 2 mm 或 3 mm。

B 填充物:

a 载体:CHROM WHP 80 目~100 目。使用前筛分,然后于 120℃烘烤 2 h。

b 固定液及含量:10% OV-101。

c 涂渍固定液的方法:量取多于色谱柱体积的载体,并称其质量。根据载体的质量,准确称取一定量的固定液,溶于丙酮溶剂中,待完全溶解后加入并完全浸没载体在抽真空和适当温度的水浴中不断旋转瓶体,使溶液完全挥干,且无该溶剂的气味方可装柱。

d 装柱方法:柱内出口端填堵好玻璃纤维棉并接于真空泵。柱入口端接小漏斗,固定相由此装入,采用边抽气边均匀敲柱方法装柱。

e 色谱柱的老化:柱入口端接到色谱系统上,柱出口端放空,通氮气(流速 30 mL/min),柱温 150℃老化 24 h。

18.3.4.2 恒温水浴:精度为±1℃。

18.3.4.3 微量注射器:10 μL 和 50 μL。

18.3.4.4 顶空瓶:100 mL。使用前在 120℃烘烤 2 h。

18.3.4.5 翻口胶塞,用前洗净,用水煮沸 20 min 晾干,备用。

18.3.4.6 铝箔或聚四氟乙烯膜。

18.3.5 样品

18.3.5.1 样品的稳定性:样品待测组分易挥发。

18.3.5.2 样品的采集:取处理过的顶空瓶(18.3.4.4)带到现场采集水样至充满瓶,用包有铝箔(或聚四氟乙烯膜)的翻口胶塞封好,带回实验室。如不能立即测定,需放冰箱中保存。

18.3.5.3 样品的处理:水样测定前,在无苯系物等有机物质的清洁环境中迅速倒出多余水样至 70 mL,立即盖好瓶塞,于 70℃恒温浴中平衡 30 min。

18.3.5.4 样品的测定:抽取顶空瓶内液上空间气体,可平行测定三次。

18.3.6 分析步骤

18.3.6.1 调整仪器

18.3.6.1.1 气化室温度:150℃。

18.3.6.1.2 柱温:50℃。

18.3.6.1.3 检测器温度:150℃。

18.3.6.1.4 载气流量:40 mL/min。

18.3.6.2 校准

18.3.6.2.1 定量分析中的校准方法:外标法。

18.3.6.2.2 标准样品:

A 标准样品的制备

a 标准储备液的制备

(a) 苯:称 25 mL 容量瓶质量。加入一定量苯,立即盖上瓶塞称量以增量法得到苯质量为 3.470 0 g [ω(苯)=99.5%],用丙酮溶解并定容。此溶液 ρ(苯)=138.1 mg/mL。

(b) 甲苯:同上称量法,甲苯为 0.697 0 g[ω(甲苯)=99.5%],同上配制。此溶液 ρ(甲苯)=27.88 mg/mL。

(c) 乙苯:同上称量法,乙苯为 1.234 0 g[ω(乙苯)=99.0%],同上配制。此溶液 ρ(乙苯)=49.36 mg/mL。

(d) 对-二甲苯:同上称量法,对-二甲苯为 1.370 g[ω(对-二甲苯)=99.5%],同上配制。此溶液 ρ(对-二甲苯)=54.80 mg/mL。

(e) 邻-二甲苯:同上称量法,邻-二甲苯为 1.429 0 g[ω(邻-二甲苯)=99.5%],同上配制。此溶液 ρ(邻-二甲苯)=57.16 mg/mL。

(f) 异丙苯:同上称量法,异丙苯为 2.158 0 g[ω(异丙苯)=99.5%],同上配制。此溶液 ρ(异丙苯)=86.32 mg/mL。

b 混合标准溶液的制备

(a) 苯系物标准混合溶液:在 25 mL 容量瓶中分别加入各 2.5 mL 的苯和甲苯[18.3.6.2.2.A.a.(a),(b)],再分别准确加入 5.0 mL 的乙苯,对-二甲苯,邻-二甲苯和异丙苯溶液[18.3.6.2.2.A.a.(c),(d),(e),(f)]相互溶解后定容,混合标准中各组分浓度,苯:13.8 mg/mL,甲苯:2.78 mg/mL,乙苯:9.87 mg/mL,对-二甲苯:10.9 mg/mL,邻-二甲苯:11.4 mg/mL 和异丙苯:17.3 mg/mL。

(b) 苯系物标准使用溶液的配制:取 4 个 25 mL 容量瓶,各加入 10 mL 丙酮,再分别加入苯系物的混合液 0、0.50、1.00、5.00、10.00 mL,然后加入丙酮定容,为 6 种苯系物的系列标准。

B 气相色谱法中使用标准样品的条件

a 每个标准样品各做三次测定,其相对标准偏差应小于 10%。

b 每批样品必须同时制备工作曲线。

18.3.6.2.3 工作曲线的制作:取 6 个顶空瓶,各加入 70 mL 蒸馏水,加盖密封。用微量注射器吸取苯系物标准使用溶液[18.3.6.2.2.A.b.(b)]20 μL 分别从顶空瓶的顶端插入,并将装有 70 mL 蒸馏水的顶空瓶倒立再注入标准溶液。上下摇动使充分溶解,同时作一空白。在 70℃恒温水浴中平衡 30 min,各取顶部空间气体 20 μL 注入色谱仪。标准使用溶液浓度配制见表 5,以峰高为纵坐标,浓度为横坐标绘制工作曲线。

表 5 标准使用溶液浓度配制

组分名称	浓 度/(μg/mL)			
苯	0.078 8	0.158	0.788	1.58
甲苯	0.016	0.031 7	0.158	0.317
乙苯	0.056 6	0.113	0.566	1.13
对-二甲苯	0.062 3	0.124	0.623	1.24
邻-二甲苯	0.065	0.130	0.651	1.30
异丙苯	0.098 8	0.198	0.988	1.98

18.3.6.3 试验

18.3.6.3.1 进样：

A 进样方式：直接进样。

B 进样量：20 μL。

C 操作：用干净的微量注射器抽取顶空瓶内液上空间相气体，反复抽排几次得到均匀气样（抽取样品时速度要慢），将 20 μL 气样快速注入色谱仪中。

18.3.6.3.2 记录：用记录仪或工作站，在基线稳定的情况下画图，记下标样和水样色谱峰的峰高及保留时间。

18.3.6.3.3 色谱图的考察

A 标准色谱图：见图 16。

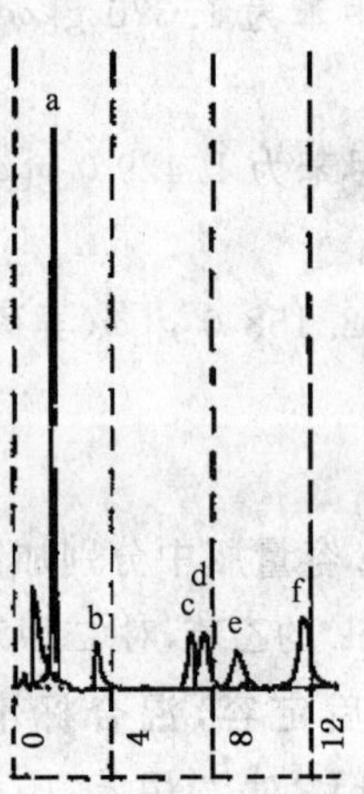

a——苯；
b——甲苯；
c——乙苯；
d——对二甲苯；
e——邻二甲苯；
f——异丙苯。

图 16 苯系物在 OV-101 填充柱的色谱图

B 定性分析：

a 各组分的出峰顺序：苯、甲苯、乙苯、对-二甲苯、邻-二甲苯和异丙苯。

b 保留时间：苯 1.959 min，甲苯 3.40 min，乙苯 7.035 min，对-二甲苯 7.527 min，邻-二甲苯 8.926 min 和异丙苯 11.959 min。

C 定量分析：

a 色谱峰的测量：可量峰高或面积，用微处理机时自动测量并记录，用记录仪时需人工测量。峰高的测量:组分峰的最高点与基线(峰底)的垂直距离为峰高。

b 计算:用样品的峰高直接从工作曲线上查出水中苯系物的质量浓度。

18.3.7 结果的表示

18.3.7.1 定性结果:利用保留时间定性法,即根据标准色谱图各组分的保留时间,确定样品中组分的数目和名称。

18.3.7.2 定量结果:

18.3.7.2.1 含量的表示方法:以毫克每升(mg/L)表示。

18.3.7.2.2 精密度和准确度:取加标水样重复测定6次,其相对标准偏差(RSD)及回收率见表6。

表6 测定结果相对标准偏差及回收率

苯系物	加入浓度/(μg/mL)	测定浓度/(μg/mL)						平均回收率/(%)	RSD/(%)
		1	2	3	4	5	6		
苯	1.58	1.60	1.56	1.56	1.52	1.59	1.64	99.4	1.53
甲苯	0.317	0.323	0.308	0.328	0.306	0.308	0.323	99.7	4.43
乙苯	1.13	1.09	1.10	1.14	1.14	1.14	1.18	100	3.10
对-二甲苯	1.28	1.19	1.21	1.24	1.25	1.23	1.31	95.1	3.63
邻-二甲苯	1.30	1.22	1.27	1.23	1.32	1.38	1.40	100	4.85
异丙苯	1.98	1.95	2.00	2.02	2.00	1.76	2.16	100	6.36

18.4 顶空-毛细管柱气相色谱法

18.4.1 范围

本标准规定了用顶空-毛细管柱气相色谱法测定生活饮用水及其水源水中苯、甲苯、乙苯、邻二甲苯、间二甲苯、对二甲苯、苯乙烯和异丙苯。

本法适用于生活饮用水及其水源水中苯、甲苯、乙苯、邻二甲苯、间二甲苯、对二甲苯、苯乙烯和异丙苯的测定。

若取15 mL水样测定,则本标准最低检测质量浓度分别为:苯,0.7 μg/L;甲苯,1 μg/L;乙苯,2 μg/L;间、对二甲苯,1 μg/L;苯乙烯,2 μg/L;邻二甲苯,3 μg/L;异丙苯,3 μg/L。

18.4.2 原理

待测水样置于密封的顶空瓶中,在一定温度下经一定时间的平衡,水中苯系物逸出至上部空间,并在气液两相中达到动态平衡。此时苯系物在气相中的浓度与它在液相中的浓度成正比,通过对气相中苯系物浓度的测定,可计算出水样中苯系物的含量。

18.4.3 试剂和材料

18.4.3.1 载气:高纯氮(99.999%)。

18.4.3.2 燃气:纯氢,(>99.6%)。

18.4.3.3 助燃气:压缩空气,经净化管净化。

18.4.3.4 配制标准样品和试样预处理时使用的试剂和材料

18.4.3.4.1 纯水:色谱检验无待测组分。

18.4.3.4.2 氯化钠(优级纯):经550℃烘烤2 h后备用。

18.4.3.4.3 甲醇(色谱纯)

18.4.3.4.4 色谱标准物:苯、甲苯、乙苯、对二甲苯、间二甲苯、邻二甲苯、异丙苯、苯乙烯,均为色谱纯。

18.4.4 仪器

18.4.4.1 气相色谱仪:

18.4.4.1.1 氢火焰离子化检测器(FID)。

18.4.4.1.2　色谱柱：非极性毛细管柱（25 m×0.22 mm×0.25 μm）。

18.4.4.2　恒温水浴箱：控温精度±1℃。

18.4.4.3　电子天平：精度 0.01 g。

18.4.4.4　顶空瓶：体积为 40 mL，配带有聚四氟膜的硅橡胶垫和塑料螺旋帽密封，使用前在 120℃烘烤 2 h。

18.4.4.5　微量注射器：1 000 μL（气密性注射器）。

18.4.5　**样品**

18.4.5.1　样品的稳定性：样品待测组分易挥发，需低温保存，尽快测定。

18.4.5.2　样品的采集：将处理过的顶空瓶（18.4.4.4）带到现场采集水样至充满瓶，密封低温保存，尽快测定。

18.4.5.3　样品的处理：于待测样品的顶空瓶中准确吸出 25 mL 水样，使待测水样体积为 15 mL，加入 4 g 氯化钠（18.4.3.42），立即盖上瓶盖轻轻摇匀，待氯化钠溶解后放入水浴温度为 60℃水浴中平衡 30 min。

18.4.5.4　样品的测定：抽取顶空瓶内液上空间气体，可平行测定三次。

18.4.6　**分析步骤**

18.4.6.1　**仪器的调整**

18.4.6.1.1　进样口温度：150℃。

18.4.6.1.2　柱温：50℃。

18.4.6.1.3　检测器温度：160℃。

18.4.6.1.4　线流速：30 cm/s。

18.4.6.1.5　柱前压（恒压）：99 kPa。

18.4.6.1.6　分流比 10∶1。

18.4.6.2　**校准**

18.4.6.2.1　定量分析中的校准方法：外标法。

18.4.6.2.2　标准样品：

A　使用次数：每次分析样品时用新标准使用溶液绘制工作曲线或用相应因子进行计算。

B　标准样品的制备：

a　苯系物标准储备溶液：准确称取苯、甲苯、乙苯、对-二甲苯、间-二甲苯、邻-二甲苯、异丙苯、苯乙烯各 20 mg，分别置于 10 mL 容量瓶中，用甲醇溶解并稀释至刻度。各物质质量浓度分别为 2 mg/mL。

b　苯系物标准使用溶液：分别吸取苯系物标准储备溶液[18.4.6.2.2.B.a]125 μL 于 100 mL 容量瓶中，用纯水稀释至刻度。各物质的质量浓度分别为 2.5 μg/mL。

C　气相色谱中使用标准样品的条件：

a　标准样品进样体积与试样进样体积相同，标准样品的响应值应接近试样的响应值。

b　在工作范围内相对标准偏差小于 10%即可认为处于稳定状态。

c　每批样品必须同时制备工作曲线。

18.4.6.2.3　工作曲线的制作：取 8 个 100 mL 容量瓶，先加入适量的纯水（18.4.3.4.1），再分别加入苯系物使用标准溶液（18.4.6.2.2.B.b）0，0.04，0.08，0.40，1.20，2.00，2.80 及 4.00 mL，用纯水稀释至刻度，其质量浓度分别为 0，1，2，10，30，50，70 及 100 μg/L，按样品的处理（18.4.5.3）方式进行顶空分析。以峰高或峰面积为纵坐标，质量浓度为横坐标绘制工作曲线。

18.4.6.3　**试验**

18.4.6.3.1　进样：

A　进样方式：直接进样。

B　进样量：800 μL。

C　操作：用洁净的微量注射器(18.4.4.5)于待测样品中抽吸几次，排出气泡，取所需体积迅速注入色谱柱中，并立即拔出注射器。

18.4.6.3.2　记录：以标样核对，记录色谱峰的保留时间及对应的化合物。

18.4.6.3.3　色谱图的考察

A　标准色谱图：见图17。

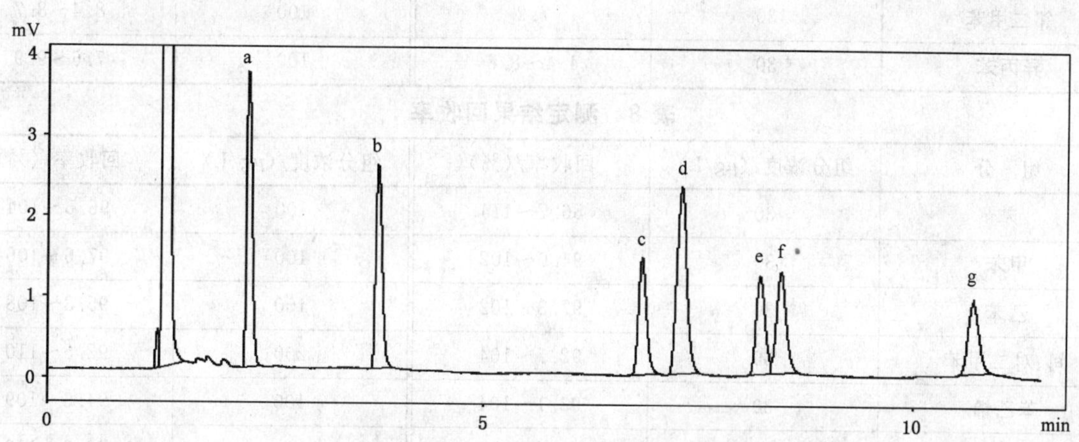

a——苯；
b——甲苯；
c——乙苯；
d——对、间二甲苯；
e——苯乙烯；
f——邻二甲苯；
g——异丙苯。

图17　苯系物标准色谱图

B　定性分析：

a　各组分出峰顺序：苯，甲苯，乙苯，对、间二甲苯，苯乙烯，邻二甲苯，异丙苯。

b　各组分保留时间：苯 2.2 min；甲苯 3.7 min；乙苯 6.8 min；对、间二甲苯 7.2 min；苯乙烯 8.1 min；邻二甲苯 8.4 min；异丙苯 10.6 min。

C　定量分析：

a　色谱峰的测量：可量峰高或峰面积，用微机时自动测量并记录。用记录仪时需人工测量，峰高的测量：组分峰的最高点与基线(峰底)的垂直距离为峰高。

b　计算：根据色谱图的峰高或峰面积在工作曲线上查出相应的质量浓度。

18.4.7　结果的表示

18.4.7.1　定性结果：根据标准色谱图各组分的保留时间确定被测样品中组分的数目和名称。

18.4.7.2　定量结果：

18.4.7.2.1　含量的表示方法：以微克每升(μg/L)表示。

18.4.7.2.2　精密度与准确度：两个实验室测定两种浓度的人工合成水样，其相对标准偏差(RSD)见表7，回收率见表8。

表7　测定结果相对标准偏差

组　分	组分浓度/(μg/L)	RSD/(%)	组分浓度/(μg/L)	RSD/(%)
苯	30	9.0～11	100	3.3～5.2
甲苯	30	7.5～8.6	100	3.5～6.0

表 7(续)

组　分	组分浓度/(μg/L)	RSD/(%)	组分浓度/(μg/L)	RSD/(%)
乙苯	30	4.5～9.6	100	5.6～7.2
间、对二甲苯	60	3.3～6.9	200	7.2～8.4
苯乙烯	30	3.3～11	100	6.5～8.5
邻二甲苯	30	7.2	100	8.4～8.7
异丙苯	30	4.4～8.8	100	7.6～9.9

表 8　测定结果回收率

组　分	组分浓度/(μg/L)	回收率/(%)	组分浓度/(μg/L)	回收率/(%)
苯	30	86.7～114	100	96.5～104
甲苯	30	94.0～102	100	97.6～106
乙苯	30	97.3～102	100	95.3～108
间、对二甲苯	60	92.7～104	200	92.5～110
苯乙烯	30	93.1～104	100	94.6～109
邻二甲苯	30	92.3～110	100	90.3～110
异丙苯	30	94.7～112	100	83.4～106

19　甲苯

见第 18 章。

20　二甲苯

见第 18 章。

21　乙苯

见第 18 章。

22　异丙苯

见第 18 章。

23　氯苯

23.1　气相色谱法

23.1.1　范围

本标准规定了用气相色谱法测定生活饮用水及其水源水中氯苯。

本法适用于生活饮用水及其水源水中氯苯的测定。

本法最低检测质量为 2.0 ng。若取 250 mL 水样测定，则最低检测质量浓度为 0.008 mg/L。

在选定的分析条件下，间二氯苯、对二氯苯和对硝基氯苯均不干扰。

23.1.2　原理

用二硫化碳萃取水中氯苯，经浓缩后，用气相色谱氢火焰离子化检测器测定。

23.1.3　试剂和材料

23.1.3.1　载气和辅助气体

23.1.3.1.1　载气：高纯氮(99.999%)。

23.1.3.1.2　燃气:氢气(>99.6%)。

23.1.3.1.3　助燃气:无油压缩空气,经装有 0.5 nm 分子筛的净化管净化。

23.1.3.2　配制标准样品和试样预处理时使用的试剂和材料

使用的溶剂、试剂应不含干扰物质,使用前应测定空白值。

23.1.3.2.1　二硫化碳。

23.1.3.2.2　无水硫酸钠。

23.1.3.2.3　色谱标准物:氯苯,色谱纯。

23.1.3.3　制备色谱柱使用的试剂和材料

23.1.3.3.1　色谱柱和填充物见 23.1.4.1.3 有关内容。

23.1.3.3.2　涂渍固定液所用的溶剂:二氯甲烷。

23.1.4　仪器

23.1.4.1　气相色谱仪:

23.1.4.1.1　氢火焰离子化检测器。

23.1.4.1.2　记录仪或工作站。

23.1.4.1.3　色谱柱:

A　色谱柱类型:不锈钢或硬质玻璃填充柱。柱长 2 m,内径 2.5 mm。

B　填充物:

a　载体:上试 101 白色担体(60 目～80 目)。

b　固定液及含量:1.5%有机皂土和 1.5%邻苯二甲酸二壬酯。

C　涂渍固定液及老化的方法:称取 0.15 g 有机皂土,0.15 g 邻苯二甲酸二壬酯溶于二氯甲烷(23.1.3.3.2)溶剂中,待完全溶解后加入 10 g 101 白色担体(23.1.4.1.3.B.a),摇匀,置于通风橱内于室温下自然挥发,用普通装柱法装柱。

将填充好的色谱柱装机,将色谱柱与检测器断开,通氮气,于 160℃老化 24 h。

23.1.4.2　微量注射器:10 μL。

23.1.4.3　分液漏斗:250 mL。

23.1.4.4　KD 浓缩器。

23.1.5　样品

23.1.5.1　样品的稳定性:水样采集后要尽快进行萃取处理,当天不能处理时,要置于 4℃冰箱内保存。

23.1.5.2　水样的采集及保存方法:水样采集在磨口塞玻璃瓶中。

23.1.5.3　水样的萃取:取 250 mL 水样置于 500 mL 分液漏斗中,加入 5.0 mL 二硫化碳(23.1.3.2.1)振摇,时时放气,振荡 5 min,静置分层分出二硫化碳层,再加入 5.0 mL CS_2 萃取一次,合并两次萃取液,经无水硫酸钠(23.1.3.2.2)脱水干燥。在 KD 浓缩器中于 50℃水浴中浓缩至 1.0 mL,待测。

23.1.6　分析步骤

23.1.6.1　仪器的调整

23.1.6.1.1　气化室温度:160℃。

23.1.6.1.2　柱箱温度:130℃。

23.1.6.1.3　检测器温度:160℃。

23.1.6.1.4　气体流量:载气 40 mL/min～60 mL/min;氢气 45 mL/min;空气 450 mL/min。

23.1.6.1.5　衰减:根据样品中被测组分含量调节记录器衰减。

23.1.6.2　校准

23.1.6.2.1　定量分析中的校准方法:外标法。

23.1.6.2.2　标准样品:

A　使用次数:每次分析样品时用新标准使用溶液绘制标准曲线。

B 标准样品的制备：

a 标准储备溶液的制备：称取氯苯 50.0 mg 于 50 mL 的容量瓶中，用二硫化碳稀释至刻度，此溶液 ρ(氯苯)=1.00 mg/mL。

b 标准使用溶液的制备：用二硫化碳稀释 10.0 mL 氯苯储备溶液至 100.0 mL，配制成 ρ(氯苯)=100 μg/mL。

C 气相色谱法中使用标准品的条件：

a 标准样品进样体积与试样进样体积相同，标准样品的响应值应接近试样的响应值。

b 在工作范围内相对标准差小于 10% 即可认为仪器处于稳定状态。

c 标准样品与试样尽可能同时进样分析。

23.1.6.2.3 标准曲线的绘制：取 6 个 250 mL 容量瓶，分别加入标准使用溶液[23.1.6.2.2.B.b]配制成 0，2.00，5.00，20.0，40.0，60.0 和 80.0 μg/mL 氯苯。各取 1 μL 注入色谱仪，以峰高为纵坐标，含量为横坐标，绘制标准曲线。

23.1.6.3 **试验**

23.1.6.3.1 进样：

A 进样方式：直接进样。

B 进样量：1 μL。

C 操作：用洁净微量注射器(23.1.4.2)于待测样品中抽吸几次，排出气泡，取所需体积迅速注入色谱仪中，并立即拔出注射器。

23.1.6.3.2 记录：以标样核对，记录色谱峰的保留时间及对应的化合物。

23.1.6.3.3 色谱图的考查

A 标准色谱图：见图 18。

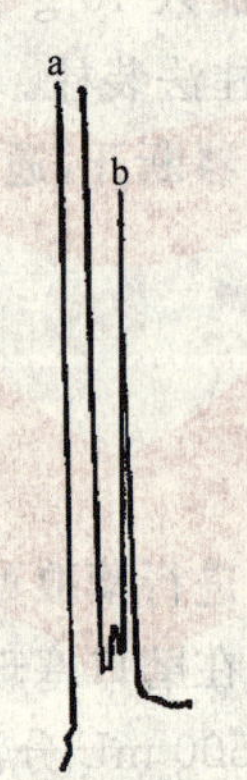

a——二硫化碳；

b——氯苯。

图 18 氯苯标准色谱图

B 定性分析：

a 各组分出峰顺序：二硫化碳，氯苯。

b 各组分的保留时间：氯苯 1.22 min。

C 定量分析：

a 色谱峰的测量，连接峰的起点和终点作为峰底，从峰高的最大值对峰底做垂线，垂线与峰底交点到峰顶的距离为峰高。

b 计算：根据色谱峰的峰高在标准曲线上查出各组分的含量按式(10)计算：

$$\rho(C_6H_5Cl)=\frac{\rho_1\times V_1}{V} \quad \cdots\cdots(10)$$

式中：

$\rho(C_6H_5Cl)$——水样中氯苯的质量浓度，单位为毫克每升(mg/L)；

ρ_1——相当于标准曲线上氯苯的质量浓度，单位为微克每毫升(μg/mL)；

V_1——萃取液体积，单位为毫升(mL)；

V——水样体积，单位为毫升(mL)。

23.1.7 **结果的表示**

23.1.7.1 定性结果：根据标准色谱图组分的保留时间确定被测水样中组分的数目和名称。

23.1.7.2 定量结果：

23.1.7.2.1 含量的表示：按式(10)计算出水样中各组分含量，以(mg/L)表示。

23.1.7.2.2 精密度和准确度：3个实验室对氯苯的浓度范围为0.02 mg/L～0.28 mg/L的水样重复测定六次，其相对标准偏差为5.1%～5.4%。浓度范围为0.04 mg/L～0.28 mg/L，回收率为88.0%～100%。

24 二氯苯

24.1 气相色谱法

24.1.1 **范围**

本标准规定了用气相色谱法测定生活饮用水及其水源水中氯苯系化合物。

本法适用于生活饮用水及其水源水中二氯苯、三氯苯、四氯苯和六氯苯的测定。

本法最低检测质量分别为：二氯苯，1.5 ng；三氯苯，0.050 ng；四氯苯，0.025 ng；六氯苯，0.025 ng。若取250 mL水样经处理后测定，则最低检测质量浓度分别为：二氯苯，2 μg/L；三氯苯，0.04 μg/L；四氯苯，0.02 μg/L；六氯苯，0.02 μg/L。

在选定的分析条件下六六六，滴滴涕，多氯联苯，对、间、邻硝基氯苯等均不干扰测定。

24.1.2 **原理**

用石油醚萃取水中氯苯系化合物，经净化后，用电子捕获气相色谱法进行测定。

24.1.3 **试剂和材料**

24.1.3.1 载气：高纯氮(99.999%)。

24.1.3.2 配制标准样品和试样预处理时使用的试剂：使用的溶剂、试剂应不含干扰物质，使用前应测定空白值。

24.1.3.2.1 石油醚：沸程30℃～60℃。

24.1.3.2.2 硫酸(ρ_{20}=1.84 g/mL)。

24.1.3.2.3 无水硫酸钠：经500℃烘烤4 h后置干燥器中备用。

24.1.3.2.4 苯。

24.1.3.2.5 异辛烷。

24.1.3.2.6 氯化钠：处理方法同24.1.3.2.3。

24.1.3.2.7 硫酸钠溶液(20 g/L)：称取20 g无水硫酸钠(24.1.3.2.3)溶于纯水中并稀释至1 000 mL。

24.1.3.2.8 色谱标准物：对二氯苯、间二氯苯、邻二氯苯、1,2,3-三氯苯、1,2,4-三氯苯、1,3,5,-三氯苯、1,2,3,4-四氯苯、1,2,3,5-四氯苯、1,2,4,5-四氯苯、五氯苯和六氯苯。

24.1.3.3 制备色谱柱使用的试剂和材料

24.1.3.3.1 色谱柱和填充物见24.1.4.1.3有关内容。

24.1.3.3.2 涂渍固定液所用的溶剂：二氯甲烷。

24.1.4 **仪器**

24.1.4.1 气相色谱仪：

24.1.4.1.1 电子捕获检测器。

24.1.4.1.2 记录仪或工作站。

24.1.4.1.3 色谱柱：

A 色谱柱类型：硬质玻璃填充柱。柱长 2 m，内径 2 mm。

B 填充物：

a 载体：上试 101 白色担体（硅烷化 80 目～100 目）或 Chromosorb W（AW-DMCS 60 目～80 目）。

b 固定液及含量：2%有机皂土和 2%DC-200。

C 涂渍固定液及老化的方法：称取 0.2 g 有机皂土，0.2 g DC-200 溶于二氯甲烷（24.1.3.3.2）溶剂中，待完全溶解后加入 10 g 载体（24.1.4.1.3.B.a），摇匀，置于通风橱内于室温下自然挥发。用普通装柱法装柱。

将填充好的色谱柱装机，将色谱柱与检测器断开，通氮气，于 160℃老化 24 h。

24.1.4.2 微量注射器：10 μL。

24.1.4.3 分液漏斗：500 mL。

24.1.4.4 KD 浓缩器。

24.1.5 样品

24.1.5.1 样品的稳定性：水样采集后要尽快进行萃取处理，如当天不能处理，在采样时每升水样中加 1.0 mL 硫酸（24.1.3.2.2），并置于 4℃冰箱内，保存期 4 d。经过萃取处理后的试样可在 4℃冰箱内保存 40 d。

24.1.5.2 水样的采集及保存方法：水样采集在磨口塞玻璃瓶中。

24.1.5.3 水样的萃取：取 250 mL 水样置于 500 mL 分液漏斗中，加 5 g 氯化钠（24.1.3.2.6）溶解后，再加入 20 mL 石油醚（24.1.3.2.1）振摇，时时放气，然后置于震荡器上振荡 10 min，取下，弃去水相。萃取液中加 2.5 mL 硫酸（24.1.3.2.2）轻轻振摇（防止发热，注意时时放气），静止分层弃去硫酸层，重复操作，直至硫酸层无色为止。加入 25 mL 硫酸钠溶液（24.1.3.2.7），振摇洗去残留硫酸，静止分层，弃去水相。石油醚经无水硫酸钠（24.1.3.2.3）脱水干燥。用少量的石油醚（24.1.3.2.1）洗涤锥形瓶和无水硫酸钠层，合并洗脱液于 KD 浓缩器中。于 50℃～70℃水浴中浓缩至 1.0 mL，待测。

24.1.6 分析步骤

24.1.6.1 仪器的调整

24.1.6.1.1 气化室温度：160℃。

24.1.6.1.2 柱箱温度：120℃。

24.1.6.1.3 检测器温度：160℃。

24.1.6.1.4 载气流量：40 mL/min～60 mL/min。

24.1.6.1.5 衰减：根据样品中被测组分含量调节记录器衰减。

24.1.6.2 校准

24.1.6.2.1 定量分析中的校准方法：外标法。

24.1.6.2.2 标准样品：

A 使用次数：每次分析样品时用新标准使用溶液绘制标准曲线或用校正因子计算。

B 标准样品的制备：

a 标准储备溶液的制备：取对二氯苯、间二氯苯、邻二氯苯、五氯苯、1,2,3-三氯苯、1,2,4-三氯苯、1,3,5-三氯苯、1,2,3,4-四氯苯、1,2,3,5-四氯苯、1,2,4,5-四氯苯和六氯苯各 100 mg 分别置于 100 mL 容量瓶中，加异辛烷（24.1.3.2.5）溶解后，并稀释到刻度（六氯苯需先用少量苯溶解），此溶液 ρ(氯苯系物)＝1.00 mg/mL。

b 标准中间溶液的制备：取 10.0 mL 二氯苯储备液，用异辛烷稀释至 100.0 mL，配制成 ρ(二氯苯)＝100 μg/mL。将 1.00 mL 三氯苯、四氯苯、五氯苯和六氯苯储备液稀释成 ρ(三氯苯、四氯苯、五氯苯、六氯苯)＝10.00 μg/mL。

c 混合标准使用溶液的制备:根据检测器的灵敏度及线性要求,用石油醚配制适应浓度的混合标准使用溶液。

C 气相色谱法中使用标准品的条件:

a 标准样品进样体积应与试样进样体积相同,标准样品的响应值应接近试样的响应值。

b 在工作范围内相对标准差小于10%即可认为仪器处于稳定状态。

c 标准样品与试样尽可能同时进样分析。

24.1.6.2.3 标准曲线的绘制:取6个250 mL容量瓶,分别加入混合标准使用溶液(24.1.6.2.2.B.c),配制成0,10.0,20.0,40.0,80.0和100.0 μg/L的二氯苯。0、5.0、10.0、20.0、30.0和40.0 μg/L的三氯苯、四氯苯、五氯苯、六氯苯的标准系列。取5 μL注入色谱仪,以峰高为纵坐标,含量为横坐标,绘制标准曲线。

24.1.6.3 试验

24.1.6.3.1 进样:

A 进样方式:直接进样。

B 进样量:5 μL。

C 操作:用洁净微量注射器(24.1.4.2)于待测样品中抽吸几次,排出气泡,取所需体积迅速注入色谱仪中,并立即拔出注射器。

24.1.6.3.2 记录:以标样核对,记录色谱峰的保留时间及对应的化合物。

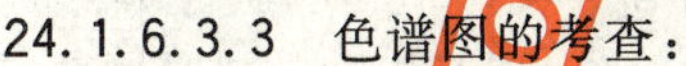
24.1.6.3.3 色谱图的考查:

A 标准色谱图:见图19。

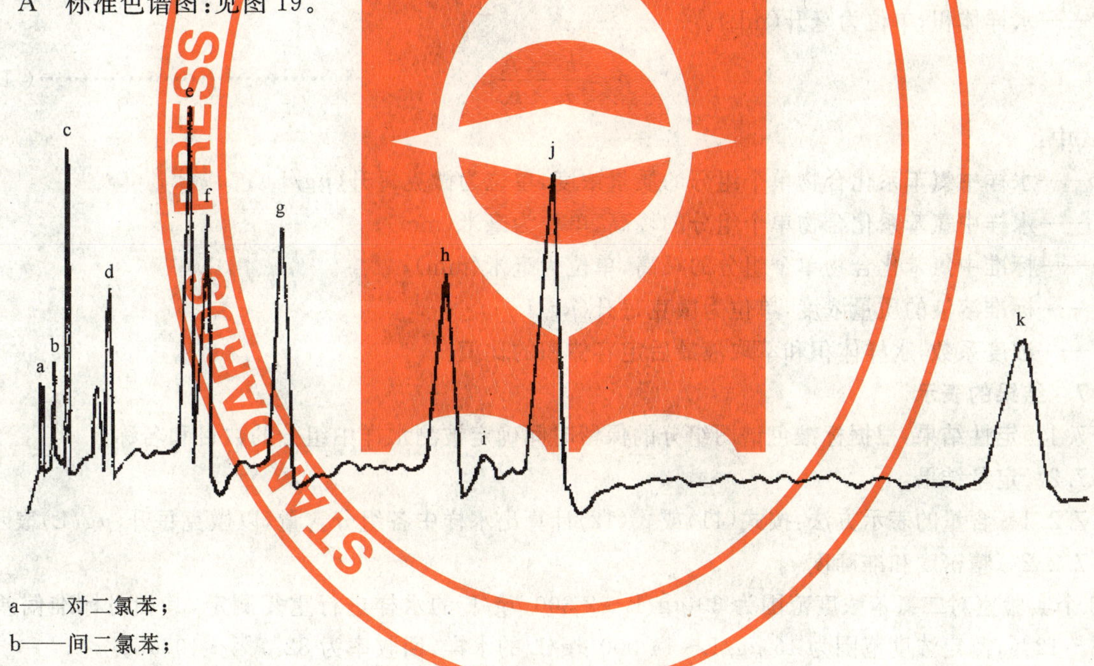

a——对二氯苯;

b——间二氯苯;

c——1,3,5-三氯苯;

d——邻二氯苯;

e——1,2,4-三氯苯;

f——1,2,3,5-四氯苯;

g——1,2,4,5-四氯苯;

h——1,2,3-三氯苯;

i——1,2,3,4-四氯苯;

j——五氯苯;

k——六氯苯。

图19 标准色谱图

B　定性分析：

a　各组分出峰顺序：对二氯苯；间二氯苯；1,3,5-三氯苯；邻二氯苯；1,2,4-三氯苯；1,2,3,5-四氯苯；1,2,4,5-四氯苯；1,2,3-三氯苯；1,2,3,4-四氯苯；五氯苯和六氯苯。

b　各组分的保留时间：对二氯苯 1.867 min；间二氯苯 2.383 min；1,3,5-三氯苯 3.017 min；邻-二氯苯 4.65 min；1,2,4-三氯苯 4.883 min；1,2,3,5-四氯苯 8.333 min；1,2,4,5-四氯苯 9.283 min；1,2,3-三氯苯 13.333 min；1,2,3,4-四氯苯 20.033 min；五氯苯 24 min 和六氯苯 45.217 min。

C　定量分析：

a　色谱峰的测量：连接峰的起点和终点作为峰底，从峰高的最大值对峰底做垂线，垂线与峰底交点到峰顶的距离为峰高。

b　计算：根据色谱峰的峰高在标准曲线上查出各组分的含量按式(11)计算；如果用单标准定量，按式(12)计算。

$$\rho = \frac{\rho_1 \times V_1}{V} \qquad (11)$$

式中：

ρ——水样中氯苯系化合物单个组分的质量浓度，单位为微克每升(μg/L)；

ρ_1——相当于标准曲线上氯苯系化合物的质量浓度，单位为微克每升(μg/L)；

V_1——萃取液体积，单位为毫升(mL)；

V——水样体积，单位为毫升(mL)。

$$\rho = \frac{h_1 \times \rho_1}{h \times K} \qquad (12)$$

式中：

ρ——水样中氯苯系化合物单个组分的质量浓度，单位为微克每升(μg/L)；

h_1——水样中氯苯系化合物单个组分的峰高，单位为毫米(mm)；

h——标准中氯苯化合物单个组分的峰高，单位为毫米(mm)；

ρ_1——标准溶液的质量浓度，单位为微克每升(μg/L)；

K——浓度系数，水样体积和萃取液最后定容体积的比值。

24.1.7　结果的表示

24.1.7.1　定性结果：根据标准色谱图组分的保留时间确定被测水样中组分的数目和名称。

24.1.7.2　定量结果：

24.1.7.2.1　含量的表示方法：按式(11)或式(12)计算出水样中各组分含量，以微克每升(μg/L)表示。

24.1.7.2.2　精密度和准确度

3个实验室对二氯苯浓度范围为 30 μg/L～2 300 μg/L 的水样进行重复测定，其相对标准偏差为 4.0%～12%；测定浓度范围为 16 μg/L～14 000 μg/L 的水样，回收率为 82.7%～107%。

3个实验室对三氯苯浓度范围为 7.3 μg/L～330 μg/L 的水样进行重复测定，其相对标准偏差为 2.6%～9.6%，浓度范围为 8.0 μg/L～2 000 μg/L 的水样，其回收率为 87.5%～98.0%。

3个实验室对四氯苯浓度范围为 3.85 μg/L～170 μg/L 的水样进行重复测定，其相对标准偏差为 2.5%～8.2%，浓度范围为 4.0 μg/L～200 μg/L 的水样，其回收率为 85.5%～91.0%。

3个实验室对六氯苯浓度范围为 1.77 μg/L～42 μg/L 的水样进行重复测定，其相对标准偏差为 5.8%～7.1%，浓度范围为 2.0 μg/L～50 μg/L 的水样，回收率为 81.1%～91.0%。

25　1,2-二氯苯

见第24章。

26 1,4-二氯苯

见第 24 章。

27 三氯苯

见第 24 章。

28 四氯苯

见第 24 章。

29 硝基苯

29.1 气相色谱法

29.1.1 范围

本标准规定了用气相色谱法测定生活饮用水及其水源水中硝基苯。

本法适用于生活饮用水及其水源水中硝基苯的测定。

本法的最低检测质量为 0.01 ng,若取 500 mL 水样测定,则最低检测质量浓度为 0.5 μg/L。

29.1.2 原理

本法是将水样用 H_2SO_4 酸化(或酸化、蒸馏)、苯萃取后用带电子捕获检测器的气相色谱法测定。

29.1.3 试剂和材料

29.1.3.1 载气:高纯氮(99.999%)。

29.1.3.2 配制标准样品和试样预处理时使用的试剂和材料:

29.1.3.2.1 纯水:色谱检验无待测组分。

29.1.3.2.2 无水硫酸钠:在 300℃烘箱中烘烤 4 h,置于干燥器中冷却至室温。

29.1.3.2.2 苯:优级纯,色谱检验无被测组分。

29.1.3.2.3 正已烷:优级纯,色谱检验无被测组分。

29.1.3.2.4 色谱标准物:硝基苯(>99%)。

29.1.4 仪器

29.1.4.1 气相色谱仪:

29.1.4.1.1 电子捕获检测器。

29.1.4.1.2 色谱柱:FFAP(25 m×0.32 mm)毛细管色谱柱,或者相同极性的毛细管色谱柱。

29.1.4.2 样品瓶:1 000 mL 具塞磨口玻璃瓶。

29.1.4.3 分液漏斗:100 mL,500 mL。

29.1.4.4 微量进样器:10 μL。

29.1.4.5 比色管:25 mL。

29.1.5 样品

29.1.5.1 样品的稳定性:样品待测组分易挥发,需避光低温保存,尽快测定。

29.1.5.2 样品的采集:采集后 7 d 内完成萃取,萃取前样品在 4℃保存,萃取后 40 d 内完成分析。

29.1.5.3 样品的处理:摇匀水样,准确量取 500 mL 置入 500 mL 分液漏斗中,加入 25 mL 苯,摇动,放出气体。再振荡萃取 3 min~5 min,静置 10 min,两相分层,弃去水相,置入事先盛有少许无水硫酸钠的具塞离心管中,备色谱分析用。

29.1.6 分析步骤

29.1.6.1 仪器的调整

29.1.6.1.1 气化室温度:310℃。

29.1.6.1.2　柱温:160℃。

29.1.6.1.3　检测器温度:315℃。

29.1.6.1.4　载气流量:2.0 mL/min。

29.1.6.1.5　分流比:11∶1。

29.1.6.1.6　尾吹气流量:50 mL/min。

29.1.6.2　**校准**

29.1.6.2.1　定量分析中的校准方法:外标法。

29.1.6.2.2　标准样品:

A　使用次数:每次分析样品时用新标准使用溶液绘制工作曲线或用相应因子进行计算。

B　标准样品的制备:

a　标准储备液的制备:称取硝基苯标准物(29.1.3.2.4)0.100 0 g,置于容量瓶中,用苯(29.1.3.2.2)溶解,定容至 100 mL,在 4℃避光保存,可保存 6 个月。

b　标准使用液的制备:吸取 1 mL 硝基苯标准储备溶液(29.1.6.2.2.B.a),用苯(29.1.3.2.2)定容至 10 mL 的容量瓶中,此溶液中硝基苯浓度为 100 mg/L,再取 1 mL 此标液,用苯定容至 10 mL的容量瓶中,此溶液中硝基苯浓度为 10 mg/L。如此逐级稀释至 $\rho=1$ μg/mL。

C　气相色谱中使用标准样品的条件:

a　标准样品进样体积与试样进样体积相同,标准样品的响应值应接近试样的响应值。

b　在工作范围内相对标准偏差小于 10%即可认为处于稳定状态。

c　每批样品必须同时制备工作曲线。

29.1.6.2.3　工作曲线的制作:分别取 0.10,0.20,0.50,0.80,1.00 mL 标准使用液(29.1.6.2.2.B.b)用正己烷定容至 10 mL,此即为标准系列 0.01,0.02,0.05,0.08,0.1 μg/mL。进样 1 μL 注入色谱仪。以峰高或峰面积为纵坐标,浓度为横坐标绘制工作曲线。

29.1.6.3　**试验**

29.1.6.3.1　进样:

A　进样方式:直接进样。

B　进样量:1 μL。

29.1.6.3.2　记录:以标样核对,记录色谱峰的保留时间及对应的化合物。

29.1.6.3.3　色谱图的考察:

A 标准色谱图:见图 20。

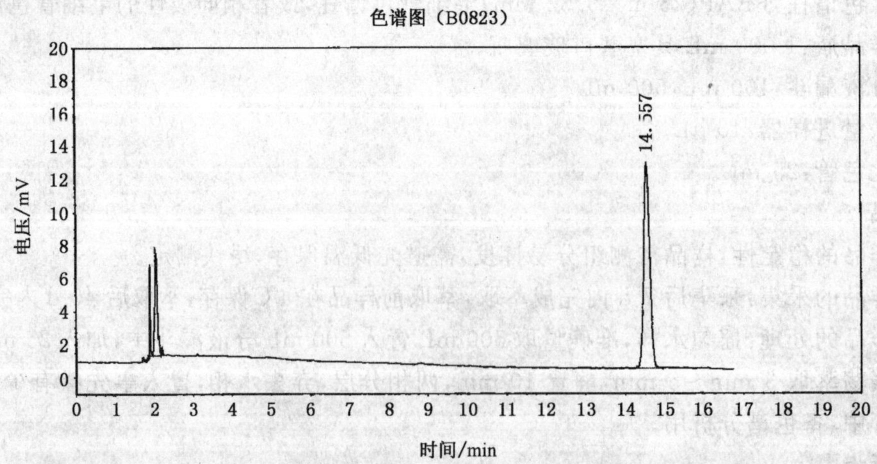

图 20　硝基苯标准色谱图

B 定性分析：硝基苯保留时间 14.557 min。

C 定量分析：

a 色谱峰的测量：可量峰高或峰面积，用微机时自动测量并记录。用记录仪时需人工测量，峰高的测量：组分峰的最高点与基线（峰底）的垂直距离为峰高。

b 计算：根据色谱图的峰高或峰面积在工作曲线上查出相应的质量浓度。

29.1.7 结果的表示

29.1.7.1 定性结果：根据标准色谱图各组分的保留时间确定被测样品中组分的数目和名称。

29.1.7.2 定量结果：

29.1.7.2.1 含量的表示方法：直接从标准曲线上查出水样中硝基苯的质量浓度，以微克每升（μg/L）表示。

29.1.7.2.2 精密度和准确度：1 个实验室测定加硝基苯标准的水样，其相对标准偏差为 1.0%～6.4%，回收率为 90.7%～97.9%。

30 三硝基甲苯

30.1 气相色谱法

30.1.1 范围

本标准规定了用气相色谱法测定生活饮用水及其水源水中的三硝基甲苯。

本法适用于生活饮用水及其水源水中的三硝基甲苯的测定。

本法最低检测质量为 0.20 μg，若取 100 mL 水样测定，则最低检测质量浓度为 0.4 mg/L。

水中硝基苯类、硝基氯苯类均不干扰测定。

30.1.2 原理

水中微量三硝基甲苯在酸性介质中经二氯甲烷萃取浓缩后，可用带氢火焰检测器的气相色谱仪分别测定各种硝基苯异构体的含量。

30.1.3 试剂和材料

30.1.3.1 载体和辅助气体

30.1.3.1.1 载体：高纯氮（99.999%）。

30.1.3.1.2 氢气（>99.6%）。

30.1.3.1.3 压缩空气：经硅胶、活性炭或 0.5 nm 分子筛净化处理。

30.1.3.2 配制标准品和样品预处理时使用的试剂

30.1.3.2.1 2,4,6-三硝基甲苯。

30.1.3.2.2 硝基甲烷：化学纯。

30.1.3.2.3 二氯甲烷：经色谱检查应无干扰峰，必要时用全玻璃蒸馏器蒸馏。

30.1.3.2.4 盐酸（ρ_{20}=1.19 g/mL）。

30.1.3.2.5 无水硫酸钠：经 400℃灼烧 2 h，密封储存。

30.1.3.3 制备色谱柱使用的试剂和材料

30.1.3.3.1 色谱柱和填充物见 30.1.4.1.3 有关内容。

30.1.3.3.2 涂渍固定液所用的溶剂：三氯甲烷。

30.1.4 仪器

30.1.4.1 气相色谱仪：具程序升温控制器。

30.1.4.1.1 氢火焰离子化检测器。

30.1.4.1.2 记录仪或工作站。

30.1.4.1.3 色谱柱

A 色谱柱类型：硬质玻璃填充柱长 2 m，内径 2 mm。

B 填充物：

a 载体：Chromosorb Hp 60 目～80 目。

b 固定液及含量：5%二甲基硅酮(SE-30)。

C 涂渍固定液方法：称取 0.5 g SE-30 溶于三氯甲烷(30.1.3.3.2)中，然后加入 10 g 载体(30.1.4.1.3.B.a)摇匀，置于室温下自然挥干，装柱。

D 色谱柱老化：将色谱柱进口端接到色谱系统，出口端与检测器断开，通氮气于 220℃老化 24 h。

30.1.4.2 微量注射器：10 μL。

30.1.4.3 电动振荡器。

30.1.4.4 分液漏斗：125 mL～250 mL。

30.1.4.5 电恒温水浴。

30.1.4.6 KD 浓缩器。

30.1.5 样品

30.1.5.1 样品稳定性：三硝基甲苯对光照不稳定。

30.1.5.2 水样采集及储存方法：用玻璃瓶采集水样避光保存，于 2 d 内分析完毕。

30.1.5.3 水样预处理：

30.1.5.3.1 水样的萃取：取 100 mL 水样于 125 mL～250 mL 分液漏斗中，加 5 mL 盐酸(30.1.3.2.4)，混匀。放置 3 min 后，依次用 15 mL、10 mL 和 5 mL 二氯甲烷(30.1.3.2.3)振荡萃取 3 min，静置分层，二氯甲烷相通过预先装有无水硫酸钠的筒形漏斗，收集于 KD 浓缩器。

30.1.5.3.2 样品浓缩：于 KD 浓缩器(30.1.4.6)中加入 1 mL 硝基甲烷，混匀，于 40℃水浴中浓缩至 1.0 mL，供测定用。

30.1.6 分析步骤

30.1.6.1 仪器的调整

30.1.6.1.1 气化室温度：210℃。

30.1.6.1.2 柱温：起始温度 100℃，保持 3 min，升温速率 20℃/min，终止温度 210℃，保持 1 min。

30.1.6.1.3 检测器温度：210℃。

30.1.6.1.4 气体流量：载气 50 mL/min；氢气 35 mL/min；空气 350 mL/min。

30.1.6.2 校准

30.1.6.2.1 定量分析中的校准方法：外标法。

30.1.6.2.2 样品标准溶液的制备：精确称取 0.100 0 g 2,4,6 三硝基甲苯(TNT)，置于 100 mL 容量瓶中，用硝基甲烷溶解，并定容至刻度，此溶液浓度 ρ(2,4,6-三硝基甲苯)＝1 mg/mL。密封、避光、低温保存。

30.1.6.2.3 标准曲线的绘制：取 8 个 10 mL 容量瓶，分别加入标准溶液(30.1.6.2.2)0,0.1,0.2,0.4,0.6,0.8 和 1.0 mL，用硝基甲烷稀释至刻度，使其浓度为 0,10,20,30,40,60,80 和 100 μg/mL 的标准系列，分别取 5 μL 注入色谱仪，测得峰高，以峰高对浓度绘制标准曲线。

30.1.6.3 试验

30.1.6.3.1 进样

A 进样方式：直接进样。

B 进样量：5 μL。

C 操作：用洁净的注射器(30.1.4.2)于待测的样品中抽取几次，排出气泡，取所需体积，迅速注入色谱仪中，并立即拔出注射器。

30.1.6.3.2 色谱图的考察

A 标准色谱图：见图 21。

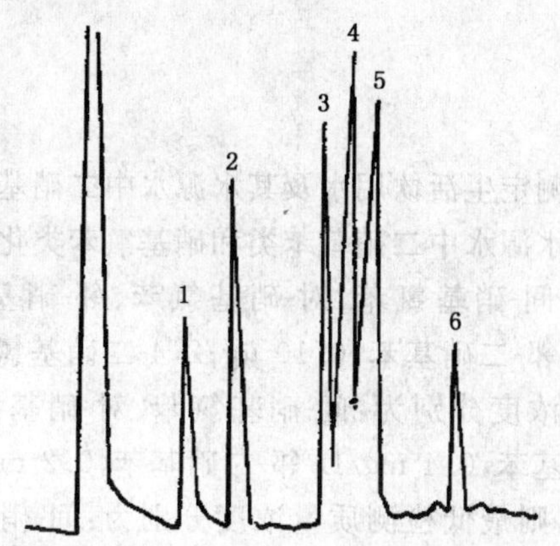

1——邻-硝基甲苯；

2——间-硝基甲苯；

3——2,5-二硝基甲苯；

4——2,4-二硝基甲苯；

5——3,4-二硝基甲苯；

6——2,4,6-三硝基甲苯。

图 21　三硝基甲苯标准色谱图

B　定性分析：

a　组分出峰顺序：邻-硝基甲苯；间-硝基甲苯；2,5-二硝基甲苯；2,4-二硝基甲苯；3,4-二硝基甲苯；2,4,6-三硝基甲苯。

b　保留时间：邻-硝基甲苯 2.85 min；间-硝基甲苯 3.77 min；2,5-二硝基甲苯 6.85 min；2,4-二硝基甲苯 7.26 min；3,4-二硝基甲苯 7.44 min；2,4,6-三硝基甲苯 8.42 min。

C　定量分析：

a　色谱峰的测量：连接峰的起点和终点作为峰底，从峰高的最大值对峰底做垂线，垂线与峰底的交点到峰顶的距离为峰高。

b　计算：根据样品峰高从标准曲线上查得相应的三硝基甲苯的浓度，计算见式(13)：

$$\rho(\mathrm{TNT}) = \frac{\rho_1 \times V_1}{V} \qquad \cdots\cdots\cdots\cdots (13)$$

式中：

$\rho(\mathrm{TNT})$——水样中三硝基甲苯的质量浓度，单位为毫克每升(mg/L)；

ρ_1——相当于标准曲线上三硝基甲苯的质量浓度，单位为微克每毫升(μg/mL)；

V_1——萃取液体积，单位为毫升(mL)；

V——水样的体积，单位为毫升(mL)。

30.1.7　结果的表示

30.1.7.1　定性结果：根据标准色谱图各组分的保留时间确定被测组分数目及组分名称。

30.1.7.2　定量结果：

30.1.7.2.1　含量的表示方法：按式(13)计算水样中组分的含量，以毫克每升(mg/L)表示。

30.1.7.2.2　精密度和准确度：6 个实验室对三硝基甲苯浓度为 2 mg/L～10 mg/L 的水样进行测定，回收率为 95.0%～105%，相对标准偏差均小于 5.0%；浓度在 0.5 mg/L～2 mg/L 时，回收率为 84.0%～96.0%，相对标准偏差为 8.0%。

31 二硝基苯

31.1 气相色谱法

31.1.1 范围

本标准规定了用气相色谱法测定生活饮用水及其水源水中二硝基苯类和硝基氯苯类化合物。

本法适用于生活饮用水及其水源水中二硝基苯类和硝基氯苯类化合物的测定。

本法最低检测质量分别为：间-硝基氯苯、对-硝基氯苯、邻-硝基氯苯，0.020 μg；对-二硝基苯，0.040 μg；间-二硝基苯，0.20 μg；邻-二硝基苯，0.10 μg；2,4-二硝基氯苯，0.10 μg。若取 250 mL 水样经处理后测定，则最低检测质量浓度分别为：间-硝基氯苯、对-硝基氯苯、邻-硝基氯苯，0.04 mg/L；对-二硝基苯，0.08 mg/L；间-二硝基苯，0.4 mg/L；邻-二硝基苯，0.2 mg/L；2,4-二硝基氯苯，0.2 mg/L。若取 500 mL 水样经处理后测定，则最低检测质量浓度分别为：间-硝基氯苯、对-硝基氯苯、邻-硝基氯苯，0.02 mg/L；对-二硝基苯，0.04 mg/L；间-二硝基苯，0.2 mg/L；邻-二硝基苯，0.1 mg/L；2,4-二硝基氯苯，0.1 mg/L。

在本操作条件下 0.2 mg/L 的硝基苯和邻-硝基甲苯，2 mg/L 的三氯苯和六氯苯，3 mg/L 的 DDT，0.2 mg/L 以下的六六六均不干扰测定。

31.1.2 原理

水中二硝基苯类、硝基氯苯类化合物经溶剂萃取（用苯与乙酸乙酯混合溶剂）或用 GDX-502 聚二乙烯基苯多孔小球吸附，浓缩，用电子捕获检测器测定。其出峰顺序为：间-硝基氯苯，对-硝基氯苯，邻-硝基氯苯，对-二硝基苯，间-二硝基苯，邻-二硝基苯和 2,4-二硝基氯苯。测定结果用各异构体质量浓度之和表示。

31.1.3 试剂和材料

31.1.3.1 载气：高纯氮气（99.999%）。

31.1.3.2 配制标准样品和试样预处理时使用的试剂：

31.1.3.2.1 苯（重蒸馏）。

31.1.3.2.2 乙酸乙酯。

31.1.3.2.3 无水硫酸钠：经 350℃ 灼烧 4 h，储存于密闭的容器中。

31.1.3.2.4 GDX-502 聚乙二烯苯多孔小球（80 目～100 目）。

31.1.3.2.5 色谱标准物：对-硝基氯苯，间-硝基氯苯，邻-硝基氯苯，对-硝基氯苯，间-硝基氯苯，对-二硝基苯和 2,4-二硝基氯苯（色谱纯或分析纯）。

31.1.3.3 制备色谱柱时使用的试剂和材料：

31.1.3.3.1 色谱柱和填充物见 31.1.4.1.3 有关内容。

31.1.3.3.2 涂渍固定液所用的溶剂：丙酮。

31.1.4 仪器

31.1.4.1 气相色谱仪

31.1.4.1.1 电子捕获检测器。

31.1.4.1.2 记录仪或工作站。

31.1.4.1.3 色谱柱

A 色谱柱类型：硬质玻璃填充柱，长 2 m，内径 3 mm。

B 填充物：

a 载体：Chromasorb W 60 目～80 目。

b 固定液及含量：5%丁二酸二乙二醇聚酯（DEGS）。

C 涂渍固定液的方法及老化的方法：将载体 Chromosorb W（60 目～80 目）（31.1.4.1.3.B.a）用溴化钾溶液（50g/L）浸泡 2 h 后，过滤烘干。称取 0.5 g DEGS 于蒸发皿中，用丙酮溶解，然后加入 10.0 g 上述载体，轻轻摇动，使载体与固定液混匀，于红外灯下挥干溶剂。采用普通装柱法装柱。

将色谱柱与检测器断开，将填充好的色谱柱装机通氮气，流量 5 mL/min～10 mL/min，于柱温 200℃，老化 24 h。

31.1.4.2 微量注射器：10 μL。

31.1.4.3 分液漏斗：500 mL。

31.1.4.4 KD 浓缩器。

31.1.4.5 玻璃吸附管，按图 22 自制。

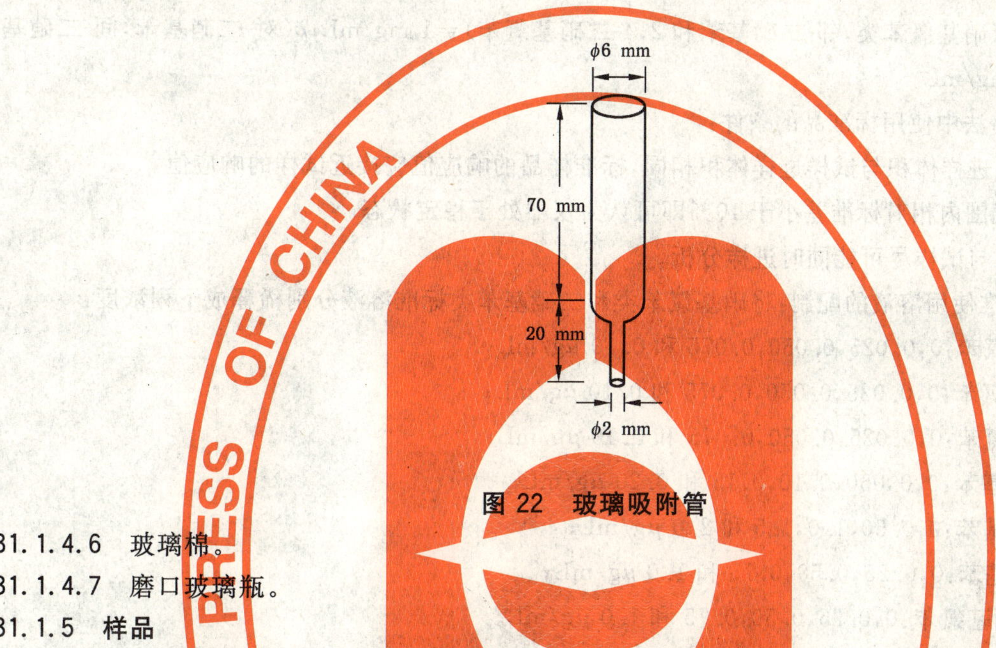

图 22 玻璃吸附管

31.1.4.6 玻璃棉。

31.1.4.7 磨口玻璃瓶。

31.1.5 **样品**

31.1.5.1 水样的采集及保存方法：用玻璃瓶采集水样，盖紧瓶塞。如不能立即测定，需置 4℃ 冰箱中保存。

31.1.5.2 样品的预处理：

31.1.5.2.1 水样的萃取：取 250 mL 水样置于 500 mL 分液漏斗(31.1.4.3)中，加入 50 mL 乙酸乙酯(31.1.3.2.2)振摇 5 min，静置分层。分出乙酸乙酯层后，再加入 20 mL 苯(31.1.3.2.1)，振摇 5 min，静止分层分出苯层，与乙酸乙酯合并。加入 1 g 无水硫酸钠(31.1.3.2.3)脱水，在 70℃ 水浴上减压，浓缩至 1.0 mL 供分析用。

31.1.5.2.2 水样的吸附：取 250 mL 水样置于 500 mL 分液漏斗中(31.1.4.3)，连接好吸附装置，然后以 3 mL/min 的流量进行抽滤，抽滤结束后取下吸附柱，用吸球吹去柱内残留水。加 10 mL 苯洗脱，收集洗液于 KD 浓缩瓶中，浓缩定容至 1.0 mL 供分析用。

31.1.6 **分析步骤**

31.1.6.1 **调整仪器**

31.1.6.1.1 气化室温度：200℃。

31.1.6.1.2 柱箱温度：160℃。

31.1.6.1.3 检测器温度：200℃。

31.1.6.1.4 载气流量：20 mL/min。

31.1.6.1.5 衰减：根据样品中被测组分含量调节记录器衰减。

31.1.6.2 **校准**

31.1.6.2.1 定量分析中的校准方法：外标法。

31.1.6.2.2 标准样品：

A 使用次数：每次分析样品时用新标准使用液绘制新的校准曲线或用其响应因子进行计算。

B 标准样品的制备：

a 标准储备溶液的制备：准确称取间-硝基氯苯，对-硝基氯苯，邻-硝基氯苯，对-二硝基苯，间-二硝基苯，邻-二硝基苯和2，4-二硝基氯苯各0.500 g分别于50 mL容量瓶中用苯溶解，并稀释至刻度。此溶液ρ(硝基氯苯类)＝10 mg/mL，ρ(二硝基苯，二硝基氯苯)＝10 mg/mL。

b 标准中间溶液的制备：分别取标准储备溶液(31.1.6.2.2.B.a)硝基氯苯类，邻-二硝基苯和2，4-二硝基氯苯10 mL，对-二硝基苯和间-二硝基苯20 mL于100 mL容量瓶中用苯稀释至刻度，此溶液为ρ(硝基氯苯类，邻-二硝基苯和2，4-二硝基氯苯)＝1 mg/mL；ρ(对-二硝基苯，间-二硝基苯)＝2 mg/mL。

C 气相色谱法中使用标准品的条件：

a 标准样品进样体积与试样进样体积相同，标准样品的响应值应接近试样的响应值。

b 在工作范围内相对标准差小于10％即可认为仪器处于稳定状态。

c 标准样品与试样尽可能同时进样分析。

31.1.6.2.3 标准使用溶液的配制：将硝基氯苯类和二硝基苯类标准溶液分别稀释成下列浓度：

a 对-硝基氯苯：0，0.025，0.050，0.075和0.10 μg/mL；

b 间-硝基氯苯：0，0.025，0.050，0.075和0.10 μg/mL；

c 邻-硝基氯苯：0，0.025，0.050，0.075和0.10 μg/mL；

d 对-二硝基苯：0，0.050，0.10，0.15和0.20 μg/mL；

e 间-二硝基苯：0，0.50，1.0，1.5和2.0 μg/mL；

f 邻-二硝基苯：0，0.25，0.50，0.75和1.0 μg/mL；

g 2，4-二硝基氯苯：0，0.25，0.50，0.75和1.0 μg/mL。

然后，按硝基氯苯类和二硝基苯类的各组分线性范围，配成不同浓度的混合标准溶液。

31.1.6.2.4 标准曲线的绘制：取混合标准溶液注入气相色谱仪，按31.1.6.1测定，以峰高为纵坐标，浓度为横坐标，绘制标准曲线。

31.1.6.3 **试验**

31.1.6.3.1 进样：

A 进样方式：直接进样。

B 进样量：一般为2 μL。

C 操作：用洁净微量注射器(31.1.4.2)于待测样品中抽吸几次，排出气泡，取所需体积，迅速注入色谱仪中，并立即拔出注射器。

31.1.6.3.2 记录：以标样核对，记录色谱峰的保留时间及对应的化合物。

31.1.6.3.3 色谱图的考查：

A 标准色谱图：见图23。

B 定性分析：

a 各组分出峰顺序：间-硝基氯苯；对-硝基氯苯；邻-硝基氯苯；对二硝基苯；间-二硝基苯；邻-二硝基苯和2.4-二硝基氯苯。

b 各组分保留时间：间-硝基氯苯1.5 min；对-硝基氯苯1.683 min；邻-硝基氯苯2 min；对-二硝基苯10.417 min；间-二硝基苯10.933 min；邻-二硝基苯15.783 min和2，4-二硝基氯苯17.917 min。

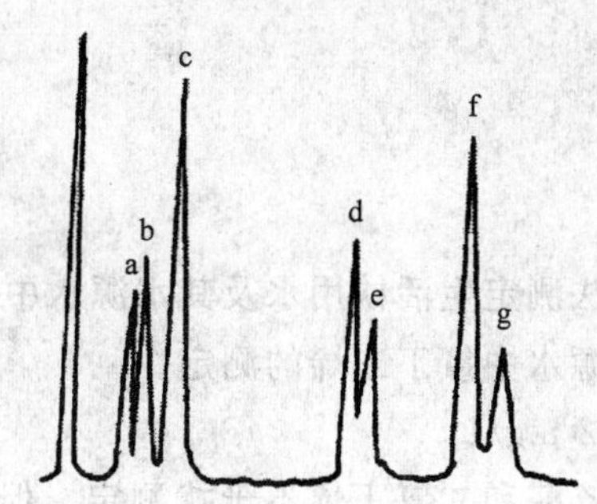

a——间-硝基氯苯；

b——对-硝基氯苯；

c——邻-硝基氯苯；

d——对-二硝基苯；

e——间-二硝基苯；

f——邻-二硝基苯；

g——2,4-二硝基氯苯。

图 23 二硝基苯类和硝基氯苯类化合物标准色谱图

C 定量分析：

a 色谱峰的测量：连接峰的起点和终点作为峰底，从峰高的极大值对峰底做垂线，此线与峰底相交，交点与峰顶的距离即为峰高。

b 计算：通过色谱峰高，在标准曲线上查出各化合物的含量，按式(14)进行计算。

$$\rho(\mathrm{B}) = \frac{\rho_1 \times V_1 \times 1\ 000}{V} \quad \cdots\cdots(14)$$

式中：

$\rho(\mathrm{B})$——水样中的各某化合物质量浓度，单位为微克每升(μg/L)；

ρ_1——相当于标准的某化合物的质量浓度，单位为微克每毫升(μg/mL)；

V_1——萃取浓缩液体积，单位为毫升(mL)；

V——水样体积，单位为毫升(mL)。

31.1.7 结果的表示

31.1.7.1 定性结果：根据标准色谱图组分的保留时间确定被测水样中组分的数目和名称。

31.1.7.2 定量结果：

31.1.7.2.1 含量的表示方法：按式(14)计算水样各组分含量，以微克每升(μg/L)表示。

31.1.7.2.2 精密度和准确度：

同一实验室对不同浓度的加标水样测定结果，二硝基苯质量浓度在 0.068 mg/L～3.4 mg/L 时相对标准偏差为 3.4%～8.2%；二硝基苯质量浓度在 0.16 mg/L～4.0 mg/L 时，平均回收率为 87.0%。

对不同质量浓度的加标水样测定结果，硝基氯苯质量浓度在 0.070 mg/L～0.095 mg/L 时相对标准偏差为 6.7%～7.4%；质量浓度在 0.16 mg/L～4.0 mg/L 时平均回收率为 92.0%。

对不同质量浓度的加标水样测定结果，硝基氯苯质量浓度在 0.70 mg/L～3.76 mg/L 时相对标准偏差为 3.4%～4.8%；质量浓度在 0.16 mg/L～4.0 mg/L 时平均回收率为 88.0%。

32 硝基氯苯

见第 31 章。

33 二硝基氯苯

见第 31 章。

34 氯丁二烯

34.1 顶空气相色谱法

34.1.1 范围

本标准规定了用顶空气相色谱法测定生活饮用水及其水源水中的氯丁二烯。

本法适用于生活饮用水及其水源水中氯丁二烯的测定。

本法最低检测质量浓度为 0.002 mg/L。

在选定的条件下，乙烯基乙炔、乙醛和二氯丁烯不干扰测定。但不洁净的样品瓶将影响测定，应采取相应的净化措施。

34.1.2 原理

在密闭的顶空瓶中，易挥发的氯丁二烯分子从液相逸出液面至上部空间的气体中，在一定的温度下，氯丁二烯的分子在气液两相之间达到动态平衡，此时氯丁二烯在气相中的浓度和它在液相中的浓度成正比，通过对气相中氯丁二烯浓度的测定，即可计算水样中氯丁二烯的浓度。

34.1.3 试剂和材料

34.1.3.1 载气和辅助气体

34.1.3.1.1 载气：高纯氮(99.999%)。

34.1.3.1.2 燃气：纯氢(>99.6%)。

34.1.3.1.3 助燃气：无油压缩空气，经装 0.5 nm 分子筛的净化管净化。

34.1.3.2 配制标准样品和试样预处理时使用的试剂

34.1.3.2.1 纯水：蒸馏水经纯氮吹气 1 h。

34.1.3.2.2 无水硫酸钠。

34.1.3.2.3 氯丁二烯：取车间精制品，重蒸馏，含量大于 99.5%。

34.1.3.3 制备色谱柱使用的试剂和材料

34.1.3.3.1 色谱柱和填充物，见 34.1.4.1.3 有关内容。

34.1.3.3.2 涂渍固定液所用的溶剂：二氯甲烷。

34.1.4 仪器

34.1.4.1 气相色谱仪

34.1.4.1.1 氢火焰离子化检测器。

34.1.4.1.2 记录仪或工作站。

34.1.4.1.3 色谱柱：

A 色谱柱类型：不锈钢填充柱，柱长 2 m，内径 4 mm。

B 填充物：

a 载体：红色 6201 载体，60 目～80 目经筛分干燥后备用。

b 固定液及含量：10%聚乙二醇已二酸酯，10%阿皮松 L。

C 涂渍固定液及老化的方法：将 10%聚乙二醇已二酸酯和 10%阿皮松 L 分别涂在 60 目～80 目的红色 6201 担体上，以 5∶1 比例混合。采用普通装柱法装柱。将填充好的色谱柱装机通氮气，流量 5 mL/min～10 mL/min，于柱温 120℃，老化 10 h。

34.1.4.2 注射器：1.0 mL。

34.1.4.3 顶空瓶：100 mL 细口瓶，使用前烘烤 2 h。

34.1.4.4 恒温水浴(±0.5℃)。

34.1.4.5 翻口胶塞。

34.1.4.6 铝箔或聚四氟乙烯膜。

34.1.5 样品

34.1.5.1 样品的稳定性:易挥发,低温保存,尽快分析。

34.1.5.2 水样的采集及保存方法:在 100 mL 的顶空瓶中加入 15g 无水硫酸钠,立即用包有聚四氟乙烯薄膜的翻口胶塞盖好,然后用 100 mL 注射器抽取瓶内空气两次,每次抽到 100 mL 刻度,此时瓶内余压约 40 kPa。再用注射器注入水样 40 mL,摇匀。送往实验室尽快分析。

34.1.5.3 水样预处理:将采集样品的顶空瓶放入 60℃±0.1℃的恒温水浴锅内恒温 20 min,备用。

34.1.6 分析步骤

34.1.6.1 仪器的调整

34.1.6.1.1 气化室温度:120℃。

34.1.6.1.2 柱温:90℃。

34.1.6.1.3 检测器温度:140℃。

34.1.6.1.4 气体流量:载气 30 mL/min;氢气 50 mL/min;空气 200 mL/min。

34.1.6.1.5 衰减:根据样品中被测组分含量调节记录器衰减。

34.1.6.2 校准

34.1.6.2.1 定量分析中的校准方法:外标法。

34.1.6.2.2 标准样品:

A 使用次数:每次分析样品时,用新标准使用液绘制标准曲线。

B 标准样品的制备:

a 标准储备溶液:在 10 mL 的容量瓶中注入纯水至刻度,称量后再用微量注射器在水面以下加入 10 μL 新蒸馏的氯丁二烯,密封摇匀,称量,计算储备液的浓度。

b 标准使用溶液的制备:于 500 mL 容量瓶中加入 400 mL 纯水,加入适量氯丁二烯标准储备液(34.1.6.2.2.B.a),再加入纯水稀释到刻度,混匀,使此溶液为 ρ(氯丁二烯)=1.00 μg/mL。

C 气相色谱法中使用标准样品的条件:

a 标准样品进样体积与试样进样体积相同,标准样品的响应值接近试样的响应值。

b 工作范围内相对标准差小于 10%即可认为仪器处于稳定状态。

c 标准样品与试样尽可能同时进样分析。

34.1.6.2.3 工作曲线的绘制:取 7 个 100 mL 容量瓶,分别加入 0,0.20,1.00,4.00,10.0,40.0 和 100.0 mL 氯丁二烯标准使用溶液(34.1.6.2.2.B.b),加纯水至刻度,混匀,配成 0,0.002,0.01,0.04,0.10,0.40 和 1.00 mg/L 的标准系列。将标准系列按 34.1.5.2 处理后将顶空瓶置于超级恒温水浴中,在 60℃±0.1℃温度下平衡 20 min,用预热过的注射器插入瓶内空间,抽取 1 mL 顶空气体注入气相色谱仪,按 34.1.6.1 的条件测定,以峰高为纵坐标,浓度为横坐标,绘制工作曲线。

34.1.6.3 试验

34.1.6.3.1 进样:

A 进样方式:直接进样。

B 进样量:1.00 mL。

C 操作:用清洁微量注射器(34.1.4.2)于待测样品中吸取所需体积注入色谱仪测定。

34.1.6.3.2 记录:以标样核对,记录色谱峰的保留时间及对应的化合物。

34.1.6.3.3 色谱图的考查:

A 标准色谱图:见图 24。

B 定性分析:

a 各组分出峰次序:乙烯基乙炔;乙醛;氯丁二烯;苯和二氯丁烯。

b 保留时间:乙烯基乙炔 36 s;乙醛 45 s;氯丁二烯 61 s;苯 1.6 min 和二氯丁烯 4.267 min。

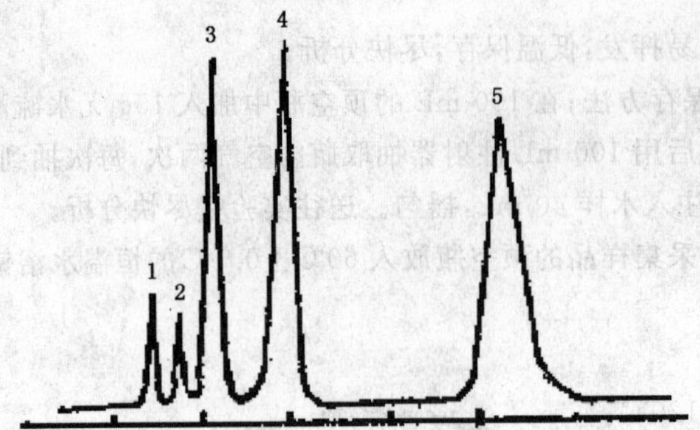

1——乙烯基乙炔；

2——乙醛；

3——氯丁二烯；

4——苯；

5——二氯丁烯。

图 24 氯丁二烯标准色谱图

C 定量分析：

a 色谱峰的测量：连接峰的起点和终点作为峰底，从峰高最大值对峰底做垂线，与峰底的交点到峰顶的距离为峰高。

b 计算：用样品的峰高直接从工作曲线上查出水样中氯丁二烯质量浓度。

34.1.7 结果的表示

34.1.7.1 定性结果：根据标准色谱图组分的保留时间，确定被测水样中组分的数目和名称。

34.1.7.2 定量结果

34.1.7.2.1 含量的表示方法：直接从工作曲线上查出水样中氯丁二烯的质量浓度，以毫克每升(mg/L)表示。

34.1.7.2.2 精密度和准确度：3 个实验室对氯丁二烯质量浓度为 9.6 μg/L～96 μg/L 水样进行重复测定，相对标准偏差为 3.1%～7.1%；氯丁二烯质量浓度为 10 μg/L～100 μg/L，水样回收率范围为 88.1%～101%。

35 苯乙烯

见第 18 章。

36 三乙胺

36.1 气相色谱法

36.1.1 范围

本标准规定了用气相色谱法测定生活饮用水及其水源水中的三乙胺和二丙胺。

本法适用于生活饮用水及其水源水中三乙胺和二丙胺的测定。

本法三乙胺和二丙胺的最低检测质量均为 1.0 ng。若取 200 mL 水样经处理后测定，则最低检测质量浓度均为 0.05 mg/L。

36.1.2 原理

在水样中加入盐酸，使其中的胺类化合物生成盐酸盐，加热浓缩后，在浓缩液中加碱使之生成胺，取中和后的样品注入色谱仪，测其胺的含量。

36.1.3 试剂和材料

36.1.3.1 载气和辅助气体

36.1.3.1.1 载气:高纯氮(99.999%)。

36.1.3.1.2 氢气(>99.6%)。

36.1.3.1.3 压缩空气:经硅胶,活性炭或 0.5 nm 分子筛净化处理。

36.1.3.2 配制标准样品和试样预处理时使用的试剂

36.1.3.2.1 标准物:三乙胺和二丙胺。

36.1.3.2.2 盐酸溶液[$c(HCl)=1$ mol/L]:取 18.3 mL 盐酸($\rho_{20}=1.19$ g/mL),溶于纯水中,并稀释至 100 mL。

36.1.3.2.3 氢氧化钠溶液[$c(NaOH)=1$ mol/L]:称取 4 g 氢氧化钠(NaOH)溶于纯水中,并稀释至 100 mL。

36.1.3.2.4 本标准配制溶液及稀释用水均为无胺类物质的蒸馏水。

36.1.3.3 制备色谱柱时使用的试剂和材料

36.1.3.3.1 色谱柱和填充物,见 36.1.4.1.3 有关内容。

36.1.3.3.2 涂渍固定液所用的溶剂:丙酮、乙醇。

36.1.4 仪器

36.1.4.1 气相色谱仪

36.1.4.1.1 氢火焰检测器。

36.1.4.1.2 记录仪或工作站。

36.1.4.1.3 色谱柱:

A 色谱柱类型:U 型或螺旋形硬质玻璃柱,长 2 m,内径 3 mm。

B 填充物:

a 载体:Chromosorb 103(80 目~100 目)。

b 固定液及含量:5%角鲨烷;2%氢氧化钾。

C 涂渍固定液的方法:称取 0.5 g 角鲨烷,用丙酮溶解后,加入 10 g 载体,摇匀,于室温下自然挥干。然后再称取 0.2 g 氢氧化钾,用乙醇溶解后,以同样方法再涂一次,待溶剂完全挥干后再装柱。

D 填充方法:采用抽吸振动法,即色谱柱一端塞上少许玻璃棉接上真空泵,另一端接上小漏斗倒入固定相,启动真空泵(没有真空泵可用 100 mL 注射器人工抽气),轻轻振动色谱柱,使固定相填充均匀紧密。

E 色谱柱老化:将填充好的柱子装在色谱仪上。出口不接检测器,通氮气,于 140℃ 老化 48 h 以上。

36.1.4.2 可调温电炉。

36.1.4.3 微量注射器:10 μL。

36.1.4.4 容量瓶:10 mL。

36.1.5 样品

36.1.5.1 水样采集及储存方法:用 500 mL 玻璃瓶采集样品,如不能立即测定,可于每升水样中加 2.5 mL盐酸溶液(36.1.3.2.2)保存。用此法保存水样,测定时可直接取水样浓缩,而不必再加盐酸。

36.1.5.2 样品预处理:取 200 mL 水样置于 250 mL 烧杯中,加入 0.5 mL 盐酸溶液(36.1.3.2.2)混匀,在电炉上加热浓缩至 3 mL 左右,取下,冷却至室温,转移至 10 mL 刻度试管中,用蒸馏水充分洗涤烧杯,将洗涤液倒入试管中,加入 0.5 mL 氢氧化钠溶液(36.1.3.2.3)混匀,用蒸馏水定容至 10 mL,供色谱分析用。

36.1.6 分析步骤

36.1.6.1 仪器的调整

36.1.6.1.1 气化室温度:200℃。

36.1.6.1.2 柱箱温度:135℃。

36.1.6.1.3 检测器温度:200℃。

36.1.6.1.4 气体流量:载气 50 mL/min,氢气 50 mL/min,空气 600 mL/min。

36.1.6.2 校准

36.1.6.2.1 定量分析中的校准方法:外标法。

36.1.6.2.2 标准样品:

A 使用次数:每次分析样品时使用新标准使用液绘制标准曲线。

B 标准溶液制备:准确称取三乙胺 100 mg(或取 ρ=0.727 5 g/mL 的三乙胺标准品 137.5 μL),二丙胺 100 mg(或取 ρ=0.75 g/mL 的二丙胺标准品 133.3 μL)于 1 000 mL 容量瓶中,用蒸馏水稀释至刻度,此溶液中 ρ(三乙胺)=100 μg/mL,ρ(二丙胺)=100 μg/mL。将此溶液再稀释 10 倍,此溶液为 ρ(三乙胺)=10 μg/mL,ρ(二丙胺)=10 μg/mL。

C 气相色谱使用标准品的条件:

a 标准品应测平行样,每个样各做三次,相对标准偏差小于 10%即可认为仪器处于稳定状态。

b 标准品进样体积与试样进样相同,标准品的响应值应接近试样的响应值。

36.1.6.2.3 标准曲线的绘制,于 7 个 10 mL 容量瓶中分别加入 0.5 mL 盐酸溶液(36.1.3.2.2),以及标准溶液(36.1.6.2.2)0,0.25,0.50,1.00,2.00,2.50 mL,然后依次加入 0.5 mL 氢氧化钠溶液(36.1.3.2.3),用蒸馏水稀释至刻度,摇匀。其浓度各为 0,0.25,0.50,1.00,2.00,2.50 mg/L。取1 μL 溶液注入色谱仪,以浓度为横坐标,峰高为纵坐标,绘制标准曲线。

36.1.6.3 试验

36.1.6.3.1 进样:

A 进样方式:直接进样。

B 进样量:1 μL。

C 操作:用洁净微量注射器(36.1.4.3)于待测样品中抽吸几次后排出气泡,取所需的体积迅速进样,每个水样重复测定三次,量取峰高计算平均值。

36.1.6.3.2 记录:用标样核对,记录色谱峰的保留时间及对应的化合物。

36.1.6.3.3 色谱图考察:

A 标准色谱图:见图 25。

B 定性分析:

a 组分出峰顺序:水蒸气;三乙胺;未知峰;二丙胺。

b 保留时间:水蒸气 1.067 min;三乙胺 2.433 min;未知峰 3.417 min;二丙胺 4.033 min。

C 定量分析:

a 色谱峰峰高的测量:连接峰的起点和终点作为峰底,从峰高的最大值对基线作垂线,此线与峰底相交,其交点与峰顶点的距离即为峰高。

b 根据样品峰高从标准曲线上查得相应的三乙胺和二丙胺的含量,按式(15)进行计算:

$$\rho[(C_2H_5)_3N] = \frac{\rho_1 \times V_1}{V} \quad \cdots\cdots\cdots\cdots (15)$$

式中:

$\rho[(C_2H_5)_3N]$——样品中三乙胺的质量浓度,单位为毫克每升(mg/L);

ρ_1——由标准曲线上查得三乙胺的质量浓度,单位为毫克每升(mg/L);

V_1——样品浓缩后定容的体积,单位为毫升(mL);

V——水样体积,单位为毫升(mL)。

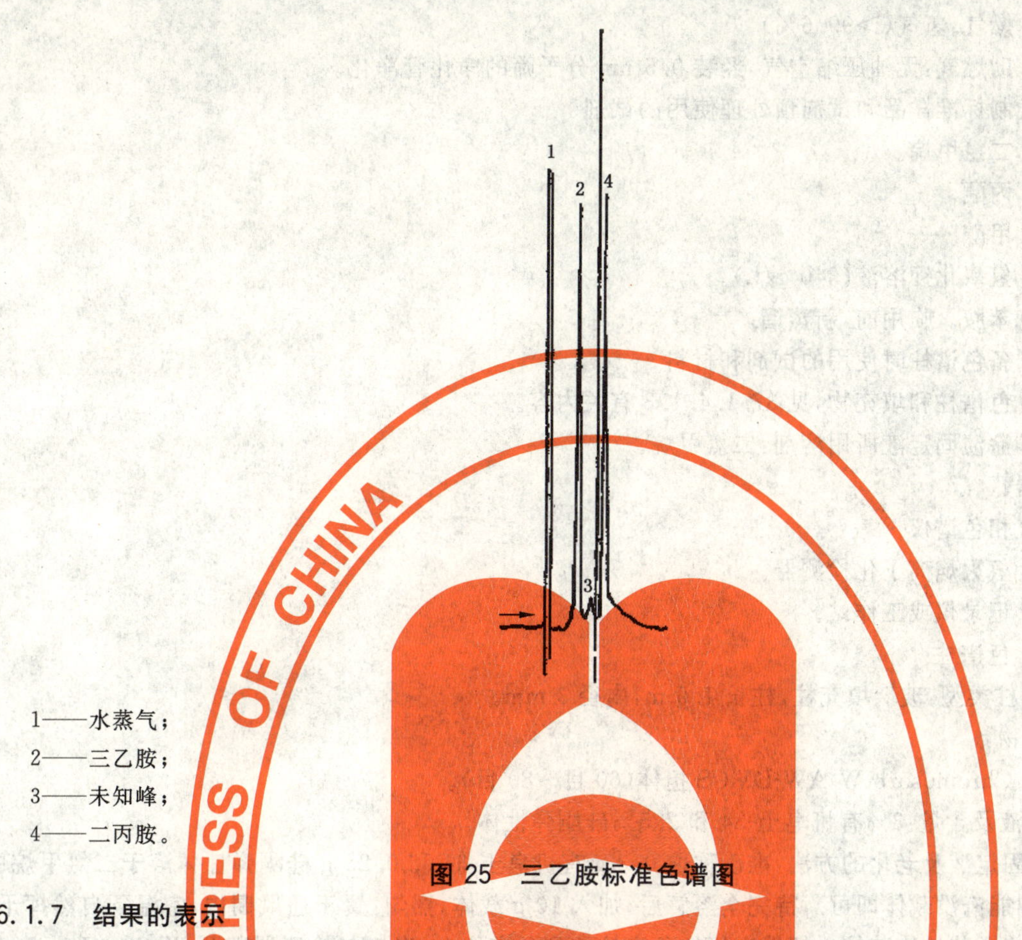

1——水蒸气;

2——三乙胺;

3——未知峰;

4——二丙胺。

图 25 三乙胺标准色谱图

36.1.7 结果的表示

36.1.7.1 定性结果:利用保留时间定性法,根据标准色谱图各组分的保留时间确定被测样品组分的数目及组分的名称。

36.1.7.2 定量结果:

36.1.7.2.1 含量的表示方法:根据式(15)计算出水中三乙胺的质量浓度,以毫克每升(mg/L)计。

36.1.7.2.2 精密度和准确度:4 个实验室用本标准重复测定三乙胺浓度分别为 0.25、1.50 和 2.50 mg/L的人工合成水样,平均回收率为:96.0%、99.0%和 99.0%。相对标准偏差为:3.2%、1.8%和 1.7%。二丙胺浓度分别为 0.25、1.5 和 2.5 mg/L 的人工合成水样,平均回收率为:94.0%、98.0%和 98.0%。相对标准偏差为:3.7%、3.0%和 3.1%。

37 苯胺

37.1 气相色谱法

37.1.1 范围

本标准规定了用气相色谱法测定生活饮用水及其水源水中苯胺。

本法适用于生活饮用水及其水源水中苯胺的测定。

本法最低检测质量为 0.1 μg。若取 10 L 水样经处理后测定,则最低检测质量浓度为 20 μg/L。

37.1.2 原理

用 GDX-502 高分子微球吸附水中微量苯胺,以少量二氯甲烷洗脱,将洗脱液注入色谱仪,用氢火焰离子化检测器测定苯胺含量。

37.1.3 试剂和材料

37.1.3.1 载气和辅助气体

37.1.3.1.1 载气:高纯氮(99.999%)。

37.1.3.1.2 燃气:氢气(>99.6%)。

37.1.3.1.3 助燃气:无油压缩空气,经装 0.5 nm 分子筛的净化管净化。

37.1.3.2 配制标准样品和试剂预处理使用的试剂

37.1.3.2.1 二氯甲烷。

37.1.3.2.2 丙酮。

37.1.3.2.3 甲醇。

37.1.3.2.4 氢氧化钾溶液(340 g/L)。

37.1.3.2.5 苯胺。临用前,新蒸馏。

37.1.3.3 制备色谱柱时使用的试剂和材料

37.1.3.3.1 色谱柱和填充物,见 37.1.4.1.3 有关内容。

37.1.3.3.2 涂渍固定液所用溶剂:二氯甲烷。

37.1.4 仪器

37.1.4.1 气相色谱仪

37.1.4.1.1 氢火焰离子化检测器。

37.1.4.1.2 记录仪或工作站。

37.1.4.1.3 色谱柱

A 色谱柱类型:玻璃填充柱,柱长 1.5 m,内径 3 mm。

B 填充物:

a 载体:Chromosorb W AW DMCS 担体(60 目~80 目)。

b 固定液及含量:3%有机皂土-34 和 2.5%硅酮弹性体。

c 涂渍固定液及老化的方法:准确称取 0.3 g 有机皂土-34 和 0.25 g 硅酮弹性体溶于二氯甲烷中(溶剂能淹没载体即可),待完全溶解后,加入 10 g 载体,摇匀,置于通风橱内,室温下自然挥干,采用普通装柱法装柱。把填充好的色谱柱接到色谱仪上,出口与检测器断开,用 20 mL/min 载气流量,于柱温 200℃老化 24 h 以上。

37.1.4.2 进样器:5 μL 微量注射器。

37.1.4.3 水样吸附装置:吸附柱内径 10 mm,长 100 mm~150 mm。

37.1.4.4 吸附柱的装填及净化:称取 1 g GDX-502 吸附剂(80 目~100 目),装入吸附柱内,吸附柱的上下端均需放置一层玻璃纤维,用二氯甲烷、丙酮及甲醇依次淋洗吸附柱。每加一种溶剂都要浸泡 10 min,然后放出,最后再用纯水洗去有机溶剂。净化后的吸附柱浸于甲醇中备用。使用后的吸附柱再生方法与新柱洗脱相同。

37.1.5 水样的预处理:取水样 10 L,用氢氧化钾溶液(37.1.3.2.4)调 pH 大于等于 9。水样以 40 mL/min流量通过吸附柱,吸附完毕,尽量抽干柱内水分。将 5 mL~8 mL 二氯甲烷注入柱内,待吸附剂全部浸没后静置 5 min~10 min(柱上端要盖好),然后在吸滤的情况下,用 10 mL 刻度吸管收集洗脱液,用二氯甲烷定容至 10 mL,用无水硫酸钠脱水后,供测试用。

37.1.6 分析步骤

37.1.6.1 仪器的调整

37.1.6.1.1 气化室温度:190℃。

37.1.6.1.2 柱温:160℃。

37.1.6.1.3 检测器温度:190℃。

37.1.6.1.4 气体流量:氮气 60 mL/min;氢气 50 mL/min;空气 500 mL/min。

37.1.6.1.5 衰减:根据样品被测组分含量调节记录器衰减。

37.1.6.2 校准

37.1.6.2.1 定量分析中的校准方法:外标法。

37.1.6.2.2　标准样品：

A　使用次数：每次分析样品时，用新配制的标准使用液。

B　苯胺标准储备溶液：于25 mL容量瓶中加入10 mL二氯甲烷，准确称量。加入数滴新蒸馏的苯胺，再准确称量。两次称量之差即苯胺质量，加二氯甲烷至刻度。计算出1.00 mL溶液中所含苯胺的质量，再用二氯甲烷稀释成ρ(苯胺)＝1.00 mg/mL。

37.1.6.2.3　标准曲线的绘制：取5支具塞的10 mL容量瓶，分别加入不同体积苯胺标准储备溶液(37.1.6.2.2.B)，用二氯甲烷稀释至刻度，配制苯胺标准系列。各取5 μL注入色谱仪分析。以峰高为纵坐标，质量浓度为横坐标绘制标准曲线。

37.1.6.3　试验

37.1.6.3.1　进样：

A　进样方式：直接进样。

B　进样量：5 μL。

C　操作：用洁净微量注射器(37.1.4.2)于待测样品中抽吸几次，排出气泡，取所需体积迅速注射至色谱仪中，并立即拔出注射器。

37.1.6.3.2　记录：以标样核对，记录色谱峰的保留时间及对应的化合物。

37.1.6.3.3　定量分析

A　色谱峰的测量：连接峰的起点和终点作为峰底，从峰高的最大值做垂线，此线与峰底相交，其交点与峰顶点的距离即为峰高。

B　计算

水样中苯胺的质量浓度计算见式(16)：

$$\rho(C_6H_5NH_2) = \frac{\rho_1 \times V_1}{V} \quad \cdots\cdots(16)$$

式中：

$\rho(C_6H_5NH_2)$——水样中苯胺的质量浓度，单位为微克每升(μg/L)；

ρ_1——从标准曲线上查得的苯胺质量浓度，单位为微克每毫升(μg/mL)；

V_1——洗脱液体积，单位为毫升(mL)；

V——水样体积，单位为升(L)。

37.1.7　结果的表示

37.1.7.1　定性结果：根据标准色谱图分析保留时间确定被测水样中组分的数目和名称。

37.1.7.2　定量结果

37.1.7.2.1　含量的表示方法：按式(16)计算出水样中各组分的含量以微克每升(μg/L)表示。

37.1.7.2.2　精密度和准确度：单个实验室向纯水中加入200 μg/L～600 μg/L苯胺，平均回收率96.3%；加入各500 μg/L的苯胺、邻甲苯胺、对甲苯胺和间甲苯胺，平均回收率为94.5%。

37.2　重氮偶合分光光度法

37.2.1　范围

本标准规定了用重氮偶合分光光度法测定生活饮用水及其水源水中的苯胺。

本法适用于生活饮用水及其水源水中苯胺的测定。

本法最低检测质量为2 μg。若取25 mL蒸馏液(相当于原水样25 mL)测定，则最低检测质量浓度为0.08 mg/L。

本法不是特异反应，所测定的苯胺质量浓度是经蒸馏后可参与反应的芳香族伯胺类化合物的总量，以苯胺表示。

37.2.2　原理

苯胺在酸性条件下，经亚硝酸重氮化，再与盐酸*N*-(1-萘)-乙二胺偶合，生成紫红色染料，比色定量。

37.2.3 试剂

37.2.3.1 氢氧化钠溶液(40 g/L):称取 4 g 氢氧化钠溶于水,稀释至 100 mL。

37.2.3.2 盐酸溶液[$c(HCl)=0.1\ mol/L$]。

37.2.3.3 亚硝酸钠溶液(10 g/L)。

37.2.3.4 氨基磺酸铵溶液(25 g/L)。

37.2.3.5 盐酸 *N*-(1-萘)-乙二胺溶液(5 g/L):称取 0.5 g 盐酸 *N*-(1-萘)-乙二胺溶于水,稀释至 100 mL,盛放于棕色瓶内。当溶液出现浑浊时,应重配。

37.2.3.6 苯胺标准储备溶液:于 25 mL 容量瓶内,加入约 10 mL 纯水,准确称量。加入 2 滴～3 滴新蒸馏的苯胺,再称量,算出苯胺质量。加水稀释至刻度,计算 1.00 mL 溶液含苯胺的质量(mg)。

37.2.3.7 苯胺标准使用溶液:将苯胺标准储备溶液(37.2.3.6)用纯水稀释成 $\rho(C_6H_5NH_2)=10\ \mu g/mL$。

37.2.4 仪器

37.2.4.1 全玻璃蒸馏器:250 mL。

37.2.4.2 比色管:50 mL。

37.2.4.3 分光光度计。

37.2.5 分析步骤

37.2.5.1 取 100 mL 水样于 250 mL 全玻璃蒸馏器中,用氢氧化钠溶液(37.2.3.1)调至碱性后再多加 1 mL。加数粒玻璃珠,并加热蒸馏。取一个 100 mL 容量瓶,加 10 mL 盐酸溶液(37.2.3.2)作吸收液,蒸馏液的接收管应插入吸收液内,收集馏出液约 50 mL,停止蒸馏,冷却后,加纯水至刻度。

37.2.5.2 取 25.0 mL 蒸馏液于 50 mL 比色管中。另取 8 支 50 mL 比色管,分别加入 0,0.20,0.50,1.00,2.00,4.00 和 5.00 mL 苯胺标准使用溶液(37.2.3.7),各加 2.5 mL 盐酸溶液(37.2.3.2),加纯水至 25 mL。

37.2.5.3 向水样和标准管中,各加 0.5 mL 亚硝酸钠溶液(37.2.3.3),摇匀,放置 40 min。各加 1 mL 氨基磺酸铵溶液(37.2.3.4),充分摇匀。完全去除气泡后,加入 2.0 mL 盐酸 *N*-(1-萘)-乙二胺溶液(37.2.3.5),摇匀,静置 60 min。

37.2.5.4 于 560 nm 波长,用 2 cm 比色皿,以纯水为参比,测量吸光度。

37.2.5.5 绘制标准曲线,查出水样中苯胺的质量。

37.2.6 计算

水样中苯胺的质量浓度计算见式(17):

$$\rho(C_6H_5NH_2)=\frac{m}{V} \quad \cdots\cdots(17)$$

式中:

$\rho(C_6H_5NH_2)$——水样中苯胺的质量浓度,单位为毫克每升(mg/L);

m——相当于标准的苯胺质量,单位为微克(μg);

V——水样体积,单位为毫升(mL)。

37.2.7 精密度和准确度

单个实验室对未检出苯胺的天然水 100 mL,加入 4.0 μg 苯胺,测定六份蒸馏液,平均回收率为 90.5%。

38 二硫化碳

38.1 气相色谱法

38.1.1 范围

本标准规定了用气相色谱法测定生活饮用水及其水源水中的二硫化碳。

本法适用于生活饮用水及其水源水中二硫化碳的测定。

本法最低检测质量为 1 ng。若取 20 mL 水样测定，则最低检测质量浓度为 50 μg/L。

38.1.2　原理

水中二硫化碳经萃取后注入气相色谱仪中，在色谱柱内被分离后进入火焰光度检测器。在火焰光度检测器内产生受激发的碎片 S_2 发生 394 nm 的特征光，经光电倍增管转变放大成电信号，在一定范围内，产生信号的大小与二硫化碳含量之间的对数成直线关系，用保留时间定性，外标法定量。

38.1.3　试剂和材料

38.1.3.1　载气和辅助气体

38.1.3.1.1　载气：氮气(99.999%)。

38.1.3.1.2　辅助气体：氢气，空气。

38.1.3.2　试样预处理和配制标准的试剂和材料

38.1.3.2.1　二硫化碳：分析纯(重蒸)。

38.1.3.2.2　苯：分析纯(重蒸)。

38.1.3.3　制备色谱柱时使用的试剂

38.1.3.3.1　色谱柱和填充物：见 38.1.4.1.3 有关内容。

38.1.3.3.2　涂渍固定液所用的溶剂：二氯甲烷、三氯甲烷。

38.1.4　仪器

38.1.4.1　气相色谱仪

38.1.4.1.1　火焰光度检测器。

38.1.4.1.2　记录仪。

38.1.4.1.3　色谱柱：

A　色谱柱类型：硬质玻璃填充柱，长 1.5 m，内径 4 mm。

B　填充物：

a　载体：Chromosorb GHP(80 目～100 目)。

b　固定液及含量：0.3% OV-17+3% QF-1。

C　涂渍固定液及老化的方法：根据载体的质量称取一定量的固定液，将 OV-17 溶于二氯甲烷，QF-1 溶于三氯甲烷之中，待完全溶解后，将两种溶液混匀，然后加入载体，摇匀，置于通风柜内，于室温下自然挥干，采用普通装柱法装柱。

将色谱柱与检测器断开，然后将填充好的色谱柱装机，通氮气，在 210℃老化 24 h。

38.1.4.2　微量注射器：10 μL。

38.1.4.3　容量瓶：50 mL。

38.1.4.4　分液漏斗：25 mL。

38.1.5　样品

38.1.5.1　水样采集及保存方法：用磨口玻璃瓶采集样品，采集后的样品于 4℃冰箱内保存，在 24 h 内尽快萃取。

38.1.5.2　水样预处理：吸取 20 mL 水样于 25 mL 分液漏斗中，加苯(38.1.3.2.2)1.0 mL 振摇 1 min。静置分层后，上层苯液依照 38.1.6 步骤测定。

38.1.6　分析步骤

38.1.6.1　仪器的调整

38.1.6.1.1　气化室温度：150℃。

38.1.6.1.2　柱温：50℃。

38.1.6.1.3　检测器温度：150℃。

38.1.6.1.4　载气流速：氮气：60 mL/min；氢气：100 mL/min；空气：60 mL/min。

38.1.6.1.5　衰减:根据样品中被测组分含量调节记录器衰减。

38.1.6.2　**校准**

38.1.6.2.1　定量分析中校准方法:外标法。

38.1.6.2.2　标准样品:

A　使用次数:每次分析样品时用新标准使用溶液绘制标准曲线。

B　标准样品的制备:

a　二硫化碳标准储备溶液:于 50 mL 容量瓶中加入 10 mL 苯(38.1.3.2.2),在分析天平上准确称量,加入 1 滴～2 滴二硫化碳(38.1.3.2.1),再准确称量,两次质量之差为二硫化碳质量,再用苯(38.1.3.2.2)稀释至刻度,储存于冰箱内保存。

b　二硫化碳标准使用溶液[$\rho(CS_2)=10\ \mu g/mL$]:临用前将二硫化碳标准储备溶液用苯稀释成 10.0 μg/mL 二硫化碳标准使用溶液。

C　气相色谱中使用标准样品的条件:

a　标准样品进样体积与试样进样体积相同。

b　标准样品与试样尽可能同时进样分析。

38.1.6.2.3　标准曲线的绘制:取 5 个 10 mL 容量瓶,分别加入 0,1.00,2.00,4.00,6.00 mL 二硫化碳标准使用溶液[$\rho(CS_2)=10\ \mu g/mL$],用苯稀释定容至 10.0 mL,配成 0,1.00,2.00,4.00,6.00 μg/mL 标准系列,将气相色谱仪调至成最佳状态,进样 1 μL,重复测定三次,取平均值,以峰高或峰面积定量。

38.1.6.3　**试样**

38.1.6.3.1　进样:

A　进样方式:直接进样。

B　进样量:一般进样量为 1 μL。

C　操作:用洁净微量注射器(38.1.4.2)于待测样品中抽吸几次后,排出气泡,取所需体积迅速注入色谱仪中。

38.1.6.3.2　记录:以标样核对,记录色谱峰的保留时间及对应的化合物。

38.1.6.3.3　色谱图考察

A　标准色谱图:见图 26。

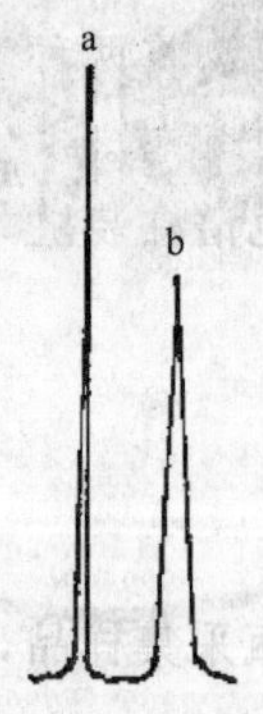

a——二硫化碳;

b——苯。

图 26　二硫化碳标准色谱图

B　定性分析:

a　组分出峰顺序:二硫化碳,苯。

b　保留时间:二硫化碳 31 s,苯 1.167 min。

C　定量分析:

a　色谱峰的测量:连接峰的起点和终点作为峰底,从峰高极大值对峰底做垂线,此线即为峰高。

b　计算:根据样品的峰高从标准曲线上查出二硫化碳的质量浓度,按式(18)计算:

$$\rho(CS_2)=\frac{\rho_1\times V_1}{V} \quad \cdots\cdots(18)$$

式中：

$\rho(CS_2)$——水样中二硫化碳的质量浓度，单位为毫克每升(mg/L)；

ρ_1——从标准曲线上查出二硫化碳的质量浓度，单位为微克每毫升(μg/mL)；

V_1——萃取液体积，单位为毫升(mL)；

V——水样体积，单位为毫升(mL)。

38.1.7 结果的表示

38.1.7.1 定性结果：根据标准色谱图各组分的保留时间确定被测试样中的组分及组分名称。

38.1.7.2 定量结果

38.1.7.2.1 含量的表示方法：按式(17)计算出水样中组分含量，以毫克每升(mg/L)表示。

38.1.7.2.2 精密度和准确度：4个实验室测定浓度为0.5 μg/mL～4.3 μg/mL的二硫化碳水样，相对标准偏差为1.0%～4.1%；二硫化碳浓度为1.0 μg/mL，4.4 μg/mL的水样，其回收率范围为93%～107%。

39 水合肼

39.1 对二甲氨基苯甲醛分光光度法

39.1.1 范围

本标准规定了用对二甲氨基苯甲醛直接分光光度法测定生活饮用水及其水源水中的水合肼。

本法适用于生活饮用水及其水源水中水合肼的测定。

本法最低检测质量为0.05 μg(以肼计)，若取水样10 mL测定，则最低检测质量浓度为0.005 mg/L(以肼计)。

铵及硝酸盐对本标准无干扰；尿素含量高于5 mg/L时引起正干扰；亚硝酸盐浓度高于0.5 mg/L时产生负干扰，可用氨基磺酸消除干扰。

39.1.2 原理

在酸性条件下，水样中的肼与对二甲氨基苯甲醛作用，生成黄色醌式结构的对二甲氨基苄连氮，比色定量。

39.1.3 试剂

39.1.3.1 盐酸溶液(1+11)：取盐酸(ρ_{20}=1.19 g/mL)83 mL，加纯水至1 000 mL。

39.1.3.2 对二甲氨基苯甲醛溶液：称取4.0 g对二甲氨基苯甲醛溶于200 mL乙醇溶液(1+9)中，加盐酸(ρ_{20}=1.19 g/mL)20 mL，储于棕色瓶中，常温可保存1个月。

39.1.3.3 肼标准溶液[$\rho(N_2H_4)$=100 μg/mL]：准确称取0.328 0 g盐酸肼(又名盐酸联胺，$N_2H_4\cdot 2HCl$)，用少量纯水溶解后，加83 mL盐酸(ρ_{20}=1.19 g/mL)，转入1 000 mL容量瓶中用纯水定容。临用前，用盐酸溶液(39.1.3.1)稀释为$\rho(N_2H_4)$=1.00 μg/mL。

39.1.4 仪器

39.1.4.1 分光光度计。

39.1.4.2 具塞比色管：25 mL。

39.1.5 水样保存

在1 L水样中加入91 mL盐酸(ρ_{20}=1.19 g/mL)，使酸度为1 mol/L，于冰箱中保存10 d，肼的浓度无变化。

39.1.6 分析步骤

39.1.6.1 吸取酸化水样10.0 mL于25 mL具塞比色管中。

39.1.6.2 另取8支比色管，分别加入肼标准使用液(39.1.3.3)0，0.05，0.10，0.25，0.50，1.00，2.00

和4.00 mL,用盐酸(39.1.3.1)稀释至10.0 mL。

39.1.6.3 向水样及标准管内加入5.0 mL对二甲氨基苯甲醛溶液(39.1.3.2),混匀。20 min后于460 nm波长,用3 cm比色皿,以空白为参比,测定吸光度。

39.1.6.4 绘制标准曲线,从曲线上查得水样中肼的质量。

39.1.7 计算

$$\rho(N_2H_4 \cdot H_2O) = \frac{m \times 1.56}{V} \quad \cdots\cdots(19)$$

式中:

$\rho(N_2H_4 \cdot H_2O)$——水样中水合肼(以$N_2H_4 \cdot H_2O$计)的质量浓度,单位为毫克每升(mg/L);

m——从标准曲线上查得水样中肼(以N_2H_4计)的质量,单位为微克(μg);

V——水样体积,单位为毫升(mL);

1.56——1 mol肼(N_2H_4)相当于1 mol水合肼($N_2H_4 \cdot H_2O$)的质量换算系数。

40 松节油

40.1 气相色谱法

40.1.1 范围

本标准规定了用气相色谱法测定生活饮用水及其水源水中的松节油。

本法适用于生活饮用水及其水源水中松节油的测定。

本法最低检测质量为2 ng,若取250 mL水样测定,则最低检测质量浓度为0.02 mg/L。

40.1.2 原理

水中松节油经二硫化碳萃取后,用气相色谱氢火焰离子化检测器进行色谱分析,以保留时间定性,以峰高或峰面积外标法定量。

40.1.3 试剂和材料

40.1.3.1 载气和辅助气体

40.1.3.1.1 载气:高纯氮(99.999%)。

40.1.3.1.2 辅助气体:氢气、空气。

40.1.3.2 试样预处理和配制标准的试剂和材料

40.1.3.2.1 二硫化碳:重蒸。

40.1.3.2.2 氯化钠。

40.1.3.2.3 松节油。

40.1.3.2.4 无水硫酸钠。

40.1.3.3 制备色谱柱时使用的试剂

40.1.3.3.1 色谱柱和填充物见40.1.4.1.3有关内容。

40.1.3.3.2 涂渍固定液所用的溶剂:二氯甲烷。

40.1.4 仪器

40.1.4.1 气相色谱仪

40.1.4.1.1 氢火焰离子化检测器。

40.1.4.1.2 记录仪或工作站。

40.1.4.1.3 色谱柱:

A 色谱柱类型:螺旋形不锈钢填充柱,长2 m,内径3 mm。

B 填充物:

a 载体:101白色担体(80目~100目)。

b 固定液及含量:3%有机皂土-34+3%邻苯二甲酸二壬酯。

C 涂渍固定液及老化的方法：

称取 0.3 g 有机皂土-34 和邻苯二甲酸二壬酯，分别放入两个烧杯中，用二氯甲烷溶解，待充分溶解后，将两种固定液合并，充分混匀，加入 10 g 载体，摇匀，置于通风柜内于室温下自然挥干。采用普通装柱法装柱。

将色谱柱与检测器断开，然后将填充好的色谱柱装机通氮气。于柱温 120℃，老化 24 h。

40.1.4.2 微量注射器：10 μL。

40.1.4.3 分液漏斗：500 mL。

40.1.4.4 比色管：10 mL。

40.1.5 样品

40.1.5.1 水样采集及储存方法：用磨口玻璃瓶采集样品，采集后的样品于 4℃冰箱内保存，在 24 h 内尽快萃取。

40.1.5.2 水样预处理：取 250 mL 水样于 500 mL 分液漏斗中（分析时根据水中松节油的含量酌情取样）。加入 2.5 g 氯化钠（40.1.3.2.2）混匀，用 5.00 mL 二硫化碳（40.1.3.2.1）萃取，充分振摇 1 min，静置分层，收集有机相。按此法再用 5.00 mL 二硫化碳萃取一次，合并两次萃取液，经无水硫酸钠（40.1.3.2.4）脱水后。收集于 10 mL 比色管中定容至 10 mL，供分析用。

40.1.6 分析步骤

40.1.6.1 仪器的调整

40.1.6.1.1 气化室温度：180℃。

40.1.6.1.2 柱温：110℃。

40.1.6.1.3 检测器温度：180℃。

40.1.6.1.4 载气流量：氮气 25 mL/min，氢气和空气根据所用色谱仪选择最佳流量，比例约为 1∶10。

40.1.6.1.5 衰减：根据样品中被测组分含量调节记录器衰减。

40.1.6.2 校准

40.1.6.2.1 定量分析中的校准方法：外标法。

40.1.6.2.2 标准样品：

A 使用次数：每次分析样品时用新标准使用液绘制工作曲线。

B 标准样品的制备：

a 松节油标准储备溶液：在 10 mL 容量瓶中加入 5.0 mL 二硫化碳（40.1.3.2.1），准确称量，然后加入 2 滴～3 滴松节油（40.1.3.2.3），再称量，两次质量之差即为松节油质量，用二硫化碳稀释至刻度，计算出每毫升含松节油的毫克数，贮存于冰箱。

b 松节油标准使用溶液：临用时移取松节油标准储备溶液（40.1.6.2.2.B.a）用二硫化碳稀释成 ρ（松节油）＝100 μg/mL 的标准使用溶液。

C 气相色谱中使用的标准样品的条件：

a 标准样品进样体积与试样进样体积相同。

b 标准样品与试样尽可能同时进行分析。

40.1.6.2.3 工作曲线的绘制：取 7 个 500 mL 分液漏斗分别加入松节油标准使用溶液（40.1.6.2.2.B.b）0，0.05，0.10，0.20，0.50，0.70，1.00 和 2.00 mL，用蒸馏水稀释至 250 mL。配制成浓度为 0，0.020，0.040，0.080，0.20，0.28，0.40，0.80 mg/L 的工作曲线系列。按 40.1.5.2 进行分析。用 10 μL 注射器吸取二硫化碳萃取液 4 μL，注入色谱仪，以峰高为纵坐标，以浓度为横坐标，绘制工作曲线。

40.1.6.3 试验

40.1.6.3.1 进样

A 进样方式：直接进样。

B 进样量：一般进样量为 4 μL。

C 操作:用洁净微量注射器(40.1.4.2)于待测样品中抽吸几次后,排出气泡,取 4 μL 样品迅速注射至色谱仪中,进行测定。

40.1.6.3.2 记录:以标样核对,记录色谱峰的保留时间及对应的化合物。

40.1.6.3.3 色谱图的考察

A 标准色谱图:见图 27。

a——二硫化碳;

b,c,d——松节油。

图 27 松节油标准色谱图

B 定性分析:

a 组分出峰顺序:溶剂、松节油。

b 保留时间:松节油 1.267 min。

C 定量分析:

a 色谱峰的测量:连接峰的起点和终点作为峰底,从峰高极大值对峰底做垂线,此线即为峰高。

b 计算:根据样品的峰高或峰面积从工作曲线上查出松节油的质量浓度。

40.1.7 结果的表示

40.1.7.1 定性结果:根据标准色谱图中组分的保留时间确定被测试样中组分名称。

40.1.7.2 定量结果

40.1.7.2.1 含量的表示方法:以毫克每升(mg/L)表示。

40.1.7.2.2 精密度和准确度:4 个实验室分别测定,松节油浓度为 0.40、2.0 和 4.0 mg/L 的合成水样,相对标准偏差为 2.5%、2.0%及 1.6%。用各种水样作加标回收试验,松节油浓度为 0.40、2.0、4.0 和 6.0 mg/L 时,平均回收率分别为 101%、100%、100%及 101%。

41 吡啶

41.1 巴比妥酸分光光度法

41.1.1 范围

本标准规定了用巴比妥酸分光光度法测定生活饮用水及其水源水中的吡啶。

本法适用于生活饮用水及其水源水中吡啶的测定。

本法最低检测质量为 0.5 μg。若取 10 mL 水样测定,则最低检测质量浓度为 0.05 mg/L。

浑浊水样和色度的干扰,可将样品蒸馏后再测定。

41.1.2 原理

水样中吡啶与氯化氰,巴比妥酸反应生成二巴比妥酸戊烯二醛红紫色化合物,用分光光度法定量。

41.1.3 试剂

41.1.3.1 盐酸溶液[$c(HCl)=0.1$ mol/L]。

41.1.3.2 盐酸溶液[$c(HCl)=0.01$ mol/L]。

41.1.3.3 氰化钾溶液(20 g/L)。

注：此溶液剧毒！

41.1.3.4 氯胺 T 溶液(10 g/L)，临用时配制。

41.1.3.5 氢氧化钠溶液(100 g/L)。

41.1.3.6 巴比妥酸溶液(12.5 g/L)：称取 1.25 g 巴比妥酸($C_4H_4O_3N_2$，又名丙二酰脲)溶于 100 mL 丙酮和水(1+1)溶液中。

41.1.3.7 吡啶标准储备溶液：于 25 mL 容量瓶中加入 10 mL 盐酸溶液(41.1.3.2)，称量，滴入 2 滴～3 滴新蒸馏的吡啶，紧塞后再称量。用盐酸溶液(41.1.3.2)稀释至刻度。计算吡啶的质量浓度(mg/mL)。

41.1.3.8 吡啶标准使用溶液[$\rho(C_5H_5N)=1$ μg/mL]：吸取适量吡啶标准储备溶液(41.1.3.7)用盐酸溶液(41.1.3.2)稀释成 $\rho(C_5H_5N)=1$ μg/mL。

41.1.4 仪器

41.1.4.1 分光光度计，580 nm，2 cm 比色皿。

41.1.4.2 具塞比色管：25 mL。

41.1.4.3 全玻璃蒸馏器：500 mL。

41.1.5 分析步骤

41.1.5.1 洁净水样可直接测定，吡啶含量低的水样，水样浑浊或有色度时可按下述步骤蒸馏：取 200 mL水样，置于全玻璃蒸馏器中(吡啶含量大于 0.2 mg，可取适量水样用纯水稀释至200 mL)，用氢氧化钠溶液(41.1.3.5)调节 pH 为中性后，再加过量 5 mL。加热蒸馏，收集馏液于 100 mL 容量瓶中直至刻度为止。取水样或经蒸馏后的水样 10 mL，置于 25 mL 具塞比色管中。

41.1.5.2 于 7 支 25 mL 具塞比色管中，分别加入 0，0.5，1.0，2.0，4.0，6.0 和 8.0 mL 吡啶标准使用溶液(41.1.3.8)，加纯水稀释至 10 mL。

41.1.5.3 向样品和标准管中依次加入 2 mL 盐酸溶液(41.1.3.1)，1 mL 氰化钾溶液(41.1.3.3)，5 mL氯胺 T 溶液(41.1.3.4)，2 mL 巴比妥酸溶液(41.1.3.5)，加纯水至刻度。

注：每加一种试剂，均需混匀。

41.1.5.4 将样品与标准管于 40℃恒温水浴中加热 45 min 后，取出冷却至室温，于 580 nm 波长，2 cm 比色皿，以纯水为参比，测量吸光度。

41.1.5.5 绘制标准曲线，从曲线上查出吡啶的质量。

41.1.6 计算

水样中吡啶的质量浓度计算见式(20)：

$$\rho(C_5H_5N)=\frac{m}{V} \qquad \cdots\cdots(20)$$

式中：

$\rho(C_5H_5N)$——水样中吡啶的质量浓度，单位为毫克每升(mg/L)；

m——从标准曲线上查得的吡啶的质量，单位为微克(μg)；

V——水样体积，单位为毫升(mL)。

注：蒸馏法处理水样除了消除干扰外对含量低的水样具有富集的作用，计算时应注意取样量及收集馏液量，应校正水样体积。

41.1.7 精密度和准确度

测定吡啶含量为 0.05 mg/L 和 0.8 mg/L 的水样，相对标准偏差为 5.5%和 5.8%；以 0.2 mg/L 浓度加标，平均回收率为 102%。

42 苦味酸

42.1 气相色谱法

42.1.1 范围

本标准规定了用气相色谱法测定生活饮用水及其水源水中的苦味酸。

本法适用于生活饮用水及其水源水中苦味酸含量的测定。

本法最低检测质量为 0.02 ng,若取 10 mL 水样,则最低检测质量浓度为 1 μg/L。

水样中常见物质不干扰。

42.1.2 原理

水中苦味酸与次氯酸钠在室温下反应 30 min,生成氯化苦(NO_2CCl_3)以苯萃取,用带有电子捕获检测器的气相色谱仪分离和测定。

42.1.3 试剂和材料

42.1.3.1 载气和辅助气体

42.1.3.1.1 载气:高纯氮(99.99%)。

42.1.3.1.2 辅助气体:氢气、空气。

42.1.3.2 配制标准品和样品预处理时使用的试剂

42.1.3.2.1 乙醇。

42.1.3.2.2 苯,用全玻璃蒸馏器重蒸馏,直至测定时不出现干扰峰。

42.1.3.2.3 次氯酸钠溶液。

42.1.3.2.4 色谱标准物:苦味酸,经乙醇[$\varphi(C_2H_5OH)=95\%$]重结晶二次。

42.1.3.3 制备色谱柱时使用的试剂和材料

42.1.3.3.1 色谱柱和填充物,见 42.1.4.1.3 有关内容。

42.1.3.3.2 涂渍固定液所用的溶剂:三氯甲烷。

42.1.4 仪器

42.1.4.1 气相色谱仪

42.1.4.1.1 电子捕获检测器。

42.1.4.1.2 记录仪或工作站。

42.1.4.1.3 色谱柱:

A 色谱柱的类型:硬质玻璃填充柱,长 2 m,内径 4 mm。

B 填充物:

a 载体:Chromosorb W 60 目～80 目经筛分干燥后备用。

b 固定液及含量:10% SE-52。

C 涂渍固定液及老化方法:根据载体的质量称取一定量的固定液,溶于三氯甲烷(42.1.3.3.2)溶剂中,待完全溶解后加入载体,摇匀,置于通风柜内,于室温下自然挥干。采用普通装柱法装柱。

将色谱柱与检测器断开,然后将填充好的色谱柱装机通氮气,于 280℃老化 48 h～72 h。

42.1.4.2 微量注射器:10 μL。

42.1.4.3 分液漏斗:50 mL。

42.1.5 样品

42.1.5.1 样品稳定性:苦味酸在水中不稳定,易氧化。

42.1.5.2 水样采集及储存方法:用洁净玻璃(塑料)瓶采集样品,最好当天测定,如当天不能测定,放于4℃以下保存。

42.1.5.3 水样的预处理:吸取 10.0 mL 水样放于 50 mL 分液漏斗中,加入次氯酸钠溶液(42.1.3.2.3)2 mL,振荡均匀,在室温下反应 30 min,加 1 mL 苯(42.1.3.2.2)萃取 3 min,静置分层,取苯层待测。

42.1.6 **分析步骤**

42.1.6.1 **仪器的调整**

42.1.6.1.1 气化室温度:270℃。

42.1.6.1.2 柱温:90℃。

42.1.6.1.3 检测器温度:270℃。

42.1.6.1.4 载气流量:80 mL/min。

42.1.6.1.5 衰减:根据样品中被测组分含量调节记录器衰减。

42.1.6.2 **校准**

42.1.6.2.1 定量分析中的校准方法:外标法。

42.1.6.2.2 标准样品:

A 使用次数:每次分析样品时,用新配标准使用液绘制工作曲线。

B 标准样品制备:

a 苦味酸标准储备液的制备[$\rho(C_6H_3N_3O_7)=100\ \mu g/mL$]:称取 0.100 0 g 苦味酸(42.1.3.2.4)用重蒸馏水溶解后,定容于 1 000 mL 棕色容量瓶中,混匀。

b 苦味酸标准使用液的制备:临用时将苦味酸标准储备液(42.1.6.2.2.B.a)稀释成 $\rho(C_6H_3N_3O_7)=0.10\ \mu g/mL$。

C 气相色谱中使用标准样品的条件:

a 标准样品体积与试样进样体积相同,标准样品应接近试样值。

b 标准样品与试样尽可能同时进样分析。

42.1.6.2.3 工作曲线的绘制:于 7 个 10 mL 容量瓶中分别取苦味酸标准使用溶液(42.1.6.2.2.B.b)溶液 0,0.10,0.20,0.40,1.0,1.5,2.0 mL,用蒸馏水稀释至刻度,使其浓度分别为 0,1.0,2.0,4.0,10,15,20 μg/L。按 42.1.5.3 方法操作,取 2 μL 注入色谱仪进行测定。以峰高为纵坐标,浓度为横坐标绘制工作曲线。

42.1.6.3 **试验**

42.1.6.3.1 进样:

A 进样方式:直接进样。

B 进样量:2 μL。

C 操作:用洁净微量注射器(42.1.4.2)于待测样品中抽吸几次后,排出气泡,取 2μL 迅速注射至色谱仪中,并立即拔出注射器。

42.1.6.3.2 记录:以标样核对,记录色谱峰的保留时间及对应的化合物。

42.1.6.3.3 色谱图考察:

A 标准色谱图:见图 28。

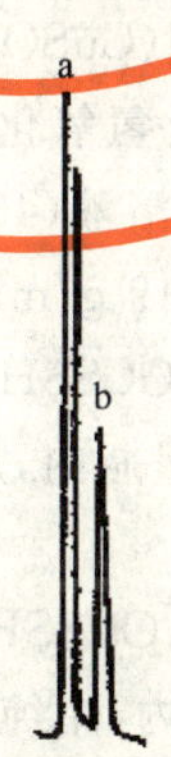

a——苯;

b——苦味酸。

图 28 标准色谱图

B 定性分析：

a 出峰的顺序：溶剂；苦味酸。

b 保留时间：苦味酸 1.1 min。

C 定量分析：

a 色谱峰高的测量：连接峰的起点和终点作为峰底，从峰高的极大值对峰底做垂线，此线即为峰高。

b 计算：直接从工作曲线上查出水样中苦味酸的质量浓度(mg/L)。

42.1.7 结果的表示

42.1.7.1 定性结果：根据标准色谱图苦味酸的保留时间进行定性。

42.1.7.2 定量结果

42.1.7.2.1 含量的表示方法：以毫克每升(mg/L)表示。

42.1.7.2.2 精密度和准确度：4 个实验室测定加标浓度范围为 0.05 μg/mL～0.15 μg/mL 的水样时，水样中苦味酸的回收率为 92.9%～105%，相对标准偏差均小于 5%。

43 丁基黄原酸

43.1 铜试剂亚铜分光光度法

43.1.1 范围

本标准规定了用铜试剂亚铜分光光度法测定生活饮用水及其水源水中的丁基黄原酸。

本法适用于生活饮用水及其水源水中丁基黄原酸的测定。

本法最低检测质量为 1 μg。若取 500 mL 水样测定，则最低检测质量浓度为 2 μg/L。

硫(S^{2-})的质量浓度低于 0.1 μg/L 时不产生干扰，但等于或大于 0.1 μg/L 时产生负干扰，需加游离氯除去。

43.1.2 原理

在 pH5.2 的盐酸羟胺还原体系中，将铜离子还原成亚铜离子。水样中的丁基黄原酸与亚铜离子生成黄原酸亚铜后，被环已烷萃取。黄原酸亚铜再与铜试剂作用，生成橙黄色的铜试剂亚铜，比色定量。

43.1.3 试剂

43.1.3.1 环已烷。

43.1.3.2 铜试剂：二乙基二硫代氨基甲酸钠，简称 DDTC[$(C_2H_5)_2NCS_2Na$]。

43.1.3.3 盐酸羟胺($NH_2OH \cdot HCl$)。

43.1.3.4 乙酸-乙酸钠缓冲溶液(pH5.2)：称取 12.0 g 冰乙酸和 77.6 g 乙酸钠($CH_3COONa \cdot 3H_2O$)，用纯水溶解，并定容至 1 000 mL。

43.1.3.5 硫酸铜溶液：称取 0.349 7 g 硫酸铜($CuSO_4 \cdot 5H_2O$)，用纯水溶解，并定容至 1 000 mL。

43.1.3.6 氢氧化钠溶液(400 g/L)：称取 40 g 氢氧化钠，用纯水溶解，并稀释为 100 mL。

43.1.3.7 氢氧化钠溶液(4 g/L)：取氢氧化钠溶液(43.1.3.6)用纯水稀释 100 倍。

43.1.3.8 盐酸溶液：取 0.8 mL 盐酸(ρ_{20}=1.19 g/mL)，用纯水稀释为 100 mL。

43.1.3.9 丁基黄原酸标准储备溶液[$\rho(C_4H_9OCSSH)$=100 μg/mL]：称取 0.027 8 g 丁基黄原酸钾[C_4H_9OCSSK，含量为 90%]，置于 250 mL 容量瓶内，加三滴氢氧化钠溶液(43.1.3.6)，用纯水溶解，定容。在 4℃冰箱内可保存 1 W。

43.1.3.10 丁基黄原酸标准使用溶液[$\rho(C_4H_9OCSSH)$=10.00 μg/mL]：吸取 10.00 mL 丁基黄原酸标准储备溶液(43.1.3.9)置于 100 mL 容量瓶内，用纯水定容。临用时配制。

43.1.4 仪器

43.1.4.1 分液漏斗：1 000 mL。

43.1.4.2 具塞比色管：10 mL。

43.1.4.3 分光光度计。

43.1.5 **分析步骤**

43.1.5.1 样品处理：采样后用氢氧化钠溶液(43.1.3.7)或盐酸溶液(43.1.3.8)调 pH 至 5～6。若水样 S^{2-} 浓度小于 0.1 μg/L，可直接取水样测定。若 S^{2-} 大于等于 0.1 μg/L，则需进行氯化处理，使游离氯为 0.5 mg/L，即可消除 S^{2-} 的干扰。经氯化处理的样品，应同时做试剂空白。

43.1.5.2 水样测定

43.1.5.2.1 量取 500 mL 水样于预先盛有 1.25 g 盐酸羟胺(43.1.3.3)的 1 000 mL 分液漏斗中，另取 8 个 1 000 mL 分液漏斗，分别加入 1.25 g 盐酸羟胺(43.1.3.3)及 300 mL 纯水，再加入丁基黄原酸标准使用液(43.1.3.10)0，0.10，0.25，0.50，1.00，2.00，3.00 和 4.00 mL，再加纯水至 500 mL。振荡使盐酸羟胺溶解，放置 30 min。

43.1.5.2.2 向分液漏斗中加 5.0 mL 缓冲液(43.1.3.4)，混匀。加 5.0 mL 硫酸铜溶液(43.1.3.5)及 10 mL 环己烷(43.1.3.1)，立即振摇 4 min，放置使分层。

43.1.5.2.3 分去水层，加 10 mL pH5.2 的纯水洗涤分液漏斗，振摇 30 s，静置分层。弃去水层，再同样操作两次。

43.1.5.2.4 在分液漏斗颈内塞入少量脱脂棉，将环己烷放入 10 mL 具塞比色管中，管内预先加入少量 DDTC(43.1.3.2)和 1 滴纯水，充分振荡比色管(此时应剩余少量 DDTC 未溶解)。

43.1.5.2.5 于 436 nm 波长，用 3 cm 比色皿，以环己烷为参比，测定水样和标准管的吸光度。

43.1.5.2.6 绘制工作曲线，从曲线上查出样品管中丁基黄原酸的质量。

43.1.6 **计算**

水样中丁基黄原酸的质量浓度计算见式(21)：

$$\rho(C_4H_9OCSSH) = \frac{m}{V} \qquad \cdots\cdots (21)$$

式中：

$\rho(C_4H_9OCSSH)$——水样中丁基黄原酸的质量浓度，单位为毫克每升(mg/L)；

m——从工作曲线上查得样品管中丁基黄原酸的质量，单位为微克(μg)；

V——水样体积，单位为毫升(mL)。

43.1.7 **精密度和准确度**

6 个实验室用本标准测定含丁基黄原酸 3 μg/L、20 μg/L、30 μg/L 的合成水样，相对标准偏差分别为 1.5%～5.2%、1.2%～4.8%、0.4%～4.6%。

向天然水样中加入标准 3.0、10.0、20.0、60.0 和 80.0 μg/L，平均回收率为 96%～104%。

44 六氯丁二烯

44.1 气相色谱法

44.1.1 **范围**

本标准规定了用气相色谱法测定生活饮用水及其水源水中的六氯丁二烯。

本标准适用于生活饮用水及其水源水中六氯丁二烯的测定。

本法最低检测质量为 10 pg，若取 200 mL 水样经处理后测定，则最低检测质量浓度为 0.1 μg/L。

44.1.2 **原理**

水中六氯丁二烯经有机溶剂萃取后，进入色谱柱进行分离，电子捕获检测器测定，以保留时间定性，外标法定量。

44.1.3 **试剂和材料**

44.1.3.1 载气：高纯氮(99.999%)。

44.1.3.2 配制标准样品和试样预处理时使用的试剂和材料：

44.1.3.2.1 石油醚:沸程(60℃～90℃),用全玻璃蒸馏器重蒸馏,直至色谱图上不出现干扰峰。

44.1.3.2.2 乙醇:用全玻璃蒸馏器重蒸馏,直至色谱图不出现干扰峰。

44.1.3.2.3 无水硫酸钠:经 350℃,灼烧 4 h,储存于密闭容器中。

44.1.3.2.4 标准品:六氯丁二烯,纯度为 98%。

44.1.3.3 制备色谱柱使用的试剂和材料:

44.1.3.3.1 色谱柱和填充物(见 44.1.4.1.3 有关内容)。

44.1.3.3.2 涂浸固定液所用的溶剂:三氯甲烷。

44.1.4 仪器

44.1.4.1 气相色谱仪

44.1.4.1.1 电子捕获检测器。

44.1.4.1.2 记录仪或工作站。

44.1.4.1.3 色谱柱:

A 色谱柱类型:硬质玻璃填充柱,长 2 m,内径 3 mm。

B 填充物:

a 载体上试 202 硅烷化红色担体 60 目～80 目。

b 固定液含量:5% Apiezon L。

C 涂渍固定液的方法及老化的方法:将载体(44.1.4.1.3.B.a)过筛,称取 9.5g(60 目～80 目)备用。另称取 0.5 g Apiezon L 固定液,溶于适量三氯甲烷中(溶剂刚淹没载体即可),待完全溶解后,将载体一次加入,轻轻摇匀,放在通风橱中,待溶剂完全挥干后,采用普通装柱法装柱。把填充好的色谱柱接到色谱仪上,出口与检测器断开,用 20 mL/min 载气流量,于柱温 210℃老化 24 h 以上。

44.1.4.2 微量进样器:1.0 μL。

44.1.4.3 分液漏斗:250 mL。

44.1.5 样品

44.1.5.1 样品的稳定性:常温下不稳定,水样采集后在 48 h 内萃取尽快分析测定。

44.1.5.2 水样的采集及保存方法:水样采集在磨口玻璃瓶中,尽快分析。

44.1.5.3 水样的预处理:取 200 mL 水样于分液漏斗中,加 2.0 mL 石油醚,充分振摇 3 min,静置分层。弃去水相后,石油醚萃取液用无水硫酸钠脱水,供测试用。

44.1.6 测定步骤

44.1.6.1 仪器的调整

44.1.6.1.1 气化室温度:250℃。

44.1.6.1.2 柱温:180℃。

44.1.6.1.3 检测器温度:250℃。

44.1.6.1.4 载气:40 mL/min。

44.1.6.1.5 衰减:根据样品被测组分含量调整记录仪衰减。

44.1.6.2 校准

44.1.6.2.1 定量分析中的校准方法:外标法。

44.1.6.2.2 标准样品:

A 使用次数:每次分析样品时用新标准使用溶液绘制曲线,或用响应因子计算。

B 标准样品的制备:

a 六氯丁二烯标准储备溶液:称取 0.037 5 g 六氯丁二烯[(44.1.3.2.4)实际含量为 0.035 0 g],置于预先放入 10 mL 石油醚(44.1.3.2.1)的 25 mL 容量瓶中溶解后,用石油醚稀释至刻度,摇匀备用。此液 1.00 mL 含 1.40 mg 六氯丁二烯,置冰箱中保存。

b　六氯丁二烯标准中间溶液:用石油醚将六氯丁二烯标准储备溶液(44.1.6.2.2.B.a)逐级稀释至1.00 mL含1.40 μg六氯丁二烯。

c　六氯丁二烯标准使用溶液:吸取3.75 mL六氯丁二烯标准中间溶液(44.1.6.2.2.B.b)置于25 mL容量瓶中,用石油醚(44.1.3.2.1)稀释至刻度,摇匀备用。此液1.00 mL含0.20 μg六氯丁二烯。

C　气相色谱法中使用标准品的条件:

a　标准样品进样体积与试样进样体积相同,当采用单点法定量时,标准样品的响应值应接近样品的响应值。

b　在工作范围内相对标准差小于10%即可认为仪器处于稳定状态。

c　标准样品与试样尽可能同时进行分析。

44.1.6.2.3　标准曲线的绘制:取7个10 mL容量瓶,分别加入不同体积六氯丁二烯标准使用溶液(44.1.6.2.2.B.c)0.50,1.00,2.00,3.00,4.00,5.00和7.00 mL,加石油醚稀释至刻度,摇匀备用。使用标准系列质量浓度分别为10,20,40,60,80,100和140 ng/mL。准确吸取1.0 μL注入色谱仪,按44.1.6.1条件测定,以浓度为横坐标对应的峰高或面积为纵坐标,绘制标准曲线。

44.1.6.3　试验

44.1.6.3.1　进样:

A　进样方式:直接进样。

B　进样量:1.0μL。

C　操作:用洁净微量进样器(44.1.4.2)于待测样品中抽吸几次,排出气泡,取所需体积迅速注射至色谱仪中,并立即拔出进样器。

44.1.6.3.2　记录:以标样核对,记录色谱峰的保留时间及对应的化合物。

44.1.6.3.3　色谱图的考查:

A　标准色谱图:见图29。

图29　标准色谱图

B　定性分析:

a　各组分出峰顺序:溶剂;六氯丁二烯。

b　各组分保留时间:溶剂:56 s;六氯丁二烯:3.917 min。

C 定量分析：

色谱峰的测量：连接峰的起点和终点作为峰底，从峰高的最大值对基线作垂线，此线与峰底相交，其交点与峰顶点连线的距离即为峰高。

计算：通过色谱峰高或峰面积，在标准曲线上查出萃取液中六氯丁二烯的质量浓度，按式(22)计算水样中六氯丁二烯的质量浓度：

$$\rho(C_4Cl_6)=\frac{\rho_1\times V_1}{V} \quad \cdots\cdots(22)$$

式中：

$\rho(C_4Cl_6)$——水样中六氯丁二烯的质量浓度，单位为微克每升(μg/L)；

ρ_1——相当于标准的六氯丁二烯的质量浓度，单位为纳克每毫升(ng/mL)；

V_1——萃取液总体积，单位为毫升(mL)；

V——水样体积，单位为毫升(mL)。

44.1.7 结果的表示

44.1.7.1 定性结果：根据标准色谱图组分的保留时间确定被测水样中组分的数目和名称。

44.1.7.2 定量结果：

44.1.7.2.1 含量的表示方法：按式(22)计算水样各组分含量，以微克每升(μg/L)表示。

44.1.7.2.2 精密度和准确度：4个实验室测定人工合成水样，六氯丁二烯质量浓度为0.20 μg/L，其相对标准偏差为2.1%～5.8%，回收率范围为93.5%～98.0%；六氯丁二烯质量浓度为0.60 μg/L，其相对标准偏差为1.9%～4.4%，回收率范围为92.9%～100%；六氯丁二烯质量浓度为1.00 μg/L，其相对标准偏差为1.6%～6.2%；回收率范围为90.4%～101%，平均回收率为95.7%。

附 录 A
（资料性附录）
吹脱捕集/气相色谱-质谱法测定挥发性有机化合物

A.1 范围

本方法适用于测定生活饮用水、水源地表水和地下水中的可吹脱有机化合物，本方法测定挥发性有机化合物的种类（见表A.1）和检出限随仪器和操作条件而变，水样为25 mL时的方法检出限（见表A.2）。

表A.1 吹脱捕集/气相色谱-质谱法测定的挥发性有机化合物

序号	化合物	序号	化合物	序号	化合物
1	丙酮	29	1,3-二氯苯	57	甲基丙烯酸甲酯
2	丙烯腈	30	1,4-二氯苯	58	4-甲基-2-戊酮
3	3-氯-1-丙烯	31	反-1,4-二氯-2-丁烯	59	甲基特丁基醚
4	苯	32	二氟二氯甲烷	60	萘
5	溴苯	33	1,1-二氯乙烷	61	一硝基苯
6	一氯一溴甲烷	34	1,2-二氯乙烷	62	2-硝基丙烷
7	二氯一溴甲烷	35	1,1-二氯乙烯	63	五氯乙烷
8	三溴甲烷	36	顺-1,2-二氯乙烯	64	丙腈
9	一溴甲烷	37	反-1,2-二氯乙烯	65	正丙基苯
10	2-丁酮	38	1,2-二氯丙烷	66	苯乙烯
11	丁苯	39	1,3-二氯丙烷	67	1,1,1,2-四氯乙烷
12	仲丁苯	40	2,2-二氯丙烷	68	1,1,2,2-四氯乙烷
13	叔丁苯	41	1,1-二氯丙烯	69	四氯乙烯
14	二硫化碳	42	1,1-二氯丙酮	70	四氢呋喃
15	四氯化碳	43	顺-1,2-二氯丙烯	71	甲苯
16	氯乙腈	44	反-1,2-二氯丙烯	72	1,2,3-三氯苯
17	氯苯	45	乙醚	73	1,2,4-三氯苯
18	氯丁烷	46	乙苯	74	1,1,1-三氯乙烷
19	氯乙烷	47	甲基丙烯酸乙酯	75	1,1,2-三氯乙烷
20	三氯甲烷	48	六氯丁二烯	76	三氯乙烯
21	氯甲烷	49	六氯乙烷	77	三氯氟甲烷
22	2-氯甲苯	50	2-己酮	78	1,2,3-三氯丙烷
23	4-氯甲苯	51	异丙基苯	79	1,2,4-三甲苯
24	一氯二溴乙烷	52	4-异丙基甲苯	80	1,3,5-三甲苯
25	1,2-二溴-3-氯丙烷	53	甲基丙烯腈	81	氯乙烯
26	1,2-二溴乙烷	54	丙烯酸甲酯	82	邻二甲苯
27	二溴甲烷	55	二氯甲烷	83	间二甲苯
28	1,2-二氯苯	56	碘甲烷	84	对二甲苯

表 A.2　挥发性有机化合物方法的最低检限(MDL)、回收率和精密度

组　分	组分浓度/(μg/L)	回收率/(%)	RSD/(%)	MDL/(μg/L)
苯	0.1～10	97	5.7	0.04
溴苯	0.1～10	100	5.5	0.03
一氯一溴甲烷	0.5～10	90	6.4	0.04
二氯一溴甲烷	0.1～10	95	6.1	0.08
三溴甲烷	0.5～10	101	6.3	0.12
一溴甲烷	0.5～10	95	8.2	0.11
丁苯	0.5～10	100	7.6	0.11
仲丁苯	0.5～10	100	7.6	0.13
叔丁苯	0.5～10	102	7.3	0.14
四氯化碳	0.5～10	84	8.8	0.21
氯苯	0.1～10	98	5.9	0.04
一氯乙烷	0.5～10	89	9.0	0.10
三氯甲烷	0.5～10	90	6.1	0.03
一氯甲烷	0.5～10	93	8.9	0.13
2-氯甲苯	0.1～10	90	6.2	0.04
4-氯甲苯	0.1～10	99	8.3	0.06
一氯二溴乙烷	0.1～10	92	7.0	0.05
1,2-二溴-3-氯丙烷	0.5～10	83	19.9	0.26
1,2-二溴乙烷	0.5～10	102	3.9	0.06
二溴甲烷	0.5～10	100	5.6	0.24
1,2-二氯苯	0.1～10	93	6.2	0.03
1,3-二氯苯	0.5～10	99	6.9	0.12
1,4-二氯苯	0.2～20	103	6.4	0.03
二氟二氯甲烷	0.5～10	90	7.7	0.10
1,1-二氯乙烷	0.5～10	96	5.3	0.04
1,2-二氯乙烷	0.1～10	95	5.4	0.06
1,1-二氯乙烯	0.1～10	94	6.7	0.12
顺-1,2-二氯乙烯	0.5～10	101	6.7	0.12
反-1,2-二氯乙烯	0.1～10	93	5.6	0.06
1,2-二氯丙烷	0.1～10	97	6.1	0.04
1,3-二氯丙烷	0.1～10	96	6.0	0.04
2,2-二氯丙烷	0.5～10	86	16.9	0.35
1,1-二氯丙烯	0.5～10	98	8.9	0.10
顺-1,2-二氯丙烯	0.1～10	97	3.1	0.02
反-1,2-二氯丙烯	0.1～10	96	14	0.048

表 A.2(续)

组　分	组分浓度/(μg/L)	回收率/(%)	RSD/(%)	MDL/(μg/L)
乙苯	0.1～10	99	8.6	0.06
六氯丁二烯	0.5～10	100	6.8	0.11
异丙苯	0.5～10	101	7.6	0.15
4-异丙基甲苯	0.1～10	99	6.7	0.12
二氯甲烷	0.1～10	95	5.3	0.03
萘	0.1～100	104	8.2	0.04
丙苯	0.1～10	100	5.8	0.04
苯乙烯	0.1～100	102	7.2	0.04
1,1,1,2-四氯乙烷	0.5～10	90	6.8	0.05
1,1,2,2-四氯乙烷	0.1～10	91	6.3	0.04
四氯乙烯	0.5～10	89	6.8	0.14
甲苯	0.5～10	102	8.0	0.11
1,2,3-三氯苯	0.5～10	109	8.6	0.03
1,2,4-三氯苯	0.5～10	108	8.3	0.04
1,1,1-三氯乙烷	0.5～10	98	8.1	0.08
1,1,2-三氯乙烷	0.5～10	104	7.3	0.10
三氯乙烯	0.5～10	90	7.3	0.19
三氯氟甲烷	0.5～10	89	8.1	0.08
1,2,3-三氯丙烷	0.5～10	108	14.4	0.32
1,2,4-三甲苯	0.5～10	99	8.1	0.13
1,3,5-三甲苯	0.5～10	92	7.4	0.05
氯乙烯	0.5～10	98	6.7	0.17
邻二甲苯	0.1～31	103	7.2	0.11
间二甲苯	0.1～10	97	6.5	0.05
对二甲苯	0.5～10	104	7.7	0.13

A.2　原理

将被测水样用注射器注入吹脱捕集装置的吹脱管中，于室温下通以惰性气体(氦气)，把水样中低水溶性的挥发性有机化合物及加入的内标和标记化合物吹脱出来，捕集在装有适当吸附剂的捕集管内。吹脱程序完成后，捕集管被瞬间加热并以氦气反吹，将所吸附的组分解吸入毛细管气相色谱仪(GC)中，组分经程序升温色谱分离后，用质谱仪(MS)检测。

通过目标组分的质谱图和保留时间与计算机谱库中的质谱图和保留时间作对照进行定性；每个定性出来的组分的浓度取决于其定量离子与内标物定量离子的质谱响应之比。每个样品中含已知浓度的内标化合物，用内标校正程序测定。

A.3　干扰及消除

主要的污染源是吹脱气体及捕集管路中的挥发性有机化合物，不要使用非聚四氟乙烯的塑料管和密封圈,吹脱装置中的流量计不应含橡胶元件;每天在操作条件下分析纯水空白,检查系统中是否有污染(不准从样品检测结果中扣除空白值);仪器实验室不应有溶剂污染,特别是二氯甲烷和甲基叔丁基醚(MtBE)。

高、低浓度的样品交替分析时会产生残留性污染。为避免此类污染,在测定样品之间要用纯水将吹脱管和进样器冲洗两次。在分析特别高浓度的样品后要分析一个实验室纯水空白。若样品中含有大量水溶性物质、悬浮固体、高沸点物质或高浓度的有机物,会污染吹脱管,此时要用洗涤液清洗吹脱管,再用二次水淋洗干净后于105℃烘箱中烘干后使用。吹脱系统的捕集管和其他部位也易被污染,要经常烘烤、吹脱整个系统。

样品在运输和贮藏过程中可能会因挥发性有机化合物(尤其是氟代烃和二氯甲烷)渗透过密封垫而受到污染。在采样、加固定剂和运输的全过程中携带纯水作为现场试剂空白来检查此类污染。

高纯甲醇中可能含有石油、二氯甲烷和其他有机污染物,在配制标准之前应检测是否含有此类污染。

A.4 样品采集与保存

A.4.1 样品采集

所有样品均采集平行样,每批样品要带一个现场空白,即在实验室中用纯水充满样品瓶,封好后与空的样品瓶一同运至采样点。

采样时,使水样在瓶中溢流出而不留气泡。若从水龙头采样,应先打开龙头放水至水温稳定(一般需10 min)。调节水流速度约为500 mL/min,从流水中采集平行样;若从开放的水体中采样,先用1 L的广口瓶或烧杯从有代表性的区域中采样,再小心把水样从广口瓶或烧杯中倒入样品瓶中。

对于不含余氯的样品和现场空白,每40 mL水样中加4滴4 mol/L的盐酸作固定剂,以防水样中发生生物降解,要确保盐酸中不含痕量有机杂质。

对于含余氯的样品和现场空白,在样品瓶中先加入抗坏血酸(每40 mL水样加25 mg),待样品瓶中充满水样并溢流后,每20 mL样品中加入1滴4 mol/L盐酸调节样品pH小于2,再密封样品瓶。注意垫片的聚四氟乙烯(PTFE)面朝下。

A.4.2 样品保存

样品保存取决于被测目标组分和样品基体,采样后须将样品冷却至4℃,并维持此温度直到分析。现场水样在到达实验室前须用冰块降温以保持在4℃。样品存放区域须无有机物干扰。

样品在采样后14 d内分析。

A.5 试剂与材料

A.5.1 甲醇:优级纯。

A.5.2 纯水:普通纯水于90℃水浴中用氮气吹脱15 min,现用现制。所得纯水中应无干扰测定的杂质,或水中杂质含量小于方法中目标组分的检出限。

A.5.3 盐酸(1+1):将一定体积的浓盐酸加入等体积纯水中。

A.5.4 氯乙烯:标准气。

A.5.5 抗坏血酸。

A.5.6 硫代硫酸钠。

A.5.7 标准储备液:可直接购买具有标准物质证书的标准溶液,标准溶液应包括所有相关的被测组分,也可用纯标准物质制备(称重法),常用浓度为1 mg/mL～5 mg/mL。将其置于PTFE封口的螺口瓶中或密闭安瓶中,尽量减少瓶内的液上顶空,避光于冰箱保存。

A.5.7.1 将10 mL容量瓶放在天平上先归零,加入大约9.8 mL甲醇,使其静置约10 min,不要加盖,直至沾有甲醇液体的容器表面干燥为止,精确称量至0.1 mg。

A.5.7.2 依下述步骤，加入已预先确认过纯度的标准参考品：

A.5.7.2.1 液体：使用 100 μL 的注射针，立即加入两滴或两滴以上已预先分析过的标准参考品于容量瓶中，再称量。加入的标准品液体必需直接落入甲醇液体中，不得与容量瓶的瓶颈部分接触。

A.5.7.2.2 气体：制备沸点在 30℃以下的标准品（如：溴甲烷、氯乙烷、氯甲烷、二氟二氯甲烷、一氟三氯甲烷、氯乙烯等），将 5 mL 气密式注射针阀内充满标准参考品至刻度，将针头伸入容量瓶内甲醇液体表面上 5 mm 处，在液面上缓缓将标准参考品释出，密度较重的气体很快的溶入甲醇液体中。

A.5.7.3 再称量，稀释至刻度，盖上瓶盖，倒置容量瓶数次，使充分混合。以标准参考品的净重，计算其于溶液中的浓度（mg/L）。若该化合物的纯度为 96%或更高时，则所称的质量，可直接计算储备标准溶液的浓度，而不需考虑因标准品纯度不足 100%所造成之误差。任何浓度之市售标准品，经制造商或一独立机构确认过，皆可使用。

A.5.7.4 将标准储备液倒入有 PTFE 内衬附螺旋盖的玻璃瓶。瓶内的液面上顶空愈少愈好，储存于 −10℃至 −20℃低温，避光。

A.5.7.5 气体标准储备液，需每周重新配制。其他的标准储备液需每月重新配制或与校准标准品比对发现有问题时需重新配制。

A.5.8 标准中间液：用甲醇稀释标准储备液，其浓度要便于配制校准溶液，并能包括校准曲线的浓度范围。将其置于 PTFE 封口的螺口瓶中或密闭瓿瓶中，尽量减少瓶内的液上顶空，避光于冰箱保存。经常检查溶液是否变质或挥发，在用它配制使用液时要将其放至室温。

A.5.9 内标及标记物添加液：用甲醇配制内标（氟代苯）、标记物（1,2-二氯苯-d_4 及 4-溴氟苯），使其浓度为 5 μg/mL。该混合液要加到样品、标样和空白中，例如，将 5 μL 内标及标记物的甲醇溶液加入 5 mL（或 25 mL）水样中，使内标及标记物在水样中的浓度为 5 μg/L（或 1 μg/L）。在满足方法要求并不干扰目标组分测定的前提下，也可用其他的内标和标记物。

A.5.10 校准使用液：将一定量的标准中间液加入到纯水中，倒转摇动两次，配制至少五个标准曲线点，其中一个接近但高于方法的最低检出限（MDL），或在实际工作范围的最低限处。其余标准曲线点要对应样品的浓度范围。在无液面上顶空时将此校准标准置于螺口瓶中，可保存 24 h。也可在 5 mL（或 25 mL）注射器中直接注入一定量的标准使用液和内标及标记物混合液，然后立刻将此校准液注入吹脱捕集装置中。

A.6 仪器

A.6.1 微量注射器：10 μL。

A.6.2 气密性注射器：5 mL 或 25 mL。

A.6.3 样品瓶：40 mL，棕色玻璃瓶附螺旋盖及聚四氟乙烯垫片。

A.6.4 吹脱捕集系统：此系统包括吹脱装置、捕集管及脱附装置。能容纳 25 mL 水样，且水样深度不小于 5 cm。若 GC/MS 系统的灵敏度足以达到方法的检出限，可使用 5 mL 的吹脱管。样品上方气体空间须小于 15 mL，吹脱气的初始气泡直径应小于 3 mm，吹脱气从距水样底部不大于 5 mm 处引入。

A.6.5 捕集管：25 cm×3 mm（内径），内填有三分之一聚 2,6-苯基对苯醚（Tenax）、三分之一硅胶、三分之一椰壳炭。若能满足质控要求，也可使用其他的填充物。

A.6.6 气相色谱仪：可程序升温，所有的玻璃元件（如进样口插件）均是用硅烷化试剂处理脱活。

A.6.7 气相色谱柱：要保证脱附气流与柱型匹配，可用以下柱子：

柱 1：60 m×0.75 mm（内径），1.5 μm，VOCOL 宽口径毛细柱。

柱 2：30 m×0.53 mm（内径），3 μm，DB-624 大口径毛细柱。

柱 3：30 m×0.32 mm（内径），1 μm，DB-5 毛细柱。

柱 4：30 m×0.25 mm（内径），1.4 μm，DB-624 毛细柱。

也可使用其他等效色谱柱。

A.6.8 质谱仪:0.7 s内可由35 amu扫描至265 amu,使用EI方式离子化,标准电子能量为70 eV。

A.6.9 毛细界面管柱:连接脱附装置与气相色谱仪分离管柱间之界面管柱,此界面管柱具有将吹脱捕集装置中高温脱附后之各成分,以液氮低温(-150℃)收集于一个未涂布固定相的空毛细管界面管柱前端,再将此毛细管界面管柱以15 s或更短时间内加热到250℃的方式,瞬间将各成分传输到气相色谱仪之分离管柱中。此毛细管界面管柱前端与后端所连接的吸附管及分离管柱内径不同,应利用不锈钢螺旋帽转接,以不漏气为连接原则。

A.7 操作步骤

A.7.1 仪器条件(供参考用,可视实际需要适当调整)

A.7.1.1 吹脱捕集装置条件:吹脱温度:室温;吹脱时间:11 min;解吸温度180℃;解吸时间:4 min;烘烤温度:230℃;烘烤时间:10 min;毛细管界面冷却温度:-150℃;气体流速:高纯度氮气或氦气(99.95%以上),流量为40 mL/min±5 mL/min。

A.7.1.2 气相色谱仪条件:DB-624柱:35℃(5 min)→(6℃/min)→160℃(6 min)→(20℃/min)→210℃(2 min);载气:氦气(纯度99.99%以上),流量1.0 mL/min。

A.7.1.3 质谱仪操作条件:离子源:EI;离子源温度:200℃;接口温度:220℃;离子化能量:70 eV;扫描范围:35 amu~300 amu;扫描时间:0.45 s;回扫时间:0.05 s。

A.7.2 仪器校准

A.7.2.1 GC-MS性能试验:直接导入25 ng的4-溴氟苯(BFB)于GC中,或将1 μL 25 μg/mL的BFB加入到5 mL(或25 mL)纯水中进行吹脱捕集,得到的BFB质谱在扣除背景后,其m/z应满足表A.3的要求,否则要重新调谐质谱仪直至符合要求。

表A.3 4-溴氟苯(BFB)离子丰度指标

质荷比(m/z)	相对丰度指标
50	质量为95的离子丰度的15%~40%
75	质量为95的离子丰度的30%~80%
95	基峰,相对丰度为100%
96	质量为95的离子丰度的5%~9%
173	小于质量为174的离子丰度的2%
174	大于质量为95的离子丰度的5%
175	质量为174离子丰度的5%~9%
176	在质量为174离子丰度的95%~101%之间
177	质量为176离子丰度的5%~9%

A.7.2.2 内标法初始校准:使用氟代苯(或用标记物1,2-二氯苯-d_4)作为内标。将内标物直接加入到注射器中,配制至少五个点的校准标准,按样品分析法分析每个校准标准,检查各组分的色谱图和质谱灵敏度,要求色谱峰窄而对称,多数无拖尾,灵敏度高;质谱识别校准溶液中每个化合物在适当保留时间窗口的色谱峰能初步确认,可辨认的化合物不少于99%。按式(A.1)计算响应因子(*RF*):

$$RF = A_x \times c_{is} / A_{is} \times c_x \qquad \text{(A.1)}$$

式中:

A_x——各组分定量离子峰面积;

A_{is}——内标物定量离子峰面积;

c_x——各组分浓度,单位为微克每升(μg/L);

c_{is}——内标物浓度,单位为微克每升(μg/L)。

每种组分、标记化合物的平均 RF 的 RSD 应小于 20%。

A.7.2.3 再校正：使用与初始校正相同条件吹脱，并分析中间浓度校正溶液，确定内标物和标记物定量离子的峰面积不得比前一次连续校正低 30%以上，或比初始校正时少 50%以上，已再校正测得的数据计算每个组分和标记物的 RF 值，该 RF 值在初始校正时应在测出 RF 平均值的 30%以内。

A.7.3 测定

A.7.3.1 分析前将样品和标准品恢复至室温。

A.7.3.2 校正气相色谱质谱仪条件使符合分析条件。

A.7.3.3 开启样品瓶，用 5 mL(或 25 mL)注射器抽出略多的水样，倒转注射器，排除空气使水样体积为 5.0 mL(或 25.0 mL)，通过注射器的顶端加入一定量(5 μL)的内标物和标记物，立刻注入吹脱捕集装置中，在室温下进行吹脱、捕集、脱附、自动导入气相色谱质谱仪中，进行定性及定量之分析。

A.7.4 标准色谱图

挥发性有机化合物的标准色谱图见图 A.1。

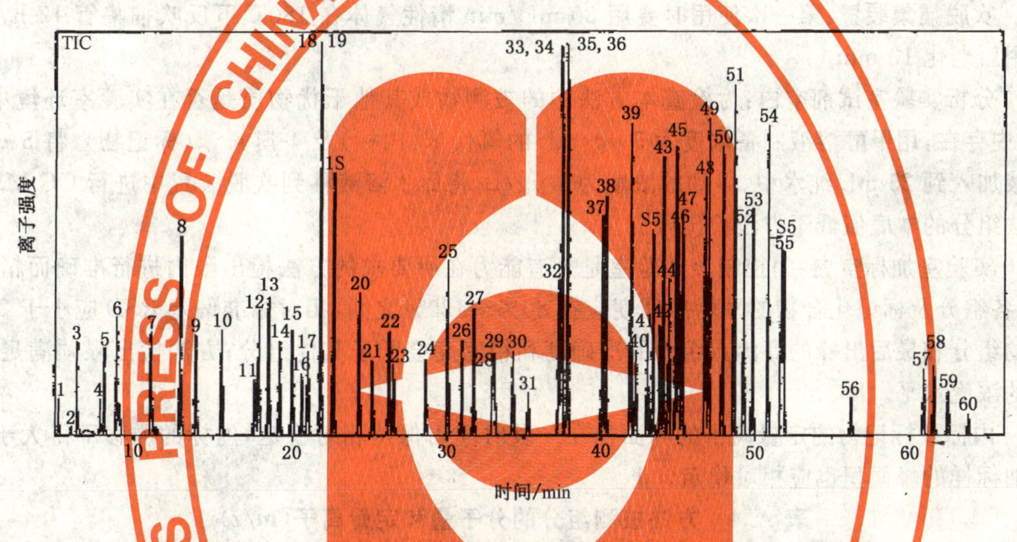

图 A.1 挥发性有机化合物的标准色谱图

A.8 结果处理

A.8.1 定性分析

A.8.1.1 定性分析的原则是以样品与标准品之特性离子图谱比较，且须符合下列条件：

A.8.1.1.1 若气相色谱质谱仪的 BFB 校正符合每日校正要求，则可进行样品与标准品之特性离子做比较。

A.8.1.1.2 样品与标准品比较其相对保留时间差最多不得超过其保留时间窗的 3 倍相对偏差范围。

A.8.1.1.3 比较特性离子时应符合下列要求：

A.8.1.1.3.1 标准质谱中相对强度大于 10%的特性离子(见表 A.4)均应出现在样品中。

A.8.1.1.3.2 样品中符合上项要求特性离子的大小应在标准品相对离子强度的±20%间。

A.8.1.1.3.3 对于有些重要的离子(如分子离子)，虽然其相对强度小于 10%，亦应列入评估中。

A.8.1.2 定量分析

用五种不同浓度的标准品(其中内标的浓度恒定)绘制标准曲线，该曲线的纵坐标为组分定量离子峰面积 A_x 与其浓度 c_x 之比，横坐标为内标氟代苯的定量离子峰面积 A_{is} 与其浓度 c_{is} 之比，由此求得响应因子 RF。

实际样品在测定前加入同样浓度的内标，测得未知物的定量离子峰面积 A_x 后，通过校准曲线并根据式(A.2)计算实际样品浓度 c_x。

$$c_x = (A_x \times c_{is})/(A_{is} \times RF) \quad \cdots\cdots\cdots\cdots(A.2)$$

式中：

c_x——实际样品被测组分浓度，单位为微克每升（μg/L）；

A_x——各组分定量离子峰面积；

c_{is}——内标物浓度，单位为微克每升（μg/L）；

A_{is}——内标物定量离子峰面积；

RF——响应因子。

A.9 精密度和准确度

方法的精密度和准确度见表 A.2。

A.10 注意事项

A.10.1 吹脱捕集装置：第一次使用时要用 20 mL/min 惰性气体在 180℃下反吹捕集管 12 h，以后在每天使用后老化 10 min。

A.10.2 分析实验室试剂空白：为检查本方法中的被测物或其他干扰物质是否在实验室环境中、试剂中、器皿中存在，用甲醇溶液制备浓度为 5 μg/mL 的氟代苯（内标）及 4-溴氟苯（标记物），将 5 μL 上述甲醇溶液加入到 25 mL 纯水中，得到的浓度为 1 μg/L，将此水溶液移到吹脱装置中进行 GC-MS 分析，要求方法组分的本底值低于方法检出限。

A.10.3 实验室加标空白：为控制该实验室是否有能力在所要求的方法检出限内进行准确而精密的测量，要求各组分及标记化合物的平均准确度应在 80%～120%之间，相对标准偏差 RSD 应小于 20%，出峰较早的组分和最后出峰的高沸点组分的准确度和精密度会低于其他组分；方法检出限须满足各组分所要求的浓度水平。

A.10.4 内标及标记物的定量离子的峰面积在一段时间内保持相对稳定，内标的漂移不得大于 50%，实验室加标样的峰面积也应相对稳定。

表 A.4 方法被测组分的分子量和定量离子(m/z)

序号	化合物	分子量	第一定量离子	第二定量离子
1	丙酮	58	43	58
2	丙烯腈	53	52	53
3	3-氯-1-丙烯	76	76	49
4	苯	78	78	77
5	溴苯	156	156	77,158
6	一氯一溴甲烷	128	128	49,130
7	二氯一溴甲烷	162	83	85,127
8	三溴甲烷	250	173	175,252
9	一溴甲烷	94	94	96
10	2-丁酮	72	43	57,72
11	丁苯	134	91	134
12	仲丁苯	134	105	134
13	叔丁苯	134	119	91

表 A.4(续)

序号	化合物	分子量	第一定量离子	第二定量离子
14	二硫化碳	76	76	—
15	四氯化碳	152	117	119
16	一氯乙腈	75	48	75
17	氯苯	112	112	77,114
18	一氯丁烷	92	56	49
19	一氯乙烷	64	64	66
20	三氯甲烷	118	83	85
21	一氯甲烷	50	50	52
22	2-氯甲苯	126	91	126
23	4-氯甲苯	126	91	126
24	一氯二溴乙烷	206	129	127
25	1,2-二溴-3-氯丙烷	234	75	155,157
26	1,2-二溴乙烷	186	107	109,188
27	二溴甲烷	172	93	95,174
28	1,2-二氯苯	146	146	111,148
29	1,3-二氯苯	146	146	111,148
30	1,4-二氯苯	146	146	111,148
31	反-1,4-二氯-2-丁烯	124	53	88,75
32	二氟二氯甲烷	120	85	87
33	1,1-二氯乙烷	98	63	65,83
34	1,2-二氯乙烷	98	62	98
35	1,1-二氯乙烯	96	96	61,63
36	顺-1,2-二氯乙烯	96	96	61,98
37	反-1,2-二氯乙烯	96	96	61,98
38	1,2-二氯丙烷	112	63	112
39	1,3-二氯丙烷	112	76	78
40	2,2-二氯丙烷	112	77	97
41	1,1-二氯丙烯	110	75	110,77
42	1,1-二氯丙酮	126	43	83
43	顺-1,2-二氯丙烯	110	75	110
44	反-1,2-二氯丙烯	110	75	110
45	乙醚	74	59	45,73
46	乙苯	106	91	106
47	甲基丙烯酸乙酯	114	69	99
48	六氯丁二烯	258	225	260
49	六氯乙烷	234	117	119,201
50	2-已酮	100	43	58

表 A.4(续)

序号	化合物	分子量	第一定量离子	第二定量离子
51	异丙苯	120	105	120
52	4-异丙基甲苯	134	119	134,91
53	甲基丙烯腈	67	67	52
54	丙烯酸甲酯	86	55	85
55	二氯甲烷	84	84	86,49
56	碘甲烷	142	142	127
57	甲基丙烯酸甲酯	100	69	99
58	4-甲基-2-戊酮	100	43	58,85
59	甲基特丁基醚	88	73	57
60	萘	128	128	—
61	一硝基苯	123	51	77
62	2-硝基丙烷	89	46	—
63	五氯乙烷	200	117	119,167
64	丙腈	55	54	—
65	丙苯	120	91	120
66	苯乙烯	104	104	78
67	1,1,1,2-四氯乙烷	166	131	133,119
68	1,1,2,2-四氯乙烷	166	83	131,85
69	四氯乙烯	164	166	168,129
70	四氢呋喃	72	71	72,42
71	甲苯	92	92	91
72	1,2,3-三氯苯	180	180	182
73	1,2,4-三氯苯	180	180	182
74	1,1,1-三氯乙烷	132	97	99,61
75	1,1,2-三氯乙烷	132	83	97,85
76	三氯乙烯	130	95	130,132
77	三氯氟甲烷	136	101	103
78	1,2,3-三氯丙烷	146	75	77
79	1,2,4-三甲苯	120	105	120
80	1,3,5-三甲苯	120	105	120
81	氯乙烯	62	62	64
82	邻二甲苯	106	106	91
83	间二甲苯	106	106	91
84	对二甲苯	106	106	91
85	氟代苯(内标)	96	96	77
86	4-溴氟苯(标记物)	174	95	174,176
87	1,2-二氯苯-d_4	150	152	115,150

附 录 B
（资料性附录）
固相萃取/气相色谱-质谱法测定半挥发性有机化合物

B.1 范围

本方法适用于测定生活饮用水、水源地表水和地下水中可被 C_{18} 固相萃取柱吸附、并具有热稳定性的有机化合物，本方法测定有机化合物的种类（见表 B.1）和检出限随仪器和操作条件而变，水样为 1L 时的方法检出限（见表 B.2）。

表 B.1 固相萃取/气相色谱-质谱法测定的半挥发性有机化合物

序号	化合物英文名称	化合物中文名称	分子量[a]
1	Acenaphthylene	苊	152
2	Alachlor	甲草胺	269
3	Aldrin	艾氏剂	362
4	Ametryn	莠灭净	227
5	Anthracene	蒽	178
6	Atraton	莠去通	211
7	Atrazine	莠去津	215
8	Benz[*a*]anthracene	苯并[*a*]蒽	228
9	Benzo[*b*]fluoranthene	苯并[*b*]荧蒽	252
10	Benzo[*k*]fluoranthene	苯并[*k*]荧蒽	252
11	Benzo[*a*]pyrene	苯并[*a*]芘	252
12	Benzo[*g*,*h*,*i*]perylene	苯并[*g*,*h*,*i*]苝	276
13	Bromacil	除草定	260
14	Butachlor	丁草胺	311
15	Butylate	丁草敌	317
16	Butylbenzylphthalate	邻苯二甲酸丁基苄基酯	312
17	Carboxin[b]	萎锈灵	235
18	alpha-Chlordane	α-氯丹	406
19	gamma-Chlordane	γ-氯丹	406
20	trans-Nonachlor	反式九氯	440
21	Chloroneb	氯苯甲醚	206
22	Chlorobenzilate	乙酯杀螨醇	324
23	Chlorpropham	氯苯胺灵	213
24	Chlorothalonil	百菌清	264
25	Chlorpyrifos	毒死蜱	349
26	2-Chlorobiphenyl	2-氯联苯	188

表 B.1(续)

序号	化合物英文名称	化合物中文名称	分子量[a]
27	Chrysene	䓛	228
28	Cyanazine	氰草津	240
29	Cycloate	环草敌	215
30	Dacthal(DCPA)	氯酞酸甲酯	330
31	4,4'-DDD	4,4'-滴滴滴	318
32	4,4'-DDE	4,4'-滴滴伊	316
33	4,4'-DDT	4,4'-滴滴涕	352
34	Diazinon[b]	二嗪磷	304
35	Dibenz[*a*,*h*]anthracene	二苯并[*a*,*h*]蒽	278
36	Di-*n*-Butylphthalate	邻苯二甲酸二正丁酯	278
37	2,3-Dichlorobiphenyl	2,3-二氯联苯	222
38	Dichlorvos	敌敌畏	220
39	Dieldrin	狄氏剂	378
40	Diethylphthalate	邻苯二甲酸二乙酯	222
41	Di(2-ethylhexyl)adipate	己二酸二(2-乙基己基)酯	370
42	Di(2-ethylhexyl)phthalate	邻苯二甲酸(2-乙基己基)酯	390
43	Dimethylphthalate	邻苯二甲酸二甲酯	194
44	2,4-Dinitrotoluene	2,4-二硝基甲苯	182
45	2,6-Dinitrotoluene	2,6-二硝基甲苯	182
46	Diphenamid	双苯酰草胺	239
47	Disulfoton[b]	乙拌磷	274
48	Disulfoton Sulfoxide[b]	乙拌磷亚砜	290
49	Disulfoton Sulfone	乙拌磷砜	306
50	Endosulfan Ⅰ	硫丹Ⅰ	404
51	Endosulfan Ⅱ	硫丹Ⅱ	404
52	Endosulfan Sulfate	硫丹硫酸酯	420
53	Endrin	异狄氏剂	378
54	Endrin Aldehyde	异狄氏剂醛	378
55	EPTC	茵草敌	189
56	Ethoprop	灭线磷	242
57	Etridiazole	土菌灵	246
58	Fenamiphos[b]	苯线磷	303
59	Fenarimol	氯苯嘧啶醇	330
60	Fluorene	芴	166
61	Fluridone	氟苯酮	328

表 B.1(续)

序号	化合物英文名称	化合物中文名称	分子量[a]
62	Heptachlor	七氯	370
63	Heptachlor Epoxide	环氧七氯	386
64	2,2',3,3',4,4',6-Heptachloro-biphenyl	2,2',3,3',4,4',6-七氯联苯	392
66	2,2',4,4',5,6'-Hexachloro-biphenyl	2,2',4,4',5,6'-七氯联苯	358
67	Hexachlorocyclohexane,alpha	α-六六六	288
68	Hexachlorocyclohexane,beta	β-六六六	288
69	Hexachlorocyclohexane,delta	δ-六六六	288
70	Hexachlorocyclopentadiene	六氯代环戊二烯	270
71	Hexazinone	环嗪酮	252
72	Indeno[1,2,3,*c*,*d*]pyrene	茚并[1,2,3-*c*,*d*]芘	276
73	Isophorone	异佛尔酮	138
74	Lindane	γ-六六六	288
75	Merphos[b]	三磷代磷酸三丁酯	298
76	Methoxychlor	甲氧滴滴涕	344
77	Methyl Paraoxon	甲基对氧磷	247
78	Metolachlor	异丙甲草胺	283
79	Metribuzin	嗪草酮	214
80	Mevinphos	速灭磷	224
81	MGK 264	增效胺	275
82	Molinate	禾草敌	187
83	Napropamide	敌草胺	271
84	Norflurazon	氟草敏	303
85	2,2',3,3',4,5',6,6'-Octachloro-biphenyl	2,2',3,3',4,5',6,6'-八氯联苯	426
86	Pebulate	克草胺	203
87	2,2',3',4,6'-Pentachlorobiphenyl	2,2',3',4,6'-五氯联苯	324
88	Pentachlorophenol	五氯酚	264
89	Phenanthrene	菲	178
90	cis-Permethrin	顺一氯菊酯	390
91	trans-Permethrin	反一氯菊酯	390
92	Prometon	扑灭通	225
93	Prometryn	扑草净	241
94	Pronamide	拿草特	255
95	Propachlor	毒草胺	211
96	Propazine	扑灭津	229
97	Pyrene	芘	202

表 B.1(续)

序号	化合物英文名称	化合物中文名称	分子量[a]
98	Simazine	西玛津	201
99	Simetryn	西草净	213
100	Stirofos	杀敌畏	364
101	Tebuthiuron	丁噻隆	228
102	Terbacil	特草定	216
103	Terbufos[b]	特丁硫磷	288
104	Terbutryn	特丁净	241
105	2,2',4,4'-Tetrachlorobiphenyl	2,2',4,4'-四氯联苯	290
106	Toxaphene	毒杀芬	
107	Triademefon	三唑酮	293
108	2,4,5-Trichlorobiphenyl	2,4,5-三氯联苯	256
109	Tricyclazole	三环唑	189
110	Trifluralin	氟乐灵	335
111	Vernolate	灭草敌	203
112	Aroclor 1016	多氯联苯-1016	222
113	Aroclor 1221	多氯联苯-1221	190
114	Aroclor 1232	多氯联苯-1232	190
115	Aroclor 1242	多氯联苯-1242	222
116	Aroclor 1248	多氯联苯-1248	292
117	Aroclor 1254	多氯联苯-1254	292
118	Aroclor 1260	多氯联苯-1260	360

a 化合物的最小质量数。

b 由于化合物在水中不稳定,只可用于定性分析。三磷代磷酸三丁酯、萎锈灵、乙拌磷和乙拌磷亚砜在 1 h 内开始不稳定。7 d 内,在本方法所定义的样品保存条件下,二嗪磷、苯线磷和特丁硫磷有明显的损失。

表 B.2 方法的检出限、测定范围、相对标准偏差和回收率性能指标

化合物	加标量/(μg/L)	平均测定值/(μg/L)	相对标准偏差/(%)	回收率/(%)	MDL/(μg/L)
1,3-二甲基-2-硝基苯	5.0	4.7	3.9	94	—
苝-d_{12}	5.0	4.9	4.8	98	—
三苯基膦	5.0	5.5	6.3	110	—
苊	0.50	0.45	8.2	91	0.11
甲草胺	0.50	0.47	12	93	0.16
艾氏剂	0.50	0.40	9.3	80	0.11
莠灭净	0.50	0.44	6.9	88	0.092
蒽	0.50	0.53	4.3	106	0.068
莠去津[a]	0.50	0.35	15	70	0.16

表 B.2(续)

化合物	加标量/(μg/L)	平均测定值/(μg/L)	相对标准偏差/(%)	回收率/(%)	MDL/(μg/L)
阿特拉津	0.50	0.54	4.8	109	0.078
苯并[a]蒽	0.50	0.41	16	82	0.20
苯并[b]荧蒽	0.50	0.49	20	98	0.30
苯并[k]荧蒽	0.50	0.51	35	102	0.54
苯并[g,h,i]苝	0.50	0.72	2.2	144	0.047
苯并[a]芘	0.50	0.58	1.9	116	0.032
除草定	0.50	0.54	6.4	108	0.10
丁草胺	0.50	0.62	4.1	124	0.076
丁草敌	0.50	0.52	4.1	105	0.064
邻苯二甲酸丁基苄基酯	0.50	0.77	11	154	0.25
萎锈灵	5.0	3.8	12	76	1.4
α-氯丹	0.50	0.36	11	72	0.12
γ-氯丹	0.50	0.40	8.8	80	0.11
反九氯	0.50	0.43	17	87	0.22
二氯甲氧苯	0.5	0.51	5.7	102	0.088
乙酯杀螨醇	5	6.5	6.9	130	1.3
2-氯联苯	0.5	0.4	7.2	80	0.086
氯苯胺灵	0.5	0.61	6.2	121	0.11
毒死蜱	0.5	0.55	2.7	110	0.044
百菌清	0.5	0.57	6.9	113	0.12
䓛	0.5	0.39	7	78	0.082
氰草津	0.5	0.71	8	141	0.17
环草敌	0.5	0.52	6.1	104	0.095
氯酞酸甲酯	0.5	0.55	5.8	109	0.094
4,4'-滴滴滴	0.5	0.54	4.4	107	0.071
4,4'-滴滴伊	0.5	0.40	6.3	80	0.075
4,4'-滴滴涕	0.5	0.79	3.5	159	0.083
二嗪磷	0.5	0.41	8.8	83	0.11
二苯并[a,h]蒽	0.5	0.53	0.5	106	0.01
2,3-二氯联苯	0.5	0.4	11	80	0.14
敌敌畏	0.5	0.55	9.1	110	0.15
狄氏剂	0.5	0.48	3.7	96	0.053
己二酸(2-乙基己基)酯	0.5	0.42	7.1	84	0.09
邻苯二甲酸二乙酯	0.5	0.59	9.6	118	0.17
邻苯二甲酸二甲酯	0.5	0.6	3.2	120	0.058

表 B.2(续)

化合物	加标量/(μg/L)	平均测定值/(μg/L)	相对标准偏差/(%)	回收率/(%)	MDL/(μg/L)
2,4-二硝基甲苯	0.5	0.6	5.6	119	0.099
2,6-二硝基甲苯	0.5	0.6	8.8	121	0.16
双苯酰草胺	0.5	0.54	2.5	107	0.041
乙拌膦	5.0	3.99	5.1	80	0.62
乙拌膦砜	0.5	0.74	3.2	148	0.07
乙拌膦亚砜	0.5	0.58	12	116	0.2
硫丹Ⅰ	0.5	0.55	18	110	0.3
硫丹Ⅱ	0.5	0.50	29	99	0.44
硫丹硫酸酯	0.5	0.62	7.2	124	0.13
异狄氏剂	0.5	0.54	18	108	0.29
异狄氏剂醛	0.5	0.43	15	87	0.19
菌草敌	0.5	0.5	7.2	100	0.11
灭线磷	0.5	0.62	6.1	123	0.11
土菌灵	0.5	0.69	7.6	139	0.16
苯线磷	5.0	5.2	6.1	103	0.95
氯苯嘧啶醇	5.0	6.3	6.5	126	1.2
芴	0.5	0.46	4.2	93	0.059
氟草酮	5	5.1	3.6	102	0.55
α-六六六	0.5	0.51	13	102	0.2
β-六六六	0.5	0.51	20	102	0.31
δ-六六六	0.5	0.56	13	112	0.21
γ-六六六(林丹)	0.5	0.63	8	126	0.15
七氯	0.5	0.41	12	83	0.15
环氧七氯	0.5	0.35	5.5	70	0.058
2,2’,3,3’,4,4’,6-七氯联苯	0.5	0.35	10	71	0.11
六氯苯	0.5	0.39	11	78	0.13
2,2’,4,4’,5,6’-六氯联苯	0.5	0.37	9.6	73	0.11
六氯环戊二烯	0.5	0.43	5.6	86	0.072
环嗪酮	0.5	0.7	5	140	0.11
茚并[1,2,3-*c*,*d*]芘	0.5	0.69	2.7	139	0.057
异佛尔酮	0.5	0.44	3.2	88	0.042
甲氧滴滴涕	0.5	0.62	4.2	123	0.077
甲基对硫磷	0.5	0.57	10	115	0.17

表 B.2(续)

化合物	加标量/(μg/L)	平均测定值/(μg/L)	相对标准偏差/(%)	回收率/(%)	MDL/(μg/L)
异丙甲草胺	0.5	0.37	8	75	0.09
嗪草酮	0.5	0.49	11	97	0.16
速灭磷	0.5	0.57	12	114	0.2
MGK 264-Isomer[a]	0.33	0.39	3.4	116	0.04
MGK 264-Isomer	0.17	0.16	6.4	96	0.03
禾草敌	0.5	0.53	5.5	105	0.087
敌草胺	0.5	0.58	3.5	116	0.06
氟草敏	0.5	0.63	7.1	126	0.13
2,2',3,3',4,5',6,6'-八氯联苯	0.5	0.5	8.7	101	0.13
克草敌	0.5	0.49	5.4	98	0.08
2,2',3',4,6-五氯联苯	0.5	0.3	16	61	0.15
顺一氯菊酯	0.25	0.3	3.7	121	0.034
反一氯菊酯	0.75	0.82	2.7	109	0.067
菲	0.5	0.46	4.3	92	0.059
扑灭通[a]	0.5	0.3	42	60	0.38
扑草净	0.5	0.46	5.6	92	0.078
拿草特	0.5	0.54	5.9	108	0.095
毒草胺	0.5	0.49	7.5	98	0.11
扑灭津	0.5	0.54	7.1	108	0.12
芘	0.5	0.38	5.7	77	0.066
西玛津	0.5	0.55	9.1	109	0.15
西草净	0.5	0.52	8.2	105	0.13
杀敌畏	0.5	0.75	5.8	149	0.13
丁噻隆	5	6.8	14	136	2.8
特草定	5	4.9	14	97	2.1
特丁硫磷	0.5	0.53	6.1	106	0.096
特丁净	0.5	0.47	7.6	95	0.11
2,2',4,4'-四氯联苯	0.5	0.36	4.1	71	0.044
三唑酮	0.5	0.57	20	113	0.33
2,4,5-三氯联苯	0.5	0.38	6.7	75	0.075
三环唑	5	4.6	19	92	2.6
氟乐灵	0.5	0.63	5.1	127	0.096
灭草敌	0.5	0.51	5.5	102	0.084

[a] 回收率数据是在 pH=2 条件下萃取得到的，为了准确的测定，需用盐水的 pH 值条件下萃取。

B.2 原理

水样中有机化合物被 C_{18} 固相萃取柱吸附、用二氯甲烷和乙酸乙酯洗脱，洗脱液经浓缩；用气相色谱毛细柱分离各个组分后，再以质谱作为检测器，进行水中有机化合物的测定。

通过目标组分的质谱图和保留时间与计算机谱库中的质谱图和保留时间作对照进行定性；每个定性出来的组分的浓度取决于其定量离子与内标物定量离子的质谱响应之比。每个样品中含已知浓度的内标化合物，用内标校正程序测定。

B.3 干扰及消除

B.3.1 分析过程中，污染的主要来源是试剂和固相萃取装置。现场空白和实验室试剂空白可提供污染存在的信息。

B.3.2 污染也可能发生在分析高浓度样品后立即分析低浓度样品，注射器和无分流进样口应彻底清洗或更换，以去除此类污染。分析过程如遇到高浓度样品时，应紧随着分析溶剂空白，以保证样品没有交叉污染。

B.4 试剂与材料

B.4.1 溶剂：二氯甲烷、乙酸乙酯、丙酮、甲苯、甲醇为农药残留级高纯溶剂。

B.4.2 纯水：本方法需使用不含有机物的纯水，纯水中干扰物的浓度需低于方法中待测物的检出限。

B.4.3 盐酸：6 mol/L。

B.4.4 无水硫酸钠：于马福炉中 400℃加热 2 h。

B.4.5 标准溶液

B.4.5.1 标准储备溶液

可直接购买具有标准物质证书的标准溶液，标准溶液应包括所有相关的分析组分、内标及标记物，也可用纯标准物质制备(称重法)。使用预先确认过成分纯度的液体或固体来制备以甲醇、乙酸乙酯或丙酮为溶剂的标准贮备溶液，常用浓度为 1 mg/mL～5 mg/mL。

准确称取 10.0 mg 标准样品放于 2 mL 容量瓶中，加入约 1.8 mL 甲醇、乙酸乙酯或丙酮溶解，定容到刻度。把标准溶液转移到安瓿瓶中于 4℃保存。多环芳烃的标样用甲苯作为溶剂。

B.4.5.2 标准中间溶液

将标准储备溶液用丙酮或乙酸乙酯稀释配制成所需的单一或混合化合物的标准中间溶液。将标准中间溶液转移到安瓿瓶中于 4℃保存。

B.4.5.3 内标及标记物添加液：用甲醇、乙酸乙酯或丙酮配制浓度为 500 μg/mL 的二氢苊-d_{10}、菲-d_{10}和䓛-d_{12}内标溶液，作为制备校准曲线用；将内标液稀释 10 倍后，使其浓度为 5.0 μg/mL，该混合液要加到样品和空白中。用甲醇、乙酸乙酯或丙酮配制浓度为 500 μg/mL 和 50.0 μg/mL 的 1,3-二甲基-2-硝基苯、苝-d_{10}和三苯基膦的标记溶液，分别作为标准和添加用。内标及标记物添加液放于安瓿瓶中 4℃保存。

B.4.5.4 GC-MS 性能校准溶液

用二氯甲烷配制浓度为 5.0 μg/mL 的十氟三苯基膦(DFTPP)、艾氏剂、4,4'-DDT 校准溶液，放于安瓿瓶中 4℃保存。

B.4.5.5 标准使用溶液

用乙酸乙酯将一定量的标准中间液(五氯酚、毒杀芬和多氯联苯除外)配制成浓度为 0.1,0.5,1,2,5,10 μg/mL，内标和标记物浓度均为 5 μg/mL 的标准使用溶液。所有的校准溶液需含有 80%以上的乙酸乙酯以防止气相色谱的问题。如果要分析方法中的所有化合物，需配制 2 套～3 套标准使用液。

在标准使用液中，五氯酚浓度为其他组分浓度的 4 倍；单独配制毒杀芬浓度为 10,25,50,100,200,

250 μg/mL,多氯联苯浓度为 0.2,0.5,1,2.5,5,10,25 μg/mL。

标准使用液放于安瓿瓶中避光 4℃保存,经常检查是否发生降解,如检出蒽醌表明蒽被氧化。

B.5 仪器

B.5.1 固相萃取装置:包括真空泵、支架和 C_{18} 固相萃取柱。

B.5.2 洗脱装置。

B.5.3 干燥柱:装有 5 g～7 g 无水硫酸钠的玻璃柱。

B.5.4 微量注射器:10 μL。

B.5.5 分析天平:可准确称量至 0.1 mg。

B.5.6 小样品瓶:2 mL,供配制标准品用。

B.5.7 样品瓶:1 000 mL,带螺旋盖及聚四氟依稀垫片的棕色玻璃瓶。

B.5.8 气相色谱仪:可程序升温,所有的玻璃元件(如进样口插件)均是用硅烷化试剂处理脱活。

B.5.9 气相色谱柱:DB-5 MS 柱或等同石英毛细色谱柱,30 m ×0.25 mm(内径),液膜厚度 0.25 μm。

B.5.10 质谱仪:当注射进约 5 ng DFTPP 时,GC-MS 系统所产生的质谱应符合表 B.4 的要求。性能测试要求仪器参数为:电子能量 70 eV,质量范围 35 amu～500 amu,扫描时间为每个峰至少有 5 次扫描,但每次扫描不超过 1 s。

B.6 仪器操作条件

B.6.1 色谱条件

B.6.1.1 气化室温度:300℃。

B.6.1.2 柱温:起始温度 45℃保持 1 min,以 40℃/min 升温至 130℃,再以 12℃/min 升到 180℃;再以 7℃/min 升到 240℃;再以 12℃/min 升到 320℃。

B.6.1.3 检测器温度:300℃。

B.6.1.4 载气(氦气)线速度:33 cm/s,不分流方式。

B.6.2 质谱条件

B.6.2.1 离子化方式:EI,70 eV。

B.6.2.2 质谱扫描范围:45 amu～450 amu,4 min 时开始采集数据。

B.6.2.3 离子源温度:280℃。

B.6.2.4 扫描时间:每一尖峰至少须有五次扫描,且每一扫描不得超过 0.7 s。

B.7 GC-MS 系统性能测试

每天分析运行开始时,都应以 DFTPP 检查 GC-MS 系统是否达到性能指标要求。性能测试要求仪器参数为:电子能量 70 eV,质量范围 35 amu～500 amu,扫描时间为每个峰至少须有五次扫描,但每次扫描不超过 1 s。得到背景校正的 DFTPP 质谱后,确认所有关键质量数是否都达到表 B.3 的要求。

表 B.3 DFTPP 特征离子和离子丰度指标

质量数	离子丰度指标	质量数	离子丰度指标
51	198 质量数的 30%～60%	199	198 质量数的 5%～9%
68	小于 69 质量数的 2%	275	198 质量数的 10%～30%
70	小于 69 质量数的 2%	365	大于 198 质量数的 1%
127	198 质量数的 40%～60%	441	出现,但小于 443 质量数的丰度
197	小于 198 质量数的 1%	442	大于 198 质量数的 40%
198	基峰,相对丰度为 100%	443	442 质量数的 17%～23%

B.8 操作步骤

B.8.1 样品采集和保存

B.8.1.1 采集自来水水样时，先打开自来水放水约 2 min 后，调节水流量至 500 mL/mim，用采样瓶采集水样，封好采样瓶。

B.8.1.2 水样脱氯和保护：样品送到实验室后，加入约 40 mg～50 mg 亚硫酸钠去除余氯(在加酸调 pH 前应脱氯)，放于冰箱中 4℃保存。

B.8.1.3 所有样品应在采集后 14 d 之内进行固相萃取，萃取液装于密闭玻璃瓶，要避光并储存于 4℃以下，并在萃取后 30 d 内完成分析。

B.8.1.4 每批样品要带一个现场空白。

B.8.2 样品前处理

B.8.2.1 固相萃取

B.8.2.1.1 活化：每一个固相萃取柱分别用 5 mL 二氯甲烷，5 mL 乙酸乙酯，10 mL 甲醇和 10 mL 水活化，活化时，不要让甲醇和水流干(液面不低于吸附剂顶部)。

B.8.2.1.2 吸附：把 1 L 水样倒进固相萃取装置的分液漏斗中，用 6 mol/L 的盐酸调 pH 小于 2，加入 5 mL 甲醇，混匀，加入 100 μL 浓度为 50 μg/mL 的内标及标记物添加液，立刻混匀，加标物在水中的浓度为 5.0 μg/L。水样以约 15 mL/min 的流量通过固相萃取柱。

B.8.2.1.3 干燥：用氮气干燥固相萃取柱(吹约 10 min)。

B.8.2.2 洗脱

B.8.2.2.1 把 125 mL 的分液漏斗和固相萃取柱转移到洗脱装置中。用 5 mL 乙酸乙酯洗 2 L 的分液漏斗和样品瓶，通过固相萃取柱进入收集瓶，再用 5 mL 二氯甲烷洗分液漏斗和样品瓶，通过固相萃取柱进入同一收集瓶。

B.8.2.2.2 使洗脱液通过干燥柱中并用 10 mL 收集管收集，用 2 mL 二氯甲烷洗干燥柱，液体收集于同一管收集中。

B.8.2.2.3 洗脱液在 45℃下，用氮气吹至约 0.5 mL，用乙酸乙酯定容至 0.5 mL。

B.8.3 标准曲线的绘制

分别取五种不同浓度的标准使用溶液，仪器操作条件，将气相色谱质谱仪调到最佳状态，1.0 μL 进样测定，以测得的峰面积分别对相应的标准物浓度绘制标准曲线。

B.8.4 样品测定

取 1.0 μL 样品在与标准曲线相同的条件下进样分析。

B.9 质量控制

B.9.1 质量控制要求

通过试剂空白、标准样品和加标样品的分析证明实验室的分析能力，应确定每个目标化合物的方法检出限(MDL)。实验室要有记录数据质量的文件，建议有质量管理规范。

B.9.2 固相萃取系统的空白实验

在样品分析之前，或新购固相萃取管后，应做空白试验，保证分析的化合物不会受到污染。

B.9.2.1 影响检测的潜在污染源是萃取管中有邻苯二甲酸酯、硅酮和其他污染物。尽管固相萃取管是用惰性材料做成，但它们仍有邻苯二甲酸酯类化合物。邻苯二甲酸酯类化合物能溶于二氯甲烷和乙酸乙酯中，使水样本底变化，如果污染物的本底影响测定的准确性和精度，那么实验前就应进行处理。

B.9.2.2 本底污染的其他来源有溶剂、试剂和玻璃容器。本底污染应该控制在可接受的范围内，通常应低于方法检出限。

B.9.2.3 萃取时间不宜变化太大。

B.9.3 实验的准确度和精密度

分析 4 到 7 个浓度为 2 μg/L～5 μg/L 的标准样品，根据仪器的灵敏度，浓度应选择在校正曲线的中间范围。

B.9.3.1 根据样品组分添加亚硫酸钠或盐酸，用标准原液或质控标样加到试剂水中，配制标准样品。

B.9.3.2 测出标准样品中每个组分的浓度、平均浓度、平均准确度(真值的百分比)、精密度(相对标准偏差，RSD)。

B.9.3.3 每个待测化合物和内标化合物的准确度应在 70%～130%内，RSD 小于 30%，如果不符合这个标准，应查找问题的来源，配制新的标准样品，重新测定。

B.9.3.4 配制 7 个包含所有待测组分的标准样品，每个组分的浓度为 0.5 μg/L 左右，计算出每个组分的方法检出限。建议分析过程跨越 3 d～4 d，这样更符合实际的方法检出限。

B.9.3.5 绘制待测化合物和内标化合物检测准确度和精密度对时间的质量控制图。内标化合物回收率的质量控制图很有用，因为它们加在所有的样品中，它们的分析结果对分析质量有显著的影响。

B.9.4 连续监测内标化合物定量离子的峰面积。在标准样品或加标样品分析中，虽然内标化合物定量离子的峰面积不恒定，但它们与标准样品峰面积的比率应合理稳定。建议加 10 μL 浓度为 500 μg/mL 的三联苯-d_{14}做回收率标准测定标准，内标回收率应大于 70%。

B.9.5 同一批次的样品在 12 h 内应做一次空白实验，以确定系统的背景污染状况。当更换新的固相萃取管或试剂时，也要进行本底空白实验。

B.9.6 同一批次的样品可以进行一个标准样品分析。如果样品量超过 20 个，应每 20 个样品增加一个标准样品分析。如果准确度达不到要求，应查找原因并解决，将结果记录下来，加到质量控制图中。

B.9.7 检测样品基体是否含有影响测定结果的物质，可以通过基体加标样品的测定来完成，确定基体加标样品的准确度、精密度及检出限是否与无基体干扰时一致。

B.9.8 同一批次的样品应做一个现场试剂空白，以确定污染是由采样现场产生的，还是由样品转运过程中产生的。

B.9.9 至少每季度分析一次外面来源的质控样品。如果结果不在允许范围内，检查整个分析过程，找出问题的原因并纠正。

B.9.10 还有大量其他的质量控制措施可结合在这个过程的其他方面，提醒分析人员一些潜在的问题。

B.10 结果处理

B.10.1 定性分析

本方法中测定的各化合物的定性鉴定是根据保留时间和扣除背景后的样品质谱图与参考质谱图中的特征离子比较完成的。参考质谱图中的特征离子被定义为最大相对强度的三个离子，或者任何相对强度超过 30%的离子。

B.10.2 定量分析

用五种不同浓度的标准品(其中内标的浓度恒定)绘制标准曲线，该曲线的纵坐标为组分定量离子峰面积 A_x 与其浓度 c_x 之比，横坐标为内标的定量离子峰面积 A_{is}与其浓度 c_{is}之比。由此求得响应因子 RF。

实际样品在测定前加入同样浓度的内标，测得未知物的定量离子峰面积 A_x 后，通过校准曲线并根据式(B.1)计算实际样品浓度 c_x。

$$c_x = (A_x \times Q_{is})/(A_{is} \times RF \times V) \qquad \text{(B.1)}$$

式中：

c_x——实际样品被测组分浓度，单位为微克每升(μg/L)；

A_x——各组分定量离子峰面积；

Q_{is}——加入水样中内标物量，单位为微克(μg)；

A_{is}——内标物定量离子峰面积；

RF——响应因子；

V——水样体积，单位为升(L)。

B.11 说明

本方法测定有机化合物的种类(见表B.4)。

表 B.4 半挥发性有机化合物的分子量和定量离子(m/z)

化合物英文名称	化合物中文名称	分子量	定量离子
Acenaphthene-d_{10}	二氢苊-d_{10}	164	164
Chrysene-d_{12}	䓛-d_{12}	240	241
Phenanthrene-d_{10}	菲-d_{10}	188	188
1,2-Dimethyl-2-Nitrobenzene	1,3-二甲基-2-硝基苯	134	134
Perylene-d_{12}	苝-d_{12}	264	264
Triphenylphosphate	三苯基膦	326	326/325
Acenaphthylene	苊	152	152
Alachlor	甲草胺	269	160
Aldrin	艾氏剂	362	66
Ametryn	莠灭净	227	227/170
Anthracene	蒽	178	178
Atraton	莠去通	211	196/169
Atrazine	莠去津	215	200/215
Benz[*a*]anthracene	苯并[*a*]蒽	228	228
Benzo[*b*]fluoranthene	苯并[*b*]荧蒽	252	252
Benzo[*k*]fluoranthene	苯并[*k*]荧蒽	252	252
Benzo[*a*]pyrene	苯并[*a*]芘	252	252
Benzo[*g*,*h*,*i*]perylene	苯并[*g*,*h*,*i*]苝	276	276
Bromacil	除草定	260	205
Butachlor	丁草胺	311	176/160
Butylate	丁草敌	317	57/146
Butylbenzylphthalate	邻苯二甲酸丁基苄基酯	312	149
Carboxin	萎锈灵	235	143
alpha-Chlordane	α-氯丹	406	375/373
gamma-Chlordane	γ-氯丹	406	373
trans-Nonachlor	反式九氯	440	409
Chloroneb	氯苯甲醚	206	191
Chlorobenzilate	乙酯杀螨醇	324	139
Chlorpropham	氯苯胺灵	213	127
Chlorothalonil	百菌清	264	266

表 B.4(续)

化合物英文名称	化合物中文名称	分子量	定量离子
Chlorpyrifos	毒死蜱	349	197/97
2-Chlorobiphenyl	2-氯联苯	188	188
Chrysene	䓛	228	228
Cyanazine	氰草津	240	225/68
Cycloate	环草敌	215	83/154
Dacthal(DCPA)	氯酞酸甲酯	330	301
4,4'-DDD	4,4'-滴滴滴	318	235/165
4,4'-DDE	4,4'-滴滴伊	316	246
4,4'-DDT	4,4'-滴滴涕	352	235/165
Diazinon[b]	二嗪磷	304	137/179
Dibenz[a,h]anthracene	二苯并[a,h]蒽	278	278
Di-n-Butylphthalate	邻苯二甲酸二正丁酯	278	149
2,3-Dichlorobiphenyl	2,3-二氯联苯	222	222/152
Dichlorvos	敌敌畏	220	109
Dieldrin	狄氏剂	378	79
Diethylphthalate	邻苯二甲酸二乙酯	222	149
Di(2-ethylhexyl)adipate	已二酸二(2-乙基已基)酯	370	129
Di(2-ethylhexyl)phthalate	邻苯二甲酸二(2-乙基已基)酯	390	149
Dimethylphthalate	邻苯二甲酸二甲酯	194	163
2,4-Dinitrotoluene	2,4-二硝基甲苯	182	165
2,6-Dinitrotoluene	2,6-二硝基甲苯	182	165
Diphenamid	双苯酰草胺	239	72/167
Disulfoton	乙拌磷	274	88
Disulfoton Sulfoxide	乙拌磷亚砜	290	213/153
Disulfoton Sulfone	乙拌磷砜	306	97
Endosulfan Ⅰ	硫丹Ⅰ	404	195
Endosulfan Ⅱ	硫丹Ⅱ	404	195
Endosulfan Sulfate	硫丹硫酯	420	272
Endrin	异狄氏剂	378	67/81
Endrin Aldehyde	异狄氏剂醛	378	67
EPTC	菌草敌	189	128
Ethoprop	灭线磷	242	158
Etridiazole	土菌灵	246	211/183
Fenamiphos	苯线磷	303	303/154
Fenarimol	氯苯嘧啶醇	330	139

表 B.4(续)

化合物英文名称	化合物中文名称	分子量	定量离子
Fluorene	芴	166	166
Fluridone	氟苯酮	328	328
Heptachlor	七氯	370	100
Heptachlor Epoxide	环氧七氯	386	81
2,2',3,3',4,4',6-Hexachloro-biphenyl	2,2',3,3',4,4',6-七氯联苯	392	394/396
Hexachlorobenzene	六氯苯	282	284
2,2',4,4',5,6'-Hexachloro-biphenyl	2,2',4,4',5,6'-七氯联苯	358	360
Hexachlorocyclohexane,alpha	α-六六六	288	181
Hexachlorocyclohexane,beta	β-六六六	288	181
Hexachlorocyclohexane,delta	δ-六六六	288	181
Hexachlorocyclopentadiene	六氯代环戊二烯	270	237
Hexazinone	环嗪酮	252	171
Indeno[1,2,3,*c*,*d*]pyrene	茚并[1,2,3-*c*,*d*]芘	276	276
Isophorone	异佛尔酮	138	82
Lindane	γ-六六六	288	181
Merphos	三磷代磷酸三丁酯	298	209/153
Methoxychlor	甲氧滴滴涕	344	227
Methyl Paraoxon	甲基对氧磷	247	109
Metolachlor	异丙甲草胺	283	162
Metribuzin	嗪草酮	214	198
Mevinphos	速灭磷	224	127
MGK 264	增效胺	275	164/66
Molinate	禾草敌	187	126
Napropamide	敌草胺	271	72
Norflurazon	氟草敏	303	145
2,2',3,3',4,5',6,6'-Octachloro-biphenyl	2,2',3,3',4,5',6,6'-八氯联苯	426	430/428
Pebulate	克草胺	203	128
2,2',3',4,6'-Pentachlorobiphenyl	2,2',3',4,6'-五氯联苯	324	326
Pentachlorophenol	五氯酚	264	266
Phenanthrene	菲	178	178
cis-Permethrin	顺一氯菊酯	390	183
trans-Permethrin	反一氯菊酯	390	183
Prometon	扑灭通	225	225/168
Prometryn	扑草净	241	241/184
Pronamide	拿草特	255	173

表 B.4(续)

化合物英文名称	化合物中文名称	分子量	定量离子
Propachlor	毒草胺	211	120
Propazine	扑灭津	229	214/172
Pyrene	芘	202	202
Simazine	西玛津	201	201/186
Simetryn	西草净	213	213
Stirofos	杀敌畏	364	109
Tebuthiuron	丁噻隆	228	156
Terbacil	特草定	216	161
Terbufos	特丁硫磷	288	57
Terbutryn	特丁净	241	226/185
2,2',4,4'-Tetrachloro biphenyl	2,2',4,4'-四氯联苯	290	292
Toxaphene	毒杀芬		159
Triademefon	三唑酮	293	57
2,4,5-Trichlorobiphenyl	2,4,5-三氯联苯	256	256
Tricyclazole	三环唑	189	189
Trifluralin	氟乐灵	335	306
Vernolate	灭草敌	203	128
Aroclor 1016	多氯联苯-1016	222	152/256/292
Aroclor 1221	多氯联苯-1221	190	152/222/256
Aroclor 1232	多氯联苯-1232	190	152/256/292
Aroclor 1242	多氯联苯-1242	222	152/256/292
Aroclor 1248	多氯联苯-1248	292	152/256/292
Aroclor 1254	多氯联苯-1254	292	220/326/360
Aroclor 1260	多氯联苯-1260	360	326/369/394

附 录 C
（规范性附录）
引 用 文 件

GB/T 5750.10—2006 生活饮用水标准检验方法 消毒副产物指标

ICS 13.060
C 51

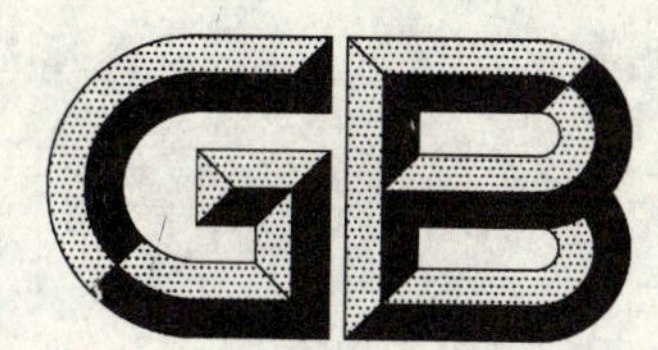

中华人民共和国国家标准

GB/T 5750.9—2006
部分代替 GB/T 5750—1985

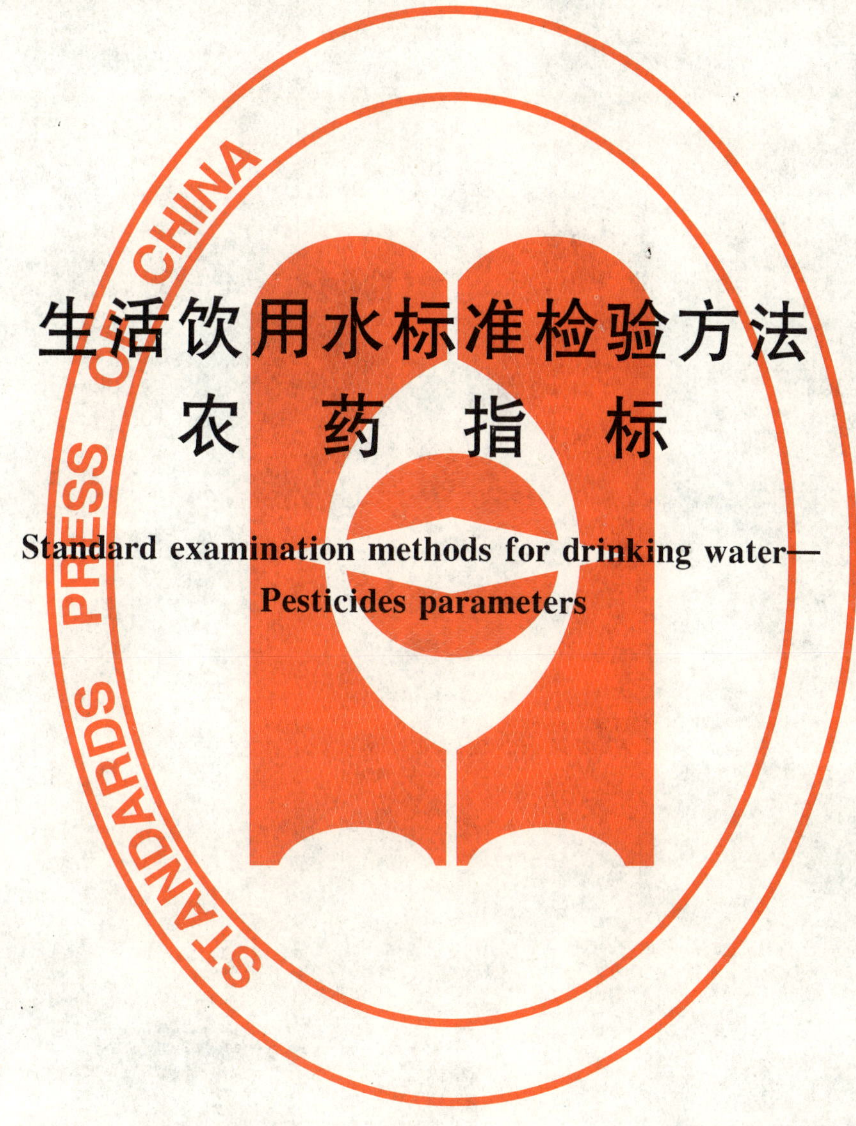

生活饮用水标准检验方法 农药指标

Standard examination methods for drinking water—Pesticides parameters

2006-12-29 发布 2007-07-01 实施

中华人民共和国卫生部
中国国家标准化管理委员会 发布

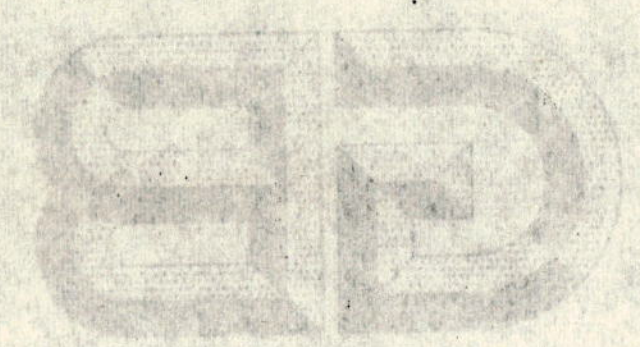

前　言

GB/T 5750《生活饮用水标准检验方法》分为以下部分：

——总则；

——水样的采集和保存；

——水质分析质量控制；

——感官性状和物理指标；

——无机非金属指标；

——金属指标；

——有机物综合指标；

——有机物指标；

——农药指标；

——消毒副产物指标；

——消毒剂指标；

——微生物指标；

——放射性指标。

本标准代替 GB/T 5750—1985《生活饮用水标准检验法》第二篇中的滴滴涕、六六六。

本标准与 GB/T 5750—1985 相比主要变化如下：

——依据 GB/T 1.1—2000《标准化工作导则　第 1 部分：标准的结构和编写规则》与 GB/T 20001.4—2001《标准编写规则　第 4 部分：化学分析方法》调整了结构；

——依据国家标准的要求修改了量和计量单位；

——当量浓度改成摩尔浓度（氧化还原部分仍保留当量浓度）；

——质量浓度表示符号由 C 改成 ρ，含量表示符号由 M 改成 m；

——增加了生活饮用水中林丹、对硫磷、甲基对硫磷、内吸磷、马拉硫磷、乐果、百菌清、甲萘威、溴氰菊酯、灭草松、2，4-滴、敌敌畏（含敌百虫）、呋喃丹、毒死蜱、莠去津、草甘膦、七氯、六氯苯、五氯酚 19 项指标的 30 个检验方法；

——增加了生活饮用水中滴滴涕、六六六的毛细管柱气相色谱法。

本标准的附录 A 为规范性附录。

本标准由中华人民共和国卫生部提出并归口。

本标准负责起草单位：中国疾病预防控制中心环境与健康相关产品安全所。

本标准参加起草单位：江苏省疾病预防控制中心、唐山市疾病预防控制中心、重庆市疾病预防控制中心、北京市疾病预防控制中心、广东省疾病预防控制中心、辽宁省疾病预防控制中心、广州市疾病预防控制中心、武汉市疾病预防控制中心、吉林省疾病预防控制中心、上海市疾病预防控制中心、黑龙江省疾病预防控制中心、北京市东城区疾病预防控制中心、北京市西城区疾病预防控制中心、北京市海淀区疾病预防控制中心、无锡市疾病预防控制中心、扬州市疾病预防控制中心、湖南省疾病预防控制中心、河南省疾病预防控制中心、四川省疾病预防控制中心、安徽省疾病预防控制中心。

本标准主要起草人：金银龙、鄂学礼、陈亚妍、张岚、陈昌杰、陈守建、邢大荣、王正虹、魏建荣、杨业、张宏陶、艾有年、庄丽、姜树秋、卢玉棋、周明乐。

本标准参加起草人：陈丽华、丁茜、王坚民、祝孝巽、王忝、李少霞、吴西梅、周珊、张丽薇、赵舰、万丽奎、高建、张冠英、黄伟雄、雒丽娜、白梅、顾万江、李冬梅、马腾蛟、郭蒙京、王晓威、曹忠波、刘文卫、夏俊鹏、刘长福、崔勇、李莉、肖白曼、王斌、肖义夫、冯家力、潘振球、施小平、王爱月。

本标准于1985年8月首次发布，本次为第一次修订。

生活饮用水标准检验方法
农 药 指 标

1 滴滴涕

1.1 填充柱气相色谱法

1.1.1 范围

本标准规定了用填充柱气相色谱法测定生活饮用水及其水源水中滴滴涕和六六六的各种异构体。

本法适用于生活饮用水及其水源水中滴滴涕和六六六各种异构体的测定。

本法最低检测质量：滴滴涕为 6.0 pg，六六六的各异构体为 2.0 pg，若取 500 mL 水样测定，则最低检测质量浓度滴滴涕为 0.03 μg/L，六六六各异构体为 0.008 μg/L。

在选定的分析条件下，本法对滴滴涕和六六六的各种异构体分离效果好，干扰小。

1.1.2 原理

用环己烷萃取水中滴滴涕和六六六的各种异构体，浓缩后用带有电子捕获检测器的气相色谱仪分离和测定。

1.1.3 试剂和材料

1.1.3.1 载气和辅助气体：氮气(99.999%)。

1.1.3.2 配制标准样品和试样预处理时使用的试剂。

1.1.3.2.1 环己烷或石油醚：用全玻璃蒸馏器重蒸馏，直至测定时不出现干扰峰。

1.1.3.2.2 苯，色谱纯。

1.1.3.2.3 无水硫酸钠(Na_2SO_4)：经 350℃烘烤 4 h 后置干燥器内备用。

1.1.3.2.4 硫酸(ρ_{20}=1.84 g/mL)：优级纯。

1.1.3.2.5 硫酸钠溶液(40 g/L)：称取 4 g 无水硫酸钠(1.1.3.2.3)，溶于纯水中，稀释至 100 mL。

1.1.3.2.6 色谱标准物：滴滴涕和六六六的各种异构体标准物的纯度均为色谱纯。

1.1.3.3 制备色谱柱时使用的试剂。

1.1.3.3.1 色谱柱和填充物，见 1.1.4.1.3 有关内容。

1.1.3.3.2 涂渍固定液所用的溶剂：二氯甲烷(CH_2Cl_2)。

1.1.4 仪器

1.1.4.1 气相色谱仪。

1.1.4.1.1 电子捕获检测器，Ni-63 源或氚源。

1.1.4.1.2 记录仪或工作站。

1.1.4.1.3 色谱柱

A 色谱柱类型：硬质玻璃填充柱，长 2 m，内径 3 mm。

B 填充物

a 载体：Chromosorb W 酸洗硅烷化担体，80 目～100 目，经筛分干燥后备用。

b 固定液：3%OV-210(或 QF-1)与 0.5%OV-17 的混合液。

C 涂渍固定液的方法及老化方法：根据载体的质量称取一定量的固定液，溶于二氯甲烷(1.1.3.3.2)溶剂中，待完全溶解后加入载体，摇匀，置于通风柜内于室温下自然挥干，采用普通装柱法装柱，将装好的色谱柱于色谱仪上通氮老化 24 h。

1.1.4.2 微量注射器，5 μL。

1.1.4.3 磨口玻璃瓶,2 000 mL。

1.1.4.4 分液漏斗,1 000 mL。

1.1.4.5 具塞比色管,10 mL。

1.1.4.6 容量瓶,10 mL。

1.1.5 样品

1.1.5.1 样品稳定性

滴滴涕和六六六的各种异构体在水中性质稳定,具有臭味。

1.1.5.2 水样采集和保存方法

用磨口玻璃瓶(1.1.4.3)采集样品,采集后的样品于4℃冰箱内保存。

1.1.5.3 水样的预处理

1.1.5.3.1 洁净的水样:取水样 500 mL 置于 1 000 mL 分液漏斗中,加入 10 mL 环己烷或石油醚(1.1.3.2.1),充分振荡 3 min,静置分层,弃去水相,环己烷萃取液经无水硫酸钠(1.1.3.2.3)脱水后,供测定用。

1.1.5.3.2 污染较重的水样:取水样 500 mL 置于 1 000 mL 分液漏斗中,加入 10 mL 环己烷(1.1.3.2.1)。充分振荡 3 min,静置分层,弃去水相。加入 2 mL 硫酸(1.1.3.2.4),轻轻振荡数次,静置分层,弃去硫酸相。加入 10 mL 硫酸钠溶液(1.1.3.2.5),振荡,静置分层后,弃去水相,环己烷萃取液经无水硫酸钠(1.1.3.2.3)脱水后,供测定用。

1.1.6 分析步骤

1.1.6.1 仪器的调整

1.1.6.1.1 气化室温度:250℃。

1.1.6.1.2 柱温:210℃。

1.1.6.1.3 检测器温度:225℃(Ni-63 检测器)。

1.1.6.1.4 载气流量:32 mL/min。

1.1.6.1.5 衰减:根据样品中被测组分含量调节记录器衰减。

1.1.6.2 校准

1.1.6.2.1 定量分析中的校准方法:外标法。

1.1.6.2.2 标准样品

A 使用次数

每次分析样品时标准使用液需临时配制。

B 标准样品的制备

a 标准储备溶液的制备:称取色谱纯 α-666,β-666,γ-666,δ-666 和 o,p-DDE,p,p'-DDE,o,p-DDT,p,p'-DDD,p,p'-DDT 各 10.00 mg。分别置于 10 mL 容量瓶中,用苯溶解并稀释至刻度。ρ(DDT 和六六六各异构体)=1 000 μg/mL。

b 标准中间溶液的制备:分别吸取 1.0 mL 各物质的标准储备溶液(1.1.6.2.2 B a)分别置于 9 个 100 mL 容量瓶中,用环己烷(1.1.3.2.1)稀释至刻度,九种标准中间溶液的浓度为 ρ(α-666,γ-666,δ-666,β-666,o,p-DDE,o,p-DDT,p,p'-DDD,p,p'-DDE,p,p'-DDT)=10 μg/mL。

c 混合标准使用溶液的制备:取标准中间液(1.1.6.2.2 B b)中 α-666、γ-666 各 0.10 mL;δ-666 0.2 mL;β-666、o,p-DDE、p,p'-DDE 各 0.5 mL;o,p-DDT、p,p'-DDD、p,p'-DDT 各 1.0 mL,合并于 10 mL的容量瓶中,加环己烷(1.1.3.2.1)稀释至刻度,摇匀。混合标准液 1.00 mL 含 α-666、γ-666 各 0.1 μg;δ-666 0.20 μg;β-666、o,p-DDE、p,p'-DDE 各 0.5 μg;o,p-DDT、p,p'-DDD、p,p'-DDT 各 1.00 μg。根据仪器的灵敏度,用环己烷将此混合标准再稀释成标准系列,储存于冰箱中。

C 气相色谱法中使用标准样品的条件

a 标准样品进样体积与试样体积相同,标准样品的响应值应接近试样的响应值。

b　在工作范围内相对标准偏差小于10%即可认为仪器处于稳定状态。

c　标准样品与试样尽可能同时进行分析。

1.1.6.2.3　标准曲线的绘制：分别吸取混合标准系列溶液（1.1.6.2.2 B c）5.0 μL注入色谱柱，以测得的峰高或峰面积为纵坐标，各单体滴滴滴和六六六的浓度为横坐标，分别绘制标准曲线。

1.1.6.3　**试验**

1.1.6.3.1　进样：

A　进样方式：直接进样；

B　进样量：5 μL；

C　操作：用洁净注射器（1.1.4.2）于待测样品中抽吸几次后，排出气泡，取所需体积迅速注射至色谱仪中，并立即拔出注射器。

1.1.6.3.2　记录：以标样核对，记录色谱峰的保留时间及对应的化合物。

1.1.6.3.3　色谱图的考察

A　标准色谱图

见图1。

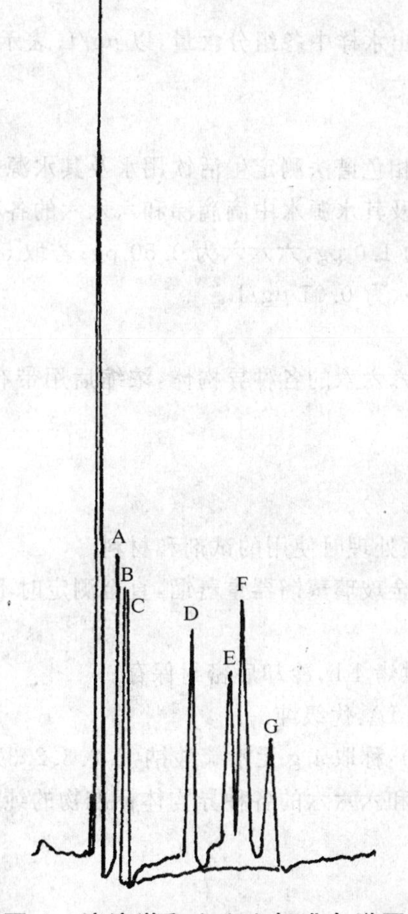

图1　滴滴涕和六六六标准色谱图

B　定性分析

a　各组分的出峰次序为：(1) α-666，(2) γ-666，(3) β-666，(4) p, p′-DDE，(5) o, p-DDT，(6) p, p′-DDD，(7) p, p′-DDT。

b　保留时间：α-666 1 min 6 s，γ-666 1 min 24 s，β-666 1 min 43 s，p, p′-DDE 5 min，o, p-DDT 7 min 6 s，p, p′-DDD 7 min 48 s，p, p′-DDT 9 min 18 s。

C　定量分析

a　色谱峰的测量：连接峰的起点和终点作为峰底，从峰高的最大值对基线做垂线与峰底相交，其交点与峰顶点的距离为峰高。

b　计算：根据色谱峰的峰高，在标准曲线上查出各组分的含量，按式(1)计算。

$$\rho(\mathrm{B})=\frac{\rho_1\times V_1\times 1\ 000}{V} \quad \cdots\cdots(1)$$

式中：

$\rho(\mathrm{B})$——水样中各单体滴滴涕或六六六异构体的质量浓度，单位为微克每升(μg/L)；

ρ_1——相当于标准曲线标准的质量浓度，单位为微克每毫升(μg/mL)；

V_1——萃取液总体积，单位为毫升(mL)；

V——水样的体积，单位为毫升(mL)。

滴滴滴和六六六总量分别为各单体量之和。

1.1.7　**结果的表示**

1.1.7.1　**定性结果**

根据标准色谱图各组分的保留时间确定被测试样中的组分数目及组分名称。

1.1.7.2　**定量结果**

含量的表示方法：按式(1)算出水样中各组分含量，以 μg/L 表示。

1.2　**毛细管柱气相色谱法**

1.2.1　**范围**

本标准规定了用毛细管柱气相色谱法测定生活饮用水及其水源水中的滴滴涕、六六六。

本法适用于测定生活饮用水及其水源水中滴滴涕和六六六的各种异构体。

本法最低检测质量：滴滴涕为 1.0 pg，六六六为 0.50 pg；若取 500 mL 水样测定，则最低检测质量浓度：滴滴涕为 0.02 μg/L，六六六为 0.01 μg/L。

1.2.2　**原理**

用环己烷萃取水中滴滴涕和六六六的各种异构体，浓缩后用带有电子捕获检测器的气相色谱仪分离和测定。

1.2.3　**试剂和材料**

1.2.3.1　载气：高纯氮气(99.999%)。

1.2.3.2　配制标准样品和试样预处理时使用的试剂和材料

1.2.3.2.1　环己烷或石油醚：用全玻璃蒸馏器重蒸馏，直至测定时不出现干扰峰。

1.2.3.2.2　苯：色谱纯。

1.2.3.2.3　无水硫酸钠：600℃烘烤 4 h，冷却后密封保存。

1.2.3.2.4　硫酸(ρ_{20}=1.84 g/mL)：优级纯。

1.2.3.2.5　硫酸钠溶液(40 g/L)：称取 4 g 无水硫酸钠(1.2.3.2.3)，溶于纯水中，稀释至 100 mL。

1.2.3.2.6　色谱标准物：滴滴涕和六六六的各种异构体标准物的纯度均为色谱纯。

1.2.4　**仪器**

1.2.4.1　气相色谱仪。

1.2.4.1.1　电子捕获检测器。

1.2.4.1.2　记录仪或工作站。

1.2.4.1.3　色谱柱：DM-1701(30 m×0.32 mm×0.25 μm)高弹石英毛细管色谱柱，或者同等极性的毛细管色谱柱。

1.2.4.2　微量注射器：1 μL。

1.2.4.3　分液漏斗：1 000 mL。

1.2.4.4 具塞比色管：10 mL。

1.2.4.5 容量瓶：10 mL。

1.2.5 **样品**

1.2.5.1 **水样采集和保存方法**

用磨口玻璃瓶采集样品，采集后的样品于4℃冰箱内保存。

1.2.5.2 **水样的预处理**

1.2.5.2.1 洁净的水样：取水样500 mL置于1 000 mL分液漏斗中，用70 mL环己烷或石油醚(1.2.3.2.1)分三次萃取(30 mL，20 mL，20 mL)，每次充分振荡3 min，静置分层，合并环己烷萃取液经无水硫酸钠(1.2.3.2.3)脱水后，浓缩至10 mL，供测定用。

1.2.5.2.2 污染较重的水样：取水样500 mL置于1 000 mL分液漏斗中，用70 mL环己烷(1.2.3.2.1)分三次萃取(30 mL，20 mL，20 mL)，每次充分振荡5 min，静置分层，合并环己烷萃取液经无水硫酸钠(1.2.3.2.3)脱水后，浓缩至10 mL，加入2 mL硫酸(1.2.3.2.4)，轻轻振荡数次，静置分层，弃去硫酸相。加入10 mL硫酸钠溶液(1.2.3.2.5)，振荡，静置分层后，弃去水相，环己烷萃取液经无水硫酸钠(1.2.3.2.3)脱水后，供测定用。

1.2.6 **分析步骤**

1.2.6.1 **仪器的调整**

1.2.6.1.1 汽化室温度：260℃。

1.2.6.1.2 柱温：210℃。

1.2.6.1.3 检测器温度：260℃（Ni-63 检测器）。

1.2.6.1.4 载气流量：1 mL/min。

1.2.6.1.5 分流比：10∶1。

1.2.6.1.6 尾吹气流量：40 mL/min。

1.2.6.2 **校准**

1.2.6.2.1 定量分析中的校准方法：外标法。

1.2.6.2.2 标准样品

A 使用次数

每次分析样品时标准使用液需临时配制。

B 标准样品的制备

a 标准储备溶液的制备：称取色谱纯 α-666，β-666，γ-666，δ-666 和 p,p'-DDE，o,p'-DDT，p,p'-DDD，p,p'-DDT 各10.00 mg。分别置于10 mL容量瓶中，用苯溶解并稀释至刻度。此溶液 ρ(DDT和666各异构体)＝1 000 μg/mL。

b 标准中间溶液的制备：分别取各物质的标准储备溶液(1.2.6.2.2 B a)1.0 mL分别置于九个100 mL容量瓶中，用环己烷(1.2.3.2.1)稀释至刻度，九种标准中间溶液的浓度为 ρ(α-666，β-666，γ-666，δ-666 和 p,p'-DDE，o,p'-DDT，p,p'-DDD，p,p'-DDT)＝10 μg/mL。

c 混合标准使用溶液的制备：取标准中间液(1.2.6.2.2 B b)中各物质的标准储备溶液10.0 mL分别置于一个100 mL容量瓶中，用环己烷(1.2.3.2.1)稀释至刻度，九种标准中间溶液的浓度为 ρ(α-666，β-666，γ-666，δ-666 和 p,p'-DDE，o,p'-DDT，p,p'-DDD，p,p'-DDT)＝1.0 μg/mL。根据仪器的灵敏度，用环己烷将此混合标准溶液再稀释成标准系列。

C 气相色谱法中使用标准样品的条件

a 标准样品进样体积与试样体积相同，标准样品的响应值应接近试样的响应值。

b 在工作范围内，相对标准偏差小于10%，即可认为仪器处于稳定状态。

c 标准样品与试样尽可能同时进行分析。

1.2.6.2.3 标准曲线的绘制：取6个10 mL容量瓶分别加入混合标准溶液(1.2.6.2.2 B c)配制成浓

度为 0,0.05,0.10,0.20,0.40,0.50 μg/mL 六六六;0,0.05,0.10,0.20,0.40,0.50 μg/mL 滴滴涕标准系列。分别吸取混合标准系列溶液 1.0 μL 注入色谱柱,以测得的峰高或峰面积为纵坐标,各单体滴滴滴或六六六的浓度为横坐标,分别绘制标准曲线。

1.2.6.3 试验

1.2.6.3.1 进样

1.2.6.3.1.1 进样方式:直接进样。

1.2.6.3.1.2 进样量:1 μL。

1.2.6.3.1.3 操作:用洁净微量注射器(1.2.4.1.4)于待测样品中抽吸几次后,排出气泡,取所需体积迅速注射至色谱仪中。

1.2.6.3.1.4 色谱图考察

A 标准色谱图

见图 2。

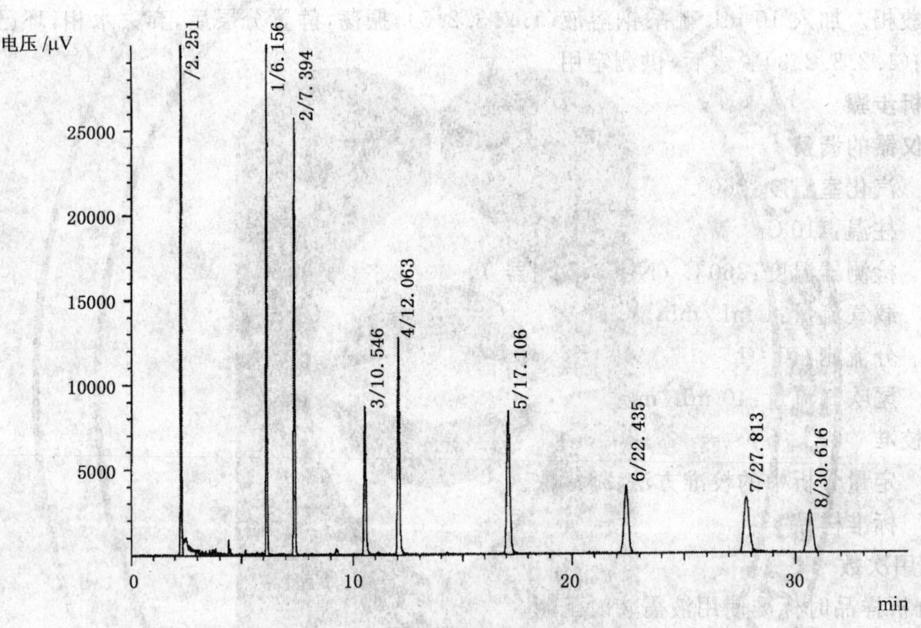

图 2 标准色谱图

B 定性分析

a 各组分出峰顺序(1)α-666,(2)γ-666,(3)β-666,(4)δ-666,(5)p,p′-DDE,(6)o,p′-DDT,(7)p,p′-DDD,(8)p,p′-DDT。

b 各组分保留时间:α-666(6.156 min);γ-666(7.394 min);β-666(10.546 min);δ-666(12.063 min)和 p,p′-DDE(17.106 min);o,p′-DDT(22.435 min);p,p′-DDD(27.813 min);p,p′-DDT(30.616 min)。

C 定量分析

a 色谱峰的测量:连接峰的起点和终点作为峰底,从峰高极大值对峰底做垂线,此线即为峰高。

b 计算:根据色谱峰的峰高或峰面积,在标准曲线上查出萃取液中被测组分的质量浓度,按式(2)计算水样中被测组分的质量浓度。

$$\rho(B)=\frac{\rho_1\times V_1\times 1\,000}{V} \quad \cdots\cdots(2)$$

式中:

ρ(B)——水样中各单体滴滴涕或六六六的各种异构体的质量浓度,单位为微克每升(μg/L);

ρ_1——相当于标准曲线的质量浓度,单位为微克每毫升(μg/mL);

V_1——萃取液总体积,单位为毫升(mL);

V——水样的体积,单位为毫升(mL)。

滴滴涕和六六六总量分别为各单体量之和。

1.2.7 结果的表示

1.2.7.1 定性结果

根据标准色谱图各组分的保留时间确定被测试样中的组分数目及组分名称。

1.2.7.2 定量结果

1.2.7.2.1 含量的表示方法:以 μg/L 表示。

1.2.7.2.2 精密度和准确度:4 个实验室测定添加六六六标准的水样(六六六的质量浓度为0.01 μg/L~10 μg/L 时),其相对标准偏差为 2.5%~7.9%,其平均回收率为 85.8%~108%。测定加滴滴涕标准的水样(滴滴涕的质量浓度为 0.02 μg/L~10 μg/L 时),其相对标准偏差为 3.2%~10%,其平均回收率为 91.3%~102%。

2 六六六

2.1 填充柱气相色谱法

2.1.1 检验方法

见 1.1。

2.1.2 精密度和准确度

见表 1。

表 1 天然水中加入六六六各异构体的回收率

项 目	α-666	β-666	γ-666	δ-666
加入标准/(μg/L)	0.01	0.02	0.01	0.02
测定次数/(n)	22	22	22	20
平均回收率/(%)	109	94.9	105	98.9
相对标准偏差/(%)	6.9	8.2	5.2	16

2.2 毛细管柱气相色谱法

见 1.2。

3 林丹(γ-666)

见第 1 章滴滴涕。

4 对硫磷

4.1 填充柱气相色谱法

4.1.1 范围

本标准规定了用填充柱气相色谱法测定生活饮用水及其水源水中的对硫磷(E-605)、甲基对硫磷(甲基 E-605)、内吸磷(E-059)、马拉硫磷(4049)、乐果和敌敌畏(DDVP)六种有机磷农药。

本法适用于生活饮用水及其水源水中 E-605、甲基 E-605、E-059、4049、乐果和 DDVP 的测定。

本法测定对硫磷(E-605)等 6 种有机磷的最低检测质量均为 0.20 ng。若取 100 mL 水样萃取后测定,对硫磷(E-605)等 6 种有机磷的最低检测质量浓度均为 2.5 μg/L。

4.1.2 原理

水中微量有机磷经二氯甲烷萃取,浓缩,定量注入色谱柱,各有机磷在柱上逐一分离,依次在火焰光度检测器富氢火焰中燃烧,发射出 526 nm 波长的特征光。光强度与含磷量成正比,此特征光通过磷滤光片，由光电倍增管检测进行定量分析。

4.1.3 试剂和材料

4.1.3.1 载气和辅助气体

4.1.3.1.1 载气：氮气。

4.1.3.1.2 辅助气体：氢气、空气。

4.1.3.2 试样预处理和配制标准使用的试剂

4.1.3.2.1 二氯甲烷(重蒸)。

4.1.3.2.2 丙酮。

4.1.3.2.3 无水硫酸钠。

4.1.3.2.4 标准

A E-605：ω(E-605)＝90％。

B E-059：ω(E-059)＝50％。

C 乐果：ω(乐果)＝95％。

D 甲基 E-605：ω(甲基 E-605)＝99％。

E 4049：ω(4049)＝99％。

F DDVP：ω(DDVP)＝99％。

4.1.3.3 制备色谱柱使用的试剂和材料

4.1.3.3.1 色谱柱及填充物见 4.1.4.1.3 有关内容。

4.1.3.3.2 涂渍固定液所用的溶剂：三氯甲烷。

4.1.4 仪器

4.1.4.1 气相色谱仪

4.1.4.1.1 火焰光度检测器。

4.1.4.1.2 记录仪或工作站。

4.1.4.1.3 色谱柱

A 色谱柱类型

硬质玻璃填充柱，长 1.5 m，内径 3 mm。

B 填充物

a 载体：Chromosrb-W 酸洗硅烷化担体(60 目～80 目)。

b 固定液及含量：2％ SE-30＋3％ QF-1。

C 涂渍固定液及老化的方法

根据担体的用量，称取 0.2 g 的 SE-30 和 0.3 g 的 QF-1，分别用三氯甲烷溶解后，将两种固定液合并在一起，然后加入 10 g Chromosorb-W 担体，混匀，置于红外灯下烤干，采用普通装柱法装柱。

将色谱柱与检测器断开，然后将填充好的色谱柱装机通氮气，柱温 190℃，老化 24 h。

4.1.4.2 微量注射器：10 μL。

4.1.4.3 KD 浓缩器。

4.1.4.4 分液漏斗：250 mL。

4.1.5 样品

4.1.5.1 采样

水样采集于硬质磨口玻璃瓶中，在冰箱中保存，于 24 h 内测定。

4.1.5.2 水样预处理

4.1.5.2.1 萃取：取 100 mL 水样置于 250 mL 分液漏斗中，用二氯甲烷 30 mL 分两次萃取，合并萃取液，用无水硫酸钠脱水。

4.1.5.2.2 浓缩：将 4.1.5.2.1 的样品萃取液于 40℃～60℃水浴中减压浓缩至 5 mL，供分析用。

4.1.6 **分析步骤**

4.1.6.1 **仪器的调整**

4.1.6.1.1 气化室温度:220℃。

4.1.6.1.2 柱温:180℃。

4.1.6.1.3 检测器温度:250℃。

4.1.6.1.4 载气流量:氮气 50 mL/min;氢气和空气根据所用仪器选择最佳流量。

4.1.6.1.5 衰减:根据样品中被测组分含量调节记录器衰减。

4.1.6.2 **校准**

4.1.6.2.1 定量分析中的校准方法:外标法。

4.1.6.2.2 标准样品

A 使用次数

每次分析样品时用新标准使用液绘制标准曲线。

B 标准样品的制备

a 标准储备溶液:将 E-605、E-059、乐果、甲基 E-605、4049、DDVP 标准用丙酮配制;其浓度均为 ρ(E-605、E-059、乐果、甲基 E-605、4049、DDVP)=100 μg/mL。

C 气相色谱法中使用标准样品的条件

a 标准样品进样体积与试样的进样体积相同。

b 标准样品与试样尽可能同时分析。

4.1.6.2.3 标准曲线的绘制:取标准储备溶液(4.1.6.2.2 B a)用二氯甲烷稀释至浓度分别为 0.50 μg/mL、0.70 μg/mL、1.0 μg/mL、1.2 μg/mL、1.5 μg/mL 的混合标准溶液。各取 4 μL 有机磷混合标准系列,注入气相色谱仪。用测得的峰高或峰面积为纵坐标,浓度为横坐标,绘制标准曲线。

4.1.6.3 **试验**

4.1.6.3.1 **进样**

A 进样方式:直接进样。

B 进样量:4 μL。

C 操作:用洁净微量注射器(4.1.4.2)于待测样品中抽吸几次后,排出气泡,取所需体积迅速注射至色谱仪中。

4.1.6.3.2 **记录**

以标样核对,记录色谱峰的保留时间及对应的化合物。

4.1.6.3.3 **色谱图考察**

A 标准色谱图

见图 3。

B 定性分析

a 各组分出峰顺序为 DDVP、E-059、乐果、甲基 E-605、4049 和 E-605。

b 保留时间:DDVP 47 s,E-059 3 min 16 s,乐果 4 min 38 s,甲基 E-605 6 min 51 s,4049 7 min 39 s,E-605 9 min 24 s。

C 定量分析

a 色谱峰的测量:连接峰的起点和终点作为峰底,从峰高极大值对峰底做垂线,此线即为峰高。

b 计算:根据样品的峰高或峰面积从标准曲线上查出有机磷的质量浓度。按式(3)进行计算水样中有机磷的质量浓度。

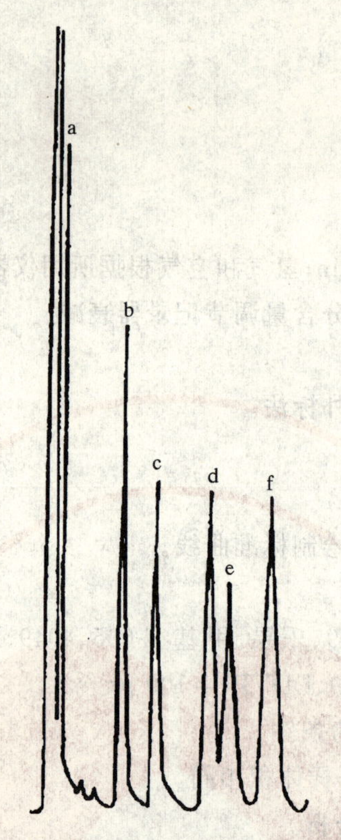

a——DDVP；
b——E-059；
c——乐果；
d——甲基 E-605；
e——4049；
f——E-605。

图 3 标准色谱图

$$\rho(\mathrm{B})=\frac{\rho_1\times V_1}{V} \quad \cdots\cdots(3)$$

式中：

$\rho(\mathrm{B})$——水样中有机磷的质量浓度，单位为毫克每升(mg/L)；

ρ_1——从标准曲线上查出有机磷的质量浓度，单位为微克每毫升(μg/mL)；

V_1——浓缩后的体积，单位为毫升(mL)；

V——水样体积，单位为毫升(mL)。

4.1.7 结果表示

4.1.7.1 定性结果

根据标准色谱图组分保留时间确定被测水样中有机磷农药的种类。

4.1.7.2 定量结果

4.1.7.2.1 含量的表示方法：以 mg/L 表示。

4.1.7.2.2 精密度和准确度：3 个实验室测定加标水样质量浓度为 0.05 mg/L 时，其相对标准偏差为：DDVP 3.9%～6.5%，乐果 2.4%～8.5%，甲基 E-605 2.7%～4.5%，4049 2.9%～4.4%和 E-605 2.2%～6.2%。回收率为：DDVP 94.0%～97.0%，乐果 97.0%～99.0%，甲基 E-605 95.0 %～100 %，4049 95.0%～100%和 E-605 91.0%～101%。

4.2 毛细管柱气相色谱法

4.2.1 范围

本标准规定了用毛细管柱气相色谱法测定生活饮用水及其水源水中敌敌畏、甲拌磷、内吸磷

(E-059)、乐果、甲基对硫磷（甲基 E-605）、马拉硫磷（4049)和对硫磷（E-605)七种有机磷农药。

本法适用于生活饮用水及其水源水中敌敌畏、甲拌磷、E-059、乐果、甲基 E-605、4049 和 E-605 的测定。

本法最低检测质量分别为：敌敌畏，0.012 ng；甲拌磷，0.025 ng；内吸磷，0.025 ng；乐果，0.025 ng；甲基对硫磷，0.025 ng；马拉硫磷，0.025 ng；对硫磷，0.025 ng。若取 250 mL 水样萃取后测定，则最低检测质量浓度分别为：敌敌畏，0.05 μg/L；甲拌磷，0.1 μg/L；内吸磷，0.1 μg/L；乐果，0.1 μg/L；甲基对硫磷，0.1 μg/L；马拉硫磷，0.1 μg/L；对硫磷，0.1 μg/L。

4.2.2 原理

水中微量有机磷经二氯甲烷萃取、浓缩，定量注入色谱柱，各有机磷在柱上逐一分离，依次在火焰光度检测器富氢火焰中燃烧，发射出 526 nm 波长的特征光。光强度与含磷量成正比，此特征光通过磷滤光片，由光电倍增管检测进行定量分析。

4.2.3 试剂和材料

4.2.3.1 载气和辅助气体

4.2.3.1.1 载气：氮气（纯度：99.999%)。

4.2.3.1.2 辅助气体：氢气、空气。

4.2.3.2 试样预处理和配制标准的试剂的材料

4.2.3.2.1 二氯甲烷（重蒸）。

4.2.3.2.2 丙酮。

4.2.3.2.3 无水硫酸钠。

4.2.3.3 制备色谱柱使用的试剂和材料

色谱柱见 4.2.4.1.3 有关内容。

4.2.4 仪器

4.2.4.1 气相色谱仪

4.2.4.1.1 火焰光度检测器。

4.2.4.1.2 记录仪或工作站。

4.2.4.1.3 色谱柱：石英玻璃毛细管柱 DB-1701(30 m×0.32 mm×0.25 μm)，或同等极性色谱柱。

4.2.4.2 微量注射器：10 μL。

4.2.4.3 旋转蒸发器。

4.2.4.4 500 mL 分液漏斗。

4.2.5 样品

4.2.5.1 采样

水样采集于硬质磨口玻璃瓶中，在冰箱中保存，于 24 h 内测定。

4.2.5.2 水样预处理

4.2.5.2.1 萃取：取 250 mL 水样置于 500 mL 分液漏斗中，用二氯甲烷(4.2.3.2.1)50 mL 分两次萃取，合并萃取液，用无水硫酸钠(4.2.3.2.3)脱水。

4.2.5.2.2 浓缩：将 4.2.5.2.1 的样品萃取液，于 40℃～60℃水浴中减压浓缩至 1 mL，供分析用。

4.2.6 分析步骤

4.2.6.1 仪器的调整

4.2.6.1.1 气化室温度：270℃。

4.2.6.1.2 柱温：程序升温，初温 120℃，保持 1 min，以 20℃/min 升至 190℃，保持 5 min。

4.2.6.1.3 检测器温度：270℃。

4.2.6.1.4 载气流量：氮气(30 mL/min)；尾吹气流量(15 mL/min)；氢气和空气根据所用仪器选择最佳流量。

4.2.6.1.5 衰减：根据样品中被测组分含量调节衰减。

4.2.6.2 **校准**

4.2.6.2.1 定量分析中的校准方法：外标法。

4.2.6.2.2 标准样品

A 使用次数

每次分析样品时用新标准使用液绘制标准曲线。

B 标准样品的制备

a 标准储备溶液：将敌敌畏、甲拌磷、内吸磷（E-059）、乐果、甲基对硫磷（甲基 E-605）、马拉硫磷（4049）和对硫磷（E-605）标准用丙酮配制，其浓度：敌敌畏、甲胺磷、乙酰甲胺磷、甲拌磷、E-059、乐果、甲基 E-605、4049、E-605 均为 100 μg/mL。储存于冰箱中。

b 标准使用溶液：临用前吸取一定量的标准储备溶液（4.2.6.2.2 B a）用二氯甲烷稀释为浓度均为 10 μg/mL 的标准使用溶液。

C 气相色谱法中使用标准样品的条件

a 标准样品进样体积与试样的进样体积相同。

b 标准样品与试样尽可能同时分析。

4.2.6.2.3 标准曲线的绘制：取不同体积标准使用溶液（4.2.6.2.2 B b），用二氯甲烷稀释成有机磷混合标准系列，各取 1 μL 注入气相色谱仪。以测得的峰高为纵坐标，浓度为横坐标，绘制标准曲线。

4.2.6.3 **试验**

4.2.6.3.1 **进样**

A 进样方式：直接进样。

B 进样量：1.0 μL。

C 操作：用洁净微量注射器（4.2.4.2）于待测样品中抽吸几次后，排出气泡，取所需体积迅速注射至色谱仪中。

4.2.6.3.2 **记录**

以标样核对，记录色谱峰高的保留时间及对应的化合物。

4.2.6.3.3 **色谱图考察**

A 标准色谱图

见图 4。

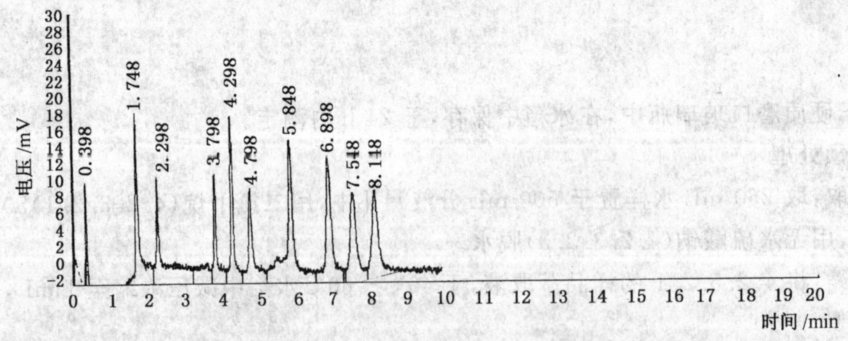

图 4 有机磷农药标准色谱图

B 定性分析

a 各组分出峰顺序为 DDV、甲胺磷、乙酰甲胺磷、甲拌磷、乐果、E-059、甲基 E-605、4049 和 E-605。

b 保留时间：DDV(1.748 min)，甲胺磷(2.298 min)，乙酰甲胺磷（3.798 min)，甲拌磷(4.298 min)，E-059(4.798 min)，乐果(5.848 min)，甲基 E-605(6.898 min)，4049(7.548 min)，E-605（8.148 min)。

C　定量分析

a　色谱峰的测量：连接峰的起点和终点作为峰底，从峰高极大值对峰底做垂线，此线即为峰高。

b　计算：根据样品的峰高或峰面积从标准曲线上查出萃取液中有机磷的质量浓度。按式(4)计算水样中有机磷的质量浓度：

$$\rho(B)=\frac{\rho_1 \times V_1}{V} \quad \cdots\cdots(4)$$

式中：

$\rho(B)$——水样中有机磷的质量浓度，单位为毫克每升(mg/L)；

ρ_1——从标准曲线上查出有机磷的质量浓度，单位为微克每毫升(μg/mL)；

V_1——浓缩后的体积，单位为毫升(mL)；

V——水样体积，单位为毫升(mL)。

4.2.7　结果表示

4.2.7.1　定性结果

根据标准色谱图组分保留时间确定被测水样中有机磷农药的种类。

4.2.7.2　定量结果

4.2.7.2.1　含量的表示方法：按式(4)计算出水样中各组分的质量浓度，以 mg/L 表示。

4.2.7.2.2　精密度和准确度：4 个实验室测定加标水样，有机磷各组分的加标回收的测定，分别加 0.05 mg/L、0.25 mg/L、0.45 mg/L 三个浓度作回收试验，测定 7 次，测定结果为 7 次的平均值，结果见表 2。

表 2　加标回收试验结果

组分名称	加标 0.05 mg/L	加标 0.25 mg/L	加标 0.45 mg/L
	测定值/(mg/L)	测定值/(mg/L)	测定值/(mg/L)
敌敌畏	0.050	0.24	0.44
甲拌磷	0.041	0.20	0.40
内吸磷	0.042	0.20	0.38
乐果	0.045	0.21	0.41
甲基对硫磷	0.039	0.20	0.37
马拉硫磷	0.045	0.22	0.39
对硫磷	0.042	0.22	0.37

有机磷各组分的准确度及精密度，平均回收率分别为：敌敌畏：98.3%；甲拌磷：83.5%；内吸磷：83.0%；乐果：89.1%；甲基对硫磷：80.7%；马拉硫磷：88.5%；对硫磷：84.8%。相对标准偏差分别为：敌敌畏：5.6%；甲拌磷：6.3%；内吸磷：6.3%；乐果：5.9%；甲基对硫磷：6.2%；马拉硫磷：6.0%；对硫磷：6.0%。结果见表 3。

表 3　有机磷各组分的准确度及精密度

组分名称	加标量 0.05 mg/L		加标量 0.25 mg/L		加标量 0.45 mg/L	
	回收率/(%)	相对标准偏差/(%)	回收率/(%)	相对标准偏差/(%)	回收率/(%)	相对标准偏差/(%)
敌敌畏	99.2	5.8	97.2	5.0	98.4	6.1
甲拌磷	82.8	6.3	79.2	5.8	88.4	6.7
内吸磷	83.6	6.9	80.8	6.1	84.7	5.9

表 3(续)

组分名称	加标量 0.05 mg/L		加标量 0.25 mg/L		加标量 0.45 mg/L	
	回收率/(%)	相对标准偏差/(%)	回收率/(%)	相对标准偏差/(%)	回收率/(%)	相对标准偏差/(%)
乐果	90.1	6.2	85.2	5.4	92.0	6.0
甲基对硫磷	78.4	6.4	81.6	6.0	82.0	6.3
马拉硫磷	90.0	5.6	88.4	6.3	87.1	6.1
对硫磷	84.4	6.1	88.0	5.5	82.0	6.4

4.2.8 干扰试验

实验结果表明,在上述实验条件下,氧化乐果对内吸磷的测定有干扰,久效磷、甲基毒死蜱对乐果的测定有干扰,毒死蜱对甲基对硫磷的测定有干扰。如果上述几种干扰存在时,可以用 HP-1(30 m×0.53 mm×2.65 μm)色谱柱进行确证(仪器条件:气化室温度 270℃;柱温:程序升温,初温 140℃,保持 1 min,以 10℃/min 升至 190℃,保持 4 min,以 5℃/min 升至 220℃,保持 1 min;检测器温度:270℃;载气流量:氮气 30 mL/min;尾吹气流量 15 mL/min)。

由于甲胺磷和乙酰甲胺磷在水中的溶解度大,直接用二氯甲烷提取时其回收率很低,故此方法不适合于甲胺磷及乙酰甲胺磷的测定。

5 甲基对硫磷

见第 4 章对硫磷。

6 内吸磷

见第 4 章对硫磷。

7 马拉硫磷

见第 4 章对硫磷。

8 乐果

见第 4 章对硫磷。

9 百菌清

9.1 气相色谱法

9.1.1 范围

本标准规定了用气相色谱法测定生活饮用水及其水源水中的百菌清。

本法适用于生活饮用水及其水源水中百菌清的测定。

本法最低检测质量为 0.02 ng,若取 500 mL 水样经处理后测定,则最低检测质量浓度为 0.4 μg/L。

9.1.2 原理

水中百菌清农药经有机溶剂萃取后,进入色谱柱进行分离,电子捕获检测器检测,以保留时间定性,外标法定量。

9.1.3 试剂和材料

9.1.3.1 载气:高纯氮(99.999%)。

9.1.3.2 配制标准样品和试样预处理时使用的试剂

9.1.3.2.1　苯：用全玻璃蒸馏器重蒸馏，直至色谱图上不出现干扰峰。

9.1.3.2.2　石油醚：沸程 60℃～90℃，用全玻璃蒸馏器重蒸馏，直至色谱图上不出现干扰峰。

9.1.3.2.3　无水硫酸钠：经 350℃灼烧 4 h，储存于密闭容器中。

9.1.3.2.4　标准品：百菌清，$\omega[C_6(CN)_2Cl_4]=98\%$。

9.1.3.3　制备色谱柱使用的试剂和材料

9.1.3.3.1　色谱柱和填充物见 9.1.4.1.3 有关内容。

9.1.3.3.2　涂渍固定液所用的溶剂：三氯甲烷。

9.1.4　仪器

9.1.4.1　气相色谱仪

9.1.4.1.1　电子捕获检测器。

9.1.4.1.2　记录仪或工作站。

9.1.4.1.3　色谱柱

A　色谱柱类型：硬质玻璃填充柱，长 2 m，内径 3 mm。

B　填充物：

a　载体：Chromosorb W AW DMCS 60 目～80 目。

b　固定液及含量：2% OV-17。

C　涂渍固定液及老化的方法：将载体(9.1.4.1.3 B a)过筛，称取 10 g(60 目～80 目)备用。准确称取 0.2 g OV-17 固定液，溶于适量的三氯甲烷中(溶剂能刚淹没载体即可)，待完全溶解后，将载体一次加入，轻轻摇匀，放在通风橱中，待溶剂完全挥干后，采用普通装柱法装柱。把填充好的色谱柱接到色谱仪上，出口与检测器断开，用 20 mL/min 载气流量，于柱温 250℃老化 24 h 以上。

9.1.4.2　进样器：微量注射器，10 μL。

9.1.4.3　分液漏斗，1 000 mL。

9.1.5　样品

9.1.5.1　样品的稳定性：常温下对酸、碱稳定，不挥发。

9.1.5.2　水样的采集及保存方法：水样采集在磨口塞玻璃瓶中，尽快分析。

9.1.5.3　水样的预处理：取 500 mL 水样于分液漏斗中，用 20.0 mL 石油醚，分两次萃取，每次充分振摇 3 min，静止分层弃去水相后，合并石油醚萃取液用无水硫酸钠脱水，浓缩至 10.0 mL 供测试用。

9.1.6　分析步骤

9.1.6.1　仪器的调整

9.1.6.1.1　气化室温度：300℃。

9.1.6.1.2　柱温：200℃。

9.1.6.1.3　检测器温度：300℃。

9.1.6.1.4　气体流量：载气 60 mL/min，氢气和空气根据所用仪器选择最佳流量。

9.1.6.1.5　衰减：根据样品被测组分含量调节记录器衰减。

9.1.6.2　校准

9.1.6.2.1　定量分析中的校准方法：外标法。

9.1.6.2.2　标准样品

A　使用次数：每次分析样品时用新标准使用液绘制标准曲线或用响应因子计算。

B　标准样品的制备：

a　百菌清标准储备溶液 $\rho[C_6(CN)_2Cl_4]=1$ mg/mL：称取 0.051 0 g 百菌清，以少量苯溶解后，用石油醚定容至 50 mL 摇匀。此液 1.00 mL 含 1.00 mg 百菌清，置冰箱中保存。

b　百菌清标准中间液：吸取 1.00 mL 百菌清标准储备溶液(9.1.6.2.2 B a)于 50 mL 容量瓶中，用石油醚(9.1.3.2.2)定容至刻度摇匀，此液 $\rho[C_6(CN)_2Cl_4]=20$ μg/mL。

c　百菌清标准使用溶液：吸取百菌清标准中间溶液 5.00 mL 置 50 mL 容量瓶中，用石油醚(9.1.3.2.2)定容至刻度。此液 $\rho[C_6(CN)_2Cl_4]=2\ \mu g/mL$。

C　气相色谱法中使用标准品的条件：

a　标准样品进样体积与试样进样体积相同，标准样品的响应值应接近试样的响应值。

b　在工作范围内相对标准差小于 10% 即可认为仪器处于稳定状态。

c　标准样品与试样尽可能同时进样分析。

9.1.6.2.3　标准曲线的绘制：取 7 个 10 mL 容量瓶，分别加入百菌清标准使用溶液(9.1.6.2.2 B c)0，0.25，0.50，2.5，5.0，7.5，10 mL，加石油醚至刻度，使标准系列质量浓度分别为：0，0.050，0.10，0.50，1.0，1.5，2.0 μg/mL 摇匀，准确吸取 1.0 μL 注入色谱仪，按 9.1.6.1 的条件测定，以浓度为横坐标对应的峰高或峰面积为纵坐标，绘制标准曲线。

9.1.6.3　试验

9.1.6.3.1　进样

A　进样方式：直接进样。

B　进样量：1.0 μL。

C　操作：用洁净注射器(9.1.4.2)于待测样品中抽吸几次，排出气泡，取所需体积迅速注入色谱仪中，并立即拔出注射器。

9.1.6.3.2　记录

以标样核对，记录色谱峰的保留时间及对应的化合物。

9.1.6.3.3　色谱图的考察

A　标准色谱图

见图 5。

a——溶剂；

b——四氯对苯二腈；

c——百菌清。

图 5　标准色谱图

B　定性分析

a　各组分出峰顺序：溶剂；四氯对苯二腈；百菌清。

b　各组分保留时间：溶剂 0.542 min；四氯对苯二腈 10.475 min；百菌清 11.508 min。

C　定量分析

a　色谱峰的测量：连接峰的起点和终点作为峰底，从峰高的最大值对基线作垂线与峰底相交，其交点与峰顶点的距离即为峰高。

b　计算：通过色谱峰高或峰面积，在标准曲线上查出百菌清的质量浓度，按式(5)计算：

$$\rho[C_6(CN)_2Cl_4]=\frac{\rho_1\times V_1}{V} \qquad \cdots\cdots(5)$$

式中：

$\rho[C_6(CN)_2Cl_4]$——水样中的百菌清的质量浓度，单位为毫克每升(mg/L)；

ρ_1——相当于标准的百菌清的质量浓度，单位为微克每毫升(μg/mL)；

V_1——萃取液总体积，单位为毫升(mL)；

V——水样体积，单位为毫升(mL)。

9.1.7　结果的表示

9.1.7.1　定性结果

根据标准色谱图组分的保留时间确定被测水样中组分的数目和名称。

9.1.7.2　定量结果

9.1.7.2.1　含量的表示方法：按式(5)计算出水样中各组分含量，以 mg/L 表示。

9.1.7.2.2　精密度和准确度：6 个实验室测定人工合成水样，百菌清质量浓度为 0.6 μg/L～2.0 μg/L，其相对标准偏差为 0.5%～8.7%；6 个实验室测定加标回收试验，百菌清质量浓度为 0.5 μg/L～20.0 μg/L，其回收率范围为 83.0%～112%；平均回收率为 97.2%。

10　甲萘威

10.1　高压液相色谱法-紫外检测器

10.1.1　范围

本标准规定了用高压液相色谱法测定生活饮用水及其水源水中的甲萘威。

本法适用于生活饮用水及其水源水中甲萘威的测定。

本法的最低检测质量为 2 ng。若取 100 mL 水样测定，则最低检测质量浓度为 0.01 mg/L。

10.1.2　原理

水中甲萘威经有机溶剂萃取浓缩后，用高压液相色谱柱分离，根据保留时间定性，外标法定量。

10.1.3　试剂和材料

10.1.3.1　流动相

甲醇＋水＝3＋2。

10.1.3.2　配制标准样品和试剂预处理时使用的试剂和材料

10.1.3.2.1　甲醇(色谱纯)，使用前经过滤脱气处理。

10.1.3.2.2　无水乙醇：使用前用 0.45 μm 滤膜过滤。

10.1.3.2.3　二氯甲烷：使用前用 0.45 μm 滤膜过滤。

10.1.3.2.4　去离子水。

10.1.3.2.5　磷酸(ρ_{20}＝1.69 g/mL)。

10.1.3.2.6　色谱标准物质：甲萘威纯品($C_{12}H_{11}NO_2$)。

10.1.3.3　制备色谱柱时使用的试剂和材料

10.1.3.3.1　色谱柱见 10.1.4.1.3 有关内容。

10.1.4　仪器

10.1.4.1　高压液相色谱仪

10.1.4.1.1　紫外检测器。

10.1.4.1.2 记录仪或工作站。

10.1.4.1.3 色谱柱：

A 色谱柱的类型：不锈钢柱，长 250 mm，内径 3.9 mm。

B 填充物：μ-Bondapak C_{18}。

10.1.4.2 微量注射器：10 μL。

10.1.4.3 分液漏斗：250 mL。

10.1.4.4 浓缩瓶。

10.1.4.5 过滤脱气装置。

10.1.5 样品

10.1.5.1 样品的稳定性

水样自然放置时甲萘威易分解。

10.1.5.2 水样的采集和储存方法

用玻璃磨口瓶采集样品，于样品中滴加磷酸调节 pH 为 3，尽快分析。

10.1.5.3 水样预处理

10.1.5.3.1 萃取：将水样经 0.45 μm 滤膜过滤后，取 100 mL 于分液漏斗(10.1.4.3)中，用 15 mL 二氯甲烷(10.1.3.2.3)分二次萃取，第一次 10 mL，第二次 5 mL，每次振摇约 5 min，静置分层将萃取液移至浓缩瓶(10.1.4.4)中。

10.1.5.3.2 浓缩：合并两次萃取液于 45℃～50℃的水浴上挥干溶剂。加入 5.0 mL 无水乙醇(10.1.3.2.2)摇匀待测。

10.1.5.3.3 如水样中甲萘威浓度大于 0.75 mg/L 时，可将水样过滤后直接进行测定。

10.1.6 分析步骤

10.1.6.1 仪器的调整

10.1.6.1.1 检测波长：280 nm。

10.1.6.1.2 流速：1.0 mL/min。

10.1.6.1.3 温度：室温。

10.1.6.1.4 衰减：根据样品中被测组分含量调节记录器衰减。

10.1.6.2 校准

10.1.6.2.1 定量分析中的校准方法：外标法。

10.1.6.2.2 标准样品

A 使用次数

每次分析样品时用新标准使用液绘制标准曲线。

B 标准样品的制备

a 甲萘威标准储备溶液[$\rho(C_{12}H_{11}NO_2)=1$ mg/mL]：称取 0.050 0 g 甲萘威(10.1.3.2.6)用无水乙醇(10.1.3.2.2)溶解，于 50 mL 容量瓶稀释至刻度。置于冰箱中保存。

b 甲萘威标准使用溶液：吸取 2.50 mL 甲萘威标准储备溶液(10.1.6.2.1 B a)，用无水乙醇(10.1.3.2.2)定容至 50 mL，此溶液 $\rho(C_{12}H_{11}NO_2)=50$ μg/mL。

C 液相色谱法中使用标准样品的条件

a 标准样品进样体积与试样进样体积相同。

b 标准样品与试样尽可能同时进样分析。

10.1.6.2.3 标准曲线绘制：吸取甲萘威标准使用溶液(10.1.6.2.2 B b)以无水乙醇(10.1.3.2.2)稀释，配成浓度为 0，0.20，0.50，1.0，2.0，5.0，10，15 μg/mL 的甲萘威标准系列，各取 10μL 注入高压液相色谱仪分析。以峰高或峰面积为纵坐标，浓度为横坐标，绘制标准曲线。

10.1.6.3 试验

10.1.6.3.1 进样

A 进样方式：直接进样。

B 进样量：10 μL。

C 操作：用洁净注射器(10.1.4.2)于待测样品中抽吸几次后，排出气泡，取 10 μL 注入高压液相色谱仪中。

10.1.6.3.2 记录

以标样核对，记录色谱峰的保留时间及对应的化合物。

10.1.6.3.3 色谱图的考察

A 标准色谱图

见图 6。

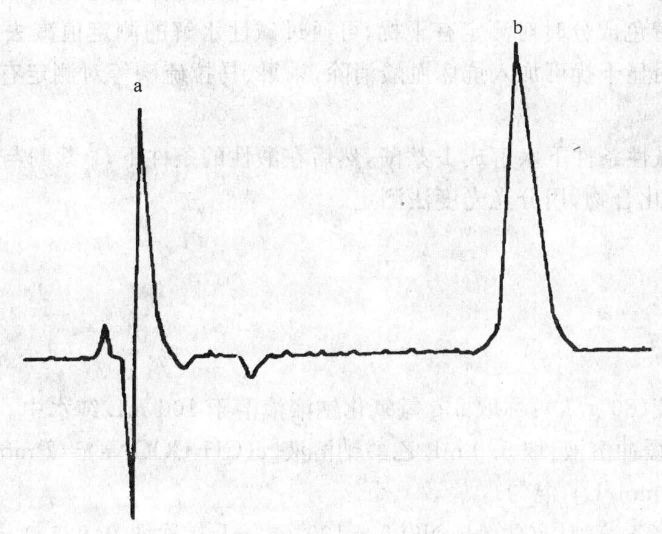

a——溶剂；

b——甲萘威。

图 6 标准色谱图

B 定性分析

a 组分出峰顺序：溶剂、甲萘威。

b 保留时间：甲萘威 9 min 4 s。

C 定量分析

a 色谱峰的测量：连接峰的起点和终点作为峰底，从峰高极大值对峰底做垂线，此线即为峰高。

b 计算：根据样品的峰高或峰面积从标准曲线上查出甲萘威的质量浓度，按式(6)进行计算。

$$\rho(C_{12}H_{11}NO_2) = \frac{\rho_1 \times V_1}{V} \quad \cdots\cdots(6)$$

式中：

$\rho(C_{12}H_{11}NO_2)$——水样中甲萘威的质量浓度，单位为毫克每升(mg/L)；

ρ_1——从标准曲线上查出甲萘威的质量浓度，单位为微克每毫升(μg/mL)；

V_1——萃取液浓缩后体积，单位为毫升(mL)；

V——水样体积，单位为毫升(mL)。

10.1.7 结果的表示

10.1.7.1 定性结果

根据标准色谱图组分的保留时间，确定被测组分的名称。

10.1.7.2 定量结果

10.1.7.2.1 含量的表示方法：以毫克每升(mg/L)表示。

10.1.7.2.2 精密度和准确度：5个实验室进行加标测定，加标量为5.0 μg～10.0 μg时，相对标准偏差范围为2.0%～5.9%，平均回收率范围为93.0%～98.0%；加标量为20 μg～50 μg时，相对标准偏差范围为2.3%～5.2%，平均回收率范围为95.0%～98.0%。

10.2 分光光度法

10.2.1 范围

本标准规定了用分光光度法测定生活饮用水及其水源水中的甲萘威。

本法适用于生活饮用水及其水源水中甲萘威的测定。

本法最低检测质量为2.0 μg，若取100 mL水样，则最低检测量质量浓度为0.02 mg/L。

水中存在1-萘酚及着色成分时对测定有干扰，可通过碱性水解的测定值减去弱酸稀释的测定值加以扣除。余氯对测定有明显干扰可加入抗坏血酸消除，乐果、马拉硫磷等对测定有一定的负干扰。

10.2.2 原理

水样中甲萘威先在碱性条件下水解成1-萘酚，然后在酸性的条件下，1-萘酚与对硝基氟硼化重氮盐进行偶合反应，生成橙色化合物，用分光光度法测定。

10.2.3 试剂

10.2.3.1 乙酸钠。

10.2.3.2 二氯甲烷。

10.2.3.3 丙酮。

10.2.3.4 氢氧化钠溶液(80 g/L)：称取8 g氢氧化钠溶液溶于100 mL纯水中。

10.2.3.5 乙酸钠-乙酸缓冲溶液：取5.0 mL乙酸钠溶液[$c(CH_3COONa)=2$ mol/L]与50 mL的乙酸溶液[$c(CH_3COOH)=2$ mol/L]，混匀。

10.2.3.6 甲萘威标准储备溶液[$\rho(C_{12}H_{11}NO_2)=100$ μg/mL]：称取0.025 0 g甲萘威纯品，用丙酮(10.2.3.3)溶解并定容至250 mL。保存于4℃冰箱内。

10.2.3.7 甲萘威标准使用溶液：临用时取1.00 mL储备液(10.2.3.6)，用纯水定容至100 mL，此溶液$\rho(C_{12}H_{11}NO_2)=1$ μg/mL。室温下可使用一天。

10.2.3.8 冰乙酸($\rho_{20}=1.06$ g/mL)＋乙醇[$\varphi(C_2H_5OH)=95\%$]溶液(1＋4)。

10.2.3.9 对硝基氟硼化重氮盐显色溶液：称取0.025 g对硝基氟硼化重氮盐，溶于25 mL冰乙酸-乙醇溶液(10.2.3.8)中，静置片刻，取上清溶液使用(因重氮盐易分解，必须临用前配制)。

10.2.3.10 磷酸＋冰乙酸溶液(1＋499)：吸取1 mL磷酸($\rho_{20}=1.69$ g/mL)，用冰乙酸($\rho_{20}=1.06$ g/mL)稀释至500 mL。

10.2.4 仪器

10.2.4.1 比色管：25 mL。

10.2.4.2 分液漏斗：250 mL。

10.2.4.3 分光光度计。

10.2.4.4 秒表。

10.2.5 分析步骤

10.2.5.1 水样的预处理

若水样中甲萘威含量低于0.1 mg/L，需先行萃取浓缩。

10.2.5.1.1 萃取：取100 mL水样置于250 mL分液漏斗中，加入5 g乙酸钠(10.2.3.1)，振摇溶解，加入 5.00 mL 二氯甲烷(10.2.3.2)振摇 30 s,静置分层后,将二氯甲烷放入 25 mL 比色管中,然后用5.00 mL二氯甲烷(10.2.3.2)再萃取一次,合并两次萃取液。

10.2.5.1.2 浓缩:将萃取液置于 50℃～60℃水浴中,将二氯甲烷蒸干,取出烧杯,放冷,沿四壁加入1 mL丙酮(10.2.3.3),再用少量水洗涤烧杯,洗涤剂合并于 25 mL 比色管中,用纯水稀释至 10 mL(供测定用)。

10.2.5.2 **碱性水解**

吸取 10.0 mL 水样于 25 mL 比色管中,然后加入 1.0 mL 氢氧化钠(10.2.3.4),放置 2 min 后加入 2.0 mL 磷酸＋冰乙酸溶液(10.2.3.10)混匀。

10.2.5.3 **弱酸性稀释**

另取 10.0 mL 水样于 25 mL 比色管中,加入 3.0 mL 乙酸钠-乙酸缓冲溶液(10.2.3.5),混匀。

10.2.5.4 **标准曲线的制备**

吸取 0,2.0,4.0,6.0,8.0,10.0 mL 甲萘威标准使用溶液(10.2.3.7)于 25 mL 比色管中,加入纯水至 10 mL,然后加入 1.0 mL 氢氧化钠溶液(10.2.3.4)混匀。

10.2.5.5 **标准曲线的绘制**

分别向上述比色管中(10.2.5.2,10.2.5.3 和 10.2.5.4)加入 10 mL 对硝基氟硼化重氮盐显色溶液(10.2.3.9),混匀,于 10 min 内在 475 nm 处比色测定,以吸光度为纵坐标,浓度为横坐标,绘制标准曲线,从标准曲线上查出样品中甲萘威的含量。

10.2.6 **计算**

水样中甲萘威的质量浓度按式(7)计算。

$$\rho(C_{12}H_{11}NO_2) = \frac{m_1 - m_2}{V} \qquad \cdots\cdots(7)$$

式中:

$\rho(C_{12}H_{11}NO_2)$——水样中甲萘威的质量浓度,单位为毫克每升(mg/L);

m_1——通过碱性水解测出的甲萘威的质量,单位为微克(μg);

m_2——通过弱酸性稀释测出的甲萘威的质量,单位为微克(μg);

V——水样体积,单位为毫升(mL)。

10.2.7 **精密度和准确度**

6 个实验室测定 0.10,0.50,1.0 mg/L 甲萘威,相对标准偏差范围分别为 0.40%～4.2%、1.1%～3.2%及 6.5%～9.2%。6 个实验室加标 0.10 mg/L 时,平均回收率为 94.0%～98.6%,加标 0.40 mg/L～1.00 mg/L 时,平均回收率为 95.1%～102%,加标 4.0 mg/L～8.0 mg/L 时,平均回收率为 98.0%。

10.3 高压液相色谱法-荧光检测器

见 15.1。

11 溴氰菊酯

11.1 气相色谱法

11.1.1 范围

本标准规定了用气相色谱法测定生活饮用水及其水源水中的溴氰菊酯、甲氰菊酯、功夫菊酯、二氯苯醚菊酯、氯氰菊酯和氰戊菊酯。

本法适用于生活饮用水及其水源水中溴氰菊酯、甲氰菊酯、功夫菊酯、二氯苯醚菊酯、氯氰菊酯和氰戊菊酯的测定。

本法的最低检测质量分别为:甲氰菊酯,0.02 ng;功夫菊酯,0.008 ng;二氯苯醚菊酯,0.128 ng;氯氰菊酯,0.028 ng;氰戊菊酯,0.052 ng;溴氰菊酯,0.040 ng。若取 200 mL 水样测定,则最低检测质量浓度分别为:甲氰菊酯,0.10 μg/L;功夫菊酯,0.04 μg/L;二氯苯醚菊酯,0.64 μg/L;氯氰菊酯,0.14 μg/L;氰戊菊酯,0.26 μg/L;溴氰菊酯,0.20 μg/L。

在选定的本分析条件下六六六、DDT、DDVP、敌百虫、乐果等农药皆不干扰测定,但所用试剂和玻璃器皿不洁时将干扰测定。

11.1.2 原理

本法用石油醚萃取水中溴氰菊酯及五种拟除虫菊酯,浓缩后用带有电子捕获检测器的气相色谱仪分离和测定。

11.1.3 试剂和材料

11.1.3.1 载气和辅助气体

11.1.3.1.1 载气:高纯氮(99.999%)。

11.1.3.1.2 燃气:纯氢(>99.6%)。

11.1.3.1.3 助燃气:压缩空气,经净化管净化。

11.1.3.2 配制标准样品和试样预处理时使用的试剂

11.1.3.2.1 石油醚:沸程 60℃~90℃,用全玻璃蒸馏器重蒸馏,直至测定时不出现干扰峰。

11.1.3.2.2 丙酮:净化方法同 11.1.3.2.1。

11.1.3.2.3 氯化钠:经 500℃烘烤 4 h 后置干燥器内备用。

11.1.3.2.4 无水硫酸钠:处理方法同 11.1.3.2.3。

11.1.3.2.5 色谱标准物:标准物纯度分别如下:ω(溴氰菊酯)=97.5 %;ω(甲氰菊酯)=92.3%;ω(功夫菊酯)=92.2%;ω(二氯苯醚菊酯)=97%;ω(氯氰菊酯)=95%;ω(氰戊菊酯)=94.3%。

11.1.3.3 制备色谱柱时使用的试剂和材料

11.1.3.3.1 色谱柱和填充物见 11.1.4.1.3 有关内容。

11.1.3.3.2 涂渍固定液所用的溶剂:二氯甲烷(CH_2Cl_2)。

11.1.4 仪器

11.1.4.1 气相色谱仪

11.1.4.1.1 电子捕获检测器。

11.1.4.1.2 记录仪或工作站。

11.1.4.1.3 色谱柱

A 色谱柱类型:硬质玻璃填充柱,长度 2 m,内径 2 mm。

B 填充物:

a 载体:Chromosorb W AW DMCS 80 目~100 目,经筛分干燥后备用。

b 固定液及含量:3% OV-101(甲基硅油 OV-101)。

C 涂渍固定液及老化的方法:根据载体的质量称取一定量的固定液,溶于二氯甲烷(11.1.3.3.2)溶剂中,待完全溶解后加入载体摇匀,置于通风柜内于室温下自然挥干。采用普通装柱法装柱。

将色谱柱与检测器断开,然后将填充好的色谱柱装机通氮气。以 100℃为起点,每 2 h 上升 50℃,到 260℃后继续老化至 30 h。

11.1.4.2 微量注射器:10 μL。

11.1.4.3 振荡器。

11.1.4.4 高温炉:自控调温。

11.1.4.5 KD 浓缩器。

11.1.4.6 磨口玻璃瓶:1 000 mL。

11.1.4.7 分液漏斗:250 mL。

11.1.4.8 锥形瓶:150 mL。

11.1.5 样品

11.1.5.1 样品的稳定性

溴氰菊酯及五种拟除虫菊酯类农药在水中不稳定,易分解。

11.1.5.2 水样的采集及储存方法

用磨口玻璃瓶(11.1.4.6)采集样品,所采集的样品于4℃冰箱内保存,尽快在24 h内萃取。

11.1.5.3 水样的预处理

11.1.5.3.1 水样的萃取:取200 mL均匀水样置于250 mL分液漏斗中(11.1.4.7),加入5.0 g氯化钠(11.1.3.2.3),摇匀。用20 mL石油醚(11.1.3.2.1)分两次萃取,每次10 mL,于振荡器(11.1.4.3)上振摇5 min。静置分层后弃去水层,石油醚萃取液并入同一锥形瓶(11.1.4.8)内,加无水硫酸钠(11.1.3.2.4)脱水干燥。

11.1.5.3.2 样品浓缩:将萃取液移入KD浓缩器中,用少量石油醚(11.1.3.2.1)洗涤锥形瓶和无水硫酸钠层,洗涤液转入KD浓缩器内。于50℃～70℃水浴中浓缩至1.0 mL。

11.1.6 分析步骤

11.1.6.1 仪器的调整

11.1.6.1.1 气化室温度:260℃。

11.1.6.1.2 柱温:240℃。

11.1.6.1.3 检测器温度:270℃。

11.1.6.1.4 载气流量:50 mL/min。

11.1.6.2 校准

11.1.6.2.1 定量分析中的校准方法:外标法。

11.1.6.2.2 标准样品

A 使用次数:每次分析样品时,用新标准使用液绘制标准曲线或用其响应因子进行计算。

B 标准样品的制备

a 标准储备溶液:分别称取0.100 0 g的甲氰菊酯、功夫菊酯、二氯苯醚菊酯、氯氰菊酯、氰戊菊酯、溴氰菊酯,分别用石油醚(11.1.3.2.1)溶解并定容至100 mL。六种储备溶液的浓度分别为ρ(甲氰菊酯、功夫菊酯、二氯苯醚菊酯、氯氰菊酯、氰戊菊酯、溴氰菊酯)=1 mg/mL。

b 标准中间溶液:分别吸取1.0 mL溴氰菊酯及五种拟除虫菊酯的标准储备溶液(11.1.6.2.2 B a)置于6个100 mL容量瓶中,用石油醚(11.1.3.2.1)定容至刻度。6种标准中间液的浓度均为10 μg/mL。

c 混合标准使用溶液:吸取标准中间溶液(11.1.6.2.2 B b)中甲氰菊酯2.50 mL、功夫菊酯1.00 mL、二氯苯醚菊酯16.00 mL、氯氰菊酯3.50 mL、氰戊菊酯6.50 mL、溴氰菊酯5.00 mL于50 mL容量瓶中,用石油醚(11.1.3.2.1)定容至刻度。此混合标准使用溶液中各种物质的质量浓度分别为:甲氰菊酯0.50 μg/mL、功夫菊酯0.20 μg/mL、二氯苯醚菊酯3.20 μg/mL、氯氰菊酯0.70 μg/mL、氰戊菊酯1.30 μg/mL、溴氰菊酯1 μg/mL。

C 气相色谱法中使用标准样品的条件

a 标准样品进样体积与试样进样体积相同,标准样品的响应值接近试样的响应值。

b 在工作范围内相对标准偏差小于10%即可认为仪器处于稳定状态。

c 标准样品与试样尽可能同时进样分析。

11.1.6.2.3 标准曲线的绘制:用6个10 mL容量瓶,依次加入0,0.40,1.00,1.50,2.00,2.50 mL混合标准使用溶液(11.1.6.2.2 B c),用石油醚(11.1.3.2.1)稀释至刻度,摇匀。配制成甲氰菊酯浓度为0,0.020,0.050,0.075,0.100,0.125 μg/mL;功夫菊酯浓度为0,0.008,0.020,0.030,0.040,0.050 μg/mL;二氯苯醚菊酯浓度为0,0.128,0.320,0.480,0.640,0.800 μg/mL;氯氰菊酯浓度为0,0.028,0.070,0.105,0.140,0.175 μg/mL;氰戊菊酯浓度为0,0.052,0.130,0.195,0.260,

0.325 μg/mL；溴氰菊酯浓度为 0，0.04，0.10，0.15，0.20，0.25 μg/mL 的标准系列。各取 1.0 μL 注入色谱仪。以峰高或峰面积为纵坐标，浓度为横坐标，绘制标准曲线。

11.1.6.3 试验

11.1.6.3.1 进样

A 进样方式：直接进样。

B 进样量：1 μL。

C 操作：用洁净注射器(11.1.4.2)于待测样品中抽吸几次后，排出气泡，取所需体积迅速注射至色谱仪中，并立即拔出注射器。

11.1.6.3.2 记录

以标样核对，记录色谱峰的保留时间及对应有化合物。

11.1.6.3.3 色谱图的考察

A 标准色谱图

见图 7。

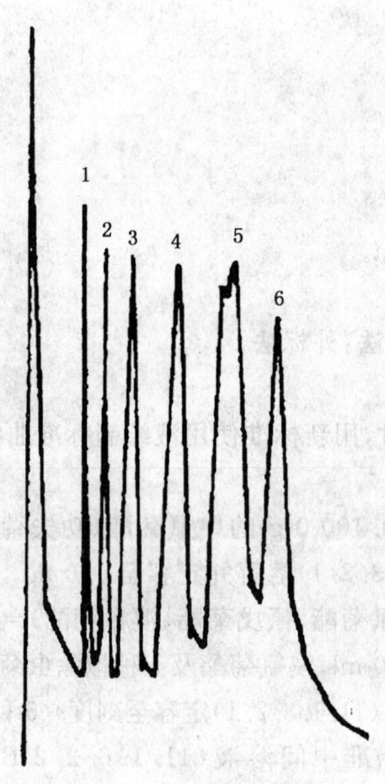

图 7 标准色谱图

B 定性分析

a 各组分的出峰次序：甲氰菊酯、功夫菊酯、二氯苯醚菊酯、氯氰菊酯、氰戊菊酯、溴氰菊酯。

b 保留时间：甲氰菊酯 1.39 min；功夫菊酯 1.78 min；二氯苯醚菊酯 2.28 min；氯氰菊酯 3.19 min；氰戊菊酯 4.10，4.20 min；溴氰菊酯 5.05 min。其中氰戊菊酯有两种异构体，则出现两个小峰，本法测定其总量。

C 定量分析

a 色谱峰的测量：连接峰的起点和终点作为峰底，从峰高极大值对峰底做垂线，此线即为峰高。

b 计算：水样中拟除虫菊酯的质量浓度按式(8)计算。

$$\rho(B) = \frac{\rho_1 \times V_1 \times 1\ 000}{V} \qquad \cdots\cdots(8)$$

式中：

$\rho(B)$——水样中拟除虫菊酯的质量浓度，单位为微克每升(μg/L)；

ρ_1——相当于标准曲线拟除虫菊酯标准的质量浓度，单位为微克每毫升(μg/mL)；

V_1——萃取液浓缩后的体积，单位为毫升(mL)；

V——水样体积，单位为毫升(mL)。

11.1.7 结果的表示

11.1.7.1 定性结果

根据标准色谱图各组分的保留时间确定被测试样的组分数目及组分名称。

11.1.7.2 定量结果

11.1.7.2.1 含量的表示方法：按式(8)计算出水样中各组分含量，以 μg/L 表示。

11.1.7.2.2 精密度和准确度：4 个实验室用本标准测定，测定结果见表 4。

表 4 精密度和准确度

农药的名称	低浓度相对标准偏差/(%)	高浓度相对标准偏差/(%)	平均回收率/(%)
甲氰菊酯	2.8～4.5	2.2～4.6	91.3～98.4
功夫菊酯	2.3～7.6	2.5～5.1	87.8～104
二氯苯醚菊酯	2.4～5.8	2.6～4.8	94.5～96.9
氯氰菊酯	3.4～5.6	2.8～6.9	94.8～98.7
氰戊菊酯	2.2～6.3	3.1～4.6	95.5～99.8
溴氰菊酯	1.9～7.2	2.7～4.4	100～107

11.2 高压液相色谱法

11.2.1 范围

本标准规定了用高压液相色谱法测定生活饮用水及其水源水中的溴氰菊酯。

本法适用于生活饮用水及其水源水中溴氰菊酯的测定。

本法最低检测质量为 5.0 ng。若取 250 mL 水样经处理后测定，则最低检测质量浓度为 0.002 mg/L。

11.2.2 原理

水中溴氰菊酯经萃取溶剂萃取后，用高压液相色谱仪进行测定，用峰面积(或峰高)定量。

11.2.3 试剂和材料

11.2.3.1 流动相：环己烷＋乙醚＝92＋8。

11.2.3.2 配制标准样品和试样预处理时使用的试剂和材料。

11.2.3.2.1 环己烷：重蒸馏。

11.2.3.2.2 乙醚：重蒸馏。

11.2.3.2.3 萃取溶剂：环己烷＋乙醚＝92＋8。

11.2.3.2.4 色谱标准物质：ω(溴氰菊酯)＝98%。

11.2.3.3 制备色谱柱时使用的试剂和材料：色谱柱和填充物见 11.2.4.1.3 有关内容。

11.2.4 仪器

11.2.4.1 高压液相色谱仪

11.2.4.1.1 紫外检测器。

11.2.4.1.2 记录器或工作站。

11.2.4.1.3 色谱柱

A 色谱柱类型：不锈钢填充柱，长 250 mm，内径 3.9 mm。

B 填充物：UporasiL。

11.2.4.2 微量注射器：20 μL。

11.2.4.3　分液漏斗:500 mL。

11.2.4.4　比色管:10 mL。

11.2.4.5　容量瓶:10 mL。

11.2.4.6　KD浓缩器。

11.2.5　样品

11.2.5.1　水样的采集和储存方法

用玻璃磨口瓶采集样品,样品在24 h内用溶剂萃取,萃取液于4℃冰箱内保存,在48 h内进行测定。

11.2.5.2　水样的预处理

11.2.5.2.1　离心沉淀:浑浊的水样需离心后取上清液备用;洁净的水样可直接取样分析。

11.2.5.2.2　萃取:取250 mL水样于500 mL分液漏斗中,加入10.0 mL萃取溶剂(11.2.3.2.3),充分振摇1 min,将萃取液收集于10 mL比色管中,然后用KD浓缩器(11.2.4.6)浓缩至1.0 mL,供分析。

11.2.6　分析步骤

11.2.6.1　仪器的调整

11.2.6.1.1　检测波长:280 nm。

11.2.6.1.2　流量:1.0 mL/min。

11.2.6.1.3　温度:室温。

11.2.6.2　校准

11.2.6.2.1　定量分析中的校准方法:外标法。

11.2.6.2.2　标准样品

A　使用次数:每次分析样品时用新标准使用液绘制标准曲线。

B　标准样品的制备

a　溴氰菊酯标准储备溶液[ρ=500 μg/mL]:准确称取25.5 mg溴氰菊酯(11.1.3.2.4),用萃取溶剂(11.2.3.2.3)定容至50 mL。

b　溴氰菊酯标准使用溶液:取溴氰菊酯标准储备溶液(11.2.6.2.2 B a)用萃取溶剂(11.2.3.2.3)稀释成ρ=50 μg/mL。

C　液相色谱法中使用标准样品的条件

a　标准样品进样体积与试样进样体积相同。

b　标准样与试样尽可能同时进样分析。

11.2.6.2.3　标准曲线的绘制:取7个10 mL容量瓶(11.2.4.5)分别加入溴氰菊酯标准使用溶液(11.2.6.2.2 B b)0,0.10,0.20,0.40,0.60,1.00,2.00 mL,用萃取溶剂(11.2.3.2.3)稀释至刻度(每毫升分别含0,0.5,1.0,2.0,3.0,5.0,10 μg溴氰菊酯)。用微量注射器各取10 μL标准系列溶液注入高压液相色谱仪中测定。以峰高或峰面积为纵坐标,浓度为横坐标,绘制标准曲线。

11.2.6.3　试验

11.2.6.3.1　进样

A　进样方式:直接进样。

B　进样量:10 μL。

C　操作:用洁净注射器(11.2.4.2)于待测样品中抽吸几次后,排出气泡,取10 μL注入高压液相色谱仪中进行测定。

11.2.6.3.2　记录

以标样核对,记录色谱峰的保留时间及对应的化合物。

11.2.6.3.3　色谱峰的考察

A　标准色谱图

见图8。

a——溶剂；

b——溴氰菊酯。

图 8 溴氰菊酯标准色谱图

B 定性分析

a 组分出峰顺序：溶剂、溴氰菊酯。

b 保留时间：溴氰菊酯 4.71 min。

C 定量分析

a 色谱峰的测量：连接峰的起点和终点作为峰底，从峰高极大值对峰底做垂线，此线即为峰高。

b 计算：根据样品的峰高或峰面积从标准曲线上查出溴氰菊酯的质量浓度，按式(9)进行计算。

$$\rho(\text{溴氰菊酯}) = \frac{\rho_1 \times V_1}{V} \quad \cdots\cdots(9)$$

式中：

ρ(溴氰菊酯)——水样中溴氰菊酯的质量浓度，单位为毫克每升(mg/L)；

ρ_1——从标准曲线上查出溴氰菊酯的质量浓度，单位为微克每毫升(μg/mL)；

V_1——萃取液总体积，单位为毫升(mL)；

V——水样体积，单位为毫升(mL)。

11.2.7 结果的表示

11.2.7.1 定性结果

根据标准色谱图组分的保留时间，确定被测组分。

11.2.7.2 定量结果

11.2.7.2.1 浓度的表示方法：按式(9)计算出水样中溴氰菊酯的质量浓度，以 mg/L 表示。

11.2.7.2.2 精密度和准确度：4 个实验室分别测定人工合成水样，溴氰菊酯浓度为 0.04 mg/L～0.40 mg/L，相对标准偏差为 1.6%～2.5%；4 个实验室用井水、河水、塘水、自来水、人工合成水样加标回收试验，溴氰菊酯浓度为 0.10、0.20、0.40 mg/L，回收率范围分别为 100%～102%、91.6%～106%和95.5%～103%。

12 灭草松

12.1 气相色谱法

12.1.1 范围

本标准规定了液-液萃取毛细管柱气相色谱法测定生活饮用水及其水源水中的灭草松(Bentazone)和2,4-滴(2,4-D)。

本法适用于生活饮用水及其水源水中灭草松(Bentazone)和2,4-滴(2,4-D)的测定。

本法灭草松和2,4-滴的最低检测质量分别为0.1 ng和0.03 ng,若取水样200 mL经处理后测定,则最低检测质量浓度分别为:灭草松,0.2 μg/L;2,4-滴,0.05 μg/L。

12.1.2 原理

水在酸性条件下经乙酸乙酯萃取,然后在碱性条件下用碘甲烷溶液酯化,生成较易挥发的甲基化衍生物,用毛细管柱气相色谱-电子捕获检测器分离测定。

12.1.3 试剂和材料

12.1.3.1 载气:高纯氮气(99.999%)。

12.1.3.2 配制标准样品和试样预处理时使用的试剂和材料。

12.1.3.2.1 丙酮。

12.1.3.2.2 乙酸乙酯。

12.1.3.2.3 二氯甲烷。

12.1.3.2.4 碘甲烷+二氯甲烷(1+9):量取20 mL碘甲烷,溶于180 mL二氯甲烷溶剂中,混匀,此溶液现用现配。

12.1.3.2.5 四丁基硫酸氢铵-氢氧化钠溶液:分别称取6.8 g四丁基硫酸氢铵和4.0 g氢氧化钠,溶于200 mL纯水,混合均匀。

12.1.3.2.6 硝酸(ρ_{20}=1.42 g/mL):优级纯。

12.1.3.2.7 磷酸[$c(H_3PO_4)$=0.5 mol/L]:吸取2.9 mL磷酸(ρ_{20}=1.69 g/mL)溶于100 mL纯水。

12.1.3.2.8 无水硫酸钠:于600℃马福炉中灼烧4 h后置于干燥器中备用。

12.1.3.2.9 氢氧化钠。

12.1.3.2.10 灭草松标准:ω(灭草松)=99%。

12.1.3.2.11 2,4-滴标准:ω(2,4-滴)=99.4%。

12.1.4 仪器

12.1.4.1 气相色谱仪

12.1.4.1.1 电子捕获检测器(ECD)。

12.1.4.1.2 色谱柱:HP-1701(30 m×0.25 μm×0.25 mm)或同等极性石英毛细管柱。

12.1.4.1.3 微量注射器:5 μL。

12.1.4.2 样品容器:全玻璃采样瓶,容积200 mL～250 mL,使用前用稀硝酸(1+9)浸泡处理,纯水冲净,并于180℃烘箱烘烤1 h～2 h备用。

12.1.4.3 容量瓶:10 mL,100 mL。

12.1.4.4 试剂瓶:无色及棕色。

12.1.4.5 比色管:50 mL,100 mL。

12.1.4.6 分液漏斗:50 mL,500 mL。

12.1.4.7 超声波清洗器。

12.1.5 样品

12.1.5.1 水样采集和保存:于250 mL采样瓶中加入约1.1 mL的硝酸(ρ_{20}=1.42 g/mL),使采样后

溶液的 pH＜1，样品充满采样瓶，置于 4℃冰箱保存，尽快测定。

12.1.5.2　水样预处理：准确量取水样（pH＜1）200 mL 于 500 mL 分液漏斗中，分别用 50 mL 乙酸乙酯（12.1.3.2.2）萃取三次，使乙酸乙酯和水溶液充分混合振摇，静置分层，合并有机相，氮吹浓缩近干。

12.1.5.3　衍生：将 12.1.5.2 的残留物用少量二氯甲烷溶解并转入 50 mL 或 100 mL 比色管，加入 10 mL碘甲烷＋二氯甲烷（12.1.3.2.4）和 10 mL 四丁基硫酸氢铵-氢氧化钠溶液（12.1.3.2.5），超声反应 50 min。加冰水控制反应温度在 10℃～20℃之间。反应完成后，转移反应液至 50 mL 分液漏斗，静置分层，收集有机相。水相再用 10 mL 二氯甲烷（12.1.3.2.3）萃取，合并有机相，用适量的 0.5 mol/L 磷酸（12.1.3.2.7）洗涤，然后有机相用无水硫酸钠（12.1.3.2.8）干燥，氮吹浓缩至干，正己烷定容至 1 mL。

12.1.6　分析步骤

12.1.6.1　仪器调整

12.1.6.1.1　气化室温度：250℃。

12.1.6.1.2　色谱柱：起始温度 150℃，保持 2 min，升温速率 10℃/min，最终温度 250℃，保持 1 min。

12.1.6.1.3　检测器：ECD 检测器，温度 260℃。

12.1.6.1.4　载气：氮气，流量 1.5 mL/min，线速 40 cm/s；分流比：10∶1；尾吹气流量：45 mL/min。

12.1.6.2　校准

12.1.6.2.1　定量分析校准方法：外标法。

12.1.6.2.2　标准样品

A　使用次数：每次分析样品时用新标准使用溶液绘制标准曲线。

B　标准样品的制备

a　灭草松标准储备溶液：准确称取 0.101 0 g 灭草松标准（12.1.3.2.10），用丙酮（12.1.3.2.1）溶解，定容于 100 mL 容量瓶中，此溶液浓度为 ρ（灭草松）＝1.000 mg/mL。

b　2,4-滴标准储备溶液：准确称取 0.100 6 g 2,4-滴标准（12.1.3.2.11），用丙酮（12.1.3.2.1）溶解，定容于 100 mL 容量瓶中，此溶液浓度为 ρ（2,4-滴）＝1.000 mg/mL。

c　标准中间溶液：分别移取灭草松标准储备溶液（12.1.6.2.2 B a）及 2,4-滴标准储备溶液（12.1.6.2.2 B b）各 10 mL 至 100 mL 容量瓶中，用丙酮稀释至刻度，混匀，获得混合中间溶液，置于 4℃冰箱保存备用，此溶液浓度为 ρ（灭草松，2,4-滴）＝100.0 μg/mL。

d　标准使用溶液：移取 10.00 mL 标准中间溶液（12.1.6.2.2 B c）至 100 mL 容量瓶中，用丙酮稀释至刻度，混匀，获得混合标准使用溶液，此溶液浓度为 ρ（灭草松，2,4-滴）＝10.0 μg/mL。

C　气相色谱法中使用标准品的条件

a　标准品进样体积与试样进样体积相同。

b　标准样品与试样尽可能同时分析。

12.1.6.2.3　工作曲线制备：分别吸取标准使用溶液（12.1.6.2.2 B d）0，0.050，0.10，0.20，0.30，0.40，0.50 mL，制成标准系列。将溶剂挥干，再按 12.1.5.3 衍生步骤进行衍生，最终定容体积 1.00 mL，进样 1.00 μL，注入色谱仪。以峰面积为纵坐标，浓度为横坐标，绘制工作曲线。工作曲线质量浓度相当于水中质量浓度为 0，2.5，5.0，10.0，15.0，20.0，25.0 μg/L。

12.1.6.3　试验

12.1.6.3.1　进样

A　进样方式：直接进样。

B　进样量：3μL。

12.1.6.3.2　记录

用标样核对，记录色谱峰的保留时间及对应的化合物。

12.1.6.3.3 色谱图考察

A 标准色谱图

见图 9。

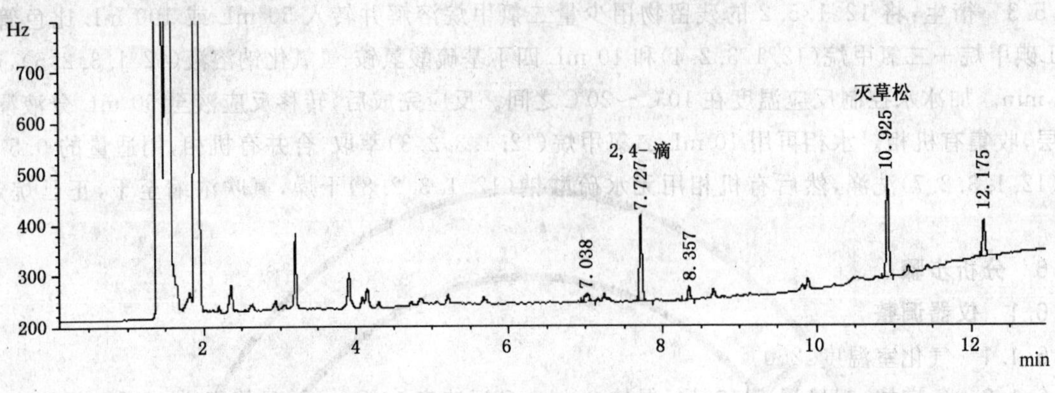

图 9 标准色谱图

B 定性分析

a 出峰顺序:2,4-滴;灭草松。

b 保留时间:2,4-滴 7.73 min;灭草松 10.93 min。

C 定量分析

根据样品的峰高或峰面积从工作曲线上查出水样中的被测组分的质量浓度(μg/L)。

12.1.6.4 结果的表示

12.1.6.4.1 定性结果

根据标准色谱图组分的保留时间确定被测水样中组分的名称。

12.1.6.4.2 定量结果

A 含量的表示方法:以 mg/L 表示。

B 精密度和准确度:见表 5。

表 5 加标回收率和精密度

化合物	加标量/(μg/L)	平均测定值/(μg/L)	平均回收率/(%)	RSD(n=7)/(%)
灭草松	2.5	2.04~2.33	81.6~93.2	5.3
	5.0	4.18~4.93	83.6~98.6	6.4
2,4-滴	2.5	2.04~2.44	81.6~97.6	7.2
	5.0	4.27~4.96	85.4~99.2	5.1

经 3 个实验室验证表明,测定水样浓度为 2.5 μg/L~25 μg/L 时,分析六次的相对标准偏差为 3.8%~12%;而在水样中加入灭草松和 2,4-滴标准,加标浓度为 2.5 μg/L~25 μg/L 时,回收率为 81.6%~120%。

13 2,4-滴

见第 12 章灭草松。

14 敌敌畏

见第 4 章对硫磷。

15 呋喃丹

15.1 高压液相色谱法

15.1.1 范围

本标准规定了高压液相色谱法(HPLC)测定生活饮用水及其水源水中的呋喃丹(Carbofuran)和甲萘威(Carbaryl)。

本法适用于生活饮用水及其水源水中呋喃丹和甲萘威的测定。

本法呋喃丹和甲萘威的最低检测质量为 0.25 ng,若取 200 mL 水样经处理后测定,则最低检测质量浓度为 0.125 μg/L。

15.1.2 原理

样品经过滤后注入反相 HPLC 柱中,其各种组分经梯度洗脱色谱方式分离。经过柱分离后,氨基甲酸酯类化合物与氢氧化钠发生水解反应,生成的甲胺与邻苯二醛(OPA)和 2-巯基乙醇(MERC)反应生成一种强荧光的异吲哚产物,可用荧光检测器定量。柱后反应,一般对伯胺类比较敏感,因为它们能生成测定的荧光加合物。干扰的大小取决于它们的洗脱时间或荧光强度。干扰还可能来源于污染。因此,要求使用高纯度试剂和溶剂。

15.1.3 试剂和材料

柱后反应产生干扰较大,干扰还可能来源于污染,因此,要求使用高纯度的试剂和色谱纯的或相当的溶剂(以 HPLC 检验无杂峰出现)。衍生剂、流动相、上机样品采用 0.45 μm 过滤膜过滤。

15.1.3.1 甲醇:HPLC 级。

15.1.3.2 纯水:电阻大于 18.0MΩ。

15.1.3.3 氢氧化钠溶液[$c(NaOH)=0.05$ mol/L]:称取 2.0 g 氢氧化钠,溶于 1 000 mL 水中。使用前需过滤,并用氦气脱除气体或在线脱气。

15.1.3.4 2-巯基乙醇乙腈溶液(1+1):将 10 mL 2-巯基乙醇和 10 mL 乙腈混合,加盖密封储存于冰箱中(注意:恶臭)。

15.1.3.5 四硼酸钠溶液[$c(Na_2B_4O_7)=0.05$ mol/L]:称取 19.1 g 十水四硼酸钠($Na_2B_4O_7 \cdot 10H_2O$)溶于 1 000 mL 水中。使用前一天制备,以保证完全溶解。

15.1.3.6 邻苯二醛溶液(*o*-phthaldehyde,OPA):称取 0.100 g 邻苯二醛,溶于 10 mL 甲醇(15.1.3.1)中,再加入 1 000 mL 四硼酸钠溶液(15.1.3.5),混合,过滤,用氦气脱除气体或在线脱气,然后加入 100 μL 2-巯基乙醇乙腈溶液(15.1.3.4),混合。如果隔绝氧气保存,此溶液可稳定存放至少 3 天。否则,需当天配制。

15.1.3.7 硫代硫酸钠。

15.1.3.8 二氯甲烷。

15.1.3.9 甲萘威。

15.1.3.10 呋喃丹。

15.1.3.11 无水硫酸钠。

15.1.4 仪器

15.1.4.1 高压液相色谱仪

15.1.4.1.1 荧光检测器。

15.1.4.1.2 记录仪。

15.1.4.1.3 色谱柱。

色谱柱类型:不锈钢柱,C_{18},150 mm×4.6 mm×5 μm。

15.1.4.1.4 微量注射器:10 μL。

15.1.4.1.5 柱后反应器:应装配能将各种试剂以 0.1 mL/min～1.0 mL/min 流量送入流动相并充分

混合的泵。反应圈和柱后管线使用聚四氟乙烯。

15.1.4.1.6　过滤器。

15.1.4.2　采样瓶：500 mL 具螺旋盖聚丙烯瓶，也可采用聚乙烯瓶或玻璃容量器。

15.1.5　样品

15.1.5.1　水样采集及储存方法

在氯浓度较高的情况下，可能造成干扰或损失，应在加氯之前，或离加氯点尽可能远的地方取样。当有余氯存在时，加入硫代硫酸钠(15.1.3.7)，使硫代硫酸钠在水样中浓度到 80 mg/L，并混匀。

15.1.5.2　水样预处理

取水样 200 mL 于 250 mL 分液漏斗中，加入 30 mL 二氯甲烷(15.1.3.8)，震摇萃取 3 min。静置分层后，放出二氯甲烷流经装有无水硫酸钠(15.1.3.11)的玻璃漏斗，至收集器中。再加入 20 mL 二氯甲烷萃取 3 min，二氯甲烷萃取液与第一次萃取液合并。把二氯甲烷抽提液在旋转蒸发器或KD浓缩器中蒸发至近干，用二氯甲烷定容至 1.0 mL，上机测定。

15.1.6　分析步骤

15.1.6.1　仪器的调整

15.1.6.1.1　流动相：梯度洗脱。

时间(min)	甲醇	水
0	42	58
5	55	45
12	60	40
15	42	58

15.1.6.1.2　流量：1.0 mL/min。

15.1.6.1.3　荧光检测器：E_x=339 nm，E_m=445 nm。

15.1.6.1.4　柱后反应条件：

A　水解：氢氧化钠[c(NaOH)=0.05 mol/L]，流量 0.5 mL/min，9 cm 反应线圈，95℃。

B　衍生：OPA 溶液，流量 0.5 mL/min，室温。

15.1.6.2　校准

15.1.6.2.1　定量分析中的校准方法：外标法。

15.1.6.2.2　标准样品

A　使用次数：每次分析样品时用新标准使用液绘制标准曲线。

B　标准样品的制备

a　混合标准储备液(1.00 mg/L)，准确称取甲萘威(15.1.3.9)和呋喃丹(15.1.3.10)各 0.010 0 g，用 5 mL 甲醇(15.1.3.1)溶解后，移至 10 mL 容量瓶中，用甲醇稀释至刻度。若储存于−10℃冰箱中，可保存数月。

b　混合标准系列：取 5 个 10 mL 容量瓶，加入 0，0.02，0.10，0.40，1.00 mL 混合标准储备溶液(15.1.6.2.2 B a)，用甲醇(15.1.3.1)稀释至刻度。分别为 1.00 mL 含有 0.0，2.0，10.0，40.0，100 ng 甲萘威和呋喃丹。

C　液相色谱法中使用标准样品的条件

a　标准样品进样体积与试样的进样体积相同。

b　标准样品与试样尽可能同时分析。

15.1.6.2.3　标准曲线的绘制：各取 10 μL 混合标准系列(15.1.6.2.2 B b)注入色谱仪，记录色谱峰高或峰面积。以峰高或峰面积为纵坐标，浓度为横坐标，绘制标准曲线。

15.1.6.3 试验

15.1.6.3.1 进样

A 进样方式:直接进样。

B 进样量:10 μL。

C 操作:用洁净微量注射器(15.1.4.1.4)于待测样品中抽吸几次后,排出气泡,取所需体积迅速注射至色谱仪中。

15.1.6.3.2 记录

以标样核对,记录色谱峰的保留时间及对应的化合物。

15.1.6.3.3 色谱峰的考察

A 标准色谱图

见图 10。

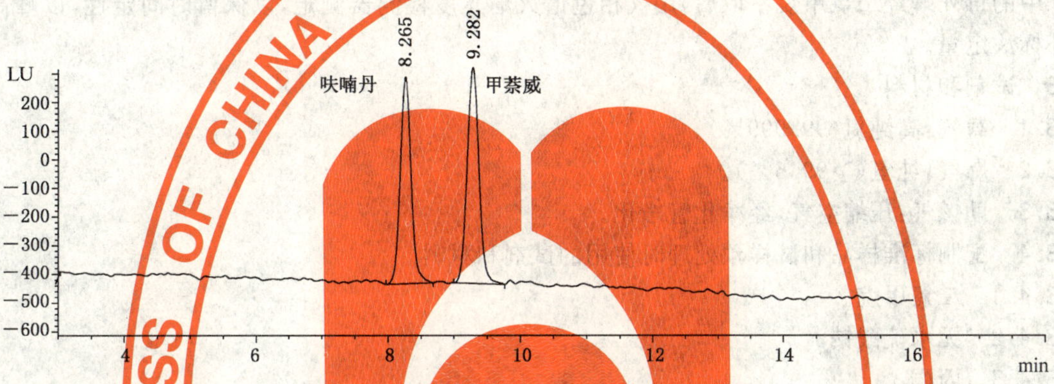

图 10 呋喃丹和甲萘威的标准色谱图

B 定性分析

a 组分出峰顺序:呋喃丹、甲萘威。

b 保留时间:呋喃丹 8.265 min、甲萘威 9.282 min。

C 定量分析

a 色谱峰面积的测量:色谱流出曲线与基线之间所包含的面积即为峰面积。

b 色谱峰高的测量:连接峰的起点和终点作为峰底,从峰高极大值对峰底作垂线,此线即为峰高。

c 计算:通过色谱峰面积或峰高,在标准曲线上查出萃取液中呋喃丹或甲萘威的质量浓度。按式(10)计算水样中呋喃丹或甲萘威的质量浓度。

$$\rho(B)=\frac{\rho_1\times V_1}{V} \quad \cdots\cdots(10)$$

式中:

$\rho(B)$——水样中呋喃丹或甲萘威质量浓度,单位为微克每升(μg/L);

ρ_1——标准曲线中查得萃取液中呋喃丹或甲萘威的质量浓度,单位为微克每升(μg/L);

V_1——萃取液的体积,单位为毫升(mL);

V——水样体积,单位为毫升(mL)。

15.1.7 结果的表示

15.1.7.1 定性结果

根据标准色谱图组分的保留时间确定被测水样中组分的名称。

15.1.7.2 定量结果

15.1.7.2.1 含量的表示方法:以 μg/L 表示。

15.1.7.2.2 精密度和准确度:两个实验室对浓度范围为 0.050 mg/L~0.90 mg/L 的自来水和水源水

测定，其相对标准偏差甲萘威为3.9%～7.7%，呋喃丹为4.6%～8.9%；加标回收率甲萘威为85.0%～120%；呋喃丹为81.0%～120%。

16 毒死蜱

16.1 气相色谱法

16.1.1 范围

本标准规定了用气相色谱法测定生活饮用水及其水源水中的毒死蜱。

本法适用于生活饮用水及其水源水中毒死蜱的测定。

本法最低检测质量为0.2 ng，若取200 mL水样，则最低检测质量浓度为2 μg/L。

在本法操作条件下，其他有机磷农药不造成干扰。

16.1.2 原理

水中的毒死蜱经二氯甲烷萃取后，用气相色谱火焰光度检测器测定，以保留时间定性，以峰高或峰面积外标法定量。

16.1.3 试剂和材料

16.1.3.1 载气：高纯氮(99.999%)。

16.1.3.2 燃气：纯氢(>99.6%)。

16.1.3.3 助燃气：压缩空气，经净化管净化。

16.1.3.4 配制标准样品和试样预处理时使用的试剂和材料。

16.1.3.4.1 二氯甲烷。

16.1.3.4.2 无水硫酸钠。

16.1.3.4.3 丙酮。

16.1.3.4.4 毒死蜱标准物质。

16.1.3.4.5 脱脂棉。

16.1.4 仪器

16.1.4.1 气相色谱仪。

16.1.4.1.1 火焰光度检测器(FPD)。

16.1.4.1.2 色谱柱：弹性石英毛细管柱DB-1701，30 m×0.32 mm×0.25 μm，或等效的中极性柱。

16.1.4.2 进样器：微量注射器，10 μL。

16.1.4.3 分液漏斗：500 mL。

16.1.4.4 旋转蒸发器(配真空泵)或KD浓缩器。

16.1.4.5 玻璃漏斗。

16.1.5 样品

16.1.5.1 采样

水样采集于硬质磨口玻璃瓶中，在冰箱中保存，尽快测定。

16.1.5.2 水样预处理

取水样200 mL于500 mL分液漏斗中，加入30 mL二氯甲烷(16.1.3.4.1)，振摇提取3 min。静置分层后，将下层二氯甲烷萃取液流经装有无水硫酸钠玻璃漏斗，至收集器中。再加入20 mL二氯甲烷(16.1.3.4.1)提取3 min，二氯甲烷萃取液与第一次萃取液合并。把二氯甲烷萃取液在旋转蒸发器或KD浓缩器(16.1.4.4)中，40℃水浴中蒸发至近干，用二氯甲烷(16.1.3.4.1)定容至2.0 mL，待测。

16.1.6 分析步骤

16.1.6.1 仪器的调整

16.1.6.1.1 气化室温度：250℃。

16.1.6.1.2 柱温：100℃保持2 min，以15℃/min升至230℃，保留10 min。

16.1.6.1.3　检测器温度:250℃。

16.1.6.1.4　载气流量:氮气,60 mL/min;氢气,80 mL/min;空气,90 mL/min。

16.1.6.2　**校准**

16.1.6.2.1　定量分析中的校准方法:外标法。

16.1.6.2.2　标准样品

A　使用次数:每次分析样品时用新标准使用溶液绘制标准曲线或用响应因子进行计算。

B　标准样品的制备

a　标准储备溶液:准确称取 10.0 mg 毒死蜱标准物质(16.1.3.4.4)用丙酮(16.1.3.4.3)溶解后,用丙酮(16.1.3.4.3)稀释定容至 100 mL。此溶液浓度为 ρ=100 mg/L。

b　标准使用溶液:准确吸取 1.00 mL 毒死蜱标准储备溶液于 5.0 mL 容量瓶中,用丙酮(16.1.3.4.3)定容至刻度。此溶液浓度为 ρ=20 mg/L。

C　气相色谱法中使用标准样品的条件

a　标准样品进样体积与试样进样体积相同,标准样品的响应值应接近试样的响应值。

b　在工作范围内相对标准差小于 10%即可认为仪器处于稳定状态。

c　标准样品与试样尽可能同时进样分析。

16.1.6.2.3　标准曲线的绘制:准确吸取标准使用溶液(16.1.6.2.2 B b),用二氯甲烷(16.1.3.4.1)配制成浓度分别是 0,0.20,0.50,0.80,1.0,5.0,10,15 mg/L 的标准系列。各取 1 μL 注入色谱仪,按16.1.6.1的条件测定,记录色谱峰面积或峰高。以峰面积或峰高为纵坐标,浓度为横坐标,绘制标准曲线。

16.1.6.3　**试验**

16.1.6.3.1　**进样**

A　进样方式:直接进样。

B　进样量:1 μL。

C　操作:用洁净的微量注射器(16.1.4.2)于待测样品中抽吸几次,排出气泡,取所需体积迅速注入色谱柱中,并立即拔出注射器。

16.1.6.3.2　**记录**

以标样核对,记录色谱峰的保留时间及对应的化合物。

16.1.6.3.3　**色谱图的考察**

A　标准色谱图

见图 11。

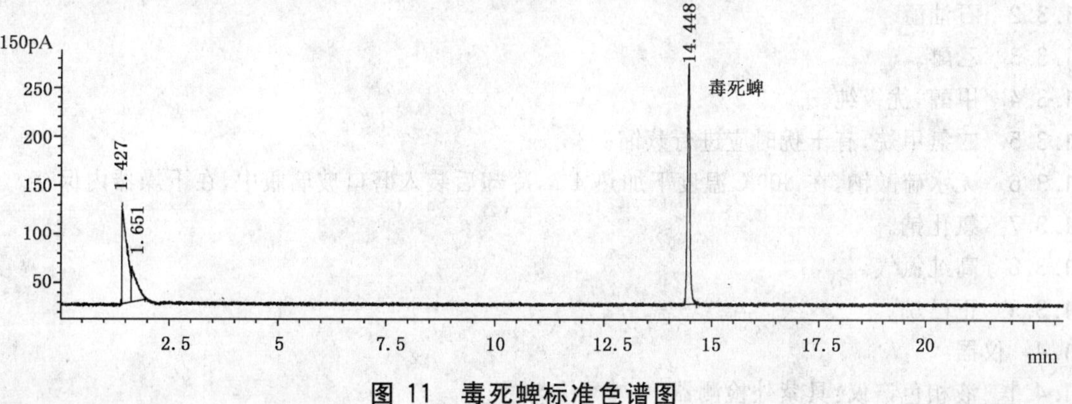

图 11　毒死蜱标准色谱图

B　定性分析

组分出峰时间:毒死蜱,14.448 min。

C　定量分析

a　色谱峰面积的测量：色谱流出曲线与基线之间所包含的面积即为峰面积。

b　色谱峰高的测量：连接峰的起点和终点作为峰底，从峰高极大值对峰底作垂线，此线即为峰高。

c　计算：通过色谱峰面积或峰高，在标准曲线上查出萃取液中毒死蜱的质量浓度，按式(11)计算水样中毒死蜱的质量浓度。

$$\rho = \frac{\rho_1 \times V_1}{V} \qquad \cdots\cdots\cdots\cdots (11)$$

式中：

ρ——水样中毒死蜱质量浓度，单位为毫克每升(mg/L)；

ρ_1——标准曲线中查得萃取液中毒死蜱的质量浓度，单位为毫克每升(mg/L)；

V_1——浓缩后的体积，单位为毫升(mL)；

V——水样体积，单位为毫升(mL)。

16.1.7　结果的表示

16.1.7.1　定性结果

根据标准色谱图组分的保留时间确定被测水样中组分的名称。

16.1.7.2　定量结果

16.1.7.2.1　含量的表示方法：以 mg/L 表示。

16.1.7.2.2　精密度和准确度：7 个实验室对浓度范围为 0.970 μg/L～268 μg/L 的加标水样重复 6 次测定，其相对标准偏差均小于 10%，加标回收率为 77.8%～114%。

17　莠去津

17.1　高压液相色谱法

17.1.1　范围

本标准规定了用高压液相色谱法测定生活饮用水及其水源水中莠去津。

本法适用于生活饮用水及其水源水中莠去津的测定。

本法最低检测质量为 0.5 ng。若取 100 mL 水样测定，则最低检测质量浓度为 0.000 5 mg/L。

有干扰物质存在时可用硅酸镁吸附柱进行净化。

17.1.2　原理

用二氯甲烷萃取水中的莠去津，浓缩，挥干，用甲醇定容后用液相色谱仪测定。

17.1.3　试剂和材料

17.1.3.1　莠去津(纯度 96.4%)。

17.1.3.2　石油醚。

17.1.3.3　乙醚。

17.1.3.4　甲醇，优级纯。

17.1.3.5　二氯甲烷，有干扰时应进行蒸馏。

17.1.3.6　无水硫酸钠，在 300℃温度下加热 4 h，冷却后装入磨口玻璃瓶中，在干燥器内保存。

17.1.3.7　氯化钠。

17.1.3.8　高纯氮气。

17.1.3.9　正已烷。

17.1.4　仪器

17.1.4.1　液相色谱仪：具紫外检测器。

17.1.4.2　色谱柱，C_{18}(250 mm×4.6 mm×5 μm)。

17.1.4.3　KD 浓缩器。

17.1.4.4　分液漏斗：250 mL。

17.1.4.5 硅酸镁净化柱:200 mm×10 mm,具旋塞。

17.1.4.6 微量注射器,10 μL。

17.1.5 样品

17.1.5.1 采样

水样采集后应尽快分析,否则应在 4℃冰箱中保存,保存时间不能超过 7 天。

17.1.5.2 样品预处理

取 100 mL 水样于 250 mL 分液漏斗中,加入 5 g 氯化钠(17.1.3.7),溶解后加入 10 mL 二氯甲烷(17.1.3.5)萃取 1 min,注意及时放气,静置分层后,转移出有机相,再加入 10 mL 二氯甲烷(17.1.3.5)萃取,分层,合并有机相,有机相经过无水硫酸钠(17.1.3.6)脱水后转入浓缩瓶中。用 KD 浓缩器将萃取液浓缩至近干,取下浓缩瓶,用高纯氮气(17.1.3.8)将其刚好吹干,用甲醇(17.1.3.4)定容至 1 mL,过 0.45 μm 滤膜,供色谱分析用。测定有干扰时,采用硅酸镁柱净化。

17.1.5.3 净化

17.1.5.3.1 净化柱的制备:取活化过的硅酸镁吸附剂填入净化柱,轻轻敲打,使硅酸镁填实,最后填入一层大约 1 cm 厚的无水硫酸钠。

17.1.5.3.2 将浓缩至干的样品用 10 mL 正己烷(17.1.3.9)溶解。

17.1.5.3.3 用适量石油醚(17.1.3.2)预淋洗净化柱,弃去淋洗液,当硫酸钠刚要露出,将样品萃取液定量加入柱中,随即用 20 mL 石油醚(17.1.3.2)冲洗。将洗脱流量调至 5 mL/min,用 20 mL 的乙醚-石油醚(1+1)洗脱液洗脱。

17.1.5.3.4 将洗脱液用 KD 浓缩器浓缩至近干后,用氮气刚好吹干,最后用甲醇定容至 1 mL,过 0.45 μm滤膜,供 HPLC 分离测定用。

17.1.6 分析步骤

17.1.6.1 仪器的调整

17.1.6.1.1 色谱柱:C_{18}(250 mm×4.6 mm×5 μm)ODS;柱温:40℃。

17.1.6.1.2 流动相:甲醇+水=5+1。

17.1.6.1.3 流动相流量:0.9 mL/min。

17.1.6.1.4 检测波长:254 nm。

17.1.6.2 校准

17.1.6.2.1 定量分析中的校准方法:外标法。

17.1.6.2.2 标准样品

A 使用次数

每次分析样品时用新标准使用液绘制标准曲线。

B 标准样品的制备

a 莠去津标准储备溶液:称取 0.010 0 g 莠去津标准样品,用少量二氯甲烷溶解后,再用甲醇准确定容至 100 mL,该溶液为 100 μg/mL 储备溶液。在 4℃冰箱中保存。

b 标准系列:分别移取 100 μg/mL 的莠去津标准储备溶液(17.1.6.2.2 B a)0、0.05、0.1、0.5、1.0、5.0 mL 于 100 mL 容量瓶中,用甲醇定容至刻度,配成浓度分别为 0、0.05、0.1、0.5、1.0、5.0 μg/mL的标准系列,过 0.45 μm 滤膜后供 HPLC 测定。

C 液相色谱法中使用标准样品的条件

a 标准样品进样体积与试样的进样体积相同。

b 标准样品与试样尽可能同时分析。

17.1.6.2.3 标准曲线的绘制:各取 10 μL 标准系列(17.1.6.2.2 B b)注入色谱仪,记录色谱峰高或峰面积。以峰高或峰面积为纵坐标,浓度为横坐标,绘制标准曲线。

17.1.6.3 试验

17.1.6.3.1 进样

A 进样方式:直接进样。

B 进样量:10 μL。

C 操作:用洁净微量注射器(17.1.4.6)于待测样品中抽吸几次后,排出气泡,取所需体积迅速注射至色谱仪中。

17.1.6.3.2 记录

以标样核对,记录色谱峰的保留时间及对应的化合物。

17.1.6.3.3 色谱峰的考察

A 标准色谱图

见图 12。

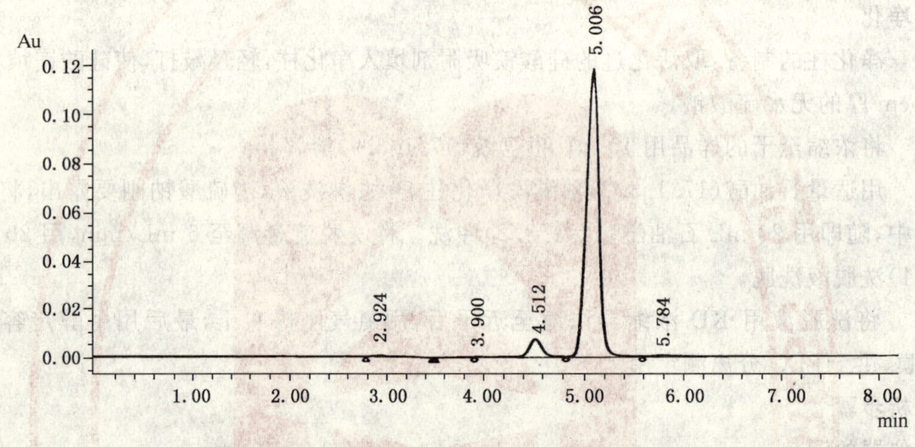

图 12 莠去津的标准色谱图

B 定性分析

a 组分出峰顺序:试剂、莠去津。

b 保留时间:莠去津 5.006 min。

C 定量分析

a 色谱峰面积的测量:色谱流出曲线与基线之间所包含的面积即为峰面积。

b 色谱峰高的测量:连接峰的起点和终点作为峰底,从峰高极大值对峰底作垂线,此线即为峰高。

c 计算:通过色谱峰面积或峰高,在标准曲线上查出萃取液中莠去津的质量浓度。按式(12)计算水中莠去津的质量浓度。

$$\rho = \frac{\rho_1 \times V_1}{V} \qquad \cdots\cdots(12)$$

式中:

ρ—— 水样中莠去津的质量浓度,单位为毫克每升(mg/L);

ρ_1——水样萃取液中莠去津的质量浓度,单位为毫克每升(mg/L);

V_1——水样浓缩后体积,单位为毫升(mL);

V——水样体积,单位为毫升(mL)。

17.1.7 结果的表示

17.1.7.1 定性结果

根据标准色谱图组分的保留时间确定被测水样中组分的名称。

17.1.7.2 定量结果

17.1.7.2.1 含量的表示方法:以 mg/L 表示。

17.1.7.2.2 精密度和准确度：单个实验室对含 1.95 μg/L、32.5 μg/L、72.8 μg/L 莠去津水质样品进行测定，其相对标准偏差为 1.6%～6.9%。加标回收率为 84.6%～96.9%。

采用净化方法时的加标回收率为 74.9%～92.9%。

18 草甘膦

18.1 高压液相色谱法

18.1.1 范围

本标准规定了用高压液相色谱法测定饮用水及其水源水中草甘膦和氨甲基膦酸。

本法适用于生活饮用水及其水源水中草甘膦和氨甲基膦酸的测定。

本法草甘膦和氨甲基膦酸的最低检测质量均为 5.0 ng。若取 200 μL 直接进样则最低检测质量浓度均为 25 μg/L。

目前未见有基质干扰的报道。草甘膦可在氯消毒过的水中降解。草甘膦在矿物和玻璃表面有强吸附作用。

18.1.2 原理

采用阴离子或阳离子交换色谱法分离草甘膦和氨甲基膦酸，经柱后衍生，用荧光检测器检测。柱后衍生反应为先用次氯酸盐溶液将草甘膦氧化成氨基乙酸；然后氨基乙酸与邻苯二醛（OPA）和 2-巯基乙醇（MERC）的混合液反应，形成一种强光的异吲哚产物。氨甲基膦酸可直接与 OPA/MERC 混合液反应，在次氯酸盐存在下，检测灵敏度会下降。

18.1.3 材料与试剂

18.1.3.1 水：用纯水系统生产的水或 HPLC 水。

18.1.3.2 磷酸（ρ_{20}＝1.69 g/mL）。

18.1.3.3 硫酸（ρ_{20}＝1.84 g/mL）。

18.1.3.4 盐酸（ρ_{20}＝1.19 g/mL）。

18.1.3.5 甲醇，HPLC 级，或相当的。

18.1.3.6 磷酸二氢钾。

18.1.3.7 乙二胺四乙酸二钠溶液：将 0.37 g 的乙二胺四乙酸二钠（Na_2-EDTA·$2H_2O$）加入 1 L 纯水中配制浓度为 0.001 mol/L 的溶液，并经 0.22 μm 或 0.45 μm 的滤膜过滤。将 11.2 g EDTA 二水合物加入 1 L 纯水中，配制浓度为 0.03 mol/L 的溶液，并经 0.22 μm 或 0.45 μm 的滤膜过滤。

18.1.3.8 氯化钠。

18.1.3.9 氢氧化钠。

18.1.3.10 次氯酸钙：有效氯 70.9%。

18.1.3.11 氧化试剂：0.5 g 次氯酸钙溶解于 500 mL 纯水中，用磁力器快速搅拌 45 min。取 10 mL 次氯酸钙储备液于 1 L 的容量瓶中，加入 1.74 g 磷酸二氢钾，11.6 g 氯化钠，0.4 g 氢氧化钠，加水稀释，定容，混匀。经 0.22 μm 或 0.45 μm 的滤膜过滤。

18.1.3.12 邻苯二醛（OPA）。

18.1.3.13 2-巯基乙醇（MERC）。

18.1.3.14 硼酸。

18.1.3.15 氢氧化钾。

18.1.3.16 荧光标记溶液：将 100 g 硼酸和 72 g 氢氧化钾溶于 700 mL 纯水中并转移至 1 L 的容量瓶中，需 1 h～2 h；加入含 0.8 g OPA 的 5 mL 甲醇溶液，2.0 mL MERC，混匀。

18.1.3.17 草甘膦：纯度≥99%。

18.1.3.18 甲基膦酸：纯度≥99%。

18.1.4 **仪器设备**

18.1.4.1 高压液相色谱仪:附荧光检测器。

18.1.4.2 色谱柱:使用阳离子交换树脂或阴离子交换树脂柱,4.6 mm×(25~30)cm,加热至 50℃~60℃之间效率最大。

18.1.4.3 柱后反应器:应装配能将试剂以 0.1 mL/min~0.5 mL/min 速度送入流动相并充分混合,可承受 2 000 kPa 的压力的 2 个分离泵,反应圈和柱后管线使用聚四氟乙烯。

18.1.5 **样品**

18.1.5.1 **样品的性质**

18.1.5.1.1 样品的名称:水样。

18.1.5.1.2 样品采集后应用聚丙烯容器储存,加入 100 mg/L 的硫代硫酸钠可消除氯带来的影响。样品应储存在 4℃、避光的环境中,并在 2 周内测定。

18.1.5.2 **样品预处理**

18.1.5.2.1 样品浓度≥25 μg/L 时,不需浓缩,取 9.9 mL 的样品和 0.1 mL0.1 mol/L 的 EDTA,经 0.22 μm 或 0.45 μm 的滤膜过滤,进样 200 μL。

18.1.5.2.2 样品浓度低于检出限时需要对样品进行浓缩,取 500 mL 水样,若为悬浮液,将样品通过粗滤膜过滤,先取 250 mL 移至 500 mL 圆底瓶中,加 5 mL 盐酸(18.1.3.4)于烧瓶中,5 mL 盐酸(18.1.3.4)于剩余样品中。在旋转蒸发器中浓缩,缓慢升温从 20℃到 60℃。在第一部分完全蒸发前,加入剩余样品和 2 次 5 mL 清洗液,蒸干,若必要,用干氮去除最后的痕量水。取 2.9 mL 流动相(若必要调节 pH=2)和 0.1 mL 0.03 mol/L 的 EDTA 溶解残留。过 0.45 μm 滤膜,进样。

18.1.6 **分析步骤**

18.1.6.1 **仪器的调整**

18.1.6.1.1 流动相

18.1.6.1.1.1 阴离子交换流动相:5 L 纯水中加入 26 mL 磷酸(18.1.3.2)、2.7 mL 硫酸(18.1.3.3)。

18.1.6.1.1.2 阳离子交换流动相:取 0.68 g 磷酸二氢钾溶于 1 L 的甲醇水溶液(4+96)中,用磷酸(18.1.3.2)调节至 pH 为 2.1。

18.1.6.1.2 柱温:50℃。

18.1.6.1.3 流速:0.5 mL/min。

18.1.6.1.4 荧光检测器:激发波长 Ex=230 nm(氘)、340 nm(石英卤素或氙),发射波长 Em=420 nm~455 nm。

18.1.6.1.5 柱后反应条件

18.1.6.1.5.1 氧化剂流速:0.5 mL/min。

18.1.6.1.5.2 OPA MERC 溶液:流速 0.3 mL/min。

18.1.6.2 **校准**

18.1.6.2.1 定量分析中的标准方法:外标法。

18.1.6.2.2 标准样品

18.1.6.2.2.1 草甘膦和氨甲基膦酸标准溶液:用水配制草甘膦、氨甲基膦酸均为 0.1 mg/mL 储备溶液。稀释储备液配制浓度为 10 μg/mL、1.0 μg/mL 系列工作液。储存于聚丙烯瓶中,冰箱保存。每月重新配置。

18.1.6.2.2.2 草甘膦和氨甲基膦酸 HPLC 校准溶液:用 0.001 mol/L EDTA 二钠溶液配制草甘膦、氨甲基膦酸浓度均为 0.11 mg/mL 储备液。稀释储备液配制 0、0.025、0.05、0.10、0.50、1.00 μg/mL 标准系列工作液。储存于聚丙烯瓶中,冰箱保存。每月重新配置。

18.1.6.2.2.3 标准数据的表示:用标准曲线计算测定结果。

18.1.7 定量分析

取200 μL水样注入色谱仪，测量峰高或峰面积。通过标准曲线的回归分析计算草甘膦和氨甲基膦酸的浓度。浓缩样品可通过浓缩因子(500 mL原始样品/3 mL)，确定原始水样浓度。

18.1.8 精密度和准确度

对样品(加标浓度0.5 μg/L～5 000 μg/L)重复测定六次，草甘膦的相对标准偏差为12%～20%，平均标准偏差15%。氨甲基膦酸的相对标准偏差为6.6%～29%，平均标准偏差14.5%。草甘膦的加标回收率为94.6%～120%，平均回收率104%。氨甲基膦酸的回收率为86.0%～100%，平均回收率93.1%。

19 七氯

19.1 液液萃取气相色谱法

19.1.1 范围

本标准规定了用气相色谱法测定生活饮用水及其水源水中的七氯(Heptachlor)。

本法适用于生活饮用水及其水源水中七氯的测定。

本法最低检测质量为0.02 ng。若取100 mL水样测定，则最低检测质量浓度为0.000 2 mg/L。

19.1.2 原理

水样经二氯甲烷萃取后，用KD浓缩器浓缩。浓缩后的萃取液经气相色谱柱分离，用电子捕获检测器测定。

19.1.3 试剂和材料

19.1.3.1 高纯氮气(99.999%)。

19.1.3.2 配制标准样品和试样预处理时使用的试剂和材料。

19.1.3.2.1 二氯甲烷。

19.1.3.2.2 正己烷。

19.1.3.2.3 氯化钠。

19.1.3.2.4 七氯标准品。

19.1.4 仪器

19.1.4.1 分液漏斗：250 mL。

19.1.4.2 KD浓缩器。

19.1.4.3 气相色谱仪

19.1.4.3.1 电子捕获检测器。

19.1.4.3.2 色谱柱：毛细管柱OV1701(30 m×0.53 mm×1 μm)或相同极性的毛细管柱。

19.1.4.3.3 微量注射器：10 μL。

19.1.5 样品

19.1.5.1 水样的预处理

19.1.5.1.1 萃取：取100 mL水样于250分液漏斗(19.1.4.1)中，加入5 g氯化钠(19.1.3.2.3)，溶解后加入10 mL二氯甲烷(19.1.3.2.1)。振摇萃取2 min。静置分层(10 min以上)，将有机相移入KD浓缩器(19.1.4.2)中，重复萃取三次，将萃取液收集于KD浓缩器(19.1.4.2)中。

19.1.5.1.2 样品浓缩：将KD浓缩器中水样萃取液在60℃～65℃水浴中浓缩近干后，用氮气刚好吹干。用正己烷(19.1.3.2.2)定容至1 mL，供气相色谱分析。

19.1.6 分析步骤

19.1.6.1 仪器调整

19.1.6.1.1 柱温：180℃。

19.1.6.1.2 检测器温度：230℃。

19.1.6.1.3 进样口温度:230℃。

19.1.6.2 **校准**

19.1.6.2.1 定量分析校准方法:外标法。

19.1.6.2.2 标准样品

A 使用次数

每次分析样品时用新的标准使用溶液绘制标准曲线。

B 标准样品的配制

a 标准储备溶液:准确称取 0.010 0 g 七氯(19.1.3.2.4),溶于装有少量正己烷(19.1.3.2.2)的 100 mL 容量瓶中,定容至刻度,此溶液 ρ=100 μg/mL。避光于 4℃保存。

b 七氯标准使用溶液:吸取 1.00 mL 七氯标准储备溶液(19.1.6.2.2 B a)于 100 mL 容量瓶中,加正已烷(19.1.3.2.2)定容至刻度,此溶液 ρ=1.00μg/ mL。

C 气相色谱中使用标准样品的条件

a 标准进样体积与试样进样体积相同。

b 标准样品与试样尽可能同时分析。

19.1.6.2.3 标准曲线的绘制

分别吸取七氯标准使用溶液(19.1.6.2.2 B b)0.00,0.20,0.40,0.80,1.00,2.00,5.00,10.00 mL 于 10 mL 容量瓶中,用正己烷定容至刻度,配成浓度分别为 0,0.020,0.040,0.080,0.10,0.20,0.50,1.00 mg/L的标准系列,混匀,供气相色谱分析。

19.1.6.3 **试验**

19.1.6.3.1 **进样**

A 进样方法:直接进样。

B 进样量:1 μL。

19.1.6.3.2 **记录**

以标样核对,记录色谱峰的保留时间及对应的化合物。

19.1.6.3.3 **色谱图的考察**

A 标准色谱图

见图 13。

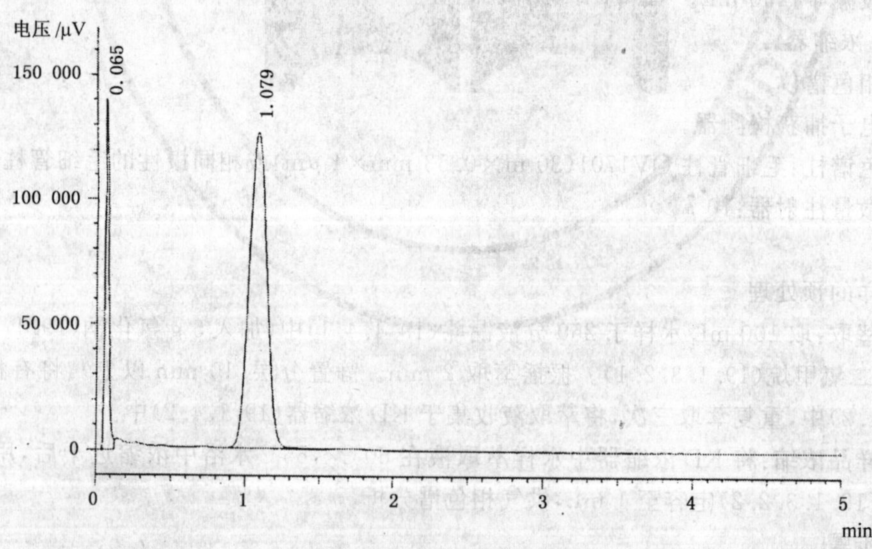

图 13 标准色谱图

B 定性分析

a 出峰顺序:七氯。

b 保留时间：七氯 1.079 min。

C 定量分析

a 色谱峰面积的测量：色谱流出曲线与基线之间所包含的面积即为峰面积。

b 色谱峰高的测量：连接峰的起点和终点作为峰底，从峰高极大值对峰底作垂线，此线即为峰高。

c 计算：根据色谱峰的峰高或峰面积，在标准曲线上查出萃取液中七氯的质量浓度，按式(3)计算水样中七氯的质量浓度：

$$\rho = \frac{\rho_1 \times V_1}{V} \qquad (13)$$

式中：

ρ——水样中七氯质量浓度，单位为毫克每升(mg/L)；

ρ_1——水样萃取液中七氯质量浓度，单位为毫克每升(mg/L)；

V_1——萃取液定容体积，单位为毫升(mL)；

V——水样体积，单位为毫升(mL)。

19.1.7 精密度和准确度

单个实验室对含 0.020 mg/L、0.10 mg/L、1.00 mg/L 七氯水质样品进行测定，其相对标准偏差为 2.1%～5.8%。加标回收率为 83.0%～97.0%。

20 六氯苯

见 GB/T 5750.8—2006 第 24 章二氯苯。

21 五氯酚

见 GB/T 5750.10—2006 第 12 章 2,4,6-三氯酚。

附 录 A
（规范性附录）
引 用 文 件

GB/T 5750.8—2006　生活饮用水标准检验方法　有机物指标

GB/T 5750.10—2006　生活饮用水标准检验方法　消毒副产物指标

ICS 13.060
C 51

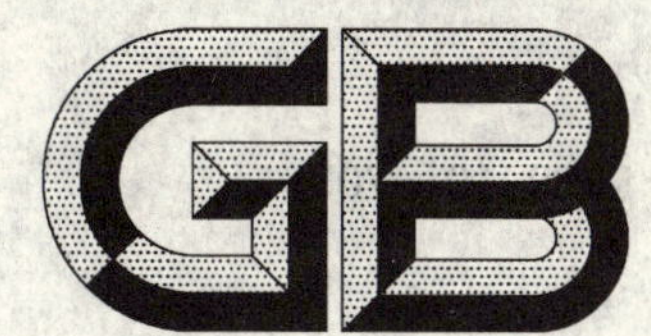

中华人民共和国国家标准

GB/T 5750.10—2006
部分代替 GB/T 5750—1985

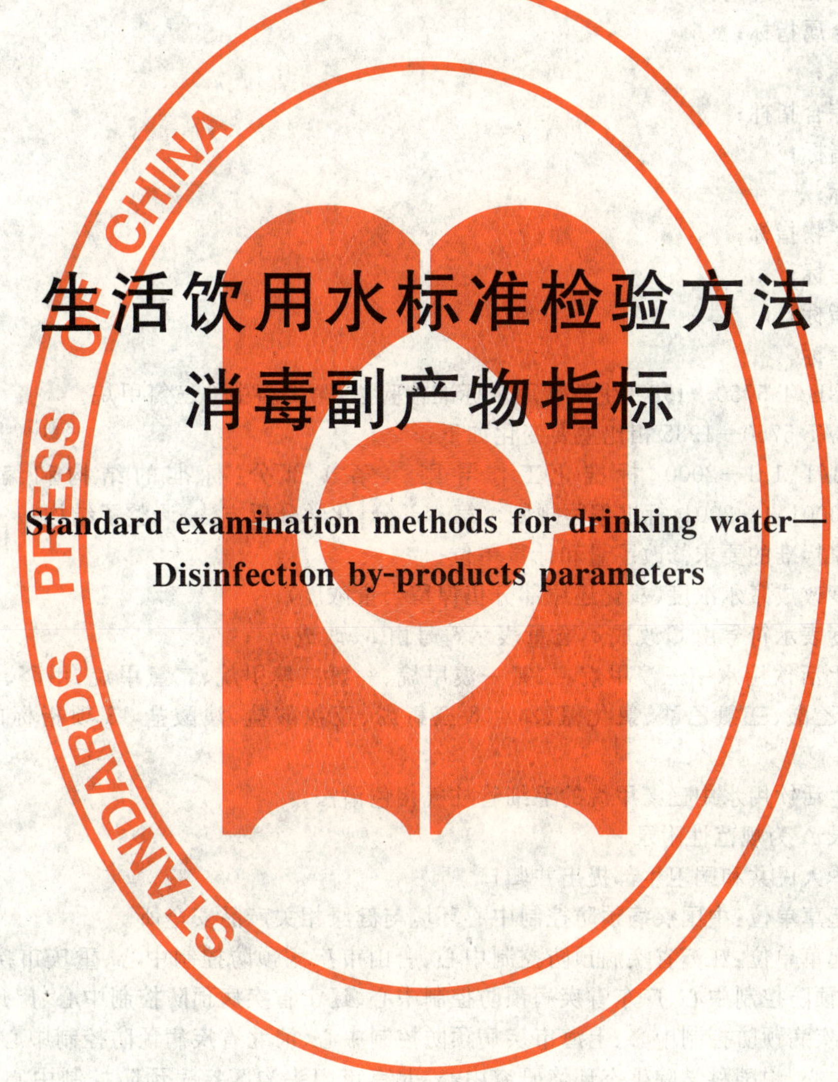

生活饮用水标准检验方法 消毒副产物指标

Standard examination methods for drinking water—Disinfection by-products parameters

2006-12-29 发布　　2007-07-01 实施

中华人民共和国卫生部
中国国家标准化管理委员会　发布

前　言

GB/T 5750《生活饮用水标准检验方法》分为以下部分：

——总则；

——水样的采集和保存；

——水质分析质量控制；

——感官性状和物理指标；

——无机非金属指标；

——金属指标；

——有机物综合指标；

——有机物指标；

——农药指标；

——消毒副产物指标；

——消毒剂指标；

——微生物指标；

——放射性指标。

本标准代替 GB/T 5750—1985《生活饮用水标准检验法》第二篇中的三氯甲烷。

本标准与 GB/T 5750—1985 相比主要变化如下：

——依据 GB/T 1.1—2000《标准化工作导则　第 1 部分：标准的结构和编写规则》与 GB/T 20001.4—2001《标准编写规则　第 4 部分：化学分析方法》调整了结构；

——依据国家标准的要求修改了量和计量单位；

——当量浓度改成摩尔浓度（氧化还原部分仍保留当量浓度）；

——质量浓度表示符号由 C 改成 ρ，含量表示符号由 M 改成 m；

——增加了生活饮用水中三溴甲烷、二氯一溴甲烷、一氯二溴甲烷、二氯甲烷、甲醛、乙醛、三氯乙醛、二氯乙酸、三氯乙酸、氯化氰、2，4，6-三氯酚、亚氯酸盐、溴酸盐 13 项指标的 18 个检验方法；

——增加了生活饮用水中三氯甲烷的毛细管柱气相色谱法。

本标准的附录 A 为规范性附录。

本标准由中华人民共和国卫生部提出并归口。

本标准负责起草单位：中国疾病预防控制中心环境与健康相关产品安全所。

本标准参加起草单位：江苏省疾病预防控制中心、唐山市疾病预防控制中心、重庆市疾病预防控制中心、北京市疾病预防控制中心、广东省疾病预防控制中心、辽宁省疾病预防控制中心、广州市疾病预防控制中心、武汉市疾病预防控制中心、上海市疾病预防控制中心、河北省疾病预防控制中心、深圳市宝安区疾病预防控制中心、中国科学院生态环境研究中心、北京市门头沟区疾病预防控制中心、上海市虹口区疾病预防控制中心、上海市浦东新区疾病预防控制中心、无锡市疾病预防控制中心、澳实分析测试有限公司。

本标准主要起草人：金银龙、鄂学礼、陈亚妍、张岚、陈昌杰、陈守建、邢大荣、王正虹、魏建荣、杨业、张宏陶、艾有年、庄丽、姜树秋、卢玉棋、周明乐。

本标准参加起草人：应波、郜昌松、杨进、祝孝巽、姜丽娟、周世伟、刘祖强、马永建、陆幽芳、张立辉、万丽奎、张昀、常凤启、李淑敏、岳银铃、牟世芬、史亚利、李文杰、钟汉怀、王丹侠、詹铭、刘运明、张大为、张莉萍、秦振顺、吴英、陈静、唐宏兵、高建、伊萍、邱宏、鲁杰、吴飞、谢英、周虹。

本标准于 1985 年 8 月首次发布，本次为第一次修订。

生活饮用水标准检验方法
消毒副产物指标

1 三氯甲烷

同 GB/T 5750.8—2006 中第 1 章四氯化碳的检验方法。

2 三溴甲烷

同 GB/T 5750.8—2006 中第 1 章四氯化碳的检验方法。

3 二氯一溴甲烷

同 GB/T 5750.8—2006 中第 1 章四氯化碳的检验方法。

4 一氯二溴甲烷

同 GB/T 5750.8—2006 中第 1 章四氯化碳的检验方法。

5 二氯甲烷

5.1 顶空气相色谱法

5.1.1 范围

本标准规定了用顶空气相色谱法测定生活饮用水及其水源水中二氯甲烷、1,1-二氯乙烷和 1,2-二氯乙烷。

本法适用于生活饮用水及其水源水中的二氯甲烷、1,1-二氯乙烷和 1,2-二氯乙烷的测定。

本法最低检测质量浓度：二氯甲烷 9 μg/L，1,1-二氯乙烷 8 μg/L 和 1,2-二氯乙烷 13 μg/L。

在本法操作条件下，其他卤代烃不干扰。

5.1.2 原理

在密闭的顶空瓶中，易挥发的卤代烃分子从液相逸入液面上部空间的气体中，在一定的温度下，卤代烃的分子在气液两相之间达到动态平衡，此时卤代烃在气相中的浓度和它在液相中的浓度成正比，通过对气相中卤代烃浓度的测定，即可计算出水样中卤代烃的质量浓度。

5.1.3 试剂和材料

5.1.3.1 载气和辅助气体

5.1.3.1.1 载气：高纯氮(99.999%)。

5.1.3.1.2 燃气：纯氢(>99.6%)。

5.1.3.1.3 助燃气：无油压缩空气，经装 0.5 nm 分子筛的净化管净化。

5.1.3.2 配制标准样品和试剂时使用的试剂

5.1.3.2.1 纯水(新鲜去离子水)。

5.1.3.2.2 色谱标准物(色谱纯)：二氯甲烷、1,1-二氯乙烷和 1,2-二氯乙烷。

5.1.3.3 制备色谱柱使用的试剂和材料

5.1.3.3.1 色谱柱和填充物见 5.1.4.1.3 有关内容。

5.1.3.3.2 涂渍固定液所用的溶剂：三氯甲烷＋丁醇(1＋1)。

5.1.4 仪器

5.1.4.1 气相色谱仪

5.1.4.1.1　氢火焰离子化检测器。

5.1.4.1.2　记录仪或工作站。

5.1.4.1.3　色谱柱

A　色谱柱类型：硬质玻璃填充柱。柱长 2 m，内径 3 mm。

B　填充物：

a　载体：Chromosorb W AW DMCS 60 目～80 目。

b　固定液及含量：SE-30(10%)。

C　涂渍固定液及老化的方法：称取 1.0 g SE-30 固定液，用三氯甲烷＋丁醇(1＋1)(5.1.3.3.2)溶解，待完全溶解后，加入 10 g 载体混匀，置于通风橱内于室温下自然挥发。采用普通装柱法装柱。

将填充好的色谱柱装机，将色谱柱与检测器断开，通氮气，流量 5 mL/min～10 mL/min，柱温 250℃老化 24 h 以上。然后将色谱柱与检测器相联，继续老化至在工作范围内基线相对偏差小于 10% 为止。

5.1.4.2　进样器：注射器，1.00 mL。

5.1.4.3　恒温水浴：控制温度±1℃。

5.1.4.4　顶空瓶：细口瓶(或输液瓶)，250 mL。使用前在 120℃烘烤 2 h。

5.1.4.5　翻口胶塞：首次使用时，于盐酸溶液(1＋9)中煮沸，再于纯水中煮沸处理，以后使用时，只用纯水煮沸 20 min，晾干备用。

5.1.4.6　聚四氟乙烯薄膜或铝箔。

5.1.5　样品

5.1.5.1　样品的稳定性：易挥发，需低温保存，尽快分析。

5.1.5.2　水样的采集及保存方法：用 250 mL 顶空瓶采集水样至满瓶(不应有气泡)，立即用垫有聚四氟乙烯薄膜(或铝箔)的翻口胶塞盖好，带回实验室，如不能立即测定，需于冰箱内保存，但不得超过 4h。

5.1.5.3　样品的预处理：水样送至实验室后，在无卤代烃的环境中倒出部分水样，使瓶内留有 250 mL 水样，迅速盖好，然后于 40℃恒温水浴中保持 40 min，气液平衡后可供分析。

5.1.6　分析步骤

5.1.6.1　仪器的调整

5.1.6.1.1　气化室温度：200℃。

5.1.6.1.2　柱温：85℃。

5.1.6.1.3　检测器温度：200℃。

5.1.6.1.4　气体流量：载气 50 mL/min；氢气 52 mL/min；空气 700 mL/min。

5.1.6.1.5　衰减：根据样品中被测组分含量调节记录器衰减。

5.1.6.2　校准

5.1.6.2.1　定量分析中的校准方法：外标法。

5.1.6.2.2　标准样品

A　使用次数：每次分析样品时用新标准使用溶液绘制标准曲线或用响应因子进行计算。

B　标准样品的制备：取 10 mL 容量瓶三个，加数毫升蒸馏水，准确称量，分别滴加二氯甲烷，1,1-二氯乙烷和 1,2-二氯乙烷各一滴再准确称量，增加的质量即为二氯甲烷，1,1-二氯乙烷和 1,2-二氯乙烷的质量，用纯水定容至刻度。计算含量后，分别取适量此液稀释成 ρ(二氯甲烷)＝5 μg/mL，ρ(1,1-二氯乙烷)＝7.5 μg/mL，ρ(1,2-二氯乙烷)＝7.5 μg/mL，临用时现配。

C　气相色谱法中使用标准溶液的条件：

a　标准溶液进样体积与试样进样体积相同，当用单标法测定时标准溶液的响应值应接近试样的响应值。

b　在工作范围内相对标准差小于 10% 即可认为仪器处于稳定状态。

c 标准样品与试样尽可能同时进样分析。

5.1.6.2.3 标准曲线的绘制:取 7 个 250 mL 容量瓶,分别加入 0,0.50,1.00,3.00,5.00,7.00,10.00 mL卤代烃标准溶液(5.1.6.2.2.B)用纯水定容至刻度,混匀,此液二氯甲烷浓度为 0,10,20,60,100,140,200 μg/L,1,1-二氯乙烷和 1,2-二氯乙烷浓度为 0,15,30,90,150,210,300 μg/L。按 5.1.6.1 的条件测定,以峰高或峰面积为纵坐标,浓度为横坐标,绘制标准曲线。

5.1.6.3 试验

5.1.6.3.1 进样

A 进样方式:直接进样。

B 进样量:1.00 mL。

C 操作:用洁净注射器(5.1.4.2)抽取所需体积注入色谱仪中,并立即拔出注射器。

5.1.6.3.2 记录

以标样核对,记录色谱峰的保留时间及对应的化合物。

5.1.6.3.3 色谱图的考察

A 标准色谱图:见图 1。

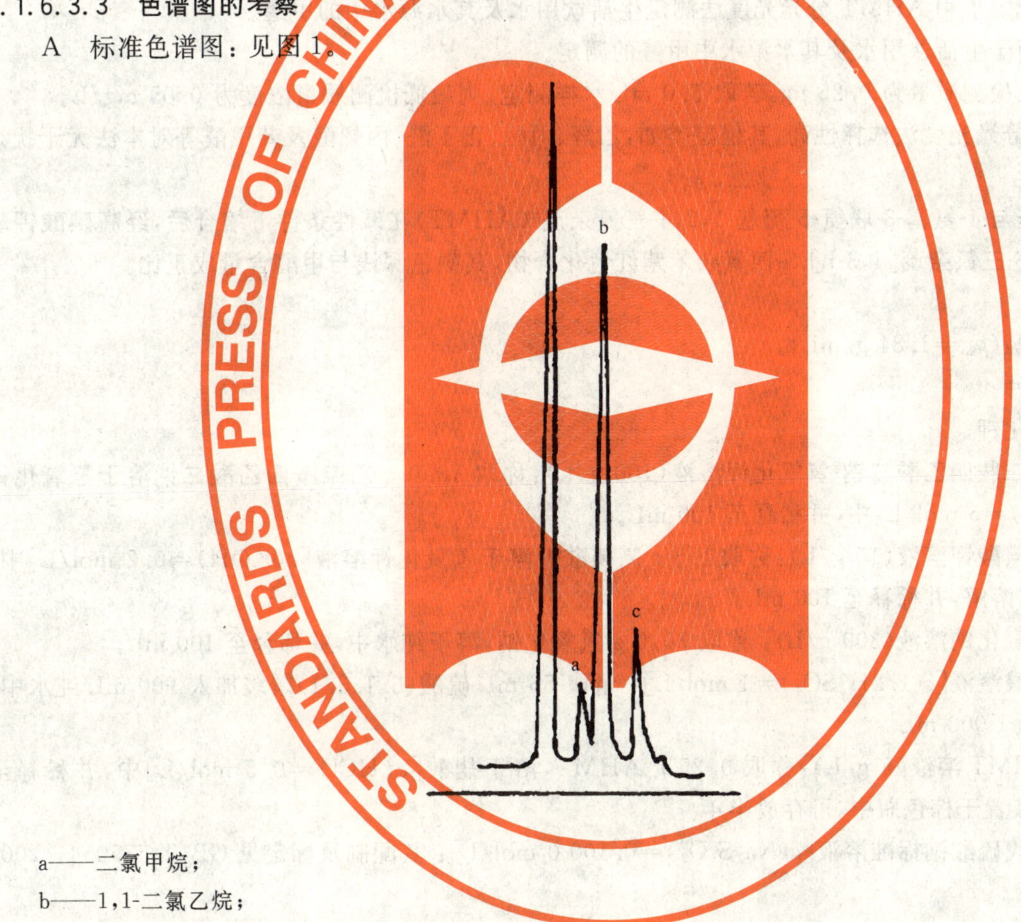

a——二氯甲烷;

b——1,1-二氯乙烷;

c——1,2-二氯乙烷。

图 1 二氯甲烷、1,1-二氯乙烷和 1,2-二氯乙烷色谱图

B 定性分析

a 各组分出峰顺序:二氯甲烷,1,1-二氯乙烷,1,2-二氯乙烷。

b 保留时间:二氯甲烷 45 s,1,1-二氯乙烷 55 s,1,2-二氯乙烷:1 min 10 s。

C 定量分析

a 色谱峰的测量:连接峰的起点和终点作为峰底,从峰的最高点对基线做垂线,此线与峰底相交,其交点与峰顶点连线的距离即为峰高。

b 计算:通过色谱峰高或峰面积,在标准曲线上查出各化合物的浓度。

5.1.7 结果的表示

5.1.7.1 定性结果

根据标准色谱图组分的保留时间确定被测水样中组分的数目和名称。

5.1.7.2 定量结果

5.1.7.2.1 含量的表示方法：在标准曲线上查出水样中二氯甲烷、1,1-二氯乙烷和1,2-二氯乙烷的浓度，以微克每升(μg/L)表示。

5.1.7.2.2 精密度和准确度：同一实验室对不同浓度的加标水样重复测定，二氯甲烷浓度为20 μg/L、100 μg/L和200 μg/L时，相对标准偏差为4.2%、2.6%和1.9%，平均回收率为99.8%。

6 甲醛

6.1 4-氨基-3-联氨-5-巯基-1,2,4-三氮杂茂(AHMT)分光光度法

6.1.1 范围

本标准规定了用AHMT分光光度法测定生活饮用水及其水源水中的甲醛。

本法适用于生活饮用水及其水源水中甲醛的测定。

本法最低检测质量为0.25 μg，若取5.0 mL水样测定，则最低检测质量浓度为0.05 mg/L。

AHMT分光光度法选择性高，其他醛类如：乙醛、丙醛、正丁醛、丙烯醛及苯甲醛等对本法无干扰。

6.1.2 原理

水中甲醛与4-氨基-3-联氨-5-巯基-1,2,4-三氮杂茂(AHMT)在碱性条件下缩合后，经高碘酸钾氧化成6-巯基-S-三氮杂茂[4,3-b]-S-四氮杂苯紫红色化合物，其颜色深浅与甲醛含量成正比。

6.1.3 试剂

6.1.3.1 硫酸(ρ_{20}=1.84 g/mL)。

6.1.3.2 碘片。

6.1.3.3 碘化钾。

6.1.3.4 乙二胺四乙酸二钠-氢氧化钾溶液(100 g/L)：称取10.0 g乙二胺四乙酸二钠溶于氢氧化钾溶液[c(KOH)=5 mol/L]中，并稀释至100 mL。

6.1.3.5 高碘酸钾溶液(15 g/L)：称取1.5 g高碘酸钾溶于氢氧化钾溶液[c(KOH)=0.2 mol/L]中，于水浴上加热溶解，并稀释至100 mL。

6.1.3.6 氢氧化钠溶液(300 g/L)：称取30.0 g氢氧化钠，溶于纯水中，并稀释至100 mL。

6.1.3.7 硫酸溶液[$c(1/2H_2SO_4)$=1 mol/L]：量取56 mL硫酸(6.1.3.1)缓缓加入900 mL纯水中，最后加纯水至1 000 mL。

6.1.3.8 AHMT溶液(5 g/L)：称取0.25 g AHMT，溶于盐酸[c(HCl)=0.5 mol/L]中，并稀释至50 mL。此溶液置于棕色瓶中，可存放半年。

6.1.3.9 硫代硫酸钠标准溶液[$c(Na_2S_2O_3)$=0.100 0 mol/L]：其配制及标定见GB/T 5750.4—2006中9.1.4.11。

6.1.3.10 碘标准溶液[$c(1/2\ I_2)$=0.050 00 mol/L]：称取6.5 g碘片及20 g碘化钾于烧杯中，加入少量纯水，不断搅拌至溶解，再加纯水至1 000 mL。用玻璃砂芯漏斗过滤，储于棕色瓶中，用下述方法进行标定：准确吸取25.00 mL待标定碘标准溶液于碘量瓶中，加150 mL纯水，用硫代硫酸钠标准溶液(6.1.3.9)滴定，近终点时加入3 mL淀粉指示剂(6.1.3.13)继续滴定至溶液蓝色消失。同时用150 mL纯水做空白试验。按式(1)计算碘标准溶液的浓度：

$$c(1/2\ I_2)=\frac{(V_1-V_0)\times c_1}{25.00} \quad \cdots\cdots(1)$$

式中：

$c(1/2\ I_2)$——碘标准溶液的浓度，单位为摩尔每升(mol/L)；

V_0——空白滴定硫代硫酸钠标准溶液的用量,单位为毫升(mL);

V_1——滴定碘标准溶液硫代硫酸钠标准溶液的用量,单位为毫升(mL);

c_1——硫代硫酸钠标准溶液的浓度,单位为摩尔每升(mol/L)。

6.1.3.11 甲醛标准储备溶液:取 7 mL 甲醛溶液[$\varphi(HCHO)=36\%\sim38\%$]于 250 mL 容量瓶中,加 0.5 mL 硫酸(6.1.3.1)并用纯水稀释至刻度,摇匀。用下述方法标定其浓度:取甲醛储备溶液 10.00 mL于 100 mL 容量瓶中,用纯水稀释至刻度,混匀。取此稀释的溶液 10.00 mL 于 250 mL 碘量瓶中,加入 90 mL 纯水,25.00 mL 碘标准溶液(6.1.3.10),立即逐滴加入氢氧化钠溶液(6.1.3.6)至颜色褪成淡黄色,放置 15 min 后,加 10 mL 硫酸溶液(6.1.3.7)于暗处放置 10 min,用硫代硫酸钠标准溶液(6.1.3.9)滴定至淡黄色,加入淀粉指示剂(6.1.3.13)继续滴定至蓝色消失为终点。同时用 100 mL 纯水做空白试验,用式(2)计算储备液中甲醛含量。

$$\rho(HCHO)=\frac{(V_0-V_1)\times c\times 15}{10.00} \qquad \cdots\cdots(2)$$

式中:

$\rho(HCHO)$——甲醛标准储备溶液的质量浓度,单位为毫克每毫升(mg/mL);

V_0——滴定空白所用硫代硫酸钠标准溶液体积,单位为毫升(mL);

V_1——滴定甲醛溶液所用硫代硫酸钠标准溶液体积,单位为毫升(mL);

c——硫代硫酸钠标准溶液的浓度,单位为摩尔每升(mol/L);

15——与 1.00 mL 硫代硫酸钠标准溶液[$c(Na_2S_2O_3)=1.000$ mol/L]相当的以毫克表示的甲醛的质量。

6.1.3.12 甲醛标准使用溶液[$\rho(HCHO)=1\ \mu g/mL$]:取甲醛标准储备溶液(6.1.3.11)稀释成每毫升含有 1 μg 甲醛的标准溶液。

6.1.3.13 淀粉指示剂(5 g/L)。

6.1.4 仪器

6.1.4.1 分光光度计。

6.1.4.2 具塞比色管,10 mL。

6.1.5 分析步骤

6.1.5.1 吸取 5.00 mL 水样于 10 mL 比色管中。

6.1.5.2 另取 0,0.25,0.50,1.00,2.00,3.00,4.00,5.00 mL 甲醛标准使用溶液(6.1.3.12)于 10 mL 比色管并加纯水至 5.0 mL。

6.1.5.3 在水样及标准系列中加入 2.0 mL 乙二胺四乙酸二钠-氢氧化钾溶液(6.1.3.4)及 2.0 mL AHMT 溶液(6.1.3.8),混匀,于室温下放置 20 min。加入 0.5 mL 高碘酸钾溶液(6.1.3.5)振摇半分钟,放置 5 min。于 550 nm 波长,用 1 cm 比色皿,以纯水为参比,测量吸光度。

6.1.5.4 绘制标准曲线并查出甲醛的质量。

6.1.6 计算

水样中甲醛的质量浓度按式(3)计算。

$$\rho(HCHO)=\frac{m}{V} \qquad \cdots\cdots(3)$$

式中:

$\rho(HCHO)$——水样中甲醛的质量浓度,单位为毫克每升(mg/L);

m——由标准曲线查得甲醛的质量,单位为微克(μg);

V——水样体积,单位为毫升(mL)。

6.1.7 精密度和准确度

7 个实验室分别测定人工合成水样,甲醛浓度在 0.10 mg/L~0.60 mg/L 时,相对标准偏差为

0.9%～10%。采用地下水、地面水及人工合成水样做加标回收试验，甲醛浓度在 0.10 mg/L 时，回收率范围为 90.0%～117%，平均回收率为 101%；甲醛浓度在 0.20 mg/L 时，回收率范围为 93.1%～109.5%，平均回收率为 100%；甲醛浓度在 0.40 mg/L 时，回收率范围为 89.0%～108%，平均回收率为 98.5%。

7 乙醛

7.1 气相色谱法

7.1.1 范围

本标准规定了用气相色谱法测定生活饮用水及其水源水中的乙醛和丙烯醛。

本法适用于生活饮用水及其水源水中乙醛和丙烯醛的测定。

本法最低检测质量为乙醛 12 ng 和丙烯醛 0.95 ng。若取 50 μL 水样直接进样，则最低检测质量浓度为：乙醛 0.3 mg/L 和丙烯醛 0.02 mg/L。

在选定的色谱条件下，甲醛、丙醛、丙酮和丁醛等均不干扰测定。

7.1.2 原理

水中乙醛、丙烯醛可以直接用带有氢火焰离子化检测器的气相色谱仪分离测定，出峰顺序为丙烯醛和乙醛。

7.1.3 试剂和材料

7.1.3.1 载气和辅助气体

7.1.3.1.1 载气：高纯氮(99.999%)。

7.1.3.1.2 燃气：纯氢(>99.6%)。

7.1.3.1.3 助燃气：无油压缩空气，经装有 0.5 nm 分子筛的净化管净化。

7.1.3.2 配制标准样品和试样预处理时使用的试剂

7.1.3.2.1 亚硫酸氢钠溶液〔$c(NaHSO_3)$〕=0.05 mol/L〕。

7.1.3.2.2 碘标准溶液〔$c(1/2I_2)$=0.10 mol/L〕，待标定。

7.1.3.2.3 硫代硫酸钠标准溶液〔$c(Na_2S_2O_3)$=0.10 mol/L〕，待标定。

7.1.3.2.4 淀粉溶液(5 g/L)。

7.1.3.2.5 硫酸溶液(1+1)。

7.1.3.2.6 标准物：丙烯醛和乙醛溶液[$\omega(CH_3CHO)$=40%]。

7.1.3.3 制备色谱柱使用的试剂和材料

7.1.3.3.1 色谱柱和填充物见 7.1.4.1.3 有关内容。

7.1.3.3.2 涂渍固定液所用的溶剂：二氯甲烷。

7.1.4 仪器

7.1.4.1 气相色谱仪

7.1.4.1.1 氢火焰离子化检测器。

7.1.4.1.2 记录仪或工作站。

7.1.4.1.3 色谱柱

A 色谱柱类型：不锈钢填充柱，柱长 2 m，内径 4 mm。

B 填充物

a 载体：6201 釉化担体 60 目～80 目，经筛分干燥后备用。

b 固定液及含量：20%聚乙二醇-20M。

7.1.4.1.4 涂渍固定液及老化的方法：称取 2 g 聚乙二醇-20M[7.1.4.1.3 B b]溶于二氯甲烷(7.1.3.3.2)溶剂中，待完全溶解后加入 10 g 载体[7.1.4.1.3 B a]，摇匀，置于通风橱内于室温下自然挥发。用普通装柱法装柱。

将填充好的色谱柱装机。将色谱柱与检测器断开,通氮气,流速 5 mL/min～10 mL/min,柱温150℃老化 8 h 后色谱柱与检测器相连,继续老化至工作范围内基线相对偏差小于 10%为止。

7.1.4.2　进样器:微量注射器,50 μL。

7.1.4.3　全玻璃蒸馏器。

7.1.5　样品

水样的采集及保存方法:水样采集在磨口塞玻璃瓶中,尽快分析。

7.1.6　分析步骤

7.1.6.1　仪器的调整

7.1.6.1.1　气化室温度:130℃。

7.1.6.1.2　柱箱温度:76℃。

7.1.6.1.3　检测器温度:150℃。

7.1.6.1.4　气体流量:氮气 40 mL/min;氢气 52 mL/min;空气 700 mL/min。

7.1.6.1.5　衰减:根据样品中被测组分含量调节记录器衰减。

7.1.6.2　校准

7.1.6.2.1　定量分析中的校准方法:外标法。

7.1.6.2.2　标准样品

A　使用次数:每次分析样品时用新标准使用溶液绘制标准曲线。

B　标准样品的制备

a　乙醛标准溶液的制备:取 2 mL 乙醛溶液[$\omega(CH_3CHO)=40\%$]置于 250 mL 全玻璃蒸馏器中,加蒸馏水至 100 mL,加硫酸溶液(7.1.3.2.5)酸化,投入数粒玻璃珠,加热蒸馏。收集馏出液于盛有少量蒸馏水的 250 mL 容量瓶中,尾接管要插入容量瓶内水面下,容量瓶放在冰水浴中,收集馏出液约 50 mL,加蒸馏水至刻度。取 10.00 mL 上述蒸馏溶液,置于 250 mL 碘量瓶中,加 25.0 mL 亚硫酸氢钠溶液(7.1.3.2.1),混匀,在暗处放置 30 min,加入 50 mL 碘标准溶液(7.1.3.2.2),再在暗处放置 5 min,然后用硫代硫酸钠溶液(7.1.3.2.3)滴定,当滴定至浅黄色刚褪时,加 1 mL 淀粉溶液(7.1.3.2.4)继续滴定至蓝色刚褪去为止。按同样的条件滴定空白,根据硫代硫酸钠溶液的用量按式(4)计算每毫升溶液中的乙醛浓度。

$$\rho(CH_3CHO)=\frac{(V_1-V_0)\times c\times 22}{10} \qquad \cdots\cdots (4)$$

式中:

$\rho(CH_3CHO)$——乙醛的质量浓度,单位为毫克每毫升(mg/mL);

V_0——滴定空白所用硫代硫酸钠标准溶液的体积,单位为毫升(mL);

V_1——滴定乙醛所用硫代硫酸钠标准溶液的体积,单位为毫升(mL);

c——硫代硫酸钠标准溶液的浓度,单位为摩尔每升(mol/L);

22——与 1.00 mL 硫代硫酸钠标准溶液[$c(Na_2S_2O_3)=1.000$ mol/L]相当的以毫克表示的乙醛的质量。

根据乙醛溶液的浓度稀释为 $\rho(CH_3CHO)=1$ mg/mL。

b　丙烯醛标准溶液的制备:取 10 mL 容量瓶,加蒸馏水数毫升,准确称量,滴加 2 滴～3 滴新蒸馏的丙烯醛,再称量。增加的质量即为丙烯醛质量,加蒸馏水至刻度,计算含量后,取适量此液用蒸馏水稀释为 ρ(丙烯醛)=10 μg/mL。

C　气相色谱法中使用标准品的条件

a　标准样品进样体积与试样进样体积相同,标准样品的响应值应接近试样的响应值。

b　在工作范围内相对标准差小于 10%即可认为仪器处于稳定状态。

c　标准样品与试样尽可能同时进样分析。

7.1.6.2.3 标准曲线的绘制：取 6 个 10 mL 容量瓶，将乙醛和丙烯醛的标准溶液稀释配制成乙醛浓度为 0,0.5,1.0,3.0,5.0,10.0 mg/L；丙烯醛浓度为 0,0.1,0.3,0.5,0.7,1.0 mg/L 的标准系列。

各取 50 μL 注入色谱仪，以峰高为纵坐标，浓度为横坐标，绘制标准曲线。

7.1.6.3 试验

7.1.6.3.1 进样

A 进样方式：直接进样。

B 进样量：50 μL。

C 操作：用洁净注射器(7.1.4.2)于待测样品中抽吸几次，排出气泡，取所需体积迅速注射至色谱仪中，并立即拔出注射器。

7.1.6.3.2 记录：以标样核对，记录色谱峰的保留时间及对应的化合物。

7.1.6.3.3 色谱图的考察

A 标准色谱图：见图 2。

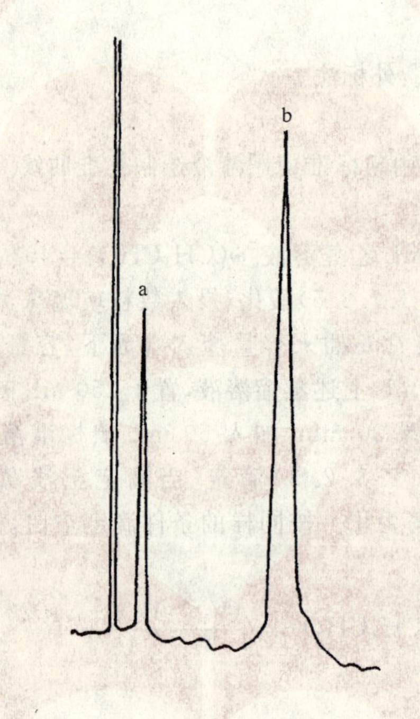

a——丙烯醛；

b——乙醛。

图 2 丙烯醛、乙醛标准色谱图

B 定性分析

a 各组分出峰顺序：丙烯醛，乙醛。

b 各组分保留时间：丙烯醛 1 min 48 s，乙醛 7 min 12 s。

C 定量分析

a 色谱峰的测量：连接峰的起点和终点作为峰底，从峰高的最大值对基线做垂线，此线与峰底相交，其交点与峰顶点的距离即为峰高。

b 计算：通过色谱峰高，直接在标准曲线上查出乙醛、丙烯醛的质量浓度即为水样中乙醛、丙烯醛的质量浓度。

7.1.7 结果的表示

7.1.7.1 定性结果

根据标准色谱图组分的保留时间确定被测水样中组分的数目和名称。

7.1.7.2 定量结果

7.1.7.2.1 含量的表示方法:在标准曲线上查出水样中乙醛、丙烯醛的浓度,以毫克每升(mg/L)表示。

7.1.7.2.2 精密度和准确度:分别取质量浓度为1 mg/L和9 mg/L的乙醛溶液各测定6次,其相对标准偏差分别为8.1%,1.7%。用各种水样做回收试验,回收率为87.4%~101%。

8 三氯乙醛

8.1 气相色谱法

8.1.1 范围

本标准规定了用气相色谱法测定生活饮用水及其水源水中的三氯乙醛。

本法适用于生活饮用水及其水源水中三氯乙醛的测定。

本法最低检测质量浓度为1 μg/L。

8.1.2 原理

三氯乙醛溶于水以水合三氯乙醛形式存在,水合三氯乙醛与碱作用生成三氯甲烷。

$$Cl_3CCH(OH)_2+NaOH=CHCl_3+HCOONa+H_2O$$

此反应容易进行,因此用顶空分析法测定加碱后生成的三氯甲烷以及不加碱反应的水中原有的三氯甲烷,根据两者之差便可间接计算出三氯乙醛的含量。

8.1.3 试剂与材料

8.1.3.1 载气:高纯氮(99.999%)。

8.1.3.2 配制标准样品和试样预处理时使用的试剂

8.1.3.2.1 配制溶液及稀释用水均为无卤代烷烃的蒸馏水,可将蒸馏水通过120℃烘烤过的活性炭柱。

8.1.3.2.2 氢氧化钠溶液(100 g/L)。

8.1.3.3 色谱标准物:三氯乙醛或水合三氯乙醛,分析纯试剂。

8.1.3.4 制备色谱柱使用的试剂和材料:见8.1.4.1.3内容。

8.1.4 仪器

8.1.4.1 气相色谱仪

8.1.4.1.1 电子捕获检测器。

8.1.4.1.2 记录仪或工作站。

8.1.4.1.3 色谱柱

A 色谱柱类型:U型玻璃填充柱,长2 m,内径3 mm。

B 填充物:高分子多孔小球,60目~80目GDX-102。

C 填充方法:采取抽吸振动法:色谱柱一端塞入少许玻璃棉并连接上真空泵,另一端连接小漏斗,倒入固定相,启动真空泵(没有真空泵可用100 mL注射器人工抽气)轻轻振动色谱柱,使固定相均匀紧密填充。

D 色谱柱老化:将填充好的柱子装在色谱仪上(不接鉴定器)通氮气于200℃老化48 h以上。

8.1.4.2 微量注射器:50 μL。

8.1.4.3 带有50 mL刻度的顶空瓶:使用前在120℃烘烤2 h。

8.1.4.4 医用翻口胶塞:用前洗净,用水煮沸20 min晾干,备用。

8.1.4.5 聚四氟乙烯膜或铝箔。

8.1.4.6 恒温水浴:控制温度±1℃。

8.1.5 样品

8.1.5.1 采样方法及储存方法:取两个装有0.1 g硫代硫酸钠的顶空瓶带到现场,充满水样并立即用包有铝箔(或聚四氟乙烯膜)的翻口胶塞封好带回实验室,如不能立即测定,需在冰箱内保存。

8.1.5.2 水样预处理:水样送到实验室后在无三氯甲烷的环境中倒出部分水样使瓶中水样至 50 mL 刻度,立即盖好瓶塞。其中一瓶直接放入 40℃恒温水浴中为瓶Ⅰ,另一瓶通过注射针头注入 0.2 mL 氢氧化钠溶液(8.1.3.2.2),振荡混匀,放入 40℃恒温水浴中为瓶Ⅱ,均于 40℃水浴中平衡 2.5 h。

8.1.6 **分析步骤**

8.1.6.1 **仪器调整**

8.1.6.1.1 气化室温度:200℃。

8.1.6.1.2 柱箱温度:150℃。

8.1.6.1.3 检测器温度:250℃。

8.1.6.1.4 载气流量:80 mL/min。

8.1.6.2 **校准**

8.1.6.2.1 定量分析中的校准方法:外标法。

8.1.6.2.2 标准样品

A 使用次数:每次分析样品时用新配制标准使用溶液。

B 标准样品的制备

a 标准储备溶液制备:称取 0.100 0 g 三氯乙醛(或水合三氯乙醛 0.112 0 g)于 100 mL 容量瓶中,用蒸馏水定容,此溶液 ρ(三氯乙醛)=1 mg/mL(冰箱内可保存三周)。

b 标准使用溶液的制备:临用时用蒸馏水(8.1.3.2.1)稀释标准储备溶液配制成 0、10、20、30、40 和 50 μg/L 的三氯乙醛标准系列。

c 使用标准样品的条件:标准样品与试样同时分析。

C 工作曲线的绘制:取标准系列溶液 50 mL 于 6 个装有 0.1 g 硫代硫酸钠的顶空瓶中,分别加入 0.2 mL 氢氧化钠溶液(8.1.3.2.2),用铝箔包好的翻口胶塞封好。振荡混匀,放入 40℃ 水浴中平衡 2.5 h后,取 50 μL 顶空气体注入气相色谱仪。测定所生成三氯甲烷的峰高,每个浓度重复测三次,取平均值减去空白峰高的平均值为纵坐标,以浓度(μg/L)为横坐标绘制工作曲线。

8.1.6.3 **试验**

8.1.6.3.1 进样

A 进样方式:直接进样。

B 进样量:50 μL。

C 操作:用洁净的注射器(8.1.4.2)抽取瓶Ⅰ及瓶Ⅱ的上部气体 50 μL 注入气相色谱仪,每个水样重复测三次,量取峰高,计算瓶Ⅰ及瓶Ⅱ峰高的平均值 H_1,H_2。

8.1.6.3.2 记录:以标样核对,记录色谱峰保留时间及对应的化合物。

8.1.6.3.3 色谱图考察

A 标准色谱图:见图 3。

B 定性分析

a 出峰顺序:空气,未知峰,三氯甲烷(由三氯乙醛生成)。

b 保留时间:空气峰:47 s;未知峰:2 min 12 s;三氯甲烷:4 min 52 s。

C 定量分析

a 色谱峰的测量:测量峰高(mm)。

b 计算:根据 H_2、H_1 峰高的差值从工作曲线上查出三氯乙醛的浓度。若水样经稀释后测定,应乘以稀释倍数。

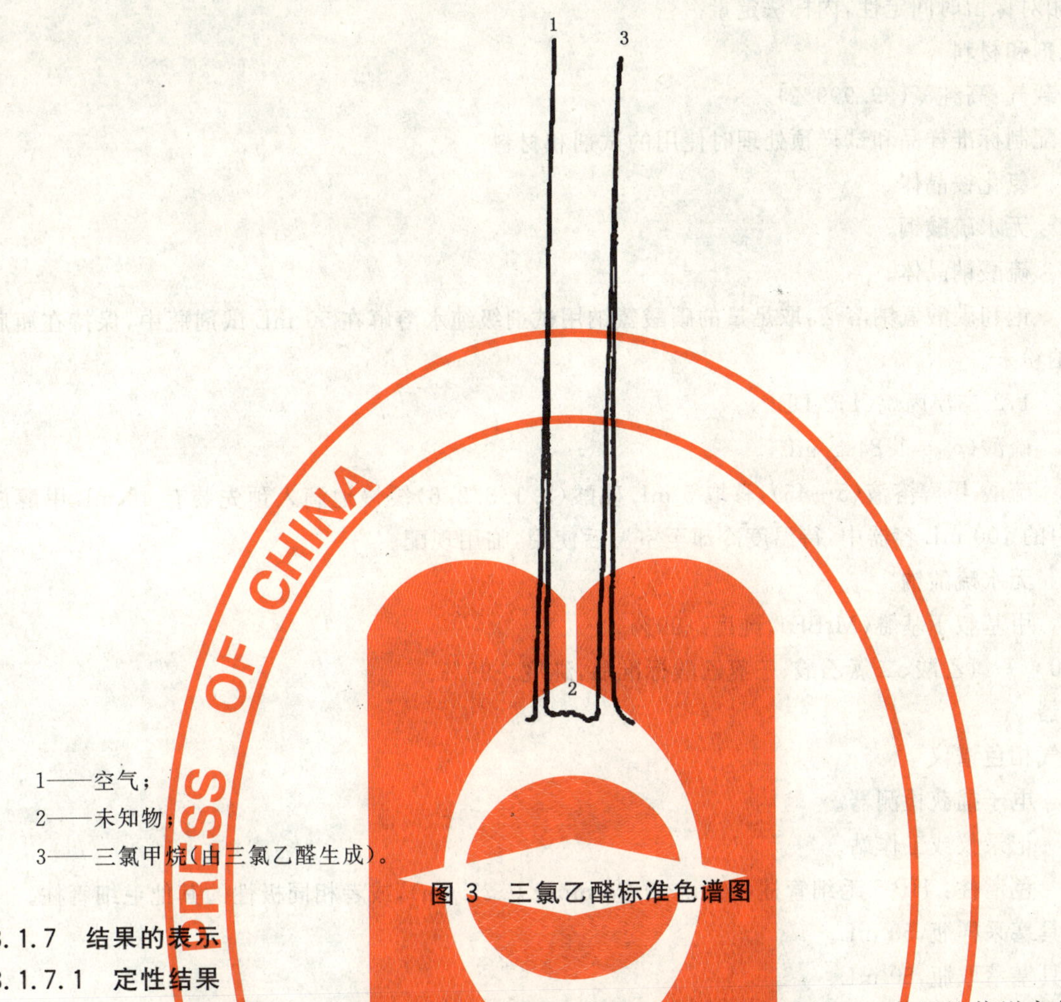

1——空气；
2——未知物；
3——三氯甲烷(由三氯乙醛生成)。

图 3　三氯乙醛标准色谱图

8.1.7　结果的表示

8.1.7.1　定性结果

根据标准色谱图组分的保留时间，确定被测水样中组分，根据加碱前后三氯甲烷值增高与否来确定是否含有三氯乙醛。

8.1.7.2　定量结果

8.1.7.2.1　含量的表示方法：在工作曲线上查出三氯乙醛的质量浓度，以微克每升(μg/L)表示。

8.1.7.2.2　精密度和准确度：6 个实验室重复测定，三氯乙醛的浓度范围为 10 μg/L～90 μg/L，平均回收率为 97.8%～101%，相对标准偏差为 1.0%～3.2%。

9　二氯乙酸

9.1　液液萃取衍生气相色谱法

9.1.1　范围

本标准规定了用气相色谱法测定生活饮用水及其水源水中一氯乙酸(MCAA)、二氯乙酸(DCAA)和三氯乙酸(TCAA)。

本法适用于生活饮用水及其水源水中一氯乙酸、二氯乙酸、三氯乙酸的测定。

本法最低检测质量：一氯乙酸(MCAA)、二氯乙酸(DCAA)、三氯乙酸(TCAA)分别为 0.062 ng、0.025 ng、0.012 ng。若取水样 25 mL 水样测定，则最低检测质量浓度分别为：5.0 μg/L、2.0 μg/L、1.0 μg/L。

9.1.2　原理

在酸性条件下(pH<0.5)，以含 1,2-二溴丙烷(1,2-DBP)内标的甲基叔丁基醚萃取水样，萃取液用硫酸酸化的甲醇溶液衍生，使水中卤乙酸形成卤代乙酸甲酯，用毛细管柱分离，电子捕获检测器(ECD)

测定。以相对保留时间定性,内标法定量。

9.1.3 **试剂和材料**

9.1.3.1 载气:高纯氮(99.999%)。

9.1.3.2 配制标准样品和试样预处理时使用的试剂和材料

9.1.3.2.1 氯化铵晶体。

9.1.3.2.2 无水硫酸铜。

9.1.3.2.3 硫酸钠晶体。

9.1.3.2.4 饱和碳酸氢钠溶液:取足量的碳酸氢钠用试剂级纯水溶解在 50 mL 试剂瓶中,保持在瓶底有碳酸氢钠粉末。

9.1.3.2.5 1,2-二溴丙烷(1,2-DBP)。

9.1.3.2.6 硫酸(ρ_{20}=1.84 g/mL)。

9.1.3.2.7 硫酸-甲醇溶液(5+45):移取 5 mL 硫酸(9.1.3.2.6)缓慢地滴入预先装有 45 mL 甲醇放在冰水浴中的 100 mL 容器中,待温度冷却至室温后使用,临用现配。

9.1.3.2.8 无水硫酸钠。

9.1.3.2.9 甲基叔丁基醚(MtBE),纯度>99%。

9.1.3.2.10 一氯乙酸、二氯乙酸、三氯乙酸标准品,纯度>99%。

9.1.4 **仪器**

9.1.4.1 气相色谱仪

9.1.4.1.1 电子捕获检测器。

9.1.4.1.2 记录仪或工作站。

9.1.4.1.3 色谱柱:HP-5 毛细管柱(30 m×0.25 mm×0.25 μm),或者相同极性的其他毛细管柱。

9.1.4.2 具塞采样瓶,50 mL。

9.1.4.3 具塞萃取瓶,50 mL。

9.1.4.4 具塞衍生瓶,16 mL。

9.1.4.5 加热块:孔径适合相应的衍生瓶。

9.1.4.6 微量注射器:5,10,25,100,250,1 000 μL。

9.1.4.7 漩涡振荡器。

9.1.5 **样品**

9.1.5.1 样品的稳定性:二氯乙酸在水中不稳定。

9.1.5.2 水样采集和保存方法:先将 5 mg 氯化铵晶体(9.1.3.2.1)于 50 mL 采样瓶(9.1.4.2)中(含量约为 100 mg/L,对于高氯化的水应该增加氯化铵的量),取满水样。自来水采集时,先打开水龙头,使水流中不含气泡,3 min~5 min 后开始采集(注意不要让水溢出),盖好塞子,上下翻转振摇使晶体溶解。于 24 h 内分析,4℃冰箱保存不超过 7 天;样品衍生液在−20℃冰箱保存不超过 7 天。

9.1.5.3 水样预处理

9.1.5.3.1 取 25 mL 水样倒入 50 mL 萃取瓶中(9.1.4.3)。

9.1.5.3.2 萃取衍生:向水样中加入 2 mL 浓硫酸,摇匀;迅速加入约 3 g 无水硫酸铜(9.1.3.2.2),摇匀;再加入约 10 g 无水硫酸钠(9.1.3.2.3),摇匀;然后加入 4.0 mL 含内标(1,2-DBP)300 μg/L 的甲基叔丁醚,振荡,静止 5 min。取上层清液 3.0 mL 至另一 16 mL 衍生瓶中(9.1.4.4),加入新鲜配置硫酸-甲醇溶液(9.1.3.2.7)1.0 mL,在 50℃ 加热块上衍生 120 min±10 min。取出衍生瓶,冷至室温后逐滴加入 4 mL 饱和碳酸氢钠溶液(9.1.3.2.4),盖上塞子,振荡并注意不断放气;最后,取上清液 1 mL~1.5 mL至萃取瓶中,加入少量无水硫酸钠(9.1.3.2.8),取 2 μL 上清液进气相色谱分析。

9.1.6 分析步骤

9.1.6.1 仪器调整

9.1.6.1.1 进样口温度:200℃。

9.1.6.1.2 柱温:程序升温 35℃保持 7 min,5℃/min 至 70℃,30℃/min 至 250℃,保持 5 min。

9.1.6.1.3 检测器温度:250℃。

9.1.6.1.4 载气(N_2)流量:1 mL/min。

9.1.6.2 校准

9.1.6.2.1 定量分析中校准方法:内标法。

9.1.6.2.2 标准样品

A 每次分析样品时,标准使用液需临时配制。标准样品和试样尽可能同时分析。

B 标准样品的制备

a 标准储备溶液:单一标准储备液,取纯度不小于 99%的单一标准物质一氯乙酸,二氯乙酸和三氯乙酸(9.1.3.2.10)6.4μL,6.4 μL 和 6.2 μL 分别滴入预先盛有 5 mL 左右甲基叔丁基醚(9.1.3.2.9)的 10 mL 容量瓶中,振摇,定容,各溶液质量浓度均为 1 mg/mL。

b 标准使用溶液:分别取标准储备溶液(9.1.6.2.2 B a),1 000,500,250 μL 滴入预先盛有 5 mL 左右甲基叔丁基醚的 10 mL 容量瓶中,振摇,定容;混合后一氯乙酸,二氯乙酸和三氯乙酸的质量浓度依次为 100 mg/L,50 mg/L,25 mg/L。

c 内标萃取液:取内标物质 1,2-DBP (9.1.3.2.5)7.8 μL 滴入预先盛有约 20 mL 甲基叔丁基醚(9.1.3.2.9)的 50 mL 容量瓶中,振摇,定容,内标储备溶液质量浓度为 300 mg/L;再取 50 μL 此储备溶液,滴入预先盛有约 20 mL 甲基叔丁基醚的 50 mL 容量瓶中,振摇,定容,内标萃取液浓度为 300 μg/L。

9.1.6.2.3 工作曲线的制备

分别取标准使用溶液(9.1.6.2.2 B b)0,5,10,20,40 μL 至装有 25 mL 纯水的萃取瓶中,配制后工作曲线的质量浓度:MCAA 为 0,25,50,100,200 μg/L,DCAA 为 0,12.5,25,50,100 μg/L,TCAA 为 0,6.25,12.5,25,50 μg/L。按 9.1.5.3.2 方法进行萃取、衍生、分析。以标准物质峰面积与内标物质峰面积比值为纵坐标,质量浓度为横坐标,绘制工作曲线。

9.1.6.3 试验

9.1.6.3.1 进样

A 进样方式:直接进样。

B 进样量:2 μL。

9.1.6.3.2 记录:用标样核对,记录色谱峰的保留时间及对应的化合物。

9.1.6.3.3 色谱图考察

A 标准色谱图:见图 4。

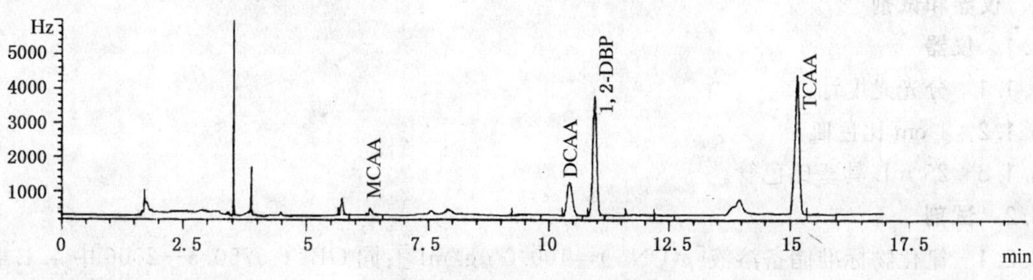

图 4 氯乙酸标准色谱图

B 定性分析

a 各组分出峰顺序:MCAA,DCAA,1,2-DBP,TCAA。

b 保留时间:MCAA 6.2 min,DCAA 10.4 min,1,2-DBP 11.0 min,TCAA 15.2 min。

C　定量分析

按式(5)计算被分析物的质量浓度。

$$\rho = \frac{R - R_0}{K} \quad \cdots\cdots\cdots\cdots(5)$$

式中：

ρ——被分析物的质量浓度，单位为微克每升(μg/L)；

K——工作曲线的斜率；

R——被分析物质峰面积与内标峰面积比值；

R_0——工作曲线的截距。

9.1.7 结果表示

9.1.7.1 定性结果

根据标准色谱图各组分的保留时间，确定水样中组分的名称和组分的数目。

9.1.7.2 定量结果

9.1.7.2.1　含量的表示：根据式(6)计算各组分的质量浓度，以微克每升(μg/L)计。

9.1.7.2.2　精密度和准确度：5个实验室测定相对标准偏差MCAA、DCAA、TCAA分别为4.6%，5.4%，3.8%。5个实验室对高中低三个浓度的加标回收率试验结果，二氯乙酸低浓度(4.0 μg/L～20 μg/L)时，平均回收率为93.0%。中浓度(40 μg/L～90 μg/L)时，平均回收率为96.0%。高浓度(100 μg/L～200 μg/L)时，平均回收率为92.0%。三氯乙酸低浓度(2.0 μg/L～10 μg/L)时，平均回收率为98.0%。中浓度(10 μg/L～40 μg/L)时，平均回收率为91.0%。高浓度(40 μg/L～100 μg/L)时，平均回收率为98.0%。

10 三氯乙酸

见第9章二氯乙酸。

11 氯化氰

11.1 异烟酸-巴比妥酸分光光度法

11.1.1 范围

本标准规定了用异烟酸-巴比妥酸分光光度法测定生活饮用水中氯化氰。

本法适用于测定生活饮用水(经氯化消毒处理)中氯化氰的测定。

本法最低检测质量为0.10 μg。若取10.0 mL水样测定，则最低检测质量浓度为0.01 mg/L。

11.1.2 原理

水中氯化氰与异烟酸-巴比妥酸试剂反应生成蓝紫色的化合物，于600 nm波长处比色定量。

11.1.3 仪器和试剂

11.1.3.1 仪器

11.1.3.1.1　分光光度计。

11.1.3.1.2　1 cm比色皿。

11.1.3.1.3　25 mL具塞比色管。

11.1.3.2 试剂

11.1.3.2.1　氰化物标准储备溶液[$\rho(CN^-)$=100.0 μg/mL]：同GB/T 5750.5—2006中4.1.4.9。

11.1.3.2.2　氰化物标准使用溶液[$\rho(CN^-)$=1.00 μg/mL]：同GB/T 5750.5—2006中4.1.4.10。

11.1.3.2.3　异烟酸-巴比妥酸：称取1.0 g异烟酸($C_6H_5O_2N$)和1.0 g巴比妥酸(又名丙二酰脲，$C_4H_4N_2O_3$)溶于100 mL(40℃～50℃)12 g/L氢氧化钠溶液中，搅拌至溶解，必要时过滤。此溶液应为无色或淡黄色。

11.1.3.2.4 磷酸盐缓冲液(pH 5.8):称取 68 g 无水磷酸二氢钾(KH_2PO_4)和 7.6 g 磷酸氢二钠($Na_2HPO_4 \cdot 12H_2O$)置于 1 000 mL 容量瓶中,用纯水稀释至刻度。

11.1.3.2.5 10 g/L 氯胺 T 溶液:临用现配。

11.1.3.2.6 0.025 mol/L 氢氧化钠溶液。

11.1.3.2.7 实验中所用的水均为纯水。

11.1.4 分析步骤

11.1.4.1 标准曲线的绘制:取 8 只 25 mL 具塞比色管,分别加入氰化物标准使用溶液 0,0.10,0.50,1.0,1.5,2.0,4.0,8.0 mL,加纯水至 10.0 mL,各管浓度为 0.00,0.01,0.05,0.10,0.15,0.20,0.40,0.80 mg/L。向各管加入 2.0 mL 磷酸盐缓冲液和 0.25 mL 氯胺 T 溶液,充分混匀,放置 2 min~5 min 后加入 4.0 mL 异烟酸-巴比妥酸溶液,加纯水至 25 mL 混匀,室温下放置 30 min。于 600 nm 波长,1 cm比色皿,以纯水为参比,测定吸光度。绘制标准曲线。

11.1.4.2 样品的测定:取 10.0 mL 水样,置于 25 mL 具塞比色管中,按标准曲线的操作步骤,测定样品的吸光度,从标准曲线上查出样品中氯化氰的质量。

11.1.5 结果表示

11.1.5.1 计算

水样中氯化氰的质量浓度按式(6)计算。

$$\rho(\mathrm{CNCl}-\mathrm{CN}^-)=\frac{m}{V} \qquad \cdots\cdots(6)$$

式中:

$\rho(\mathrm{CNCl}-\mathrm{CN}^-)$——水样中氯化氰(以 CN^- 计)的质量浓度,单位为毫克每升(mg/L);

m——从标准曲线上查得的样品中氯化氰(以 CN^- 计)的质量,单位为微克(μg);

V——水样体积,单位为毫升(mL)。

11.1.5.2 精密度和准确度

2 个实验室重复测定氯化氰浓度为 0.01,0.2,0.8 mg/L 的人工合成水样,平均回收率分别为 80.0%~90.0%,83.0%~92.0%,94.0%~100%;相对标准差为 5.2%,3.1%,2.8%。

注:氯化氰(CNCl)是氰化物氯化过程中的初级产物,是一种微溶于水的挥发性气体,即使在低浓度下,仍具有较高的毒性。

12 2,4,6-三氯酚

12.1 衍生化气相色谱法

12.1.1 范围

本标准规定了用衍生化气相色谱法测定生活饮用水及其水源水中的 2-氯酚、2,4-二氯酚、2,4,6-三氯酚和五氯酚。

本法适用于生活饮用水及其水源水中 2-氯酚、2,4-二氯酚、2,4,6-三氯酚和五氯酚的测定。

本法对 2,4,6-三氯酚、2-氯酚、2,4-二氯酚和五氯酚的最低检测质量分别为 0.000 5 ng、0.04 ng、0.005 ng和 0.000 3 ng。若取 50 mL 水样,则最低检测质量浓度分别为0.04 μg/L、3.2 μg/L、0.4 μg/L 和 0.03 μg/L。

12.1.2 原理

水样中氯酚类化合物用环己烷和乙酸乙酯混合溶剂萃取,用乙酸酐在碱性溶液中衍生化反应,然后用毛细管色谱分离,电子捕获检测器测定。

12.1.3 试剂和材料

12.1.3.1 载气和辅助气体

12.1.3.1.1 载气:高纯氮(99.999%)。

12.1.3.1.2 辅助气体:氢气、空气。

12.1.3.2 配制标准样和试样预处理使用的试剂

12.1.3.2.1 环乙烷:重蒸馏。

12.1.3.2.2 乙酸乙酯:重蒸馏。

12.1.3.2.3 丙酮:重蒸馏。

12.1.3.2.4 重蒸水:取市售蒸馏水,用氢氧化钠溶液调节 pH>12 后重蒸馏。

12.1.3.2.5 盐酸溶液[$c(HCl)=2.4\ mol/L$]:取 20 mL 盐酸($\rho_{20}=1.19\ g/mL$)用重蒸馏水稀释至 100 mL。

12.1.3.2.6 萃取剂:环已烷和乙酸乙酯(4+1)。

12.1.3.2.7 衍生化试剂:乙酸酐和吡啶(1+1)。

12.1.3.2.8 碳酸钾溶液[$c(K_2CO_3)=0.2\ mol/L$]:称取 27.6 g 碳酸钾溶于重蒸水,并稀释至 1 000 mL。

12.1.3.2.9 2,4-二溴酚(DBP)内标液:准确称取 0.100 0 g DBP,用丙酮溶解,并定容至 100 mL,此溶液的浓度为 100 0 μg/mL。经逐级稀释至浓度为 1 μg/mL。

12.1.3.2.10 色谱标准物:氯酚类化合物的纯度均为色谱纯。

12.1.4 仪器

12.1.4.1 气相色谱仪

12.1.4.1.1 电子捕获检测器:Ni-63 或氚源。

12.1.4.1.2 记录器:与仪器相匹配的记录仪。

12.1.4.1.3 色谱柱

A 色谱柱类型:石英毛细色谱柱,长 30 m,内径 0.25μm。

B 色谱柱填充物:SE-30。

12.1.4.2 微量注射器:10 μL 和 50 μL。

12.1.4.3 比色管:10 mL 和 50 mL。

12.1.4.4 容量瓶:100 mL。

12.1.5 样品

12.1.5.1 水样采集和保存:水样采集后应尽快分析,如不能立即分析,应于每升水样中加入 1 mL 硫酸($\rho_{20}=1.84\ g/mL$),5 g 硫酸铜,置于冰箱中保存。

12.1.5.2 水样预处理:取 50 mL 水样置于 50 mL 比色管中,加入 500 μL 2,4-二溴酚(DBP)内标液(12.1.3.2.9),用盐酸溶液(12.1.3.2.5)调 pH<2,加入 4 mL 萃取剂(12.1.3.2.6)。萃取 1 min,静置分层后,取出 2.0 mL 有机相于 10 mL 比色管中,加入 10μL 衍生化试剂(12.1.3.2.7),于 60℃水浴中放置 20 min,冷却后,加入 2 mL 碳酸钾溶液(12.1.3.2.8)充分混匀后,静置 10 min,弃去水相,再重复一次。取出有机相待测。

12.1.6 分析步骤

12.1.6.1 调整仪器

12.1.6.1.1 气化室温度:180℃。

12.1.6.1.2 柱温:起始温度 80℃,以 10℃/min 的速度升温至 260℃,保持 1 min。

12.1.6.1.3 检测器温度:280℃。

12.1.6.1.4 载气流量:30 L/min。

12.1.6.1.5 衰减:根据样品中被测组分含量调节记录器衰减。

12.1.6.2 校准

12.1.6.2.1 定量分析中的校准方法:外标法。

12.1.6.2.2 标准样品

A 使用次数：每次分析样品时，混合标准使用液需临时配制。

B 标准样品的配制

a 标准储备溶液：分别准确称取 2-氯酚(MCP)，2，4-二氯酚(DCP)，2，4，6-三氯酚(TCP)和五氯酚(PCP)各 0.100 0 g，用丙酮溶解，定容至 100 mL，此溶液的浓度 ρ(氯酚类化合物)＝1.0 mg/mL。每月配制一次。

b 标准中间溶液：分别吸取标准储备溶液(12.1.6.2.2 B a)1.00 mL 于 4 个 100 mL 容量瓶中，用重蒸水稀释至刻度。此溶液的浓度 ρ(氯酚类化合物)＝10 μg/mL。

c 混合标准使用溶液：取 25.00 mL MCP，5.00 mL DCP，2.00 mL TCP 和 1.00 mL PCP 标准中间溶液(12.1.6.2.2 B b)于 100 mL 容量瓶中，加重蒸水至刻度，摇匀。混合标准溶液 1.00 mL 含有 2.5 μg MCP，0.5 μg DCP，0.2 μg TCP，0.1 μg PCP。

C 根据仪器的灵敏度用重蒸水将上述混合标准使用溶液再稀释成标准系列按 12.1.5.2 进行预处理。取 1 μL 注入色谱，以所测得氯酚类化合物(CPs)的峰面积与 DBP 峰面积比为纵坐标，每一种氯酚类化合物(CPs)的浓度为横坐标，分别绘制标准曲线。

12.1.6.3 **试验**

12.1.6.3.1 进样

A 进样方法：用注射器人工进样。

B 进样量：1 μL。

C 操作：用洁净注射器(12.1.4.2)取待测 1μL 样品迅速注入色谱仪。

12.1.6.3.2 记录：以标样核对记录色谱峰的保留时间及对应的化合物。

12.1.6.3.3 色谱图的考察

A 标准色谱图：见图 5。

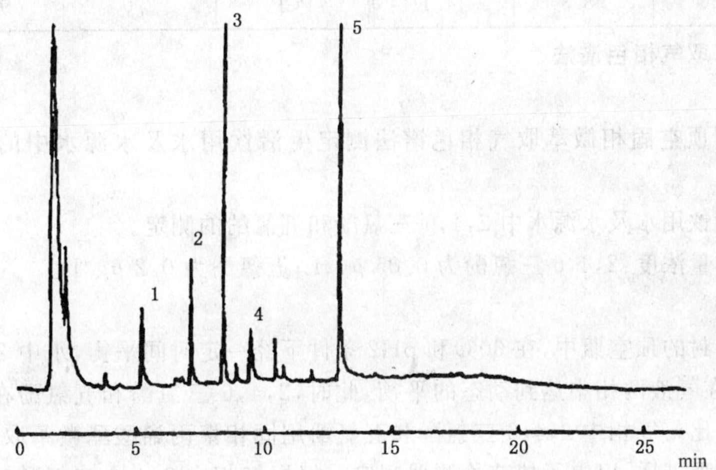

1——MCP；

2——DCP；

3——TCP；

4——DBP；

5——PCP。

图 5 标准色谱图

B 定性分析

a 各组分出峰的次序：(1)MCP，(2)DCP，(3)TCP，(4)DBP，(5)PCP。

b 保留时间：MCP 5.18 min，DCP 7.09 min，TCP 8.36 min，DBP 9.41 min，PCP 12.89 min。

C 定量分析

水样中氯酚类化合物的质量浓度按式(7)计算。

$$\rho=\frac{\rho_1\times V_1\times 1\,000}{V} \qquad \cdots\cdots(7)$$

式中：

ρ——水样中氯酚类化合物的质量浓度，单位为微克每升(μg/L)；

ρ_1——相当于标准曲线标准的质量浓度，单位为微克每毫升(μg/mL)；

V_1——萃取液的总体积，单位为毫升(mL)；

V——水样体积，单位为毫升(mL)。

12.1.7 结果的表示

12.1.7.1 定性结果

根据标准色谱图各组分的保留时间确定被测试样的组分数目及组分的名称。

12.1.7.2 定量结果

12.1.7.2.1 含量的表示方法：按式(8)计算水样中各组分的含量，以微克每升(μg/L)表示。

12.1.7.2.2 精密度和准确度：单个实验室进行回收率和相对标准偏差(RSD)测定的结果见表1。

表1 氯酚类化合物回收率和精密度

化合物	浓度/(μg/L)	回收率/(%)	RSD/(%)	化合物	浓度/(μg/L)	回收率/(%)	RSD/(%)
MCP	74.0	105	3.1	MCP	740	102	1.9
DCP	2.03	105	5.0	DCP	20.3	102	4.2
TCP	0.402	82.6	6.1	TCP	4.02	99.4	3.2
PCP	0.20	98.3	14.1	PCP	2.0	99.1	7.4

12.2 顶空固相微萃取气相色谱法

12.2.1 范围

本标准规定了用顶空固相微萃取气相色谱法测定生活饮用水及水源水中的2,4,6-三氯酚和五氯酚。

本法适用于生活饮用水及水源水中2,4,6-三氯酚和五氯酚的测定。

本法最低检测质量浓度：2,4,6-三氯酚为0.05 μg/L；五氯酚为0.2 μg/L。

12.2.2 原理

被测水样置于密封的顶空瓶中，在60℃和pH2条件下经一定时间平衡，水中2,4,6-三氯酚和五氯酚逸至上部空间，并在气液两相中达到动态的平衡，此时，2,4,6-三氯酚和五氯酚在气相中的浓度与它在液相中的浓度成正比。气相中2,4,6-三氯酚和五氯酚用固相聚丙烯酸酯微萃取头萃取一定时间，在气相色谱进样器中解吸进样，以电子捕获检测器测定。根据气相中2,4,6三氯酚和五氯酚浓度可计算出水样中2,4,6-三氯酚和五氯酚的浓度。

12.2.3 试剂和材料

12.2.3.1 载气：高纯氮气(>99.999%)。

12.2.3.2 试剂

12.2.3.2.1 纯水：无2,4,6-三氯酚和五氯酚的纯水，将蒸馏水煮沸15 min～30 min或通高纯氮气20 min～25 min。应用前检查无色谱干扰峰。

12.2.3.2.2 盐酸溶液[c(HCl)=1 mol/L]：取83 mL盐酸(ρ_{20}=1.84 mg/L)加纯水稀释至1 L。

12.2.3.2.3 氢氧化钠溶液[c(NaOH)=1 mmol/L]：称取0.04 g氢氧化钠溶解于1 L纯水中。

12.2.3.2.4 氢氧化钠溶液[c(NaOH)=0.1 mol/L]：称取4 g氢氧化钠溶解于1 L纯水中。

12.2.3.2.5 2,4,6-三氯酚和五氯酚标准物质，色谱纯。

12.2.3.2.6 氯化钠。

12.2.4 **仪器**

12.2.4.1 气相色谱仪

12.2.4.1.1 电子捕获检测器，Ni-63。

12.2.4.1.2 记录仪或工作站。

12.2.4.2 色谱柱：HP-5 毛细管柱(30 m×0.32 mm×0.25 μm)，SE-30 或同等极性色谱柱。

12.2.4.3 固相微萃取装置

12.2.4.3.1 取样台，搅拌恒温加热，控制温度 60℃±1℃。

12.2.4.3.2 萃取柄。

12.2.4.3.3 聚丙烯酸酯萃取头，薄膜厚 85 μm。

12.2.4.3.4 顶空瓶，15 mL，带硅橡胶密封盖。初次使用时，用盐酸溶液(12.2.3.2.2)煮沸 20 min，纯水煮沸 20 min，最后 120℃烤箱烘烤 30 min。以后使用时，洗净后 120℃烘烤 30 min 即可。

12.2.4.4 100 mL 具塞试管(或比色管)。

12.2.5 **样品**

12.2.5.1 样品的稳定性：样品中被测组分不稳定，应尽快测定。

12.2.5.2 样品采集及储存方法：在 100 mL 具塞试管中加入 1 mL 氢氧化钠溶液(12.2.3.2.4)，带至现场装 100 mL 水样，密封。采集后 24 h 内完成测定。

12.2.6 **分析步骤**

12.2.6.1 **仪器条件**

12.2.6.1.1 气化室温度：280℃。

12.2.6.1.2 柱温(程序升温)：40℃(保持 3 min)，以 10℃/min 升至 120℃，以 15℃/min 升至 240℃(保持 2 min)。

12.2.6.1.3 检测器温度：300℃。

12.2.6.1.4 载气流速：2.0 mL/min。

12.2.6.2 **校准**

12.2.6.2.1 定量分析中的校准方法：外标法。

12.2.6.2.2 标准样品

A 使用次数：每次分析样品时用新标准溶液绘制标准曲线。

B 标准样品的制备：

a 标准储备液：准确称取 0.100 0 g 2,4,6-三氯酚和 0.100 0 g 五氯酚标准物质(12.2.3.2.5)，分别用 0.1 mol/L 氢氧化钠溶液(12.2.3.2.4)溶解并定容至 100 mL。此溶液的浓度 ρ(氯酚类化合物)=1.0 mg/mL。于 4℃可保存 1 个月。

b 混合标准使用液：分别取 2,4,6-三氯酚和五氯酚标准储备液(12.2.6.2.2 B a)5.00 mL，1.00 mL加入 100 mL 容量瓶中，用 1 mmol/L 氢氧化钠溶液(12.2.3.2.3)定容。再取此溶液 10.00 mL用 1 mmol/L 氢氧化钠溶液(12.2.3.2.3)定容至 100 mL。此混合标准溶液中 2,4,6-三氯酚和五氯酚的含量分别为 0.5 μg/mL 和 0.1 μg/mL。每次使用时配制。

12.2.6.2.3 标准系列的配制：在空气中不含有 2,4,6-三氯酚和五氯酚或干扰物质的实验室，取 6 个 100 mL 容量瓶，分别加入混合标准溶液(12.2.6.2.2 B b)0.00，2.00，4.00，6.00，8.00，10.00 mL，用 1 mmol/L 氢氧化钠溶液(12.2.3.2.3)定容，配制成标准系列溶液。其中 2,4,6-三氯酚的浓度为0.0，10.0，20.0，30.0，40.0，50.0 μg/L，五氯酚的浓度为 0.0，2.0，4.0，6.0，8.0，10.0 μg/L。

12.2.6.2.4 标准曲线绘制：吸取 10.00 mL 配制好的标准系列溶液(12.2.6.2.3)至预先加入 0.5 mL 盐酸溶液(12.2.3.2.2)和 3.6 g 氯化钠(12.2.3.2.6)的顶空瓶中，立即封盖，置于固相微萃取取样台上，于 60℃±1℃平衡 40 min。将聚丙烯酸酯萃取头插入顶空瓶内液上空间吸附 12 min，取出萃取头插入气相色谱仪进样器 280℃解吸 2.5 min,不分流进样测定。以标准系列溶液的浓度对峰高值绘制标准曲线或计算回归方程($y=ax+b$)。

12.2.6.3 试验

12.2.6.3.1 样品处理和进样操作:取 10.00 mL 水样至预先加入 0.5 mL 盐酸溶液(12.2.3.2.2)和 3.6 g 氯化钠(12.2.3.2.6)的顶空瓶中,立即封盖。同时做平行样。以下操作同 12.2.6.2.4。

12.2.6.3.2 记录:以标样核对,用积分仪或工作站或记录仪记录色谱图及色谱峰的信息。

12.2.6.3.3 色谱图的考察

A 标准色谱图:见图 6。

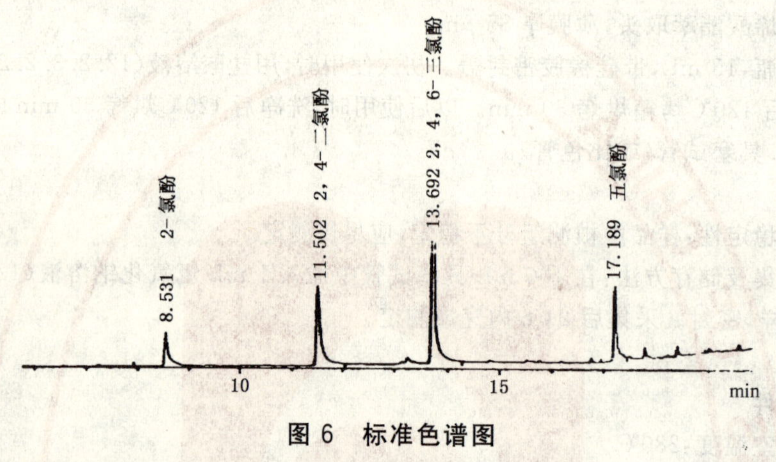

图 6 标准色谱图

B 定性分析

a 各组分出峰顺序:2-氯酚、2,4-二氯酚、2,4,6-三氯酚、五氯酚。

b 各组分保留时间:2-氯酚 8.531 min、2,4-二氯酚 11.502 min、2,4,6-三氯酚 13.692 min、五氯酚 17.189 min。

C 定量分析

a 色谱峰的测量:测量峰高,可用积分仪或工作站自动测量。用记录仪时需手工积分,方法如下:连接峰的起点和终点作为峰底,从峰高的最大值对基线做垂线与峰底相交,其交点与峰顶点的距离为峰高。

b 计算:以峰高直接在标准曲线上查出 2,4,6-三氯酚和五氯酚的浓度即为水中 2,4,6-三氯酚和五氯酚的浓度(μg/L)。或将峰高值代入回归方程中的 y 值,计算出的 x 值即为水中 2,4,6-三氯酚和五氯酚的浓度(μg/L)。

12.2.7 结果的表示

12.2.7.1 定性结果

根据标准色谱图中组分的峰保留时间确定被测试样中组分性质。

12.2.7.2 定量结果

12.2.7.2.1 含量的表示方法:在标准曲线上查出 2,4,6-三氯酚和五氯酚的浓度或从回归方程计算出 2,4,6-三氯酚和五氯酚的浓度,以微克每升(μg/L)表示。

12.2.7.2.2 精密度和准确度:3 个实验室进行加标测定,2-氯酚加标量为 100 μg/L～2 500 μg/L 时,相对标准偏差范围为 1.0%～8.1%,平均回收率范围为 90.5%～107%;2,4-二氯酚加标量为 5 μg/L～500 μg/L 时,相对标准偏差范围为 1.6%～9.8%,平均回收率范围为 86.0%～116%,2,4,6-三氯酚加标量为 0.5 μg/L～50 μg/L 时,相对标准偏差范围为 2.1%～8.9%,平均回收率范围为 90.3%～111%;五氯酚加标量为 1 μg/L～50 μg/L 时,相对标准偏差范围为 2.0%～8.5%,平均回收率范围为 87.7%～111%。

13 亚氯酸盐

13.1 碘量法

13.1.1 范围

本标准规定了用碘量法测定生活饮用水中的亚氯酸盐和氯酸盐。

本法适用于生活饮用水中亚氯酸盐和氯酸盐含量的测定。

本法最低检测质量:亚氯酸盐,0.004 mg;氯酸盐,0.004 mg。若取 100 mL 水样测定,则亚氯酸盐最低检测质量浓度为 0.04 mg/L;若取 15 mL 水样测定,则氯酸盐最低检测质量浓度为 0.23 mg/L。

13.1.2 原理

经二氧化氯消毒后的水样,用纯氮吹去二氧化氯后,先在 pH7 与碘反应测定不挥发余氯。再在 pH2 测定亚氯酸盐。经氮气吹后的水样,加溴化钾处理,避免碘化钾被溶解氧氧化产生的干扰,处理后测定氯酸盐。

13.1.3 试剂

本法配制试剂、稀释标准溶液及洗涤玻璃仪器所用纯水均为无需氯水。

无需氯水制备方法:每升纯水加入 5 mg 游离氯,避光放置两天,游离余氯至少应>2 mg/L。将加氯放置后的纯水煮沸后在日光或紫外灯下照射,以分解余氯。检查无余氯后使用。

13.1.3.1 磷酸盐缓冲溶液(pH7):溶解 25.4 g 无水磷酸二氢钾和 33.1 g 无水磷酸氢二钠于1 000 mL的无需氯的纯水中,如有沉淀,应过滤后使用。

13.1.3.2 盐酸(ρ_{20}=1.19 g/mL)。

13.1.3.3 盐酸溶液[$c(HCl)$=2.5 mol/L]:小心将 200 mL 盐酸(ρ_{20}=1.19 g/mL)用纯水稀释至 1 000 mL。

13.1.3.4 饱和磷酸氢二钠溶液:将十二水磷酸氢二钠用纯水配制成饱和溶液。

13.1.3.5 溴化钾溶液(50 g/L):称取 5 g 溴化钾,用纯水溶解,并稀释至 100 mL。储于棕色玻璃瓶中,每周新配。

13.1.3.6 碘化钾:小颗粒晶体。

13.1.3.7 硫代硫酸钠标准储备溶液[$c(Na_2S_2O_3)$=0.100 0 mol/L]。

13.1.3.8 硫代硫酸钠标准使用溶液[$c(Na_2S_2O_3)$=0.005 000 mol/L]:取硫代硫酸钠标准储备溶液(13.1.3.7)用新煮沸放冷的纯水稀释配制。当 ClO_2^- 含量高时,配制成 $c(Na_2S_2O_3)$=0.010 00 mol/L。

13.1.3.9 淀粉溶液(5 g/L)。

13.1.3.10 超纯氮:需通过碘化钾溶液(50 g/L)洗涤,当碘化钾溶液变色时应更换。

13.1.4 仪器

所有的玻璃仪器应专用。直接接触样品的玻璃器皿,在第一次使用前应在二氧化氯浓溶液(200 mg/L~500 mg/L)中浸泡 24 h,使二氧化氯与玻璃表面形成疏水层,洗净后备用。

13.1.4.1 碘量瓶:250 mL、500 mL。

13.1.4.2 洗气瓶:500 mL。

13.1.4.3 微量滴定管:5 mL。

13.1.4.4 比色管:25 mL。

13.1.5 分析步骤

13.1.5.1 采样:ClO_2 易从溶液中挥发,采集水样时应避免样品与空气接触,装满水样瓶,勿留空间,避光。取样时,吸管插入样品瓶底部,弃去最初吸出的数次溶液;放出样品时应将吸管尖放置试剂或稀释水的液面以下。

13.1.5.2 量取 200 mL 水样(如需要时可吸取适量水样用纯水稀释)于 500 mL 洗气瓶中,加2 mLpH7 磷酸盐缓冲溶液(13.1.3.1),用 1.5 L/min 流量的超纯氮(13.1.3.10)吹气 10 min 以除去水样中全部

的 ClO_2 和 Cl_2。

13.1.5.3 吸取 100 mL 吹气后的水样于 250 mL 碘量瓶中，加入 1 g 碘化钾(13.1.3.6)，以淀粉溶液(13.1.3.9)作指示剂，用硫代硫酸钠标准使用溶液(13.1.3.8)滴定至终点，记录用量，计算不挥发性余氯的平均消耗量 A。A＝硫代硫酸钠标准使用溶液用量(mL)/水样体积(mL)。

13.1.5.4 在上述水样中加入 2.5 mol/L 盐酸溶液(13.1.3.3)2 mL，在暗处放置 5 min，继续用硫代硫酸钠标准使用溶液(13.1.3.8)滴定至终点，记录用量，计算亚氯酸盐(ClO_2^-)平均消耗量 B。B＝硫代硫酸钠标准使用溶液用量(mL)/水样体积(mL)。

13.1.5.5 不挥发性余氯、亚氯酸盐(ClO_2^-)及氯酸盐(ClO_3^-)：加 1 mL 溴化钾溶液(13.1.3.5)及 10 mL盐酸(13.1.3.2)于 25 mL 比色管中(13.1.4.4)，小心加入 15 mL 吹气后的水样(13.1.5.2)，尽量不接触空气，立即盖紧、混合，于暗处放置 20 min。加入 1 g 碘化钾(13.1.3.6)轻微摇动使碘化钾溶解，迅速倾入已加有 25 mL 饱和磷酸氢二钠溶液(13.1.3.4)的 500 mL 碘量瓶(13.1.4.1)中，以 25 mL 纯水洗涤比色管，洗涤液合并于碘量瓶中，再加 200 mL 纯水稀释，摇匀。用硫代硫酸钠标准使用液(13.1.3.8)滴定至终点，记录用量(mL)。同时用纯水代替水样，测定试剂空白，记录用量(mL)。计算不挥发性余氯、亚氯酸盐及氯酸盐的平均消耗量 C。

C＝(水样中硫代硫酸钠标准使用溶液用量－空白中硫代硫酸钠标准使用溶液用量)mL/15 mL

13.1.6 计算

亚氯酸盐的质量浓度按式(8)计算：

$$\rho(ClO_2^-) = B \times c \times 16.863 \times 1\,000 \qquad \cdots\cdots(8)$$

氯酸盐的质量浓度按式(9)计算：

$$\rho(ClO_3^-) = [C-(A+B)] \times c \times 13.908 \times 1\,000 \qquad \cdots\cdots(9)$$

式中：

ρ——亚氯酸盐和氯酸盐的质量浓度，单位为毫克每升(mg/L)；

A——滴定不挥发性余氯时，硫代硫酸钠标准使用溶液平均消耗量；

B——滴定亚氯酸盐时，硫代硫酸钠标准使用溶液平均消耗量；

C——滴定不挥发性余氯、亚氯酸盐及氯酸盐时，硫代硫酸钠标准使用溶液平均消耗量；

c——硫代硫酸钠标准使用溶液浓度，单位为摩尔每升(mol/L)；

16.863——在 pH2 时，与 1.00 mL 硫代硫酸钠标准使用液[$c(Na_2S_2O_3)=1.000$ mol/L]相当的以毫克表示的 ClO_2^- 的质量；

13.908——在 pH0.1 时，与 1.00 mL 硫代硫酸钠标准使用液[$c(Na_2S_2O_3)=1.000$ mol/L]相当的以毫克表示的 ClO_3^- 的质量。

13.1.7 精密度和准确度

4 个实验室在纯水中加入 0.12 mg/L、0.50 mg/L、0.80 m/L、2.00 mg/L 亚氯酸盐，各测定 6 份，回收率为 96.3%～101%，平均为 99.5%，相对标准偏差为 0.7%－8.0%。4 个实验室在纯水中加入 0.50 mg/L、1.00 mg/L、3.00 m/L 氯酸盐，各测定 6 份，回收率为 91.6%～110%，平均为 99.5%，相对标准偏差为 0%～9.8%。

13.2 离子色谱法

13.2.1 范围

本标准规定了用离子色谱法测定生活饮用水及水源水中的亚氯酸盐、氯酸盐、溴离子。

本法适用于生活饮用水及水源水中亚氯酸盐，氯酸盐、溴离子的测定。

本法的最低检测质量浓度分别是：ClO_2^- 2.4 μg/L；ClO_3^- 5.0 μg/L；Br^- 4.4 μg/L。

水样中存在高浓度的 ClO_2 对分析有影响，可以通过吹入氮气和加入乙二胺作保护剂消除 ClO_2 对分析的影响。

水样中存在较高浓度的低分子量有机酸时，可能因保留时间相近造成干扰。用加标后测量以帮助鉴别此类干扰。水中 NO_3^- 浓度太大，对 ClO_3^- 测定有严重干扰，可以通过稀释水样及改变淋洗条件来改善此类干扰。

由于进样量很小，操作中应严格防止纯水和器皿在水样预处理过程中的污染，以确保分析的准确性。

为了防止保护柱和分离柱系统堵塞，样品应先经过 0.20 μm 滤膜过滤。为防高硬度水在碳酸盐淋洗液中沉淀，必要时要将水样先经过强酸性阳离子交换柱。

不同浓度离子同时分析时的相互干扰，或存在其他组分干扰时可采取水样预浓缩、梯度淋洗或将流出部分收集后再进样的方法消除干扰，但应对所采取的方法的精密度及偏性进行确认。

13.2.2 **原理**

水样中待测的阴离子随碳酸盐淋洗液进入离子交换系统中（由保护柱和分离柱组成），根据分离柱对不同离子的亲和力不同进行分离，已分离的阴离子流经抑制器系统转化成具有高电导度的强酸，而淋洗液则转化成弱电导度的碳酸，由电导检测器测量各种离子组分的电导率，以相对保留时间定性，峰面积或峰高定量。

13.2.3 **试剂和材料**

13.2.3.1 **试剂**

13.2.3.1.1 亚氯酸盐标准贮备溶液[$\rho(ClO_2^-)$=1.0 mg/mL]：使用工业品试剂作标准品，含量约为82%，亚氯酸盐含量及杂质氯酸盐的含量的测定见 13.2.8。置于干燥器中备用。经计算后，称取适量工业品亚氯酸钠，用纯水溶解，并定容到 100 mL。置 4℃冰箱备用，可保存一个月。

13.2.3.1.2 氯酸盐标准贮备溶液[$\rho(ClO_3^-)$=1.0 mg/mL]：使用基准纯试剂，置于干燥器中备用。称取适量氯酸钠，用纯水溶解，并定容到 100 mL。置 4℃冰箱备用，可保存一个月。

13.2.3.1.3 溴离子标准贮备溶液[$\rho(Br^-)$=1.0 mg/mL]：称取 0.128 8 g 溴化钠（基准纯），用纯水溶解，并定容到 100 mL。置 4℃冰箱备用，可保存一个月。

13.2.3.1.4 混合标准贮备溶液：分别吸取 1.0 mL 亚氯酸盐标准贮备溶液（13.2.3.1.1）、氯酸盐标准贮备溶液（13.2.3.1.2）、溴离子标准贮备溶液（13.2.3.1.3），用纯水定容到 100 mL。此混合标准贮备溶液分别含亚氯酸盐（ClO_2^-）、氯酸盐（ClO_3^-）、溴离子（Br^-）10.0 mg/L。当天新配。

13.2.3.1.5 无水碳酸钠：分析纯试剂。置于干燥器中备用。

13.2.3.1.6 样品保存液（乙二胺溶液）：取 2.8 mL 乙二胺稀释到 25 mL，置 4℃冰箱备用，可用一个月。

13.2.3.1.7 纯水：重蒸水或去离子水，电导率<1 μS/cm，不含目标离子，经 0.2 μm 的滤膜过滤。

13.2.3.1.8 辅助气体：压缩空气，高纯氮气（小瓶装方便携带）。

13.2.4 **仪器**

13.2.4.1 离子色谱仪

13.2.4.1.1 电导检测器。

13.2.4.1.2 工作站或记录仪。

13.2.4.1.3 色谱柱：AS9＋AG9 -HC（内径：4 mm）。

13.2.4.2 采样瓶：500 mL 棕色玻璃或塑料瓶，洗涤干净，并用纯水冲洗，晾干备用。

13.2.4.3 滤器及滤膜：0.2μm。

13.2.5 **分析步骤**

13.2.5.1 **样品采集与储存方法**

用采样瓶（13.2.4.2）采集水样，往水中通入高纯氮气（或其他惰性气体，如氩气）10 min（1.0 L/min，）（对于用二氧化氯消毒的水样通氮气是必须的，对于加氯消毒的水样可省略此步骤），然后加入 0.25 mL 乙二胺溶液（13.2.3.1.6），密封，摇匀，置 4℃冰箱。采集后当天测定。

13.2.5.2 **仪器条件的设定**

13.2.5.2.1 电导检测池温度:25℃。

13.2.5.2.2 进样器加压:0.5 MPa。

13.2.5.2.3 流动相瓶加压:40 kPa。

13.2.5.2.4 流动相:8.0 mmol/L Na_2CO_3 溶液。

13.2.5.2.5 流动相流速:1.3 mL/min。

13.2.5.2.6 进样体积:200 μL。

13.2.5.2.7 抑制器抑制模式:外接纯水模式(循环模式的基线噪声较大)。

13.2.5.2.8 抑制器电流:50 mA。

13.2.5.3 **校准**

取 100 mL 容量瓶 7 个,分别加入混合标准贮备溶液(13.2.3.1.4)0.00,0.50,1.00,2.00,3.00,4.00,5.00 mL,用纯水定容到 100 mL。此系列标准溶液浓度为 0.0,50.0,100.0,200.0,300.0,400.0,500.0 μg/L。当天新配。将配好的系列标准溶液分别进样。以峰高或峰面积(*Y*)对溶液的浓度(*X*)绘制标准曲线,或计算回归曲线。

13.2.5.4 **样品分析**

13.2.5.4.1 样品预处理:将水样经 0.2 μm 滤膜过滤,对硬度高的水必要时先过阳离子交换树脂柱,然后经 0.2μm 滤膜过滤。对含有机物的水先经过 C_{18} 柱过滤。

13.2.5.4.2 将预处理后的水样注入进样系统,记录峰高和峰面积。

13.2.5.4.3 离子色谱图出峰顺序和保留时间见图 7。

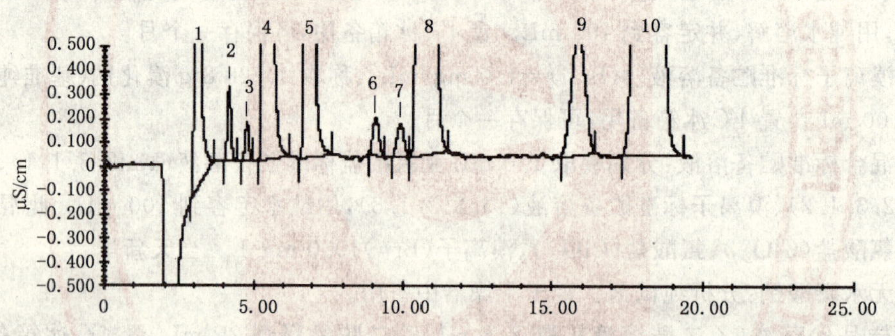

图 7 亚氯酸盐,氯酸盐,溴离子及常见阴离子标准色谱图

a 出峰顺序:1-氟离子,2-亚氯酸盐,3-溴酸盐,4-氯离子,5-亚硝酸盐,6-溴离子,7-氯酸盐,8-硝酸盐,9-磷酸盐,10-硫酸盐。

b 保留时间:氟离子 3.06 min,亚氯酸盐 4.14 min,溴酸盐 4.74 min,氯离子 5.43 min,亚硝酸盐 6.84 min,溴离子 9.07 min,氯酸盐 9.91 min,硝酸盐 10.69 min,磷酸盐 15.86 min,硫酸盐 18.17 min。

13.2.6 **计算**

各种分析离子的质量浓度(μg/L),可以直接在标准曲线上查得。

13.2.7 **精密度和准确度**

亚氯酸盐(ClO_2^-):经 3 个实验室测定分别含 50,200,400 μg/L 的亚氯酸根离子(ClO_2^-)标准溶液,其相对标准偏差(RSD,*n*=6)分别为:6.1%,3.2%,1.7%;6.2%,1.7%,1.1%;5.8%,6.9%,4.4%。对生活饮用水分别加标 50,200,400 μg/L,其回收率分别为:109%,94.6%,101%;95.5%,99.1%,102%;93.2%,107%,107%。

氯酸盐(ClO_3^-):经 3 个实验室测定分别含 50,200,400 μg/L 的氯酸根离子(ClO_3^-)标准溶液,其相对标准偏差(RSD,*n*=6)分别为:5.1%,2.7%,1.2%;2.8%,3.3%,1.7%;5.8%,5.4%,3.9%。对生活饮用水分别加标 50,200,400 μg/L,其回收率分别为:83.9%,85.5%,92.1%;97.7%,95.6%,95.3%;109%,106%,106%。

溴离子(Br^-):经3个实验室测定分别含50,200,400 μg/L的溴离子(Br^-)标准溶液,其相对标准偏差(RSD,n=6)分别为:6.7%,2.1%,0.8%;5.6%,3.4%,0.9%;8.4%,6.6%,2.4%。对生活饮用水分别加标50,200,400 μg/L,其回收率分别为:105%,95.0%,98.5%;113%,102%,105%;101%,105%,106%。

注:高纯度的亚氯酸钠是极易爆炸的,只能用工业亚氯酸钠作为标准品。工业品中 $NaClO_2$ 含量只有80%左右,而且总是含有少量 ClO_3^-(3%~4%)。因此亚氯酸钠要经过准确标定 $NaClO_2$ 含量和杂质 $NaClO_3$ 含量后才能使用。其中含有的 ClO_3^- 还将影响混合标准液中 ClO_3^- 的浓度。

13.2.8 亚氯酸钠含量和亚氯酸钠中氯酸钠含量的测定

13.2.8.1 亚氯酸钠含量的测定

13.2.8.1.1 试剂与溶液

A 硫酸溶液(1+8):吸取20 mL硫酸,缓缓加入160 mL水中,不断搅拌。

B 碘化钾溶液(100 g/L):称取20 g碘化钾,溶入200 mL水中,新配。

C 淀粉指示液(5 g/L):称取淀粉0.5 g,溶入100 mL沸水中,新配。

D 硫代硫酸钠标准溶液[$c(Na_2S_2O_3)=0.100\ 0$ mol/L]:称取26 g硫代硫酸钠及0.2 g碳酸钠,加入适量的新煮沸的冷水使之溶解,并稀释到1 000 mL,混匀,转入棕色试剂瓶中,放置一个月后过滤,经准确标定后备用。

a 硫代硫酸钠标准溶液的标定 精密称取约0.15 g在120℃干燥至恒重的重铬酸钾(国家标准物质GB W 06105c),置于500 mL碘量瓶中,加入50 mL水使之溶解。加入2 g碘化钾,轻轻振摇使之溶解,再加入20 mL硫酸溶液(13.2.8.1.1 A),密闭,摇匀。放于暗处10 min后用250 mL水稀释。用硫代硫酸钠标准滴定液滴到溶液呈淡黄色,再加入3 mL淀粉指示液(13.2.8.1.1 C),继续滴定到蓝色消失而显亮绿色。反应液及稀释用水的温度不应高于20℃。同时做试剂空白试验。

b 硫代硫酸钠标准溶液浓度按式(10)计算。

$$c(Na_2S_2O_3\cdot 5H_2O)=\frac{m}{(V-V_{空白})\times 0.049\ 03} \quad\cdots\cdots(10)$$

式中:

$c(Na_2S_2O_3\cdot 5H_2O)$——硫代硫酸钠标准溶液的实际浓度,单位为摩尔每升(mol/L);

m——重铬酸钾的质量,单位为克(g);

V——硫代硫酸钠标准溶液的用量,单位为毫升(mL);

$V_{空白}$——试剂空白试验中硫代硫酸钠标准溶液的用量,单位为毫升(mL);

0.049 03——与1.00 mL硫代硫酸钠标准溶液[$c(Na_2S_2O_3\cdot 5H_2O)=1.000$ mol/L]相当的以克表示的重铬酸钾的质量。

13.2.8.1.2 测定步骤

称量约3 g亚氯酸钠,精确到0.000 2 g,置于100 mL烧杯中,加水溶解后,全部移入500 mL容量瓶中,用水稀释至刻度,摇匀。

量取10 mL试液,置于预先加有20 mL碘化钾溶液(13.2.8.1.1 B)的250 mL碘量瓶中,加入20 mL硫酸溶液(13.2.8.1.1 A),摇匀。于暗处放置10 min。加100 mL水,用硫代硫酸钠标准溶液(13.2.8.2.1.1 D)滴定至溶液呈浅黄色时,加入约3 mL淀粉指示液(13.2.8.1.1 C),继续滴定至蓝色消失即为终点。同时做空白试验。

13.2.8.1.3 结果的表示和计算

以质量分数表示的亚氯酸钠($NaClO_2$)含量(X_1)按式(11)计算:

$$X_1=\frac{(V_1-V_{空白1})\times c_1\times 0.022\ 61}{m\times 10/500}\times 100$$

$$=\frac{113.05\times(V_1-V_{空白1})\times c_1}{m} \quad\cdots\cdots(11)$$

式中：

X_1——$NaClO_2$ 的质量分数，%；

V_1——测定试样时所消耗的硫代硫酸钠标准溶液的体积，单位为毫升(mL)；

$V_{空白1}$——空白试验所消耗的硫代硫酸钠标准溶液的体积，单位为毫升(mL)；

c_1——硫代硫酸钠标准溶液的浓度，单位为摩尔每升(mol/L)；

0.022 61——与1.00 mL 硫代硫酸钠溶液[$c(Na_2S_2O_3)=1.000$ mol/L]相当的以克表示的亚氯酸钠的质量；

m——亚氯酸钠的质量，单位为克(g)。

两次平行测定结果之差不大于0.2%，取其算术平均值为测定结果。

13.2.8.2 亚氯酸钠中氯酸钠含量的测定

13.2.8.2.1 原理

在酸性介质中，在加热条件下，硫酸亚铁铵被亚氯酸盐和氯酸盐氧化成硫酸铁铵，过量的硫酸亚铁铵用重铬酸钾溶液反滴定，以测定氯酸钠含量。

13.2.8.2.2 试剂和溶液

A 硫酸亚铁铵溶液[$c(Fe(NH_4)_2(SO_4)_2\cdot 6H_2O)$约0.1 mol/L]：称取40 g硫酸亚铁铵，溶于1 000 mL水中，摇匀备用。

B 重铬酸钾标准溶液[$c(1/6K_2Cr_2O_7)=0.100\ 0$ mol/L]：精确称取4.903 g在120℃干燥至恒重的重铬酸钾(国家标准物质GBW 06105c)，置于小烧杯中，用纯水溶解后转入1 000 mL容量瓶，定容。

C 硫酸溶液(1+35)。

D 硫酸-磷酸混合酸：150 mL 磷酸注入100 mL 水中混合后，再慢慢地注入150 mL 浓硫酸。

E 二苯胺磺酸钠(5 g/L)：称取0.5 g 二苯胺磺酸钠，溶于100 mL 水中。

13.2.8.2.3 测定步骤

量取50 mL 硫酸亚铁铵标准溶液(13.2.8.2.2 A)，置于500 mL 锥形瓶中。量取10 mL 试液(13.2.8.1.2)，从液下加入锥形瓶中，加入10 mL 硫酸溶液(13.2.8.2.2 C)，置于电炉上加热至沸，维持1 min，然后取下，用水迅速冷却，再加入20 mL 硫酸-磷酸混合酸(13.2.8.2.2 D)及5滴二苯胺磺酸钠指示液(13.2.8.2.2 E)，以重铬酸钾标准溶液(13.2.8.2.2 B)滴定至紫蓝色即为终点。

空白试验 量取50 mL 硫酸亚铁铵标准溶液(13.2.8.2.2 A)置于500 mL 锥形瓶中，加入10 mL 硫酸溶液(13.2.8.2.2 C)，置于电炉上加热至沸，维持1 min，然后取下，用水迅速冷却，再加入20 mL 硫酸-磷酸混合酸(13.2.8.2.2 D)及5滴二苯胺磺酸钠指示液(13.2.8.2.2 E)，以重铬酸钾标准溶液(13.2.8.2.2 B)滴定至紫蓝色即为终点。

13.2.8.2.4 结果的表示和计算

以质量分数表示的氯酸钠($NaClO_3$)含量(X_2)按式(12)计算：

$$X_2=\frac{[(V_{空白2}-V_3)\times c_2-(V_1-V_{空白1})\times c_1]\times 0.017\ 74}{m\times 10/500}\times 100$$

$$=\frac{88.7\times[(V_{空白2}-V_3)\times c_2-(V_1-V_{空白1})\times c_1]}{m}\qquad\cdots\cdots\cdots\cdots(12)$$

式中：

X_2——$NaClO_3$ 的质量分数，%；

V_3——测定时所消耗的重铬酸钾标准溶液的体积，单位为毫升(mL)；

$V_{空白2}$——空白试验所消耗的重铬酸钾标准溶液的体积，单位为毫升(mL)；

c_2——重铬酸钾标准溶液的浓度，单位为摩尔每升(mol/L)；

V_1——先前测定亚氯酸钠含量时所消耗的硫代硫酸钠标准溶液的体积，单位为毫升(mL)；

$V_{空白1}$——先前测定亚氯酸钠含量时所做空白试验所消耗的硫代硫酸钠标准溶液的体积，单位为

毫升(mL);

c_1——先前测定试样中亚氯酸钠含量时所用的硫代硫酸钠标准溶液的浓度,单位为摩尔每升(mol/L);

0.017 74——与 1.00 mL 重铬酸钾溶液[$c(1/6K_2Cr_2O_7)$=1.000 mol/L]相当的以克表示的氯酸钠的质量;

m——亚氯酸钠的质量,单位为克(g)。

两次平行测定结果之差不大于 0.1%,取其算术平均值为测定结果。

14 溴酸盐

14.1 离子色谱法-氢氧根系统淋洗液

14.1.1 范围

本标准规定了用离子色谱法测定生活饮用水及其水源水中的溴酸盐。

本法适用于生活饮用水及其水源水中溴酸盐的测定。

本法最低检测质量为 2.5 ng,若采用直接进样,进样体积为 500 μL,则最低检测质量浓度为 5 μg/L。

14.1.2 原理

水样中的溴酸盐和其他阴离子随氢氧化钾(或氢氧化钠)淋洗液进入阴离子交换分离系统(由保护柱和分析柱组成),根据分析柱对各离子的亲和力不同进行分离,已分离的阴离子流经阴离子抑制系统转化成具有高电导率的强酸,而淋洗液则转化成低电导率的水,由电导检测器测量各种阴离子组分的电导率,以保留时间定性,峰面积或峰高定量。

14.1.3 试剂

14.1.3.1 纯水:重蒸水或去离子水,电阻率>18.0 MΩ·cm。

14.1.3.2 乙二胺(EDA)。

14.1.3.3 溴酸钠:基准纯或优级纯。

14.1.3.4 溴酸盐标准储备溶液[$\rho(BrO_3^-)$=1.0 mg/mL]:准确称取 0.118 0 g 溴酸钠(基准纯或优级纯),用纯水(14.1.3.1)溶解,并定容到 100 mL 容量瓶中。置 4℃冰箱备用,可保存 6 个月。

14.1.3.5 溴酸盐标准中间溶液[$\rho(BrO_3^-)$=10.0 mg/L]:吸取 5.00 mL 溴酸盐标准储备溶液(14.1.3.4),置于 500 mL 容量瓶中,用纯水(14.1.3.1)稀释至刻度。置于 4℃冰箱下避光密封保存,可保存 2 周。

14.1.3.6 溴酸盐标准使用溶液[$\rho(BrO_3^-)$=1.00 mg/L]:吸取 10.0 mL 溴酸盐标准中间溶液(14.1.3.5),置于 100 mL 容量瓶中,用纯水(14.1.3.1)稀释至刻度,此标准使用溶液需当天新配。

14.1.3.7 乙二胺储备溶液[ρ(EDA)=100 mg/mL]:吸取 2.8 mL 乙二胺,用纯水(14.1.3.1)稀释至 25 mL,可保存一个月。

14.1.3.8 氢氧化钾淋洗液:由 EG40 淋洗液自动电解发生器(或其他能自动产生淋洗液的设备)在线产生或手工配制氢氧化钾(或氢氧化钠)淋洗液。

14.1.4 仪器

14.1.4.1 离子色谱仪。

14.1.4.2 电导检测器。

14.1.4.3 色谱工作站。

14.1.4.4 辅助气体:高纯氮气,纯度 99.99%。

14.1.4.5 进样器:2.5 mL~10 mL 注射器。

14.1.4.6 0.45 μm 微孔滤膜过滤器。

14.1.4.7 离子色谱仪器参数

阴离子保护柱：IonPac AG19(50 mm×4 mm)或相当的保护柱；阴离子分析柱：IonPac AS19(250 mm×4 mm)或相当的分析柱；阴离子抑制器：ASRS-ULTRAⅡ型抑制器或相当的抑制器；抑制器电流：75 mA；淋洗液流速：1.0 mL/min。

淋洗液梯度淋洗参考程序见表2。

表 2 淋洗液梯度淋洗参考程序

时间/min	氢氧化钾浓度/(mmol/L)
0.0	10.0
10.0	10.0
10.1	35.0
18.0	35.0
18.1	10.0
23.0	10.0

14.1.5 分析步骤

14.1.5.1 水样采集与预处理：用玻璃或塑料采样瓶采集水样，对于用二氧化氯和臭氧消毒的水样需通入惰性气体(如高纯氮气)5 min(1.0 L/min)以除去二氧化氯和臭氧等活性气体；加氯消毒的水样则可省略此步骤。

14.1.5.2 样品保存：水样采集后密封，置4℃冰箱保存，需在一周内完成分析。采集水样后加入乙二胺储备溶液(14.1.3.7)至水样中浓度为50 mg/L(相当于1 L水样加0.5 mL乙二胺储备溶液)，密封，摇匀，置4℃冰箱可保存28天。

14.1.5.3 校准曲线的绘制：取6个100 mL容量瓶，分别加入溴酸盐标准使用溶液(14.1.3.6)0.50，1.00，2.50，5.00，7.50，10.00 mL，用纯水(14.1.3.1)稀释到刻度。此系列标准溶液浓度为5.00，10.0，25.0，50.0，75.0，100 μg/L，当天新配。将标准系列溶液分别进样，以峰高或峰面积(Y)对溶液的浓度(X)绘制校准曲线，或计算回归方程。

14.1.5.4 将水样经0.45 μm微孔滤膜过滤器过滤，对含有机物的水先经过C_{18}柱过滤。

14.1.5.5 将预处理后的水样直接进样，进样体积500 μL，记录保留时间、峰高或峰面积。

14.1.5.6 离子色谱图、出峰顺序与保留时间见图8。

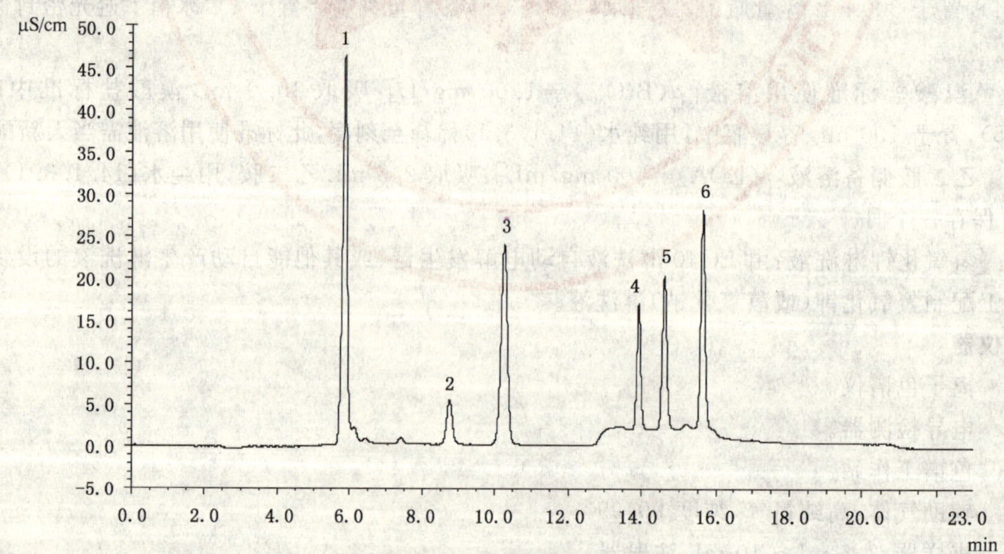

图 8 用 IonPac AS19 分析柱分离的混合标准溶液的色谱图

a　出峰顺序：(1)氟化物；(2)溴酸盐；(3)氯化物；(4)溴化物；(5)硝酸盐；(6)硫酸盐。

b　保留时间：氟化物 5.87 min，溴酸盐 8.76 min，氯化物 10.25 min，溴化物 13.91 min，硝酸盐 14.60 min，硫酸盐 15.63 min。

14.1.6　计算

溴酸盐的质量浓度(μg/L)可以直接在校准曲线上查得。

14.1.7　精密度和准确度

两个实验室分别对含 5.0，40，80 μg/L 的溴酸盐标准溶液重复测定($n=6$)，其相对标准偏差为：0.4%～2.2%。两个实验室对市政自来水分别加标 5.0，40，80 μg/L，其平均回收率为：92.0%～105%。对纯净水分别加标 5.0，40，80 μg/L，其平均回收率为：99%～108%。对矿泉水分别加标 5.0，40，80 μg/L，其平均回收率为：90%～106%。

14.2　离子色谱法-碳酸盐系统淋洗液

14.2.1　范围

本标准规定了用离子色谱法测定生活饮用水及其水源水中的溴酸盐。

本法适用于生活饮用水及其水源水中溴酸盐的测定。

本法采用 IonPac AS9-HC 分析柱，溴酸盐最低检测质量为 0.5 ng，若采用直接进样，进样体积为 100 μL，则最低检测质量浓度 5.0 μg/L；采用 Metrosep A Supp 5-250 分析柱，溴酸盐最低检测质量为 0.2 ng，若采用直接进样，进样体积为 40 μL，则最低检测质量浓度 5.0 μg/L。

14.2.2　原理

水样中的溴酸盐和其他阴离子随碳酸盐系统淋洗液进入阴离子交换分离系统（由保护柱和分析柱组成），根据分析柱对各离子的亲和力不同进行分离，已分离的阴离子流经阴离子抑制系统转化成具有高电导率的强酸，而淋洗液则转化成低电导率的弱酸或水，由电导检测器测量各种阴离子组分的电导率，以保留时间定性，峰面积或峰高定量。

14.2.3　试剂

14.2.3.1　纯水：见 14.1.3.1。

14.2.3.2　乙二胺(EDA)：见 14.1.3.2。

14.2.3.3　溴酸钠：见 14.1.3.3。

14.2.3.4　溴酸盐标准储备溶液[$\rho(BrO_3^-)=1.0$ mg/mL]：见 14.1.3.4。

14.2.3.5　溴酸盐标准中间溶液[$\rho(BrO_3^-)=10.0$ mg/L]：见 14.1.3.5。

14.2.3.6　溴酸盐标准使用溶液[$\rho(BrO_3^-)=1.00$ mg/L]：见 14.1.3.6。

14.2.3.7　乙二胺储备溶液[$\rho(EDA)=100$ mg/mL]：见 14.1.3.7。

14.2.3.8　碳酸钠储备液[$c(CO_3^{2-})=1.0$ mol/L]：准确称取 10.60 g 无水碳酸钠(优级纯)，用纯水(14.2.3.1)溶解，于 100 mL 容量瓶中定容。置 4℃冰箱备用，可保存 6 个月。

14.2.3.9　氢氧化钠储备液[$c(NaOH)=1.0$ mol/L]：准确称取 4.00 g 氢氧化钠(优级纯)，用纯水(14.2.3.1)溶解，于 100 mL 容量瓶中定容。置 4℃冰箱备用，可保存 6 个月。

14.2.3.10　碳酸氢钠储备液[$c(HCO_3^-)=1.0$ mol/L]：准确称取 8.40 g 碳酸氢钠(优级纯)，用纯水(14.2.3.1)溶解，于 100 mL 容量瓶中定容。置 4℃冰箱备用，可保存 6 个月。

14.2.3.11　淋洗液使用液：吸取适量的碳酸钠储备液(14.2.3.8)和氢氧化钠储备液(14.2.3.9)，或碳酸氢钠储备液(14.2.3.10)，用纯水(14.2.3.1)稀释，每日新配。

14.2.3.12　再生液[$c(H_2SO_4)=50$ mmol/L]：吸取 6.80 mL 浓硫酸，移入装有 800 mL 纯水(14.2.3.1)的 1 000 mL 容量瓶中，定容至刻度。(适用于化学抑制器)

14.2.4　仪器

14.2.4.1　离子色谱仪。

14.2.4.2　电导检测器。

14.2.4.3　色谱工作站

14.2.4.4　辅助气体：高纯氮气，纯度 99.99%。

14.2.4.5　进样器：2.5 mL～10 mL 注射器。

14.2.4.6　0.45 μm 微孔滤膜过滤器。

14.2.4.7　离子色谱仪器参数(示例)

分析系统 1　阴离子保护柱：IonPac AG9-HC 或相当的保护柱；阴离子分析柱：IonPac AS9-HC 或相当的分析柱；阴离子抑制器：AAES 抑制器或相当的抑制器；抑制器电流：53 mA；淋洗液：7.2 mmol/L Na_2CO_3+2.0 mmol/L NaOH；淋洗液流速：1.00 mL/min。

分析系统 2　阴离子保护柱：Metrosep A Supp4/5 Guard 或相当的保护柱；阴离子分析柱：Metrosep A Supp 5-250 或相当的分析柱；阴离子抑制器：MSMⅡ+MCS 双抑制系统或相当的抑制器；淋洗液：3.2 mmol/L Na_2CO_3+1.0 mmol/L $NaHCO_3$；淋洗液流速：0.65 mL/min。

14.2.5　分析步骤

14.2.5.1　水样采集与预处理：见 14.1.5.1。

14.2.5.2　样品保存：见 14.1.5.2。

14.2.5.3　校准曲线的绘制：见 14.1.5.3。

14.2.5.4　水样过滤：见 14.1.5.4。

14.2.5.5　将预处理后的水样直接进样，进样体积 40 μL～100 μL，记录保留时间、峰高或峰面积。

14.2.5.6　离子色谱图、出峰顺序与保留时间见图 9、图 10 和表 3、表 4。

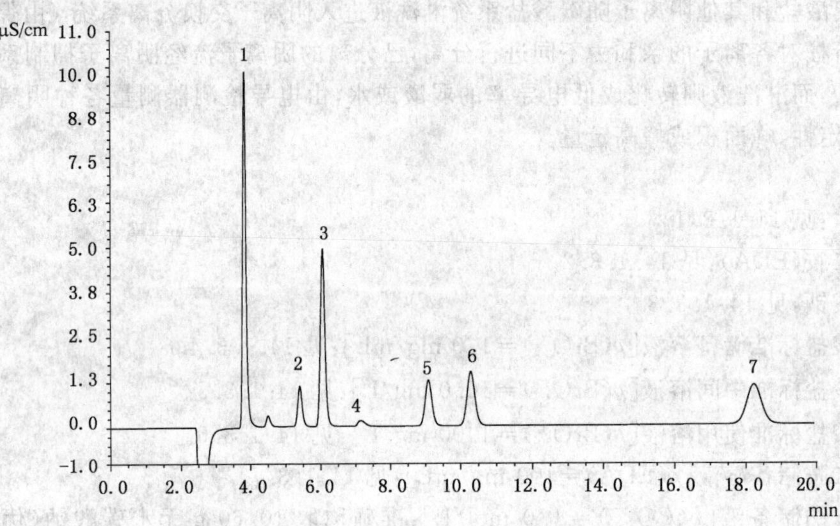

图 9　用 IonPac AS9-HC 分析柱分离的混合标准溶液的色谱图

(7.2 mmol/L Na_2CO_3+2.0 mmol/L NaOH 淋洗液，进样体积 100 μL)

表 3　IonPac AS9-HC 分析柱出峰顺序与保留时间

出峰顺序	名称	保留时间/min	浓度/(mg/L)
1	氟化物	3.817	1.00
2	溴酸盐	5.403	1.00
3	氯化物	6.053	1.00
4	亚硝酸盐	7.147	1.00
5	溴化物	9.083	1.00
6	硝酸盐	10.290	1.00
7	硫酸盐	18.233	1.00

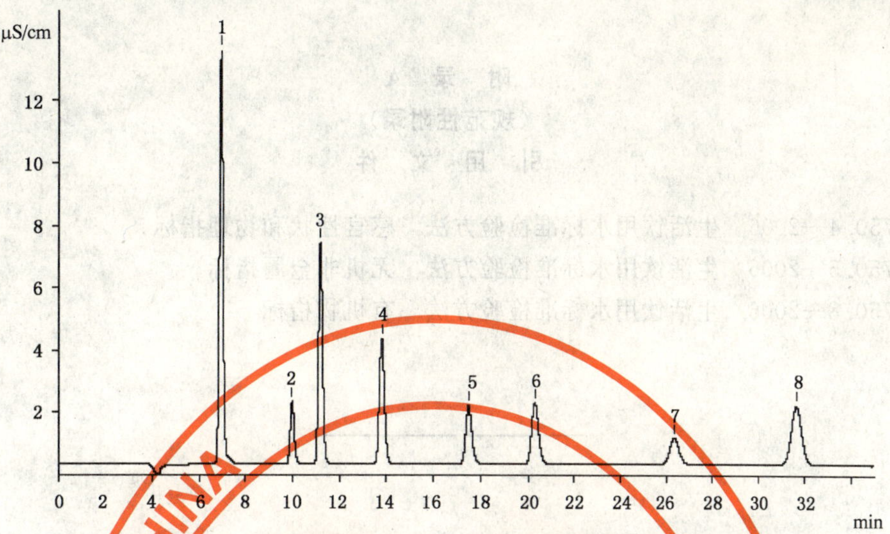

图 10 用 Metrosep A Supp 5-250 分析柱分离的混合标准溶液的色谱图

(3.2 mmol/L Na_2CO_3-1.0 mmol/L $NaHCO_3$ 淋洗液，进样体积 40 μL)

表 4 Metrosep A Supp 5-250 分析柱出峰顺序与保留时间

出峰顺序	名称	保留时间/min	浓度/(mg/L)
1	氟化物	6.96	1.00
2	溴酸盐	9.98	1.00
3	氯化物	11.18	1.00
4	亚硝酸盐	13.79	1.00
5	溴化物	17.50	1.00
6	硝酸盐	20.29	1.00
7	磷酸盐	26.35	1.00
8	硫酸盐	31.65	1.00

14.2.6 计算

溴酸盐的质量浓度(μg/L)可以直接在校准曲线上查得。

14.2.7 精密度和准确度

14.2.7.1 IonPac AG9-HC 分析柱，7.2 mmol/L Na_2CO_3+2.0 mmol/L NaOH 淋洗液：单个实验室对含 5.0，40，80 μg/L 的溴酸盐标准溶液重复测定(n=6)，其相对标准偏差为：0.9%～2.0%。对自来水分别加标 5.0，40，80 μg/L，其平均回收率为 102%～105%。对纯净水分别加标 5.0，40，80 μg/L，其平均回收率为 97.0%～104%。对矿泉水分别加标 5.0，40，80 μg/L，其平均回收率为 97.0%～101%。

14.2.7.2 Metrosep A Supp 5-250 分析柱，3.2 mmol/L Na_2CO_3+1.0 mmol/L$NaHCO_3$ 淋洗液：单个实验室对含 5.0，40，80 μg/L 的溴酸盐标准溶液重复测定(n=6)，其相对标准偏差为：0.7%～3.2%。对自来水分别加标 5.0，40，80 μg/L，其平均回收率为 96.1%～104%。对纯净水分别加标 5.0，40，80 μg/L，其平均回收率为 98.0%～104%。对矿泉水分别加标 5.0，40，80 μg/L，其平均回收率为 100%～105%。

附 录 A
（规范性附录）
引 用 文 件

GB/T 5750.4—2006 生活饮用水标准检验方法 感官性状和物理指标
GB/T 5750.5—2006 生活饮用水标准检验方法 无机非金属指标
GB/T 5750.8—2006 生活饮用水标准检验方法 有机物指标

ICS 13.060
C 51

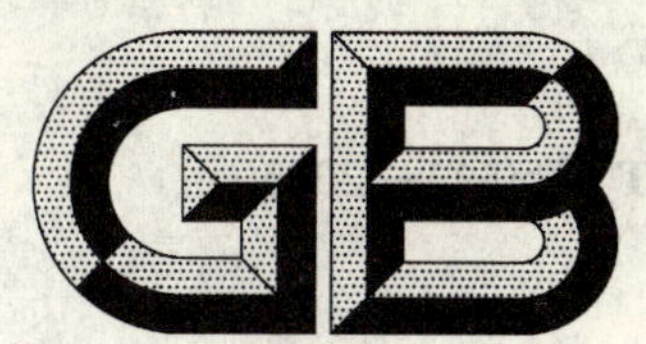

中华人民共和国国家标准

GB/T 5750.11—2006
部分代替 GB/T 5750—1985

生活饮用水标准检验方法 消毒剂指标

Standard examination methods for drinking water—Disinfectants parameters

2006-12-29 发布　　2007-07-01 实施

中华人民共和国卫生部
中国国家标准化管理委员会 发布

前　言

GB/T 5750《生活饮用水标准检验方法》分为以下部分：

——总则；

——水样的采集和保存；

——水质分析质量控制；

——感官性状和物理指标；

——无机非金属指标；

——金属指标；

——有机物综合指标；

——有机物指标；

——农药指标；

——消毒副产物指标；

——消毒剂指标；

——微生物指标；

——放射性指标。

本标准代替 GB/T 5750—1985《生活饮用水标准检验法》第二篇中的余氯。

本标准与 GB/T 5750—1985 相比主要变化如下：

—— 依据 GB/T 1.1—2000《标准化工作导则　第 1 部分：标准的结构和编写规则》与 GB/T 20001.4—2001《标准编写规则　第 4 部分：化学分析方法》调整了结构；

—— 依据国家标准的要求修改了量和计量单位；

—— 当量浓度改成摩尔浓度(氧化还原部分仍保留当量浓度)；

—— 质量浓度表示符号由 C 改成 ρ，含量表示符号由 M 改成 m；

—— 增加了生活饮用水中氯消毒剂中有效氯、氯胺、二氧化氯、臭氧、氯酸盐 5 项指标的 11 个检验方法。

本标准的附录 A 为规范性附录。

本标准由中华人民共和国卫生部提出并归口。

本标准负责起草单位：中国疾病预防控制中心环境与健康相关产品安全所。

本标准参加起草单位：江苏省疾病预防控制中心、唐山市疾病预防控制中心、重庆市疾病预防控制中心、北京市疾病预防控制中心、广东省疾病预防控制中心、辽宁省疾病预防控制中心、广州市疾病预防控制中心、武汉市疾病预防控制中心、安徽省疾病预防控制中心、军事医学科学院卫生学环境医学研究所、苏州大学、河北省疾病预防控制中心、华北煤炭医学院、重庆市渝中区疾病预防控制中心、镇江市疾病预防控制中心、北京市门头沟区疾病预防控制中心。

本标准主要起草人：金银龙、鄂学礼、陈亚妍、张岚、陈昌杰、陈守建、邢大荣、王正虹、魏建荣、杨业、张宏陶、艾有年、庄丽、姜树秋、卢玉棋、周明乐。

本标准参加起草人：赵月朝、梁军、蔡肇夏、潘延存、吴国辉、陈斌生、李连元、刘玉欣、赵竹、吕静、边秀兰、伊萍、邱宏、鲁杰、吴飞、谢英、杨保民、张秀琴、田凯、潘心红、钟汉怀。

本标准于 1985 年 8 月首次发布，本次为第一次修订。

生活饮用水标准检验方法　消毒剂指标

1　游离余氯

1.1　*N*,*N*-二乙基对苯二胺(DPD)分光光度法

1.1.1　范围

本标准规定了用 *N*,*N*-二乙基对苯二胺(DPD)分光光度法测定生活饮用水及其水源水中的游离余氯。

本法适用于经氯化消毒后的生活饮用水及其水源水中游离余氯和各种形态的化合性余氯的测定。

本法最低检测质量为 0.1 μg,若取 10 mL 水样测定,则最低检测质量浓度为 0.01 mg/L。

高浓度的一氯胺对游离余氯的测定有干扰,可用亚砷酸盐或硫代乙酰胺控制反应以除去干扰。氧化锰的干扰可通过做水样空白扣除。铬酸盐的干扰可用硫代乙酰胺排除。

1.1.2　原理

DPD 与水中游离余氯迅速反应而产生红色。在碘化物催化下,一氯胺也能与 DPD 反应显色。在加入 DPD 试剂前加入碘化物时,一部分三氯胺与游离余氯一起显色,通过变换试剂的加入顺序可测得三氯胺的浓度。本法可用高锰酸钾溶液配制永久性标准系列。

1.1.3　试剂

1.1.3.1　碘化钾晶体。

1.1.3.2　碘化钾溶液(5 g/L):称取 0.50 g 碘化钾(KI),溶于新煮沸放冷的纯水,并稀释至 100 mL,储存于棕色瓶中,在冰箱中保存,溶液变黄应弃去重配。

1.1.3.3　磷酸盐缓冲溶液(pH 6.5):称取 24 g 无水磷酸氢二钠(Na_2HPO_4),46 g 无水磷酸二氢钾(KH_2PO_4),0.8 g 乙二胺四乙酸二钠(Na_2-EDTA)和 0.02 g 氯化汞($HgCl_2$)。依次溶解于纯水中稀释至 1 000 mL。

注:$HgCl_2$ 可防止霉菌生长,并可消除试剂中微量碘化物对游离余氯测定造成的干扰。$HgCl_2$ 剧毒,使用时切勿入口和接触皮肤和手指。

1.1.3.4　*N*,*N*-二乙基对苯二胺(DPD)溶液(1 g/L):称取 1.0 g 盐酸 *N*,*N*-二乙基对苯二胺[$H_2N \cdot C_6H_4 \cdot N(C_2H_5)_2 \cdot 2HCl$],或 1.5 g 硫酸 *N*,*N*-二乙基对苯二胺[$H_2N \cdot C_6H_4 \cdot N(C_2H_5)_2 \cdot H_2SO_4 \cdot 5H_2O$],溶解于含 8 mL 硫酸溶液(1+3)和 0.2 g Na_2-EDTA 的无氯纯水中,并稀释至 1 000 mL。储存于棕色瓶中,在冷暗处保存。

注:DPD 溶液不稳定,一次配制不宜过多,储存中如溶液颜色变深或褪色,应重新配制。

1.1.3.5　亚砷酸钾溶液(5.0 g/L):称取 5.0 g 亚砷酸钾($KAsO_2$)溶于纯水中,并稀释至 1 000 mL。

1.1.3.6　硫代乙酰胺溶液(2.5 g/L):称取 0.25 g 硫代乙酰胺(CH_3CSNH_2),溶于 100 mL 纯水中。

注:硫代乙酰胺是可疑致癌物,切勿接触皮肤或吸入。

1.1.3.7　无需氯水:在无氯纯水中加入少量氯水或漂粉精溶液,使水中总余氯浓度约为 0.5 mg/L。加热煮沸除氯。冷却后备用。

注:使用前可加入碘化钾用本标准检验其总余氯。

1.1.3.8　氯标准储备溶液[$\rho(Cl_2)$=1 000 μg/mL]:称取 0.891 0 g 优级纯高锰酸钾($KMnO_4$),用纯水溶解并稀释至 1 000 mL。

注:用含氯水配制标准溶液,步骤繁琐且不稳定。经试验,标准溶液中高锰酸钾量与 DPD 和所标示的余氯生成的红色相似。

1.1.3.9　氯标准使用溶液[$\rho(Cl_2)$=1 μg/mL]:吸取 10.0 mL 氯标准储备溶液(1.1.3.8),加纯水稀释至 100 mL。混匀后取 1.00 mL 再稀释至 100 mL。

1.1.4 仪器

1.1.4.1 分光光度计。

1.1.4.2 具塞比色管,10 mL。

1.1.5 分析步骤

1.1.5.1 标准曲线绘制:吸取 0,0.1,0.5,2.0,4.0,8.0 mL 氯标准使用溶液(1.1.3.9)置于 6 支10 mL 具塞比色管中,用无需氯水(1.1.3.7)稀释至刻度。各加入 0.5 mL 磷酸盐缓冲溶液(1.1.3.3),0.5 mL DPD 溶液(1.1.3.4),混匀,于波长 515 nm,1 cm 比色皿,以纯水为参比,测定吸光度,绘制标准曲线。

1.1.5.2 吸取 10 mL 水样置于 10 mL 比色管中,加入 0.5 mL 磷酸盐缓冲溶液(1.1.3.3),0.5 mL DPD 溶液(1.1.3.4),混匀,立即于 515 nm 波长,1 cm 比色皿,以纯水为参比,测量吸光度,记录读数为 A,同时测量样品空白值,在读数中扣除。

注:如果样品中一氯胺含量过高,水样可用亚砷酸盐或硫代乙酰胺进行处理。

1.1.5.3 继续向上述试管中加入一小粒碘化钾晶体(约 0.1 mg),混匀后,再测量吸光度,记录读数为 B。

注:如果样品中二氯胺含量过高,可加入 0.1 mL 新配制的碘化钾溶液(1 g/L)。

1.1.5.4 再向上述试管加入碘化钾晶体(约 0.1 g),混匀,2 min 后,测量吸光度,记录读数为 C。

1.1.5.5 另取两支 10 mL 比色管,取 10 mL 水样于其中一支比色管中,然后加入一小粒碘化钾晶体(约 0.1 mg),混匀,于第二支比色管中加入 0.5 mL 缓冲溶液(1.1.3.3)和 0.5 mL DPD 溶液(1.1.3.4)然后将此混合液倒入第一管中,混匀。测量吸光度,记录读数为 N。

1.1.6 计算

游离余氯和各种氯胺,根据存在的情况计算,见表 1。

表 1 游离余氯和各种氯胺

读　数	不含三氯胺的水样	含三氯胺的水样
A	游离余氯	游离余氯
$B—A$	一氯胺	一氯胺
$C—B$	二氯胺	二氯胺+50%三氯胺
N	—	游离余氯+50%三氯胺
$2(N—A)$	—	三氯胺
$C—N$	—	二氯胺

根据表 1 中读数从标准曲线查出水样中游离余氯和各种化合余氯的含量,按式(1)计算水样中余氯的含量。

$$\rho(Cl_2) = \frac{m}{V} \qquad \cdots\cdots(1)$$

式中:

$\rho(Cl_2)$——水样中余氯的质量浓度,单位为毫克每升(mg/L);

m——从标准曲线上查得余氯的质量,单位为微克(μg);

V——水样体积,单位为毫升(mL)。

1.1.7 精密度和准确度

5 个实验室用本法测定 0.75 mg/L 及 3.0 mg/L 余氯样品,相对标准偏差范围分别为 2.5%~16.9%及 1%~8.5%。以 0.05 mg/L 作加标试验,平均回收率为 97.0%~108%,加标质量浓度为 0.3 mg/L~0.5 mg/L 时,平均回收率为 90.0%~103%;加标质量浓度为 1.0 mg/L~3.0 mg/L 时,平均回收率为 94.0%~106%。

1.2 3,3′,5,5′-四甲基联苯胺比色法

1.2.1 范围

本标准规定了用3,3′,5,5′-四甲基联苯胺比色法测定生活饮用水及其水源水中的游离余氯。

本法适用于经氯化消毒后的生活饮用水及其水源水中总余氯及游离余氯的测定。

本法最低检测质量浓度为0.005 mg/L余氯。

超过0.12 mg/L的铁和0.05 mg/L的亚硝酸盐对本法有干扰。

1.2.2 原理

在pH值小于2的酸性溶液中，余氯与3,3′,5,5′-四甲基联苯胺(以下简称四甲基联苯胺)反应，生成黄色的醌式化合物，用目视比色法定量。本法可用重铬酸钾溶液配制永久性余氯标准色列。

1.2.3 试剂

1.2.3.1 氯化钾-盐酸缓冲溶液(pH2.2)：称取3.7 g经100℃～110℃干燥至恒重的氯化钾，用纯水溶解，再加0.56 mL盐酸(ρ_{20}=1.19 g/mL)，并用纯水稀释至1 000 mL。

1.2.3.2 盐酸溶液(1+4)。

1.2.3.3 3,3′,5,5′-四甲基联苯胺溶液(0.3 g/L)：称取0.03 g 3,3′,5 5′-四甲基联苯胺($C_{16}H_{20}N_2$)，用100 mL盐酸溶液[c(HCl)=0.1 mol/L]分批加入并搅拌使试剂溶解(必要时可加温助溶)，混匀，此溶液应无色透明、储存于棕色瓶中，在常温下可保存6个月。

1.2.3.4 重铬酸钾-铬酸钾溶液：称取0.155 0 g经120℃干燥至恒重的重铬酸钾($K_2Cr_2O_7$)及0.465 0 g经120℃干燥至恒重的铬酸钾(K_2CrO_4)，溶解于氯化钾-盐酸缓冲溶液(1.2.3.1)中，并稀释至1 000 mL。此溶液生成的颜色相当于1 mg/L余氯与四甲基联苯胺生成的颜色。

1.2.3.5 Na_2-EDTA溶液(20 g/L)。

1.2.4 仪器

具塞比色管，50 mL。

1.2.5 分析步骤

1.2.5.1 永久性余氯标准比色管(0.005 mg/L～1.0 mg/L)的配制。按表2所列用量分别吸取重铬酸钾-铬酸钾溶液(1.2.3.4)注入50 mL具塞比色管中，用氯化钾-盐酸缓冲溶液(1.2.3.1)稀释至50 mL刻度，在冷暗处保存可使用6个月。

表2 0.005 mg/L～1.0 mg/L永久性余氯标准的配制

余氯/(mg/L)	重铬酸钾-铬酸钾溶液/mL	余氯/(mg/L)	重铬酸钾-铬酸钾溶液/mL
0.005	0.25	0.40	20.0
0.01	0.50	0.50	25.0
0.03	1.50	0.60	30.0
0.05	2.50	0.70	35.0
0.10	5.0	0.80	40.0
0.20	10.0	0.90	45.0
0.30	15.0	1.0	50.0

注：若水样余氯大于1 mg/L时，可将重铬酸钾-铬酸钾溶液的浓度提高10倍，配成相当于10 mg/L余氯的标准色，配制成1.0 mg/L～10 mg/L的永久性余氯标准色列。

1.2.5.2 于50 mL具塞比色管中，先加入2.5 mL四甲基联苯胺溶液(1.2.3.3)，加入澄清水样至50 mL刻度，混合后立即比色，所得结果为游离余氯；放置10 min，比色所得结果为总余氯，总余氯减去游离余氯即为化合余氯。

注1：pH值大于7的水样可先用盐酸溶液调节pH为4再行测定。

注2：水样中铁离子大于0.12 mg/L时，可在每50 mL水样中加1滴～2滴Na_2-EDTA溶液(1.2.3.5)，以消除干扰。

注 3：水温低于 20℃时，可先温热水样至 25℃～30℃，以加快反应速度。

注 4：测试时，如显浅蓝色，表明显色液酸度偏低，可多加 1mL 试剂，就出现正常颜色。又如加试剂后，出现桔色，表示余氯含量过高，可改用余氯 1 mg/L～10 mg/L 的标准系列，并多加 1 mL 试剂。

2 氯消毒剂中有效氯

2.1 碘量法

2.1.1 范围

本标准规定了用碘量法测定氯消毒剂中的有效氯。

本法适用于固体或液体含氯消毒剂中有效氯的测定。

2.1.2 原理

含氯消毒剂中有效氯在酸性溶液中与碘化钾反应，释放出相当量的碘，用硫代硫酸钠标准溶液滴定，计算有效氯的含量。

2.1.3 试剂

2.1.3.1 碘化钾晶体。

2.1.3.2 冰乙酸（$\rho_{20}=1.06$ g/mL）。

2.1.3.3 硫酸溶液（1+8）。

2.1.3.4 硫代硫酸钠标准溶液[$c(Na_2S_2O_3)=0.1$ mol/L]：称取 26 g 硫代硫酸钠（$Na_2S_2O_3 \cdot 5H_2O$）及 0.2 g 无水碳酸钠（Na_2CO_3），溶于新煮沸放冷的纯水中，并稀释至 1 000 mL，摇匀。放置 1 周后过滤并标定浓度。

标定：准确称取 3 份 0.11 g～0.14 g 于 120℃ 干燥至恒重的基准级重铬酸钾（$K_2Cr_2O_7$）置于 250 mL碘量瓶中。于每瓶中加入 25 mL 纯水，溶解后加 2 g 碘化钾（2.1.3.1）及 20 mL 硫酸溶液（2.1.3.3），混匀，于暗处放置 10 min。加 150 mL 纯水，用硫代硫酸钠标准溶液（2.1.3.4）滴定，至溶液呈淡黄色时，加 3 mL 淀粉溶液（2.1.3.5）。继续滴定至溶液由蓝色变为亮绿色，记录用量为 V_1。同时做空白试验，记录用量为 V_0。按式(2)计算硫代硫酸钠标准溶液的浓度。

$$c(Na_2S_2O_3)=\frac{m}{(V_1-V_0)\times 0.049\,03} \qquad \cdots\cdots(2)$$

式中：

$c(Na_2S_2O_3)$——硫代硫酸钠标准溶液的浓度，单位为摩尔每升（mol/L）；

m——重铬酸钾的质量，单位为克（g）；

V_1——滴定重铬酸钾的硫代硫酸钠标准溶液的体积，单位为毫升（mL）；

V_0——滴定空白的硫代硫酸钠标准溶液的体积，单位为毫升（mL）；

0.049 03——与 1.00 mL 硫代硫酸钠标准溶液[$c(Na_2S_2O_3)=1.000$ mol/L]相当的以克表示的重铬酸钾的质量。

2.1.3.5 淀粉溶液（5 g/L）：称取 0.5 g 可溶性淀粉，用少许纯水调成糊状，边搅拌边倾入 100 mL 沸水中，继续煮沸 2 min，冷后取上清液备用。

2.1.4 仪器

2.1.4.1 滴定管，50 mL。

2.1.4.2 碘量瓶，250 mL。

2.1.5 分析步骤

2.1.5.1 将具有代表性的固体样品于研钵中研匀，用减量法称取 1 g～2 g，置于 100 mL 烧杯中。加入少量纯水，将样品调成糊状。将样品全部转移至 250 mL 容量瓶中，加纯水到刻度，混合均匀。

注：2.1.5.1 一般指常用的漂白粉（有效氯含量 25%～35%）和漂粉精（有效氯含量 60%～70%）的取样量，其他含氯消毒剂的取样量可据此计算。

2.1.5.2 液体样品及可溶性样品可按产品标示的有效氯含量，吸取或称取适量，于 250 mL 容量瓶中稀释至刻度，混合均匀。

2.1.5.3 于 250 mL 碘量瓶中加入 1 g 碘化钾晶体(2.1.3.1)，75 mL 纯水，使碘化钾溶解，加入 2 mL 冰乙酸(2.1.3.2)。从容量瓶中吸取 25.0 mL 样品溶液，注入上述碘量瓶中，密塞，加水封口于暗处放置 5 min。

2.1.5.4 用硫代硫酸钠标准溶液(2.1.3.4)滴定至溶液呈淡黄色时，加入 1 mL 淀粉溶液(2.1.3.5)，继续滴定至溶液蓝色刚消失为止，记录用量为 V。

2.1.6 **计算**

按式(3)计算含氯消毒剂中有效氯含量。

$$\omega(Cl_2)=\frac{V\times c\times 0.03545\times 250\times 100}{m\times 25} \quad \cdots\cdots(3)$$

式中：

$\omega(Cl_2)$——含氯消毒剂中有效氯含量，%；

V——硫代硫酸钠标准溶液的用量，单位为毫升(mL)；

c——硫代硫酸钠标准溶液的浓度，单位为摩尔每升(mol/L)；

0.035 45——与 1.00 mL 硫代硫酸钠标准溶液[$c(Na_2S_2O_3)=1.000$ mol/L]相当的以克表示的有效氯的质量；

m——氯消毒剂的用量，单位为克(g)。

3 氯胺

3.1 *N*,*N*-二乙基对苯二胺(DPD)分光光度法

见 1.1。

4 二氧化氯

4.1 *N*,*N*-二乙基对苯二胺硫酸亚铁铵滴定法

4.1.1 **范围**

本标准规定了用 *N*,*N*-二乙基对苯二胺(DPD)-硫酸亚铁铵滴定法测定生活饮用水中的二氧化氯。

本法适用于生活饮用水中二氧化氯的测定。

本法要求水样的总有效氯(Cl_2)不高于 5 mg/L，高于此值时，样品必须稀释。

本法测定范围为 0.025 mg/L～9.5 mg/L，最低检测质量浓度为 0.025 mg/L(ClO_2)。

氧化态锰和铬酸盐可使 DPD 产生颜色，导致测定结果偏高，可向水样中加入亚砷酸钠或硫代乙酰胺校正；由于滴定液进入的铁离子可活化亚氯酸盐而干扰滴定终点，可加入乙二胺四乙酸二钠盐抑制。

4.1.2 **原理**

甘氨酸将水中的游离氯转化为氯化氨基乙酸而不干扰二氧化氯的测定。水中的二氧化氯与 DPD 反应呈红色。用硫酸亚铁铵标准溶液滴定。加入磷酸盐缓冲盐会使水样保持中性，在此条件下，二氧化氯只能得到 1 mol 电子而被还原为 ClO_2^-，从硫酸亚铁铵溶液用量可计算水样中二氧化氯的质量浓度。

4.1.3 **试剂**

4.1.3.1 重铬酸钾标准溶液[$c(1/6K_2Cr_2O_7)=0.1000$ mol/L]：称取干燥的基准重铬酸钾 4.904 g，溶于蒸馏水中，定容至 1 000 mL，储存于磨口玻璃瓶中。

4.1.3.2 二苯胺磺酸钡溶液(1 g/L)：称取 0.1 g 二苯胺磺酸钡[$(C_6H_5NHC_6H_4\text{-}SO_3)_2Ba$]溶于 100 mL 蒸馏水中。

4.1.3.3 硫酸亚铁铵标准溶液{$c[(NH_4)_2Fe(SO_4)_2]=0.003000$ mol/L}：称取硫酸亚铁铵[$Fe(NH_4)_2(SO_4)_2\cdot 6H_2O$]1.176 g 溶于含 1 mL 硫酸溶液(1+3)的蒸馏水中，用新煮沸放冷的蒸馏水稀释至 1 000 mL。用重铬酸钾标准溶液按下述方法标定浓度，此溶液可保存 1 个月。

吸取 100 mL 硫酸亚铁铵标准溶液，加入 10 mL 硫酸溶液(1+5)、5 mL 磷酸(ρ_{20} = 1.69 g/mL)和 2 mL二苯胺磺酸钡溶液(4.1.3.2)，用重铬酸钾标准溶液(4.1.3.1)滴定至紫色持续 30 s 不褪。硫酸亚铁铵标准溶液的浓度可由式(4)算出：

$$c[(NH_4)_2Fe(SO_4)_2] = \frac{c_1 \times V_1}{V_2} \qquad \cdots\cdots\cdots\cdots(4)$$

式中：

$c[(NH_4)_2Fe(SO_4)_2]$——硫酸亚铁铵标准溶液的浓度，单位为摩尔每升(mol/L)；

c_1——重铬酸钾标准溶液的浓度，单位为摩尔每升(mol/L)；

V_1——滴定硫酸亚铁铵标准溶液消耗的重铬酸钾标准溶液的体积，单位为毫升(mL)；

V_2——硫酸亚铁铵标准溶液的体积，单位为毫升(mL)。

4.1.3.4 磷酸盐缓冲溶液：称取 24 g 无水磷酸氢二钠(Na_2HPO_4)和 46 g 无水磷酸二氢钾(KH_2PO_4)溶于蒸馏水中。另在 100 mL 蒸馏水中溶解 800 mg 乙二胺四乙酸二钠($C_{10}H_{14}N_2O_8Na_2 \cdot 2H_2O$)，合并两种溶液，加蒸馏水至 1 000 mL。另加 20 mg 氯化汞($HgCl_2$)防止溶液长霉。

注意：$HgCl_2$ 剧毒！

4.1.3.5 *N*,*N*-二乙基对苯二胺(DPD)指示剂溶液：称取 1 g DPD 草酸盐[$(C_2H_5)_2NC_6H_4NH_2 \cdot (COOH)_2$]，或 1.5 g DPD 五水硫酸盐[$(C_2H_5)_2NC_6H_4NH_2 \cdot H_2SO_4 \cdot 5H_2O$]，或 1.1 g DPD 无水硫酸盐[$(C_2H_5)_2NC_6H_4NH_2 \cdot H_2SO_4$]溶于含 8 mL 硫酸溶液(1+3)和 200 mg Na_2-EDTA 的无氯蒸馏水中，并用无氯蒸馏水稀释至 1 000 mL，储于具玻塞的棕色玻璃瓶中，置于暗处。如发现溶液褪色，应即弃去。定期检查溶液空白，当其在 515 nm 处吸光度大于 0.002/cm 时，应即弃去。

注意：DPD 草酸盐有毒！

4.1.3.6 甘氨酸溶液(100 g/L)：称取 10 g 甘氨酸($C_2H_5O_2N$)溶于 100 mL 蒸馏水中。

4.1.3.7 乙二胺四乙酸二钠(Na_2-EDTA)：固体。

4.1.3.8 亚砷酸钠溶液(5 g/L)：称取 5.0 g 亚砷酸钠($NaAsO_2$)溶于 1 000 mL 蒸馏水中。

注意：亚砷酸钠剧毒！

4.1.3.9 硫代乙酰胺溶液(2.5 g/L)：称取 250 mg 硫代乙酰胺(CH_3CSNH_2)溶于 100 mL 蒸馏水中。

注意：硫代乙酰胺为怀疑致癌物！

4.1.4 分析步骤

4.1.4.1 在一个 250 mL 锥形瓶中加入 5 mL 磷酸盐缓冲溶液(4.1.3.4)和 0.5 mL 亚砷酸钠溶液(4.1.3.8)或 0.5 mL 硫代乙酰胺溶液(4.1.3.9)，加入 100 mL 水样混匀。

4.1.4.2 向上述锥形瓶中加入 5 mL DPD 指示剂溶液(4.1.3.5)，混匀，用硫酸亚铁铵标准溶液(4.1.3.3)滴定至红色消失，记录滴定读数 V_1。

4.1.4.3 另取一个 250 mL 锥形瓶，加入 100 mL 水样和 2 mL 甘氨酸溶液(4.1.3.6)，混匀。

4.1.4.4 再取一个 250 mL 锥形瓶，加入 5 mL 磷酸盐缓冲溶液(4.1.3.4) 和 5 mL DPD 指示剂溶液(4.1.3.5)，混匀，加入约 200 mg Na_2-EDTA(4.1.3.7)。

4.1.4.5 将经过甘氨酸处理的水样(4.1.4.3)加入混合溶液(4.1.4.4)中，混匀，用硫酸亚铁铵标准溶液(4.1.3.3)快速滴定至红色消失，记录滴定液读数 V_2。

4.1.5 结果计算

按式(5)计算水样中二氧化氯的质量浓度。

$$\rho(ClO_2) = \frac{c \times (V_2 - V_1) \times 13.49 \times 5 \times 1\,000}{V} \qquad \cdots\cdots\cdots\cdots(5)$$

式中：

$\rho(ClO_2)$——水样中二氧化氯的质量浓度，单位为毫克每升(mg/L)；

c——硫酸亚铁铵标准溶液浓度，单位为摩尔每升(mol/L)；

V_2——水样滴定时消耗硫酸亚铁铵标准溶液的体积，单位为毫升(mL)；

V_1——水样中氧化态锰和铬酸盐消耗硫酸铁铵标准溶液的体积，单位为毫升(mL)；

V——水样体积，单位为毫升(mL)；

13.49×5——与1.00 mL硫酸亚铁铵标准溶液$\{c[(NH_4)_2Fe(SO_4)_2]=1.000\ mol/L\}$相当的以毫克表示的二氧化氯的实际质量。

4.2 碘量法

4.2.1 范围

本标准规定了用碘量法测定纯二氧化氯水溶液中的二氧化氯。

本法适用于纯二氧化氯水溶液中二氧化氯的测定。

本法最低检测质量为10 μg(以ClO_2计)，若取水溶液500 mL，其最低检测质量浓度为20 μg/L(以ClO_2计)。温度和强光可影响溶液的稳定性，因此二氧化氯储备液应避光、密闭，并冷藏保存。为尽量减少二氧化氯的损失，其制备及标定过程要求在室温不超过20℃及非直射光线下进行。

4.2.2 原理

亚氯酸钠($NaClO_2$)溶液与稀硫酸反应，可生成二氧化氯。氯等杂质通过亚氯酸钠溶液除去。用恒定的空气流将所产生的二氧化氯带出，并通入纯水中配制成二氧化氯溶液，其质量浓度以碘量法测定。

4.2.3 试剂

4.2.3.1 碘片。

4.2.3.2 乙酸($\rho_{20}=1.06\ g/mL$)。

4.2.3.3 亚氯酸钠($NaClO_2$)。

4.2.3.4 碳酸氢钠。

4.2.3.5 三氧化二砷：基准试剂。

4.2.3.6 碘化钾。

4.2.3.7 硫代硫酸钠：优级纯。

4.2.3.8 硫酸($\rho_{20}=1.84\ g/mL$)。

4.2.3.9 硫酸溶液(1+9)。

4.2.3.10 氢氧化钠溶液(150 g/L)。

4.2.3.11 亚氯酸钠饱和溶液：取适量亚氯酸钠($NaClO_2$)于烧杯内，加少量纯水，搅拌使成为饱和溶液(亚氯酸钠的溶解度相当高，按所需用量配制)。

4.2.3.12 二氧化氯储备溶液：

二氧化氯的发生及吸收装置见图1。

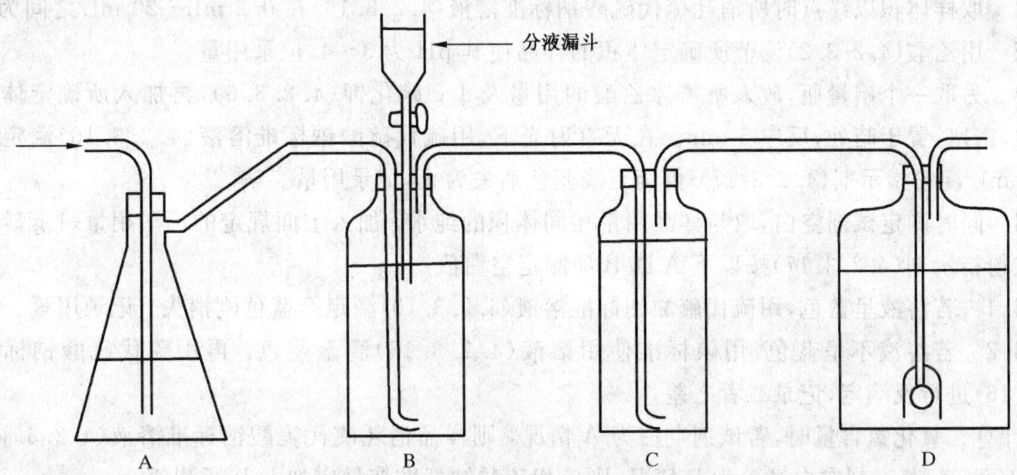

图1 二氧化氯发生及吸收装置

在A瓶中放入300 mL纯水，将A瓶一端玻璃与空气压缩机相接，另一玻璃管与B瓶相连。B瓶为高强度硼硅玻璃瓶，瓶口有三根玻璃管；第一根插至离瓶底5 mm处，用以引进空气；第二根上接带刻度的圆柱形分液漏斗，下端伸至液面下；第三根下端离开液面，上端与C瓶相接。溶解10 g亚氯酸钠(4.2.3.3)于750 mL纯水中并倒入B瓶中；在分液漏斗中装有20 mL硫酸溶液(4.2.3.9)。C瓶装有亚氯酸钠饱和溶液(4.2.3.11)或片状固体亚氯酸钠的洗气塔。D瓶为2L硼硅玻璃收集瓶，瓶中装有1 500 mL纯水，用以吸收所发生的二氧化氯，余气由排气管排出。整套装置应放入通风橱内。

启动空气压缩机，使空气均匀地通过整个装置。每隔5 min由分液漏斗加入5 mL硫酸溶液(4.2.3.9)，加完最后一次硫酸溶液后，空气流要持续30 min。

所获得的黄色二氧化氯储备溶液放入棕色瓶中密塞于冷藏箱中保存。其质量浓度约为250 mg/L～600 mg/L ClO_2，相当于500 mg/L～1 200 mg/L有效氯(Cl_2)。

4.2.3.13　二氧化氯标准溶液：临用前，取一定量二氧化氯储备液，用无需氯水稀释至所需浓度，用碘量法标定。

4.2.3.14　碘标准储备溶液[$c(1/2I_2)=0.1$ mol/L]：称取13 g碘片(4.2.3.1)及35 g碘化钾(4.2.3.6)溶于100 mL纯水中并稀释至1 000 mL，保存在棕色瓶中。准确称取0.15 g预先在硫酸干燥器中干燥至恒重的三氧化二砷(4.2.3.5)，放入250 mL碘量瓶中，加4 mL氢氧化钠溶液(4.2.3.10)溶解，再加入50 mL纯水，2滴酚酞指示剂(4.2.3.18)，用硫酸溶液(4.2.3.9)中和，再加3 g碳酸氢钠(4.2.3.4)及3 mL淀粉指示剂(4.2.3.17)，用碘标准储备溶液滴至浅蓝色，同时做空白试验。

4.2.3.15　碘标准使用溶液[$c(1/2\ I_2)=0.028\ 20$ mol/L]：溶解25 g碘化钾(4.2.3.6)于1 000 mL容量瓶中，加少许纯水，按计算量加入经过标定的碘标准储备溶液(4.2.3.13)，用无需氯水稀释至刻度，此液浓度为0.028 20 mol/L，保存于棕色广口瓶，防止直射光照射，勿与橡皮塞或橡胶管接触。

4.2.3.16　硫代硫酸钠标准溶液[$c(Na_2S_2O_3)=0.100\ 0$ mol/L]。其配制及标定见GB/T 5750.4—2006中9.1.4.11。

4.2.3.17　淀粉指示剂(5 g/L)。

4.2.3.18　酚酞指示剂(5 g/L)。

4.2.4　仪器

4.2.4.1　碘量瓶。

4.2.4.2　滴定管。

4.2.5　分析步骤

4.2.5.1　取样体积以终点时所消耗硫代硫酸钠标准溶液(4.2.3.16)在0.2 mL～20 mL之间为宜。

4.2.5.2　用乙酸(4.2.3.2)调节所确定体积的样品使其pH为3～4，记录用量。

4.2.5.3　另取一个碘量瓶，放入所需冰乙酸的用量及1 g碘化钾(4.2.3.6)，再加入所确定体积的样品，摇匀，密塞，置于暗处，反应5 min。在无直射光下，用硫代硫酸钠标准溶液(4.2.3.16)滴定至淡黄色，加1 mL淀粉指示剂(4.2.3.17)再滴至浅蓝色消失为止，记录用量。

4.2.5.4　同时测定试剂空白，取与样品用量相同体积的纯水，加入上面规定的乙酸用量，1 g碘化钾和1 mL淀粉指示剂(4.2.3.17)按以下A或B项测定空白值。

4.2.5.4.1　若溶液呈蓝色，用硫代硫酸钠标准溶液(4.2.3.16)滴定至蓝色刚消失，记录用量。

4.2.5.4.2　若溶液不呈蓝色，用碘标准使用溶液(4.2.3.15)滴至蓝色，再用硫代硫酸钠标准溶液(4.2.3.16)进行反滴定，记录二者之差。

在计算二氧化氯含量时，若试剂空白为A情况，则样品消耗硫代硫酸钠标准溶液(4.2.3.16)的用量减A所测值；若试剂空白试验为B情况，则硫代硫酸钠标准液量应加上B所测值。

4.2.6　计算

二氧化氯(ClO_2)的质量浓度可用二氧化氯(ClO_2)或有效氯(Cl_2)表示。按式(6)计算。

$$\rho(ClO_2)=\frac{(V_1-V_0)\times c\times 13.49\times 1\,000}{V} \quad \cdots\cdots(6)$$

式中：

$\rho(ClO_2)$——水样中二氧化氯质量浓度，单位为毫克每升(mg/L)；

V_1——水样硫代硫酸钠标准溶液的用量，单位为毫升(mL)；

V_0——空白试验硫代硫酸钠标准溶液的用量，单位为毫升(mL)；

c——硫代硫酸钠标准溶液的浓度，单位为摩尔每升(mol/L)；

V——水样体积，单位为毫升(mL)；

13.49——与 1.00 mL 硫代硫酸钠标准溶液[$c(Na_2S_2O_3)=1.000$ mol/L]相当的以毫克表示的二氧化氯的质量。

4.3 甲酚红分光光度法

4.3.1 范围

本标准规定了用分光光度法测定生活饮用水中的二氧化氯。

本法适用于生活饮用水中二氧化氯的测定。

本法最低检测质量为 0.5 μg，若取 25 mL 水样测定，则最低检测质量浓度为 0.02 mg/L。

4.3.2 原理

在 pH=3 时，二氧化氯与甲酚红发生氧化还原反应，剩余的甲酚红在碱性条件下显紫红色，于 573 nm波长下比色定量。

4.3.3 仪器和试剂

4.3.3.1 本法配制试剂及稀释标准溶液所用纯水均为无需二氧化氯量的蒸馏水。即取蒸馏水每升加入 2 mg 二氧化氯(或含 5 mg 游离氯的氯水)放置 1 天，用二乙基对苯二胺法检查尚有余氯反应。将此蒸馏水让日光照射或煮沸，检查无余氯后使用。

4.3.3.1.1 硫代硫酸钠标准溶液[$c(Na_2S_2O_3)=0.100\,0$ mol/L]。

4.3.3.1.2 碘标准溶液[$c(I)=0.100\,0$ mol/L]。

4.3.3.1.3 淀粉溶液(5 g/L)。

4.3.3.1.4 甲基橙指示剂溶液。

4.3.3.1.5 盐酸溶液(1+23)。

4.3.3.1.6 柠檬酸盐缓冲液(pH=3)：取 46.5 mL 19.2 g/L 柠檬酸溶液与 3.5 mL 29.4 g/L 柠檬酸钠溶液混合后用纯水稀释至 100 mL。在 pH 计上用柠檬酸溶液调 pH 为 3。

4.3.3.1.7 甲酚红溶液：称取 0.1 g 甲酚红，用 20 mL 99%乙醇溶解后加水至 100 mL 成储备液。取 1 mL用纯水稀释为 50 mL 后使用。

4.3.3.1.8 氢氧化钠溶液(50 g/L)。

4.3.3.1.9 二氧化氯标准储备溶液：取 250 mL 暴气瓶 4 个串联，于第一及第二两个瓶中依次加入 50 mL及 100 mL 亚氯酸钠饱和溶液，第三及第四个瓶中各加入 100 mL 纯水，联接好后向第一个瓶中加入硫酸(1+1)至呈酸性(产生黄橙色气体)，用 500 mL/min 的流量抽气，将二氧化氯吸收于纯水中。当第四个瓶纯水吸收液中黄色较深时停止抽气，取第四个瓶中的标准溶液贮于棕色瓶内，冰箱内保存。按下法准确测定二氧化氯标准储备溶液的浓度。

A 向 250 mL 碘量瓶内加入 100 mL 无需氯量纯水、1 g 碘化钾及 5 mL 冰乙酸，摇动碘量瓶，让碘化钾溶完。加入 10.00 mL 二氧化氯标准溶液，在暗处放置 5 min。用 0.100 0 mol/L 硫代硫酸钠标准溶液滴定至溶液呈淡黄色时，加入 1 mL 淀粉溶液(4.3.3.1.3)，继续滴定至终点。

B 空白滴定：向碘量瓶内按测定二氧化氯步骤加入相同量的试剂(仅不加二氧化氯)，如果加入淀粉溶液后溶液显蓝色，则用硫代硫酸钠标准溶液滴定至蓝色消失，记录用量。如果加入淀粉溶液后不显蓝色，则加入 1.00 mL 0.100 0 mol/L 碘标准使溶液呈蓝色，再用硫代硫酸钠标准溶液滴定至终点，记录用量。在计算二氧化氯浓度时，应减去空白。如果加有碘标准溶液，则应加入空白（此时空白值为 1 mL碘标准溶液相当的硫酸钠标准溶液的体积减去滴定的体积）。

C 计算：按式(7)计算二氧化氯标准储备溶液的浓度。

$$\rho(ClO_2) = \frac{c \times (V_1 - V_0) \times 13.49}{V_2} \quad \cdots\cdots(7)$$

式中：

$\rho(ClO_2)$——二氧化氯标准储备溶液的浓度，单位为毫克每毫升(mg/mL)；

c——硫代硫酸钠标准溶液的浓度，单位为摩尔每升(mol/L)；

V_1——滴定二氧化氯所用硫代硫酸钠标准溶液的体积，单位为毫升(mL)；

V_0——滴定空白所用硫代硫酸钠标准溶液的体积，单位为毫升(mL)；

V_2——二氧化氯体积，单位为毫升(mL)；

13.49——与 1.00 mL 硫代硫酸钠标准溶液[$c(Na_2S_2O_3)=0.100\ 0$ mol/L]相当的以毫克表示的二氧化氯的质量。

4.3.3.1.10 二氧化氯标准使用液：取二氧化氯标准储备溶液(4.3.3.1.9)用纯水稀释为 1 mL 含 5 μg 二氧化氯。

4.3.3.2 仪器

4.3.3.2.1 具塞比色管，25 mL。

4.3.3.2.2 分光光度计。

4.3.4 测定步骤

4.3.4.1 量取 100 mL 水样于 250 mL 锥形瓶中，加两滴甲基橙指示剂溶液，用盐酸溶液(4.3.3.1.5)滴定至浅橙红色，记录用量。

4.3.4.2 取 25 mL 水样于比色管中，根据 4.3.4.1 步骤中盐酸(4.3.3.1.5)用量加入盐酸（一般地面水须加 2 滴）。

4.3.4.3 取 25 mL 比色管 7 支，分别加入二氧化氯标准使用液(4.3.3.1.10)0，0.10，0.25，0.50，0.75，1.00，1.25 mL，加纯水至标线。再各加 1 滴盐酸溶液(4.3.3.1.5)。

4.3.4.4 向样品及标准管中各加 0.5 mL 缓冲液(4.3.3.1.6)摇匀。再各加 0.5 mL 甲酚红溶液(4.3.3.1.7)，摇匀后室温放置 10 min。

4.3.4.5 各加 1 mL 8 g/L 氢氧化钠溶液，摇匀。

4.3.4.6 于 573 nm 波长、用 5 cm 比色皿、以纯水作参比，调透光率 40%，测定水样和标准的吸光度。

4.3.4.7 以吸光度为纵坐标，以二氧化氯质量为横坐标，绘制标准曲线，从标准曲线上查出样品管中二氧化氯的质量。

4.3.5 计算

水样中二氧化氯的质量浓度按式(8)计算。

$$\rho = \frac{m}{V} \quad \cdots\cdots(8)$$

式中：

ρ——水样中二氧化氯的质量浓度，单位为克每升(g/L)；

m——从标准曲线上查得的二氧化氯质量，单位为毫克(mg)；

V——水样体积，单位为毫升(mL)。

4.3.6 精密度和准确度

4 个实验室向天然水中加入 0.05 mg/L、0.10 mg/L、0.20 mg/L 二氧化氯，测定 5 份，回收率为

88.5%～106%，平均为95.4%；相对标准差为9.3%。

4.4 现场测定法

4.4.1 范围

本标准规定了用二氧化氯现场测定法测定生活饮用水中残留二氧化氯。

本法适用于经二氧化氯消毒后的生活饮用水中二氧化氯质量浓度为0 mg/L～5.50 mg/L的水样直接测定。超出此范围的水样稀释后会造成水中二氧化氯损失。

本法最低检测质量浓度为0.01 mg/L。

4.4.2 原理

水中二氧化氯与*N*,*N*-二乙基对苯二胺(DPD)反应产生粉色，其中二氧化氯中20%的氯转化成亚氯酸盐，显色反应与水中二氧化氯含量成正比，于528 nm波长下比色定量。甘氨酸将水中的氯离子转化为氯化氨基乙酸而不干扰二氧化氯的测定。

4.4.3 试剂和材料

4.4.3.1 DPD试剂或含DPD试剂的安瓿。

4.4.3.2 甘氨酸溶液(100 g/L)。

4.4.4 仪器

4.4.4.1 分光光度计或单项比色计。

4.4.4.2 10 mL比色杯。

4.4.4.3 50 mL烧杯。

4.4.5 分析步骤

4.4.5.1 将待测样品倒入10 mL比色杯中，作为空白对照。将此比色杯置于比色池中，盖上器具盖，按下仪器的ZERO键，此时显示0.00。

4.4.5.2 取水样10 mL于10 mL比色杯中，立刻加入4滴甘氨酸试剂，摇匀。加入1包DPD试剂(4.4.3.1)，轻摇20 s，静置30 s使不溶物沉于底部。

或于50 mL烧杯中取40 mL水样，加入16滴甘氨酸试剂，摇匀。将含有DPD试剂的安瓿(4.4.3.1)倒置于待测水样的烧杯中(毛细管部分朝下)，用力将毛细管部分折断，此时水将充满安瓿，待水完全充满后，快速将安瓿颠倒数次混匀，擦去安瓿外部的液体及手印，静置30 s使不溶物沉于底部。操作见图2。

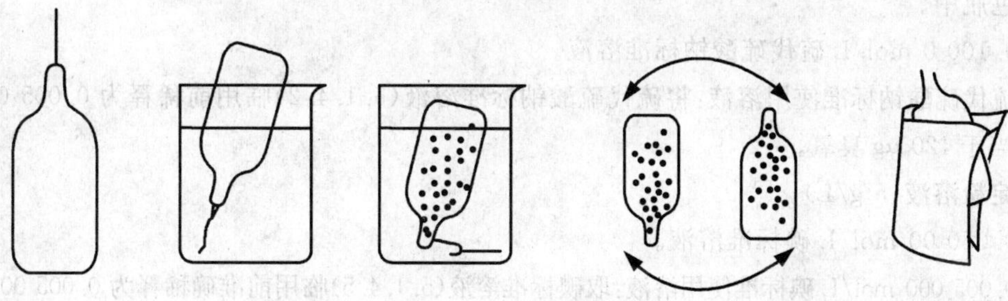

图2 操作示意图

4.4.5.3 将装有样品的比色杯或安瓿放置于比色池中，盖上器具盖，按下仪器的READ键，仪器将显示测定水样中二氧化氯的质量浓度(以mg/L为单位)。

注1：要严格掌握反应时间，样品静置后的比色测定应在1 min内完成。

注2：二氧化氯在水中稳定性很差，故最好现场取样立即测定。

4.4.5.4 干扰去除

4.4.5.4.1 当水样中碱度>250 mg/L(以$CaCO_3$计)或酸度>150 mg/L(以$CaCO_3$计)时可以抑制颜

色生成或生成的颜色立即褪色，用 0.5 mol/L 硫酸标准溶液或 1 mol/L 氢氧化钠标准溶液将水样中和至 pH6～7，测定结果要进行体积校正。

4.4.5.4.2 二氧化氯浓度较高时一氯胺将干扰测定，试剂加入后 1 min 内 3.0 mg/L 的一氯胺将引起约 0.1 mg/L 值的增加。

4.4.5.4.3 氧化态的锰和铬干扰测定结果，于 25 mL 水样中加入 3 滴 30 g/L 碘化钾反应 1 min 或通过加入 3 滴 5 g/L 亚砷酸钠去除锰和铬的干扰。各种金属通过与甘氨酸反应也会干扰测定结果，可以通过多加甘氨酸去除此干扰。

4.4.5.4.4 溴、氯、碘、臭氧和有机胺和过氧化物干扰测定的结果。

4.4.6 精密度

5 个实验室分别对含二氧化氯低、中、高 3 种不同质量浓度的水样进行了精密度试验，低浓度(0.1 mg/L)精密度测定结果平均相对标准偏差(RSD)为 0.1%；中浓度(1.3 mg/L)精密度测定结果平均相对标准偏差(RSD)为 1.1%；高浓度(3.7 μg/L)精密度测定结果平均相对标准偏差(RSD)为 2.0%。

5 臭氧

5.1 碘量法

5.1.1 范围

本标准规定了用碘量法测定生活饮用水中残留臭氧。

本法适用于经臭氧消毒后生活饮用水中残留臭氧的测定。

5.1.2 原理

臭氧能从碘化钾溶液中释放出游离碘，再用硫代硫酸钠标准溶液滴定，计算出水样中臭氧含量。

5.1.3 仪器

5.1.3.1 1 L 和 500 mL 标准的洗气瓶和吸收瓶，进气支管的末端配有中等孔隙度的玻璃砂芯滤板。

5.1.3.2 纯氮气或纯空气气源，0.2 L/min～1.0 L/min。

5.1.3.3 玻璃管或不锈钢管。

5.1.4 试剂

5.1.4.1 碘化钾溶液：溶解 20 g 不含游离碘、碘酸盐和还原性物质的碘化钾于 1 L 新煮沸并冷却的纯水，贮于棕色瓶中。

5.1.4.2 0.100 0 mol/L 硫代硫酸钠标准溶液。

5.1.4.3 硫代硫酸钠标准使用溶液：将硫代硫酸钠标准溶液(5.1.4.2)临用前稀释为 0.005 000 mol/L，每 1 mL 相当于 120 μg 臭氧。

5.1.4.4 淀粉溶液(5 g/L)。

5.1.4.5 0.050 00 mol/L 碘标准溶液。

5.1.4.6 0.005 000 mol/L 碘标准使用溶液：取碘标准溶液(5.1.4.5)临用前准确稀释为 0.005 000 mol/L。

5.1.4.7 硫酸溶液(1+35)。

5.1.5 分析步骤

水中剩余臭氧很不稳定，因此要在取样后立即测定。在低温和低 pH 值时，剩余臭氧的稳定性相对较高。

5.1.5.1 采集水样：用 1L 洗气瓶，在进气支管的出口端配有玻璃砂芯滤板，采集水样 800 mL。

5.1.5.2 臭氧吸收：用纯氮气或纯空气由洗气瓶底部的玻砂滤板通入水样中，洗气瓶与另一只含有 400 mL 碘化钾溶液的吸收瓶相串联，通气至少 5 min，通气流量保持在 0.5 L/min～1.0 L/min，供水中所有的臭氧都被驱出并吸收在碘化钾中。

5.1.5.3 滴定：将吸收臭氧的碘化钾溶液移至1L的碘量瓶中，并用适量的纯水冲洗吸收瓶，洗液合并在碘量瓶中。加入20 mL硫酸溶液(5.1.4.7)，使pH值降低到2.0以下。用硫代硫酸钠标准使用溶液(5.1.4.3)滴定至淡黄色时，再加入4 mL淀粉溶液(5.1.4.4)，使溶液变为蓝色，再迅速滴定到终点。

5.1.5.4 空白试验：取400 mL碘化钾溶液，加20 mL硫酸溶液(5.1.4.7)和4 mL淀粉溶液(5.1.4.4)，进行下列一种空白滴定(空白值可能是正值，也可能是负值)：

如出现蓝色，用硫代硫酸钠标准使用溶液(5.1.4.3)滴定至蓝色刚消失。

如不出现蓝色，用碘标准使用溶液(5.1.4.6)滴定至蓝色刚出现。

5.1.6 计算

水样中臭氧的浓度按式(9)计算。

$$\rho = \frac{(V_1 - V_2) \times c \times 24 \times 1\,000}{V} \quad \cdots\cdots(9)$$

式中：

ρ ——水样中臭氧浓度，单位为毫克每升(mg/L)；

V_1 ——水样滴定时所用硫代硫酸钠标准溶液的体积，单位为毫升(mL)；

V_2 —— 空白滴定时所用硫代硫酸钠标准溶液或碘标准溶液的体积，单位为毫升(mL)；

c ——硫代硫酸钠标准溶液的浓度，单位为摩尔每升(mol/L)；

24 ——与1 mL硫代硫酸钠溶液[$c(Na_2S_2O_3)=1.000$ mol/L]相当的以毫克表示的臭氧的质量；

V ——水样体积，单位为毫升(mL)。

5.1.7 精密度和准确度

单个实验室向水中分别注入4 mg/L及5 mg/L臭氧，测定11次，剩余臭氧平均值为0.339 mg/L及0.424 mg/L，标准偏差为0.018 mg与0.025 mg，相对标准偏差为5.3%及5.9%。

5.2 靛蓝分光光度法

5.2.1 范围

本标准规定了用靛蓝分光光度法测定生活饮用水中残留臭氧。

本法适用于经臭氧消毒后生活饮用水中残留臭氧的测定。

本法最低检测质量浓度为0.01 μg/L。

过氧化氢和有机过氧化物可以使靛蓝缓慢褪色。若加入靛蓝后6 h内测定臭氧即可预防过氧化氢的干扰。有机过氧化物可能反应更快。三价铁不会产生干扰。二价锰也不会产生干扰，但会被臭氧氧化，而氧化后的产物会使靛蓝褪色。通过设立对照(事先选择性地去掉臭氧)来消除这些干扰。否则，0.1 mg/L被氧化的锰即可产生0.08 mg/L臭氧的相当的反应。氯会产生干扰，低浓度的氯(<0.1 mg/L)可被丙二酸掩盖。溴被还原成溴离子，可引起干扰(1 mol的HOBr相当于0.4 mol臭氧)。若HOBr或氯的浓度超过0.1 mg/L，不适合用该法来精确检测臭氧。

5.2.2 原理

在酸性条件下，臭氧可迅速氧化靛蓝，使之褪色，吸光率的下降与臭氧浓度的增加呈线性。

5.2.3 试剂和材料

5.2.3.1 三磺酸钾靛蓝：纯度：80%～85%。

5.2.3.2 磷酸($\rho_{20}=1.69$ g/mL)。

5.2.3.3 磷酸二氢钠。

5.2.3.4 靛蓝储备液(0.77 g/L)：于1L的容量瓶中加入约200 mL蒸馏水和1 mL磷酸(5.2.3.2)，摇匀，加入0.77 g三磺酸钾靛蓝(5.2.3.1)，加蒸馏水至刻度。储备液避光可保存4个月。

注：1∶100的稀释液在600 nm的吸光度是(0.20±0.010)/cm，当吸光度降至0.16/cm时，弃掉。

5.2.3.5　靛蓝溶液Ⅰ：在1 L的容量瓶中加入20 mL靛蓝储备液(5.2.3.4)、10 g磷酸二氢钠(5.2.3.3)、7 mL磷酸(5.2.3.2)，加水稀释至刻度。

注：当吸光度降至原来的80%时，需重新配制溶液。

5.2.3.6　靛蓝溶液Ⅱ：除需加入靛蓝储备液(5.2.3.4)100 mL外，配制过程如溶液Ⅰ(5.2.3.5)。

5.2.3.7　丙二酸溶液(50 g/L)：取5 g丙二酸溶于水中，定容100 mL。

5.2.3.8　氨基乙酸溶液(70 g/L)：取7 g氨基乙酸溶于100 mL蒸馏水中。

5.2.4　仪器

5.2.4.1　分光光度计。

5.2.4.2　容量瓶，100 mL。

5.2.5　样品

5.2.5.1　样品的稳定性：臭氧在水中稳定性很差(10 min～15 min即可衰减一半；40 min后浓度几乎衰减为零)，故最好现场取样立即测定。而且对于臭氧浓度≥0.60 mg/L的水样，水样稀释后会造成水中臭氧损失。

5.2.5.2　样品的采集：样品与靛蓝反应越快越好，因为残留物会很快分解掉。在收集样品过程中，要避免因气体处理而损失。不要将样品放置在烧瓶的底部。加入样品后，持续摇晃，使得溶液完全反应。

5.2.6　分析步骤

5.2.6.1　臭氧质量浓度为0.01 mg/L～0.1 mg/L范围的测定：于2个100 mL的容量瓶中分别加入靛蓝溶液Ⅰ(5.2.3.5)10 mL，其中一个加入样品90 mL，而另一个加入蒸馏水90 mL作为空白对照，于600 nm波长下，5 cm比色杯，测定两个溶液的吸光度。

注：比色测定应在4 h内完成。

5.2.6.2　臭氧质量浓度为0.05 mg/L～0.5 mg/L范围的测定：将上述过程(5.2.6.1)中的10 mL靛蓝溶液Ⅰ(5.2.3.5)换成10 mL靛蓝溶液Ⅱ(5.2.3.6)，其他步骤相同。

5.2.6.3　干扰去除

5.2.6.3.1　若存在低浓度的氯(<0.1 mg/L)，可分别在两个容量瓶中加入1 mL的丙二酸去除氯的干扰，然后再加入样品并定容。尽快测量吸光度，最好在60 min内(Br^-，Br_2，HOBr仅能被丙二酸部分去除)。

5.2.6.3.2　若存在锰，则预先将样品经过氨基乙酸处理，破坏掉臭氧。将0.1 mL的氨基乙酸溶液加入100 mL的容量瓶(作为空白)，另取一个加入10 mL的靛蓝溶液Ⅱ(作为样品)。用吸管吸取相同体积的样品加入上述容量瓶中。调整剂量，以至于样品瓶中的褪色反应可肉眼观察又不完全漂白(最大体积80 mL)。在加入靛蓝前，确定空白瓶中的氨基乙酸和样品混合液的pH值不低于6，因为臭氧和氨基乙酸在低pH值下反应非常缓慢。盖好塞子，仔细混匀。加入样品30 s到60 s后，加入10 mL的靛蓝溶液Ⅱ到空白瓶中。向两个瓶中加入不含臭氧的水定容至刻度，充分混匀。然后在大致相同的时间里大约30 min到60 min内测定吸光度(若超过这个时间，则残留的锰氧化物会缓慢氧化靛蓝使之褪色，空白和样品的吸光度的漂移产生变化)。空白瓶中的吸光度的减少由锰氧化物引起，而样品中的吸光度则是由臭氧和锰氧化物共同作用引起。

5.2.6.4　计算

水样中残留臭氧的质量浓度按式(10)计算。

$$\rho(O_3) = \frac{100 \times \Delta A}{f \times b \times V} \qquad \cdots\cdots(10)$$

式中：

$\rho(O_3)$——水样中残留臭氧的质量浓度，单位为毫克每升(mg/L)；

ΔA——样品和空白吸光度之差；

b——比色杯的厚度，单位为厘米(cm)；

V——样品的体积(一般是 90 mL)，单位为毫升(mL)；

f——0.42[因子 f 以灵敏度因子 20 000/cm 为基础，即每升水中 1 mol 的臭氧引起的吸光度(600 nm)的变化，由碘滴定法获得]。

5.2.7 精密度

3 个实验室对臭氧质量浓度为 0.05 mg/L～0.5 mg/L 范围内水样进行了精密度的测定，测定结果相对标准偏差(RSD)在 0.8%～4.7%之间。

5.3 靛蓝现场测定法

5.3.1 范围

本标准规定了用靛蓝现场测定法测定生活饮用水中残留臭氧。

本法适用于经臭氧消毒后的生活饮用水中臭氧质量浓度为 0.01 mg/L～0.75 mg/L 的水样直接测定，超出此范围的水样稀释后会造成水中臭氧损失。

本法最低检测质量浓度为 0.01 mg/L。

氯会对结果产生干扰，含靛蓝试剂的安瓿中含抑制干扰的试剂。

5.3.2 原理

在 pH2.5 的条件下，水中臭氧与靛蓝试剂发生蓝色褪色反应，于 600 nm 波长下可以定量测定。

5.3.3 试剂和材料

5.3.3.1 含靛蓝试剂的安瓿。

5.3.4 仪器

5.3.4.1 分光光度计或单项比色计。

5.3.4.2 烧杯，50 mL。

5.3.5 分析步骤

5.3.5.1 于 50 mL 烧杯中取 40 mL 水样，另一个烧杯取至少 40 mL 空白样(不含臭氧的蒸馏水)，用含有靛蓝试剂的安瓿(5.3.3.1)分别倒置于空白样和待测水样的烧杯中(毛细管部分朝下)，用力将毛细管部分折断，此时水将充满安瓿，待水完全充满后，快速将安瓿颠倒数次混匀，擦去安瓿外部的液体及手印(见图 2)。

5.3.5.2 将空白对照的安瓿置于比色池中(空白样应为蓝色)，盖上器具盖，按下仪器的 ZERO 键，此时显示 0.00。

5.3.5.3 再将装有样品的安瓿放置于比色池中，盖上器具盖，按下仪器的 READ 键，仪器将显示测定水样中臭氧的质量浓度(以 mg/L 为单位)。

注：臭氧在水中稳定性很差(10 min～15 min 即可衰减一半；40 min 后浓度几乎衰减为零)，故最好现场取样立即测定。

5.3.6 精密度

5 个实验室对臭氧质量浓度为 0.05 mg/L～0.5 mg/L 范围内水样进行了精密度的测定，测定结果相对标准偏差(RSD)在 5.5%～11%之间。

6 氯酸盐

见 GB/T 5750.10—2006 第 13 章亚氯酸盐。

附 录 A
（规范性附录）
引 用 文 件

GB/T 5750.4—2006 生活饮用水标准检验方法 感官性状和物理指标

GB/T 5750.10—2006 生活饮用水标准检验方法 消毒副产物指标